labels

en	fr	de
law	droit, terme juridique	**Recht**
lights	éclairage	**Beleuchtung**
lubricants	lubrifiants	**Schmierstoffe**
lubrication	lubrification, graissage	**Schmierung**
maintenance	maintenance, entretien	**Wartung und Pflege**
materials	matériaux	**Werkstoffe**
mechanical engineering	mécanique	**Technik allgemein**
physics	physique	**Physik**
radio	autoradio	**Autoradio**
safety	sécurité	**Sicherheit**
starter motor	démarreur	**Anlasser**
steering	direction	**Lenkung**
suspension	suspension	**Aufhängung**
testing	épreuves	**Tests**
tires	pneus	**Reifen**
tools	outils	**Werkzeug**
transmission	transmission, boîte de vitesses	**Kraftübertragung, Getriebe**
units	unités de mesure	**Einheiten, Maße**
vehicle	véhicules	**Fahrzeugtechnik**
vehicle body	carrosserie	**Karosserie**
vehicle construction	construction des automobiles	**Fahrzeugbau**
wheels	roues	**Räder**

Jean De Coster · Otto Vollnhals

Dictionary for automotive engineering
English – French – German

with explanations of
French and German terms

Dictionnaire du génie automobile
anglais – français – allemand

avec définitions
des termes français et allemands

Wörterbuch für Kraftfahrzeugtechnik
Englisch – Französisch – Deutsch

Mit Erläuterungen der deutschen
und französischen Begriffe

4th revised and enlarged edition
4e édition revue et mise à jour
4., verbesserte und ergänzte Auflage

K·G·Saur   München 1999

Die Deutsche Bibliothek – CIP Einheitsaufnahme

Coster, Jean de:
Dictionary for automotive engineering : English – French – German ; with explanations of French and German terms = Dictionnaire du génie automobile = Wörterbuch für Kraftfahrzeugtechnik / Jean De Coster ; Otto Vollnhals. – 4., rev. and enl. ed. – München : Saur, 1999
ISBN 3-598-11370-6

Gedruckt auf säurefreiem Papier

© Alle Rechte vorbehalten / All Rights Strictly Reserved
K. G. Saur Verlag GmbH & Co KG, München 1999
Part of Reed Elsevier
Printed in Germany

Data keyboarding and typesetting by Otto Vollnhals, München
Printed by Strauss Offsetdruck, Mörlenbach
Bound by Buchbinderei Schaumann, Darmstadt

Jede Art der Vervielfältigung ohne Erlaubnis des Verlages ist unzulässig.

No part of this publication may be reproduced,
stored in a retrieval system, or transmitted in any form or by any means,
electronic, mechanical, photocopying, recording, or otherwise,
without permission in writing from the publisher.

ISBN 3-598-11370-6

Preface

It was indeed a pleasure for me to respond to the publisher's suggestion to prepare a fourth revised edition of the established *Dictionary for Automotive Engineering*. The terminology of a number of topical fields, including electronics, safety and emission control, has been supplemented and extended to take account of the technological advances occurring since the last edition. As this edition dispenses with the continuous numbering of the headwords found in previous editions, the relevant figures will be given here. The book contains 4567 entries, of which 2398 are headwords, 2082 are synonyms in the form of cross-references to the headwords and 87 are abbreviations. The number of headwords has increased by approximately 20% over the previous edition (which comprised 1972 headwords).

The book's convenience of use was further enhanced in various ways. Thus each English headword is now assigned the technical field to which it belongs. The gender as well as other grammatical categories are given for all French and German translations (as well as for the English headwords where necessary). This adds greatly to the clarity of a German term such as *Bremsen* (which may be either neuter singular or feminine plural). The listing of the translations by importance (i.e. the most common ones appear first and the rarely used ones last) as well as a broader differentiation between American and British English gives the user greater confidence in selecting terms. Moreover, the English headwords now list all the synonyms that appear as cross-references elsewhere in the alphabet. Finally, both indexes no longer refer to a cryptic number in the main section, but give a direct reference to the English headword. A systematic description of all innovations in the *Dictionary for Automotive Engineering* can be found in the *Introduction* on page 9.

May the revised form of this book prove to be a useful reference work for all those who have to deal with the terminology of automotive engineering in these three languages.

Otto Vollnhals
September 1998

Table of Contents

Automotive Engineering: An overview 8

Introduction 9

Abbreviations and symbols used in the dictionary 11

Dictionary for automotive engineering – Main section 15
English – French – German

Index section 599

French-English index / Index français-anglais 601

German-English index / Index Deutsch-Englisch 640

Index to illustrations 685

Bibliography 690

Subject labels: *see endpapers*

Automotive Engineering

An overview

I   Vehicle construction
   - vehicle body
   - vehicle structure

II Engine
   - internal combustion engines
   - diesel engines
   - lubrication system
   - cooling system
   - fuel system, injection system
   - exhaust system, emission control

III Drive train and mechanical parts
   - transmission
   - clutch
   - steering
   - brakes
   - wheels, tires
   - suspension

IV Electrical and electronic equipment
   - lights
   - ignition
   - battery
   - starter

V   Others
   - fuels and lubricants
   - tools
   - maintenance
   - safety
   - accessories

Introduction

This fourth edition of the *Dictionary for Automotive Engineering* not only appears with a new layout that covers 20% more content on only 10% more pages, it also offers a more detailed presentation of the individual entries. The innovations are described individually below:

Grammatical categories

The grammatical categories are now given for all French and German translations. The great majority are gender references, as most of the entries in the dictionary are nouns. A complete list of these may be found in the *Abbreviations and symbols used in the dictionary* on page 11.

Synonyms

The English headwords also list all synonyms (preceded by the word *also*) that appear as cross-references elsewhere in the alphabet. This makes the overall structure of an entry more transparent and gives the user a rapid overview of the synonyms belonging to an entry.

Technical fields

All headwords are assigned a technical field. This lets the user immediately identify the subsector of automotive engineering to which a term belongs. See the endpapers for a complete list of subject labels.

Arrangement of terms

The French and German translations are arranged in order of their importance, i.e. the most common ones are usually listed first and the least familiar ones at the end. This gives the user greater confidence in selecting a required translation.

Indexes

The main section of the book, which is arranged alphabetically in the order of the English terms, can be accessed from the other languages via two indexes. These list the French and German terms in alphabetical order and refer to the relevant English headword in the main section.

The two indexes represent complete bilingual dictionaries in their own right. They allow the user to locate the English translation quickly without having to look up a term twice. If the user is seeking more detailed information or translations in the language combinations French-German or German-French, he may use the index to find the complete three-language entry in the main section.

The new structure of the indexes obviates the continuous numbering of headwords in the main section adopted in previous editions.

Abbreviations and symbols used in the dictionary

abbr.	abbreviation
Abk.	abbreviation (in German)
abr.	abbreviation (in French)
adj	adjective
colloq.	colloquial usage
f	feminine noun
GB	British spelling, British usage
m	masculine noun
n	noun (referring to English) neuter noun (referring to German)
opp.	opposite
pl	plural
US	American spelling, American usage
v	verb
vi	intransive verb
vt	transitive verb
→	see, see also

Dictionary for Automotive Engineering

Main section

English – French – German

A

ABS braking device (*or* system)
[safety]
also: anti-lock(ing) brake system (or braking system), anti-skid brake system, skid-control system, wheel-slip brake control system, brake slip control

système m d'antiblocage (des roues) (abr. ABR), système ABS, dispositif m ABR, dispositif antiblocage ABS, système anti-dérapage, dispositif anti-dérapant, antiblocage m et antipatinage des roues

Système de freinage grâce auquel les roues sont modérément freinées indépendamment de la pression exercée sur la pédale de freins, et ce jusqu'à l'immobilisation du véhicule, en sorte qu'un blocage soit évité. Le parcours de freinage s'en trouve plus ou moins réduit selon l'état de la chaussée. Un antiblocage ABS pour motos a été mis au point par le constructeur BMW.
Le dispositif anti-patinage ABS comporte les éléments suivants:
1. Des capteurs de vitesse de roue sur un ou deux essieux et un capteur de vitesse d'arbre d'entraînement. Ils sont reliés à un calculateur électronique.
2. Le calculateur électronique traite les signaux que lui envoient les capteurs, prend des décisions et donne des instructions sous forme de signaux qu'il émet à son tour, lorsqu'une roue atteint la limite du blocage.
3. Le bloc hydraulique (ensemble hydraulique) muni d'électrovannes qui, sous l'impulsion des signaux, commande la pression hydraulique dans les cylindres récepteurs du circuit de freinage. La pression augmente, diminue ou est maintenue au même niveau.

Antiblockiersystem n, ABS n, Antiblockieranlage f, Antiblockiereinrichtung f, automatischer Blockierverhinderer (Abk. ABV), Blockierschutz m, Blockierschutzanlage f

Mit dieser Einrichtung drehen sich die Räder mäßig gebremst bis zum Anhalten des Fahrzeugs unabhängig vom Pedaldruck, so daß sie nicht schroff blockieren. Je nach dem Zustand der Fahrbahn wird mit dem Blockierregler der Bremsweg mehr oder weniger verkürzt. Von BMW ist auch ein ABS für Motorräder entwickelt worden.
Das Antiblockiersystem besteht aus folgenden Elementen:
1. Drehzahlfühler, auch Sensor genannt, der die Raddrehzahl und die Drehzahl des Antriebskegelrads mißt. Die jeweilige Drehzahl wird dem elektronischen Steuergerät gemeldet.
2. Elektronisches Steuergerät für die Verarbeitung der Sensorsignale. Es führt vorprogrammierte Entscheidungen und Befehle aus in Form von Ausgangssignalen, in dem Moment, wo eine eventuelle Blockierneigung an einem Rad erkannt wird.
3. Hydraulikeinheit mit Magnetventilen zur Steuerung des Flüssigkeitsdrucks in den Radzylindern der Bremsanlage. Der

absorption dynamometer

Flüssigkeitsdruck wird aufrechterhalten, aufgebaut oder abgebaut.

absorption dynamometer → dynamometer brake

a.c., AC = alternating current

A/C = air conditioning

accelerating pedal → gas pedal (US)

accelerating pump → accelerator pump

accelerating pump jet → acceleration jet

acceleration [physics]

accélération f
Accroissement uniforme ou non de la vitesse en m/s² (système SI).

Beschleunigung f
Gleichförmige oder ungleichförmige Geschwindigkeitserhöhung in m/s² (SI-Einheit).

acceleration jet [carburetor]
also: accelerating pump jet, pump jet

gicleur m de pompe
Gicleur réglant le débit de carburant injecté par la pompe de reprise et placé dans la canalisation reliant la pompe au diffuseur.

Pumpendüse f, Beschleunigungsdüse f
Düse zur Regulierung der Kraftstoffdurchflußmenge im Einspritzrohr zwischen Beschleunigungspumpe und Lufttrichter.

acceleration pump → accelerator pump

accelerator → gas pedal (US)

accelerator cable → carburetor control cable

accelerator pedal → gas pedal (US)

accelerator pump [carburetor]
(See Ill. 8 p. 90)
also: accelerating pump, acceleration pump

pompe f de reprise
Pompe généralement à membrane servant à ajuster le débit de carburant plus lourd au débit d'air plus léger, lorsque ce dernier augmente brusquement lors d'une accélération soudaine. Les pompes de reprise à piston sont plus rarement utilisées.

Beschleunigungspumpe f
Membranpumpe, mit deren Hilfe bei einer plötzlichen Beschleunigung des Motors die Kraftstoffzufuhr sich dem ruckartig ansteigenden Luftdurchsatz anpaßt. Beschleunigungspumpen mit Kolben sind seltener anzutreffen.

access ramp [maintenance]
also: drive-up ramp, ramp

rampe f
Les rampes permettent de soulever l'avant ou l'arrière d'un véhicule sur ses roues. Elles ne sont toutefois pas utilisables pour tous les travaux sous la voiture tels que la vidange d'huile par exemple, car la voiture doit reposer à plat sur ses quatre roues, ou d'autres travaux sur les roues ou les organes de suspension.

Auffahrbühne f, Auffahrrampe f
Gestell zum Hochbocken eines Wagens. Auffahrbühnen sind nicht für alle Arbeiten geeignet wie z.B. für den Ölwechsel, weil der Wagen eben stehen soll, oder bei Arbeiten an den Rädern oder an der Aufhängung.

accu → storage battery

accumulator [electrical system]
see also: battery

accumulator [brakes]

accumulateur m
Dispositif capable de stocker la pression hydraulique nécessaire pour actionner les freins.

Druckbehälter m
Eine Vorrichtung, die den für die Erzeugung der Bremskraft erforderlichen hydraulischen Druck speichert.

accumulator *(obs.)* → storage battery

accumulator acid → battery acid

accumulator cell → battery cell

acetylene [chemistry]
also: ethyne

acétylène m, éthyne m
Hydrocarbure non saturé à triple liaison (C_2H_2).

Acetylen n, Äthin n
Ungesättigter Kohlenwasserstoff mit einer Dreifachbindung (C_2H_2).

acetylene welding → autogenous welding

AC generator → three-phase alternator

acid density [electrical system]
also: electrolyte density, electrolyte strength, electrolyte specific gravity

densité f de l'acide
Suivant le type de plaques utilisées, la densité de l'acide dans les batteries chargées est 1,28 kg/l (32 degrés Baumé). Elle n'est plus que de l'ordre de 1,21 kg/l (27 degrés Baumé) dans les batteries à moitié chargées et de 1,14 kg/l (14 degrés Baumé) dans les batteries déchargées.

Batteriesäuredichte f, Säurekonzentration f, Säuredichte f
Je nach den eingesetzten Batterieplatten stellt sich die Säuredichte in einer geladenen Batterie auf 1,27 g/cm^3, in einer halbgeladenen Batterie auf 1,23 g/cm^3 und in einer entladenen Batterie auf 1,14 g/cm^3.

acid level [electrical system]
also: electrolyte level, solution level

niveau m de l'électrolyte
Le niveau de l'électrolyte d'une batterie au plomb se situe 10 à 15 mm au-dessus du bord supérieur des plaques. Dans bon nombre de batteries ce niveau est marqué par un repère. Il convient de veiller que le niveau de l'électrolyte ne descende pas en dessous de ce repère, car les parties non immergées des plaques ne participent plus au phénomène d'accumulation et de débit de courant électrique, le rendement de la batterie diminue alors et les plaques sont menacées de sulfatation. Aussi faut-il vérifier régulièrement le niveau de l'électrolyte. En effet une batterie se réchauffe lorsqu'elle fonctionne et l'eau contenue dans l'électrolyte s'évapore avec le temps. C'est alors que l'on complète le niveau au moyen d'une eau distillée ou déminéralisée. Comme l'électrolyte ne s'évapore pas, on se gardera d'ajouter de l'acide, à moins que la quantité d'acide sulfurique ait diminué pour une raison quelconque. Après un remplissage d'appoint il vaut mieux laisser travailler la batterie pendant quelque temps encore avant de relever la densité de l'électrolyte

pour permettre à ce dernier de bien se mélanger à l'eau distillée.

***Säurespiegel** m, **Säurestand** m, **Elektrolytstand** m, **Batteriesäurestand** m*
Im allgemeinen liegt der Säurespiegel einer Bleibatterie 10 bis 15 mm über der Plattenoberkante. Bei vielen Batterien ist dieser Elektrolytstand durch eine Markierung gekennzeichnet. Es muß immer dafür gesorgt werden, daß der Säurespiegel nicht unter die Plattenoberkante sinkt; denn die bloßgelegten Teile der Platten nehmen nicht mehr an der Stromspeicherung und Stromabgabe teil, die Batterie wird leistungsschwach, und die Platten beginnen zu sulfatieren. Deshalb soll die Höhe des Säurespiegels durch die Einfüllöffnungen im Deckel regelmäßig überprüft werden. Batterien erwärmen sich nämlich im Betrieb, und das Wasser verdunstet mit der Zeit aus dem Elektrolyt. Aus diesem Grund wird gegebenenfalls destilliertes bzw. entsalzenes Wasser nachgefüllt. Die Füllsäure verdunstet jedoch nicht und deshalb wird nur dann Batteriesäure nachgefüllt, wenn solche irgendwie verlorgengegangen ist. Es wäre nutzlos, gleich nach dem Nachfüllen die Säuredichte zu messen. Die Batterie muß nämlich einige Zeit betrieben werden, bevor sich das destillierte Wasser richtig mit dem Elektrolyt vermischt.

acid-proof grease → battery terminal grease

Ackermann steering [steering]

direction f Jeantaud, épure f de Jeantaud, quadrilatère f de Jeantaud, trapèze m de Jeantaud, trapèze m de direction
Trapèze formé par l'essieu avant, la barre de connexion et les deux leviers d'accouplement. Il s'agit en fait d'un quadrilatère déformable qui a la forme d'un trapèze isocèle lorsque la barre de connexion est parallèle à l'essieu avant. Le quadrilatère de Jeantaud permet, dans un virage, à la roue intérieure de braquer plus que la roue extérieure grâce aux inclinaisons différentes des leviers d'accouplement.

Lenktrapez n
Lenkungsteil bestehend aus Vorderachse, Spurstange und den beiden Spurstangenhebeln. Es handelt sich eigentlich um ein Gelenkviereck, das ein gleichschenkliges Trapez ergibt, wenn Spurstange und Vorderachse genau parallel zueinander liegen. Mit dem Lenktrapez soll erreicht werden, daß beim Befahren einer Kurve das innenliegende Rad stärker eingeschlagen wird.

acrylic enamel [vehicle body]

peinture f acrylique
Peinture à séchage rapide, résistante aux intempéries, qui se laisse très bien polir et dont l'éclat résiste à l'épreuve du temps. Elle se rapproche le plus du vernis-émail.

Acryl-Lack m
Schnelltrocknender, wetterbeständiger und polierfähiger Lack mit langer Glanzerhaltung, der dem Einbrennlack sehr nahekommt.

active lead plate → negative plate

active materials [electrical system]

matière f active
Matière active des plaques d'une batterie au plomb. Dans les plaques positives chargées, la matière active est constituée de bioxyde de plomb et, dans les plaques négatives, de plomb poreux.

aktive Masse, aktive Substanz, wirksame Masse
Wirksame Elektrodenmasse in einer Bleibatterie. Bei den geladenen Plusplatten besteht die aktive Masse aus Bleidioxid und bei den Minusplatten aus Bleischwamm.

active restraint system [safety]
(*opp.:* passive restraint system)

système m de retenue actif
Dispositif pour protéger les occupants d'une automobile en cas de choc, qui rend nécessaire la coopération active du conducteur et/ou passager pour son efficacité, p.e. la fermeture des ceintures de sécurité.

aktives Rückhaltesystem, aktive Rückhalteeinrichtung
Ein Rückhaltesystem, das die Mitwirkung des Fahrers bzw. Passagiers erfordert, damit es wirksam wird; z.B. das bewußte Anlegen und Schließen von Sicherheitsgurten.

additive *n* [fuels&lubricants]

additif m
Substance qui vient ajouté aux carburants ou aux lubrifiants pour améliorer certaines propriétés, comme p.e. leur viscosité ou leur résistance au cliquetis.

Additiv n, Zusatzstoff m
Ölen oder Kraftstoffen beigemischter Zusatz, der Veränderungen der ursprünglichen Eigenschaften bewirkt, z.B. größere Viskosität oder höhere Klopffestigkeit.

adhesion coefficient [tires]

coefficient m d'adhérence
Rapport entre les efforts moteurs ou forces de freinage pouvant être transmis entre le pneumatique et la chaussée et la force normale que le pneu exerce sur la chaussée. Le coefficient d'adhérence est déterminé par la nature et l'état du sol ainsi que par les caractéristiques du bandage de la roue.

Kraftschlußbeiwert m, Haftwert m
Verhältnis der zwischen Reifen und Boden übertragbaren Antriebs- oder Bremskräfte und der Normalkraft des Reifens auf die Fahrbahn. Der Kraftschlußbeiwert wird von der Beschaffenheit der Fahrbahnoberfläche, vom Zustand der Fahrbahn sowie von der Eigenschaft des Reifens bestimmt.

adjustable pulley [mechanical engineering]
also: split pulley

poulie f réglable, poulie f à diamètre variable
Poulie constituée de deux flasques dont l'écartement peut être réduit par l'enlèvement de rondelles d'épaisseur intercalées, ce qui a pour résultat de retendre la courroie.

geteilte Riemenscheibe
Zweiteilige Riemenscheibe, deren Kehlenbreite durch Wegnehmen von Einstellscheiben zur Einstellung der Keilriemenspannung reduziert wird.

adjustable spanner (GB) → adjustable wrench (US)

adjustable wrench (US) [tools]
also: adjustable spanner (GB)

clé f à molette
Clé de serrage à ouverture réglable.

Rollgabelschlüssel m
Schraubenschlüssel mit verstellbarer Maulweite.

adjusting-bracket bolt [mechanical engineering]

vis f de fixation de l'oreille de l'alternateur
Vis fixant l'oreille de l'alternateur sur un tendeur et qu'il faut desserrer lorsque la courroie de l'alternateur doit être retendue.

Lichtmaschinenbefestigungsschraube f
Schraube zur Befestigung der Lichtmaschine in einer Schiebeschiene (Langlochschiene). Sie muß zum Einstellen der Keilriemenspannung gelockert werden.

adjusting nut [maintenance]

écrou m de réglage
Écrou pour régler le jeu d'un dispositif ou pour effectuer un ajustement. Par exemple, le réglage d'un embrayage sans rattrapage automatique de jeu s'effectue généralement sur un écrou de réglage se trouvant près de la fourchette de débrayage.

Einstellmutter f
Eine Mutter, die zur Nachstellung eines Spiels etc. oder zur Einstellung bestimmter Werte dient. Bei einer Kupplung ohne automatische Nachstellung z.B. wird das Kupplungsspiel wird meist an der Ausrückgabel über eine Einstellmutter nachgestellt.

adjusting sleeve [injection]
also: control sleeve

douille f de réglage
Dans une pompe d'injection on trouve une douille de réglage avec secteur denté au-dessus du cylindre de la pompe. Le débit de la pompe est dosé par le mouvement de rotation du piston que commande la tige de réglage par l'intermédiaire de la douille de réglage.

Regelhülse f, verdrehbare Büchse
In einer Einspritzpumpe befindet sich die Regelhülse mit Zahnsegment über dem Pumpenzylinder. Zur Regulierung der Fördermenge wird der Pumpenkolben über die Regelhülse mittels der Regelstange verdreht.

adjustment of ignition timing → ignition setting

admission → intake

admission stroke → suction stroke

admission valve → inlet valve

advance characteristic [ignition]
also: spark-advance curve, advance curve, ignition timing characteristic

courbe f d'avance centrifuge
Courbe de diagramme avec le nombre de tours par minute en abscisse et les degrés de l'avance à l'allumage en ordonnée. Elle est indiquée par le fabricant de l'allumeur pour le contrôle de l'avance à l'allumage à l'aide d'une lampe stroboscopique à déphaseur et d'un compte-tours ou sur le banc d'essai des allumeurs.

Frühzündkurve f, Verstellinie f, Zündverstellinie f, Verstellkurve f des Zündverteilers
Kurve in einem Diagramm mit der Tourenzahl pro Minute auf der Abszisse und der Gradteilung auf der Ordinate. Sie wird vom Verteilerhersteller zur Kontrolle der Frühzündung mit einer Stroboskoplampe mit Phasenverschieber sowie einem Tourenzähler oder auf dem Verteilerprüfgerät angegeben.

advance curve → advance characteristic

advanced ignition → advance ignition

advance ignition [ignition]
also: advanced ignition, ignition advance, spark advance

avance f à l'allumage (abr. AA)
Allumage du mélange explosif avant que le piston n'atteigne le point mort haut de compression. Cette avance a pour but de déclencher l'allumage lorsque la pression de combustion est optimale. Cette pression atteint sa valeur maximale 10 à 20° après le point mort haut.

Frühzündung f, Vorzündung f
Zündung des Kraftstoff-Luft-Gemisches vor Erreichen des oberen Kolbentotpunktes. Sie soll die Verbrennung des Gemisches bei optimalem Verbrennungsdruck ermöglichen. Der Zündzeitpunkt wird so gewählt, daß sich der maximale Verbrennungsdruck 10 bis 20° KW nach OT einstellt.

advance mechanism → injection timing mechanism

advance weight → flyweight

aerodynamics *pl* [vehicle construction]
also: airflow

aérodynamisme m, aérodynamique f
Ensemble des qualités d'un véhicule concernant ses caractéristiques aérodynamiques (résistance aux forces du vent, stabilité directionnelle, bas niveau de bruits en marche, etc.).

Aerodynamik f
Die Gesamtheit der Eigenschaften eines Fahrzeugs, die sein Verhalten unter äußeren Einflüssen betreffen (Windschlüpfigkeit, Richtungsstabilität, geringe Geräuschentwicklung durch Fahrtwind etc.).

A/F control [emission control]

régulation f lambda-sonde à oxygène, système m de régulation lambda
Système de régulation de richesse pour réduire les taux de pollutions d'un moteur.

Lambdaregelung f
Ein System, bei dem das Gemisch zwecks Verringerung des Schadstoffausstoßes optimal geregelt wird.

A/F mixture → explosive mixture

A/F ratio → mixture ratio

afterburner [emission control]

système m de post-combustion
Un système améliorant la combustion des gaz imbrûlés dans le système d'échappement et réduit ainsi l'émission des substances nocives dans l'atmosphère.

Nachverbrennungsanlage m, Nachbrenner m
Ein System, das für eine vollständigere Verbrennung unerwünschter Schadstoffe im Abgassystem sorgt und folglich deren Ausstoß verringert.

afterburning *n* [emission control]

post-combustion f
La combustion plus complète des gaz imbrûlés dans un système d'échappement afin de réduire leur échappement dans l'atmosphère.

Nachverbrennung f
Die vollständigere Verbrennung unerwünschter Schadstoffe im Abgassystem eines Automobils zum Zweck der Umweltschonung.

after-running *n* → run-on *n*

Ah = ampere-hour

AI = air injection

air-assisted brake [brakes]
also: vacuum-assisted brake

frein m à dépression
Un système de freinage qui utilise une système à dépression pour actionner le maître-cylindre.

Unterdruckbremse f
Ein Bremssystem, bei dem die Betätigung des Hauptbremszylinders mittels Unterdruck erfolgt.

air bag [safety]

sac m gonflable, coussin m gonflable, coussin m d'air, airbag m
Coussin en forme de ballon qui protège les occupants d'un véhicule automobile en cas d'accident. Lors d'une collision, un capteur déclenche en quelques millièmes de seconde le gonflage du sac au moyen de gaz, et ce face aux occupants qui sont précipités vers l'avant. Le sac se dégonfle aussitôt qu'il s'est gonflé.
Aujourd'hui soit le siège conducteur soit l'autre siège avant sont protégés par des coussins d'air. Pour la protection latérale on utilise souvent des coussins gonflables dans les portes.

Airbag m, Luftkissen n, Luftsack m
Ballonförmiges Kissen zum Schutz der Wageninsassen bei Unfällen. Die explosionsartige Aufblähung des Luftkissens vor den Fahrzeuginsassen bei einem Aufprall wird in einigen ms durch einen Sensor ausgelöst. Dabei wird Gas vom Sensor in den Luftsack entlassen, der sich unmittelbar danach wieder entleert.
Heute sind sowohl auf der Fahrer- als auch auf der Beifahrerseite Airbags üblich (sog. Doppelairbags). Zum Teil werden auch schon Airbags in den Türen zum seitlichen Aufprallschutz eingebaut.

air brake → air pressure brake

air cell [diesel engine]
also: air chamber, swirl chamber

réservoir m d'air, chambre f de réserve d'air
Dans un moteur diesel une chambre annexée à la chambre de combustion principale.

Luftspeicher m
Beim Dieselmotor ein Nebenraum des Hauptbrennraums.

air-cell diesel engine [diesel engine]
also: air-chamber (diesel) engine, energy-cell diesel engine

moteur m diesel à chambre d'air, moteur m diesel à chambre d'accumulation, moteur m diesel à chambre de réserve d'air
Moteur diesel dans lequel le combustible pénètre directement dans la chambre de combustion principale, alors qu'une partie émigre dans un réservoir d'air. Au temps de combustion, il y a reflux dans la chambre de combustion principale.

Luftspeichermotor m, Dieselmotor m mit Luftspeicherkammer, Luftspeicher-Dieselmotor m
Dieselmotor, bei dem der Kraftstoff direkt in den Hauptverbrennungsraum einströmt, während ein Teil davon in einen Nebenraum, Luftspeicher genannt, gelangt. Beim Verbrennungstakt erfolgt eine Rückströmung in den Hauptbrennraum.

air chamber → air cell

air-chamber (diesel) engine
→ air-cell diesel engine

air choke → choke flap

air cleaner → air filter

air compressor [brakes]

compresseur m de frein
Partie du frein à air comprimé. Son rôle consiste à comprimer l'air atmosphérique qui est ensuite refoulé dans les réservoirs. Il est entraîné par courroie trapézoïdale ou directement accouplé au moteur.

Luftpresser m, Kompressor m
Teil der Druckluftbremsanlage. Der Luftpresser verdichtet die atmosphärische Luft, die dann in die Luftbehälter strömt. Er wird über Keilriemen angetrieben oder unmittelbar mit dem Motor gekoppelt.

air conditioning (*abbr.* **A/C**) [heating&ventilation]
also: air conditioner, car air conditioner

climatiseur m, conditionneur m d'air, installation f d'air conditionné, climatisation f automobile
Installation frigorifique fonctionnant par compression et qui, en liaison avec les dispositifs de chauffage et de ventilation, règle et rafraîchit la température dans l'habitacle d'un véhicule.
Un compresseur aspire un fluide frigorigène d'un évaporateur et le refoule, en le comprimant, vers un condenseur où le fluide se liquéfie en cédant de la chaleur. Le fluide frigorigène liquéfié passe successivement par un réservoir déshydrateur et un détendeur, avant de boucler le cycle en retournant à l'évaporateur. Ce faisant, la pres- sion diminue et le fluide se vaporise en refroidissant l'évaporateur de manière sensible. L'air de l'habitacle est aspiré par un pulseur électrique, qui lui fait traverser l'évaporateur et le refoule dans le même habitacle.

Klimaanlage f
Kühlanlage (Kompressionskälteanlage) zur Regulierung bzw. zur Kühlung der Temperatur im Fahrzeuginnenraum in Verbindung mit den Einrichtungen für Heizung und Belüftung.
Ein gasförmiges Kältemittel, meist Freon, wird von einem Kältekompressor aus einem Verdampfer augesaugt und unter hohem Druck zu einem Verflüssiger (Kondensator) verdrängt. Das somit erhitzte Kältemittel kühlt im Verflüssiger ab und wird flüssig, wobei ihm Wärme entzogen wird. Anschließend fließt das Kältemittel unter Druck über einen Filtertrockner und ein Expansionsventil in den Verdampfer zurück. Somit ist der Kreislauf geschlossen. Dabei wird der Druck herabgesetzt, was eine Verdampfung des Kältemittels zur Folge hat. Dieses entzieht seiner Umgebung Wärme, so daß die Temperatur im Verdampfer erheblich sinkt. Die Luft im Fahrzeuginnenraum wird von einem Elektro-Gebläse angesaugt und über die Lamellen des Verdampfers wieder in den Fahrzeuginnenraum zurückgedrückt.

air conditioner → air conditioning

air-cooled engine [cooling system]

moteur m refroidi par air, moteur m à refroidissement par air
Dans un moteur refroidi par air, l'excès de chaleur est transmis directement des parois des cylindres à l'air ambiant. Les

air cooling

cylindres et la culasse sont pourvus d'ailettes radiantes généralement venues de fonderie afin que l'effet de refroidissement soit accru. A faible allure le refroidissement est augmenté par un ventilateur.

luftgekühlter Motor, Motor mit Luftkühlung
Bei luftgekühlten Motoren erfolgt der Wärmeübergang unmittelbar von den Zylinderwänden an die Luft. Um eine bessere Kühlwirkung zu erzielen, werden Zylinder sowie Zylinderkopf mit Kühlrippen versehen. Bei langsamer Fahrt wird die Kühlwirkung durch ein Gebläse verstärkt.

air cooling [cooling system]

refroidissement m par air
Dans ce mode de refroidissement, l'excès de chaleur est transmis directement des parois des cylindres à l'air ambiant. Les cylindres et la culasse sont pourvus d'ailettes radiantes généralement venues de fonderie afin que l'effet de refroidissement soit accru.
Le système de refroidissement par air est simple, peu sujet aux pannes, il ne requiert presque aucun entretien et est parfaitement insensible au gel. Un moteur refroidi par air atteindra très rapidement sa température de fonctionnement, ce qui équivaut à une économie de carburant, mais il la perdra tout aussi vite à l'arrêt. Aux faibles allures le refroidissement par air laisse à désirer, cet inconvénient pouvant toutefois être pallié par un ventilateur, qui est tout de même un grand consommateur de puissance. Enfin le niveau sonore du moteur refroidi par air est plus élevé que celui du moteur refroidi par eau dans lequel les bruits sont amortis par la présence de chemises d'eau.

Luftkühlung f, Gebläsekühlung f, Gebläseluftkühlung f
Bei diesem Verfahren erfolgt der Wärmeübergang unmittelbar von den Zylinderwänden an die Luft. Um eine bessere Kühlwirkung zu erzielen, werden Zylinder sowie Zylinderkopf mit Kühlrippen versehen. Die Luftkühlung ist einfach in ihrem Aufbau, sie ist kaum störanfällig, praktisch wartungsfrei und kennt keine Frostgefahr. Ein luftgekühlter Motor wird seine Betriebstemperatur schnell erreichen, wobei er weniger Kraftstoff verbraucht, kühlt aber im Stillstand auch schneller ab. Die Kühlung läßt bei langsamer Fahrt nach. In diesem Fall leistet ein Gebläse gute Dienste, jedoch unter der Bedingung eines höheren Leistungsbedarfs. Schließlich ist die Geräuschdämpfung nicht so gut wie bei den wassergekühlten Motoren.

air correction jet [carburetor]
(See Ill. 8 p. 90)

calibreur m d'air, ajutage m d'automaticité
Gicleur d'air devant permettre un émulsionnage correct d'air et d'essence dans un carburateur de type Solex, quelle que soit l'allure du moteur, à l'exception toutefois du ralenti pour lequel il reste inopérant.

Ausgleichluftdüse f, Ausgleichdüse f, Luftkorrekturdüse f
Luftdüse, die in einem Solex-Vergaser für das richtige Kraftstoff-Luft-Gemisch bei jeder Motordrehzahl mit Ausnahme der Leerlaufdrehzahl sorgt.

air distribution switch [heating&ventilation]

répartiteur m de ventilation-chauffage-aération
Répartiteur qui dirige le flux d'air frais ou chaud vers l'intérieur de l'habitacle en direction du parebrise, vers le plancher avant ou arrière ou vers les ouies d'aération latérales.

Luftverteilschalter m
Schalter für Heizung und Belüftung, der die einströmende Luft je nach seiner Stellung in das Wageninnere lenkt, und zwar zur Windschutzscheibe, zum Fahrer- oder Fondfußraum oder zu den schwenkbaren Einsätzen für Seitenbelüftung.

air filter [engine] (See Ill. 16 p. 196)
also: air cleaner, air strainer (US), filter *n* (for short)

filtre m à air, filtre m d'air, épurateur m d'air
Boîtier métallique contenant une cartouche filtrante. Son rôle est d'empêcher des impuretés d'encrasser le moteur, le carburateur, la pompe d'injection et les injecteurs ainsi que d'atténuer les bruits d'aspiration.

Luftfilter m, (kurz:) Filter m
Metallkasten mit Filterpatrone. Er soll Motor, Vergaser, Einspritzpumpe bzw. Einspritzdüsen vor Verunreinigungen schützen und die Ansauggeräusche dämpfen.

air filter element → filter cartridge

airflow → aerodynamics *pl*

airflow meter [emission control]

débitmètre m
Instrument électronique qui mesure à chaque instant le débit d'air admis dans les cylindres d'un moteur.

Luftmengenmesser m
Ein elektronisches Gerät, das zu jedem Zeitpunkt die genaue Luftmenge ermittelt, die in die Zylinder eingelassen wird.

airflow sensor [injection]
also: air sensor, air volume gauge (GB) or gage (US)

sonde f de débit d'air, débitmètre m d'air
Dans le système d'injection d'essence continue K-Jetronic, la quantité d'air aspirée par le moteur est évaluée par un débitmètre se trouvant devant le papillon d'air. Il se compose pour l'essentiel d'un venturi et d'un disque de dosage fixé sur un levier. Le résultat obtenu permet alors au doseur de carburant de distribuer à chacun des cylindres du moteur la quantité de carburant nécessaire. Dans le système d'injection électronique L-Jetronic, la sonde de débit d'air a pour fonction de transmettre à l'unité de commande électronique un signal modulé selon la quantité d'air aspirée.

Luftmengenmesser m
Bei der kontinuierlichen Benzineinspritzung K-Jetronic wird die vom Motor angesaugte Luftmenge mit einem Luftmengenmesser erfaßt, der vor der Drosselklappe steht. Dieser Luftmengenmesser besteht aus einem Lufttrichter und einer Stauscheibe, die an einem Hebel befestigt ist. Anhand der gemessenen Luftmenge wird dann die Kraftstoffmenge vom Kraftstoffmengenteiler den Motorzylindern zugeteilt. Bei der elektronisch gesteuerten Benzineinspritzung L-Jetronic hat der Luftmengenmesser die Aufgabe, ein von der angesaugten Luftmenge abhängiges Spannungssignal an das elektronische Steuergerät zu liefern.

airflow sensor plate [injection]
also: air-sensor flap, sensor plate, baffle flap

plateau m sonde, disque m de dosage
Pièce de la sonde de débit d'air fixée sur un levier dans le système d'injection continue d'essence K-Jetronic.

Stauscheibe f
Teil des Luftmengenmessers in der kontinuierlichen Benzineinspritzung K-Jetronic, das an einem Hebel befestigt ist.

air-fuel mixture or air/fuel mixture
→ explosive mixture

air-fuel ratio or air/fuel ratio → mixture ratio

air gap → electrode gap

air injection (*abbr.* **AI**) [emission control]

insufflation f d'air (secondaire), post-injection f d'air
Apport d'oxygène dans le système d'échappement pour brûler les substances nocives résiduels.

Lufteinblasung f
Die Zuführung von Sauerstoff in den Auspufftrakt zur Erzielung einer Verbrennung schädlicher Reststoffe.

air injection system (*abbr.* **AIS**) [engine]

post-combustion f par insufflation d'air
Système qui apporte de l'oxygène dans le système d'échappement pour brûler les substances nocives résiduels.

Lufteinblasesystem n
Ein System, das durch die Zuführung von Sauerstoff in den Auspufftrakt eine weitere Verbrennung schädlicher Reststoffe erzielt.

air leak [carburetor]

prise f d'air
Air qui pénètre dans le conduit d'aspiration situé derrière le carburateur et qui perturbe le mélange carburé air-essence.

Falschluft f, Nebenluft f
Luft, die in die Ansaugleitung hinter dem Vergaser eindringt und sich auf das Benzin-Luft-Gemisch störend auswirkt.

airless injection → solid injection

air pollution → pollution

air pressure brake [brakes]
also: compressed air brake, air brake

freins mpl à air comprimé
Système de freinage recourant à l'air comprimé comme force d'appoint, l'effort musculaire exercé par le conducteur étant insuffisant. L'air comprimé est produit par un compresseur, stocké dans des réservoirs sous pression et, lors du freinage, il est acheminé par l'action d'un robinet vers les cylindres de frein.

Druckluftbremse f, Druckluftbremsanlage f
Bremsanlage, in der Druckluft als Hilfskraft benutzt wird, weil die Muskelkraft des Fahrers zum Bremsen nicht ausreicht. Die Druckluft wird von einem Kompressor, dem Luftpresser, erzeugt, in Behältern unter Druck aufbewahrt und beim Bremsen durch das Bremsventil in die Bremszylinder eingelassen.

air ratio [fuel system]
also: excess-air factor

lambda m, coefficient m d'air lambda, rapport m lambda, rapport m d'air
Relation entre l'air apporté effectivement à un moteur et la quantité théoriquement nécessaire. Le rapport idéal du mélange air-essence est donné par le lambda qui est équivalent à 1,0. S'il est inférieur à cette valeur, il y a manque d'air et le mélange est trop riche. Inversement il y a excès d'air et appauvrissement du mélange lorsque la valeur du lambda est supérieure à 1,0.

Luftverhältnis n, Luftzahl f, Lambda n
Das Verhältnis zwischen der einem Motor zur Verbrennung zugeführten Luftmenge und dem theoretischen Luftbedarf. Die Luftzahl gibt Aufschluß über das richtige Mischungsverhältnis von Kraftstoff und Luft. Sie ist dann gleich 1,0. Bei Luftmangel ist das Gemisch überfettet, die Luftzahl liegt dann unter 1,0. Ist dagegen die Luftzahl größer als 1,0, ergibt sich ein Luftüberschuß und ein zu mageres Gemisch.

air reservoir [brakes]
also: air tank

réservoir m d'air
Partie de l'installation de freins à air comprimé. Lorsqu'on enfonce la pédale de freins, l'air contenu dans le réservoir est chassé par une soupape vers les cylindres.

Druckluftbehälter m, Luftbehälter m
Teil der Druckluftbremsanlage. Bei der Betätigung des Bremsfußhebels läßt das Bremsventil die Druckluft aus dem Behälter den Bremszylindern zuströmen.

air resistance [physics]
also: drag *n*

résistance f de l'air, résistance f à l'air, résistance f aérodynamique
Force contrariant l'avancement d'un véhicule par rapport à l'air. Elle est d'autant plus sensible que la vitesse du véhicule est élevée. La résistance de l'air dépend du coefficient de pénétration dans l'air Cx, appelé également coefficient de traînée, de la masse volumique de l'air ρ s'exprimant en kg/cm^3, de la valeur du maître-couple S, qui est l'aire de la plus grande section transversale du véhicule, et de la vitesse v qui s'entend en m/s. Cette résistance, qui s'exprime en N, a pour expression:

$$R = Cx \times \frac{v}{2g} \times S \times v^2 \text{ ou bien}$$

$$R = \frac{1}{2} \times Cx \times \rho \times S \times v$$

Luftwiderstand f
Hemmende Kraft, die sich der Bewegungsrichtung eines sich relativ zur Luft bewegenden Fahrzeugs entgegensetzt. Sie fällt bei hohen Geschwindigkeiten besonders schwer ins Gewicht. Der Luftwiderstand ist von der Form des Fahrzeugs (ausgedrückt durch die Luftwiderstandszahl Cw), seinem Querschnitt A senkrecht zur Strömungsrichtung (Schattenquerschnitt), der Anblasgeschwindigkeit v der strömenden Luft und der Luftdichte ρ abhängig. Es gilt:

$$W = A \times Cw \times \rho \times \frac{v^2}{2}$$

air sensor $\rightarrow$ airflow sensor

air-sensor flap $\rightarrow$ airflow sensor plate

air silencer (GB) [engine]
also: intake silencer (GB), intake muffler (US), silencer filter (GB), noise filter

silencieux m d'admission, silencieux m d'aspiration
Dispositif branché sur le filtre à air et servant à atténuer les bruits d'aspiration du moteur. Son mode de fonctionnement s'inspire de celui du silencieux d'échappement.

Ansauggeräuschdämpfer m, Ansaugdämpfer m
Vorrichtung, die dem Luftfilter vorgeschaltet ist und der Dämpfung des Ansauggeräusches des Motors dient. Sie ist dem Abgasschalldämpfer nachempfunden.

air spring [suspension]

ressort m pneumatique
Dispositif capable de produire un effet de ressort par moyens pneumatiques.

Luftfeder f
Eine Vorrichtung, die auf pneumatischem Weg eine Federungswirkung erzeugt.

air strainer (US) → air filter

air tank → air reservoir

air temperature sensor [injection] (See Ill. 16 p. 196)

capteur m de température d'air
Capteur de température d'air aspiré, qui agit sur la quantité de carburant injecté dans un système d'injection électronique.

Temperaturfühler m
Temperaturfühler für die Ansaugluft, welcher die Kraftstoff-Einspritzmenge in einer elektronisch gesteuerten Benzineinspritzanlage beeinflußt.

air tester → pressure loss tester

air tube → inner tube

air volume gauge (GB) *or* **gage** (US)
→ airflow sensor

air volume lever [heating&ventilation]

manette f de débit d'air
Manette à portée de main du conducteur servant à moduler le débit d'air pénétrant dans l'habitacle dans un système de ventilation-chauffage-aération.

Hebel f für Luftmenge
Hebel der Heizungs- und Belüftungsanlage zur Einregulierung der Luftzufuhr ins Wageninnere.

AIS = air injection system

alarm message [safety]

alerte f vocale, message m d'alerte
Message signalant p.e. un comportement fautif du conducteur (frein à main non desserrée, ceinture non attachée, etc.), ou une défaillance d'une fonction de la voiture (projecteur non fonctionnant etc.).

Warnmeldung f
Ein akustische Meldung, die z.B. auf ein Fehlverhalten des Fahrers hinweist (Handbremse nicht gelöst, Sicherheitsgurt nicht angelegt etc.) oder auf eine Funktionsstörung eines Fahrzeugkomponente (Ausfall eines Scheinwerfers etc.).

alignment checking bench → alignment unit

alignment unit [wheels]
also: wheel alignment analyzer, alignment checking bench, track-measuring instrument

appareil m de vérification du parallélisme
Appareil conçu pour vérifier le carros-

sage, le pinçage ou l'ouverture, la chasse ainsi que l'angle de braquage des roues intérieure et extérieure ou divergence en virage.

Achsmeßgerät n, Spurmeßgerät n
Mit Hilfe dieses Gerätes werden der Radsturz, die Vor- bzw. Nachspur, der Nachlauf und der Spurdifferenzwinkel überprüft.

aliphatic compounds [chemistry]

composés mpl aliphatiques
Corps organiques à chaîne ouverte (droite ou ramifiée) d'atomes de carbone.

aliphatische Verbindungen, Aliphate pl
Organische Verbindungen, die aus geraden oder verzweigten Kohlenwasserstoffketten gebildet sind.

alkaline accumulator → alkaline (storage) battery

alkaline (storage) battery [electrical system]

also: alkaline accumulator, nife accumulator, iron-nickel accumulator, Edison accumulator

accumulateur m alcalin
Dans les acculumateurs alcalins les électrodes sont constituées par des plaques de fer et de nickel ou de nickel et de cadmium plongeant dans une solution de soude composée d'eau distillée et d'hydroxyde de potassium. L'accumulateur alcalin possède une tension plus faible que l'acculumateur au plomb (1,25 volt par élément en moyenne).

alkalische Batterie, Alkalibatterie f, Edison-Batterie f
In den alkalischen Batterien findet man Nickel-Eisen- oder Nickel-Cadmium-Elektroden, die in einer Kalilauge als Elektrolyt eingetaucht sind. Sie besitzen eine etwas schwächere Zellenspannung als die Bleiakkumulatoren (1,25 V im Durchschnitt).

alkaline neutralizer
→ battery terminal grease

alkanes pl [chemistry]

alcanes mpl
Nom générique désignant les hydrocarbures saturés de la série grasse (alcane est synonyme de paraffine).

Alkane fpl
Sammelbegriff für die gesättigten Kohlenwasserstoffe der Paraffinreihe.

alkyd resin [vehicle body]

alkyd m
Résine polyester obtenue par condensation d'un polyalcool avec un polyacide. Elle sert de matière première dans la fabrication de peinture pour carrosserie.

Alkydharz n
Polyesterharz hergestellt durch Kondensation von einem mehrwertigen Alkohol mit einer Polysäure. Alkydharz dient als Lackrohstoff für Autokarosserien.

alkylation [chemistry]

alkylation f, alcoylation f
Combinaison d'une oléfine avec des composés organiques. L'alkylation par combinaison de l'isobutylène et de l'isobutane aboutit à l'isooctane.

Alkylierung f, Alkylation f
Einführung von Alkyl in organische Verbindungen. Durch die Verbindung von Isobutylen und Isobutan erhält man Isooktan.

alloy *n* [materials]

alliage m
Fusion d'un métal avec un ou plusieurs autres métaux ou nonmétaux. Il peut également s'agir d'un frittage de diverses poudres métalliques ou d'une cémentation. Ces opérations ont pour but d'améliorer les propriétés des métaux.

Legierung f
Zusammenschmelzen eines Metalls mit einem oder mehreren Metallen oder Nichtmetallen. Legierungen werden auch durch das Sintern verschiedener Metalle in Pulverform oder durch Veredelung der Metalloberflächen durch Zementation erzielt. Auf diese Weise können die Eigenschaften der Metalle gezielt verbessert werden.

all-wheel drive (*abbr.* **AWD**) [transmission] (*compare:* four-wheel drive)

traction f intégrale
Système de traction qui agit sur toutes les roues de la voiture (quatre ou plus). Souvent il y a la possibilité d'intégrer une paire de roues seulement en cas de nécessité. Si la traction intégrale est insérée toujours, s'agit d'une traction intégrale permanente.

Allradantrieb m
Ein Antriebssystem, bei dem alle Räder (vier oder ggf. auch mehr) eines Fahrzeugs angetrieben werden. Oft werden jeweils zwei Räderpaare nur im Bedarfsfall dazugeschaltet. Bei einem Fahrzeug mit vier Rädern identisch mit Vierradantrieb. Ist der Allradantrieb immer zugeschaltet, nennt man ihn permanenter Allradantrieb.

alternating current (*abbr.* **a.c., AC**) [electrical system]

courant m alternatif (abr. c.a.)
Courant du secteur. Il est transformé en courant continu à l'aide de redresseurs.

Wechselstrom m
Strom aus dem Netz. Er wird durch Gleichrichter in Gleichstrom für die Batterie umgewandelt.

alternative fuel [fuels]

carburant m alternatif, carburant m de substitution
Tout autre carburant que l'essence ou le gasoil, p.e. le gas liquide.

alternativer Kraftstoff, Alternativkraftstoff m
Jeder andere Kraftstoff außer Benzin oder Diesel, z.B. Flüssiggas.

alternator [electrical system]
(See Ill. 1 p. 31)

alternateur m
Générateur électrique d'un véhicule entraîné par le vilebrequin du moteur à l'aide d'une courroie trapézoïdale. Il alimente les organes consommateurs d'énergie électrique et charge la batterie à accumulateurs.

Generator m, Lichtmaschine f (Abk. LiMa), Wechselstromlichtmaschine f, Wechselstromgenerator m, Alternator m (selten)
Generator eines Kraftfahrzeuges, der von der Kurbelwelle des Verbrennungsmotors mit einem Keilriemen angetrieben wird, die Verbraucher elektrischer Energie im Fahrzeug versorgt und die Batterie lädt.

alternator regulator → generator regulator

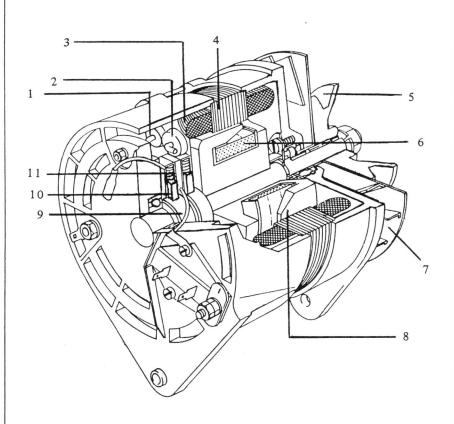

1 positive diode
2 negative diode
3 stator winding
4 stator
5 pulley
6 rotor winding
7 fan wheel
8 rotor
9 slip ring
10 brush
11 brush spring

Ill. 1: alternator, three-phase alternator, a claw-pole generator

altitude correction device [carburetor]

correcteur m altimétrique
Dispositif destiné à corriger les variations de pression atmosphérique. Lorsque celle-ci diminue, une capsule manométrique s'allonge et commande une aiguille qui entrave plus ou moins l'écoulement de l'essence à travers le gicleur principal du carburateur.

Höhenkorrektor m
Vorrichtung für den Ausgleich von Luftdruckschwankungen. Mit zunehmender Höhe dehnt sich eine Druckdose aus, die eine Düsennadel betätigt. Der Benzinzufluß durch die Hauptdüse des Vergasers wird damit mehr oder weniger gehemmt.

altitude sensor [emission control]

capteur m altimétrique
Composant d'un moteur dépollué qui fournit à la centrale électronique des données sur l'altitude courant du véhicule en montagne.

Höhensensor m
Ein elektronisches Bauteil bei Motoren mit Abgasregelung, das aktuelle Werte über die aktuelle Höhenposition eines Fahrzeugs an die zentrale Steuerung liefert.

aluminium (GB) → alumin J (US)

aluminum (US) [materials]
also: aluminium (GB)

aluminium m
Métal blanc brillant, mou et très malléable, fondant à 659° C. Il se distingue par sa bonne conductibilité électrique et thermique ainsi que par ses propriétés de dilatation thermique. L'aluminium entre dans la composition de nombreux alliages appelés "alliages légers".

Aluminium n
Weißglänzendes, weiches und gut formbares Metall mit Schmelzpunkt bei 659° C. Es hat gute elektrische und Wärmeleitfähigkeit sowie große Wärmeausdehnung. Mit anderen Zusätzen ergibt Aluminium sehr widerstandsfähige Legierungen (Leichtmetall-Legierungen).

aluminum-silicon alloy [materials]

alliage m aluminium-silicium
Alliage à très forte teneur en silicium utilisé tout particulièrement dans la fabrication de pistons en alliage léger. Ce type d'alliage est très résistant à l'usure et présente une faible dilatation thermique.

Aluminium-Silizium-Legierung f
Legierung mit hohem Siliziumgehalt, die besonders bei der Herstellung von Leichtmetallkolben bevorzugt wird. Sie ist verschleißfest mit geringer Wärmedehnung.

ambient thermo-switch [heating&ventilation]

thermostat m d'ambiance
Thermostat réglant la température ambiante à l'intérieur de l'habitacle.

Temperaturschalter m
Schalter zur Regulierung der Innentemperatur im Fahrgastraum.

ammeter [instruments]

ampèremètre m
Appareil in dicateur de l'intensité du courant électrique. Il se branche en série. Dans les véhicules automobiles il s'agit fréquemment d'un appareil supplémentaire mesurant la quantité de courant qui entre et qui sort de la batterie et indiquant l'état de charge de l'alternateur. Il est du

type à zéro central et la plage de son échelle va de -30 A à +30 A.

Amperemeter *n,* **Strommesser** *m*
Anzeigeinstrument für die elektrische Stromstärke. Es wird in Reihe geschaltet. Bei Kraftfahrzeugen mißt das oft als zusätzliches Instrument eingebaute Amperemeter die der Batterie zufließende bzw. die von der Batterie abgegebene Strommenge und zeigt die Ladetätigkeit der Lichtmaschine an. Die Anzeige ist in der Regel auf -30 A bis +30 A bemessen.

ampere-hour (*abbr.* **Ah**) [electrical system] (See Ill. 2 p. 50)

ampère-heure m
Quantité d'électricité transportée en une heure par un courant d'un ampère. Unité de capacité d'une batterie au plomb.

Amperestunde f
Transportierte Ladung, wenn ein Strom von 1 Ampere eine Stunde lang fließt. Einheit der Kapazität einer Bleibatterie.

ampere-hour capacity → battery capacity

ampere-turns *pl* [electrical system]
also: ampere windings

ampères-tours pl
Unité de champ magnétique. Produit du nombre des spires d'une bobine par le courant électrique qui les traverse.

Amperewindungen fpl, Amperewindungszahl f, Durchflutung f
Maß für die magnetische Feldstärke. Produkt aus der Anzahl der Drahtwicklungen einer Spule und dem sie durchfließenden Strom in Ampere.

ampere windings → ampere-turns *pl*

amphibian vehicle → amphibious vehicle

amphibious vehicle [vehicle]
also: amphibian vehicle

véhicule m amphibie
Véhicule capable de se déplacer sur l'eau grâce à l'étanchéité de la partie inférieure de sa caisse.

Amphibienfahrzeug n
Schwimmfähiges Landfahrzeug durch wasserdichte Ausbildung der unteren Karosseriehälfte.

amp. hours = ampere-hour capacity

anchorage point of seat belt → seatbelt anchorage point

angle *n* [mechanical engineering]

angle m
Figure géométrique formée par deux lignes ou deux surfaces de même origine. On distingue les angles aigus, les angles droits, les angles obtus, les angles plats, les angles rentrants et les angles pleins.

Winkel m
Geometrisches Gebilde aus zwei von einem Punkt ausgehenden Strecken oder Ebenen. Man unterscheidet: spitze Winkel, rechte Winkel, stumpfe Winkel, gestreckte Winkel, erhabene (überstumpfe) Winkel und Vollwinkel.

angle of lock [steering]

angle m de braquage
Angle formé par les roues directrices avec l'axe longitudinal d'un véhicule lorsque le volant de direction est tourné à fond.

Einschlagwinkel m der Vorderräder
Neigung der gelenkten Räder zur Längs-

angle of valve seat

achse des Fahrzeugs beim größten Lenkeinschlag.

angle of valve seat → valve seat angle

angle drive [transmission]
also: angle transmission

renvoi m d'angle réducteur
Le renvoi d'angle a pour but de transmettre le mouvement de rotation du vilebrequin disposé dans l'axe du véhicule aux arbres de roue perpendiculaires au sens de l'avance sous un angle de 90° avec un rapport de démultiplication approximatif de 1:5 pour les voitures de tourisme. Le renvoi d'angle s'obtient par couple conique à denture droite (abandonné), à denture hélicoïdale (taille Gleason), à denture hypoïde, par vis sans fin droite ou globique.

Winkelgetriebe n, Umlenkgetriebe n
Das Winkelgetriebe überträgt die Drehbewegung der in Längsrichtung des Kraftfahrzeuges liegenden Antriebswelle (Kurbelwelle) auf die quer zur Fahrtrichtung liegenden Radwellen unter einem Winkel von 90°. Dabei beträgt das Untersetzungsverhältnis für Pkw ca. 1:5. Die üblichen Winkelgetriebe sind der Kegelrad-Stirnrad-Antrieb (veraltet), die Gleason-Kreisbogenverzahnung, der Hypoid-Kegelräder-Antrieb, das zylindrische Schneckengetriebe und die Globoidschneckenverzahnung.

angle transmission → angle drive

angular ignition spacing [ignition]

cycle m de came, période f d'allumage
Somme de l'angle de came et de l'angle d'ouverture. Ce cycle équivaut à l'angle de rotation de l'arbre d'allumeur entre deux allumages successifs.

Zündwinkel m, Zündabstand m, Unterbrechungsabstand m, Gesamtwinkel m
Der Zündwinkel setzt sich aus Schließ- und Öffnungswinkel zusammen. Er entspricht dem Drehwinkel der Verteilerwelle von Zündpunkt zu Zündpunkt.

angular velocity [physics]

vitesse f angulaire
La vitesse angulaire d'un corps en rotation est le nombre de tours qu'il accomplit en une seconde.

Winkelgeschwindigkeit f
Die Winkelgeschwindigkeit eines rotierenden Körpers ist die Anzahl Umdrehungen, die er in einer Sekunde vollzieht.

aniline [chemistry, fuels]

aniline f
Produit antidétonant de l'essence.

Anilin n
Antiklopfmittel im Benzin.

annular rubber ring [suspension]

ressort m annulaire en caoutchouc
Ressort creux en caoutchouc de forme conique se trouvant dans l'élément d'une suspension hydrolastique et qui, lorsque la roue surmonte un obstacle, se déforme en augmentant ainsi la pression du liquide hydraulique circulant dans la tuyauterie qui relie les éléments avant et arrière.

Gummischubfeder f, Gummifederkissen n, Gummihohlfeder f
Hohl ausgebildete, konische Gummifeder im Federaggregat der Hydrolasticfederung, die sich beim Durchfahren einer

Bodenunebenheit verformt und das Hydrauliköl in der Verbindungsleitung zwischen vorderem und hinterem Federaggregat unter Druck setzt.

annulus *n* [transmission]
(See Ill. 27 p. 386)
also: ring gear, internally-toothed outer ring *(of an epicyclic gear)*

couronne f à denture intérieure, couronne f planétaire, grand planétaire m
Couronne d'un train planétaire toujours en prise avec les satellites, qui sont généralement au nombre de trois.

Hohlrad n, Außenrad n (äußeres Hohlrad), Innenrad n (Rad mit Innenverzahnung)
Innenverzahntes Rad in einem Planetengetriebe. Mit dem Hohlrad sind die — meist drei — Planetenräder dauernd im Eingriff.

anodic oxidation [vehicle body]
also: anodizing *n*

anodisation f
Oxydation électrolytique de l'aluminium qui engendre la formation d'une couche protectrice mince et très dure contre la corrosion et sur laquelle les couches de peinture accrochent parfaitement.

Eloxieren n, Anodisieren n, anodische Oxidation
Elektrolytische Oxidation von Aluminium, die zur Bildung einer dünnen bzw. harten Korrosionsschutzschicht führt und eine Grundlage für nachfolgende Anstriche abgibt.

anodizing *n* → anodic oxidation

antechamber → prechamber

antechamber compression ignition engine → precombustion engine

ante-combustion chamber → prechamber

anti-acid grease → battery terminal grease

anti-ageing additive [fuels]

additif m protégeant contre le vieillissement
Additif qui réduit la tendance à l'oxydation des carburants et, par conséquence, leur vieillissement.

Alterungshemmstoff m
Additiv, das die Oxidationsneigung von Kraftstoffen und damit deren Alterung verringert.

anti-collision radar [electronics]
also: light detection and ranging *(abbr.* LIDAR)

radar m anticollision
Système électronique dans les automobiles modernes qui alerte le conducteur quand son véhicule ne maintient plus la distance de sécurité.

Antikollisionsradar n
Ein elektronisches System in einem Automobil, das den Fahrer aufmerksam macht, wenn er den festgelegten Mindestsicherheitsabstand zum Vordermann unterschreitet.

anti-corrosive agent → corrosion inhibitor

anti-dazzle filament → dip filament

anti-dazzle light → low beam

anti-detonant agent → anti-knock additive

anti-dieseling valve → idle cutoff valve

antidive *n* [suspension]

dispositif m anti-galop, dispositif m anticabreur
Dispositif de suspension d'un véhicule automobile supprimant tout mouvement de tangage, cabrage et plongée lors du freinage.

Anti-Dive n, Anti-Dive-Vorrichtung f
Bremsnickausgleich durch geeignete Auslegung der Federung gegen das Tauchen der Vorderachse beim Bremsvorgang (Anti-Dive-Effekt).

anti-fatigue bolt [mechanical engineering]

vis f à tige allégée
Vis dont la tige effilée garantit une plus grande élasticité et une meilleure résistance à la rupture.

Dehnschaftschraube f, Dehnschraube f
Schraube mit schlanker Schaftform, die größere Elastizität und Bruchsicherheit gewährleistet.

anti-foam(ing) additive → foaming inhibitor

anti-foam agent → foaming inhibitor

antifreeze *n* [cooling system]
also: antifreezing agent

antigel m, antigivre m, liquide m incongelable
Matière qui abaisse le point de congélation de l'eau. La plupart des antigels sont des glycols.

Frostschutzmittel n, Gefrierschutzmittel n
Stoff, der den Gefrierpunkt des Kühlwassers senkt. Meist handelt es sich um Glykol.

antifreeze additive [fuels]

additif m antigel
Additif qui abaisse le point de congélation.

Frostschutzadditiv n
Ein Additiv, das den Gefrierpunkt senkt.

antifreeze pump [brakes]
also: de-icing pump

pompe f antigel
Pompe servant à injecter de l'antigel dans une installation de freins à air comprimé afin d'empêcher que l'eau de condensation ne se transforme en cristaux de glace. Elle se compose d'un réservoir à antigel ainsi que d'une pompe à main ou d'une pompe automatique.

Frostschutzpumpe f
Pumpe zum Einspritzen von Gefrierschutzmittel in eine Druckluftbremsanlage, um eine Eisbildung durch Kondenswasser zu verhüten. Sie besteht aus einem Vorratsbehälter für das Frostschutzmittel sowie aus einer Handpumpe oder einer automatischen Pumpe.

antifreezing agent → antifreeze *n*

anti-glare filament → dip filament

anti-glare light → low beam

anti-knock additive [fuels]
also: anti-knock agent, anti-detonant agent, detonation suppressant

additif m antidétonant, antidétonant m, inhibiteur m antidétonant, composé m antidétonant
Les antidétonants sont des composés chimiques tels que le plomb tétraéthyle ou le pentacarbonyle de fer qui sont ajoutés à certains carburants pour en augmenter l'indice d'octane et renforcer leur résistance à la détonation.

Antiklopfmittel n, Gegenklopfmittel n, Klopfbremse f, OZ-Verbesserer m, Gegenklopfstoff m
Chemische Verbindungen wie z.B. Tetraäthylblei oder Eisenkarbonyl, die bestimmten Kraftstoffen zur Erhöhung der Oktanzahl bzw. zur Beseitigung des Klopfens zugesetzt werden.

anti-knock agent → anti-knock additive

anti-knock quality [fuels]
also: anti-knock rating, knock rating, knock resistance, knocking resistance

résistance f à la détonation
Propriété que possède un carburant de s'opposer à la combustion prématurée. La résistance à la détonation est définie par l'indice d'octane et renforcée par des produits additifs antidétonants. Elle dépend toutefois d'autres facteurs également tels que la compression, le nombre de tours ainsi que de la température de l'air et de l'eau du radiateur.

Klopffestigkeit f
Widerstandseigenschaft eines Kraftstoffes, sich nicht voreilig zu entzünden. Die Klopffestigkeit wird durch die Oktanziffer gekennzeichnet und durch Zusatz von Antiklopfmitteln verstärkt. Sie hängt allerdings auch von weiteren Faktoren (Verdichtung, Drehzahl, Luft- und Kühlwassertemperatur) ab.

anti-knock rating → anti-knock quality

anti-lock(ing) brake system (*or* **braking system**) → ABS braking device

anti-pollution laws [emission control]

normes fpl antipollution, réglements mpl antipollution, réglementation f antipollution
Le normes antipollution (p.e. de la CEE) fixent les teneurs maximales des polluants dans les gaz d'échappement des automobiles.

Abgasgesetze npl
Die Abgasgesetze (wie die der CEE) legen die maximalen Werte für die in Autoabgasen zulässigen Schadstoffe fest.

anti-roll bar (GB) → stabilizer

anti-skid brake system → ABS braking device

antismog device → emission control device

anti-theft device [safety]

dispositif m antivol, antivol m, protection f contre le vol, sécurité f contre les voleurs
Tout dispositif pour protéger les voitures contre le vol, p.e. le verrouillage du volant de direction.

Diebstahlsicherung f
Jede Vorrichtung, die ein Fahrzeug gegen Entwendung sichert, z.B. ein Lenkradschloß.

anti-theft ignition lock [safety]

antivol m coupe-contact
Dispositif antivol qui coupe le circuit

d'allumage ou déconnecte une pompe à essence électrique. Il est constitué d'un simple interrupteur à bascule ou à tirette dissimulé, dont seul le conducteur connaît l'emplacement.

Diebstahlsicherung f mit Trickschaltung, Trickschaltung f
Diebstahlerschwerer, bestehend aus einem versteckten Kipp- oder Zugschalter, der die Zündanlage unterbricht oder die elektrische Benzinpumpe, falls vorhanden, abschaltet.

API grade [fuels] (*from:* American Petroleum Institute)

degré m API
Classification définissant neuf catégories d'huiles minérales réparties en deux sous-groupes désignés par une lettre:
S (Service) pour véhicules à essence et C (Commercial) pour véhicules essence et diesel. Une 2e lettre précise le type d'utilisation et le niveau de performance.
Catégorie S: SA—SB—SC—SD—SE
Catégorie C: CA—CB—CC—CD
La catégorie CD ne concerne que les moteurs diesel.

API-Grad n
Einteilung der Mineralölsorten in 9 Klassen mit 2 Untergruppen:
S (Service) für Benzinmotoren und C (Commercial) für Benzin- und Dieselmotoren. Ein zweiter Kennbuchstabe weist auf das Leistungsvermögen der betreffenden Ölsorte hin.
S-Reihe: SA—SB—SC—SD—SE
C-Reihe: CA—CB—CC—CD
Klasse CD nur für Dieselmotoren.

apply v **the brakes** → brake v

aquaplaning n [tires, safety]
also: hydroplaning n (US)

hydroplanage m, aquaplanage m, aquaplaning m
Glissement dangereux d'un pneu de véhicule sur une chaussé mouillée. Plus la nappe d'eau sur la chaussée est épaisse et la vitesse du véhicule élevée, plus grande sera la quantité d'eau que le pneu devra dégager. Il s'ensuit une pression hydraulique prenant naissance devant le pneu et formant une poche d'eau que celui-ci ne parvient plus à refouler. Cette vague de proue a dès lors tendance à soulever le pneu. Si la pression de la poche d'eau l'emporte sur celle du pneu sur la chaussée, il n'y a plus d'adhérence du tout. En l'absence de tout contact avec le sol, les efforts de freinage et de direction ne sont plus transmis, le véhicule devient incontrôlable.
L'aquaplanage est tributaire de l'épaisseur de la couche d'eau sur la chaussée, de la vitesse du véhicule, de la hauteur et de la forme des sculptures de la bande de roulement et de la largeur du pneu (les pneus taille basse y sont plus sensibles).
En cas de formation de nappes d'eau compactes sur la chaussée, il est impératif de réduire la vitesse du véhicule à 80 km/h maximum.

Aquaplaning n, Wasserglätte f, Aufschwimmen n, Aufgleiten n
Aufschwimmen eines Autoreifens auf einer Wasserschicht. Je stärker die Wasserschicht auf der Fahrbahn und je höher die Geschwindigkeit des Fahrzeugs ist, um so mehr Wasser muß der Reifen verdrängen. Vor dem Reifen entsteht ein Keil aus unverdrängtem Wasser. Diese Bugwelle versucht, den Reifen anzuheben. Wird der Druck des Wasserkeils größer als der Druck des Reifens auf die Fahrbahn, wird der Kraftschluß vollständig aufgehoben. Es besteht kein Kontakt

mehr zur Fahrbahn, weil das Wasser durch das Reifenprofil nicht mehr ausweichen kann, und der Reifen kann keine Brems- und Lenkkräfte mehr auf die Fahrbahn übertragen.
Das Aquaplaning ist vor allem von der Stärke des Wasserfilms auf der Fahrbahn, dem gefahrenen Tempo, dem Zustand und der Gestaltung der Profilierung auf der Reifenlauffläche und der Breite des Reifens abhängig (Breitreifen sind eher gefährdet).
Hat sich auf der Fahrbahn ein geschlossener Wasserfilm gebildet, sollte die Geschwindigkeit auf max. 80 km/h gedrosselt werden.

arc welding → electric arc welding

armature [electrical system]
(See Ill. 30 p. 445)

induit m
Partie de machines électriques (moteurs, génératrices) pourvue d'un enroulement dans lequel une tension est produite par induction.

Anker m
Teil von elektrischen Maschinen (Motor, Generator), in dessen Wicklung eine Spannung durch Induktion erzeugt wird.

armature brake [starter motor]

frein m d'induit
Dispositif mécanique ou électrique qui remet l'induit d'un démarreur en position de repos, dès que celui-ci est mis hors circuit.

Ankerbremse f
Mechanische oder elektrische Vorrichtung, die das schnelle Zurückbringen des Ankers in seine Ruhelage sofort nach dem Ausschalten des Anlassers bewirkt.

aromatic compounds [chemistry]
also: aromatics *pl*

composés mpl aromatiques
Composés organiques cycliques élaborés au départ du noyau benzénique.

Aromate npl, aromatische Verbindungen, Arene pl
Zyklische organische Verbindungen, die nur auf dem Benzolring aufgebaut sind.

aromatics *pl* → aromatic compounds

articulated jack [tools]
also: scissor-jack

cric m à parallélogramme
Cric qui se manœuvre au moyen d'une vis horizontale tournant dans un écrou.

Scherenwagenheber m, Scherenheber
Wagenheber (Wagenwinde) mit waagerechter Schraubenspindel, die sich in einer Mutter dreht.

asbestos [materials]

amiante f
Minéral à contexture fibreuse. L'amiante est réfractaire et résiste aux acides. Grâce à son pouvoir isolant et réfractaire, il est utilisé dans la fabrication de joints d'étanchéité, de garnitures de frein et d'embrayage. L'amiante est cancérigène.

Asbest n
Faseriges Mineral, das säure- und feuerfest ist. Wegen seines hohen Isolationsvermögens und seiner Hitzebeständigkeit wird Asbest u.a. bei der Herstellung von Dichtungsmaterial, Brems- und Kupplungsbelägen verwendet. Asbest kann Krebs verursachen.

aspect ratio [tires]

coefficient m d'aspect

Rapport entre la largeur et la hauteur d'un pneumatique.

H:B-Verhältnis n, Querschnitts-verhältnis n
Verhältnis der Querschnittshöhe zur Breite eines Autoreifens.

asymmetrical beam → asymmetric low beam

asymmetric low beam [lights]
also: asymmetrical beam

feux mpl de code asymétriques, faisceau m européen unifié
Système d'éclairage permettant d'obtenir une plus grand portée lumineuse sur la moitié droite de la chaussée que sur la moitié gauche afin d'éliminer le risque d'éblouissement pour les usagers roulant en sens inverse.

asymmetrisches Abblendlicht
Mit dem asymmetrischen Abblendlicht wird die rechte Fahrbahnhälfte besser ausgeleuchtet, während die Lichtweite der Scheinwerfer auf der linken Seite begrenzt ist, um eine Blendung des Gegenverkehrs zu verhüten.

atmospheric chamber

chambre f sous pression atmosphérique
Partie de la chambre à diaphragme dans un régulateur à dépression.

Atmosphärendruckkammer f
Teil des Membranblocks in einem Unterdruckregler.

atmospheric pressure [physics]
also: barometric pressure

pression f atmosphérique
Pression exercée par l'atmosphère terrestre en un point déterminé.

atmosphärischer Druck, Atmosphärendruck m, barometrischer Luftdruck
Der von der Erdatmosphäre ausgeübte Druck auf eine bestimmte Stelle.

authorized towed weight [law]

poids m remorquable
Charge tractée par un véhicule et dont la valeur maximale est fixée par le législateur. Dans le cas du poids remorquable sans frein, le poids de la remorque doit être très inférieur au poids à vide du véhicule tracteur. Pour ce qui touche le poids remorquable avec frein, la charge de la remorque ne peut excéder le poids total admissible du véhicule tracteur.

zulässige Anhängerlast
Von einem Fahrzeug geschleppte Last, deren Höchstwert vom Gesetzgeber vorgeschrieben ist. Bei der zulässigen Anhängerlast ungebremst muß das Gewicht des Anhängers erheblich unter dem Zugwagenleergewicht liegen, und bei der zulässigen Anhängerlast gebremst darf diese das zulässige Gesamtgewicht des Zugwagens nicht überschreiten.

autogenous welding [mechanical engineering]
also: acetylene welding

soudure f autogène, soudure f au chalumeau, soudure f oxyacétylénique
Assemblage par fusion de deux éléments d'un même métal avec ou sans apport d'un métal présentant la même composition que celle des éléments à souder. Les gaz combustibles utilisés (acétylène, hydrogène, propane, etc.) sont fournis par un chalumeau oxyacétylénique (chalumeau injecteur), qui opère le mélange avec de l'oxygène. Avec l'acétylène on parvient à obtenir une flamme de chauffe de 3200° C environ.

Gasschmelzschweißen n, Autogenschweißen n, Gasschweißverfahren n
Verbindung zweier Werkstücke aus demselben Metall durch Verflüssigung ihres Werkstoffs mit oder ohne Zusatzwerkstoff, der die gleiche Zusammensetzung aufweist. Die benötigte Wärme wird durch Verbrennung eines Heizgases (Acetylen, Wasserstoff, Propan usw.) erzeugt, das in einem Schweißbrenner (meist Injektorbrenner, Saugbrenner) mit Sauerstoff gemischt wird. Mit Acetylen können Flammentemperaturen bis ca. 3200° C erreicht werden.

auto-ignition → self-ignition

automatic choke [carburetor]
also: automatic starting unit

starter m automatique, auto-starter m, volet m automatique, choke m automatique
Volet de départ à froid disposé au-dessus de la chambre de mélange d'un carburateur et s'ouvrant automatiquement sous l'action d'un bilame, lorsque le moteur atteint une temperature suffisante. Le ressort bilame est réchauffé électriquement, par l'eau du radiateur ou par les gaz d'échappement. On rencontre également un élément à cire qui remplace le ressort bilame.

Startautomatik f
Starterklappe über dem Vergaserdurchlaß, die sich selbsttätig öffnet, wenn der Motor seine Betriebstemperatur erreicht hat. Das Kernstück der Startautomatik ist eine Bimetallfeder, die elektrisch, durch das Kühlwasser oder die Abgase erwärmt wird. Neuerdings wird ein Dehnstoffelement statt einer Bimetallfeder eingesetzt.

automatic cruise control → cruise control

automatic gearbox (GB) → automatic transmission (system)

automatic injection timer [diesel engine]

variateur m d'avance automatique
Dispositif de moteur diesel qui permet de faire varier automatiquement l'avance à l'injection par effet centrifuge de masses selon le régime du moteur.

automatischer Spritzversteller
Vorrichtung in Dieselmotoren, die je nach der Drehzahl den Einspritzbeginn durch Fliehgewichte automatisch verschiebt.

automatic leveling system [suspension]
also: self-leveling suspension

régulation f automatique de l'assiette, correcteur m électronique d'assiette, suspension f à correction d'assiette
Un système électronique capable d'ajuster automatiquement la garde au sol d'un véhicule pour compenser les charges différentes sur les essieux.

Niveauregelung f, Niveauregulierung f, Niveauausgleich m
Ein elektronisches System, das in der Lage ist, die Bodenfreiheit eines Fahrzeugs automatisch so zu regulieren, daß Schwankungen durch unterschiedliche Beladung ausgeglichen werden.

automatic starting unit → automatic choke

automatic transmission (system) [transmission]
also: automatic gearbox (GB), hydrodynamic transmission, hydro-mechanical gearbox (GB)

automobile

transmission f automatique, boîte f de vitesses automatique, boîte f automatique (de vitesses)
La transmission automatique est un convertisseur de couple qui choisit automatiquement le rapport de changement de vitesses dans la transmission s'opérant entre le moteur et les roues motrices en fonction de la vitesse du véhicule et des conditions de charge. La plupart des boîtes de vitesses automatiques sont montées soit avec un coupleur hydraulique, soit avec un convertisseur de couple auquel s'ajoutent un ou plusieurs engrenages planétaires ou épicycloïdaux.

automatisches Getriebe, Getriebeautomat m
Drehmomentwandler, der den geforderten Bedingungen entsprechend das richtige Übersetzungsverhältnis in der Kraftübertragung zwischen Motor und Antriebsrädern automatisch wählt bzw. schaltet. Die meisten Getriebeautomaten sind Strömungskupplungen bzw. Strömungswandler, denen ein oder mehrere Planetengetriebe nachgeschaltet sind.

automobile [vehicle]
also: motor car, car

automobile f, véhicule m automobile
Véhicule terrestre propulsé par un moteur (à combustion ou autre) et servant au transport de personnes et/ou de fret.

Auto n, Automobil n (fachspr.), Kraftwagen m
Ein motorgetriebenes Landfahrzeug, das zur Beförderungen von Personen und/oder Ladung dient.

automobile body sheet [materials]
tôle f de carrosserie

Tôle d'acier dont l'épaisseur varie de 0,6 à 0,9 mm.

Karosserieblech n
Stahlblech mit einer Dicke von 0,6 bis 0,9 mm.

automobile registration [law]

carte f grise, titre m de propriété d'un véhicule
Récépissé de la déclaration de mise en service que tout propriétaire de voiture automobile ou de motocyclette doit faire auprès des autorités compétentes.

Fahrzeugbrief m
Identitäts- und Besitzurkunde für ein Kraftfahrzeug. In den Fahrzeugbrief werden die technischen Merkmale des Fahrzeugs sowie der Name des Autobesitzers eingetragen.

automobile repair (US) → motorcar repair shop (GB)

automotive emissions → automotive exhaust emissions *pl*

automotive battery → battery

automotive diesel engine → diesel engine

automotive electrics [electrical system]
also: electrical system in automobiles

électricité f automobile
L'électricité automobile englobe l'équipement électrique tout entier des véhicules. Dans les voitures, la tension du circuit électrique est de 12 volts; elle passe généralement à 24 volts dans les poids lourds. Si le moteur est arrêté, l'alimentation en courant du circuit électrique s'effectue au moyen d'une ou parfois de plusieurs batteries. En revanche, lorsque le

moteur tourne, c'est l'alternateur qui fournit l'énergie électrique à l'allumage ainsi qu'à tous les consommateurs branchés tels que par exemple les projecteurs et l'éclairage, cependant qu'il recharge la batterie. Enfin un régulateur veille à maintenir la tension à un niveau constant, et ce à tous les régimes du moteur et quelle que soit la charge.
Dans son ensemble le système électrique est commandé par un interrupteur de contact branché dans le circuit primaire (basse tension) et actionné par une clé de contact qui provoque le lancement du moteur par le démarreur. Outre l'allumage, le démarreur, les projecteurs, l'éclairage, les essuie-glace, le chauffage, la lunette dégivrante, etc. sont les principaux consommateurs d'électricité d'un véhicule automobile.

Autoelektrik f, Kfz-Elektrik f
Die Autoelektrik ist die gesamte elektrische Ausrüstung eines Kraftfahrzeugs. Bei Pkw beträgt die Bordnetzspannung 12 V, bei Lkw dagegen meist 24 V. Das Bordnetz des Fahrzeugs wird bei Stillstand des Motors von einer Batterie, zuweilen auch von mehreren Batterien, mit elektrischer Energie gespeist. Während des Motorbetriebs werden die eingeschalteten elektrischen Verbraucher wie Zündung, Beleuchtung vom Generator mit Strom versorgt, wobei die Batterie geladen wird. Ein Regler sorgt dafür, daß die Spannung bei allen Drehzahlen und Belastungsfällen nahezu auf gleicher Höhe gehalten wird.
Das gesamte elektrische System läßt sich über ein in den Primärstromkreis geschaltetes Zündschloß einschalten, das mit dem Zündschlüssel betätigt wird, wodurch der Verbrennungsmotor vom Starter angeworfen wird. Zu den Haupt-verbrauchern der Kraftfahrzeugelektrik zählen neben der Zündanlage der Starter, die Scheinwerfer, die Beleuchtung, die Scheibenwischer, die Heizung, die heizbare Heckscheibe usw.

automotive engine → engine

automotive engineering [mechanical engineering]

ingénierie f de l'automobile, génie m automobile
La technique des automobiles.

Automobiltechnik f, Kraftfahrzeugtechnik f, Kfz-Technik f
Der Zweig der Technik, der sich mit dem Kraftfahrzeugwesen befaßt.

automotive exhaust emissions *pl*
[emission control]
also: automotive emissions

émissions fpl d'échappement des automobiles
Les émissions produites par la combustion des carburants dans les moteurs des automobiles et expulsées dans l'atmosphère à travers la tuyauterie d'échappement. Parmi les émissions d'échappement des automobiles se trouvent surtout les substances nocives CO, HCi et NOx.

Automobilabgase npl, Autoabgase npl
Die durch die Verbrennung des Kraftstoffs in Automotoren entstehenden Gase, die über den Auspuff an die Atmosphäre abgegeben werden. Zu den Abgasen eines Automobils zählen vor allem die Schadstoffe CO, HCi und NOx.

automotive truck (US) → truck (US)

autothermic piston [engine]

piston m autothermique
Piston présentant des fentes entre la jupe et le porte-segments de façon que la transmission de chaleur se fasse du porte-segments vers le bossages. Ainsi la dilatation thermique s'oriente vers l'axe du piston et la température de la jupe reste modérée.

Autothermik-Kolben m
Kolben mit Querschlitzen zwischen Kolbenmantel und Ringteil zur Abführung des Wärmestromes vom Ringteil zu den Bolzenaugen. Die Wärmeausdehnung verlagert sich in die Richtung der Kolbenbolzenachse, und der Kolbenschaft bleibt kühler.

auxiliary-air device [engine]
(See Ill. 16 p. 196)

tiroir m d'air additionnel
Organe obturateur qui courtcircuite le volet d'air au cours de la phase d'échauffement du moteur pour lui fournir un appoint d'air destiné à augmenter la quantité du mélange. Lorsque le moteur est chaud, le passage est obturé par un bimétal.

Zusatzluftschieber m
Absperrorgan, das während der Warmlaufphase dem Motor Zusatzluft durch Umgehung der Drosselklappe zuführt, weil dieser eine größere Gemischmenge braucht. Bei betriebswarmem Motor wird der Durchgang mit einem elektrisch aufgeheizten Bimetall gesperrt.

auxiliary brake [brakes]

frein m de secours, frein m auxiliaire
Frein qui, en cas de défaillance du frein de service, est capable - du moins partiellement - de remplacer le frein de service.

Hilfsbremse f, Hilfsbremsanlage f
Eine Bremse, die in der Lage ist, bei Ausfall der Betriebsbremse zumindest teilweise deren Aufgabe zu übernehmen.

auxiliary frame → subframe *n*

auxiliary lamp [lights]
also: extra lamp

projecteur m additionnel, projecteur m de complément, projecteur m d'appoint
Les projecteurs de complément sont surtout des phares halogène, antibrouillard ou longue portée vendus par paire en kit complet avec tous les éléments nécessaires au branchement (relais et câblage).

Zusatzscheinwerfer m
Zusatzscheinwerfer sind hauptsächlich Halogen-, Nebel- und Weitstrahlscheinwerfer, die im Fachhandel als Scheinwerfer-Sets einschließlich Zubehör (Relais und Kabelsatz) erhältlich sind.

avalanche diode → Zener diode

AWD = all-wheel drive

axial bearing [mechanical engineering]

butée f
Pièce mécanique soutenant un arbre en rotation et supportant un effort axial.

Axiallager n, Längslager n, Spurlager n
Maschinenteil zum Abstützen von rotierenden Wellen. Es wird axial belastet.

axial runout → side runout

axial-type starting motor → sliding-armature starter

axle [mechanical engineering]

essieu m
Support transversal aux extrémités du-

quel sont fixées deux roues en mouvement de rotation parallèle. Chacune des extrémités de l'essieu prend appui sur un moyeu de roue. Dans un sens plus large, l'essieu comprend tous les éléments reliant les roues au corps du véhicule, y compris la suspension. On distingue divers types d'essieu tels que l'essieu rigide et la suspension indépendante (essieu brisé) ainsi que les dispositions avec bras oscillant longitudinal, transversal et incliné.

Achse f, Radachse f, Tragachse f
Querträger zweier parallel laufender Räder. Beide Achsenenden stützen sich je auf einer Radnabe ab. Im weiteren Sinne werden die Teile, die das Rad mit dem Fahrzeug verbinden einschließlich Aufhängung zur Achse gerechnet. Es gibt verschiedene Achsenanordnungen wie die Starrachse, die Einzelradaufhängung sowie die Anordnung mit Quer-, Längs- und Schräglenker.

axle base → wheel base

axle cap [wheels]
also: hub cap, wheel cap, wheel cover, wheel hub cap, nave plate, wheel embellisher

enjoliveur m (de roue), chapeau m de roue, chapeau m de moyeu
Disque métallique qui masque le moyeu de roue.

Zierkappe f, Radzierkappe f, Achskappe f, Nabendeckel f, Nabenkappe f, Radnabenkappe f, Radblende f
Metallscheibe zum Abdecken der Radnabe.

axle casing (GB) → axle housing (US)

axle driving shaft → axle shaft

axle housing (US) [vehicle body]
also: axle casing (GB)

carter m de l'essieu
Enveloppe métallique rigide contenant l'essieu d'une véhicule.

Achsgehäuse n
Eine starre Umhüllung einer Fahrzeugachse.

axle pin rake → caster *n*

axle shaft [transmission]
(See Ill. 12 p. 159)
also: axle driving shaft, wheel shaft, live axle shaft

arbre m de commande, arbre m d'essieu, arbre m de roue motrice
Arbre d'entraînement reliant le différentiel à la roue motrice du véhicule.

Achswelle f, Seitenwelle f
Antriebswelle, die das Differentialgetriebe mit dem Antriebsrad verbindet.

axle stand [tools]
also: jack stand, chassis stand

chandelle f
Trépied dont la tête-support est réglable en hauteur. Les chandelles sont utilisées par paires et ne peuvent soutenir la voiture qu'aux emplacements prévus pour le cric.
Phrase: placer sur chandelles

Abstützbock m, Unterstellbock m
Stativ, dessen Kopf höhenverstellbar ist. Abstützböcke werden paarweise an die Stellen angesetzt, wo der Wagen sonst mit dem Wagenheber angehoben wird.
Wendung: aufbocken

B

back axle → rear axle shaft

backfiring *n* → misfiring *n*

back pressure in the exhaust system
→ exhaust back pressure

backup alarm (US) [safety]
also: reversing bleeper (GB), reversing beeper (GB)

alarme f de récul, avertisseur m de marche arrière
Beaucoup de pays prescrivent pour les camions et les autobus un signal sonore d'alarme lorsque le véhicule se trouve dans un manœuvre de récul.

Warnton m beim Rückwärtsfahren
Ein Signalton zur Warnung von Passanten, der bei Lastfahrzeugen oder Bussen ertönt, wenn der Rückwärtsgang eingelegt ist.

backup light (US) → reversing light

baffle flap → airflow sensor plate

baffle silencer [exhaust system]

silencieux m à chicanes
Silencieux dans lequel les bruits d'échappement sont réfléchis par des chicanes.

Reflexionsschalldämpfer m, Reflexionsdämpfer m
Schalldämpfer, in dem die Geräusche mit Hilfe von Resonatoren durch Reflexion gedämpft werden.

balancer → wheel balancer

balance weight [wheels]

contrepoids m, masse f d'équilibrage
Pièce métallique, généralement en plomb, servant à compenser un balourd.

Ausgleichmasse f
Gegengewicht meist aus Blei für die Beseitigung einer Unwucht.

balancing *n* [wheels]
also: wheel balancing

équilibrage m
Apposition de contre-poids en plomb destinés à compenser un balourd constaté à la roue, au pneumatique ou dans les tambours de frein.
Le balourd ou déséquilibre est en effet imputable à la répartition inégale de masses sur la roue en rotation.
Un balourd de 50 grammes seulement sur une roue de diamètre moyen donne, à une vitesse de 100 km/h, naissance à une force centrifuge de 10 kg. Les causes pouvant provoquer le déséquilibre des roues sont diverses: déformation du voile de la roue, mauvaise répartition de matière, défaut de centrage, usure inégale des pneumatiques, écrous différemment serrés, contrepoids mal placés, etc. Plusieurs de ces défauts peuvent se combiner et ne plus être décelés isolément. Il s'ensuit que la roue

prend un mouvement vibratoire (ce qui engrendre le shimmy si les roues affectées sont directrices). De même on constate une usure accélérée et irrégulière des pneumatiques, une fatigue excessive de la suspension, la direction devient malaisée et la tenue de route en souffre. L'équilibrage des roues revêt une importance particulière dans le cas de roues de petit diamètre qui, bien entendu, tournent plus vite.

Il y a deux types de déséquilibre: le déséquilibre statique et le déséquilibre dynamique.

Une roue tournant librement sur un axe horizontal doit pouvoir s'immobiliser en n'importe quelle position. Si, en revanche, elle finit par osciller tel un pendule pour s'immobiliser ensuite toujours dans la même position, il y a déséquilibre statique, qui, en marche, fait bondir la roue dans le sens vertical. On remédiera à ce déséquilibre par la mise en place d'un contre-poids au point opposé au balourd constaté.

Par contre le déséquilibre dynamique provient d'une répartition inégale de poids des deux côtés du plan de rotation de la roue, ce qui provoque des vibrations. Dans ce cas un réglage sur une équilibreuse s'impose. Il existe actuellement des équilibreuses électroniques permettant le diagnostic et l'élimination de balourds, sans qu'il soit besoin de démonter la roue.

***Auswuchten** n, **Auswuchtung** f, **Radauswuchtung** f, **Wuchten** n (colloq.)*
Anbringen von Ausgleichsmassen (Bleigewichten) zur Beseitigung einer Unwucht am Rad, am Reifen oder an den Bremstrommeln.

Unwucht entsteht nämlich durch ungleichmäßige Massenverteilung am drehenden Rad.

Eine ungleiche Gewichtsverteilung von nur 50 Gramm an einem mittelgroßen Rad kann bei einer Geschwindigkeit von 100 km/h eine einseitige Zugkraft von 10 kg hervorrufen.

Verschiedene Ursachen können zur Unwucht von Fahrzeugrädern führen: verformte Radkörper, ungleichmäßige Werkstoffverteilung, Zentrierfehler, ungleichmäßig abgefahrene Reifen, ungleich angeschraubte Radmuttern, falsch montierte Ausgleichsgewichte usw. Solche Fehler können aber auch zusammenwirken und sind dann nicht mehr einzeln feststellbar. Die Folgen hiervon sind das Taumeln der Räder (bei den gelenkten Rädern macht es sich durch Vibrationen am Lenkrad bemerkbar), eine erhöhte bzw. ungleichmäßige Reifenabnutzung, die Überbelastung der Radaufhängung, eine unruhige Lenkung und eine schlechte Straßenlage. Das Auswuchten ist vor allem bei kleinen Fahrzeugrädern wichtig, weil diese sich selbstverständlich schneller drehen.

Es gibt zwei Arten Unwucht: die statische und die dynamische.

Ein auf einer waagerechten Achse freilaufendes Rad muß in jeder Stellung stehenbleiben. Pendelt es sich langsam aus und bleibt dann immer an der gleichen Stelle stehen, so hat es eine statische Unwucht, die während der Fahrt zum Springen in die Höhe führt. Zum Ausgleich wird ein entsprechendes Gegengewicht gerade gegenüber der betreffenden Stelle angebracht.

Die dynamische Unwucht dagegen steht schräg zur Drehebene des Rades, die Gewichtsverteilung ist seitlich oben und unten irgendwie gestört und verursacht das Taumeln des Rades. In diesem Fall ist das Auswuchten auf einer Radauswuchtmaschine (Auswuchter) erforderlich. Mit dem elektronischen Auswuchter braucht das Rad für die Beseitigung der Unwucht nicht abgenommen zu werden.

balancing machine → wheel balancer

ballast resistor [ignition]

résistance f ballast, résistance f additionnelle, résistance f de départ
Résistance branchée en série sur l'enroulement primaire de la bobine d'allumage. Elle a pour but de réduire l'intensité du courant primaire et de prévenir l'échauffement de la bobine d'allumage. Toutefois cette résistance est court-circuitée au démarrage par un contact, car, à ce moment, il faut que la batterie fournisse un courant très intense au démarreur et à l'allumage. Grâce au court-circuitage de la résistance additionnelle, on n'enregistre plus de chute de tension dans le circuit primaire et par conséquent dans la haute tension d'allumage. Etant donné que l'on dispose ainsi d'une tension suffisante à l'allumage, le démarrage devient beaucoup plus facile surtout à froid.

Vorwiderstand m
Vor die Primärwicklung der Zündspule geschalteter Widerstand. Er vermindert den Primärstrom und verhütet die thermische Überbelastung der Zündspule. Beim Anlaßvorgang wird jedoch dieser Widerstand durch einen Kontakt kurzgeschlossen, weil die Batterie einen sehr hohen Strom für den Starter und die Zündung bereitstellen muß. Durch die vorläufige Überbrückung des Vorwiderstandes gibt es keinen Spannungsabfall mehr in der Batteriespannung und folglich in der induzierten Zündspannung. Nachdem somit beim Anlassen eine ausreichende Zündspannung zur Verfügung steht, ist das Startverhalten des Motors viel besser, besonders bei kalter Maschine.

ball bearing [mechanical engineering]

roulement m à billes
Pièce d'appui et de guidage d'un arbre se composant de deux bagues formant des chemins de roulement dans lesquels sont logées des billes en acier au chrome qu'une cage intercalaire maintient à égale distance les unes des autres.

Kugellager n
Stützelement einer Welle mit zwei Laufbahnträgern (Innen- und Außenring) und einer Reihe von Chromstahlkugeln, die vom Kugelkäfig in gleichem Abstand gehalten werden.

ball-jointed track rod → tie bar (US)

balloon tire [tires]
also: doughnut tire (US)

pneu m ballon
Pneumatique dont la largeur et la hauteur sont égales (coefficient d'aspect = 1).

Ballonreifen m
Reifen, dessen Breite und Höhe gleich sind.

ball-pein hammer [tools]

marteau m à panne sphérique, marteau m de carrossier, marteau m à planer
Marteau à panne sphérique d'un côté et face plate de l'autre. Il est utilisé pour travaux de carrosserie.

Ingenieurhammer m, amerikanischer Schlosserhammer
Hammer mit Kugelfinne und runder, flacher Bahn für Ausbeularbeiten.

ball-type lubricating nipple [lubrication]

graisseur m sphérique
Valve à bille constituant la fermeture d'un point de graissage.

Kugelschmiernippel m
Kugelventil, das eine Schmierstelle abschließt.

banana plug [electrical system]
also: spring contact plug

fiche f banane
Fiche mâle en métal flexible.

Bananenstecker m
Stecker mit federnden Kontaktflächen.

banjo axle [vehicle construction]
also: banjo rear axle

pont m banjo, pont m poutre
Essieu porteur rigide constitué de deux coquilles en tôle d'acier soudées et dans lequel sont logés les deux demi-arbres ainsi que le différentiel. Un couvercle permettant la visite du pont-arrière y est ménagé dans la partie centrale arrière.

Banjoachse f
Starrachse bestehend aus zwei zusammengeschweißten Blechschalen zur Unterbringung der Achswellen bzw. des Differentials. Im hinteren Mittelstück ist ein Schaulochdeckel angeordnet.

banjo rear axle → banjo axle

barometric pressure → atmospheric pressure

barrel *n* → mixing chamber

battery [electrical system]
(See Ill. 2 p. 50, Ill. 3 p. 54, Ill. 6 p. 78, Ill. 7 p. 86)
also: storage battery, automotive battery

batterie f de démarrage, batterie f à accumulateurs
Dispositif stockant le courant électrique et composé d'accumulateurs ou éléments branchés en série. Ceux-ci sont généralement des plaques de plomb immergées dans de l'acide sulfurique dilué dans de l'eau distillée. La batterie est chargée par la dynamo ou l'alternateur et fournit à elle seule l'énergie électrique à tous les organes consommateurs lorsque l'alternateur ne fonctionne pas.
Lorsque le moteur tourne, la batterie à accumulateurs emmagasine une partie de l'énergie que lui fournit la génératrice (dynamo, alternateur). Lors du démarrage, elle débite un courant électrique très intense au démarreur et à l'allumage. Le lancement du moteur requiert en effet une très grande puissance électrique et, pour cette raison, il convient d'éliminer momentanément les consommateurs de courant au moment du démarrage. Dans certains véhicules, cela se fait automatiquement aussi longtemps que le démarreur est actionné. Au cours de la charge de la batterie, l'énergie électrique qui lui est fournie est convertie en énergie chimique. De par l'action du courant de charge provenant de la génératrice, le sulfate de plomb des plaques positives se transforme en dioxyde de plomb et celui des plaques négatives en plomb spongieux. Il se forme ainsi de l'acide sulfurique et la densité de l'électrolyte augmente.
En revanche, lorsque la batterie à accumulateurs se décharge, l'acide sulfurique se décompose, ce qui amène une production d'eau. Le dioxyde de plomb des plaques

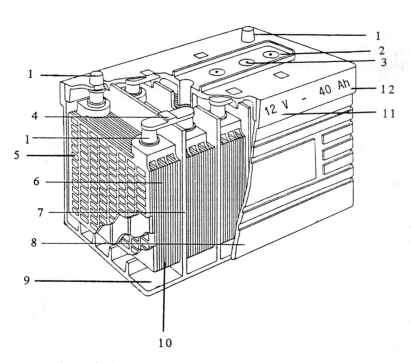

1 terminal
2 cell filter hole
3 degassing opening
4 cell bridge
5 negative plate
6 separator plate
7 cell divider
8 battery box
9 sediment chamber
10 positive plate
11 battery voltage
12 ampère-hours

Ill. 2: battery

(battery continued)
positives de même que le plomb des plaques négatives se transforment en sulfate de plomb. La densité de l'acide diminue. En moyenne la tension nominale d'un élément de batterie est fixée à 2 volts. Toutefois la tension effective peut être légèrement supérieure ou inférieure à cette valeur selon l'état de charge ou les sollicitations auxquelles la batterie est soumise.

Batterie f, Starterbatterie f, Sammler m (obs.)
Aggregat zur Speicherung des elektrischen Stromes. Die Batterie besteht aus in Reihe geschalteten Akkumulatoren (Bleiplatten in verdünnter Schwefelsäure) und wird von der Lichtmaschine geladen. Sie liefert allein den elektrischen Strom für alle Verbraucher im Fahrzeug bei Ausschaltung der Lichtmaschine. Während des Motorbetriebes speichert die Batterie einenTeil der von der Lichtmaschine erzeugten Energie. Ihre Hauptaufgabe ist es aber, beim Anwerfen des Motors den elektrischen Strom für den Anlasser und die Zündung abzugeben. Der Anlaßvorgang erfordert nämlich eine hohe elektrische Leistung; deshalb ist es ratsam, die übrigen Stromverbraucher beim Starten abzustellen. Bei einigen Fahrzeugen geschieht dies automatisch, solange der Anlasser betätigt wird. Beim Ladevorgang wird die von der Batterie aufgenommene elektrische Energie in chemische Energie umgewandelt. Durch den Ladestrom aus der Lichtmaschine wird das Bleisulfat der Plusplatten in Bleidioxid und dasjenige der Minusplatten in Bleischwamm verwandelt, wobei Schwefelsäure entsteht. Die Säuredichte nimmt zu.
Beim Entladen dagegen wird die Schwefelsäure zerlegt; es entsteht Wasser. Das Bleidioxid der positiven Platten und das Blei der negativen Platten werden in Bleisulfat umgewandelt. Die Säuredichte nimmt ab.
Als Nennspannung sind im Mittel 2 V pro Bleizelle einer Batterie festgelegt. Je nach Ladezustand oder Beanspruchung kann allerdings die effektive Betriebsspannung etwas über oder unter diesem Wert liegen.

battery acid [electrical system]
also: battery liquid, accumulator acid

acide m d'accumulateur
Acide sulfurique dilué à l'eau distillée.

Batteriesäure f, Akkumulatorensäure f, Füllsäure f
Schwefelsäure, die mit destilliertem Wasser verdünnt ist.

battery acid tester [instruments]

lorgnette f acidimétrique
Appareil optique permettant de contrôler la densité de l'électrolyte d'une batterie. Après avoir posé une goutte d'acide sur un verre circulaire, on oriente l'appareil vers une source lumineuse. On pourra dès lors évaluer immédiatement la densité de l'acide à travers un oculaire sur une ligne de démarcation entre une zone claire et une zone sombre.

Batteriesäuretester m
Optisches Gerät zur Prüfung der Säuredichte einer Bleibatterie. Nachdem man einen Tropfen Elektrolyt auf ein Meßfenster gebracht hat, wird der Säuretester gegen das Licht gehalten. Die Säurekonzentration kann dann unmittelbar durch ein Okular an der Trennlinie zwischen hell und dunkel abgelesen werden.

battery-and-coil ignition → battery ignition

battery booster cable [electrical system]
also: jumper cable (US), jump lead (GB)

câble m de démarrage
Paire de câbles raccordant une batterie déchargée à une batterie fournissant du courant. La capacité en Ah de la batterie débitrice ne peut pas être très inférieure à celle de la batterie déchargée. On trouve aussi des câbles de démarrage équipés d'un boîtier électronique de sécurité, qui prévient tout endommagement de l'alternateur ou de l'ordinateur de bord.

Starthilfekabel n
Kabelpaar zum Anschluß einer entladenen Batterie an eine stromgebende Batterie. Die Kapazität (Ah) der stromgebenden Batterie darf nicht wesentlich unter derjenigen der entladenen Batterie liegen. Sicherheitsstartkabel gibt es neuerdings auch mit Schutzelektronik, um Folgeschäden an Lichtmaschine und Bordcomputer zu verhindern.

battery box [electrical system]
(See Ill. 2 p. 50)
also: battery casing, battery case, battery container

bac m de batterie
Le bac de la batterie est divisé en plusieurs éléments et réalisé en matière plastique isolante et résistante aux chocs et à l'acide, en ébonite ou autre matériau similaire.

Batteriegehäuse n, Batteriekasten m, Blockkasten m
Das Batteriegehäuse enthält die Zellen einer Batterie und ist aus säurefestem bzw. stoßsicherem isolierendem Kunststoff, Hartgummi oder ähnlichem Material hergestellt.

battery cable [electrical system]

also: main supply lead, main feed cable

câble m de batterie
Câble de courant fort reliant la borne positive de la batterie au démarreur.

Batteriekabel n, Batteriehauptkabel n
Starkstromkabel zwischen Batterie plus und Anlasser.

battery cable terminal [electrical system]

cosse f de batterie
Cosse annulaire à visser pour le branchement de câbles sur les bornes d'une batterie à accumulateurs.

Batterieklemme f, Batterieanschlußklemme f
Klemme zum Verschrauben der Leitungen an den Polköpfen einer Batterie.

battery capacity [electrical system]
also: ampere-hour capacity (*abbr.* amp. hours)

capacité f de batterie, capacité f nominale indiquée sur une batterie
Quantité de courant pouvant être prélevée d'une batterie à accumulateurs et qui est évaluée en ampères-heures. Elle dépend notamment du nombre et de l'ampleur des plaques, de la quantité de l'électrolyte et du courant de décharge.

Batteriekapazität f, Ladekapazität f, Kapazität f in Ah
Entnehmbare Strommenge aus einer Batterie, die in Amperestunden (Ah) gemessen wird. Sie ist von der Anzahl und der Größe der Platten, der Elektrolytmenge und der Stromstärke bei der Entladung abhängig.

battery case → battery box

battery casing → battery box

battery cell [electrical system]
also: electrolyte cell, accumulator cell, cell *n*

élément m de batterie
L'élément d'une batterie est la plus petite unité de celle-ci. La tension nominale d'un élément de batterie au plomb est fixée à deux volts.

Batteriezelle f, Zelle f
Kleinste Einheit einer Batterie. Als Nennspannung sind 2 V je Zelle einer Bleibatterie festgelegt.

battery change-over relay [electrical system]
also: series-parallel relay, series-parallel switch

coupleur m de batteries
Relais électromagnétique équipant les installations pourvues de deux batteries de 12 volts, et plus spécialement les véhicules qui ont besoin d'une grande puissance au démarrage. Grâce au coupleur, les batteries sont branchées en série au démarrage et en parallèle en marche normale. Le branchement en parallèle leur permet d'être chargées par le générateur.

Batterieumschalter m, Batterieumschaltrelais n
Elektromagnetischer Umschalter für Anlagen mit zwei 12-Volt-Batterien bzw. für Fahrzeuge, die eine hohe Startleistung brauchen. Mit dem Batterieumschalter werden beim Starten die beiden 12-Volt-Batterien in Reihe, im Fahrbetrieb dagegen parallel geschaltet, damit sie vom Generator aufgeladen werden.

battery charger [electrical system]
also: charging set

chargeur m de batterie, chargeur m
Appareil utilisé pour recharger les accumulateurs d'une batterie. Il est connecté d'une part aux deux bornes de la batterie et d'autre part au courant de secteur. Ce dernier est transformé en courant continu à l'aide de redresseurs. En début de charge, le courant ne peut excéder un dixième de la capacité de la batterie.

Batterieladegerät n, Ladegerät n, Ladeaggregat n, Akkuladegerät n
Gerät zum Nachladen von Akkumulatoren. Es wird an die beiden Pole der Batterie und an das Netz angeschlossen. Der Wechselstrom aus dem Netz wird durch Gleichrichter in Gleichstrom für die Batterie umgewandelt. Der Anfangs-Ladestrom darf 10% der Batteriekapazität nicht überschreiten.

battery container → battery box

battery cutoff relay [electrical system]

relais m de coupure de batterie
Relais dont la fonction est d'isoler une seconde batterie d'appoint lors du démarrage et qui la remet en circuit dès que le moteur est lancé.

Batterietrennrelais n
Relais, das eine Zweitbatterie beim Starten abschaltet und diese nach dem Anwerfen des Motors wieder einschaltet.

battery ignition [ignition]
(See Ill. 3 p. 54)
also: battery ignition system, battery-and-coil ignition

allumage m par batterie, système m d'allumage par batterie, allumage m classique, allumage m conventionnel
(par batterie)
Dans l'allumage par batterie, le courant

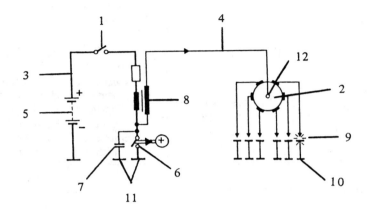

1 ignition switch
2 ignition distributor
3 primary circuit
4 secondary circuit
5 battery
6 contact breaker
7 ignition capacitor
8 ignition coil
9 spark plug
10 ground return (US), earth return (GB)
11 parallel connection
12 distributor cap segment

Ill. 3: battery ignition

(battery ignition continued)
primaire à basse tension est fourni par une batterie d'accumulateurs. Ce type d'allumage comprend principalement la batterie, la bobine d'allumage, l'allumeur ou distributeur ainsi que les bougies.

Batteriezündung f, Batteriezündanlage f
Bei der Batteriezündung wird der niedergespannte Primärstrom durch eine Batterie erzeugt. Zur Batteriezündung gehören hauptsächlich die Batterie, die Zündspule, der Verteiler und die Zündkerzen. Batteriezündanlagen lassen sich unterteilen in solche mit Spulenzündung und solche mit Kondensatorzündung.

battery ignition system → battery ignition

battery liquid → battery acid

battery main switch → battery master switch

battery master switch [electrical system]
also: battery main switch

robinet m de batterie
Interrupteur s'intercalant entre le pôle négatif de la batterie à accumulateurs et la masse permettant de couper l'installation électrique de la batterie.

Batterieschalter m, Batteriehauptschalter m
Handbetätigter Schalter zwischen Minuspol der Batterie und Masse, mit dem sich die elektrische Anlage von der Batterie trennen läßt.

battery terminal grease [lubricants]
also: anti-acid grease, acid-proof grease, alkaline neutralizer, petroleum jelly

graisse f pour bornes de batterie
Graisse spéciale dont on enduit les bornes et les cosses de batterie afin de prévenir toute oxydation.

Batteriepolfett n, Säureschutzfett n, Akkumulatorenfett n
Fett, mit dem Klemmen und Polköpfe einer Batterie bestrichen werden, um Oxidation an diesen Stellen zu verhüten.

battery tester [instruments]

contrôleur m de batterie
Appareil permettant de vérifier l'état de charge d'une batterie à accumulateurs. Il se compose d'une poignée avec deux grosses pointes métalliques entre lesquelles sont montés un voltmètre et une résistance shunt. L'une de ces pointes vient en contact avec le pôle positif et l'autre avec le pôle négatif de la batterie.

Batterieprüfer m
Gerät zur Prüfung des Ladezustandes einer Batterie. Es besteht aus einem Griff mit zwei Prüfspitzen, die auf den Plus- bzw. Minuspol der Batterie aufgesetzt werden und zwischen welchen ein Widerstand sowie ein Voltmeter geschaltet sind.

battery voltage [electrical system]
(See Ill. 2 p. 50)

tension f de batterie
Tension débitée par la batterie de démarrage. Dans la plupart des voitures automobiles, la tension de batterie est de 12 volts. Seuls certains modèles anciens sont encore équipés d'une batterie de 6 volts.

Batteriespannung f, Bordnetzspannung f
Die von einer Starterbatterie abgegebene Spannung. Bei den meisten Pkw beträgt

bayonet catch 56

die übliche Batteriespannung 12 V (6 V bei älteren Modellen).

bayonet catch → bayonet fixing

bayonet closure → bayonet fixing

bayonet fixing [mechanical engineering]
also: bayonet lock, bayonet catch, bayonet joint, bayonet closure

fermeture f à baïonnette
Fixation amovible d'un corps cylindrique dans un autre par simple emboîtement suivi d'un mouvement de rotation de la pièce mâle. La fermeture est obtenue par des ergots glissant dans des encoches.

Bajonettverschluß m, Renkverschluß m
Lösbare Verbindung zwischen zwei Hülsen durch Einstecken und anschließendes Verdrehen des eingeführten Teils, wobei Stifte sich in Schlitze bewegen.

bayonet joint → bayonet fixing

bayonet lock → bayonet fixing

B.D.C. = bottom dead center

bead core [tires]

tringle m de talon
Anneau en câble d'acier déformable disposé au coeur du talon d'un pneumatique et enrubanné de caoutchouc. Il assure le serrage du pneumatique sur la jante.

Wulstkern m
Ringförmiges bzw. verformbares Stahldrahtseil mit Gummiüberzug im Wulst eines Autoreifens. Es hält den Reifen auf der Felge fest.

beam axle → rigid axle

beamsetter [instruments]
also: headlight setter, headlamp setter, headlight aimer

règle-projecteurs, contrôleur m pour le réglage des phares, visiomètre m
Appareil équipé de systèmes optiques permettant de régler les phares sur un espace réduit. Il est généralement pourvu d'un luxmètre. Le faisceau lumineux du projecteur à régler traverse une lentille qui le fait converger sur une glace. Celle-ci reflète alors le faisceau sur un écran gradué.

Scheinwerfereinstellgerät n
Gerät mit optischen Systemen zur Justierung der Scheinwerfer aus nächster Nähe. Es ist im allgemeinen zusätzlich mit einem Luxmeter ausgerüstet. Der Lichtstrahl des einzustellenden Scheinwerfers trifft einen Spiegel durch eine Sammellinse hindurch, der diesen Lichtstrahl auf einen Schirm mit Skalenteilung reflektiert.

bearing n [mechanical engineering]

palier m
Organe de support pour arbres et éléments tournants analogues.

Lager n
Ein Maschinenbauelement, das dazu dient, Wellen und ähnliche rotierende Elemente zu tragen und zu führen.

bearing metal [materials]

métal m anti-friction
Métal particulièrement apte à la construction des surfaces des paliers, comme p.e. le métal blanc. Aujourd'hui on utilise aussi des matières plastiques.

Lagermetall n
Metall, das sich speziell für die Herstel-

lung von Lagerlaufflächen eignet, z.B. Bleibronze, Weißmetall. Heutzutage werden allerdings auch häufig Kunststoffe eingesetzt.

bed [emission control]

lit m, support m
Dans un catalyseur la structure su laquelle est déposée la couche de catalyse.

Bett n
In einem Katalysator der Träger für die Katalysatorschicht.

bell housing [clutch] (See Ill. 14 p. 177)
also: clutch housing, clutch casing, clutch bell housing, gearbox bell housing (GB), flywheel housing

pavillon m d'embrayage, carter m d'embrayage, cloche f d'embrayage
Prolongement évasé du carter de la boîte de vitesses dans lequel se trouve l'embrayage.

Kupplungsglocke f, Kupplungsgehäuse n
Glockenförmiger Teil des Getriebegehäuses, in dem die Kupplung untergebracht ist.

bellows-type thermostat [cooling system]

thermostat m à soufflet
Type de thermostat constitué d'une soufflet en tôle de laiton mince, rempli d'alcool dénaturé. Ce liquide à bas point d'ébullition se dilate lorsque l'eau se met à chauffer. Dès lors le soufflet métallique s'allonge, décolle la soupape de son siège et laisse refluer l'eau vers le radiateur.

Balgthermostat m, Faltenbalgthermostat m
Der Balgthermostat besteht aus einer harmonikaartig gefalteten Messingblechdose, die mit vergälltem Alkohol gefüllt ist. Bei Erwärmung dehnt sich diese leichtsiedende Flüssigkeit aus. Dadurch wird ein Tellerventil geöffnet und gibt den Durchfluß des Wassers zum Kühler frei.

belt [tires]

ceinture f
Ceinture assurant une meilleure stabilité de la bande de roulement et disposée entre cette dernière et la carcasse du pneumatique. Elle comporte deux ou plusieurs nappes de fils inextensibles en acier torsadé ou en fibres synthétiques.

Gürtel m
Festigkeitsträger zwischen Lauffläche und Unterbau eines Gürtelreifens. Er besteht aus zwei oder mehreren undehnbaren Lagen aus verdrillten Stahlfäden oder Textilfasern.

belt → V-belt

belt → seatbelt

belt-adjustment link [mechanical engineering]

tendeur m
Pièce sur laquelle est bloquée la vis de fixation de l'alternateur et permettant de régler la tension de la courroie.

Spannlasche f
Lasche zur Befestigung der Lichtmaschine und zum Einstellen der Riemenspannung.

belt line → waistline

Bendix(-type) starter [starter motor]
also: inertia pinion starter, inertia starter,

inertia-drive starting motor, inertia-engaged starter

démarreur m Bendix, démarreur m à lanceur à inertie, démarreur m à engagement par inertie
Démarreur qui est immédiatement activé lors de la mise du contact, auquel cas le pignon coulissant sur un arbre hélicoïdal se visse de par son inertie dans la couronne de lancement.

Bendix-Anlasser m, Schraubtriebanlasser m
Starter, der unmittelbar volle Spannung durch den Anlaßschalter erhält, wobei das Ritzel entlang einem Steilgewinde aufgrund seiner Trägheit sich in die Schwungradverzahnung einschraubt.

benzol [chemistry, fuels]

benzol m
Liquide obtenu de la distillation de goudrons de houille en dessous de 170° C et constitué principalement d'un mélange de benzène, de toluène et de xylènes.

Rohbenzol n, Leichtöl n
Flüssiges Produkt aus der Destillation von Steinkohlenteer bis 170° C, das hauptsächlich aus Benzol, Toluol und Xylol besteht.

bevel gear → differential side gear

bias-ply tire [tires]

pneu m à carcasse diagonale ceinturée
Pneu diagonal dont la carcasse est surmontée d'une ceinture.

Diagonalgürtelreifen m, Semigürtelreifen m
Diagonalreifen, dessen Unterbau mit einem Gürtel kombiniert ist.

big end *(of connecting rod)* → connecting rod big end

big-end bearing → connecting rod bearing

big-end cap → connecting rod cap

bilux bulb ™ [lights] (See Ill. 4 p. 59)
also: double-filament bulb, double-filament incandescent lamp, twin-filament bulb

lampe f bilux, ampoule f à deux filaments, lampe f bifil
Ampoule électrique comportant deux filaments séparés dont l'un se trouve au foyer géométrique de la parabole (filament de route). Le filament de croisement n'est pas au foyer de telle sorte que ses rayons sont réfléchis par la partie supérieure du miroir et, de ce fait, dirigés vers le sol.

Biluxlampe f, Zweifadenlampe f, Zweidrahtlampe f
Elektrische Glühlampe mit zwei getrennt schaltbaren Glühfäden, von denen einer im Brennpunkt liegt (Fernlicht). Der Glühfaden für Abblendlicht liegt außerhalb des Brennpunktes, so daß dessen Lichtstrahl auf den oberen Teil des Reflektors trifft und nach unten geneigt aus dem Scheinwerfer austritt.

bimetallic strip → bimetal strip

bimetal piston [engine]

piston m bimétal
Piston en alliage d'aluminium avec surface de contact en fonte grise.

Bimetallkolben m, Zweimetallkolben m
Kolben aus einer Aluminiumlegierung mit einer Lauffläche aus Grauguß.

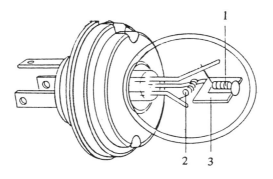

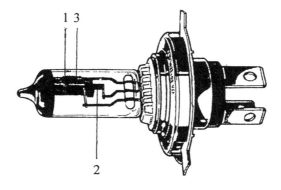

1 dip filament
2 main beam filament
3 low beam filament shield

Ill. 4: bilux bulb and halogen lamp

bimetal strip [materials]
also: bimetallic strip, temperature-sensitive spring

bande f bimétallique, bilame f
Combinaison de deux lames métalliques inégalement dilatables. Lorsque la température change, le bilame s'incurve. Les bilames sont utilisés dans les thermostats, les installations de feux clignotants, les chokes automatiques, etc.

Bimetallstreifen m
Kombination zweier Metallstreifen unterschiedlicher Wärmeausdehnung. Bei Temperaturänderung verbiegt sich der Streifen. Bimetallstreifen finden in Thermostaten, in Blinkanlagen und in der Startautomatik Verwendung.

binder

liant m
Constituant filmogène de vernis et de peintures.

Bindemittel n
Grundbaustoff für Lacke, der der Bindung der Pigmente dient.

Birfield constant-velocity joint [transmission]
also: Birfield universal joint

joint m de transmission Birfield
Joint homocinétique comportant une cage à six billes d'acier. Il permet de grands débattements angulaires et fait en même temps office de joint coulissant.

Kugelgelenk n
Homokinetisches Gelenk mit sechs in einem Käfig rollenden Stahlkugeln. Kugelgelenke lassen große Beugungswinkel zu und gleichen Längenänderungen aus.

Birfield universal joint → Birfield constant-velocity joint

bistable multivibrator → flip-flop *n*

bistable trigger circuit → flip-flop *n*

blackheart malleable cast iron [materials]

fonte f malléable à cœur noir, fonte f malléable américaine
Fonte malléable obtenue par traitement thermique de pièces coulées sous faible décarburation, la graphitisation de la cémentite jouant un rôle essentiel.

schwarzer Temperguß, Schwarzkernguß m, Blackheartguß m
Temperguß, der durch Glühen von Gußstücken in Sand unter geringem Kohlenstoffentzug gewonnen wird, wobei der harte Zementit in weiche bzw. schwarze Temperkohle umgewandelt wird.

blade receptacle [electrical system]
also: flat-plug connector

clip m pour languette
Connecteur femelle d'une connexion rapide dans lequel s'enfiche une languette.

Flachsteckhülse f
Teil eines lösbaren Leitungsverbinders, in das der Flachstecker eingeführt wird.

blades *pl* [mechanical engineering]

lames f pl
Un ressort à lames comporte une ou plusieurs lames cintrées superposées par ordre de longueur décroissant. Elles sont assemblées et maintenues par un boulon central.

Federblätter n pl
Eine Blattfeder setzt sich aus einer Lage oder mehreren Lagen gebogener Federblätter unterschiedlicher Länge zusammen. In der Mitte werden die Federblätter

durch eine Herzschraube zusammengehalten.

blade terminal [electrical system]
also: flat-pin terminal

languette f
La languette s'enfiche dans un clip pour former ainsi une connexion rapide à languette dans un circuit électrique.

Flachstecker m
Flachstecker werden in Flachsteckhülsen eingesteckt zur Herstellung einer lösbaren Leitungsverbindung in einem Stromkreis.

blade-type connector → snap connector

bleed *n* → bleed valve

bleed *v* [brakes]

purger v
Evacuer l'air d'un système fonctionnant avec un fluide hydraulique etc.

lüften vt
Die Luft aus einem hydraulischen etc. System ablassen.

bleeder screw [brakes] (See Ill. 13 p. 166, Ill. 15 p. 181)
also: bleed screw, brake bleed screw, vent screw

vis f de purge, purgeur m
Vis du cylindre récepteur dans un circuit de freins. Lors de la purge, on y fixe un tube en caoutchouc plongeant dans un récipient en verre.

Entlüftungsschraube f
Schraube eines Radzylinders, an die ein Entlüftungsschlauch zur Entlüftung einer Flüssigkeitsbremse angeschlossen wird.

bleeding device → brake bleeder unit

bleed screw → bleeder screw

bleed valve [cooling system]
also: bleed *n*

valve f de purge, purgeur m
Certaines voitures à moteur refroidi par eau sont équipées de purgeurs qui empêchent des poches d'air de se former lors du remplissage du circuit. Au cours de cette opération, il peut être nécessaire d'étrangler les durits par exemple au moyen d'un collier de serrage.

Entlüftungsventil n
Bei einigen wassergekühlten Motoren sind Entlüftungsventile vorhanden, damit sich keine Luftblasen beim Einfüllen von Kühlwasser bilden. Dabei werden notfalls die Kühlwasserschläuche z.B. mit Schlauchschellen gequetscht.

blind nut → cap nut

block gage (US) *or* **gauge** (GB) [tools]
also: slip gage (US) *or* gauge (GB)

cale-étalon f
Les cales-étalons sont des éléments de mesure de diverses longueurs et de section rectangulaire. Elles sont réalisées en acier trempé et servent notamment à la vérification de calibres de contrôle. Ces étalons peuvent être combinés entre eux par glissement (adhérence de glissement) ou par collage (adhérence moléculaire).

Parallelendmaß n
Parallelendmaße sind Meßblöcke verschiedener Länge aus gehärtetem Stahl und mit meist rechteckigem Querschnitt. Sie werden u.a. zum Prüfen von Arbeitslehren verwendet, und man kann sie durch

blowback

Anschieben oder Ansprengen zusammensetzen.

blowback *n* [carburetor]

explosion f au carburateur
Les explosions au carburateur sont généralement imputables à un mélange trop pauvre, à un manque d'étanchéité des soupapes d'admission (soupape ou ressort de rappel cassé, soupape usée) ou à un allumage erratique.

Vergaserknallen n, Vergaserknaller m, Vergaserpatschen n
Vergaserknaller können auf einen zu mager eingestellten Leerlauf, auf schlecht schließende Einlaßventile (Ventilbruch, Rückzugfederbruch, verschlissene Ventile) sowie auf falsche Zündung zurückzuführen sein.

blow-by gases [emission control]
also: crankcase gases

gaz mpl de fuite, gaz mpl de carter, évaporation f des gaz par le carter
Des gaz nocifs qui s'échappent à travers le carter d'un moteur.

Kurbelgehäuseabgase npl
Schädliche Gase, die durch das Kurbelgehäuse eines Motors entweichen.

blower [cooling system]
also: cooling fan

soufflante f
Dans les moteurs refroidis par air, l'air de refroidissement est pulsé au moyen d'une soufflante entraînée par courroie.

Gebläse n
Bei luftgekühlten Motoren wird die Kühlluft durch ein über Keilriemen angetriebenes Gebläse aus der Umgebung angesaugt.

blow pump [engine]

surpresseur m
Soufflante qui, dans certains moteurs deux temps, comprime l'air de combustion pénétrant dans le cylindre.

Ladepumpe f
Gebläse, das beim gebläsegespülten Zweitaktmotor die Verbrennungsluft in den Zylinder drückt.

board truck (US)→ platform lorry

bob weight → flyweight

body-fit bolt [mechanical engineering]

vis f de calibrage, boulon m ajusté
Vis utilisée avec des pièces réajustées, qui doivent à nouveau reprendre la position qu'elles occupaient les unes par rapport aux autres.

Paßschraube f
Paßschrauben werden bei Teilen benutzt, die nach Lösen und erneutem Fügen ihre ursprüngliche Lage zueinander behalten sollen.

bodyshell [vehicle body]
also: vehicle body, car body, carriage body, bodywork, coachwork

carrosserie f, caisse f, coque f
Caisse d'un véhicule automobile fixé sur châssis.

Karosserie f, Aufbau m
Fahrzeugaufbau auf dem Fahrgestell.

bodywork → bodyshell

boiling point [units]

point m d'ébullition (abr. PEb)
Température à laquelle un liquide pur en-

tre en ébullition sous une pression donnée.

Siedepunkt m, Kochpunkt m
Temperatur, bei welcher eine reine Flüssigkeit unter einem bestimmten Druck zu sieden anfängt.

bolt *n* [mechanical engineering]

boulon m, vis + écrou
Ensemble constitué par une vis et un écrou servant à maintenir par serrage deux ou plusieurs pièces traversées par la vis.

Durchsteckschraube f
Mit einer Mutter gepaarte Schraube zur Befestigung zweier bzw. mehrerer Teile, durch welche die Schraube geführt wird.

bonnet (GB) → hood (US)

boost battery charger → fast charger

boost charge [electrical system]
also: quick charge, rapid charge

charge f rapide
Charge d'une batterie s'effectuant en un bref laps de temps avec une forte intensité pouvant atteindre 100 A en sorte que la batterie épuisée soit à nouveau rechargée du moins partiellement. La charge rapide est déconseillée dans le cas de vieilles batteries.

Schnelladung f
Laden einer Batterie in sehr kurzer Zeit mit einer gewaltigen Stromstärke bis 100 A, so daß die erschöpfte Batterie anschließend wenigstens zum Teil wieder geladen ist. Die Schnelladung ist bei altersschwachen Batterien nicht zu empfehlen.

booster brake → vacuum servo brake

boot *n* (GB) → luggage compartment

bore *n* [engine] *(of cylinder)*
also: cylinder bore, bore diameter

alésage m (des cylindres)
L'alésage équivaut au diamètre du cylindre. Il s'exprime en mm.

Zylinderbohrung f, Bohrung f
Die Zylinderbohrung stellt den Zylinderdurchmesser dar. Sie wird in mm angegeben.

bore diameter → bore *n*

bottle jack [tools]
also: hydraulic bottle jack

cric m hydraulique, cric m bouteille
Dispositif de levage d'un véhicule fonctionnant selon le principe d'une presse hydraulique et actionné par un levier.

Hydraulikwagenheber m
Vorrichtung zum Anheben eines Fahrzeugs, die nach Art einer hydraulischen Presse mit Hilfe eines Hebels betrieben wird.

bottom dead center (US) *or* **centre** (GB) (*abbr.* **B.D.C.**) [engine]
also: lower dead center (US) *or* centre (GB) (*abbr.* L.D.C.), inner dead center (US) *or* centre (GB)

point m mort bas (abr. P.M.B.)
Fin de la course descendante du piston dans la partie inférieure du cylindre. Le point mort bas est dès lors le point le plus rapproché du vilebrequin que le piston puisse atteindre.

unterer Totpunkt (Abk. UT), untere Totlage
Endlage des Kolbenhubs im unteren Zylinderteil. Der Kolben ist am unteren Tot-

punkt angelangt, wenn er der Kurbelwelle am nächsten liegt.

bottom hose stub → radiator outlet connection

bowden cable [mechanical engineering]

câble m Bowden, câble m sous gaine
Câble d'acier coulissant dans une gaine flexible ou rigide et transmettant des efforts de poussée ou de traction.

Bowdenzug m
In Schläuchen geführter Metalldraht zur Übertragung von Zug- und Druckkräften.

boxer (engine) → flat engine

box-type truck (US) → box-van truck

box-van truck (US) [vehicle]
also: box-type truck (US)

fourgon m en caisson
Fourgon automobile avec carrosserie en tôle d'acier ou en alliage léger, aménagé pour le transport de denrées de valeur ou périssables. Il existe des fourgons en caisson dont la double paroi est bourrée de matériau isolant thermique.

Kastenwagen m
Lastkraftwagen mit geschlossenem Kasten aus Stahlblech- bzw. Leichtmetallbauweise für den Transport von hochwertigem Ladegut und verderblichen Waren. Kastenwagen gibt es auch mit doppelwandigem Aufbau, der mit Isoliermaterial gefüllt ist.

braced tread tire (US) → radial tire

bracket with stationary point
→ breaker fixed contact

brake *n (often used in pl)*

frein m
Dispositif qui ralentit l'allure d'un véhicule, l'immobilise à un endroit donné ou l'empêche de rouler.

Bremse f
Einrichtung, die ein Fahrzeug verzögert, zum Halten zwingt oder verhindert, sich zu bewegen.

brake *v* [brakes]
also: apply the brakes

freiner v
Appuyer sur le frein, actionner les freins.

bremsen v
Die Bremsen betätigen.

brake adjustment [brakes]
(See Ill. 15 p. 181)
also: drum brake adjustment

réglage m des freins
Pour compenser l'usure des garnitures de freins, il y a lieu de procéder à intervalles réguliers à un réglage du jeu de frein en agissant sur des écrous disposés sur la timonerie de freins ou sur un excentrique prévu pour chacun des segments.

Bremseneinstellung f, Nachstellung f der Bremsen, manuelle Bremsbackennachstellung
Um den Verschleiß des Bremsbelages auszugleichen, muß in Zeitabständen das Bremsspiel nachgestellt werden. Dazu werden Stellmuttern im Bremsmechanismus angezogen bzw. gelockert oder ein für jede Bremsbacke vorgesehener Exzenter wird nachgestellt.

brake anchor pin → shoe steady pin

brake anchor plate [brakes]

(See Ill. 15 p. 181)
also: brake carrier plate, carrier plate, brake back(ing) plate, brake shield

plateau m support de segments, plateau m de frein, flasque m
Flasque solidaire de l'essieu du véhicule et sur lequel sont fixés les deux segments de frein.

Bremsträger m, Bremsankerplatte f, Bremsträgerplatte f, Bremsschild n
Platte, die auf der Fahrzeugachse verankert ist. Die beiden Bremsbacken sind auf diesem Bremsschild befestigt.

brake back(ing) plate → brake anchor plate

brake band [transmission]

bande f de frein, ruban m de frein
Dispositif d'un train planétaire permettant l'immobilisation de l'un de ses éléments et servant ainsi à changer de vitesse. Il est commandé par un vérin hydraulique.

Bremsband n
Durch Öldruck betätigte Vorrichtung in einem Planetenradsatz zum Festhalten eines der Bauglieder. Somit dient die Bandbremse zum Gangwechsel.

brake bleed screw → bleeder screw

brake bleeder unit [maintenance]
also: bleeding device

appareil m de purge sous pression, appareil m purgeur sous pression, auto-purgeur m
Appareil qui purge et remplit à la fois le circuit de freins hydraulique.

Druckentlüfter m, Entlüftergerät n, Füll- und Entlüftungsgerät
Gerät, das die Bremsanlage entlüftet und zugleich mit Bremsflüssigkeit auffüllt.

brake bleeding [maintenance]

purge f des freins
Élimination de l'air indésidéré des tuyauteries d'un frein hydraulique.

Bremslüften n, Lüften n der Bremsen
Das Entfernen unerwünschter Luft aus den Leitungen einer hydraulischen Bremse.

brake booster (US) → vacuum servo brake

brake caliper [brakes]
(See Ill. 13 p. 166)
also: disc brake caliper, caliper

étrier m (de frein)
Partie du frein à disque dans laquelle sont logés les pistons qui amènent les plaquettes de frein en contact avec les surfaces de frottement du disque.
Ce sont deux types d'étrier: étriers fixes et étriers flottants ou mobiles.

Bremssattel m, Bremsjoch n
Teil der Scheibenbremse, in dem sich die Kolben befinden, die die Bremsbeläge gegen die Reibflächen der Bremsscheibe anpressen.
Es gibt feste Bremssättel und schwimmende Bremssättel.

brake cam [brakes]

came f de frein, olive f, tournevis m de frein
Les extrémités libres des segments sont séparées par une came. En agissant sur cette came, on écarte les segments qui s'appliquent sur le tambour.

Bremsnocken m, Bremsdaumen m

brake carrier plate

Die Bremsbacken sind an einem Ende durch einen Nocken getrennt und werden beim Bremsen gespreizt bzw. gegen die Trommel gedrückt.

brake carrier plate → brake anchor plate

brake check spring → shoe return spring

brake circuit [brakes]

circuit m de freinage
Les tuyauteries d'un système de freinage. Aujourd'hui on utilise en règle générale des circuits doubles pour garantir la fonction d'un circuit de freinage en cas de défaillance de l'autre circuit.

Bremskreis m
Die Bremsleitungen einer Bremsanlage. Heute werden Bremskreise aus Sicherheitsgründen meist mehrfach angelegt, damit bei Ausfall des einen Kreises der andere funktionsfähig bleibt.

brake clearance [brakes]

écartement m des garnitures, jeu m des garnitures
Ecartement entre les garnitures de frein et le tambour ou entre les plaquettes et le disque.

Bremslüftspiel n, Lüftspiel n (der Bremsen)
Abstand zwischen Bremsbelag und Bremstrommel bzw. Bremsscheibe.

brake conduit → brake line

brake cylinder [brakes]

cylindre m de frein
Dans un système de freinage à air comprimé, l'air comprimé est produit par un compresseur, stocké dans des réservoirs sous pression et, lors du freinage, il est acheminé par l'action d'un robinet vers les cylindres de frein.

Bremszylinder m
Bei einer Druckluftbremsanlage wird die Druckluft von einem Kompressor erzeugt, in Behältern unter Druck aufbewahrt und beim Bremsen durch das Bremsventil in die Bremszylinder eingelassen.

brake cylinder → wheel cylinder

brake cylinder paste [materials]

pâte f pour cylindres de frein
Pâte servant à enduire très légèrement les pièces de caoutchouc ainsi que la paroi des cylindres de frein.

Bremszylinderpaste f
Paste, mit der die Bremszylinderwände sowie alle Gummiteile im Bremszylinder dünn bestrichen werden.

brake disc [brakes] (See Ill. 13 p. 166)
also: disc, rotor (US)

disque m de freinage
Disque solidaire de la roue du véhicule et qui, lors du freinage, subit la pression des plaquettes de frein. Lorsque les freins sont soumis à de fortes sollicitations thermiques, on utilise également des disques ventilés.

Bremsscheibe f
Scheibe, die mit dem Fahrzeugrad verbunden ist. Beim Bremsen steht sie unter dem Druck beider Bremsbeläge. Für thermisch besonders hoch beanspruchte Bremsen werden auch innengekühlte oder gelochte Bremsscheiben verwendet.

brake distribution unit → brake power distributor

brake drum [brakes] (See Ill. 15 p. 181)
also: drum *n*

tambour m de frein
Partie principale du frein à tambour et solidaire du moyeu de roue. Lors du freinage, les segments qu'abrite le tambour viennent s'y appliquer. Les tambours de frein sont réalisés en fonte à graphite sphéroïdal, en tôle d'acier embouti, en fonte grise, en fonte malléable à cœur blanc, en acier moulé ou en alliage d'aluminium. Ils doivent présenter une résistance très élevée ainsi qu'une bonne conductibilité thermique.

Bremstrommel f
Hauptteil der mechanischen Innenbakkenbremse, der mit der Radnabe verbunden ist. Bremstrommeln werden aus Gußeisen mit Kugelgraphit, Stahlblech (gezogen), Grauguß, weißem Temperguß, Stahlguß oder einer Aluminiumlegierung hergestellt. Sie müssen gute Festigkeitseigenschaften und gute Wärmeleitfähigkeit aufweisen.

brake facing → brake lining

brake fade → brake fading

brake fading [brakes]
also: brake fade, fading *n (of the brakes),* fade *n (of the brakes)*

fading m (des freins), évanouissement m des freins
Diminution de la puissance de freinage se manifestant surtout dans les freins à tambour fortement sollicités par suite de dissipation de chaleur insuffisante.

Bremswirkungsverlust m,

Bremskraftschwund m, Bremsschwund m, Bremsfading n, Fading n
Nachlassen der Bremskraft infolge schlechter Wärmeableitung vor allem bei der hochbelasteten Trommelbremse.

brake fluid [brakes] (See Ill. 15 p. 181)
also: hydraulic brake fluid, hydraulic fluid, fluid for brakes

liquide m de frein, liquide m des freins, liquide m du système de freinage, huile f de freins
Liquide incompressible, résistant aux très basses températures et élaboré à base d'alcools polyvalents (glycols, glycérine). Il sert à la transmission de l'effort de freinage dans le circuit de freins. Ce liquide reste fluide entre - 60° et +220° C. Il possède un point d'ébullition très élevé (environ 300° C), dont la valeur peut toutefois sensiblement diminuer par infiltration d'eau en condensation, ce qui risque de rendre le circuit inopérant. Aussi le liquide Lockheed doit-il être renouvelé au terme d'un kilométrage fixé par le constructeur. Le liquide de frein est corrosif et attaque la peinture du véhicule.

Bremsflüssigkeit f, Hydrauliköl n, Bremsöl n
Inkompressibles, hochkältebeständiges und auf der Basis mehrwertiger Alkohole (Glykol, Glyzerin) aufgebautes Medium für die Druckübertragung in hydraulischen Bremsanlagen. Das Bremsöl bleibt zwischen - 60° und + 220° C flüssig und hat einen sehr hohen Siedepunkt (ca. 300° C), der jedoch durch Eindringen von Kondenswasser erheblich sinkt, was zu einem Ausfall der Bremsanlage führen kann. Deshalb wird das Bremsöl in größeren Zeitabständen gewechselt. Bremsflüssigkeit ist ätzend und greift den Fahrzeuglack an.

brake fluid container → brake-fluid reservoir

brake-fluid level gauge [brakes]

contrôle m automatique du niveau de liquide de frein
Le niveau du liquide de frein est contrôlé dans le réservoir compensateur à l'aide d'un flotteur qui agit sur un contact électrique dès que le niveau du liquide descend en dessous du repère minimum. Dès lors le témoin des freins s'allume au tableau de bord.

Niveaukontrolle der Bremsflüssigkeit, automatische Kontrolle des Flüssigkeitsstandes
Der Bremsflüssigkeitsstand im Ausgleichbehälter wird durch einen Schwimmer überwacht, der einen elektrischen Kontakt schließt, sobald die Bremsflüssigkeit unter den unteren Grenzwert absinkt. Die Anzeige erfolgt dann über die Bremskontrolleuchte in der Instrumententafel.

brake-fluid reservoir [brakes]
also: hydraulic reservoir, brake fluid container, brake supply tank

réservoir m de liquide de freins,
réservoir m compensateur, bocal m de freins, réservoir m en charge
Réservoir translucide placé sous le capot et relié au maître-cylindre du circuit de freinage. Il veille à ce que le maître-cylindre soit toujours rempli de liquide de frein. Dans le cas d'un maître-cylindre tandem, le réservoir a un compartiment pour chacun des deux circuits.

Bremsflüssigkeitsbehälter m, Ausgleichbehälter m, Nachfüllbehälter m
Durchscheinender Behälter unter der Motorhaube, der mit dem Hauptzylinder der hydraulischen Bremsanlage verbunden ist. Er sorgt dafür, daß der Hauptzylinder stets mit Bremsflüssigkeit gefüllt ist. Beim Tandemhauptzylinder hat der Vorratsbehälter zwei Kammern, je eine für jeden der beiden Bremskreise.

brake hose [brakes] (See Ill. 15 p. 181)
also: flexible brake pipe

tuyau m de frein, flexible m de frein
A proximité des roues, les canalisations rigides du circuit de freinage se terminent par des canalisations souples appelées flexibles Lockheed et qui aboutissent aux cylindres récepteurs.

Bremsschlauch m
In Radnähe werden die Bremsrohre mit druckfesten Bremsschläuchen bis zu den Radzylindern verlängert.

brake lamp → stop light

brake light → stop light

brake light switch [electrical system]
also: stop signal switch, stop-light switch, brake stop light switch

contacteur m de stop
Lors du freinage un contacteur de stop hydraulique, fixé sur le maître-cylindre, est actionné en raison de l'augmentation de pression se produisant dans le circuit hydraulique et allume de ce fait les stops à l'arrière du véhicule. Un contacteur de stop mécanique peut aussi se trouver près de la pédale de freins dont il subit la pression lorsqu'elle est enfoncée.

Bremslichtschalter m
Beim Bremsen wird ein am Hauptzylinder befestigter Öldruckschalter aufgrund des Druckanstieges im hydraulischen Bremssystem betätigt, der dann die

Bremslichter aufleuchten läßt. Ein mechanisch betätigter Bremslichtschalter kann auch unmittelbar durch den Bremsfußhebel gesteuert werden.

brake line [brakes] (See Ill. 15 p. 181)
also: brake conduit, brake pipe, hydraulic line, fluid line, hydraulic pipework

conduite f de frein, canalisation f de frein, canalisation f hydraulique (des freins)
Canalisations rigides et souples dans un circuit de freins hydraulique.

Bremsleitung f
Bremsrohre und Bremsschläuche im hydraulischen Bremssystem.

brake lining [brakes] (See Ill. 15 p. 181)
also: brake facing, friction lining

garniture f de frein, frotteur m, matériau m antifriction
Semelle en matière amiantée, en matière synthétique thermodurcissable ou en métal fritté fixée sur les segments de frein par collage ou à l'aide de rivets à tête noyée et qui, lors du freinage, est comprimée sur le tambour. Il faut que les garnitures de frein aient un coefficient de frottement élevé pour obtenir un effet de freinage satisfaisant même en cas d'échauffement. De même elles doivent être résistantes à la chaleur, présenter une bonne conductibilité thermique et une forte résistance à l'usure. Il est bien connu que les matières amiantées sont très résistantes à la chaleur et que les armatures en fil métallique ont de bonnes qualités de conductibilité thermique.
Dans les freins à tambour, la limite d'usure des garnitures est de l'ordre de 1,5 à 2 mm pour les voitures de tourisme, elle est d'environ 3 mm pour les camions.

Il convient en principe de remplacer le moment venu les quatre garnitures d'un même essieu, auquel cas on veillera à biseauter les deux extrémités de chacune d'elles afin d'éviter un blocage intempestif des freins. Enfin il faudra que les garnitures soient tenues à l'abri de projections d'huile ou de graisse. Un nettoyage à l'essence de garnitures imprégnées d'huile ne constitue pas une solution durable, car les matières grasses pénètrent dans les pores de la garniture et suintent lorsque celle-ci s'échauffe.

Bremsbelag m, Reibbelag m
Belag aus abriebfestem Material (Asbest-Metallgewebe, warmhärtendem Kunststoff bzw. Sinterwerkstoff), der auf den Bremsbacken aufgeklebt oder aufgenietet ist und beim Bremsen gegen die Trommel gedrückt wird. Bremsbeläge müssen eine hohe Reibungszahl (Reibwert) zum Erzielen einer guten Bremswirkung auch bei Erwärmung der Bremse haben, ebenso eine hohe Warmfestigkeit, Wärmeleitfähigkeit und Standzeit. Asbestgewebe ist bekanntlich hitzebeständig und Metalldrahteinlagen haben eine gute Wärmeleitfähigkeit.
Die Verschleißgrenze der Bremsbeläge liegt für Pkw bei 1,5 bis 2 mm; für Lkw bei ca. 3 mm (Trommelbremse).
Beim Belegen der Bremsen sind grundsätzlich die vier Beläge einer Achse zu erneuern. Außerdem ist darauf zu achten, daß die Beläge an beiden Enden abgefast werden, sonst kann die Bremse schroff blockieren. Zum Schluß müssen sie frei von Öl und Fett bleiben. Das Reinigen von verölten Bremsbelägen mit Benzin stellt keine Dauerlösung dar; denn Öl dringt in die Poren des Reibbelages ein und schwitzt bei starker Erwärmung wieder aus.

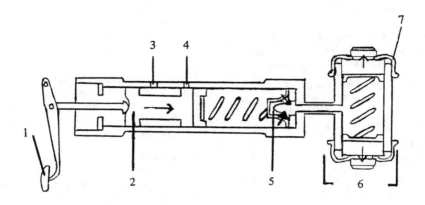

1 brake pedal
2 piston
3 reservoir port
4 expansion port
5 check valve
6 wheel cylinder
7 dust seal

Ill. 5: brake master cylinder

brake lining grinder [tools]

rectifieuse f de garnitures
Après rivetage, les garnitures de frein sont rectifiées à l'épaisseur finale à l'aide d'une rectifieuse.

Bremsbelagschleifmaschine f
Bremsbeläge werden mit dieser Maschine nach dem Aufnieten auf Fertigmaß geschliffen.

brake lining wear [brakes]
also: pad wear

usure f des garnitures des freins
Dans les garnitures de frein, l'usure est surtout imputable à l'échauffement intervenant lors du freinage où l'on atteint des températures jusqu'à 500° C pour les freins à tambour et 700° C pour les freins à disque. De même les garnitures de frein en matériau tendre permettent d'obtenir un meilleur effet de freinage, mais elles s'usent d'autant plus vite.

Bremsbelagverschleiß m
Bei Bremsbelägen ist der Verschleiß vor allem den beim Bremsvorgang auftretenden hohen Temperaturen zuzuschreiben (bis 500° C bei Trommelbremsen bzw. bis 700° C bei Scheibenbremsen). Bremsbeläge aus weichem Belagmaterial erzielen eine bessere Bremswirkung, werden aber auch schneller abgenutzt.

brake lining wear indicator [brakes]
also: brake pad wear indicator

témoin m d'usure de plaquettes de frein
A partir d'un certain degré d'usure, un fil électrique noyé dans la plaquette de frein touche le disque et établit un contact qui allume une lampe-témoin.

Bremsbelagverschleißanzeige f
Ein im Bremsbelag versenkter elektrischer Leiter kommt bei fortschreitendem Belagverschleiß mit der Bremsscheibe in Berührung und schließt somit einen Kontakt, der eine Kontrollampe aufleuchten läßt.

brake master cylinder [brakes]
(See Ill. 5 p. 70)
also: master cylinder, master brake cylinder, main brake cylinder

maître-cylindre m (de frein), cylindre m de commande
Dans les freins hydrauliques, le cylindre de commande recèle un piston commandé par la pédale de frein. Lorsque cette pédale est enfoncée, le piston repousse le liquide de frein et la pression ainsi créée est transmise aux cylindres récepteurs par l'intermédiaire de canalisations rigides et souples.

Hauptbremszylinder m, Hydraulikhauptzylinder m, Bremshauptzylinder
Bei der hydraulischen Bremse wird der Kolben im Hauptzylinder durch Niedertreten des Bremspedals bewegt. Dadurch wird die Bremsflüssigkeit verdrängt, und der entstehende Druck den Radzylindern über Bremsrohre und Bremsschläuche zugeführt.

brake pad → disc brake pad

brake pad wear indicator → brake lining wear indicator

brake pedal [brakes] (See Ill. 5 p. 70)
also: foot brake pedal

pédale f de frein, pédale f de freinage
Levier sur lequel agit la force musculaire du conducteur pour obtenir l'effet de freinage.

brake pedal free play

***Bremspedal** n*, ***Fußbremshebel** m*,
***Bremsfußhebel** m*
Hebel, auf den die Muskelkraft des Fahrers zum Bremsen einwirkt.

brake pedal free play → brake pedal free travel

brake pedal free travel [brakes]
also: brake pedal free play

garde f à la pédale de frein
La garde à la pédale de frein est d'environ 10 mm. Dans les voitures de tourisme, elle ne peut en aucun cas dépasser 50% de la course totale de la pédale.

Bremspedalleerweg** m*, ***Leerweg** m des **Bremspedals
Der Bremsfußhebel-Leerweg beträgt ca. 10 mm. Bei Pkw darf er auf keinen Fall die Hälfte des Pedalweges überschreiten.

brake pipe → brake line

brake power distributor [brakes]
also: brake distribution unit

répartiteur m de freinage
Limiteur de pression qui, lorsqu'une pression hydraulique déterminée est atteinte, s'oppose à toute augmentation de pression dans le circuit de freinage des roues arrière.

***Bremskraftverteiler** m*
Druckbegrenzungsventil, das beim Erreichen eines bestimmten hydraulischen Drucks einen weiteren Druckanstieg in der Bremsleitung der Hinterachse verhindert.

brake pressure [brakes]

pression f de freinage
Pour le frein à tambour, la pression de freinage varie de 250 à 500 N/cm^2, pour le frein à disque entre 500 et 800 N/cm^2. Dans le cas d'un frein duplex, la pression de freinage s'élève à 1200 N/cm^2.

***Bremsdruck** m*
Bei der Trommelbremse liegt der Bremsdruck zwischen 250 und 500 N/cm^2, bei der Scheibenbremse zwischen 500 und 800 N/cm^2. Bei der Duplexbremse stellt sich der Bremsdruck auf 1200 N/cm^2.

brake pressure control valve [brakes]

correcteur m de freinage
Dispositif qui sert à limiter la pression du freinage sous les roues arrière afin que les roues avant se bloquent en premier.

***Bremskraftregler** m*
Eine Vorrichtung, die die auf die Hinterräder wirkende Bremskraft limitiert, damit die Vorderräder eher blockieren.

brake release spring → shoe return spring

brake retarder [brakes]
also: retarder

ralentisseur m
Dispositif additionnel au frein normal de service, permettant de maintenir un poids lourd à une allure contrôlée, spécialement dans les descentes.

***Retarder** m*, ***Bremsretarder** m*
Eine bei Schwerlastfahrzeugen oft vorhandene Verzögerungseinrichtung zusätzlich zur normalen Betriebsbremse, die besonders bei Gefälle eingesetzt wird und das Fahrzeug zusätzlich abbremst.

brake retracting spring → shoe return spring

brake system bleeding

brake servo unit → servo-brake *n*, servo-brakes *pl*

brake shield → brake anchor plate

brake shoe [brakes] (See Ill. 15 p. 181)
also: shoe *n*, friction shoe

mâchoire f (de frein), segment m de frein, segment m frotteur, secteur m, sabot m
Le tambour de frein comporte deux segments ou mâchoires qui, lors du freinage, s'écartent et dont les garnitures amiantées sont appliquées sur le tambour.

Bremsbacke f, Backe f (einer Bremse)
Die Bremstrommel enthält zwei Bremsbacken, die beim Bremsen gespreizt werden und deren Reibbelag mit der Trommel in Berührung kommt.

brake shoe pin → shoe steady pin

brake shoe pull spring → shoe return spring

brake (shoe) return spring → shoe return spring

brake slack [brakes]

jeu m des freins
Pour compenser l'usure des garnitures de freins, il y a lieu de procéder à intervalles réguliers à un réglage du jeu des freins.

Bremsspiel n
Um den Verschleiß des Bremsbelages auszugleichen, muß in Zeitabständen das Bremsspiel nachgestellt werden.

brake slip control → ABS braking device

brake spring pliers [tools]

pince f à ressort de frein
Outil servant à décrocher le ressort de rappel des segments lors du remplacement des garnitures de frein.

Bremsfederzange f
Sonderwerkzeug zum Aushängen der Bremsbackenrückzugfeder beim Belagwechsel.

brake stop light switch → brake light switch

brake supply tank → brake-fluid reservoir

brake system bleeding [maintenance]

purge f du système de freinage, purge f d'une installation hydraulique de freins, purge f du circuit (des freins)
Vidange du liquide de freins dans un récipient en verre (purge à la pédale). Sur chaque roue on ouvre et on ferme en alternance la vis de purge, cependant qu'un auxiliaire enfonce et relâche tour à tour la pédale de freins. Le liquide s'échappant par un tube de purge s'écoule dès lors dans le récipient jusqu'à ce qu'il soit clair et ne contienne plus de bulles d'air. Au cours de l'opération il faudra surveiller le niveau du réservoir compensateur et compléter avec du liquide frais. Purge sous pression: On a fréquemment recours à un appareil spécial qui purge et remplit à la fois l'installation sous pression.

Entlüftung f der Bremsanlage
Abfüllen der verbrauchten Bremsflüssigkeit in einen Glasbehälter. An jedem Rad wird die Entlüftungsschraube abwechselnd gelöst und angezogen bei gleichzeitigem Durchtreten bzw. Loslassen des Bremspedals durch einen Helfer. Die aus

dem angeschlossenen Entlüfterschlauch austretende Bremsflüssigkeit fließt so lange in den Glasbehälter, bis sie klar und blasenfrei ist. Während des Entlüftens muß der Bremsflüssigkeitsstand dauernd geprüft werden. Sinkt er ab, muß Bremsöl nachgefüllt werden. Heute wird die Bremsanlage vielfach mit Hilfe eines Entlüftergeräts unter Druck entlüftet und gleichzeitig aufgefüllt.

brake valve [brakes]

valve f de frein, robinet m de frein
Dans un système de freinage à air comprimé, l'air comprimé est produit par un compresseur, stocké dans des réservoirs sous pression et, lors du freinage, il est acheminé par l'action d'un robinet vers les cylindres de frein.

Bremsventil n
Bei einer Druckluftbremsanlage wird die Druckluft von einem Kompressor erzeugt, in Behältern unter Druck aufbewahrt und beim Bremsen durch das Bremsventil in die Bremszylinder eingelassen.

brake wheel cylinder → wheel cylinder

braking *n* [brakes]

freinage m
Diminution de la vitesse du véhicule jusqu'à son immobilisation par l'action progressive d'un système à friction s'exerçant sur les roues.

Bremsen n, Bremsvorgang m
Verminderung der Fahrgeschwindigkeit bis zum Stillstand des Fahrzeuges durch schrittweise Reibwirkung auf die Räder.

braking deceleration [physics]

décélération f
Diminution de vitesse par unité de temps.

Bremsverzögerung f
Verminderung der Fahrgeschwindigkeit pro Zeiteinheit.

braking distance [brakes]
also: stopping distance, length of brake path

distance f de freinage, distance f d'arrêt, longueur m d'arrêt
Distance parcourue par un véhicule depuis le début du freinage jusqu'à son immobilisation. Elle peut se calculer par la relation
$$s = (v/10)^2$$
s étant la distance d'arrêt en m et v la vitesse du véhicule en km/h.

Bremsweg m, Bremsstrecke f
Die vom Fahrzeug zurückgelegte Fahrstrecke vom Augenblick der Betätigung des Bremsfußhebels bis zum Stillstand. Hierbei gilt die Beziehung
$$s = (v/10)^2$$
wobei s = Bremsweg in m, v = Geschwindigkeit in km/h.

braking force limiter → pressure-limiting valve

braking pressure limiting valve
→ pressure-limiting valve

braking work [physics]

travail m de freinage
Produit de l'effort de freinage par la distance d'arrêt.

Bremsarbeit f
Produkt aus Bremskraft und Bremsweg.

brass [materials]

laiton m, cuivre m jaune
Alliage de cuivre et de zinc dont la composition peut être très variable d'un alliage à l'autre.

Messing n, Gelbkupfer n
Kupfer-Zinklegierung, deren Zusammensetzung von einer Sorte zur anderen sehr verschieden sein kann.

brazing *n* [materials]
also: hard soldering

soudo-brasage m
Assemblage de pièces métalliques au moyen d'un métal d'apport de brasage fort à des températures dépassant 450° C. Les principaux métaux d'apport sont des alliages de cuivre, de laiton, d'argent et d'aluminium.

Hartlöten n
Das Löten von metallischen Werkstükken mit Hartlot (Schlaglot, Strenglot) bei Arbeitstemperaturen oberhalb 450° C. Die wichtigsten Hartlote sind Kupfer-, Messing-, Silber- und Aluminiumlegierungen.

break contact [electrical system]
also: normally closed contact, NC contact

contact m de repos, contact m normalement fermé
Relais dont les contacts fermés au repos s'ouvrent dès que la bobine magnétique est parcourue par le courant de commande. De cette manière, le circuit de puissance alimentant le récepteur est coupé.

Ruhestromrelais n, Öffner m, Ausschaltglied n, Ruhekontakt m, Öffnungskontakt m
Relais, bei dem die im Ruhezustand geschlossenen Kontakte sich trennen, sobald die Magnetwicklung Strom erhält. Auf diese Weise wird der Stromkreis des Verbrauchers unterbrochen.

breakdown vehicle [vehicle]
also: recovery vehicle (GB), wrecker (US), tow truck (US)

véhicule m de dépannage, dépanneuse f, véhicule m de secours
Véhicule équipé particulièrement pour le remorquage des voitures en panne.

Abschleppfahrzeug n, Abschleppwagen m
Ein Fahrzeug, das speziell für das Abschleppen havarierter Fahrzeuge ausgestattet ist.

breaker → contact breaker

breaker arm → breaker lever

breaker cam → contact breaker cam

breaker disc [ignition]

disque m de rupteur
Dans l'allumage le rupteur se compose d'un disque en bronze claveté sur l'arbre d'allumage, d'un linguet (marteau), d'une enclume et d'une came. Le marteau et l'enclume sont chacun pourvus d'une pastille avec laquelle ils sont en contact.

Unterbrecherscheibe f
In einer Zündanlage besteht der Unterbrecher aus der Unterbrecherscheibe aus Bronze, die auf der Verteilerwelle festsitzt, dem Unterbrecherhebel (Unterbrecherhammer), dem Amboß und dem Nocken. Hammer und Amboß besitzen je einen Kontaktstift, mit dem sie in Berührung kommen.

breaker fixed contact [electrical system] (See Ill. 24 p. 288)

breakerless ignition

also: fixed contact, bracket with stationary point

***contact m fixe de rupteur,
porte-enclume m***
Contact fixe réglable vissé sur le plateau du rupteur d'un allumeur.

Unterbrecherwinkel m, fester Kontaktträger, feststehender Kontaktwinkel, Amboß m, feststehender Amboß
Feststehender Kontaktträger, der in einem Zündverteiler auf der Unterbrecherscheibe einstellbar verschraubt ist.

breakerless ignition [electronics]

allumage m (électronique) sans rupteur
Allumage qui fonctionne électroniquement et qui, par conséquent, n'a pas besoin d'un rupteur mécanique.

unterbrecherlose Zündung
Eine Zündung, die elektronisch arbeitet, und bei der folglich kein mechanischer Unterbrecher benötigt wird.

breakerless inductive semiconductor ignition

allumage m transistorisé par bobine à déclenchement sans rupteur, allumage m sans point de rupteur
Allumage transistorisé dans lequel un impulseur magnétique commande le transistor.

kontaktlos gesteuerte Transistor-Spulenzündung, kontaktlos gesteuerte Transistor-Spulenzündanlage
Transistorzündanlage, in der ein Zündimpulsgeber den Transistor steuert.

breakerless triggering [ignition]

déclenchement m sans rupteur
Déclenchement de l'allumage par un impulseur magnétique générateur d'impulsions de courant sans le secours d'un rupteur mécanique.

kontaktlose Steuerung
Steuerung von Zündvorgängen mit einem Zündimpulsgeber, der Zündimpulse ohne mechanische Unterbrecherkontakte erzeugt.

breaker lever [ignition]
(See Ill. 24 p. 288)
also: breaker arm, contact arm, contact breaker arm, breaker moving contact, moving contact, distributor moving contact, contact lever

linguet m de rupteur, contact m mobile, levier m d'interruption
Linguet mobile qui, dans un allumeur, s'écarte légèrement du contact fixe par l'action de la came du rupteur.

Unterbrecherhebel m, Unterbrecherhammer m, Hammer m, beweglicher Unterbrecherhebel, Gleithebel m
Beweglicher Unterbrecherhebel in einem Zündverteiler, der duch den Verteilernocken vom Amboß, dem festen Kontaktträger, abgehoben wird.

breaker moving contact → breaker lever

breaker ply [tires]

nappe f de ceinture
La ceinture d'un pneu radial est faite de plusieurs nappes superposées en fibre textile ou en fils d'acier torsadés.

Gürtellage f
Der Gürtel eines Radialreifens besteht aus mehreren übereinanderliegenden Gürtellagen aus Textilfasern oder auch aus feinen verdrillten Stahlseilen.

breaker point → contact breaker point

breaker spring [ignition]
also: contact breaker spring blade, contact return spring

ressort m de rupteur, ressort m de levier de rupteur, ressort-connexion
Lame de ressort qui provoque la fermeture du levier de rupteur, après que ce dernier a été écarté du contact fixe par la came de rupteur.

Unterbrecherfeder f, Hebelfeder f
Blattfeder, die das Schließen des Unterbrecherhebels nach dem Abheben vom festen Kontaktträger bewirkt.

breaker-triggered induction semiconductor ignition
(See Ill. 6 p. 78)

allumage m transistorisé par bobine à déclenchement par rupteur, allumage m transistorisé avec contacts
Type d'allumage proche de l'allumage classique par bobine et qui est très fréquemment monté dans une installation déjà existante. Dans ce système, les contacts du rupteur ne sont plus parcourus par le courant primaire, car le rupteur fait office d'interrupteur de commande et ne sert plus qu'à la commande du transistor, qui se comporte tel un relais et qui assume la fonction de commutation. A cet effet, le condensateur branché en dérivation sur le rupteur devra être débranché.
L'utilisation de transistors autorise la mise en œuvre de courants plus élevés que dans l'allumage classique. On relève en effet dans le circuit primaire des intensités de courant de 8 à 9 ampères. C'est ainsi que l'on peut mettre en place des bobines d'allumage transistorisé qui admettent un courant primaire plus élevé et qui, du fait de leur moindre induction, permettent une montée rapide du courant primaire, ce qui augmente le nombre d'étincelles par minute. Comme le transistor n'a aucun contact mécanique mobile, il ne se produira aucun arc de rupture.
Dès que les contacts du rupteur se ferment, un courant d'au moins 8 ampères circule à travers l'émetteur et le collecteur du transistor devenu conducteur ainsi que par l'enroulement primaire de la bobine d'allumage, alors que le courant de commande traversant les contacts n'est que très faible. Lorsque le courant de commande est coupé par les grains de contact, il ne passe plus par la base du transistor. Dès lors le courant primaire cesse soudainement de circuler à travers la jonction émetteur-collecteur, car, dans ce cas, le transistor bloque le courant. Ce n'est que lorsque le courant de commande se remettra à circuler que la jonction émetteur-collecteur sera à nouveau conductrice et le circuit primaire se fermera une fois encore. C'est par ses grandes capacités de commande que le transistor fonctionne tel un interrupteur électronique sans inertie et insensible à l'usure. Mais il est toutefois sensible aux surcharges électriques et thermiques et, pour cette raison, des précautions seront à envisager lors du montage de ce type d'allumage et il faudra tout particulièrement veiller à un refroidissement suffisant (boîtier à ailettes).

kontaktgesteuerte Transistor-Spulenzündung (Abk. TSZ-k), kontaktgesteuerte Transistor-Spulenzündanlage
Zündungsart, die der herkömmlichen Spulenzündung sehr nahesteht. Sie ist meist zum nachträglichen Einbau bestimmt. Die Unterbrecherkontakte werden dabei nicht mehr vom Primärstrom durchflossen, weil der Zündunterbrecher

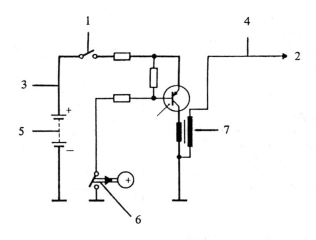

1 ignition switch
2 ignition distributor
3 primary circuit
4 secondary circuit
5 battery
6 contact breaker
7 ignition coil

Ill. 6: breaker-triggered induction semiconductor ignition

(breaker-triggered induction semiconductor ignition continued)
als Steuerschalter lediglich zum Steuern des Transistors dient, der sich wie ein Relais verhält und die Schaltfunktion der Unterbrecherkontakte übernimmt. Zu diesem Zweck muß jedoch der Zündkondensator am Zündunterbrecher abgebaut werden.
Durch den Einsatz von Transistoren können größere Ströme geschaltet werden als in der normalen Zündanlage. Im Primärstromkreis werden sogar Stromstärken von 8 bis 9 A gemessen. So kann man besondere Transistorzündspulen einbauen, die einen höheren Primärstrom zulassen und aufgrund ihrer geringeren Induktivität diesen schneller ansteigen lassen, was eine größere Zahl Funken pro Minute zur Folge hat. Nachdem der Transistor keinen beweglichen, mechanischen Kontakt besitzt, ist ein Öffnungslichtbogen nicht zu befürchten.
Sobald die Unterbrecherkontakte schließen, fließt ein Strom von mindestens 8 A über Emitter und Kollektor des leitend gewordenen Transistors durch die Primärwicklung der Zündspule, während der den Unterbrecher durchfließende Strom viel niedriger ist. Sind die Kontakte offen, fließt kein Steuerstrom mehr in die Basis des Transistors. Folglich werden Emitter und Kollektor stromlos, denn in diesem Fall wird der Strom durch den Transistor gesperrt. Erst wenn der Steuerstrom wieder geschaltet ist, wird die Emitter-Kollektor-Schaltung leitend, und der Primärstromkreis ist erneut geschlossen. Aufgrund seiner außerordentlichen Steuermöglichkeiten ist der Transistor ein trägheitsloser und verschließfester elektronischer Schalter. Allerdings ist er empfindlich gegen Überlastungen. Deshalb sind bei der Montage besondere Maßnahmen auch zur Wärmeableitung (z.B. durch Kühlrippen) notwendig.

breaker triggering [ignition]
déclenchement m par rupteur
Déclenchement de l'allumage par un rupteur mécanique fréquemment actionné par un bossage.

Kontaktsteuerung f
Steuerung von Zündvorgängen mit Hilfe eines mechanischen Schalters, der meistens nockenbetätigt ist.

breaking spark → break spark

break spark [electrical system]
also: breaking spark, touch spark

étincelle f de rupture
Etincelle jaillissant entre les vis platinées à chaque ouverture du rupteur. Pour éviter une usure prématurée des vis platinées, cette étincelle est absorbée par un condensateur.

Abreißfunke m, Öffnungsfunke m
Funke, der bei jeder Öffnung der Unterbrecherkontakte entsteht. Um einen frühzeitigen Abbrand der Kontaktstifte zu vermeiden, wird er durch den Zündkondensator unterbunden.

breather (pipe) [engine]
also: crankcase breather

reniflard m de carter
Tuyauterie montée sur le carter d'un moteur permettant l'évacuation des gaz qui pénètrent dans le carter en passant entre le cylindre et le piston ainsi que des vapeurs d'eau et d'huile de graissage qui s'y accumulent. Le reniflard aboutit au filtre à air ou au collecteur d'admission.

***Entlüfter** m*, ***Entlüftungsrohr** n*, ***Motor-belüftungsschlauch** m*
Entlüftungsrohr zur Abführung der ins Kurbelgehäuse zwischen Zylinderwand und Kolben eindringenden Gase sowie der dort sich ansammelnden Öldünste und Wasserdämpfe. Diese Rohrleitung führt zum Luftfilter bzw. Ansaugkrümmer.

breather *n* → vent hole

breathing space → scavenging area

bridge contact [electrical system]
(See Ill. 30 p. 445)

contact m à pont
Contact se composant d'un contact mobile et de deux contacts fixes comme celui d'un solénoïde de démarreur.

***Brückenkontakt** m*
Kontakt bestehend aus einer beweglichen Kontaktscheibe und aus zwei feststehenden Kontaktteilen wie z.B. im Einrückrelais eines Anlassers.

bridging contact member → contact bridge

Brinell hardness (*abbr.* **HB**)
[materials]

dureté f Brinell (abr. HB)
La dureté Brinell HB est le quotient de la charge P en kg et de la surface de la calotte de l'empreinte en mm^2.

Brinell-Härte f (Abk. HB)
Die Brinellhärte HB wird als Quotient aus Prüflast (Prüfkraft) P (in kg) und Oberfläche des bleibenden Eindrucks (in mm^2) errechnet.

Brinell hardness test [materials]

essai m de dureté Brinell

Essai au cours duquel une bille d'acier est imprimée normalement pendant dix secondes dans une matière à essayer sous une charge bien déterminée. Dès que l'on supprime la charge, on relève le diamètre de l'empreinte laissée sur la surface de la matière. La dureté Brinell HB est le quotient de la charge P en kg et de la surface de la calotte de l'empreinte en mm^2.

Härteprüfung f nach Brinell
Bei diesem Versuch wird eine Stahlkugel normalerweise 10 Sekunden lang in den zu prüfenden Werkstoff unter einer bestimmten Last gedrückt, wonach der Durchmesser des in der Oberfläche entstandenen Eindrucks nach der Entlastung ausgemessen wird. Die Brinellhärte HB wird als Quotient aus Prüflast (Prüfkraft) P (in kg) und Oberfläche des bleibenden Eindrucks (in mm^2) errechnet.

broad-beam headlight → wide-beam headlight

brush *n* [electrical system] (See Ill. 1 p. 31, Ill. 30 p. 445)
also: carbon brush, spring-loaded brush

balai m, charbon m de contact
Pièce à ressort à base de carbone (graphite) assurant la liaison électrique entre un corps fixe et un corps en rotation par contact glissant.

Bürste f, Kohlebürste f, Schleifkohle f
Gefedertes Kohlestück, das durch Schleifkontakt die elektrische Verbindung zwischen einem feststehenden und einem rotierenden Körper herstellt.

brush holder [electrical system]

porte-balai m
Pièce métallique dans laquelle est logé le balai frotteur.

Bürstenhalter m
Konstruktionsteil, in dem eine Schleifkohle untergebracht ist.

brush-on touch-up paint → touch-up lacquer

brush spring [electrical system]
(See Ill. 1 p. 31, Ill. 30 p. 445)

ressort m de balai
Ressort en spirale d'un porte-balai qui appuie un balai sur une lamelle de collecteur ou sur une bague collectrice lisse.

Bürstenfeder f, Kohlebürstenfeder f
Spiralfeder in einem Bürstenhalter, der eine Kohlebürste auf eine Kollektorlamelle bzw. einen glatten Schleifring aufdrückt.

buckling *n* [mechanical engineering]

flambage m
Déformation latérale d'une pièce droite et longue sous l'effet de la compression qu'elle subit en bout.

Knickung f, Knicken n
Seitliches Ausbiegen eines auf Druck beanspruchten langen bzw. geraden Stabes.

bullet connector → pin terminal

bull's eye [lights, safety]
also: cat's eye, rear reflector

catadioptre m, cataphote m
Pièce en verre ou en matière plastique qui renvoie les rayons lumineux dans leur direction d'incidence.

Rückstrahler m, Katzenauge n
Kunststoff- oder Glaskörper, der Lichtstrahlen in die Einfallsrichtung zurückwirft.

bumper *n* [vehicle body]

pare-chocs m
Accessoire en matière plastique très résistante ou en acier chromé, parfois garni de butoirs et placé à l'avant et à l'arrière d'une voiture pour la protéger contre de légers chocs. Les pare-chocs peuvent être d'une seule pièce ou comporter plusieurs éléments.

Stoßfänger m, Stoßstange f (colloq.), Stoßfängerstange f
Schutzstange aus schlagfestem Kunststoff oder verchromtem Stahl, mitunter mit Stoßfangenhörnern oder Gummipuffern, die vorn und hinten am Kraftwagen angebracht ist. Stoßstangen können ein- oder mehrteilig sein.

buna [materials]

buna m
Elastomère de synthèse obtenu par polymérisation en masse du butadiène avec du sodium comme catalyseur.

Buna n
Synthetischer Kautschuk, der durch Blockpolymerisation von Butadien hergestellt wird, wobei Natrium als Katalysator dient.

burning away of electrodes → electrode burning

burning point [fuels]

point m de combustion (abr. PCo), point m d'inflammation
La température la plus basse à partir de laquelle le gasoil commence à brûler de façon permanente.

Brennpunkt m
Die Mindesttemperatur, bei der Diesel-

kraftstoff nach Entflammung selbständig weiterbrennt.

burn-off temperature → self-cleaning temperature

butt connector [electrical system]
also: butt-joint connector

bout-à-bout m, prolongateur m
Connecteur permettant de prolonger un fil trop court et de le réunir à un autre fil.

Stoßverbinder m
Quetschverbinder zum Verlängern eines zu kurzen Kabels mit einem weiteren Kabel.

butterfly → throttle plate

butterfly nut → wing nut

butt-joint connector → butt connector

butyl rubber [materials]

caoutchouc m butyle
Polybutylène rendu vulcanisable par l'introduction d'environ 4% d'isoprène. Il est utilisé notamment dans la fabrication de pneumatiques et de chambres à air.

Butylkautschuk m
Polybutylen, dessen Vulkanisation durch Zugabe von ca. 4% Isopren ermöglicht wird. Verwendung bei der Herstellung von Schläuchen und Reifen.

bypass bore [carburetor]
(See Ill. 8 p. 90)
also: venturi progression hole

orifice m de progression, orifice m de transition, by-pass m
Orifice se trouvant juste devant le papillon des gaz d'un carburateur. L'ouverture du papillon des gaz le dégage et il fournit dès lors un mélange d'appoint permettant au moteur de passer du ralenti au ralenti accéléré sans à-coup.

Bypassbohrung f, Übergangsbohrung f
Bohrung, die in einem Vergaser kurz vor der Drosselklappe liegt. Beim Öffnen der Drosselklappe wird diese Bohrung frei und liefert Zusatzgemisch für den Übergang vom Leerlauf zur Teillast, damit kein "Loch" entsteht.

bypass oil filter → bypass oil cleaner

bypass oil cleaner [lubrication]
also: bypass oil filter

filtre m à huile en dérivation
Filtre qui, dans le graissage sous pression, n'est traversé que par une partie de l'huile moteur.

Nebenstromfilter n
Feinfilter, das bei der Druckumlaufschmierung nur von einem Teil des Motorenöls durchströmt wird.

bypass valve [lubrication]

clapet m de dérivation, clapet m de décharge, clapet m bipasse, clapet m by-pass
Les filtres d'huile placés en série sont pour la plupart équipés d'un clapet de décharge qui permet, en cas de colmatage du filtre, à l'huile non filtrée d'arriver aux points de graissage.

Kurzschlußventil n, Überströmventil n, Umgehungsventil n, Bypassventil n
Hauptstromölfilter haben fast immer ein Kurzschlußventil, das im Falle einer Verstopfung das ungefilterte Öl zu den Schmierstellen fließen läßt.

C

cable *n* → wire *n*

cable-operated clutch [clutch]

embrayage m à commande par câble
Dans ce type d'embrayage, la force musculaire du conducteur agissant sur la pédale de débrayage est transmise à la butée par un câble reliant la pédale à la fourchette d'embrayage.

mechanische Kupplung mit Seilzug
Die Pedalkraft wird bei dieser Betätigung durch einen Seilzug zwischen Kupplungspedal und Ausrückgabel auf den Ausrücker übertragen.

cabriolet → convertible *n*

calibrated float [instruments]
also: hydrometer float, densimeter

aréomètre m, pipette f
Flotteur gradué d'un pèse-acide grâce auquel on peut faire la lecture de la densité d'un électrolyte.

Aräometer n, Senkspindel f
Schwimmer mit Skala in einem Säureprüfer zur Ermittlung der Säuredichte in einer Bleibatterie.

calibrating nozzle-holder assembly
→ test nozzle holder

caliper → brake caliper

calorific value [unit]

pouvoir m calorifique (abr. PC)
Quantité de chaleur (exprimée en kilocalories) fournie par la combustion de 1 kg de combustible.

Heizwert m
Die Wärmemenge (in Kilokalorien), die die Verbrennung von 1 kg Brennstoff liefert.

cam [engine] (See Ill. 24 p. 288)

came f
Bossage sur un arbre ou un disque, qui transmet le mouvement circulaire de cet arbre ou de ce disque en le transformant en un mouvement alternatif d'autres organes.

Nocken m
Kurvenförmige Erhebung an einer Welle oder Scheibe, die bei Drehung der Welle oder Scheibe anderen Maschinenteilen Bewegungsimpulse erteilt.

cam → contact breaker cam

cam and peg steering [steering]
also: worm and lever steering

direction f à vis et doigt, direction f à doigt, direction f Ross
Dans ce type de boîtier de direction, on trouve un doigt qui s'engage dans le filet hélicoïdal de la vis et qui met ainsi en mouvement la bielle pendante.

Lenkfingergetriebe n, Daumenlenkung f, Schneckenlenkung f mit Lenkfinger, Roßlenkung f
Lenkungsart, bei der ein Finger in das Gewinde der Lenkschnecke eingreift und so den Lenkstockhebel bewegt.

cam angle → dwell angle

camber [steering] (See Ill. 36 p. 584)
also: wheel camber, wheel rake

carrossage m
Léger écartement de la fusée de l'horizontale (± 1 1/2°). Le carrossage est dit positif si la fuséeest inclinée vers le sol et négatif si elle est relevée au-delà du plan horizontal. Le carrossage etl'inclinaison du pivot de fusée vont de pair.
Grâce à la position inclinée des roues, le point de contact des pneus sur le sol tend à se rapprocher de l'axe de rotation du pivot de fusée. De cette manière les roues sont astreintes à accoster le roulement de fusée, ce qui a pour effet de diminuer le jeu du roulement et d'adoucir la direction. Lorsque le carrossage devient excessif, la direction se durcit et l'usure des pneus s'accélère.
Si l'angle de carrossage est trop positif, ce sera le bord extérieur de la bande de roulement quis'usera prématurément et, inversement, des traces d'usure apparaîtront sur le bord intérieur dans le cas d'un angle de carrossage trop négatif. Une inégalité de carrossage sur les deux roues contribue à l'insécurité de la direction et influence défavorablement la conduite du véhicule sur trajets rectilignes. Ce dernier aura en effet tendanceà dévier du côté où le carrossage est plus important.
Les voitures avec suspension à roues indépendantes ont le plus souvent un carrossage négatif à l'arrière qui renforce leur stabilité dans la négociation de virages.

Sturz m (der Räder), **Radsturz** *m*
Geringe Abweichung des Achsschenkels von der Waagerechten (± 1 1/2°). Beim positiven Radsturz ist der Achsschenkel zum Boden, beim negativen nach oben hin geneigt. Radsturz und Spreizung sind aufeinander abgestimmt. Durch die Schrägstellung der Räder wird der Reifenaufstandspunkt auf dem Boden möglichst nahe an die Drehachse des Achsschenkelbolzens herangebracht. Die Räder werden gezwungen, am Achsschenkel anzulaufen, wodurch das Radlagerspiel vermindert und die Lenkung erleichtert wird.
Stimmt der Radsturz nicht, wird die Lenkung erschwert und der Reifen schneller abgenutzt. Bei einem zu großen positiven Radsturz erscheinen Verschleißspuren auf der Außenseite der Lauffläche. Ist dagegen der negativeRadsturz ebenfalls zu groß, wird die Innenseite der Lauffläche überlastet.
Ein ungleicher Radsturz auf beiden Rädern macht die Lenkung unsicher und beeinflußt die Führung der Räder bei Geradeausfahrt. Das Fahrzeug zieht zu der Seite hin, wo der Sturz am größten ist. Fahrzeugemit Einzelradaufhängung haben häufiger einen negativen Radsturz an den Hinterrädern zur Verbesserung des Kurvenverhaltens.

camber angle [steering]
also: rake angle (GB)

angle m de carrossage
Angle formé par le plan de la roue avec la perpendiculaire au sol.

Sturzwinkel m, Radsturzwinkel m
Winkel, den die Radebene zur Senkrechten bildet.

camber setting [steering]

réglage m du carrossage
L'angle de carrossage peut être réglé sur certains types de véhicule seulement. Si la correction n'est pas prévue par le constructeur, les pièces défectueuses sont à remplacer.
En règle générale, le réglage s'effectue par l'intermédiaire d'excentriques sur le bras transversal supérieur ou inférieur. Il peut aussi se faire au moyen de rondelles d'épaisseur.

Sturzeinstellung f, Radsturzeinstellung
Die Sturzeinstellung ist nur bei bestimmten Wagentypen möglich. Kann der Sturz nicht nachgestellt werden, müssen die defekten Teile ersetzt werden.
Im allgemeinen wird die Sturzeinstellung über Exzenter am oberen oder unteren Querlenker oder durch Hinzufügen bzw. Wegnehmen von Einstellscheiben vorgenommen.

cam follower → rubbing block

cam lobe → contact breaker cam

camshaft (See Ill. 17 p. 202, Ill. 19 p. 240, Ill. 24 p. 288) [engine]

arbre m à cames, arbre m de distribution
Corps cylindrique muni de saillies ou cames. Il est actionné par le vilebrequin et sert à la commande des soupapes ainsi que d'autres organes en même temps. La pompe à huile, la pompe à essence et l'allumeur sont généralement commandés par l'arbre à cames.

Nockenwelle f, Steuerwelle f
Ein mit Nocken versehener zylindrischer Körper, der von der Kurbelwelle betätigt wird und zur Steuerung der Ventile sowie weiterer Aggregate dient. Im allgemeinen werden Ölpumpe, Kraftstoffpumpe und Zündverteiler durch die Nockenwelle gesteuert.

camshaft clearance → valve clearance

camshaft cover → rocker cover

camshaft drive [engine]

commande f de la distribution
Dans le cas d'un arbre à cames en tête, la commande se fait par l'intermédiaire d'un chaîne silencieuse, d'une courroie crantée ou d'un arbre intermédiaire. Si l'arbre à cames est disposé dans le carter, la commande s'effectue par pignons droits ou par chaînes.
L'arbre à cames tourne deux fois moins vite que le vilebrequin. Aussi son engrenage (pignon de distribution) est-il deux fois plus grand que le pignon d'attaque du vilebrequin.

Nockenwellenantrieb m
Bei obenliegender Nockenwelle erfolgt der Antrieb über eine Rollenkette, einen Zahnriemen oder eine Zwischenwelle. Bei untenliegender Nockenwelle wird diese über Stirnräder oder Ketten angetrieben.
Die Nockenwelle dreht sich mit halber Motordrehzahl. Aus diesem Grund ist das Zahnrad auf der Nockenwelle doppelt so groß wie das Antriebsrad der Kurbelwelle.

camshaft tappet → valve tappet

capacitor → ignition capacitor

capacitor-discharge ignition system [ignition] (See Ill. 7 p. 86)
also: CD ignition (*abbr.* CDI), CD system

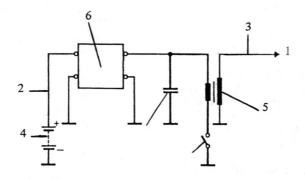

1 ignition distributor
2 primary circuit
3 secondary circuit
4 battery
5 ignition transformer
6 charging stage

Ill. 7: capacitor-discharge ignition system

(capacitor-discharge ignition system ctd.)
allumage m électrostatique, allumage m par thyristor, allumage m capacitif, allumage m par condensateur à haute tension, allumage m à décharge par condensateur
Système d'allumage pouvant équiper des moteurs de 2 à 8 cylindres et permettant d'obtenir une nombre d'étincelles par minute très élevé (25.000). Grâce à cet allumage on a de meilleurs démarrages à froid même en cas de batterie insuffisamment chargée, la haute tension secondaire demeure constante, les contacts du rupteur ne présentent plus de traces d'usure, la combustion se déroule parfaitement du fait de la courte durée de l'étincelle, ce qui diminue la pollution, et la consommation de courant primaire de même que celle du carburant s'en trouvent réduites. On peut escompter une économie d'essence de 5 à 10%. Les principaux composants de l'allumage capacitif sont le bloc électronique et la bobine spéciale appelée transformateur d'allumage.
Dans le bloc électronique se trouve logé un convertisseur ou dispositif de charge qui transforme le courant de batterie en haute tension, redresse cette dernière et charge un condensateur haute tension. Celui-ci fait office d'accumulateur capacitif d'énergie et la tension chargée est de l'ordre de 350 à 400 volts. Au point d'allumage, le condensateur haute tension se décharge dans l'enroulement primaire du transformateur d'allumage au moment de la fermeture d'un interrupteur électronique (thyristor). Dès lors est induite dans l'enroulement secondaire une haute tension de 25000 à 30000 volts dont la valeur n'est nullement tributaire du régime-moteur.
L'allumage électrostatique existe en versions avec et sans rupteur mécanique.

Hochspannungskondensatorzündung f (Abk. HKZ), Hochspannungskondensatorzündanlage f, Thyristorzündung f, Batterie-Hochspannungs-Kondensatorzündung f
Zündsystem für Hubkolbenmotoren mit 2 bis 8 Zylindern, mit dem eine hohe Funkenzahl proMinute (25000) erzielt werden kann. Es bietet eine große Kaltstartsicherheit auch bei einer ungenügend geladenen Batterie, die Zündspannung bleibt konstant, die Unterbrecherkontakte werden geschont, die Verbrennung verläuft einwandfrei aufgrund der äußerst kurzen Funkendauer (geringere Luftverschmutzung), der Primärstromverbrauch sinkt, ebenso der Kraftstoffverbrauch (Ersparnis von 5 bis 10%). Die wesentlichen Bauteile der HKZ sind das Schaltgerät und der Zündtransformator.
Im Schaltgerät befindet sich ein Spannungswandler, eine Ladeeinrichtung, die die Batteriespannung in Hochspannung zuerst umwandelt, diese dann gleichrichtet, bevor ein Speicherkondensator damit aufgeladen wird. Dieser Kondensator dient als kapazitiver Zündenergiespeicher und die Spannung beträgt 350 bis 400 V. Im Zündzeitpunkt entlädt sich der Speicherkondensator beim Schließen eines elektronischen Leistungsschalters (meist handelt es sich um einen Thyristor) über die Primärwicklung des Zündtransformators. Auf diese Weise entsteht in der Sekundärwicklung eine induzierte Hochspannung von 25 bis 30 KV, deren Wert von der Motordrehzahl nicht abhängt.
Die HKZ gibt es in kontaktgesteuerter und kontaktloser Ausführung.

capacitor ignition (system)
[ignition]

capacity   88

allumage m à condensateur, système m d'allumage à condensateur
Les systèmes d'allumage par batterie sont divisés en systèmes d'allumage par bobine et systèmes d'allumage par condensateur.

Kondensatorzündung f, Kondensatorzündanlage f
Batteriezündanlagen unterteilt man in Spulenzündanlagen und Kondensatorzündanlagen.

capacity [engine]
also: cubic capacity

cylindrée f
Volume des chambres de combustion d'un moteur, indiqué en centimètres cubes ou en litres (on peut p.e. appeler un moteur de 1996 cm^3 un moteur 2 litres ou un "deux litres").
La capacité d'un moteur est calculée selon la formule: alésage x course du piston x nombre des cylindres.

Hubraum m
Das Volumen der Brennräume eines Motors, angegeben in Kubikzentimetern oder in Litern. Bei einem Motor mit 1996 Kubikzentimetern Hubraum kann man auch sagen, er hat zwei Liter Hubraum oder es ist ein Zweilitermotor.
Das Volumen eines Motors errechnet sich aus: Bohrung x Hub x Zahl der Zylinder.

capacity well [carburetor]

puits m de compensation, capacité f
Puits additionnel d'un carburateur Zenith.

Vorratskammer f
Reservebehälter in einem Zenith-Vergaser.

cap nut [mechanical engineering]

also: crown nut, blind nut

écrou m borgne
Ecrou dont la fermeture d'un côté protège le filet.

Hutmutter f
Einseitig geschlossene Mutter zum Schutz des Gewindes.

car → passenger car, automobile

car air conditioner → air conditioning

caravan [vehicle]
also: trailer coach, living van, house trailer

caravane f
Voiture d'habitation tractable avec cuisine et couchettes. On distingue généralement les caravanes à caisson rigide et les caravanes pliantes.

Wohnwagen m, Wohnanhänger m, Wohnwagenanhänger m, Caravan m
Kfz-Anhänger für Wohnzwecke mit Koch- und Schlafgelegenheit. Man unterscheidet Wohnanhänger mit starrem Aufbau und Klappanhänger (Klappwohnwagen, Klappcaravan).

car body → bodyshell

carbon brush → brush n

carbon deposit → oil-carbon deposit

carbon monoxide [emission control]

oxyde m de carbone (abr. CO), monoxyde m de carbone
Le monoxyde de carbone est présent dans les gaz d'échappement du moteur et résulte d'une combustion incomplète du carbone par manque d'air. C'est un gaz très toxique et inodore. Au ralenti, la teneur en

CO doit être réduite dans la mesure du possible et ne pas excéder 4,5%.

Kohlenmonoxid n
Kohlenmonoxid ist Bestandteil der Motorauspuffgase und entsteht durch unvollständige Verbrennung von Kohlenstoff bei Luftmangel. Es ist ein sehr giftiges und geruchloses Gas. Der CO-Gehalt im Abgas muß bei Leerlauf möglichst niedrig sein und darf höchstens 4,5 Vol.-% betragen.

carbon residue → oil-carbon deposit

carbon ring bearing → graphite release bearing

car brake tester → roller tester

carburetion (US) [carburetor]
also: carburation (GB)

préparation f du mélange air/carburant, carburation f, mixtion f du carburant à l'air
L'essence étant fournie à l'état liquide, elle doit être mélangée à un quantité d'air convenable et former avec celle-ci un mélange explosif. Cette opération s'effectue dans le carburateur.

Gemischbildung f, Gemischaufbereitung f, Vergasung f (selten)
Bei der Gemischbildung wird das flüssige Benzin mit einer abgewogenen Luftmenge vermischt und ergibt somit das Kraftstoff-Luft-Gemisch. Dies geschieht im Vergaser.

carburation (GB) → carburetion (US)

carburetor (US) [carburetor]
(See Ill. 8 p. 90)
also: carburettor (GB), carburetter (GB)

carburateur m
Appareil dans lequel s'opère le mélange explosif à partir d'air et de vapeurs d'essence suivant un dosage défini. Le carburateur se compose essentiellement d'une chambre à niveau constant, d'une chambre de mélange, d'un circuit de ralenti, d'un dispositif de départ à froid et d'une pompe de reprise.
Normalement le carburateur, coiffé de son filtre à air, est fixé par une bride de montage sur la pipe ou le collecteur d'admission, qui est relié aux cylindres auxquels il distribue le mélange carburé. L'air aspiré par les cylindres lors du mouvement descendant des pistons s'engouffre successivement à travers le filtre à air, le diffuseur, la pipe d'admission pour pénétrer dans la chambre de combustion lorsque les soupapes d'admission sont ouvertes. Du fait du rétrécissement du diffuseur, la vitesse de l'air augmente, mais sa pression diminue. Toutefois afin que l'on dispose d'un mélange soigneusement dosé a tous les régimes, il faut recourir à divers dispositifs offrant cette garantie. C'est le gicleur principal qui dose la quantité de base d'essence, alors que le diffuseur avec le papillon des gaz dose la quantité de base de l'air.

Vergaser m
Vorrichtung, in der ein brennbares Gemisch aus Kraftstoff und Luft in einem bestimmten Mischungsverhältnis aufbereitet wird. Hauptbestandteil des Vergasers sind die Schwimmerkammer, die Mischkammer, das Leerlaufsystem, die Kaltstarteinrichtung und die Beschleunigungspumpe.
Normalerweise sitzt der Vergaser mit aufgesetztem Luftfilter auf dem Saugrohr, das das Kraftstoff-Luft-Gemisch auf die Zylinder verteilt.

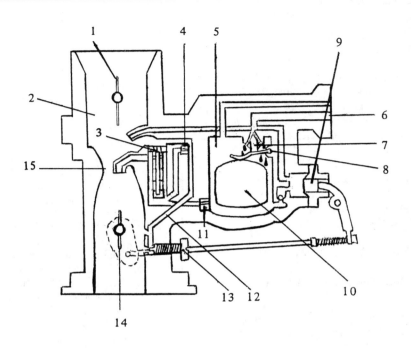

1 choke flap
2 mixing chamber
3 air correction jet
4 idling jet
5 float chamber
6 fuel inlet pipe
7 float needle valve
8 float pivot pin
9 accelerator pump
10 float
11 main jet
12 bypass bore
13 throttle stop screw
14 throttle valve
15 venturi

Ill. 8: carburetor (US), carburettor (GB), a fixed-jet carburetor

(carburetor continued)
Die von den Zylindern bei der Abwärtsbewegung der Kolben angesaugte Verbrennungsluft strömt über den Luftfilter, den Vergaserdurchlaß und das Saugrohr in den Verbrennungsraum hinein, wenn die Einlaßventile geöffnet sind. Bedingt durch die Einschnürung des Lufttrichters wird die Luftgeschwindigkeit erhöht, während der Druck dagegen absinkt. Nachdem jedoch bei allen Motordrehzahlen genau bemessene Mischungsverhältnisse eingehalten werden, müssen besondere Vorrichtungen im Vergaser vorhanden sein. Die Hauptdüse sorgt für die richtig bemessene Kraftstoffgrundmenge, und der Lufttrichter mit der Drosselklappe für die Dosierung der Luftgrundmenge.

carburetor control cable [carburetor]
also: accelerator cable

câble m d'accélérateur
Câble reliant la pédale des gaz au levier de commande du papillon. Lorsqu'on enfonce la pédale des gaz, le papillon, qui se trouve à la base du corps du carburateur, s'ouvre en pivotant sur son axe.

Vergaserzug m, Gaszug m, Vergaserseilzug m
Kabel, welches das Gaspedal mit dem Betätigungshebel der Drosselklappe verbindet. Beim Niedertreten des Gaspedals öffnet sich die Drosselklappe im Vergaserunterteil.

carburetor damper → piston damper

carburetor engine [engine]
also: spark-ignition engine (with carburetor)

moteur m à carburation externe,
moteur m à carburateur

Moteur à essence avec mélange carburé préparé en dehors des cylindres.

Vergaser-Ottomotor m,
Vergasermotor m
Ottomotor, bei dem die Gemischbildung außerhalb der Zylinder mit Hilfe von Vergasern erfolgt.

carburetor icing [carburetor]

givrage m du carburateur
Panne de carburateur due à la présence d'air humide se transformant en une couche de givre surtout sur le papillon des gaz.

Vergaservereisung f
Vergaserstörung, bei der feuchte Luft sich vor allem an der Drosselklappe niederschlägt und gefriert.

carburetor idling adjustment
→ idling adjustment

carburetor linkage [carburetor]
also: throttle pedal control linkage

tringlerie f des gaz
Tringlerie assurant la liaison entre la pédale des gaz et le papillon pivotant sur un axe dans la buse du carburateur.

Gasgestänge n
Bindeglied zwischen Gaspedal und Drosselklappe im Vergaserdurchlaß.

carburetor throat → venturi

carburetor venturi → venturi

carburetter (GB) → carburetor (US)

carburettor (GB) → carburetor (US)

carburization quenching [materials]
also: direct hardening

trempe f directe
Dans la trempe directe, la pièce cémentée est trempée dès sa sortie du milieu diffusant.

Direkthärten n, Härten n aus dem Einsatz
Härten des aufgekohlten Stahls unmittelbar nach Verlassen des kohlenstoffabgebenden Mittels.

carcass [tires]
also: tire carcass, fabric body, casing *n*

carcasse f
La carcasse d'un pneumatique est constituée de nappes superposées de fils textiles (coton, rayonne, Nylon, etc.) enrobés de latex ou de caoutchouc.

Reifenunterbau m, Gewebeunterbau m, Karkasse f
Den Reifenunterbau bilden übereinandergelegte gummierte Kordgewebelagen aus Baumwolle, Reyon, Nylon usw.

cardan drive → propeller shaft (GB)

cardan joint *or* **Cardan joint** [mechanical engineering] (See Ill. 12 p. 159, Ill. 14 p. 177)
also: cardan universal joint, universal joint (*abbr.* UJ), U joint, universal coupling, Hooke joint *or* Hooke's joint (GB)

joint de Cardan, joint m universel, articulation f à la Cardan, joint m brisé, joint m hollandais, joint m de Hooke
Joint s'articulant dans tous les sens et grâce auquel deux arbres qui ne sont pas dans le prolongement l'un de l'autre peuvent être entraînés l'un par l'autre.

Kardangelenk n

Ein nach allen Seiten bewegliches Gelenk, mit dem zwei nicht fluchtende oder in einem Winkel zueinander stehende Wellen miteinander rotieren.

cardan shaft → propeller shaft (GB)

cardan shaft housing → propeller shaft housing

cardan spider [mechanical engineering]
also: universal joint spider, spider

croisillon m de joint à cardan, noix f de cardan
Pièce maîtresse du joint universel à cardan sur laquelle s'articulent les deux fourches placées à 90° C de l'autre.

Zapfenkreuz n, Gelenkkreuz n, Kardangelenkkreuz n, Kardankreuz n
Kernstück eines Kardangelenks, das die beiden um 90° zueinander verdrehten Gelenkgabeln gelenkig verbindet.

cardan tube → propeller shaft housing

cardan universal joint → cardan joint

car engine → engine

cargo space → loading space

car radio [electrical system]

autoradio m, poste m de voiture
Récepteur peu encombrant et de forme plate qui s'encastre dans la façade du tableau ou en dessous de celui-ci. Les modèles simples avec deux gammes d'ondes et syntonisation par bouton de réglage sont remplacés de plus en plus par des appareils avec recherche électronique des émetteurs. La radio-cassette réunissant le récepteur radio et le lecteur de cassettes

en un seul boîtier tend à s'imposer. L'efficacité du déparasitage est très importante dans le fonctionnement d'un autoradio, car les parasites sévissent tout particulièrement en modulation de fréquence. Aussi veillera-t-on qu'outre l'allumage, les appareils électriques qui fonctionnent constamment tels la bobine, l'alternateur et le régulateur de même du reste que les autres consommateurs occasionnels soient déparasités.

Dans certaines voitures, un fil d'alimentation est prévu au voisinage du logement de l'autoradio. En l'absence d'un tel fil, il convient de prendre une ligne sur le circuit commandé par la clé de contact.

Autoradio n
Flacher und raumsparender Rundfunkempfänger zum Einbau in oder unter das Armaturenbrett. Die ganz einfachen Modelle mit zwei Wellenbereichen und Senderabstimmung mit Drehknopf werden mehr und mehr durch Geräte mit automatischem Sendersuchlauf verdrängt. Besonders beliebt sind die Kombigeräte (Autoradio und Tonbandgerät in einem Gehäuse). Beim Betrieb von Autoradios soll die Entstörung sehr wirksam sein; denn Störungen machen sich vor allem im UKW-Bereich bemerkbar. Deshalb ist dafür zu sorgen, daß außer der Zündanlage ebenfalls die dauernd beanspruchten elektrischen Geräte wie Zündspule, Lichtmaschine und Regler wie übrigens auch andere gelegentliche Stromverbraucher entstört werden.

Bei einigen Wagentypen ist eine elektrische Zuleitung in der Nähe der Einbaustelle bereits vorhanden. Fehlt diese Zuleitung, muß eine Plusleitung, die vom Zündschloß aus Strom erhält, angezapft werden.

car repair → motorcar repair shop (GB)

carriage body → bodyshell

carrier plate → brake anchor plate

car starter → starter

cart spring → leaf spring

car wash *(colloq.)* → car washing installation

car washing installation [maintenance]
also: car wash *(colloq.)*

station f de lavage
Station de lavage de voitures en tunnel automatique, équipée principalement de rampes de gicleurs à eau et de buses d'air ainsi que de plusieurs brosses rotatives horizontales et verticales. L'opération de lavage, parfois répétée, est suivie d'un rinçage et d'un séchage.

Wagenwaschanlage f, Waschstraße f
Tunnelartige Anlage zum vollautomatischen Waschen von Pkw. Zu dieser Anlage gehören hauptsächlich rotierende Bürsten in waagerechter und senkrechter Stellung sowie ein Waschdüsen- und Lufttrockendüsensystem. An den Waschvorgang, der zuweilen wiederholt wird, schließen sich der Spül- und Trockenvorgang an.

case-hardened steel [materials]

acier m de cémentation
Acier à faible teneur en carbone, dont la surface a été durcie par cémentation et trempe, mais dont le coeur présente une forte ténacité.

Einsatzstahl m
Durch Einsatzhärtung an der Oberfläche

casing

gehärteter, kohlenstoffarmer Stahl, dessen Kern jedoch vor allem eine gute Zähigkeit aufweist.

casing *n* → carcass

castellated nut → castle nut

caster [steering] (See Ill. 36 p. 584)
also: castor, wheel castor, axle pin rake

chasse f
Disposition de la roue directrice d'un véhicule grâce à laquelle l'axe prolongé du pivot de fusée rencontre le sol en avant du point de contact de la roue. De cette manière, les roues directrices sont tirées et non pas poussées, comme c'est par exemple le cas avec les galets pivotants d'un petit chariot, et elles ont tendance à maintenir par elles-mêmes une trajectoire rectiligne. C'est ainsi que s'explique le fait qu'au moindre braquage en marche arrière, le véhicule dévie fortement, ce qui n'est pas le cas en marche avant à faible vitesse.
La chasse améliore la stabilité de la direction et a pour effet de permettre le redressement aisé des roues au sortir d'un virage. L'angle de chasse est de 1 à 3°.
Si l'axe prolongé du pivot de fusée rencontre le sol en arrière et non plus en avant du point de contact de la roue, la chasse est dite négative. Dans nombre de véhicules l'angle de chasse peut être corrigé, par exemple par l'enlèvement ou l'ajout de rondelles d'épaisseur.

Nachlauf m, Radnachlauf m
Anordnung des gelenkten Rades, bei dem die verlängerte Achse des Achsschenkelbolzens die Fahrbahn vor dem Radaufstandspunkt trifft. Ähnlich wie bei der schwenkbaren Rolle eines Einkaufswagens werden die Räder gezogen und nicht geschoben und haben das Bestreben, die gerade Fahrtrichtung selbsttätig einzuhalten. So erklärt es sich, daß beim geringsten Lenkeinschlag im Rückwärtsgang der Wagen stark abgelenkt wird, was bei Vorwärtsfahrt mit einem kleinen Gang nicht der Fall ist. Der Nachlauf verbessert das Lenkverhalten und gestattet den Vorderrädern, sich nach einer Kurvenfahrt wieder geradeaus einzustellen. Der Nachlaufwinkel beträgt 1 bis 3°.
Trifft die verlängerte Lenkungsdrehachse den Boden hinter dem Radaufstandspunkt, so spricht man von Vorlauf, d.h. der Radaufstandspunkt auf dem Boden läuft dem Schnittpunkt der verlängerten Lenkungsdrehachse mit der Standebene vor.
Bei vielen Wagentypen kann der Nachlaufwinkel z.B. durch Wegnehmen oder Hinzufügen von Einstellscheiben nachgestellt werden.

caster angle [steering]
also: castor angle, rake angle

angle m de chasse
Disposition de la roue directrice d'un véhicule grâce à laquelle l'axe prolongé du pivot de fusée rencontre le sol en avant du point de contact de la roue. L'angle de chasse est de 1 à 3°.

Nachlaufwinkel m
Anordnung des gelenkten Rades, bei dem die verlängerte Achse des Achsschenkelbolzens die Fahrbahn vor dem Radaufstandspunkt trifft. Der Nachlaufwinkel beträgt 1 bis 3°.

casting resin [materials] (molding material)

résine f moulée
Résine artificielle utilisée notamment

comme produit de masticage pour la réparation de carrosseries endommagées ou dans les assemblages collés.

Gießharz n, Gießharzmasse f, Vergußharz n
Kunstharz, das u.a. als Spachtelmasse zur Ausbesserung von Karosserieschäden und für Klebeverbindungen verwendet wird.

castle nut [mechanical engineering]
also: castellated nut, slotted nut

écrou m crénelé, écrou m à créneaux
Ecrou crénelé d'un seul côté pour fixation avec goupille fendue.

Kronenmutter f
Mutter mit Schlitzen auf einer Seite zur Sicherung mit einem Splint.

castor → caster *n*

castor angle → caster angle

cast steel [materials]

acier m moulé
Acier coulé sous forme de pièces moulées.

Stahlguß m
In vorgefertigte Formen gegossener Stahl.

cat *n (colloq.)* → catalytic converter

catalyst *n* [emission control]

catalyseur m
La substance qui produit l'effet chimique dans le procédé de la catalyse.

Katalysator m, Katalysatoreinsatz m
Der Stoff, der die chemische Wirkung bei der Katalyse auslöst.

catalytic converter [emission control]
also: converter *(for short)*, cat *n (colloq.)*

convertisseur m catalytique, pot m catalytique, catalyseur m
Boîtier métallique s'insérant tel un pot primaire dans la ligne d'échappement et comportant des filtres à nids d'abeilles en céramique ou en métal recouverts d'une fine couche d'alliage de platine ou de rhodium. Les substances nocives contenues dans les gaz d'échappement y sont décomposées par réaction catalytique. Toutefois la proportion du mélange air-essence devant être optimale ($\lambda = 1$), cet appareil est complété par une sonde lambda placée à proximité immédiate du moteur et qui veille à un dosage optimum constant en envoyant des signaux à un régulateur électronique.
Ni le pot catalytique ni la sonde lambda ne supportent le plomb. Aussi les voitures équipées de ces appareils doivent-elles rouler à l'essence sans plomb.

Abgaskatalysator m, Katalysator m, Kat m (colloq.)
Blechgehäuse, das mit keramischem Material oder einem wabenförmigen Körper gefüllt ist. Auf diese Träger ist eine katalytische Kontaktschicht aus Platin- oder Rhodiumlegierung aufgetragen.
Der Abgaskatalysator ist wie ein Vorschalldämpfer im Auspuffsystem montiert und setzt die schädlichen Bestandteile des Abgases in unschädliche um. Voraussetzung hierfür ist allerdings ein optimales Gemisch von Luft und Benzin (Luftzahl $\lambda = 1{,}00$). Dazu bedarf es einer Lambdasonde, die im Abgasstrom vor dem Katalysator sitzt und jede abweichende Gemischzusammensetzung an einen elektronischen Regler durch elektrische Signale meldet.
Weil Lambda-Sonde und Katalysator

kein Blei vertragen, muß bleifreies Benzin getankt werden.

cat's eye → bull's eye

cat vehicle *(colloq.)* → vehicle equipped with a catalytic converter

cavity preservation → hollow cavity insulation

c.b. = contact breaker

CCS = controlled combustion system

CDI = CD ignition

CDI = capacitor-discharge ignition

CD ignition *(abbr.* **CDI)** → capacitor-discharge ignition system

CD system → capacitor-discharge ignition system

CEC = crankcase emission control

cell *n* → battery cell

cell bridge [electrical system]
(See Ill. 2 p. 50)

pontet m de connexion
Dans une batterie au plomb, les pontets de connexion relient les accumulateurs branchés en série. Dans les batteries modernes, dont le couvercle et le bac sont assemblés par thermosoudage, les connexions sont internes et traversent les cloisons (batteries à connexions internes). Grâce à ces liaisons plus courtes, on parvient à diminuer la résistance interne de la batterie, ce qui permet d'avoir de meilleurs départs à froid.

Zellenverbinder m
In einer Bleibatterie sind die in Reihe geschalteten Zellen durch Zellenverbinder miteinander gekoppelt. Bei modernen Batterien in Monodeckelbauweise (Blockdeckelbatterien) sind die Polbrücken durch die Zellenwände hindurch miteinander verschweißt. Durch die so erzielte Verkürzung der Verbindungswege vermindert sich der Eigenwiderstand der Batterie, die mit erhöhter Kaltstartsicherheit arbeitet (Kaltstartbatterie, Batterie mit Kaltstartsicherheit).

cell divider [electrical system]
(See Ill. 2 p. 50)

paroi f de cellule, paroi f d'élément, cloison m
Paroi séparant chacun des éléments d'une batterie.

Zellentrennwand f, Trennwand f
Trennwand zwischen jeder einzelnen Zelle einer Batterie.

cell filler hole [electrical system]
(See Ill. 2 p. 50)

orifice m de remplissage
Orifice pratiqué au-dessus de chaque élément d'une batterie au plomb et permettant de surveiller ou au besoin de compléter le niveau d'électrolyte. Il est obturé par un bouchoun de remplissage.

Zellenöffnung f
Öffnung mit Verschlußstopfen über jeder Zelle einer Bleibatterie zur Kontrolle des Säurespiegels bzw. zum Nachfüllen von destilliertem Wasser.

cellular(-type) radiator → fin-type radiator

center (US) = centre ... (GB)

center distance (US) [mechanical engineering]
also: centre distance (GB)

entraxe m
Ecart entre deux pignons en prise et montés sur leur arbre respectif. Il est calculé sur la base des diamètres des cercles primitifs.

Achsabstand m
Entfernung von zwei im Eingriff stehenden Zahnrädern, die auf ihre Triebwellen gefügt sind. Der Achsabstand ergibt sich aus den Teilkreisdurchmessern.

center electrode (US) [ignition]
(See Ill. 31 p. 474)
also: centre electrode (GB)

électrode f centrale
Partie de la bougie d'allumage scellée dans l'isolant de manière étanche.

Mittelelektrode f, Zündkerzenmittelelektrode f
Teil der Zündkerze, der im Isolierkörper gasdicht verankert ist.

center high-tension cable (US)
→ king lead

center plate (US) → driven plate assembly

center punch (US) [tools]
also: centre punch (GB)

pointeau m (fin), pointeau m de marquage
Outil de traçage servant par exemple à amorcer un trou dans le métal avant le perçage.

Körner m
Werkzeug zum Markieren oder Ankörnen von Metall, z.B. vor dem Bohren.

central carbon brush [ignition]
(See Ill. 24 p. 288)

balai m frotteur central, frotteur m central, contact m central
Frotteur en carbone disposé au centre de la tête du distributeur. Il reçoit le courant haute tension de la bobine d'allumage et le transmet au rotor de l'allumeur sur lequel un ressort le comprime.

Verteilerschleifkohle f, mittlerer Kontaktkohlestift, federnde Kontaktkohle
Kontaktkohle in der Mitte der Verteilerkappe. Sie erhält den hochgespannten Zündstrom aus der Zündspule und überträgt diesen auf den Verteilerläufer, worauf sie von einer Feder gedrückt wird.

central door locking → centralized door locking

centralized door locking [safety]
also: central door locking, central locking (of doors), central locking system

verrouillage m central (ou centralisé) des portes, condamnation f centrale (ou centralisée), système m centralisé de fermeture des portes
Dispositif de condamnation de toutes les portes d'un véhicule lors du verrouillage de la porte conducteur. Dans la condamnation à dépression, qui est la plus usitée, on a recours à la dépression régnant dans la pipe d'aspiration du moteur. Un distributeur inverseur commande tous les actionneurs à dépression se trouvant sur chaque porte, sur la serrure du coffre à bagages et sur le couvercle du bouchon de réservoir. Ces actionneurs sont à double effet, de telle sorte que la dépression opère aussi bien le verrouillage que le déverrouillage des serrures de porte.

Zentralverriegelung f (Abk. ZV),

centralized lubrication

Tür(schloß)zentralverriegelung f,
Schloßzentralverriegelung f
Anlage zum Verschließen aller Wagentüren von der Fahrertür aus. Bei der am meisten verwendeten unterdruckgesteuerten Zentralverriegelung wird der zur Steuerung der Verriegelungsanlage erforderliche Unterdruck dem Saugrohr des Motors entnommen und in einem kleinen Vorratsbehälter, dem Unterdruckspeicher, gespeichert. Ein mit dem Türschloß der Fahrertür gekoppelter Unterdruckschalter steuert die Unterdruckelemente an allen Türen, am Kofferraumschloß sowie an der Tankklappe. Die Unterdruckelemente sind doppelseitig wirkend, so daß sowohl das Verriegeln als auch das Entriegeln der Türschlösser unterdruckgesteuert werden.

centralized lubrication [lubrication]

lubrification f centralisée, graissage m centralisé
Alimentation des points de graissage par un système centralisé. Au bout d'un kilométrage déterminé, un contacteur monté dans le tachymètre agit sur un relais qui, à son tour, met en branle une pompe de graissage.

Zentralschmierung f
Versorgung der Schmierstellen mit Schmieröl durch eine Zentralschmieranlage. Nach Zurücklegen einer bestimmten Strecke wird eine Schmiermittelpumpe durch einen im Tachometer eingebauten Kontaktgeber über ein Relais betätigt.

central locking *(of doors)* → centralized door locking

central locking system → centralized door locking

central power-output shaft [engine]
also: engine shaft

arbre m de moteur à excentrique
Arbre d'un moteur Wankel entraîné par le piston rotatif.

Exzenterwelle f, Motorwelle f
Welle in einem Wankelmotor, der vom Kolben (Läufer) angetrieben wird.

central tube frame [vehicle construction]

cadre m à poutre centrale
Cadre de véhicule formé d'une poutre centrale barrée de traverses profilées.

Mittelrohrrahmen m, Zentralrohrrahmen m
Rahmen bestehend aus einem Zentralrohr mit Quertraversen.

centre (GB) = center (US)

centrifugal advance → centrifugal ignition advance

centrifugal advance mechanism [ignition]
also: centrifugally-controlled advance, mechanical advance system

mécanisme m d'avance centrifuge, avance f centrifuge, régulateur m centrifuge, avance f variable automatique
A mesure que le régime du moteur augmente, deux masselottes logées dans l'allumeur s'écartent sous l'action de la force centrifuge. La came de rupture se trouvant sur la partie supérieure de l'arbre d'allumage subit un mouvement de rotation plus ou moins prononcé selon le régime et fait varier l'avance à l'allumage. Lorsque le régime diminue, les masselottes sont ramenées à leur position d'équilibre

par un ressort de rappel. La commande d'avance centrifuge est tributaire du régime moteur, alors que l'avance à dépression dépend de la charge.

Fliehkraftversteller m, Fliehkraft-Zündversteller m
Vorrichtung zur Verstellung des Zündzeitpunkts. Mit ansteigender Motordrehzahl werden zwei federbelastete Fliehgewichte auseinandergetrieben. Der Nocken des Unterbrechers, der auf dem Oberteil der Verteilerwelle sitzt, läßt sich je nach der Motordrehzahl mehr oder weniger verdrehen. Bei sinkender Motordrehzahl werden die Fliehgewichte durch eine Rückzugsfeder in die Ruhelage zurückgebracht. Die Fliehkraftverstellung ist drehzahlabhängig, während die Unterdruckverstellung lastabhängig ist.

centrifugal advance weight → flyweight

centrifugal air cleaner → centrifugal filter

centrifugal clutch [transmission]

embrayage m centrifuge
L'embrayage s'obtient lorsque le moteur tourne à une vitesse déterminée seulement. Le moteur est automatiquement débrayé dès lors que sa vitesse retombe au-dessous de la limite fixée.

Fliehkraftkupplung f, drehzahlgeschaltete Kupplung
Die Fliehkraftkupplung schließt erst, wenn der Motor eine bestimmte Drehzahl erreicht. Sinkt diese Drehzahl unter den festgelegten Grenzpunkt, wird der Motor automatisch ausgekuppelt.

centrifugal filter [engine]

also: centrifugal air cleaner

filtre m à air à force centrifuge
En milieu poussiéreux, on a recours à un filtre à air par force centrifuge qui vient se placer en amont du filtre à bain d'huile. Le courant d'air centrifugé est débarrassé de ses poussières qui sont évacuées dans un récipient.

Schleuderluftfilter m, Wirbelluftfilter m, Zyklonfilter m
Der Schleuderluftfilter wird in staubiger Atmosphäre dem Ölbad-Luftfilter vorgeschaltet. Der in Führungen geschleuderte Staub wird in einen Behälter abgeschieden.

centrifugal governor [diesel engine]
also: flyweight governor, mechanical governor

régulateur m centrifuge, régulateur m mécanique
Le régulateur centrifuge est un régulateur utilisé dans la pompe d'injection d'un moteur diesel. Selon que le régime augmente ou diminue, des masselottes à ressorts tarés agissent sur un système de leviers déplaçant une crémaillère dans un sens ou dans l'autre pour régler le débit du combustible. De cette façon, le régulateur stabilise le ralenti et limite l'emballement du moteur à une vitesse maximale.

Fliehkraftregler m, Zentrifugalregler m, fliehkraftgesteuerter Drehzahlregler, mechanischer Regler, mechanischer Drehzahlregler
Fliehkraftregler sind Leerlauf- und Enddrehzahlregler in den Einspritzpumpen von Dieselmotoren. Bei zunehmender oder abnehmender Drehzahl verschieben vorgespannte Fliehgewichte eine Regelstange, die die Fördermenge entsprechend regelt. Auf diese Weise werden

centrifugal ignition advance   100

Leerlaufdrehzahl und Höchstdrehzahl geregelt.

centrifugal ignition advance [ignition]
also: centrifugal advance

avance f centrifuge d'allumage
Mécanisme qui règle l'avance à l'allumage au moyen d'un dispositif centrifuge.

Fliehkraftzündverstellung f
Ein Mechanismus, der die Zündung mit Hilfe eines Fliehgewichts vorverstellt.

centrifugally-controlled advance
→ centrifugal advance mechanism

centrifugal oil filter [lubrication]

filtre m à huile centrifuge
Le filtre centrifuge a une poulie et est entraîné par le vilebrequin à l'aide d'une courroie trapézoïdale. Il peut aussi être monté en bout de vilebrequin. L'huile moteur est projetée vers l'extérieur, ce qui permet aux impuretés qu'elle contient de se dégager et, sous l'effet de la force centrifuge, de se comprimer en formant une croûte. Un déflecteur annulaire laisse refluer l'huile débarrassée de ses impuretés vers le centre d'où elle quitte le filtre. Le filtre centrifuge ne nécessite pas d'entretien spécial.

Schleuderfilter n, Fliehkraftreiniger m
Das Schleuderfilter besitzt eine Riemenscheibe und dreht sich über einen Keilriemen mit der Kurbelwelle. Er kann aber auch am Kurbelwellenende befestigt sein. Das Motoröl wird nach außen geschleudert, wobei die schweren Schmutzpartikel ausgeschieden werden und durch die Fliehkraft verkrusten. Das gereinigte Öl wird durch eine Umlenkscheibe nach innen zur Mitte geführt und verläßt die Schleuder. Der Fliehkraftreiniger ist wartungsfrei.

centrifugal supercharger → centrifugal turbocharger

centrifugal turbocharger [engine]
also: centrifugal supercharger

compresseur m centrifuge, compresseur m à flux
Compresseur à roues à aubes utilisé en turbocompression.

Kreiselader m, Kreiselgebläse n, Kreiselverdichter m, Turbokompressor m, Turboverdichter m
Verdichter mit rotierendem Laufrad (Turboaufladung).

centrifugal weight → flyweight

ceramic insulator → spark plug insulator

cetane [chemistry]

cétane m
Hydrocarbure saturé ($C_{16}H_{34}$).

Cetan n
Kohlenwasserstoff Hexadecan ($C_{16}H_{34}$).

cetane rating [fuels]
also: cetane number (*abbr.* C.N.)

indice m de cétane (abr. iC), nombre m de cétane
Le nombre de cétane caractérise le délai d'allumage d'un combustible pour moteur diesel.

Cetanzahl f (Abk. CZ)
Maß für die Zündwilligkeit von Dieselkraftstoff.

cetane number (*abbr.* C.N.) → cetane rating

CFR engine [testing] (*from:* Cooperative Fuel Research committee, USA)

moteur m CFR
Moteur développpé par le CFR (Cooperative Fuel Research Committee, Etats Unis) pour déterminer la résistance à la détonation des carburants.

CFR-Motor m
Ein Prüfmotor des amerikanischen Cooperative Fuel Research Committees zur Bestimmung der Klopffestigkeit von Kraftstoffen.

chain and sprocket drive [mechanical engineering]

engrenage m à chaîne
Transmission à enroulement reliant par chaîne des roues dentées, lorsque les axes sont trop éloignés pour engrener directement. Avec ce type d'engrenage il ne peut y avoir de changement de vitesse de rotation.

Kettengetriebe n, Kettentrieb m
Umschlingungsgetriebe, das Zahnräder mittels einer Kette verbindet, die wegen einer zu großen Achsenentfernung nicht miteinander kämmen. Bei Kettengetrieben ist ein Drehzahlwechsel nicht möglich.

change-over contact break-before-make → transfer contact

change-over relay → transfer contact

change speed gearbox (GB) → gearbox (GB)

change speed lever → gearshift lever

charge condition → state of charge

charge control lamp → charging control lamp

charge current [electrical system]
also: charging current

courant m de charge
Courant électrique qui coule vers une batterie pendant la phase de chargement.

Ladestrom m
Der elektrische Strom, der während des Ladevorgangs in eine Batterie fließt.

charge indicator (lamp) → charging control lamp

charging cable [electrical system]

fil m de charge
Fil reliant la borne B+ de l'alternateur à la borne positive de la batterie.

Ladeleitung f
Leitung zwischen Klemme B+ der Lichtmaschine und Batterie +.

charging control lamp [electrical system]
also: charge control lamp, charge indicator (lamp), charging indicator (lamp), generator indicator lamp, ignition light

indicateur m de charge, voyant m de charge, témoin m d'allumage, témoin m indicateur de charge
Voyant commandé par la clé de contact. A l'allumage, le voyant de charge s'éclaire alors que la tension de la batterie est plus élevée que celle de l'alternateur. Lorsqu'il s'éteint, l'alternateur travaille et alimente en courant les consommateurs du circuit électrique.
En effet le voyant de charge est monté en série entre le contact et l'alternateur. Lorsque le contact est mis, le courant en prove-

charging current

nance de la batterie passe par le voyant et retourne à la masse via l'alternateur: l'ampoule s'allume. En revanche, lorsque le moteur est lancé, le voyant de charge reçoit un courant de 12 volts de deux côtés à la fois (batterie et alternateur). Ces deux courants s'annulent et l'ampoule s'éteint. Au ralenti, il se peut que l'ampoule brille d'un faible éclat, ce qui signifie qu'un courant de faible intensité venant de la batterie la traverse encore, la tension débitée par l'alternateur étant inférieure. L'allumage du témoin de charge en régime élevé peut être imputable à de mauvais contacts ou à des résistances de passage. Si le témoin de charge ne s'éteint pas, les causes en sont variées: la courroie de l'alternateur peut être mal tendue ou déchirée, le régulateur de tension ne fonctionne plus ou l'alternateur lui-même est en cause (balais usés, enroulements grillés, etc.).

Lade(strom)kontrolleuchte f, Ladeanzeigeleuchte f, Ladeanzeigelampe f, Ladekontrolle f, Lichtmaschinenkontrolleuchte f, Generatorkontrollampe f
Lampe, die vom Zündschloß geschaltet wird. Liegt die Spannung der Batterie höher als die der Lichtmaschine, leuchtet das Zündlicht bei eingeschalteter Zündung auf. Erlischt das Zündlicht, so arbeitet die Lichtmaschine und ist an das Verbrauchernetz angeschlossen.
Die Ladekontrolleuchte ist nämlich zwischen Zündschloß und Lichtmaschine in Reihe geschaltet. Beim Einschalten der Zündung fließt der Strom aus der Batterie durch die Ladekontrolle und dann zur Masse über die Lichtmaschine. Die Ladekontrolle leuchtet auf. Nach dem Anlassen des Motors erhält die Ladekontrolle eine gleich hohe Spannung von 12 V von beiden Seiten (Batterie und Lichtmaschi-

ne). Diese beiden Spannungen heben sich auf, und die Ladekontrolle erlischt. Ein schwaches Glimmen der Ladekontrolle im Leerlauf zeigt, daß diese noch von einem schwachen Strom aus der Batterie durchflossen ist, nachdem die Lichtmaschinenspannung niedriger ist. Bei hoher Motordrehzahl kann das Glimmen der Ladeanzeige auf Wackelkontakte oder Übergangswiderstände zurückzuführen sein.
Das Nichterlöschen der Ladeleuchte kann verschiedene Ursachen haben: defekter Antriebsriemen der Lichtmaschine, schadhafter Lichtmaschinenregler sowie Schäden des Generators selbst (abgelaufene Bürsten, durchgebrannte Wicklungen usw.).

charging current → charge current

charging device → charging stage

charging indicator (lamp) → charging control lamp

charging set → battery charger

charging stage [electrical system]
(See Ill. 7 p. 86)
also: charging device

génératrice f
Transformateur de tension dans un allumage capacitif qui convertit la tension de batterie de 12 volts en une tension continue sensiblement plus élevée pour charger le condensateur.

Ladeteil m
Spannungswandler in einer Hochspannungs-Kondensatorzündanlage, der die Batteriespannung von 12 V in eine höhere Gleichspannung umwandelt, um den Speicherkondensator aufzuladen.

charging stroke → suction stroke

chassis → frame *n*

chassis frame height → height of chassis above ground

chassisless construction → integral (body) construction

chassis stand → axle stand

check valve [mechanical engineering]

clapet m de retenue
Organe obturateur ne laissant passer un fluide que dans un sens. Dans un circuit de freinage à air comprimé, le clapet de retenue s'intercale entre le compresseur et le réservoir, et il s'oppose au reflux de l'air comprimé vers le compresseur lorsque ce dernier est à l'arrêt.

Rückschlagventil n
Absperrvorrichtung, die ein Medium nur in einer Durchflußrichtung durchläßt. In einer Druckluftbremse steht das Rückschlagventil zwischen Luftpresser und Luftbehälter. Mit diesem Ventil kann die Druckluft zum stillstehenden Luftpresser nicht zurückströmen.

check valve [brakes] (See Ill. 5 p. 70)

soupape f double effet, soupape f de fond, clapet m double, clapet m de pression résiduelle, soupape f de retenue
Soupape à double effet et à ressort taré du maître cylindre d'un frein hydraulique à travers laquelle le liquide de frein est refoulé dans les canalisations lorsqu'on agit sur la pédale de freins. En position de repos, elle veille à maintenir une légère surpression dans le liquide de frein à l'intérieur des canalisations.

Bodenventil n
Federbelastetes Doppelventil im Hauptzylinder einer hydraulischen Bremsanlage, durch das die Bremsflüssigkeit beim Niedertreten des Bremspedals in das geschlossene Leitungssystem verdrängt wird. Bei gelöster Bremse hält das Bodenventil die Bremsflüssigkeit im Leitungssystem dauernd unter einem geringen Überdruck.

childproof lock [safety]
also: child safety lock

sécurité f enfants
Un verrouillage spécial pour les portes arrière d'une voiture qui empêche l'ouverture par l'intérieur, ce que constitue une contribution importante à la sécurité des enfants sur les sièges arrière. Les portes équipées de ce verrouillage spécial peuvent être ouvertes normalement de l'extérieur.

Kindersicherung f
Eine spezielle Vorrichtung an Türschlössern, die insbesondere bei den hinteren Türen das Öffnen von innen unterbindet. Damit wird erreicht, daß Kinder diese Türen nicht selbständig öffnen können und sich dadurch in Gefahr bringen. Von außen sind solchermaßen geschützte Türen normal zu öffnen.

child safety lock → childproof lock

child (safety) seat [safety]

siège m enfant
Siège de sécurité pour enfants de 8 à 16 kg, soit de 8 mois à 4 ans. En règle générale, la fixation se fait aux points d'ancrage des ceintures de sécurité arrière.

Kindersitz m
Sicherheitssitz, der für Kinder mit einem

Körpergewicht von 8 bis 16 kg bzw. in der Altersstufe von 8 Monaten bis zu 4 Jahren ausgelegt ist. Er wird meist an den bereits vorhandenen 3-Punkt-Rücksitzgurten befestigt.

china insulator → porcelain insulator

chock *n* [equipment]
also: wheel chock

cale f de bois
Pièce de bois triangulaire servant à bloquer la roue d'un véhicule ou d'une remorque sur une chaussée en pente.

Unterlegkeil m
Abrollsicherung für Fahrzeuge oder Anhänger auf geneigter Fahrbahn.

choke *n* → choke flap

choke flap [carburetor] (See Ill. 8 p. 90)
also: choke valve, choke *n*, air choke, strangler valve, strangler, choker plate

volet m de départ, volet m d'air, papillon m d'étranglement primaire, étrangleur m (québecisme), obturateur m d'air
Lors du démarrage à froid, une grande partie du carburant que contient le mélange explosif se condense sur les parois froides de la chambre de carburation et de la pipe d'admission. Aussi, pour obtenir un mélange plus riche, ferme-t-on le volet de départ presque complètement et on ouvre légèrement le papillon des gaz. La dépression créée par le rappel des pistons se manifeste par l'entrebâillement du papillon des gaz et provoque un mélange plus riche. Lorsque le moteur est chaud, le volet de départ devra alors s'ouvrir afin que le mélange ne soit pas trop riche et n'engorge le moteur.

Luftklappe f, Starterklappe f
Beim Kaltstart schlägt sich ein Teil des im Gemisch enthaltenen Kraftstoffes an der kalten Wandung der Mischkammer bzw. Ansaugleitung nieder. Deshalb muß im Vergaser ein fettes Gemisch hergestellt werden. Zu diesem Zweck wird die Luftklappe fast gänzlich geschlossen und die Drosselklappe um einen Spalt geöffnet. Aufgrund des entstehenden Unterdrucks durch den Drosselklappenspalt beim Rückgang der Kolben wird dann reichlich Kraftstoff abgesaugt. Ist der Motor warm geworden, wird mehr Luft angesaugt, damit ein überfettes Gemisch vermieden wird.

choker plate → choke flap

choke tube → venturi

choke valve → choke flap

chrome plating → chromium plating

chrome steel → chromium steel

chromium plating [materials]
also: chrome plating

chromage m
Opération de traitement de surfaces métalliques par un dépôt électrolytique de chrome en couche très mince pour en rehausser l'aspect décoratif et leur assurer une bonne résistance à la corrosion atmosphérique (chromage brillant). Dans le cas du chromage dur, le dépôt de chrome est plus épais, garantissant une dureté superficielle renforcée pour les pièces exposées à de fortes sollicitations mécaniques. Le chromage dur intervient également pour le rechargement de pièces frottantes usées.

Verchromen n
Verfahren der galvanischen Oberflächenbehandlung, bei dem Metallgegenstände mit Chrom in dünner Schicht zur Glanzerhöhung und zur Verbesserung der Korrosionsbeständigkeit (Glanzverchromung) überzogen werden. Beim Hartverchromen werden dickere Chromschichten aufgetragen zur Erzeugung einer harten, verschleißfesten Oberfläche für mechanisch stark beanspruchte Teile oder zur Wiederherstellung deren Maßhaltigkeit.

chromium steel [materials]
also: chrome steel

acier m au chrome
Acier additionné de chrome, qui augmente la résistance à la rupture et la dureté. De surcroît, à partir d'une teneur en chrome de 12%, ce type d'acier est considéré comme quasiment inoxydable. Les nuances d'acier avec une teneur en chrome allant jusqu'à 4% sont principalement des aciers à outils et à roulements, les qualités à teneur plus élevée étant généralement réservées à l'outillage de coupe.

Chromstahl m
Stahl mit Chromzusatz, der die Festigkeit und die Härte des Stahles wesentlich erhöht. Außerdem gelten Chromstähle ab 12% Chromgehalt fast als korrosionsbeständig. Stähle mit höchstens 4% Chromgehalt werden vor allem als Wälzlager- und Werkzeugstähle eingesetzt; bei höherem Chromanteil dienen sie vor allem der Herstellung von Schneidwerkzeugen.

CI engine → compression-ignition engine

CI engine → diesel engine

cigarette lighter → cigar lighter

cigar lighter [accessories]
also: cigarette lighter, electric lighter

allume-cigares m, allume-cigarettes m
Dispositif à spirale chauffante portée au rouge par un courant électrique et placé à portée de main du conducteur.

Zigarrenanzünder m, Zigarettenanzünder m, elektrischer Anzünder
Vorrichtung am Armaturenbrett von Pkw zur Erzeugung einer Glut mit einer elektrisch erwärmten Glühspule.

circlip [mechanical engineering]

circlip m, frein m d'axe
Anneau élastique fendu en tôle d'acier, dont les extrémités peuvent être percées, afin que l'on puisse le contracter à l'aide d'une pince.

Sicherungsring m
Elastischer, offener Ring aus Stahlblech, dessen Enden zuweilen durchbohrt sind, damit er mittels einer Zange zusammengedrückt werden kann.

circuit → electric circuit

circuit tester → voltage indicator

circulating air heating [heating&ventilation]

chauffage m à recirculation d'air
Dans ce type de chauffage, un ventilateur électrique prélève de l'air dans l'habitacle du véhicule et le souffle vers le radiateur de chauffage.

Umluftheizung f
Bei dieser Heizung wird durch ein Gebläse die Luft dem Fahrzeuginnenraum

entnommen und zum Wärmetauscher gedrückt, wo sie sich erwärmt.

circumferential speed [physics]
also: peripheral speed

vitesse f circonférentielle
Chemin parcouru en une seconde par un point de la circonférence que décrit un corps tournant. Elle équivaut à la vitesse angulaire multipliée par le rayon.

Umfangsgeschwindigkeit f
Geschwindigkeit eines Punktes am Rande eines rotierenden Körpers; sie ist gleich dem Produkt aus der Winkelgeschwindigkeit des rotierenden Körpers und dessen Halbmesser.

city bus [vehicle]

autobus m urbain
Grand véhicule automobile de transport en comun urbain, dont le nombre de passagers est fixé par la loi.

Stadtbus m, Stadtautobus m
Großer Kraftwagen, der für die Beförderung einer größeren, gesetzlich festgelegten Personenzahl im Stadtverkehr eingerichtet ist.

city cycle [testing]
also: urban cycle

cycle m urbain, parcours m urbain
Cycle de conduite qui correspond à une circulation des véhicules dans une zone urbaine aux heures de pointe. Il sert p.e. à déterminer la consommation de combustible.

Stadtzyklus m
Ein Fahrzyklus im Stadtverkehr zum Zwecke der Prüfung bestimmter Eigenschaften, z.B. dem Kraftstoffverbrauch.

claw-pole generator [electrical system]
(See Ill. 1 p. 31)

alternateur m à rotor a griffes,
alternateur m à inducteur à crabots
La plupart des alternateurs triphasés dont sont équipés les véhicules automobiles sont des alternateurs à crabots. Le rotor est constitué d'un enroulement inducteur et d'une succession de crabots qui s'imbriquent pour former des pôles nord et sud. On compte normalement 12 pièces polaires dans un inducteur à crabots.

Klauenpolmaschine f, Klauenpolgenerator m
Die meisten Drehstromlichtmaschinen in den Kraftfahrzeugen sind Klauenpolgeneratoren. Der Läufer besteht aus einer Drahtspule und zwei klauenförmigen Polhälften, die abwechslungsweise ineinandergreifen. Häufig sind es zwölf Magnetpole bzw. sechs Polpaare.

clay treatment [lubricants]

passage m sur terre décolorante,
décoloration f sur terre adsorbante
Procédé d'épuration des huiles de vidange (raffinage par adsorption).

Bleicherdebehandlung f, Bleicherdefilterung f
Adsorptionsverfahren zur Aufarbeitung von Altölen.

cleaner cartridge → filter cartridge

clearance filter → edge-type filter

cloud point [fuels]

point m d'écoulement, point m de congélation, point m de trouble
Dans le gazole, le point de congélation est la température à partir de laquelle un

nuage opalescent indique l'amorce d'un dépôt de paraffine.

***BPA-Punkt** m, **Trübungspunkt** m, **Cloudpoint** m, **Paraffin-Stockpunkt** m*
Der BPA-Punkt weist auf die Temperatur hin, bei der die Paraffinausscheidung in einem Dieselkraftstoff beginnt.

clutch n [clutch] (See Ill. 11 p. 154)

embrayage m
Mécanisme ayant pour but de solidariser ou de désolidariser momentanément l'arbre moteur de l'arbre primaire de la boîte de vitesses et grâce auquel le moteur en marche peut être désaccouplé de la boîte de vitesses. Il permet en outre de passer les vitesses progressivement.
Les embrayages les plus communs sont l'embrayage à friction, l'embrayage à poudre magnétique et l'embrayage hydraulique.

Kupplung f
Ein- und ausrückbares Bauelement zwischen Motor- und Getriebeeingangswelle, mit dessen Hilfe der laufende Motor vom Getriebe getrennt werden kann und die verschiedenen Gänge progressiv eingeschaltet werden.
Die bekanntesten Kupplungsarten sind die Reibungskupplung, die Magnetpulverkupplung und die Flüssigkeitskupplung.

clutch adjustment [maintenance]

réglage m de la garde d'embrayage
Réglage d'un embrayage sans rattrapage automatique de jeu. Il s'effectue généralement sur un écrou de réglage se trouvant près de la fourchette de débrayage.

Kupplungseinstellung f, Einstellen n

des Kupplungsspiels, Nachstellen n des Kupplungsspiels
Einstellung einer Kupplung ohne automatische Nachstellung. Das Kupplungsspiel wird meist an der Ausrückgabel über eine Einstellmutter nachgestellt.

clutch bell housing → bell housing

clutch cable [clutch]
also: clutch control cable, clutch operating cable, clutch release cable

câble m de commande d'embrayage
Le câble de commande d'embrayage relie la pédale à la fourchette de débrayage.

Kupplungsseilzug m
Der Kupplungsseilzug verbindet das Kupplungspedal mit der Ausrückgabel.

clutch cage [clutch]

tambour m d'embrayage
Dans l'embrayage multidisque, une série de plusieurs disques moteurs garnis, solidaires d'un tambour faisant corps avec le volant est comprimée contre une autre série de disques récepteurs intercalés et solidaires de l'arbre primaire de la boîte de vitesses par l'intermédiaire d'un tambour récepteur.

Kupplungskorb m
Bei der Mehrscheibenkupplung werden mit Reibbelägen versehene Antriebsscheiben (Antriebslamellen, Außenlamellen), die über einen Kupplungskorb mit dem Schwungrad verbunden sind, und auf der Getriebewelle befestigte Abtriebsscheiben (Abtriebslamellen) gegeneinander gepreßt.

clutch casing → bell housing

clutch centering pin (US) *or*
centring pin (GB) [clutch]
also: mandrel

centreur m d'embrayage, mandrin m de centrage
Outil spécial servant à centrer le disque de friction de l'embrayage lors du remplacement de ce dernier.

Kupplungsführungsdorn m, Zentrierdorn m
Sonderwerkzeug zum Zentrieren der Kupplungsscheibe beim Austausch der Kupplung.

clutch center plate (US) *or* **centre plate** (GB) → driven plate assembly

clutch control cable → clutch cable

clutch cover [clutch] (See Ill. 11 p. 154)

boîtier m d'embrayage, plateau m de fermeture d'embrayage
Le boîtier ou plateau de fermeture est tout comme le volant et le plateau de pression une pièce constitutive de la partie motrice de l'embrayage. Le boîtier et le volant sont réunis par boulonnage.

Kupplungsdeckel m
Der Kupplungsdeckel gehört zusammen mit der Schwungscheibe und der Druckscheibe zu den Antriebsteilen der Kupplung. Kupplungsdeckel und Schwungrad sind fest miteinander verschraubt.

clutch disc → driven plate assembly

clutch disengaging spring → clutch spring

clutch drive plate → pressure plate

clutch driven plate → driven plate assembly

clutch facing → clutch lining

clutch fork [clutch] (See Ill. 11 p. 154)
also: clutch operating fork, clutch thrust fork, release fork, thrust fork, withdrawal fork, throwout fork, clutch release yoke, release yoke

fourchette f d'embrayage
Dans l'embrayage monodisque, la fourchette de débrayage reçoit le mouvement de la pédale par un système de câble, de tringlerie ou de commande hydraulique et déplace dès lors la butée de débrayage.

Kupplungsausrückgabel f, Ausrückgabel f, Auskupplungsgabel f, Kupplungsgabel f
In der Einscheibenkupplung wird die Ausrückgabel über Gestänge, Seilzug oder ein hydraulisches System vom Kupplungspedal betätigt und verschiebt das Ausrücklager.

clutch free play → clutch pedal clearance

clutch gear [transmission] (See Ill. 20 p. 248)

pignon m de renvoi de l'arbre primaire, pignon m à queue
Pignon monté sur l'arbre primaire d'une boîte de vitesses qui est en prise constante avec le premier pignon du train fixe et qui de ce fait entraîne ce dernier.

Antriebszahnrad n der Antriebswelle
Zahnrad auf der Antriebswelle eines Wechselgetriebes, das mit dem vordersten Vorgelegerad dauernd im Eingriff ist und somit die Vorgelegewelle antreibt.

clutch housing → bell housing

clutch housing [clutch]

carter m d'embrayage
Un élément contenant tout l'ensemble de l'embrayage.

Kupplungsgehäuse n
Das Bauteil, das das gesamte Kupplungsaggregat enthält.

clutch hydraulic fluid reservoir [clutch]
also: clutch reservoir

réservoir m de liquide hydraulique
Réservoir se trouvant à proximité du maître-cylindre d'un embrayage à commande hydraulique.

Flüssigkeitsbehälter m
Behälter mit Hydrauliköl (Bremsflüssigkeit) in der Nähe des Geberzylinders einer hydraulisch betätigten Kupplung.

clutch input cylinder → clutch master cylinder

clutch inspection hole [clutch]

regard m d'embrayage
Orifice permettant de contrôler la garde d'embrayage entre butée et contre-butée.

Kupplungskontrolloch n
Durch dieses Loch kann das Kupplungsspiel zwischen Ausrücklager und Ausrückring überprüft werden.

clutch lining [clutch] (See Ill. 11 p. 154)
also: clutch facing, clutch plate lining, friction lining, driven plate lining, disc facing

garniture f d'embrayage, garniture f de friction
Afin que le plateau de friction ait une meilleure adhérence et ne s'échauffe outre mesure lors du glissement des surfaces, il est revêtu sur les deux faces d'une garniture de friction en tissu d'amiante ou ferodo armée de fils de cuivre ou de laiton et fixée par rivets. La garniture peut également être simplement collée.

Kupplungsbelag m, Kupplungsreibbelag m
Um eine bessere Haftung der Mitnehmerscheibe zu erzielen bzw. eine übermäßige Erhitzung der Reibflächen zu vermeiden, sind beiderseits der Mitnehmerscheibe Kupplungsbeläge aus Asbeststoff mit Metalldrahteinlagen aus Kupfer oder Messing mittels Nieten befestigt. Diese Reibbeläge können ebenfalls einfach aufgeklebt sein.

clutch master cylinder [clutch]
also: clutch release master cylinder, clutch input cylinder, input cylinder

maître-cylindre m d'embrayage
Dans l'embrayage à commande hydraulique, le maître-cylindre recèle un piston commandé par la pédale de débrayage. Lorsque cette pédale est enfoncée, le piston refoule le liquide du circuit d'embrayage et la pression ainsi créée est transmise au cylindre récepteur.

Ausrückpumpe f, Hauptzylinder f für Kupplungsbetätigung, Kupplungshauptzylinder m, Geberzylinder m
Bei der hydraulisch betätigten Kupplung wird ein Kolben im Geberzylinder durch Niedertreten des Kupplungspedals bewegt. Die in der Anlage enthaltene Flüssigkeit wird dadurch verdrängt und der entstehende Druck dem Nehmerzylinder zugeführt.

clutch monitor lamp [instruments]

témoin m d'usure d'embrayage

clutch operating cable 110

A mesure que s'usent les garnitures du disque d'embrayage, la pédale de débrayage peut atteindre un interrupteur qui allume un voyant d'usure.

Kupplungskontrolleuchte f
Mit fortschreitender Abnutzung der Kupplungsbeläge erreicht das Kupplungspedal einen Kontrollschalter, der eine Kupplungs-Kontrollampe aufleuchten läßt.

clutch operating cable → clutch cable

clutch operating fork → clutch fork

clutch operating linkage [clutch]

tringlerie f de commande d'embrayage
La tringlerie de commande de l'embrayage relie la pédale à la fourchette de débrayage.

Kupplungsgestänge n
Das Kupplungsgestänge verbindet das Kupplungspedal mit der Ausrückgabel.

clutch output cylinder [clutch]
also: clutch release slave cylinder, output cylinder

cylindre m récepteur
Dans l'embrayage à commande hydraulique le liquide du cylindre récepteur est refoulé au débrayage et le mouvement est transmis à la fourchette de débrayage.

Kupplungsnehmerzylinder m, Nehmerzylinder m, Ausrückzylinder m
In der hydraulisch betätigten Kupplung wird die Flüssigkeit im Nehmerzylinder beim Auskuppeln unter Druck gesetzt, der dann auf die Ausrückgabel einwirkt.

clutch pedal [clutch]

pédale f d'embrayage

Pédale servant au débrayage du moteur. Lorsqu'elle est levée, le moteur est accouplé à l'arbre primaire de la boîte de vitesses. Lorsqu'elle est enfoncée, le moteur est débrayé.

Kupplungspedal n, Kupplungsfußhebel m
Fußhebel zur Lösung der Kupplung. Wird das Kupplungspedal nicht betätigt, ist der Motor mit der Getriebeeingangswelle gekuppelt. Beim Niedertreten des Kupplungspedals wird der Motor ausgekuppelt.

clutch pedal free travel → clutch pedal clearance

clutch pedal clearance [clutch]
also: clutch pedal free travel, free travel of clutch pedal, clutch play, clutch release clearance, clutch free play

garde f à la pédale d'embrayage, garde f d'embrayage, garantie f d'embrayage
La garde d'embrayage varie de 10 à 30 mm à la pédale. Elle se mesure entre la butée et la contre-butée (bague de débrayage) où elle est de l'ordre de 2 à 3 mm. A mesure que la friction s'use, le jeu diminue. Il peut être réajusté sur le câble de commande de débrayage ou sur une vis de réglage prévue à la pédale et vérifié à la fourchette.

Kupplungspedalspiel n, Kupplungsspiel n
Das Kupplungspedalspiel schwankt zwischen 10 und 30 mm. Gemessen wird das Kupplungsspiel zwischen Ausrücklager und Ausrückring, wo es nur noch 2—3 mm beträgt. Mit fortschreitender Abnutzung der Reibbeläge wird es kleiner. Es kann am Kupplungsseilzug oder an einer Nachstellschraube am Kupplungspedal

nachgestellt und an der Ausrückgabel überprüft werden.

clutch plate → driven plate assembly

clutch plate lining → clutch lining

clutch play → clutch pedal clearance

clutch pressure plate → pressure plate

clutch pressure plate mechanism [clutch] (See Ill. 11 p. 154)
also: clutch release mechanism

> *mécanisme m d'embrayage*
> Le mécanisme d'embrayage se compose du couvercle ou boîtier, des linguets, du contre-plateau solidaire du couvercle ainsi que des ressorts ou du diaphragme.

> *Kupplungsausrückmechanismus f*
> Der Kuplungsausrückmechanismus umfaßt den Kupplungsdeckel, die Ausrückhebel, die mit dem Kupplungsdeckel verbundene Druckscheibe sowie die Druckfedern bzw. die Tellerfeder.

clutch release bearing → release bearing

clutch release cable → clutch cable

clutch release clearance → clutch pedal clearance

clutch release lever [clutch]
also: release lever, throwout lever, disengaging lever, declutching lever

> *linguet m, levier m de débrayage, doigt m d'embrayage*
> Dans l'embrayage monodisque à ressorts, on trouve généralement trois linguets fixés sur le couvercle et agissant sur le contre-plateau. Lors du débrayage, les linguets vainquent l'action des ressorts et soulèvent le contre-plateau qui s'écarte de la friction.

> *Ausrückhebel m, Abzugshebel m*
> In der üblichen Einscheibenkupplung sind drei Ausdrückhebel auf dem Kupplungsdeckel angeordnet. Beim Auskuppeln wirken sie auf die Druckscheibe gegen die Federkraft der Druckfedern ein. Die Druckscheibe wird somit von der Kupplungsscheibe abgehoben.

clutch release master cylinder → clutch master cylinder

clutch release mechanism → clutch pressure plate mechanism

clutch release slave cylinder → clutch output cylinder

clutch release yoke → clutch fork

clutch release spring [clutch]
also: release spring

> *ressort m de débrayage*
> Ressort qui dans le manœuvre de désembrayage soulève le contre-plateau et l'écarte de la friction.

> *Kupplungsausrückfeder f, Ausrückfeder f*
> Die Feder, die beim Auskuppeln die Druckscheibe von der Kupplungsscheibe abhebt.

clutch reservoir → clutch hydraulic fluid reservoir

clutch shaft [clutch]

> *arbre m d'embrayage*
> Arbre cannelé sur lequel le disque de fric-

clutch slip

tion d'embrayage coulisse dans le sens axial.

Kupplungswelle f
Keilnutenwelle, worauf die Kupplungsscheibe sich axial verschieben läßt.

clutch slip [clutch]

patinage m
Les principales causes du patinage de l'embrayage sont une garde nulle à la pédale, des ressorts avachis, des surfaces déformées (glace du volant, contre-plateau) ou des garnitures imprégnées d'huile.

Rutschen n, Durchrutschen n
Bei der Kupplung ist das Rutschen vor allem auf das Fehlen von Spielraum am Fußhebel, auf lahme Druckfedern, auf verformte Gleitflächen (Schwungscheibe, Druckscheibe) oder auf ölverschmierte Reibbeläge zurückzuführen.

clutch spring [clutch]
also: clutch disengaging spring, thrust spring, pressure plate spring

ressort m d'embrayage
Ressort butant d'une part contre le plateau de pression et d'autre part contre le couvercle de fermeture. Lors du débrayage, les ressorts sont comprimés, ce qui a pour effet de désolidariser le plateau de pression du disque de friction.

Kupplungsdruckfeder f, Andruckfeder f, Anpreßfeder f
Diese Federn drücken gegen Druckscheibe und Kupplungsdeckel. Beim Einfedern wird die Druckscheibe von der Kupplungsscheibe abgehoben.

clutch throwout [clutch]

débrayage m
Séparation momentanée de l'arbre moteur par rapport à l'arbre primaire de la boîte de vitesses.

Auskuppeln n
Vorübergehende Trennung der Kurbelwelle von der Getriebeeingangswelle.

clutch thrust bearing → release bearing

clutch thrust fork → clutch fork

C.N. = cetane number

coachwork → bodyshell

coal hydrogenation [fuels]

hydrogénation f catalytique du carbone
Transformation d'un mélange d'hydrogène et d'oxyde de carbone au contact d'un catalyseur en hydrocarbures légers (procédés Bergius et Fischer-Tropsch).

Kohlehydrierung f
Umsetzung von Kohlenstoff mit Wasserstoff über einen Katalysator, die flüssige Treibstoffe ergibt (Bergius- und Fischer-Tropsch-Verfahren).

coal tar [materials]

goudron m de houille
Goudron obtenu par distillation de la houille à basse température. Il sert de matière de base pour les peintures de carrosserie.

Steinkohlenteer m
Teer, der beim Schwelen von Steinkohle anfällt. Er dient als Ausgangsstoff für Lacke.

co-axial starter → sliding gear starter motor

CO content [emission control] (CO = carbon monoxide)

teneur f en CO, taux m maximal de CO
Taux maximal de monoxyde de carbone dans les gaz d'échappement est fixé par la CEE à 3,5%.

CO-Gehalt m
Der Maximalwert für den Gehalt an Kohlenmonoxid in Autoabgasen ist von der CEE auf 3,5% festgesetzt.

coded engine immobilizer [electronics]

antidémarrage m codé (abr. ADC)
Dispositif électronique qui permet le démarrage d'une voiture seulement après introduction d'un code.

Wegfahrsperre f
Eine elektronische Vorrichtung, die nur nach Eingabe eines Codes die Betätigung des Anlassers ermöglicht.

cogged belt → toothed belt

CO/HC analyzer [emission control]

analyseur m de gaz CO-HC, CO-mètre m
Appareil qui sert à déterminer la teneur en monoxyde de carbone (CO) et en hydrocarbures non brûlés (HC) dans les gaz d'échappement.

CO-HC-Meßgerät n
Meßgerät zur Bestimmung des Kohlenmonoxidgehalts (CO) und der unverbrannten Kohlenwasserstoffe (HC) im Abgas.

coil n → ignition coil

coil HT cable → king lead

coil ignition (system) [ignition]

allumage m par bobine, système m d'allumage par bobine
Les systèmes d'allumage par batterie sont divisés en systèmes d'allumage par bobine et systèmes d'allumage par condensateur.

Spulenzündung f, Spulenzündanlage f
Batteriezündanlagen unterteilt man in Spulenzündanlagen und Kondensatorzündanlagen.

coil spring → helical spring

coil spring clutch [clutch]

embrayage m à ressort unique
Dans certains véhicules utilitaires où il y a transmission de couples assez élevés, les ressorts d'embrayage sont remplacés par un seul ressort spiral très puissant.

Schraubenfederkupplung f
Bei einigen Nutzfahrzeugen wird zur Übertragung höherer Drehmomente eine einzige, kräftige Schraubenfeder anstelle von Kupplungsdruckfedern eingesetzt.

coking n [diesel engine]

cokage m
Formation des résidus de coke sur les injecteurs d'un moteur diesel.

Verkoken n
Die Bildung von Koksrückständen an den Einspritzdüsen eines Dieselmotors.

cold plug [ignition]

bougie f froide
Bougie d'allumage à indice thermique élevé. Les bougies froides sont peu sujettes à l'auto-allumage, mais plus sensibles à l'encrassement. Elles présentent

cold start

un pied d'isolant court et large qui permet d'obtenir une dissipation de chaleur très rapide.

kalte Zündkerze
Zündkerze mit hohem Wärmewert. Kalte Zündkerzen neigen kaum zu Glühzündungen, dagegen mehr zur Verschmutzung. Sie haben einen kurzen, dicken Isolatorfuß, der eine größere Wärmemenge schnell abführen kann.

cold start → starting from cold

cold-start battery [electrical system]

batterie f pour le départ à froid
Batterie moderne dans laquelle le couvercle et le bac sont assemblés par thermosoudage, les connexions sont internes et traversent les cloisons. Grâce à ces liaisons plus courtes, on parvient à diminuer la résistance interne de la batterie, ce qui permet d'avoir de meilleurs départs à froid.

Kaltstartbatterie f, Batterie f mit Kaltstartsicherheit
Moderne Batterie in Monodeckelbauweise, bei der die Polbrücken durch die Zellenwände hindurch miteinander verschweißt sind. Durch die so erzielte Verkürzung der Verbindungswege vermindert sich der Eigenwiderstand der Batterie, die mit erhöhter Kaltstartsicherheit arbeitet.

cold start(ing) device or cold starter device [carburetor]

dispositif m de départ a froid, système m automatique de départ au froid
Partie du carburateur conçue pour assurer un mélange riche lors du démarrage du moteur à froid. Il s'agit en l'occurrence d'un volet de départ ou d'un starter.

Kaltstarteinrichtung f
Teil des Vergasers, der für ein fettes Gemisch beim Anspringen des Motors sorgt. Es handelt sich um eine Starterklappe oder einen Startvergaser.

cold-start injector → start valve

cold-start lever [carburetor]

levier m de départ à froid
Levier d'un carburateur qui produit un mélange plus riche, permettant un meilleur départ à froid.

Kaltstarthebel m
Hebel an einem Vergaser zur Erzeugung eines reicheren Gemisches, das ein besseres Anspringen bei Kälte erlaubt.

cold-start valve → start valve

cold vulcanization [materials]

vulcanisation f à froid
Transformation du caoutchouc brut à température ordinaire avec ajout d'accélérateurs.

Kaltvulkanisation f
Überführung von Naturkautschuk in elastischen Gummi bei Raumtemperatur, wobei Vulkanisationsbeschleuniger zugesetzt werden.

collapsible steering column [safety]
also: telescopic steering column

colonne f de direction télescopique, colonne f de direction cédant sous l'impact, colonne f de direction rétractable
Colonne de direction en plusieurs éléments qui s'emboîtent en cas de choc frontal.

zusammenschiebbare Lenksäule
Mehrgliedrige Lenksäule, die sich bei

einem Frontalaufprall zusammenschiebt und dadurch Energie verzehrt.

column change (GB) → steering column gear change

column-mounted gearshift → steering column gear change

column shift → steering column gear change

column stalk [electrical system]

combiné m, commodo m
Dispositif centralisé (p.e. monté sur la colonne de direction) pour commander les différents éléments d'éclairage, de signalisation comme le klaxon etc.

Kombischalter m
Ein Schalter (an der Lenksäule etc.) für die zentrale Betätigung diverser Beleuchtungs- und Signaleinrichtungen.

combination plier [tools]
also: lineman's plier

pince f universelle
Outil réunissant en une seule pièce plusieurs autres pinces: pince plate, pince à gaz, pince coupante de côté et dont les branches isolées permettent d'effectuer des travaux sur des fils électriques sous tension.

Kombinationszange f, Kombizange f
Mehrzweckzange, die als Flach- und Rohrzange sowie als Seitenschneider verwendet wird und deren kunststoffummantelte Griffe Arbeiten an unter Spannung stehenden elektrischen Leitungen gestatten.

combination wrench [tools]

clé f mixte (à mâchoire et douze pans)
Clé de serrage dont les deux calibres sont identiques. Ouvertures courantes de 5 à 60 mm.

Ring-Maulschlüssel m, Gabel-Ringschlüssel m
Schraubenschlüssel mit gleichen Schlüsselweiten. Handelsüblich in den Größen von 5 bis 60 mm.

combined brake cylinder [brakes]

cylindre m combiné de frein
Cylindre pour le frein de service et le frein de secours combiné en un seul organe.

Kombibremszylinder m
Ein Bremszylinder für die Betriebsbremse und für die Hilfsbremse in einem Aggregat.

combined ignition and steering lock [safety]
also: steering lock with ignition/starter switch

contact-démarreur-antivol m, combiné m antivol-contact-démarreur
Dans ce combiné on trouve trois positions successives de clé:
1. antivol 2. contact 3. démarreur (moteur à essence).
On rencontre parfois un dispositif de sécurité empêchant d'actionner le démarreur deux fois de suite.

Lenkschloß n mit Zündstartschalter, Lenkanlaßschloß n, Lenkschloß n mit Zündanlaßschalter, kombiniertes Lenk- und Zündschloß
Im Lenkanlaßschloß ist bei Benzinmotoren die Reihenfolge der drei Schlüsselstellungen:
1. Lenkungssperre, 2. Fahrt, 3. Start.
Zuweilen ist eine Sicherheitsvorrichtung

eingebaut, die eine nochmalige Betätigung des Anlassers verhütet.

combined lighting and starting generator [electrical system]
also: starter-generator ignition unit

dynamoteur m, dynamo-démarreur, dynastart m
La dynamo et le démarreur peuvent se combiner dans un dynamoteur qui ne possède qu'un induit unique. Au démarrage, le dynamoteur fonctionne comme un démarreur et, en marche normale, comme une dynamo.

Anlaßlichtmaschine f, Lichtanlaßzünder m, Start-Zünd-Generator m
Generator und Starter sind in der Anlaßlichtmaschine mit nur einem Anker vereinigt. Diese wirkt als Anlasser beim Starten und als Generator (Lichtmaschine) im normalen Betrieb.

combined rear lamp unit → tail lamp assembly

combustible mixture → explosive mixture

combustion chamber [engine]
(See Ill. 18 p. 231)
also: combustion space, explosion chamber, firing chamber

chambre f de combustion, chambre f d'explosion
Espace délimité par la calotte du piston et la culasse, dans lequel se déroule la combustion de la veine gazeuse.

Brennraum m, Verbrennungsraum m
Der vom Kolben- und Zylinderkopf umschlossene Raum, in dem die Verbrennung abläuft.

combustion chamber geometry [engine]

géométrie f de la chambre de combustion
La disposition optimale des chambres de combustion a une influence décisive sur l'efficacité des phénomèmes de combustion dans un moteur.

Brennraumform f
Die günstige konstruktive Auslegung des Brennraums (Gestalt, Anordnung etc.) beeinflußt erheblich den optimalen Ablauf der Verbrennungsvorgänge im Motor.

combustion miss → misfiring *n*

combustion space → combustion chamber

commercial vehicle (*abbr.* CV) [vehicle]

utilitaire m
Un véhicule utilisé surtout pour le transport des marchandises et matériaux.

Nutzfahrzeug n, Transporter m
Ein Fahrzeug, das vorwiegend zur Beförderung von Gütern und Waren eingesetzt wird.

compensating gear → differential *n*

compensating port → expansion port

compound twin-choke carburetor → two-phase carburetor (US) *or* carburettor (GB)

compressed air brake → air pressure brake

compressed gas suspension → Hydragas suspension

compression → compression stroke

compression chamber [engine]
(See Ill. 18 p. 231)
also: compression-space volume

chambre f de compression
Espace délimité par la culasse et le piston au point mort haut.

Verdichtungsraum m, Kompressionsraum m, minimaler Brennraum, minimaler Verbrennungsraum
Der vom Zylinderkopf und vom Kolben im oberen Totpunkt abgegrenzte Raum.

compression-ignition engine [engine]
(*see also:* diesel engine)
also: CI engine

moteur m à auto-allumage
Moteur à taux de compression assez élevé et à combustible à point de combustion bas.

Motor mit Kompressionszündung, Motor mit Selbstzündung, Motor mit Eigenzündung
Motor mit relativ hohem Verdichtungsverhältnis, in dem Kraftstoff mit niedrigem Selbstentzündungspunkt verbrannt wird.

compression loss tester → pressure loss tester

compression ratio (*abbr.* **CR**) [engine]
also: engine compression ratio

taux m de compression, rapport m volumétrique
Rapport entre le volume du cylindre auquel s'ajoute celui de la chambre de combustion et le volume de la chambre de combustion seul:

$$\rho = \frac{V + v}{v}$$

Dans les moteurs à essence, il est de l'ordre de 7:1 à 11:1; dans les moteurs diesel de 15:1 à 25:1.

Verdichtungsverhältnis n, Kompressionsverhältnis n, geometrisches Verdichtungsverhältnis
Verhältnis des Hubraums und des Verdichtungsraums zum Verdichtungsraum allein:

$$\varepsilon = \frac{V_h + V_b}{V_b}$$

In den Ottomotoren liegen die Verdichtungsverhältnisse bei 7:1 bis 11:1; in den Dieselmotoren bei 15:1 bis 25:1.

compression ring [engine]
(See Ill. 26 p. 378)

segment m de compression, segment m d'étanchéité
Segment destiné à assurer l'étanchéité du piston dans le cylindre.

Verdichtungsring m, Kompressionsring m
Kolbenring, der dem Abdichten des Kolbens im Zylinder dient.

compression-space volume → compression chamber

compression stroke [engine]
(See Ill. 18 p. 231)
also: compression

course f de compression, temps m de compression
Deuxième phase du cycle à quatre temps (phase résistante). La soupape d'aspiration étant fermée, le piston, dans sa course ascendante, comprime le mélange explosif jusqu'au point mort haut. Ce faisant, le

compression temperature

vilebrequin accomplit une demi-rotation. Dans le moteur diesel, seul l'air aspiré est comprimé sous une pression allant de 30 à 50 bars.

Verdichtungshub m, Verdichtungstakt m, Kompressionshub m, Kompressionstakt m
Zweiter Takt im Viertakt-Arbeitsverfahren. Das Einlaßventil ist geschlossen. Der sich in Richtung Brennraum aufwärts bewegende Kolben verdichtet das angesaugte Kraftstoff-Luftgemisch bis zum oberen Totpunkt. Dabei dreht sich die Kurbelwelle um 180°. Beim Dieselmotor wird lediglich die angesaugte Luft auf 30 bis 50 bar zusammenpreßt.

compression temperature [engine]

température f des gaz à la compression
Moteur à essence: Lors de la phase de compression, le mélange air-essence se tasse dans le cylindre et la chaleur dégagée par la compression fait monter la température à 400—600° C.
Moteur diesel: La chaleur dégagée par la compression de l'air porte la température à l'intérieur du cylindre à 700—900° C.

Verdichtungstemperatur f
Benzinmotor: Beim Verdichtungshub wird das angesaugte Kraftstoff-Luft-Gemisch zusammengepreßt, wobei die entstehende Kompressionswärme einen Temperaturanstieg auf 400 bis 600° C bewirkt.
Dieselmotor: Durch das Zusammendrükken der angesaugten Luft erhöht sich die Temperatur im Innern des Zylinders auf 700 bis 900° C.

compression tester [instruments]

compressiomètre m
Manomètre permettant d'évaluer la pression obtenue dans les chambres de combustion d'un moteur. En effet le piston avec ses segments, l'huile de graissage, le joint de culasse, les soupapes de même que le joint captif de la bougie d'allumage contribuent à assurer l'étanchéité de la chambre de compression d'un cylindre et, grâce au compressiomètre, il est possible de mieux localiser une fuite. L'essai s'effectue avec moteur à température de fonctionnement, toutes les bougies d'allumage devant être ôtées de leur trou. La pédale des gaz est maintenue enfoncée au plancher et l'embout conique en caoutchouc de l'appareil est fermement introduit dans chaque trou de bougie, alors que l'on actionne le moteur quelques secondes. Au terme d'une dizaine de compressions, on relève la valeur obtenue pour chacun des cylindres.
En règle générale on admet un écart de 10% de la valeur maximale atteinte.

Kompressionsdruckprüfer m
Manometer zur Messung der Druckverhältnisse in den Verbrennungsräumen eines Motors. Der Kolben mit den Kolbenringen, das Schmieröl, die Ventile, die Zylinderkopfdichtung sowie der Dichtring der Zündkerze dichten nämlich den Kompressionsraum ab, und mit dem Kompressionsdruckprüfer können Undichtheiten besser lokalisiert werden. Die Prüfung erfolgt bei warmer Maschine; alle Zündkerzen müssen aus ihrer Bohrung entfernt werden. Bei niedergetretenem Gaspedal wird der Gummikonus des Instruments in jede Kerzenbohrung fest eingesteckt, wonach der Motor kurz durchgedreht wird. Nach ca. zehn Kompressionshüben werden die Meßwerte für jeden einzelnen Zylinder ermittelt.
Eine Abweichung von 10% des gemessenen Höchstwertes gilt als zulässig.

compression tracer [instruments]

compressiomètre m enregistreur
Compressiomètre dans lequel on introduit une fiche sur laquelle s'inscriront les résultats de mesure obtenus.

Kompressionsdruckschreiber m
Kompressionsdruckprüfer, bei dem die Meßergebnisse auf einem Diagramm festgehalten werden.

computer-controlled catalytic converter [emission control]

convertisseur m catalytique contrôlé
Système qui utilise un pot catalytique à trois voies en combinaison avec un dispositif de réglage optimal du mélange air/carburant.

geregelter Katalysator (Abk. G-KAT), geregelter Kat (colloq.)
Ein System, bei dem ein Dreiwegekatalysator zusammen mit einer Einrichtung zur optimalen Regelung des Gemisches eingesetzt wird.

condensate shield [electrical system]

cache-poussière m
Chapeau en matière plastique se trouvant dans la tête de l'allumeur et devant empêcher la formation de condensation sur les plots du distributeur.

Kondenswasserschutz m, Kondensatsperre f, Abdichtscheibe f, Staubschutzdeckel m
Kunststoffkappe im Verteilerkopf. Sie soll die Kondensatbildung auf den Verteilersegmenten verhüten.

condensation [physics]

condensation f
Passage d'une vapeur ou d'un gaz à l'état liquide ou solide par suite de compression ou de refroidissement.

Kondensation f
Durch Abkühlung oder Druckerhöhung bedingter Übergang eines Stoffes vom gas- bzw. dampfförmigen in den flüssigen oder festen Aggregatzustand.

condenser [heating&ventilation]

condenseur m
Elément d'une installation d'air conditionné ou d'une installation similaire de fourgon frigorifique. C'est dans le condenseur que se refroidit le fluide frigorigène comprimé. Il y cède sa chaleur et se liquéfie.

Kondensator m, Verflüssiger m
Hauptteil in einer Klimaanlage bzw. in der Kühlanlage eines Kühlwagens. Im Kondensator wird das unter hohem Druck verdichtete Kältemittel abgekühlt, wobei ihm Wärme entzogen wird. Es wird flüssig.

condenser → ignition capacitor

cone clutch [mechanical engineering]

embrayage m à cônes
L'embrayage à cônes comporte un cône mâle et un cône femelle s'emboîtant l'un dans l'autre.

Kegelkupplung f, Konuskupplung f
Bei der Konuskupplung werden zwei konische Scheiben ineinandergepreßt.

connecting rod [engine] (See Ill. 17 p. 202, Ill. 26 p. 378)
also: con-rod

bielle f
La bielle est l'organe mobile intermédiaire s'intercalant entre le piston et le

connecting rod bearing

vilebrequin. Elle se compose de trois parties: le pied, la tête et le corps.
Les bielles sont façonnées par forgeage en acier allié trempé et revenu ou bien encore, afin qu'elles soient plus légères, en alliage d'aluminium très résistant ou même en alliage de titane, comme c'est le cas pour les moteurs de voiture de compétition.

Pleuelstange f, Pleuel m
Die Pleuelstange überträgt die Kolbenbewegungen auf die Kurbelwelle. Sie setzt sich aus dem oberen Pleuelauge, dem Pleuelfuß und dem Pleuelschaft zusammen.
Pleuel werden aus legiertem Vergütungsstahl, aber auch aus Gründen der Gewichtsersparnis aus hochfesten Aluminiumlegierungen oder sogar aus Titanlegierungen wie bei den Rennmotoren hergestellt.

connecting rod bearing [engine]
(See Ill. 26 p. 378)
also: big-end bearing, crankshaft-end bearing

coussinet m de bielle, coussinet m
Deux coussinets minces et antifrictionnés sont en général engagés dans la tête de bielle. La partie frottante est lubrifiée par des pattes d'araignée.

Pleuellager n
Geteiltes Gleitlager im unteren Pleuelauge (Pleuelfuß) der Pleuelstange. Die Gleitfläche wird über Rillen geschmiert.

connecting rod big end [engine]
(See Ill. 26 p. 378)
also: big end (of connecting rod), connecting rod lower end, connecting rod bottom end, connecting rod crank end

tête f de bielle
La tête de bielle est la partie de la bielle articulée sur le vilebrequin.

Pleuelfuß m, unteres Pleuelauge
Das untere Pleuelauge ist dasjenige Ende der Pleuelstange, das mit der Kurbelwelle beweglich verbunden ist.

connecting rod bottom end → connecting rod big end

connecting rod cap [engine]
(See Ill. 26 p. 378)
also: big-end cap

chapeau m de bielle
Pièce amovible de la bielle assujettissant celle-ci sur le maneton du vilebrequin par deux boulons.

Pleueldeckel m
Abnehmbares Teil einer Pleuelstange. Mit diesem Stück wird die Pleuelstange im allgemeinen mit Hilfe zweier Muttern mit dem entsprechenden Kurbelzapfen verbunden.

connecting rod crank end → connecting rod big end

connecting rod little end → connecting rod small end

connecting rod lower end → connecting rod big end

connecting rod shank [engine]
(See Ill. 26 p. 378)

corps m de bielle
Le corps de bielle relie le pied de bielle à la tête de bielle. Il est soumis à des efforts de compression et de flambage et se présente fréquemment sous forme de double T.

Pleuelschaft m
Der Pleuelschaft verbindet unteres und oberes Pleuelauge. Er wird auf Druck und Knickung stark beansprucht und ist meist mit I-förmigem Querschnitt ausgeführt.

connecting rod small end [engine]
also: small end (of connecting rod), connecting rod little end, little end bearing

pied m de bielle
Le pied de bielle est la partie de la bielle articulée sur l'axe de piston.

Pleuelkopf m, oberes Pleuelauge, kolbenseitiger Pleuelstangenkopf
Das obere Pleuelauge ist dasjenige Ende der Pleuelstange, das mit dem Kolbenbolzen beweglich verbunden ist.

connecting rod small end bush
→ piston pin bushing

connector pipe → intermediate pipe

con-rod → connecting rod

constantan [materials]

constantan m
Alliage de cuivre et de nickel que l'on utilise pour la confection de fils de résistances électriques.

Konstantan n
Kupfer-Nickel-Legierung, die für die Herstellung von Widerstandsdrähten verwendet wird.

constantly variable transmission
→ Variomatic (transmission)

constant-mesh gearing → constant-mesh gears

constant-mesh gears [transmission]

(See Ill. 20 p. 248)
also: constant-mesh gearing

train m de prise constante
Dans une boîte de vitesses, le plus grand engrenage du train fixe est en prise constante avec un pignon denté de l'arbre primaire, de sorte que le train fixe tourne toujours avec l'arbre primaire.

Dauereingriffsräder npl
In einem Getriebe ist das größte Rad auf der Vorgelegewelle mit dem Antriebsrad auf der Antriebswelle dauernd im Eingriff, so daß Antriebs- und Vorgelegewelle stets miteinander rotieren.

constant-mesh pinion shaft → primary shaft

constant-velocity (universal) joint
[mechanical engineering]
also: homokinetic joint

joint m homocinétique
Joint permettant la transmission régulière des vitesses de deux arbres même s'ils ne sont pas en ligne.

Gleichlaufgelenk n, Gleichganggelenk n, homokinetisches Gelenk
Gelenk, welches den Gleichlauf zweier Wellenteile ermöglicht, auch wenn sie nicht fluchten.

consumption indicator [instruments]
also: fuel consumption indicator

indicateur m de consommation (de carburant)
Instrument à aiguille parfois accouplé à l'indicateur de niveau d'essence.

Verbrauchsanzeige f
Zeigerinstrument, das zuweilen mit der Benzinuhr gekoppelt ist.

contact area → contact patch

contact arm → breaker lever

contact assembly → contact breaker

contact breaker (*abbr.* **c.b.**) [ignition] (See Ill. 3 p. 54, Ill. 6 p. 78, Ill. 24 p. 288)
also: breaker, mechanical contact breaker, contact assembly, timer

rupteur m, rupteur m mécanique
Dans l'allumage le rupteur se compose d'un disque en bronze claveté sur l'arbre d'allumage, d'un linguet (marteau), d'une enclume et d'une came. Le marteau et l'enclume sont chacun pourvus d'une pastille avec laquelle ils viennent en contact l'un sur l'autre. Le rupteur a pour but de fermer et d'ouvrir le circuit du courant primaire.

Unterbrecher m, Zündunterbrecher m, Batteriezündunterbrecher m, Kontaktunterbrecher m, Einfach-Unterbrecher m, Primärstromunterbrecher m
In einer Zündanlage besteht der Unterbrecher aus der Unterbrecherscheibe aus Bronze, die auf der Verteilerwelle festsitzt, dem Unterbrecherhebel (Unterbrecherhammer), dem Amboß und dem Nocken. Hammer und Amboß besitzen je einen Kontaktstift, mit dem sie in Berührung kommen. Zweck des Unterbrechers ist das Schließen und das Unterbrechen des Primärstromkreises.

contact breaker arm → breaker lever

contact breaker cam [ignition]
also: breaker cam, distributor cam, ignition cam, ignition distributor cam, cam lobe, interruptor cam, cam *(for short)*

came f de rupture, came f de rupteur,

came f d'allumage, came f de distributeur
Came tournant en même temps que l'arbre d'allumage et qui commande l'ouverture des pastilles de contact. Le linguet s'écarte de l'enclume à point nommé et fait jaillir l'étincelle entre les électrodes de la bougie d'allumage.

Unterbrechernocken m, Verteilernocken m
Nocken, der sich mit der Verteilerwelle dreht und die Unterbrecherkontakte öffnet. Der Hammer wird zur rechten Zeit vom Amboß abgehoben und löst einen Funken zwischen den Elektroden der Zündkerze aus.

contact breaker point [ignition]
(mostly used in plural) (See Ill. 24 p. 288)
also: breaker point, contact point, distributor contact point, distributor point, interruptor contact, point *n (for short)*

contact m de rupteur, vis f platinée, grain m de contact, pastille f de contact, plot m de contact
Pastille de contact se trouvant l'une sur l'enclume, l'autre sur le linguet du rupteur. Les pastilles de platine à point de fusion très élevé ont été, en raison de leur prix, remplacées par des grains de contact en tungstène. Il existe également des vis platinées pré réglées fournies en cassette métallique. Elles peuvent être réajustées à travers un orifice pratiqué dans l'allumeur. La longévité des vis platinées est tributaire d'un certain nombre de facteurs. Si les grains de contact présentent des traces de brûlure précoces, l'étincelle qui jaillit entre les deux grains est trop violente. Ce phénomène est généralement imputable à un condensateur défectueux ou à une bobine d'allumage en mauvais état et il contribue à modifier l'angle de

came et le point d'allumage. Si l'écartement entre les vis platinées est trop étroit ou que la pression de contact soit trop faible, les surfaces des grains s'oxyderont rapidement et prendront un aspect gris. Enfin des croûtes ou des dépôts noirâtres indiquent que de l'huile, de la graisse ou des impuretés se sont insinuées entre les grains de contact. La formation de cratères sur le grain de contact positif et de perlages sur le grain au bout de 15000 km. Dans les allumages transistorisés avec rupteur l'usure des grains de contact est négligeable. négatif sont les signes d'une usure normale des vis platinées. Il est conseillé de vérifier leur écartement au bout de 10000 km et de les remplacer Toutefois le rupteur n'en est pas moins sujet à une usure mécanique et doit être remplacé au bout de 50000 km environ.

Zündkontakt m, Unterbrecherkontakt m, Kontaktstift m, Zündunterbrecherkontakt m
Kontaktstift am Hammer und am Amboß des Unterbrechers. Die teuren, hochschmelzenden Unterbrecherkontakte aus Platin wurden durch Kontaktstifte aus Wolfram ersetzt. Es gibt ebenfalls voreingestellte Kontaktstifte, die in einer Metallkassette enthalten sind. Die Nachstellung erfolgt durch eine Bohrung im Verteilergehäuse. Die Lebensdauer der Unterbrecherkontakte ist von einer Anzahl Faktoren abhängig. Wenn sie nämlich frühzeitig verbrannte Kontaktflächen aufweisen, so ist die Funkenbildung zwischen beiden Kontaktstiften zu stark. Dies ist meist auf Störungen im Kondensator oder in der Zündspule zurückzuführen und bringt Änderungen des Schließwinkels und des Zündzeitpunktes mit sich. Ist der Kontaktabstand zu eng bemessen oder der Kontaktdruck zu schwach, so können die Kontaktflächen rasch oxydieren und grau anlaufen. Schwarz verkrustete Kontakte deuten auf das Eindringen von Öl, Fett oder Schmutzteilchen hin, die zwischen beide Kontakte gelangen.
Bei einem normalen Kontaktverschleiß bilden sich am Pluskontakt starke Krater und am Minuskontakt Höcker. Nach 10000 km empfiehlt es sich, den Abstand der Unterbrecherkontakte nachzumessen. Nach 15000 km sollen sie ausgewechselt werden. Bei kontaktgesteuerten Transistorzündanlagen ist der Kontaktabbrand vernachlässigbar, lediglich der Unterbrecher leidet unter mechanischem Verschleiß, so daß das Auswechseln erst nach ca. 50000 km erfolgen soll.

contact-breaker point gap → contact gap

contact breaker set → contact set

contact breaker spring blade → breaker spring

contact bridge [electrical system]
also: bridging contact member, moving contact

pont m de contact, contact m mobile
Plaquette qui, dans un solénoïde de démarreur, est appliquée par le noyau plongeur au moyen d'un ressort sur les deux contacts fixes du solénoïde, ce qui permet au puissant courant de démarrage de passer.

Kontaktbrücke f, Kontaktscheibe f
In einem Einrück-Relais wird beim Anlaßvorgang eine Kontaktscheibe durch die Wirkung des Magnetschalter-Ankers mittels einer Feder auf zwei kräftige Kon-

takte gedrückt. Somit wird der Anlasserstrom freigegeben.

contact chatter [electrical system]

rebondissement m des contacts
Fonctionnement erratique pouvant par exemple se manifester à l'allumage lorsque les ressorts du rupteur sont défectueux. Les contacts du rupteur rebondissent à la fermeture et s'ouvrent à nouveau.

Kontaktprellung f, Prellen n der Kontakte
Fehler, der z.B. bei nicht einwandfreien Unterbrecherkontaktfedern auftreten kann. Die Kontakte federn nach dem Schließen nach und öffnen nochmals.

contact-free transistor ignition
→ contactless transistorized ignition

contact gap [electrical system]
(See Ill. 24 p. 288)
also: contact-breaker point gap

écartement m des vis platinées, entregrains m
En règle générale, l'écartement des vis platinées est de 0,4 mm. Il dépend de l'angle de came.

Kontaktabstand m, Unterbrecherkontaktabstand m
Der Kontaktabstand beträgt im allgemeinen 0,4 mm. Er wird durch den Schließwinkel bestimmt.

contactless transistorized ignition [ignition]
also: contact-free transistor ignition

allumage m transistorisé sans rupteur, allumage m à impulsion
Dans ce type de montage, l'allumage est déclenché par un déclencheur à effet Hall ou un générateur d'impulsions entraîné par l'intermédiaire de l'arbre à cames. Il existe également des systèmes optiques à cellule photo-électrique ainsi que d'autres systèmes à rayon infra-rouge.

kontaktlose Transistorzündung, unterbrecherlose Transistorzündung, berührungslose Zündelektronik
Die Zündung wird bei dieser Bauart von einem Hallgenerator oder einem magnetischen Geber ausgelöst, der von der Nockenwelle aus angetrieben wird. Es gibt auch optische Systeme mit Photozelle sowie Infrarot-Zündsysteme.

contact lever → breaker lever

contact patch [tires] (See Ill. 36 p. 584)
also: tire contact patch, tire footprint, footprint *(of a tire)*, total contact area, contact area *(of a tire)*

aire f du contact, contact m au sol
Surface de contact en forme d'ellipse entre le pneumatique et la chaussée sur laquelle il repose.

Aufstandsfläche f, Reifenaufstandsfläche f, Bodenberührfläche f, Latsch m
Ellipsenförmige Kontaktfläche des auf der Fahrbahn ruhenden Reifens.

contact pitting [ignition]

transfert m de métal
Transfert de matière se produisant aux grains de contact d'un rupteur par suite d'usure. Un cratère se creuse dans le grain de contact du linguet mobile alors qu'un perlage se forme sur le grain du contact fixe.

Kontaktwanderung f, Stoffwanderung f
Metallwanderung durch Abbrand an den

Kontaktstellen eines Zündunterbrechers. Am Hebelkontakt entsteht ein Krater und am Amboßkontakt ein Höcker.

contact point → contact breaker point

contact pressure [electrical system]

pression f aux grains
Pression aux grains de contact d'un rupteur, fixée par le fabricant. Elle est de l'ordre de 4 à 6,5 N (400 à 650 grammes).

Kontaktdruck m
Druck an den beiden Unterbrecherkontakten. Er wird vom Hersteller vorgeschrieben und schwankt zwischen 4 bis 6,5 N (400 bis 650 g).

contact return spring → breaker spring

contact set [electrical system]
also: set of breaker points, contact breaker set

jeu m de contacts, jeu m de linguets
Jeu comprenant un linguet de rupteur ou contact mobile ainsi qu'un contact fixe.

Unterbrecherkontaktsatz m, Kontaktsatz m
Satz bestehend aus einem beweglichen Unterbrecherhebel und einem festen Kontaktträger

container for screen washing liquid (GB) → windshield washer fluid reservoir (US)

continuous injection system
→ K–Jetronic fuel injection

continuously variable transmission (*abbr.* **CVT**) [transmission]

variateur m continu
Système de transmission qui, contrairement à une boîte de vitesse traditionnelle ou une transmission automatique, modifie le rapport de transmission de façon continue et sans à-coups.

Variomatic-Getriebe™ n, stufenloses Keilriemengetriebe
Eine Getriebekonstruktion bei der, im Gegensatz zu einem herkömmlichen Schaltgetriebe oder automatischem Getriebe, das Übersetzungsverhältnis stufenlos und ruckfrei verändert werden kann.

continuous service brake [brakes]

ralentisseur m
Dispositif contribuant à réduire la vitesse d'un véhicule indépendamment des freins à friction.

Dauerbremse, Verlangsamer m, Retarder m, dritte Bremse
Einrichtung, die unabhängig von der Reibungsbremse die Geschwindigkeit des Fahrzeuges vermindert.

control arm [suspension]

bras m oscillant transversal, barre f tranversale
L'élément le plus fréquemment utilisé pour la suspension des roues d'une automobile, souvent disposé en forme de triangle.

Querlenker m
Ein häufig eingesetztes Element der Radaufhängung, oft auch als Doppelquerlenker ausgebildet.

control box → trigger box

control current [electronics]

courant m de commande, courant m d'enclenchement, courant m pilote

control diode

Courant de faible intensité qui par exemple dans un allumage transistorisé avec rupteur traverse les grains de contact sans causer de surcharge thermique tout en assurant un autonettoyage des surfaces des pastilles.

Steuerstrom m
Schwacher Steuerstrom, der z.B. in einer kontaktgesteuerten Transistorzündanlage die Unterbrecherkontakte ohne thermische Belastung und mit ausreichend selbstreinigender Wirkung durchfließt.

control diode [electrical system]
also: exciter diode

diode f d'excitation, diode f de régulation, diode f de contrôle
Dans un alternateur triphasé, on trouve en plus des six diodes de puissance, trois autres diodes de régulation, qui alimentent le régulateur et excitent le bobinage du rotor.

Erregerdiode f
In einem Drehstromgenerator befinden sich außer den sechs Leistungsdioden drei zusätzliche Erregerdioden, die den Spannungsregler versorgen und die Wicklung des Rotors erregen.

control edge → helical groove

control fork → shift fork

control gear → timing gear

control lead [electrical system]
(See Ill. 30 p. 445)

fil m de contact
Fil électrique reliant le contact-démarrage au solénoïde du démarreur.

Steuerleitung f
Elektrische Leitung zwischen Anlaßschalter und Anlaßmagnetschalter (Klemme 50).

controlled combustion system
(*abbr.* **CCS**) [emission control]

système m à combustion contrôlée, système m CCS
Un système qui utilise une combinaison de mesures diverses pour achever une combustion optimale dans un moteur et pour réduire la nocivité des gaz d'échappement.

CCS-System n
Ein System, das mit verschiedensten Maßnahmen gleichzeitig arbeitet, um die Verbrennungsvorgänge im Motor zu optimieren und so die Schadstoffemissionen in den Autoabgasen zu verringern.

control lever → gearshift lever

control ring [engine]
also: scraper ring

segment m racleur
Segment de piston d'une forme spéciale qui lui permet de racler l'huile des parois du cylindre.

Abstreifring m, Nasenring m
Ein Kolbenring, der die Aufgabe hat, Öl von der Kolbenlauffläche abzustreifen. In der Regel wird dies dadurch erreicht, daß der Kolbenring einen nasenförmigen Vorsprung aufweist.

control rod [injection]

tige f de crémaillère
Crémaillère d'une pompe d'injection destinée à régler de débit. Elle subit l'action de la pédale des gaz ou du régulateur.

Regelstange f, Reglerstange f,
Zahnstange f
Zahnstange einer Einspritzpumpe, die die Fördermenge durch Einwirken des Gaspedals oder des Reglers reguliert.

control-rod stop [injection]

butée f de tige de crémaillère
Butée limitant la course de la tige de crémaillère dans une pompe à injection afin que le moteur ne reçoive pas trop de combustible par injection et ne se mette à fumer.

Regelstangenanschlag m
Anschlag, der den Weg der Regelstange in einer Einspritzpumpe begrenzt, damit dem Motor nicht zu viel Kraftstoff eingespritzt wird.

control sleeve → adjusting sleeve

control valve assembly [brakes]

valve f de contrôle
Dans l'assistance de freinage à dépression, une valve contrôle la pression dans le cylindre à dépression. Dès qu'une action est exercée sur la pédale de frein, la valve de contrôle subit le mouvement d'un poussoir de commande et provoque la mise à l'air libre du cylindre à dépression et le déplacement du piston.

Steuerventil n
In einem Unterdruckbremskraftverstärker übernimmt ein Steuerventil die Steuerung des Druckes im Vakuumteil. Sobald das Bremspedal getreten wird, wird das Steuerventil über eine Druckstange betätigt und läßt Luft unter atmosphärischem Druck in den Vakuumzylinder einströmen, so daß der Kolben in Bewegung gesetzt wird.

conventional tire → cross-ply tire

converter → catalytic converter

converter → torque converter

convertible *n* [vehicle construction]
also: cabriolet, drophead (GB)

cabriolet m, décapotable f
Véhicule automobile à deux ou trois places avec capote se repliant vers l'arrière.

Cabriolet n, Kabriolett n,
Kabrio n (colloq.)
Zwei- oder dreisitziger Pkw mit zurückklappbarem Stoffverdeck.

convoluted rubber gaiter [mechanical engineering]
also: rubber gaiter

soufflet m de protection (en caoutchouc), protecteur m en caoutchouc
Manchon plissé en accordéon qui protège les articulations et autres pièces de direction contre l'encrassement et s'oppose en même temps à toute perte de lubrifiant.

Faltenbalg m, Gelenkschutzhülle f
Harmonikaartige Dichtung aus Gummi, die Gelenke und Lenkungsteile vor Verschmutzung schützt und gleichzeitig einen Schmiermittelaustritt verhindert.

coolant *n* [engine]

liquide m de refroidissement, liquide m du système de refroidissement
Tout liquide, p.e. de l'eau ou un liquide spécial, utilisé pour le refroidissement d'un moteur refroidi à liquide.

Kühlmittel n, Kühlflüssigkeit f
Jede Flüssigkeit, z.B. Wasser oder eine spezielle Kühlflüssigkeit, die zur Küh-

coolant temperature sensor

lung flüssigkeitsgekühlter Motoren verwendet wird.

coolant temperature sensor [emission control]

capteur m de la température du liquide de refroidissement
Dispositif qui mesure constamment la température du liquide de refroidissement et la signale à la centrale de commande électronique.

Kühlwassertemperaturfühler m, Kühlmitteltemperatursensor m
Ein Instrument zur automatischen Messung der Kühlwassertemperatur; die Werte werden ständig an eine elektronische Steuerung gemeldet, die zusammen mit anderen Werten optimale Betriebsbedingungen ermittelt.

cooling fan → blower

cooling fins *pl* [cooling system]

ailettes fpl de refroidissement
Protuberances autour d'élément de refroidissement pour augmenter la surface et, par conséquence, intensifier l'effet de refroidissement.

Kühlrippen fpl
Ausformungen an einem Kühlkörper, die die Oberfläche vergrößern und dadurch die Kühlwirkung verstärken.

cooling pump [cooling system]

pompe f de circulation du liquide de refroidissement
Élément d'un système de refroidissement qui met en circulation le liquide de refroidissement.

Kühlmittelpumpe f
Eine Pumpe, die das Kühlmittel in einem Kühlsystem permanent in Umlauf bringt.

cooling system [cooling system]

système m de refroidissement
Toutes les composantes d'une automobile qui servent au refroidissement du moteur.

Kühlsystem n, Kühlung f
Alle Komponenten eines Automobils, die zur Kühlung des Motors dienen.

cooling water [cooling system]

eau f de refroidissement
Eau qui, dans les automobiles refroidies à l'air, se trouve dans le radiateur.
Aujourd'hui le système de refroidissement d'une automobile n'utilise plus de l'eau pure; les automobiles modernes utilisent un liquide spécial de refroidissement qui offre de bonnes caractéristiques en toutes les saisons et qui ne gèle pas en hiver.

Kühlwasser n
Das Wasser, das sich bei wassergekühlten Automobilen im Kühler befindet.
Heutzutage wird praktisch nie mit reinem Wasser gekühlt; bei modernen Autos wird ein Kühlmittel eingefüllt, das zu allen Jahreszeiten gleichermaßen effizient ist und im Winter nicht gefriert.

cooling water control light [instruments]

témoin m de température d'eau
Témoin qui en s'allumant révèle une température excessive de l'eau de refroidissement. A partir d'un seuil déterminé, le circuit du témoin est fermé par un bimétal et la lampe s'allume.

Kühlwassertemperaturwarnleuchte f
Warnlicht, das eine übermäßige Betriebstemperatur anzeigt. Bei Über-

schreitung einer bestimmten Kühlwassertemperatur wird der Stromkreis der roten Warnleuchte durch einen Bimetallkontakt geschlossen. Die Lampe leuchtet auf.

cooling water passages → water galleries

cooling water radiator → radiator

copper [materials]

cuivre m
Métal rougeâtre, malléable et ductile. Il est, après l'argent, le meilleur conducteur de courant électrique et de chaleur. Le cuivre électrolytique est au demeurant le conducteur d'électricité le plus répandu.

Kupfer n
Hellrotes, zähes, dehnbares und weiches Metall. Kupfer hat nach Silber die beste Leitfähigkeit für elektrischen Strom und Wärme. Es ist der meistgebrauchte Elektrizitätsleiter (Elektrolytkupfer).

copper-asbestos gasket [engine]

joint m métalloplastique
Joint assurant, dans les moteurs à culasse rapportée, la liaison entre le groupe cylindres et la culasse. Il se compose d'une feuille d'amiante enrobée de cuivre et peut comporter des ouvertures pour le passage de l'eau de refroidissement et de l'huile de graissage.

Kupferasbestdichtung f
Verbindungsstück zwischen aufgesetztem Zylinderkopf und Zylinderblock. Es besteht aus einer Asbestgewebelage, die mit einer Kupferfolie umhüllt ist. Manchmal sind Öffnungen für den Kühlwasser- und den Öldurchtritt vorgesehen.

core diameter [mechanical engineering]

diamètre m à fond de filet, diamètre m de noyau
Diamètre intérieur d'un filet.

Kerndurchmesser m
Innendurchmesser eines Gewindes.

corrosion [materials]

corrosion f
Phénomène de destruction lente de matières et plus particulièrement de métaux par suite de réactions chimiques ou électrochimiques provoquées par des substances agressives (l'eau, l'air, les acides, les solutions alcalines ou salines, les gaz humides). Le métal subit une transformation chimique à partir de sa surface et se combine chimiquement avec la substance qui l'agresse (corrosion chimique). En revanche, dans le cas de la corrosion électrochimique, on assiste à la rencontre de deux métaux différents sur le plan électrochimique en présence d'humidité qui fait office d'électrolyte. Dès lors de minuscules couples voltaïques (piles locales) se constituent.
La corrosion peut revêtir divers aspects. Sur les métaux elle apparaîtra sous la forme d'une couche de rouille régulière ou de piqûres qui attaquent la matière en profondeur ou même sous l'aspect d'une corrosion intercristalline, auquel cas l'attaque épouse les coupures de grains.

Korrosion f
Schädigung und Zerstörung von Werkstoffen bzw. von Metallen durch chemische oder elektrochemische Vorgänge, die von aggressiven Substanzen (Wasser, Luft, Säuren, Laugen, Salzlösungen oder feuchten Gasen) ausgelöst werden. Von der Oberfläche aus wird der Werkstoff chemisch verändert und geht eine chemi-

corrosion inhibitor

sche Verbindung mit dem angreifenden Medium ein (chemische Korrosion). Elektrochemische (galvanische) Korrosion dagegen entsteht, wenn zwei elektrochemisch verschiedene Metalle in Anwesenheit von Feuchtigkeit (Elektrolyt) zusammentreffen. Es bilden sich dann kleinflächige galvanische Elemente (Lokalelemente). Korrosion kann verschiedene Erscheinungsformen annehmen. Bei Metallen tritt sie entweder als gleichmäßiger, flächenhafter Angriff zum Vorschein, oder als Lochfraß (nadelfeine, tiefe Löcher) oder auch als interkristalline Korrosion (Korngrenzenkorrosion), wobei der Angriff den Korngrenzen des Metalls folgt.

corrosion inhibitor [lubricants]
also: anti-corrosive agent

additif m anticorrosif, inhibiteur m de corrosion, additif m anti-rouille
Additif de l'huile moteur servant à empêcher la formation d'acides lors de la combustion.

Korrosionshemmer m, Korrosionsinhibitor m, Korrosionsschutzstoff m, Korrosionsschutzmittel n
Wirkstoff des Motoröls zur Bekämpfung der bei der Verbrennung sich bildenden Säuren.

cotter pin → split pin

CO_2 indicator [maintenance]

contrôleur m de CO_2
Testeur tubulaire transparent sur lequel s'emmanche une poire en caoutchouc et qui contient un liquide réactif de couleur bleue. Cet instrument sert au prélèvement d'un échantillon d'air au-dessus du niveau d'eau du radiateur, le moteur étant chaud. Si l'échantillon contient du CO_2, le liquide réactif vire au jaune. Ce phénomène révèle alors la présence de fuites ou de fêlures au niveau de la culasse ou du bloc moteur, car les gaz de CO_2 emprisonnés dans la chambre de combustion sont comprimés dans le circuit de refroidissement en raison de la surpression régnant à cet endroit.

CO_2-Prüfgerät n, CO_2-Leck-Tester m
Rohrförmiges Testgerät mit Gummiball, das eine blaue Reaktionsflüssigkeit enthält. Es wird zur Entnahme einer Luftprobe über dem Kühlwasserspiegel im Kühler bei warmgefahrener Maschine gebraucht. Ist nämlich in der angesaugten Luft CO_2 enthalten, so verfärbt sich die Reaktionsflüssigkeit gelb. Dies ist dann auf undichte Stellen oder Risse im Zylinderkopf oder im Motorblock zurückzuführen, weil CO_2-Gase aus dem Brennraum durch Überdruck in das Kühlsystem gelangen.

countershaft [transmission]
(See Ill. 20 p. 248)
also: intermediate shaft, layshaft (GB), idling shaft, second-motion shaft

arbre m secondaire, arbre m intermédiaire, train m fixe
Arbre à pignons fixes servant à modifier les rapports de vitesses. Le premier pignon, qui est également le plus grand, est en prise constante avec le pignon de commande de l'arbre primaire.

Vorgelegewelle f
Welle mit festsitzenden Zahnrädern (Vorgelegerädern), die der Drehzahlübersetzung dient. An erster Stelle sitzt das größte Vorgelegerad, welches mit dem Antriebsrad auf der Antriebswelle in Dauereingriff ist.

countersunk flat bolt → countersunk screw

countersunk-head screw → countersunk screw

countersunk screw [mechanical engineering]
also: countersunk-head screw, countersunk flat bolt, flat-head screw, sunk screw

vis f noyée
Vis dont la tête en forme de cône tronqué ne présente plus aucune saillie après avoir été enfoncée.

Senkschraube f, versenkte Schraube
Schraube, deren kegelstumpfförmiger Kopf in das Material versenkt wird.

coupé [vehicle construction]
(US *also:* coupe)

coupé m
Voiture fermée à deux portes et à deux sièges.

Coupé n
Zweitüriger bzw. zweisitziger geschlossener Pkw.

coupling *n* [vehicle construction]

attelage m
Dispositif d'accrochage démontable entre un véhicule tracteur et une remorque.

Anhängerkupplung (Abk. AHK)
Lösbare Verbindung zwischen einem ziehenden Fahrzeug und einem Anhänger.

coupling *n* [mechanical engineering]

accouplement m permanent
Liaison mécanique permanente entre deux arbres.

nichtschaltbare Kupplung
Kupplungsart, bei der die Wellenenden miteinander verbunden bleiben.

courtesy lamp [lights]

plafonnier m
Lampe pour illuminer l'intérieur de l'habitacle d'une voiture. En règle générale, il est fixé sur le plafond.

Deckenleuchte f
Eine Leuchte zur Beleuchtung des Innenraums eines Automobils, die für gewöhnlich am Plafond angebracht ist.

CR = compression ratio

cracking *n* [fuels]

craquage m, cracking m (catalytique)
Procédé de raffinage par modification moléculaire d'une fraction pétrolière sous l'effet combiné de la température, de la pression et de catalyseurs.

Cracken n (katalytisches), Crackung f, Cracking n, Kracken n, Spalten n
Verfahren zur Zerlegung von langkettigen Molekülgruppen durch Druck und Wärme bzw. mit Hilfe von Katalysatoren in kleinere Moleküle.

cracking plant [fuels]

craqueur m
Installation de craquage pour le traitement du pétrole brut.

Crackanlage f
Eine technische Anlage, in der Rohöle aufbereitet werden.

crankcase [engine]
also: crankshaft housing, engine case

carter m, carter m de vilebrequin, carter m moteur

crankcase bottom half

Enveloppe métallique abritant le vilebrequin, l'arbre à cames, la pompe à huile et l'huile moteur. Elle se compose parfois de deux demi-carters: le demi-carter supérieur boulonné sur la partie inférieure du groupe cylindres et le demi-carter inférieur qui ferme la partie inférieur du bloc-moteur. On trouve également des carters coulés avec l'ensemble du groupe cylindres et appelés carters-cylindres. Dans les moteurs deux temps, seul le vilebrequin se trouve logé à l'intérieur du carter relié au cylindre par le canal de transfert.

Kurbelgehäuse n, Kurbelkammer f, Kurbelkasten m
Metallgehäuse zur Aufnahme der Kurbelwelle, der Nockenwelle, der Ölpumpe und des Motorschmieröls. Oft besteht das Kurbelgehäuse aus dem Kurbelgehäuseoberteil, das mit dem Unterteil des Zylinderblocks verschraubt ist, sowie aus dem Kurbelgehäuseunterteil, das den Motor unten abschließt. Manchmal sind Zylinderblock und Kurbelgehäuse aus einem Stück gegossen. Bei Zweitaktern ist nur die Kurbelwelle in der Kurbelkammer untergebracht, die über den Überströmkanal mit dem Zylinder verbunden ist.

crankcase bottom half [engine]
(See Ill. 17 p. 202)
also: lower crankcase, oil sump, sump *n*, crankcase sump, engine sump, pit, oil pan (US)

demi-carter m inférieur
Partie inférieure du carter de vilebrequin fixée sur le demi-carter supérieur et fermant la partie inférieure du bloc moteur. Elle fait office de réservoir d'huile et est pourvue d'un bouchon de vidange du carter.

Kurbelgehäuseunterteil n, Kurbelwannensumpf m
Unterteil des Kurbelgehäuses, das mit dem Gehäuseoberteil vereinigt ist und den Motor unten abschließt. Es ist als Ölwanne ausgebildet und besitzt eine Ölablaßschraube.

crankcase emission control (*abbr.* CEC) → crankcase ventilation (system)

crankcase gases → blow-by gases

crankcase oil → engine oil

crankcase oil dipstick [lubrication]
also: dipstick, oil dipstick, dip rod, oil dipper rod, dipper, oil level dipstick, oil level rod, oil (level) gage (US) *or* gauge (GB)

jauge f du niveau d'huile, jauge f d'huile
Jauge avec repères maximum et minimum servant au contrôle du niveau d'huile dans le carter moteur.

Ölmeßstab m, Ölpeilstab m, Ölstab m
Peilstab mit zwei Markierungen zur Überwachung des Ölstandes in der Ölwanne.

crankcase sump → crankcase bottom half

crankcase top half [engine]
also: crankcase upper half

demi-carter m supérieur
Partie supérieure du carter de vilebrequin fixée par boulons sur la partie inférieure du groupe cylindres.

Kurbelgehäuseoberteil n
Oberteil des Kurbelgehäuses, das auf dem Unterteil des Zylinderblocks verschraubt ist.

crankcase upper half → crankcase top half

crankcase ventilation (system) [emission control]
also: crankcase emission control (*abbr.* CEC), positive crankcase ventilation (*abbr.* PCV)

système m de ventilation du carter, ventilation f positive du carter, aération f du carter
Système qui fait recirculer les gaz nocifs du carter moteur dans la pipe d'aspiration afin que ces gaz viennent brûler une seconde fois.

Kurbelgehäuse(zwangs)entlüftung f, Entlüftung f des Kurbelgehäuses
Einrichtungen, die dafür sorgen, daß die Verbrennungs- und Ölgase, die sich im Kurbelgehäuse bilden, wieder ins Ansaugrohr des Motors gelangen und erneut mitverbrannt werden.

crankcrase breather → breather (pipe)

cranked platform trailer → low-bed trailer

cranking jaw [tools]

griffe f de la manivelle de lancement, dent f de loup de mise en marche
Griffe d'une manivelle de mise en marche qui s'emboîte sur l'extrémité du vilebrequin.

Andrehklaue f, Andrehkurbelklaue f
Klaue einer Andrehkurbel, die an das Kurbelwellenende angesetzt wird.

cranking motor → starter

cranking speed [engine]

vitesse f de démarrage
Nombre de tours d'un moteur à partir duquel il tourne de lui-même en sorte que le démarreur puisse être mis hors circuit.

Anlaßdrehzahl f, Starterdrehzahl f
Drehzahl, bei der ein Motor von selbst läuft, so daß der Anlasser ausgeschaltet werden kann.

cranking torque → starting torque

crankpin [engine] (See Ill. 9 p. 134)

maneton m
Partie du vilebrequin. C'est sur les manetons que s'articulent les têtes de bielle. En principe il y a un maneton par bielle, sauf pour les moteurs à huit cylindres en V où l'on trouve un maneton pour deux bielles.

Kurbelzapfen m, Pleuellagerzapfen m, Hubzapfen m
Teil der Kurbelwelle. Mit den Kurbelzapfen sind die Pleuelfüße beweglich verbunden. Zu jedem Pleuel gehört ein Kurbelzapfen mit Ausnahme jedoch des Achtzylinder-V-Motors, in dem ein Kurbelzapfen auf zwei Pleuel entfällt.

crankshaft [engine] (See Ill. 9 p. 134, Ill. 17 p. 202)

vilebrequin m, arbre-manivelle m, arbre moteur m
Arbre recevant par l'intermédiaire des bielles l'effort des pistons et transformant le mouvement rectiligne alternatif des bielles en mouvement circulaire.

Kurbelwelle f
Gekröpfte Welle, auf welche die schwingende Bewegung der Pleuelstangen übertragen und somit in eine Drehbewegung umgesetzt wird.

crankshaft bearing [engine]
(See Ill. 17 p. 202)
also: main bearing

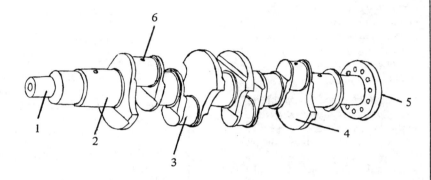

1 crankshaft front end
2 crankshaft journal
3 crankpin
4 crankweb
5 flywheel flange
6 oil drilling

Ill. 9: crankshaft

(crankshaft bearing continued)

palier m de vilebrequin
Palier du carter-moteur dans lequel tourne la portée d'un vilebrequin. Il sert à guider et à soutenir le vilebrequin.

Kurbelwellenlager n, Hauptlager n
Lager, in dem sich der Lagerzapfen einer Kurbelwelle dreht. Es dient der Führung und der Abstützung der Kurbelwelle.

crankshaft central bearing [engine]
(See Ill. 17 p. 202)

palier m central de vilebrequin
Palier dont le rôle consiste à limiter le déplacement axial du vilebrequin surtout lorsque l'embrayage est sollicité. A cet effet les coussinets de ce palier sont de part et d'autre pourvus d'un collet.

Kurbelwellenpaßlager n, Paßlager n
Lager, das die Aufgabe hat, Axialverschiebungen der Kurbelwelle besonders bei der Betätigung der Kupplung zu begrenzen. Zu diesem Zweck sind die Lagerschalen beidseitig mit einem Bund versehen.

crankshaft counterbalance [engine]

masse f d'équilibre du vilebrequin
Ces masses d'équilibre servent à compenser des déséquilibres résultant du mouvement des pistons.

Kurbelwellenausgleichgewicht n
Ausgleichgewichte an der Kurbelwelle sollen die Unwuchten kompensieren, die durch der Kolbenbewegung hervorgerufen werden.

crankshaft drive [engine]
(See Ill. 17 p. 202)

équipage m mobile
Attelage piston-bielle s'articulant sur le vilebrequin. L'équipage mobile a pour but de transformer le mouvement alternatif des pistons en mouvement de rotation du vilebrequin.

Kurbeltrieb m
Der Kurbeltrieb umfaßt den Kolben, das Pleuel und die Kurbelwelle. Die hin- und hergehende Bewegung der Kolben wird durch den Kurbeltrieb in eine Drehbewegung der Kurbelwelle umgewandelt.

crankshaft-end bearing → connecting rod bearing

crankshaft front end [engine]
(See Ill. 9 p. 134)

nez m de vilebrequin, soie f avant de vilebrequin
Extrémité avant du vilebrequin. Il peut porter une poulie, un amortisseur de vibrations ou le pignon d'entraînement de l'arbre à cames. Dans les anciens moteurs, la tête de loup de la manivelle de mise en marche y était fixée.

Vorderzapfen m der Kurbelwelle
Vorderster Zapfen der Kurbelwelle. An diesem Vorderzapfen können eine Riemenscheibe, ein Drehschwingungsdämpfer oder das Antriebsrad der Nockenwelle befestigt sein. Bei älteren Motorbauarten endete der Vorderzapfen der Kurbelwelle mit einer Andrehklaue.

crankshaft housing → crankcase

crankshaft journal [engine]
(See Ill. 9 p. 134)

tourillon m
Partie du vilebrequin prenant appui sur un palier.

crankshaft oil seal 136

Kurbelwellenzapfen m
Teil der Kurbelwelle, der sich auf einem Lager abstützt.

crankshaft oil seal [engine]
(See Ill. 17 p. 202)

bourrage m de vilebrequin
Joint d'étanchéité s'intercalant entre le palier arrière du vilebrequin et le volant-moteur. Son rôle est d'empêcher l'huile projetée par la rotation du vilebrequin de pénétrer dans l'embrayage.

Kurbelwellendichtung f, Kurbelwellenabdichtung f
Dichtring zwischen hinterem Kurbelwellenlager und Schwungscheibe. Er soll verhüten, daß das durch die Kurbelwellenumdrehungen geschleuderte Motorenöl in die Kupplung eintritt.

crankshaft pulley [engine]
(See Ill. 17 p. 202)
also: driving pulley

poulie f de vilebrequin
Poulie d'entraînement de l'alternateur, de la pompe à eau et du ventilateur.

Riemenscheibe f der Kurbelwelle, Keilriemenscheibenrad n
Riemenscheibe für den Antrieb von Lichtmaschine, Wasserpumpe und Ventilator bzw. Kühlgebläse.

crankshaft pulley pointer → rotating timing mark

crankshaft speed → engine speed

crankshaft torque → engine torque

crankweb [engine] (See Ill. 9 p. 134)
also: web *n*

bras m de manivelle
Masse disposée de chaque côté des manetons du vilebrequin assurant l'équilibrage de celui-ci à régime élevé.

Kurbelwange f
Beiderseits der Kurbelzapfen sind auf der Kurbelwelle Kurbelwangen angeordnet, die bei hohen Drehzahlen das Unrundlaufen der Kurbelwelle verhüten.

crash energy absorbing zone →
crush zone

crash gearbox (GB) → sliding gear transmission

crash test [safety]

essai m de choc, crash-test m
Essai ayant pour but d'éprouver la résistance aux chocs d'un véhicule lancé à une vitesse déterminée contre un obstacle constitué par exemple par un bloc de béton. Après la collision, on vérifie que la partie avant du véhicule s'est déformée progressivement, l'habitacle devant théoriquement demeurer intact. De même la fermeture des portières, la position de la colonne de direction, la fixation des sièges, etc. font l'objet d'un examen.

Crash-Test m
Versuch zur Ermittlung des Unfallverhaltens eines Kraftfahrzeuges. Im Rahmen dieses Versuchs wird das Testfahrzeug mit einer genau festgelegten Geschwindigkeit auf ein Hindernis, meist einen Betonblock, geschleudert. Nach dem Aufprall wird festgestellt, ob die Frontpartie sich progressiv verformt hat (Knautschzone), so daß der Fahrgastinnenraum unversehrt ist. Ebenso werden das sichere Schließen der Türen, die Stellung der Lenksäule, die Sitzverankerung usw. beobachtet.

crater [electrical system]

cratère m
Au terme d'un long service il s'opère un transfert de métal sur les faces des vis platinées d'un rupteur. De ce fait un cratère se creuse côté linguet mobile et il devient plus malaisé de relever l'entre-pointes.

Krater m
Nach längerer Betriebszeit entsteht durch Metallwanderung ein Krater am Hebelkontakt eines Zündunterbrechers, so daß das Nachmessen des Kontaktabstandes dadurch erschwert wird.

crescent wrench [tools]

clé f à crémaillère
Clé de serrage à ouverture réglable.

verstellbarer Schraubenschlüssel, Engländer m, Franzose m
Schraubenschlüssel mit verstellbarer Maulweite.

crimping *n* [electrical system]

sertissage m
Procédé permettant de réaliser une connexion entre un fil électrique et une cosse ou un connecteur dans lequel il est enfilé. L'extrémité du fil est en effet écrasée dans le connecteur au moyen d'une pince à sertir, ce qui donne une liaison solide, assurant le passage du courant électrique, sans qu'il soit besoin de recourir à une soudure.

Crimpen n, Crimpung f
Anschlußtechnik zur Herstellung einer elektrisch leitenden Verbindung zwischen einem Kabel und einem Leitungsverbinder, wobei Kabel und Verbinder im Maul einer Quetschverbinderzange so kräftig zusammengepreßt werden, daß sich auch ohne Verlötung die Verbindung nicht mehr lockert oder den Stromdurchfluß hemmt.

crimping tool [tools]

pince f à sertir, pince f à encoches
Pince spéciale d'électricien avec laquelle on dénude et coupe des fils et qui permet de réaliser des connexions par sertissage.

Kabelklemmzange f, Quetschzange f, Quetschverbinderzange f, Crimpzange f, Anpreßzange f, Kabelschuhklemmzange f
Spezialzange zum Kabelschneiden, Abisolieren von Drähten und zum Quetschen von Kabelschuhen.

crinkled spring washer [mechanical engineering]

rondelle f ondulée
Frein à sécurité relative agissant par friction et s'opposant au desserrage d'une vis par suite de trépidations.

gewellte Federscheibe
Kraftschlüssige Schraubensicherung, die das Lockern einer Schraube durch Erschütterung verhindern soll.

cross-country carburetor (US) *or* **carburettor** (GB) [carburetor]

carburateur m tous terrains
Carburateur equipé de deux cuves à flotteur permettant d'obtenir un niveau de carburant constant même lorsque le véhicule tous terrains roule en pente raide.

Geländevergaser m
Vergaser mit Doppelschwimmer. Der Kraftstoffspiegel bleibt konstant, auch wenn das Geländefahrzeug starke Gefälle zu überwinden hat.

cross-country vehicle (GB) → off-road vehicle

cross-flow radiator [cooling system]

radiateur m à débit horizontal
Type de radiateur comportant un faisceau de tubes disposés horizontalement.

Querstromkühler m
Kühlerbauart, bei der das Kühlwasser den Kühlerkern durch waagerechte Rohre durchströmt.

cross-flow scavenging [engine]
also: cross scavenging

balayage m transversal
Mode de balayage dans les moteurs deux temps. Les gaz frais et les gaz brûlés circulent transversalement dans le cylindre, car le canal de transfert et le conduit d'échappement se font face.

Querstromspülung f, Querspülung f
Spülverfahren bei Zweitaktmotoren. Frischgase und Altgase strömen quer zur Zylinderachse, weil Überström- und Auslaßkanal einander gegenüberliegen.

cross-headed screwdriver → Phillips screwdriver

cross-ply tire [tires]
also: diagonal-ply tire, diagonal tire, conventional tire

pneu m à structure diagonale, pneu m traditionnel, pneu m classique, pneu m à carcasse diagonale
Pneumatique dont la carcasse est constituée de nappes de fils superposés et croisés en diagonale.

Diagonalreifen m, konventioneller Reifen
Autoreifen, in dem die Karkasse aus kreuzweise übereinandergelegten Kordgewebelagen, d.h. in diagonaler Anordnung besteht.

cross scavenging → cross-flow scavenging

cross wind → side wind

crown nut → cap nut

crown wheel [transmission]
(See Ill. 12 p. 159)
also: differential crown wheel, differential master gear, differential gear ring

couronne f de différentiel, grande couronne f
Pièce du renvoi d'angle attaquée par le pignon conique et tournant avec la coquille du différentiel dont elle est solidaire.

Tellerrad n
Teil des Winkelgetriebes, in welches der Triebling eingreift. Es dreht sich mit dem Ausgleichgehäuse zusammen.

crown wheel cage → differential case

cruciform frame → X-frame

crude oil → petroleum

crude oil fraction [chemistry]

fraction f pétrolière
Produit de la distillation du pétrole brut dans une tour de fractionnement.

Erdölfraktion f
In einem Fraktionierturm gewonnenes Erdöldestillat.

cruise control [electronics]
also: electronic cruise control, automatic cruise control

commande f électronique de vitesse de croisière, régulateur m de vitesse, pilote m automatique
Système capable de maintenir une vitesse de croisière constante présélectée par le conducteur, à condition que la situation du trafic le permette.

elektronische Fahrgeschwindigkeitsregelung, Cruise Control f
Ein System, das in der Lage ist, eine vom Fahrer eingestellte gleichbleibende Reisegeschwindigkeit beizubehalten, sofern die Verkehrsbedingungen dies erlauben.

cruising jet → main jet

crumple zone → crush zone

crush zone [safety]
also: crumple zone, crash energy absorbing zone

zone f déformable, zone f à absorption d'énergie, zone f d'absorption de l'énergie de choc
Une des mesures prises en matière de sécurité passive est de rendre les parties avant et arrière de la coque capables, en cas de collision, d'absorber les chocs par déformation progressive, et ce jusqu'à l'habitacle qui constitue un véritable espace de survie.

Knautschzone f
Bei den Sicherheitskarosserien müssen Front- und Heckpartie als sogenannte Knautschzonen verformbar ausgeführt sein, so daß bei einem Aufprall die Stoßenergie progressiv in Verformungsarbeit umgewandelt wird.

cubic capacity → capacity, displacement

CUNA rating [engine] (Commissione tecnica di Unificazione dell'Automobile)

mesure f de puissance selon CUNA, puissance f CUNA
Dans la mesure de puissance selon CUNA, le moteur placé sur banc d'essai tourne sans filtre à air et sans échappement, la température de l'air étant de +15° C. Les autres conditions de test sont semblables à celles de la mesure de puissance selon DIN.

CUNA-Leistung f
Bei der CUNA-Leistung läuft der Motor auf dem Prüfstand ohne Luftfilter und Schalldämpfer bei einer Lufttemperatur von +15° C. Sonst sind die Prüfbedingungen ähnlich denjenigen der DIN-Leistung.

cup grease [lubricants]

graisse f compound, graisse f consistante
Mélange de lubrifiant minéral pâteux et d'acide oléique technique.

Staufferfett n, Starrfett n
Schmierpaste, die mit Kalk- oder Natronlauge verseift wird.

curb weight (US) [vehicle]
also: kerb weight (GB)

poids m en ordre de marche
Poids d'un véhicule sans conducteur et sans passagers, mais avec carburants et lubrifiants etc.

Leergewicht n
Das Gewicht eines Fahrzeugs in fahrbereitem Zustand, d.h. aufgetankt und mit Kühlmitteln, Schmiermitteln usw. versehen, jedoch ohne Fahrer und Insassen.

current circuit → electric circuit

curved spring washer [mechanical engineering]

rondelle f bombée
Frein à sécurité relative agissant par friction et s'opposant au desserrage d'une vis par suite de trépidations.

gewölbte Federscheibe
Kraftschlüssige Schraubensicherung, die das Lockern einer Schraube durch Erschütterung verhindern soll.

cushion-type tire → super-balloon tire

cutoff voltage [electrical system]
also: final discharge voltage, end-point voltage

tension f finale
Limite inférieure de la tension d'un accumulateur qui ne peut être franchie lors de la décharge avec l'intensité de courant prévue.

Entladeschlußspannung f
Festgelegte Spannung eines Akkumulators, die bei der Entladung mit dem zugeordneten Strom nicht unterschritten werden darf.

cutout relay [electrical system]
also: reverse current cutout

conjoncteur-disjoncteur m
Interrupteur électro-magnétique qui permet au courant de passer de la dynamo à la batterie mais qui empêche la batterie de se décharger dans la dynamo.

Ladeschalter m, Rückstromschalter m, Selbstschalter m
Elektromagnetischer Schalter, der den Strom vom Gleichstromgenerator zur Batterie schaltet, jedoch einen Rückstrom aus der Batterie zum Generator verhindert.

cutting compound → polishing paste

CV = commercial vehicle

CVT = continuously variable transmission

Cx = drag coefficient

cylinder [engine] (See Ill. 28 p. 406)

cylindre m
Le cylindre est un évidement allongé dans lequel se meut le piston animé d'un mouvement de va-et-vient. Il se définit par l'alésage, la course du piston et la cylindrée.

Zylinder m
Langgestreckter Hohlkörper, in dem der Kolben sich hin- und herbewegt. Maßgebend für den Zylinder sind die Zylinderbohrung, der Kolbenhub und der Hubraum.

cylinder bank angling [engine]

angle m d'ouverture
Angle formé par deux rangées de cylindres dans un moteur en V. Dans les moteurs à six cylindres en V, cet angle est généralement de 60° et il est de 90° dans les moteurs V8.

V-Winkel m
Jener Winkel, den zwei Zylinderreihen in einem V-Motor miteinander bilden. Beim Sechszylindermotor beträgt dieser Winkel im allgemeinen 60° und beim Achtzylindermotor 90°.

cylinder block [engine]
(See Ill. 28 p. 406)
also: engine block

bloc-cylindres m, *groupe-cylindres* m
Dans la plupart des moteurs à explosion, le bloc-cylindres comprend la totalité des cylindres avec leur chemise d'eau en une seule pièce venue de fonderie.

Zylinderblock m, *Zylinderkurbelgehäuse* n
Bei den meisten Verbrennungsmotoren werden die Zylinder in einem geschlossenen Block mit gemeinsamem Kühlwassermantel gegossen.

cylinder bore → bore *n*

cylinder head [engine]
(See Ill. 17 p. 202)
also: head *n*

culasse f
Pièce en fonte, aluminium ou alliage léger rapportée sur le groupe-cylindres et fermant ce dernier à sa partie supérieure. C'est dans la culasse que se trouvent les soupapes, les bougies ou les injecteurs, les raccords des pipes d'admission et d'échappement ainsi que l'arbre à cames dans les versions à arbre à cames en tête. La culasse forme avec le cylindre et le piston la chambre de combustion et elle est refroidie par eau ou par air. Dans les moteurs polycylindres, une seule culasse repose sur le groupe-cylindres tout entier dont elle est séparée par un joint de culasse. Dans les moteurs diesel très poussés, on rencontre toutefois une seule culasse par cylindre ou plusieurs culasses en groupes de 2 ou 3.
Lors du démontage d'une culasse, il convient de veiller que les boulons et écrous ne soient desserrés avant refroidissement complet, surtout s'il s'agit d'une culasse en alliage léger, sans quoi un voilage serait à craindre. De même les écrous ne peuvent être serrés que dans l'ordre et au couple prescrits par le fabricant. En règle générale, le serrage s'effectue symétriquement et en diagonale par rapport au centre de la culasse et l'on s'y reprend à plusieurs fois, car il faut éviter de serrer un écrou à bloc en une fois.
Dans les culasses en fonte, les écrous et boulons sont tout d'abord serrés à froid pour être ensuite bloqués à chaud. Dans les versions en aluminium ou en alliage léger, le blocage ne peut se faire qu'à froid.

Zylinderkopf m, *Zylinderdeckel* m *(bei stehenden Ventilen)*
Auf dem Zylinderblock aufgesetztes Bauteil aus Gußeisen oder Leichtmetall, das den festen Abschluß des Verbrennungsraums nach außen bildet. Der Zylinderkopf nimmt die Ventile, die Zündkerzen oder die Einspritzdüsen, die Anschlüsse für Ansaug- und Auspuffleitungen, die Ventilführungen sowie die Nockenwelle bei OHC-Motoren auf. Mit dem Zylinder und dem Kolben bildet er den Verbrennungsraum und wird luft- oder flüssigkeitsgekühlt. Bei Mehrzylindermotoren ruht ein einziger Zylinderkopf auf dem ganzen Zylinderblock, wobei beide Teile mit Hilfe einer Zylinderkopfdichtung abgedichtet sind. Bei hochbelasteten Dieselmotoren sind jedoch Einzelzylinderköpfe bzw. solche in Zweier- oder Dreiergruppen anzutreffen.
Beim Abnehmen des Zylinderkopfes ist besonders darauf zu achten, daß die Muttern bzw. Schrauben nach ausreichender Abkühlung gelöst werden, vor allem wenn es sich um einen Zylinderkopf aus Leichtmetallegierung handelt. Sonst kann sich das Material verziehen. Zylinderkopfschrauben müssen außerdem nach Hersteller-Vorschrift in der richtigen Reihenfolge bzw. mit dem vorgeschriebenen

cylinder head cover

Drehmoment angezogen werden. Im Regelfall werden alle Muttern kreuzweise von der Mitte aus zuerst locker und dann fest angezogen. Auf einmal fest anziehen ist schädlich.
Bei Zylinderköpfen aus Gußeisen werden die Kopfschrauben zuerst bei kaltem Motor angezogen, dann bei warmem Motor nachgezogen. Bei den Ausführungen aus Aluminium oder Leichtmetall erfolgt dagegen das Nachziehen der Kopfschrauben nur bei kalter Maschine.

cylinder head cover → rocker cover

cylinder head bolt [engine]
also: head retaining bolt

vis de fixation de la culasse, vis f de coulasse, boulon m de culasse
Les vis de fixation de la culasse sont des goujons, des vis à tête hexagonale ou bien parfois des vis cylindriques à six pans creux. Elles sont serrées à la clé dynamométrique selon les directives du constructeur.

Zylinderkopfschraube f
Zylinderkopfschrauben sind Stiftschrauben, Sechskantschrauben, Innenvielzahnschrauben oder auch Zylinderschrauben mit Innensechskant, die zur Befestigung des Zylinderkopfs eines Motors dienen. Sie werden nach Herstellervorschrift mit einem Drehmomentschlüssel angezogen.

cylinder head gasket [engine]
(See Ill. 17 p. 202)
also: head gasket

joint m de culasse
Pièce de liaison s'intercalant entre la culasse rapportée et le groupe cylindres et servant à l'étanchéité de ces deux parties du moteur. Le joint de culasse doit pouvoir résister à des températures et des pressions de gaz très élevées et avoir en même temps une bonne conductiblité thermique. Lors de la mise en place d'un nouveau joint de culasse, il conviendra de veiller que le plan de joint entre culasse et groupe cylindres soit parfaitement propre et présente une surface absolument plane. Un contrôle au réglet d'outilleur est à conseiller. En outre le joint d'origine devra avoir l'épaisseur requise, sans quoi le rapport volumétrique serait faussé.
Des joints de culasse défectueux sont la cause de pertes de compression et de puissance. La formation de bulles de gaz à la surface de l'eau du radiateur lorsqu'on laisse tourner le moteur plusieurs fois à haut régime est un indice de défectuosité du joint de culasse de même que des valeurs insuffisantes relevées au compressiomètre pour 2 cylindres voisins.

Zylinderkopfdichtung f, Kopfdichtung f
Dichtung zwischen aufgesetztem Zylinderkopf und Zylinderblock. Sie dient der Abdichtung beider Teile nach außen. Sie muß hohen Temperaturen und Verbrennungsdrücken standhalten und soll wärmeleitfähig sein. Beim Einbau einer neuen Zylinderkopfdichtung ist darauf zu achten, daß die Trennfuge zwischen Zylinderblock und Zylinderkopf sauber und einwandfrei eben ist. Eine Nachprüfung mit dem Haarlineal ist zu empfehlen. Die Originaldichtung soll auch die vorgeschriebene Stärke aufweisen, sonst stimmt das Verdichtungsverhältnis nicht mehr.
Defekte Zylinderkopfdichtungen führen zu mangelhafter Verdichtung und folglich zu Leistungsverlusten. Die Bildung von Gasblasen im Kühlwasser bei laufendem Motor auf Hochtouren läßt auf eine

schadhafte Zylinderkopfdichtung schließen, ebenso wie ungenügende Meßwerte auf dem Kompressionsdruckprüfer für zwei nebeneinander stehende Zylinder.

cylinder jacket → water galleries

cylinder liner (GB) [engine]
also: cylinder sleeve (US), liner (GB), sleeve (US)

chemise f
Cylindre amovible dont sont équipés certains blocs-moteur.

Zylinderlaufbuchse f, Laufbuchse f
(eines Zylinders)
Auswechselbarer Hohlzylinder im Zylinderblock.

cylinder sleeve (US) → cylinder liner (GB)

cylinder wear [engine]

usure f des cylindres
Les cylindres d'un bloc-moteur subissent l'action de la pression, de la chaleur, du frottement et de la corrosion. Avec le temps, le cylindre s'ovalise. L'usure des cylindres se manifeste singulièrement aux endroits où le piston inverse sa course, à savoir aux points morts haut et bas, car c'est là que le graissage laisse le plus à désirer. De surcroît, les parois du cylindre sont également attaquées par des résidus de combustion, de même que des impuretés drainées par l'huile-moteur ou véhiculées par l'air de combustion sont de nature à rayer ces parois.
L'usure des cylindres engendre un jeu excessif des pistons. La consommation d'huile devient elle aussi excessive, la compression diminue et des battements de piston se font entendre.

Lorsque l'usure atteint environ la cote de 0,5 mm, le cylindre doit être rectifié, après quoi on y introduira un piston de plus grand diamètre (piston suralésé).

Zylinderverschleiß m
Die Motorzylinder werden im Betrieb durch Druck, Wärme, Reibung und Korrosion belastet. Mit der Zeit wird die zylindrische Bohrung unrund. Im oberen und unteren Totpunkt, also an den Umkehrpunkten des Kolbens, ist der Verschleiß besonders spürbar, weil dort die Schmierung nicht immer ausreicht. Außerdem werden die Laufflächen des Zylinders durch den Verbrennungsvorgang angegriffen. Zum Schluß können die im Motoröl oder in der Verbrennungsluft enthaltenen Verunreinigungen die Zylinderwandungen zerkratzen.
Durch den Zylinderverschleiß bekommen die Kolben zuviel Spiel, so daß der Ölverbrauch steigt, die Verdichtung nachläßt, und es kommt zum Kolbenkippen.
Bei einem Verschleiß von etwa 0,5 mm werden die Zylinder nachgearbeitet und Kolben größeren Durchmessers eingebaut (Übermaßkolben).

cylindrical gear pair [transmission]
(See Ill. 20 p. 248)

engrenage m cylindrique
Engrenage reliant deux arbres parallèles. On distingue l'engrenage cylindrique droit, l'engrenage cylindrique hélicoïdal et l'engrenage à chevrons.

Stirnrädergetriebe n, Stirnradtrieb m
Getriebe mit parallel laufenden Wellen. Man unterscheidet das geradverzahnte, das schrägverzahnte und das pfeilverzahnte Stirnrädergetriebe (Zahnräder mit V-Zähnen).

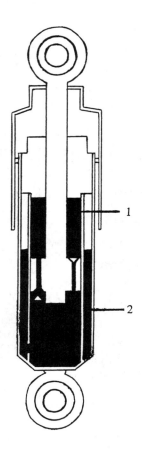

1 working cylinder
2 recuperating chamber

Ill. 10: damper, a hydraulic shock absorber

cylindrical limit gage (US) [tools]
also: internal limit gauge

tampon-limite m, tampon m lisse de tolérances
Calibre cylindrique utilisé pour la vérification des dimensions d'un alésage avec un côté "entre" et un côté "n'entre pas".

Grenzlehrdorn m
Feste Grenzlehre zum Prüfen der Maßgenauigkeit von Bohrungen. Sie hat zwei Meßseiten (Gut- und Ausschußseite).

D

damper *n* [suspension] (See Ill. 10 p. 144, Ill. 35 p. 542)
also: shock absorber, shock *n (esp. used in plural) (colloq.)*

amortisseur m
Appareil s'intercalant entre le châssis et la suspension de roue ou l'essieu à proximité de la roue ellemême et amortissant les vibrations imprimées aux roues par les inégalités du sol. L'amortisseur améliore le contact de la roue avec la chaussée et contribue à assurer la sécurité et le confort du véhicule. Ce sont les amortisseurs télescopiques hydrauliques à un tube et surtout à deux tubes qui sont le plus utilisés. Le système de fonctionnement des amortisseurs hydrauliques repose sur le fait que, par suite des oscillations de la caisse, une huile spéciale est refoulée par un piston à travers des ajutages calibrés. Dans l'amortisseur à deux tubes, on rencontre un piston à tige qui monte et descend dans un cylindre de travail et qui refoule l'huile à travers une soupape de fond dans un tube plus large entourant le cylindre et faisant office de réservoir d'huile (chambre de récupération). En construction automobile, on a renoncé aux anciens amortisseurs à friction mécaniques à double effet. La béquille MacPherson constitue quant à elle une réalisation particulière de système amortisseur. Plusieurs symptômes peuvent révéler l'état de fatique des amortisseurs:
- Perte importante d'huile
- Bonds de la roue en cours de route
- Traces de freinage discontinues à la suite d'un coup de frein sec
- Usure anormale des sculptures du pneu
- Oscillations de la caisse après franchissement d'un obstacle.
La méthode qui consiste à faire rebondir une aile suspecte à l'arrêt est imprécise et peut même fausser un diagnostic, car les oscillations d'une seule aile se répercutent sur les trois autres amortisseurs.

Stoßdämpfer m, Schwingungsdämpfer m, (kurz:) Dämpfer m
Apparat, der zwischen dem Fahrgestell und der Radaufhängung bzw. der Achse in Radnähe angeordnet ist und der Dämpfung der durch die Fahrbahnunebenheiten eingeleiteten Schwingungen des Federsystems dient. Er verbessert den Fahrbahnkontakt des Rades und erhöht die Fahrsicherheit und den Fahrkomfort. Am häufigsten werden hydraulische Teleskopstoßdämpfer (Einrohr- und vor

allem Zweirohrstoßdämpfer) verwendet. Die Arbeitsweise der Flüssigkeitsstoßdämpfer beruht darauf, daß durch die Schwingungsbewegungen Hydrauliköl mit Hilfe eines Kolbens durch enge Bohrungen verdrängt wird. Beim Zweirohrstoßdämpfer bewegt sich ein Arbeitskolben mit Kolbenstange in einem Arbeitszylinder auf und ab und drückt das Hydrauliköl durch ein Bodenventil in ein zweites, größeres Rohr, das den Zylinder umgibt und als Vorratsbehälter für das Öl dient. Doppeltwirkende bzw. mechanisch arbeitende Reibungsdämpfer werden nicht mehr gebraucht. Eine Sonderbauart des Stoßdämpfers ist das MacPherson-Federbein. Verschiedene Anzeichen lassen auf defekte Stoßdämpfer schließen:
- Übermäßiger Ölverlust
- Springendes Rad während der Fahrt
- Unterbrochene Bremsspur bei Vollbremsung
- Auswaschungen im Reifenprofil
- Nachschwingungen des Aufbaus nach Überwindung von Bodenunebenheiten
Die sogenannte Schaukelmethode im Stand ist ungenau und kann sogar zu einer Fehldiagnose führen, weil die Schwingungen am verdächtigen Kotflügel auch auf die übrigen drei Stoßdämpfer übertragen werden.

damp-proofing sealant [maintenance]
also: ignition spray

vernis m isolant
Vernis en aérosol que l'on vaporise sur la tête du distributeur, la bobine d'allumage et autres parties du circuit électrique (bornes de batterie, fils HT, bougies). Ainsi se forme une couche protectrice isolante s'opposant à l'humidité.

Isolierspray n, Zündspray n
Sprühmittel, mit dem Verteilerkappe, Zündspulendeckel und sonstige Teile der Zündanlage (Batteriepolklemmen, Hochspannungsleitungen, Zündkerzen) behandelt werden, um eine wasserabstoßende Lackschicht zu bilden.

Darlington amplifier [electronics]
also: Darlington circuit

montage m de Darlington
Disposition de plusieurs transistors donnant trois connexions (émetteur, base, collecteur) comme un simple transistor unique. Cette disposition est utilisée dans les systèmes d'allumage transistorisés.

Darlington-Schaltung f, Zünddarlington m
Anordnung mehrerer Transistoren, die drei Anschlüsse ergibt wie jeder einzelne Transistor (Emitter, Basis, Kollektor). Die Darlington-Anordnung wird vielfach bei Transistorzündanlagen verwendet.

Darlington circuit → Darlington amplifier

dash *n* → dashboard

dashboard, dashboard panel, dash panel [instruments]
also: instrument panel, instrument board, dash *n (for short)*, facia *n* (GB) *(obs.)*

tableau m de bord, planche f de bord
Ensemble des instruments indicateurs et des lampes témoins placés bien en vue du conducteur.

Instrumententafel f, Instrumentenbrett n, Armaturenbrett n, Schaltbrett n
Im Armaturenbrett sind alle Anzeigeninstrumente nebst Kontrollampen übersichtlich zusammengefaßt.

dashpot [carburetor]

frein m de ralenti, dashpot m
Dans un carburateur, le mouvement du levier du papillon des gaz peut être freiné au retour en position de ralenti par un piston plongeant dans l'essence.

Drosselklappenschließdämpfer m
In einem Vergaser kann die Bewegung des Drosselklappenhebels durch einen in Benzin tauchenden Kolben bei der Rückkehr zur Leerlaufstellung abgebremst werden.

dazzle *n* [lights]

éblouissement m
Trouble visuel généralement transitoire imputable à une luminance excessive survenant dans le champ visuel.

Blendung f
Zeitweise Beeinträchtigung der Sehfähigkeit des menschlichen Auges durch zu hohe Leuchtdichte im Gesichtsfeld.

dB = decibel

d.c., DC = direct current

dc generator [electrical system]
(*opp.*: alternator)
also: direct current generator, dynamo *n* (GB)

générateur m de courant continu
Générateur électrique qui produit du courant continu.

Gleichstromgenerator m, Gleichstromlichtmaschine f
Ein elektrischer Generator, der Gleichstrom erzeugt.

DC motor → direct-current motor

dead beam axle [vehicle construction]

faux-essieu m
Essieu composé de deux bras longitudinaux, qui près de leur point central sont reliés par un tube ou un profilé en double T. Cette suspension arrière recourt à des ressorts-amortisseurs.

Koppellenkerachse m, Verbundlenkerachse f
Hinterachse mit zwei Längslenkern, die ungefähr in der Mitte der Lenker durch ein Rohr oder einen Profilstahl verbunden sind. Diese Anordnung erfordert den Einsatz von Federbeinen.

dead weight → empty weight

de-asphalting *n* [chemistry, fuels]

désasphaltage m
Séparation de l'asphalte contenu dans les résidus pétroliers.

Entasphaltierung f
Abtrennung des in den Rückständen der Erdöldestillation enthaltenen Asphalts.

decay process [electrical system]

phase f oscillatoire amortie
Phase d'un oscillogramme représentant les oscillations amorties de la tension d'allumage, lorsque l'énergie de la bobine ne suffit plus à maintenir l'étincelle à la bougie.

Ausschwing(ungs)vorgang m
Abschnitt eines Oszillogramms, in dem die Ausschwingungen der Zündspannung dargestellt sind, wenn die Energie der Zündspule zur Aufrechterhaltung des Zündfunkens erschöpft ist.

decibel

decibel (*abbr.* **dB**) [units]

  décibel m (abr. dB)
  Unité d'intensité acoustique. Le bruit produit par les automobiles en marche est mesuré en db(A).

  Dezibel n (Abk. dB)
  Eine Maßeinheit für die Schallstärke oder den Geräuschpegel. Messungen des Fahrgeräusches von Kraftfahrzeugen erfolgen in dB(A).

declutch *v* [clutch]
also: unclutch *v*

  débrayer v
  Désolidariser momentanément le moteur de la transmission en enfonçant la pédale de débrayage.

  auskuppeln v
  Den Motor zeitweilig vom Getriebe trennen durch Niedertreten des Kupplungspedals.

declutching lever → clutch release lever

De Dion drive → De Dion axle

De Dion axle [transmission]
also: De Dion drive

  essieu m de Dion
  Dans la transmission de Dion, le différentiel se trouve fixé au châssis et chacune des roues est commandée par un demi-arbre à deux joints de Cardan.

  De-Dion-Achse f
  Bei der De-Dion-Achse befindet sich das Differential unmittelbar unter dem Fahrzeugrahmen befestigt. Jedes Rad wird über eine Doppelgelenkwelle angetrieben.

deep loading trailer → low-bed trailer

deflector [engine]

  déflecteur m
  Dispositif d'un piston qui empêche les gaz frais dans le carter de se mélanger aux gaz brûlés en les dirigeant vers le haut du cylindre.

  Nase f, Kolbennase f
  Vorrichtung am Kolbenboden, die verhindert, daß sich das Frischgas mit den verbrannten Gasen vermischt, indem sie es zum Zylinderkopf hin ablenkt.

deflector piston [engine]

  piston m à déflecteur
  Dans certains moteurs deux temps, le piston est muni d'un déflecteur qui empêche les gaz frais comprimés dans le carter de se mélanger aux gaz brûlés et qui les dirige vers le haut du cylindre.

  Nasenkolben m
  Bei Zweitaktmotoren ist der Kolbenboden so ausgebildet, daß das vorverdichtete Frischgas sich mit den verbrannten Gasen nicht vermischen kann und zum Zylinderkopf abgelenkt wird.

defoamant *n* → foaming inhibitor

defroster (US) [heating&ventilation]
also: demister (GB), defogger, window defogger, defrost system (US)

  dispositif m de désembuage/dégivrage, désembueur m (des vitres latérales), dégivreur m
  Dispositif à travers lequel peut passer une quantité modulable d'air chaud destiné à dégivrer et désembuer le pare-brise et les vitres latérales.

  Defroster m, Entfroster m, Scheibenentfroster m
  Einrichtung, durch die eine einstellbare

Heizluftmenge zur Entfrostung bzw. Klarhaltung der Windschutz- und Seitenscheiben geblasen wird.

degassing opening [electrical system]
(See Ill. 2 p. 50)

trou m de ventilation, orifice m d'évacuation
Orifice minuscule pratiqué dans les bouchons d'une batterie au plomb. Il se forme en effet du gaz dans la batterie du fait de la décomposition de l'eau contenue dans l'électrolyte en hydrogène et en oxygène (gaz détonant).

Entlüftungsbohrung f, Gasungsbohrung f
Öffnung im Verschlußstopfen einer Bleibatterie. Die Gasentwicklung entsteht nämlich durch die Zersetzung des in der Batteriesäure enthaltenen Wassers in Wasserstoff und Sauerstoff (Knallgas).

degreasing *n* [vehicle body]

dégraissage f
Au terme de sa fabrication, la coque nue subit un prétraitement chimique dans un solvant dégraissant, qui élimine toute trace de graisse de même que les particules de métal et autres dépôts divers qui s'y sont accrochés en cours de fabrication. Sont également attachées aux coques les petites pièces métalliques qui y seront boulonnées par la suite et qui subissent ainsi le même traitement.

Entfettung f
Nach der Herstellung der Karosserie wird das blanke Karosserieblech zunächst einmal mit Hilfe eines Entfettungsmittels chemisch vorbehandelt, damit Fettspuren, Metallspäne und sonstige Rückstände aus der Herstellung weggespült werden. An der Karosserie hängen schon weitere Metallteile, die nachher mit ihr verschraubt werden und somit ebenfalls entfettet werden.

degree Engler [lubricants]

degré m Engler
Graduation de la viscosité dans l'industrie pétrolière.

Englergrad n
Einheit der Viskosität in der Erdölindustrie.

de-icer [fuels]

additif m dégivreur
Additif mis dans le carburant pour protéger le carburateur contre le givrage.

Enteisungsmittel n
Additiv zum Kraftstoff, das der Vereisung des Vergasers entgegenwirken soll.

de-icing pump → antifreeze pump

delayed relay → time-lag relay

delivery [mechanical engineering]

débit m
Quantité de liquide ou de gaz fournie par une pompe ou un compresseur pendant l'unité de temps.

Fördermenge f, Förderstrom m
Das von einer Pumpe oder einem Verdichter geförderte Gas- oder Flüssigkeitsvolumen in der Zeiteinheit.

delivery pipe [injection]
(See Ill. 25 p. 352)
also: high-pressure delivery pipe, high-pressure injector pipe, high-pressure pipe, fuel injection tubing, injection line, fuel pressure pipe

delivery valve 150

tuyauterie f haute pression, tuyau m d'injection
Dans un système d'injection la tuyauterie de haute pression réalisée en acier spécial sans soudure relie la pompe d'injection à l'injecteur. Les tuyauteries de haute pression doivent avoir la même longueur pour tous les cylindres du moteur. Ce n'est que dans les systèmes d'injection d'essence que l'on rencontre des conduits en matière synthétique en raison des pressions beaucoup moindres qui y règnent.

Einspritzleitung f, Druckleitung f, Kraftstoff-Druckleitung f, Druckrohr n
In einer Einspritzanlage verbindet die Einspritzleitung die Einspritzpumpe mit der Einspritzdüse. Sie ist aus Edelstahl gefertigt und muß für alle Motorzylinder die gleiche Länge aufweisen. Kunststoffleitungen werden lediglich bei der Benzineinspritzung aufgrund der viel niedrigeren Drücke verwendet.

delivery valve [injection]

soupape f de décharge, soupape f de refoulement
Dans un pompe à injection, le clapet de décharge est soulevé en début d'injection (refoulement) par le gasoil comprimé qui s'achemine vers l'injecteur par la tuyauterie haute pression. S'il n'y a pas refoulement, la soupape de décharge bloque le passage entre la tuyauterie haute pression et le cylindre de la pompe.

Druckventil n, Entlastungsventil n
In einer Einspritzpumpe wird bei Förderbeginn das Druckventil durch den verdichteten Dieselkraftstoff von seinem Sitz abgehoben. Der Kraftstoff fließt dann über die Druckleitung zu der Einspritzdüse. Wird kein Kraftstoff gefördert, so wird die Druckleitung durch das Druckventil gegen den Pumpenzylinder abgedichtet.

delivery van [vehicle]

voiture f de livraison, camion m de livraison, camionnette f de livraison
Petit camion utilisé surtout pour les livraisons à courte distance.

Lieferwagen m, Lieferfahrzeug n
Kleiner Lastkraftwagen, der für Warentransporte im Nahverkehr eingesetzt wird.

delta circuit → delta connection

delta connection [electrical system]
also: delta circuit, triangle connection

couplage m en triangle, montage m en triangle
Dans un alternateur triphasé, les trois enroulements du stator peuvent être disposés de telle sorte que l'extrémité d'un enroulement soit rattachée au début de l'enroulement suivant.

Dreieckschaltung f, Drehstrom-Dreieckschaltung f
In der Drehstromlichtmaschine können die drei Wicklungsstränge der Ständerwicklung so miteinander verkettet sein, daß das Ende des einen Wicklungsstranges mit dem Anfang des folgenden Stranges verbunden wird.

demister (GB) → **defroster** n (US)

densimeter → calibrated float

depression → vacuum n

depth gage (US) *or* **gauge** (GB) [instruments]

jauge f de profondeur, calibre m de profondeur

Jauge servant notamment à sonder la profondeur d'orifices, la lecture de la cote se faisant au moyen d'un vernier comme avec un pied à coulisse. Elle est entre autres utilisée pour la vérification et le calage de l'allumage de petits moteurs monocylindres à deux temps pour lesquels l'avance à l'allumage est indiquée en mm. Dans les carburateurs également, la position du flotteur est contrôlée et réglée, en fonction du niveau de carburant dans la cuve, au moyen d'une jauge de profondeur.

Tiefenmaß n, Tiefenlehre f
Lehre zum Messen von Lochtiefen. Ähnlich wie bei der Schieblehre wird das Maß mit Hilfe eines Nonius abgelesen. Das Tiefenmaß wird u.a. zum Prüfen und Einstellen des Zündzeitpunktes bei kleinen Einzylinder-Zweitaktmotoren verwendet, für die der Zündzeitpunkt in mm vor OT angegeben ist. Auch bei Vergasern wird der Schwimmerstand durch Messen des Kraftstoffspiegels mit einer Tiefenlehre ermittelt.

depth of thread [mechanical engineering]

hauteur f de filet
Ecart entre le diamètre extérieur et le diamètre intérieur (diamètre à fond de filet, diamètre de noyau) d'un filet. Il se calcule d'après l'équation:

$$\text{hauteur filet} = \frac{\varnothing \text{ filet} - \varnothing \text{ noyau}}{2}$$

Gewindetiefe f, Gangtiefe f
Abstand zwischen Außen- und Innendurchmesser (Kerndurchmesser) eines Gewindes. Rechnerisch ermittelt man die Gewindetiefe nach der Gleichung:

$$\text{Gewindetiefe} = \frac{\text{Gewinde} \varnothing - \text{Kern} \varnothing}{2}$$

desmodromic valve control [engine]

commande f desmodromique (des soupapes)
Commande de soupape à double came, une came d'ouverture et une came de fermeture, toutes deux affectées à chaque soupape, ce qui rend inutile l'utilisation de ressorts de soupape.

Zwangventilssteuerung f, desmodromische Steuerung, Zwangssteuerung f (der Ventile), zwangsläufige Steuerung
Ventilsteuerungsart, wobei jedem Ventil ein Öffnungs- und ein Schließnocken zugeordnet ist, so daß Ventilfedern entfallen.

desulphuration [chemistry]

désulfuration f
Elimination du soufre des fractions pétrolières par adoucissement ou hydrogénation.

Entschwefelung f
Beseitigung des in den Erdölfraktionen enthaltenen Schwefels durch Süßung oder Hydrotreating.

detergent *n* → detergent additive

detergent additive [lubricants]
also: detergent *n*

additif m détergent, détergent m
Additif de l'huile ayant la propriété de disperser les dépôts et les résidus et de les retenir en suspension.

Detergentzusatz m, Reinigungszusatz m
Zusatzmittel in den Ölen, das die Eigenschaft besitzt, Ablagerungen und Rück-

detonation

stände zu dispergieren und in Schwebe zu halten.

detonation → pinking *n*

detonation suppressant → anti-knock additive

dewaxing *n* [chemistry]
also: paraffin extraction

déparaffinage m
Séparation de la paraffine contenue notamment dans les huiles de graissage pour en améliorer la fluidité par temps froid.

Entparaffinierung f
Abtrennung von Paraffinen u.a. aus dem Schmieröl, um dessen Fließfähigkeit bei kalter Witterung zu verbessern.

DI = direct injection

diagnose *n* [electronics]

diagnostic m
Recherche et identification des causes d'une panne ou d'un défaut.
Verbe: diagnostiquer.

Diagnose f
Die Ermittlung der Ursachen einer Panne oder eines Defekts.
Verb: diagnostizieren.

diagnostic connector [electronics]
also: test socket

prise f diagnostic, prise f de contact électronique, prise f à douilles multiples
Prise disposée à proximité du bloc-moteur et sur laquelle se branche un programmtester ou ordinateur.

Diagnoseanschluß m, Prüfsteckdose f
Mehrfachsteckverbindung im Motorraum zum Anschluß eines Programmtesters bzw. eines Computers.

diagnostic equipment [electronics]

dispositifs mpl électroniques de diagnostic
Dispositifs électroniques pour l'automatisation de la recherche et de l'identification des causes d'un défaut dans un automobile.

Diagnosegeräte npl
Elektronische Geräte zur weitgehend automatischen Ermittlung der Ursachen von Defekten einem Automobil.

diagnostic system [electronics]

centrale f de diagnostic
Système entièrement automatique installé dans une voiture qui contrôle en permananence les organes essentiels et signale d'éventuels défauts et leur causes à une centrale électronique.

Diagnosesystem n
Ein vollautomatisches elektronisches System, das im Fahrzeug eingebaut ist und laufend Betriebsdaten überwacht und frühzeitig auf Defekte und deren Ursachen hinweist.

diagonal belt → shoulder strap belt

diagonal cutting plier → side-cutting pliers

diagonal joint piston ring [engine]

segment m de piston à coupe oblique
Segment de piston dont la section est fendue en biais.

Kolbenring m mit schräger Stoßfuge
Schräggeschlitzter Kolbenring.

diagonal plier → side-cutting pliers

diagonal-ply tire → cross-ply tire

diagonal seat belt → shoulder strap belt

diagonal tire → cross-ply tire

diagonal twin circuit braking system [brakes]
also: dual-line diagonally split system

double circuit de freinage en diagonale
Double circuit de freinage dont les canalisations relient les roues avant et arrière en se croisant sous le véhicule, en sorte qu'en cas de défaillance d'un circuit la répartition de l'effort de freinage entre l'avant et l'arrière ne soit nullement affectée. Il resterait en effet dans ce cas 50% de l'effet de freinage des deux côtés.

Diagonal-Zweikreisbremsanlage f,
Diagonal-Bremskreisaufteilung f
Zweikreis-Bremssystem mit kreuzweise angeordneten Bremsleitungen, so daß die Bremskraftverteilung bei Ausfall eines Bremskreises zwischen Vorder- und Hinterachse unverändert ist. An beiden Achsen bleibt nämlich eine Bremswirkung von 50% erhalten.

diagram of the electrical system
→ wiring diagram

dial gage (US) *or* **gauge** (GB) [instruments]

comparateur m à cadran, micromètre m à cadran
Instrument de mesure utilisé pour comparer la cote effective d'une pièce avec celle d'un étalon (mesure de comparaison). Le mouvement rectiligne d'une touche télescopique est répercuté et amplifié sur l'aiguille du cadran de l'instrument au moyen d'une crémaillère et de pignons.

Meßuhr f, Meßzeiger m
Meßwerkzeug, das den Unterschied (Abweichung) des Istmaßes von einem Normal anzeigt. Eine solche Messung heißt Unterschiedsmessung. Die geradlinige Bewegung eines Meßbolzens (Fühlstift) wird mittels Zahnstange und Zahnräder auf einen Zeiger übertragen. Die Meßbolzenbewegung ist auf der Skala vergrößert angezeigt.

diaphragm accelerator pump [carburetor]

pompe f de reprise à membrane
La pompe de reprise à membrane d'un carburateur est reliée à l'axe du papillon des gaz par une biellette. Lors d'une accélération brusque, le mouvement de l'axe du papillon provoque le déplacement instantané de la membrane qui fléchit et chasse l'essence contenue dans la pompe à travers un clapet et un tube calibré débouchant dans la chambre de mélange.

Membranbeschleunigungspumpe f
(mechanisch betätigte)
Die mechanisch betätigte Membranbeschleunigungspumpe ist mit der Drosselklappenwelle durch ein Gestänge verbunden. Bei raschem Gasgeben wird die Drosselklappe geöffnet und die Pumpenmembran nach innen gedrückt. Dadurch verdrängt sie Zusatzkraftstoff durch das Einspritzrohr über das Pumpendruckventil in die Mischkammer.

diaphragm clutch [clutch]
(See Ill. 11 p. 154)
also: diaphragm spring clutch

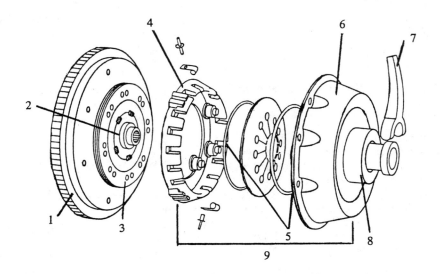

1 flywheel
2 driven plate assembly
3 clutch lining
4 pressure plate
5 fulcrum ring
6 clutch cover
7 clutch fork
8 release bearing
9 clutch pressure plate mechanism

Ill. 11: clutch, a friction clutch, a single-disc dry clutch, a diaphragm clutch

(diaphragm clutch continued)

embrayage m à diaphragme, embrayage m à ressort-diaphragme
Dans l'embrayage monodisque, on trouve de plus en plus un diaphragme en acier à ressort entre le boîtier et le contre-plateau en lieu et place des ressorts habituels.

Membranfederkupplung f, Tellerfederkupplung f, Scheibenfederkupplung f, Einscheibentrockenkupplung mit Ausrückscheibenfeder
Bei dieser Bauart sind die Druckfedern zwischen Kupplungsdeckel und Druckscheibe durch eine Tellerfeder ersetzt.

diaphragm pump [fuel system]

pompe f à membrane
La plupart des pompes à essence sont des pompes à membrane mécaniques actionnées par un excentrique de l'arbre à cames.

Membranpumpe f
Die meisten Benzinpumpen sind mechanische Membranpumpen, die von der Nockenwelle über einen Exzenter angetrieben sind.

diaphragm spring clutch → diaphragm clutch

diaphragm unit [diesel engine]

chambre f à diaphragme
Compartiment d'un régulateur pneumatique de moteur diesel. Il comporte une chambre à dépression, un ressort de réglage, une membrane et une chambre sous pression atmosphérique.

Membranblock m
Hauptbestandteil eines Unterdruckreglers bei Dieselmotoren. Zum Membranblock gehören u.a. die Unterdruckkammer, die Regelfeder, die Membrane und die Atmosphärendruckkammer.

die *n* → die nut

die holder [tools]
also: die stock

porte-filière m
Outil au centre duquel se trouve une cage ronde dans laquelle vient s'encastrer l'écrou-filière. Il sert au taillage de filets extérieurs.

Schneideisenhalter m
Werkzeug mit einer runden Kapsel in der Mitte. Dort wird das Schneideisen zum Schneiden von Außengewinden gespannt.

DI engine = direct-injection diesel engine

die nut [tools]
also: die *n*

écrou-filière
Outil circulaire à plusieurs dents coupantes destiné au taillage de filets extérieurs. Il est maintenu dans un porte-filière à cage ronde.
Les écrous-filières sont standardisés et réalisés principalement en acier à outils.

Schneideisen n, Schneidmutter f
Ringförmiges Werkzeug mit mehreren Einzelschneiden zum Schälen von Außengewinden. Es wird in einen Schneideisenhalter bzw. eine runde Kapsel gespannt.
Schneideisen sind genormt und werden überwiegend aus Werkzeugstahl hergestellt.

diesel → diesel fuel

diesel engine [diesel engine]
also: diesel oil engine, automotive diesel engine, CI engine, injection oil engine

moteur m diesel, moteur m à gasoil, moteur m à combustion interne, moteur m à allumage par compression, moteur m à huile lourde
Dans les moteurs diesel le travail n'est pas obtenu par un mélange explosif comme dans les moteurs à essence, mais bien par la combustion de fuel injecté à l'intérieur même du cylindre dans lequel se trouve de l'air comprimé à un taux de 30 à 40 kg. De par sa compression, l'air atteint des températures de l'ordre de 500 à 700° C et le fuel injecté s'enflamme à son contact. Les taux de compression de ces moteurs sont très élevés (16:1 à 24:1).

Dieselmotor m
Bei Dieselmotoren wird das Arbeitsspiel nicht durch ein brennfähiges Gemisch wie beim Ottomotor erzielt, sondern durch die Verbrennung eines eingespritzten Schweröls in den Zylinderraum, in dem sich nur reine Luft befindet, die auf hohen Druck (30—40 kp/cm^2) verdichtet wird. Die Gemischbildung wird also innerhalb des Verbrennungsraumes hergestellt. Aufgrund der Verdichtung wird die Lufttemperatur auf 500 bis 700° C gebracht, und bei der Berührung mit dieser erhitzten Luft verbrennt der Kraftstoff. Bei Dieselmotoren liegen die Verdichtungsverhältnisse zwischen 16:1 und 24:1.

diesel engine with direct injection
→ solid injection diesel engine

diesel engine with precombustion chamber → precombustion engine

diesel engine with turbulence chamber → swirl-chamber diesel engine

diesel filter [fuel system]

filtre m de gasoil, filtre m à gazole
Dispositif de filtration du carburant pour les moteurs diesel, normalement à cartouche jetable.

Dieselfilter m
Bei Dieselmotoren ein spezieller Filter für Dieselkraftstoff, in der Regel ein Wechselfilter.

diesel fuel [fuels]
also: diesel oil, fuel oil, diesel

gasoil m (pour les moteurs diesel), gas-oil m, gazole m, carburant m diesel, gasoil-moteur m
Combustible à base d'hydrocarbures à longue chaîne obtenu par distillation et cracking du pétrole brut. La distillation du gas-oil moteur s'étend de 150° à 360°. Les critères essentiels de qualité imposés au gasoil moteur sont les suivants: pouvoir calorifique élevé, bonne aptitude à l'allumage (indice de cétane), à la pulvérisation et au filtrage, combustion sans résidus, absence d'acides et tenue au froid. L'aptitude à l'allumage du gas-oil moteur influence directement le délai d'allumage ou délai d'inflammation. Si le délai d'allumage est trop important (supérieur à 0,002 s), une grande quantité de gas-oil risque de s'accumuler dans la chambre de combustion jusqu'à ce que l'allumage se produise, ce qui engendre une combustion heurtée (cognement Diesel). C'est l'indice de cétane qui caractérise l'aptitude à l'allumage du gas-oil moteur. En hiver, cet indice est de l'ordre de 45, en été de 55. Le gas-oil d'hiver a en effet une teneur moindre en paraffine, car par temps de grand froid les dépôts de paraffine peuvent colmater les filtres. La tenue au froid d'un gas-oil moteur est

caractérisée par son point d'écoulement (point de congélation).
Elle peut être améliorée par l'addition de pétrole ou d'essence. La teneur en soufre du gas-oil peut aussi aboutir à la formation d'acide sulfureux ou sulfurique au moment de la combustion, ce qui représente un danger de corrosion et de pollution.

***Dieselkraftstoff** m*, ***Dieseltreibstoff** m*, ***Dieselöl** n*, ***Diesel** n* *(colloq.)*
Kraftstoff aus langkettigen Kohlenwasserstoffen, der durch Destillieren und Kracken von Rohöl gewonnen wird. Der Siedebereich des Dieselkraftstoffes reicht von 150° bis 360°.
Die wesentlichsten Anforderungen, die ein Dieselkraftstoff erfüllen soll, sind: hoher Heizwert, gute Zündwilligkeit (Cetanzahl), rückstandsfreie Verbrennung, Freisein von Säuren und Fremdstoffen, Kältebeständigkeit, gute Zerstäubbarkeit und Filtrierbarkeit.
Die Zündwilligkeit des Dieselkraftstoffes wirkt sich unmittelbar auf den Zündverzug aus. Bei zu großem Zündverzug (über 0,002 s) sammelt sich bis zum Einsetzen der Zündung eine große Menge Kraftstoff im Verbrennungsraum an, die dann schlagartig verbrennen kann (Nageln, Dieselschlag). Die Zündwilligkeit des Dieselkraftstoffes wird mit der Cetanzahl angegeben. Im Winter beträgt die Cetanzahl 45, im Sommer 55. Der Winterdieselkraftstoff enthält nämlich weniger Paraffin, weil bei Frostwetter Paraffinausscheidungen die Filter verstopfen können.
Die Kältebeständigkeit eines Dieselkraftstoffes wird mit dem BPA-Punkt angegeben (BPA = Beginn der Paraffin-Ausscheidung).
Das Kälteverhalten von Dieselkraftstoff kann durch Beimischung von Petroleum oder Benzin verbessert werden. Durch den Schwefelgehalt des Diesel-Kraftstoffes kann es zur Bildung von schwefliger Säure bzw. Schwefelsäure im Laufe der Verbrennung kommen (Korrosionsgefahr und Luftverschmutzung).

dieseling *n* → run-on *n*

diesel knock [diesel engine]

cognement m
Si le délai d'allumage est trop important (supérieur à 0,002 s), une grande quantité de gasoil risque de s'accumuler dans la chambre de combustion jusqu'à ce que l'allumage se produise, ce qui engendre une combustion heurtée appelée cognement Diesel.

***Dieselklopfen** n*, ***Klopfen** n*, ***Dieselschlag** m*, ***Nageln** n*
Bei zu großem Zündverzug (über 0,002 s) sammelt sich bis zum Einsetzen der Zündung eine große Menge Kraftstoff im Verbrennungsraum an, die dann schlagartig verbrennen kann. Das nennt man Dieselklopfen. Dieses Klopfen ist ein typisches Geräusch von Dieselmotoren.

diesel oil → diesel fuel

diesel oil engine → diesel engine

diesel particulate filter [emission control]

filtre m de suie
Filtre spécial pour capter les particules de suie présentes dans les gaz d'échappement des moteurs diesel.

Rußfilter m
Ein spezieller Filter, der die in den Diesel-

abgasen enthaltenen Rußpartikel auffangen soll.

diesel vehicle [vehicle]

véhicule m diesel
Véhicule équipé d'un moteur diesel.
Contraire: véhicule essence.

Dieselfahrzeug n
Ein Fahrzeug, das mit Dieselkraftstoff betrieben wird. *Gegenteil:* Benzinfahrzeug.

die stock → die holder

differential *n* [transmission]
(See Ill. 12 p. 159)
also: differential gearing, differential gears, differential gear unit, equilizing gear, compensating gear, final drive

différentiel m, engrenage m différentiel
Engrenage qui répartit l'effort moteur de l'arbre de transmission sur les deux roues motrices en permettant à ces roues solidaires d'un même essieu de tourner à des vitesses différentes dans les virages.
Dans la négociation d'un virage, la roue extérieure du véhicule décrit une plus grande trajectoire que la roue intérieure et, pour cette raison, il est nécessaire de compenser les différences de vi- tesses de rotation des deux roues motrices. En régle générale, le différentiel englobe le renvoi d'angle réducteur, qui fait dévier de 90° le mouvement de rotation de l'arbre secondaire, ainsi que le mécanisme de différentiel à proprement parler, qui compense l'inégalité des vitesses de rotation des roues.
Les organes du différentiel sont le pignon d'attaque, la couronne, le boîtier ou la coquille, l'axe porte-satellites ou croisillon, les satellites, les planétaires et les deux arbres de différentiel qui entraînent les roues motrices.
Lorsque le véhicule suit un trajet rectiligne, la couronne du différentiel tourne avec le boîtier. Les deux roues motrices et partant les deux planétaires emmanchés à cannelures sur les arbres de différentiel tournent à la même vitesse. De ce fait les satellites eux ne tournent pas sur leux axe, mais servent de liaison rigide. Le mouvement est donc transmis successivement à la couronne, au boîtier, au croisillon, aux satellites immobiles sur leur axe, aux planétaires et finalement aux arbres de différentiel.
En revanche, dans un virage, les pignons planétaires ne tournent pas à la même vitesse en raison de la courbe inégale parcourue par les roues extérieure et intérieure. Cette différence de vitesse de rotation est dès lors compensée par les pignons satellites, qui pivotent sur leur axe tout en poussant les planétaires. Le fonctionnement du différentiel peut se révéler gênant sur un terrain glissant ou embourbé, parce qu'il permet à une roue de patiner, ce qui entraîne le freinage de la roue opposée et l'immobilisation du véhicule. Les véhicules lourds sont particulièrement sensibles à ce phénomène. Pour pallier cet inconvénient, on a équipé ces véhicules d'un dispositif de blocage de différentiel. Il s'agit très souvent d'un crabotage qui rend les planétaires solidaires en rotation du boîtier du différentiel. De cette manière les satellites sont empêchés de tourner sur leur axe et les deux arbres de différentiel sont astreints à la même vitesse de rotation.

Ausgleichgetriebe n, Differentialgetriebe n, Differential n
Getriebe, welches das Eingangsdrehmoment der Gelenkwelle auf die beiden Antriebsräder verteilt und diesen zur glei-

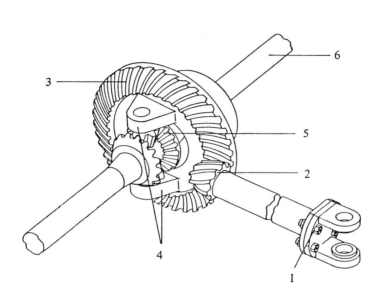

1 cardan joint
2 drive pinion
3 crown wheel
4 differential pinion
5 differential side gear
6 axle shaft

Ill. 12: differential

differential cage assembly

(differential continued)
chen Achse gehörenden Rädern gestattet, bei Kurvenfahrt trotz unterschiedlicher Drehzahl schlupffrei abzurollen. Das außenliegende Rad legt nämlich bei Kurvenfahrt einen größeren Weg zurück als das innere, und der Drehzahlunterschied beider Antriebsräder soll deshalb ausgeglichen werden.
Unter Ausgleichsgetriebe versteht man im allgemeinen das Umlenkgetriebe (Winkelgetriebe), das die Drehbewegung der Hauptwelle um 90° umlenkt sowie das eigentliche Differential, das die unterschiedlichen Drehzahlen des kurveninneren und -äußeren Rades ausgleichen soll. Zum Ausgleichsgetriebe gehören Antriebsritzel (Antriebskegelrad, Triebling), Tellerrad, Ausgleichsgehäuse, Planetenkreuz, Ausgleichskegelräder, Achswellenkegelräder und schließlich die Halbachsen zum Antreiben der Räder. Bei Geradeausfahrt drehen sich Tellerrad und Ausgleichsgehäuse. Beide Antriebsräder und folglich auch beide Achswellenkegelräder haben gleiche Drehzahl. Dadurch drehen sich die Ausgleichskegelräder nicht um die eigene Achse und dienen als starre Verbindung. Die Antriebskraft wird zu gleichen Teilen über das Tellerrad, den Ausgleichskorb, das Planetenkreuz, die stillstehenden Ausgleichsräder und die mitgenommenen Achswellenräder auf die Halbachsen übertragen.
Bei Kurvenfahrt drehen sich die Achswellenkegelräder verschieden schnell infolge der unterschiedlichen Wege des kurveninneren und -äußeren Rades. Dieser Drehzahlunterschied wird durch die Ausgleichskegelräder ausgeglichen, die sich um ihre eigene Achse drehen, wobei sie auf den verschieden schnell sich drehenden Achswellenkegelrädern abrollen.

Diese Arbeitsweise des Differentials erweist sich jedoch auf weichem Boden oder vereister Fahrbahn als ungünstig. Rutscht nämlich ein Rad durch, wird das gegenüberliegende abgebremst und das Anfahren erschwert. Dies wirkt sich besonders bei schweren Fahrzeugen nachteilig aus. Um dem zu begegnen, sind diese Fahrzeugtypen mit einer Ausgleichssperre ausgerüstet. Meist ist es eine Klauenkupplung, die die Achswellenkegelräder drehfest mit dem Korb verbindet. Auf diese Weise können sich die Ausgleichskegelräder nicht mehr um die eigene Achse drehen, und beide Achwellen müssen dann gleich schnell laufen.

differential cage assembly → differential case

differential case (*or* **casing**)
[transmission]
also: differential housing, differential cage assembly, crown wheel cage

carter m de différentiel, cage f de différentiel, boîtier m de différentiel, coquille f de différentiel
Carter solidaire en rotation de la couronne du renvoi d'angle et dans lequel est logé le différentiel. Il s'agit très souvent d'une double coquille.

Ausgleichgehäuse n, Differentialkäfig m, Differentialkorb m, Ausgleichkorb m
Gehäuse, das sich mit dem Tellerrad dreht und in welchem das Differentialgetriebe untergebracht ist. Meist ist es zweiteilig ausgeführt.

differential crown wheel → crown wheel

differential gear unit → differential *n*

differential gearing → differential *n*

differential gear ring → crown wheel

differential gears → differential *n*

differential housing → differential case

differential lock → limited-slip differential

differential master gear → crown wheel

differential pinion [transmission]
(See Ill. 12 p. 159)
also: idling pinion, star wheel

satellite m, pignon m satellite
Pièce du différentiel. Lorsque le véhicule roule en ligne droite, les satellites font office de liaison fixe entre les planétaires auxquels ils transmettent le mouvement. Dans les virages, les satellites tournent sur leux axe et compensent les différences de vitesse entre les deux roues tout en poussant les planétaires.

Ausgleichkegelrad n, Ausgleichrad n, Differentialzwischenrad n, Ausgleichzwischenrad n, Trabant m
Teil des Ausgleichgetriebes. Bei Geradeausfahrt stehen die Ausgleichkegelräder still und übertragen die Antriebskraft mit gleicher Drehzahl auf die Achswellenräder. Bei Kurvenfahrt drehen sie sich um die eigene Achse, kompensieren den Drehzahlunterschied und wälzen sich auf den Achswellenrädern ab.

differential pinion spider [transmission]
also: spider

croisillon m de différentiel, axe m porte-satellites
Pièce de différentiel fixée dans le boîtier. C'est sur le croisillon que les satellites sont montés fous.

Differentialkreuz n, Ausgleichkreuz n, Planetenkreuz n
Teil des Differentials, das im Ausgleichgehäuse verankert ist. Auf dem Differentialkreuz sind die Ausgleichkegelräder drehbar gelagert.

differential shaft → half-shaft

differential side shaft → half-shaft

differential side gear [transmission]
(See Ill. 12 p. 159)
also: bevel gear, half-shaft pinion

roue f planétaire, planétaire m, pignon m planétaire
Dans un différentiel, deux planétaires sont en prise constante avec les satellites. Chaque demiarbre de roue est emmanché à cannelures dans le centre d'un planétaire.

Achswellenrad n, Achswellenkegelrad n, Hinterachswellenrad n
Im Ausgleichgetriebe sind zwei Achswellenräder mit den Ausgleichkegelrädern ständig im Eingriff. Jedes Achswellenrad ist mit einer genuteten Halbachse verbunden.

diffuser → venturi

diffusing lens → headlight lens

digital control box [electronics]
also: microcomputer

appareil m de commande électronique
Dans le système Motronic, l'appareil de

commande électronique reçoit par l'intermédiaire de capteurs un grand nombre d'informations relatives au moteur. Sur base de ces données, il détermine le point d'allumage optimum, le temps de fermeture le plus favorable ainsi que le dosage exact du carburant selon les conditions dans lesquelles le moteur tourne.

digitales Steuergerät, Microcomputer m (des Einspritzsystems), Einspritz- und Zündungsrechner m, Zündcomputer m
Im Motronic-System werden dem digitalen Steuergerät eine große Anzahl von Motorinformationen über Sensoren zugeführt. Anhand dieser Daten ermittelt der Microcomputer den Zündzeitpunkt, die Schließzeit sowie die richtige Kraftstoffmenge, die dem momentanen Betriebszustand des Motors Rechnung tragen.

digital engine control [electronics]

système m de commande digitale de moteur
Système de commande numérique de moteur englobant l'injection d'essence et l'allumage.

digitales Motorsteuerungssystem
Digitales Motorsteuerungssystem, das die Benzineinspritzung und die Zündanlage umfaßt.

dim *v* [lights]

passer en code, se mettre en code
Passer des feux de route en code en manipulant un inverseur.

abblenden v
Den Abblendschalter betätigen, um vom Fernlicht auf das Abblendlicht umzuschalten.

dimmed light → low beam

dimmer relay [lights]
also: lower beam relay, headlamp dipper relay

inverseur m code-route
Relais spécial permettant de passer du feu code au feu de route et inversement.

Abblendrelais n, Abblendkipprelais n
Wechsler für Umschaltung von Fernlicht auf Abblendlicht und umgekehrt.

dimmer switch (US) [lights]
also: dip switch (GB), dipper switch (GB), headlamp beam switch

interrupteur m de feux de croisement
Interrupteur monté sur la colonne de direction qui sert à commuter le faisceau des phares de la position "croisement" à la position "route" et vice versa.

Abblendschalter m
Ein in der Regel an der Lenksäule angebrachter Schalter, mit dem der Fahrer schnell von Fernlicht auf Abblendlicht umschalten kann und umgekehrt.

dimming filament → dip filament

DIN rating [engine] *(from:* Deutsches Institut für Normung)

mesure f de puissance selon DIN, puissance f DIN
Dans le cas de la mesure selon DIN, tous les dispositifs auxiliaires du moteur se trouvant en état de marche dans la circulation (radiateur, ventilateur, filtre à air et ligne d'échappement) doivent être en place, étant entendu que le carburateur et le point d'allumage soient réglés en vue du fonctionnement du moteur en circulation.

DIN-Leistungsmesssung f, DIN-Messung f, Leistung f nach DIN, DIN-Leistung f

Bei der DIN-Leistungsmessung werden alle Hilfseinrichtungen berücksichtigt, die zu einem serienmäßigen Verbrennungsmotor im betriebsfertigen Zustand gehören wie z.B. Kühlung, Gebläse, Luftfilter und Auspuffanlage, wobei Vergaser und Zündzeitpunkt entsprechend eingestellt sind.

diode housing [electrical system]
also: diode plate

boîtier m de diodes, plateau m porte-diodes, plaquette f de refroidissement
Dans un alternateur triphasé, le plateau porte-diodes contient les six diodes de puissance à couplage en pont destinées à redresser les courants de phase ainsi que les trois diodes de régulation qui elles redressent le courant d'excitation.

Diodengehäuse n, Diodenplatte f, Diodenträger m, Kühlkörper m
In einer Drehstromlichtmaschine enthält das Diodengehäuse sechs in Brückenschaltung zusammengeschaltete Leistungsdioden für die Gleichrichtung der Phasenströme und drei Erregerdioden zum Gleichrichten des Erregerstromes.

diode plate → diode housing

dip beam (GB) → low beam

dip filament [lights] (See Ill. 4 p. 59)
also: dimming filament, anti-glare filament, anti-dazzle filament

filament m de croisement, filament m code
Filament d'une ampoule de phare dont le faisceau lumineux est rabattu vers le sol grâce à un écran, de manière à ne pas éblouir les usagers roulant en sens inverse.

Abblendfaden m, Glühfaden m für Abblendlicht, Abblendleuchtkörper m
Glühdrahtwendel einer Scheinwerferlampe, deren Lichtstrahl mittels eines Abdeckschirms nach unten gerichtet aus dem Scheinwerfer austritt, um eine Blendung des Gegenverkehrs zu verhüten.

dipped beam (GB) → low beam

dipper → crankcase oil dipstick

dipper switch (US) → dimmer switch (US)

dip rod → crankcase oil dipstick

dipstick → crankcase oil dipstick

dip switch (US) → dimmer switch (US)

direct-acting overhead camshaft [engine]

arbre m à cames en tête à attaque directe
Arbre à cames agissant directement sur les soupapes sans l'intermédiaire de culbuteurs ou de doigts de poussée.

direkt wirkende obenliegende Nockenwelle
Nockenwelle, welche die Ventile ohne Zwischenschaltung von Schwing- oder Kipphebeln unmittelbar betätigt.

direct braking [brakes]

freinage m direct
Dans une installation de freins à air comprimé, le conducteur se sert d'un robinet de commande pour envoyer l'air fourni par le compresseur directement dans les cylindres de frein.

direct current

Direktbremsung f
In einer Druckluftbremsanlage läßt der Fahrer mit Hilfe eines Führerbremsventils die vom Luftpresser erzeugte Druckluft direkt in die Bremszylinder einströmen (Einlaßbremse).

direct current (*abbr.* **d.c., DC**) [electrical system]

courant m continu (abr. c.c.)
Le courant continu nécessaire pour la batterie est obtenu à l'aide de redresseurs qui transforment le courant de secteur.

Gleichstrom m
Der Gleichstrom für die Batterie wird durch Gleichrichter aus dem Wechselstrom aus dem Netz gewonnen.

direct current generator → dc generator

direct-current motor [electrical system]
also: DC motor

moteur m à courant continu
Moteur électrique qui ne peut être alimenté qu'en courant continu. Ce type de moteur est à excitation série, shunt ou compound.

Gleichstrommotor m
Motor, der nur mit Gleichstrom betrieben wird. Ausführung als Reihenschluß-, Nebenschluß- oder Doppelschluß-Motor.

direct drive [transmission]
also: top gear

prise f directe
Dans une boîte de vitesses, le couple moteur peut être transmis directement de l'arbre primaire à l'arbre secondaire. C'est très fréquemment le cas de la quatrième vitesse dans la boîte à quatre vitesses.

direkter Gang, großer Gang
In einem Wechselgetriebe kann das Motordrehmoment unmittelbar von der Antriebswelle auf die Hauptwelle übertragen werden. Meist ist es der Fall beim vierten Gang eines Vierganggetriebes.

direct hardening → carburization quenching

direct injection (*abbr.* **DI**) [injection]

injection f directe
Dans l'injection directe, il n'y a pas de mélange intime air-essence dans un carburateur. Le carburant dosé est pulvérisé sous pression dans les chambres de combustion de chacun des cylindres au moyen d'injecteurs à plusieurs trous.

direkte Einspritzung
Hierbei werden Luft und Kraftstoff nicht in einem Vergaser innig vermischt, sondern der Kraftstoff wird unter Druck in die Verbrennungsräume der jeweiligen Zylinder mittels Mehrlochdüsen eingespritzt.

direct-injection diesel engine (*abbr.* **DI engine**) → solid injection diesel engine

directional stability [vehicle]

stabilité f directionnelle
Capabilité d'une automobile de maintenir son trajectoire même sous l'influence des facteurs comme vent latéral, surface irrégulière ou freinage brusque.

Richtungsstabilität f
Die Fähigkeit eines Fahrzeugs, auch unter Einflüssen wie Seitenwind, Fahrbahn-

unebenheiten oder abruptes Bremsen seine Fahrtrichtung beizubehalten.

direction indicator [lights]
(See Ill. 33 p. 513)
also: direction signal light, turn signal (light) (US), flashing direction indicator, indicator *(for short)*

feu m indicateur de changement de direction, indicateur m de (changement de) direction, feu m clignotant, clignotant m, clignoteur m
Feu clignotant à lumière orange indiquant le changement de direction d'un véhicule. Il est commandé par un relais. La fréquence des impulsions est de 90 signaux par minute avec une tolérance de plus ou moins 30 impulsions. Puissance 21 watts.
Phrase: actionner le clignotant

Fahrtrichtungsanzeiger m, Blinkleuchte f, Blinker m (colloq.)
Signalgeber zur Richtungsanzeige, die durch einen Blinkgeber gesteuert werden. Die Blinkfrequenz beträgt neunzig Impulse mit einer Toleranz von ± 30 je Minute. Leistungsbedarf je 21 W.
Wendung: den Blinker betätigen, blinken

direction signal light → direction indicator

DIS = distributorless ignition system

disc *n* → brake disc

disc brake [brakes] (See Ill. 13 p. 166)

frein m à disque
Frein se présentant sous la forme d'un disque solidaire du moyeu de roue et pris en sandwich entre deux plaquettes de frein goupillées dans un étrier et mues par les pistons d'un système hydraulique.

Si on le compare au frein à tambour, le frein à disque offre des avantages indéniables: bonnes conditions de refroidissement naturel par déplacement d'air, auto-décrassement par force centrifuge, meilleure résistance aux sollicitations thermiques, fading négligeable, rattrapage automatique de jeu et freinage équilibré en douceur. A signaler toutefois comme inconvénients l'absence d'assistance au freinage et l'usure relativement élevée des plaquettes avec des températures pouvant atteindre 700° C. De surcroît la mise en place d'un frein d'immobilisation (frein à main) peut poser des problèmes au constructeur.

Scheibenbremse f, Axialbremse f
Mit der Radnabe verbundene Bremsscheibe, die zwischen zwei zangenartig angeordneten Reibbelägen eingespannt ist. Beim Bremsen werden die im Bremssattel verstifteten Bremsbeläge hydraulisch von beiden Seiten her gegen die Bremsscheibe gedrückt.
Gegenüber der Trommelbremse bietet die Scheibenbremse unbestreitbare Vorteile: gute Kühlung durch Fahrtwind, Selbstreinigung durch Fliehkraft, höhere Wärmebelastbarkeit, geringen Bremsschwund, Selbstnachstellung, weiches und gleichmäßiges Ansprechen der Bremse und einfache Wartung. Nachteilig sind jedoch das Fehlen einer Servowirkung und der verhältnismäßig hohe Belagverschleiß bei wesentlich höheren Temperaturen bis 700° C. Außerdem ist es sehr aufwendig, die Scheibenbremse als Feststellbremse wirken zu lassen.

disc brake caliper → brake caliper

disc brake friction pad → disc brake pad

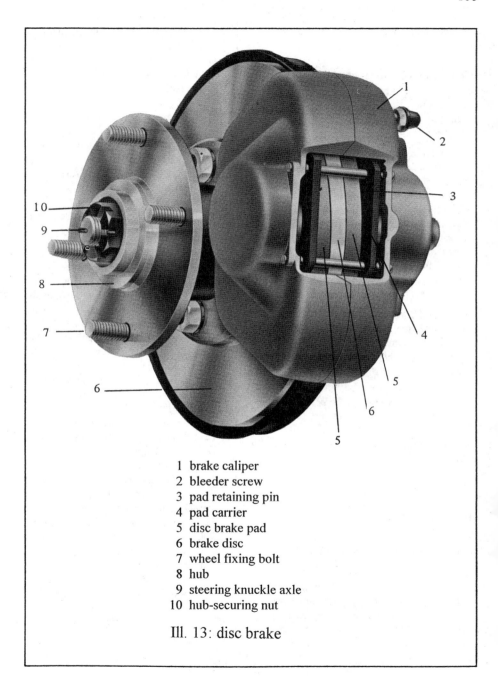

1 brake caliper
2 bleeder screw
3 pad retaining pin
4 pad carrier
5 disc brake pad
6 brake disc
7 wheel fixing bolt
8 hub
9 steering knuckle axle
10 hub-securing nut

Ill. 13: disc brake

disc brake pad [brakes]
(See Ill. 13 p. 166)
also: brake pad, disc pad, disc brake friction pad, friction pad, pad *n (for short)*

plaquette f de frein à disque
Support en acier sur lequel est collé un matériau amianté ou fritté. Les plaquettes de frein sont généralement fixées par goupilles, parfois par ressort, dans un étrier et, lors du freinage, elles sont appliquées par un piston sur un disque solidaire du moyeu. Les plaquettes en matériau tendre permettent d'obtenir un meilleur effet de freinage, mais elles s'usent d'autant plus vite. Lorsque l'épaisseur de la garniture n'est plus que de 2 mm, il y a lieu de remplacer les plaquettes.

Scheibenbremsbelag m, Belag m (für Scheibenbremsen), Bremsklötzchen n
Bremssegment mit aufgeklebtem Reibbelag aus Asbestgewebe oder Sinterwerkstoff. Scheibenbremsbeläge sind im allgemeinen mittels Haltestiften, selten mit einer Feder, im Bremssattel verankert und werden beim Bremsvorgang durch Kolben gegen eine an der Radnabe befestigte Scheibe festgedrückt. Ausführungen aus weichem Material erzielen eine bessere Bremswirkung, werden aber auch schneller abgenützt, Bei einer Restdicke von 2 mm müssen die Scheibenbremsbeläge gegen neue ersetzt werden.

disc brake piston seal [brakes]

joint m d'étanchéité de piston
Joint d'étanchéité d'un piston de frein à disque qui se déforme au freinage. Il agit tel un ressort de rappel.

Gummidichtring m (einer Scheibenbremse)
Dichtung einer Scheibenbremse, die sich beim Bremsen verformt. Sie wirkt ähnlich einer Rückzugfeder.

disc facing → clutch lining

disc filter [lubrication]

filtre m à peigne
Filtre constitué d'un nombre de rondelles fixées sur un axe tournant. L'huile est comprimée entre les interstices séparant ces rondelles vers l'intérieur du filtre. Les impuretés qui ne passent pas sont éliminées à l'aide d'un peigne accouplé à la pédale de débrayage.

Plattenspaltfilter n
Filter, das sich aus einer Anzahl Lamellen zusammensetzt, die auf einer drehbaren Achse angeordnet sind. Das Schmieröl wird zwischen diese Platte in das Filter hineingedrückt, wobei der Schmutz außen zurückgehalten wird. Dieser wird mit Hilfe von Kratzern, die mit dem Kupplungspedal verbunden sind, abgestreift.

disc pad → disc brake pad

disc wheel [wheels]

roue f à disque, roue f à voile plein
Dans la roue à disque, la jante et le voile sont en tôle emboutie, les deux pièces sont réunies par rivets ou plus souvent par soudage.

Scheibenrad n
Beim Scheibenrad sind Felge und Radkörper aus Stahlblech gepreßt. Beide Teile sind miteinander vernietet oder meist verschweißt.

disengaging lever → clutch release lever

dishing *n* [wheels]
also: wheel offset

displacement 168

écuanteur m, déport m de roue
Pour accroître la résistance aux poussées latérales, on donne aux rayons ou au voile d'une roue la forme d'un cône dont le sommet est orienté vers l'intérieur. On dit alors que la roue a de l'écuanteur.

Sturz m der Radschüssel (bzw. der Radspeichen), Einpreßtiefe f
Damit die Räder den Seitenkräften mehr Widerstand leisten, nehmen die Radspeichen bzw. die Radschüssel die Form eines Kegels an, dessen Spitze nach innen gerichtet ist.

displacement [engine] *(in US measured in cubic inches)*
also: piston displacement, cubic capacity, swept volume, stroke volume

cylindrée f, cylindrée f unitaire
Volume engendré par le déplacement du piston dans le cylindre entre le point mort haut et le point mort bas. Il se calcule sur base de l'alésage du cylindre, de la course du piston et il est multiplié par le nombre de cylindres.

Hubraum m
Rauminhalt des Zylinders zwischen oberem und unterem Totpunkt des Kolbens. Er wird aus der Zylinderbohrung und dem Kolbenhub errechnet und durch die Anzahl der Zylinder multipliziert. Angegeben wird der Hubraum in der Regel in Kubikzentimetern, als ungefähre Maßangabe auch in Litern.

displacer unit → Hydrolastic unit

disruptive discharge [electrical system]

décharge f disruptive
Echange d'un charge électrique à travers un isolant.

elektrischer Durchschlag, Durchschlag m
Funkenentladung durch ein Isoliermaterial.

distilled water [equipment, chemistry]
also: top-up water *(for batteries)*

eau f distillée, eau f déminéralisée
Eau pure débarrassée de ses sels minéraux par distillation.

destilliertes Wasser, Nachfüllwasser n
Durch Destillation gereinigtes, d.h. von salzartigen Bestandteilen befreites Wasser.

distributor → ignition distributor

distributor advance weight → flyweight

distributor cam → contact breaker cam

distributor cap [ignition]
(See Ill. 24 p. 288)
also: distributor head, distributor cover

tête f d'allumeur, calotte f de distributeur, chapeau m de distributeur, tête f de delco
Couvercle du distributeur d'allumage où se trouvent noyées des douilles en bronze appelées départs dans lesquelles s'enfichent les câbles isolés aboutissant aux bougies.

Verteilerdeckel m, Verteilerkappe f, Verteilerscheibe f
Haube des Verteilers mit den fest eingelassenen Anschlüssen (Büchsen aus Bronze) für die isolierten Zündkerzenkabel.

distributor cap segment [ignition]
(See Ill. 3 p. 54)

plot m de distributeur, plot m périphérique
Plot noyé dans la masse de la tête de delco. Chaque plot est relié par un câble isolé à l'une des bougies.

Verteilersegment n
Fest eingelassene Elektrode in der Verteilerkappe. Jede Elektrode ist mittels eines isolierten Zündkabels mit einer Kerze verbunden.

distributor clamp bolt [ignition]

vis f de fixation du corps du distributeur
Vis servant à serrer ou desserrer le corps du distributeur notamment lors du calage de l'allumage.

Verteilerklemmschraube f
Schraube zum Los- bzw. Festschrauben des Verteilergehäuses z.B. bei der Zündzeitpunkteinstellung.

distributor contact point → contact breaker point

distributor cover → distributor cap

distributor drive spindle → distributor shaft (GB)

distributor finger → distributor rotor

distributor head → distributor cap

distributor injection pump [injection]
also: distributor-type fuel-injection pump, distributor pump

pompe f d'injection distributrice, pompe f rotative
Pompe d'injection alimentant en combustible la totalité des cylindres du moteur par l'intermédiaire d'un seul élément de pompe.

Verteilereinspritzpumpe f (Abk. VE-Pumpe), Verteilerpumpe f
Einspritzpumpe, die alle Zylinder über ein einziges Pumpenelement mit Kraftstoff versorgt.

distributorless ignition system (*abbr.* **DIS**) → distributorless semiconductor ignition

distributorless semiconductor ignition
also: distributorless ignition system (*abbr.* DIS)

allumage m électronique intégral (abr. AEI), système m AEI
Allumage électronique sans pièces mécaniques telles que le rupteur, l'avance à force centrifuge et le correcteur d'avance à dépression.

vollelektronische Batteriezündung, Computerzündung f
Zündanlage ohne mechanische Bauteile wie z.B. Unterbrecherkontakte, Fliehkraft- und Unterdruckversteller.

distributor low-tension terminal → distributor side terminal

distributor moving contact → breaker lever

distributor point → contact breaker point

distributor pump → distributor injection pump

distributor rotor [ignition]
(See Ill. 24 p. 288)

also: rotor arm, distributor finger

rotor *m* de distributeur, doigt *m* de distribution, disrupteur *m*, bras *m* mobile de distributeur, doigt *m* rotatif, doigt *m* de liaison, distributeur *m* d'étincelles
La tension d'allumage est transmise au rotor fixé sur l'arbre d'allumage par l'intermédiaire d'un charbon (balai frotteur central) dont le contact est assuré par la compression d'un ressort. Le rotor tourne deux fois moins vite que le vilebrequin et son doigt effleure, à faible distance, les plots disposés dans le chapeau du distributeur et dont le nombre est égal à celui des bougies auxquelles ils sont reliés.

Verteilerfinger m, Verteilerläufer m, Verteilerlaufstück n, Zündverteilerrotor m
Die Zündspannung wird dem auf der Verteilerwelle sitzenden Verteilerläufer über eine federbelastete Kontaktkohle (Verteiler-Schleifkohle) zugeführt. Der Verteilerläufer dreht sich halb so schnell wie die Kurbelwelle und streift mit geringem Abstand die in der Verteilerkappe verankerten Elektroden. Die Anzahl dieser Elektroden entspricht derjenigen der Zündkerzen, mit denen sie verbunden sind.

distributor shaft (GB) [ignition]
(See Ill. 24 p. 288)
also: distributor spindle, distributor drive spindle, timing shaft (US)

arbre m de distribution, arbre m d'allumage, arbre m du delco, axe m de distributeur
L'arbre d'allumage, dont la vitesse de rotation est moitié moindre que celle du vilebrequin, distribue le courant de haute tension à chacune des bougies. Le nombre de bossages qu'il possède correspond au nombre de cylindres du moteur.

Verteilerwelle f, Zündverteilerwelle f
In der Zündanlage dreht sich die Verteilerwelle mit halber Motordrehzahl und führt den hochgespannten Strom den einzelnen Zündkerzen zu. Die Anzahl der Nocken einer Verteilerwelle entspricht der Zylinderzahl im Motor.

distributor side terminal [ignition]
(See Ill. 23 p. 285)
also: distributor low-tension terminal

borne f basse tension de l'allumeur, borne f de courant primaire de l'allumeur
Borne d'un allumeur reliée à l'enroulement primaire de la bobine d'allumage.

Verteileranschluß m für Kabel 1
Klemme am Zündverteiler, die mit der Zündspulen-Primärwicklung verbunden ist (herkömmliche Batteriezündanlage).

distributor spindle → distributor shaft (GB)

distributor test bench [maintenance]
also: distributor tester

banc m d'essai pour allumeurs
Banc d'essai permettant un contrôle dynamique de l'allumeur qui tourne au même régime moteur et dont les organes de réglage sont ainsi contrôlés. De surcroit, il est possible d'évaluer la tension d'allumage grâce à l'écartement en mm des électrodes sur lesquelles est branché le faisceau de câbles HT.

Verteilerprüfgerät n, Zündverteilerprüfstand m
Vorrichtung zur dynamischen Kontrolle von Zündverteilern. Der Verteiler wird mit normaler Motordrehzahl unter Betriebsbedingungen angetrieben, und die Verstellorgane werden überprüft. Außer-

dem kann die Zündspannung an den Prüfelektroden gemessen werden, an denen die Zündkabel angeschlossen sind (Abstand in mm).

distributor tester → distributor test bench

distributor-type fuel-injection pump → distributor injection pump

D-Jetronic™ [injection]
also: EFI-D™

D-Jetronic
Système électronique d'injection d'essence. Avec ce dispositif, une quantité de carburant est injectée par intermittence devant les soupapes d'admission, le dosage étant réalisé selon la quantité d'air présente dans la pipe d'aspiration du moteur et évaluée par une sonde de pression.

D-Jetronic
Elektronisch gesteuerte Benzineinspritzung, bei der die Kraftstoffmenge je nach der von einem Druckfühler ermittelten Luftmenge im Ansaugrohr intermittierend vor die Einlaßventile der Motorzylinder gespritzt wird. Sie ist also druckfühlergesteuert und heißt deshalb D-Jetronic.

dog clutch [mechanical engineering]
also: jaw clutch

embrayage m à griffes, embrayage m à crabots
Accouplement débrayable constitué de deux manchons portant des griffes ou crabots et qui viennent en prise par déplacement axial de l'un des deux manchons.

Klauenkupplung f
Schaltkupplung, deren Hälften mit Klauen bestückt sind. Durch axiale Verschiebung der einen Kupplungshälfte werden die Klauen formschlüssig in Eingriff gebracht.

DOHC = dual overhead camshaft

DOHC engine [engine] (DOHC = double overhead camshaft)

moteur m à deux arbres à cames en tête, moteur m à soupapes symétriques
Moteur à deux arbres à cames en tête, l'un pour l'admission, l'autre pour l'échappement.

Dohc-Motor m, Querstromkopfmotor m
Motor mit zwei obenliegenden Nockenwellen, je eine zur Steuerung der Einlaß- und der Auslaßventile.

door contact switch → door light switch

door light switch [electrical system]
also: door contact switch

contact m de feuillure
Contact qui provoque l'éclairage d'un plafonnier, du compartiment moteur ou d'un coffre à bagages lors de l'ouverture d'une porte, du capot moteur ou du couvercle du coffre. Il s'agit fréquemment d'un simple interrupteur à ressort qui se détend à l'ouverture et opère une liaison à la masse.

Türkontaktschalter m, Türlichtschalter m
Schalter, der das Aufleuchten der Innenbeleuchtung beim Öffnen der Türen, der Motor- oder Gepäckraumhaube bewirkt. Meist handelt es sich um einen federnden Druckknopfschalter, der bei der Türöffnung die elektrische Leitung an Masse legt.

door mirror → outside mirror

doped oil [lubricants]

huile f dopée
Huile moteur ou huile de graissage contenant des additifs, p. e. un additif pour améliorer la viscosité.

Additivöl n
Ein Motoren- oder Schmieröl, das Zusatzstoffe (Additive) enthält, zum Beispiel zur Verbesserung der Viskosität.

double-acting shock absorber
[suspension]

amortisseur m à double effet
Amortisseur freinant le bandage et la détente des ressorts.

doppeltwirkender Stoßdämpfer
Stoßdämpfer, der die Schwingungen beim Ein- und Ausfedern des Rades dämpft.

double-acting wheel brake cylinder
→ double-piston wheel brake cylinder

double carburetor → dual carburetor (US)

double cardan (universal) joint
[mechanical engineering]

joint m à double cardan
Le joint à double cardan est constitué de deux joints de cardan réunis permettant de grands débattements angulaires.

Doppelkreuzgelenk n, Doppelgelenk n
Doppelgelenke sind zwei zu einem Gelenk vereinigte Kreuzgelenke, die größere Beugungswinkel zulassen.

double-circuit braking system
[brakes]

also: dual-circuit brake system, two-circuit brake system, split-circuit system, split braking system, split hydraulic circuit

double circuit de freinage, système m de freinage à deux circuits
Système de freinage comportant un maître-cylindre tandem abritant deux pistons. L'effort sur la pédale de frein se transmet sur le piston primaire qui le répercute sur le secondaire. De cette manière, le liquide de frein est refoulé en deux circuits. Si l'un d'entre eux devient inopérant, l'autre continue à fonctionner.

Zweikreisbremsanlage f, Zweikreisbremse f
Bremsanlage mit einem Tandem-Hauptzylinder, in dem sich zwei Kolben befinden. Der erste wird beim Niedertreten des Bremspedals bewegt und übermittelt seine Kraft auf den zweiten. Dadurch wird die Bremsflüssigkeit in zwei Kreisen verdrängt. Fällt die Bremsleitung eines Kreises aus, so bleibt der zweite Kreis weiterhin wirksam.

double-circuit protection valve
[brakes]

valve f de protection de double circuit
Valve séparant les réservoirs de deux circuits de freins à air comprimé. En cas de défaillance de l'un des circuits, elle veille à l'isoler de l'autre pour que ce dernier demeure opérant.

Zweikreisschutzventil n
Schutzventil zur Trennung zweier Druckluftbremskreise. Fällt ein Bremskreis aus, bleibt der andere weiterhin wirksam.

double-contact regulator → two-contact regulator

double-ended valve grinder → valve grinder

double-end open wrench → open-end double-head wrench

double-end socket tee wrench [tools]

clé f en tube droite à six pans
Clé de serrage en acier massif ou en tube d'acier à six pans. Elle peut être manœuvrée au moyen d'une clé plate ou d'une tige d'entraînement.
Calibres courants de 6 x 7 à 32 x 36 mm.

Doppelsteckschlüsssel m
Schraubenschlüssel aus Stahlrohr oder massiv mit Sechskantschaft. Das Werkzeug kann mit Drehstift oder Maulschlüssel betätigt werden.
Handelsübliche Größen von 6 x 7 bis zu 32 x 36 mm.

double-filament bulb → bilux bulb ™

double-filament incandescent lamp → bilux bulb ™

double-head box wrench [tools]
also: double-head ring wrench

clé f polygonale têtes à douze pans
Clé de serrage se présentant avec deux têtes fréquemment contrecoudées.
Calibres courants de 6 x 7 à 27 x 32 mm.

Doppelringschlüssel m
Schraubenschlüssel oft in beidseitig gekröpfter Ausführung. Handelsüblich in Größen von 6 x 7 bis zu 27 x 32 mm.

double-head ring wrench → double-head box wrench

double-lever contact breaker → two-system contact breaker

double offset screwdriver [tools]

tournevis m coudé
Tournevis dont les extrémités sont plates ou dont l'une est plate, l'autre cruciforme.

Winkelschraubendreher m, Winkelschraubenzieher m
Schraubendreher mit versetzten Flachschlitzklingen oder mit einer Flachschlitzklinge und einer Kreuzschlitzklinge.

double-piston wheel brake cylinder [brakes]
also: double-acting wheel brake cylinder

cylindre m de frein à double effet
Cylindre de roue comportant deux pistons qui se déplacent lors du freinage.

doppeltwirkender Rad(brems)zylinder, beidseitig wirkender Rad(brems)zylinder
Radbremszylinder mit zwei Kolben, die sich beim Bremsvorgang verschieben.

double-plate (dry) clutch [clutch]

embrayage m bidisque (à sec)
Dans certain véhicules utilitaires dans lesquels il y a transmission de couples assez élevés, les surfaces de friction de l'embrayage sont doublées par l'emploi de deux disques d'embrayage.

Zweischeiben(trocken)kupplung f
Bei einigen Nutzfahrzeugen wird zur Übertragung höherer Drehmomente die Kupplungsreibfläche durch den Einsatz zweier Mitnehmerscheiben verdoppelt.

double-pole glow plug [diesel engine]

bougie f de préchauffage bipolaire
Les bougies bipolaires d'un moteur diesel sont des bougies à incandescence branchées en série dans leur circuit.

zweipolige Drahtglühkerze
Zweipolige Glühkerzen werden in der Glühanlage eines Dieselmotors in Reihe geschaltet.

double-reduction (rear) axle [transmission]

pont-arrière m à double démultiplication
Dans certains véhicules gros porteurs, le rapport de démultiplication du pont arrière devant être très bas, on intercale un train démultiplicateur entre le pignon d'attaque et la couronne de différentiel.

doppelt untersetzte (Hinter-)Achse, Hinterachse f mit doppelter Untersetzung
Bei einigen Schwerfahrzeugen muß das Untersetzungsverhältnis der Hinterachse sehr klein sein. Deshalb wird zwischen Triebling und Tellerrad ein Untersetzungsgetriebe eingebaut.

double roller chain [mechanical engineering]

chaîne f duplex
Chaîne de distribution à deux rangées de maillons.

Duplexkette f, Zweifachrollenkette f
Steuerkette mit zwei Rollenreihen.

double-slider coupling
→ Oldham coupling

double-starting relay [electrical system]

relais m de couplage des démarreurs
Relais qui commande deux démarreurs fonctionnant en parallèle. Dès que le second démarreur engrène après le premier, son contact mobile attaque le relais de couplage, en sorte que les deux démarreurs soient lancés ensemble.

Doppelstartrelais n, Startdoppelrelais n
Relais, das zwei parallel arbeitende Starter schaltet. Nach dem Einspuren des zweiten Starters steuert dessen Kontaktbrücke das Startdoppelrelais an, so daß beide Starter zusammen Hauptstrom bekommen.

double wishbone suspension → trapezoid-arm type suspension

doughnut joint [mechanical engineering]
also: rubber doughnut joint

joint m à bloc de caoutchouc
Joint ne requérant aucun entretien et constitué d'un bloc de caoutchouc pris en sandwich entre deux flasques triangulaires, qui forment les extrémités de deux arbres.

Trockengelenk n
Wartungsfreies Gelenk bestehend aus meist dreiarmigen Gabelstücken, die durch einen Gummikörper miteinander verbunden sind.

doughnut tire (US) → balloon tire

down-draft carburetor (US) [carburetor]
also: down-draught carburettor (GB), inverted-type carburetor (US)

carburateur m inversé, carburateur m à tirage par en bas
Dans ce type de carburateur, les gaz sont aspirés de haut en bas dans les cylindres et non pas de bas en haut ou horizontalement comme dans les carburateurs verticaux ou horizontaux. Le carburateur inversé se trouve dès lors fixé au-dessus de

la tubulure d'admission des gaz. Grâce à cette disposition, l'aspiration des gaz dans le sens de la gravité est facilitée par le poids du mélange air-essence.

Fallstromvergaser m
Bei dieser Bauart wird das Gemisch von oben nach unten in die Zylinder angesaugt und nicht umgekehrt oder waagerecht wie beim Steigstrom- bzw. Flachstromvergaser. Aus diesem Grund steht der Fallstromvergaser über dem Saugrohr, und dank dieser Anordnung wird das Kraftstoff-Luft-Gemisch durch die eigene Schwerkraft leichter angesaugt.

down-draught carburettor (GB)
→ down-draft carburetor (US)

downpipe [exhaust system]
also: header pipe, head pipe, front pipe

premier tube de la tuyauterie d'échappement

Flammrohr n
Das vorderste Auspuffrohr, d.h. das Rohr, das unmittelbar an den Auspuffkrümmer anschließt.

downstroke [engine] (See Ill. 18 p. 231)
also: downward stroke, downward motion

course f descendante
Mouvement d'un piston du point mort haut vers le point mort bas.

Abwärtshub m, Abwärtsbewegung f, Abwärtsgang m, Niedergang m
Kolbenbewegung vom oberen zum unteren Totpunkt.

downward motion → downstroke

downward stroke → downstroke

drag n → air resistance

drag bar → tow bar

drag coefficient (*abbr.* **Cx**) [vehicle construction]

coefficient m de pénétration dans l'air (abr. Cx), coefficient m de traînée (aérodynamique), coefficient m de résistance longitudinale, Cx m
Coefficient déterminé sur des maquettes en soufflerie ainsi que sur des prototypes selon divers procédés. Sa valeur dépend du profil et du carénage du véhicule.

Luftwiderstandszahl f, Luftwiderstandsbeiwert m, Cw-Wert m
Zahl, die bei Versuchen von Modellen in einem Windkanal bzw. von Prototypen nach verschiedenen Verfahren zur Bestimmung der aerodynamischen Eigenschaften ermittelt wird. Sie ist von der Formgebung der Karosserie abhängig.

drainage channel [tires]

canal m de drainage
Canal sculpté dans la bande de roulement d'un pneumatique et permettant l'évacuation de l'eau sur chaussée mouillée.

Profilrinne f
Einschnitt rund um die Lauffläche des Reifens, durch den das Wasser auf nasser Fahrbahn ausweichen kann.

drained oil → used oil

drain plug → oil sump plug

drain plug (GB) → purge cock (US)

drain tap [cooling system]
(See Ill. 28 p. 406)

drain tap

robinet m de vidange
Robinet situé au niveau de la boîte à eau inférieure d'un radiateur et grâce auquel on peut vidanger le circuit de refroidissement.

Ablaßhahn m
Hahn am unteren Wasserkasten eines Kühlers zum Entleeren des gesamten Kühlsystems.

drain tap (GB) → purge cock (US)

drift *n* [vehicle]

dérive f
Déviation de la trajectoire d'un véhicule principalement imputable à un vent oblique.

Abdrift f, Abtrift f, Drift f
Abweichung eines Fahrzeugs vom gewünschten Kurs meist durch Seitenwind.

drift punch [tools]

chasse-pointe(s)
Poinçon utilisé notamment pour faire sauter les rivets.

Durchschlag m
Werkzeug, das u.a. zum Austreiben von Nieten dient.

drive beam → main beam

drive belt [mechanical engineering]
(*see also:* V belt)

courroie f d'entraînement, courroie f de commande
Courroie pour la commande des divers dispositifs, comme p.e. un ventilateur.

Antriebsriemen m
Ein Riemen, der Geräte - wie z.B. einen Lüfter - antreibt.

drive belt → toothed belt

drive line [transmission]
(See Ill. 14 p. 177)
also: drive train (US), transmission system

transmission f, système m de transmission
On entend par transmission tous les organes qui se situent entre la boîte de vitesses et les roues motrices. Elle comprend dès lors l'embrayage, la boîte de vitesses, le différentiel et, selon le cas, l'arbre à cardan longitudinal avec le pont arrière ou les arbres à cardans transversaux pour la traction avant.

Kraftübertragung f
Die Kraftübertragung umfaßt alle Teile, die das Motordrehmoment auf die Antriebsräder übertragen. Diese sind die Kupplung, das Getriebe, das Differential und, je nach der Antriebsart, die Gelenkwelle mit der Hinterachsbrücke oder die Seitenwellen mit Kardangelenken.

driven disc → driven plate assembly

driven member → turbine

driven plate lining → clutch lining

driven plate assembly [clutch]
(See Ill. 11 p. 154)
also: clutch center plate, centre plate (GB), center plate (US), clutch plate, clutch disc, clutch driven plate, friction plate, driven disc

plateau m de friction, friction f, disque m garni, disque m mobile
Disque en tôle d'acier revêtu d'une garniture de friction rivetée sur chacune de ses faces et pouvant coulisser sur le bout cannelé de l'arbre primaire de changement de

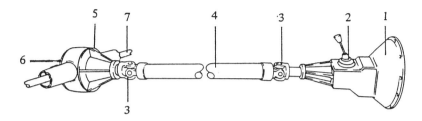

1 bell housing
2 gearbox (GB), manual transmission (US)
3 cardan joint
4 propeller shaft (GB), transmission shaft (US)
5 rear axle drive
6 rear axle cover
7 rear axle shaft

Ill. 14: drive line

(driven plate assembly continued)
vitesses, ces deux pièces constituant ensemble la partie menée de l'embrayage.

Kupplungsscheibe f, Mitnehmerscheibe f, Belagscheibe f
Scheibe aus Stahlblech mit beidseitigen Kupplungsbelägen, die auf dem genuteten Kupplungswellenende längsverschiebbar angeordnet ist. Mitnehmerscheibe und Kupplungswelle gehören zum angetriebenen Teil der Kupplung.

driven torus → turbine

drive pinion [transmission]
(See Ill. 12 p. 159)

pignon m d'attaque du différentiel
Dans un renvoi d'angle, le pignon d'attaque se trouve à l'extrémité de l'arbre à cardan et engrène la grande couronne.

Triebling m, Antriebsritzel n, Antriebskegelrad n, Kegelrad n
In einem Winkelgetriebe greift das am Ende der Kardanwelle sitzende Antriebskregelrad am Tellerrad an.

drive pinion [electrical system]
(See Ill. 30 p. 445)
also: starter pinion

pignon m de démarreur, pignon m de lanceur, pignon m de lancement, pignon m d'attaque du démarreur, pignon m de commande
Pignon se trouvant sur l'arbre d'un démarreur. Dans le démarreur à solénoïde il est logé dans le nez du démarreur. Au moment du démarrage, le pignon de lancement s'avance jusqu'à ce qu'il engrène la couronne dentée du volant-moteur et il est désengagé dès que le moteur est lancé. Il faut obtenir un couple important pour faire démarrer le moteur et, à cet effet, le rapport de démultiplication entre le pignon et la couronne dentée du volant-moteur est de l'ordre de 15:1.

Anlasserritzel n, Starterritzel n
Ritzel, das auf der Welle eines Anlassers sitzt. In den Schubschraubtriebstartern ist es vom Antriebslager verdeckt. Beim Starten wird es vorgeschoben, bis es in die Schwungradverzahnung einspurt. Beim Anspringen des Motors wird das Anlasserritzel in seine Ruhelage zurückgeführt. Zur Erzielung des Losbrechmoments ist ein hohes Untersetzungsverhältnis zwischen Starterritzel und Schwungrad (ca. 15:1) erforderlich.

driver's brake valve [brakes]

robinet m de commande
Robinet qui commande l'admission de l'air comprimé aux cylindres de frein. Il règle la pression de freinage proportionnellement à l'effort exercé par le conducteur sur la pédale.

Fahrerbremsventil n, Führerbremsventil n
Ventil zur Steuerung der Luftzufuhr zu den Bremszylindern. Es regelt den Bremsdruck in den Bremszylindern im Verhältnis zur aufgebrachten Pedalkraft des Fahrers.

driver amplifier → driver stage

driver assistance [electronics]

aide f à la conduite
Nouvelles technologies pour rendre la conduite d'une voiture plus simple et plus sûre, p.e. l'utilisation de radar anticollision ou des régulateurs d'intervalles.

Fahrerassistenz f
Elektronische Einrichtungen, die das

Führen eines Kraftfahrzeugs vereinfachen und sicherer machen, z.B. Antikollisionsradar oder Intervallschalter.

driver stage [electronics]
also: driver amplifier

étage m excitateur
Etage du bloc électronique d'un système d'allumage transistorisé sans rupteur. C'est à ce niveau que les impulsions rectangulaires de courant sont amplifiées avant de commander le transistor final.

Treiberstufe f, Treiber m, Steuerstromverstärker m
Stufe im Schaltgerät einer kontaktlosen Transistorzündanlage, in der die rechteckigen Stromimpulse verstärkt werden, ehe sie den Endtransistor ansteuern.

drive shaft → half-shaft

drive shaft (US) → propeller shaft (GB)

drive shaft housing → propeller shaft housing

drive shaft tube → propeller shaft housing

drive shaft tunnel → propeller shaft tunnel

drive train (US) → drive line

drive-up ramp → access ramp

drive wheel [transmission]

roue f motrice, roue f tractrice, roue f de commande, roue f couplée
Roue du véhicule sur laquelle s'exerce la force motrice.

Antriebsrad n
Rad, auf welches die Motorleistung übertragen wird.

driving axle [transmission]
also: power axle

essieu m moteur
Essieu aux extrémités duquel sont fixées les roues motrices.

Antriebsachse f
Achse, an der die Antriebsräder eines Fahrzeugs angebracht sind.

driving beam → main beam

driving computer → econometer

driving gear [transmission]

pignon m menant
Pignon emmanché sur un arbre d'entraînement et qui transmet le couple de l'arbre au pignon mené.

Antriebsritzel n
Ritzel einer Antriebswelle, welches das Drehmoment auf ein Gegenrad überträgt.

driving member → impeller

driving mirror [equipment]

rétroviseur m (intérieur)
Un miroir monté à l'intérieur d'une automobile (p.e. entre le pare-brise et le plafond) qui permet au conducteur d'observer le trafic en arrière.

Innenrückspiegel m, Innenspiegel m
Ein im Innern eines Automobils (z.B. zwischen Windschutzscheibe und Dach) montierter Spiegel, der es dem Fahrer ermöglicht, den Verkehr hinter ihm zu beobachten.

driving pulley → crankshaft pulley

driving torus → impeller

drop arm (GB) [steering]
(See Ill. 32 p. 493)
also: steering drop arm, Pitman arm (US), steering gear arm, drop steering lever

bielle f pendante, levier m de direction, levier m de commande de direction
Pièce de la direction s'articulant entre le boîtier et la bielle de direction.

Lenkstockhebel m
Lenkungsteil zwischen Lenkgetriebe und Lenkstange.

drop forging [materials]

estampage m, matriçage m
Façonnage d'un lopin de métal au moyen de matrices. L'estampage est exécuté à froid, alors que le matriçage s'effectue à chaud.

Gesenkschmieden n
Verarbeitung eines leicht formbaren Rohlings in Hohlformen (Gesenken).

drop frame trailer → low-bed trailer

drophead (GB) → convertible *n*

drop steering lever → drop arm (GB)

drop valve [engine] (See Ill. 28 p. 406)
also: inverted valve, overhead valve *(abbr.* OHV, ohv), valve-in-head

soupape f en tête
Dans les moteurs dits à soupapes en tête, ces dernières sont fixées dans la culasse et s'ouvrent de haut en bas et non pas inversement comme c'est le cas dans les moteurs à soupapes latérales.

hängendes Ventil, obengesteuertes Ventil
Die Ventile sind im Zylinderkopf angeordnet und öffnen von oben nach unten im Gegensatz zu den seitengesteuerten Motoren.

drum *n* → brake drum

drum brake [brakes] (See Ill. 15 p. 181)
also: internal expanding shoe brake, internal shoe brake, expander shoe brake, inside shoe brake

frein m à tambour (et segments intérieurs), frein m à segments
Le frein à segments est constitué d'un tambour en acier embouti solidaire du moyeu de la roue et de deux segments sur lesquels est fixée une semelle en matière amiantée et maintenue par collage ou par rivets à tête noyée. Les segments sont tenus écartés par des ressorts de rappel et, lors du freinage, ils sont appliqués sur le tambour.

Trommelbremse f, Innenbackenbremse f, Innenbackentrommelbremse f
Die Backenbremse besteht hauptsächlich aus einer Stahltrommel, die mit der Radnabe verbunden ist, und aus zwei Bremsbacken, auf welchen der Bremsbelag aufgeklebt bzw. aufgenietet ist. Die Backen werden mittels einer Rückzugsfeder von der Trommel ferngehalten und beim Bremsvorgang entgegen der Kraft dieser Feder auf die Trommel gedrückt.

drum brake adjustment → brake adjustment

dry air cleaner → dry-type air cleaner

dry-charged battery [electrical system]
also: unfilled charged battery

batterie f chargée à sec
Batterie pré-chargée dans laquelle il n'y a plus qu'à verser l'acide avant de la mettre en place dans le véhicule.

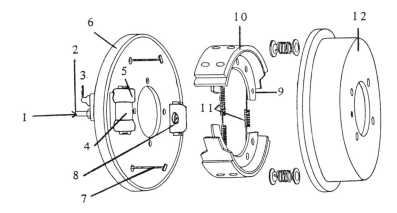

1 brake fluid
2 brake line - brake hose
3 bleeder screw
4 wheel cylinder
5 dust seal
6 brake anchor plate
7 shoe steady pin
8 brake adjustment
9 brake shoe
10 brake lining
11 shoe return spring
12 brake drum

Ill. 15: drum brake, a simplex brake

dry clutch

(dry-charged battery continued)
trocken vorgeladene Batterie, ungefüllte geladene Batterie, vorformierte Batterie
Fertig geladene Batterie, die nur noch mit Säure gefüllt wird, bevor sie in das Fahrzeug eingebaut wird.

dry clutch [clutch] (*opp.:* wet clutch)

embrayage m à sec
Embrayage qui fonctionne, contrairement à un embrayage humide, en un environnement sec, c.à.d. pas en bain d'huile.

Trockenkupplung f
Eine Kupplung, die im Gegensatz zu einer Naßkupplung nicht in einem Ölbad läuft.

dry cylinder sleeve (US) → dry cylinder liner (GB)

dry cylinder liner (GB) [engine]
also: dry cylinder sleeve (US), dry liner (GB), dry sleeve (US)

chemise f sèche
Une chemise de cylindre qui n'est pas en contact avec l'eau de refroidissement du moteur.

trockene Zylinderlaufbuchse, trockene Laufbuchse
Zylinderlaufbuchse, die nicht in Kontakt mit dem Kühlwasser des Motors ist.

dry liner (GB) → dry cylinder liner

dry sleeve (US) → dry cylinder liner (GB)

dry sump lubrication [lubrication]

lubrification f à carter sec
Mode de graissage sous pression grâce auquel l'huile moteur ne séjourne pas dans le carter, mais bien dans un réservoir, d'où une pompe de pression la refoule vers les points de graissage. L'huile en refluant est recueillie dans le carter, d'où une pompe de vidange la réachemine vers le réservoir.

Trockensumpfschmierung f
Art der Druckumlaufschmierung, bei der der Ölvorrat nicht im Ölsumpf aufbewahrt, sondern aus einem Ölbehälter an die Schmierstellen durch eine Druckpumpe gefördert wird. Nach dem Sammeln des rücklaufenden Öls im Ölsumpf wird es in den Ölbehälter durch eine Saugpumpe zurückgefördert.

dry-type air filter → dry-type air cleaner

dry-type air cleaner [engine]
also: dry air cleaner, dry-type air filter

filtre m à air sec
Type de filtre avec cartouche en papier en accordéon, en feutre, en coton ou en fibre synthétique retenant les poussières au passage.

Trockenluftfilter m
Luftfilter mit Filtereinsatz aus gefaltetem Papier, Filz, Baumwollgewebe oder Kunststoffasern, an dem sich der Staub absetzt.

dual air pressure gage (US) *or* **gauge** (GB) [instruments]
also: twin pressure gage (US) *or* gauge (GB)

manomètre m double
Manomètre à double lecture indiquant la pression de freinage dans les cylindres de frein et celle qui règne dans les réservoirs d'une installation de freins à air comprimé.

Doppeldruckmesser m
Manometer mit einem Zeiger für den Bremsdruck in den Bremszylindern und einem weiteren Zeiger für den Vorratsdruck einer Druckluftbremsanlage.

dual-barrel carburetor → dual carburetor (US)

dual-bed catalytic converter [emission control]

pot m catalytique à double lit
Montage en série d'un catalyseur d'oxydation et d'un catalyseur de réduction des NO_x.

Zweibettkatalysator m
Hintereinanderschaltung eines Oxidationskatalysators und eines Katalysators zur Reduzierung des NO_x-Ausstoßes.

dual camshaft → twin camshaft

dual carburetor (US) *or* **carburettor** (GB) [carburetor]
also: double carburetor, duplex carburetor, dual-barrel carburetor, twin carburetor *(abbr.* TC), twin-choke carburetor

carburateur m double corps
Carburateur comportant deux chambres de mélange parallèles et deux papillons des gaz. Les carburateurs double corps sont soit à ouverture simultanée, soit à ouverture différentielle.

Doppelvergaser m, Doppelkörpervergaser m
Vergaser mit doppelten Mischkammern bzw. mit doppelten Drosselklappen. Doppelvergaser sind entweder Doppel-Fallstromvergaser oder Registervergaser (Stufenvergaser).

dual-circuit brake system → double-circuit braking system

dual-headlamp system [lights]

système m à quatre phares
Système recourant à des projecteurs spéciaux pour feux de croisement et de route. Les deux phares extérieurs émettent un faisceau longue portée et s'éteignent lorsque le faisceau de croisement des phares centraux s'allume.

Vierscheinwerfersystem n
System, bei dem Spezialscheinwerfer für Abblendlicht und Fernlicht vorhanden sind. Die außenliegenden Scheinwerfer strahlen das Fernlicht ab und erlöschen bei Einschaltung der mittleren Scheinwerfer für das Abblendlicht.

dual-line diagonally split system
→ diagonal twin circuit braking system

dual-line master cylinder → dual master cylinder

dual master cylinder [brakes]
also: dual-line master cylinder

maître-cylindre m tandem
Cylindre dans lequel deux pistons sont alignés l'un derrière l'autre, chacun d'eux étant branché sur un circuit de freins.

Tandemhaupt(brems)zylinder m
Zylinder mit zwei hintereinander liegenden Kolben, die je einen Bremskreis versorgen.

dual overhead camshaft
(abbr. **DOHC)** [engine]
also: twin overhead camshaft *(abbr.* t.o.c.)

deux arbres à cames en tête, double arbre à cames en tête
Construction avec deux arbres à cames en tête par rangée de cylindres, une pour les

soupapes d'admission, l'autre pour les soupapes d'échappement.

doppelte obenliegende Nockenwelle
Eine Anordnung, bei der pro Zylinderreihe zwei obenliegende Nockenwellen vorhanden sind.

dual-purpose vehicle (GB) → station wagon (US)

dual-throat downdraft carburetor [carburetor]

carburateur m double corps à ouverture simultanée
Carburateur double corps n'ayant qu'une seule cuve à niveau constant, mais deux buses, deux papillons des gaz s'ouvrant en même temps et deux systèmes de gicleurs débouchant dans deux tubulures d'aspiration séparées.

Doppelfallstromvergaser m
Doppelvergaser mit einer einzigen Schwimmerkammer, zwei Mischkammern, zwei Drosselklappen, die sich gleichzeitig öffnen, und zwei Düsensystemen, die in zwei separate Ansaugleitungen münden.

ductile iron → spheroidal iron

dumper → dump truck

dumper [vehicle]
also: tipper (GB)

benne f basculante
Equipement spécial des camions pour le transport de matières en vrac. La benne peut être basculée vers l'arrière ou vers l'un des côtés du véhicule.

kippbare Ladepritsche
Eine besondere Vorrichtung an Lastfahrzeugen Beförderung von Schüttgut. Die Ladepritsche kann nach hinten oder zur Seite gekippt werden.

dump truck [vehicle]
also: dumper *n*, tipping lorry (GB), tipper (GB)

benne f basculante
Type de camion équipé d'une benne basculante pour le transport de matières en vrac. Le mouvement de la benne vers l'arrière ou vers l'un des côtés du véhicule est assuré par une manivelle, un vérin hydraulique ou un vérin pneumatique.

Kipper m
Bauart von Lastfahrzeug mit kippbarer Ladepritsche. Zur Entladung von Schüttgut wird die Ladefläche mit einer Drehkurbel, einem Hydraulikzylinder oder einem Druckluftzylinder nach hinten oder der Seite gekippt.

duplex brake [brakes]
also: two-leading-shoe brake

frein m duplex, frein m à deux mâchoires comprimées, frein m à deux cylindres de roue
Frein dans lequel un cylindre récepteur n'agissant que dans le sens de rotation est affecté à chaque segment. De cette manière les deux segments sont primaires, mais l'efficacité en marche arrière est très faible.

Duplexbremse f
Bremse, in welcher ein Radzylinder, der nur in der Drehrichtung wirkt, jeder Bremsbacke zugeordnet ist. Daraus ergeben sich zwei auflaufende Bremsbacken, jedoch ist die Bremswirkung beim Rückwärtsfahren ziemlich gering.

duplex carburetor → dual carburetor (US)

duralumin [materials]

Duralumin m
Alliage de corroyage aluminium-cuivre-magnésium.

Duralumin n
Aluminium-Kupfer-Magnesium-Knetlegierung.

duroplastic [materials]

résine f thermodurcissable
Résine qui se durcit définitivement après cuisson et qui est utilisée notamment comme agent filmogène dans les peintures synthétiques.

Duroplast n
Durch Temperaturerhöhung härtbarer Kunststoff, der u.a. als Filmbildner in Kunstharzlacken Verwendung findet.

dust cap → dust seal

dust seal [brakes]
(See Ill. 5 p. 70, Ill. 15 p. 181)
also: dust cap

cache-poussière m
Capuchon élastique coiffant une extrémité d'un cylindre récepteur de frein.

Staubkappe f
Radbremszylinder werden an beiden Enden mit einer Staubkappe geschützt.

dwell angle [ignition]
also: cam angle

angle m de came, angle m de fermeture
Durant une partie de la rotation de l'arbre d'allumage, les contacts restent fermés. Cette période de fermeture correspond à l'angle de came qui s'exprime soit en degrés, soit en dwells (%). Dans l'allumage transistorisé sans rupteur il s'agit de l'angle de rotation de l'impulseur magnétique en croix durant le temps de fermeture du circuit primaire par le transistor de commutation.
Lors de la fermeture des vis platinées, un courant traverse tout le circuit primaire depuis la borne positive de la batterie à accumulateurs jusqu'à la masse, auquel cas un champ magnétique prend naissance dans l'enroulement primaire de la bobine d'allumage. L'efficacité de l'induction dans le circuit secondaire ne dépend pas seulement de l'interruption brusque et ainsi de la chute rapide du flux magnétique, mais encore du temps de fermeture des vis platinées au cours duquel le champ primaire pourra se développer complètement avant d'être interrompu.
Dans un moteur à quatre cylindres, le cycle de came est de 360:4 = 90° et l'angle de came équivaut à 50—60% de cette valeur. L'angle de came et l'angle d'ouverture constituent ensemble le cycle de came.

Schließwinkel m, Unterbrecherschließwinkel m
Während einer Umdrehung der Unterbrechernockenwelle bleiben die Unterbrecherkontakte eine Zeitlang geschlossen. Der entsprechende Schließwinkel wird entweder in Grad oder in Prozent angegeben. Bei einer kontaktlosen Transistorzündanlage handelt es sich um den Drehwinkel des Rotors, während der Primärstrom vom Schalttransistor eingeschaltet ist.
Beim Schließen des Zündunterbrechers fließt nämlich ein Strom vom Pluspol der Batterie über die ganze Primärleitung bis zur Masse, wobei in der Primärwicklung der Zündspule ein Magnetfeld aufgebaut wird. Eine wirksame Induktion im Sekundärstromkreis ist nicht nur von dem

schlagartigen Abbau dieses Magnetfeldes abhängig, sondern auch von der Schließzeit der Unterbrecherkontakte, in der sich das Magnetfeld in voller Stärke aufbaut. Bei einem Vierzylindermotor beträgt der Zündwinkel 360:4 = 90° und der Schließwinkel 50 bis 60% dieses Gradwinkels. Schließ- und Öffnungswinkel ergeben zusammen den Zündwinkel (Gesamtwinkel, Zündabstand, Unterbrechungsabstand).

dwell-angle control [electronics]

commande f de l'angle de fermeture, commande f électronique de l'angle de came
Etage du bloc électronique d'un système d'allumage transistorisé sans rupteur qui fait varier la durée de l'impulsion selon le régime moteur.

Schließwinkelsteuerung f
Funktionsstufe im Schaltgerät einer kontaktlosen Transistorzündanlage, welche die Impulsdauer je nach der Motordrehzahl verändert.

dwell-angle meter → dwell-angle tester

dwell-angle tester [electronics]
also: dwell-angle meter, dwell meter, dwell-tach tester, tach-dwell meter

contrôleur m d'angle de came, dwellmètre m
Appareil servant à tester l'angle de came et à régler l'écartement des contacts lorsque l'allumeur est en fonctionnement. La plupart des dwellmètres sont équipés d'un compte-tours.

Schließwinkelmeßgerät n, Schließwinkel-Drehzahltester m, Drehzahl-Schließwinkelmeßgerät n

Gerät zum Testen des Schließwinkels bzw. zur Einstellung des Unterbrechers bei laufendem Verteiler. Schließwinkelmeßgeräte sind meist mit einem Drehzahlmesser zu einem Gerät kombiniert.

dwell meter → dwell-angle tester

dwell period [ignition]

temps m de fermeture
Période s'écoulant lors de la fermeture des grains de contact du rupteur.

Schließzeit f
Zeitintervall, in dem die Unterbrecherkontakte geschlossen sind.

dwell section [ignition]

phase f de fermeture
Lors du contrôle d'un allumage à l'oscilloscope, la phase de fermeture d'un oscillogramme délimite la fermeture des grains de contact du rupteur.

Schließabschnitt m
Abschnitt in einem Oszillogramm, der den Zeitraum umfaßt, in dem die Zündunterbrecherkontakte geschlossen sind.

dwell-tach tester → dwell-angle tester

dynamic balancing [wheels]
(*opp.:* static balancing)

équilibrage m dynamique
L'équilibrage dynamique corrige une répartition inégale de poids des deux côtés du plan de rotation de la roue, ce qui provoque des vibrations.

dynamisches Auswuchten
Beim dynamischen Auswuchten wird - zusätzlich zu dem beim statischen Auswuchten angebrachten Gegenge-

wicht - auch seitliches Taumeln des Rads ausgeglichen.

dynamic brake analyzer → roller tester

dynamic timing → stroboscopic timing

dynamic unbalance [wheels]
also: dynamic wheel unbalance

déséquilibre m dynamique (des roues)
Il y a deux types de déséquilibre: le déséquilibre statique et le déséquilibre dynamique. Une roue tournant librement sur un axe horizontal doit pouvoir s'immobiliser en n'importe quelle position. Si elle finit par osciller tel un pendule pour s'immobiliser ensuite toujours dans la même position, il y a déséquilibre statique, qui, en marche, fait bondir la roue dans le sens vertical. On remédiera à ce déséquilibre par la mise en place d'un contre-poids au point opposé au balourd constaté. Par contre le déséquilibre dynamique provient d'une répartition inégale du poids des deux côtés du plan de rotation de la roue, ce qui provoque des vibrations. Dans ce cas un réglage sur une équilibreuse s'impose.

dynamische Unwucht
Es gibt zwei Arten Unwucht: die statische und die dynamische. Ein auf einer waagerechten Achse freilaufendes Rad muß in jeder Stellung stehenbleiben. Pendelt es sich langsam aus und bleibt dann immer an der gleichen Stelle stehen, so hat es eine statische Unwucht, die während der Fahrt zum Springen in die Höhe führt. Zum Ausgleich wird ein entsprechendes Gegengewicht gerade gegenüber der betreffenden Stelle angebracht. Die dynamische Unwucht dagegen steht schräg zur Drehebene des Rades, die Gewichtsverteilung ist seitlich oben und unten irgendwie gestört und verursacht das Taumeln des Rades. In diesem Fall ist das Auswuchten auf einer Radauswuchtmaschine (Auswuchter) erforderlich.

dynamic wheel unbalance → dynamic unbalance

dynamo (GB) → dc generator

dynamometer brake [testing]
also: absorption dynamometer

frein m dynamométrique d'absorption, frein m d'essais
Dispositif conçu pour calculer la puissance produite par un machine ou un moteur. On distingue notamment le frein de Prony ou frein à frottement, le frein hydraulique ou frein de Froude et le frein magnétique.

Bremsdynamometer n, Leistungsbremse f
Meßvorrichtung zur Ermittlung der Leistung eines Motors bzw. einer Kraftmaschine. Es gibt mechanische, hydraulische und elektrische Leistungsbremsen.

E

earth (GB) [electrical system] = ground (US)

ebonite [materials]
also: vulcanite

ébonite f
Matière dure obtenue par traitement du caoutchouc avec une forte proportion de soufre (30—40%). L'ébonite, qui servait notamment à la confection de bacs de batterie et de volants de direction, a été de plus en plus remplacée par les matières synthétiques ou le caoutchouc artificiel.

Ebonit n, Hartgummi m
Gummi, der durch Vulkanisation mit einem hohen Prozentsatz von Schwefel (30—40%) aus Kautschuk hergestellt wird. Hartgummi, der früher zur Herstellung von Batteriekästen und Lenkrädern diente, wurde mehr und mehr durch Kunststoffe und Kunstkautschuk verdrängt.

ebullient cooling [cooling system]

refroidissement m par évaporation
Procédé de refroidissement par évaporation de l'eau dans laquelle baigne le cylindre d'un moteur et qui s'échauffe à son contact. L'eau évaporée cède dès lors sa chaleur à l'air ambiant. Dans ce système il n'y a pas de radiateur, l'eau étant simplement versée autour du cylindre au fur et à mesure.

Verdampfungskühlung f
Kühlverfahren, wobei das den Motorzylinder umspülende Kühlwasser erwärmt wird und verdampft. Somit wird die Wärme an die Umgebungsluft abgegeben. Bei dieser Bauart ist kein Kühler vorhanden, es muß lediglich Kühlwasser nachgefüllt werden.

ECE test [emission control] (*from:* Economic Commission for Europe)

test m CEE
Méthode d'essai appelée également "cycle européen" et mise au point par la Commission Economique pour l'Europe.
Il s'agit d'un essai effectué en cycle urbain sur une distance de 4 km pendant 195 secondes à une vitesse moyenne de 18 km/h. Son but est de fixer les limites des émissions de CO, HC et NOx.

ECE-Test m, Europa-Fahrtest m, Europatest m
Von der europäischen Wirtschaftskommission verwendeter Test im Stadtzyklus auf einer 4 km-Strecke während 195 Sekunden bei einer mittleren Geschwindigkeit von 18 km/h.
Die Abgase dürfen die vorgeschriebenen Gewichtsmengen von CO, HC und NOx nicht überschreiten.

econometer [electronics]
also: driving computer

économètre m, mini-ordinateur m de bord
Mini-ordinateur monté sur le tableau de

bord en position fixe ou pivotante. Il peut informer le conducteur sur la consommation momentanée en litres aux 100 km, la moyenne de consommation en litres aux 100 km pour le parcours accompli, la consommation d'essence en litres depuis le départ, la vitesse moyenne en km/h depuis le départ, le temps de parcours depuis le départ en h/min ainsi que l'heure exacte.

Bordcomputer m
Minicomputer, der am Armaturenbrett fest oder schwenkbar aufgestellt wird. Er gibt u.a. Aufschluß über den Momentanverbrauch in Litern pro 100 km, den Durchschnittsverbrauch in Litern pro 100 km für die gefahrene Strecke, den Benzinverbrauch in Litern seit Fahrtbeginn, die Durchschnittsgeschwindigkeit seit Fahrtbeginn in km/h, die Fahrzeit seit Fahrtbeginn in h/min und die Uhrzeit.

econostat [carburetor]

éconostat m, enrichisseur m de pointe
Dispositif du carburateur servant à enrichir le mélange air-essence lorsque le véhicule roule à très vive allure.

Anreicherungssystem n mit Anreicherungsrohr
Vergasereinrichtung zur Anreicherung des Kraftstoff-Luft-Gemisches bei hoher Fahrgeschwindigkeit.

ECU = electronic control unit

eddy-current brake [brakes]
also: electric retarder

frein m Telma™, ralentisseur m électromagnétique
Des courants de Foucault sont induits dans un disque métallique solidaire de l'arbre de transmission et en rotation entre les deux pôles d'un électro-aimant. Ces courants induits provoquent dès lors le ralentissement du disque en s'opposant à la rotation de l'arbre de transmission.

Wirbelstrombremse f, Telmabremse™ f
Durch die zwei Pole eines Elektromagneten werden in einer rotierenden, auf der Kardanwelle sitzenden Bremsscheibe Wirbelströme induziert, welche die Scheibe abbremsen.

edge-type filter [diesel engine]
(See Ill. 25 p. 352)
also: clearance filter

aiguille-filtre f, filtre-tige m, filtre m à tige cannelée, filtre m de porteinjecteur
Filtre logé dans la tubulure raccord d'un porte-injecteur et permettant une dernière épuration du gas-oil par broyage des impuretés dans des cannelures avant qu'il ne parvienne à l'injecteur.

Stabfilter n, stabförmiges Spaltfilter
Das Stabfilter ist im Druckrohrstutzen eines Düsenhalters untergebracht. Durch dieses letzte Filter werden die noch im Dieselkraftstoff enthaltenen Verunreinigungen durch die Filternuten zermahlen, ehe der Kraftstoff zur Einspritzdüse gelangt.

Edison accumulator → alkaline (storage) battery

EEC = exhaust emission control

EECS = evaporative emissions control system

EFI = electronic fuel injection

EFI-D™ → D-Jetronic

EFI-L™ → L-Jetronic

EGR = exhaust gas recirculation

electrical circuit tester → voltage indicator

electrical dynamometer [testing]

frein m magnétique
Dispositif conçu pour calculer la puissance d'un moteur par freinage de l'arbre moteur, l'effort retardateur étant obtenu par un électro-aimant.

elektrische Leistungsbremse
Meßvorrichtung zur Ermittlung der Leistung eines Motors nach dem Wirbelstromprinzip durch Abbremsen der Antriebswelle. Die Bremsverzögerung erfolgt mit Hilfe eines Elektromagneten.

electrical equipment [electrical system]
also: electrical system

installation f électrique
L'installation électrique d'un automobile comprend l'équipement générateur (batterie, alternateur) et des consommateurs électriques comme démarreur, allumage et illumination.

elektrische Anlage, Elektrik f
Die elektrische Anlage eines Automobils umfaßt Geräte zur Spannungserzeugung (Batterie, Generator) und elektrische Verbraucher wie Anlasser, Zündung und Beleuchtung.

electrically-operated cooling fan
→ electric fan

electrically-powered vehicle → electric vehicle

electrical system → electrical equipment

electrical system in automobiles
→ automotive electrics

electric arc welding [materials]
also: arc welding, spark welding

soudure f électrique à l'arc
Procédé de soudure par lequel un arc électrique est produit entre une électrode fournissant le métal d'apport et les éléments à assembler.

Lichtbogenschweißung f, Elektrolichtbogenschweißung f
Schweißverfahren, bei dem ein Lichtbogen zwischen dem von einer Elektrode gelieferten Zusatzwerkstoff und dem Grundwerkstoff gezogen wird.

electric car [vehicle]

voiture f électrique
Une voiture propulsée par un moteur à courant continu alimenté par batteries, et par un variateur de vitesse électronique.

Elektroauto n
Ein Fahrzeug, das von einem batteriegespeisten Elektromotor und mittels eines stufenlosen elektronischen Getriebes angetrieben wird.

electric car → electric vehicle

electric car antenna → power-operated car aerial

electric circuit [electrical system]
also: circuit, current circuit

circuit m électrique
Ensemble de conducteurs électriques formant un circuit fermé, alimenté par une source de tension et reliant des résistances ou autres consommateurs.

Stromkreis m
Ein in sich geschlossenes Leitungssystem, das in seiner primitivsten Form aus Spannungsquelle, Widerständen und Stromverbrauchern sowie Leitungen besteht.

electric cooling fan → electric fan

electric fan [cooling system]
also: electric cooling fan, electrically-operated cooling fan

moto-ventilateur m, ventilateur m électrique
Ventilateur entraîné par un moteur électrique. Ce dernier est lancé ou arrêté par un relais électrostatique soumis à un capteur de température se trouvant dans le moteur du véhicule ou dans le radiateur.

elektrisches Gebläse, Elektrolüfter m
Von einem Elektromotor angetriebenes Gebläse. Der Elektromotor wird durch ein elektrostatisches Relais ein- und ausgeschaltet, das einem Temperaturfühler im Verbrennungsmotor oder im Kühler selbst untergeordnet ist.

electric fuel pump [fuel system]
(See Ill. 16 p. 196)
also: electric fuel-supply pump

pompe f à essence électrique, pompe f électrique de carburant
Pompe à essence comportant un diaphragme à ressort de même qu'un clapet d'aspiration et un clapet de refoulement comme les pompes mécaniques. Dès que le contact est mis, un solénoïde est excité. Il attire le diaphragme en vainquant l'action du ressort et le carburant est dès lors aspiré. Au terme de la course d'aspiration, deux contacts électriques s'ouvrent. Le solénoïde est alors démagnétisé et le diaphragme, repoussé par le ressort en sens inverse, refoule l'essence. Les contacts se referment en fin de course de refoulement et le cycle recommence.

elektrische Kraftstoffpumpe, Elektro-Kraftstoffpumpe f
Kraftstoffpumpe mit einer federbelasteten Membran sowie einem Saug- und Druckventil wie die mechanisch angetriebenen Kraftstoffpumpen. Nach Einschalten der Zündung wird ein Elektromagnet erregt, der gegen die Federkraft die Membran an sich zieht. Der Kraftstoff wird angesaugt. Am Ende des Saughubs werden zwei Kontakte getrennt. Der Erregerstrom wird unterbrochen, und die Rückzugfeder drückt die Membran in die entgegengesetzte Richtung, so daß der Kraftstoff durch das Druckventil verdrängt wird. Gegen Ende dieses Druckhubs werden die Kontakte erneut geschlossen, und der Kreisprozeß fängt wieder an.

electric fuel-supply pump
→ electric fuel pump

electricians' screwdriver [tools]

tournevis m d'électricien
Tournevis caractérisé par un manche plastique isolant et une lame gainée.

Elektriker-Schraubendreher m
Schraubendreher mit Griff aus schlagfestem Kunststoff und Klingen-Isolierung nach VDE.

electric lighter → cigar lighter

electric retarder → eddy-current brake

electric screen washer pump
[electrical system]

electric storage battery

pompe f électrique de lave-glace
Pompe électrique qui puise un liquide de lavage dans un réservoir spécial pour en asperger le pare-brise via un tuyau de plastique et un paire de gicleurs.

elektrische Scheibenwascherpumpe, elektrische Wascherpumpe
Elektrische Pumpe, die eine Scheibenwaschflüssigkeit aus einem Vorratsbehälter über einen Wascherschlauch und zwei Düsen auf die Windschutzscheibe spritzt.

electric storage battery → storage battery

electric vehicle (*abbr.* **EV**) [vehicle]
also: electrically-powered vehicle, electromobile, electric car

automobile f électrique
Véhicule dont la marche est assurée par des accumulateurs au plomb et des moteurs à courant continu. Les véhicules électriques sont dépourvus d'embrayage et de boîte de vitesses et l'énergie thermique qui se dégage lors du freinage est récupérée. Toutefois leur rayon d'action est limité à environ 70 km en raison de la faible capacité des accumulateurs qui doivent être rechargés par un chargeur stationnaire.

Elektrofahrzeug n, Elektromobil n, elektrisch angetriebenes Fahrzeug
Durch Bleibatterien bzw. Gleichstrommotoren angetriebenes Fahrzeug. Elektrofahrzeuge besitzen keine Kupplung und kein Wechselgetriebe und nutzen die beim Bremsen entwickelte Wärme. Allerdings ist der Aktionsradius der Elektrofahrzeuge aufgrund der geringen Speicherkapazität der Bleiakkumulatoren auf ca. 70 km beschränkt. Die Akkumulatoren werden durch ein stationäres Ladegerät aufgeladen.

electrocoating *n* [vehicle body]
also: electrophoresis

électrophorèse f, laquage m par électrophorèse
Application par immersion d'un primaire d'une épaisseur de 0,02 à 0,03 mm sur la coque. Ce primaire antirouille contient des particules de peinture diluées dans un solvant. Comme la coque se trouve insérée dans un circuit électrique par un système de câbles, elle est chargée de manière à attirer avec force toutes les particules de peinture, qui se déposent dès lors sur les surfaces métalliques même les plus inaccessibles. Cette application intervient généralement après la phosphatation et la passivation et elle est suivie par un rinçage et un séchage de la coque. A noter que dans un bain anaphorétique, les particules de peinture ont une charge négative et la coque fait office d'anode, alors que dans un bain cataphorétique les particules de peinture ont une charge positive et c'est la coque qui sert de cathode.

Elektrophorese-Grundierung f, Elektrophorese-Lackierung f, Elektrotauchlackierung f
Bei der Elektrophorese-Grundierung wird ein Rostprimer von 0,02 bis 0,03 mm Stärke durch Eintauchen der Rohkarosserie in ein Grundierbad aufgetragen. Dieser Rostprimer enthält Lackpartikeln, die in einem Lösungsmittel verdünnt sind. Nachdem die Rohkarosserie sich über Leitungen in einem elektrischen Stromkreis befindet, wird sie derart geladen, daß alle Lackpartikeln mit voller Kraft von den Metallteilen angezogen werden und sich auch in den schwer zugänglichen Hohlräumen abscheiden. Dieser Vorgang erfolgt im allgemeinen nach dem Phosphatieren bzw. Passivieren. Anschließend wird die Karosserie gespült und getrock-

net. Bei der Anaphorese-Lackierung sind die Lackpartikeln negativ geladen und die Rohkarosserie liegt als Anode am Pluspol der Gleichstromanlage. Bei der Kataphorese-Lackierung ist es genau umgekehrt: die Lackpartikeln sind positiv geladen und die Rohkarosserie ist Kathode.

electrode burning [ignition]
also: electrode erosion, burning away of electrodes, burning off of electrodes

usure f des électrodes
Augmentation de l'écartement des électrodes d'une bougie par suite d'usure provoquant des ratés d'allumage à haut régime.

Elektrodenabbrand m
Vergrößerung des Elektrodenabstandes durch Abnutzung, die zu Zündaussetzern bei hohen Drehzahlen führt.

electrode erosion → electrode burning

electrode gap [ignition]
(See Ill. 31 p. 474)
also: gap between electrodes, electrode separation, electrode spacing, spark plug gap, spark gap, plug gap, air gap

écartement m des électrodes, distance f explosive, écart m de pointes
Dans les moteurs courants à allumage delco, l'écartement des électrodes de bougie varie de 0,6 à 1,1 mm.
Les électrodes d'une bougie d'allumage sont fortement sollicitées tant sur le plan chimique par des gaz agressifs et des résidus de combustion que sur le plan électrique et thermique par suite d'usure due à l'action érosive de l'étincelle. Celle-ci est en effet concentrée sur un espace extrêmement réduit, ce qui provoque à la longue une perte de matière d'électrode par fusion. Ainsi la distance explosive entre les électrodes se creuse et peut aboutir à un affaiblissement très important de l'étincelle de même qu'à des ratés d'allumage surtout dans les accélérations brusques et dans les plages de haut régime-moteur.
En revanche, l'écartement des électrodes ne peut pas non plus être trop étroit, car il faut que puisse jaillir une étincelle longue et vigoureuse, capable d'enflammer complètement la veine gazeuse. Si l'écartement est insuffisant, le moteur ne tournera pas rond, sa puissance diminuera, des claquements pourront se produire de même que des ratés de combustion. En hiver, il est parfois recommandé de réduire l'écartement de 0,1 mm pour favoriser les départs à froid. Il est aussi conseillé de se servir d'une jauge en fil rond plutôt que d'un canif à lames pour contrôler l'écartement, car les électrodes se creusent. Cette vérification se fera selon les consignes données par le constructeur (p.ex. tous les 5.000 km.

Elektrodenabstand m, Funkenstrecke f, Luftspalt m
Bei den üblichen Fahrzeugmotoren mit Batteriezündung beträgt der Elektrodenabstand einer Zündkerze 0,6 bis 1,1 mm. Die Zündkerzenelektroden werden chemisch durch Verbrennungsgase, elektrisch durch Funkenerosion und vor allen Dingen thermisch durch Abbrand sehr hoch beansprucht. Der Zündfunke ist nämlich auf eine winzige Stelle konzentriert, an der Elektrodenwerkstoff durch Abschmelzen verlorengeht. Auf diese Weise vergrößert sich im Betrieb der Elektrodenabstand, was zu einer schwachen Funkenbildung und Zündaussetzern vor allem bei plötzlicher Beschleunigung und im Bereich hoher Drehzahlen führen

electrode separation

kann. Zum andern soll der Elektrodenabstand auch nicht zu klein sein, damit ein langer und kräftiger Zündfunke an den Elektroden überschlägt und zur vollständigen Entzündung des brennfähigen Gemisches ausreicht.
Bei zu kleinem Elektrodenabstand läuft der Motor unruhig, seine Leistung läßt nach, und es kommt zu Verbrennungsaussetzern. Bei strenger Kälte im Winter empfiehlt es sich, eventuell den Abstand um 0,1 mm zu verengen, um den Kaltstart zu verbessern. Ebenso ist es ratsam, den Elektrodenabstand mittels einer Zündkerzenlehre aus rundem Meßdraht als mit der Blattlehre nachzuprüfen bzw. nachzustellen. Dies soll nach Herstellervorschrift (z.B. alle 5.000 km) geschehen.

electrode separation → electrode gap

electrode spacing → electrode gap

electrogalvanizing *n* [materials]

galvanisation f électrolytique, électrozingage m, zingage m électrolytique
Dépôt électrolytique d'une couche de zinc sur les métaux, principalement l'acier, en guise de protection contre la corrosion.

elektrolytisches Verzinken, galvanisches Verzinken
Überziehen von Metall, besonders Stahl, mit einer Zinkschicht als Korrosionsschutz durch elektrolytische Abscheidung.

electrolysis [chemistry]

électrolyse f
Décomposition chimique d'un électrolyte parcouru par un courant électrique continu, ce qui a pour effet de transformer de l'énergie électrique en énergie chimique.

Elektrolyse f
Zersetzung eines Elektrolyten in seine Hauptbestandteile mit Hilfe von Gleichstrom, so daß elektrische Energie in chemische Energie umgewandelt wird.

electrolyte [chemistry]

électrolyte m
Corps qui, en solution aqueuse, devient conducteur de courant électrique.

Elektrolyt m
Stoff, der nach seiner Auflösung in Wasser den elektrischen Strom leitet.

electrolyte cell → battery cell

electrolyte density → acid density

electrolyte level → acid level

electrolyte specific gravity → acid density

electrolyte strength → acid density

electrolytic copper [materials]

cuivre m électrolytique
Cuivre le plus pur obtenu par affinage électrolytique et qui est utilisé notamment pour la confection de câbles et fils électriques en raison de son excellente conductibilité.

Elektrolytkupfer n
Elektrolytisch gewonnenes reinstes Kupfer, das aufgrund seines hohen elektrischen Leitvermögens für Stromleitungen verwendet wird.

electromagnet → solenoid *n*

electromagnetically-coupled fan [cooling system]

ventilateur m à embrayage électromagnétique, moto-ventilateur m
Ventilateur embrayé par des électro-aimants, qui sont eux-mêmes enclenchés par des sondes de température du système de refroidissement à un température avoisinant les 85° C. Ils sont à nouveau déclenchés lorsque la température diminue d'environ 10° C.

Elektromagnetlüfter m
Lüfter, der durch Elektromagnete zugeschaltet wird. Diese werden über Temperaturfühler im Kühlsystem bei einer Temperatur von ca. 85° C eingeschaltet und bei ca. 75° C wieder ausgeschaltet.

electromagnetic valve → solenoid valve

electromobile → electric vehicle

electronic advance unit [ignition]
also: electronic ignition advance

avance f à l'allumage électronique
Dispositif électronique conçu pour faire varier le point d'allumage selon un programme établi pour chaque moteur.

elektronische Zündverstellung
Elektronische Anlage zur Verstellung des Zündzeitpunktes aufgrund eines für den jeweiligen Motor ausgearbeiteten Programms.

electronic aerial (GB) → electronic antenna (US)

electronically-controlled carburetor (US) *or* **carburettor** (GB) [carburetor]

carburateur m à régulation électronique
Carburateur combiné avec une sonde lambda, qui évalue la teneur en oxygène des gaz d'échappement. Un régulateur électronique compare la valeur relevée avec le point de consigne, déchlenche des signaux pour maintenir le lambda aux environs de 1,00 et reçoit en outre des informations sur la position du papillon des gaz. Il peut ainsi agir sur la masse d'air traversant le carburateur en procédant aux corrections nécessaires.

elektronisch geregelter Vergaser
Bei dieser Vergaserbauart wird der Sauerstoffanteil im Abgas mittels einer Lambda-Sonde ermittelt. Ein elektronischer Regler (Steuergerät) vergleicht den gemessenen Wert mit dem Sollwert und löst Signale aus, die die Luftzahl beeinflussen. Er erhält außerdem Informationen über die Drosselklappenstellung, so daß er eine Korrektur des Luftverhältnisses bewirkt.

electronically-controlled fuel injection [injection] (See Ill. 16 p. 196)
also: electronically-controlled gasoline injection (US)

injection f électronique d'essence, injection f d'essence (à commande) électronique
Système d'injection fonctionnant sans pompe d'injection, le carburant étant refoulé directement vers des injecteurs à commande électromagnétique sous une pression de 2 bars. C'est un calculateur électronique qui détermine le temps d'ouverture des injecteurs en fonction des conditions de travail qui lui sont signalées.

elektronisch gesteuerte Benzineinspritzung
Benzineinspritzanlage ohne Einspritzpumpe. Der Kraftstoff wird mittels einer elektrischen Förderpumpe unter einem Druck von 2 bar an die Elektroeinspritz-

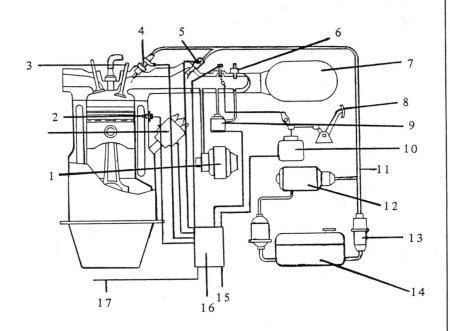

1 ignition distributor
2 thermo-time switch
3 inlet valve
4 solenoid-operated injector
5 start valve
6 air temperature sensor
7 air filter
8 gas pedal (US), accelerator pedal, a pedal
9 auxiliary-air device
10 throttle-valve switch
11 fuel line
12 electric fuel pump
13 fuel pressure regulator
14 fuel tank
15 ground return (US), earth return (GB)
16 electronic control unit
17 from battery

Ill. 16: electronically-controlled fuel injection

(electronically-controlled fuel injection continued)
ventile gefördert. Die Öffnungszeit der Einspritzventile bestimmt ein elektronisches Steuergerät aufgrund der herrschenden Betriebsbedingungen.

electronically-controlled gasoline injection (US)→ electronically-controlled fuel injection

electronic antenna (US) [radio]
also: electronic aerial (GB)

antenne f électronique
Antenne garantissant une très bonne réception et alimentée par le courant de batterie, car elle fonctionne avec un amplificateur. Elle s'adapte à presque tous les types de voiture et ne doit pas être déployée.

elektronische Antenne
Antenne mit hoher Empfangsleistung, die mit Batteriestrom gespeist wird; denn sie arbeitet mit einem Verstärker. Die elektronische Antenne paßt beinahe an jedes Auto und wird weder ein- noch ausgefahren.

electronic balancer → electronic balancing machine

electronic balancing machine
[wheels] *(see also:* wheel balancer)
also: electronic wheel balancer, electronic balancer

équilibreuse f électronique
Équilibreuse de roues fonctionnant électroniquement.

elektronische Auswuchtmaschine
Eine Radauswuchtmaschine, die auf elektronischem Weg arbeitet.

electronic control unit (*abbr.* **ECU**)
[electronics] (See Ill. 16 p. 196)

unité f de commande électronique, centrale f de commande électronique, module m électronique, bloc m électronique, boîtier m électronique
Unité de commande équipant les systèmes antiblocage de freins, les systèmes d'injection et d'allumage électroniques, etc. Elle reçoit des informations prélevées par des capteurs, les interprète et prend des décisions en émettant, à la sortie, des signaux de commande. L'alimentation se fait par la batterie et une mise à la masse est prévue.

elektronische Steuereinheit, elektronisches Steuergerät
Steuergerät bei Antiblockiereinrichtungen, Einspritzsystemen, Transistorzündungen usw. Es erhält Informationen über Sensoren, verarbeitet und wertet diese Sensorsignale aus und führt Entscheidungen sowie Befehle durch Steuersignale aus. Das Steuergerät wird von der Autobatterie gespeist und hat eine Masseverbindung.

electronic cruise control → cruise control

electronic fuel injection (*abbr.* **EFI**)
[injection]

injection f électronique du carburant
Dans l'injection électronique de carburant le mélange idéal air/carburant est déterminé électroniquement par des senseurs. Le mélange est ensuite injecté dans les cylindres au moyen des injecteurs.

elektronische Kraftstoffeinspritzung
Bei der elektronischen Kraftstoffeinspritzung wird die ideale Gemischzusammensetzung auf elektronischem Weg über

electronic ignition (system)

Sensoren ermittelt. Das Gemisch wird über Einspritzdüsen in die Zylinder gebracht.

electronic ignition (system) [ignition]
also: semiconductor ignition

allumage m électronique
L'allumage électronique fournit une tension d'allumage plus élevée et mieux répartie dans toutes les plages du régime moteur. De surcroît les grains de contact soumis à un courant de commande plus faible s'usent beaucoup moins vite.

elektronische Zündanlage, elektronische Zündung, Halbleiterzündsystem n, Halbleiterzündung f
Das elektronische Zündsystem gewährleistet eine gleichmäßige und höhere Zündspannung über den gesamten Drehzahlbereich. Außerdem werden die Unterbrecherkontakte aufgrund des schwachen Steuerstroms weitgehend geschont.

electronic ignition advance → electronic advance unit

electronic rotational-speed limiter
[electronics]
also: electronic rpm limiter

limiteur m de régime électronique
Dispositif électronique qui se branche entre le distributeur haute tension et la bobine d'allumage; il a pour but de protéger le moteur des surrégimes accidentels. Ce système agit par suppression de la surtension primaire et, de ce fait, de la haute tension secondaire à l'approche du régime critique. A partir d'un régime déterminé, les étincelles cessent de se produire progressivement jusqu'à suppression totale de l'allumage.

elektronischer Drehzahlbegrenzer
Elektronikteil zwischen Zündverteiler und Zündspule, der den Motor vor überhöhten Drehzahlen schützt. Mit dieser Vorrichtung wird bei Annäherung der kritischen Drehzahl die primäre Überspannung und folglich die Zündspannung unterdrückt. Ab einer bestimmten Drehzahl unterbleiben die Zündfunken nach und nach, bis keine Zündung mehr erfolgt.

electronic rpm limiter → electronic rotational-speed limiter

electronic spark advance → electronic spark control

electronic spark control (*abbr.* **ESC**)
[electronics]
also: electronic spark advance

contrôle m électronique du cliquetis
Système qui modifie automatiquement l'avance à l'allumage pour réduire les phénomènes de cliquetis.

elektronische Klopfregelung
Ein System, das bei Auftreten von Klopfen den Zündzeitpunkt verstellt, um dem Klopfen entgegenzuwirken.

electronic spark timing (*abbr.* **EST**)
[electronics]

allumage m électronique
Tout système dont l'allumage est commandé électroniquement.

elektronische Zündung
Jedes System, bei dem die Zündung mit elektronischen Mitteln gesteuert wird.

electronic tachometer [instruments]

compte-tours m électronique
Compte-tours branché sur le circuit

d'allumage et exploitant le nombre des impulsions de haute tension destinées aux bougies d'allumage.

elektronischer Drehzahlmesser
Drehzahlmesser, der die Steuerimpulse des Sekundärstromkreises in der Zündanlage zur Messung der Motordrehzahl verwendet.

electronic wheel balancer → electronic balancing machine

electronic wiper-washer assembly [electronics]

essuie-glace/lave-glace électronique, essuie-vitre/lave-vitre électronique
Dispositif électronique grâce auquel la pompe à eau du système essuie-glace/lave-glace est mise en branle par un générateur d'impulsions. Les séquences de lavage, d'essuyage et d'arrêt des essuie-glace se déroulent dès lors en cycle automatique.

elektronische Wisch-Wasch-Anlage, Wisch-Wasch-Elektronik f
Elektronische Anlage, bei der die Wasserpumpe mit Hilfe eines Impulsgebers betätigt wird. Die anschließenden Arbeitsgänge des Waschprogramms Waschen, Wischen, Trockenwischen und Abschalten der Scheibenwischer laufen automatisch ab.

electrophoresis → electrocoating *n*

electrovalve → solenoid valve

emergency brake → parking brake

emergency flasher system [lights, safety]
also: hazard warning flasher (US), hazard flashers *pl* (US), emergency four-way flasher system

signaux mpl de détresse, feux mpl de détresse clignotants, centrale f de clignotants pour signal de détresse, clignotants mpl direction/détresse
Dispositif grâce auquel les quatre feux clignotants du véhicule fonctionnent en même temps afin d'indiquer la position du véhicule accidentellement immobilisé et pouvant constituer un danger pour la circulation routière.

Warnblinkanlage f, Rundumlicht n
Mit dieser Vorrichtung leuchten die vier Blinklichter von liegengebliebenen Fahrzeugen, die den Verkehr gefährden können, im Rhythmus gleichzeitig auf. Die Warnblinkanlage kann auch eingesetzt werden, um auf andere Gefahren, z.B. einen Stau, hinzuweisen.

emergency four-way flasher system → emergency flasher system

emergency plastic windshield [equipment]

pare-brise m de secours
Pare-brise de fortune en matière plastique semi-rigide. Fixation par attache-tendeur sur traverses télescopiques permettant le fonctionnement des essuie-glace. D'autres modèles sont appliqués par collage autour de la baie de pare-brise.

Ersatzwindschutzscheibe f (aus Kunststoff)
Frontscheibe aus halbstarrem Kunststoff, die auf zusammenschiebbaren Querrohren bzw. mit Hilfe von Spannern befestigt wird und die Betätigung der Scheibenwischer ermöglicht. Andere Ausführungen werden aufgeklebt.

emission [exhaust system]

émission f
Des vapeurs, des gaz et des particules expulsés dans l'atmosphère par le système d'échappement des automobiles.

Emission f
Alle Dämpfe, Gase und Partikeln, die vom Auspuffsystem eines Kraftfahrzeugs an die Atmosphäre abgegeben werden-

emission control [generally]

dépollution f, réduction f de la pollution, antipollution f
Tous les techniques qui contribuent à éliminer ou réduire les phénomènes des pollutions.

Schadstoffminderung f, Schadstoffbegrenzung f, Emissionsbegrenzung f
Sämtliche Verfahren zur Beseitigung oder Reduzierung der Auswirkungen der schädlichen Motorabgase.

emission control → exhaust emission control

emission control carburetor → tamper-proof carburetor (US) or carburettor (GB)

emission control device
also: antismog device

dispositif m antipollution
Tout système qui contribue à réduire le taux de pollution des moteurs des automobiles et par conséquence contribuer à la protection de l'environnement.

Abgasentgiftungsanlage f, Schadstoffbegrenzungssystem n, System zur Schadstoffminderung in Abgasen
Jede Einrichtung, die dazu beiträgt, den Anteil an Schadstoffen in Automobilabgasen zu verringern und dadurch die Umwelt zu entlasten.

empty weight [vehicle, law]
also: unloaded weight, unladen weight (GB) *(abbr.* ULW), dead weight

poids m à vide (en ordre de marche) (abr. P.V.)
Poids du véhicule à vide en ordre de marche, y compris l'outillage de bord et l'équipement embarqué complet, mais non les occupants.

Leergewicht n
Gewicht des betriebsfertigen Fahrzeuges mit dem Bordwerkzeug einschließlich aller mitgeführten Ausrüstungsteile, jedoch ohne Insassen.

emulsion block → emulsion tube

emulsion pipe → emulsion tube

emulsion tube [carburetor]
also: mixing tube, emulsion pipe, emulsion block

tube m d'émulsion
Pièce du bloc principal d'un carburateur plongée dans un puits de garde rempli d'essence. Elle est pourvue d'orifices d'émulsionnage qui sont dénoyés progressivement à mesure que le régime augmente et que le niveau de carburant baisse dans le puits.

Mischrohr n
Teil des Hauptdüsensystems in einem Vergaser, der in einen Schacht eingetaucht ist. Er ist mit Bremsluftlöchern versehen, die bei zunehmender Motordrehzahl bzw. sinkendem Kraftstoffspiegel nach und nach frei werden.

end-point voltage → cutoff voltage

energized current → exciting current

energy absorber [safety]

dispositif m à absorption d'énergie
Dispositif capable d'absorber énergie, comme par exemple une colonne de direction téléscopique en cas de choc.

Energieverzehrer m, Energieabsorber m, energieabsorbierende Vorrichtung
Jede Vorrichtung, die imstande ist, Energie zu verzehren, wie zum Beispiel eine Teleskoplenksäule bei einem Aufprall.

energy-absorbing steering column [safety]

colonne f de direction à absorption d'énergie
Colonne de direction offrant au conducteur une protection élevée en cas de choc, parce qu'il est capable d'absorber une partie de l'énergie du choc.

energieabsorbierende Lenksäule
Eine Lenksäule, die dem Fahrer bei einem Aufprall einen erhöhten Schutz bietet, da sie imstand ist, einen Teil der Aufprallenergie zu absorbieren.

energy-cell diesel engine → air-cell diesel engine

engaging lever [starter motor] (See Ill. 30 p. 445)

fourchette f de lanceur, fourchette f de commande, levier m d'engagement, levier m de commande positive
Dans un démarreur à pré-engagement, la fourchette subit l'action d'un solénoïde et déplace le pignon vers la couronne dentée. Dans le démarreur "Compact Power" de Ducellier, la fourchette classique est remplacée par une fourchette plate élastique.

Einrückhebel m, Einspurhebel m
In einem Schubschraubtriebanlasser wird der Einrückhebel vom Magnetschalter betätigt und verschiebt das Ritzel in den Zahnkranz. Im Compact-Power-Starter von Ducellier ist der herkömmliche Einrückhebel durch einen flachen, elastischen Hebel ersetzt worden.

engine [engine] (See Ill. 17 p. 202)
also: automotive engine, car engine

moteur m
En règle générale, le moteur d'un véhicule se compose de parties fixes (carter, cylindre, culasse), d'un équipage mobile (piston, bielle, vilebrequin) et d'autres organes fonctionnels.
Les données du moteur sont la course, l'alésage, la cylindrée totale, la chambre de compression, le rapport volumétrique de compression, le travail, la puissance fiscale ou administrative, la puissance réelle ou effective, la mesure de puissance selon DIN, SAE, ISO, le couple et le rapport puissance-poids.
Le travail est constitué par la force fournie par le piston subissant la pression des gaz. La puissance réelle est la puissance retransmise effectivement par le moteur à combustion à l'embrayage. Elle est toujours indiquée en relation avec le régime correspondant. Dans le cas de la mesure selon DIN, tous les dispositifs auxiliaires du moteur se trouvant en état de marche dans la circulation (radiateur, ventilateur, filtre à air et ligne d'échappement) doivent être en place, étant entendu que le carburateur et le point d'allumage soient réglés en vue du fonctionnement du moteur en circulation. Contrairement à la mesure de puissance en ch DIN, on fait abstraction, dans la mesure selon SAE, des dispositifs auxiliaires qui absorbent

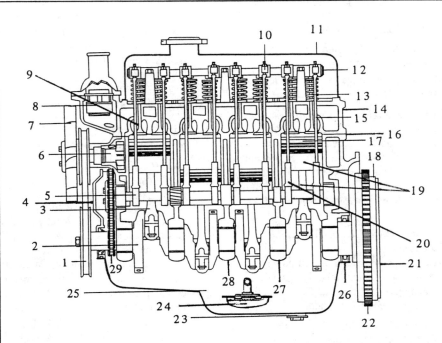

1 crankshaft pulley
2 crankshaft
3 connecting rod
4 timing gear case
5 camshaft
6 water pump
7 fan
8 thermostat
9 valve
10 rocker arm
11 rocker cover
12 rocker shaft
13 valve spring
14 cylinder head
15 valve push rod
16 cylinder head gasket
17 piston
18 flywheel
19 crankshaft drive
20 valve tappet
21 flywheel face
22 starter ring gear
23 oil sump plug
24 oil pump strainer
25 crankcase bottom half
26 crankshaft oil seal
27 crankshaft bearing
28 crankshaft central bearing
29 timing chain

Ill. 17: engine

(engine continued)
une partie de la puissance du moteur. Attendu que la puissance absorbée par chacun des dispositifs auxiliaires est variable, il n'y a aucune formule de conversion de SAE-HP en ch DIN.
La mesure de puissance selon ISO est identique à la mesure selon DIN, à cela près que l'unité de mesure s'exprime en kW.
Dans la mesure de puissance selon CUNA, le moteur placé sur banc d'essai tourne sans filtre à air et sans échappement, la température de l'air étant de +15° C. Les autres conditions sont semblables à celles de la mesure de puissance selon DIN.
Le couple est la force de rotation appliquée par le piston sur le vilebrequin par l'intermédiaire de la bielle. Le rapport puissance/poids est celui existant entre le poids du moteur sec et la puissance maximale de ce moteur. Il s'exprime généralement en kg/kW.

Motor m, Kraftfahrzeugmotor m
Im allgemeinen besteht der Motor eines Kraftfahrzeuges aus feststehenden Teilen (Gehäuse, Zylinder, Zylinderkopf), aus beweglichen Teilen (Kolben, Pleuelstange, Kurbelwelle) sowie aus weiteren Funktionsorganen.
Die Motorkennlinien sind der Kolbenhub, die Zylinderbohrung, der Gesamthubraum, der Verdichtungsraum, das Verdichtungsverhältnis, die Innenleistung (indizierte Leistung), die Steuerleistung, die Nutzleistung, die DIN-PS, die SAE-HP, die ISO-Messung, das Drehmoment und das Leistungsgewicht.
Die Innenleistung ist die durch den Verbrennungsdruck an die Kolben abgegebene Leistung. Die Steuerleistung wird nach deutscher Steuerformel aufgrund des Hubraums errechnet. Die Nutzleistung ist die vom Verbrennungsmotor abgegebene nutzbare Dauerleistung an die Kupplung. Sie wird stets in Verbindung mit der zugehörigen Drehzahl in U/min angegeben.
Bei der DIN-Leistungsmessung werden alle Hilfseinrichtungen berücksichtigt, die zu einem serienmäßigen Verbrennungsmotor im betriebsfertigen Zustand gehören wie z.B. Kühlung, Gebläse, Luftfilter und Auspuffanlage, wobei Vergaser und Zündzeitpunkt entsprechend eingestellt sind.
Im Gegensatz zur DIN-Leistungsmessung werden bei der SAE-Leistung die Hilfseinrichtungen, die einen Teil der Motorleistung aufnehmen, abgezogen. Nachdem der Leistungsbedarf für jedes Aggregat veränderlich ist, können SAE-HP nicht in DIN-PS umgerechnet werden. Die SAE-HP liegen meist 10—25% über den DIN-PS. Die ISO-Leistungsmessung ist der DIN-Messung ähnlich. Lediglich wird die Meßeinheit in kW ausgedrückt.
Bei der CUNA-Leistung läuft der Motor auf dem Prüfstand ohne Luftfilter und Schalldämpfer bei einer Lufttemperatur von +15° C. Sonst sind die Prüfbedingungen ähnlich denjenigen der DIN-Leistung.
Das Drehmoment ist die vom Kolben ausgeübte Drehkraft auf die Kurbelwelle über die Pleuelstange.
Der Quotient aus dem Gewicht des trockenen Motors und der Motorhöchstleistung, das meist in kg/kW angegeben wird, stellt das Leistungsgewicht dar.

engine with (horizontally) opposed cylinders → flat engine

engine block → cylinder block

engine brake [engine]

frein-moteur m
L'effet de freinage d'un motor en descente quand la première vitesse est engagée.

Motorbremse f
Die Bremswirkung des Motors im niedrigsten Gang bei Talfahrt.

engine brake [brakes]
also: exhaust brake

frein-moteur m ralentisseur
Grâce à la mise en place d'un clapet dans la tubulure d'échappement, le moteur peut dans les longues descentes servir de frein d'appoint en travaillant en compresseur d'air.

Motorbremse f, Talfahrtbremse f, Auspuffbremse f, Motor-Staudruckbremse f
Durch den Einbau einer Auspuffklappe in Motornähe kann der Motor bei einer längeren Talfahrt als Zusatzbremse dienen. Er arbeitet dann als Verdichter.

engine braking → overrun *n*

engine case → crankcase

engine characteristics [engine]

données fpl du moteur
Les données du moteur sont la course, l'alésage, la cylindrée totale, la chambre de compression, le rapport volumétrique de compression, le travail, la puissance fiscale ou administrative, la puissance réelle ou effective, la mesure de puissance selon DIN, SAE, ISO, le couple et le rapport puissance-poids.

Motorkennlinien fpl
Die Motorkennlinien sind der Kolbenhub, die Zylinderbohrung, der Gesamthubraum, der Verdichtungsraum, das Verdichtungsverhältnis, die Innenleistung (indizierte Leistung), die Steuerleistung, die Nutzleistung, die DIN-PS, die SAE-HP, die ISO-Messung, das Drehmoment und das Leistungsgewicht.

engine compartment [engine]

compartiment m moteur, compartiment m du moteur, compartiment m avant
Espace recouvert d'un capot et réservé au moteur de l'automobile.

Motorraum m
Von einer Haube abgedeckter Raum zur Unterbringung des Fahrzeugmotors.

engine compression ratio → compression ratio

engine displacement [engine]

cylindrée f totale
La cylindrée résultant de l'addition de la cylindrée des tous les cylindres d'un moteur.

Gesamthubraum m
Der Hubraum, der sich ergibt, wenn man den Hubraum der einzelnen Zylinder eines Motors addiert.

engine idling → idle running

engine lubricating oil → engine oil

engine oil [lubricants]
also: engine lubricating oil, crankcase oil

huile f moteur
L'huile moteur a pour but d'empêcher la friction sèche de pièces glissant l'une sur l'autre, de dissiper la chaleur résultant du frottement et d'évacuer les résidus de combustion.

Motor(en)öl n, Motor(en)schmieröl n
Aufgabe des Motorenöls ist es, die trokkene Reibung von aufeinander gleitenden Flächen zu verhüten sowie die bei der Reibung entstehende Wärme und die Verbrennungsrückstände abzuführen.

engine oil consumption → oil consumption

engine oil pressure [lubrication]

pression f d'huile moteur
Pression de l'huile dans le moteur en marche. En vitesse de croisière, la pression de l'huile varie entre 3 et 5 kg/cm^2.

Motoröldruck m, Öldruck m
Der Druck des Öls im laufenden Motor. Bei Normalfahrt schwankt der Öldruck zwischen 3 und 5 bar.

engine shaft → central power-output shaft

engine speed [engine]
also: crankshaft speed

régime m du moteur, fréquence f de rotation
Nombre de tours d'un vilebrequin (arbre moteur) en une minute.

Drehzahl f (eines Motors), Motordrehzahl f, Kurbelwellendrehzahl f
Anzahl der Umdrehungen einer Kurbelwelle (Antriebswelle) in einer Minute.

engine subframe → subframe *n*

engine sump → crankcase bottom half

engine timing mark → rotating timing mark

engine torque [engine]

also: crankshaft torque

couple m moteur
Force déployée par le moteur dans un effort instantané, exprimé en newtonmètre (Nm).

Motordrehmoment n
Die vom Motor zu einem bestimmten Zeitpunkt entwickelte Kraft.

engine tune-up → tuning *n*

engine tuning → tuning *n*

engine underframe → subframe *n*

engine valve → valve

engine water jacket → water galleries

enrichment [carburetor]

enrichissement m
Alimentation d'un moteur comportant une proportion élevée de carburant par rapport à l'air, ce qui est nécessaire p.e. pendant la phase de départ à froid. Le contraire s'appelle appauvrissement.

Anreicherung, Gemischanreicherung f
Die Tatsache, daß ein Motor mit einem hohen Anteil an Kraftstoff im Gemisch gespeist wird, wie es zum Beispiel während der Warmlaufphase erforderlich ist. Das Gegenteil nennt man Abmagerung.

enrichment device [carburetor]

dispositif m d'enrichissement
Dispositif qui fournit au moteur une proportion élevée de carburant en relation d'air, ce qui est nécessaire p.e. pendant la phase de départ à froid.

Anreicherungseinrichtung f
Eine Vorrichtung, die dafür sorgt, daß ein

enveloping worm

Motor mit einem hohen Anteil an Kraftstoff im Gemisch gespeist wird, wie es zum Beispiel während der Warmlaufphase erforderlich ist.

enveloping worm [steering]

vis f globique
Vis d'un engrenage à vis sans fin dont les filets disposés sur une portion de tore agissent simultanément sur le même nombre de dents d'un secteur denté.

Globoidschnecke f
Endlose Schraube eines Schneckengetriebes, deren Schneckengänge so ausgebildet sind, daß sie über die ganze Länge der Schnecke mit der gleichen Anzahl Zähne eines Zahnsegments gleichzeitig im Eingriff stehen.

EP additive [lubricants] (EP = extreme pressure)

additif m extrême pression
Additif pour l'amélioration du pouvoir lubrifiant d'une huile dans les parties très sollicitées d'un moteur ainsi que dans la pignonnerie.

EP-Additiv n, Hochdruckzusatz m, Extreme-Pressure-Zusatz m
Wirkstoff zur Verbesserung der Schmierfähigkeit eines Öls an hochbeanspruchten Motorenteilen sowie in Getrieben.

epicyclic gear → planetary transmission

epitrochoid *n* [engine]

épitrochoïde f
Forme caractéristique du piston d'un moteur Wankel.

Epitrochoide f
Charakteristische Form des Kolbens eines Wankelmotors.

EP lubricant [lubricants]
also: extreme pressure lubricant

lubrifiant m extrême pression, lubrifiant m EP, huile f extrême pression, huile f EP
Huile lubrifiante contenant un additif lui permettant de résister aux pressions élevées et utilisée surtout dans les boîtes de vitesses et les ponts à vis.

Hochdruckschmiermittel n, EP-Schmieröl n
Schmieröl mit Hochdruckzusätzen, das meist als Getriebeöl Verwendung findet.

epoxy resin [materials]

résine f époxy, résine époxide f
Résine résultant de la condensation d'épichlorhydrine avec des polyphénols. Elle sert notamment de matière première dans la fabrication de peintures pour carrosserie très résistantes.

Epoxidharz n
Kunststoff, der durch Kondensation von Epichlorhydrin mit mehrwertigen Phenolen (Polyphenolen) hergestellt wird. Er dient als Lackrohstoff zur Herstellung von hochbeständigen Überzügen.

equilizing gear → differential *n*

ergonomics *pl* (*adj*: ergonomic)

ergonomie f
Méthodes et études scientifiques pour adapter les produits de manière optimale aux besoins des utilisateurs.
Adjectif: ergonomique.

Ergonomie f
Wissenschaftliche Verfahren und Studien zur optimalen Anpassung von Produkten an die Bedürfnisse ihrer Benutzer.
Adjektiv: ergonomisch.

ESC = electronic spark control

EST = electronic spark timing

estate car (GB) → station wagon (US)

ESV = experimental safety vehicle

ethanediol → ethylene glycol

ethylene glycol [chemistry]
also: glycol, ethanediol

éthylèneglycol, glycol m, éthanediol m
Dialcool utilisé notamment comme antigel.

Äthylenglykol n, Glykol n
Zweiwertiger Alkohol, der u.a. als Gefrierschutzmittel verwendet wird.

ethyne → acetylene

Eurosuper → four-star petrol 95 (GB)

EV = electric vehicle

evaporative emissions control system (*abbr.* **EECS**) [electronics]

système m de contrôle des émissions de vapeurs de carburant
Un système antipolluant capable de réduire considérablement l'émission dans l'atmosphère des vapeurs nocives provenants du carburant.

Kraftstoffverdunstungsanlage f
Ein System, das die Abgabe schädlicher Kraftstoffdämpfe an die Atmosphäre reduziert.

evaporator [heating&ventilation]

évaporateur m
Elément d'une installation d'air conditionné ou d'une installation similaire de fourgon frigorifique. Il contient le fluide frigorigène (fréon) comprimé et refoulé par le compresseur.

Verdampfer m
Hauptteil in einer Klimaanlage bzw. in der Kühlanlage eines Kühlwagens. Im Verdampfer befindet sich das gasförmige Kältemittel (Freon), das durch den Kältekompressor verdichtet wird.

excess-air factor → air ratio

excess pressure [physics]
also: pressure above atmosphere

surpression f
Excès de pression par rapport à la pression atmosphérique.

Überdruck m
Druck über dem Atmosphärendruck.

excitation winding [electrical system]
also: exciting winding, exciter coil

enroulement m d'excitation
Enroulement parcouru par un courant électrique qui donne naissance à un champ magnétique.

Erregerwicklung f
Stromdurchflossene Wicklung, in der ein Magnetfeld erzeugt wird.

exciter coil → excitation winding

exciter diode → control diode

exciting current [electrical system]
also: magnetizing current, energized current

courant m d'excitation
Courant continu qui, dans une dynamo ou un alternateur, parcourt les enroulements

exciting winding

d'excitation d'une bobine et crée ainsi un champ magnétique.

Erregerstrom m
Gleichstrom, der bei Gleichstrom- oder Drehstromlichtmaschinen die Erregerwicklungen einer Magnetspule durchfließt und somit ein magnetisches Feld erzeugt.

exciting winding → excitation winding

exhaust *n* [engine]

évacuation f des gaz brûlés, échappement m (des gaz brûlés), balayage m des gaz brûlés
Expulsion cyclique, dans l'atmosphère, de gaz ou de vapeurs d'échappement provenant respectivement de moteurs à explosion ou de machines à vapeur.

Auspuff m, Ausstoß m, Auslaß m
Periodischer Ausstoß von Abgasen oder Abdämpfen aus Verbrennungsmotoren bzw. Dampfmaschinen in die Außenluft.

exhaust analysis → exhaust test

exhaust back pressure [engine]
also: back pressure in the exhaust system

contre-pression f dans l'échappement
Une contre-pression régnant dans la tuyauterie d'échappement qui s'oppose à l'expulsion des gaz brûlés du moteur.

Auspuffgegendruck m
Der im Auspuffsystem herrschende Gegendruck, der dem Entweichen der Abgase aus dem Motor entgegenwirkt.

exhaust brake → engine brake

exhaust cam [engine]
also: exhaust valve cam

came f d'échappement
Came servant à la commande des soupapes d'échappement.

Auslaßnocken m
Nocken zur Steuerung der Auslaßventile.

exhaust decarbonisation [exhaust system]

décalaminage m de l'échappement
Elimination du dépôt de calamine dans le système d'échappement qui s'impose tout particulièrement pour les moteurs deux temps.

Auspuffreinigung f
Entfernung des Rußansatzes aus der Auspuffanlage vor allem bei Zweitaktmotoren.

exhaust emission control
(*abbr.* **EEC**)
also: emission control

contrôle m des émissions (d'échappement), épuration f des gaz d'échappement, techniques fpl antipollution des automobiles
Toutes les techniques et mesures de dépollution des gaz d'échappement des automobiles.

Abgasentgiftung f, Abgasreinigung f
(in Kraftfahrzeugen)
Alle Maßnahmen zur Eindämmung der schädlichen Emissionen in den Auspuffgasen.

exhaust emissions *pl* [emission control]

émissions fpl des gaz d'échappement
Des substances nocives dans les gaz d'échappement d'une automobile, surtout le monoxyde de carbone (CO), les hydrocarbures imbrûlées (HCi) et les oxydes d'azote (NOx).

Abgasemissionen fpl, Schadstoffe mpl im Abgas
Schädliche Substanzen in den Automobilabgasen, vorwiegend Kohlenmonoxid (CO), unverbrannte Kohlenwasserstoffe (HCi) und Stickoxide (NOx).

exhaust emission standards [emission control]

valeurs fpl limites de pollution
Les valeurs maximales tolérées pour les substances nocives dans les gaz d'échappement des automobiles.

Abgasgrenzwerte mpl
Die maximalen Werte für die in Autoabgasen zulässigen Schadstoffe.

exhaust fumes *pl* → exhaust gas

exhaust gas [engine] (See Ill. 18 p. 231)
also: exhaust fumes *pl*

gaz mpl d'échappement, gaz mpl brûlés, fumées fpl d'échappement
Gaz résultant de la combustion. Ils contiennent de l'oxyde de soufre, du dioxyde de carbone, de la vapeur d'eau, du monoxyde de carbone, des oxydes d'azote ainsi que des hydrocarbures imbrûlés et du plomb.
La coloration des gaz d'échappement peut révéler un fonctionnement erratique du moteur.
Des gaz d'échappement noirâtres, dégageant une odeur pénétrante et lacrymogène, sont l'indice d'une combustion incomplète d'un mélange carburé trop riche. Le défaut est dans ce cas à rechercher dans le filtre à air, dont la cartouche est colmatée et limite ainsi le passage de l'air vers le carburateur, ou dans le carburateur, dont la cuve pourrait être noyée.
Les gaz d'échappement à fumée bleuâtre sentent l'huile brûlée et révèlent une surconsommation d'huile due à des cylindres usés, à un manque d'étanchéité des pistons et des segments ou à un fonctionnement défectueux des soupapes.

Abgas n, Auspuffgas n, Motorauspuffgas n, Autoabgas n
Gase, die sich aus der Verbrennung des Kraftstoffes ergeben. Abgase enthalten Schwefeloxide, Kohlendioxid, Wasserdampf, Kohlenmonoxid, Stickoxide sowie unverbrannte Kohlenwasserstoffe und Blei.
Die Beschaffenheit der Abgase kann über eventuelle Störungen im Motor Aufschluß geben.
Schwärzliche Gase, die stark riechen und etwa wie Tränengas wirken, lassen auf die unvollständige Verbrennung eines überfetteten Kraftstoff-Luftgemisches schließen. Der Fehler liegt dann im Luftfilter oder im Vergaser. Bei zugesetztem Filtereinsatz wird der Luftdurchsatz zum Vergaser gedrosselt, und der Kraftstoffanteil im Gemisch nimmt zu. Es kann aber auch einen Kraftstoffüberschuß in der Schwimmerkammer des Vergasers geben.
Bläuliche Gase dagegen riechen nach verbranntem Öl. Sie deuten auf einen übermäßigen Ölverbrauch, der auf verschlissene Zylinder, undichte Kolben oder Kolbenringe oder mangelhafte Ventile zurückzuführen ist.

exhaust gas purification → exhaust pollution reduction

exhaust gas analyzer [emission control]

contrôleur m de gaz d'échappement, analyseur m de gaz d'échappement
Appareil de mesure permettant de con-

trôler le réglage du carburateur. Les contrôleurs de gaz d'échappement sont soit des contrôleurs thermiques de CO, soit des analyseurs à rayons infrarouges. L'analyseur à rayons infrarouges est très précis, car il mesure uniquement la teneur réelle en CO. En revanche, le contrôleur thermique de CO ne mesure pas seulement la teneur en CO, car il peut être influencé par d'autres composants tels que l'hydrogène, l'oxygène, le bioxyde de carbone de même que les hydrocarbures non brûlés, ce qui peut fausser le résultat affiché.

Abgastester m, Abgasanalysator m
Meßgerät, das genau Aufschluß gibt über die Vergasereinstellung. Abgastester arbeiten nach dem Wärmeleitverfahren, dem Wärmetönungsverfahren oder dem Infrarotverfahren. Der Infrarot-Abgasanalysator arbeitet äußerst genau; denn er erfaßt nur den wirklichen CO-Anteil. Die Abgastester nach dem Wärmeleit- bzw. Wärmetönungsverfahren erfassen nicht nur den CO-Gehalt der Abgase, sondern auch weitere Anteile wie Wasserstoff, Sauerstoff, Kohlendioxid und unverbrannte Kohlenwasserstoffe, so daß die Anzeige irreführend sein könnte.

exhaust gas driven turbocharger
→ exhaust turbocharger

exhaust gas recirculation
(*abbr.* **EGR**) [emission control]

recirculation f des gaz d'échappement, recirculation f des gaz brûlés, mise en recirculation des gaz d'échappement, recyclage m partiel des gaz d'échappement
Pour réduire les émissions d'oxyde d'azote une partie des gaz brûlés vient recirculer dans le moteur avec les gaz frais, afin de subir une seconde combustion.

Abgasrückführung f (Abk. AGR)
Zur Verringerung des Ausstoßes von Stickoxiden wird ein Teil der verbrannten Gase wieder der Ansaugluft zugemischt, damit er erneut mit verbrennt.

exhaust gas temperature [exhaust system]

température f des gaz d'échappement
Dans les moteurs à essence, la température des gaz d'échappement à la sortie de la ligne s'élève à 700—900° C à pleine charge, alors qu'au ralenti elle est de l'ordre de 300 à 500° C.
En revanche cette température n'est que de 500 à 600° C dans le moteurs diesel à pleine charge; au ralenti elle chute à 200 à 300° C.

Abgastemperatur f
Benzinmotor: Bei Vollast stellt sich die Temperatur der aus der Auspuffanlage austretenden Abgase auf 700 bis 900° C, bei Leerlauf dagegen auf 300 bis 500° C. Dieselmotor: Bei Vollast 500 bis 600° C; im Leerlauf 200 bis 300° C.

exhaust gas turbine [engine]

turbine f à gaz d'échappement
Turbine de turbocompresseur entraînée par les gaz d'échappement.

Abgasturbine f
Turbine, die bei der Turboaufladung von den Abgasen angetrieben wird.

exhaust manifold [exhaust system]

collecteur m d'échappement, coude m d'échappement, pipe f d'échappement
Tuyauterie qui recueille les gaz brûlés à leur sortie des cylindres.

*Auspuffkrümmer m, Abgasrohr-
krümmer m, Auspuffsammler m,
Auspuffkopf m*
Sammelrohr zur Abführung der Abgase
aus den Zylindern.

exhaust muffler (US) → exhaust
silencer (GB)

exhaust passage [engine]
(See Ill. 18 p. 231)

chapelle f d'échappement
Evidemment côté moteur relié au collecteur
d'échappement.

Auslaßkanal m
Aussparung auf der Motorseite, die mit
dem Auspuffkrümmer verbunden ist.

exhaust pollution reduction [emission control]
also: exhaust gas purification

*dépollution f des gaz d'échappement,
épuration f des gaz d'échappement*
Réduction des substances nocives que recèlent les gaz d'échappement de véhicules automobiles. Celles-ci sont pour l'essentiel le monoxyde de carbone CO, les hydrocarbures HC, les oxydes d'azote NOx ainsi que les résidus du plomb tétraéthyle TEL utilisé comme antidétonant.
Pour combattre la pollution causée par les gaz d'échappement plusieurs mesures ont été envisagées.
1. Configuration de la chambre de combustion et du piston favorisant la combustion complète du mélange carburé, disposition judicieuse des bougies, charge stratifiée, etc.
2. Injection d'essence, amélioration du mélange carburé, recours aux carburateurs antipollution.
3. Réglage de l'allumage avec avance et retard.
4. Mise en place de dispositifs antipollution au niveau de l'échappement.

Abgasentgiftung f, Abgasreinigung f
Herabsetzung des Gehalts an schädlichen Abgasbestandteilen in den Kraftfahrzeugen. Diese Schadstoffe sind Kohlenmonoxid CO, Kohlenwasserstoffe HC, Stickoxide NOx sowie auch Rückstände des Antiklopfmittels Tetraäthylblei TEL. Zur Abgasentgiftung wurden verschiedene Maßnahmen ergriffen.
1. Verbrennungsfördernde Gestaltung des Brennraums und des Kolbens, günstige Anordnung der Zündkerzen, Schichtladung usw.
2. Benzineinspritzung, verbesserte Gemischaufbereitung, Einsatz von Abgasvergasern.
3. Zündungseinstellung mit Früh- und Spätzündung.
4. Einbau von entsprechenden Vorrichtungen im Auspuffsystem.

exhaust port [engine]

lumière f d'échappement
Orifice d'échappement des gaz brûlés dans les moteurs sans soupapes.

Auspuffschlitz m
Öffnung für den Austritt von verbrannten Gasen bei ventillosen Motoren.

exhaust silencer (GB) [exhaust system]
also: silencer (GB), exhaust muffler (US), muffler (US)

*pot m d'échappement, pot m de détente,
silencieux m*
Pièce de la ligne d'échappement dans laquelle les gaz brûlés se détendent.
Ce sont trois types: silencieux à réflexion,

silencieux à absorption et silencieux à interférence.

Abgasschalldämpfer m, Schalldämpfer m, Dämpfer m, Auspufftopf m
Teil der Auspuffanlage, in dem die Abgase entspannt werden. Es gibt zwei Arten: Reflexionsschalldämpfer, Absorptionsschalldämpfer und Interferenzschalldämpfer.

exhaust stroke [engine]
(See Ill. 18 p. 231)

course f d'expulsion, temps m d'échappement
Quatrième phase du cycle à quatre temps. Le piston se trouvant au point mort bas, la soupape d'échappement s'ouvre et les gaz brûlés sont expulsés par le piston qui reprend sa course ascendante. Le vilebrequin accomplit quant à lui une demi-rotation.

Auspufftakt m, Ausstoßtakt m, Auspuffhub m, Auslaßhub m, Ausschiebetakt m
Vierter Takt des Viertaktverfahrens. Der Kolben ist beim unteren Totpunkt angelangt. Das Auslaßventil öffnet, und die verbrannten Gase werden durch den sich aufwärts bewegenden Kolben ausgeschoben. Die Kurbelwelle dreht sich dabei um 180°.

exhaust system [exhaust system]

système m d'échappement, ligne f d'échappement
Dispositif dans lequel se détendent les gaz brûlés à leur sortie des cylindres avant d'être évacués dans l'atmosphère, ce qui contribue à rendre leur échappement moins bruyant. La ligne d'échappement comporte un collecteur d'échappement au départ des cylindres, le tuyau d'échappement ainsi que les pots d'échappement (silencieux) s'intercalant dans la tuyauterie.

Auspuffanlage f, Abgasanlage f
Vorrichtung, in der der Druck der Abgase bei deren Austritt aus den Zylindern entspannt wird, bevor sie in die Atmosphäre gelangen und somit das Auspuffgeräusch vermindert wird. Die Auspuffanlage besteht aus einem sich an die Zylinder anschließenden Auspuffkrümmer, aus einer Auspuffleitung sowie aus einem oder mehreren in der Auspuffleitung eingefügten Auspufftöpfen (Vor- und Nachschalldämpfern).

exhaust test [emission control]
also: exhaust analysis

analyse f des gaz d'échappement
La détermination de la teneur de substances nocives dans les gaz d'échappement. Cette teneur doit ranger entre des valeurs préscrites par la législation antipollution.

Abgasuntersuchung f (Abk. AU), Abgasprüfung f, Abgastest m
Bei einer Abgasuntersuchung wird festgestellt, ob der Ausstoß an Schadstoffen im Abgas innerhalb des gesetzlich vorgeschriebenen Rahmens liegt.

exhaust turbocharger [engine]
also: exhaust gas driven turbocharger

turbocompresseur m à gaz d'échappement
Dans le turbocompresseur à gaz d'échappement, l'énergie que fournit le flux des gaz d'échappement est récupérée pour entraîner une turbine (roue turbine, roue chaude) et un compresseur centrifuge (roue compresseur, roue froide) disposés sur un même arbre. Le compresseur cen-

trifuge aspire l'air comburant et refoule le mélange gazeux ou l'air vers les cylindres sous une pression accrue. Il contribue ainsi à l'amélioration du rendement volumétrique.

Abgasturbolader m
Beim Abgasturbolader wird die in den ausströmenden Abgasen enthaltene Energie ausgenutzt, um eine Abgasturbine (Turbinenrad) und einen Turbokompressor (Laderrad, Verdichterrad) anzutreiben, die auf einer gemeinsamen Welle sitzen. Der Turbokompressor saugt die Verbrennungsluft an und fördert das Frischgas oder die Luft mit Überdruck zu den Zylindern. Er verbessert somit den Zylinderfüllungsgrad.

exhaust turbocharging [engine]

turbocompression f à gaz d'échappement
Dans la turbocompression à gaz d'échappement, l'énergie que fournit le flux des gaz d'échappement est récupérée pour entraîner une turbine (roue turbine, roue chaude) et un compresseur centrifuge (roue compresseur, roue froide) disposés sur un même arbre. Le compresseur centrifuge aspire l'air comburant et refoule le mélange gazeux ou l'air vers les cylindres sous une pression accrue. Il contribue ainsi à l'amélioration du rendement volumétrique.

Abgasturboaufladung f
Bei der Abgasturboaufladung wird die in den ausströmenden Abgasen enthaltene Energie ausgenutzt, um eine Abgasturbine (Turbinenrad) und einen Turbokompressor (Laderrad, Verdichterrad) anzutreiben, die auf einer gemeinsamen Welle sitzen. Der Turbokompressor saugt die Verbrennungsluft an und fördert das Frischgas oder die Luft mit Überdruck zu den Zylindern. Er verbessert somit den Zylinderfüllungsgrad.

exhaust valve [engine]
(See Ill. 18 p. 231)
also: outlet valve

soupape f d'échappement
Obturateur mécanique de la chambre de combustion. A la quatrième phase du cycle à quatre temps, la soupape d'échappement s'ouvre pour laisser passer les gaz brûlés dans la ligne d'échappement.

Auslaßventil n (Abk. AV)
Absperrorgan im Verbrennungsraum. Im vierten Takt des Viertaktverfahrens öffnet das Auslaßventil, damit die verbrannten Gase in die Auspuffleitung entweichen.

exhaust valve cam → exhaust cam

expander shoe brake → drum brake

expansion hole → expansion port

expansion port [brakes]
(See Ill. 5 p. 70)
also: compensating port, expansion hole

orifice m de compensation, orifice m de dilatation
Petite ouverture pratiquée dans le maître-cylindre d'un frein hydraulique par laquelle le liquide de frein s'écoule dans la chambre de compression devant les pistons. En position relevée de la pédale de frein cet orifice doit demeurer démasqué afin que le liquide puisse refluer dans le réservoir compensateur lors de sa dilatation.

Ausgleichbohrung f, Ausgleichloch n
Kleine Bohrung im Hauptzylinder einer

expansion stroke

hydraulischen Bremse, aus der die Bremsflüssigkeit aus dem Ausgleichbehälter in den Druckraum vor den Kolben fließt. Sie muß bei gelöster Bremse immer offenbleiben, damit die Bremsflüssigkeit in den Ausgleichbehälter zurückströmen kann.

expansion stroke → ignition stroke

expansion tank [cooling system]

vase m d'expansion, boîte f de dégazage
Petit réservoir en matière plastique translucide ou en verre avec repères mini-maxi, relié au radiateur par une durit dans les circuits semi-pressurisés. Il est généralement rempli de liquide réfrigérant à un tiers de sa capacité. Par échauffement le trop-plein d'eau est acheminé vers le vase d'expansion, tandis que le refroidissement, créant un vide partiel, renvoie l'eau vers le radiateur et le moteur.

Ausgleichbehälter m
Kleiner Behälter aus durchscheinendem Kunststoff oder aus Glas mit Grenzmarkierungen, der allgemein zu einem Drittel mit Kühlflüssigkeit gefüllt und mit dem Kühler durch einen Schlauch verbunden ist. Er ist nur im Überdruckkühlsystem anzutreffen. Das überschüssige Wasser strömt durch die Erhitzung in den Ausgleichbehälter und fließt nach dem Abkühlen in den Kühler und in den Motor zurück.

expansion valve [heating&ventilation]

détendeur m
Dans le circuit d'une installation d'air conditionné ou d'une installation similaire de fourgon frigorifique, cet organe sert à détendre le fluide frigorigène au terme de son cycle, avant son retour à l'évaporateur.

Expansionsventil n
Ventil im Wärmekreislauf einer Klimaanlage bzw. in der Kühlanlage eines Kühlwagens. Seine Aufgabe ist es, das verflüssigte Kältemittel wieder auf seinen Ausgangszustand zu entspannen.

experimental safety vehicle
(*abbr.* **ESV**) [safety]

véhicule m de sécurité expérimental
Modèle de véhicule conçu pour tester des améliorations et des nouveaux développements sur le secteur de la sécurité des automobiles.

experimentelles Sicherheitsfahrzeug
Ein Fahrzeugmodell, an dem Verbesserungen und Neuentwicklungen auf dem Gebiet der Sicherheit erprobt werden können.

explosion chamber → combustion chamber

explosive mixture [engine]
(See Ill. 18 p. 231)
also: air-fuel mixture or air/fuel mixture, A/F mixture, fuel-air (or fuel/air) mixture, ignitable mixture, petrol-air mixture (GB), combustible mixture

mélange m explosible, mélange m explosif, mélange m air/carburant, mélange m air/essence, mélange m détonant
Autre désignation du mélange air-essence aspiré dans les cylindres d'un moteur à explosion.

explosives Gemisch, Explosionsgemisch n, Gas-/Luftgemisch n, Brenngemisch n, brennfähiges Gemisch, zündfähiges Gemisch
Andere Bezeichnung für das Kraftstoff-

Luft-Gemisch, das in die Zylinder eines Verbrennungsmotors angesaugt wird.

external-tab washer [mechanical engineering]

frein m à tenon extérieur
Frein à sécurité absolue servant à s'opposer au desserrage d'une vis par suite de trépidations.

Sicherungsblech n mit Außennase, Sicherungsblech n mit Nase außen
Formschlüssige Sicherung, die das Lokkern einer Schraube durch Erschütterung verhindern soll.

extinguisher → fire extinguisher

extra lamp → auxiliary lamp

extreme pressure lubricant → EP lubricant

F

fabric body → carcass

fabric joint → rubber universal joint

facia *n* (GB) *(obs.)* → dashboard

facing wear → lining wear

fade *n (of the brakes)* → brake fading

fading *n* → brake fading

fan *n* [cooling system] (See Ill. 17 p. 202) *also:* ventilator

ventilateur m
Dans les systèmes à refroidissement par eau, le ventilateur a pour but de forcer l'air à travers le radiateur et à le chasser vers les cylindres du moteur.
Dans certaines voitures, le ventilateur est automatiquement débrayé lorsque la température de l'eau diminue et il est à nouveau embrayé lorsqu'elle s'accroît.

Ventilator m, Lüfter m
Bei wassergekühlten Motoren wird die Luft durch den Kühler mit Hilfe eines Ventilators angesaugt und den Zylindern zugeführt. Bei einigen Wagentypen wird der Ventilator bei sinkender Temperatur automatisch abgeschaltet bzw. steigender Wassertemperatur wieder eingeschaltet (zuschaltbarer Lüfter).

fan belt [cooling system]
(see also: V-belt)

courroie f du ventilateur
Courroie sans fin, habituellement de section trapézoïdale, enroulée sur deux poulies à gorges qui entraîne le ventilateur.

Lüfterriemen m
Endloser Riemen, üblicherweise mit trapezförmigem Querschnitt, der auf zwei Riemenscheiben mit Eindrehungen läuft. Er wird zum Antrieb des Ventilators benutzt.

fan clutch [cooling system]

accouplement m de ventilateur
Dispositif permettant de débrayer le ventilateur afin que celui-ci ne refroidisse pas trop le moteur inutilement.

Lüfterkupplung f
Vorrichtung zum Abschalten des Ventilators, damit der Motor nicht übermäßig abgekühlt wird.

fanfare horn → trumpet horn

fan pulley → fan wheel

fan wheel [cooling system]
(See Ill. 1 p. 31)
also: fan pulley

soufflante f
Dans un alternateur on trouve une soufflante juste à côté de la poulie et qui sert au refroidissement.

Lüfterrad n
In der Lichtmaschine sitzt der Lüfter unmittelbar neben der Riemenscheibe und dient der Abkühlung.

fast charger [electrical system]
also: quick charger, boost battery charger

chargeur m rapide
Appareil conçu pour une recharge rapide de batteries. Il existe des appareils équipés de lampes-témoin fournissant des indications sur l'état interne de la batterie.

Schnelladegerät n, Schnellader m
Gerät für die Schnelladung von Batterien. Es gibt Schnellader, die mit Anzeigelampen auf den innerlichen Zustand der Batterie hinweisen.

fast idle [engine]

ralenti m accéléré
Une vitesse au ralenti jusqu'à 2000 tr/mn. Le régime normal au ralenti est de 500 à 1000 tr/mn.

schneller Leerlauf, erhöhte Leerlaufdrehzahl
Während eine normale Leerlaufdrehzahl unter 1000 Upm liegt, reicht der schnelle Leerlauf bis zum 2000 Upm.

feed pipe → fuel line

feed stroke → suction stroke

feeler gages (US) *or* **gauges** (GB) *pl* [tools]

calibres mpl d'épaisseur, jauges fpl d'épaisseur, jeu m de cales (d'épaisseur), jeu m de jauges
Ensemble de lamelles calibrées de 0,05 à 1,0 mm permettant de régler ou d'évaluer des écartements minimes. On l'utilise notamment pour le réglage des vis platinées et du jeu aux soupapes.

Fühlerlehrensatz m
Satz von Stahlblechzungen zum Einstellen oder Ermitteln kleinster Zwischenräume (0,05—1,00 mm). Er wird u.a. zur Einstellung der Unterbrecherkontakte und des Ventilspiels benötigt.

fender (US) [vehicle body]
also: mudguard (GB), wing (GB)

aile f
Revêtement en tôle disposé sur les roues d'une automobile et réuni à la carrosserie par boulonnage ou par soudage.

Kotflügel m, Seitenteil n
Äußere Blechverkleidung über den Rädern eines Pkw. Sie ist mit der übrigen Karosserie verschraubt oder verschweißt.

FI = fuel injection

fibre bush → insulating bushing

fibre heel → rubbing block

FID = flame ionization detector

field winding [electrical system]
(See Ill. 30 p. 445)

bobinages mpl de champ
Enroulement parcouru par un courant électrique qui donne naissance à un champ magnétique.

Feldwicklung f
Stromdurchflossene Wicklung, in der ein Magnetfeld erzeugt wird.

fifth-wheel tractor → truck tractor

filament [lights]
also: glow wire

filament m
Fil très fin en tungstène scellé dans une ampoule électrique et porté à l'incandescence par le passage du courant.

Glühfaden m, Glühwendel f, Glühdraht m
Sehr dünner Wolframdraht in einer Glühlampe, der durch die elektrische Stromwärme zur Weißglut erhitzt wird.

filler [materials]

matière f de charge
Matière de faible pouvoir colorant incorporée aux peintures pour en augmenter le volume ou en diminuer le prix.

Füllstoff m, Füller m
Hilfsstoff mit schwacher Farbkraft, der dem Lack zwecks Volumenzunahme oder Kostenreduzierung beigemengt wird.

filler cap [fuel system]
also: fuel filler cap, petrol filler cap (GB), tank cap

bouchon m de remplissage
Bouchon de remplissage d'un réservoir de carburant percé d'un orifice minuscule qui maintient le carburant à la pression atmosphérique.

Einfüllverschluß m, Tankdeckel m
Deckel auf dem Einfüllstutzen des Kraftstoffbehälters. Er ist mit einer kleinen Bohrung versehen, damit der Kraftstoff immer unter Atmosphärendruck steht.

filling station → gasoline service station

filter *n* → air filter

filter cartridge [equipment]
also: filter element, air filter element, cleaner cartridge

cartouche f filtrante, élément m filtrant
Elément interchangeable d'un filtre qui, lorsqu'il est encrassé, peut être remplacé, nettoyé ou régénéré.

Filterpatrone f, Filtereinsatz m
Auswechselbarer Einsatz eines Filters, der bei Verschmutzung ausgetauscht, gereinigt oder regeneriert wird.

filter element → filter cartridge

filtering paper → filter paper

filter paper [equipment]
also: filtering paper

papier m filtre
Papier fabriqué avec de la cellulose, des fibres synthétiques ou de la fibre de verre et utilisé dans divers types de filtre.

Filterpapier n

final discharge voltage

Papier aus Zellstoff, Kunststoff oder Glasfasern, das in verschiedenen Filterbauarten verwendet wird.

final discharge voltage → cutoff voltage

final drive [transmission]

couple m final
Le couple final classique est constitué d'un pignon conique engrenant une grand couronne.

Achsantrieb m
Zum herkömmlichen Achsantrieb gehören Kegelrad und Tellerrad.

final drive → differential n

finger lever [engine]

basculeur m, doigt m de poussée, linguet m
Levier oscillant dont le point d'appui se situe à son extrémité et qui, comme le culbuteur, est placé au-dessus du cylindre pour assurer l'ouverture et la fermeture d'une soupape.

Schwinghebel m, Schlepphebel m
Hebel, dessen Drehpunkt am Hebelende liegt. Er ist über dem Zylinder angeordnet und dient zum Öffnen und Schließen eines Ventils.

finger nut → wing nut

finned radiator → fin-type radiator

fins *pl* [cooling system]

ailettes fpl
Dans un radiateur à eau le faisceau est constitué de tubes longs et minces à section circulaire, ovale ou rectangulaire et à travers lesquels l'eau s'écoule. Ces tubes sont reliés entre eux par des ailettes en tôle de cuivre qui augmentent ainsi la surface de refroidissement par air.

Rippen fpl
Bei Wasserröhrenkühlern besteht der Kühlerkern aus langen, dünnwandigen Röhrchen mit rundem, ovalem oder rechteckigem Querschnitt, durch die das Wasser strömt.
Zur Vergrößerung der Kühlfläche sind die Röhrchen durch Rippen aus Kupferblech miteinander verbunden, die von Luft umspült werden.

fin-type radiator [cooling system]
(*opp.*: tubular radiator)
also: finned radiator, ribbed radiator, cellular(-type) radiator, gilled radiator

radiateur m à ailettes
Radiateur comportant des tubes à section rectangulaire sur lesquels sont fixées des ailettes radiantes augmentant ainsi la surface de refroidissement. L'eau circule dans les tubes et l'air à l'extérieur de ceux-ci.

Lamellenkühler m
Dieser Kühler besteht aus verlöteten Röhren mit rechteckigem Querschnitt, die somit Lamellen und eine größere Kühlfläche ergeben. Das Wasser fließt durch die Röhren, die außen von Luft umspült sind.

fire brigade truck (US) [vehicle]
also: fire-fighting vehicle

autopompe f
Véhicule automobile portant une pompe à incendie et une carrosserie dans laquelle prennent place les sapeurs-pompiers avec leur matériel.

Feuerlöschfahrzeug** n*, ***Kraftfahrspritze** f*, ***motorisiertes Löschfahrzeug
Löschfahrzeug, das eine Feuerlöschpumpe mitführt. In seinem Aufbau werden die Feuerwehrmänner mit der Ausrüstung zur Feuerbekämpfung untergebracht.

fire extinguisher [safety]
also: extinguisher

extincteur m
Appareil homologué, faisant partie de l'équipement de bord et chargé de poudre polyvalente libérable sous forte pression.

***Feuerlöscher** m*, ***Pulverlöscher** m*
In Kraftfahrzeugen mitgeführtes, zulassungspflichtiges Handgerät, das seine Trockenlöschpulverfüllung unter Druck ausstößt.

fire-fighting vehicle → fire brigade truck

firing chamber → combustion chamber

firing order → ignition order

firing point → ignition point

firing sequence → ignition order

firing stroke → ignition stroke

firing voltage [ignition]
also: ignition voltage, required voltage *(for ignition)*

tension f d'allumage
Tension de 5000 à 15000 volts nécessaire pour produire une étincelle entre les électrodes d'une bougie d'allumage. Elle est encore plus élevée dans le cas d'un démarrage à froid ou si l'écartement des électrodes est très important.

***Zündspannung** f*, ***Überschlagspannung** f*, ***Sekundärspannung** f*
Erforderliche Spannung von 5000 bis 15000 V, die an der Zündkerze anliegen soll, damit der Zündfunke zwischen beiden Elektroden überschlägt. Bei kaltem Motor oder größerem Elektrodenabstand liegt die Zündspannung noch viel höher.

first gear [transmission]
(See Ill. 20 p. 248)
also: first speed, low(est) gear, slow speed, starting gear

première vitesse, premier rapport
En première vitesse, le plus grand pignon de l'arbre secondaire (arbre de sortie) est rendu solidaire du plus petit pignon du train fixe. Le rapport de démultiplication peut être de l'ordre de 3,5:1. Si on y ajoute un rapport final de 4:1 par exemple, on obtient pour la première vitesse une démultiplication totale de 14:1 (14 tours de vilebrequin correspondant à 1 tour de roue motrice).

erster Gang
Beim ersten Gang ist das größte Zahnrad auf der Hauptwelle vom kleinsten Vorgelegerad angetrieben. Die Übersetzung ins Langsame beträgt ca. 3,5:1. Rechnet man die Übersetzung des Achsantriebs hinzu (z.B. 4:1), so ergibt sich für den ersten Gang ein Untersetzungsverhältnis von insgesamt 14:1, d.h. 14 Kurbelwellenumdrehungen entsprechen einer Umdrehung des Antriebsrades.

first-motion shaft → primary shaft

first piston → front piston

first speed → first gear

five-cylinder engine [engine]

moteur m à cinq cylindres
Moteur dont les manetons sont calés à 72°. L'ordre d'allumage des cylindres est 1—2—4—5—3.

Fünfzylindermotor m
Motor mit einem Zündabstand von 72°. Die Zündfolge ist 1—2—4—5—3.

five-speed gearbox [transmission]

boîte f à cinq vitesses, boîte f cinq vitesses
Aujourd'hui la boîte à cinq vitesses a largement remplacé la boîte classique à quatre vitesses. Sa cinquième vitesse a un rapport démultiplié, c'est-à-dire une vitesse à régime supérieur au régime du moteur.

Fünfganggetriebe n
Das Fünfganggetriebe ersetzt heute bei Automobilen weitgehend das klassische Vierganggetriebe. Es besitzt zusätzlich einen Übersetzungsgang (sog. Overdrive), bei dem die Drehzahl größer ist als die Motordrehzahl.

fixed-caliper disc brake [brakes]
(*opp.:* floating-caliper disc brake)

frein m à disque à étrier fixe
Dans ce système les plaquettes de frein sont comprimées en même temps par les pistons de part et d'autre du disque.

Festsattelscheibenbremse f
Bei dieser Bauart werden die Bremsbeläge beiderseits der Scheibe durch die Kolben gleichzeitig angedrückt.

fixed contact → breaker fixed contact

fixed-jet carburetor [carburetor]
(See Ill. 8 p. 90)

carburateur m à gicleur fixe
Carburateur équipé d'un ou de deux gicleurs dont la section ne varie pas à l'opposé des carburateurs à pression constante.

Fixdüsenvergaser m
Vergaser, der mit einer oder zwei unveränderlichen Düsen ausgerüstet ist im Gegensatz zum Gleichdruckvergaser, dessen Düsenquerschnitt veränderlich ist.

fixed pointer → fixed timing mark

fixed timing mark [ignition]
also: fixed pointer

repère m fixe, repère m statique, repère m de calage
Repère figurant sur le carter-moteur et qui, lors du calage de l'allumage, doit coïncider avec le repère mobile du volant-moteur ou de la poulie.

feste Zündeinstellmarke, Festmarke f, feste Markierung (für die Zündeinstellung), Gehäusemarkierung f
Markierung auf Motorgehäuse, die bei der Zündzeitpunkteinstellung mit der beweglichen Markierung (Umlaufmarke) auf der Schwungscheibe bzw. auf der Riemenscheibe fluchten soll.

flame cutting [materials]

oxycoupage m
Découpage de pièces métalliques par oxydation à haute température au moyen d'un chalumeau appelé découpeur.

Brennschneiden n
Trennen mit dem Schneidbrenner von Werkstücken aus Metall, die zu Oxid verbrannt werden.

flame ionization detector
(*abbr.* **FID**) [emission control]

détecteur m par ionisation de flamme
Appareil pour déterminer le taux d'hydrocarbures imbrûlés dans les gaz d'échappement.

Flammenionisationsdetektor m
Ein Gerät, mit dem sich der Anteil unverbrannter Kohlenwasserstoffe im Abgas bestimmen läßt.

flanged-tube radiator → tubular radiator

flasher unit [lights]

boîte f clignotante
Thermorelais ou relais électronique qui commande les clignotants d'un véhicule.

Blinkgeber m, Blinkrelais n
Heizdrahtrelais oder elektronischer Blinkgeber zur Steuerung der Blinkleuchten.

flashing direction indicator → direction indicator

flashpoint [chemistry]

point m d'inflammabilité, point m d'éclair (abr. PEc)
Température à laquelle s'enflamment les vapeurs dégagées par une huile ou un combustible à l'approche d'une flamme sans qu'il y ait pour autant combustion totale.

Flammpunkt m
Der Flammpunkt ist diejenige Temperatur, bei der die Dämpfe eines Brennstoffes oder eines Öls bei Annäherung einer Zündflamme zum ersten Mal kurz aufflammen.

flatbed truck (US) → platform lorry (GB)

flat-bottom tappet [engine]

poussoir m à plateau
Poussoir se terminant par un plateau sur lequel la came agit par frottement.

Tellerstößel m
Stößel, der mit einem Teller endet, auf welchen der Nocken durch Reibung einwirkt.

flat engine [engine]
also: flat opposed-piston engine, engine with (horizontally) opposed cylinders, opposed-cylinder engine, boxer (engine), horizontally opposed engine

moteur m à cylindres opposés
Moteur comportant des cylindres opposés, disposés deux à deux de part et d'autre du vilebrequin. Ils se situent dans un même plan horizontal et agissent sur le même vilebrequin.

Boxermotor m, Boxerreihenmotor m
Verbrennungsmotor, bei dem Zylinder in Zweiergruppen auf gegenüberliegender Seite der Kurbelwelle bzw. in einer Ebene angeordnet sind. Sie arbeiten auf eine gemeinsame Kurbelwelle.

flat-head screw → countersunk screw

flat opposed-piston engine → flat engine

flat-pin terminal → blade terminal

flat-plug connector → blade receptacle

flexible brake pipe → brake hose

flexible coupling [mech. engineering]

accouplement m de compensation
Accouplement assurant la liaison d'arbres qui ne sont pas dans un alignement parfait.

Ausgleichkupplung f
Kupplungsart, die einen Ausgleich zwischen nicht genau fluchtenden Wellen ermöglicht.

flip-flop *n* [electronics]
also: bistable trigger circuit, bistable multivibrator

multivibrateur m à transistors, basculeur m, circuit m bistable
Partie de l'allumage transistorisé. Le multivibrateur à transistors produit un courant alternatif à haute fréquence, dont la tension est élevée par un transformateur.

bistabiler Multivibrator, bistabile Kippschaltung, Transistorkippstufe m, Kippgenerator m, Kippstufe f
Teil der Transistorzündanlage. Die Kippstufe erzeugt einen hochfrequenten Wechselstrom, dessen Spannung durch einen Transformator erhöht wird.

float *n* [carburetor] (See Ill. 8 p. 90)

flotteur m
Corps creux cylindrique en laiton ou en matière synthétique flottant à la surface du carburant. Il indique le niveau du carburant dans un réservoir à essence ou il règle l'arrivée du carburant, comme c'est le cas dans un carburateur.

Schwimmer m
Auf einem Kraftstoffspiegel schwimmender, zylindrischer Hohlkörper aus Messingblech oder aus Kunststoff, der den Stand des Kraftstoffes im Benzintank anzeigt oder, wie im Vergaser, den Kraftstoffzufluß regelt.

float bowl → float chamber

float chamber [carburetor]
(See Ill. 8 p. 90)
also: fuel bowl, float bowl

chambre f à niveau constant, cuve f (à niveau constant), puits m du carburateur
Partie du carburateur. C'est dans la chambre à niveau constant que débouche le carburant refoulé par la pompe à essence, en pénétrant par une soupape à pointeau. En s'élevant le niveau de carburant repousse vers le haut le flotteur en laiton creux dont le pointeau rebouche l'arrivée d'essence en venant reposer sur son siège.

Schwimmerkammer f, Schwimmergehäuse n
Teil des Vergasers. Das Benzin wird von der Kraftstoffpumpe durch das Schwimmernadelventil in die Schwimmerkammer gefördert. Der zunehmende Kraftstoffspiegel drückt den Schwimmer aus Messingblech nach oben und die Schwimmernadel auf ihren Sitz, die somit den Kraftstoffzufluß wieder drosselt.

floating-caliper disc brake [brakes]
(*opp.:* fixed-caliper disc brake)
also: moving caliper disc brake

frein m à disque à étrier flottant, frein m à disque à étrier mobile
Dans ce système, un seul cylindre hydraulique comprime la plaquette directement sur le disque. La plaquette opposée est à son tour appliquée sur le disque de par la force de réaction s'exerçant sur la partie flottante de l'étrier.

Schwimmsattelscheibenbremse f, Schwimmrahmenscheibenbremse f
Ein einziger hydraulischer Zylinder preßt den Bremsbelag direkt gegen die

Bremsscheibe. Der gegenüberliegende Reibbelag wird durch die Reaktionskraft auf den verschiebbaren Sattel gegen die Bremsscheibe gedrückt.

floating piston pin [engine]

axe m de piston flottant
Axe de piston monté libre dans le piston et le pied de la bielle.

schwimmend gelagerter Kolbenbolzen
Kolbenbolzen, der sich im Kolben und im Pleuelauge frei dreht.

float needle [carburetor]
also: valve needle

pointeau m
Aiguille coulissant dans l'axe du flotteur d'un carburateur et grâce à laquelle le flotteur peut régler l'arrivée de l'essence en bouchant ou en débouchant la soupape à pointeau.

Schwimmernadel f
In der Schwimmerachse gleitende Nadel aus Messing bzw. aus Nylon, womit der Schwimmer den Kraftstoffzufluß durch Öffnen und Schließen des Schwimmernadelventils regeln kann.

float needle valve [carburetor]
(See Ill. 8 p. 90)

soupape f à pointeau
Pièce de la chambre à niveau constant. C'est par cette soupape que l'essence débouche dans le carburateur.

Nadelventil n, Schwimmernadelventil, Kraftstoffnadelventil n
Teil der Schwimmerkammer. Durch dieses Ventil fließt das Benzin in den Vergaser.

float pivot pin [carburetor]

(See Ill. 8 p. 90)

axe m d'appui du flotteur
Axe permettant au flotteur de modifier légèrement sa position selon le niveau de carburant que contient le puits du carburateur.

Schwimmerhebelwelle f, Schwimmergelenkachse f, Schwimmerachse f
Kleine Hebelwelle, um die sich der Schwimmer in der Schwimmerkammer eines Vergasers leicht bewegt.

flood *vt* [engine]

noyer v (le moteur)
Au démarrage un mélange trop riche peut noyer les bougies d'allumage en sorte que l'étincelle ne peut jaillir dans de bonnes conditions entre les électrodes.

absaufen lassen (colloq.),
zum Ersaufen bringen (colloq.)
Beim Starten können die Zündkerzen durch überfettes Gemisch naß werden, so daß der Zündfunke nicht richtig zwischen den Elektroden überschlägt.

floor pan → floor panel

floor panel [vehicle body]
also: floor pan

plancher m
Partie de la carrosserie d'une véhicule qui forme le sol de l'habitacle.

Boden m, Bodengruppe f
Die Gesamtheit der Bodenteile der Karosserie eines Kraftfahrzeugs.

floor shift → floor-type gear shift

floor-type gear shift [transmission]
also: floor shift, stick shift

changement m de vitesses au plancher, levier m de vitesses au plancher
Changement de vitesses dans lequel le levier au plancher actionne directement la boîte de vitesses.

Knüppelschaltung f, Mittelschaltung f, Stockschaltung f, Kugelschaltung f
Gangschaltung, bei der der Schaltknüppel unmittelbar in das Wechselgetriebe eingreift.

flow improver additive [fuels]

antigel m diesel, additif m antifigeant, additif m antigélifant
Additif du gazole ou du fioul domestique qui, en hiver, s'oppose à la formation de cristaux de paraffine.

Fließverbesserer m
Zusatz, der dem Dieselkraftstoff oder dem Heizöl EL beigemischt wird, um im Winter der Bildung von Paraffinkristallen entgegenzuwirken.

fluid for brakes → brake fluid

fluid bed cracking [fuels]

craquage m à lit mobile
Procédé de craquage dans lequel on a recours à un catalyseur à grains fins circulant en turbulence entre le réacteur et le régénérateur.

Fließbettkatalyse f, Fließbettverfahren n, Wirbelschichtverfahren n
Crackverfahren, wobei ein feinkörniger Katalysator verwendet wird, der in wallender Bewegung zwischen Reaktor und Regenerator zirkuliert.

fluid brake → hydraulic brake

fluid clutch [transmission]

also: fluid drive, hydraulic-type coupling, hydraulic coupling, fluid coupling, fluid flywheel

embrayage m hydraulique, embrayage m hydrodynamique, coupleur m hydraulique
Embrayage automatique et progressif constitué d'un carter étanche rempli d'huile abritant deux rotors à aubes dont l'un (pompe) est solidaire du moteur et l'autre (turbine) de l'arbre d'entrée de la boîte de vitesses.

hydraulische Kupplung, Turbokupplung f, Flüssigkeitskupplung f, hydrodynamische Kupplung, Strömungskupplung, Föttinger-Kupplung
Automatische bzw. ruckfreie Kupplung bestehend aus einem Pumpenrad (Treiber-Primärschale), das mit dem Motor verbunden ist, und aus einem auf der Getriebewelle befestigten Turbinenrad (Läufer-Sekundärschale). Beide Räder (Antrieb und Abtrieb) sind in einem mit Öl gefüllten Gehäuse untergebracht.

fluid container → fluid reservoir

fluid coupling → fluid clutch

fluid drive → fluid clutch

fluid flywheel → fluid clutch

fluidity improver [fuels&lubricants]

additif m antifigeant, additif m antigélifiant, additif m améliorant la fluidité
Additif qui abaisse le point de congélation du gasoil en général et diminue sa résistance à l'écoulement et améliore son point de congélation et son point de goutte.

***Fließverbesserer** m*, ***Fluiditäts-
verbesserer** m*
Ein Zusatz für Dieselkraftstoffe, der die
Wintereigenschaften von Dieselkraftstoff
verbessert, insbesondere Fließverhalten,
Stockpunkt und Tropfpunkt.

fluid line → brake line

fluid reservoir [brakes, transmission]
also: fluid tank, fluid container

*réservoir m de liquide de freins et/ou
d'embrayage*
Réservoir translucide en matière plastique
comportant un repère maximum et un repère minimum. Il contient soit le liquide
du circuit de freinage, soit le liquide du
circuit d'embrayage, mais il peut aussi
contenir le liquide destiné aux deux circuits à la fois. Dans ce dernier cas, les
tuyaux de sortie sont disposés à des niveaux différents en sorte que, pour des
raisons de sécurité, le circuit d'embrayage
tombe en panne avant le circuit de freins
s'il y a perte de liquide.

Ausgleichbehälter m
Durchscheinender Kunststoffbehälter mit
zwei Grenzmarkierungen, der entweder
Bremsflüssigkeit oder Flüssigkeit für die
hydraulisch betätigte Kupplung enthält.
Er kann aber auch Flüssigkeit für beide
Anlagen enthalten. In diesem Fall sind
die abgehenden Schlauchverbindungen
nicht auf gleicher Höhe. Bei Flüssig-
keitsverlust fällt aus Sicherheitsgründen
erst die Kupplung, dann die Bremsanlage
aus.

fluid separating bell [suspension]

cloche f de séparation
Cloche en tôle d'acier qui, dans la suspension hydrolastique, divise en deux chambres l'espace creux rempli de liquide hydraulique d'un élément hydrolastique.

Blechteller m, Blechglocke f
Glockenförmiger Blechteller, der bei der
Hydrolastic-Verbundfederung den mit
Hydrauliköl gefüllten Hohlraum eines
Federaggregats in zwei Kammern un-
terteilt.

fluid tank → fluid reservoir

fly nut → wing nut

flyweight [ignition]
also: centrifugal advance weight, advance
weight, centrifugal weight, distributor
advance weight, governor weight, bob
weight, spring-loaded flyweight

masselotte f (d'avance centrifuge)
Elément agissant par inertie ou par force
centrifuge. Pièce de l'avance centrifuge.
A mesure que le régime augmente, deux
masselottes à ressort taré s'écartent et
agissent sur le manchon à cames de
l'arbre d'allumeur pour donner plus
d'avance.
On trouve également des masselottes dans
les régulateurs centrifuges des pompes
d'injection et qui servent à régler le ralenti
et la vitesse de rotation maximale.

Fliehgewicht n
Durch Fliehkraft oder Trägheit einwir-
kendes Betätigungselement. Teil des
Fliehkraft-Zündverstellers. Bei steigen-
der Drehzahl wirken zwei federbelastete
Fliehgewichte auf die Nockenbuchse der
Verteilerwelle ein und verstellen den
Zündzeitpunkt in Richtung "früh".
Fliehgewichte gibt es auch bei Flieh-
kraftreglern von Einspritzpumpen für die
Regelung des Leerlaufs und der Enddreh-
zahl.

flyweight governor → centrifugal governor

flywheel [engine] (See Ill. 11 p. 154, Ill. 17 p. 202)

volant-moteur m
Roue de forte masse fixée sur le vilebrequin et servant à emmagasiner l'énergie mécanique. Au cours du troisième temps du cycle à quatre temps, le volant moteur emmagasine partiellement l'énergie produite pour la restituer de par son inertie. En poursuivant son mouvement de rotation, il entraîne le vilebrequin qui, à son tour, agit sur le piston par le truchement de la bielle afin de lui faire effectuer les trois autres phases résistantes du cycle jusqu'à l'allumage suivant. Le volant transmet aussi le couple moteur à l'embrayage.

Schwungrad n, Schwungscheibe f
Schweres Rad an der Kurbelwelle zur Speicherung mechanischer Energie. Im dritten Takt (Arbeitstakt) des Viertaktverfahrens nimmt das Schwungrad einen Teil der erzeugten Energie auf und gibt sie aufgrund seiner großen Massenträgheit wieder ab. Das Schwungrad dreht sich weiter und treibt die Kurbelwelle an, die wiederum die Kolben über die Pleuelstangen in Bewegung setzt, damit die Totpunkte und Leertakte bis zur nächsten Zündung überwunden werden. Außerdem überträgt das Schwungrad das Motordrehmoment auf die Kupplung.

flywheel face [clutch] (See Ill. 17 p. 202)

glace f de volant-moteur, face f d'appui du disque sur le volant-moteur, face f de friction du volant-moteur
Face du volant-moteur sur laquelle est comprimé le disque d'embrayage (friction) à l'état embrayé.

Reibfläche f der Schwungscheibe
Innen plangedrehte Fläche der Schwungscheibe, gegen die die Kupplungsscheibe im eingekuppelten Zustand gepreßt wird.

flywheel flange [engine] (See Ill. 9 p. 134)

plateau m d'attente, plateau m de volant
Plateau sur lequel est fixé le volant-moteur en bout de vilebrequin.

Schwungradflansch m
Flansch zur Aufnahme des Schwungrades am Ende einer Kurbelwelle.

flywheel housing → bell housing

flywheel marking → rotating timing mark

flywheel ring gear → starter ring gear

flywheel timing mark → rotating timing mark

foaming n [lubricants]

moussage m
Phénomène que l'on peut observer dans l'huile moteur ou l'huile de la boîte de vitesses, lorsque le niveau d'huile est excessif ou quand il y a échauffement anormal (dilatation thermique). Le moussage occasionne des pertes de pression d'huile et porte préjudice à la lubrification des pièces.

Schaumbildung f, Schäumen n (des Öls), Ölschäumen n
Besonders im Motorenschmieröl bzw. im Getriebeöl kann es bei zu hohem Ölstand wegen Überfüllung oder durch Überhitzung zu einer Schaumbildung kommen, die zu Öldruckverlust und Mangelschmierung führt.

foaming inhibitor [lubricants]
also: foam inhibitor, anti-foam(ing) additive, anti-foam agent, foam suppressor, defoamant *n*

additif m anti-mousse, additif m anti-émulsion
Additif d'huile lubrifiante ayant pour objet de freiner la formation de mousse.

Antischäummittel n, Schaumdämpfungsmittel n, Schaumhemmungsmittel n, Schaumdämpfungszusatz m, Entschäumer m, Defoamant n
Schmierölzusatz zur Dämpfung der Schaumbildung.

foam inhibitor → foaming inhibitor

foam suppressor → foaming inhibitor

focal distance [physics]
also: focal length

distance f focale
Distance du foyer par rapport au plan principal correspondant.

Brennweite f
Abstand des Brennpunkts von der zugehörigen Hauptebene.

focal length → focal distance

fog headlight → fog light

fog lamp → fog light

fog light [lights]
also: fog headlight, fog lamp

feu m (avant) de brouillard, projecteur m de brouillard, projecteur m antibrouillard, phare m anti-brouillard, perce-brouillard m
Phare dont le faisceau est dirigé sur le sol et qui éclaire les bas-côtés de la chaussée.

Consommation 35 watts par projecteur. Il est recommandé de monter les projecteurs de brouillard sur le pare-chocs ou en dessous de celui-ci pour en accroître l'efficacité. En France, ces projecteurs doivent être placés à une hauteur minimum de 250 mm au-dessus du sol et ne pas être montés à plus de 40 cm du bord du véhicule.

Nebelscheinwerfer m
Scheinwerfer, dessen Lichtstrahl nach unten gerichtet ist und die Fahrbahnränder ausleuchtet. Leistungsbedarf je 35 W. Auf oder unter der Stoßstange montierte Scheinwerfer haben eine bessere Wirkung, weil sie den Nebel unterstrahlen. Nach § 52 St VZO dürfen die Nebelscheinwerfer nicht höher als die Hauptscheinwerfer angebracht sein. Auch darf der äußere Rand der Lichtaustrittfläche nicht mehr als 400 mm von der breitesten Stelle des Fahrzeugumrisses entfernt sein.

fog tail lamp [lights]
also: fog warning light

feu m arrière de brouillard, feu m arrière antibrouillard, feu m AR brouillard
Feu rouge arrière très puissant (21 watts) qui signale la présence d'un véhicule par temps de brouillard et en cas de chute de neige. Lorsque le feu arrière de brouillard est allumé, son fonctionnement doit être signalé par lampe témoin.

Nebelschlußleuchte f, Nebelrückleuchte f
Rote Rückleuchte mit großer Lichtstärke (21 Watt), die das Fahrzeug bei dichtem Nebel und Schneetreiben nach hinten absichert. Das Einschalten der Nebelschlußleuchte muß durch eine Kontrollampe an der Instrumententafel angezeigt werden.

fog warning light → fog tail lamp

foot brake [brakes]
also: foot-operated brake

frein m à pied
Frein actionné par pedale.

Fußbremse f
Ein durch Pedaldruck betätigte Bremse.

foot brake pedal → brake pedal

foot-operated brake → foot brake

footprint *(of a tire)* → contact patch

foot pump [maintenance]

pompe f à pied
Pompe à un seul ou à deux cylindres avec manomètre, raccord flexible et embout rapide pour le contrôle de la pression des pneus ou pour leur gonflage. On trouve également des pompes à pied se branchant sur deux roues à la fois afin d'égaliser les pressions et d'obtenir un gonflage égal sur un même train. Parfois un jeu d'embouts pour gonflage de matelas et de canots pneumatiques ainsi que de pneus de bicyclette est fourni en dotation.

Fußluftpumpe f
Einzylinder- bzw. Zweizylinderluftpumpe mit Manometer, Schlauch und Düse zur Kontrolle des Reifenluftdrucks und zur Reifenfüllung. Sonderausführung zum gleichzeitigen Aufpumpen von zwei Reifen, damit der Reifenfülldruck einer Achse ausgeglichen wird. Zuweilen werden Zusatzdüsen für Luftmatratzen, Schlauchboote und Fahrradreifen mitgeliefert.

foot throttle (GB) → gas pedal (US)

forced-feed lubrication [lubrication]
also: forced lubrication, pressure lubrication, pressure-feed lubrication

graissage m forcé, graissage m sous pression
L'huile moteur est puisée dans la partie la plus basse du carter de vilebrequin au moyen d'une pompe et acheminée par des conduites et des lumières de graissage en direction des paliers, du vilebrequin, des bielles et finalement des cylindres. L'huile excédentaire retombe dans le carter à travers un filtre.

Druckumlaufschmierung f,
Druckschmierung f, Preßschmierung f
Das Motorenöl wird aus der Ölwanne des Kurbelgehäuses mit Hilfe einer Ölpumpe über Rohrleitungen und Bohrungen den Kurbelwellenlagern, der Kurbelwelle, den Pleuelstangen und schließlich den Zylindern zugeführt. Das überschüssige Öl fließt über ein Ölfilter in die Ölwanne zurück.

forced lubrication → forced-feed lubrication

fork axle [vehicle construction]

essieu m à chapes ouvertes
Essieu se terminant par une fourche dans laquelle s'engage le pivot d'articulation de fusée.

Gabelachse f
Achse, die mit einer Gabel endet, in der der Achsschenkelbolzen drehbar eingesteckt ist.

fork joint [vehicle construction]

chape f
Articulation en fourche que l'on trouve à la jonction de la fusée et de l'essieu.

Gabelgelenk n
Gelenk zur Verbindung der Achse mit dem Achsschenkel.

fork rod → shifter rod

forward shoe → leading brake shoe

four-barrel carburetor (US) *or* **carburettor** (GB) [carburetor]
also: quadrijet (US)

carburateur m à quatre corps, carburateur m à quatre fûts
Carburateur comportant quatre chambres de carburation et deux pipes d'air.

Vierfachvergaser m, Doppelregistervergaser m
Vergaser mit vier Mischkammern und zwei Ansaugrohren.

four-cycle engine [engine]
also: four-stroke engine

moteur m à quatre temps, moteur m 4 temps, quatre temps m
Moteur dont le cycle de travail comprend les phases suivantes: aspiration, compression, combustion, échappement.

Viertaktmotor m, Viertakter m (colloq.)
Ein Motor mit folgenden vier Phasen: Ansaugung, Verdichtung, Verbrennung, Auspufffen.

four-cycle system → four-stroke process

four-door sedan (US) *or* **saloon** (GB) [vehicle]

berline f à quatre portes
Conduite intérieure à quatre portes et à quatre ou six places, dont quatre places de côté.

viertürige Limousine
Viertüriger, allseitig geschlossener Pkw mit vier oder sechs Sitzplätzen, davon vier Seitensitzen.

four-point seatbelt → shoulder harness

four-speed gearbox [transmission]

boîte f à quatre vitesses, boîte f quatre vitesses
La boîte à quatre vitesses est la boîte classique dans les automobiles. Elle a quatre vitesses avant et une marche arrière. La quatrième vitesse est une vitesse sans démultiplication. Aujourd'hui elle est remplacé souvent par les boîtes à cinq vitesses.

Vierganggetriebe n
Das Vierganggetriebe war lange Zeit das Standardgetriebe in Automobilen. Es besitzt vier Vorwärtsgänge und einen Rückwärtsgang; der vierte Gang ist ein direkter Gang ohne Untersetzung. Heute ist es weitgehend vom Fünfganggetriebe verdrängt.

four-star petrol 95 (GB) [fuels]
also: premium unleaded 95 (US), Eurosuper

supercarburant m sans plomb SP 95, eurosuper m
Bien que son indice d'octane est 95 RON seulement, tous les moteurs construits après 1989 y peuvent fonctionner. Il est aussi conforme aux règlements antipollution de la CEE.

Eurosuper n
Trotz seiner Oktanzahl von nur 95 ist das bleifreie Superbenzin Eurosuper für alle Motoren, die nach 1989 gebaut wurden, geeignet. Es entspricht auch den Abgasbestimmungen der CEE.

four-stroke engine → four-cycle engine

four-stroke cycle → four-stroke process

four-stroke process [engine]
(See Ill. 18 p. 231)
also: four-stroke cycle, four-cycle system, Otto cycle

cycle m à quatre temps, cycle m de Beau de Rochas, cycle m Otto
Dans le cycle à quatre temps, la succession des opérations s'effectue en quatre phases dans l'ordre suivant:
1. aspiration
2. compression
3. explosion détente (moteur essence); combustion détente (moteur diesel)
4. échappement

Les premier, deuxième et quatrième temps sont des phases résistantes. Seul le troisième temps est une phase de travail.
Dans la première phase du cycle, le moteur à essence aspire un mélange air carburant préparé dans le carburateur, alors que le moteur diesel n'aspire que de l'air. Au cours de la 2ème phase, le mélange du moteur à essence est comprimé à 8 - 18 bars, d'où résulte un échauffement à 400 °C environ. En fin de compression, il y a allumage par étincelle électrique à la bougie d'allumage. Pour ce qui touche le moteur diesel, l'air est comprimé à 20 - 50 bars, la température d'échauffement pouvant atteindre 900 °C. En fin de compression, le combustible est injecté sous une pression de 100 - 200 bars et s'enflamme spontanément au contact de l'air surchauffé.
Dans la troisième phase, la pression maximale de combustion est plus élevée dans le moteur diesel que dans le moteur à essence.
Au cours de la quatrième phase, les gaz brûlés sont évacués, la teneur en CO des gaz d'échappement du moteur diesel étant bien moindre que celle du moteur à essence.

Viertaktverfahren n, Viertakt-Arbeitsverfahren n, Ottoverfahren n
Beim Viertaktverfahren gliedert sich das Arbeitsspiel des Verbrennungsmotors in vier Phasen:
1. Ansaugen
2. Verdichten
3. Arbeiten (Einspritzen, Verbrennen)
4. Ausschieben (Auspuffen)

Der erste, der zweite und der vierte Takt sind sogenannte Leertakte, nur der dritte Takt ist ein Arbeitstakt. Im ersten Takt saugt der Viertakt Ottomotor ein im Vergaser hergestelltes Kraftstoff-Luft-Gemisch an, der Viertakt-Dieselmotor dagegen nur reine Luft. Im zweiten Takt wird beim Ottomotor das Gemisch auf 8 bis 18 bar bei einer Verdichtungstemperatur von ca. 400 °C verdichtet. Am Ende des Verdichtungshubs erfolgt die Zündung durch Fremdzündung. Beim Dieselmotor wird die Luft auf 20 bis 50 bar unter starker Erhitzung bis 900 °C verdichtet. Am Ende des Verdichtungshubes wird der Dieselkraftstoff unter einem Druck von 100 bis 200 bar eingespritzt. Die Selbstzündung erfolgt an der heißen Luft. Beim dritten Takt ist der Verbrennungshöchstdruck beim Dieselmotor höher als beim Ottomotor.
Beim vierten Takt entweichen die Abgase ins Freie, wobei der CO Gehalt beim Dieselmotor viel niedriger ist als beim Ottomotor.

four-wheel drift [testing]

dérapage m contrôlé
Glissement latéral contrôlé des quatre

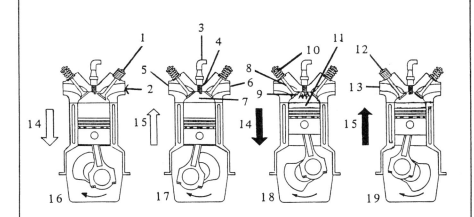

1 inlet valve
2 explosive mixture
3 spark plug connector
4 spark plug seat
5 exhaust passage
6 inlet passage
7 compression chamber
8 valve shaft
9 valve head
10 valve spring
11 combustion chamber
12 exhaust valve
13 exhaust gas
14 downstroke
15 upstroke
16 suction stroke
17 compression stroke
18 ignition stroke
19 exhaust stroke

Ill. 18: four-stroke process

four-wheel drive 232

(four-wheel drift continued)
roues d'un véhicule dans un virage négocié à vive allure.

Driften n, kontrolliertes Schleudern
Kontrolliertes Querrutschen eines Fahrzeugs bei schnell befahrener Kurve.

four-wheel drive *(abbr.* **4WD, FWD**)
[transmission] *(compare:* all-wheel drive)

quatre roues motrices (sur quatre) (abr. **4x4**), *traction f intégrale (avant et arrière)*
Un système de traction qui agit sur toutes les roues d'une voiture à quatre roues. Souvent il y a la possibilité d'intégrer une paire de roues seulement en cas de nécessité.

Vierradantrieb m
Ein Antriebssystem, bei dem (alle) vier Räder eines Fahrzeugs angetrieben werden. Oft werden zwei Räder nur im Bedarfsfall dazugeschaltet.

four-wheel steering [steering]

quatre roues directrices
Un système de direction utilisé pour véhicules tout terrain dans lequel tous les quatre roues d'une automobile sont des roues directrices.

Vierradlenkung f
Ein Lenksystem bei Geländefahrzeugen, bei dem alle vier Räder des Fahrzeugs lenkbar sind.

fractional distillation [fuels]

topping m, distillation f fractionnée
Opération ayant pour objet de séparer des liquides inégalement volatils, qui sont recueillis successivement dans un fractionnateur.

fraktionierte Destillation, Top-Destillation f, destillative Abtrennung
Vorgang, bei dem Destillate von Flüssigkeiten mit weit auseinanderliegenden Siedepunkten in einem Fraktionierturm nacheinander aufgefangen werden.

fractionater → fractionating column

fractionating column [fuels]
also: fractionater

colonne f à distiller, colonne f de fractionnement à plateaux, fractionnateur m
Appareil utilisé dans les raffineries de pétrole pour la distillation fractionnée coninue.

Fraktionierturm m, Destillationsturm m, Destillationskolonne f
Turm einer Raffinerie, in dem das Rohöl einer fraktionierten Destillation unterworfen wird.

frame *n* [vehicle]
also: main frame, chassis

châssis m
Le châssis est constitué du cadre, des roues, du moteur, des freins, de la transmission, des essieux, de la direction et de la suspension d'un véhicule. Actuellement nombre de voitures automobiles sont construites en version monocoque ou autoportante, c'est-à-dire que le châssis et la carrosserie ne font qu'un.

Fahrgestell n
Das Fahrgestell eines Pkw besteht aus dem Rahmen, den Rädern, dem Triebwerk, den Bremsen, der Kraftübertragung, den Achsen, der Lenkung und der Aufhängung. Heute überwiegt die selbsttragende Ausführung, d.h. Fahrgestell

und Karosserie (Aufbau) sind zusammengebaut.

frameless construction → integral (body) construction

free-cutting steel [materials]

acier m de décolletage
Acier additionné de plomb, de soufre et de phosphore, qui facilitent l'usinage ainsi que la fragmentation des copeaux.

Automatenstahl m
Stahl mit Zusätzen von Blei, Schwefel und Phosphor, die eine gute Zerspanbarkeit und Spanbrüchigkeit bewirken.

freewheel clutch [transmission]
also: one-way clutch

accouplement m à roue libre
Dispositif se trouvant dans certaines boîtes de vitesses et grâce auquel les roues motrices peuvent se désolidariser du moteur lorsqu'on relâche la pédale d'accélérateur. Il ne transmet le couple que dans un sens, tandis qu'il tourne librement dans l'autre.

Freilaufkupplung f, Einwegkupplung f, Richtgesperre n
Vorrichtung in einem Getriebe, mit der die Antriebsräder vom Motor getrennt werden können, wenn das Gaspedal losgelassen wird. Das Drehmoment wird also nur in einer Richtung übertragen. In der entgegengesetzten Richtung dreht die Kupplung frei durch.

free-through capacitor [electrical system]
also: lead-through capacitor

condensateur m de passage, condensateur m de traversée

Composant utilisé surtout pour le déparasitage des ondes ultracourtes (modulation de fréquence) dans la partie basse tension (en dehors de la bobine d'induction) de l'installation électrique d'un véhicule.

Durchführungskondensator m
Kondensator, der vor allem bei der FM-Entstörung (UKW-Bereich) im Niederspannungsteil der Kfz-Elektroanlage, außer an der Zündspule, eingesetzt wird.

free travel of clutch pedal → clutch pedal clearance

fresh-air heating system [heating & ventilation] (See Ill. 28 p. 406)

chauffage m à air extérieur
Système de chauffage de l'habitacle d'un véhicule procédant par prélèvement d'air frais à l'extérieur, généralement à la base du pare-brise. Cet air frais est alors réchauffé par le radiateur de chauffage avant d'être introduit dans l'habitacle.

Frischluftheizung f
Einrichtung zur Erwärmung der Luft im Fahrzeuginnenraum durch Entnahme von Außenluft unter der Windschutzscheibe. Diese Luft wird dann aufgeheizt und dem Fahrgastraum zugeführt.

frictional resistance to rolling motion → rolling resistance

friction clutch [clutch]
(See Ill. 11 p. 154)

embrayage m à friction
Les embrayages à friction englobent l'embrayage monodisque, l'embrayage multidisque ainsi que l'embrayage à cônes.

friction lining

Reibungskupplung f, Reibkupplung f, Friktionskupplung f
Einscheiben-, Mehrscheiben- und Kegelkupplung sind Reibkupplungen.

friction lining → brake lining

friction lining → clutch lining

friction pad → disc brake pad

friction plate → driven plate assembly

friction shoe → brake shoe

front axle [vehicle]

essieu m avant
L'essieu avant est à la fois porteur et directeur. Généralement il présente une section de poutrelle en double T, car il est soumis à la flexion.

Vorderachse f
Die Vorderachse dient zum Tragen und zum Lenken. Im allgemeinen ist sie als I-Träger ausgeführt, weil sie auf Biegung beansprucht ist.

front drive → front wheel drive

front end drive → front wheel drive

front engine [engine]

moteur m à l'avant
Moteur monté sur châssis à l'avant d'un véhicule. Il est disposé derrière l'essieu avant, au-dessus ou en avant de celui-ci (moteur en porte-à-faux).

Frontmotor m
Motor, der im Fahrgestell vorn verankert ist. Er liegt hinter, über oder vor der Vorderachse (Front-Überhangmotor).

front overhang [vehicle]

porte-à-faux m avant
Distance en mm du porte-à-faux avant par rapport au centre de l'essieu avant, compte non tenu du pare-chocs ni de la plaque minéralogique.

vordere Überhanglänge
Abstand in mm des äußersten vorderen Überhanges von der Mitte der Vorderachse, wobei Stoßfänger und Kennzeichenschild nicht eingerechnet werden.

front overhang angle [vehicle]

angle m d'approche
Angle formé par le plan de la chaussée et le point le plus bas situé devant l'essieu avant du véhicule.

vorderer Überhangwinkel
Winkel zwischen der Standebene eines Fahrzeuges und dem tiefsten Punkt vor der Vorderachse.

front pipe → downpipe

front piston [brakes]
also: primary piston, first piston

piston m primaire
Piston du maître-cylindre tandem subissant l'action de la pédale de frein. En s'enfonçant, il refoule le liquide de frein dans un des deux circuits de freins.

vorderer Kolben
Kolben im Tandemhauptzylinder. Er wird vom Bremspedal verschoben und verdrängt die Bremsflüssigkeit in einen der beiden Bremskreise.

front wall [vehicle]

tablier m avant
Cloison de séparation entre le compartiment avant d'un véhicule et l'habitacle.

Stirnwand f
Trennwand zwischen vorderem Motorraum und Fahrgastraum.

front wheel drive (*abbr.* **FWD**) [transmission]
also: front drive, front end drive

traction f avant, groupe m propulseur avant
Disposition des organes moteurs comprenant le moteur lui-même, l'embrayage et la boîte-pont placés sur le cadre à l'avant du véhicule et entraînant les roues avant.

Frontantrieb m, Vorderradantrieb m, Vorderachsantrieb m, Vorderantrieb m
Antriebsordnung, bei welcher der Front-Triebsatz, d.h. der Motor, die Kupplung, das Schalt- und Achsgetriebe vorn im Rahmen eingebaut sind und die Vorderräder antreiben.

Froude brake [instruments]

frein m hydraulique, frein m de Froude
Dispositif conçu pour calculer la puissance d'un moteur par freinage de l'arbre moteur et fonctionnant selon le principe d'un embrayage hydraulique.

hydraulische Leistungsbremse, Wasserwirbelbremse f, Froudescher Zaum, Froudesche Bremse
Meßvorrichtung zur Ermittlung der Leistung eines Motors durch Abbremsen der Antriebswelle und die nach dem Prinzip einer Flüssigkeitskupplung arbeitet.

FTP 75 test cycle → US Federal Test

fuel *n* [fuels]

carburant m
Les carburants sont des hydrocarbures dont l'énergie thermique se transforme en pression et en énergie cinétique (travail) dans les moteurs à combustion.

Kraftstoff m, Treibstoff m, Motorenkraftstoff m
Brennbare Kohlenwasserstoffe, deren Wärmeenergie bei Verbrennungsmotoren in Druck bzw. Bewegungsenergie (Arbeit) umgewandelt wird.

fuel accumulator [injection]

accumulateur m de pression de carburant, bac m à carburant comprimé
Dans l'injection continue d'essence K-Jetronic, le carburant pompé dans le réservoir est maintenu sous pression dans un accumulateur de carburant avant d'être refoulé vers le doseur-distributeur de carburant.

Kraftstoffspeicher m
Bei der kontinuierlichen Benzineinspritzanlage K-Jetronic wird das aus dem Kraftstoffbehälter angesaugte Benzin in einem Kraftstoffspeicher unter Druck gehalten, ehe es zum Kraftstoffmengenteiler gefördert wird.

fuel-air mixture or fuel/air mixture
→ explosive mixture

fuel bowl → float chamber

fuel cell [electrical system]

pile f à combustible
Un nouveau système de propulsion pour automobiles, orienté sur le futur. Dans ce système, l'énergie libérée par l'union contrôlée de l'oxygène et de l'hydrogène résultant en la formation d'eau n'est pas perdue, mais utilisée comme source pour entraîner un moteur électrique. Ces moteurs, qui sont caractérisés par une pollution très réduite et un niveau sonore très

fuel consumption indicator

bas, ont un rendement plus élevé que les moteurs à combustion traditionnels.

Brennstoffzelle f
Eine zukunftsweisende Antriebsform für Automobile. Dabei wird die kontrollierte Vereinigung von Wasserstoff und Sauerstoff zu Wasser in der Form genutzt, daß die dabei freigesetzte Energie nicht verpufft, sondern direkt als elektrische Spannung für den Antrieb eines Elektromotors verwendet wird. Diese Motoren arbeiten sehr umweltschonend und geräuscharm und haben ferner einen höheren Wirkungsgrad als herkömmliche Verbrennungsmotoren.

fuel consumption indicator → consumption indicator

fuel distributor [injection]

doseur-distributeur m de carburant, doseur m de carburant
Organe du système d'injection continue d'essence (Bosch K(E)-Jetronic, injection Zenith CL, DL), qui distribue à chacun des cylindres du moteur la quantité d'essence soigneusement dosée selon le débit d'air évalué par la sonde de débit.

Mengenteiler m, Kraftstoffmengenteiler m
Gerät der kontinuierlichen Benzineinspritzanlage (Bosch K(E)-Jetronic, Zenith CL- bzw. DL-Einspritzung), das den einzelnen Motorzylindern die erforderliche Kraftstoffmenge entsprechend dem vom Luftmengenmesser gemessenen Luftdurchsatz gleichmäßig zuteilt.

fuel feed line → fuel line

fuel feed pump → fuel pump

fuel filler cap → filler cap

fuel filter [fuel system]

filtre m de carburant
Pour ne pas risquer de boucher les gicleurs du carburateur ou les injecteurs l'essence doit être filtrée par des dispositifs situés normalement à l'entrée du carburateur et au niveau du réservoir.

Kraftstoffilter m
Der Kraftstoff muß gefiltert werden, damit eventuell darin enthaltene Verunreinigungen nicht die Vergaserdüsen oder die Einspritzdüsen verstopfen. Die Vorrichtungen zum Filtern befinden sich in der Regel am Eingang zum Vergaser und am Ausgang des Kraftstoffbehälters.

fuel filter [diesel engine]

filtre m à combustible, filtre-nourrice
En raison des impuretés drainées par le combustible qui, à brève échéance, détruiraient la pompe d'injection et les injecteurs réalisés avec des tolérances d'usinage extrêmement serrées, un filtre principal a été prévu dans les moteurs diesel entre le réservoir à combustible et la pompe d'injection. Ce filtre comporte un purgeur d'eau pour l'évacuation des eaux accumulées dans le combustible.

Kraftstoffhauptfilter n
Aufgrund der im Dieselkraftstoff mitgeführten Verunreinigungen, welche die Einspritzpumpe sowie die Einspritzdüsen, die mit den engsten Toleranzen hergestellt sind, zerstören würden, wird bei Dieselmotoren ein Hauptfilter zwischen Kraftstoffbehälter und Einspritzpumpe eingeschaltet. Es enthält ebenfalls einen Wasserabscheider. Eine Wasserablaßschraube dient zum Ablassen des im Kraftstoff angesammelten Wassers.

fuel filter → gasoline filter (US)

fuel gage (US) *or* **gauge** (GB) [instruments]
also: fuel level gage (US) *or* gauge (GB), petrol gauge (GB), gasoline meter (US)

jauge f de carburant
Dispositif servant à la mesure et à l'indication de la quantité de carburant disponible dans le réservoir. Dans les systèmes électriques, qui sont les plus répandus, la jauge disposée sur le tableau de bord est parcourue par un courant électrique dès que le contact est mis. Elle est reliée par un fil électrique à un capteur se trouvant dans le réservoir d'essence et qui se compose d'un flotteur et d'un rhéostat (résistance variable). Par suite des variations du niveau de carburant, le flotteur reposant sur la surface du liquide fait à son tour varier la résistance du rhéostat par l'intermédiaire de son levier et d'un bras mobile. Ainsi se modifie l'intensité du courant qui parvient à la jauge, où il fait varier la position d'une aiguille indicatrice.

Kraftstoffvorratsanzeiger m, Kraftstoffmesser m, Kraftstoffanzeiger m, Benzinuhr f (colloq.)
Einrichtung zum Anzeigen der im Kraftstoffbehälter enthaltenen Kraftstoffmenge. Bei den meistverwendeten elektrisch betriebenen Kraftstoffanzeigen erhält eine Meßuhr in der Instrumententafel Strom bei eingeschalteter Zündung. Die Benzinuhr ist über eine elektrische Leitung mit einem Geber im Kraftstofftank verbunden. Dieser Geber besteht aus einem Schwimmer und aus einem Potentiometer, dessen Schleifkontakt je nach dem Kraftstoffspiegel im Schwimmer über einen Hebel bewegt wird. Somit ändert sich die Stärke des durchfließenden Stromes, die sich dann auf die Zeigerstellung in der Meßuhr auswirkt.

fuel injection (*abbr.* **FI**) [injection]

injection f de carburant, injection f de combustible, injection f d'essence, alimentation f par injection
Système d'alimentation de carburant au moteur ou le mélange air/carburant n'est pas fourni par un carburateur mais par un système électronique à injection.

Kraftstoffeinspritzung f, Benzineinspritzung f, Einspritzung f (colloq.)
Ein System, bei dem einem Motor das zündfähige Gemisch nicht von einem Vergaser aufbereitet wird, sondern von einer elektronischen Einspritzanlage.

fuel injection engine [injection]
also: injection engine

moteur m à carburation interne
Moteur à combustion avec mélange carburé préparé dans les cylindres, l'air étant introduit par des soupapes et le carburant ou le combustible par des injecteurs.

Einspritzmotor m
Verbrennungsmotor, bei dem die Gemischbildung in den Zylindern erfolgt mit Lufteinlaß durch Ventile und Kraftstoffeinspritzung durch Düsen.

fuel injection nozzle → injection nozzle

fuel injection pump → injection pump

fuel injection system → injection system

fuel injection tubing → delivery pipe

fuel injector → injection nozzle

fuel injector [injection]
also: injector

fuel injector pump

injecteur m
Partie d'un système à injection électronique de carburant, qui reçoit le carburant aspiré par une pompe électrique et l'injecte dans les cylindres.

Einspritzventil n
Teil einer elektronischen Einspritzanlage, dem der Kraftstoff über eine elektrische Pumpe zugeführt wird und von dort in die Zylinder gespritzt wird.

fuel injector pump → injection pump

fuel inlet pipe [fuel system]
(See Ill. 8 p. 90, Ill. 19 p. 240)

arrivée f de l'essence, orifice f d'admission
Tubulure disposée à l'entrée d'une pompe à essence ou d'un carburateur.

Eintritt m des Kraftstoffs
Anschlußstutzen für Kraftstoffzufluß an einer Kraftstoffpumpe oder einem Vergaser.

fuel jet bush [carburetor]

tube m de gicleur
Les carburateurs à diffuseur variable ne possèdent qu'un seul gicleur dans lequel plonge une aiguille conique de dosage. La section du tube du gicleur varie selon l'ouverture du papillon des gaz et le régime-moteur.

Nadeldüse f
Einzige Düse in einem Vergaser mit veränderlichem Lufttrichterquerschnitt, in die eine kegelige Dosiernadel eintaucht. Der Nadeldüsenquerschnitt ändert sich je nach der Drosselklappenöffnung und der Motordrehzahl.

fuel knock → pinking *n*

fuel level gage (US) *or* **gauge** (GB)
→ fuel gage (US)

fuel line [fuel system] (See Ill. 16 p. 196)
also: fuel pipe, fuel feed line, feed pipe, gas line (US)

tuyauterie f d'alimentation (de carburant), canalisation f d'arrivée de carburant
Canalisation rigide en cuivre ou en acier protégé contre la corrosion ou tuyau souple armé ou non en matière plastique et en caoutchouc. La tuyauterie d'alimentation se place en pente entre le réservoir d'essence et le carburateur ou le système d'injection, de façon que l'on évite la formation de bulles d'air à l'intérieur de la tuyauterie.

Kraftstoffleitung f, Benzinleitung f
Starre Leitung aus Kupfer bzw. korrosionsgeschütztem Stahl oder Schlauch aus Gummi und Kunststoff mit und ohne Armierung. Benzinleitungen werden ansteigend zwischen Kraftstoffbehälter und Vergaser bzw. Einspritzanlage verlegt, um Luftblasen in der Leitung zu verhüten.

fuel line filter → line-fitting fuel filter

fuel nozzle → injection nozzle

fuel oil → diesel fuel

fuel outlet pipe [fuel system]
(See Ill. 19 p. 240)

sortie f d'essence, orifice m de sortie
Tubulure disposée côté sortie d'une pompe à essence.

Austritt m des Kraftstoffs
Anschlußstutzen für Kraftstoffausfluß aus einer Kraftstoffpumpe.

fuel pipe → fuel line

fuel pressure pipe → delivery pipe

fuel pressure regulator [injection]
(See Ill. 16 p. 196)

régulateur m de pression de carburant
Régulateur qui, dans un système d'injection électronique d'essence D-Jetronic, maintient la pression du carburant à une valeur constante de 2 bars. Dans le système L-Jetronic, ce régulateur maintient une surpression de 2,5 à 3 bars dans la conduite de carburant. Il n'est dans ce cas plus relié à l'air libre mais bien à la pipe d'aspiration du moteur.

Kraftstoffdruckregler m
Einstellbarer Regler im Kraftstoffsystem der elektronisch gesteuerten Benzineinspritzanlage D-Jetronic, der den Kraftstoffdruck in der Leitung auf dem konstanten Wert von 2 bar hält. Bei der L-Jetronic hält der Druckregler den Kraftstoffdruck in der Druckleitung auf 2,5 bzw. 3 bar Überdruck. Dieser Druckregler ist nicht mehr mit der Außenluft, sondern mit dem Ansaugrohr verbunden.

fuel pump [fuel system]
(See Ill. 19 p. 240)
also: fuel feed pump, fuel supply pump, gas(oline) pump (US), petrol pump (GB), mechanical fuel pump, supply pump

pompe f d'alimentation, pompe f de carburant, pompe f à carburant
Dispositif destiné à pomper le carburant de son réservoir en direction du carburateur ou de la pompe à injection. La plupart des pompes à essence sont des pompes à membrane mécanique actionnées par un excentrique de l'arbre à cames. Les pompes à essence électromagnétiques sont plus rarement utilisées.

Kraftstoffpumpe f, Kraftstofförderpumpe f
Pumpe zur Förderung des Kraftstoffs aus dem Kraftstofftank zum Vergaser bzw. zur Einspritzpumpe. Die meisten Benzinpumpen sind mechanische Membranpumpen, die von der Nockenwelle über einen Exzenter angetrieben sind. Elektromagnetische Membranpumpen werden seltener verwendet.

fuel pump diaphragm [fuel system]
(See Ill. 19 p. 240)

membrane f de la pompe d'alimentation
Membrane dont les mouvements pulsatoires aspirent le carburant dans la pompe et le refoule vers le carburateur à travers des clapets.

Kraftstoffpumpenmembran f
Membran, deren Schwingungen den Kraftstoff über Ventile in die Kraftstoffpumpe ansaugen und dann zum Vergaser verdrängen.

fuel pump tappet [fuel system]

poussoir m de la pompe d'alimentation
Poussoir actionné par un excentrique de l'arbre à cames et dont le mouvement agit sur la membrane de la pompe d'alimentation.

Kraftstoffpumpenstößel m
Stößel, der von einem Exzenter der Nockenwelle betätigt wird und dessen Bewegungen auf die Membran der Kraftstoffpumpe übertragen werden.

fuel pump test bench [instruments]
also: injection pump test bench, injection pump calibrating test stand

banc m d'essai de pompes d'injection
Banc d'essai avec compte-tours sur lequel

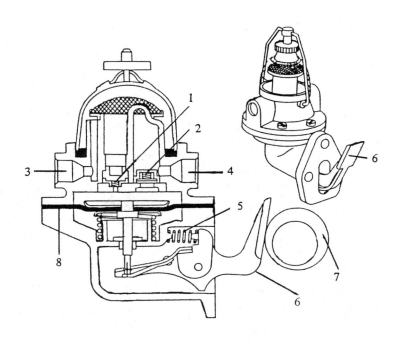

1 suction valve
2 pressure valve
3 fuel inlet pipe
4 fuel outlet pipe
5 return spring
6 pump lever
7 camshaft
8 fuel pump diaphragm

Ill. 19: fuel pump

(fuel pump test bench continued)
sont contrôlés le débit et le point d'injection de pompes d'injection en conditions de service. Lors du contrôle de débit, le gas-oil est refoulé à haute pression dans des injecteurs étalonnés avant de s'égoutter dans des éprouvettes graduées, la quantité débitée correspondant à un nombre de coups de pompe réglé sur le banc d'essai. On peut dès lors comparer le niveau du combustible dans chacune des éprouvettes se rapportant à chacun des éléments de pompe.

Le phasage des éléments ou le début d'injection de chacun des éléments peuvent être contrôlés sur un rapporteur comme dans un banc d'essai pour allumeurs.

Einspritzpumpenprüfgerät n,
Einspritzpumpenprüfstand m
Gerät mit Tourenzähler zur Prüfung der Förderleistung und des Förderbeginns von Einspritzpumpen, die unter Betriebsbedingungen angetrieben werden. Bei der Prüfung der Fördermenge wird Dieselkraftstoff in kalibrierte Einspritzdüsen unter hohem Druck gefördert, der nach Einstellen einer bestimmten Pumpenhubzahl in Meßgläser abtropft. Die Anzahl der Meßgläser entspricht derjenigen der Pumpenelemente, so daß deren Förderleistung untereinander verglichen werden kann.

Der Förderbeginn jedes einzelnen Elements oder aller Pumpenelemente zusammen kann ebenfalls auf einer Gradscheibe ähnlich wie bei einem Verteilerprüfgerät kontrolliert werden.

fuel return pipe [carburetor]

canalisation f de retour
Canalisation que l'on trouve parfois entre le carburateur et le réservoir d'essence. C'est par ce tuyau que l'excès de carburant se trouvant dans le carburateur et pouvant engorger celui-ci reflue vers le réservoir.

Rücklaufleitung f
Bei einigen Vergaserbauarten liegt eine Rücklaufleitung zwischen Vergaser und Kraftstoffbehälter. Über diese Leitung fließt das überschüssige Benzin im Vergaser zum Benzintank zurück, damit der Vergaser nicht überschwemmt wird.

fuel supply pump → fuel pump

fuel system [fuel system]

circuit m d'alimentation
Dans un moteur diesel, le combustible est acheminé du reservoir au préfiltre et à la pompe nourrice ou pompe d'alimentation pour aboutir au filtre à combustible principal et à la pompe d'injection où se termine le circuit à basse pression. Le circuit à haute pression part de la pompe d'injection, emprunte la tuyauterie à haute pression et s'achève aux injecteurs et à la chambre de combustion. A noter toutefois que l'excédent de combustible pompé reflue au départ du filtre à combustible principal vers le réservoir par l'intermédiaire d'une soupape de décharge et d'une tuyauterie de retour.

Dans les moteurs à essence, le circuit d'alimentation en carburant comprend le réservoir avec les canalisations, la pompe et le filtre à essence, le filtre à et il aboutit au carburateur ou au système d'injection.

Kraftstoffanlage f, Kraftstoffsystem n
In einem Dieselmotor fließt der Kraftstoff aus dem Behälter zum Vorreiniger zur Kraftstoffförderpumpe, zum Kraftstoffhauptfilter, von dort zur Einspritzpumpe, über die Einspritzleitungen zu den Einspritzdüsen und schließlich in den Ver-

fuel tank

brennungsraum. Vom Kraftstoffhauptfilter aus fließt der zuviel geförderte Kraftstoff über ein Überströmventil bzw. eine Überströmleitung zum Tank zurück. Bei Ottomotoren besteht die Kraftstoffanlage aus Kraftstoffbehälter nebst Leitungen, Kraftstoffpumpe, Kraftstoff- und Luftfilter sowie Vergaser bzw. Einspritzanlage.

fuel tank [fuel system]
(See Ill. 16 p. 196)
also: tank (for short)

réservoir m de carburant
Réservoir destiné à recevoir le carburant pour l'alimentation du moteur. Les réservoirs de carburant sont en tôle d'acier ou en laiton et traités contre la corrosion par étamage, galvanisation ou plombage. On trouve aussi des réservoirs en matière plastique. La carburant puisé est acheminé vers le carburateur par gravité, sous pression ou au moyen d'une pompe.

Kraftstoffbehälter m, Kraftstofftank m, Tank m
Tank zur Aufnahme des Kraftstoffes eines Fahrzeuges. Kraftstoffbehälter sind aus Stahlblech bzw. aus Messing hergestellt und werden gegen Korrosion durch Verzinnen, Verzinken oder Verbleien geschützt. Es gibt ebenfalls Kunststoffbehälter. Der entnommene Kraftstoff wird durch Gefälle, unter Druck oder mittels einer Pumpe dem Vergaser zugeführt.

fulcrum ring [clutch] (See Ill. 11 p. 154)

cercle m d'appui
Dans l'embrayage à diaphragme, le diaphragme (ressort conique en acier) est emprisonné entre deux cercles d'appui. Lors du débrayage, le bord extérieur du diaphragme bascule autour de ces deux cercles.

Kippring m
Bei der Membranfederkupplung ist die Membranfeder zwischen zwei Kippringen gespannt. Beim Loskuppeln kippt der Außenrand der Membranfeder um diese Ringe.

full-flow oil filter [lubrication]

filtre m à huile en série, filtre m à huile à passage total, filtre m à huile de courant principal
Filtre mis en place dans le circuit principal de graissage sous pression afin de débarrasser l'huile de goudrons, de résidus de combustion, de poussières et d'impuretés.

Hauptstromfilter, Hauptstromölfilter n
Bei der Druckumlaufschmierung sitzt ein Ölfilter im Hauptstrom, damit Teer sowie Schmutzteilchen und Verbrennungsrückstände aus dem umlaufenden Öl entfernt werden.

full load [engine]

pleine charge, fonctionnement m à pleine charge
Il y a pleine charge dans la marche d'un moteur à explosion, lorsque le papillon des gaz est ouvert complètement, quel que soit le régime du moteur.

Vollast f
Bei den Betriebsbedingungen eines Verbrennungsmotors liegt Vollast vor, wenn die Drosselklappe ganz geöffnet ist, und zwar unabhängig von der Motordrehzahl.

full-load enrichment [carburetor]

enrichissement m à pleine charge
Système dans un carburateur qui, à papillon complètement ouvert, fournit un mélange plus riche.

Vollastanreicherung f
Ein System, das bei voll geöffneter Drosselklappe für ein reicheres Gemisch sorgt.

full throttle [engine]

pleins gaz mpl, ouverture f totale du papillon du carburateur
Position où le papillon du carburateur est ouvert à fond.

Vollgas n
Die völlige Öffnung der Drosselklappe des Vergasers.

fully automatic transmission [transmission]

système m de transmission entièrement automatique
Système de transmission automatique qui, à différence d'un système semi-automatique, ne rend pas nécessaire la présélection manuelle d'une vitesse mais est capable de choisir automatiquement la démultiplication idéale.

vollautomatisches Getriebe
Ein automatisches Getriebe, bei dem im Gegensatz zu einem halbautomatischen Getriebe keine manuelle Vorwahl der Gänge erforderlich ist, sondern bei dem das Getriebe die passende Übersetzung selbst automatisch auswählt.

fully floating axle [suspension]

essieu m entièrement flottant, essieu m full floating, pont m porteur
Dans cette disposition du pont arrière, la trompette pénètre dans le moyeu de la roue. Celui-ci s'appuie sur l'essieu par l'intermédiaire de deux roulements. Dans ce cas, le moyeu ne transmet plus aucun effort de flexion à l'arbre.

vollfliegende Achse, Steckachse f
Bei dieser Anordnung der Hinterachse wird der Hinterachstrichter durch die Radnabe geführt, die sich auf der Achse mittels zweier Lager abstützt. In diesem Fall wird die Radwelle nicht mehr durch die Radnabe auf Verbiegung beansprucht.

fur deposits → scale *n*

fuse *n* [electrical system]

fusible m
Composant protégeant les circuits électriques d'un véhicule contre les surcharges. En cas de surintensité de courant, l'élément fusible fond et coupe le circuit sur lequel il est branché. Les fusibles sont calibrés pour un courant nominal bien déterminé et repérés en conséquence. Ils sont réunis dans un boîtier à fusibles. Les fusibles indépendants peuvent s'insérer à n'importe quel endroit du câblage électrique d'un véhicule en cas de modification des circuits, lorsque par exemple des appareils supplémentaires consommateurs de courant sont mis en place.

Sicherung f, Schmelzsicherung f, Schmelzeinsatz m
Elektrischer Bauteil, der in einem Fahrzeug einen Stromkreis vor Überlastung schützt. Bei überhöhter Stromstärke schmilzt die Sicherung ab und unterbricht die elektrische Leitung. Sicherungen sind für einen bestimmten Nennstrom ausgelegt und entsprechend gekennzeichnet. Sie werden in einer Sicherungsdose zusammengefaßt. Bei nachträglicher Änderung des Leitungsnetzes z.B. durch Einbau zusätzlicher Stromverbraucher können fliegende Sicherungen innerhalb der Verkabelung eingeschaltet werden.

gal 244

fuse box [electrical system]

boîtier m à fusibles, boîte f à fusibles
Récipient pour toutes les fusibles d'une voiture.

Sicherungskasten m
Ein Behälter, in dem sich alle elektrischen Sicherungen eines Fahrzeugs befinden.

fusion welding [materials]

soudage m par fusion
Assemblage de matières (métaux, matières plastiques) sous l'effet de la chaleur par fusion locale avec ou sans fondant.

Schmelzschweißung f
Unlösbare Verbindung von Metallen oder Kunststoffen unter Einfluß von Wärme durch örtliche Verschmelzung mit oder ohne Einschmelzen von Zusatzwerkstoff.

FWD, 4WD = four-wheel drive

FWD = front wheel drive

G

gal = gallon

gallon n (*abbr.* **gal**) [units]

gallon m
Mesure de capacitè. Aux Etats-Unis, un gallon équivaut à 3,785 litres, en Grande-Bretagne à 4,545 litres.

Gallone f
Eine Maßeinheit für Flüssigkeiten, die in USA 3,785 Litern und in Großbritannien 4,545 Litern entspricht.

galvanic cell [electrical system]
also: voltaic cell

couple m voltaïque
Ensemble de deux électrodes de conductivité différente et qui, immergées dans un électrolyte, peuvent produire un courant électrique continu.

galvanisches Element
Ein galvanisches Element besteht aus zwei Elektroden aus verschiedenen elektrischen Leitern, die in einem Elektrolyt eingetaucht sind und durch chemische Umwandlung einen elektrischen Gleichstrom abgeben können.

gap between electrodes → electrode gap

gapping tool → spark plug gap tool

garage [maintenance]

garage m
Endroit couvert servant de remise pour véhicules automobiles, motocyclettes et bicyclettes.

Garage f
Bauliche Anlage zum Abstellen von

Kraftfahrzeugen, Motorrädern und Fahrrädern.

gas *n* (US *colloq.*) → gasoline (US)

gas black [tires]

noir m de carbone, noir m de fumée
Pigment noir constitué de fines particules de carbone. C'est la principale matière de charge du caoutchouc avec lequel sont fabriqués notamment les pneumatiques. La présence de noir de carbone améliore l'élasticité et la résistance à l'usure du pneumatique.

Gasruß m
Tiefschwarzes Pulver aus reinem Kohlenstoff und Hauptfüllstoff im Reifengummi. Durch Zugabe von Gasruß werden die Elastizität und die Abriebfestigkeit des Reifengummis erhöht.

gas can (US) → jerry-can

gas engine [engine]
also: gaseous-fuel engine

moteur m à gaz de gazogène
Moteur à pistons alimenté par un combustible gazeux fourni par un groupe gazogène.

Gasmotor m
Kolbenkraftmaschine, die mit in einem Gasgenerator erzeugtem, gasförmigem Kraftstoff betrieben wird.

gaseous-fuel engine → gas engine

gas filling station (US) → gasoline service station

gasing voltage [electrical system]

tension f de début de dégagement gazeux
Tension de charge à partir de laquelle le dégagement gazeux s'amorce dans un accumulateur. L'eau contenue dans l'électrolyte se décompose en hydrogène et en oxygène et s'échappe par les trous de ventilation des bouchons.

Gasungsspannung f
Ladespannung, ab welcher die Gasentwicklung in einem Akkumulator einsetzt. Der Wassergehalt des Elektrolyts wird in Wasserstoff und Sauerstoff zerlegt und entweicht durch die Gasbohrungen der Zellenstopfen.

gasket [mechanical engineering]

joint m (d'étanchéité)
Élément plat qui assure l'étanchéité entre deux surfaces, comme p.e. entre culasse et bloc-cylindres ou entre deux demi-carters.

Dichtung f
Eine Flachdichtung wie z.B. zwischen Zylinderkopf und Zylinderblock, Ölwanne und Kurbelgehäuse.

gas line (US) → fuel line

gasoline (US) [fuels]
also: petrol (GB), motor petrol (GB), gas *n* (US *colloq.*)

essence f
Terme générique s'appliquant à divers produits de la distillation fractionnée du pétrole et distillant entre 40° et 210° C.

Benzin n, Ottokraftstoff m,
Sprit m (colloq.)
Sammelbezeichnung für verschiedene, leichtverdunstende Erdölfraktionen mit einem Siedebereich von 40° bis 210° C.

gasoline can (US) → jerry-can

gasoline container (US) → jerry-can

gasoline engine (US) [engine]
also: petrol engine (GB)

moteur m à essence
Moteur fonctionnant à essence. *Contraire:* moteur diesel.

Benzinmotor m
Ein Motor, der mit Benzin betrieben wird, zum Unterschied von einem Dieselmotor.

gasoline filter (US) [fuel system]
also: petrol filter (GB), fuel filter

filtre m à essence
Filtre dans la pompe à essence ou dans la tube du carburant qui a la tâche de garantir l'arrivée du carburant au carbureteur prive des substances indésirées.

Benzinfilter m
Ein Filter in der Benzinpumpe oder in der Kraftstoffleitung, das dafür sorgt, daß der Kraftstoff frei von Fremdstoffen in den Vergaser gelangt.

gasoline injection (US) [injection]
also: petrol injection (GB)

injection f de carburant, injection f d'essence
Injection de carburant dans les moteurs à essence au moyen d'injecteurs soit directement dans les cylindres (procédé rarement utilisé), soit dans la tubulure d'aspiration devant les soupapes d'admission.

Benzineinspritzung f, Kraftstoffeinspritzung f
Einspritzung des Ottokraftstoffes mittels Einspritzdüsen entweder unmittelbar in die Zylinder (selten) oder in das Saugrohr vor die Einlaßventile (Saugrohreinspritzung).

gasoline meter (US) → fuel gage (US)

gas(oline) pump (US) → fuel pump

gasoline separator (US) [gas station]
also: petrol separator (GB)

séparateur m d'essence
Dispositif obligatoirement aménagé dans un station-service ou dans un garage, ayant pour fonction de récupérer les huiles et les carburants et de les séparer des eaux usées.

Benzinfangvorrichtung f, Benzinabscheider m, Benzintraps fpl
Einrichtung zum Auffangen und Abtrennen von Kraftstoffen und Ölen aus den Abwässern, die bei Autoreparaturwerkstätten und Tankstellen obligatorisch ist.

gasoline service station (US) [maintenance]
also: gas station (US), petrol station (GB), service station, filling station, gas filling station (US)

station-service f, station f d'essence, essencerie f (Afrique du Nord)
Poste distributeur situé le long des grands axes routiers et débitant principalement du carburant aux automobilistes. Les divers carburants, stockés en citernes enfouies sous terre, sont acheminés vers les distributeurs au moyen de pompes.

Tankstelle f
Anlage an verkehrsreichen Straßen, hauptsächlich zur Versorgung von Kraftfahrzeugen mit Kraftstoff. Dieser wird mit Hilfe von Pumpen aus unterirdischen Tanks zu den Tanksäulen (Zapfsäulen) gefördert.

gas pedal (US) (See Ill. 16 p. 196)
also: accelerator, accelerator pedal, accelerating pedal, foot throttle (GB)

pédale f d'accélérateur,
accélérateur m, pédale f des gaz
La pédale des gaz commande le papillon des gaz dans la buse du carburateur par le truchement de la tringlerie des gaz ou d'un câble sous gaine.

Gaspedal n, Gashebel m, Fahrpedal n,
Fahrfußhebel m, Gasfußhebel m,
Beschleunigerfußhebel m,
Beschleunigerpedal n
Mit dem Gaspedal wird die Drosselklappe im Vergaserdurchlaß über ein Gestänge bzw. einen Bowdenzug gesteuert.

gas spring [suspension]

ressort m à gaz
Élément qui utilise le gaz sous pression comme moyen de produire l'effet de suspension.

Gasfeder f
Eine Element, bei dem ein unter Druck stehendes Gas zur Erzeugung der Federungswirkung verwendet wird.

gas station (US) → gasoline service station

gas tank (US) [fuel system] (*see also:* fuel tank)
also: petrol tank (GB), tank *(for short)*

réservoir m d'essence
Récipient qui contient l'essence nécessaire pour la mise en route d'une automobile.

Benzintank m, Tank m
Ein Behälter, der den für den Betrieb eines Fahrzeugs erforderlichen Benzinvorrat aufnimmt.

gate *n* → gear shifting gate

gearbox (GB) [transmission] (See Ill. 14 p. 177, Ill. 20 p. 248)
also: change speed gearbox, gear shift system, gearcase (US), transmission (US)

boîte f de vitesses, boîte f de change-
ment de vitesses, boîte f (colloq.)
La boîte de vitesses se situe immédiatement derrière l'embrayage et s'intercale entre le moteur et les roues motrices afin que le rapport entre la vitesse de rotation du moteur et celle des roues puisse se modifier lorsque l'effort résistant l'exige. Elle permet également l'interruption permanente de la liaison moteur-transmission. La boîte de vitesses comprend quatre arbres: l'arbre primaire, l'arbre secondaire, l'arbre intermédiaire ou train fixe et l'arbre auxiliaire ou axe de marche arrière.

Getriebe n, Wechselgetriebe n, Kraft-
fahrzeuggetriebe n
Das Getriebe steht gleich hinter der Kupplung. Es sorgt dafür, daß die Antriebsleistung zwischen Motor und Antriebsrädern entsprechend dem schwankenden Leistungsbedarf geändert werden kann. Es kann ebenfalls die Verbindung zwischen Motor und Übertragung dauernd unterbrechen. Das Wechselgetriebe setzt sich aus vier Wellen zusammen: der Antriebswelle, der Hauptwelle, der Vorgelegewelle und der Rücklaufwelle.

gearbox bell housing (GB) → bell housing

gearbox input shaft (GB) → primary shaft

gearbox main shaft (GB) → third motion shaft

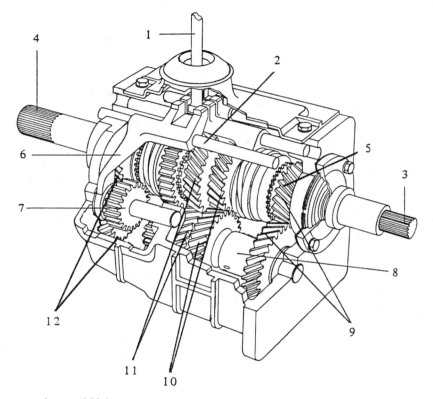

1 gearshift lever
2 shifter rod
3 primary shaft
4 third motion shaft
5 clutch gear
6 shift fork
7 reverse idler gear shaft
8 countershaft
9 constant-mesh gears - cylindrical gear pair
10 third gear - cylindrical gear pair
11 second gear - cylindrical gear pair
12 first gear - cylindrical gear pair

Ill. 20: gearbox (GB), transmission (US), a synchromesh gearbox

gearbox output shaft (GB) → third motion shaft

gearbox tailshaft (GB) → third motion shaft

gearcase (US) → gearbox (GB)

gear change lever → gearshift lever

gear control fork → shift fork

gear lever → gearshift lever

gear oil [lubricants]

huile f pour boîtes de vitesses, huile f de la boîte de vitesses, huile f de transmission, huile f de boîte
Huile dont la viscosité couvre les catégories s'échelonnant du grade SAE 80 au grade SAE 250.

Getriebeöl n
Öl mit Viskositätsabstufungen von SAE 80 bis SAE 250.

gear pump [mechanical engineering] (See Ill. 21 p. 250)

pompe f à engrenages
La pompe à engrenages se compose d'un corps de pompe et de deux pignons de diamètre identique dont les dentures engrènent l'une dans l'autre. L'un de ces pignons est mû par l'intermédiaire de l'arbre à cames. L'huile pénètre par une tubulure inférieure, elle est dès lors entraînée par les dents et longe les parois intérieures avant d'être refoulée vers la tubulure de sortie.

Zahnradpumpe f, Außenzahnradpumpe f
Die Zahnradpumpe besteht aus einem Pumpengehäuse mit zwei ineinander kämmenden Zahnrädern, von denen eins durch die Nockenwelle angetrieben wird. Das Öl fließt durch die Eintrittsleitung ein, wird von den Zahnrädern mitgerissen bzw. entlang der Gehäusewand gefördert und schließlich in die Austrittsleitung gedrückt.

gear ratio → transmission ratio

gear reduction → transmission reduction

gear segment [mechanical engineering] *also:* toothed quadrant

secteur m denté
Portion de roue dentée limitée par deux rayons. Dans une pompe d'injection, on trouve un secteur denté autour de la douille de réglage, qui est elle-même emmanchée sur le cylindre. C'est sur ce secteur denté qu'engrène la crémaillère provoquant ainsi la rotation du piston à gauche ou à droite en agissant sur le doigt de commande du piston. La direction à secteur comporte également un secteur denté sur lequel engrène une vis sans fin.

Zahnsegment n
Von zwei Radien begrenzter Kreisabschnitt eines Zahnrades. In einer Einspritzpumpe liegt ein Zahnsegment rings um die Regelhülse, die über den Pumpenzylinder geschoben ist. In dieses Zahnsegment greift die Regelstange (Zahnstange) ein, die den Kolben über die Kolbenfahne nach links oder nach rechts verdreht. In der Schneckenlenkung gibt es ebenfalls ein Zahnsegment, in welches eine Schnecke eingreift.

gear selector bar → shifter rod

gear selector fork (GB) → shift fork

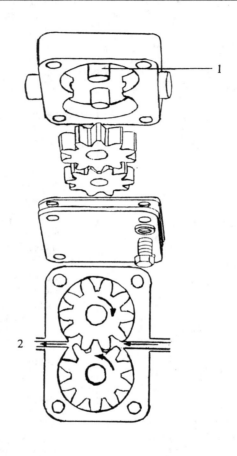

1 oil pump spindle
2 lube oil

Ill. 21: gear pump

gear selector lever → gearshift lever

gear selector rod → shifter rod

gear shift system → gearbox (GB)

gearshift bar → shifter rod

gearshift fork → shift fork

gear-shifting fork → shift fork

gear-shifting gate [transmission]
also: gate *n*

grille f de guidage
Grille dans laquelle coulisse le levier de changement de vitesses garantissant un positionnement exact de ce dernier.

Schaltkulisse f
Schlitze, in denen der Schalthebel geführt wird, damit ein sauberer Gangwechsel gewährleistet ist.

gearshift lever [transmission]
(See Ill. 20 p. 248)
also: change speed lever, gear change lever, gear lever, gear selector lever, gear stick, shift lever, manual shift lever, control lever, operating lever

levier m de changement de vitesse,
levier m de vitesses, levier m sélectif
Levier permettant d'enclencher les vitesses. Il peut se trouver au volant, sous le tableau de bord ou au sol.

Getriebeschalthebel m, Schalthebel m,
Schaltknüppel m, Gangschalthebel m,
Gangwähler m, Handschalthebel m,
Handschaltung f
Hebel zum Schalten der einzelnen Gänge. Er befindet sich an der Lenksäule, unter der Instrumententafel oder am Bodenblech.

gearshift rod → shift fork

gear stick → gearshift lever

Gemmer steering [steering]

direction f à vis sans fin et galet,
direction f à doigt et rouleau,
direction f Gemmer
Ce type de direction est très proche de la direction à secteur, à cela près que le secteur denté est ici remplacé par un galet denté monté sur roulement à aiguilles.

Rollenzahnlenkung f, Gemmerlenkung
f, Schneckenlenkung f mit Lenkrolle,
Schnecken-Rollen-Lenkgetriebe n
Lenkungsart, die der Schneckenlenkung sehr ähnlich ist. Das Schneckenradsegment entfällt, und an dessen Stelle tritt eine Zahnrolle, die sich auf Nadellagern stützt.

generator indicator lamp → charging control lamp

generator regulator [electrical system]
also: alternator regulator, voltage regulator

régulateur m de tension
Etant donné que l'alternateur entraîné par le moteur du véhicule tourne à des vitesses variables, la tension fournie doit être maintenue à un niveau déterminé par un régulateur de tension. De surcroît, le régulateur établit la liaison entre l'alternateur et la batterie, lorsque cette dernière doit être chargée.
Les régulateurs de tension sont soit des régulateurs à ancre vibrante, qui sont montés à l'écart de l'alternateur, soit des régulateurs à transistors qui font corps avec l'alternateur.

Generatorregler m, Reglerschalter m,
Generatorreglerschalter m

gilled radiator

Nachdem die vom Motor angetriebene Lichtmaschine Drehzahländerungen unterliegt, muß die abgegebene Spannung durch einen Regler auf einer bestimmten Höhe gehalten werden. Zum andern stellt der Spannungsregler die Verbindung zwischen Lichtmaschine und Batterie her, wenn diese geladen werden soll. Die zwei Reglerbauarten sind die Kontaktregler, die außerhalb der Lichtmaschine angebracht sind und die Transistorregler, die in der Lichtmaschine eingebaut sind.

gilled radiator → fin-type radiator

gilled-tube radiator → tubular radiator

glass-(fibre-)reinforced plastic (*abbr.* **GRP**) [materials]

matière f plastique armée aux fibres de verre
Matière plastique constituée de fils ou de tissu de verre enrobés de résine synthétique, qui en augmentent la résistance et la rigidité. Cette matière composite est insensible à la corrosion, isolante et insonorisante, indéformable et facile à réparer. On la rencontre parfois dans certaines pièces de carrosserie.

glasfaserbewehrter Kunststoff, glasfaserverstärkter Kunststoff, GFK
Verbundwerkstoff aus in Kunstharz eingebetteten Glasfäden und -geweben zur Erhöhung von Festigkeit und Steifheit. Dieser Werkstoff ist korrosionsfest, geräusch- und wärmedämmend, beulfest und reparaturfreundlich. Verwendung bei Karosserieteilen.

Gleason-type gear teeth [mechanical engineering]

denture f hélicoïdale à taille Gleason
Dans ce type de denture, le profil de la dent correspond à la portion d'un arc de cercle. Les dents s'élargissent de l'intérieur vers l'extérieur.

Gleason-Kreisbogenverzahnung f, Gleason-Verzahnung f
Bei der Gleason-Verzahnung entspricht die Zahnform dem Stück eines Kreisbogens. Die Zähne verjüngen sich von außen nach innen.

glow indicator → heater plug control

glow plug [diesel engine]
also: heater plug (GB), heating plug

bougie f de préchauffage, bougie f de réchauffage, bougie f à incandescence
Dans un moteur diesel à froid, l'air comprimé doit pouvoir déclencher l'auto-inflammation du combustible grâce à une élévation de température. Aussi a-t-on recours à des bougies dites de réchauffage ou de préchauffage. Celles-ci sont alimentées par le courant de la batterie et atteignent au bout d'une minute une température de l'ordre de 1000° C, ce qui facilite le démarrage, après quoi les bougies sont éteintes. Elles se maintiennent toutefois à une température très élevée par suite de la chaleur dégagée par la combustion et contribuent ainsi à l'inflammation rapide du combustible. Les bougies de préchauffage sont soit des bougies bipolaires, soit des bougies monopolaires. Il est indispensable qu'elles soient étanches aux gaz. Elles sont utilisées dans les moteurs diesel à injection indirecte.

Glühkerze f
In einem kalten Dieselmotor muß die vorverdichtete Luft durch zusätzliche Temperaturerhöhung die Selbstzündung

des Kraftstoffs bewirken. Dies ist die Aufgabe der Glühkerze. Sie wird mit Batteriestrom gespeist und ca. eine Minute lang auf eine Temperatur von 1000° C gebracht. Dadurch kann der Motor besser anspringen, und die Glühkerze wird abgeschaltet. Aufgrund der Verbrennungstemperatur bleibt sie jedoch heiß und unterstützt somit die Entzündung des Kraftstoffes. Glühkerzen müssen unbedingt gasdicht sein. Die üblichen Glühkerzentypen sind die zweipoligen Drahtglühkerzen und die einpoligen Stabglühkerzen (Glühstiftkerzen). Sie werden in Dieselmotoren mit indirekter Einspritzung eingesetzt.

glow plug indicator → heater plug control

glow wire → filament

glycerol [chemistry]

glycérine f, glycérol m
Trialcool entrant notamment dans la composition de liquides de freins et d'antigels.

Glyzerin n
Dreiwertiger Alkohol, der u.a. bei der Herstellung von Bremsflüssigkeiten und Gefrierschutzmitteln verwendet wird.

glycol → ethylene glycol

governor [engine]

régulateur m
Dispositif qui, par voie mécanique, règle ou limite la vitesse d'un organe.

Regler m
Eine Vorrichtung, die auf mechanische Weise die Geschwindigkeit eines bestimmten Geräts regelt oder begrenzt.

governor weight → flyweight

grabbing of clutch [clutch]

broutement m de l'embrayage
Les principales causes du broutage de l'embrayage sont l'usure de la friction, la pression irrégulière des ressorts ou un diaphragme en mauvais état.

Kupplungsrupfen n, Rupfen n (einer Kupplung)
Das Rupfen der Kupplung ist vor allem auf Verschleiß der Reibbeläge, auf ungleichmäßigen Druck der Federn oder auf eine defekte Tellerfeder zurückzuführen.

gradeability [vehicle construction]

pente f maxi
Pente en pour cent qu'un véhicule peut gravir à la limite suivant le rapport de vitesse engagé à l'état de pleine charge ou non.

Steigfähigkeit f, Steigvermögen f
Gefälle in %, das ein Fahrzeug für jeden einzelnen Gang im belasteten Zustand oder nicht überwinden kann.

graphic information module [instruments]

module m graphique d'information
Instrument indicateur éclairé, monté sur le tableau de bord et figurant la silhouette de la voiture. Il fournit au conducteur des informations p. ex. sur une défectuosité d'éclairage, une portière mal fermée ou une température extérieure très basse (risque de verglas).

Silhouettenanzeige f, Anzeige f in Form einer Wagensilhouette
Graphisches, beleuchtetes Instrument am Armaturenbrett z.B. zur genauen Anzeige von ausgefallenen Lichtern, von nicht ge-

schlossenen Türen und zur Warnung bei Glatteisgefahr.

graphic symbol [instruments]

symbole m graphique
Les symboles graphiques représentent des instruments ou de simples éléments dans un schéma électrique tels que des interrupteurs, des ampoules, des câbles, des résistances, etc.

Schaltzeichen n
Schaltzeichen sind Symbole für Aggregate, Instrumente und einfache Elemente wie Schalter, Glühlampen, Leitungen, Widerstände usw. in einem Schaltplan.

graphite release bearing [clutch]
also: carbon ring bearing

butée f à bague graphitée
Pièce de l'embrayage monodisque. Au débrayage la butée à bague graphitée est actionnée par la fourchette et agit sur la bague de débrayage (contre-butée) ou le diaphragme.

Schleifringausrücker m, Graphitringausrücker m
Teil der Einscheibenkupplung. Beim Auskuppeln wird der Graphitringausrücker von der Ausrückgabel gegen den Ausrückring bzw. die Telleferder gedrückt.

gravity-feed fuel supply → gravity gasoline tank

gravity gasoline tank (US) [fuel system]
also: gravity petrol tank (GB), gravity tank, gravity-feed fuel supply

réservoir m en charge
Au cours des premières décennies de la construction automobile, le réservoir d'essence était placé audessus du compartiment moteur, l'alimentation de ce dernier se faisant par gravité, comme c'est encore le cas pour les motocyclettes.

Fallbenzintank m, Falltank m
In den Anfangszeiten des Kraftfahrzeugbaus lag der Kraftstoffbehälter über dem Motor, und die Kraftstoffzufuhr erfolgte durch Gefälle, wie es bei den Krafträdern noch üblich ist.

gravity-system water cooling
→ natural circulation water cooling

gravity tank → gravity gasoline tank

gray cast iron (US) [materials]
also: grey cast iron (GB)

fonte f grise
Fonte dont la cassure présente un aspect gris clair ou foncé. Teneur en carbone de l'ordre de 2 à 3%

Grauguß m
Gußeisen, dessen Bruchfläche hell- bis dunkelgrau aussieht. Der Kohlenstoffgehalt liegt bei 2 bis 3%.

grease *n* [lubrication]

graisse f
Lubrifiant solide. Un lubrifiant fluide est appelé huile.

Schmierfett n, Fett n
Ein Schmiermittel mit fester Konsistenz, im Gegensatz zu Schmieröl mit flüssiger Konsistenz.

grease fitting → grease nipple

grease gun [tools]

also: lubricating gun, high-pressure grease gun

pompe f de graissage, pompe f à graisse
Appareil à main servant à injecter la graisse de châssis dans les graisseurs.

Handschmierpresse f, Schmierpresse f, Handpresse f, Fettpresse f, Druckschmierpistole f
Handgerät zum Einspritzen von Schmierfett in die Schmiernippel.

grease nipple [lubrication]
also: grease fitting, lubrication fitting, lubricating nipple, lubrication nipple, pressure grease fitting

graisseur m, capuchon m à graisse
Obturateur de point de graissage en forme de téton. La graisse injectée sous pression repousse une bille à ressort et ne peut de ce fait plus ressortir.

Schmiernippel m, Druckschmierkopf m
Metallstück mit warzenförmiger Öffnung an einer Schmierstelle. Das unter Druck eingespritzte Schmierfett verdrängt eine federbelastete Kugel, so daß es nicht mehr austreten kann.

greasing *n* → lubrication

grey cast iron (GB)→ gray cast iron (US)

grinding paste [materials]

pâte f à roder, pâte f abrasive, potée f d'émeri
Pâte contenant une poudre de corindon très fine dont on enduit la portée de la soupape pour obtenir une assise étanche sur le siège. A cette fin, on imprime un mouvement de rotation à la soupape sur son siège à l'aide d'une ventouse.

Schleifpaste f
Feinkörnige Paste zum Einschleifen des Ventilkegels, damit ein gasdichter Ventilsitz erreicht wird. Nach dem Auftragen des Schleifpastenfilms wird das Ventil mit Hilfe eines Saugers auf seinem Sitz gedreht.

grommet *n* → rubber grommet

grooved ball bearing [mechanical engineering]

roulement m à billes avec gorge
Roulement le plus largement utilisé. Il est à charge radiale et axiale et permet des vitesses de rotation élevées.

Rillenkugellager n, Radial-Rillenkugellager n, Ring-Rillenlager n
Das am meisten verwendete Wälzlager. Es kann Lagerkräfte sowohl in radialer als auch in axialer Richtung aufnehmen und eignet sich für hohe Drehzahlen.

ground *n* (US) [electrical system] = earth (GB)

ground clearance [vehicle]
also: road clearance

garde f au sol, hauteur f libre sous la voiture, hauteur f de caisse, hauteur f de coque
Ecart minimal du sol d'un véhicule en charge maximale admise.

Bodenabstand m, Bodenfreiheit f
Minimalabstand vom Boden eines voll belasteten Kraftfahrzeuges.

ground clearance compensator [suspension]
also: suspension height-sensing valve

ground contact

correcteur m de hauteur, régulateur m de hauteur
Dans la suspension hydropneumatique, on trouve une correction d'assiette automatique affectée à chaque essieu. Il s'agit en fait d'une vanne à trois voies reliée par levier à une barre anti-roulis. Lorsque la charge augmente, la caisse en s'affaissant agit sur la barre anti-roulis dont le mouvement déplace le tiroir cylindrique du correcteur, ce qui entraîne l'admission du liquide au départ d'un accumulateur de pression dans les cylindres via le correcteur de hauteur. Dès lors le volume de liquide augmentera dans les cylindres et la caisse se soulèvera. Cette remontée de la caisse agira à nouveau sur la barre anti-roulis, dont le mouvement ramènera cette fois le tiroir en position neutre. L'écoulement du liquide vers les cylindres s'interrompt et la garde au sol est rétablie.

Niveauregler m, Höhenkorrektor m, Höhenkorrekturventil n
Bei der hydropneumatischen Federung ist jeder Achse ein Niveauregler zugeordnet. Es handelt sich um ein Dreiwegeventil, das über einen Hebel mit einem Drehstabstabilisator verbunden ist. Durch die Verdrehungen des Stabilisators verschiebt sich bei erhöhter Belastung der Verteilerschieber des Niveaureglers, der somit Spezialöl aus einem Druckspeicher über den Niveauregler in die beiden Federelemente der Achse einströmen läßt. Die Flüssigkeitsmenge in den Zylindern nimmt zu, und das Fahrgestell wird folglich angehoben. Durch diese Anhebung verdreht sich erneut der Stabilisator, der den Verteilerschieber in die neutrale Stellung zurückbringt. Dem Flüssigkeitsstrom ist damit der Weg zu den Federelementen wieder gesperrt, und die ursprüngliche Bodenfreiheit des Wagens ist wiederhergestellt.

ground contact (US) → short circuit to ground

ground electrode (US) [electrical system] (See Ill. 31 p. 474)
also: earth electrode (GB), plug outer electrode, side electrode, lateral electrode

électrode f périphérique, électrode f de masse
Electrode d'une bougie d'allumage en contact à la masse par le filetage de la bougie. C'est par cette électrode que l'étincelle d'allumage passe à la masse.

Masseelektrode f, Seitenelektrode f
Elektrode, die über das Kerzengewinde mit der Karosseriemasse verbunden ist. Bei der Zündung springt der Zündfunke über diese Elektrode an Masse.

ground leakage (US) → short circuit to ground

ground return (US) [electrical system] (See Ill. 3 p. 54, Ill. 16 p. 196)
also: earth return (GB)

retour m à la masse
Dans les véhicules automobiles c'est la tôle de la carrosserie ou le châssis qui se charge du retour du courant à la batterie et qui constitue la masse reliant la borne négative de chaque récepteur à la borne négative de la batterie. De cette manière un câblage de retour n'est pas nécessaire.

Masserückleitung f
Bei Kraftfahrzeugen übernimmt die Blechkarosserie oder das Fahrgestell die Rückleitung des Stromes und bildet somit die Masse, die den Minuspol jedes Verbrauchers mit demjenigen der Batterie

verbindet. Auf diese Weise erübrigen sich Rückleitungen zur Batterie.

ground short (US) → short circuit to ground

ground strap (US) [electrical system]
also: earth strap (GB)

tresse f de masse
Tresse en fils de cuivre servant à réaliser des liaisons avec la masse, par exemple entre la batterie à accumulateurs et la carrosserie ou entre la carrosserie et le moteur.

Masseband n, Masseverbindung f
Geflochtenes, blankes Kupferband zur Herstellung von Masseverbindungen wie z.B. zwischen Batterie und Karosserie oder zwischen Karosserie und Motor.

GRP = glass-(fibre-)reinforced plastic

grub screw → headless screw

gudgeon pin (GB) → piston pin

gudgeon pin retainer (GB) → piston pin retainer

H

half axle → half-shaft *n*

half-floating axle → semi-floating axle

half-shaft *n* [transmission]
also: differential side shaft, differential shaft, half axle, drive shaft

demi-arbre m (de roue)
Arbre entraîné par le différentiel et qui, à son tour, entraîne une roue.

Halbwelle f, Antriebshalbwelle f
Vom Differential angetriebene Welle, die mit dem Antriebsrad verbunden ist.

half-shaft pinion → differential side gear

Hall-effect sensor → Hall generator

Hall generator [electronics]
also: Hall-effect sensor, Hall sensor

capteur m à effet Hall, déclencheur m à effet Hall
Dans l'allumage transistorisé sans rupteur, un déclencheur à effet Hall peut se substituer au rupteur et provoquer l'allumage. Le déclencheur à effet Hall est composé d'une barrière magnétique et d'un tambour à écrans.

Hall-Generator m, Hall-Geber m
Bei der kontaktlosen Transistorzündung kann ein Hallgeber an die Stelle der Unterbrecherkontakte treten und die Zündvorgänge auslösen. Der Hallgeber setzt sich aus einer Magnetschranke und einem Blendenrotor zusammen.

Hall IC [electronics]

circuit m intégré Hall
Commutateur électronique dans l'allumage transistorisé sans rupteur avec déclencheur à effet Hall.

Hall-IC m
Elektronischer Schalter in der kontaktlosen Transistorzündanlage mit Hallgeber.

Hall layer [electronics]

plaquette f détecteur de Hall
Plaquette semiconductrice faisant partie d'un circuit intégré Hall dans un allumage transistorisé sans rupteur avec déclenchement à effet Hall.

Hall-Schicht f
Halbleiterschicht, die bei einer kontaktlosen Transistorzündanlage mit Hallgeber im Hall-IC enthalten ist.

Hall sensor → Hall generator

halogen [lights]

halogène m
Gaz de remplissage pour phares à l'halogène. L'iode précédemment utilisé est de plus en plus remplacé par le brome.

Halogen n
Edelgas zur Füllung von Halogenlampen. Als Halogen wurde Iod durch Brom verdrängt.

halogen headlight [lights]
also: quartz-halogen headlight

projecteur m halogène, phare m halogène
Phare comportant des ampoules en quartz ou en verre trempé. L'ampoule contient un gaz de remplissage auquel est ajoutée une quantité finement dosée d'halogène. L'iode précédemment utilisé est de plus en plus remplacé par le brome. Grâce à la combinaison du tungstène du filament et de l'halogène, la paroi interne de l'ampoule ne se noircit plus à l'usage par suite de l'évaporation des particules de tungstène et le composé de tungstène et d'halogène permet au filament de se régénérer constamment mais non pas indéfiniment, Puissance 55 watts.

H1: Ampoule à un seul filament longitudinal pour phares antibrouillard, vitesse et grande portée et code dans le système à quatre projecteurs. Puissance consommée: 55 ou 70 watts.

H2: Ampoule à un seul filament longitudinal pour feux de route et code. Puissance consommée: 55 ou 70 watts.

H3: Ampoule à un seul filament transversal pour phares antibrouillard, vitesse et longue portée. Puissance consommée: 55 ou 70 watts.

H4: Ampoule bifil pour feux de route et code. Puissance consommée: 60 watts (route) et 55 watts (code) ou 75/70.

Halogenscheinwerfer m
Scheinwerfer mit Halogenlampen. Der Kolben einer Halogenlampe ist aus reinem Quarz oder Hartglas und enthält eine Edelgasfüllung, der eine genau dosierte Menge eines Halogens zugesetzt ist. Als Halogen wurde Jod durch Brom verdrängt. Aufgrund einer Wolfram-Halogen-Verbindung (die Glühwendel ist ja aus Wolfram) wird die Kolbeninnenwand nicht mehr durch die verdampfenden Wolframteilchen geschwärzt, und der Wolfram-Halogen-Kreisprozeß regeneriert die Glühwendel. Leistungsbedarf 55 W.

H1: Einfadenlampe mit Glühwendel in Längsrichtung für Nebellicht, Zusatzfernlicht und Abblendlicht im 4-SW-System. Leistungsaufnahme: 55 bis 70 W.

H2: Einfadenlampe mit Glühwendel in Längsrichtung für Fernlicht (auch Abblendlicht in Frankreich). Leistungsaufnahme: 55 bzw. 70 W.

H3: Einfadenlampe mit Glühwendel in Querrichtung für Nebellicht und Zusatz-

fernlicht. Leistungsaufnahme: 55 bzw. 70 W.
H4: Zweifadenlampe für Fern- und Abblendlicht. Leistungsaufnahme: 60 W (Fernlicht) und 55 W (Abblendlicht) bzw. 75/70.

halogen lamp [lights] (See Ill. 4 p. 59)

lampe f à halogène, lampe f halogène
Lampe pour les phares d'un automobile qui utilise un halogène (p.e. iode ou brome) comme gaz de remplissage.

Halogenlampe f
Eine Scheinwerferlampe, bei der als Edelgasfüllung ein Halogen (z.B. Iod oder Brom) verwendet wird.

hand brake [brakes]
(*phrase:* to release the hand brake)
also: mechanically operated handbrake, manually operated brake

frein m à main, frein m de secours et d'immobilisation, frein m de parking, frein m de stationnement
Frein mécanique qui par un système de leviers et de câbles agit, dans la plupart des cas, sur les roues d'un seul essieu. Lors du réglage, l'effet de freinage doit commencer à se manifester au troisième cran du levier de frein à main.
Phrases: desserrer le frein à main, oter le frein à main

Handbremse f, handbetätigte Feststellbremse
Mechanische Bremse, die über Hebel und Bremsseile meistens nur auf die Räder einer Achse wirkt. Bei der Einstellung der Handbremse soll die Bremswirkung ab der dritten Rastenstellung des Handbremshebels bereits fühlbar sein.
Wendung: die Handbremse lösen

hand crank → starting crank

hand impact screwdriver [tools]

tournevis m à impact, tournevis m à choc
Tournevis avec mouvement à gauche ou à droite, fourni habituellement avec quatre lames interchangeables. On l'utilise pour débloquer des vis récalcitrantes ou rouillées.

Schlagschrauber m, Handschlagschrauber, Schlagschraubendreher m
Werkzeug mit Links- und Rechtsgang sowie vier Einsatz-Klingen. Es eignet sich besonders zum Lösen sehr festsitzender oder angerosteter Schrauben.

hand primer [diesel engine]
also: hand pump

pompe f d'amorçage
Certaines pompes d'injection sont équipées d'une pompe d'amorçage permettant de purger le circuit basse pression après que l'on a desserré les vis de purge sur le filtre et sur la pompe d'injection.

Handpumpe f, Handförderpumpe f
Bei einer Einspritzpumpe kann eine Handpumpe vorhanden sein, die nach dem Lösen der entsprechenden Entlüftungsschrauben das Entlüften der Dieselkraftstoffanlage bis zur Druckleitung ermöglicht.

hand pump → hand primer

hard-faced valve [engine]

soupape f blindée, soupape f stellitée
Un métal dur tel que le Stellite se trouvant sur la tête de la soupape et à l'extrémité de sa tige renforce sa résistance à l'usure.

hard soldering

Panzerventil n
Hartmetalle wie Stellit erhöhen die Festigkeit eines Ventils auf dem Ventilteller und am Ventilschaftende.

hard soldering → brazing *n*

hard top [vehicle construction]

hard top m
Pavillon rigide et amovible en métal ou en matière plastique pour voitures découvertes.

Hardtop n
Steifes Aufsatzdach aus Metall oder Kunststoff für offene Wagen.

Hardy disc → rubber universal joint

hat shelf → rear parcel shelf

hazard flashers *pl* (US) → emergency flasher system

hazard warning flasher (US) → emergency flasher system

hazard warning triangle → warning triangle

HB = Brinell hardness

HD engine oil [lubricants] (HD = heavy duty)
also: HD oil, heavy-duty oil

huile f HD
Huile contenant des additifs et répondant à de sévères critères d'utilisation.

HD-Öl n
Legiertes Öl für schwere Beanspruchung.

HD oil → HD engine oil

head *n* → cylinder head

header pipe → downpipe

header tank → radiator top tank

head gasket → cylinder head gasket

headlamp [lights]
also: headlight
(*phrase*: to adjust the headlights)

phare m, projecteur m
Projecteur disposé à l'avant d'un véhicule et servant à lancer un faisceau lumineux puissant. Puissance consommée 40 watts (code) et 45 watts (route).
Phrase: régler les phares

Scheinwerfer m, Kraftfahrzeugscheinwerfer m, Frontscheinwerfer m
Vorn am Fahrzeug angebrachtes Gerät zum Ausstrahlen eines kräftigen Lichtbündels. Leistungsbedarf 40 W (Abblendlicht) und 45 W (Fernlicht).
Wendung: die Scheinwerfer einstellen

headlamp adjustment [lights]
also: headlamp setting, headlight beam adjustment, headlight alignment, headlamp beam adjustment, headlamp beam alignment, headlight aiming, headlamp aim

réglage m des phares, réglage m des projecteurs
Placer le véhicule normalement chargé et reposant sur un plan horizontal à une distance de 5 mètres d'un mur blanc ou d'un panneau. Tracer une croix au centre de chaque cône de lumière. Les deux croix sont au même niveau que les centres de phares, mais elles sont écartées de 10 cm de plus que la distance d'un centre de phare à l'autre. Lorsqu'on passe en code, la ligne de démarcation clair-obscur doit

se situer 5 cm plus bas que les deux croix tracées sur le panneau.

Scheinwerfereinstellung f
Das Fahrzeug muß im normal belasteten Zustand 5 Meter vor einer weißen Wand bzw. einer Prüftafel genau eben stehen. Die Mitte jedes Scheinwerferlichtkegels wird mit einem Kreuz markiert, wobei beide Kreuze auf der gleichen Ebene stehen wie die Scheinwerfermitten, jedoch sind sie 10 cm weiter auseinander als die Entfernung von Mitte Scheinwerfer zu Mitte Scheinwerfer. Beim Abblenden soll die Hell-Dunkel-Grenze 5 cm tiefer als die Kreuzmarken liegen.

headlamp aim → headlamp adjustment

headlamp beam adjustment → headlamp adjustment

headlamp beam alignment → headlamp adjustment

headlamp beam switch → dimmer switch (US)

headlamp bulb [lights]
(See Ill. 22 p. 262)

lampe f de phare, ampoule f de phare
Organe de l'ensemble optique se trouvant au foyer du réflecteur.

Scheinwerferlampe f, Scheinwerferglühlampe f, Scheinwerferbirne f (colloq.)
Teil des Scheinwerfers im Brennpunkt des Reflektors.

headlamp dipper relay → dimmer relay

headlamp insert → headlamp unit

headlamp leveler [lights]
also: headlight vertical aim control

correcteur m d'assiette de projecteurs, correcteur m d'angle de site
Dispositif permettant de corriger l'assiette des phares et de régler ainsi le faisceau lumineux en hauteur.

Leuchtweitenregler m, Leuchtweitenversteller m, Leuchtweiteneinstellung f
Vorrichtung, mit der der Neigungswinkel der Scheinwerfer und folglich der austretende Lichtstrahl in die Höhe verstellt werden.

headlamp setter → beamsetter

headlamp setting → headlamp adjustment

headlamp unit [lights]
(See Ill. 22 p. 262)
also: light unit, headlamp insert, lens-reflector assembly

bloc m optique
Ensemble amovible composé d'un projecteur parabolique, d'un verre moulé et d'un support de lampe.

Scheinwerfereinsatz m
Austauschbare Scheinwerferoptik bestehend aus Parabolspiegel, Streuscheibe und Lampenfassung.

headlamp washer/wiper → headlamp wash/wipe

headlamp wash/wipe [equipment]
also: headlamp washer/wiper

lave-essuie-phare m, lave-phare m, essuie-phare m
Dispositif de nettoyage des phares d'une automobile en marche qui d'abord arrose

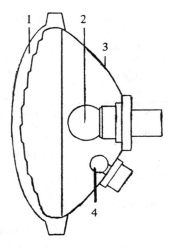

1 headlight lens
2 headlamp bulb
3 reflector
4 side-marker lamp (US), sidelamp (GB)

Ill. 22: headlamp unit

(headlamp wash/wipe continued)
les verres d'un liquide et ensuite les essuie par des petits essuie-glaces.

Scheinwerfer-Wisch-/Waschanlage f, Scheinwerferwaschanlage f
Eine Vorrichtung, die das Scheinwerferglas während der Fahrt sauber hält, indem sie es zuerst mit Flüssigkeit besprüht und danach automatisch mit kleinen Scheibenwischern reinigt.

headless screw [mechanical engineering]
also: grub screw

vis f sans tête à tige lisse
Vis dont la tige n'est que partiellement filetée. Elle est pourvue d'une fente ou d'un six-pans creux pour le serrage.

Schaftschraube f
Schraube, bei der das Gewinde nur über einen Teil des Schaftes geschnitten ist. Zum Anziehen ist ein Schlitz oder ein Innensechskant vorgesehen.

headless setscrew [mechanical engineering]

vis f pointeau
Vis cylindrique sans tête fendue à une extrémité. Elle est utilisée comme vis de réglage et comme vis de sûreté (vis de blocage).

Madenschraube f
Zylindrische Schraube mit geschlitztem Kopfende. Sie wird als Stell- und Sicherungsschraube verwendet.

headlight → headlamp

headlight aimer → beamsetter

headlight aiming → headlamp adjustment

headlight alignment → headlamp adjustment

headlight beam adjustment → headlamp adjustment

headlight flasher [lights]
also: passing signal light, optical overtake signal

appel m optique, appel m de phares
Avertissement lumineux à l'aide des feux de route.
Pour la commande de l'appel de phares, on actionne un relais qui doit se trouver le plus près possible des phares sur la plus courte distance entre la batterie et les ampoules de projecteur. En effet le courant utile ne devra de ce fait surmonter qu'une faible résistance dans le circuit de puissance et la lumière de l'appel de phares n'en sera que plus intense.

Lichthupe f
Betätigung des Fernlichtes zu Warnzwecken.
Zur Betätigung der Lichthupe wird ein Relais eingeschaltet, das möglichst nahe bei den Scheinwerfern auf dem kürzesten Weg zwischen Batterie und Scheinwerferlampen angebracht wird. Nachdem der Arbeitsstrom nur einen geringen Widerstand im Arbeitsstromkreis zu überwinden hat, kommt ein grelles Aufleuchten der Scheinwerferlampen zustande.

headlight housing [lights]

corps m de projecteur, cuvelage m (du projecteur)
Cuvette en tôle servant à la mise en place du projecteur sur le véhicule.

Scheinwerfergehäuse n
Schale aus Stahlblech zum Einbau des Scheinwerfers ins Fahrzeug.

headlight lens [lights]
(See Ill. 22 p. 262)
also: diffusing lens

verre m moulé, glace f, glace f diffusante, lentille f frontale
Plaque de verre recouvrant l'ensemble optique et qui grâce à ses stries venues de moulage permet de bien répartir le faisceau lumineux.

Scheinwerferglas n, Streuscheibe f
Lichtstreuende Glasscheibe eines Scheinwerfers, die aufgrund ihres Oberflächenprofils (Rillen oder Rippen) die Lichtstrahlen verteilt.

headlight setter → beamsetter

headlight vertical aim control
→ headlamp leveler

head pipe → downpipe

headrest → head restraint

head restraint [safety]
also: headrest

appuie-tête m
Dispositif intégré dans le dossier du siège qui agit comme support arrière pour la tête du conducteur et des passagers en cas de collisions.

Kopfstütze f, Nackenstütze f
Eine in die Lehne eines Fahrzeugsitzes integrierte Vorrichtung, die sowohl den Kopf des Fahrers und der Passagiere von hinten abstützt als auch verhindert, daß bei einer Kollision des Fahrzeugs Verletzungen entstehen.

head retaining bolt → cylinder head bolt

heated air intake system [emission control]

chauffage m de l'air d'admission, système m de rechauffage de l'air admis
Une mesure pour optimiser la combustion dans un moteur et réduire ainsi les gaz polluants des automobiles.

Ansaugluftvorwärmung f
Eine Maßnahme zur verbesserten Verbrennung in einem Motor und damit zur Verringerung seiner schädlichen Abgasemissionen.

heated back window → heated rear window

heated rear window [safety]
also: heated back window

lunette f arrière chauffante, lunette f arrière dégivrante
Lunette arrière avec résistance chauffante collée ou insérée.

heizbare Heckscheibe, Heizscheibe f
Heckscheibe mit eingebautem oder aufgedrucktem Heizleiter.

heat engine [engine]

machine f thermique
Dispositif transformant l'énergie calorifique en énergie mécanique. Les moteurs à explosion, les machines et les turbines à vapeur, les turbines à gaz, les moteurs à air chaud, etc. sont des machines thermiques.

Wärmekraftmaschine f
Kraftmaschine, in der Wärmeenergie in mechanische Energie umgewandelt wird. Kolbenverbrennungsmotoren, Dampfmaschinen, Dampfturbinen, Gasturbinen,

Heißluftmotoren usw. sind Wärmekraftmaschinen.

heater → heating *n* (US)

heater plug (GB) → glow plug

heater plug control [diesel engine]
also: preheating indicator, glow plug indicator, glow indicator

résistance f témoin pour bougie de préchauffage
Résistance branchée en série avec les bougies de réchauffage et la résistance de bougie. Elle a pour but de maintenir avec la résistance de bougie la tension appliquée aux bougies de réchauffage à sa valeur nominale prévue et elle s'allume dans le poste de conduite après la mise sous tension des bougies de réchauffage.

Glühüberwacher m
Widerstand, der zu den Glühkerzen bzw. zum Glühkerzenwiderstand in Reihe geschaltet ist. Er hat die Aufgabe, zusammen mit dem Glühkerzenwiderstand die an die Glühkerzen angelegte Spannung auf den festgelegten Nennwert zu halten und leuchtet im Führerhaus nach dem Einschalten der Glühkerzen.

heater plug resistor [diesel engine]

résistance f de bougie de préchauffage
Résistance utilisée dans le câblage des bougies de préchauffage afin que le courant nominal corresponde au type de bougie prévu.

Glühkerzenwiderstand m
Vorwiderstand in einer Glühanlage, der dafür sorgt, daß der fließende Strom dem für den Kerzentyp festgelegten Nennwert entspricht.

heater plug starting switch [diesel engine]
also: preheater starter switch

commutateur m de préchauffage
Commutateur qui branche le courant de batterie sur l'élément chauffant de la bougie de préchauffage lors du démarrage à froid d'un moteur diesel.

Glühanlaßschalter m, Glühstartschalter m, Glühkerzenschalter m
Schalter, der den Batteriestrom zur Erhitzung des Glühelements einer Glühkerze beim Kaltstart eines Dieselmotors einschaltet.

heater radiator → heat exchanger

heat exchanger [cooling system]
also: heater radiator

radiateur m de chauffage
Petit radiateur que l'on rencontre dans les moteurs refroidis par eau et alimenté par le circuit de refroidissement. C'est à son contact que l'air aspiré se réchauffe avant de pénétrer dans l'habitacle.

Wärmetauscher m
Vorrichtung, die bei wassergekühlten Motoren mit dem Wasser aus dem Kühlkreislauf versorgt wird und an der sich die angesaugte Luft erwärmt, ehe sie in den Fahrgastraum gelangt.

heating *n* [heating&ventilation]
also: heating system, heater (US)

chauffage m
Système de chauffage de l'habitacle d'une voiture. En règle générale, il est alimentée par l'eau chaude du radiateur.

Heizung f, Fahrzeugheizung f, Wagenheizung f
Das System, das in einem Automobil für

heating flange 266

die Beheizung des Innenraums sorgt. Es wird in der Regel mit dem heißen Kühlwasser gespeist.

heating flange [diesel engine]

manchon m de réchauffage, corps m de chauffe
Dispositif de réchauffage comportant une spirale chauffante disposée en double cône dans une enveloppe en tôle accumulatrice de chaleur et servant à réchauffer l'air dans la conduite d'admission de certains moteurs diesel. La spirale chauffante est portée à une température de 1000° C et consomme environ 600 watts.

Heizflansch m
Vorrichtung mit einer Heizwendel in Doppelkegelanordnung zum Erhitzen der Ansaugluft von Dieselmotoren. Die Heizwendel ist in einem wärmespeichernden Blechgehäuse untergebracht und wird auf 1000°C erhitzt. Sie verbraucht ca. 600 Watt.

heating plug → glow plug

heating resistor [electrical system]

résistance f chauffante
Conducteur à résistance électrique élevée qui s'échauffe au passage du courant.

Heizwiderstand m, Heizleiter m
Leiter mit hohem elektrischem Widerstand, der sich bei Stromdurchgang erhitzt.

heating system → heating *n* (US)

heat range → heat rating

heat rating [ignition]
also: thermal value, heat value, heat range, spark plug heat range

indice m thermique, gamme f thermique, degré m thermique, coefficient m thermique, valeur f thermique, gradation f thermique
Plage de température dans les limites de laquelle une bougie fonctionne dans des conditions normales. La gamme thermique est une unité de temps de contrainte thermique avant que ne se produise l'auto-allumage. Les bougies dont le degré thermique est élevé (bougies froides) ont à peine tendance à l'autoallumage, mais elles s'encrassent plus facilement. En revanche c'est l'inverse pour les bougies dont le degré thermique est bas (bougies chaudes).

Wärmewert m, Glühwert m
Temperaturbereich, innerhalb dessen eine Zündkerze unter normalen Bedingungen zündet. Der Wärmewert ist ein Maß für die Zeit der Wärmebelastbarkeit der Kerzen, bevor es zu Glühzündungen kommt. Kerzen mit hohem Wärmewert (kalte Kerzen) neigen kaum zu Glühzündungen, sondern eher zur Verrußung. Bei Kerzen mit niedrigem Wärmewert (warmen Kerzen) ist es umgekehrt.

heat value → heat rating

heavy-duty oil → HD engine oil

heavy goods vehicle (*abbr.* **HGV**) [vehicle]

poids lourd m
Véhicule pour le transport des marchandises lourdes.

Schwerlastfahrzeug n
Ein Fahrzeug für den Transport schwerer Güter.

height of chassis above ground [vehicle construction]

also: chassis frame height

hauteur f de châssis
Ecart relevé au centre de la roue de l'essieu avant et arrière d'un véhicule entre le bord supérieur du châssis et le sol. Dans le cas d'un essieu tandem, l'écart est mesuré au point médian situé entre les deux essieux jumelés.

Rahmenhöhe f
Abstand der Oberkanten des Rahmens zur Standebene des Fahrzeugs, gemessen in der Radmitte der Vorder- und Hinterachse. Bei Doppelachsen wird über der Mitte der Doppelachsen gemessen.

helical groove [injection]
also: helix *n*, control edge

rampe f hélicoïdale
Entaille hélicoïdale saignée dans le piston d'une pompe d'injection. Elle règle la quantité de combustible refoulé. Le début d'injection est constant, mais la fin est variable.

Steuerkante f
Schraubenförmige Nut im Kolben einer Einspritzpumpe. Mit der Steuerkante wird die Fördermenge geregelt. Der Förderbeginn ist immer der gleiche, nur das Förderende ändert sich.

helical spring [mechanical engineering]
(See Ill. 35 p. 542)
also: coil spring

ressort m hélicoïdal, ressort m à boudin
Barre d'acier enroulée en spirale qui travaille à la torsion en absorbant la charge.

Schraubenfeder f
Spiralförmiger Torsionsfederstab, der bei der Aufnahme von Kräften auf Verdrehung (Torsion) beansprucht wird.

helical spring lock washer [mechanical engineering]

rondelle f Grower normale
Frein à sécurité relative agissant par friction et s'opposant au desserrage d'une vis par suite de trépidations.

aufgebogener Federring
Kraftschlüssige Schraubensicherung, die das Lockern einer Schraube durch Erschütterung verhindern soll.

helix *n* → helical groove

helix angle → thread lead angle

hemispherical combustion chamber [engine]

chambre f de combustion hémisphérique
Chambre de combustion en forme de dôme dans laquelle la soupape d'admission et la soupape d'échappement forment un angle de 90° de part et d'autre de la bougie centrale. Cette disposition permet notamment d'obtenir un rendement volumétrique accru par la présence de lumières d'admission plus larges ménagées dans la culasse. En outre, grâce à la position angulaire des soupapes, on peut recourir à des versions à large tulipe permettant de traiter une plus grande quantité de gaz. Toutefois c'est à cause de cet écart angulaire de 90° qu'on est obligé de prévoir deux arbres à cames en tête.

halbkugelförmiger Brennraum
Kuppelförmiger Brennraum, bei dem das Einlaß- und das Auslaßventil um 90° auseinanderstehen. Die Zündkerze sitzt in der Mitte zwischen beiden Ventilen. Dank dieser Anordnung kann eine breitere Einlaßöffnung für eine bessere Zylin-

herringbone gear(ing)

derfüllung in den Zylinderkopf gebohrt werden. Aufgrund ihrer günstigen Winkellage können Ventile mit breiterem Tellerdurchmesser eingebaut werden, so daß größere Gasmengen bewältigt werden. Diese um 90° geneigten Ventile machen jedoch den Einsatz zweier obenliegenden Nockenwellen erforderlich.

herringbone gear(ing) [mechanical engineering]
also: V-toothed gear

engrenage m à chevrons
Engrenage dont la denture prend la forme de chevrons emboîtés.

Pfeilverzahnung f, doppelte Schrägverzahnung
Getriebe mit winkelförmiger Verzahnung.

hexagon-socket-screw key [tools]

clé f mâle coudée à six pans, clé f Allen
Clé mâle de serrage pour vis à six pans creux.

Innensechskantschlüssel m, Sechskantstiftschlüssel m, Inbusschlüssel m
Winkelschraubendreher für Innensechskantschrauben.

HGV = heavy goods vehicle

high beam (US) → main beam

highest gear → top gear

high-octane gasoline (US) *or* **petrol** (GB) [fuels]
also: four-star petrol (GB), premium-grade gasoline (US), premium gasoline (US), premium *n (for short)*, super-grade petrol (GB)

supercarburant m, essence f super, super m
L'indice d'octane de l'essence super varie de 94 à 98. Sa teneur en aromates est plus élevée que celle de l'ordinaire.

Superbenzin n, Superkraftstoff m, Super-Ottokraftstoff m, Super n
Superbenzin hat eine Oktanzahl von 94 bis 98. Sein Anteil an Aromaten ist bedeutend höher als beim Normalbenzin.

high-pressure delivery pipe → delivery pipe

high-pressure grease gun → grease gun

high-pressure injector pipe → delivery pipe

high-pressure oil pump [steering]

pompe f à huile à haute pression
Pompe hydraulique à palettes entraînée par le moteur du véhicule par l'intermédiaire d'une courroie trapézoïdale et qui alimente en huile la servo-direction.

Hochdruckölpumpe f, Lenkungsölpumpe f, Lenkhelfpumpe f
Vom Motor über Keilriemen angetriebene Hochdruck-Flügelzellenpumpe zur Ölversorgung von Servolenkungen.

high-pressure pipe → delivery pipe

high-quality steel [materials]
also: special steel

acier m spécial
Acier allié ou non allié qui, en raison de ses caractéristiques particulières, se distingue des aciers d'usage général.

Edelstahl m

Unlegierter oder legierter Stahl, der sich durch seine besonderen Gebrauchseigenschaften von den Massenstählen und den Qualitätsstählen unterscheidet.

high-speed nozzle → main jet

high-tension circuit → secondary circuit

high-tension ignition cable → spark plug lead

high-tension ignition circuit → secondary circuit

high-tension winding → secondary winding

high-voltage winding → secondary winding

highway code [law]

code m de la route
Ensemble des réglementations auquel les usagers de la route sont tenus de se conformer sur la voie publique.

Straßenverkehrsordnung f (Abk. StVO)
Die StVO regelt das Verhalten der Verkehrsteilnehmer im öffentlichen Straßenverkehr.

highway cycle [testing]

cycle m extra-urbain, parcours m routier
Cycle de conduite qui correspond à une circulation des véhicules en dehors d'une zone urbaine à une vitesse moyenne de 60 km/h.

Landstraßenzyklus m
Ein Fahrzyklus zu Testzwecken im Landstraßenverkehr bei einer Geschwindigkeit von ca. 60 km/h.

hold-in winding → hold-in coil

hold-in coil [electrical system]
also: holding coil, holding winding, hold-in winding

enroulement m de maintien
Enroulement en fil mince qui, dans un relais à solénoïde, maintient le noyau plongeur dans sa position au terme de la phase d'attraction.

Haltewicklung f
Wicklung aus dünnerem Draht, die in einem Einrückrelais den Anker beim Startvorgang nach der Einzugsphase in seiner Lage festhält.

holding coil → hold-in coil

holding winding → hold-in coil

hole-type nozzle → orifice nozzle

hollow cavity insulation [maintenance]
also: cavity preservation

protection f des cavités
Pulvérisation sous pression d'un produit anticorrosion ou de cire afin que les parties traitées ne rouillent de l'intérieur. Le produit s'infiltre sous l'humidité et parvient jusqu'au métal sain à travers les plaques de rouille. On a également recours à des sondes d'observation pour repérer les traces de rouille.

Hohlraumkonservierung f, Hohlraumversiegelung f
Einsprühen von Rostschutzmittel bzw. Sprühwachs unter hohem Arbeitsdruck mittels Sprühsonden, damit die betreffenden Teile nicht von innen durchrosten.

homokinetic joint

Das eingesprühte Rostschutzmittel unterwandert die Feuchtigkeit und vernichtet die vorhandenen Roststellen bis auf das gesunde Metall. Zum Auffinden von Roststellen werden zuweilen Leucht- und Beobachtungssonden eingesetzt.

homokinetic joint → constant-velocity (universal) joint

honeycomb [emission control]

bloc m en nid d'abeilles
Dans un convertisseur catalytique le support sur lequel est déposée la couche de catalyseur.

Wabenkörper m
In einem Katalysator der Träger für die Katalysatorschicht.

honeycomb radiator [cooling system]

radiateur m à nid d'abeilles
Radiateur composé d'un grand nombre de tubes horizontaux dont les extrémités avant et arrière sont soudées. L'air circule à l'intérieur des tubes et l'eau dans les espaces ménagés entre les faces extérieures des tubes.

Luftröhrenkühler m, Bienenkorbkühler m
Dieser Kühler besteht aus einer großen Anzahl wabenartig angeordneter Röhren. Die Luft strömt in diese Röhren, deren Außenflächen von Wasser umspült werden.

honing *n* [materials]

honing m, pierrage m
Technique de finition de surfaces métalliques par rodage au moyen d'une matière abrasive très fine agglomérée par un liant.

Honen n, Ziehschleifen n
Feinbearbeitung von Metalloberflächen mit Hilfe von Honsteinen. Diese sind keramisch oder elastisch gebundene Schleifkörper großer Feinheit.

hood (US) [vehicle body]
also: bonnet (GB)

capot m, capot m de moteur, capot m moteur
Pièce de carrosserie pouvant être relevée et abritant le groupe propulseur d'un véhicule.

Motorhaube f, Motorraumhaube f, Motordeckel m, Kühlerhaube f (colloq.), Haube f
Aufklappbares Karosserieblech, unter dem sich das Triebwerk befindet.

hooked tire lever (US) → tire mounting lever

Hooke joint (GB) *or* **Hooke's joint** (GB) → cardan joint

horizontal draft carburetor (US) [carburetor]
also: horizontal draught carburettor (GB), side-draft carburetor (US)

carburateur m horizontal
Carburateur avec chambre de mélange disposée sur un plan horizontal.

Flachstromvergaser m
Vergaserbauart mit waagerechtem Vergaserdurchlaß.

horizontal draught carburettor (GB) → horizontal draft carburetor (US)

horizontally opposed engine → flat engine

horn n [safety]

avertisseur m (sonore), klaxon m, trompe f
Dispositif émettant des signaux acoustiques produits par les vibrations périodiques d'une membrane. A cet effet, un courant électrique intermittent tributaire d'un rupteur circule dans le bobinage d'un electro-aimant.

Horn n, Hupe f, Aufschlaghorn n
Akustische Warnanlage, die Lautsignale durch periodische Schwingungen einer Membrane erzeugt, wobei elektrischer Strom mit Hilfe eines Unterbrechers in der Wicklung eines Elektromagneten ein- und ausgeschaltet wird.

horn button [electrical system]

bouton m d'avertisseur sonore
Bouton disposé au centre du volant de direction. C'est en l'enfonçant que l'on ferme le circuit électrique de l'avertisseur sonore.

Horndruckknopf m, Hupe f (colloq.)
Druckknopf in der Mitte des Lenkrades. Beim Drücken des Horndruckknopfes wird der Stromkreis des Horns geschlossen.

horsepower (*abbr.* HP) [engine]

cheval-vapeur m (abr. ch, CV)
Puissance nécessaire pour produire un travail de 75 kilogramètres par seconde (1 kgm/s est le travail nécessaire pour déplacer une masse de 1 kg sur un mètre). Aujourd'hui remplacé par l'unité kilowatt, équivalent à 1,36 chevaux-vapeur.

Pferdestärke f (Abk. PS)
Frühere Einheit der Leistung eines Motors; heute ersetzt durch Kilowatt. Ein Kilowatt entspricht dem 1,36-fachen der früheren Einheit PS.

hot bulb [engine]

boule f chaude
Chambre de combustion ménagée dans la culasse d'un moteur auquel elle a donné son nom.

Glühkopf m
Brennkammer im Zylinderkopf eines Glühkopfmotors.

hot bulb engine [engine]

moteur m à boule chaude
Moteur semi-diesel ayant un taux de compression se situant entre 10 et 13 et dans lequel le combustible injecté s'enflamme au contact de la paroi non refroidie et chauffée de l'extérieur d'une chambre de combustion en forme de boule creuse.

Glühkopfmotor m
Halbdieselmotor mit einem Verdichtungsverhältnis zwischen 10 und 13, in dem sich der eingespritzte Kraftstoff an der Wandung eines ungekühlten, von außen beheizten Glühkopfes entzündet.

Hotchkiss drive [suspension]

suspension f arrière "tout par les ressorts", Hotchkiss drive
Dispositif le plus simple de suspension arrière et de guidage du pont. Le pont arrière avec le carter de différentiel est attaché à un couple de ressorts à lames freinés par des amortisseurs télescopiques ou à levier.

Hinterachse f mit Längsblattfedern, Blattfederstarrachse f
Hinterachsensystem einfachster Bauart, bei denen die Federelemente die Achse abfedern und führen. Das Achsgehäuse

nebst Differential ist auf zwei Blattfedern mittels Bügelschrauben befestigt, und die Federbewegung wird durch zwei Teleskop- oder Hebelstoßdämpfer abgebremst.

hot-dip galvanizing [materials]
also: spelter galvanizing

galvanisation f à chaud au trempé
Procédé consistant à revêtir des pièces métalliques, principalement en acier, par immersion dans un bain de zinc porté à une température de 450 à 500° C, en vue de protéger ces pièces contre la corrosion.

Feuerverzinken n,
Schmelztauchverzinkung f
Überzugsverfahren durch Eintauchen von Metallen, besonders Stahl, in eine Zinkschmelze von 450 bis 500° C zum Schutz gegen Korrosion.

hot plug [ignition]

bougie f chaude
Bougie d'allumage à indice thermique bas. Les bougies chaudes sont peu sujettes à l'encrassement, mais plus sensibles à l'auto-allumage. Elles possèdent un pied d'isolant allongé et mince, ce qui engendre une dissipation de chaleur assez lente.

warme Zündkerze
Zündkerze mit niedrigem Wärmewert. Sie zeigt kaum Neigung zur Verschmutzung, dagegen eine größere Neigung zu Glühzündungen. Sie besitzt einen schlanken Isolatorfuß, wodurch die Wärmeabfuhr nur langsam erfolgt.

hot vulcanizing [materials]

vulcanisation f à chaud
Traitement du caoutchouc naturel ou synthétique par ajout de soufre et d'accélé-rateurs à des températures avoisinant 140° C.

Heißvulkanisation f
Behandlung von Naturkautschuk bzw. Synthesekautschuk durch Beimischung von Schwefel und Vulkanisationsbeschleunigern bei Temperaturen um ca. 140° C.

house trailer → caravan

HP = horsepower

hub [wheels] (See Ill. 13 p. 166)
also: wheel hub

moyeu m
Pièce médiane d'une roue. Dans un véhicule automobile c'est sur le moyeu que la roue et éventuellement le tambour de frein prennent appui.

Nabe f, Radnabe f
Mittelstück eines Rades. In einem Kraftfahrzeug trägt die Nabe das Rad sowie eventuell die Bremstrommel.

hub cap → axle cap

hub-securing nut [wheels]
(See Ill. 13 p. 166)

écrou m de fusée, écrou m de moyeu
Ecrou se vissant sur la fusée et permettant le réglage du jeu latéral des roulements à rouleaux coniques.

Nabenmutter f
Die Nabenmutter ist auf dem Achszapfen aufgeschraubt und dient zur Einstellung des Axialspiels der Kegelrollenlager (Vorderradnabenlager).

hump *n* [wheels]

hump m, bossage m

Renflement annulaire sur l'épaulement d'une jante qui empêche tout glissement du talon du pneumatique dans la base de la jante. Les pneux radiaux tubeless doivent être montés sur une jante étanche.

Hump m
Ringförmige Erhebung auf der Felgenschulter, die den Reifenwulst gegen Abgleiten in das Felgenbett sichert. Schlauchlose Radialreifen dürfen nur auf einer Humpfelge montiert werden.

Hydragas suspension™ [suspension]
also: compressed gas suspension

suspension f Hydragas
Suspension dérivée de la suspension hydrolastique, dans laquelle le ressort annulaire en caoutchouc a été remplacé par une chambre sphérique à gaz comprimé.

Hydragasfederung f
Weiterentwicklung der Hydrolasticfederung, in der die Gummischubfedern durch Druckgaskammern ersetzt wurden.

hydraulic-actuated brake → hydraulic brake

hydraulically-operated clutch
[clutch]

embrayage m à commande hydraulique
Dans ce type d'embrayage, la force musculaire exercée par le conducteur sur la pédale de débrayage est transmise à la fourchette par un circuit hydraulique. Celui-ci comprend un maître-cylindre relié par un flexible à un cylindre récepteur.
Cette commande est quant à son fonctionnement analogue à celle d'un frein hydraulique. L'embrayage à commande hydraulique ne peut être confondu avec l'embrayage hydraulique.

hydraulisch betätigte Kupplung
Bei dieser Betätigung wird die vom Fahrer ausgeübte Muskelkraft auf dem Kupplungspedal durch eine mit Hydrauliköl gefüllte Anlage mit Geber- und Nehmerzylinder auf die Kupplungsgabel übertragen. Diese Anlage ähnelt derjenigen einer Flüssigkeitsbremse. Die hydraulisch betätigte Kupplung darf mit der hydraulischen Kupplung nicht verwechselt werden.

hydraulic bottle jack → bottle jack

hydraulic brake [brakes]
also: hydraulic-actuated brake, fluid brake, oil brake

frein m hydraulique
Circuit de freins comprenant un maître-cylindre ou pompe de commande, des canalisations rigides et souples, un réservoir de compensation ainsi que des cylindres récepteurs.

hydraulische Bremse, hydraulisches Bremssystem, Öldruckbremse f
Bremsanlage bestehend aus einem Hauptzylinder, einem Ausgleichbehälter, Bremsrohren und Bremsschläuchen sowie aus Radzylindern.

hydraulic brake fluid → brake fluid

hydraulic brake servo [brakes]

servofrein m hydraulique
Servofrein que l'on rencontre parfois dans les véhicules à direction assistée avec pompe HP et qui utilise la réserve de pression ainsi disponible. Le servofrein est accolé à un maître-cylindre tandem et est relié à un accumulateur de pression à diaphragme contenant de l'azote et du liquide hydraulique.

hydraulic coupling

La haute pression qui règne dans les réserves est dosée et dirigée vers les récepteurs par l'intermédiaire de tiroirs distributeurs.

hydraulischer Bremskraftverstärker
Bremskraftverstärker, der zuweilen bei Fahrzeugen mit Hilfskraftlenkung anzutreffen ist. Er nützt den Druck der Hydraulikflüssigkeit zur Bremskraftverstärkung aus. Zum Bremskraftverstärker, der an einen Tandem-Hauptzylinder angeflanscht ist, gehört ein mit Stickstoff und Drucköl gefüllter Kugeldruckspeicher (Membrandruckspeicher). Mit Hilfe von Steuerschiebern wird der Öldruck dosiert und den jeweiligen Bremszylindern zugeführt.

hydraulic coupling → fluid clutch

hydraulic damper → hydraulic shock absorber

hydraulic fluid → brake fluid

hydraulic fluid [suspension]

liquide m hydraulique
Un liquide de remplissage pour installations hydrauliques comme p.e. tuyauteries de freins.

Hydraulikflüssigkeit f
Eine Flüssigkeit zur Füllung hydraulischer Anlagen wie z.B. Bremsleitungen.

hydraulic lifter [vehicle]

vérin m hydraulique
Le mouvement de la benne vers l'arrière ou vers l'un des côtés du camion à benne basculante est assuré par une manivelle, un vérin hydraulique ou un vérin pneumatique.

Hydraulikzylinder m
Bei einem Lastfahrzeug mit kippbarer Ladepritsche wird zur Entladung von Schüttgut die Ladefläche mit einer Drehkurbel, einem Hydraulikzylinder oder einem Druckluftzylinder nach hinten oder der Seite gekippt.

hydraulic line → brake line

hydraulic pipework → brake line

hydraulic reservoir → brake-fluid reservoir

hydraulic shock absorber [suspension] (See Ill. 10 p. 144)
also: hydraulic damper

amortisseur m hydraulique
L'amortisseur hydraulique est essentiellement constitué d'un cylindre dans lequel un piston, lors du bandage du système de ressorts, refoule de l'huile à travers des ajutages calibrés.

hydraulischer Stoßdämpfer, Flüssigkeitsstoßdämpfer m
Der hydraulische Stoßdämpfer besteht hauptsächlich aus einem Arbeitszylinder, in dem beim Einfedern des Rades ein Kolben Hydrauliköl durch Bohrungen verdrängt.

hydraulic telescopic shock absorber [suspension]

amortisseur m téléscopique hydraulique
Ce sont les amortisseurs téléscopiques hydrauliques qui sont le plus utilisés. Le système de fonctionnement des ces amortisseurs repose sur le fait que, par suite des oscillations de la caisse une huile spéciale est refoulée par un piston à travers des ajutages calibrés. Dans l'amortisseur à

deux tubes, on rencontre un piston à tige qui monte et descend dans un cylindre de travail et qui refoule l'huile à travers une soupape de fond dans un tube plus large entourant le cylindre et faisant office de réservoir d'huile (chambre de récupération).

hydraulischer Teleskopstoßdämpfer
Am häufigsten werden hydraulische Teleskopstoßdämpfer verwendet. Deren Arbeitsweise der beruht darauf, daß durch die Schwingungsbewegungen Hydrauliköl mit Hilfe eines Kolbens durch enge Bohrungen verdrängt wird. Beim Zweirohrstoßdämpfer bewegt sich ein Arbeitskolben mit Kolbenstange in einem Arbeitszylinder auf und ab und drückt das Hydrauliköl durch ein Bodenventil in ein zweites, größeres Rohr, das den Zylinder umgibt und als Vorratsbehälter für das Öl dient.

hydraulic torque converter → torque converter

hydraulic transmission (system) [transmission]

système m de transmission hydraulique, transmission f hydraulique
Système de transmission automatique qui utilise un convertisseur hydraulique.

hydraulisches Getriebe, Hydraulikgetriebe n
Ein Automatikgetriebe, das mit einem hydraulischen Drehmomentwandler arbeitet.

hydraulic trolley jack [tools]
also: trolley jack

cric m rouleur hydraulique
Cric puissant et stable, capable de soulever l'extrémité entière d'une voiture en un seul point central. Les plus petits modèles sont conçus pour une charge maximale de 1500 kg environ. Pour des raisons de sécurité évidentes, le véhicule soulevé devra reposer sur des chandelles et les roues en contact avec le sol seront bloquées par des cales de bois.

Hydraulik-Rangierwagenheber m, Garagenheber m, Rangierheber m, Werkstattwagenheber m
Stabiles und kräftiges, fahrbares Gerät zum Aufbocken eines Wagens in Achsmitte, vorn oder hinten durch Hydraulikkraft. Die kleinsten Ausführungen haben eine Tragkraft von ca. 1500 kg. Sicherheitshalber muß der Wagen nach dem Anheben auf höhenverstellbaren Unterstellböcken ruhen. Die Räder auf dem Boden werden gegen Abrollen durch Holzkeile gesichert.

hydraulic-type coupling → fluid clutch

hydraulic unit [brakes]

bloc m hydraulique
Elément d'un dispositif anti-patinage ABS. Le bloc hydraulique (ensemble hydraulique) muni d'électrovannes commande, sous l'impulsion des signaux, la pression hydraulique dans les cylindres récepteurs du circuit de freinage. La pression augmente, diminue ou est maintenue au même niveau.

Hydraulikeinheit f
Bestandteil eines Antiblockiersystems. Die Hydraulikeinheit mit Magnetventilen dient zur Steuerung des Flüssigkeitsdrucks in den Radzylindern der Bremsanlage. Der Flüssigkeitsdruck wird aufrechterhalten, aufgebaut oder abgebaut.

hydraulic valve tappet [engine]

poussoir m hydraulique
Poussoir branché sur le circuit d'huile du moteur. Il est à rattrapage automatique de jeu.

hydraulischer Stößel, Hydrostößel m
Stößel, der am Ölkreislauf des Motors angeschlossen ist. Hydro-Stößel benötigen kein Ventilspiel.

hydrocarbon [chemistry]

hydrocarbure m, carbure m d'hydrogène
Combinaison chimique de carbone et d'hydrogène seulement.

Kohlenwasserstoff m
Chemische Verbindung allein aus Kohlenstoff und Wasserstoff.

hydrocarbon emissions *pl* [exhaust system]

émissions fpl d'hydrocarbures (imbrûlées), émissions fpl d'HCi
L'expulsion d'hydrocarbures imbrûlées ou imparfaitement brûlées dans l'atmosphère. Conjointement au monoxyde de carbone (CO) et aux oxydes d'azote (NOx) elles constituent les polluants les plus nocifs des gaz d'échappement des automobiles.

Kohlenwasserstoffemissionen fpl
Der Ausstoß unverbrannter oder nur unvollkommen verbrannter Kohlenwasserstoffe in die Atmosphäre. Zusammen mit Kohlenmonoxid (CO) und Stickoxiden (NOx) bilden sie den Hauptanteil der Schadstoffe in den Autoabgasen.

hydrocarbon trap [exhaust system]

piège m de HCi
Filtre qui retient une grande partie des hydrocarbures imbrûles dans le système d'échappement afin que le système d'échappement ne puisse les expulser dans l'atmosphère.

Kohlenwasserstofffilter m
Ein Filter, das einen Großteil der unverbrannten Kohlenwasserstoffe im Auspuffsystem eines Motors zurückhält, anstatt sie in die umgebende Luft entweichen zu lassen.

hydro-cracking *n* [fuels]

hydrocraquage m, hydrocracking m, cracking m hydrogénant
Opération de craquage d'hydrocarbures en présence d'hydrogène.

Hydrocracken n
Spaltung von Kohlenwasserstoffen in Gegenwart von Wasserstoff.

hydrodynamic lubrication [lubrication]

lubrification f hydrodynamique
Dans la lubrification hydrodynamique la pression capable de supporter l'arbre en rotation dans son appui est obtenue par une vitesse de glissement élevée.

hydrodynamische Schmierung, Vollschmierung f
Schmierungsart, wobei der Druck zum Tragen der rotierenden Welle in der Lagerschale durch entsprechend hohe Gleitgeschwindigkeit erreicht wird.

hydrodynamic torque converter
→ torque converter

hydrodynamic transmission → automatic transmission (system)

hydroforming *n* [chemistry]

hydroforming m
Procédé de reforming sous pression (15—25 bars) et à hautes températures (460—510° C) permettant d'obtenir par déshydrogénation des essences à indice d'octane amélioré hors de cyclanes et de paraffines. Le catalyseur utilisé est à base d'oxydes d'aluminium et de molybdène.

Hydroforming, Hyperforming n
Reforming-Prozeß, der zwischen 460 und 510° C und Drücken von 15—25 bar abläuft, bei dem klopffeste Benzine durch Dehydrierung aus Naphtenen und Paraffinen gewonnen werden. Der Katalysator besteht aus Molybdän- und Aluminiumoxidteilchen.

hydrogenation [chemistry]

hydrogénation f
Fixation d'hydrogène sur des hydrocarbures non saturés, afin de les transformer en hydrocarbures saturés.

Hydrierung f
Anlagerung von Wasserstoff an ungesättigten Kohlenwasserstoffen, um diese in gesättigte Kohlenwasserstoffe umzuwandeln.

Hydrolastic suspension™
[suspension]
also: Hydrolastic system

suspension f hydrolastique
Type de suspension comportant des éléments hydrolastiques affectés aux roues d'un véhicule, lesquels sont reliés deux à deux de chaque côté de celui-ci par un canalisation de liquide hydraulique. Cette suspension a pour effet de neutraliser le tangage auquel les petites voitures sont particulièrement sensibles en raison de leur empattement court. Lorsque la roue avant surmonte un obstacle, le ressort annulaire en caoutchouc de l'élément hydrolastique sollicité refoule le liquide hydraulique dans la canalisation sous l'effet d'un piston conique solidaire de la suspension de la roue.
La suspension hydrolastique amortit également les trépidations de la roue dans le sens vertical grâce à une soupape d'amortissement à deux voies ainsi qu'à un orifice de compensation se trouvant dans la cloche de séparation.

Hydrolasticfederung f, Hydrolastic-Verbundfederung f, hydroelastische Radaufhängung
Verbundfederung mit Federelementen an jedem Rad, die paarweise an jeder Wagenseite über eine Hydraulikleitung miteinander verbunden sind. Diese Federungsart wirkt der Nickneigung entgegen, die vor allem bei Kleinwagen mit kurzem Radstand spürbar ist. Beim Überfahren einer Bodenunebenheit durch das Vorderrad drückt das Gummifederkissen des Federaggregats das Hydrauliköl durch die Verbindungsleitung zum hinteren Federaggregat hin, und zwar unter der Einwirkung eines mit der Radaufhängung gekoppelten konischen Kolbens.
Die Hydrolasticfederung wirkt ebenfalls stoßdämpfend; denn die Radschwingungen in senkrechter Richtung werden durch das Zweiwegdämpferventil sowie die Ausgleichsbohrung im Blechteller gedämpft.

Hydrolastic system
→ Hydrolastic suspension

Hydrolastic unit [suspension]
also: displacer unit

hydro-mechanical gearbox 278

élément m hydrolastique, compensateur m de suspension
Elément d'une roue de véhicule dans la suspension hydrolastique.

Hydrolastic-Federelement n, Federaggregat n
Federaggregat eines Fahrzeugrads bei der Hydrolastic-Verbundfederung.

hydro-mechanical gearbox (GB)
→ automatic transmission (system)

hydrometer [instruments]
also: syringe hydrometer

pèse-acide m, acidimètre m
Appareil destiné au prélèvement d'acide d'une batterie. La lecture de la densité de l'électrolyte se fait sur un flotteur gradué appelé aréomètre.

Säureprüfer m, Säureheber m, Säure(dichte)messer m, Meßspindel f, Senkspindel f, Hebersäuremesser m, Senkwaage f, Akkusäureprüfer m
Gerät für die Säureentnahme aus einer Batterie. Die Dichte der Batteriesäure kann am Schwimmer mit Meßskala, dem Aräometer, abgelesen werden.

hydrometer float → calibrated float

hydroplaning *n* (US) → aquaplaning

hydropneumatic suspension
[suspension]

suspension f hydropneumatique, suspension f oléo-pneumatique
Type de suspension dont l'élément oléo-pneumatique est constitué d'une sphère creuse cloisonnée par une membrane en deux chambres. L'une contient de l'azote sous pression, l'autre se prolongeant en un cylindre de suspension est remplie d'une huile spéciale.

Les débattements verticaux de chaque roue à suspension indépendante sont répercutés par l'intermédiaire d'un bras porte-fusée articulé à la caisse sur un piston de suspension coulissant dans le cylindre, qui débouche dans la sphère de suspension. L'amortissement est obtenu par le mouvement de l'huile résultant des oscillations de la caisse. A cet effet une rondelle percée d'orifices calibrés ainsi qu'un clapet de conjonction et un clapet de disjonction sont mis en place entre le cylindre et la sphère de suspension.

Suivant la charge de la voiture, une barre anti-roulis solidaire des deux arbres porte-fusée d'un essieu commande un régulateur de hauteur. Lorsque la caisse a tendance à s'affaisser, un tiroir se dégage du régulateur: le liquide s'écoule d'un accumulateur de pression (conjoncteur-disjoncteur hydraulique) dans les cylindres de suspension via le régulateur de hauteur. En revanche, lorsque la caisse se relève, le tiroir s'engage dans le régulateur de hauteur: le liquide des cylindres repoussé par la pression qu'exerce le gaz sur les membranes, reflue dans un réservoir hydraulique. La pompe HP, qui débite dans le correcteur de hauteur via le conjoncteur-disjoncteur hydraulique, est alimentée par le réservoir hydraulique et entraînée par le moteur du véhicule. Entre le correcteur de hauteur d'une part et l'accumulateur de pression ainsi que le réservoir d'autre part, on trouve un verrou de hauteur s'opposant à toute fuite importante lors d'une immobilisation prolongée. La Citroën DX, millésime 1989, s'est vue dotée d'une suspension hydropneumatique à gestion électronique (suspension hydractive).

hydropneumatische Aufhängung
Federungsart, deren Federelement aus einer in zwei Kammern geteilten Hohlkugel besteht, die mit Stickstoff unter Druck bzw. Spezialöl gefüllt ist. Die senkrechten Bewegungen der einzeln aufgehängten Räder werden über einen mit der Karosserie gelenkig verbundenen Schwingarm auf einen Kolben übertragen, der sich in einem Federungszylinder auf und ab bewegt. Der ebenfalls mit Spezialöl gefüllte Zylinder endet in die Hohlkugel. Durch die Strömung der Flüssigkeit aufgrund der Schwingungen des Fahrgestells wird die Stoßdämpfung erreicht. Dazu sind eine Scheibe mit Bohrungen sowie zwei federbelastete Ventile zwischen Zylinder und Kugel eingebaut. Je nach der Belastung des Fahrzeuges verdreht sich ein mit den beiden Schwingarmen einer Achse verbundener Drehstabstabilisator, der einen Höhenkorrektor steuert. Senkt sich der Wagenaufbau zu Boden, zieht sich ein runder Verteilerschieber aus dem Höhenkorrektor: das Öl fließt aus einem Druckspeicher über den Höhenkorrektor in die Zylinder. Beim Anheben des Wagenaufbaus dagegen wird der Schieber in den Höhenkorrektor eingezogen: die durch den Gasdruck verdrängte Flüssigkeit entweicht in einen Ölbehälter. Beim Citroën DX, Baujahr 1989, wurde erstmals die hydropneumatische Federung mit einer elektronischen Steuereinheit verbunden (hydraktive Federung).

hydropneumatic unit [suspension]

sphère f de suspension hydropneumatique, bloc m oléopneumatique
Sphère creuse utilisée dans la suspension oléo-pneumatique et cloisonnée en deux chambres par une membrane en caoutchouc. La chambre supérieure contient un gaz inerte, en l'occurrence de l'azote sous pression, alors que la chambre inférieure communiquant avec le cylindre de suspension est remplie d'une huile spéciale.

Federelement n, Federkugel f
Federelement der hydropneumatischen Federung, das durch eine Gummimembran in zwei Kammern geteilt ist. Die obere Kammer ist mit Stickstoff unter Druck, die untere sowie der darunter stehende Zylinder mit Spezialöl gefüllt.

hypoid bevel gears → hypoid-gear pair

hypoid final drive → hypoid-gear pair

hypoid-gear pair [transmission]
also: hypoid bevel gears, hypoid final drive

couple m hypoïde, engrenage m hypoïde, engrenage m à denture hélicoïdale décalée, couple m conique à engrenages hypoïdes
L'engrenage hypoïde est le couple final le plus usité en tant que renvoi d'angle. Dans ce type d'engrenage, l'axe du pignon d'attaque et celui de la couronne ne se rencontrent pas en sorte que plusieurs dents engrènent à la fois. Ce décalage des axes permet d'obtenir une marche peu bruyante et une transmission de force accrue. De surcroît, la couronne présente un diamètre plus réduit et le tunnel de l'arbre de transmission longitudinal peut être abaissé. En raison des pressions très fortes s'exerçant sur les flancs de la denture, il convient d'utiliser une huile spéciale pour ce genre de couple.

Hypoidgetriebe n, Hypoid-Kegelräder-Antrieb m, hypoidverzahnter Kegel-

hypoid oil

radantrieb, versetzter Achsantrieb, Schraubkegelgetriebe, Kegelschraubgetriebe
Das Hypoidgetriebe ist der meistverwendete Achsantrieb. Bei dieser Bauart liegt die Ritzelachse nicht auf der gleichen Höhe wie die Tellerradmitte, so daß mehrere Zähne gleichzeitig im Eingriff sind. Diese Achsenversetzung ergibt eine große Laufruhe, auch läßt sich eine größere Kraftübertragung erzielen. Außerdem ist das Tellerrad kleiner ausgeführt, und der Gelenkwellentunnel liegt niedriger. Wegen der hohen Zahnflankenbelastung müssen besondere Öle (Hypoidöle) verwendet werden.

hypoid oil [lubricants]

huile f pour engrenages hypoïdes
Huile minérale principalement utilisée dans les ponts à engrenage hypoïde. Elle se distingue par sa résistance aux pressions élevées et dépose une couche protectrice sur les flancs des dents.

Hypoidgetriebeöl n, Hypoidöl n
Mineralöl, das zur Füllung von Hypoidachsantrieben Verwendung findet. Es zeichnet sich durch ein besonderes Druckaufnahmevermögen aus und baut auf den Zahnflanken einen schützenden Schmierfilm.

I

identification plate [law]

plaque f du constructeur
Plaquette signalétique se trouvant habituellement à l'avant du véhicule automobile, à droite sous le capot-moteur.
Elle comporte généralement des indications relatives au constructeur, à l'année modèle, au type du véhicule, au numéro de châssis, au poids total en charge et au poids total roulant.

Fabrikschild n, Typschild n
Bei jedem Kraftfahrzeug muß ein Fabrikschild vorn an der rechten Seite unter der Motorhaube vorhanden sein. Es gibt Aufschluß über den Fahrzeughersteller, das Baujahr, den Fahrzeugtyp, die Fahrgestellnummer, das zulässige Gesamtgewicht und die zulässigen Achslasten.

IDI = indirect injection

idle n → idle running

idle air adjusting screw [carburetor]

vis f de réglage d'air, vis f d'air (pour régler le ralenti)
Vis pointeau contrôlant la section de passage d'air de ralenti dans un carburateur. En serrant cette vis, on réduit le passage d'air, ce qui enrichit le mélange; en la desserrant, on augmente le débit d'air, ce qui à l'inverse a pour effet d'appauvrir le mélange.

Leerlaufluftschraube f
Schraube zum Einregulieren der Leerlaufluft in einem Vergaser. Durch Hineindrehen wird der Luftstrom gedrosselt und das Leerlaufgemisch kraftstoffreicher. Durch Herausdrehen ergibt sich im Gegenteil ein stärkerer Luftstrom und folglich ein kraftstoffärmeres Gemisch.

idle cutoff valve [carburetor]
also: anti-dieseling valve, solenoid cutoff valve

soupape f d'arrêt de ralenti, étouffoir m de ralenti
Soupape d'arrêt électromagnétique qui coupe l'arrivée d'essence au gicleur de ralenti dès que le contact est éteint.

Leerlaufabschaltventil n, elektromagnetisches Leerlaufventil, elektromagnetisches Abschaltventil
Elektromagnetisches Absperrventil, das die Kraftstoffzufuhr zur Leerlaufdüse beim Ausschalten der Zündung unterbricht.

idle fuel system [carburetor]

circuit m de ralenti
Dans un carburateur, le circuit de ralenti permet au mélange de déboucher derrière le papillon des gaz par le conduit de ralenti, car le débit d'air traversant le diffuseur ne suffit pas, en régime de ralenti, pour soutirer du carburant au gicleur principal.

Leerlaufsystem n
In einem Vergaser ermöglicht das Leerlaufsystem das Ansaugen des Leerlaufgemisches aus einem kurz hinter der Drosselklappe mündenden Leerlaufkanal, weil bei Leerlaufdrehzahl die Luftgeschwindigkeit im Lufttrichter nicht ausreicht, um Kraftstoff aus der Hauptdüse anzusaugen.

idle jet → idling jet

idle metering jet → idling jet

idle mixture screw → idle mixture control screw

idle mixture control screw [carburetor]
also: idle mixture screw, idling mixture (adjusting) screw, idling volume control screw, mixture screw, volume screw

vis f de richesse (du ralenti), vis f de qualité, vis f de dosage du mélange au ralenti
C'est avec cette vis que l'on règle le dosage du mélange gazeux au ralenti dans un carburateur. En serrant, on obtient un mélange plus pauvre et en desserrant un mélange plus riche.

Leerlaufgemisch-Regulierschraube f, Gemischregulierschraube f, Gemischeinstellschraube f
Mit dieser Schraube wird das Kraftstoff-Luft-Gemisch beim Leerlauf in einem Vergaser reguliert. Wird die Schraube hineingedreht, ergibt sich ein mageres Gemisch. Durch Herausdrehen wird das Leerlaufgemisch fetter.

idler arm [steering] (See Ill. 32 p. 493)
also: steering idler, relay arm

relais m de direction, levier-relais m, levier m de renvoi
Levier disposé symétriquement à la bielle pendante dans la timonerie de direction.

Lenkzwischenhebel m, Zwischenhebel m, Umlenkhebel m
Symmetrisch zum Lenkstockhebel angeordneter Zwischenhebel im Lenkgestänge.

idler pulley → jockey pulley

idle running [engine]
also: idling n, idle n, no-load running, idle speed, tickover n (GB), slow running, engine idling

idle speed

ralenti m
Fonctionnement du moteur au régime plus faible.

Leerlauf m, Motorleerlauf m
Das Laufen eines Motors bei seiner niedrigsten Drehzahl.

idle speed → idle running

idle speed → idling speed

idle system → idling system

idling *n* → idle running

idling adjustment [carburetor]
also: slow-running adjustment, idling setting, carburetor idling adjustment, carburetor idling adjustment

réglage m du ralenti
Le réglage de ralenti d'un carburateur de type courant s'effectue sur un moteur à température de fonctionnement à l'aide d'un contrôleur de CO et d'un comptetours par manipulation de la vis de réglage de l'entrebâillement du papillon (réglage quantitatif) et de la vis pointeau de richesse de ralenti (réglage qualitatif).
Dans les carburateurs anti-pollution, qui tendent à s'imposer de plus en plus, il est plus rare de pouvoir intervenir sur la richesse du mélange et, par conséquent, sur la teneur en CO. Dans la plupart des cas, on se borne à corriger le régime du moteur si nécessaire. Toutefois, au terme d'une révision du carburateur, il conviendra de procéder à un réglage de base du ralenti, notamment à l'aide d'un dépressiomètre.

Leerlaufeinstellung f
Das Einregulieren des Leerlaufs in einem Vergaser üblicher Bauart erfolgt bei warmem Motor mit einem Abgastester und einem Drehzahlmesser durch Einwirken auf die Drosselklappenanschlagschraube bzw. die Leerlaufgemisch-Regulierschraube.
Bei den Vergasern nach neuem System, den sogenannten Abgasvergasern, ist das Einwirken auf die Gemischzusammensetzung bzw. den CO-Gehalt weitgehend eingeschränkt worden. Vielfach wird lediglich die Drehzahl korrigiert. Nach einer Vergaserüberholung muß allerdings eine Leerlaufgrundeinstellung unter Zuhilfenahme eines Unterdruckmessers vorgenommen werden.

idling jet [carburetor] (See Ill. 8 p. 90)
also: idle jet, slow-running jet, slow idling jet, idle metering jet

gicleur m de ralenti, gicleur m au ralenti
Gicleur qui débite dans le circuit de ralenti une quantité de carburant toujours égale et destinée au mélange de ralenti.

Leerlaufdüse f
Düse, die dem Leerlaufsystem im Vergaser eine stets gleichbleibende Kraftstoffmenge zur Aufbereitung des Leerlaufgemisches zuführt.

idling mixture (adjusting) screw
→ idle mixture control screw

idling pinion → differential pinion

idling setting → idling adjustment

idling shaft → countershaft

idling speed [engine]
also: idle speed

régime m de ralenti, régime m au ralenti

Le régime le plus faible d'un moteur. Il se situe entre 500 et 1000 tr/min environ.

Leerlaufdrehzahl f
Die niedrigste Motordrehzahl. Sie liegt in der Regel zwischen 500 und 1000 Upm.

idling system [carburetor]
also: idle system

système m de ralenti
Tous les dispositifs de préparation du mélange effectifs dans un carburateur lorsque le moteur tourne au ralenti.

Leerlaufsystem n
Die Vorrichtungen zur Gemischaufbereitung, die in einem Vergaser wirksam werden, wenn sich der Motor im Leerlauf befindet.

idling volume control screw → idle mixture control screw

IFS = independent front suspension

ignitability [fuels]
also: ignition quality

aptitude f à l'inflammation
La valeur (exprimée comme indice de cétane) de l'aptitude du gasoil de s'enflammer spontanément par la compression dans les cylindres.

Zündwilligkeit f
Das Maß (gemessen in → Cetanzahl), in dem ein Dieselkraftstoff bereit ist, sich durch Verdichtung selbst zu entzünden.

ignitable mixture → explosive mixture

ignition [ignition]

allumage m
Le mélange gazeux s'enflamme sous l'action du courant de la batterie porté à haute tension par la bobine d'allumage et qui est ensuite acheminé par l'allumeur vers chacune des bougies pour jaillir sous forme d'étincelle entre deux électrodes.

Zündung f, Entzündung f (eines Gemisches etc.)
Das Luft-Benzin-Gemisch wird durch den von der Zündspule hochgespannten Batteriestrom entzündet, der mit Hilfe eines Zündverteilers den jeweiligen Zündkerzen zugeführt wird und dort als Funken zwischen zwei Elektroden überschlägt.

ignition *(for short)* → ignition system

ignition advance → advance ignition

ignition bolt → spark plug terminal pin

ignition cable → spark plug lead

ignition cable set [electrical system]
also: spark plug wire set

faisceau m de câbles haute tension
Ensemble de câbles comprenant le câble haute tension de la bobine d'allumage et les fils de bougie.

Zündkabelsatz m
Der Zündkabelsatz umfaßt das Hauptzündkabel mit den Zündkerzenleitungen.

ignition cam → contact breaker cam

ignition capacitor [ignition] (See Ill. 3 p. 54, Ill. 24 p. 288)
also: ignition condenser, capacitor *(for short)*, condenser *(for short)*

condensateur m d'allumage, condensateur m
Dans le circuit d'allumage classique on trouve un condensateur branché en déri-

vation sur les vis platinées. Il sert à absorber l'extra-courant de rupture et à étouffer les étincelles jaillissant aux grains de contact au moment de l'ouverture. A cet instant le condensateur se charge et se décharge à nouveau dans le circuit primaire dès la fermeture des grains de contact. De cette façon le condensateur contribue à freiner l'usure des vis platinées et à faire disparaître le champ magnétique qui a pris naissance dans le circuit primaire de la bobine d'allumage. Plus vite ce champ disparaîtra, plus élevées seront la tension dans le circuit secondaire et les performances d'allumage aux bougies.

Un condensateur défectueux (court-circuit, mauvais contact, perte d'isolation, capacité insuffisante) accélère l'usure des vis platinées et diminue les performances d'allumage. Parfois il aboutit à la panne complète du circuit d'allumage. Le condensateur est accolé à l'allumeur ou il se trouve à l'intérieur de ce dernier. Il s'agit fréquemment d'un condensateur bobiné. Les plus modernes sont du type en papier métallisé ou à feuille plastique métallisée. La capacité d'un condensateur d'allumage varie de 0,23 à 0,32 µF.

Zündkondensator m, (kurz:) Kondensator m, Primärkondensator m, Funkenlöschkondensator m
In der herkömmlichen Zündanlage ist den Unterbrecherkontakten ein Kondensator parallelgeschaltet. Er dient der Aufnahme des Unterbrechungsextrastroms sowie der Funkenlöschung beim Öffnen der Unterbrecherkontakte. In diesem Augenblick wird nämlich der Kondensator aufgeladen, und er entladet sich dann wieder über die Primärleitung beim Schließen der Unterbrecherkontakte. Auf diese Weise hemmt er den Abbrand der Unterbrecherkontakte und fördert den schlagartigen Abbau des primären Magnetfeldes in der Zündspule. Je schneller das Magnetfeld abgebaut wird, um so höher ist die Spannung im Sekundärstromkreis und die Zündleistung an den Kerzen.
Ein defekter Zündkondensator (Kurzschluß, Wackelkontakt, Isolationsverlust oder ungenügende Kapazität) führt zu einem stärkeren Verschleiß der Unterbrecherkontakte und zu einer schlechteren Zündleistung, zuweilen auch zum totalen Ausfall der Zündanlage. Der Zündkondensator befindet sich am oder im Zündverteiler. Meist handelt es sich um einen Folienkondensator (Wickelblock). Neuerdings werden auch Metallpapier- oder Metall-Kunststoff-Kondensatoren verwendet. Die Kapazität eines Zündkondensators beträgt 0,23—0,32 µF.

ignition coil [ignition] (See Ill. 3 p. 54, Ill. 6 p. 78, Ill. 23 p. 285)
also: induction coil, sparking coil, coil *n (for short)*

bobine f d'allumage, bobine f d'induction
Transformateur constitué d'un noyau feuilleté ainsi que d'un enroulement primaire et secondaire. Il transforme le courant basse tension de la batterie ou de l'alternateur en courant haute tension nécessaire pour faire jaillir l'étincelle entre les électrodes de la bougie d'allumage. On trouve trois connexions sur le couvercle de la bobine d'allumage. L'une relie le circuit primaire de la bobine à l'allumeur (basse tension), la deuxième relie le circuit secondaire de la bobine à l'allumeur également (haute tension) et la troisième relie la bobine à la batterie par l'intermédiaire du contact. La bobine d'allumage de type courant fonctionne telle une

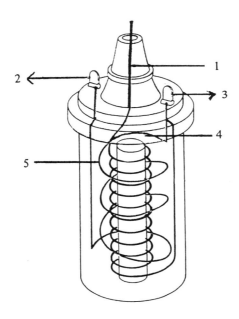

1 king lead
2 distributor side terminal
3 ignition switch
4 primary winding
5 secondary winding

Ill. 23: ignition coil

(ignition coil continued)
bobine de Ruhmkorff.
La bobine électronique avec bloc électronique est quant à elle d'un rendement bien supérieur à celui de la bobine d'allumage de type classique. Elle permet en effet d'obtenir un démarrage à froid immédiat même lorsque la batterie à accumulateurs est insuffisamment chargée et d'améliorer les performances de l'allumage au niveau des bougies. Au moment où le moteur est lancé par le démarreur, on n'enregistre plus de chute de tension du courant primaire ni de sous-voltage du courant secondaire haute tension. De surcroît, lorsque le moteur tourne à très haut régime, il ne se produit plus de phénomène de chute de tension dans le circuit secondaire.
En effet dans les bobines de type courant, la haute tension d'allumage a tendance à diminuer dans les plages de haut régime moteur, car le temps nécessaire à la production d'une étincelle aux bougies s'écourte de plus en plus.

Zündspule f, Kraftfahrzeugzündspule f
Transformator bestehend aus einem Eisenblechkern sowie aus einer Primär- und Sekundärwicklung. Er wandelt den niedergespannten Strom der Batterie oder der Lichtmaschine in Hochspannungsstrom um und liefert somit die elektrische Hochspannung, die zur Auslösung des Zündfunkens zwischen den Elektroden der Zündkerze erforderlich ist. Auf dem Deckel der Zündspule befinden sich drei Anschlußklemmen: Klemme 1 (Primärstromkreis zum Zündverteiler), Klemme 4 (Hochspannung zum Zündverteiler) und Klemme 15 (zum Pluspol der Batterie über das Zündschloß). Die Wirkungsweise einer normalen Zündspule ist die eines Ruhmkorffschen Funkeninduktors.

Die Hochleistungszündspule (Transistor-Zündspule) ist der Zündspule üblicher Bauart sehr überlegen. Sie bietet eine größere Kaltstartsicherheit auch bei ungenügend geladener Batterie und eine höhere Zündleistung an den Zündkerzen. Beim Anwerfen des Motors durch den Anlasser gibt es keinen Spannungsabfall mehr im Primärstrom-kreis und auch keine Unterspannung im Sekundärstromkreis. Außerdem wird bei hohen Drehzahlen kein Absinken der Zündspannung mehr beobachtet. Bei normalen Zündspulen nämlich nimmt die Zündspannung bei höherer Motordrehzahl ab, weil zur Erzeugung jedes einzelnen Zündfunkens weniger Zeit zur Verfügung steht.

ignition coil tester [instruments]

contrôleur m de bobines d'allumage
Appareil utilisé en atelier et permettant de mesurer la résistance du circuit primaire et du circuit secondaire, le rendement de la bobine en fonction des pertes dues à l'isolement ainsi que de contrôler le chauffage des enroulements. On peut ainsi procéder à des essais dans des conditions normales de fonctionnement, contrôler le circuit secondaire de la tête de bobine aux bougies de même que l'isolement du primaire par rapport à la masse.

Zündspulenprüfgerät n
Werkstattgerät, mit dem folgende Messungen und Prüfungen vorgenommen werden können: Widerstand des Primär- und Sekundärstromkreises, Leistung der Zündspule je nach den Isolationsverlusten, Erwärmung der Windungen zur Erprobung unter normalen Betriebsbedingungen, Isolationsprüfung des Sekundärstromkreises vom Zündspulendeckel aus bis zu den Zündkerzen, Prüfung der Primärwicklung auf Masseschluß.

ignition condenser → ignition capacitor

ignition-controlled feed [electrical system]

alimentation f après contact
Alimentation en courant électrique obtenue sur un câble, qui n'est sous tension que lorsque la clé de contact est actionnée.

Pluszuführung f hinter dem Zündschloß
Stromzuführung durch eine Leitung, die erst durch Betätigen des Zündschlüssels Strom erhält.

ignition delay [ignition]
also: ignition lag

délai m d'allumage (abr. DA), délai m d'inflammation, retard m d'allumage, phase de pré-ignition
Intervalle de temps s'écoulant depuis le début de l'injection (point d'injection) jusqu'au début de l'allumage (point d'inflammation).

Zündverzug m
Die Zeit vom Augenblick des Einspritzens bis zum Zündbeginn.

ignition distributor
(See Ill. 3 p. 54, Ill. 6 p. 78, Ill. 7 p. 86, Ill. 16 p. 196, Ill. 24 p. 288) [ignition]
also: distributor

allumeur m, distributeur m (d'allumage), delco m
Dispositif du circuit d'allumage comportant dans sa partie supérieure un doigt rotatif muni d'une électrode et fixé sur un arbre de commande entraîné par le moteur. Selon la cadence de l'ordre d'allumage, il transmet le courant secondaire haute tension fourni par la bobine à chacune des bougies. Dans sa partie inférieure, l'allumeur abrite les vis platinées ainsi que l'avance centrifuge et l'avance à dépression. Dans les systèmes d'injection électroniques on rencontre des allumeurs-déclencheurs qui comportent un jeu de contacts commandés par une came de l'arbre d'allumage. Ainsi le calculateur électronique reçoit des informations par signaux sur la fréquence de rotation de l'arbre du distributeur.

Zündverteiler m, Verteiler m, Überschlagverteiler m
Zündvorrichtung, deren Oberteil hauptsächlich aus einem auf einer Welle rotierenden Finger mit einer Elektrode besteht. Er überträgt den von der Zündspule hochgespannten Batteriestrom an die jeweiligen Zündkerzen im Rhythmus der Zündfolge. In der unteren Stufe des Zündverteilers befinden sich der Unterbrecher sowie die Fliehkraft- und Unterdruckversteller. Bei elektronischen Benzineinspritzanlagen werden Zündverteiler mit Einspritzauslöser (Auslösekontakten) eingebaut. Diese Auslösekontakte werden von der Verteilerwelle über einen Nocken betätigt. Das mit dem Verteiler verbundene elektronische Steuergerät erhält somit Signale über die Drehfrequenz der Verteilerwelle.

ignition distributor cam → contact breaker cam

ignition failure → misfiring *n*

ignition key
also: steering lock key

clé f de contact, clef f de contact
Clé servant à mettre et à couper le contact du circuit d'allumage.

Zündschlüssel m, Lenkschloßschlüssel

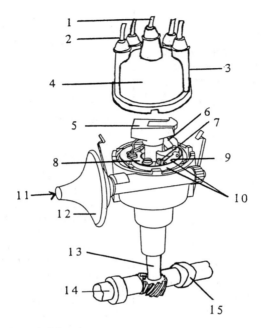

1 king lead
2 spark plug lead
3 distributor cap
4 central carbon brush
5 distributor rotor
6 ignition capacitor
7 contact breaker point contact gap
8 breaker fixed contact
9 breaker lever
10 contact breaker
11 vacuum hose
12 vacuum advance
13 distributor shaft (GB), timing shaft (US)
14 camshaft
15 cam

Ill. 24: ignition distributor

(ignition key continued)
Schlüssel zum Ein- und Ausschalten der Zündanlage.

ignition lag → ignition delay

ignition lead → spark plug lead

ignition light → charging control lamp

ignition LT circuit → primary circuit

ignition order [engine]
also: firing order, firing sequence

ordre m d'allumage (des cylindres)
Ordre de levée des soupapes d'admission ou d'échappement fixé par le constructeur.

Zündfolge f, Zündzeitfolge f, Einstellreihenfolge f
Die Einlaß- bzw. Auslaßventile öffnen in einer vom Hersteller festgelegten Reihenfolge.

ignition point [ignition]
also: point of ignition, moment of ignition, firing point, moment of sparking

point m d'allumage, point m d'avance, instant m d'allumage
Point de jaillissement de l'étincelle entre les électrodes de la bougie d'allumage. Le point d'allumage est déterminé par la position du vilebrequin au point mort haut, lorsque les conditions d'inflammation du mélange gazeux comprimé sont optimales et il s'exprime en degrés d'avance ou de retard à l'allumage. Il correspond à l'ouverture des vis platinées.

Zündzeitpunkt m, Zündpunkt m
Augenblick des Funkenüberschlags zwischen den beiden Elektroden einer Zündkerze. Der Zündzeitpunkt bezieht sich auf die Stellung der Kurbelwelle im oberen Totpunkt beim optimalen Verbrennungsdruck und wird in Grad KW ausgedrückt. Er entspricht dem Öffnungszeitpunkt der Unterbrecherkontakte.

ignition quality → ignitability

ignition setting [ignition]
also: adjustment of ignition timing, ignition timing, ignition timing adjustment, initial ignition timing adjustment, spark timing

calage m de l'allumage, calage m de l'avance (à l'allumage), réglage m de l'avance à l'allumage, mise f au point de l'allumage, calage m de l'allumeur, calage m du distributeur
Le calage de l'allumage s'effectue après vérification du réglage des vis platinées. La méthode statique (moteur arrêté) nécessite l'utilisation d'une lampe-témoin ou d'un voltmètre branché en parallèle sur les vis platinées. On fait alors pivoter le corps de l'allumeur jusqu'à ce que la lampe s'allume ou que l'aiguille du voltmètre dévie. Dans le cas de la méthode dynamique, on a recours à une lampe stroboscopique, le moteur tournant à un régime donné. Lors du calage de l'allumage, il est recommandé de procéder dans l'ordre suivant:
- Réglage des vis platinées
- Contrôle de l'angle de came
- Calage statique de l'allumage
- Calage dynamique de l'allumage

Zündzeitpunkteinstellung f, Zündeinstellung f, Zündpunkteinstellung f
Die Zündzeitpunkteinstellung erfolgt erst nach Überprüfung der Unterbrecherkontakte auf richtigen Abstand. Bei der statischen Zündeinstellung wird bei stillstehendem Motor eine Prüflampe oder ein

ignition spray

Voltmeter parallel zu den Unterbrecherkontakten geschaltet, und man verdreht das Verteilergehäuse bis die Prüflampe aufleuchtet bzw. der Zeiger des Voltmeters ausschlägt. Bei laufendem Motor wird zur dynamischen Zündeinstellung eine Stroboskoplampe benutzt. Zur Einstellung des Zündzeitpunktes ist es zweckmäßig, nachstehende Reihenfolge einzuhalten:
- Kontaktabstand einstellen
- Schließwinkel kontrollieren
- Zündzeitpunkt am stehenden Motor einstellen
- Zündzeitpunkt am laufenden Motor kontrollieren.

ignition spray → damp-proofing sealant

ignition/starter switch → ignition switch

ignition stroke [engine]
(See Ill. 18 p. 231)
also: firing stroke, power stroke, expansion stroke, working stroke

détente f, explosion-détente (essence), combustion-détente (diesel), travail m, temps m énergétique, course f d'explosion et de détente, temps m moteur
Troisième phase du cycle à quatre temps. C'est à ce stade que débute la combustion. Les soupapes étant fermées, les gaz comprimés s'enflamment lorsque jaillit l'étincelle électrique et la pression des gaz résultant de la combustion chasse le piston vers le point mort bas. Ce faisant, le vilebrequin (arbre moteur) accomplit une demirotation.
Dans les moteurs diesel, le combustible est injecté directement dans les cylindres où il s'allume par autocombustion à cause de la forte température de l'air comprimé dans la chambre de combustion.

Expansionstakt m, Verbrennen und Ausdehnen, Arbeitstakt m, Arbeitshub m, Verbrennungshub m, Zündhub m, Einspritzen-Selbstzünden-Arbeiten (Dieselmotor)
Dritter Takt im Viertaktverfahren. Das verdichtete Gemisch wird bei geschlossenen Ventilen gezündet, und der bei der Verbrennung entstehende Druck treibt den Kolben abwärts bis zum unteren Totpunkt. Die Kurbelwelle (Antriebswelle) dreht sich dabei um 180°. Beim Dieselmotor wird Dieselkraftstoff direkt in den Verbrennungsraum eingespritzt. Er entzündet sich an der dort heißverdichteten Frischluft.

ignition switch [ignition] (See Ill. 3 p. 54, Ill. 6 p. 78, Ill. 23 p. 285)
also: ignition/starter switch

interrupteur m d'allumage
Interrupteur servant à ouvrir et à fermer le circuit d'allumage.

Zündschalter m, Zündanlaßschalter m, Zündstartschalter m, Zündschloß m, Fahrtschalter m
Mit Hilfe des Zündschalters wird die Zündanlage ein- und ausgeschaltet.

ignition system [ignition]
also: ignition n *(for short)*

système m d'allumage, allumage m
Toutes les composantes du système électrique d'un moteur à combustion interne qui produisent l'inflammation du mélange gazeux par étincelle.

Zündanlage f, Zündung f, Zündsystem n
Teil der Elektrik eines Ottomotors, der

dafür sorgt, daß das zündfähige Gemisch im Brennraum durch einen Funken entflammt wird.

ignition timing → ignition setting

ignition timing adjustment → ignition setting

ignition timing characteristic
→ advance characteristic

ignition timing light → stroboscopic timing light

ignition transformer [ignition]
(See Ill. 7 p. 86)

transformateur m d'allumage
Pièce de l'allumage capacitif dans laquelle se décharge le condensateur. La haute tension recueillie dans l'enroulement secondaire est dès lors acheminée vers les bougies d'allumage.

Zündtransformator m, Zündtrafo m (colloq.)
Teil der Hochspannungs-Kondensator-Zündung. Der Speicherkondensator entlädt sich über die Primärwicklung dieses Transformators. Die in der Sekundärwicklung erzeugte Hochspannung wird den Zündkerzen zugeführt.

ignition vane switch [electronics]

barrière f magnétique
Partie fixe d'un déclencheur à effet Hall dans un allumage transistorisé sans rupteur. La barrière magnétique est constituée d'un aimant permanent avec pièces conductrices et d'un circuit intégré Hall (C.I. Hall).

Magnetschranke f
Fester Teil eines Hall-Gebers in einer kontaktlosen Transistorzündanlage. Die Magnetschranke besteht aus einem Dauermagneten mit Leitstücken und aus einer integrierten Halbleiterschaltung (Hall-IC).

ignition voltage → firing voltage

I head engine → overhead-valve engine

illumination [units, electrical system]

éclairement m
Quotient du flux lumineux reçu par une surface par la valeur de cette surface. L'unité d'éclairement est le lux.

Beleuchtungsstärke f
Verhältnis des auf eine Fläche auftreffenden Lichtstromes zur Größe der Fläche. Einheit der Beleuchtungsstärke ist das Lux.

impeller [transmission]
(See Ill. 34 p. 534)
also: driving torus, driving member

impulseur m, pompe f
Elément essentiel d'un convertisseur hydraulique de couple (convertisseur hydrocinétique). Il est entraîné en permanence par l'arbre moteur.

Pumpenrad n
Hauptbestandteil eines Drehmomentwandlers. Das Pumpenrad wird dauernd von der Motorwelle angetrieben.

imperial sedan → limousine

independent front suspension
(*abbr.* **IFS**) [suspension]

suspension f à roues indépendantes avant

Einzelradaufhängung vorne

independently suspended wheels
→ independent wheel suspension

independent rear suspension
(*abbr.* **IRS**) [suspension]

suspension f à roues indépendantes arrière

Einzelradaufhängung hinten

independent suspension → independent wheel suspension

independent wheel suspension
[suspension]
also: independently suspended wheels, independent suspension

suspension f à roues indépendantes
Dans ce type de suspension, on a affaire à un essieu brisé et non plus rigide, en sorte que chacune des roues a sa propre suspension et s'adapte aux inégalités du sol indépendamment de la roue opposée.

Einzelradaufhängung f
Bei der Einzelradaufhängung ist die Achse geteilt im Gegensatz zur Starrachse, so daß jedes einzelne Rad getrennt abgefedert ist und unabhängig vom anderen den Fahrbahnunebenheiten folgen kann.

indicator → direction indicator

indicator lamp [instruments]

témoin m de contrôle, lampe f témoin, voyant m de contrôle
Une lampe intégrée dans le panneau de contrôle indiquant l'état de fonctionnement d'une composante.

Anzeigeleuchte f, Kontrolleuchte f, Kontrollampe f
Eine Leuchte, in der Regel am Armaturenbrett, die einen bestimmten Betriebszustand eines Geräts anzeigt.

indirect braking [brakes]

freinage m indirect
Lors du freinage indirect, de l'air comprimé s'échappe de la canalisation sous pression reliant le véhicule tracteur à la remorque. De ce fait, de l'air comprimé provenant du réservoir auxiliaire de la remorque est envoyé dans les cylindres de frein.

indirekte Bremsung
Aus der ständig unter Druck stehenden Leitung vom Zugwagen zum Anhänger wird beim Bremsen Luft entlassen. Im Anhänger strömt dadurch Druckluft aus dem Hilfsbehälter in die Bremszylinder.

indirect injection (*abbr.* **IDI**)
[injection]

injection f indirecte, injection f dans le canal d'admission
Il n'y a pas de mélange intime air-essence dans un carburateur. Le carburant est pulvérisé sous pression dans la tubulure d'admission du moteur au moyen d'injecteurs (moteur à essence).

indirekte Einspritzung, Saugrohreinspritzung f, Benzin-Saugrohreinspritzung f
Der Kraftstoff wird hierbei nicht in einem Vergaser mit Luft innig vermischt, sondern in das Saugrohr des Motors mittels Einspritzdüsen unter Druck eingespritzt (Otto-Motor).

indirect overhead camshaft [engine]

arbre m à cames en tête à attaque indirecte
Arbre à cames agissant indirectement sur

les soupapes par l'intermédiaire de culbuteurs ou de doigts de poussée.

indirekt wirkende obenliegende Nockenwelle
Nockenwelle, welche die Ventile über Kipp- oder Schwinghebel betätigt.

induction [electrical system]

induction f
Génération de tension électrique à l'aide de champs magnétiques variables.

Induktion f, Elektro-Induktion f
Erzeugung von elektrischer Spannung mit veränderlichen magnetischen Feldern.

induction → intake

induction coil → ignition coil

induction engine → unsupercharged engine

induction manifold → inlet manifold

induction stroke → suction stroke

induction-type pulse generator → pulse generator

induction valve → inlet valve

inductive pulse generator → pulse generator

inductive semiconductor ignition → transistorized ignition system

inductive semiconductor ignition with Hall generator [electronics]

allumage m transistorisé par bobine avec déclencheur à effet Hall

Allumage transistorisé dans lequel un déclencheur à effet Hall remplace le rupteur de l'allumage classique. Le fonctionnement de ce déclencheur repose sur le phénomène de Hall. Un courant passe par un conducteur électrique (plaquette détecteur de Hall), qui est lui-même traversé verticalement par un champ magnétique. De part et d'autre de la plaquette une tension électrique prend naissance (tension de Hall). Si l'intensité du courant demeure constante, cette tension ne sera tributaire que de l'intensité du champ magnétique auquel le déclencheur est soumis. La tension de Hall ne dépend donc pas du régime-moteur. Comme l'intensité du champ magnétique varie au rythme de l'allumage, la tension se modifiera elle aussi au même rythme et elle déclenchera le jaillissement de l'étincelle aux bougies. Un allumage conventionnel peu très bien être converti en allumage transistorisé par bobine avec déclencheur à effet Hall. A cet effet, un déclencheur adapté à l'allumeur remplacera le rupteur mécanique classique.

Le déclencheur à effet Hall est constitué d'un montage à semiconducteurs avec barrière magnétique et tambour à écrans. C'est ce tambour à écrans qui commande le flux magnétique. Il constitue une seule unité de montage avec le rotor du distributeur. Le nombre des écrans du tambour équivaut à celui des cylindres du moteur et la largeur de chaque écran correspond à l'angle de fermeture de cet allumage. Lorsqu'un écran est amené dans l'entrefer de la barrière magnétique, le flux magnétique est dévié par le déclencheur à effet Hall et la tension devient nulle. Lorsque l'écran sort de l'entrefer, la tension renaît et est envoyée au circuit intégré, qui est en fait un étage pré-amplificateur et qui attaque la base du transistor de commande. (Allumage système Bosch).

Transistorspulenzündung f mit Hallgeber (Abk TSZ-h)
Transistorzündanlage, bei der ein Hallgeber an die Stelle der Unterbrecherkontakte tritt. Die Wirkung dieses Gebers beruht auf dem Hall-Effekt. Ein Strom durchfließt einen Leiter (Halbleiterplättchen, Hallschicht), der senkrecht von einem Magnetfeld durchdrungen wird. An beiden Seiten des Halbleiterplättchens entsteht eine Spannung, Hall-Spannung genannt, die bei gleichbleibendem Strom von der Stärke des den Hallgeber durchflutenden Magnetfeldes abhängig ist. Die Hall-Spannung ist also nicht von der Motordrehzahl abhängig. Ändert sich die Stärke des Magnetfeldes im Zündtakt, so ändert sich ebenfalls die Hallspannung zum Auslösen der Zündfunken. Eine Zündanlage üblicher Bauart kann ohne weiteres in eine TSZ-h-Anlage umgerüstet werden. Zu diesem Zweck müssen für den Zündverteiler passende Hallgeber anstelle der Zündunterbrecher eingebaut werden.
Der Hallgeber besteht aus einer integrierten Halbleiterschaltung mit Magnetschranke und Blendenrotor. Der magnetische Fluß wird durch den Blendenrotor gesteuert, der mit dem Verteilerläufer zu einem Bauteil vereint ist. Die Anzahl der Blenden entspricht der Anzahl der Motorzylinder, und die Breite jeder einzelnen Blende bestimmt den Schließwinkel der TSZ-h-Anlage. Taucht eine Blende des Rotors in den Luftspalt der Magnetschranke ein, wird der Magnetfluß durch den Hallgeber abgelenkt, und die Hall-Spannung wird gleich 0. Wenn die Blende aus dem Luftspalt austritt, wird die Hallspannung wieder wirksam.

Sie wird dann an die integrierte Schaltung weitergeleitet, die als Vorverstärkerstufe arbeitet, und von dort an die Basis des Zündtransistors. (Bosch-Zündanlage)

inductive semiconductor ignition with induction-type pulse generator
[electronics]

allumage m transistorisé par bobine avec générateur d'impulsions à induction
Système d'allumage transistorisé dans lequel le rupteur mécanique est remplacé par un générateur d'impulsions. A l'instar d'un alternateur, celui-ci fournit une tension alternative monophasée pour la commande de l'allumage. Un générateur d'impulsions à rotation symétrique est logé dans le boîtier de l'allumeur à l'endroit habituellement occupé par le rupteur mécanique. Sa tâche consiste à produire des impulsions et à les transmettre à un conformateur d'impulsions se trouvant dans le bloc électronique de commande. Ce dispositif est en fait une bascule bistable qui convertit la tension de commande alternative que fournit le générateur d'impulsions en impulsions rectangulaires unidirectionnelles. Ensuite la durée de l'impulsion est adaptée au régime du moteur par la commande de l'angle de fermeture. Dans l'étage de stabilisation, les impulsions sont stabilisées de telle manière que la tension d'alimentation demeure constante dans la mesure du possible. Etant donné que le nombre de pôles du générateur d'impulsions correspond au nombre de cylindres du moteur, une impulsion d'allumage est destinée à chacun des cylindres lors de chaque rotation de l'arbre d'allumage.
En cas de conversion d'un allumage classique en allumage transistorisé par bobine

avec générateur d'impulsions, il y a lieu de prévoir le montage d'un nouvel allumeur spécialement adapté au moteur. Toutefois d'autres systèmes de générateurs d'impulsions on été mis au point qui permettent la reconversion de l'allumeur classique à l'allumage transistorisé sans rupteur. (Allumage système Bosch).

Transistorspulenzündung f mit Induktionsgeber, induktiv gesteuerte Transistorzündung (Abk. TSZ-i)
Transistorzündanlage, bei der der Unterbrecher durch einen magnetischen Geber (Induktionsgeber) ersetzt ist. Dieser erzeugt ähnlich einem Generator eine einphasige Wechselspannung für die Zündsteuerung. Ein rotationssymmetrischer Induktionsgeber sitzt im Gehäuse des Zündverteilers, dort wo der Zündunterbrecher sonst zu finden ist. Er erzeugt Impulse und überträgt diese auf den Impulsformer im Schaltgerät (Steuergerät). Es handelt sich hierbei um einen bistabilen Multivibrator, der die Steuerwechselspannung des Gebers in gleichgerichtete Rechteckimpulse verwandelt. Anschließend wird die Impulsdauer durch die Schließwinkelsteuerung der Motordrehzahl angepaßt. In der Stabilisierungsstufe werden die Impulse so stabilisiert, daß die Versorgungsspannung für den Zündtransistor möglichst konstant bleibt. Nachdem die Polzahl des Impulsgebers gleich der Zylinderzahl des Motors ist, wird bei jeder Umdrehung der Verteilerwelle für jeden Zylinder ein Zündimpuls erzeugt. Beim nachträglichen Umbau müßte ein entsprechender, für den Motor passender neuer Zünd- verteiler eingebaut werden. Es wurden jedoch Impulsgebersysteme entwickelt, die das Umfunktionieren eines normalen Zündverteilers zur induktiven Steuerung der Impulse ermöglichen. (Bosch-Zündanlage)

inertia-drive starting motor
→ Bendix(-type) starter

inertia-engaged starter → Bendix (-type) starter

inertia pinion starter → Bendix (-type) starter

inertia reel belt [safety]
also: retracting-type belt

ceinture f automatique, ceinture f à prétenseur, ceinture f de sécurité à enrouleur
Ceinture de sécurité s'adaptant automatiquement à toutes les tailles et à toutes les positions de siège. La ceinture lâchement tendue se bloque en cas de freinage brusque, le mécanisme de blocage se trouvant dans le boîtier d'enrouleur.

Automatikgurt m
Sicherheitsgurt, der sich allen Körpergrößen und Sitzeinstellungen automatisch anpaßt. Durch plötzliches Bremsen wird der locker sitzende Automatikgurt gesperrt. Der Sperrmechanismus befindet sich in der automatischen Aufrollvorrichtung.

inertia starter → Bendix(-type) starter

inertia valve → pressure-reducing valve

inflation pressure → tire inflating pressure

inflation pressure gage (US) *or* **gauge** (GB) → tire gage *or* gauge

infra-red exhaust gas analyzer
[emission control]

analyseur m de gaz d'échappement à rayons infrarouges
L'analyseur de gaz d'échappement permet de contrôler le réglage du carburateur. Dans la version à rayons infrarouges, une plaque de céramique chauffée à environ 700° C émet un faisceau de rayons infrarouges qu'un tube diviseur fait bifurquer. Un rayon traverse un canal de mesure contenant des gaz d'échappement, alors que le second passe par un canal comparateur contenant de l'azote. Dans le canal de mesure les rayons infrarouges sont absorbés selon la teneur en CO. La différence d'absorption des rayons infrarouges entre les deux canaux est évaluée électroniquement dans une chambre de mesure et affichée sur l'appareil indicateur en pourcentage volumétrique de CO.

Infrarot-Abgasanalysator m
Der Abgastester (Abgasanalysator) gibt genau Aufschluß über die Vergasereinstellung. Bei dem Infrarot-Abgasanalysator wird der von einer auf 700° C aufgeheizten Keramikplatte abgegebene Infrarotstrahl aufgespalten. Ein Strahl wandert durch einen Meßkanal, der Abgase enthält, der andere durch einen mit Stickstoff gefüllten Vergleichskanal. Im Meßkanal werden die Infrarotstrahlen je nach dem CO-Anteil absorbiert. Die Differenz der Infrarotabsorption zwischen beiden Kanälen wird in einer Meßkammer elektronisch gemessen und auf dem Anzeigegerät in CO-Vol.-% angezeigt.

infrared remote locking [safety]

verrouillage m centralisé avec télécommande à infrarouge
Un système de verrouillage centralisé pour les quatre portes des voitures fonctionnant par télécommande à infrarouge.

Infrarot-Türschließanlage f
Ein automatisches zentrales Schließsystem für die Türen eines Pkws, das mit einer Infrarotbedienung gesteuert werden kann.

initial ignition timing adjustment
→ ignition setting

injection [injection]

injection f
Pulvérisation de carburant ou de combustible au moyen de systèmes d'injection.

Einspritzung f
Einsprühen von Kraftstoff mit Hilfe von Einspritzsystemen.

injection advance → injection timing mechanism

injection advance mechanism
→ injection timing mechanism

injection engine → fuel injection engine

injection jet test stand [testing]

banc m d'essai d'injecteurs, appareil m de controle d'injecteurs, pompe f de tarage
Appareil permettant de contrôler le fonctionnement des injecteurs et de régler la pression d'ouverture de même que la forme du jet. Il s'agit en fait d'une pompe d'injection équipée d'un manomètre, manipulée par un levier à main ou un volant et alimentée par un réservoir en charge. Contrôle de la pression d'ouverture: Mettre le porte-injecteur en place après l'avoir rincé dans un bain de gas-oil. Après que l'on a fermé la vanne pour isoler le manomètre, on donne quelques

coups de levier pour purger. On ouvre ensuite la vanne et on laisse monter la pression douce- ment jusqu'à ouverture de l'injecteur.
Contrôle de fonctionnement:
Laisser augmenter la pression doucement jusqu'à une valeur se situant à 20 bars au-dessous de la pression d'ouverture de l'injecteur. S'il y a manque d'étanchéité, on notera la présence d'une goutte, alors qu'avec un injecteur étanche on n'observera que des traces humides.
Contrôle du jet: Si l'on actionne le levier rapidement, un ronronnement très fort se fera entendre si l'injecteur est en parfait état. Le jet sera dès lors bien compact et ne présentera aucune projection latérale.

Düsenprüfvorrichtung f, Einspritzdüsenprüfgerät n, Düsenprüfgerät n
Gerät für die Funktionsprüfung von Einspritzdüsen sowie für die Einstellung des Düsenöffnungsdruckes und des Strahlkegels. Es handelt sich um eine Einspritzpumpe mit einem Manometer, die mit einem Handhebel bzw. einem Handrad betätigt und aus einem Fallbehälter mit Kraftstoff versorgt wird. Prüfung des Öffnungsdrucks: Zuerst wird der Düsenhalter in Dieselöl gereinigt, bevor er eingesetzt wird. Das Sperrventil des Manometers wird geschlossen und der Handhebel mehrmals betätigt. Nach dem Öffnen des Sperrventils läßt man den Druck langsam ansteigen bis zur Öffnung der Einspritzdüse.
Funktionsprüfung: Man läßt den Druck langsam ansteigen bis zu einem Wert von 20 bar unter dem Düsenöffnungsdruck. Ist die Einspritzdüse dicht, weist die Düsennadel nur feuchte Spuren auf. Ist dagegen die Einspritzdüse undicht, kommt es zu einer Tropfenbildung.
Prüfung auf Strahlform: Wird der Hebel schnell betätigt, muß bei guten Einspritzdüsen ein deutlicher Schnarrton hörbar sein. Der Strahlkegel ist dann gleichmäßig und wird ohne seitliche Strahlen abgespritzt.

injection line → delivery pipe

injection nozzle [fuel system]
(See Ill. 25 p. 352)
also: injector nozzle, injector, fuel injector, fuel nozzle, fuel injection nozzle

injecteur m, pulvérisateur m
Appareil servant à introduire et à répartir, en le pulvérisant, un carburant sous pression dans la tubulure d'aspiration d'un moteur à essence ou un combustible dans la chambre de combustion d'un moteur à essence ou un combustible dans la chambre de combustion d'un moteur diesel. Dans les moteurs diesel, l'injecteur est constitué d'une buse et d'une aiguille d'injection; il est fixé dans un porte-injecteur. L'aiguille subit la pression exercée par le gasoil sur son cône d'attaque et se soulève en sorte que le gasoil soit injecté dans l'air de combustion.

Einspritzdüse f, Spritzdüse f
Bauteil zum Zerstäuben und Verteilen von unter Druck gefördertem Kraftstoff entweder in die Ansaugleitung von Otto-Motoren oder in den Brennraum von Dieselmotoren. Bei Dieselmotoren besteht die Einspritzdüse aus dem Düsenkörper und der Düsennadel und ist in einen Düsenhalter eingebaut. Durch den vom Kraftstoff ausgeübten Öffnungsdruck auf die Druckschulter der Nadel wird diese abgehoben, und das Einspritzen in die Verbrennungsluft beginnt.

injection oil engine → diesel engine

injection pump [injection]
also: fuel injection pump, fuel injector pump

pompe f d'injection, pompe à haute pression
Pompe à pistons de petit gabarit dont sont équipés tous les moteurs diesel ainsi que les moteurs à essence à injection. La pompe à injection a pour but d'injecter à point nommé et à haute pression une quantité soigneusement dosée de gazole ou d'essence dans chacun des cylindres pendant un laps de temps bien déterminé.

Einspritzpumpe f
Kolbenpumpe kleinerer Bauart, mit der alle Dieselmotoren sowie Ottomotoren mit Einspritzung ausgerüstet sind. Aufgabe der Einspritzpumpe ist es, im richtigen Zeitpunkt eine nach dem Verbrennungsverfahren genau bemessene Kraftstoffmenge während einer präzis festgelegten Zeitspanne unter hohem Druck in die jeweiligen Zylinder einzuspritzen.

injection pump calibrating test stand → fuel pump test bench

injection pump test bench → fuel pump test bench

injection pump governor [injection]

régulateur m de pompe d'injection
Régulateur centrifuge ou à dépression qui stabilise la vitesse de ralenti déterminée et limite le régime maximum.

Einspritzpumpenregler m
Fliehkraft- oder Unterdruckregler, der eine festgelegte Leerlaufdrehzahl einhält und die Höchstdrehzahl beschränkt.

injection system [injection]
also: fuel injection system

système m à injection, système m d'injection de carburant
Toutes les composantes d'une système à injection électronique de carburant.

Einspritzanlage f, Einspritzsystem n, Einspritzung f (colloq.)
Alle Komponenten, die mit der elektronischen Kraftstoffeinspritzung zu tun haben.

injection timer → injection timing mechanism

injection timing collar → injection timing sleeve

injection timing mechanism [injection]
also: injection timer, injection advance mechanism, timing device *(for injection)*, timing advance device, injection advance, advance mechanism

variateur m d'avance, commande f d'avance à l'injection
Commande manuelle, automatique ou pneumatique du réglage de l'avance à l'injection dans les moteurs Diesel.

Spritzversteller m
Vorrichtung zur Verstellung des Einspritzbeginns bei Dieselmotoren. Es gibt Handversteller sowie automatische und pneumatische Versteller.

injection timing sleeve [injection]
also: injection timing collar

manchon m d'accouplement de variateur à commande manuelle
Manchon qui, dans un dispositif d'avance à main, relie l'arbre d'entraînement à celui de la pompe d'injection. Ces arbres

sont décalés l'un par rapport à l'autre de par la forme de leurs cannelures respectives.

Spritzverstellermuffe f
Muffe, die in einem Handversteller die Antriebswelle (Motorwelle) mit der Einspritzpumpenwelle verbindet. Beide Wellen sind aufgrund ihrer unterschiedlichen Nutenform gegeneinander versetzt.

injector → injection nozzle

injector → fuel injector

injector nozzle → injection nozzle

inlet → intake

inlet cam [engine]

came f d'admission, came f d'aspiration
Came servant à la commande des soupapes d'aspiration.

Einlaßnocken m
Nocken zur Steuerung der Einlaßventile.

inlet camshaft [engine]

arbre m à cames d'admission
Arbre à cames qui ne commande que les soupapes d'admission.

Einlaßnockenwelle f
Nockenwelle zur Steuerung der Einlaßventile.

inlet connector → pressure pipe tube

inlet manifold [engine]
also: intake manifold, inlet pipe, induction manifold, suction manifold

collecteur m d'admission, pipe f d'admission, tubulure f d'entrée, tubulure f d'admission

Tubulure généralement fabriquée en alliage léger qui établit la jonction entre le carburateur et les entrées d'admission de la culasse.

Ansaugrohr n, Ansaugleitung f, Ansaugkrümmer m, Saugrohr n, Motorsaugrohr n, Sammelsaugrohr n, Einlaßkrümmer m (selten)
Sammelrohr im allgemeinen aus Leichtmetall, das den Vergaser mit den Einlaßöffnungen im Zylinderkopf verbindet. Die Bezeichnung Ansaugkrümmer gilt korrekterweise nur für Mehrzylindermotoren.

inlet passage [engine]
(See Ill. 18 p. 231)

chapelle f d'admission
Ouverture côté moteur reliée au collecteur d'admission.

Einlaßkanal m
Aussparung auf der Motorseite, die mit dem Ansaugrohr verbunden ist.

inlet pipe → inlet manifold

inlet port [engine]
also: intake port

lumière f d'aspiration, lumière f d'admission
Ouverture ménagée dans le cylindre d'un moteur deux temps que débouche le piston lors de sa course ascendante permettant au mélange de se répandre dans le carter étanche.

Ansaugschlitz m, Einlaßschlitz m
Öffnung im Zylinder eines Zweitaktmotors, die bei Aufwärtsgang des Kolbens zur Füllung des Kurbelgehäuses mit Zweitaktgemisch freigegeben wird.

inlet stroke → suction stroke

inlet valve [engine]
(See Ill. 16 p. 196, Ill. 18 p. 231)
also: intake valve, admission valve, induction valve

soupape f d'admission
Obturateur mécanique de la chambre de combustion. Au premier temps du cycle à quatre temps, la soupape d'aspiration s'ouvre pour l'admission du mélange explosif (moteur essence) ou de l'air seul (moteur diesel) dans le cylindre.

Einlaßventil n (Abk. EV)
Absperrorgan im Verbrennungsraum. Beim ersten Takt im Viertaktverfahren öffnet das Einlaßventil und läßt das Kraftstoff-Luft-Gemisch (Ottomotor) oder nur Luft (Dieselmotor) in den Zylinder einströmen.

in-line cylinder engine → in-line engine

in-line engine [engine]
also: in-line cylinder engine

moteur m à cylindres en ligne, moteur m en ligne
Moteur à explosion dont les cylindres sont disposés dans le même plan que l'axe du vilebrequin ou parallèlement à cet axe.

Reihenmotor m, Einreihenmotor m, Reihenstandmotor m
Verbrennungsmotor, dessen Zylinder in einer Ebene mit der Kurbelwellenachse oder parallel zu ihr stehen.

in-line fuse holder → line fuse

in-line pump → multi-cylinder injection pump

inner dead center → bottom dead center

inner rotor [lubrication]
(See Ill. 29 p. 436)

rotor m intérieur
Rotor à lobes mâles d'une pompe à rotor excentré (pompe à huile), entraîné par le moteur et tournant dans un rotor extérieur à lobes femelles.

Innenrotor m
Vom Motor angetriebener, außenverzahnter Rotor in einer Rotorpumpe (Ölpumpe), der sich in einem innenverzahnten Außenrotor dreht.

inner synchro hub → synchronizing assembly

inner tube [tires]
also: air tube

chambre f à air
Tube de caoutchouc circulaire, gonflé d'air, fermé par une valve et mis en place autour de la jante à l'intérieur du pneumatique.

Luftschlauch m, Schlauch m
Endloser Schlauch aus Gummi, der durch ein Reifenventil mit Luft gefüllt wird. Er liegt rund um die Felge im Innern des Reifens.

inner wheel [wheels]
also: inside wheel

roue f intérieure
Roue d'un véhicule qui, dans un virage, décrit une courbe plus courte que la roue opposée du même train.

kurveninneres Rad
Das Rad eines Fahrzeuges, das beim Befahren einer Kurve einen kürzeren Weg

zurücklegt als das gegenüberstehende Rad der gleichen Achse.

input cylinder → clutch master cylinder

input shaft → primary shaft

inside shoe brake → drum brake

inside wheel → inner wheel

inspection pit [maintenance]
also: repair pit, service pit, working pit, pit *(for short)*

fosse f (d'inspection)
Cavité aménagée dans le sol d'un garage et permettant d'avoir accès au dessous d'un véhicule.

Reparaturgrube f, Arbeitsgrube f, (kurz:) Grube f
Bodenschacht in einer Reparaturwerkstatt, der den Zugang zu der Fahrzeugunterseite erleichtert.

instantaneous braking power [engine]

puissance f au frein
Puissance d'un moteur évaluée au moyen d'un frein d'essais.
La puissance au frein est le produit du couple de rotation par la vitesse de rotation.

Bremsleistung f
Nutzleistung eines Motors, die anhand eines Bremsdynamometers ermittelt wird.
Die Bremsleistung ist das Produkt aus Drehmoment und Drehgeschwindigkeit.

instantaneous center of rotation [vehicle construction]

centre f instantané de rotation
Point situé à la fois sur l'essieu avant et sur l'essieu arrière et autour duquel la coque s'incline sous l'effet d'une poussée latérale.

Momentanzentrum n, Momentanpol m
Drehpunkt der Vorder- und Hinterachse, um den sich der Aufbau unter der Einwirkung einer Seitenkraft neigt.

instrument board → dashboard

instrument panel → dashboard

insulated tube → insulation tubing

insulated tubing → insulation tubing

insulating bushing [electrical system]
also: plastic bush, fibre bush

douille f isolante
Douille se trouvant dans l'axe de pivotement du linguet de rupteur et qui isole le linguet de la masse.

Isolierbuchse f, Isolierstoffbuchse f, Hebellagerbuchse f
Buchse in der Drehachse des Unterbrecherhebels, die diesen gegen Masse isoliert.

insulating screw joint [electrical system]

serre-fils m à vis, domino m (colloq.)
Appareil servant à joindre des fils électriques et à les fixer par vis.

Lüsterklemme f
Schraubklemme für elektrische Leitungen.

insulating strip → insulating tape

insulating tape [maintenance]
also: insulating strip

ruban m isolant, chatterton m
Ruban isolant en matière plastique ou en toile gommée servant à protéger les conducteurs ou les connexions électriques.

Isolierband m
Band aus Kunststoff oder aus Textilgewebe mit Gummiimprägnierung zum Schutz von elektrischen Leitungen bzw. Anschlüssen.

insulating tubing → insulation tubing

insulation sleeving → insulation tubing

insulation tubing [electrical system]
also: insulation sleeving, insulating tubing, insulated tubing, insulated tube, spaghetti insulation

souplisseau m
Tuyau souple dans lequel sont enfilés plusieurs fils électriques suivant un même trajet.

Isolierschlauch m, Bougierohr n
Schlauch, in den mehrere, gemeinsam zu verlegende Leitungen eingezogen werden.

insulator → spark plug insulator

insulator nose [ignition]
(See Ill. 31 p. 474)

bec m d'isolant, pied m d'isolant
Partie de l'isolant de la bougie d'allumage qui pénètre dans la chambre de combustion.

Isolatorfuß m, Steinfuß m
Der in den Verbrennungsraum hereinragende Teil einer Zündkerze.

intake [engine]
also: admission, inlet, induction

admission f, aspiration f
Admission du mélange dans les cylindres. Dans un moteur à quatre temps, la première phase du cycle, au cours de laquelle le mélange air/carburant est aspiré à l'intérieur des cylindres.

Einlaß m, Ansaugung f
Das Einströmenlassen des zündfähigen Gemisches in die Zylinder. Beim Viertaktmotor ist dies der erste der vier Takte.

intake manifold → inlet manifold

intake muffler (US)→ air silencer (GB)

intake passage [engine]

chapelle f d'admission
Evidement côté moteur faisant face à la tubulure d'admission. La partie supérieure de cette cavité est percée d'un orifice obturé par la soupape d'admission.

Einlaßkanal m, Ansaugkanal m, Saugkanal m
Sich an die Ansaugleitung anschließende Aussparung auf Motorseite. Der obere Teil des Einlaßkanals wird vom Einlaßventil abgesperrt.

intake port [injection]

orifice m d'arrivée
Orifice pratiqué dans le cylindre d'une pompe d'injection et par lequel le combustible pénètre dans la chambre de refoulement lorsque le piston est au point mort bas.

Zulaufbohrung f
Bohrung im Pumpenzylinder einer Einspritzpumpe, durch welche bei unterster

Kolbenstellung der Kraftstoff in den Druckraum fließt.

intake port → inlet port

intake silencer (GB) → air silencer (GB)

intake stroke → suction stroke

intake valve → inlet valve

integral body [vehicle construction]
also: monocoque bodywork

carrosserie f autoporteuse, carrosserie f monocoque, caisse f mono-coque, coque f, caisse f intégrale
Carrosserie pratiquement monobloc, formée d'une coque rigide, elle-même constituée par les longerons, le plancher, les traverses portantes, les passages de roue, les montants (portières et glaces) et finalement le pavillon.

selbsttragende Karosserie, selbsttragender Aufbau
Karosserie, die als tragende Struktur ausgelegt ist. Sie besteht aus dem Haupt-Traggerüst, das von den Längsholmen, dem Boden der Karosserie, den mittragenden Querverbindungen, aus den Radhäusern, Tür- und Fensterpfosten und schließlich dem Dach gebildet wird.

integral (body) construction [vehicle construction]
also: frameless construction, unitary construction, unitized construction (US), chassisless construction

construction f à chassis autoporteuse, carrosserie f autoportante
Une construction dont la carrosserie n'est pas équipée d'un chassis proprement dit, mais dont la carrosserie même a une fonction portante.

rahmenlose Bauweise, selbsttragende Karosserie
Eine Konstruktion, bei der die Karosserie nicht von einem Rahmen getragen wird, sondern selbst tragende Funktion hat.

integral power steering gear [steering]
also: integral servo steering gear

direction f assistée, servo-direction f
Direction assistée à dispositif hydraulique intégré dans le boîtier de direction à circulation de billes et permettant d'agir sur la direction avec le minimum d'effort.

Blockservolenkung f, Servolenkung f in Blockbauweise
Servolenkung mit hydraulischer Einrichtung zur Unterstützung der Lenkkräfte. Der komplette Hydraulikteil ist im Lenkgetriebe untergebracht. Als Lenkgetriebe dient eine Kugelumlauflenkung.

integral servo steering gear → integral power steering gear

intensified interference suppression [electrical system]
also: short-distance interference suppression

déparasitage m rapproché
Déparasitage visant à améliorer la réception d'un autoradio à bord du véhicule même. Le déploiement d'éléments d'antiparasitage varie fortement d'un véhicule à l'autre et il dépend essentiellement des facteurs suivants: type de véhicule (moteur essence ou diesel, structure mécanique (carrosserie), état de l'installation électrique, type d'autoradio (gammes d'ondes), choix et endroit de fixation de

intercrystalline corrosion

l'antenne.
La partie haute tension du circuit d'allumage pose le plus de problèmes à une réception satisfaisante et il convient d'apporter un soin particulier à son déparasitage. Les éléments antiparasites nécessaires à cet effet ne comportent en principe que des résistances d'amortissement, qui atténuent les ondes perturbatrices.
En revanche, dans la partie basse tension, on a principalement recours à des condensateurs ainsi qu'à des filtres pour le déparasitage de l'alternateur, du régulateur de tension et du moteur d'essuie-glace.

Nahentstörung f
Entstörung für den eigenen Empfang vom Autoradio im Fahrzeug selbst. Der erforderliche Aufwand an Entstörmitteln ist bei den verschiedenen Fahrzeugtypen recht unterschiedlich und im wesentlichen von folgenden Faktoren abhängig: Art des Kraftfahrzeuges (Otto- oder Dieselmotor), mechanischer Aufbau (Karosserie), Zustand der elektrischen Anlage, Art des Autoradios (Wellenbereiche), Wahl und Montageort der Fahrzeugantenne.
Der Hochspannungsteil der Zündanlage wirkt ganz besonders empfangsstörend und muß daher gründlich gedämpft werden. Die dafür erforderlichen Entstörmittel enthalten grundsätzlich nur Dämpfungswiderstände. Dabei werden die von der Störquelle ausgehenden Störwellen in ihrer Energie mit dem Widerstand gedämpft.
Im Niederspannungsteil dagegen werden hauptsächlich Entstörkondensatoren für die Ableitung gegen Masse sowie Entstörer (Entstörfilter) für die Entstörung von Lichtmaschine, Spannungsregler und Scheibenwischermotor eingebaut.

intercrystalline corrosion [materials]
also: intergranular corrosion

corrosion f intercristalline, corrosion f intergranulaire, corrosion f fissurante
Dans ce type de corrosion, l'attaque de la rouille épouse les coupures de grains des métaux. Ce phénomène est surtout observé dans les alliages lorsqu'un électrolyte s'insinue entre les différents cristaux. Dès lors une tension électrique prend naissance et déclenche un phénomène de corrosion électrochimique.

interkristalline Korrosion, Korngrenzenkorrosion f
Korrosion, bei der der Angriff den Korngrenzen des Metalls folgt, und zwar vor allem bei Legierungen in Anwesenheit eines Elektrolyten zwischen den verschiedenen Kristallen dieser Stoffe. Es entsteht eine elektrische Spannung, die eine galvanische Korrosion auslöst.

interference suppression [electrical system]
also: radio interference suppression

antiparasitage m
Suppression des possibles perturbations électriques provoquées par le système d'allumage ou autre système électrique d'une automobile.

Entstörung f
Die Unterdrückung möglicher elektrischer Störungen, die von der Zündanlage oder von einer anderen elektrischen Anlage eines Automobils hervorgerufen werden.

interference-suppression choke [electrical system]
also: radio interference suppression choke

bobine f antiparasite, bobine f antiparasitée
Bobine de choc avec petite capacité couplée à la masse. Elle offre une très grande résistance aux tensions alternatives perturbatrices de haute fréquence et est utilisée comme élément antiparasite dans la partie basse tension de l'installation électrique d'un véhicule, et plus précisément dans le circuit d'excitation entre l'alternateur et le régulateur de tension.

Entstördrossel f
Die Entstördrossel enthält eine Drosselspule mit einer kleinen gegen Masse geschalteten Kapazität. Sie setzt der hochfrequenten Stör-Wechselspannung einen sehr großen Widerstand entgegen und wird deshalb als Entstörmittel für den Niederspannungsteil einer Kfz-Elektroanlage zwischen Generatorerregerwicklung und Spannungsregler eingebaut.

interference-suppression condenser
[electrical system]
also: radio interference suppression capacitor, suppression capacitor

condensateur m d'antiparasitage
Composant utilisé dans la partie basse tension de l'installation électrique d'un véhicule et grâce auquel les parasites sont déviés vers la masse.

Entstörkondensator m, Funkentstörkondensator m
Entstörungsmittel im Niederspannungsteil einer Kfz-Elektroanlage für die Ableitung der Störwellen gegen Masse.

interference-suppression filter
[electrical system]

filtre m d'antiparasitage
Combinaison d'un condensateur de passage et d'un condensateur en parallèle avec une bobine d'arrêt. Ce type de filtre est particulièrement propre au déparasitage des alternateurs, des régulateurs de tension et des moteurs d'essuie-glace.

Entstörer m, Entstörfilter n, Siebglied n
Kombination eines Durchführungs- und eines Parallelkondensators mit einer Drosselspule. Entstörer sind besonders für eine hochwertige Entstörung von Lichtmaschinen, Spannungsreglern und Scheibenwischermotoren geeignet.

interference-suppression ignition cable [electrical system]

câble m d'allumage antiparasité
Câble antiparasité à haute résistance (8—20 kΩ/m) avec une âme en fibres graphitées ou à faible résistance (80—800 Ω/m) avec une âme torsadée en métal.

Widerstandszündkabel n, Widerstandszündleitung f
Hochohmige Widerstandszündleitung (8—20 kΩ/m) mit einer Seele aus graphitgetränkten Faserstoffen bzw. niederohmiges Widerstandszündkabel (80—800 Ω/m) mit einer Seele aus Metallwendel.

interference-suppression kit
[electrical system]
also: radio interference suppression kit, suppression kit

kit m d'antiparasitage, équipement m d'antiparasitage
Panoplie de pièces destinées à l'antiparasitage rapproché. Ces pièces sont adaptées à chaque type de véhicule et peuvent être obtenues pour autoradios avec ou sans modulation de fréquence.

Entstörsatz m
Zusammengefaßte Entstörmittel, die zur Nahentstörung von Kraftfahrzeugen be-

intergranular corrosion 306

nötigt werden. Sie entsprechen dem jeweiligen Fahrzeugtyp und sind wahlweise für Autoradios mit oder ohne UKW-Bereich erhältlich.

intergranular corrosion
→ intercrystalline corrosion

interior courtesy lights
→ interior lighting

interior lighting [lights]
also: interior courtesy lights

éclairage m intérieur
Toutes les lampes qui illuminent l'intérieur d'une voiture, comme p.e. le plafonnier.

Innenbeleuchtung f, Innenraumbeleuchtung f, Innenleuchten fpl
Alle Lampen, die den Fahrgastraum eines Pkw erhellen, z.B. Deckenleuchten, Leseleuchten oder Leuchten, die hinter dem Innenspiegel angebracht sind.

intermediate pipe [exhaust system]
also: connector pipe

tube m intermédiaire
Un tube dans la tuyauterie d'échappement qui relie duex composants, p.e. le silencieux avant et le silencieux arrière.

Zwischenrohr n
Ein Rohr in der Auspuffanlage, das zwei Komponenten verbindet, z.B. das Flammrohr mit dem vorderen Topf oder den vorderen Topf mit dem hinteren Topf.

intermediate shaft → countershaft

intermittent wiper control switch
[electrical system]
also: wiper-delay mechanism, windshield wiper delay switch (US), wiper delay switch

commutateur m à minuterie pour essuie-glace
Minuterie transistorisée qui s'intercale entre le moteur et le commutateur d'essuie-glace. Les battements des essuie-glace peuvent varier progressivement de 2 à 20 par minute grâce à un potentiomètre.

Wischer-Intervallschalter m, Intervallschalter m (für Scheibenwischer)
Mit Transistoren bestücktes Zeitschaltwerk, das sich zwischen Wischermotor und Wischerschalter einschalten läßt. Mit Hilfe eines Potentiometers werden die Ausschläge der Scheibenwischer auf 2—20 je Minute stufenlos eingestellt.

intermittent wiping [electrical system]
also: variable interval intermittent wipe

balayage m intermittent
Fonctionnement des essuie-glace à intervalles réguliers.

Intervallwischen n
Arbeiten der Wischer in regelmäßigen Zeitabständen.

internal combustion engine [engine]
also: Otto engine

moteur m à explosion, moteur m à combustion (interne)
Moteur qui transforme l'énergie produite par la combustion d'un mélange explosif carburé en énergie mécanique. Suivant le mode de fonctionnement, on distingue les moteurs deux temps et les moteurs quatre temps. Le terme "moteur à combustion interne" désigne souvent le moteur diesel.

Verbrennungsmotor m, Ottomotor m

Kraftmaschine, bei der die durch Zündung bzw. Verbrennung eines verdichteten Kraftstoff-Luft-Gemisches erzeugte Energie in mechanische Arbeit umgewandelt wird. Nach der Arbeitsweise unterscheidet man Zweitakt- und Viertaktmotoren.

internal expanding shoe brake
→ drum brake

internal expanding clutch-type disc brake [brakes]

frein m à disques enfermés
Dans ce type de frein, deux disques de freinage sont appliqués sur les deux faces d'un carter tournant dans lequel ils sont logés. L'écartement des disques est obtenu par des billes se déplaçant dans des rampes.

Vollscheibenbremse f
Bei dieser Bremse werden zwei Bremsscheiben auf beide Seiten eines rotierenden Bremsgehäuses gedrückt, in dem sie untergebracht sind. Die Spreizung der Scheiben wird durch Metallkugeln erzielt, die auf schrägen Kugelpfannen auflaufen.

internal limit gauge → cylindrical limit gage (US)

internally-toothed outer ring *(of an epicyclic gear)* → annulus *n*

internal shoe brake → drum brake

internal-tab washer [mechanical engineering]

frein m à tenon intérieur
Frein à sécurité absolue servant à s'opposer au desserrage d'une vis par suite de trépidations.

Sicherungsblech n mit Innennase,
Sicherungsblech n mit Nase innen
Formschlüssige Sicherung, die das Lokkern einer Schraube durch Erschütterung verhindern soll.

interruptor cam → contact breaker cam

interruptor contact → contact breaker point

interturn-short-circuit tester
→ shorted-turn tester

Invar steel™ [materials]

acier m Invar, invar m
Acier à 36% de nickel, caractérisé par une dilatation thermique très faible. Il est utilisé p.ex. pour la fabrication des segments de piston.

Invar-Stahl m
Stahl mit 36% Nickel, der sich durch sehr geringe Wärmedehnung auszeichnet. Er wird z.B. für Kolbenringe verwendet.

inverted-type carburetor (US)
→ down-draft carburetor (US)

inverted valve → drop valve

inverting stage [electronics]

étage m inverseur
Etage faisant partie du bloc électronique de l'allumage transistorisé par bobine et qui peut à la fois servir d'étage excitateur.

Umkehrstufe f
Schaltstufe im Schaltgerät der Transistorspulenzündung, die ebenfalls als Treiber dienen kann.

involute *n* [mechanical engineering]

développante f
Courbe décrite par l'extrémité d'un fil d'abord enroulé sur un cercle et que l'on déroule de façon qu'il soit toujours tendu. La développante de cercle est utilisée comme profil des dents d'engrenage (engrenage en développante).

Evolvente f
Kurve, die durch Abwälzen eines straff gespannten Fadens oder einer Geraden auf einem Kreis entsteht. Die Kreisevolvente dient als Zahnprofil von Zahnrädern (Evolventenverzahnung).

involute gearing
[mechanical engineering]

engrenage m en développante
Une développante est une courbe décrite par l'extrémité d'un fil d'abord enroulé sur un cercle et que l'on déroule de façon à ce qu'il soit toujours tendu. La développante de cercle est utilisée comme profil des dents d'engrenage.

Evolventenverzahnung f
Eine Evolvente ist eine Kurve, die durch Abwälzen eines straff gespannten Fadens oder einer Geraden auf einem Kreis entsteht. Die Kreisevolvente dient als Zahnprofil von Zahnrädern mit Evolventenverzahnung.

iodine lamp [lights]

lampe f à iode
Lampe à halogène dont le gaz de remplissage est l'iode.

Iodlampe f
Eine Halogenlampe, bei der das Edelgas, mit dem sie gefüllt ist, Iod ist.

iron-nickel accumulator → alkaline (storage) battery

IRS = independent rear suspension

isomerization [chemistry]

isomérisation f
Opération effectuée en présence d'un catalyseur permettant de transformer des hydrocarbures paraffiniques à chaîne droite en formant des branches latérales (isoparaffines).

Isomerisierung f
Umwandlung der geradkettigen Paraffine in Isoparaffine (kurze Ketten mit Verzweigungen) mit Hilfe eines Katalysators.

iso-octane [fuels]

isooctane m
Hydrocarbure de symbole C_8H_{18}, fabriqué à partir des gaz de cracking et servant à définir l'indice d'octane des carburants.

Iso-Oktan n
Kohlenwasserstoff der Formel C_8H_{18}, der aus Krackgasen hergestellt wird. Er dient als Bezugskraftstoff für die Messung der Klopffestigkeit.

isopropanol [chemistry]

alcool m isopropylique
Alcool utilisé parfois comme dégivrant ou antigel.

Isopropylalkohol m, Isopropanol n
Alkohol, der zuweilen als Enteisungsmittel verwendet wird.

ISO rating [engine]
(*from:* International Standardization Organization)

mesure f de puissance selon ISO (ou selon OIN; Organisation Internationale de Normalisation), puissance f ISO
La mesure de puissance selon ISO est identique à la mesure selon DIN, à cela près que l'unité de mesure s'exprime en kW.

ISO-Leistungsmessung f, ISO-Messung f
Die ISO-Leistungsmessung ist der DIN-Messung ähnlich. Lediglich wird die Meßeinheit in kW ausgedrückt.

J

jack *n* [tools]

cric m (d'automobile)
Dispositif pour soulever une automobile à une certaine hauteur, pour pouvoir faire des réparations ou changer une roue, par exemple. Un petit cric à manivelle se trouve normalement dans la boîte à outils de la voiture. Dans les ateliers de réparation on utilise des crics mobiles hydrauliques.

Wagenheber m
Eine Vorrichtung zum Anheben eines Fahrzeugs oder einer Achse eines Fahrzeugs, z.B. zum Zweck eines Radwechsels. Ein mit Handkraft zu betätigender Wagenheber gehört in der Regel zum Bordwerkzzeug. Für Werkstättenbetrieb sind fahrbare hydraulische Wagenheber üblich.

jacking bracket → jacking point

jacking point [vehicle body]
also: jacking bracket

logement m pour cric, point m de levage, point m renforcé de levage
Renforcement sous le plancher permettant la mise en place et la manœuvre du cric.

Wagenheberaufnahme f
Verstärkung unter dem Wagenboden zum Ansetzen des Wagenhebers.

jack stand → axle stand

jaw clutch → dog clutch

jerry-can [equipment]
also: petrol container (GB), petrol can (GB), gasoline container (US), gasoline can (US), gas can (US)

nourrice f de secours
Réservoir de carburant transportable en matière plastique ou en tôle avec bouchon et goulot verseur. Contenance 5, 10 et 20 litres.

Benzinkanister m
Kraftstoffbehälter aus Kunststoff oder Stahlblech mit 5, 10 oder 20 l Fassungsvermögen, der als Reservekanister im Fahrzeug mitgeführt wird.

jet *n* [mechanical engineering]

gicleur m, orifice m calibré, ajutage m
Orifice calibré de forme conique servant à limiter le débit d'un fluide dans une canalisation.

jet adjusting nut

Düse f
Kalibriertes, meist konisch zulaufendes Rohrstück, das der Durchflußbegrenzung eines Mediums in einer Rohrleitung dient.

jet adjusting nut [carburetor]
also: mixture adjusting nut

écrou m de réglage du gicleur
Ecrou hexagonal fixé à la base d'un carburateur S.U. Si l'on serre l'écrou, le mélange de ralenti s'appauvrit, car le gicleur et l'aiguille-pointeau se rapprochent et la section du gicleur se rétrécit. Lorsqu'on desserre l'écrou, le gicleur descend, sa section s'élargit et le mélange de ralenti s'enrichit.

Düseneinstellmutter f
Sechskantmutter am unteren Ende eines SU-Vergasers. Beim Anziehen dieser Mutter wird das Leerlaufgemisch kraftstoffärmer, denn Nadeldüse und Düsennadel nähern sich, und der Nadeldüsenquerschnitt verengt sich. Wird die Mutter gelockert, senkt sich die Nadeldüse. Ihr Querschnitt wird größer und das Leerlaufgemisch kraftstoffreicher.

jet cone [diesel engine]

jet m en nappe conique
Forme du jet de combustible à sa sortie de l'injecteur.

Strahlkegel m
Strahlform des abgespritzten Dieselkraftstoffes beim Austritt aus der Düsenöffnung.

jet lever [carburetor]

levier m de départ à froid
Levier de départ à froid d'un carburateur S.U. Il est actionné par tirette, ce qui fait descendre le tube porte-gicleur d'environ 15 mm. De ce fait, l'enrichissement est obtenu grâce à la section maximale du gicleur.

Düsenhebel m
Kaltstarthebel an einem SU-Vergaser. Er wird über Seilzug betätigt, wobei sich die Nadeldüse um ca. 15 mm senkt. Dadurch erweitert sich der Nadeldüsenquerschnitt ganz, und das Gemisch wird entsprechend kraftstoffreicher.

jet needle → tapered needle

jockey pulley [mechanical engineering]
also: idler pulley

poulie f tendeuse, poulie f de tension
Poulie folle exerçant une pression sur la face extérieure et lisse d'une courroie afin d'accroître sa tension.

Spannscheibe f, Spannrolle f
Leerscheibe, die auf die glatte Außenfläche eines Riemens drückt, um ihr Spannkraft zu geben.

jumper cable (US) → battery booster cable

jump lead (GB) → battery booster cable

K

kerb weight (GB) → curb weight (US)

kerosene [fuels]

*kérosène m, kérosine m,
carburéacteur m*
Fraction pétrolière distillant approximativement entre 150 et 300° C.

Kerosin n
Erdölfraktion mit einem Siedebereich von ca. 150 bis 300° C.

kick-down *n* [transmission]

coup m d'accélérateur, rétrogradation f forcée, kickdown m
Dans une boîte de vitesses automatique, on peut rétrograder au rapport inférieur en enfonçant la pédale d'accélérateur au delà du point de plein gaz. Le seul fait de relâcher la pression sur la pédale des gaz provoque à nouveau l'engagement du rapport supérieur. La commande du kickdown est électrique ou mécanique.

Kick-down m
Wird das Gaspedal über den Vollgas-Druckpunkt hinaus niedergetreten, so kann ein automatisches Getriebe in einen niedrigeren Gang zurückschalten. Das Zurücknehmen des Gaspedals bewirkt wieder eine Hochschaltung. Die Steuerung erfolgt elektrisch oder mechanisch.

kilowatt *(abbr.* **kW)** [electrical system]

kilowatt m (abr. kW)
L'énergie électrique de 1000 watts. L'unité kW remplace aujourd'hui le HP; 1 kW vaut 1,36 chevaux.

Kilowatt n (Abk. kW)
Die elektrische Energie von 1000 Watt. Die Einheit kW ersetzt heute das frühere PS; 1 kW entspricht 1,36 PS.

king lead [ignition] (See Ill. 23 p. 285, Ill. 24 p. 288)
also: coil HT cable, center high-tension cable (US)

câble m secondaire, câble m haute tension de la bobine, fil m HT bobine
Câble du circuit secondaire reliant le centre de la bobine d'allumage à celui du distributeur.

Hauptzündkabel n, Zündkabel 4
Hochspannungsleitung zwischen Zündspule und Zündverteiler.

kingpin [steering] (See Ill. 36 p. 584)
also: swivel pin, steering pin, pivot pin, steering swivel pin (*or* bolt), steering knuckle pivot

axe m de fusée, pivot m d'articulation de fusée, axe-pivot m de la fusée d'essieu avant, pivot m de fusée, pivot m de direction
La fusée est reliée à l'essieu avant par l'intermédiaire d'un pivot de fusée.

Achsschenkelbolzen m, Lenkzapfen m
Der Achsschenkel ist mittels eines Achsschenkelbolzens mit der Vorderachse drehbar verbunden.

kingpin angle → steering axis inclination (US)

kingpin bush(ing) [steering]
also: steering knuckle bush, steering swivel bush, pivot pin bush

douille f de pivot de fusée
Douille se situant à l'extrémité de la fusée et sur laquelle s'articule la chape de l'essieu.

Achsschenkelbuchse f
Buchse, mit der das Gabelgelenk der Achse drehbar verbunden ist.

kingpin inclination → steering axis inclination (US)

K-Jetronic fuel injection [injection]
also: continuous injection system

système m d'injection K-Jetronic
Système d'injection mécanique. Le carburant est injecté de manière continue à l'aide d'injecteurs dans les conduits d'aspiration de chaque cylindre et les variations du débit d'air se répercutent directement sur le débit de carburant.

*K-Jetronic-Einspritzanlage f,
kontinuierliche Kraftstoffeinspritzung*
Mechanische Einspritzanlage nach dem Prinzip der Luftmengenmessung und der Kraftstoffmengenzuteilung. Der Kraftstoff wird mit Hilfe von Einspritzdüsen fortlaufend in die Ansaugleitungen der einzelnen Zylinder eingespritzt. Der veränderliche Luftdurchsatz wirkt unmittelbar auf den Kraftstoffdurchfluß ein.

knock *n* → pinking *n*

knock *v* [engine]

cogner v, cliqueter v
Produire le bruit caractéristique d'un moteur diesel. Dans certaines situations un moteur à essence peut également produire ce bruit.

klopfen vi
Das typische Geräusch eines Dieselmotors von sich geben. Unter gewissen Umständen kann auch ein Benzinmotor ein dieselähnliches Klopfgeräusch entwickeln.

knocking *n* → pinking *n*

knocking resistance → anti-knock quality

knock rating → anti-knock quality

knock rating → octane number

knock resistance → anti-knock quality

knock sensor [emission control]

détecteur m de cliquetis, capteur m de cliquetis
Dispositif dans un système de commande électronique qui transmet un signal à la centrale de commande quand il détecte un cliquetis dans le moteur.

Klopfsensor m
Eine Vorrichtung in einem elektronischen Motorsteuerungssystem, das an die zentrale Steuerung ein Signal gibt, wenn es im Motor ein Klopfen feststellt.

knurled-head screw [mechanical engineering]
also: knurled thumb screw, thumb screw

vis f à tête moletée, boulon m moleté
Vis à tête plate ou haute pourvue de dentelures sur son pourtour, ce qui permet

d'avoir une meilleure prise pour la visser ou la dévisser.

Rändelschraube f
Flache oder hohe Schraube mit leichten Einkerbungen rund um den Kopf, um den Fingern einen sicheren Halt zu geben.

knurled thumb screw → knurled-head screw

kW = kilowatt

L

lacquer preservative [vehicle body]

produit m d'entretien pour carrosserie
Produit destiné au nettoyage et à la protection des peintures de carrosserie. Les auto-shampooings sont des produits d'entretien contenant des détersifs qui, en cas d'utilisation abusive, risquent de lixivier la peinture. Quant aux nettoyeurs synthétiques, ils déposent sur le revêtement de la carrosserie une pellicule protectrice dont l'efficacité est parfois garantie quelques semaines selon les conditions atmosphériques. Ils sont ajoutés à l'eau de lavage ou appliqués sur la peinture avec un tampon d'ouate à lustrer au terme d'un lavage à l'eau claire. Les polish sont appliqués sur les peintures saines et en parfait état et y déposent une couche protectrice durable et lustrante, qui les tiennent à l'abri des intempéries. Leur efficacité est sensiblement accrue par l'ajout de silicones. Enfin les rénovateurs contiennent un peu plus de substances abrasives que les polish courants. Ils confèrent un nouvel éclat aux peintures ternies et piquées dont ils épluchent très légèrement la couche supérieure.

Lackpflegemittel n
Pflegemittel für die Reinigung und die Konservierung des Autolacks. Auto-Shampoos sind Pflegemittel mit fettlösenden Bestandteilen. Diese bergen die Gefahr, bei regelmäßiger Benutzung den Autolack auszulaugen. Waschkonservierer oder Waschpolituren überziehen den Autolack mit einer Schutzschicht, die mehrere Wochen anhält. Sie werden entweder dem Waschwasser beigegeben oder nach dem Waschen mit klarem Wasser mittels Polierwatte aufgetragen.
Lackkonservierungsmittel überziehen den neuen und gesunden Lack mit einer dauerhaften und zugleich glänzenden Schutzschicht und schützen ihn vor Witterungseinflüssen. Die Konservierungswirkung wird durch Zugabe von Zusätzen wie Silikon erheblich erhöht. Lackreiniger enthalten etwas mehr Schleifmittelanteile als die üblichen Lackkonservierungsmittel. Sie dienen der Auffrischung von verwitterten Lackoberflächen unter sparsamster Lackabnahme.

lambda probe [emission control]
also: lambda sensor, oxygen sensor

sonde f lambda, sonde f d'oxygène
Sonde utilisée pour l'analyse des gaz d'échappement dans les systèmes d'injection électronique et qui corrige la proportion d'air dans le conduit d'admission par

l'intermédiaire du calculateur électronique suivant les valeurs relevées. La sonde lambda est aussi utilisée dans les moteurs à carburateur.

Lambdasonde f, Abgassensor m
Sonde, die bei der elektronisch gesteuerten Benzineinspritzung die Abgase untersucht und den Luftanteil im Saugrohr über das elektronische Steuergerät entsprechend korrigiert. Die Lambdaregelung wird auch bei Vergasermotoren verwendet.

lambda sensor → lambda probe

lambda window [emission control]

couloir m lambda
La zone très étroite des valeurs de l'indice d'air pour lesquelles on obtient la diminution maximale de la teneur de substances nocives des gaz d'échappement.

Lambdafenster n
Ein sehr schmaler Bereich von Werten bei der Gemischzusammensetzung, in dem eine maximale Verringerung der schädlichen Bestandteile im Abgas erzielt wird.

laminated (safety) glass [safety]
also: multilayer glass

verre m de sécurité feuilleté
(abr. VSF), verre m feuilleté
Verre composé de deux ou plusieurs glaces transparentes entre lesquelles s'intercale une feuille de matière plastique (plexigum, polyvinylacétate, polybutyral de vinyle, caoutchouc silicone). En cas de bris, les éclats de verre sont maintenus par cette feuille élastique de manière à éviter des blessures par coupure.

Verbundglas n, Verbundsicherheitsglas (Abk. VSG), Mehrschichtenglas n
Verbundglas besteht aus zwei oder mehreren Spiegelglasscheiben, die mit einer Kunststoffolie (Plexigum, Polyvinylacetat, Polyvinylbutyral, Silicongummi) miteinander verbunden sind. Bei Bruch hält diese elastische Zwischenschicht die Glassplitter zusammen, damit Schnittwunden vermieden werden.

laminated spring → leaf spring

lap and diagonal belt [safety]

ceinture f trois points
Ceinture de sécurité qui consiste en une combination d'une ceinture ventrale et d'une ceinture diagonale.

Dreipunktgurt m
Ein Sicherheitsgurt, der aus einem Beckengurt plus einem Schrägschultergurt besteht und die Rückhaltewirkung beider Systeme kombiniert.

lap belt [safety]
also: lap strap

ceinture f ventrale
Ceinture qui ne sangle que la partie ventrale d'un occupant de voiture. La ceinture abdominale et le baudrier constituent ensemble la ceinture trois points.

Beckengurt m, Hüftgurt m
Sicherheitsgurt, der nur das Becken eines Wageninsassen umspannt. Beckengurt und Schrägschultergurt ergeben zusammen den Dreipunktgurt.

lap-ended piston ring [engine]

segment m de piston à section à recouvrement
Segment de piston dont les deux extrémités se chevauchent.

Kolbenring m mit überlapptem Stoß

Kolbenring, dessen beide Enden sich überlappen.

lapping compound [materials]
also: lapping paste

pâte f à roder
Pâte utilisée pour obtenir un état de surface haut-brillant de pièces ayant été rectifiées. Il s'agit généralement d'un abrasif pulvérulent tel que le rouge à polir (rouge d'Angleterre), l'oxyde de chrome, l'abrasif au corindon, la poussière de verre, de rubis ou de diamant délayé dans du pétrole, de l'huile de térébenthine, de colza ou d'olive pour former une pâte fine et lisse.

Läppmittel n, Läppmasse f
Paste zum Genauigkeits-Hochglanzpolieren vorgeschliffener Teile. Polierrot, Chromoxyd, Korund-, Glas-, Rubin- oder Diamantstaub werden als Läppmittel verwendet und mit Petroleum, Terpentin-, Rüb- oder Olivenöl zu einem dünnen Brei angerührt.

lapping paste → lapping compound

lap strap → lap belt

lateral electrode → ground electrode (US)

lateral out-of-true → side runout

lateral runout → side runout

lateral stability [vehicle]

stabilité f transversale, stabilité f latérale, stabilité f au roulis
Stabilité directionnelle d'un véhicule subissant des poussées latérales.

Seitenführung f, Querstabilität f, Seitenstabilität f
Richtungsstabilität des Kfz gegenüber seitlich einwirkenden Kräften.

layshaft (GB) → countershaft

L.C.V. = lower calorific value

L.D.C. = lower dead center

lead *n* [chemistry] (*pronounced:* led)

plomb m
Métal gris brillant, très mou et facilement malléable.

Blei n
Grau glänzendes, sehr weiches und gut formbares Metall.

lead *n* → wire *n*

lead-acid battery → lead storage battery

lead battery → lead storage battery

lead-cell battery → lead storage battery

lead deposit → lead sludge

lead dioxide [chemistry, electrical system]

bioxyde m de plomb
Matière active des plaques positives chargées d'une batterie au plomb.

Bleidioxid n
Aktive Masse der geladenen positiven Platten in einer Bleibatterie.

leaded 4-star petrol (GB) → leaded premium (US)

leaded gasoline (US) [fuels]
also: leaded petrol (GB)

essence f avec plomb, essence f plombée
Carburant classique qui contient du plomb tétraéthyle (TEL). Auhourd'hui on utilise presque exclusivement l'essence sans plomb.

verbleites Benzin
Klassisches Benzin, das Bleitetraethyl (TEL) enthält. Heute wird fast ausschließlich bleifreies Benzin verwendet.

leaded petrol (GB) → leaded gasoline (US)

leaded premium (US) [fuels]
also: leaded 4-star petrol (GB)

supercarburant m classique avec plomb (abr. SCAP), supercarburant m classique plombé (abr. SCP)
Un supercarburant d'un indice d'octane de 98 encore nécessaire pour certaines voitures. Les automobiles de construction plus récent sont, en règle générale, capables à utiliser le carburant à 95 octanes dit Eurosuper.

verbleites Superbenzin
Superbenzin der klassischen Art, d.h. mit Bleiadditiven. Es hat eine Oktanzahl von 98 und ist für den Betrieb mancher älterer Fahrzeuge noch erforderlich. Neuere Fahrzeuge können in der Regel das sog. Eurosuper (95 Oktan) verwenden.

lead filter [emission control]
also: lead separator

filtre m de plomb
Dispositif pour capter les composants de plomb contenus dans le carburant des automobiles.

Bleifilter n, Bleiabscheider m
Vorrichtung zum Abfangen der im Ottokraftstoff enthaltenen Bleikomponenten zum Zweck der Umweltschonung.

leading-and-trailing-shoe brake
→ simplex brake

leading brake shoe [brakes]
(*opp.*: trailing brake shoe)
also: leading shoe, primary brake shoe (US), primary shoe (US), forward shoe

segment m primaire, segment m comprimé, mâchoire f comprimée, mâchoire f primaire, secteur m comprimé
Segment de frein comprimé contre le tambour dans le sens de la marche du véhicule.

auflaufende Backe, Auflaufbacke f, Primärbacke f
Die beim Bremsvorgang in der Fahrtrichtung angepreßte Bremsbacke.

leading shoe → leading brake shoe

lead peroxide [electrical system]

peroxyde m de plomb
Composant d'un faisceau de plaques dans un accumulateur au plomb. Dans les batteries alcalines, les plaques positives sont en hydroxyde de nickel $Ni(OH)_3$.

Bleiperoxid n (PbO_2)
Bestandteil eines Plattensatzes in einer Bleibatterie. Bei alkalischen Batterien bestehen die Plusplatten aus Nickelhydroxid $Ni(OH)_3$.

lead peroxide plate → positive plate

lead plate [electrical system]

plaque f de plomb
Des plaques de plomb immergées dans de l'acide sulfurique sont les composants principaux d'une batterie. Sous l'action du courant de charge provenant de la génératrice, le sulfate de plomb des plaques positives se transforme en dioxyde de plomb et celui des plaques négatives en plomb spongieux. Il se forme ainsi de l'acide sulfurique et la densité de l'électrolyte augmente. En revanche, lorsque la batterie à accumulateurs se décharge, l'acide sulfurique se décompose, ce qui amène une production d'eau. Le dioxyde de plomb des plaques positives de même que le plomb des plaques négatives se transforment en sulfate de plomb.

Bleiplatte f
Bleiplatten in verdünnter Schwefelsäure sind der Hauptbestandteil einer Batterie. Durch den Ladestrom aus der Lichtmaschine wird das Bleisulfat der Plusplatten in Bleidioxid und dasjenige der Minusplatten in Bleischwamm verwandelt, wobei Schwefelsäure entsteht. Die Säuredichte nimmt zu. Beim Entladen dagegen wird die Schwefelsäure zerlegt; es entsteht Wasser. Das Bleidioxid der positiven Platten und das Blei der negativen Platten werden in Bleisulfat umgewandelt.

lead separator → lead filter

lead sludge [electrical system]
also: lead deposit

dépôt m de boue de plomb
Dépôt composé de particules d'électrodes provenant surtout des plaques positives d'une batterie au plomb et qui s'accumule dans les chambres de décantation. Un dépôt trop important de boue de plomb peut relier les plaques de batterie entre elles par le bas et provoquer ainsi un court-circuit.

Bleischlamm m
Ausgefälltes Elektrodenmaterial, das vor allem von den Plusplatten einer Bleibatterie abgesondert wird und sich im Schlammraum ansammelt. Eine zu große Bleischlammenge im Schlammraum kann die Batterieplatten von unten miteinander verbinden und zu einem Kurzschluß führen.

lead storage battery [electrical system]
also: lead-acid battery, lead-cell battery, lead battery

batterie f au plomb
Batterie qui utilise des plaques de plomb immergées dans de l'acide sulfurique dilué dans de l'eau distillée.

Bleibatterie f
Eine Batterie, bei der Bleiplatten in verdünnter Schwefelsäure verwendet werden.

lead-through capacitor → free-through capacitor

leaf spring [mechanical engineering]
also: laminated spring, cart spring

ressort m à lames
Ressort en acier au manganèse ou au silicium trempé et comportant une ou plusieurs lames cintrées superposées par ordre de longueur décroissant. Elles sont assemblées et maintenues par un boulon central.

Blattfeder f
Feder aus Mangan- bzw. Siliziumstahl. Sie setzt sich aus einer Lage oder mehreren Lagen gebogener Federblätter unterschiedlicher Länge zusammen. In der

leakage current

Mitte werden die Federblätter durch eine Herzschraube zusammengehalten.

leakage current → surface leakage current

leakage path [electrical system]

chemin m de fuite
Courant électrique errant à la surface d'un isolant par suite d'une isolation insuffisante. C'est surtout dans les organes d'allumage devenus poreux ou crevassés que, l'humidité aidant, se forment des chemins de fuite livrant passage aux courants parasites qui sont à l'origine de courts-circuits à la masse.

Kriechfunkenstrecke f
Störender Stromverlauf an der Oberfläche eines Isolierstoffs infolge mangelhafter Isolierung. In rissig oder porös gewordenen Teilen der Zündanlage können sich durch Schmutz und Feuchtigkeit Kriechfunkenstrecken bilden, über die die Zündspannung unerwünschterweise an Masse springt.

leakage resistance [ignition]

résistance f aux courants de fuite
L'isolant doit pour bien faire être très mauvais conducteur de courant et présenter une très forte résistance électrique afin de pouvoir protéger des conducteurs électriques de haute tension contre le jaillissement inopportun d'étincelles.

Kriechstromfestigkeit f
Zündkerzenisolatoren sollen den elektrischen Strom sehr schlecht leiten und eine hohe elektrische Durchschlagfestigkeit sowie Kriechstromfestigkeit aufweisen, um hochspannungsführende Leiter gegen das Überspringen elektrischer Funken zu schützen.

leak-off adaptor → overflow oil line connection

leaned mixture [fuel system]

appauvrissement m (du mélange)
L'inverse de l'enrichissement du mélange, c.à.d. la réduction du teneur de carburant dans le mélange.
Contraire: enrichissement

Abmagerung f (des Gemisches)
Die Erzielung eines weniger fetten Gemisches durch Erhöhung des Luftanteils im Kraftstoff/Luftgemisch.
Gegenteil: Anreicherung

lean mixture [fuel system]
(*opp.:* rich mixture)
also: weak mixture, poor mixture

mélange m pauvre
Le rapport de mélange d'essence et d'air pouvant donner naissance à un gaz explosible est d'environ 1:14,8. (Pour le gasoil, ce rapport est de 1:16). Si ce rapport s'établit à 1:16, le mélange s'appauvrit et à 1:17 il n'est plus explosible. Un mélange trop pauvre aboutit à un échauffement intense. Les gaz d'échappement sont brûlants.

gasarmes Gemisch, armes Gemisch, mageres Gemisch
Das zünd- und verbrennungsfähige Mischungsverhältnis von Kraftstoff und Luft stellt sich auf ca. 1:14,8 (1:16 bei Dieselkraftstoff).
Bei einem Mischungsverhältnis von 1:16 ist das Gemisch zu arm.
Bei 1:17 ist es nicht mehr zündfähig. Ein mageres Gemisch führt zu einer starken Erhitzung. Die Abgase sind dann zu heiß.

LED indicator [instruments] (*from:* light-emitting diode)

indicateur m à diodes électroluminescentes
Instrument d'affichage d'états de fonctionnement dont l'élément d'affichage consiste en diodes électroluminescentes.

LED-Anzeige f
Ein Instrument zur Anzeige von Betriebszuständen, bei dem das anzeigende Element aus Leuchtdioden besteht.

left-handed thread [mechanical engineering]

filet m à gauche
Filet en hélice d'une vis se déroulant de bas en haut et de droite à gauche. En tournant dans le sens contraire des aiguilles d'une montre, la vis s'enfonce dans l'écrou.

Linksgewinde n
Gewinde eines Bolzens, dessen Schraubenlinie von rechts unten nach links oben steigt. Beim Drehen entgegen dem Uhrzeigersinn schraubt sich der Bolzen in die Mutter hinein.

length of brake path → braking distance

lens-reflector assembly → headlamp unit

lever arm damper → lever damper

lever damper [suspension]
also: lever arm damper

amortisseur m à levier, amortisseur m à bras
Les amortisseurs à levier sont des amortisseurs hydrauliques reliés à la suspension par un système à levier. Par ses déplacements, le levier commande la course d'un piston qui refoule l'huile à travers une soupape de pression à ressort taré. Bien que présentant l'avantage d'un faible encombrement, ce type d'amortisseur est peu rencontré, car il a une faible course élastique et il requiert de plus fortes pressions d'huile que le modèle télescopique.

Hebelstoßdämpfer m
Hebelstoßdämpfer sind Flüssigkeitsdämpfer, deren Verbindung mit der Radaufhängung durch ein Hebelsystem hergestellt ist. Die Hebelbewegungen werden von einem Arbeitskolben mitgemacht, der Hydrauliköl durch ein federbelastetes Ventil verdrängt. Diese Bauart wird trotz Platzersparnis wenig verwendet; denn Teleskopstoßdämpfer ermöglichen im Gegensatz zu Hebelstoßdämpfern größere Federwege bei kleinen Öldrücken.

L-head engine → side-valve engine

license plate lamp (US) → number plate light

LIDAR = light detection and ranging

lift *n* [vehicle construction]

portance f (symbole: Cz)
Force perpendiculaire à la direction de la vitesse, résultant du mouvement d'un corps dans un fluide. Les carrosseries au profil particulièrement aérodynamique sont plus sensibles à la portance aux grandes vitesses, ce qui diminue l'adhérence au sol (délestage). Les déflecteurs aérodynamiques sont des correcteurs de portance.

Auftrieb m, positiver Auftrieb
Jene Kraft, die auf einen in einer Flüssigkeit oder einem Gas sich bewegenden

lift

Körper einwirkt, und zwar senkrecht zur Richtung der relativen Bewegung. Die strömungsgünstige Formgebung der Autokarosserie erzeugt bei hohen Geschwindigkeiten Auftrieb, der die Bodenhaftung verringert. Entsprechende Fahrzeugformen wie Keilform, Frontspoiler usw. wirken dem Auftrieb entgegen.

lift *n* [wheels]
also: wheel lift, wheel suspension travel

leveé f de roue
Ecart maximum du sol que peut atteindre la roue avant soulevée d'un véhicule à pleine charge, sans que l'une des autres roues décolle.

Verschränkungsfähigkeit f
Maß, um welches ein Vorderrad des voll belasteten Fahrzeugs angehoben werden kann, ohne daß eines der übrigen Räder die Standebene verläßt.

lift axle → lifting axle

lifter (US) → valve tappet

lifting axle [vehicle construction]
also: lift axle, retractable axle

essieu m relevable
Essieu arrière dont sont équipés certains camions à grande charge utile. En marche à vide, l'essieu peut être relevé par un système pneumatique, ce qui permet de réduire la résistance au roulement de même que l'usure des pneumatiques.

Liftachse f
Anhebbare Hinterachse bei Lastkraftwagen mit hoher Zuladung. Bei Leerfahrt kann die Liftachse durch ein Druckluftsystem hochgehoben werden, damit der Rollwiderstand und die Reifenabnutzung verringert werden.

light detection and ranging
(abbr. **LIDAR**) → anti-collision radar

light gasoline [chemistry, fuels]

essence f légère
Fraction pétrolière distillant entre 70 et 110° C.

Leichtbenzin n
Erdölfraktion mit einem Siedebereich von 70 bis 110° C.

lighting system [electrical system]
also: lights *pl*

système m d'éclairage, éclairage m, feux mpl
Toutes les composants de l'illumination d'une automobile.

Beleuchtungsanlage f, Beleuchtungseinrichtung f, (kurz:) Beleuchtung f
Alle lichttechnischen Einrichtungen an einem Kraftfahrzeug.

light metal alloy [materials]

métal m léger, alliage m léger
Métal dont le poids spécifique se situe en dessous de 5. Sur le plan technique, les principaux alliages légers sont l'aluminium, le magnésium et le titane.

Leichtmetall n (Abk. LM), Leichtmetallegierung f
Metall, dessen spezifisches Gewicht unter 5 liegt. Die technisch wichtigsten Leichtmetalle sind Aluminium, Magnesium und Titan.

light metal piston [engine]

piston m en alliage léger
Piston en alliage d'aluminium-silicium, d'aluminium-cuivre ou d'aluminium-cuivre-nickel qui se distingue par son

faible poids et ses qualités de dissipation thermique et qui, de ce fait, est le plus utilisé.

Leichtmetallkolben m
Kolben aus Aluminium-Silizium-Legierung (oder Aluminium-Kupfer bzw. Aluminium-Kupfer-Nickel), der sich durch geringes Gewicht sowie schnelle Wärmeabfuhr auszeichnet und deshalb heute bevorzugt wird.

lights pl → lighting system

light unit → headlamp unit

lime stone base grease [lubricants]

graisse f consistante au calcium
Lubrifiant pâteux et hydrophobe utilisé dans les points de graissage exposés aux infiltrations d'eau et dans des plages de températures de l'ordre de - 35° à + 50° C.

Kalkseifen-Schmierfett n, Kalkseifenfett n, kalkverseiftes Fett
Wasserabstoßender, plastisch verformbarer Schmierstoff, der für einen Temperaturbereich von - 35° bis + 50° C bzw. für Schmierstellen mit Wasserzutritt verwendet wird.

limited-slip differential [transmission]
also: locking differential, lockable differential gear, differential lock, diff lock *(colloq.)*

différentiel m à verrouillage, dispositif m de blocage du différentiel, blocage m de différentiel, différentiel m à glissement limité, différentiel m crabotable
Dispositif (automatique ou à commande manuelle) pouvant rendre le boîtier de différentiel solidaire de l'un des demi-arbres.

Ausgleichsperre f, Sperrausgleichgetriebe n, Differentialsperre f (schaltbare Ausgleichsperre), Sperrdifferential n (selbsttätige Ausgleichsperre)
Eine Vorrichtung (schaltbar oder selbsttätig), die das Ausgleichgehäuse mit einer der beiden Achswellen fest verbinden kann.

limit gage (US) *or* **gauge** (GB) [tools]

calibre m à limites
Le calibre à limites permet de vérifier que le diamètre d'une pièce se situe dans les tolérances. On distingue les calibres à limites pour mesures extérieures et les calibres à limites pour mesures intérieures de même que les calibres fixes à limites et les calibres indicateurs à limites.

Grenzlehre f
Mit der Grenzlehre wird geprüft, ob das Durchmessermaß eines Werkstücks innerhalb der zulässigen Grenzen liegt. Man unterscheidet Grenzlehren für Außenmessungen (Wellen) und Grenzlehren für Innenmessungen (Bohrungen), feste Grenzlehren und anzeigende Grenzlehren.

limit snap gage (US) *or* **gauge** (GB) [tools]

calibre m à limites à mâchoires, calibre-mâchoire m
Calibre utilisé pour vérifier l'exactitude de la cote d'un arbre. Il a deux mâchoires, dont l'une pour la cote maximale et l'autre pour la cote minimale (côté "accepté" ou "entre" et côté "refusé" ou "n'entre pas").

Grenzrachenlehre f
Feste Grenzlehre zum Prüfen der Maßgenauigkeit von Wellen. Sie hat zwei Meßstellen, eine mit dem Größt-, eine mit

limousine

dem Kleinstmaß, also eine Gutseite und eine Ausschußseite.

limousine [vehicle construction]
also: pullman saloon, imperial sedan

limousine f
Voiture automobile comptant au moins cinq places et parfois deux strapontins devant les sièges arrière. Les sièges avant et arrière sont séparés par une cloison vitrée.

Pullmanlimousine f
Personenkraftwagen mit mindestens fünf Sitzen, zuweilen auch zwei Klappsitzen vor den Rücksitzen. Vorder- und Rücksitze sind durch eine Glaswand getrennt.

line-fitting fuel filter [fuel system]
also: fuel line filter

filtre m à essence en ligne
Filtre à boîtier transparent qui s'intercale dans la canalisation d'essence en amont du carburateur. Il doit être remplacé lorsque l'élément en papier orange vire au sombre ou au terme de 10.000 km. Lors de sa mise en place, on veillera à bien orienter le filtre, la flèche-repère indiquant le sens d'écoulement de l'essence. Dans les circuits à injection, où les pressions d'alimentation sont plus importantes, on a recours à des filtres avec cuve en aluminium.

Kraftstoffleitungsfilter n
Papierfilter mit durchsichtigem Gehäuse, das bei Vergasermotoren in die Kraftstoffleitung vor dem Vergaser eingebaut wird. Nach Dunkelwerden des Filterelementes bzw. nach 10.000 km muß das Wegwerffilter gegen einen neuen ausgetauscht werden. Beim Einbau ist auf die Durchflußrichtung (Pfeilmarkierung) zu achten. In die Benzineinspritzanlagen, in denen höhere Kraftstoffdrücke auftreten, werden bevorzugt Filter mit Aluminiumgehäuse eingesetzt.

line fuse [electrical system]
also: in-line fuse holder

fusible m volant, fusible m indépendant
Fusible inséré entre les deux bouts d'un fil électrique préalablement sectionné et destiné à protéger isolément un organe consommateur de courant. Il s'agit en fait de deux demi-pièces en matière plastique dans lesquelles se loge le fusible lui-même.

fliegende Sicherung, fliegender Sicherungshalter
Eine Sicherung, die zwischen die beiden Trennstellen einer aufgeschnittenen Stromleitung eingeschaltet wird, um einen bestimmten Verbraucher einzeln abzusichern. Die fliegende Sicherung besteht aus zwei Kunststoffgehäusehälften, in denen der Schmelzeinsatz untergebracht ist.

lineman's plier → combination plier

liner (GB) → cylinder liner (GB)

lines of force [physics]

lignes fpl de force
Faisceau de lignes magnétiques joignant les deux pôles d'un aimant.

Kraftlinien fpl
Schar von Feldlinien zwischen den beiden Polen eines Magneten.

lining *n* [brakes]

garniture f
Un matériau fixé sur tambours de frein, disques d'embrayage etc. fournissant la friction nécessaire.

Belag m
Ein Material, das auf Bremstrommeln, Bremsscheiben oder Kupplungsscheiben aufgebracht wird und die erforderliche Reibung erzeugt.

lining wear [brakes, clutch]
also: facing wear

usure f des garnitures
Dans un embrayage à friction, l'usure des garnitures est, dans une large mesure, tributaire du réglage de la garde à la pédale d'embrayage. En revanche, dans les garnitures de frein, l'usure est surtout imputable à l'échauffement intervenant lors du freinage où l'on atteint des températures jusqu'à 500° C pour les freins à tambour et 700° C pour les freins à disque. De même les garnitures de frein en matériau tendre permettent d'obtenir un meilleur effet de freinage, mais elles s'usent d'autant plus vite.

Belagverschleiß m
Bei der Kupplungsscheibe ist der Belagverschleiß weitgehend von der Einstellung des Kupplungsspiels abhängig. Bei den Bremsbelägen dagegen ist der Verschleiß vor allem den beim Bremsvorgang auftretenden hohen Temperaturen zuzuschreiben (bis 500° C bei Trommelbremsen bzw. bis 700° C bei Scheibenbremsen). Bremsbeläge aus weichem Belagmaterial erzielen eine bessere Bremswirkung, werden aber auch schneller abgenutzt.

linked suspension system [suspension]

suspension f à trains de roues conjugués
Suspension reliant les trains de roues de chaque côté du véhicule pour faire échec aux oscillations de galop (d'avant en arrière) et de roulis (de gauche à droite). La liaison peut être mécanique (Citroën 2CV) ou hydraulique.

Verbundfederung f
Verbindung der Vorderrad- und Hinterradaufhängung auf jeder Wagenseite zur Vermeidung der Nick- und Rollneigung des Aufbaus. Die Verbindung kann mechanisch (2 CV Citroën) oder hydraulisch sein.

liquefied petroleum gas (*abbr.* **LPG**) [fuels]

gaz m de pétrole liquéfié (abr. GPL)
Hydrocarbures à trois ou quatre atomes de carbone (propane pur C_3H_8 ou mélange de butane C_4H_{10} et de propane) liquéfiables à température ambiante et sous faible pression. Le GPL peut être utilisé dans les moteurs à essence, qui doivent alors être équipés pour la bi-carburation (essence ou gaz au choix).

Flüssiggas n, Autogas n, Flaschengas n
Kohlenwasserstoffe mit drei oder vier Kohlenstoffatomen (reines Propan C_3H_8 oder eine Mischung von Butan C_4H_{10} und Propan), die sich bei Raumtemperatur unter geringem Druck verflüssigen lassen. Flüssiggase werden als Brenngase zum Betrieb von Ottomoren verwendet, die dann auf bivalenten Betrieb (Benzin oder Autogas) umgerüstet werden müssen.

liquid cooling [engine] (*see also:* water cooling)

refroidissement m liquide
Un système de refroidissement fonctionnant selon le même principe que le refroidissement à l'eau, mais dont le réfrigérant n'est pas l'eau normale mais un autre liquide ayant de meilleures caractéristiques.

LiquiMoly

Flüssigkeitskühlung f
Ein Kühlsystem, das nach demselben Prinzip wie die Wasserkühlung arbeitet; jedoch ist das Kühlmittel nicht Wasser, sondern eine andere Flüssigkeit mit günstigeren Eigenschaften.

LiquiMoly™ → molybdenum disulfide (US) or disulphide (GB)

liter output [engine]
also: output per unit of displacement, power output per liter

puissance f volumétrique, puissance f par unité de cylindrée, puissance f spécifique, puissance f par litre (de cylindrée)
Puissance calculée sur 1000 cm^3 de cylindrée. Elle est indiquée en CV ou en kW.

spezifische Leistung, Literleistung f, Hubraumleistung f
Leistung, die auf 1000 cm^3 Motorhubraum bezogen ist. Sie wird in PS oder kW ausgedrückt.

lithium-based grease [lubricants]

graisse f au lithium
Lubrifiant pâteux, hydrophobe et résistant à de très fortes températures. Il est utilisé comme graisse pour tous usages et pour pompes à eau.

Lithiumseifen(schmier)fett n, lithiumverseiftes Fett
Wasserabstoßender und wärmefester, plastisch verformbarer Schmierstoff, der als Mehrzweck- und Wasserpumpenfett verwendet wird.

little end bearing → connecting rod
small end

live axle shaft → axle shaft

living van → caravan

L-Jetronic™ [injection]
also: EFI-L (Trademark)

L-Jetronic
Le système L-Jetronic est une version perfectionnée du dispositif électronique d'injection d'essence D-Jetronic, dans laquelle la sonde de pression a été remplacée par une sonde de débit d'air.

L-Jetronic
Die L-Jetronic ist eine Weiterentwicklung der elektronisch druckfühlergesteuerten Benzineinspritzung. Bei der L-Jetronic ist der Druckfühler durch einen Luftmengenmesser ersetzt worden. Sie ist luftmengengesteuert und heißt deshalb L-Jetronic.

loading space [vehicle]
also: cargo space, payload space, loadroom

compartiment m marchandises
Espace réservé au transport de marchandises dans les véhicules utilitaires.

Laderaum m, Nutzraum m
Der dem Transport von Gütern vorbehaltene Raum in den Nutzfahrzeugen.

loadroom → loading space

load-sensing valve [brakes]

limiteur m asservi à la charge, répartiteur m de pression sensible à la charge
Clapet qui commande la pression hydraulique dans le circuit de freinage arrière selon la charge qui pèse sur l'essieu arrière et le déplacement des charges lors du freinage.

lastabhängiger Bremskraftregler

Ventil, das den Hinterradbremsdruck je nach der Hinterachsbelastung und der dynamischen Achslastverlagerung beim Abbremsen steuert.

lockable differential gear → limited-slip differential

locking differential → limited-slip differential

lock nut [mechanical engineering] (See Ill. 25 p. 352)

écrou m de sûreté
Frein à sécurité relative agissant par friction et s'opposant au desserrage d'une vis par suite de trépidations.

Sicherungsmutter f
Kraftschlüssige Sicherung, die das Lokkern einer Schraube durch Erschütterung verhindern soll.

long-distance beam [lights]
also: long-range driving lamp

feu m à longue portée, projecteur m de vitesse et de grande portée, feu m de route complémentaire (longue portée)
Phare dont la portée lumineuse est prolongée en raison de la vitesse de certains véhicules très rapides. Le prolongement de la portée est obtenu par un moulage spécial de la glace.

Zusatzfernscheinwerfer m, Weitstrahler m, Weitstrahlscheinwerfer m
Scheinwerfer, dessen Lichtweite auf die Geschwindigkeit schnellfahrender Kraftfahrzeuge abgestimmt ist. Die größere Leuchtweite wird durch das Oberflächenprofil der Streuscheibe erzielt.

longitudinal frame [vehicle construction]

also: side-member frame, side-rails frame

cadre m à longerons
Cadre formé de deux longerons reliés entre eux par des entretoises profilées.

Leiterrahmen m
Rahmen mit zwei Längsträgern, die mit Quertraversen verbunden sind.

long-range driving lamp → long-distance beam

long-reach plug [ignition]

bougie f à culot long
Bougie d'allumage utilisée surtout dans les culasses de forte épaisseur en alliage léger. Avec cette bougie, il est essentiel de laisser refroidir le moteur avant de la desserrer.

Langgewindekerze f
Zündkerze, die vor allem in starkwandige Zylinderköpfe, meist aus Leichtmetall, eingeschraubt wird. Bei dieser Bauart ist es besonders wichtig, den Motor etwas abkühlen zu lassen, bevor die Kerze gelöst wird.

long residue [fuels]

résidu m de première distillation
Résidu pétrolier extrait en fond de tour de distillation atmosphérique. Il ne peut plus être fractionné sous pression normale et il doit, de ce fait, subir une distillation sous vide ou un cracking.

atmosphärischer Rückstand, Toprückstand m, Sumpfprodukt n
Rückstand der Normaldruck-Destillation von Erdöl, der unter atmosphärischem Druck nicht mehr zerlegbar ist. Er wird deshalb durch Crackung oder Vakuumdestillation weiter zerlegt.

loop scavenging [engine]

balayage m en boucle
Mode de balayage dans les moteurs deux temps. Le flux de gaz frais pénètre dans le cylindre par deux lumières ménagées des deux côtés du conduit d'échappement, il inverse le sens de sa progression sur la paroi opposée du cylindre et repousse les gaz brûlés vers le conduit d'échappement.

Umkehrspülung f
Ein Spülverfahren bei Zweitaktern. Das Frischgas tritt beiderseits des Auslaßschlitzes in den Zylinder, kehrt sich an der gegenüberliegenden Wand um und vertreibt die Altgase zum Auslaßschlitz hin.

loose contact [electrical system]

mauvais contact, contact m intermittent
Défaut dans un circuit électrique dû à une liaison lâche du câblage ou d'une soudure et ne permettant qu'une alimentation intermittente en courant électrique.

Wackelkontakt m
Fehler in der Verdrahtung einer elektrischen Anlage durch lockere Draht- oder Lötverbindungen, die die Stromzufuhr zeitweise unterbrechen.

lorry (GB) → truck (US)

lorry (GB) → platform lorry

low beam [lights]
also: lower beam (US), dip beam (GB), dipped beam (GB), passing beam, meeting beam, dimmed light, anti-glare light, anti-dazzle light

feu m de croisement, faisceau m croisement, éclairage m de croisement, éclairage m code
Le filament de l'éclairage de croisement se trouve en avant du foyer de la parabole. L'éclairement maximal mesuré à une distance de 30 mètres devant chacun des projecteurs ne peut excéder 1 lux.
Phrase: rouler en codes

Abblendlicht n, Fahrlicht n
Die Glühwendel für das Abblendlicht sitzt vor dem Brennpunkt des Parabolspiegels. Vor jedem der beiden Scheinwerfer darf die maximale Beleuchtungsstärke in 25 Meter Entfernung 1 Lux betragen.
Wengungen: mit Abblendlicht fahren, abgeblendet fahren

low beam filament shield [lights]
(See Ill. 4 p. 59)

coupelle f de filament de code, écran m de filament de code
Coupelle placée en dessous du filament de code. Elle dirige le faisceau lumineux vers la moitié supérieure du réflecteur d'où il est réfléchi vers le bas.

Abblendkappe f, Abdeckkappe f, Abdeckschirm m, Blendlöffel m
Abdeckschirm unter dem Abblendfaden. Er lenkt die Lichtstrahlen zur oberen Hälfte des Reflektors um, die dann nach unten reflektiert werden.

low-bed trailer [vehicle]
also: low-load trailer, lowloader, deep loading trailer, drop frame trailer, low-body trailer, cranked platform trailer

remorque f surbaissée
Remorque dont le plateau est surbaissé entre les essieux, cette disposition permettant de réduire la garde au sol en vue du chargement de matériel encombrant.

Tiefladeanhänger m
Anhänger mit abgesenkter Ladefläche

zwischen beiden Achsen, der für die Beförderung von großen Lasten ausgelegt ist.

low-body trailer → low-bed trailer

lower ball joint [suspension]
(See Ill. 35 p. 542)

rotule f de direction inférieure
Rotule grâce à laquelle le bras triangulé inférieur d'une suspension avant s'articule au porte-fusée.

unteres Kugelgelenk
Kugelgelenk, mit dem der untere Dreieckslenker einer Vorderachsaufhängung mit dem Achsschenkel dreh- und schwenkbar verbunden ist.

lower beam (US) → low beam

lower beam relay → dimmer relay

lower calorific value (*abbr.* **L.C.V.**)
[units, fuels]

pouvoir m calorifique inférieur (abr. PCi), pouvoir m calorifique utile
Quantité de chaleur dégagée par la combustion d'un gaz ou d'un combustible, compte tenu de la vaporisation de l'eau formée au terme de la combustion.

unterer Heizwert (Abk. H_u)
Wärmemenge, die bei der Verbrennung eines Gases bzw. eines Brennstoffs freigesetzt wird, wobei das nach der Verbrennung aus Kraftstoff und Luft gebildete Wasser sich im dampfförmigen Zustand befindet.

lower crankcase → crankcase bottom half

lower dead center (*abbr.* **L.D.C.**)
→ bottom dead center

lower wishbone [suspension]
(See Ill. 35 p. 542)

bras m triangulaire inférieur, levier m triangulé inférieur
Elément inférieur de la suspension par quadrilatères. Il s'articule au moyen d'une rotule sur le porte-fusée et pivote sur la coque.

unterer Dreieckslenker
Unterer Teil der Doppel-Querlenker-Radaufhängung. Er ist einerseits mit der Karosserie oder dem Fahrgestell drehbar verbunden und andererseits am Achsschenkelträger über ein Kugelgelenk angeschlossen.

low(est) gear → first gear

lowloader *n* → low-bed trailer

low-load trailer → low-bed trailer

low-maintenance battery [electrical system]

batterie f à entretien limité, batterie f à entretien réduit
Batterie qui, contrairement à une batterie sans entretien, nécessite une vérification du niveau de l'électrolyte de temps en temps (deux fois par an environ).

wartungsarme Batterie
Eine Batterie, bei der man im Gegensatz zur völlig wartungsfreien Batterie von Zeit zu Zeit den Säurestand kontrollieren muß (etwa zweimal pro Jahr).

low-octane petrol (GB) → regular grade

low-profile tire (US) → low-section tire

low-section tire [tires]
also: low-profile tire (US), wide-base tire (US)

pneu m à profil surbaissé, pneu m à taille basse, pneu m à basse section, pneu m large
Pneumatique dont le coefficient d'aspect est 70 ou 60, c'est-à-dire que la hauteur du pneu équivaut à 70% ou 60% de la largeur. Les pneus taille basse ont des avantages indéniables. Leur course de freinage est plus courte, leur tenue à la direction est plus précise et ils se déforment à peine dans la négociation de virages, ce qui améliore leur tenue de route. Toutefois, en raison de leur plus large surface de contact avec le sol, leur tendance à aquaplanage est plus marquée. On est parvenu à remédier en partie à cet inconvénient grâce à des sculptures spéciales et à la composition de la gomme. De surcroît, leur tenue sur routes difficiles en hiver est loin d'être satisfaisante. Les pneus taille basse sont aussi grands consommateurs de puissance, ce qui équivaut à augmenter la consommation de carburant.

Breitreifen m, Niederquerschnittreifen
Autoreifen der 70er oder 60er Serie, d.h. die Höhe des Reifens beträgt 70% oder 60% der Breite. Breitreifen haben unbestreitbare Vorteile. Ihr Bremsweg ist kürzer, ihr Lenkverhalten genauer, sie verformen sich kaum bei Kurvenfahrt. Jedoch ist ihre Neigung zum Aquaplaning aufgrund der breiteren Aufstandsfläche größer, so daß besondere Profile und Gummimischungen entwickelt werden mußten. Außerdem sind sie nicht besonders wintertauglich, und ihr Leistungsbedarf ist auch größer, was sich im Kraftstoffverbrauch negativ auswirkt.

low-tension winding → primary winding

low-viscosity oil [lubricants]
also: thin-bodied oil

huile f fluide
Huile d'hiver de grade SAE 10 W, recommandée tout particulièrement en période de gel persistant. Un moteur très froid tournera mieux au départ avec une huile fluide et celle-ci atteindra plus facilement les points de graissage.

dünnflüssiges Öl
Winteröl der Viskosität SAE 10 W, das besonders bei anhaltendem Frost empfohlen wird. Durch dünnflüssiges Öl wird im Winter der kältestarre Motor besser durchgedreht, auch gelangt das dünnflüssige Öl leichter an die Schmierstellen.

low-voltage cable [electrical system]
also: LT wire

fil m basse tension
Fil électrique par lequel s'achemine le courant normal de la batterie qui est de 12 ou 24 volts.

Niederspannungsleitung f
Leitung, die den normalen Batteriestrom von 12 bzw. 24 V führt.

low-voltage circuit → primary circuit

low voltage winding → primary winding

LPG = liquefied petroleum gas

L-split system [brakes]

circuit m de freinage en double L, double circuit de freinage en triangle
Double circuit de freinage dont les canali-

sations relient chacune les deux roues avant et une roue arrière.

Dreirad-Zweikreisbremsanlage f, Bremskreisaufteilung LL
Zweikreis-Bremssystem mit zwei Bremsleitungen, die je beide Vorderräder und ein Hinterrad miteinander verbinden.

LT circuit → primary circuit

LT current → primary current

LT wire → low-voltage cable

lube oil [lubricants] (See Ill. 21 p. 250, Ill. 29 p. 436)
also: lubricating oil

huile f de graissage
Huile utilisée pour prévenir le grippage de pièces de friction. Elle doit répondre à plusieurs critères de qualité: ne pas se décomposer à des températures inférieures à 300° C, ne contenir aucun acide ou résine, présenter une viscosité suffisante, etc.

Schmieröl n
Öl, das zur Erleichterung von Gleitbewegungen Verwendung findet. Ein solches Öl muß gewisse Anforderungen erfüllen: es soll bei Temperaturen unter 300° C alterungsbeständig sein, keine Säure und kein Harz enthalten, eine ausreichende Viskosität aufweisen usw.

lubricant *n* [lubricants]

lubrifiant m
Composé ou mélange de composés solide, pâteux ou liquide, organique ou non, tel que l'huile, la graisse, le graphite ou les silicones, destiné à réduire la friction et l'usure de surfaces de glissement. Les lubrifiants doivent avoir un frottement interne très faible, être insensibles à l'action de l'air (oxydation) ainsi qu'aux variations de pression et de température et exempts d'acide, d'eau et de composants solides.

Schmierstoff m, Schmiermittel n
Fester, halbfester oder flüssiger organischer oder anorganischer Stoff wie Öl, Fett, Graphit und Silicone, der die Reibung und den Verschleiß zwischen Gleitflächen vermindert. Schmierstoffe sollen eine möglichst geringe innere Reibung haben, unveränderlich gegenüber Einwirkung der Luft (Oxidation) und den Druck- und Temperaturänderungen, völlig säurefrei und frei von festen Bestandteilen sowie Wasser sein.

lubricating felt [mechanical engineering]

feutre m de graissage, mèche f de graissage
Mèche se trouvant au centre de l'arbre d'allumage. Lors du remplacement des vis platinées on veillera à l'imbiber de quelques gouttes d'huile moteur.

Schmierfilz m
Docht in der Mitte der Verteilerwelle. Beim Auswechseln der Unterbrecherkontakte sollen einige Tropfen Motorenöl auf den Schmierfilz geträufelt werden.

lubricating gun → grease gun

lubricating nipple → grease nipple

lubricating oil → lube oil

lubrication [mechanical engineering]
also: greasing *n*

graissage m, lubrification f
Application de corps appelés lubrifiants

lubrication 330

entre les parties frottantes d'organes en mouvement. La lubrification réduit le coefficient de frottement, l'échauffement résultant de ce frottement ainsi que l'usure des pièces.

Schmierung f
Zuführen von reibungsmindernden Stoffen zwischen zwei aufeinander gleitenden Flächen. Die Schmierung vermindert die Reibung, die Erwärmung, die durch Reibung entsteht, und den Verschleiß.

lubrication [engine]

lubrification f
Application de lubrifiants entre les parties frottantes d'un moteur, d'une automobile.

Schmierung f
Der Einsatz reibungsmindernder Stoffe zwischen aufeinander gleitenden Flächen eines Motors, eines Automobils.

lubrication chart [maintenance]
also: lubrication diagram, lubrication table

schéma m de graissage
Représentation schématique de tous les points à lubrifier à l'huile ou à la graisse selon la périodicité des entretiens.

Schmierplan m
Schematische Darstellung aller Stellen, die in regelmäßigen Zeitabständen mit Öl und Fett zu versorgen sind.

lubrication diagram → lubrication chart

lubrication fitting → grease nipple

lubrication nipple → grease nipple

lubrication table → lubrication chart

lubricity → oiliness

luggage boot (GB) → luggage compartment

luggage compartment [vehicle body]
also: luggage space, trunk *n* (US), boot *n* (GB), luggage boot (GB)

coffre m (à bagages), malle f
Espace réservé aux bagages et fermé par un couvercle. Lorsque le moteur est à l'avant, le coffre est généralement à l'arrière et inversement. On peut trouver toutefois un coffre de faible volume à l'arrière avec un moteur à l'arrière lui aussi.

Kofferraum m, Gepäckraum m
Raum für Gepäckablage mit Deckelabschluß. Bei Fronttrieblern befindet sich der Kofferraum normalerweise im Heck des Fahrzeugs, bei Fahrzeugen mit Heckmotor dagegen vorn. Ein kleiner Kofferraum hinten bei Heckantrieben kommt selten vor.

luggage space → luggage compartment

lug nut → wheel fixing nut

lumen [units, electrical system]

. *lumen m*
Unité de mesure du flux lumineux.

Lumen n
Einheit des Lichtstroms.

lux [units, electrical system]

lux m
Unité d'éclairement.

Lux n
Einheit der Beleuchtungsstärke.

M

MacPherson strut [suspension]

jambe f de force MacPherson, béquille f MacPherson, jambe f de suspension MacPherson
Amortisseur combiné avec un ressort à boudin et servant de support à la fusée d'essieu orientable. La jambe de force MacPherson se rencontre parfois aussi sur les trains arrière.

MacPherson-Federbein n, Achsschenkelfederbein n
Sonderbauart des Stoßdämpfers. Dieser ist mit einer Schraubenfeder verbunden und dient als Stütze des lenkbaren Achsschenkels. Mac-Pherson-Federbeine werden zuweilen auch an der Hinterachse eingesetzt.

magnet filter [lubrication]

bouchon m magnétique
Aimant placé dans le bouchon de vidange et qui attire les limailles.

Magnetfilter n, Magnetabscheider m
Filter, das in der Ölablaßschraube eingebaut ist und Metallabrieb anzieht.

magnetic field [physics]

champ m magnétique
Espace dans lequel s'exerce l'influence d'un aimant ou d'un courant électrique.

Magnetfeld n, magnetisches Feld
Feld im Wirkungsbereich eines Magneten oder eines elektrischen Stromes.

magnetic-particle coupling → magnetic powder clutch

magnetic powder clutch [electrical system]
also: magnetic-particle coupling

embrayage m à poudre magnétique
Embrayage constitué de deux plateaux encastrés l'un dans l'autre (plateau volant et plateau intérieur) et entre lesquels est ménagé un interstice rempli de poudre d'acier magnétisable. Dans le plateau volant côté moteur se trouve un électroaimant qui, lorsqu'il est alimenté par le courant de la batterie, provoque la solidification progressive de la poudre d'acier qui solidarise dès lors les deux plateaux.

Magnetpulverkupplung f
Die Magnetpulverkupplung besteht aus zwei ineinandergeschachtelten Scheiben, die voneinander durch einen kleinen Zwischenraum getrennt sind, der mit magnetisierbarem Eisenpulver gefüllt ist. Hinter der Antriebsscheibe sitzt ein Elektromagnet, der bei Einschaltung des Batteriestromes das Eisenpulver schrittweise fest werden läßt. Die Mitnehmerscheibe dreht also mit.

magnetizing current → exciting current

magneto [electrical system]

magnéto f
Dans l'allumage par magnéto, le courant

magneto ignition

primaire, tributaire du régime du moteur, est produit par la magnéto. Cet allumage comprend principalemnt la magnéto, le rupteur, le distributeur et les bougies d'allumage.

Magnetzünder m
Bei der Magnetzündung wird der von der Motordrehzahl abhängige Primärstrom durch den Magnetzünder erzeugt. Zur Magnetzündung gehören hauptsächlich der Magnetzünder, der Unterbrecher, der Verteiler und die Zündkerzen.

magneto ignition [electrical system]

allumage m par magnéto
Dans l'allumage par magnéto, le courant primaire, tributaire du régime du moteur, est produit par la magnéto. Cet allumage comprend principalemnt la magnéto, le rupteur, le distributeur et les bougies d'allumage.

Magnetzündung f, Magnetzündanlage f
Bei der Magnetzündung wird der von der Motordrehzahl abhängige Primärstrom durch den Magnetzünder erzeugt. Zur Magnetzündung gehören hauptsächlich der Magnetzünder, der Unterbrecher, der Verteiler und die Zündkerzen.

main beam [lights]
also: upper beam, high beam (US), drive beam, driving beam

feu m de route, éclairage m de route, faisceau m route
Le filament de l'éclairage de route se trouve au foyer de la parabole. On doit pouvoir mesurer un éclairement minimal d'un lux à une distance de 100 mètres du véhicule à hauteur du centre des phares. L'éclairage de route est signalé au tableau de bord par un témoin à lumière bleue.
Phrase: rouler plein phares

Fernlicht n
Die Glühwendel des Fernlichtes liegt im Brennpunkt des Parabolspiegels. Eine Mindestbeleuchtungsstärke von 1 Lux soll 100 Meter vor dem Fahrzeug in Höhe der Scheinwerfermitte zu messen sein. Das eingeschaltete Fernlicht wird am Armaturenbrett durch eine blaue Kontrollampe angezeigt.
Wendungen: mit Fernlicht fahren, aufgeblendet fahren

main beam filament [lights]
(See Ill. 4 p. 59)

filament m de route, filament m principal
Filament du faisceau principal (faisceau de route) se trouvant au foyer de la parabole.

Fernlicht-Glühfaden m, Glühfaden m für Fernlicht, Fernleuchtkörper m
Glühdrahtwendel, die im Brennpunkt des Parabolspiegels liegt.

main bearing → crankshaft bearing

main bearings *pl* [engine]

paliers mpl principaux
Les paliers d'un moteur qui portent le vilebrequin.

Hauptlager npl
Die Lager in einem Motor, auf denen die Kurbelwelle gelagert ist.

main brake cylinder → brake master cylinder

main discharge nozzle assembly [carburetor]

circuit m principal du carburateur
Le circuit principal du carburateur com-

prend le gicleur principal, le diffuseur, l'ajutage d'automaticité et la sortie d'essence principale.

Hauptdüsensystem n, Hauptvergasersystem n
Zum Hauptdüsensystem eines Vergasers gehören die Hauptdüse, der Lufttrichter, die Ausgleichluftdüse und das Mischrohr.

main feed cable → battery cable

main frame → frame *n*

main jet [carburetor] (See Ill. 8 p. 90)
also: main metering jet, high-speed nozzle, cruising jet

gicleur m d'alimentation, gicleur m principal, gicleur m de marche
Gicleur disposé dans le tube de giclage d'un carburateur.

Hauptdüse f, Zerstäuberdüse f
Düse im Mischrohr eines Vergasers.

main metering jet → main jet

main muffler [exhaust system]

silencieux m principal d'échappement
Dans une ligne d'échappement, le silencieux principal vient après le pot primaire dont il est séparé par une portion du tuyau d'échappement.

Hauptschalldämpfer m, Auspuffhauptschalldämpfer m
In einer Auspuffanlage liegt der Auspuffhauptschalldämpfer hinter dem Vorschalldämpfer, von dem er durch ein Auspuffrohr getrennt ist.

main oil supply line [lubrication]
also: main pressure oil passage

canalisation f d'huile principale, galerie f d'huile
Canalisation s'insérant dans un circuit de graissage juste après le filtre à huile. L'huile moteur qui afflue dans cette canalisation est acheminée sous pression vers le vilebrequin par l'intermédiaire de canalisations secondaires et de lumières de graissage.

Hauptölleitung f
Leitung im Schmierölkreislauf. Durch diese Leitung fließt das aus dem Ölfilter zuströmende Motoröl, das unter Druck über Bohrungen und Stichleitungen zur Kurbelwelle befördert wird.

main pressure oil passage → main oil supply line

mainshaft → third motion shaft

main supply lead → battery cable

main tank [brakes]

réservoir m principal
Réservoir d'air dans un dispositif de freinage à air comprimé, qui est rempli d'air par le compresseur grâce à l'ouverture d'une soupape de sécurité dès qu'une pression d'environ quatre bars est atteinte dans le réservoir auxiliaire de dimensions plus réduites.

Hauptluftbehälter m, Hauptbehälter m
Luftbehälter in einer Druckluftbremsanlage, der über ein Überströmventil vom Luftpresser mit Druckluft gefüllt wird, sobald ein Druck von ca. 4 bar im kleineren Vorbehälter erreicht wird.

maintenance-free battery [electrical system]
also: no-maintenance battery (US)

main well

batterie f sans entretien
Divers systèmes permettant de supprimer l'entretien d'une batterie à accumulateurs ont été mis au point. Dans la plupart des cas, la teneur en antimoine des plaques positives est ramenée à 2% environ, mais elle est compensée par une très faible teneur en argent ou en arsenic. De cette manière, on obtient une perte d'eau par évaporation plus réduite, ce qui permet d'especer, voire de supprimer, les contrôles du niveau d'électrolyte.
Dans le procédé Aqua-Gen, on a recours à de petits soufflets en matière plastique, qui remplacent la rampe de bouchons et contiennet un catalyseur. L'hydrogène et l'oxygène, qui se dégagent au moment du dégazage lorsque la tension de charge augmente, lèchent le catalyseur, se refroidissent et sont reconstitués en eau qui retourne à la batterie et maintient ainsi le niveau de l'électrolyte.
D'autres procédés ont recours à des plaques de batterie en alliages de calcium. Ces alliages ont la vertu de prolonger la vie des batteries en stockage de manière très sensible et, de surcroît, ils font obstacle aux dégagements de gaz.

wartungsfreie Batterie
Verschiedene Systeme wurden entwikkelt, um die Autobatterie wartungsfrei zu machen. Meistens ist der Antimongehalt der Plusplatten auf ca. 2% herabgesetzt worden. Dies wird durch einen geringfügigen Silber- bzw. Arsengehalt ausgeglichen. Auf diese Weise ist die Wasserzersetzung so weit verzögert, daß der Elektrolytvorrat für die Lebensdauer der Autobatterie ausreicht. Der Säurestand braucht dann nicht mehr oder nur ganz selten überprüft zu werden. Beim Aqua-Gen-System werden statt Batterieverschlüsse Aggregate aus Kunststoff aufgesetzt, die einen Katalysator enthalten. Die bei zunehmender Ladespannung freiwerdenden Gase Wasserstoff und Sauerstoff streifen den Katalysator, kühlen ab und werden erneut zu Wasser zusammengefügt. Das Wasser läuft zurück in die Batterie und hält den Säurestand auf der richtigen Höhe. Bei anderen Verfahren wurden Batterieplatten aus Kalziumlegierungen entwickelt. Kalziumlegierungen erhöhen die Lebensdauer von unbenutzten Batterien erheblich und hemmen die Bildung von freiwerdenden Gasen.

main well → mixing chamber

make-and-break ignition [ignition]
also: touch-spark ignition

allumage m par rupteur, allumage m à rupteur
Allumage déclenché par l'ouverture et la fermeture d'un rupteur mécanique.

Abreißzündung f
Zündung, die durch Öffnen und Schließen eines mechanischen Unterbrechers ausgelöst wird.

make contact *n* [electrical system]
also: normally open contact, NO contact

relais m à contact de travail
Relais dont les contacts se ferment lorsque le courant circule dans la bobine magnétique. Ce type de relais est surtout utilisé dans les montages des phares antibrouillard, de klaxons, d'avertisseurs à plusieurs tons et de tous les organes grands consommateurs de puissance.

Arbeitsstromrelais n, Schließkontakt m, Schließer m, Arbeitskontakt m, Einschaltglied n
Relais, bei dem sich die Kontakte schlie-

ßen, wenn ein Strom durch die Magnetspule fließt. Arbeitsstromrelais werden vor allem beim Einbau von Nebelscheinwerfern, Hörnern, Fanfaren und bei allen großen Stromverbrauchern verwendet.

make-up mirror [accessories]
also: vanity mirror

> *miroir m de courtoisie*
> Miroir fixé normalement au dos du paresoleil côté passager.

> *Make-up-Spiegel m*
> Spiegel, der häufig in die Rückseite der Beifahrer-Sonnenblende eingelassen ist.

malleable cast iron → malleable iron

malleable iron [materials]
also: malleable cast iron

> *fonte f malléable*
> Fonte à grande capacité de déformation obtenue par traitement thermique de pièces coulées en fonte blanche.

> *Temperguß m, Weichguß m*
> Zäher und bearbeitbarer Guß, der aus weißem Gußeisen durch Glühbehandlung gewonnen wird.

man air ox → manifold air oxydation

mandrel → clutch centering pin

M+S tire → mud and snow tire

manifold *n* [mechanical engineering]

> *collecteur m, manifold m*
> Ensemble de conduits et de vannes servant à diriger des fluides vers des points déterminés.

> *Krümmer m*
> Eine Rohrkonstruktion, bei der die Zuleitung aus mehreren anderen Rohren vereinigt oder geteilt wird, wie z.B. bei der Ansaug- und bei der Auspuffleitung eines Motors.

manifold absolute pressure sensor [electronics]
also: MAP sensor

> *capteur m de la pression absolue dans le collecteur (d'aspiration)*
> Capteur qui mesure la dépression dans le collecteur d'aspiration et signale la valeur à la centrale de commande électronique.

> *Ansaugunterdrucksensor m*
> Ein Sensor, der den Unterdruck in der Ansaugleitung mißt und an die elektronische Steuerung weitergibt.

manifold air oxydation (*abbr.* **MAO**) [emission control]
also: man air ox

> *système m MAO*
> Système avec apport d'air secondaire à proximité des soupapes d'échappement pour améliorer la combustion des substances nocives dans les gaz d'échappement.

> *MAO-Lufteinblasesystem n*
> Ein System, bei dem dem Motor Sekundärluft in der Nähe der Auspuffventile zugeführt wird; dadurch erzielt man eine bessere Verbrennung von Schadstoffen im Abgas.

manifold pressure sensor → pressure sensor

manual gearbox (GB) → manual transmission (US)

manually operated brake → hand brake

manually-shifted transmission → manual transmission (US)

manual shift → manual transmission (US)

manual shift lever → gearshift lever

manual steering [steering]
(*opp.:* power-assisted steering)

direction f manuelle, direction f mécanique
Direction mécanique sans servo-assistance, c.à.d. toute la force doit être exercée par le conducteur.

manuelle Lenkung, Muskelkraftlenkung f
Lenkung ohne Servounterstützung, bei der die gesamte Kraft vom Fahrer aufgebracht werden muß.

manual transmission (US)
(See Ill. 14 p. 177)
also: manual gearbox (GB), manually-shifted transmission, manual shift

boîte f de vitesses manuelle, boîte f manuelle
Boîte de vitesses dont les divers rapports sont enclenchés manuellement à l'aide d'un levier de changement de vitesse.

Schaltgetriebe n, Handschaltgetriebe n
Getriebeart, bei der die verschiedenen Gänge mit Hilfe eines Schalthebels von Hand geschaltet werden.

MAO = manifold air oxydation

MAP sensor → manifold absolute pressure sensor

marker lamp → side-marker lamp (US)

marking lamp → side-marker lamp (US)

masking tape [maintenance]

ruban m à masquer
Ruban adhésif en rouleau qui sert à délimiter les surfaces à peindre et dont les parties avoisinantes sont protégées par du papier journal.

Abdeckband n
Band in Rollen zum Abkleben von zu lackierenden Flächen, deren Umgebung mit Zeitungspapier geschützt wird.

master brake cylinder → brake master cylinder

master cylinder → brake master cylinder

master cylinder cup → primary cup

master seal → primary cup

measuring projector [instruments]

projecteur m de contrôle
Projecteur fixe d'un appareil de contrôle des trains. Il est équipé d'un ensemble optique composé de lentilles permettant la projection d'un faisceau lumineux sur un miroir de roue.

Meßprojektor m
Fester Projektionsapparat für die optische Achsvermessung. Mit Hilfe eines sammelnden Linsensystems wird ein Lichtstrahl auf einen Radspiegel projiziert.

mechanical advance system → centrifugal advance mechanism

mechanical contact breaker → contact breaker

mechanical fuel pump → fuel pump

mechanical governor → centrifugal governor

mechanical high-tension distributor [ignition]

distributeur m mécanique de haute tension
Distributeur d'un système Motronic dépourvu de masselottes d'avance centrifuge et de correcteur d'avance à dépression. Sa fonction réside uniquement dans la distribution de la haute tension.

Hochspannungsverteiler m
Zündverteiler ohne mechanische Fliehkraft- und Unterdruckverstellung, der in einem Motronic-System nur noch die Hochspannung verteilt.

mechanically operated handbrake
→ hand brake

meeting beam → low beam

melamine resin [materials]

résine f de mélamine
Résine obtenue par condensation de la mélamine avec le formaldéhyde et qui entre dans la fabrication de certaines peintures pour carrosserie.

Melaminharz n
Kunststoff, der durch Kondensation von Melamin mit Formaldehyd hergestellt wird. Er wird in Melaminlacken für Autokarosserien verwendet.

meshing spring [starter motor]
(See Ill. 30 p. 445)

ressort m d'engrènement
Ressort d'un démarreur à pré-engagement qui, via une bague d'entraînement à déplacement axial, est comprimé par la fourche d'engrènement jusqu'à une butée, même si la denture du pignon lanceur se heurte à une dent de la couronne dentée du volant.

Einspurfeder f
Feder in einem Schubschraubtriebstarter, die über einen Führungsring vom Einrückhebel bis zu dessen Anschlag zusammengedrückt wird, auch wenn die Ritzelzähne zuerst nicht richtig in die Schwungradverzahnung eingreifen.

metal-asbestos gasket [engine]

joint m métal-amiante
Joint de culasse formé d'une plaque d'amiante enrobée sur ses deux faces d'une feuille de clinquant.

Metall-Asbest-Dichtung f
Zylinderkopfdichtung gebildet aus einer Asbestplatte, die mit einer dünnen Metallfolie umhüllt ist.

metallic finish [vehicle body]

peinture f métallisée, laque f métallisée
Peinture dont le reflet métallisé est obtenu par l'addition de pigments d'aluminium. Dans le procédé d'application en une seule couche, les paillettes d'aluminium percent la couche de peinture et se ternissent. Dans le procédé en deux couches, qui est le plus utilisé, on applique d'abord une couche de teinte métallisée contenant les pigments, ensuite un vernis brillant incolore qui neutralise les paillettes métalliques saillantes. Avec ce procédé en deux couches on obtient un éclat saturé très brillant.

Metallic-Lack n, Metalleffektlack m
Lack, dessen Metalleffekt durch schup-

metering needle 338

penartige Aluminiumpigmente erreicht wird. Bei der Einschicht-Metalliceffekt-Lackierung treten die Aluminiumteilchen zum Vorschein und werden matt. Beim Zweischicht-Verfahren wird zuerst ein den Farbton bestimmender Vorlack aufgetragen, dann eine Klarlackschicht, die die herausragenden Metallteilchen versiegelt. Durch diese Klarlackschicht wird ein hoher Glanzgrad erzielt, der besser ist als bei der Einschichtlackierung.

metering needle → tapered needle

methane [chemistry]

méthane m, formène m, gaz m des marais
Hydrocarbure saturé de symbole CH_4. Il est le premier de la serie des paraffines.

Methan n
Gesättigter Kohlenwasserstoff der Formel CH_4. Er ist der erste aus der Gruppe der Alkane.

methanol [chemistry]
also: methyl alcohol, wood alcohol

méthanol m, alcool m méthylique
Le méthanol peut être utilisé comme antigel et carburant pour moteurs. Il est très antidétonant, toutefois son pouvoir calorifique est assez bas et il contient de l'eau.

Methanol n, Methylalkohol m
Methanol kann als Treibstoff und Frostschutzmittel für Motoren verwendet werden. Methanol ist sehr klopffest, hat jedoch einen niederen Heizwert und ist wasserhaltig.

methyl alcohol → methanol

MFD = multifunction display

mica spark plug [ignition]

bougie f d'allumage au mica
Bougie d'allumage dont l'isolant est réalisé en rondelles de mica comprimées et que l'on rencontre surtout dans les avions et les voitures de compétition.

Glimmerzündkerze f, Glimmerkerze f
Zündkerze mit einem Isolator aus gepreßten Glimmerscheiben, die hauptsächlich bei Rennwagen oder Flugzeugen verwendet wird.

microcomputer → digital control box

micrometer screw [instruments]
also: Palmer scan

micromètre m, palmer m, calibre m micrométrique
Instrument de mesure d'une extrême précision permettant une lecture au centième, voire au millième de millimètre. Il est principalement constitué d'un étrier (cé), d'une touche de mesure généralement avec un pas de 0,5 mm et d'une touche fixe (enclume). La pièce à mesurer s'intercale entre les deux touches.

Bügelmeßschraube f, Meßschraube f
Hochpräzises Meßgerät, das eine Ablesung von 1/100 und sogar 1/1000 mm gestattet. Es besteht hauptsächlich aus einem Bügel, einer Meßspindel meist mit einer Steigung von 0,5 mm, und einem Amboß. Zur Messung wird das Werkstück zwischen Amboß und Meßspindel eingespannt.

mileage recorder → mileometer (GB)

mileometer (GB) [instruments]
also: odometer (US), mileage recorder

compteur m kilométrique, totalisateur m (kilométrique)
Instrument qui enregistre le kilométres (ou milles, selon le pays) parcourus et qui sert à déterminer les intervalles d'entretien, calculer la consommation, connaître la longueur d'une voyage, etc.

Kilometerzähler m
Ein Instrument am Armaturenbrett, in der Regel integriert in den Geschwindigkeitsmesser, das die von einem Fahrzeug zurückgelegte Wegstrecke anzeigt (in Kilometer oder Meilen, ja nach Land).
Vergleiche: Tageskilometerzähler.

mineral oil [chemistry]

huile f minérale
Huile extraite du pétrole. Suivant leur viscosité les huiles minérales sont classées en huiles légères, moyennes et épaisses.

Mineralöl n
Destillationsprodukt aus Erdöl. Aufgrund ihrer Viskosität werden Mineralöle in Leicht-, Mittel- und Schweröl eingestuft.

minimum idle [engine]

régime m minimum au ralenti
Le nombre minimum de tours pour assurer un bon fonctionnement du moteur.

Mindestdrehzahl f, kleinste Leerlaufdrehzahl
Die minimale Drehzahl, bei der ein Motor noch ordnungsgemäß läuft.

minimum tread depth → minimum tread thickness

minimum tread thickness [tires]
also: minimum tread depth

profondeur f minimum des rainures,

épaisseur f minimale de la bande de roulement
En général, la profondeur minimale prescrite des sculptures de la bande de roulement est de 1 mm sur toute la largeur et le pourtour du pneumatique.

Abfahrgrenze f, Mindestprofiltiefe f
Im allgemeinen liegt die Abfahrgrenze über die Breite und den Umfang der Bereifung bei 1 mm.

minimum turning cycle diameter
→ turning lock

minitester [instruments]

minitester m
Contrôleur de petites dimensions permettant de relever la vitesse de rotation du moteur (compte-tours), l'angle de came, le voltage et la résistance en ohms dans les divers circuits en basse et haute tension.

Minitester m
Kleines Meßgerät, mit dem die Motordrehzahl, der Schließwinkel sowie die elektrische Spannung und der Widerstand im Nieder- und Hochspannungsteil ermittelt werden können.

minivan [vehicle]

monospace m, minivan m
Construction de voitures moderne, spacieuse et monocorps, p.e. véhicules du type Renault Espace.

Minivan m
Eine neuartige Bauweise von geräumigen Automobilen, die Merkmale eines Pkws und eines Minibusses auf sich vereinigt.

misfiring *n* [ignition]
also: backfiring *n*, ignition failure, spark failure, combustion miss

mixed friction 340

défaut m d'allumage, raté m
Allumage intempestif du mélange explosif dans un moteur à combustion. Par exemple l'étincelle ne jaillit pas au terme du temps de compression dans le moteur à quatre temps. Le raté d'allumage peut aussi provenir d'une absence d'étincelle par suite d'une tension d'allumage insuffisante.

Zündungsaussetzer m, Fehlzündung f, Aussetzer m
Bei Verbrennungsmotoren wird das Kraftstoff-Luft-Gemisch nicht zum richtigen Zeitpunkt entzündet (am Ende des Verdichtungshubs beim Viertaktverfahren). Zündaussetzer kommen ebenfalls vor, wenn der Zündfunke infolge unausreichender Zündspannung nicht überschlägt.

mixed friction [mechanical engineering]

frottement m mixte, frottement m onctueux
Le frottement mixte résulte à la fois du frottement à sec et du frottement fluide de deux surfaces de glissement, ce qui provoque de l'usure.

Mischreibung f, Grenzschmierung f, halbflüssige Reibung
Bei der Mischreibung herrscht teils Trokkenreibung und Flüssigkeitsreibung zwischen zwei Gleitflächen, so daß Verschleiß auftritt.

mixing chamber [carburetor]
(See Ill. 8 p. 90)
also: main well, vaporizing chamber, barrel *n*

chambre f de mélange, chambre f de carburation
Partie du carburateur. La soupape d'admission étant ouverte, le piston crée, en descendant dans le cylindre, une dépression dans la chambre de mélange provoquant ainsi un jet d'essence au tube de giclage. Ce jet d'essence se vaporisera dans le courant d'air du diffuseur et le mélange explosif ainsi formé aboutit dans le cylindre.

Mischkammer f, Saugkanal m, Luftansaugkanal m, Vergaserdurchlaß m
Teil des Vergasers. Wenn der Kolben bei geöffnetem Einlaßventil im Zylinder sich abwärts bewegt, entsteht in der Mischkammer ein Unterdruck, der Kraftstoff aus der Hauptdüse austreten läßt. Die Zerstäubung des Kraftstoffes im Lufttrichter wird durch den dort vorhandenen kräftigen Luftzug erzielt, und die Kraftstoff-Luft-Emulsion gelangt in den Zylinder.

mixing proportion → mixture ratio

mixing ratio → mixture ratio

mixing tube → emulsion tube

mixture adjusting nut → jet adjusting nut

mixture control [emission control]

régulation f (automatique) de richesse du mélange air/carburant
La régulation optimale de richesse du mélange est la condition prmiére pour toutes les mesures de dépollution dans les automobiles.

Gemischregelung f
Eine optimale Gemischregelung ist die Grundvoraussetzung für alle Maßnahmen zur Schadstoffminderung in den Automobilabgasen.

mixture control unit [injection]

régulateur m de mélange
Dans le système d'injection continue d'essence K-Jetronic, le régulateur de mélange comprend le débitmètre d'air et le doseur-distributeur de carburant.

Gemischregler m
Bei der kontinuierlichen Benzineinspritzung K-Jetronic sind Luftmengenmesser und Kraftstoffmengenteiler zu einer Baueinheit zusammengefaßt.

mixture method lubrication [lubrication]
also: oil-in gasoline lubrication

lubrification f par mélange essence-huile
Dans les moteurs deux temps, il n'y a pas d'huile de graissage dans le carter qui sert à la compression du mélange air-essence. Aussi, dans presque tous les moteurs deux temps, l'huile de graissage est ajoutée à l'essence. On compte en général une partie d'huile pour 20 ou 50 parties de carburant.

Mischungsschmierung f, Gemischschmierung f, Frischölschmierung f
Bei den Zweitaktmotoren gibt es keine Ölwanne in der Kurbelkammer, weil dort das Kraftstoff-Luft-Gemisch vorverdichtet wird. Deshalb ist bei den meisten Zweitaktmotoren das Schmieröl dem Kraftstoff beigemischt. Auf 50 bzw. 20 Teile Kraftstoff entfällt ein Teil Schmieröl.

mixture ratio [fuel system]
also: air-fuel ratio or air/fuel ratio, A/F ratio, stoichiometric air/fuel ratio, mixing ratio, mixing proportion

proportion f d'air et d'essence, proportion f du mélange, rapport m air/carburant, rapport m stœchiométrique

La proportion théorique exprimée en grammes d'air et de carburant intervenant dans le mélange de ces deux éléments est de 14,8:1 environ. Toutefois, dans la pratique, le dosage que fournira le carburateur dépendra de plusieurs facteurs tels que la température, le régime et la charge du moteur.

Kraftstoff-Luft-Verhältnis n, Mischungsverhältnis n
Das theoretische Gewichtsverhältnis der Luft- und Kraftstoffanteile im Gemisch stellt sich auf ca. 14,8:1. Praktisch hängt jedoch das Mischungsverhältnis von verschiedenen Faktoren ab wie z.B. von der Temperatur, der Drehzahl und der Belastung des Motors.

mixture screw → idle mixture control screw

module *n* [mechanical engineering]

module m, pas m diamétral
Quotient du diamètre primitif d'un engrenage par le nombre de dents. Le module est un nombre concret et est indiqué en mm.

Modul m (eines Zahnrads), Zahnradmodul m
Bei Zahnrädern ergibt sich der Modul aus dem Teilkreisdurchmesser dividiert durch die Zähnezahl. Der Modul ist eine benannte Zahl und wird in mm angegeben.

Mole wrench → self-grip wrench

molybdenum disulfide (US) *or* **disulphide** (GB) [chemistry]
also: Molykote™, LiquiMoly™

bisulfure m de molybdène
Composé de molybdène et de soufre for-

Molykote

mant des lamelles hexagonales rappelant le graphite. Il est utilisé comme additif dans les lubrifiants pâteux et l'huile moteur et on le trouve aussi en bombe aérosol.

Molybdändisulfid n
Verbindung des Molybdäns mit Schwefel, die sechseckige, grafitähnliche Blättchen bildet. Molybdändisulfid wird als Zusatzmittel im Abschmierfett, im Motoröl sowie als Sprühmittel verwendet.

Molykote™ → molybdenum disulfide (US) or disulphide (GB)

moment of ignition → ignition point

moment of sparking → ignition point

momentary switch [electrical system]

commutateur m à action fugitive
Commutateur retournant en position de repos dès qu'il n'est plus actionné.

Tastschalter m
Schalter, der in seine Ausgangsstellung zurückkehrt, sobald er nicht mehr betätigt wird.

M.O.N. = Motor octane number

monocoque bodywork → integral body

motor *n* [electrical system]
(*also rare for:* engine)

moteur m (électrique)
Moteur fonctionnant par courant électrique, comme par exemple le moteur du démarreur, le moteur de l'essuie-glaces.

Motor m, Elektromotor m
Ein Motor, der mit elektrischem Strom betrieben wird, wie z.B. der Anlassermotor oder der Scheibenwischermotor.

motorbike → motorcycle

motor car → automobile

motorcar repair shop (GB) [maintenance]
also: car repair, automobile repair (US), repair garage (US)

garage m
Atelier où sont effectués les entretiens et les réparations de véhicules automobiles.

Kraftfahrzeugreparaturwerkstatt f, Autoreparaturwerkstatt f, Autowerkstatt f, Reparaturwerkstatt f
Gewerbebetrieb für die Instandhaltung und die Reparatur von Kraftfahrzeugen.

motor crane [vehicle]

camion-grue m de dépannage
Camion de dépannage équipé d'une grue propre à dégager, à remorquer ou même à emporter un véhicule accidenté incapable de rouler.

Fahrzeugrettungskran m, Kranwagen m, Abschleppkran m, Abschleppwagen mit Kran
Abschleppwagen mit Kran zum Heben, Abschleppen oder Mitnehmen von verunglückten, nicht rollfähigen Kraftfahrzeugen.

motorcycle [vehicle]
also: motorbike

motocyclette f
Véhicule à deux roues, mû par un moteur à explosion sur lequel le conducteur est assis à califourchon. Il peut être équipé d'un side-car. Le moteur est généralement

refroidi par air et comporte un, deux ou quatre cylindres fonctionnant selon le cycle à deux ou quatre temps.

Motorrad n, Kraftrad n (Abk. Krad)
Zweirädriges, durch Verbrennungsmotor angetriebenes Einspurfahrzeug mit Knieschluß. Es kann mit einem Seitenwagen (Beiwagen) ausgerüstet werden.
Als Motor werden überwiegend luftgekühlte ein-, zwei- oder vierzylindrige Zwei- oder Viertakt-Motoren verwendet.

Motor method [fuels]
(*compare:* Research method)

méthode f Motor,
(improprement:) méthode moteur
Méthode pour déterminer l'indice d'octane des carburants.

Motor-Methode f
Ein Verfahren zur Bestimmung der Oktanzahl von Kraftstoffen.

Motor octane number
(*abbr.* **M.O.N.**) [fuels] (*compare:* Research octane number)

indice m d'octane méthode Moteur
(abr. MON), indice m d'octane moteur
Indice d'octane calculé avec un moteur CFR tournant à 900 tr/min, la température du mélange carburé étant de 149° C. Ce faisant l'avance à l'allumage oscille automatiquement entre 26 et 14° selon le taux de compression.

Motor-Oktanzahl (Abk. MOZ), Oktanzahl nach der Motor-Methode
Oktanzahl, die mit einem CFR-Prüfmotor (Cooperative Fuel Research) bei 900 U/Min und 149° C Gemischtemperatur ermittelt wird, wobei die Zündung je nach der Verdichtung zwischen 26 und 14° KW v. OT automatisch verstellt wird (F-2-Methode).

motor petrol (GB) → gasoline (US)

motor scooter [vehicle]
also: scooter

scooter m
Véhicule à deux roues, à moteur sous capot et à cadre ouvert.

Motorroller m
Zweirädiges, durch verkleideten Verbrennungsmotor angetriebenes Einspurfahrzeug ohne Knieschluß.

motor tank truck → tank truck (US)

motor truck (US) → truck (US)

Motronic system™ [electronics]
(a digital engine control system)

système m Motronic
Système de commande numérique de moteur englobant l'injection d'essence et l'allumage.

Motronic-System n
Digitales Motorsteuerungssystem, das die Benzineinspritzung und die Zündanlage umfaßt.

moving caliper disc brake → floating-caliper disc brake

moving contact → contact bridge

moving contact → breaker lever

mud and snow tire [tires] (*compare:* winter tire)
also: M+S tire

pneu m M+S, pneu m neige (et boue)
Pneumatique qui en raison de ses sculptures spéciales, de la lamellisation de la bande de roulement et de sa gomme ten-

mudguard

dre offre, sur terrain glissant, un compromis acceptable entre le pneu ordinaire et le pneu cramponné.
Certaines versions présentent des alvéoles pour cramponnage.

M+S-Reifen m, Matsch- und Schneereifen m
Reifen mit besonderen Profilstollen, lamellenartigen Einschnitten in der Lauffläche und weicher Gummimischung, der auf glatter Fahrbahn eine zufriedenstellende Kompromißlösung zwischen Normalreifen und Spikereifen bietet.
Einige Ausführungen haben vorvulkanisierte Löcher zum Einsetzen von Spikes.

mudguard (GB) → fender (US)

muffler (US) → exhaust silencer (GB)

multiblade screwdriver [tools]

tournevis m à lames interchangeables
Tournevis à lames adaptées aux différentes empreintes de têtes de vis. Chaque lame se fixe dans une gorge spéciale fermée par une goupille à ressort ou une bague à vis. Généralement les lames se rangent dans le manche creux tu tournevis.

Umsteckschraubendreher m
Schraubendreher mit einem Satz Flach- und Kreuzschlitzklingen. Jede Klinge wird durch eine im Griff eingeformte Klammer oder mit einem Schraubenring festgehalten. Meist als Magazin-Schraubendreher anzutreffen.

multi-cylinder injection pump [injection] (*opp.:* distributor injection pump) *also:* in-line pump

pompe f d'injection à éléments en ligne, pompe f en ligne

Pompe d'injection possédant autant d'éléments que le moteur a de cylindres, et ce à l'opposé de la pompe distributrice ou rotative.

Reiheneinspritzpumpe f, Reihenpumpe
Bei der Reiheneinspritzpumpe ist die Zahl der Pumpenelemente gleich der Zylinderzahl des Motors. *Gegenteil:* Verteilereinspritzpumpe.

multidisc clutch → multi-plate clutch

multi-fuel engine [diesel engine]

moteur m polycarburants, moteur m à carburants multiples
Moteur diesel pouvant être alimenté en divers combustibles (essence, pétrole, gas-oil, huile légère de lubrification), sans qu'il soit pour autant nécessaire de modifier le moteur lui-même ni le système d'injection.

Vielstoffmotor m, Mehrstoffmotor m, Mehrstoff-Dieselmotor m
Dieselmotor, der mit verschiedenen Kraftstoffen (Benzin, Petroleum, Dieselöl, leichtem Schmieröl) ohne Änderung des Motors selbst bzw. der Einspritzanlage betrieben werden kann.

multifunction display (*abbr.* **MFD**) [electronics]

affichage m multifonction
Combinaison d'instruments électroniques dont l'affichage de diverses valeurs et états de fonctionnement est intégré dans un instrument unique.

Mehrfunktionsanzeige f
Eine Kombination aus elektronischen Instrumenten, bei denen die Anzeige diverser Werte und Funktionszustände in einem einzigen Instrument zusammengefaßt ist.

multigrade oil [lubricants]
also: multiple-viscosity oil

huile f multigrade, huile f polyvalente, huile f toutes saisons
Huile moteur dont la viscosité couvre la gamme de plusieurs grades de la classification SAE grâce à des additifs de synthèse qui abaissent le point de congélation et augmentent l'indice de viscosité. Elle peut de ce fait être utilisée hiver comme été.

Mehrbereichsöl n, Ganzjahresöl n
Motorenöl, dessen Viskosität mehrere SAE-Klassen überdeckt aufgrund von Zusätzen, die den Stockpunkt mindern und den Viskositätsindex erhöhen. Somit kann es im Sommer wie im Winter verwendet werden.

multi-hole nozzle [diesel engine]
(See Ill. 25 p. 352)
also: multi-orifice nozzle

injecteur m à plusieurs trous
Injecteur utilisé dans les moteurs diesel à injection directe et dont les orifices sont fréquemment à disposition symétrique.

Mehrlocheinspritzdüse f, Mehrlochdüse f
Düse, die bei Dieselmotoren mit direkter Strahleinspritzung verwendet wird. Die Spritzlöcher sind meist symmetrisch angeordnet.

multilayer glass → laminated (safety) glass

multi-orifice nozzle → multi-hole nozzle

multi-plate clutch [clutch]
also: multidisc clutch, multiple-disc clutch, multiple-plate clutch

embrayage m multidisque
Dans l'embrayage multidisque, une série de plusieurs disques moteurs garnis, solidaires d'un tambour faisant corps avec le volant est comprimée contre une autre série de disques récepteurs intercalés et solidaires de l'arbre primaire de la boîte de vitesses par l'intermédiaire d'un tambour récepteur.
Actuellement la plupart des embrayages multidisques sont à bain d'huile et surtout utilisés dans les motocyclettes et les boîtes automatiques.

Mehrscheibenkupplung f, Lamellenkupplung f
Bei der Mehrscheibenkupplung werden mit Reibbelägen versehene Antriebsscheiben (Antriebslamellen, Außenlamellen), die über einen Kupplungskorb mit dem Schwungrad verbunden sind, und auf der Getriebewelle befestigte Abtriebsscheiben (Abtriebslamellen) gegeneinander gepreßt.
Heute arbeiten die meisten Lamellenkupplungen mit Ölbenetzung und sind wegen ihrer kleineren Abmessung vor allem bei Krafträdern und automatischen Getrieben anzutreffen.

multiple-disc clutch
→ multi-plate clutch

multiple-plate clutch → multi-plate clutch

multiple-viscosity oil → multigrade oil

multi-pulse charging [electrical system]

charge f par impulsions multiples
Technique de charge du condensateur par la génératrice dans un allumage électro-

statique. La fréquence des impulsions est d'environ 3000 Hz.

Mehrimpulsaufladung f
Aufladetechnik des Speicherkondensators durch den Ladeteil in einer Hochspannungs-Kondensatorzündung. Die Impulsfrequenz beträgt ca. 3000 Hz.

multi-purpose grease [lubricants]

graisse f pour tous usages
Graisse à base de savons de lithium, hydrophobe et résistante à la chaleur. Elle contient fréquemment comme additif du bisulfure de molybdène.

Mehrzweckfett n
Mehrzweckfett ist ein lithiumverseiftes, wasserabstoßendes und hitzebeständiges Fett, das meist einen Molybdändisulfidzusatz enthält.

multi-tone horn → trumpet horn

multivalve engine [engine]

moteur m multisoupape(s), moteur m à plusieurs soupapes
Moteur moderne qui dispose de trois ou quatre soupapes par cylindre, dont deux sont pour l'admission de la mélange gas/carburant et les autres pour l'échappement.

Mehrventilmotor m
Moderner Motor, der über drei oder vier Ventile pro Zylinder verfügt; davon sind zwei für den Einlaß des Gemisches und die anderen für den Auslaß bestimmt.

mushroom tappet [engine]

poussoir m à sabot
Poussoir dont l'extrémité se termine par un sabot sur lequel la came agit par frottement.

Pilzstößel m
Stößel mit pilzförmigem Ende, auf das der Nocken durch Reibung einwirkt.

mushroom valve [engine]
also: poppet valve

soupape f en champignon
Soupape du moteur dont la forme (tige de la soupage et tête de la soupape) ressemble plus ou moins à un champignon.

Pilzventil n, Tellerventil n
Ein Motorventil, das in seiner Form einem Pilz oder einem Teller ähnelt.

multicylinder engine [engine]

moteur m multicylindre(s), moteur m à plusieurs cylindres
Moteur possédant plus d'un cylindre. Le nombre des cylindres est en règle générale pair (moteur à deux, quatre, six cylindres etc.), mais il y a des exceptions (moteur à cinq cylindres).

Mehrzylindermotor m
Jeder Motor, der mehr als einen Zylinder besitzt. Die Zahl der Zylinder ist in der Regel gerade (Zweizylinder-, Vierzylinder-, Sechszylindermotoren usw.), aber es gibt auch Ausnahmen (Fünfzylindermotor).

N

natural circulation cooling system
→ natural circulation water cooling

natural circulation water cooling
[cooling system]
also: natural circulation cooling system, thermosyphon cooling system, thermosyphon water cooling, gravity-system water cooling

refroidissement m par thermosiphon
Dans les moteurs à refroidissement par eau, la circulation par thermosiphon s'effectue par suite de la différence de densité entre l'eau chaude et l'eau froide.

Thermosiphonkühlung f, Thermoumlaufkühlung f, Wärmeumlaufkühlung f, Selbstumlaufkühlung f
Bei wassergekühlten Motoren erfolgt die Selbstumlaufkühlung aufgrund des Temperaturunterschieds zwischen Warm- und Kaltwasser.

natural gas [chemistry, fuels]

gaz m naturel
Mélange d'hydrocarbures facilement imflammables et chargé surtout de méthane (CH_4) ainsi que d'éthane, de propane et de butane. Le gaz naturel devant servir de carburant dans un véhicule doit tout d'abord être liquéfié.

Erdgas n, Naturgas n
Vorwiegend aus Methan (CH_4) und geringen Mengen Ethan, Propan und Butan bestehendes Gemisch von leichtentzündlichen Kohlenwasserstoffen. Damit genügend Erdgas im Fahrzeug mitgeführt werden kann, muß es vorher verflüssigt werden.

naturally-aspirated engine → unsupercharged engine

nave plate → axle cap

navigation aids [electronics]

aides fpl à la navigation
Nouvelles technologies pour rendre la navigation d'une voiture moins compliquée, p.e. l'utilisation de prévisions d'encombrements ou des cartes numérisées.

Navigationshilfe f
Der Einsatz moderner elektronischer Mittel, um dem Fahrer eines Kraftfahrzeugs die Erreichung seines Ziels zu erleichtern, z.B. durch Erkennen und Melden von Verkehrsbehinderungen und durch elektronische Leitwegsteuerung.

NC contact → break contact

needle bearing [mechanical engineering]
also: needle roller bearing

roulement m à aiguilles
Roulement dans lequel les pièces de roulement s'intercalant entre les deux bagues sont constituées d'aiguilles de 3 à 4 mm de diamètre, disposées parallèlement à l'axe du roulement. Les roulements à

needle roller bearing

aiguilles sont peu encombrants et permettent des vitesses de rotation élevées.

Nadellager n, Radial-Nadellager n
Wälzlager, in dem der Wälzkörper zwischen Außen- und Innenring aus 3-4 mm starken Nadeln besteht, die parallel zur Achse des Nadellagers liegen. Nadellager sind raumsparend und ermöglichen hohe Drehzahlen.

needle roller bearing → needle bearing

needle valve tickler [carburetor]
also: tickler

titillateur m
Axe qui, lors du démarrage, repousse le flotteur d'un carburateur ver le bas pour faire remonter le niveau de l'essence.

Tupfer m
Stift, der in einem Vergaser den Schwimmer beim Starten nach unten drückt, damit der Kraftstoffspiegel steigt.

negative camber [wheels]

carrossage m négatif
Lorsque le sommet d'une roue est incliné vers l'intérieur, le carrossage est négatif.

negativer Sturz, negativer Radsturz
Wenn ein Rad oben nach innen geneigt ist, spricht man von negativem Sturz.

negative caster [steering]

chasse f négative
Si l'axe prolongé du pivot de fusée entre en contact avec le sol en arrière et non plus en avant du point de contact de la roue, la chasse est dite négative.

Vorlauf m
Trifft die verlängerte Lenkungsdrehachse den Boden hinter dem Radaufstandspunkt, so spricht man von Vorlauf, d.h. der Radaufstandspunkt auf dem Boden läuft dem Schnittpunkt der verlängerten Lenkungsdrehachse mit der Standebene vor.

negative diode [electronics]
(See Ill. 1 p. 31)

diode f négative
Diode à semiconducteur qui, par exemple dans un alternateur triphasé, ne laisse passer que le courant négatif.

Minusdiode f
Halbleiterdiode, die z.B. in einem Drehstromgenerator nur die negativen Halbwellen durchläßt.

negative offset [wheels]

déport m au sol négatif
Si le prolongement du pivot de fusée rencontre le sol du côté extérieur de la roue, le déport au sol est dit négatif. Inversement il est positif, lorsque le même point de rencontre se trouve du côté intérieur de la roue.

negativer Lenkrollhalbmesser
Liegt der Durchstoßpunkt der Spreizachse nach der Radaußenseite, spricht man von einem negativen Lenkrollhalbmesser. Umgekehrt ist der Lenkrollhalbmesser positiv, wenn die verlängerte Mittellinie der Schwenkachse die Fahrbahn vor der Radinnenseite trifft.

negative plate [electrical system]
(See Ill. 2 p. 50)
also: active lead plate

plaque f négative
Composant en plomb spongieux d'un faisceau de plaques dans un accumulateur au plomb. Dans les batteries alcalines, les

plaques négatives sont en fer ou en cadmium.

negative Platte, Minusplatte f, negative Gitterplatte
Aus Bleischwamm bestehender Teil eines Plattensatzes einer Bleibatterie. Bei der alkalischen Batterie sind die Minusplatten aus Eisen oder Cadmium.

negative-temperature-coefficient thermistor → NTC resistor

neutral *n* → neutral position

neutral position [transmission]
also: neutral *n*

point m mort (abr. P.M.)
Position du levier de changement de vitesse, telle que l'arbre secondaire n'est pas entraîné par l'arbre primaire.

Leerlaufstellung f, Leerlauf m
Stellung des Getriebeschalthebels, bei der die Hauptwelle von der Antriebswelle nicht mitgenommen wird.

nife accumulator → alkaline (storage) battery

nitride steel [materials]

acier m de nitruration
Acier ayant subi un traitement de durcissement superficiel par l'azote et additionné de chrome, de molybdène et d'aluminium. Ces éléments sont des formateurs de nitrures, qui confèrent une grande dureté à la surface de l'acier.

Nitrierstahl m
An der Oberfläche durch Nitrieren gehärteter Sonderstahl mit Zusätzen wie Chrom, Molybdän und Aluminium (Nitridbildner). Die in der Randschicht gebildeten Nitride verleihen dem Nitrierstahl eine große Oberflächenhärte.

nitriding *n* [materials]
also: nitrogen hardening

nitruration f
Cémentation d'une pièce dans un milieu cédant de l'azote. Ainsi se forme une couche en surface très dure pouvant atteindre un millimètre d'épaisseur.

Nitrieren n, Nitrierhärtung f, Stickstoffhärtung f, Aufsticken n
Glühen eines Werkstücks in stickstoffabgebenden Mitteln, wobei sich eine sehr harte Oberflächenschicht bis 1 mm Dicke bildet.

nitrile rubber [materials]

caoutchouc m nitrile
Elastomère de synthèse abtenu par copolymérisation du bitadiène avec le nitrile acrylonitrile.

Nitrilkautschuk m
Synthesekautschuk, der durch Kopolymerisation von Butadien mit Acrylnitril erzeugt wird.

nitrocellulose lacquer [vehicle body]

laque f cellulosique
Peinture à séchage rapide donnant un beau poli. Elle perd toutefois rapidement son éclat.

Nitrolack m, Nitrozelluloselack m
Schnelltrocknender und polierfähiger Lack, der seinen Glanz jedoch rasch verliert.

nitrogen hardening → nitriding *n*

nitrogen oxides → nitrous oxides *pl*

nitrous oxides *pl* [emission control]
also: nitrogen oxides

oxydes mpl d'azote
Composés d'azote et d'oxygène. Les gaz d'échappement contiennent des oxydes nitriques résultant d'une combustion à des températures très élevées. Les oxydes nitriques sont inodores mais toxiques.

Stickoxide npl (Abk. NO_x)
Verbindungen des Stickstoffs mit Sauerstoff. Motorauspuffgase enthalten Stickoxide, die bei sehr hohen Verbrennungstemperaturen anfallen. Stickoxide sind geruchlos und giftig.

NO contact → make contact

no delivery [fuel system]
also: zero delivery

débit m nul
Lorsque la rainure verticale d'un piston de pompe d'injection se trouve en regard de l'orifice d'amenée de combustible, il n'y a pas de compression dans la chambre de refoulement qui est, dans ce cas, en communication avec la chambre d'aspiration. Le débit est donc nul.

Nullförderung f
Wenn die Längsnut eines Einspritzpumpenkolbens sowie die Steuerbohrung sich gegenüberstehen, gibt es keinen Druck im Druckraum, denn in diesem Fall sind Ansaugraum und Druckraum miteinander verbunden. Deswegen wird kein Kraftstoff gefördert.

noise filter → air silencer (GB)

no-load running → idle running

no-maintenance battery (US)
→ maintenance-free battery

nominal voltage → rated voltage

non-return valve [brakes]

clapet m de retenue, clapet m anti-retour
Dans un frein à air comprimé, le clapet de retenue s'intercale entre le compresseur et le réservoir, et il s'oppose au reflux de l'air comprimé vers le compresseur lorsque ce dernier est à l'arrêt.

Rückschlagventil n
In einer Druckluftbremse steht das Rückschlagventil zwischen Luftpresser und Luftbehälter. Mit diesem Ventil kann die Druckluft zum stillstehenden Luftpresser nicht zurückströmen.

normal heptane [fuels]

heptane m normal
L'indice d'octane d'un carburant est défini par le mélange d'heptane normal très détonant (indice 0) et d'isooctane très antidétonant (indice 100).

Normalheptan n, n-Heptan n
Die Oktanzahl eines Kraftstoffs wird durch Mischung von zwei Vergleichskraftstoffen, nämlich von dem klopffreudigen Normalheptan (OZ = 0) und dem klopffesten Iso-Oktan (OZ = 100).

normally-aspirated engine
→ unsupercharged engine

normally closed contact → break contact

normally open contact → make contact

normal pattern [electrical system]

oscillogramme m normal

Oscillogramme avec courbes de tension côtés primaire et secondaire d'un circuit d'allumage parfaitement au point. L'oscillogramme comporte trois phases: la durée de l'étincelle, la phase oscillatoire amortie et la phase de fermeture.

Normaloszillogramm n
Oszillogramm des primär- und sekundärseitigen Spannungsverlaufs einer einwandfreien Zündanlage. Ein Oszillogramm umfaßt drei Abschnitte: die Funkendauer, den Ausschwingvorgang und den Schließabschnitt.

NOx = nitrides of oxygen

nozzle body [injection]
(See Ill. 25 p. 352)

corps m d'injecteur, buse f, nez m d'injecteur
Pièce renfermant l'aiguille d'injection et fixée au porte-injecteur à l'aide d'un écrou raccord.

Düsenkörper m
In der Einspritzanlage ist der Düsenkörper, der die Düsennadel enthält, mittels einer Überwurfmutter mit dem Düsenhalter verschraubt.

nozzle holder [injection]
(See Ill. 25 p. 352)

porte-injecteur m
Le porte-injecteur fixe l'injecteur sur la culasse du moteur et sert en même temps à régler la pression d'ouverture.

Düsenhalter m
Der Düsenhalter verankert die Düse im Zylinderkopf des Motors und regelt außerdem den Düsenöffnungsdruck.

nozzle holder spindle [injection]
(See Ill. 25 p. 352)
also: pressure spindle

tige-poussoir
Dans un porte-injecteur, la tige-poussoir appuie l'aiguille de l'injecteur sur son siège à l'aide du ressort de tarage.

Druckbolzen m
In einem Düsenhalter hält der Druckbolzen die Düsennadel mit Hilfe der Druckfeder auf ihrem Sitz fest.

nozzle holder spring → nozzle spring

nozzle needle [injection]
(See Ill. 25 p. 352)

aiguille f d'injecteur
Aiguille mobile fixée dans une buse et formant avec celle-ci un injecteur ou pulvérisateur.

Einspritzdüsennadel f, Düsennadel f
Bewegliche Nadel in einem Düsenkörper. Beide Teile zusammen bilden eine Einspritzdüse.

nozzle opening pressure [injection]
also: nozzle valve opening pressure, valve opening pressure

pression f d'ouverture de l'injecteur, pression f d'injection, pression f de tarage des injecteurs
Dans un porte-injecteur, la pression d'ouverture de l'injecteur est d'environ 100 bars pour les injecteurs à téton et de 200 bars pour les injecteurs à trous. Elle est réglée au moyen d'un ressort de tarage sur lequel peut agir une vis de réglage fixée par contre-écrou ou des rondelles d'épaisseurs calibrées.

Düsenöffnungsdruck f, Einspritzdruck m, Öffnungsdruck m, Düseneinstell-

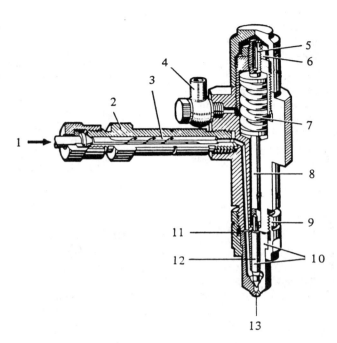

1 delivery pipe
2 pressure pipe tube
3 edge-type filter
4 overflow oil line connection
5 setscrew
6 lock nut
7 nozzle spring
8 nozzle holder spindle
9 nut
10 injection nozzle - a multi-hole nozzle
11 nozzle body
12 nozzle needle
13 spray hole

Ill. 25: nozzle holder

(nozzle opening pressure continued)
druck *m, Abspritzdruck m der Einspritzdüsen*
In einem Düsenhalter beträgt der Düsenöffnungsdruck ca. 100 bar für Zapfendüsen und 200 bar für Lochdüsen. Der Düsenöffnungsdruck wird durch eine Druckfeder und eine gekonterte Einstellschraube geregelt. Bei einigen Ausführungen wird eine Druckfeder mittels Stahlplättchen anstatt einer Einstellschraube vorgespannt.

nozzle spring [injection]
(See Ill. 25 p. 352)
also: nozzle valve spring, nozzle holder spring

ressort m d'injecteur, ressort m de tarage, ressort m de pression
Ressort logé dans un porte-injecteur et qui, à l'aide de la tige-poussoir, appuie l'aiguille d'injection sur son siège. Au terme de chaque contrôle du porte-injecteur, au bout de 50.000 km environ, ce ressort doit être remplacé.

Düsenfeder f, Druckfeder f
Druckfeder in einem Düsenhalter, die mit Hilfe eines Druckbolzens die Düsennadel auf ihren Sitz drückt. Nach ca. 50000 km wird der Düsenhalter geprüft und die Druckfeder ausgetauscht.

nozzle valve opening pressure
→ nozzle opening pressure

nozzle valve spring → nozzle spring

NTC resistor [electronics]
also: negative-temperature-coefficient thermistor

thermistance f CTN, résistance f CTN (coefficient de température négatif)

Résistance composée de semiconducteurs à base d'oxydes métalliques. Sa valeur varie en sens inverse de la température dans laquelle elle se trouve.

NTC-Widerstand, Heißleiter m, Thermistor m
Temperaturabhängiger Halbleiterwiderstand aus gesinterten Metalloxiden. Sein Wert ändert sich je nach der Umgebungstemperatur, in der er sich befindet.

number plate light [lights]
also: license plate lamp (US), registration plate lamp (GB), rear licence illuminator

éclairage m de la plaque, feu m d'éclairage de la plaque d'immatriculation (arrière), éclaireur m de plaque AR
Dispositif d'éclairage de la plaque minéralogique de véhicules et de remorqies. Ce feu s'allume en même temps que les lanternes arrière. Puissance 10 watts.

Kennzeichenleuchte f, Nummernschildleuchte f
Einrichtung zur Beleuchtung des Kennzeichens von Kraftfahrzeugen bzw. Anhängern. Die Kennzeichenleuchte wird zusammen mit dem Rücklicht eingeschaltet. Leistungsbedarf 10 W.

nut [mechanical engineering]
(See Ill. 25 p. 352)

écrou m
Pièce métallique percée d'un trou fileté pour le logement d'une vis.

Mutter f, Schraubenmutter f
Zu einem Schraubenbolzen gehörende Hohlschraube mit Innengewinde.

nut and lever steering → worm and nut steering

O

octane number [fuels]
also: octane rating, knock rating, star rating

indice m d'octane (symbole: i)
La résistance d'un carburant à la détonation est repérée par l'indice d'octane. L'indice d'octane est défini par le mélange d'heptane normal très détonant (indice 0) et d'isooctane très antidétonant (indice 100), ce mélange étant comparé au carburant à analyser.

Oktanzahl f (Abk. OZ)
Maß für die Klopffestigkeit eines Kraftstoffs. Bestimmt wird die Oktanzahl durch Mischung von zwei Vergleichskraftstoffen, nämlich von dem klopffreudigen Normalheptan (OZ = 0) und dem klopffesten Iso-Oktan (OZ = 100). Diese Mischung wird dann mit dem geprüften Kraftstoff verglichen.

octane rating → octane number

octane reference fuel [fuels]

carburant m de référence
Carburant utilisé à des fins de comparaison avec un autre carburant pour déterminer par exemple la résistance à la détonation de ce dernier.

Bezugskraftstoff m
Kraftstoff, der zu Vergleichszwecken herangezogen wird, damit z.B. die Klopffestigkeit eines anderen Kraftstoffs ermittelt werden kann.

odometer (US) → mileometer (GB)

off-roader *(colloq.)* → off-road vehicle

off-road vehicle *(abbr.* **ORV**)
[vehicle]
also: off-roader *(colloq.)*, cross-country vehicle (GB)

véhicule m tout terrain, tout terrain m
Véhicule qui, grâce à sa construction, peut être utilisé hors des routes normales même sur terrains accidentés. Ces véhicules sont employés surtout dans le secteur sportif et militaire.

Geländefahrzeug n, Geländewagen m
Ein Kraftfahrzeug, das sich aufgrund seiner Bauweise für die Fahrt abseits befestigter Straßen eignet. Derartige Fahrzeuge werden vorwiegend im sportlichen und militärischen Bereich eingesetzt.

offset radius [wheels]
also: swivelling radius

déport m au sol
Distance comprise entre le point de contact du pneumatique au sol et le prolongement du pivot de fusée au sol également. Plus elle est courte, plus la direction du véhicule sera aisée.
Si le prolongement du pivot de fusée rencontre le sol du côté extérieur de la roue, le déport au sol est dit négatif. Inversement il est positif, lorsque le même point de rencontre se trouve du côté intérieur de la roue.

Lenkrollhalbmesser m, Rollradius m
Abstand zwischen dem Berührungspunkt des Rades auf der Fahrbahn und der verlängerten Mittellinie der Schwenkachse auf der Bodenlinie (Spreizachse). Je kleiner er ist, um so leichter ist die Lenkung während der Fahrt.
Liegt der Durchstoßpunkt der Spreizachse nach der Radaußenseite, spricht man von einem negativen Lenkrollhalbmesser. Umgekehrt ist der Lenkrollhalbmesser positiv, wenn die verlängerte Mittellinie der Schwenkachse die Fahrbahn vor der Radinnenseite trifft.

OHC, ohc = overhead camshaft

OHC engine, ohc engine → overhead camshaft engine

ohm [units, electrical system]

ohm m
Unité de résistance électrique.
1 Ω = 1 volt/1 ampère.

Ohm n
Einheit des elektrischen Widerstandes.
1 Ω = 1 Volt/1 Ampere.

ohmmeter [instruments]

ohmmètre m
Appareil de mesure de résistance électrique équipé d'un galvanomètre à cadre mobile.

Ohmmeter n, Widerstandsmesser m, Leitungsprüfer m
Gerät mit Drehspulgalvanometer zum Messen von elektrischen Widerständen.

OHV = overhead valve

OHV engine, ohv engine → overhead-valve engine

oil-bath (air) cleaner [engine]

filtre m à air à bain d'huile
Dans ce type de filtre, le flux d'air arrache des gouttelettes d'huile à un bain d'huile qu'il lèche pour en tapisser la cartouche filtrante qui, de cette façon, retient les poussières.

Ölbadluftfilter n
Bei dieser Filterart reißt der Luftstrom Öltröpfchen aus einem Ölbad mit. Der auf diese Weise getränkte Filtereinsatz hält dann den Staub fest.

oil brake → hydraulic brake

oil-carbon deposit [engine]
also: carbon deposit, carbon residue

dépôt m charbonneux, dépôt m de carbone, résidu m charbonneux, calamine f
Particules de carbone résultant d'une combustion incomplète ou de la décomposition de l'huile moteur et qui s'incrustent sur le fond des pistons, les soupapes, les parois de la chambre de combustion et sur les électrodes des bougies d'allumage. La croûte de résidus charbonneux, qui tapisse la chambre d'explosion, en réduit le volume et augmente le taux de compression, ce qui provoque des détonations à la combustion. Les dépots charbonneux constituent également des points chauds pouvant provoquer l'auto-allumage.

Ölkohle f, Ölkohlebelag m, Ölruß m
Kohlenstoffteilchen, die durch unvollständige Ölverbrennung oder durch Ölalterung sich auf den Kolbenböden, an den Ventilen, den Brennraumwänden und den Zündkerzenelektroden festsetzen. Durch den Ölkohlebelag wird der Verbrennungsraum kleiner und das Verdich-

oil change

tungsverhältnis größer, was zum Motorklopfen führt. Heiße Stellen entstehen ebenfalls durch glühenden Ölruß und verursachen Glühzündung.

oil change [maintenance]
(*phrase:* to change the oil)

vidange f d'huile
Renouvellement de l'huile moteur usée ou dont les propriétés lubrifiantes se sont altérées. La vidange d'huile moteur s'effectue à intervalles réguliers selon les instructions du fabricant. La première vidange a lieu au bout de 500 ou 1000 km. Il est recommandé par la suite de renouveler l'huile tous les 5000 ou 10000km.
Phrase: changer d'huile

Ölwechsel m
Erneuerung des im Motorbetrieb verbrauchten bzw. in seinen Schmiereigenschaften schlechter gewordenen Motoröls. Ölwechsel erfolgt in regelmäßigen Zeitabständen nach Betriebsanleitung, zum Beispiel alle 5000 oder 10000 km, erstmals nach 500 bzw. 1000 km.
Wendungen: das Öl wechseln, einen Ölwechsel machen

oil consumption [engine]
also: engine oil consumption

consommation f d'huile
La consommation d'huile moteur est due à la combustion d'une partie de cette huile dans la chambre d'explosion, à son évaporation par le reniflard du carter et à de faibles pertes par fuites. Une consommation d'huile de plus de 1,5 l aux 1000 km est suspecte et peut provenir d'organes de moteur usés.

Ölverbrauch m
Motorschmieröl wird durch Verbrennen im Brennraum, durch Verdampfen über die Kurbelwannenentlüftung und durch geringe Leckverluste verbraucht. Ein Verbrauch von über 1,5 l/1000 km gilt als verdächtig und kann auf verschlissene Motorteile zurückzuführen sein.

oil-control ring → oil scraper ring

oil cooler [lubrication]

réfrigérateur m
Dans les moteurs à refroidissement par air ou très puissants, l'huile moteur doit être refroidie dans un réfrigérateur, car une huile surchauffée se liquéfie et perd son pouvoir lubrifiant.

Ölkühler m
Bei luftgekühlten oder leistungsstarken Motoren wird das Motorenöl in einem Ölkühler abgekühlt, denn erhitztes Öl verliert seine Schmierfähigkeit.

oil dilution [lubrication]

dilution f de l'huile
Par suite de fréquents démarrages à froid ou d'une conduite avec un moteur trop froid, l'huile refluant vers le carter draine des particules de carburant et de l'eau de condensation qui diluent cette huile et altèrent ses propriétés lubrifiantes.

Ölverdünnung f
Durch häufigen Kaltstart bzw. unterkühltes Fahren führt das zur Ölwanne zurückfließende Motorenöl schwersiedende Kraftstoffteilchen und Kondensate mit sich, die dieses Öl verdünnen und dessen Schmierfähigkeit beeinträchtigen.

oil dipper rod → crankcase oil dipstick

oil dipstick → crankcase oil dipstick

oil drain plug → oil sump plug

oil drilling [engine] (See Ill. 9 p. 134)

lumière f de graissage
Ouverture minuscule à travers laquelle l'huile-moteur circule sous pression.

Ölbohrung f
Bohrung, durch welche das Motoröl unter Druck gefördert wird.

oil filter [lubrication]

filtre m à huile, épurateur m
Filtre mis en place dans le circuit fermé de graissage sous pression soit en dérivation, soit en série dans le circuit principal afin de débarrasser l'huile moteur de goudrons, de résidus de combustion, de poussières et de produits charbonneux. Si le filtre est placé en série dans le circuit principal, l'huile de graissage refoulée par la pompe le traversera tout d'abord avant de parvenir aux points de graissage. Ces filtres sont pour la plupart équipés d'un clapet de décharge qui permet, en cas de colmatage du filtre, à l'huile non filtrée d'arriver aux points de graissage. Les filtres en dérivation sont plus serrés et ils ne sont traversés que par une partie de l'huile qu'ils nettoient cependant plus efficacement, alors que la quantité d'huile restante non filtrée s'achemine vers les points de graissage. Le filtre centrifuge quant à lui possède une poulie et il est entraîné par le vilebrequin à l'aide d'une courroie trapézoïdale. Il peut aussi être monté en bout de vilebrequin (moteurs Fiat). L'huile moteur est projetée vers l'extérieur, ce qui permet aux impuretés qu'elle contient de se dégager et, sous l'effet de la force centrifuge, de se comprimer en formant une croûte. Un déflecteur annulaire laisse refluer l'huile débarrassée de ses impuretés vers le centre d'où elle quitte le filtre. Le filtre centrifuge ne requiert pas d'entretien spécial. Il est toutefois recommandé de le nettoyer à l'essence tous les 30 à 50.000 km.

Ölfilter n, Schmierölfilter n, (kurz:) Filter n
Bei der Druckumlaufschmierung sitzen Ölfilter im Hauptstrom oder auch im Nebenstromkreis, damit Teer- und Schmutzteilchen sowie Verbrennungsrückstände und Ölkohle aus dem umlaufenden Öl entfernt werden. Sitzt das Filter im Hauptstrom, so fließt das Schmieröl von der Pumpe zuerst durch das Filter, bevor es zu den Schmierstellen gelangt. Hauptstromfilter haben fast immer ein Kurzschlußventil (Überströmventil, Umgehungsventil), das im Falle einer Verstopfung das ungefilterte Öl zu den Schmierstellen fließen läßt. Im Nebenstrom sitzt ein Feinfilter, das nur einen Teil des Ölstroms allerdings mit größerer Reinigungskraft filtert, während die übrige Ölmenge ungefiltert zu den Schmierstellen fließt. Das Schleuderfilter (Fliehkraftreiniger) besitzt eine Riemenscheibe und dreht sich über einen Keilriemen mit der Kurbelwelle. Er kann aber auch am Kurbelwellenende befestigt sein (Fiat-Motoren). Das Motoröl wird nach außen geschleudert, wobei die schweren Schmutzpartikel ausgeschieden werden und durch die Fliehkraft verkrusten. Das gereinigte Öl wird durch eine Umlenkscheibe nach innen zur Mitte geführt und verläßt die Schleuder. Der Fliehkraftreiniger ist wartungsfrei. Lediglich alle 30 bis 50.000 km wird er mit Benzin ausgewaschen.

oil filter gasket [lubrication]
also: rubber sealing ring

joint m de filtre à huile
Joint annulaire servant à l'échantéité du

filtre à huile sur le carter. Il doit être graissé lors de la mise en place du filtre.

Ölfilterdichtungsring m
Gummiring zum Abdichten des Ölfilters auf dem Motorgehäuse. Er muß beim Einbau des Filters über den ganzen Umfang leicht geschmiert werden.

oil gage (US) *or* **gauge** (GB) → crankcase oil dipstick

oil gun → oil suction gun

oiliness [lubricants]
also: lubricity

onctuosité f
Pouvoir d'un lubrifiant d'adhérer sur les surfaces métalliques. Cette aptitude dépend de sa structure moléculaire et de sa viscosité.

Schmierfähigkeit f, Lubrizität n
Fähigkeit eines Schmiermittels, auf Metallflächen zu haften. Die Schmierfähigkeit ist weitgehend vom Molekulargefüge und von der Viskosität des Schmiermittels abhängig.

oil-in gasoline lubrication → mixture method lubrication

oilless bearing → self-lubricating bearing

oil level dipstick → crankcase oil dipstick

oil level gage (US) *or* **gauge** (GB) → crankcase oil dipstick

oil level rod → crankcase oil dipstick

oil level plug [transmission]
also: top-up plug

bouchon m de remplissage et niveau du carter de la boîte de vitesses
Bouchon vissé sur le carter d'une boîte de vitesses, dont l'ouverture permet de surveiller et de compléter au besoin le niveau d'huile. Dans certains véhicules la boîte de vitesses et le différentiel on un bain d'huile commun.

Ölstandskontrollschraube f des Getriebes, Einfüllschraube f des Getriebes
Schraube am Getriebegehäuse zur Kontrolle des Ölstandes im Getriebe bzw. zum Nachfüllen von Getriebeöl. Es gibt Wagen, in denen das Wechselgetriebe und das Ausgleichgetriebe eine gemeinsame Ölfüllung besitzen.

oil light → oil pressure indicator lamp

oil pan (US) → crankcase bottom half

oil pistol → oil suction gun

oil pressure [lubrication]

pression f de l'huile
Pression de l'huile dans le moteur, normalement compris entre 3 et 5 bar. Pour le contrôle de la pression de l'huile, les voitures sport en particulier sont équipées d'un manomètre d'huile.

Öldruck m
Der Druck des Schmieröls im Motor. Er beträgt im Normalfall zwischen 3 und 5 bar. Zur Überwachung des Öldrucks ist besonders bei sportlichen Fahrzeugen oft ein Öldruckmesser am Armaturenbrett oder als Zusatzgerät vorhanden.

oil pressure gage (US) *or* **gauge** (GB) [instruments]

manomètre m d'huile
Instrument indicateur du tableau de bord

signalant la pression de l'huile moteur. En vitesse de croisière, la pression de l'huile varie entre 3 et 5 bars. Il existe des manomètres d'huile mécaniques et électriques.

Ölmanometer n
Anzeigeinstrument am Armaturenbrett, das über den Motoröldruck Aufschluß gibt. Bei Normalfahrt schwankt der Öldruck zwischen 3 und 5 bar. Ölmanometer gibt es in mechanischer und elektrischer Ausführung.

oil pressure indicator lamp [instruments]
also: oil pressure warning light, oil warning light, oil light

témoin m de pression d'huile, voyant m de pression d'huile
Voyant lumineux fixé sur le tableau de bord pour le contrôle de la pression de l'huile refoulée par la pompe à huile. Il s'allume lorsqu'il n'y a pas de pression et doit s'éteindre dès le moteur lancé.

Öldruckkontrolleuchte f, Öldruckkontrollicht n
Leuchtanzeige in der Instrumententafel zur Überwachung des Förderdrucks der Ölpumpe. Sie leuchtet auf, solange kein Öldruck vorhanden ist. Beim Anlassen muß sie sofort erlöschen.

oil pressure pump [suspension]

pompe f haute pression
Dans la suspension hydropneumatique, la pompe haute pression est alimentée par le réservoir hydraulique et entraînée par le moteur du véhicule. Elle débite dans le correcteur de hauteur via un conjoncteur-disjoncteur-accumulateur.

Druckölpumpe f
In der hydropneumatischen Federung wird die Druckölpumpe vom Ölbehälter mit Flüssigkeit versorgt und vom Fahrzeugmotor angetrieben. Sie fördert das Spezialöl in den Höhenkorrektor über einen Druckspeicher.

oil pressure relief valve [lubrication]
also: relief valve

clapet m de sûreté
Dans le système de graissage sous pression il peut se produire une surpression accidentelle au-delà de 2 - 6 bars. Dès lors un clapet de sûreté intercalé entre la pompe à huile et le filtre s'ouvrira pour permettre à l'huile excédentaire de refluer dans le carter.

Überdruckventil n, Ölüberdruckventil n, Druckregelventil n
Bei der Druckumlaufschmierung kann der Umlaufdruck von 2 - 6 bar überschritten werden. Dabei öffnet sich das zwischen Ölpumpe und Ölfilter angeordnete Ölüberdruckventil, das den Ölüberschuß in die Ölwanne zurückfließen läßt.

oil pressure sensor → oil pressure switch

oil pressure switch [lubrication]
also: oil pressure sensor, oil sensor

manocontact m d'huile
Manocontact qui allume un voyant lorsque la pression de l'huile moteur diminue ou en cas de perte d'huile.

Öldruckschalter m
Auf Druck reagierender Schalter, der bei absinkendem Öldruck oder fehlendem Schmieröl eine Ölkontrollampe aufleuchten läßt.

oil pressure warning light → oil pressure indicator lamp

oil pump [engine] (*see also:* gear pump, rotor-type pump)

pompe f à huile
Pompe ayent la tâche de faire circuler l'huile dans le moteur pout lubrifier ce dernier. Cette pompe est souvent une pompe à engrenages.

Ölpumpe f
Eine Pumpe, die das Schmieröl im Motor in Umlauf bringt. Oft handelt es sich dabei um eine Zahnradpumpe.

oil pump filter → oil pump strainer

oil pump screen → oil pump strainer

oil pump spindle [engine]
(See Ill. 21 p. 250, Ill. 29 p. 436)

arbre m de commande de la pompe à huile
Arbre commandé par l'arbre à cames et qui entraîne l'un des deux pignons de la pompe (pompe à engrenages). Dans la pompe à rotors, l'arbre de commande entraîne le rotor intérieur.

Ölpumpenwelle f
Welle, die von der Nockenwelle mitgenommen wird und eines der beiden Zahnräder der Pumpe (Zahnradpumpe) antreibt. In der Exzenterpumpe wird der Innenrotor von der Ölpumpenwelle angetrieben.

oil pump strainer [engine]
(See Ill. 17 p. 202)
also: oil pump filter, oil pump screen, oil strainer, wire-mesh strainer, sump filter

crépine f d'huile, crépine f de filtrage, crépine f d'aspiration, tamis m métallique

Tamis disposé dans le carter sur l'aspiration à l'entrée de la pompe à huile.

Ölpumpensieb n, (kurz:) Sieb n, Ölgrobfilter n
Sieb in der Ölwanne auf der Saugseite der Zahnradölpumpe.

oil refining [chemistry, fuels]

raffinage m de produits pétroliers
Le raffinage englobe les diverses étapes de la fabrication des produits pétroliers. Les opérations fondamentales auxquelles recourt le raffinage de produits pétroliers peuvent se résumer schématiquement en opérations de distillation, de transformation moléculaire (craquage, reformage) et d'épuration.

Erdölraffination f
Alle verfahrenstechnischen Schritte zur Verarbeitung von Erdöl.
Zu den Hauptverfahren der Erdölraffination gehören schematisch die Destillation, die Konversionsverfahren (Cracken, Reformieren) sowie die Reinigungsverfahren.

oil reservoir [suspension]

réservoir m hydraulique
Réservoir d'huile spéciale qui, dans la suspension oléo-pneumatique, alimente la pompe HP. Lorsque la caisse se relève, l'huile repoussée par la pression de l'azote reflue dans le réservoir hydraulique.

Ölbehälter m, Vorratsbehälter m
Behälter, der bei der hydropneumatischen Federung die Drucköpumpe mit Flüssigkeit versorgt. Beim Anheben des Wagenaufbaus fließt das vom Gasdruck verdrängte Spezialöl in den Ölbehälter zurück.

oil reservoir [lubrication]

réservoir m hydraulique
Réservoir d'huile-moteur sur lequel sont branchées und pompe de pression et une pompe de vidange dans le système de graissage à carter sec.

Ölbehälter m, Vorratsbehälter m
Behälter mit Motorölfüllung, an dem eine Druck- und eine Saugpumpe bei der Trockensumpfschmierung angeschlossen sind.

oil scraper ring [engine]
(See Ill. 26 p. 378)
also: scraper ring, oil-control ring

segment m racleur
Segment ou cercle élastique le plus bas empêchant l'huile de pénétrer dans la chambre de compression. Il fait ainsi obstacle à la formation de calamine et, par conséquent, à l'encrassement des bougies. L'huile excédentaire est raclée sur la paroi du cylindre et reflue dans le carter moteur par l'intérieur du piston. Dans les versions diesel on rencontre fréquemment deux segments racleurs.

Ölabstreifring m, Ölabstreifer m
Unterster Kolbenring, der das Eindringen des Öls in den Verdichtungsraum verhindert. Somit vermindert er die Bildung von Verbrennungsrückständen sowie die Verschmutzung der Zündkerzen. Das überschüssige Öl wird abgestreift und fließt über das Kolbeninnere in die Ölwanne zurück. Bei Dieselmotoren sind meistens zwei Ölabstreifringe vorhanden.

oil sensor → oil pressure switch

oil sludge [lubrication]
also: sludge

cambouis m
Résidus boueux de dépôts charbonneux et de particules métalliques provenant de l'usure de pièces mécaniques et se trouvant dans le fond du carter moteur. Ils sont éliminés par filtrage.

Ölschlamm m
Rückstände aus Ölruß und Metallabrieb im Ölsumpf. Sie werden durch Ölfilter zurückgehalten.

oil strainer → oil pump strainer

oil suction gun [maintenance]
also: oil gun, oil pistol

seringue f
Seringue servant à aspirer et à injecter de l'huile fraîche dans les parties difficiles d'accès (boîte de vitesses, pont arrière).

Öleinfüllpistole f, Ölspritzpistole f
Gerät zum Absaugen bzw. zum Einspritzen von Frischöl an schwer zugänglichen Stellen (Getriebe, Hinterachse).

oil sump → crankcase bottom half

oil sump drain plug → oil sump plug

oil sump plug [engine]
(See Ill. 17 p. 202)
also: oil drain plug, oil sump drain plug, sump drain plug, drain plug

bouchon m de vidange du carter,
bouchon m du carter inférieur
Bouchon avec joint métallique d'étanchéité vissé sur le demi-carter inférieur du vilebrequin.

Ölablaßschraube f, Ölablaßstopfen m
Schraube mit Metalldichtung am Kurbelgehäuseunterteil (Ölwanne).

oil temperature gage (US) *or* **gauge** (GB) → oil thermometer

oil thermometer [instruments]
also: oil temperature gage (US) or gauge (GB)

thermomètre m d'huile
Thermomètre permettant de faire la lecture de la température de l'huile moteur.

Ölthermometer n
Thermometer, an dem die Temperatur des Motorschmieröls abgelesen werden kann.

oil thrower [engine]

anneau m pare-fluide
Anneau d'un vilebrequin empêchant l'huile d'être projetée le long de l'axe du vilebrequin.

Ölspritzring m
Ring auf der Kurbelwelle, der eine Ölströmung entlang der Welle verhindert.

oil trap

déshuileur m, séparateur m d'huile
Cylindre vertical disposé entre le compresseur et le réservoir. Il est prévu pour le dépôt de l'huile et des vapeurs d'eau drainés par l'air comprimé refoulé par le compresseur. Il est pourvu à sa partie inférieure d'un robinet de vidange.

Entöler m
Senkrecht angeordneter Zylinder zwischen Luftpresser und Luftbehälter. Dort setzen sich Öl und Wasserdampf aus der Druckluft ab, die aus dem Luftpresser strömt. Er ist unten mit einem Ablaßhahn versehen.

oil warning light → oil pressure indicator lamp

Oldham coupling [mechanical engineering]
also: double-slider coupling

joint m d'Oldham, accouplement m d'Oldham
Mode d'articulation proche du joint de Cardan, appliqué au cas où les arbres à relier ne sont pas parfaitement alignés, mais bien légèrement parallèles l'un à l'autre. Il est constitué par deux plateaux, chacun solidaire de l'un des arbres, et d'un disque intermédiaire. Chaque plateau possède une rainure diamétrale de section rectangulaire dans laquelle s'engage chacune des glissières du disque intermédiaire.
Ces deux glissières, disposées de part et d'autre du disque, sont décalées de 90°.

Oldham-Kupplung f, Kreuzscheibenkupplung f
Dem Kardangelenk nahestehende Kupplungsart, die jedoch nur dann verwendet wird, wenn die zwei zu verbindenden Wellen nicht genau in einer Flucht, sondern leicht parallel zueinander liegen. An jedem Wellenende sitzt eine Kupplungsscheibe mit einer rechteckigen Nut über den ganzen Durchmesser. In jeder Nut gleitet ein Zwischenstück, Kreuzscheibe genannt, die beiderseits je eine Gleitfeder aufweist. Beide Gleitfedern sind gegeneinander um 90° versetzt.

onboard computer [electronics]

ordinateur m de bord,
micro-ordinateur m embarqué
Micro-ordinateur embarqué à bord d'une automobile qui donne au conducteur toutes les informations sur le bon fonctionnement du véhicule et des ses éléments importants.

Bordcomputer m

Ein elektronischer Rechner, der dem Fahrer über eine Anzeige am Armaturenbrett etc. ständig Informationen über den aktuellen Betriebszustand des Fahrzeugs sowie über andere wichtige Funktionsgruppen liefert.

one-hole nozzle → single-hole nozzle

one-way clutch → freewheel clutch

opacimeter [emission control]
also: smoke opacimeter

opacimètre m
Instrument pour contrôler l'opacité des gaz d'échappement des moteurs diesel; l'opacité sert à déterminer le pourcentage de suie.

Opazimeter n, Trübungsmesser m
Instrument für die Messung der Rußanteile in den Abgasen von Dieselmotoren.

open-chamber diesel engine → solid injection diesel engine

open-end double-head wrench [tools]
also: double-end open wrench

clé f à double fourche
Clé de serrage à double fourche dont les ouvertures sont différentes.

Doppelmaulschlüssel m, Doppelgabelschlüssel m
Schraubenschlüssel mit zwei verschiedenen Maulweiten.

open-end slugging wrench [tools]

clé f à fourche à frapper
Clé à fourche pour travaux d'assemblage particulièrement difficiles. Ouvertures échelonnées de 30 à 175 mm.

Schlag-Maulschlüssel m, Schlag-Gabelschlüssel m
Schraubenschlüssel für besonders schwere Montagearbeiten. Maulweiten von 30 bis zu 175 mm.

opening of the throttle [carburetor]

ouverture f du papillon (de gaz)
L'ouverture du papillon des gaz est commandée par la pédale d'accélérateur. Une ouverture plus grande produit une accélération du véhicule.

Drosselklappenöffnung f
Die Drosselklappenöffnung wird vom Gaspedal aus gesteuert. Je mehr die Drosselklappe geöffnet wird, desto mehr beschleunigt das Fahrzeug.

operating lever → gearshift lever

opposed-cylinder engine → flat engine

optical overtake signal → headlight flasher

optical wheel-alignment analyzer [instruments]

appareil m à projection lumineuse pour le contrôle des trains avant et arrière
Appareil de contrôle dont le système optique comprend un projecteur fixe et un miroir de roue mobile.

optisches Achsmeßgerät, optisches Achsvermessungsgerät
Gerät für die Achsvermessung. Das optische System umfaßt einen festen Meßprojektor sowie einen verstellbaren Radspiegel.

orifice nozzle [diesel engine]
also: hole-type nozzle

O-ring

injecteur m à trou(s)
Injecteur à un seul trou ou à plusieurs trous utilisé dans les moteurs diesel.

Lochdüse f
Düse mit einem einzigen Spritzloch oder mehreren Spritzlöchern bei Dieselmotoren.

O-ring [mechanical engineering]

joint m torique
Joint d'étanchéité élastique de section ronde.

O-Ring m, Runddichtring m, Rundschnurring m, Runddichtung f
Elastischer Dichtring mit Kreisquerschnitt.

ORV = off-road vehicle

oscilloscope [instruments]

oscilloscope m cathodique
Appareil de contrôle électronique permettant d'obtenir des oscillogrammes des circuits primaire et secondaire d'un allumage. L'oscilloscope comporte principalement un tube à rayons cathodiques et une série d'éléments servant à produire, à diriger et à faire apparaître un faisceau d'électrons sur l'écran du tube cathodique. Les modèles les plus simples ont trois cordons, le premier pour le circuit primaire, le second pour le circuit secondaire et le troisième pour la mise à la masse.

Oszilloskop n, Zündungsoszillograf m, Katodenstrahloszillograf m
Elektronisches Gerät zur Prüfung des Primär- bzw. Sekundärstromkreises einer Zündanlage. Das Oszilloskop enthält eine Katodenstrahlröhre sowie eine Anzahl von Bauteilen zur Erzeugung, zur Ablenkung und zum Sichtbarmachen eines Elektronenstrahls auf dem Schirm. Bei der einfachen Bauart gibt es zwei Meßschnuren, je eine für den Primär- und den Sekundärstromkreis und ein Massekabel.

Otto cycle → four-stroke process

Otto engine → internal combustion engine

outer dead center (US) *or* **centre** (GB) → top dead center (US) or centre (GB)

outer gasket → spark plug gasket

outer rotor [lubrication]
(See Ill. 29 p. 436)

rotor m extérieur
Rotor à lobes femelles d'une pompe à rotor excentré (pompe à huile), dans lequel tourne le rotor intérieur.

Außenrotor m
Innenverzahnter Rotor einer Rotorpumpe (Ölpumpe), in dem sich der außenverzahnte Innenrotor dreht.

outer synchromesh sleeve → synchronizer sleeve

outer wheel [wheels]
also: outside wheel

roue f extérieure
Roue d'un véhicule qui, dans un virage, décrit une plus grande courbe que la roue opposée du même train.

kurvenäußeres Rad, außenliegendes Rad (bei Kurvenfahrt)
Das Rad eines Fahrzeuges, das beim Befahren einer Kurve einen größeren Weg zurücklegt als das gegenüberstehende Rad der gleichen Achse.

outlet port [engine]

lumière f d'échappement
Ouverture ménagée dans le cylindre d'un moteur deux temps et que débouche le piston lors de sa course descendante permettant aux gaz brûlés de s'échapper.

Auslaßschlitz m
Öffnung im Zylinder eines Zweitaktmotors, die beim Abwärtsgang des Kolbens freigegeben wird, so daß die verbrannten Gase in den Auspuff entweichen können.

outlet valve → exhaust valve

output cylinder → clutch output cylinder

output per unit of displacement → liter output

output shaft → third motion shaft

outside diameter of minimum turning circle → turning circle

outside mirror [equipment]
also: side mirror (US), wing mirror (GB), door mirror

rétroviseur m (extérieur)
Miroir monté sur l'aile ou sur le montant frontal d'une fenêtre latérale d'une automobile qui permet au conducteur d'observer le trafic en arrière.

Außenrückspiegel m, Außenspiegel m, Spiegel m
Ein an einem Kotflügel oder am vorderen Holm eines Seitenfensters montierter Spiegel, der es dem Fahrer ermöglicht, den Verkehr hinter ihm zu beobachten.

outside wheel → outer wheel

overcar aerial (GB) → roof antenna (US)

overcar antenna (US) → roof antenna (US)

overdrive *n* [transmission]
also: overspeed drive, overdrive transmission

surmultiplicateur m, overdrive m, boîte f de vitesses avec vitesse sur-multipliée
Boîte de vitesses complémentaire donnant une vitesse de l'arbre de transmission supérieure à celle de l'arbre moteur.

Overdrivegetriebe n, Schongang m, Spargang m, Schnellgang m, Ferngang m
Zuschaltbares Schnellganggetriebe, mit dem eine größere Abtriebsdrehzahl als die Motordrehzahl erreicht werden kann.

overdrive transmission → overdrive *n*

overflow oil line connection [diesel engine] (See Ill. 25 p. 352)
also: leak-off adaptor

raccord m de retour
La faible quantité de combustible s'infiltrant entre l'aiguille de l'injecteur et sa buse reflue au réservoir par un raccord de retour fixé sur le porte-injecteur.

Leckölanschluß m
Die geringfügige Dieselkraftstoffmenge, die zwischen Düsenkörper und Düsennadel durchleckt, fließt über eine Leckölleitung in den Kraftstoffbehälter zurück.

overflow pipe [diesel engine]

conduite f de décharge, tuyauterie f de trop-plein
Dans un circuit d'alimentation en com-

overflow pipe

bustible, la canalisation de trop-plein relie la soupape de décharge au réservoir de gas-oil.

Überströmleitung f
In einer Dieselkraftstoffanlage verbindet die Überströmleitung das Überströmventil mit dem Kraftstoffbehälter.

overflow pipe [cooling system]
also: radiator overflow

conduite f de décharge, tuyauterie f de trop-plein
Tube maintenant le réservoir supérieur d'un radiateur à la pression atmosphérique.

Überströmleitung f
Rohr, das den oberen Wasserkasten eines Kühlers unter atmosphärischem Druck hält.

overflow valve [fuel system]

soupape f de décharge
Soupape accolée au filtre à combustible ou montée sur la chambre d'aspiration d'une pompe à injection. Son rôle est de maintenir une pression d'environ 1 bar dans le circuit d'alimentation en combustible et de faire refluer dans le réservoir l'excédent de gasoil pompé. On trouve également une soupape de surpression dans les filtres à huile à passage total.

Überströmventil n
Ventil am Kraftstofffilter bzw. am Saugraum einer Einspritzpumpe. Aufgabe des Überströmventils ist es, einen Vordruck von ca. 1 bar in der Anlage beizubehalten und den Kraftstoffüberschuß zum Behälter zurückfließen zu lassen. Ein Überströmventil gibt es auch bei den meisten Hauptstromfiltern.

overhead camshaft *(abbr.* **OHC, ohc**) [engine]

arbre m à cames en tête (abr. A.C.T.)
Arbre à cames monté au-dessus des cylindres et commandant les soupapes d'en haut.

obenliegende Nockenwelle
Eine Nockenwelle, die oberhalb der Zylinder angebracht ist und die Ventile von oben steuert.

overhead camshaft engine [engine]
also: OHC engine, ohc engine

moteur m à arbre à cames en tête, moteur m A.C.T.
Moteur à arbre à cames en tête à attaque directe ou indirecte.

Motor mit obenliegender Nockenwelle, ohc-Motor, OHC-Motor m, obengesteuerter Motor mit obenliegender Nockenwelle
Obengesteuerter Motor mit direktwirkender oder indirektwirkender obenliegender Nockenwelle.

overhead earth electrode [ignition]

électrode f frontale, électrode f en bout
Electrode de masse qui, dans une bougie d'allumage, se place en dessous de l'électrode centrale. Elle se distingue par une usure relativement faible.

Stirnelektrode f
Masseelektrode, die bei Zündkerzen unter der Mittelelektrode liegt. Sie zeichnet sich durch einen geringfügigen Abbrand aus.

overhead line [electrical system]
also: overhead wires, trolley line

ligne f aérienne
Ligne tendue au-dessus de la voie pu-

blique pour l'alimentation de véhicules électriques. Dans le cas de trolleybus, la ligne aérienne est bifilaire en vue de l'acheminement aller-retour d'une tension continue de 500 à 800 volts.

Oberleitung f, Fahrleitung f
Über der Fahrbahn aufgehängte Leitung, die elektrische Triebfahrzeuge mit Betriebsstrom versorgt. Für Obusse sind zwei Fahrdrähte (zweipolige Fahrleitung) für Hin- und Rückleitung von 500 - 800 V Gleichspannung notwendig.

overhead valve *(abbr.* **OHV)** → drop valve

overhead-valve engine [engine]
also: OHV engine, ohv engine, valve-in-head engine, I head engine

moteur m à soupapes en tête
Dans le moteur à soupapes en tête, les soupapes s'ouvrant de haut en bas sont commandées par une tige de poussée et un culbuteur lorsque l'arbre à cames est logé dans le carter. S'il se trouve placé au-dessus des cylindres (arbre à cames en tête), les soupapes sont actionnées soit par les culbuteurs, soit directement par les cames.

obengesteuerter Motor, OHV-Motor, ohv-Motor m
Beim obengesteuerten Motor werden die hängenden Ventile über Stößelstangen und Kipphebel betätigt, wenn die Nockenwelle unten im Kurbelgehäuse liegt. Bei obenliegender Nockenwelle werden die Ventile unmittelbar durch die Nocken oder durch Kipphebel gesteuert.

overhead wires → overhead line

overheating *n* [engine]

surchauffe f (verbe: surchauffer), phénomène m de surchauffe
Phénomène se produisant lorsqu'un moteur devient plus chaud que la température normale de fonctionnement. Une surchauffe prolongée du moteur peut provoquer des dommages sérieux au moteur.

Überhitzung f (Verb: überhitzen)
Das Phänomen, daß ein Motor heißer wird als die normale Betriebstemperatur. Eine längerfristige Überhitzung des Motors kann gravierenden Motorschaden verursachen.

over-inflation [tires]

surgonflage m
En cas de surgonflage des pneumatiques, ceux-ci ne sont plus en contact avec la chaussée que par leur centre où l'usure se marquera le plus. De surcroît les pneumatiques surgonflés perdent leur élasticité et ne sont plus en mesure d'amortir les chocs, qui se transmettent au véhicule.

Reifenüberdruck m
Bei zu hohem Reifenfülldruck hat der Reifen nur in der Mitte Kontakt mit der Fahrbahn, so daß Mittenverschleiß zu befürchten ist. Außerdem ist die Elastizität des Reifens nicht mehr einwandfrei. Die Bodenunebenheiten werden nicht mehr gedämpft, und Stöße übertragen sich auf den Wagen.

overrun *n* [engine]
also: engine braking

phase f de frein moteur
Phase de roulement au cours de laquelle le moteur est entraîné par le véhicule, comme c'est le cas dans les longues descentes.

overrun brake

Schiebebetrieb m, Schiebeleerlauf m
Im Schiebebetrieb wie z.B. bei Bergabfahrt, wird der Motor vom Fahrzeug angetrieben.

overrun brake [brakes]

frein m à inertie
Frein de remorque qui agit de luimême lors du ralentissement du véhicule tracteur en raison de la force d'inertie qui s'exerce sur la remorque.

Auflaufbremse f
Bremse eines Anhängers, die erst beim Verlangsamen des Zugwagens durch die auf den Anhänger ausgeübte Auflaufkraft wirksam wird.

overrunning clutch [starter motor]
(See Ill. 30 p. 445)
also: roller-type overrunning clutch

roue f libre, débrayage m à galet
Pièce qui dans un démarreur à solénoïde débraye le pignon de l'arbre d'induit et le ramène à sa position initiale dès le démarrage du moteur.

Rollenfreilauf m, Klemmrollenfreilauf
In einem Schubschraubtriebanlasser wird das Ritzel mit Hilfe eines Rollenfreilaufs von der Ankerwelle gelöst und nach Anspringen des Motors in seine Ausgangsstellung zurückgebracht.

overspeed drive → overdrive *n*

oversquare engine [engine]
(*opp.:* undersquare engine)
also: short-stroke engine

moteur m super-carré
Moteur dont l'alésage est supérieur à la course.

kurzhubiger Motor, Kurzhubmotor m, Kurzhuber m (colloq.)
Motor mit einem Hubverhältnis Hub: Bohrung kleiner als 1.
Gegenteil: langhubiger Motor.

oversteer *v* [steering]

survirer v
Le véhicule décrit un cercle plus petit que celui correspondant au braquage des roues et l'arrière du véhicule déboîte. En effet, l'angle de dérive est plus important à l'arrière qu'à l'avant. Phénomène généralement propre au groupe propulseur arrière.

übersteuern v
Das Fahrzeug fährt einen kleineren Kreis, als es dem Lenkeinschlag der Räder entspricht, und es drängt mit dem Heck nach außen, weil der Schräglaufwinkel hinten größer ist als vorn. Dies ist oft bei Heckttriebsätzen der Fall.

over-wide tire → super-low-section tire (US)

oxidation inhibitor [lubricants]

inhibiteur m d'oxydation, additif m antioxydant
Additif servant à combattre la corrosion et le vieillissement d'une huile lubrifiante.

Antioxidant n, Oxidationsverzögerer m, Oxidationsinhibitor m, Alterungsschutzstoff m
Zusatzstoff gegen die Korrosion und die Alterung des Schmieröls.

oxidizing catalytic converter → oxidizing converter

oxidizing converter [emission control]
also: oxidizing catalytic converter, two-

way (catalytic) converter, two-way cat (*colloq.*)

pot m catalytique d'oxydation, pot m catalytique 2 voies, convertisseur m (catalytique) à oxydation, convertisseur m à deux voies
Pot catalyseur qui oxyde les CO et les hydrocarbures imbrûlées, mais non les NOx.

Oxidationskatalysator m, Zweiwegkatalysator m, Zweiweg(e)-Kat m (colloq.)
Ein Katalysator, der das Kohlenmonoxid und die unverbrannten Kohlenwasserstoffe oxidiert, aber nicht das NOx.

oxygen sensor → lambda probe

P

pad *n* → disc brake pad

pad carrier [brakes] (See Ill. 13 p. 166)
also: steel backing plate

support m en acier
Support métallique sur lequel est fixée la garniture en matière amiantée ou en métal fritté destinée au freinage par friction.

Belagträger m, Bremssegment n
Metallplatte, worauf der Bremsbelag aus Asbestgewebe bzw. Sintermetall befestigt ist.

pad retaining pin [brakes] (See Ill. 13 p. 166)

clavette f
Clavette servant à la fixation des plaquettes de frein dans l'étrier.

Haltestift m
Stift zum Festhalten von Scheibenbremsbelägen im Bremssattel.

pad thickness → thickness of lining

pad wear → brake lining wear

paint spray can [maintenance]
also: touch-up paint spray

bombe f aérosol de peinture
Récipient avec lequel de la peinture peut être pulvérisée sous pression grâce au gaz propulseur qu'il contient.

Lacksprühdose f
Behälter, womit Autolack mit Hilfe eines mitführenden Treibgases durch eine Düse versprüht wird.

palladium (*abbr.* **Pd**) [emission control]

palladium m (abr. Pd)
Métal précieux utilisé dans les convertisseurs catalytiques.

Palladium n (Abk. Pd)
Ein Edelmetall, daß in katalytischen Konvertern als Katalysator verwendet wird.

palloid tooth system [mechanical engineering]

denture f spirale
Dans ce type de denture, le profil de la dent correspond à la portion d'une spirale.

La hauteur de la dent est identique sur toute la largeur de celle-ci de même que la face en dépouille présente une largeur constante.

Palloid-Verzahnung f, Klingelnbergverzahnung f
Bei der Palloid-Verzahnung entspricht die Zahnform dem Abschnitt einer Spirale. Die Zahnhöhe ist über die ganze Zahnbreite gleich hoch, und der Zahnrücken ist überall gleich breit.

Palmer scan → micrometer screw

Panhard rod [suspension]

barre f Panhard
Barre reliant un côté de la coque à l'extrémité opposée de l'essieu et s'opposant à tout mouvement latéral parasite.

Panhardstab m
Stab mit einem Anlenkpunkt an der Karosserie und einem weiteren am gegenüberliegenden Achsenende. Er überträgt die Seitenkräfte von der Achse auf das Fahrzeug.

paraffin extraction → dewaxing *n*

parallel-arm type suspension [suspension]

suspension f à deux bras transversaux parallèles
Suspension comportant deux bras triangulés parallèles et d'égale longueur. Ce système donne lieu, sous charge, à des variations de voie.

Parallel-Querlenkerradaufhängung f
Doppel-Querlenkerradaufhängung in Parallelogrammform mit zwei gleich langen Dreieckslenkern, die parallel zueinander angeordnet sind. Diese Anordnung bringt bei Belastung des Fahrzeuges Spurweitenänderung mit sich.

parallel capacitor [electrical system]

condensateur m en parallèle, condensateur m en dérivation
Composant utilisé surtout pour le déparasitage des ondes moyennes et longues dans la partie basse tension de l'installation électrique d'un véhicule.

Parallelkondensator m
Kondensator, der vor allem bei der AM-Entstörung (Mittel- und Langwelle) im Niederspannungsteil einer Kfz-Elektroanlage eingebaut wird.

parallel connection [electrical system]
(See Ill. 3 p. 54)
also: paralleling *n*

branchement m en parallèle, montage m en parallèle, couplage m en parallèle
Branchement de plusieurs consommateurs de courant électrique reliés par une borne au pôle positif de la source de tension et par l'autre borne au pôle négatif de cette même source.

Parallelschaltung f, Nebeneinanderschaltung f
Schaltung, bei der mehrere Stromverbraucher mit dem einen Anschluß mit dem Pluspol der Spannungsquelle und mit dem anderen Anschluß mit dem Minuspol verbunden sind.

paralleling *n* → parallel connection

parcel shelf → rear parcel shelf

parcel tray → rear parcel shelf

park braking system → parking brake

parking brake [brakes] *(hand or foot operated)*
also: park braking system, emergency brake

frein m de secours et d'immobilisation, frein m de parking, frein m de stationnement
Frein mécanique (à main ou à pied) qui par un système de leviers et de câbles agit, dans la plupart des cas, sur les roues d'un seul essieu.

Feststellbremse f
Mechanische Bremse, die ein haltendes oder abgestelltes Fahrzeug gegen Wegrollen sichern soll. Die Feststellbremse kann hand- oder fußbetätigt sein.

parking lamp → side-marker lamp (US)

parking light → side-marker lamp (US)

parking lock [transmission]

frein m de parking
Dans une boîte automatique, position de levier sélecteur par laquelle les roues motrices du véhicule sont mécaniquement bloquées.

Parksperre f
Wählhebelstellung in einem automatischen Getriebe, bei der die Antriebsräder des Fahrzeugs mechanisch blockiert sind.

partially-screened spark-plug connector [electrical system]

embout m de bougie d'antiparasitage partiellement blindé
Embout d'antiparasitage droit ou coudé, destiné à la partie haute tension de l'allumage et qui contient une résistance d'amortissement d'environ 1—5 kΩ.

teilgeschirmter Zündkerzenentstörstecker
Entstörmittel in gerader oder abgewinkelter Ausführung für den Hochspannungsteil einer Zündanlage. Es enthält einen Dämpfungswiderstand von ca. 1—5 kΩ.

particulates *pl* [emission control]

particules fpl
Des poussières ou des grains minuscules déposés par les fumées d'échappement.

Partikeln npl
Von den Auspuffabgasen abgelagerte winzigste Staubkörnchen.

particulate trap [emission control]

filtre m de particules, piège m à particules
Dispositif dans la tuyauterie d'échappement capable de capter des poussières ou des grains minuscules déposés par les fumées d'échappement.

Partikelfilter n
Eine Vorrichtung in der Abgasleitung. die die von den Auspuffabgasen abgelagerten winzigsten Staubkörnchen auffängt.

part load [engine]

charge f partielle
Il y a charge partielle dans la marche d'un moteur lorsque le papillon des gaz n'est que partiellement ouvert, quel que soit le régime du moteur.

Teillast f
Bei den Betriebsbedingungen eines Verbrennungsmotors liegt Teillast vor, wenn die Drosselklappe zum Teil geöffnet ist, wobei die Motordrehzahlen unterschiedlich sein können.

part load enrichment [carburetor]

enrichissement m à charge partielle, enrichissement m aux charges partielles
Système dans le carburateur qui fournit un mélange plus riche quand le papillon de gaz est ouvert à fond.

Teillastanreicherung f
Ein System, das bei teilweise geöffneter Drosselklappe für ein reicheres Gemisch sorgt.

parts per million (*abbr.* **ppm**) [emission control]

particules f pl par million (abr. p.p.m.)
Une unité pour indiquer les très petites concentrations des polluants dans l'atmosphère.

ppm (parts per million)
Eine Einheit, in der geringe Konzentrationen von Schadstoffen angegeben werden.

passenger car [vehicle]
also: car

voiture f, automobile f, véhicule m automobile, auto f, voiture f particulière (terme officiel)
Véhicule destiné à la transportation de personnes qui peut avoir 8 postes au maximum (y compris le conducteur).

Personenkraftwagen m, Pkw m
Ein zur Beförderung von Personen bestimmtes Kraftfahrzeug, das nicht mehr als 8 Plätze (einschließlich Fahrersitz) aufweisen darf.

passenger cell → passenger compartment

passenger compartment [vehicle body]

also: passenger cell

habitacle m, compartiment m passagers
Partie d'une automobile qui héberge le conducteur et les passagers.

Fahrgastraum m, Fahrgastzelle f
Der Teil des Fahrzeugs, der den Fahrer und die Passagieren aufnimmt.

passenger seat [vehicle construction]

siège m passager
Le siège à coté du siège conducteur.

Beifahrersitz m
Der Sitz neben dem Fahrersitz.

passing beam → low beam

passing signal light → headlight flasher

passive restraint system [safety]
(*opp.:* active restraint system)

système m de retenue passif
Dispositif pour protéger les occupants d'une automobile en cas de choc, qui ne rend pas nécessaire la coopération active du conducteur et/ou passager pour son efficacité, p.e. le déclenchement du dispositif coussin d'air.

passives Rückhaltesystem, passive Rückhalteeinrichtung
Ein Rückhaltesystem, das keinerlei Mitwirkung des Fahrers bzw. Passagiers erfordert, damit es wirksam wird; z.B. das Auslösen des Airbags.

passive security [safety]

sécurité f passive
Ensemble de mesures prises par le constructeur automobile et qui concourent à la sécurité des passagers en cas d'accident. On peut citer notamment l'habitacle,

la ceinture, la colonne de direction et les arceaux de sécurité de même que l'appuitête, le siège pour enfants, le volant absorbeur d'énergie, etc.

passive Sicherheit
Passive Sicherheit wird durch Konstruktionsmerkmale am Fahrzeug gewährleistet, damit bei Unfällen alle Insassen vor schweren Körperverletzungen geschützt werden. Dazu gehören u.a. die Sicherheits-Fahrgastzelle, der Sicherheitsgurt, die Nackenstütze, der Kindersitz, das Sicherheitslenkrad, die Sicherheitslenksäule, die Überrollbügel usw.

payload [vehicle]

charge f utile
Poids admissible que la charge d'une véhicule de transport peut avoir.

Nutzlast f
Das zulässige Gewicht der Ladung eines Transportfahrzeugs.

payload space → loading space

Pd = palladium

pedal *n* [mechanical engineering]
(See Ill. 16 p. 196, Ill. 5 p. 70)

pédale f
Levier servant à déclencher ou à transmettre un mouvement à l'aide du pied.

Fußpedal n, Fußhebel m
Hebel zur Übertragung oder Auslösung einer Bewegung mit dem Fuß.

pedal-type brake valve → treadle brake valve

pellet-type catalytic converter [emission control]

pot m catalytique à pellets
Pot catalyseur spécial utilisé sur les poids lourds. Sa couche catalytique consiste en pellets (petites boules) céramiques.

Schüttgutkatalysator m
Ein spezieller Katalysator, der insbesondere bei Schwerlastfahrzeugen verwendet wird. Seine katalytische Schicht besteht aus einer Art keramischen Kieseln (pellets).

pencil-type glow plug (US)
→ sheathed-element glow plug

penetrating oil [maintenance]

huile f pénétrante, huile f dégrippante
Solvant en aérosol utilisé contre la rouille et pour dégripper les boulons récalcitrants.

Kriechöl n
Lösungsmittel in Sprühdosen für starken Rost und festsitzende Schrauben.

peripheral speed → circumferential speed

petrol (GB) → gasoline (US)

petrol-air mixture (GB) → explosive mixture

petrol can (GB) → jerry-can

petrol container (GB) → jerry-can

petrol engine (GB) → gasoline engine (US)

petroleum [chemistry, fuels]
also: crude oil

pétrole m brut, brut m
Mélange liquide de divers hydrocarbures.

petroleum jelly 374

Il contient 84 à 87% de carbone, 11 à 14% d'hydrogène, 3% d'oxygène, 1% de soufre et 0,5% d'azote.

Erdöl n, Rohöl n, Petroleum n
Flüssiges Gemisch verschiedener Kohlenwasserstoffe. Erdöl enthält in etwa 84 bis 87% Kohlenstoff, 11 bis 14% Wasserstoff, 3% Sauerstoff, 1% Schwefel und 0,5% Stickstoff.

petroleum jelly → battery terminal grease

petrol filler cap (GB) → filler cap

petrol filter (GB) → gasoline filter (US)

petrol gauge (GB) → fuel gage (US)

petrol injection (GB) → gasoline injection

petrol pump (GB) → fuel pump

petrol separator (GB) → gasoline separator (US)

petrol station (GB) → gasoline service station (US)

petrol tank (GB) → gas tank (US)

petrol tank breather (GB) → vent hole

phenolic resin [materials]

résine f phénolique
Résine synthétique obtenue par condensation du phénol ou de ses dérivés avec le formaldéhyde.

Phenolharz n, Phenoplast n
Kunstharz, das durch Kondensation von Phenol oder dessen Derivaten mit Formaldehyd hergestellt wird.

Phillips screw → recessed-head screw

Phillips screwdriver [tools]
also: cross-headed screwdriver

tournevis m à lame cruciforme,
tournevis m cruciforme
Tournevis utilisé pour vis à tête cruciforme.

Kreuzschlitzschraubendreher m,
Schraubendreher m für Kreuzschlitzschrauben
Schraubendreher für Schraubenköpfe mit Kreuzschlitz.

phosphatizing *n* [vehicle body]

phosphatation f
Au terme de l'opération de dégraissage, la coque nue est immergée dans un bain de phosphate de zinc contenant des additifs. Celui-ci dépose une couche protectrice anti-corrosion sur le métal nu, garantissant un accrochage parfait des couches de peinture qui seront appliquées par la suite.

Phosphatierung f
Nach dem Entfetten wird das blanke Karosserieblech in eine Zinkphosphatlösung mit Zusätzen getaucht. An der Oberfläche entsteht eine Korrosionsschutzschicht, die eine Grundlage für nachfolgende Anstriche abgibt.

photoelectric tachometer [instruments]

compte-tours m photo-électrique
Compte-tours fonctionnant sur pile et équipé d'une tête avec lampe et cellule photo-électrique, ne requérant aucune connexion électrique ou mécanique. Un

commutateur permet de sélectionner plusieurs plages de vitesses.
La tête avec la lampe est braquée sur le corps en rotation portant une marque radiale (trait de craie) et la lumière réfléchie est dès lors détectée par la cellule. Ces impulsions sont finalement converties en tr/min par l'appareil indicateur (Système Bosch EFAW 257).

photoelektrischer Drehzahlmesser
Batteriebetriebener Drehzahlmesser mit Lampe und Fotozelle, der keinen mechanischen oder elektrischen Anschluß erforderlich macht. Mit Hilfe eines Schalters können mehrere Drehzahlbereiche gewählt werden.
Der mit einer Markierung (Kreidestrich) versehene Drehkörper wird angestrahlt und das von der Markierung reflektierte Licht von der Fotozelle aufgenommen. Durch das Anzeigegerät werden diese Impulse in U/min umgerechnet. (System Bosch EFAW 257).

PIB = polyisobutylene

pigment [materials]

pigment m
Substance colorée en poudre fine, insoluble dans son milieu de suspension. Grâce à son pouvoir colorant, elle entre dans la préparation de peintures et d'enduits de protection.

Pigment n
Fein disperses Farbmittel, das im Anwendungsmittel unlöslich ist. Aufgrund seiner Farbkraft wird es in der Lackherstellung verwendet.

piling *n* [ignition]

perlage m
Au terme d'un long service il s'opère un transfert de métal sur les faces des vis platinées d'un rupteur donnant naissance à un perlage côté enclume. De ce fait il devient plus malaisé de relever l'entrepointes.

Höckerbildung f
Nach längerer Betriebszeit entsteht durch Metallwanderung ein Höcker am Amboßkontakt eines Zündunterbrechers, so daß das Nachmessen des Kontaktabstands durch diese Anhäufung von Kontaktmetall erschwert wird.

ping *n* (US) → pinking *n*

pinging (US) → pinking *n*

pin insulation [ignition]

isolement m de la tige de connexion
Ciment spécial servant à l'isolation de la tige de connexion d'une bougie d'allumage.

Zündbolzenisolierung f
Spezialkitt zur Isolierung des Zündkerzenmittelbolzens.

pinion [mechanical engineering]

pignon m
La plus petite des roues dentées d'un couple d'engrenages permettant d'obtenir une démultiplication.

Ritzel n
Das kleinere Rad eines untersetzenden Zahnradpaares.

pinion wheels *pl* [transmission]

pignons mpl fixes
Des pignons fixes sur l'arbre intermédiaire. Le premier pignon, qui est également le plus grand, est en prise constante

pinking

avec le pignon de commande de l'arbre primaire.

Vorgelegeräder npl
Festsitzende Zahnräder auf der Vorgelegewelle. An erster Stelle sitzt das größte Vorgelegerad, welches mit dem Antriebsrad auf der Antriebswelle in Dauereingriff ist.

pinking *n* [engine]
also: pinging (US), ping *n* (US), fuel knock, knock *n*, knocking *n*, detonation

cliquetage m du moteur, cliquetis m du moteur
Bruit anormal se produisant dans la chambre de combustion d'un moteur à essence et imputable à l'auto-allumage du mélange carburé non encore atteint par le front de flamme, ce qui aboutit à une combustion heurtée.
Les pressions et les températures excessives qui en résultent diminuent la puissance du moteur et sont de nature à endommager ce dernier.
On peut remédier au cliquetis en utilisant du supercarburant ou en corrigeant l'avance à l'allumage.

Klopfen n, Klingeln n
Hämmerndes oder klingelndes Geräusch in Ottomotoren, das auf Selbstentzündung des von der fortschreitenden Flammenfront noch nicht erreichten Gemischteils zurückzuführen ist, was eine schlagartige Verbrennung zur Folge hat. Wegen der dabei entstehenden Druckspitzen und unzulässig hohen Temperaturen wird die Motorleistung vermindert, und Motorschäden sind zu befürchten. Abhilfe: Kraftstoff mit höherer Oktanzahl verwenden oder den Zündzeitpunkt verlegen.

pin punch [tools]

chasse-goupilles m
Outil proche du chasse-pointes, utilisé cependant pour les goupilles minces.

Splintentreiber m
Werkzeug, das dem Durchschlag nahesteht. Es wird jedoch nur für dünne Splinte verwendet.

pin terminal [electrical system]
also: bullet connector

manchon m de raccordement isolé
Connexion rapide avec éléments mâle et femelle enrobée d'un manchon en matière plastique.

Rundstecker m
Leitungsverbinder (Stecker und Hülse) mit Kunststoffisolierung.

pintle nozzle [diesel engine]

injecteur m à téton
Injecteur utilisé surtout dans les moteurs diesel à préchambre et à chambre de turbulence. Dans ce type d'injecteur, l'extrémité de l'aiguille en forme de téton (cylindrique ou conique) ressort de l'orifice, ce qui permet à cet injecteur d'assurer lui-même son nettoyage. Il ne convient toutefois pas pour l'injection directe.

Zapfendüse f, Einspritzzapfendüse f
Düse, die meist bei Vorkammer- und Wirbelkammermotoren Verwendung findet. Bei diesem Bauteil tritt das zapfenförmige (zylindrische oder konische) Düsenende aus dem Düsenmund, so daß eine selbstreinigende Wirkung erzielt werden kann. Sie ist für die Direkteinspritzung nicht geeignet.

pip *n* [ignition]

perlage m
Au terme d'un long service il s'opère un transfert de métal sur les faces des vis platinées d'un rupteur donnant naissance à un perlage côté enclume. De ce fait il devient plus malaisé de relever l'entrepointes.

Höcker m
Nach längerer Betriebszeit entsteht durch Metallwanderung ein Höcker am Amboßkontakt eines Zündunterbrechers, so daß das Nachmessen des Kontaktabstands durch diese Anhäufung von Kontaktmetall erschwert wird.

pipe still [chemistry]

four m tubulaire
Four dans lequel le pétrole brut est chauffé quelques minutes avant de pénétrer dans la tour de distillation.

Röhrenofen m
Ofen, in dem das Rohöl kurze Zeit erhitzt wird, bevor es in den Destillationsturm gelangt.

piston [engine] (See Ill. 26 p. 378)

piston m
Organe mécanique mobile, animé d'un mouvement rotatif ou de va-et-vient et qui transmet ou reçoit la pression exercée par des fluides sur l'une de ses faces.
Les pistons sont les organes qui animés d'un mouvement de va-et-vient, transmettent à l'embiellage l'effort moteur provoqué par l'explosion. Ils doivent assurer une étanchéité mobile entre la chambre de combustion et le carter du vilebrequin; ils aspirent le flux gazeux, le compriment et transmettent en outre l'excès de chaleur accumulée sur leur calotte lors de la combustion aux parois refroidies des cylindres.

Kolben m
Sich drehendes oder hin- und herbewegendes Maschinenteil, das von flüssigen bzw. gasförmigen Medien unter Druck gesetzt wird oder umgekehrt.
Die sich hin- und herbewegenden Kolben übertragen auf die Kurbelwelle die durch die Verbrennungsgase erzeugte Energie über eine Pleuelstange. Aufgabe der Kolben ist es auch, den Verbrennungsraum gegen das Kurbelgehäuse beweglich abzudichten, das Kraftstoff-Luft-Gemisch anzusaugen und zu verdichten, sowie die bei der Verbrennung am Kolbenboden aufgenommene Wärme an die gekühlten Zylinderwandungen weiterzuleiten.

piston [brakes] (See Ill. 5 p. 70)

piston m
Pièce du cylindre de commande d'un frein hydraulique qui, lors du freinage, refoule le liquide de frein dans les canalisations à travers la soupape à double effet.

Kolben m
Teil am Hauptzylinder einer hydraulischen Bremse, das beim Bremsvorgang die Bremsflüssigkeit im geschlossenen Leitungssystem durch das Bodenventil verdrängt.

piston [carburetor]

piston m
Pièce d'un carburateur à pression constante, soumise à la fois à l'action d'un ressort et à la dépression et qui commande le mouvement de l'aiguille conique servant à doser le débit d'essence.

Kolben m
Federbelastetes bzw. unterdruckgesteuer-

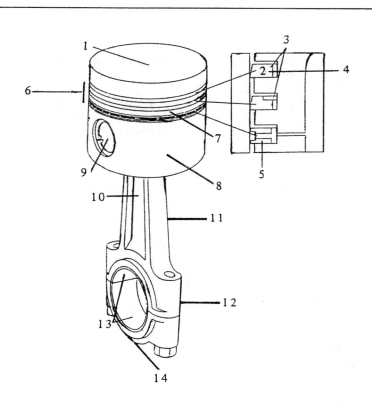

1 piston top
2 piston ring
3 compression ring
4 top piston ring
5 oil scraper ring
6 piston ring zone
7 piston land
8 piston body
9 piston pin
10 connecting rod shank
11 connecting rod
12 connecting rod big end
13 connecting rod bearing
14 connecting rod cap

Ill. 26: piston, a solid-skirt piston

(piston continued)
tes Teil eines Gleichdruckvergasers, das die kegelige Düsennadel zur Dosierung des Kraftstoffs führt.

piston accelerator pump [carburetor]

pompe f de reprise à piston
Pompe de reprise dont le fonctionnement est en tous points semblable à celui de la pompe à membrane, que l'on rencontre plus fréquemment.

mechanisch betätigte Kolbenbeschleunigungspumpe
Eine Beschleunigungspumpe, deren Wirkungsweise genau dieselbe ist wie bei der mechanisch betätigten Membran-Beschleunigungspumpe.

piston body [engine] (See Ill. 26 p. 378)
also: piston skirt, skirt *n (of a piston)*

jupe f de piston
Partie inférieure du piston qui se situe sous les logements de segments et qui absorbe les efforts latéraux. La jupe est légèrement plus large que la tête du piston, car la dilatation est plus importante dans la partie supérieure. Sa température peut atteindre les 130° C.

Kolbenschaft m, Kolbenmantel m, Kolbenhemd n
Unterteil des Kolbens, der bis zum Kolbenringtragkörper reicht und die Seitenkräfte aufnimmt. Der Kolbenschaft ist etwas breiter als der Kolbenkopf, denn die Metallausdehnung ist im oberen Kolbenteil stärker. Er wird im Betrieb auf ca. 130° C erwärmt.

piston boss [engine]

bossage m de piston, bossage m du palier d'axe de piston

Renforcement intérieur de la jupe du piston dans lequel est percé le trou recevant l'axe du piston.

Kolbenbolzenauge n, Kolbenbolzennabe f, Bolzenauge n, Bolzennabe f, Kolbenauge n, Kolbenbolzenlager n
Verstärkung im Kolbenschaft, in der eine Bohrung zur Aufnahme des Kolbenbolzens vorgesehen ist.

piston clearance → piston play

piston crown → piston top

piston damper [carburetor]
also: carburetor damper

amortisseur m hydraulique
Amortisseur à huile fluide disposé dans la cloche d'un carburateur SU et destiné à atténuer les mouvements de pulsation du piston.

Kolbendämpfer m
Ölgefüllter Dämpfer in der Vergaserglocke eines SU-Vergasers. Seine Aufgabe ist es, die Schwingungen des Kolbens abzuschwächen.

piston depressor → piston retracting tool

piston diameter [engine]

diamètre m de piston
Le diamètre du piston indiqué sur la calotte du piston est le diamètre maximum de la jupe.

Kolbendurchmesser m
Der auf dem Kolbenkopf angegebene Kolbendurchmesser ist der größte Schaftdurchmesser.

piston displacement → displacement

piston displacement compressor

piston displacement compressor
[mechanical engineering]

compresseur m à piston
Compresseur à mouvement de piston rectiligne alternatif ou à mouvement de rotation.

Kolbenverdichter m
Verdichter mit hin- und hergehender oder drehender Kolbenbewegung.

piston engine [engine]

moteur m à piston
Moteur dans lequel le piston accomplit un mouvement de va-et-vient entre le point mort haut et le point mort bas.

Hubkolbenmotor m
Kolbenmotor, bei dem der Kolben sich zwischen oberem und unterem Totpunkt aufwärts und abwärts bewegt.

piston engine [mechanical engineering]

moteur m à piston(s)
Moteur dont l'énergie est produit par le mouvement d'un piston ou de plusieurs pistons.

Kolbenkraftmaschine f
Eine Motor, bei dem die Energie durch Bewegung eines oder mehrerer Kolben erzeugt wird.

piston freezing [engine]

grippage m de piston
Le piston finit par se coincer à la suite d'une usure par friction du cylindre. Les causes qui sont à l'origine d'un grippage de piston sont multiples: surchauffe, manque d'huile, défectuosité de la pompe à huile, huile moteur usée ou encrassée, jeu trop serré, manque d'étanchéité des segments de compression, etc.

Kolbenfresser m
Festklemmen des Kolbens im Zylinder infolge eines übermäßigen Materialabriebs. Die wichtigsten Ursachen für das Festsitzen eines Kolbens sind Überhitzung, Ölmangel bzw. defekte Ölpumpe oder verbrauchtes Öl, zu enges Einbauspiel, undichte Kompressionsringe usw.

piston groove [engine]
also: piston ring groove, ring groove

rainure f circulaire, cannelure f, gorge f (porte-segments)
Rainures circulaires parallèles, de section rectangulaire, ménagées dans la partie supérieure du piston et dans lesquelles viennent s'encastrer des cercles élastiques ou segments garantissant l'étanchéité. La rainure de piston dans laquelle se loge le segment racleur est percée de petits trous permettant à l'huile de repasser dans le carter inférieur par l'intérieur du piston.

Kolbenringnut f, Ringnut f
Parallele Ringnuten mit rechteckigem Querschnitt im oberen Kolbenteil, in denen Kolbenringe sitzen, die den Motor abdichten. In der Ringnut zur Aufnahme des Ölabstreifers sind Ölrücklaufbohrungen vorgesehen. Das Öl fließt durch das Kolbeninnere in das Motorgehäuse zurück.

piston head → piston top

piston land [engine] (See Ill. 26 p. 378)

cordon m
Portion du piston comprise entre deux gorges du porte-segments.

Kolbenringsteg m
Kolbenpartie zwischen zwei Ringnuten in der Ringzone.

piston material [engine]

matériau m de piston
Les pistons d'un bloc-cylindres sont réalisés en fonte grise ou en alliage léger. L'alliage léger le plus utilisé est l'alliage d'aluminium avec teneur en silicium, cuivre, nickel et magnésium. Le matériau du piston doit être léger, facilement moulable, avoir un bon frottement avec la paroi du cylindre et être bon conducteur de chaleur afin que le culot du piston ne s'échauffe pas outre mesure en provoquant ainsi de l'auto-allumage.

Kolbenwerkstoff m
Kolben werden aus Grauguß oder Leichtmetall hergestellt. Die meistverwendete Leichtmetallegierung ist die Aluminiumlegierung mit Silizium, Kupfer, Nickel und Magnesium. Kolbenwerkstoffe sollen kein großes Gewicht haben, sich leicht gießen lassen, eine gute Laufeigenschaft und eine gute Wärmeleitfähigkeit besitzen, damit der Kolbenoberteil sich nicht übermäßig erhitzt und Glühzündungen auslöst.

piston pin [engine] (See Ill. 26 p. 378)
also: wrist pin (US), gudgeon pin (GB)

axe m de piston, tourillon m de pied de bielle, axe m de pied de bielle
Tube en acier trempé assurant la liaison articulée entre le piston et la bielle. Il peut être monté libre dans le piston ou libre dans la bielle. Il peut être à la fois libre dans le piston et dans la bielle: c'est le montage flottant.

Kolbenbolzen m
Hohlzylinder aus gehärtetem Stahl, der die gelenkige Verbindung zwischen Kolben und Pleuelstange herstellt. Er ist im Kolben bzw. in der Pleuelstange drehbar oder einfach nur schwimmend gelagert.

piston pin bushing [engine]
also: small end bushing, connecting rod small end bush

bague f de pied de bielle, buselure f d'axe de piston, douille f de pied de bielle
Bague en bronze ou en laiton se trouvant dans le pied de bielle et dans laquelle tourillonne l'axe de piston.

Pleuelbuchse f
Buchse aus Bronze oder Messing. Sie sitzt im Pleuelauge und dient der Aufnahme des schwimmend gelagerten Kolbenbolzens.

piston pin retainer [engine]
also: gudgeon pin retainer (GB)

frein m d'axe de piston
Des circlips ou des joncs d'arrêt sont utilisés pour empêcher que l'axe de piston, en se déplaçant longitudinalement, ne vienne endommager la paroi du cylindre.

Kolbenbolzensicherung f
Sicherungsringe oder Drahtsprengringe sollen verhüten, daß sich der Kolbenbolzen in seiner Längsachse verschiebt und die Zylinderwand zerkratzt.

piston play [engine]
also: piston clearance

jeu m de piston
Comme le piston et le cylindre se dilatent par échauffement, il doit exister un jeu entre ces deux pièces. Dans les moteurs à quatre temps le jeu du piston est de l'ordre de 0,02 à 0,04 mm. Un jeu trop serré aboutit au coincement et au grippage du piston; un jeu trop important entraîne des battements du piston, ce qui provoque des cognements et du cliquetis, accélère l'usure et peut se traduire par une consommation d'huile plus forte.

piston pump

Kolbenspiel n, Kolbenluft f
Nachdem Kolben und Zylinder sich im Betrieb durch Erwärmung ausdehnen, muß zwischen beiden Teilen etwas Spielraum sein. Bei Viertaktmotoren beträgt das Einbauspiel 0,02 bis 0,04 mm. Ist das Einbauspiel zu eng gewählt, führt dies zum Festsitzen des Kolbens (Kolbenfresser). Ist es dagegen zu groß, führt es zum Kolbenkippen, das sich durch Kolbengeräusche, Verschleiß und einen übermäßigen Ölverbrauch bemerkbar macht.

piston pump [fuel system]

pompe f à piston
Pompe à combustible utilisée plus particulièrement dans les moteurs diesel. Suivant leur mode de fonctionnement, on distingue la pompe à piston à simple effet et la pompe à piston à double effet. La pompe à piston est commandée par l'arbre à cames de la pompe d'injection sur laquelle elle est directement montée. Un excentrique agit sur une tige-poussoir, un piston et un ressort qui se comprime. Après que l'excentrique a effectué sa plus grande course, le piston est repoussé par le ressort. De ce fait, une quantité de combustible est refoulée de la chambre de compression de la pompe à piston vers la pompe d'injection. En même temps du gasoil est aspiré du réservoir dans le compartiment d'aspiration de la pompe à piston.

Kolbenpumpe f
Kraftstoffpumpe, die vor allem bei Dieselmotoren Verwendung findet. Je nach der Wirkungsweise gibt es einfach- und doppelwirkende Kolbenpumpen. Die Kolbenpumpe ist unmittelbar an der Einspritzpumpe angebaut und wird von deren Nockenwelle angetrieben. Eine Kolbenfeder wird durch einen Exzenter über Druckbolzen und Kolben zusammengedrückt. Nachdem der Exzenter seinen größten Hub durchlaufen hat, wird der Kolben durch die Kolbenfeder zurückgedrückt, wobei eine Kraftstoffmenge aus dem Druckraum der Kolbenpumpe zur Einspritzpumpe gefördert wird. Gleichzeitig wird Kraftstoff aus dem Kraftstoffbehälter in den Saugraum der Kolbenpumpe angesaugt.

piston resetting tool → piston retracting tool

piston retracting tool [tools]
also: piston resetting tool, piston depressor

outil m à repousser les pistons
Outil spécial utilisé pour repousser les pistons d'un frein à disque lors de l'inspection ou du renouvellement des plaquettes.

Kolbenrücksetzzange f
Sonderwerkzeug zum Wegdrücken der Kolben beim Austausch der Scheibenbremsbeläge.

piston ring [engine] (See Ill. 26 p. 378)
also: ring n *(for short)*

segment m (de piston)
Bague en fonte de section rectangulaire, parfois en acier à haute teneur en carbone et sectionnée en biais, ce qui lui confère une certaine élasticité. On distingue les segments de compression et les segments racleurs. Les segments de compression empêchent le mélange gazeux de passer vers le bas et les vapeurs d'huile de monter dans les chambres d'explosion. Ils transmettent également la chaleur absorbée par le culot du piston aux parois refroidies des cylindres. Les segments racleurs servent surtout à racler l'huile ex-

cédentaire sur la paroi du cylindre et à la faire refluer dans le carter inférieur du moteur.

Kolbenring m
Elastischer Ring aus Guß, manchmal auch aus Stahl mit rechteckigem Querschnitt. Er ist schräg aufgeschlitzt und federt dadurch leicht auf. Es gibt Ölabstreifringe und Verdichtungsringe. Verdichtungsringe dichten den Zylinderraum ab, um einen Gasdurchtritt nach unten und das Eindringen von Öldünsten in den Verbrennungsraum zu verhindern. Sie leiten ebenfalls die vom Kolbenboden aufgenommene Wärme an die gekühlten Zylinderwandungen weiter. Die Ölabstreifringe dienen zum Abstreifen und zum Rückführen des überschüssigen Schmieröls von den Zylinderwandungen in die Ölwanne.

piston ring clamp → piston ring compressor

piston ring compressor [tools]
also: piston ring clamp

collier m à segments
Outil spécial servant à maintenir les segments de piston dans leurs gorges avant l'introduction du piston dans le cylindre.

Kolbenringspannband n, Kolbenringspanner m
Sonderwerkzeug zum Spannen der Kolbenringe in den Kolbenringnuten vor der Einführung des Kolbens in den Zylinder.

piston ring flutter [engine]

vibration f des segments de piston
Vibrations axiales et radiales du segment de piston particulières aux régimes élevés. L'étanchéité du segment n'est plus assurée et il se rompt irrémédiablement.

Kolbenringflattern n, Ringflattern n
Axiale bzw. radiale Schwingungen des Kolbenrings, besonders bei hohen Drehzahlen, die zur unvollkommenen Abdichtung und sogar zum Bruch des Kolbenrings führen.

piston ring gap [engine]
also: ring gap

fente f de segment, coupe f de segment
Les segments de piston sont fendus afin qu'ils puissent être encastrés dans les gorges du culot et présenter une certaine élasticité leur permettant d'épouser le contour du cylindre. Pour éviter une fuite des gaz, on répartit les coupes sur la périphérie du piston (tierçage).

Kolbenringstoß m, Ringstoß m, Stoßfuge f
Kolbenringe sind radial geschlitzt, damit sie in die Kolbenringnuten eingesetzt werden können und eine gewisse Federung erhalten. Um einen Gasdurchtritt zu verhüten, werden die Ringstöße über den ganzen Kolbenumfang versetzt angeordnet.

piston ring groove → piston groove

piston ring pliers [tools]

pince f à segments, expandeur m
Outil spécial servant à saisir et à ouvrir les segments pour les engager dans les gorges du piston.

Kolbenringzange f, Spreizzange f
Sonderwerkzeug, mit dem Kolbenringe erfaßt und gespreizt werden, bevor sie in die Kolbenringnuten eingelassen werden.

piston ring zone [engine]
(See Ill. 26 p. 378)

piston skirt

zone f de segmentation, porte-segments m, culot m de piston
Partie supérieure du piston creusée de gorges circulaires dans lesquelles sont logés les segments.

Kolbenringzone f, Ringzone f, Kolbenringtragkörper m
Oberer Teil des Kolbens, der mit Ringnuten versehen ist, in welchem die Kolbenringe liegen.

piston skirt → piston body

piston slap [engine]

battement m de piston
Si le piston a trop de jeu, il balance d'un côté à l'autre aux points morts haut et bas, ce qui donne lieu à des cognements ou du cliquetis.

Kolbenkippen n
Ist das Einbauspiel des Kolbens zu groß gewählt, kippt er beim oberen und unteren Totpunkt von einer Anlageseite zur anderen, was zu einem hörbaren Klopfen oder Klappern führt.

piston stroke → stroke n

piston top [engine] (See Ill. 26 p. 378)
also: piston head, piston crown

calotte f de piston, sommet m de piston, plateau m de piston, fond m de piston, dessus m de piston
Plateau supérieur plat, bombé ou concave faisant face à la chambre de combustion et soumis à la pression de l'explosion. Dans les moteurs diesel il peut comporter une chambre de combustion et des fraisages pour le logement des soupapes. Il subit des températures de l'ordre de 300°C.

Kolbenboden m
Ebene, gewölbte oder hohle Kolbenoberfläche, die dem Verbrennungsraum zugewendet und dem Brennstrahl ausgesetzt ist. Der Kolbenboden wird bis auf 300°C erhitzt. Bei Dieselmotoren findet man Kolbenböden mit einem Brennraum in der Mitte und Aussparungen für die Ventile.

pit → crankcase bottom half [engine]

pit → inspection pit [maintenance]

pitch n [vehicle construction]

tangage m
Le tangage est un mouvement oscillatoire de la caisse d'un véhicule autour de son axe transversal. Il provoque un déplacement alterné des charges d'un essieu à l'autre.
La fréquence des oscillations (galop) dépend de la distance séparant les deux essieux (empattement).

Nicken n, Längsneigung f, Stampfen n
Schwingbewegung des gefederten Wagenaufbaus um seine Querachse. Dadurch ändert sich die Achslastverteilung. Die Frequenz der Nickschwingungen ist vom Radstand abhängig.

pitch diameter [mechanical engineering]

diamètre m primitif moyen
Diamètre d'un filet se situant entre le diamètre extérieur et le diamètre à fond de filet.

Flankendurchmesser m
Durchmesser eines Gewindes, der zwischen Außen- und Kerndurchmesser gemessen wird.

pitching (motion) [suspension]

oscillation f de galop
Oscillation d'avant en arrière autour de l'axe transversal d'un véhicule.

Nickschwingung, Nickbewegung f
Drehbewegung um die Fahrzeugquerachse.

Pitman arm (US) → drop arm (GB)

pitting *n* [materials]

piqûre f de rouille
Phénomène de corrosion électrochimique locale qui se manifeste par des piqûres isolées et profondes.

Lochkorrosion f, Lochfraß m
Lokal begrenzte galvanische Korrosionserscheinung, die sich durch einzelne, nadelfeine tiefe Löcher bemerkbar macht.

pivoted shackle → spring shackle

pivot pin → kingpin

pivot pin bush → kingpin bush(ing)

plain bearing [mechanical engineering]
also: slide bearing

palier m lisse
Palier servant d'appui à un arbre en rotation, la charge étant absorbée par des coussinets. Il est sujet à une important usure par frottement de glissement.

Gleitlager m
Lager zum Stützen einer rotierenden Welle, wobei der Druck von den Lagerschalen aufgenommen wird. Aufgrund der gleitenden Reibung ist mit hohen Reibungsverlusten zu rechnen.

plain compression ring [engine]

segment m de piston à section rectangulaire
Segment compresseur le plus communément utilisé.

Rechteckring m
Verdichtungsring mit rechteckigem Querschnitt.

plain-skirt piston → solid-skirt piston

planetary gear system → planetary transmission

planetary gears *pl* → planetary transmission

planetary transmission [transmission]
(See Ill. 27 p. 386)
also: planetary gear system, planetary gears *pl*, planet gears *pl*, epicyclic gear

train m épicycloïdal, engrenage m planétaire, train m d'engrenages épicycloïdaux
Le train d'engrenages épicycloïdaux comporte un arbre avec pignon planétaire, une couronne à denture intérieure, des pignons satellites engrenant avec le pignon planétaire et avec la couronne et un porte-satellites sur lequel reposent les satellites.

Planetengetriebe n, Planetenradsatz m, Umlaufgetriebe n
Zum Planetengetriebe gehören die Welle mit dem Sonnenrad, das Hohlrad, die Planetenräder, die in das Sonnenrad und in das Hohlrad eingreifen und der Planetenradträger (Steg), in dem die Planetenräder gelagert sind.

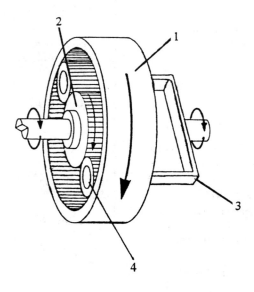

1 annulus
2 sun gear
3 planet carrier
4 planet wheel

Ill. 27: planetary transmission

planet carrier [transmission]
(See Ill. 27 p. 386)

porte-satellites m
Pièce du train epicycloïdal sur laquelle reposent les satellites tournant fous et fixés par des axes.

Planetenradträger m, Steg m
Teil des Planetenradsatzes, auf dem die Planetenräder mittels Achsen frei drehbar gelagert sind.

planet gears *pl* → planetary transmission

planet wheel [transmission]
(See Ill. 27 p. 386)

pignon m satellite, pignon m planétaire
Un train d'engrenages épicycloïdaux comporte un arbre avec pignon planétaire, une couronne à denture intérieure, des pignons satellites engrenant avec le pignon planétaire et avec la couronne et un porte-satellites sur lequel reposent les satellites.

Planetenrad n
Teil eines Planetengetriebes; ein Planetengetriebe besteht aus einer Welle mit dem Sonnenrad, einem Hohlrad, den Planetenrädern, die in das Sonnenrad und in das Hohlrad eingreifen, sowie dem Planetenradträger (Steg), in dem die Planetenräder gelagert sind.

plastic adhesive → synthetic resin glue

plastic bush → insulating bushing

plastic heel → rubbing block

plasticizer [materials]

plastifiant m
Produit liquide ou solide (ester phtalique ou phosphorique) ajouté à une matière telle que la peinture pour en accroître la plasticité. Toutefois le plastifiant se volatilise avec le temps de telle sorte que les granules de peinture s'altèrent, cette peinture prenant dès lors un aspect terne.

Weichmacher m, Plastifikator m
Flüssiger oder fester Zusatz (Phtalsäureester, Phosphorsäureester) in einem Stoff wie z.B. Autolack, der eine höhere Elastizität bewirkt. Mit der Zeit verflüchtigt sich der Weichmacher, die Farbkörnchen stehen spröde ab, was sich am stumpfen Aussehen des Autolacks bemerkbar macht.

plastigage *n* [tools]

jauge f plastique, fil m plastigage, fil m calibré
Pour contrôler le jeu radial des tourillons et des manetons du vilebrequin, on écrase un fil plastique posé dans le sens axial en serrant les vis de chapeau au couple prescrit. La largeur du fil écrasé est alors comparée avec une échelle graduée servant d'emballage.

Plastigage-Kunststoffaden m
Zur Nachprüfung des radialen Lagerspiels am Kurbelwellenlager bzw. am Kurbelzapfen wird ein Plastikfaden nach dem Anziehen der Lagerdeckel mit dem Drehmomentschlüssel gequetscht und dessen Breite mit einem Skalenwert verglichen.

plate shears [tools]

cisaille f à tôle
Outil en forme de ciseaux servant à découper de la tôle mince.

Blechschere f
Stabile, scharfe Schere zum Schneiden dünner Bleche.

platform [vehicle]

plate-forme f
La plate-forme d'un camion est fixée sur le châssis du véhicule. En règle générale, elle comprend des ridelles qui peuvent être rabattues de trois côtés.

Pritsche f, Plattform f
Die Pritsche eines Lastkraftwagens wird mit einem Zwischenbau auf den Rahmen aufgesetzt. Sie besitzt in der Regel nach drei Seiten abklappbare Bordwände.

platforming n [chemistry]
also: platinum reforming process

platforming m
Reformage catalytique d'essences, le catalyseur étant constitué de platine, ce qui permet de réduire fortement la teneur en soufre.

Platforming-Verfahren n, Platformieren n
Katalytische Nachbehandlung von Benzinen über Platin als Katalysator, wobei der Schwefelanteil stark reduziert wird.

platform lorry (GB) [vehicle]
also: flatbed truck (US), board truck (US), sided lorry (GB), lorry (GB) *(for short)*

camion-plateau m à ridelles, camion m plate-forme
Camion dont la plate-forme est encadrée de ridelles pouvant être rabattues de trois côtés. La plate-forme est fixée sur le châssis du véhicule.

Pritschenwagen m, Lastwagen m mit Pritschenaufbau
Lastkraftwagen, dessen Plattform (Pritsche) mit nach drei Seiten abklappbaren Bordwänden umrahmt ist. Die Plattform wird mit einem Zwischenbau auf den Rahmen aufgesetzt.

platinum (*abbr.* Pt) [emission control]

platine m (abr. Pt)
Métal précieux utilisé dans les convertisseurs catalytiques (p.e. sous le forme de mousse de platine).

Platin n (Abk. Pt)
Ein Edelmetall, das in katalytischen Konvertern als Katalysator verwendet wird.

platinum electrode [ignition]

électrode f en platine
Electrode en platine d'une bougie d'allumage. Elle résiste très bien aux sollicitations thermiques extrêmes, car elle est dans une large mesure insensible à l'action corrosive des gaz de combustion.

Platinelektrode f
Zündkerzenelektrode aus Platin. Sie zeichnet sich durch ihre hohe Wärmebelastbarkeit aus, weil sie weitgehend gegen die korrodierende Wirkung von Verbrennungsgasen unempfindlich ist.

platinum reforming process → platforming n

plier n [tools] *(mostly used in plural)*

pince f
Outil constitué par deux mâchoires à levier et servant à saisir, maintenir, serrer, couper, extraire, etc.

Zange f
Werkzeug, bestehend aus zwei Backen, die unter zweifacher Hebelwirkung durch Hebelgriff gegeneinander bewegt werden. Es dient zum Greifen, Festhalten, Spannen, Schneiden, Herausziehen usw.

plug n [electrical system]

fiche f, prise f mâle

Pièce mobile d'une connexion électrique, qui n'est pas reliée à la source de courant.

Stecker m
Bewegliches Teil einer Steckverbindung, die nicht mit der Stromquelle verbunden ist.

plug *n* → spark plug

plug and socket [electrical system]
also: separable connector

connecteur m rapide
Pièce de connexion rapide se présentant sous la forme d'une fiche à languette ou d'un manchon de raccordement isolé.

Steckverbinder m, Steckverbindung f
Lösbare Leitungsverbindung in Form von Flachstecker oder Rundstecker.

plug box → socket outlet

plug gap → electrode gap

plug-in fuse [electrical system]

fusible m à fiches
Fusible à deux languettes de contact.

Flachsteck-Sicherung f,
Euro-Sicherung f
Sicherung mit zwei Kontaktzungen.

plug lead → spark plug lead

plug lead connector
→ spark plug connector

plug outer electrode → ground electrode (US)

plug receptacle → socket outlet

plug spanner (GB) → spark plug socket wrench

plug wrench (US) → spark plug socket wrench

plunger control arm → plunger flange

plunger flange [injection]
also: plunger vane, plunger control arm

doigt m de commande de piston,
méplat m de piston
Méplat se trouvant à l'extrémité inférieure d'un piston de pompe d'injection. C'est sur ce doigt de commande qu'agit la douille de réglage, elle-même actionnée par la crémaillère.

Kolbenfahne f, Kolbenlenkarm m
Unteres Ende des Kolbens eines Pumpenelements in einer Einspritzpumpe. An der Kolbenfahne greift die Regelhülse an, die selbst von der Regelstange verdreht wird.

plunger vane → plunger flange

ply rating (*abbr.* **PR**) [tires]

ply-rating m, nombre m de nappes,
nombre m de plis
Le ply-rating, en abrégé PR, est l'unité de résistance de la carcasse d'un pneumatique.

PR-Zahl f, Ply-Rating n,
Tragfähigkeitskennzahl f
Das Ply-Rating (abgekürzt PR) ist die Maßeinheit für die Belastbarkeit des Reifenunterbaus.

PMMA = polymethylacrylate

pneumatic governor → suction governor

pneumatic tire → tire *n*

point *n* → contact breaker point

point of ignition → ignition point

polishing paste [maintenance]
also: cutting compound

> *pâte f à polir*
> Pâte servant à éliminer les éraflures, le brouillard ou à repolir les peintures ternies. Elle ponce et fait briller en une seule opération.

> *Polierpaste f*
> Paste zum Wegpolieren kleiner Lackoberflächenkratzer, von Sprühnebel oder zum Aufpolieren verwitterter Lackflächen. Sie schleift und poliert in einem Arbeitsgang.

pollutant *n* [emission control]

> *polluant m, produit m nocif, constituant m nocif*
> Les produits nocifs dans les gaz d'échappement sont: le monoxyde de carbon (CO), les hydrocarbures (HC), les oxydes d'azote (NO_x) et les particules de carbone.

> *Schadstoff m*
> Substanzen, die mit den Autoabgasen an die umgebende Luft abgegeben werden. Es handelt sich im wesentlichen um: Kohlenmonoxid (CO), Kohlenwasserstoffe (HC), Stickoxide (NO_x) sowie Rußpartikeln.

pollution [emission control]
also: air pollution

> *pollution f, pollution f de l'air ambiant, pollution f par les automobiles*
> Dans le secteur de l'automobile, présence de produits nocifs dans les gaz d'échappement, surtout le monoxyde de carbone, les oxydes d'azote, les hydrocarbures et les particules de carbone.

> *Verschmutzung f, Luftverschmutzung f*
> Auf dem Automobilsektor die Abgabe von Schadstoffen an die Atmosphäre durch Autoabgase; es handelt sich dabei vor allem um Kohlenmonoxid, Stickoxide, unverbrannte Kohlenwasserstoffe und Rußpartikel.

polyester putty [maintenance]
also: stopper

> *enduit m polyester*
> Résine polyester qui se mélange à la spatule avec un durcisseur et destinée à colmater les bosses, fissures, crevasses, etc. dans le métal aussi bien que dans le bois. Après séchage et prise complète, la partie traitée peut être poncée au papier abrasif à l'eau. Lorsqu'on a affaire à un trou large, on pose sur celui-ci un morceau de tissu en fibre de verre imbibé de résine pour le coller. Pour le colmatage de petits trous, on utilise un enduit polyester armé aux fibres de verre.

> *Polyesterspachtelmasse f*
> Polyesterharz, das mittels eines Rührspatels mit einem Härter vermischt wird. Diese Harzmischung dient zum gleichmäßigen Ausfüllen von Beulen, Nähten und Fugen an Metall und Holz. Nach Ablauf der Trockenzeit bzw. Durchhärtung wird die gespachtelte Stelle mit Wasserschleifpapier feingeschliffen. Bei großen Löchern wird ein mit der Harzmischung durchtränkter Flicken Glasvlies auf die Schadenstelle gelegt, und bei kleinen Löchern genügt eine faserverstärkte Spachtelmasse.

polyisobutylene (*abbr.* **PIB**)
[lubricants]

polyisobutylène m (abr. PIB)
Additif qui améliore l'indice de viscosité d'une huile lubrifiante en la rendant plus insensible aux variations de température.

Polyisobutylen n (Abk. PIB)
Ein Wirkstoff, der das Viskositäts-Temperatur-Verhalten des Schmieröls verbessert, d.h. das Schmieröl temperaturunempfindlicher macht.

polymerization [chemistry]

polymérisation f
Opération consistant à souder plusieurs molécules identiques d'hydrocarbures gazeux et aboutissant à des produits d'un poids moléculaire plus élevé. L'essence de polymérisation se distingue par son grand pouvoir antidétonant.

Polymerisation f
Vereinigung mehrerer gleichartiger Moleküle von gasförmigen Kohlenwasserstoffen zu Makromolekülen, die ein sehr klopffestes Polymerbenzin ergibt.

polymethylacrylate *(abbr. PMMA)*
[lubricants]

polyméthacrylate m (abr. PMMA)
Additif qui améliore l'indice de viscosité d'une huile lubrifiante en la rendant plus insensible aux variations de température.

Polymethacrylat n (Abk. PMMA)
Ein Wirkstoff, der das Viskositäts-Temperatur-Verhalten des Schmieröls verbessert, d.h. das Schmieröl temperaturunempfindlicher macht.

polystyrene [materials]

polystyrène m, polystyrolène m
Haut polymère thermoplastique obtenu par polymérisation du styrène. Il est utilisé pour la fabrication de nombreux accessoires pour voitures automobiles et constitue un excellent isolant électrique.

Polystyrol n
Aus Styrol durch Polymerisation hergestelltes thermoplastisches Hochpolymer. Autozubehörteile werden aus Polystyrol gefertigt. Es ist ein sehr guter elektrischer Isolator.

poor mixture → lean mixture

poppet valve → mushroom valve

porcelain insulator [ignition]
also: china insulator

isolant m en porcelaine
La fabrication d'isolants en stéatite et en porcelaine est de plus en plus abandonnée par les grandes marques en faveur du corindon de concrétion qui a un meilleur pouvoir isolant et une résistance thermique plus élevée. La conductibilité thermique de même que la forme du bec de l'isolant déterminent le degré thermique de la bougie d'allumage.

Porzellanisolator m
Anstelle der früheren Porzellan- und Steatitisolatoren werden heute Isolierkörper mit größerem Isoliervermögen aus Sinterkorund hergestellt. Ihre Wärmeleitfähigkeit sowie die Form des Isolatorfußes bestimmen den Wärmewert einer Zündkerze.

positive camber [wheels]
(See Ill. 36 p. 584)

carrossage m positif
Lorsque le sommet d'une roue est incliné vers l'extérieur, le carrossage est dit positif.

positiver Sturz, positiver Radsturz
Wenn ein Rad oben nach außen geneigt ist, spricht man von positivem Sturz.

positive crankcase ventilation
(*abbr.* **PCV**) → crankcase ventilation

positive diode [electronics]
(See Ill. 1 p. 31)

diode f positive
Diode à semi-conducteur qui, par exemple dans un alternateur triphasé, ne laisse passer que le courant positif.

Plusdiode f
Halbleiterdiode, die z.B. in einem Drehstromgenerator nur die positiven Halbwellen durchlassen.

positive offset [wheels]

déport m au sol positif
Si le prolongement du pivot de fusée rencontre le sol du côté extérieur de la roue, le déport au sol est dit négatif. Inversement il est positif, lorsque le même point de rencontre se trouve du côté intérieur de la roue.

positiver Lenkrollhalbmesser
Liegt der Durchstoßpunkt der Spreizachse nach der Radaußenseite, spricht man von einem negativen Lenkrollhalbmesser. Umgekehrt ist der Lenkrollhalbmesser positiv, wenn die verlängerte Mittellinie der Schwenkachse die Fahrbahn vor der Radinnenseite trifft.

positive plate [electrical system]
(See Ill. 2 p. 50)
also: lead peroxide plate

plaque f positive
Composant en peroxyde de plomb (PbO_2) d'un faisceau de plaques dans un accumulateur au plomb. Dans les batteries alcalines, les plaques positives sont en hydroxyde de nickel $Ni(OH)_3$.

positive Platte, Plusplatte f, positive Gitterplatte, Bleioxidplatte f
Teil aus Bleiperoxyd (PbO_2) eines Plattensatzes in einer Bleibatterie. Bei alkalischen Batterien bestehen die Plusplatten aus Nickelhydroxid $Ni(OH)_3$.

potential drop → voltage drop

pour point [units, lubricants]

point m de congélation, point m de solidificatin
Température à laquelle une huile devient à ce point visqueuse qu'un écoulement dans des conditions données ne se fait plus. Par exemple, le gasoil ne coule plus à -18 °C.

Stockpunkt m
Temperatur, bei der eine Ölsorte so viskos wird, daß sie unter bestimmten Bedingungen nicht mehr fließt. Zum Beispiel fließt Dieselkraftstoff bei -18 °C nicht mehr.

pour point depressor [lubricants]

abaisseur m de point de congélation
Additif des huiles de graissage permettant leur utilisation même à de très basses températures.

Stockpunkterniedriger m
Zusatz, der dem Schmieröl beigemischt wird, um dessen Verwendung auch bei anhaltendem Frostwetter zu ermöglichen.

power *n* [mechanical engineering]

puissance f
Quantité de travail qui peut être fournie par un moteur sous divers régimes de fonctionnement. La puissance d'une automobile est mesurée en kilowatt (kW), équivalent à 1,36 chevaux-vapeur.

Leistung f
Die Arbeit, die ein Motor unter unterschiedlichen Betriebszuständen erbringen kann. Bei Kraftfahrzeugen wird die Leistung in Kilowatt (kW) angegeben; ein Kilowatt entspricht dem 1,36-fachen der früher üblichen Einheit PS.

power-assisted brakes → servo-brake *n*, servo-brakes *pl*

power-assisted braking system
→ servo-brake *n*, servo-brakes *pl*

power-assisted steering [steering]
(*opp.:* manual steering)
also: power steering, servo-steering

servo-direction f, direction f assistée, assistance f de direction
Dispositif hydraulique ou pneumatique permettant au conducteur d'agir sur la direction avec le minimum d'effort.

Servolenkung f, Hilfskraftlenkung f, Lenkhilfe f
Hydraulische oder pneumatische Vorrichtung zur Unterstützung der Lenkkräfte.

power axle → driving axle

power brake → servo-brake *n*

power brakes *pl* [brakes]

freins mpl assistés
Freins dont la pression à la pédale du conducteur est considérablement renforcé par des dispositifs hydrauliques ou pneumatiques.

Servobremse f
Eine Bremse, bei der der Pedaldruck des Fahrers durch hydraulische oder pneumatische Vorrichtungen erheblich verstärkt wird.

power diaphragm [brakes]

membrane f de servo, piston m moteur
Membrane faisant office de piston moteur dans un servofrein à dépression et qui se place entre les deux carters de servo.

Arbeitsmembran f, Arbeitskolben m
Membran, die als Vakuumkolben den Vakuumteil eines Unterdruckbremskraftverstärkers in zwei Räume trennt. Sie ist zwischen Verstärkergehäuse und Verstärkerdeckel untergebracht.

power jet [carburetor]

gicleur m d'enrichisseur
Gicleur d'un enrichisseur de pointe qui, sous forte charge, fournit un appoint d'essence.

Anreicherungsdüse f, Anreicherungskraftstoffdüse f
Düse im Anreicherungssystem eines Vergasers, die bei Vollast mit hoher Drehzahl zusätzlichen Kraftstoff liefert.

power-operated car aerial [electrical system]
also: electric car antenna

antenne f à commande électrique
Antenne télescopique escamotable dont les éléments se déploient et s'emboîtent au moyen d'un moteur électrique lorsqu'on agit sur un interrupteur à bascule.

Motorantenne f
Versenk-Stabantenne, die durch Betätigung eines Wippenschalters und mit Hilfe eines Elektromotors ein- und ausgefahren wird.

power output [engine]

puissance f réelle, puissance f effective
La puissance réelle est la puissance retransmise effectivement par le moteur à combustion à l'embrayage. Elle est toujours indiquée en relation avec le régime correspondant.

abgegebene Leistung, (größte) Nutzleistung f, nutzbare Dauerleistung
Die Nutzleistung ist die vom Verbrennungsmotor an die Kupplung abgegebene nutzbare Dauerleistung. Sie wird stets in Verbindung mit der zugehörigen Drehzahl in U/min angegeben.

power output per liter → liter output

power point → socket outlet

power steering → power-assisted steering

power stroke → ignition stroke

power train → power unit

power unit [vehicle]
also: power train

groupe m motopropulseur
Le groupe motopropulseur englobe le moteur, l'embrayage, la boîte de vitesses et le différentiel.

Triebwerk n
Das Triebwerk umfaßt den Motor, die Kupplung, das Getriebe und das Differential.

power valve [carburetor]

soupape f de puissance
Soupape d'un enrichisseur de pleine puissance actionnée par un piston ou une membrane sous l'effet de la dépression.

Anreicherungsventil n
Ventil im Anreicherungssystem eines Vergasers. Die Ventilsteuerung erfolgt durch einen Unterdruckkolben bzw. eine Unterdruckmembran.

ppm = parts per million

PR = ply rating

prechamber [diesel engine]
also: precombustion chamber, antechamber, ante-combustion chamber

préchambre f, chambre f de précombustion, antichambre f
Chambre ménagée dans la culasse d'un moteur diesel.

Vorkammer f, Teilverbrennungsraum m
Vorverbrennungsraum im Zylinderkopf eines Dieselmotors.

prechamber engine → precombustion engine

pre-cleaner → pre-filter n

precombustion chamber → prechamber

precombustion chamber engine → precombustion engine

precombustion engine [diesel engine]
also: precombustion chamber engine, prechamber engine, diesel engine with precombustion chamber, antechamber compression ignition engine

moteur m diesel à préchambre de combustion, moteur m diesel à chambre

de précombustion, moteur m diesel à antichambre
Moteur diesel à antichambre reliée à la chambre de combustion principale par des canaux de communication. Par suite de la trop faible quantité d'oxygène présente dans l'antichambre, le combustible injecté ne se consume que partiellement. De par la surpression résultant de la combustion dans l'antichambre, la portion de gasoil non brûlée est projetée dans la chambre principale, ce qui provoque une forte turbulence achevant ainsi la combustion.

Vorkammermotor m, Dieselmotor m mit Vorkammer, Vorkammer-Dieselmotor m
Dieselmotor mit einer Vorkammer, die mit dem Hauptbrennraum durch Schußkanäle verbunden ist. Aufgrund der geringen Sauerstoffmenge in der Vorkammer verbrennt der eingespritzte Kraftstoff nur zum Teil. Der bei der Verbrennung in der Vorkammer entstehende Überdruck schleudert den übrigen unverbrannten Teil in den Hauptverbrennungsraum, wobei er nach kräftiger Durchwirbelung verbrennt.

precompression [engine]

précompression f
Dans le moteurs à deux temps les gaz frais doivent être précomprimés pour fournir une charge optimale dans la chambre de combustion et pour produire la pression nécessaire pour le balayage. Dans les moteurs plus puissants la précompression se fait par pompe.

Vorverdichtung f
Bei Zweitaktmotoren muß das Frischgas vorverdichtet werden, um optimal in den Zylinderraum zu gelangen und den erforderlichen Druck für die Spülung zu erzeugen. Bei größeren Motoren ist für diese Vorverdichtung eine Pumpe erforderlich.

pre-engaged-drive starting motor
→ screw-push starter

pre-filter *n* [diesel engine]
also: pre-cleaner, primary filter

préfiltre m, filtre m auxiliaire, avant-filtre m, décanteur m
Dans les moteurs diesel on trouve un préfiltre monté sur l'aspiration de la pompe d'alimentation et retenant la majeure partie des impuretés en suspension dans le gasoil. Il comporte également un purgeur d'eau. On trouve également des ensembles constitués d'un préfiltre et d'un filtre principal comme c'est le cas du double filtre Bosch.

Vorreiniger m, Vorfilter m
Beim Dieselmotor ist ein Vorreiniger auf der Kraftstoffpumpe vorgesehen, der bereits die meisten im Dieselkraftstoff enthaltenen Verunreinigungen ausfiltert. Ein Wasserabscheider ist ebenfalls vorhanden. Vorreiniger und Hauptfilter können gekoppelt werden wie z.B. beim Bosch-Doppelfilter.

preheater starter switch → heater plug starting switch

preheating *n* [diesel engine]

préchauffage m
Une phase avant le démarrage d'un moteur diesel froid, dans laquelle l'inflammabilité du mélange et ainsi le démarrage est facilité par chauffage de l'air.

Vorglühen n, Vorglühvorgang m
Eine Phase vor dem Starten, in der beim kalten Dieselmotor durch Temperaturan-

preheating indicator

hebung der Luft die Selbstzündung des Gemisches und damit das Starten erleichtert wird.

preheating indicator → heater plug control

pre-ignition → premature ignition

premature ignition [ignition]
also: pre-ignition

préallumage m, allumage m spontané, explosion f prématurée, allumage m prématuré, auto-allumage m
Explosion prématurée du mélange air-essence avant que le piston n'atteigne le point mort haut et qui est imputable au contact du mélange avec des pièces surchauffées (soupape, bougie d'allumage).

Frühzündung f, Glühzündung f, Selbstzündung f
Selbstzündung des Kraftstoff-Luft-Gemisches, bevor der Kolben den oberen Totpunkt erreicht und die auf erhitzte Teile (Zündkerze, Ventil) zurückzuführen ist.

premium gasoline (US) → high-octane gasoline (US) or petrol (GB)

premium-grade gasoline (US) → high-octane gasoline (US) or petrol (GB)

premium unleaded 95 (US) → four-star petrol 95 (GB)

pre-muffler [exhaust system]

pot m primaire, pot m de détente
Premier pot placé directement après le collecteur d'échappement dans une ligne d'échappement.

Vorschalldämpfer m, Auspuffvorschalldämpfer m
Erster Auspufftopf nach dem Auspuffkrümmer in einer Auspuffanlage.

pre-selector gearbox → semi-automatic transmission

pressure [physics, mechanical engineering]

pression f
Force agissant sur une surface dans un plan perpendiculaire et de façon homogène.

Druck m
Kraft, die senkrecht und gleichmäßig auf eine Fläche einwirkt.

pressure above atmosphere → excess pressure

pressure below atmosphere → vacuum *n*

pressure cap [cooling system]

bouchon m de pressurisation
Un bouchon de remplissage d'un système de refroidissement pressurisé.

Druck-Einfüllverschluß m
Ein Kühlereinfüllverschluß bei einem unter Druck stehenden Kühlsystem.

pressure-feed lubrication → forced-feed lubrication

pressure gage (US) *or* **gauge** (GB) [instruments]

manomètre m
Appareil de mesure de la pression des fluides.

Manometer n

Gerät für die Druckmessung bei Gasen und Flüssigkeiten.

pressure governor [brakes]

régulateur m d'aspiration
Dans un frein à air comprimé, le régulateur d'aspiration a pour but de contrôler le débit du compresseur. Il obture l'orifice d'aspiration du compresseur dès que la pression nécessaire est atteinte dans le réservoir. L'air comprimé que le compresseur continue à refouler s'échappe dès lors à l'air libre (marche à vide).

Druckregler m, Bremsdruckregler m
In einer Druckluftbremsanlage regelt der Bremsdruckregler die vom Luftpresser geförderte Druckluft. Wenn der erforderliche Höchstdruck im Behälter erreicht ist, wird die Druckluftleitung gesperrt. Die aus dem Luftpresser weiterströmende Luft entweicht dann ins Freie (Leerlauf).

pressure grease fitting → grease nipple

pressure-limiting valve [brakes]
also: braking pressure limiting valve, braking force limiter, brake limitig valve

limiteur m de pression, limiteur m non asservi, limiteur m de freinage
Le limiteur non asservi représente la forme la plus simple d'un correcteur de freinage. Il s'agit d'un clapet recelant un piston avec un ressort taré et se trouvant entre le maître-cylindre et le circuit de freinage arrière. Son rôle consiste à s'opposer au blocage des roues arrière lors du freinage. En effet, dès que la pression hydraulique dépasse un certain seuil, le limiteur isole le circuit arrière et l'excès de pression ne s'applique dès lors plus qu'aux freins avant moins susceptibles de bloquer les roues.

Bremskraftbegrenzer m, Druck begrenzungsventil n, Druckbegrenzer m
Der Bremskraftbegrenzer stellt einen Bremskraftverteiler in seiner primitivsten Form dar. Es handelt sich um ein Ventil mit federbelastetem Stufenkolben, das sich in der Bremsleitung zwischen Hauptzylinder und den hinteren Radzylindern befindet. Es soll ein Blockieren der Hinterräder beim Bremsvorgang verhindern. Beim Erreichen eines bestimmten hydraulischen Drucks wird nämlich die Bremsleitung zu den Hinterrädern abgesperrt, so daß nur noch der Druck in der Vorderachse weiter gesteigert wird.

pressure loss tester [instruments]
also: compression loss tester, air tester

contrôleur m de perte de pression
Appareil branché sur une installation à air comprimé et dont un embout est vissé dans le trou de bougie du cylindre à vérifier. L'essai se fait avec moteur chaud, le piston étant amené très précisément au point mort haut fin compression. Le cylindre sera soumis à une pression d'air comprimé d'environ 10 bars et la perte de pression sera dès lors indiquée en pourcent sur le cadran de l'instrument. Plusieurs indices pouvant se manifester en cours d'essai permettront de localiser le défaut d'étanchéité. Des segments de piston endommagés par exemple provoqueront des fuites d'air dans le carter, que l'on décèlera par le reniflard ou le bouchon de remplissage d'huile. En revanche la fuite se situera à la prise d'air du carburateur en cas de défaut d'étanchéité à la soupape d'admission. Si c'est la soupape d'échappement qui est incriminée, la fuite sera décelée au tuyau d'échappement. Enfin des bulles d'air et une odeur de gaz se dégageant à la surface de l'eau de radia-

pressure lubrication

teur seront l'indice d'un joint de culasse défectueux.

Kompressionsdruckverlusttester *m*,
Druckverlusttester *m*
Gerät, das an einer Druckluftanlage angeschlossen ist. Ein Anschlußstück wird in die Kerzenbohrung des zu prüfenden Zylinders eingeschraubt. Der Versuch wird bei betriebswarmem Motor mit dem Kolben sehr genau im oberen Totpunkt des Verdichtungshubs durchgeführt, wobei der Kolben mit Druckluft von ca. 10 bar abgedrückt wird. Der entstehende Druckverlust wird auf dem Meßinstrument in Prozent angegeben. Aufgrund einiger Anzeichen kann beim Versuch die Undichtheit lokalisiert werden. Bei Kolbenringkleben oder Kolbenringbruch z.B. entsteht Druckverlust im Motorgehäuse, der sich über den Entlüfter oder den Öleinfüllstutzen bemerkbar macht. Ist das Ein- oder Auslaßventil undicht, kann der Druckverlust bei abgenommenem Luftfilter an der Ansaugleitung des Vergasers bzw. am Auspuffrohr festgestellt werden. Zum Schluß weisen Luftblasen und Gasgeruch an der Oberfläche des Kühlwassers im Kühler auf Undichtheit des Zylinderkopfes oder der Zylinderkopfdichtung hin.

pressure lubrication → forced-feed lubrication

pressure pipe tube [diesel engine]
(See Ill. 25 p. 352)
also: inlet connector

tubulure f raccord de refoulement
Pièce d'un porte-injecteur. C'est sur ce raccord d'arrivée du gasoil qu'est branchée la tuyauterie haute pression en provenance de la pompe d'injection.

Druckrohrstutzen m
Teil eines Düsenhalters. Am Druckrohrstutzen ist die Kraftstoffleitung angeschlossen, über die der Dieselkraftstoff aus der Einspritzpumpe der Düse zufließt.

pressure plate [clutch]
(See Ill. 11 p. 154)
also: clutch pressure plate, clutch drive plate, thrust plate

plateau m de pression, contre-plateau m, plateau m d'embrayage
Dans l'embrayage monodisque, le plateau de pression comprime le disque d'embrayage (friction) contre la glace du volant en sorte qu'il y ait transmission du couple moteur par friction. Lors du débrayage, le plateau de pression se détache du disque d'embrayage.

Kupplungsdruckplatte f, Druckplatte f, treibende Kupplungsscheibe, Anpreßplatte f, Druckscheibe f
In der Einscheibenkupplung preßt die Druckplatte die Kupplungsscheibe gegen das Schwungrad, so daß das Motordrehmoment durch Reibung übertragen wird. Beim Loskuppeln wird sie von der Kupplungsscheibe (Mitnehmerscheibe) gelöst.

pressure plate spring → clutch spring

pressure-reducing valve [brakes]
also: inertia valve

correcteur-réducteur m, correcteur m de freinage
Type de correcteur de freinage ne permettant qu'une élévation de pression hydraulique moindre dans le circuit de freinage arrière que dans le circuit avant, dès que cette pression augmente au-delà d'une certaine valeur.

Bremskraftminderer m, Bremskraftregler m mit Umschaltdruck, Druckminderer m mit Umschaltpunkt
Mit dem Bremskraftminderer wird beim Erreichen eines bestimmten hydraulischen Drucks in der Bremsleitung ein geringerer Druck in die Hinterachs- als in die Vorderachsleitung durchgelassen.

pressure relief valve [cooling system]

soupape f de pression
Soupape de sécurité logée dans le bouchon de remplissage d'un radiateur ou sur un vase d'expansion (boîte de dégazage). Elle ne s'ouvre qu'à une pression d'environ 0,3 bar, auquel cas la température de l'eau du circuit peut dépasser légèrement les 100°C. Dès lors la température d'ébullition sera de l'ordre de 117°C et l'on évitera de cette façon une perte d'eau par évaporation. Cette soupape de pression est combinée avec une soupape de dépression qui s'ouvre lors du refroidissement du liquide pour admettre de l'air dans le circuit. En effet, la dépression provoquée par le refroidissement pourrait endommager le radiateur.

Überdruckventil n, Sicherheitsventil n
Sicherheitsventil im Kühlerverschlußstopfen oder auf einem Ausgleichbehälter. Es öffnet erst bei einem Überdruck von ca. 0,3 bar, wobei die Kühlwassertemperatur etwas über 100° C ansteigen kann. In diesem Fall stellt sich der Siedepunkt des Kühlwassers auf ca. 117° C. Auf diese Weise wird das Verdampfen des Kühlwassers vermieden. Dieses Sicherheitsventil ist mit einem Unterdruckventil gekoppelt, das bei Abkühlung der Kühlwassertemperatur öffnet, um Luft in den Wasserkreislauf einzulassen. Der bei der Abkühlung entstehende Unterdruck könnte nämlich den Kühler beschädigen.

pressure relief valve [cooling system]

soupape f de dépression
Soupape qui s'ouvre lors du refroidissement de liquide pour admettre de l'air dans le circuit. En effet, la dépression provoquée par le refroidissement pourrait endommager le radiateur.

Unterdruckventil n
Ein Ventil, das bei Abkühlung der Kühlwassertemperatur öffnet, um Luft in den Wasserkreislauf einzulassen. Der bei der Abkühlung entstehende Unterdruck könnte nämlich den Kühler beschädigen.

pressure-sensitive capsule [carburetor]

capsule f manométrique
Dispositif dans un carburateur destiné à corriger les variations de pression atmosphérique. Lorsque celle-ci diminue, une capsule manométrique s'allonge et commande une aiguille qui entrave plus ou moins l'écoulement de l'essence à travers le gicleur principal du carburateur.

Druckdose f
Vorrichtung in einem Vergaser zum Ausgleich von Luftdruckschwankungen. Mit zunehmender Höhe dehnt sich eine Druckdose aus, die eine Düsennadel betätigt. Der Benzinzufluß durch die Hauptdüse des Vergasers wird damit mehr oder weniger gehemmt.

pressure sensor [injection]
also: manifold pressure sensor

sonde f de pression
Sonde d'un système d'injection d'essence électronique, qui transmet au calculateur électronique la valeur de la pression ré-

pressure spindle

gnant dans le conduit d'admission et qui sert de grandeur mesurée de la charge du moteur.

Druckfühler m
Fühler einer elektronisch gesteuerten Benzineinspritzanlage, der den Saugrohrdruck als Maß für die Motorbelastung beim elektronischen Steuergerät übermittelt.

pressure spindle → nozzle holder spindle

pressure valve [fuel system] (See Ill. 19 p. 240)

clapet m de refoulement
Lors de la phase de refoulement d'une pompe à essence, la membrane s'incurve vers le haut sous l'effet d'un ressort et le carburant s'écoule à travers le clapet de refoulement en direction du carburateur.

Druckventil n, Auslaßventil n
Beim Druckhub werden in einer Kraftstoffpumpe die Membran durch eine Feder nach oben und der Kraftstoff durch das Auslaßventil zum Vergaser gedrückt.

pressure welding [materials]

soudage m par pression
Assemblage de matières (métaux ou matières plastiques) sous pression avec échauffement local limité.

Preßschweißung f
Unlösbare Vereinigung unter Druck von Metallen oder Kunststoffen bei örtlich begrenzter Erwärmung.

prestressing force [mechanical engineering]

précontrainte f

Contrainte effective obtenue lors du serrage d'une vis.

Vorspannung f, Vorspannkraft f
Wirksame Spannung durch Anziehen einer Schraube.

primary barrel [carburetor]

corps m primaire
Premier corps d'un carburateur à double corps dont le venturi a parfois une section plus étroite que celle du second corps.

erste Stufe
Erster Lufttrichter in einem Registervergaser mit zuweilen kleinerem Querschnitt als die zweite Stufe.

primary brake shoe (US) → leading brake shoe

primary catalytic converter → primary converter

primary circuit [electrical system, ignition] (See Ill. 3 p. 54, Ill. 6 p. 78, Ill. 7 p. 86)
also: ignition LT circuit, LT circuit, low-voltage circuit

circuit m primaire, circuit m basse tension
Dans uns système d'allumage classique, le courant provenant de la batterie ou de l'alternateur part du pôle positif de la batterie et passe successivement par l'interrupteur d'allumage, l'enroulement primaire de la bobine d'induction et finalement le rupteur avant le retour à la masse, lorsque le rupteur est fermé. Les connexions du circuit primaire sont d s lors, dans l'ordre, les suivantes:
Borne positive de la batterie
Contacteur d'allumage
Borne positive de la bobine

Borne négative de la bobine
Borne d'arrivéé du rupteur
Ressort du levier de rupteur
Grain de contact mobile du rupteur
Grain de contact fixe du rupteur
Masse de l'allumeur-distributeur
Masse du véhicule
Borne négative de la batterie

Primärstromkreis m, Primärkreis m
In der herkömmlichen Zündanlage fließt der Strom aus der Batterie bzw. Lichtmaschine vom Pluspol der Batterie über den Zündschalter zur Primärwicklung der Zündspule. Von dort aus fließt der Zündstrom weiter zum Unterbrecher, der ihn zur Masse weiterleitet, solange er geschlossen ist. Demnach ergibt sich nachstehende Reihenfolge der Anschlüsse:
Batterie +
Zündschalter
Zündspulenklemme 15
Zündspulenklemme 1
Verteileranschluß für Klemme 1
Unterbrecherfeder
Kontaktstift Hammer
Kontaktstift Amboß
Verteiler an Masse
Fahrzeugmasse
Batterie -

primary converter [emission control]
also: primary catalytic converter

pot m catalytique à précatalyseur
Pot catalyseur additionnel qui augmente l'efficacité de l'épuration pendant la phase de démarrage à froid du moteur.

Vorkatalysator m
Ein zusätzlicher Katalysator, der besonders in der Warmlaufphase die Wirksamkeit des Hauptkatalysators verstärkt.

primary cup [brakes]
also: master seal, master cylinder cup

coupelle f primaire
Joint en caoutchouc serti avec une rondelle métallique sur le piston du maître-cylindre. Il a pour but d'étanchéifier la chambre de compression du maître-cylindre et, lors du freinage, il interrompt la liaison avec le réservoir compensateur.

Primärmanschette f
Gummidichtung, die mit einer Füllscheibe auf dem Kolben im Hauptzylinder sitzt. Mit ihr wird der Druckraum des Hauptzylinders abgedichtet. Beim Bremsvorgang unterbricht sie die Verbindung zwischen Hauptzylinder und Flüssigkeitsbehälter.

primary current [electrical system, ignition]
also: LT current

courant m primaire, courant m basse tension
Courant qui parcourt le circuit primaire d'un allumage et dont la coupure soudaine induit une tension dans le circuit secondaire.

Primärstrom m
Strom, der in der Zündanlage den Primärstromkreis durchfließt und dessen schlagartige Unterbrechung eine Spannung in dem Sekundärstromkreis induziert.

primary filter → pre-filter n

primary pattern [electronics]
also: primary waveform

oscillogramme m primaire
Représentation de la courbe de tension primaire sur l'écran d'un oscilloscope de contrôle d'allumage.

primary piston 402

Primäroszillogramm n, Primärbild n
Darstellung des primärseitigen Zündspannungsverlaufs auf dem Bildschirm eines Zündungsoszillografen.

primary piston → front piston

primary pump [transmission]

pompe f primaire
Pompe à huile normale que l'on rencontre dans toutes les boîtes de vitesses automatiques et qui est entraînée par le moteur à l'opposé de la pompe secondaire, qui elle est actionnée par l'arbre de sortie.

Primärpumpe f
Öldruckpumpe, die in jedem vollautomatischen Getriebe anzutreffen ist. Sie wird vom Motor angetrieben im Gegensatz zur Sekundärpumpe, die die Abtriebswelle mitnimmt.

primary shaft [transmission]
(See Ill.20 p. 248)
also: input shaft, first-motion shaft, gearbox input shaft (GB), constant-mesh pinion shaft, splined input shaft

arbre m primaire, arbre m d'entrée
Arbre de la boîte de vitesses solidaire du disque d'embrayage et dont le pignon menant est en prise constante avec le premier pignon du train fixe.

Getriebeeingangswelle f, Getriebeantriebswelle f, Antriebswelle f
Antriebswelle des Wechselgetriebes, die mit der Kupplungsscheibe verbunden und dessen Antriebsrad mit dem vordersten Vorgelegerad in Dauereingriff ist.

primary shoe (US) → leading brake shoe

primary waveform → primary pattern

primary winding [ignition]
(See Ill. 23 p. 285)
also: low-tension winding, low voltage winding

enroulement m primaire, primaire m
Enroulement en fil de cuivre isolé d'une bobine d'allumage traversé par le courant basse tension de la batterie.

Zündspulenprimärwicklung f, Primärwicklung f, primäre Spule
Niederspannungswicklung aus isoliertem Kupferdraht einer Zündspule, die vom Batteriestrom durchflossen wird.

prime coat → primer

prime mover → road tractor

primer [materials]
also: primer paint, prime coat

apprêt m, primaire m
Première couche de revêtement déposée sur la matière brute.

Grundierung f, Grundanstrich m, Haftgrund m
Erster Anstrich auf das Rohmaterial.

primer paint → primer

probe *n* [emission control]

sonde f
Instrument permettant de mesurer la composition des gaz d'échappement.

Sonde f
Ein Instrument zur Messung des Abgaszusammensetzung.

program tester™ [electronics]

programmtester m
Banc de contrôle qui se branche sur deux

prises de contact électronique disposées à proximité du bloc-moteur et servant à tester divers points du système d'allumage, de démarrage et de l'alternateur. Font partie de l'équipement de ce banc de contrôle un oscilloscope cathodique, un contrôleur de tension, de capacité et de résistance, un compte-tours, un dwellmètre ainsi qu'un indicateur de CO qui peut être connecté avec un analyseur de gaz d'échappement (programmtester BMW-Bosch).

Programmtester m
Prüfgerät, das an zwei Diagnoseanschlüsse im Motorraum angeschlossen wird und zur Überprüfung der Zündanlage, des Anlassers und der Lichtmaschine dient. Zur Ausstattung des Programmtesters gehören ein Oszillograph, ein Spannungsprüfer, ein Kapazitätsmesser, ein Widerstands-Meßgerät, ein Drehzahlmesser, ein Schließwinkelmeßgerät sowie ein CO-Anzeigegerät zum Anschluß an einen Abgastester (BMW-Bosch-Programmtester).

Prony brake, Prony's brake [testing]

frein m à frottement, frein m de Prony
Dispositif permettant d'évaluer la puissance d'un moteur en opposant au couple moteur un couple résistant (couple récepteur) agissant sur l'arbre emprisonné entre deux mâchoires. L'énergie absorbée par le frein dynamométrique est directement transformée en chaleur.

Pronyscher Zaum
Meßvorrichtung zur Ermittlung der Leistung eines Motors, wobei dem abgegebenen Drehmoment ein von zwei auf der Motorwelle angepreßten Bremsbacken erzeugtes Lastmoment entgegenwirkt. Die vom Bremsdynamometer aufgenommene Energie wird unmittelbar in Wärme verwandelt.

propeller shaft (GB) [transmission]
(See Ill. 14 p. 177)
also: transmission shaft (US), cardan shaft, cardan drive, drive shaft (US), prop shaft (GB *colloq.*)

arbre m à cardan longitudinal, arbre m de transmission longitudinal, arbre m de couche
Arbre dont les extrémités sont articulées et qui relie la boîte de vitesses au différentiel sans le pont arrière.

Kardanwelle f, Gelenkwelle f
Welle, die an beiden Enden mit Kardangelenken versehen ist und das Getriebe mit dem Differential im Hinterachsensystem verbindet.

propeller shaft housing [transmission]
also: drive shaft housing, drive shaft tube, propeller shaft tube, cardan shaft housing, cardan tube

carter m de l'arbre de transmission, tube m de l'arbre de transmission
Carter de forme cylindrique dans lequel se trouve logé l'arbre de transmission longitudinal.

Kardanrohr n, Gelenkwellenrohr n, Kardanstützrohr n
Rohrförmiges Gehäuse zum Schutz der Gelenkwelle.

propeller shaft tube → propeller shaft housing

propeller shaft tunnel [transmission]
also: drive shaft tunnel, shaft tunnel, transmission tunnel (US)

tunnel m de l'arbre de transmission

prop shaft

Tunnel ménagé dans l'axe d'un véhicule avec roues arrière motrices et dans lequel se loge l'arbre de transmission longitudinal.

Kardantunnel m
Hohlraum in der Fahrzeugachse, in dem die Kardanwelle untergebracht ist (Hinterradantrieb).

prop shaft (GB *colloq.*) → propeller shaft (GB)

propulsion [transmission]

propulsion f
Dans le contexte de la technique des automobiles, le principe que les automobiles sont propulsées par leur essieu arrière. Le contraire est traction.

Hinterradantrieb m
In der Automobiltechnik das Prinzip, daß ein Fahrzeug von seiner Hinterachse geschoben wird. *Gegenteil:* Vorderradantrieb.

protractor [instruments]

rapporteur m d'angles
Instrument de mesure en forme de demi-cercle gradué et servant à mesurer ou à reporter des angles.

Winkelmesser m
Winkelmeßzeug bestehend aus einer halbkreisförmigen Skala mit Gradeinteilung zum Messen und Übertragen von Winkeln.

Pt = platinum

pulley [mechanical engineering]
(See Ill. 1 p. 31)

poulie f
Pièce circulaire munie d'une gorge sur son pourtour et permettant d'entraîner une courroie.

Riemenscheibe f
Kreisscheibe mit einer Lauffläche zum Antrieb eines Riemens.

pulley timing mark → rotating timing mark

pull-in winding → pull winding

pullman saloon → limousine

pull-off spring → return spring

pull winding [starter motor]
also: pull-in winding

enroulement m d'attraction
Enroulement en fil gros se trouvant dans un relais à solénoïde. Au démarrage, l'enroulement d'attraction est parcouru par un courant électrique et provoque le déplacement du plongeur du solénoïde. Au cours de la phase suivante, le noyau plongeur est maintenu dans sa position par l'enroulement de maintien en fil plus mince.

Einzugswicklung f
Wicklung aus dickem Draht in einem Einrück-Relais. Beim Startvorgang wird zuerst die dickere Einzugswicklung von Strom durchflossen, die das Verschieben des Ankers bewirkt. In der nächsten Phase wird der Anker durch die dünnere Haltewicklung in seiner Lage festgehalten.

pulse generator [ignition]
also: inductive pulse generator, induction-type pulse generator

*générateur m d'impulsions,
déclencheur m inductif,
déclencheur m magnétique*
Dans le système d'allumage transistorisé

sans rupteur à effet magnétique, un impulseur en croix monté sur l'arbre d'allumage tourne entre les pôles d'un aimant permanent et y induit une tension alternative monophasée pour la commande de l'allumage. De cette manière, le générateur d'impulsions remplace le rupteur de l'allumage classique.

Zündimpulsgeber m, magnetischer Geber, Induktionsgeber m, Steuergenerator m
In der kontaktlosen Transistorzündung mit Induktionsgeber dreht sich ein auf der Verteilerwelle sitzendes Impulsgeberrad (Rotor) zwischen den Polen eines Dauermagneten und induziert eine einphasige Wechselspannung für die Zündsteuerung. Somit tritt der magnetische Geber an die Stelle der Unterbrecherkontakte.

pulse-shaping circuit [electronics]

conformateur m d'impulsions
Etage du bloc électronique d'un système d'allumage transistorisé sans rupteur. Il s'agit d'une bascule bistable prévue pour transformer la tension de commande alternative débitée par le générateur d'impulsions en impulsions rectangulaires unidirectionnelles.

Impulsformer m
Funktionsstufe im Schaltgerät einer kontaktlosen Transistorzündanlage. Es handelt sich um eine Triggerschaltung, die die Steuerwechselspannung des magnetischen Gebers in gleichgerichtete Rechteckimpulse verwandelt.

pump-circulated cooling [cooling system] (See Ill. 28 p. 406)

refroidissement m par circulation par pompe
Avec ce type de refroidissement, l'eau est pompée à l'aide d'une pompe centrifuge dans le bloc-cylindres et reflue dans le radiateur par une durit. La pompe est entraînée soit par le vilebrequin avec une courroie en V, soit par l'arbre à cames.

Pumpenumlaufkühlung f, Zwangsumlaufkühlung f
Das Wasser wird bei diesem Kühlsystem durch eine Schleuderpumpe in den Zylinderblock gefördert und fließt über einen Schlauch in den Kühler zurück. Die Pumpe wird entweder durch die Kurbelwelle über Keilriemen oder durch die Nockenwelle angetrieben.

pump cylinder [injection]

cylindre m de pompe
Pièce d'un élément de pompe d'injection dans laquelle coulisse et tourne le piston de pompe. Le cylindre comporte en général deux orifices d'arrivée qui se font face.

Pumpenzylinder m
Teil eines Einspritzpumpenelements, in dem der Pumpenkolben sich auf- und abwärts bewegt bzw. verdreht wird. Meist hat der Pumpenzylinder zwei Zulaufbohrungen, die sich gegenüberliegen.

pump jet → acceleration jet

pump lever [fuel system]
(See Ill. 19 p. 240)

levier m de pompe
Levier d'une pompe à essence mécanique, actionné par un excentrique de l'arbre à cames et agissant sur la membrane de la pompe.

Pumpenhebel m, Antriebshebel m
Hebel einer mechanisch angetriebenen Kraftstoffpumpe, der durch einen Exzenter der Nockenwelle betätigt wird und

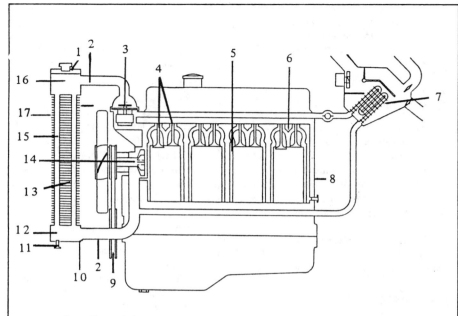

1 radiator inlet connection
2 radiator hose
3 thermostat
4 drop valve
5 cylinder
6 water galleries
7 fresh-air heating system
8 cylinder block
9 V-belt
10 radiator outlet connection
11 drain tap
12 radiator tank
13 water tube
14 water pump
15 radiator core
16 radiator top tank
17 radiator

Ill. 28: pump-circulated cooling, water cooling

(pump lever continued)
somit auf die Pumpenmembran einwirkt.

pump plunger [injection]

piston m de pompe
Dans le cylindre d'une pompe d'injection se trouve un piston réalisé avec un ajustement extrêmement serré, animé d'un mouvement alternatif vertical et pouvant accomplir un mouvement de rotation simultané. Il présente une rainure verticale, une entaille en spirale appelée rampe ou arête hélicoïdale ainsi qu'une gorge circulaire.

Pumpenkolben m
Im Zylinder einer Einspritzpumpe befindet sich ein mit hochfeiner Passung hergestellter Kolben, der sich aufwärts und abwärts bewegt und gleichzeitig verdreht werden kann. Er hat eine Längsnut, eine wendelförmige Ausfräsung, die sogenannte Steuerkante und eine Ringnut.

puncture indicator [instruments]
also: tire pressure warning lamp

avertisseur m de crevaison
Témoin lumineux du tableau de bord, qui signale au conducteur une perte d'air partielle ou totale dans un pneumatique. De par la diminution de pression se produisant dans le pneu, la jante s'affaisse et un capteur, effleurant la chaussée, ferme un contact, qui allume le témoin.

Reifenwächter m
Kontrollampe am Armaturenbrett, die dem Fahrer größeren oder totalen Luftmangel in einem Reifen anzeigt. Durch den Druckabfall sinkt die Felge ab, wobei ein Fühler mit der Fahrbahn in Berührung kommt und einen Kontakt auslöst, der die Kontrollampe aufleuchten läßt.

purge cock (US) [cooling system]
also: drain plug (GB), drain tap (GB)

robinet m de vidange
Robinet pour évacuer le liquide du système de refroidissement.

Wasserablaßhahn m
Ein Hahn, mit dem das Kühlmittel aus dem Kühlsystem abgelassen werden kann.

pushrod → valve push rod

Pyranit™ [materials]

pyranite m
Céramique spéciale élaborée à base d'oxyde d'aluminium et servant à la fabrication d'isolants pour bougies d'allumage.

Pyranit n
Spezialkeramik auf der Basis von Aluminiumoxid, die als Werkstoff für Zündkerzenisolatoren verwendet wird.

Q

quadrijet (US) → four-barrel carburetor (US)

quartz-halogen headlight → halogen headlight

quick charge → boost charge

quick charger → fast charger

R

racing car [vehicle]

voiture f de course
Une automobile spécialement équipée et construite pour partéciper à des courses automobiles. Ces voitures n'ont pas le droit de circuler sur les routes normales.

Rennwagen m
Besonders ausgestattete Automobile, die nur für die Teilnahme Autorennen zugelassen sind und nicht für den normalen Straßenverkehr.

rack-and-pinion steering [steering]
(See Ill. 32 p. 493)
also: rack assembly

direction f à crémaillère, commande f (de la direction) par crémaillère
La colonne de direction se termine par un pignon attaquant directement une crémaillère. Ainsi le mouvement de rotation de l'arbre de direction est converti en mouvement rectiligne de la crémaillère et des arbres qui s'y rattachent. Chaque extrémité de la crémaillère, protégée par un soufflet de direction contre l'encrassement, se termine par une rotule sur laquelle s'articule la demi-barre d'accouplement (biellette de connexion) aboutissant à la roue. Cette organisation présente l'avantage de diminuer le nombre des leviers, ce qui contribue à sa précision et son absence de jeu.

Zahnstangenlenkgetriebe n, Zahnstangenlenkung f
Die Steuersäule endet mit einem Ritzel, das in die Verzahnung einer Zahnstange eingreift. Die drehende Bewegung der Lenkwelle wird somit in die geradlinige Bewegung der Zahnstange und der mit ihr verbundenen Spurstangenhälften umgewandelt. An jedem Ende der Zahnstange, die durch einen Faltenbalg gegen Verschmutzung geschützt ist, schließt sich jeweils eine Spurstangenhälfte über ein Kugelgelenk an. Dank dieser Anordnung wird die Hebelzahl verringert und eine

größere Genauigkeit und Spielfreiheit erzielt.

rack assembly → rack-and-pinion steering

rack pinion [steering] (See Ill. 32 p. 493)

pignon m de direction
Pignon se trouvant à l'extrémité de la colonne de direction dans une direction à crémaillère et qui engrène la crémaillère. Celle-ci se déplace selon les mouvements de rotation du volant de direction.

Lenkritzel n
Ritzel am Ende der Lenksäule in der Zahnstangenlenkung, das in die Zahnstange eingreift und diese beim Drehen der Lenkung verschiebt.

radial-ply tire → radial tire

radial runout [tires]

faux-rond m
Déformation de la circonférence d'un pneumatique ou de la jante, qui entraîne des vibrations en marche. Pour les voitures de tourisme, le faux-rond d'une roue ne peut excéder 0,5 mm.

Höhenschlag m
Abweichung der Reifenkontur oder der Felge von der absoluten Kreisform, die beim Fahren zu Vibrationen führt. Bei Pkw darf der Höhenschlag maximal 0,5 mm betragen.

radial tire [tires]
also: radial-ply tire, braced tread tire (US)

pneu m radial, pneu m à carcasse radiale
Les nappes de fils textiles constituant la carcasse de ce pneumatique sont disposées dans le sens radial, allant d'un talon à l'autre. C'est sur ces nappes que s'applique la ceinture garantissant une meilleure rigidité de la bande de roulement.

Gürtelreifen m, Radialreifen m
Im Unterbau des Radialreifens verlaufen die Fäden der Korgewebelagen radial von einem Wulst zum andern. Über diesen Lagen liegt der sogenannte Gürtel, der eine bessere Steifigkeit der Lauffläche gewährleistet.

radiating fin [engine]

ailette f de refroidissement, ailette f radiante
Ailette faisant corps avec le bloc-cylindres d'un moteur refroidi par air.

Kühlrippe f
Rippe am Zylinderblock eines luftgekühlten Motors.

radiator [cooling system]
(See Ill. 28 p. 406)
also: cooling water radiator

radiateur m, radiateur m à eau
Le radiateur est l'appareil dans lequel se refroidit l'eau de circulation. On trouve plusieurs types de radiateur: les radiateurs à nid d'abeilles, les radiateurs à ailettes et les radiateurs tubulaires. Le radiateur se compose normalement d'un réservoir supérieur et inférieur, d'un faisceau tubulaire, d'un bouchon de remplissage, d'un tuyau de sortie d'eau des cylindres, d'un tube de trop-plein, d'un tuyau inférieur et d'un robinet de vidange. Aujourd'hui le type de radiateur plus utilisé est le radiateur à débit horizontal.
Actuellement la majorité des radiateurs ont un système de refroidissement hermétique avec boîte de dégazage (vase d'expansion). Ce vase comporte des re-

radiator blind

pères mini-maxi permettant de surveiller le niveau du liquide de refroidissement et il convient de compléter ce dernier avant qu'il ne descende jusqu'au repère inférieur. Dans les systèmes qui ne sont pas équipés d'un vase d'expansion, il faut surveiller le niveau à travers le bouchon du radiateur. Il doit se situer à 5 - 6 cm de l'orifice de remplissage. Si le moteur est chaud, il faudra ouvrir le radiateur avec beaucoup de précautions, car l'eau qui se met à bouillir peut s'échapper en jets brûlants.

Kühler m, Wasserkühler m
Im Kühler wird das vom Motor erwärmte Wasser abgekühlt. Die drei Hauptbauformen sind der Luftröhrenkühler, der Lamellenkühler sowie der Wasserröhrenkühler. Der Kühler besteht im Prinzip aus dem oberen und dem unteren Wasserkasten, dem Kühlerkern, dem Einfüllstutzen, dem Zulaufrohr, dem Überlaufrohr, dem Kühlerauslauf und dem Wasserablaßhahn. Heute werden meist Querstromkühler verwendet. Die meisten Kühlsysteme arbeiten heute mit versiegeltem Kühlwasserkreislauf, bei dem ein Ausgleichsbehälter vorhanden ist. Der Kühlmittelspiegel kann in diesem Fall an zwei Grenzmarkierungen auf dem Ausgleichsbehälter beobachtet werden. Kühlmittel muß nachgefüllt werden, bevor der Spiegel unter die untere Marke sinkt. Fehlt ein solcher Ausgleichsbehälter, wird der Kühlwasserspiegel durch den Kühlmitteleinfüllstutzens überprüft, wobei er 5—6 cm unter der Oberkante des Kühlfüllstutzens stehen soll. Bei warmem Motor darf man den Kühler nur mit der größten Vorsicht öffnen.

radiator blind → radiator shutter

radiator block → radiator core

radiator bonnet (GB) → radiator hood (US)

radiator core [cooling system]
(See Ill. 28 p. 406)
also: radiator block

faisceau m tubulaire
Faisceau de tubes en cuivre, en aluminium ou en laiton reliant les deux réservoirs du radiateur.

Kühlerblock m, Kühlerkern m, Kühlnetz n
Rohrenbündel aus Kupfer, Aluminium oder Messing zwischen oberem und unterem bzw. linkem und rechtem Wasserkasten eines Kühlers.

radiator hood (US) [cooling system]
also: radiator bonnet (GB), radiator protective cover, radiator shield, radiator muff

écran m de calandre
Ecran en matière plastique qui, en periode froide, se fixe sur la calandre au moyen de boutons-pression ou de crochets.

Kühlerschutzhaube f, Kühlerhaube f
Schutzhaube meist aus Kunststoff, die bei tiefen Temperaturen vor dem Kühlergrill mit Knöpfen oder Haken befestigt wird.

radiator hose [cooling system]
(See Ill. 28 p. 406)

durit f de radiateur
Durit utilisée dans les moteurs refroidis par eau. La durit supérieure, contenant le thermostat, relie le radiateur aux chemises d'eau du bloc-cylindres, alors que la durit inférieure partant du radiateur également aboutit à la pompe à eau.

Kühlerschlauch m, Kühlwasserschlauch m
Schlauchverbindung bei wassergekühlten Motoren. Der obere Kühlwasserschlauch, der das Thermostat enthält, verbindet den Kühler mit dem Zylinderwassermantel, der untere führt vom Kühler zur Wasserpumpe.

radiator inlet connection [cooling system] (See Ill. 28 p. 406)
also: top hose stub

tubulure f d'entrée d'eau, goulotte f supérieure
C'est par la tubulure supérieure que l'eau refluant du bloc-cylindres pénètre dans le réservoir supérieur du radiateur via un raccord en caoutchouc (durit).

Kühlereinlaufstutzen m, Kühlwassereinlauf m
Durch den Kühlereinlaufstutzen strömt das aus dem Zylinderblock austretende Wasser über einen Kühlwasserschlauch in den oberen Wassersammelkasten des Kühlers zurück.

radiator louver → radiator shutter

radiator muff → radiator hood (US)

radiator outlet connection [cooling system] (See Ill. 28 p. 406)
also: bottom hose stub

tubulure f de sortie d'eau, goulotte f inférieure
Tubulure se trouvant dans le réservoir inférieur d'un radiateur. C'est de cette tubulure que l'eau s'écoule vers la pompe à eau.

Kühlerauslaufstutzen m, Kühlwasserausfluß m
Stutzen am unteren Wassersammelkasten eines Kühlers. Von dort fließt das Wasser zur Wasserpumpe.

radiator overflow → overflow pipe

radiator protective cover → radiator hood (US)

radiator shield → radiator hood (US)

radiator shutter [cooling system]
also: radiator blind, radiator louver

persienne f de radiateur, volet m de radiateur
Persienne à commande mécanique ou électrique disposée devant le radiateur. Selon les conditions atmosphériques et la température extérieure, le courant d'air frais qui frappe le véhicule de plein fouet peut être plus ou moins freiné par la fermeture partielle ou totale de la persienne.

Kühlerjalousie f
Von Hand oder elektrisch gesteuerte Jalousie vor dem Kühler des Motors. Je nach der Witterung und der Außentemperatur wird der Kühlluftstrom durch teilweises oder völliges Schließen der Jalousie mehr oder weniger gedrosselt.

radiator tank [cooling system] (See Ill. 28 p. 406)

réservoir m d'eau, chambre f à eau, boîte f à eau
Dans un radiateur on trouve un réservoir inférieur et un réservoir supérieur (ou bien gauche et droit) reliés entre eux par un faisceau tubulaire.

Wasserkasten m, Wassersammelkasten m
In einem Kühler befinden sich oben und unten bzw. links und rechts jeweils ein

radiator top tank

Wasserkasten. Beide Wasserkästen sind durch den Kühlerblock verbunden.

radiator top tank [cooling system]
(See Ill. 28 p. 406)
also: upper tank, top tank, header tank

réservoir m supérieur, chambre f à eau supérieure
Partie supérieure du radiateur comportant un bouchon de remplissage et dans laquelle débouchent la tuyauterie de sortie d'eau des cylindres et le tube de tropplein.

oberer Wasserkasten, Kühleroberkasten m
Oberer Teil des Kühlers, an dem der Einfüllstutzen, das Zulaufrohr und das Überlaufrohr angebracht sind.

radio data system (*abbr.* **RDS**)
[electronics]

système m RDS
Système capable de transmettre des messages concernant la situation du trafic, sans pertuber l'émission principale.

RDS-System n
Ein System, das über ein Autoradio Verkehrsmeldungen durchgeben kann, indem es sich im Bedarfsfall in eine laufende Sendung einschaltet.

radio interference suppression
→ interference suppression

radio interference suppression capacitor → interference-suppression condenser

radio interference suppression choke → interference-suppression choke

radio interference suppression kit
→ interference-suppression kit

radio speaker → speaker

radius arm → stabilizer

radius rod → stabilizer

raffinate [chemistry, fuels]

raffinat m
Produit pétrolier débarrassé de corps indésirables par raffinage.

Raffinat n
Erdöldestillat, dem durch Raffination unerwünschte Anteile entzogen sind.

rake angle → caster angle

rake angle (GB) → camber angle

ramp → access ramp

ranch wagon (US) → station wagon (US)

range [vehicle]

autonomie f
Trajet que peut accomplir un véhicule automobile avec un seul plein de carburant sans aucun réservoir d'appoint.

Aktionsradius m
Mögliche Fahrstrecke eines Fahrzeugs mit einer Füllung des festeingebauten Kraftstoffbehälters, d.h. ohne Ergänzung des Kraftstoffvorrats.

rapid charge → boost charge

rapid-glow plug [diesel engine]

bougie f de préchauffage rapide

Bougie de préchauffage dont l'élément chauffant réalisé en alliage spécial permet le démarrage d'un moteur diesel au bout d'un très bref laps de temps.

R-Glühkerze f
Glühkerze, deren Heizelement aus einer Sonderlegierung ein besonders schnelles Starten des Dieselmotors bewirkt.

ratchet handle [tools]
also: reversible ratchet

levier m d'entraînement à cliquet (pour douilles démontables), manche f à cliquet deux sens
Clé de serrage constituée d'un levier à poignée en matière plastique, à l'extrémité duquel se trouve un cliquet avec carré d'entraînement pour le montage de douilles démontables (DD).

Umschaltknarre f, Knarre f, Ratsche f, Knarrenschlüssel m
Schraubenschlüssel mit Schalthebel, Griffstück aus Kunststoff und umschaltbarem Verbindungsvierkant für Steckschlüsseleinsätze.

rate of combustion [engine]

vitesse f de combustion
Vitesse à laquelle se propage la flamme dans la chambre de combustion d'un moteur à explosion.

Brenngeschwindigkeit f, Verbrennungsgeschwindigkeit f
Geschwindigkeit, mit der sich die Flammenfront im Brennraum eines Verbrennungsmotors ausbreitet.

rated voltage [electrical system]
also: nominal voltage

tension f nominale
Dans les batteries au plomb, la tension nominale est fixée à deux volts par élément. En multipliant cette tension par le nombre d'éléments branchés en série, on obtient la tension nominale de la batterie.

Nennspannung f
Bei Bleibatterien ist die Nennspannung auf 2 V pro Zelle festgelegt. Multipliziert man die Anzahl der in Reihe geschalteten Zellen mit der Nennspannung einer Zelle, so erhält man die Nennspannung der Batterie.

ratio of the windings → turns ratio

RDS = radio data system

reaction time [safety]

temps m de réflexe
Laps de temps s'écoulant à compter du moment où le conducteur aperçoit l'obstacle jusqu'à celui où il prend la mesure qui s'impose. On se base généralement sur une seconde.

Reaktionszeit f
Reaktionszeit des Fahrers von der Wahrnehmung einer Gefahr bis zur Durchführung der erforderlichen Maßnahme. Meistens wird eine Sekunde zugrundegelegt.

reactor [transmission] (See Ill. 34 p. 534)

réacteur m, stator m, déflecteur m
Pièce d'un convertisseur hydraulique de couple fixé sur une roue libre. C'est sur le réacteur qu'est renvoyé le flux liquide par la turbine réceptrice.

Leitrad n, Stator m
Teil eines Drehmomentwandlers, das auf einem Freilauf sitzt. Der vom dem Turbinenrad zurückgeschleuderte Ölstrom trifft auf dieses Leitrad.

reactor [emission control]

réacteur m, chambre f de réaction
Réservoir sous pression contenant un catalyseur et dans lequel s'opère une réaction de craquage, d'alkylation, etc. Dans le reformage on trouve trois réacteurs disposés en série.

Reaktor m
Druckbehälter, der einen Katalysator enthält und in dem eine Reaktion abläuft (Cracken, Alkylierung usw.). Beim Reformieren sind drei Reaktoren hintereinander geschaltet.

rear axle assembly [vehicle construction]

corps m de pont arrière, pont arrière m
Le pont arrière des véhicules à traction arrière comprend le renvoi d'angle, le différentiel, les deux arbres de différentiel, la fixation et la suspension des roues. Généralement on distingue le pont arrière à trompettes et le pont banjo.

Hinterachskörper m, Hinterachsbrücke f
Das Hinterachsensystem von Kraftfahrzeugen mit Hinterradantrieb umfaßt das Winkelgetriebe, das Differential, die beiden Seitenwellen (Hinterachswellen), die Radbefestigungen und die Radaufhängungen. Beim Hinterachsantrieb unterscheidet man zwischen Trichterachse (Flanschachse) und Banjoachse als Starrachsen.

rear axle cover [vehicle construction]
(See Ill. 14 p. 177)

couvercle m de carter de pont arrière
Couvercle de fermeture boulonné au centre d'un pont banjo.

Hinterachsgehäusedeckel m, Hinterachsbrückendeckel m
Verschlußdeckel in der Mitte einer Banjoachse.

rear axle drive [transmission]
(See Ill. 14 p. 177)

traction f arrière, système m de traction par l'arrière, commande f à l'arrière, propulsion f arrière, groupe m propulseur arrière
Disposition classique des organes moteurs dans laquelle on trouve le moteur lui-même ainsi que l'embrayage et la boîte de vitesses fixée sur le cadre à l'avant du véhicule, tandis que le différentiel et les roues motrices sont à l'arrière. La transmission s'effectue par l'intermédiaire d'un arbre à cardans.

Hinterradantrieb m, Hinterachsantrieb m, Heckantrieb m
Konventionelle Antriebsanordnung, bei der der Motor nebst Kupplung und Schaltgetriebe vorn im Rahmen, das Differential und die Antriebsräder sich hinten befinden. Die Kraftübertragung erfolgt über eine Gelenkwelle.

rear axle flared tube [vehicle construction]

trompette f de pont arrière
Les deux trompettes d'un pont arrière sont réunies chacune à un demi-carter du pont par emmanchement dur et boulonnage. Ce sont ces trompettes qui abritent les deux arbres de roue motrice.

Hinterachstrichter m
In den beiden Hinterachstrichtern, die je in eine Hinterachsgehäusehälfte eingepreßt bzw. mit ihr verschraubt sind, drehen sich die Hinterachswellen.

rear axle gear ratio → rear axle ratio

rear axle radius rod [transmission]

bielle f de poussée du pont arrière
Les bielles de poussée sont montées sur rotule à chacune de leurs extrémités et s'articulent sur le châssis d'une part et sur le pont arrière d'autre part. Elles transmettent au châssis la poussée exercée par les roues motrices.

Hinterachsschubstange f
Hinterachsschubstangen verbinden den Rahmen mit der Hinterachse über Kugelgelenke. Sie übertragen auf das Fahrgestell die von den Antriebsrädern ausgehende Schubkraft.

rear axle ratio [transmission]
also: rear axle gear ratio

rapport m de pont arrière, démultiplication f de pont arrière
Le rapport de démultiplication du pont arrière est de l'ordre de 3:1 à 5:1 pour les voitures de tourisme. Il oscille autour de 7:1 pour les pour les poids lourds.

Hinterachsübersetzung f, Achsuntersetzung f
Bei Personenkraftwagen beträgt die Hinterachsübersetzung 3:1 bis 5:1, bei Lastkraftwagen ca. 7:1.

rear axle shaft [transmission]
(See Ill. 14 p. 177)
also: back axle

arbre m de différentiel, axe m de roue
Arbre moteur qui, dans un essieu rigide, relie le différentiel à la roue motrice.

Hinterachswelle f
Antriebswelle in der Starrachse eines Fahrzeugs, welche das Differentialgetriebe mit dem Antriebsrad verbindet.

rear engine [vehicle construction]

moteur m à l'arrière
Moteur disposé à l'arrière du véhicule au-dessus ou derrière l'essieu arrière. Il entraîne les deux roues arrière. Le moteur placé devant l'essieu arrière est appelé moteur central et se rencontre surtout dans les voitures sport et de compétition.

Heckmotor m
Motor zum Antrieb der Hinterräder. Er ist über oder hinter der Hinterachse angeordnet. Beim Mittelmotor-Antrieb liegt der Motor vor der Hinterachse (Sport- und Rennwagen).

rear hat shelf → rear parcel shelf

rear lamp cluster → tail lamp assembly

rear licence illuminator → number plate light

rear light [lights] (See Ill. 33 p. 513)
also: tail light, tail lamp, rear position light

lanternes fpl arrière, feux rouges mpl
Les véhicules automobiles doivent obligatoirement être équipés de deux lanternes arrière disposées à hauteur égale et fonctionnant en même temps que les feux de position ainsi que les feux de croisement ou de route. Très souvent les feux rouges sont réunis avec les stops et les feux clignotants sous une même garniture. Puissance par ampoule 5 watts.

Schlußleuchte f, Rückleuchte f, Schlußlicht n, Rücklicht n
Kraftfahrzeuge müssen mit zwei roten Schlußleuchten in gleicher Höhe ausgerüstet sein, die zusammen mit dem Standlicht und dem Abblend- bzw. Fernlicht benützt werden. Meist sind die Schlußleuchten mit den Brems- und den Blink-

leuchten zu einer Baueinheit zusammengefaßt. Leistungsbedarf je 5 W.

rear overhang [vehicle construction]

porte-à-faux m arrière
Distance en mm de la partie arrière extrême d'un véhicule par rapport au centre de l'essieu arrière, compte non tenu du crochet d'attelage, du dispositif d'attache de la remorque et du pare-chocs.

hintere Überhanglänge
Abstand in mm des äußersten hinteren Punktes des Fahrzeuges von der Mitte der Hinterachse, wobei Zughaken, Anhängerkupplung und Stoßfänger nicht eingerechnet sind.

rear overhang angle [vehicle construction]

angle m de dégagement
Angle formé par le plan de la chaussée et le point le plus bas situé derrière l'essieu AR d'un véhicule.

hinterer Überhangwinkel
Winkel zwischen der Standebene des Fahrzeugs und dem tiefsten Punkt hinter der Hinterachse.

rear parcel shelf [interior]
also: storage shelf *(behind the rear seat)*, parcel shelf, parcel tray, rear window shelf, rear hat shelf, hat shelf

plage f arrière, tablette f arrière
Tablette se trouvant entre l'habitacle et le coffre arrière. Dans nombre de véhicules, il y a moyen d'augmenter le volume du coffre en rabattant la tablette AR derrière le dossier de la banquette AR. D'autres tablettes sont amovibles.

Hutablage f
Ablage zwischen Fahrgast- und Kofferraum. Zur Vergrößerung des Kofferraums können einige Ausführungen hinter die Rückenlehne der hinteren Sitzbank zurückgeklappt oder einfach abgenommen werden.

rear piston [brakes]
also: secondary piston

piston m secondaire
Second piston du maître-cylindre tandem. Lors du freinage, il est déplacé par le liquide de frein emprisonné entre les deux pistons et refoule le liquide dans un des deux circuits de freinage.

hinterer Kolben, schwimmender Kolben
Zweiter Kolben im Tandemhauptzylinder. Beim Bremsen wird er von der zwischen beiden Kolben eingeschlossenen Bremsflüssigkeit verschoben. Dadurch wird die Flüssigkeit in einem der beiden Bremskreise unter Druck gesetzt.

rear position light → rear light

rear reflector → bull's eye

rear-view mirror [safety]

rétroviseur m (intérieur ou extérieur), rétro m (colloq.)
Petit miroir réglable fixé à l'extérieur et à l'intérieur d'un véhicule automobile, grâce auquel le conducteur peut observer ce qui se passe derrière lui sur la chaussée.

Rückspiegel m, (kurz:) Spiegel m
Verstellbarer Außen- oder Innenspiegel, der dem Fahrer eines Fahrzeugs die Beobachtung des nachfolgenden Verkehrs ermöglicht.

rear-wheel drive [transmission]
(*opp.:* front-wheel drive)

propulsion f arrière
Un système de propulsion où le véhicule est poussé par les roues arrière et non traîné par les roues avant, comme dans la plus moderne propulsion avant.

Hinterradantrieb m
Eine Bauweise von Kraftfahrzeugen, bei der das Fahrzeug von den Hinterrädern geschoben wird und nicht - wie beim moderneren Frontantrieb - von den Vorderrädern gezogen wird.

rear window demister unit → rear window heater

rear window heater [electrical system]
also: rear window demister unit

dispositif m de dégivrage/désembuage de la vitre arriére, dégivreur m de lunette (arrière), dégivreur m arrière
Dans une lunette arrière en verre feuilleté, une fine résistance chauffante alimentée en courant de batterie est insérée entre deux plaques de verre collées ensemble pour désembuer la lunette arrière. Dans le cas de verre trempé, un circuit résistant est imprimé sur la face interne de la lunette. Des dégivreurs vendus en kit peuvent également être collés et branchés sur les lunettes non équipées.

Heckscheibenbeheizung f
In einer Heckscheibe aus Verbundglas befindet sich ein mit Batteriestrom gespeister, dünner Heizdraht zwischen zwei verklebten Glasscheiben, damit das Heckfenster beschlagfrei bleibt. Bei Einscheibenglas ist ein Metallstreifen auf der Innenseite des Heckfensters aufgedruckt. Heckscheibenbeheizungsanlagen können auch nachträglich aufgeklebt bzw. angeschlossen werden.

rear window shelf → rear parcel shelf

rear wiper [equipment]

essuie-glace m arrière
Essuie-glace incorporé dans les voitures break ou en cas d'une lunette arrière peu inclinée pour améliorer la visibilité en arrière.

Heckscheibenwischer m
Ein Scheibenwischer, der bei flach konstruierten Heckscheiben oder bei Kombis eingebaut wird, um die hintere Scheibe sichtfrei zu halten.

reboiler [chemistry]

rebouilleur m
Appareil servant à réchauffer et vaporiser en partie le résidu de distillation dans le fond d'une colonne à plateaux.

Reboiler m
Apparat für das nochmalige Aufheizen und teilweise Verdampfen des Destillationsrückstandes im unteren Teil einer Fraktionierkolonne.

rebore *v* [engine] (*noun:* rebore, reboring)

réaléser v (substantif: réalésage)
Elargir les cylindres et les pistons d'un moteur pour en accroître le rendement.

nachbohren v (Substantiv: Nachbohren)
Der Durchmesser der Zylinder und der Kolben wird nachträglich erweitert, damit die Leistung des Motors gesteigert wird.

rebuilding *n* → recapping *n*

recapped tire [tires]

pneu m rechapé
Un pneu usé dont la bande de roulement a été renouvelée par vulcanisation spé-

recapping 418

ciale, mais la vieille carcasse a été réutilisée.

runderneuerter Reifen
Ein wiederaufgearbeiteter Reifen, bei dem nur die Lauffläche durch ein spezielles Vulkanisationsverfahren erneuert wird, jedoch der alte Unterbau behalten wird.

recapping *n* [tires]
also: tire recapping, retreading *n*, rebuilding *n*, reconditioning *n*

rechapage m, recaoutchoutage m
Regommage d'un pneumatique usé. Une nouvelle bande de roulement est rapportée sur une carcasse récupérée. Il est également possible de regommer d'un flanc à l'autre ou de talon à talon.

Runderneuerung f, Neugummierung f
Erneuerung eines abgefahrenen Reifens. Eine neue Lauffläche wird auf einen wiederverwendeten Reifenunterbau aufgebracht. Abgenutzte Reifen können auch von Schulter zu Schulter bzw. von Wulst zu Wulst erneuert werden.

receiver-drier [heating&ventilation]

réservoir m déshydrateur
Réservoir avec filtre et voyant inséré dans le circuit d'une installation d'air conditionné ou dans une installation similaire de fourgon frigorifique. Il est traversé par le fluide frigorigène liquéfié dans le condenseur.

Trockner m
Flüssigkeitsbehälter mit Filtertrockner und Schauglas im Wärmekreislauf einer Klimaanlage bzw. in der Kühlanlage eines Kühlwagens. Er wird vom im Kondensator verflüssigten Kältemittel durchströmt.

recessed-head screw [mechanical engineering]
also: Phillips screw

vis f cruciforme, vis f à tête cruciforme
Vis dont la tête présente deux fentes disposées en croix. On distingue la vis à tête cruciforme bombée, ronde, fraisée et fraisée bombée.

Kreuzschlitzschraube f
Schraube mit kreuzförmigem Schlitz im Kopf. Man unterscheidet die Linsenschraube, die Halbrundschraube, die Senkschraube und die Linsenschraube mit Kreuzschlitz.

recirculating ball steering [steering]

direction f à circulation de billes,
direction f à chemin de billes,
direction f à circuit de billes
Ce type de direction est dérivé de la direction à vis et écrou. Des billes métalliques sont insérées moitié dans la vis, moitié dans l'écrou et se déplacent en circuit fermé. Grâce à cette friction roulante, on obtient une direction plus douce.

Kugelumlauflenkung f,
Kugelumlauflenkgetriebe f,
Kugelmutter-Lenkgetriebe n
Die Kugelumlauflenkung ist aus der Schraubenlenkung abgeleitet. Bei dieser Lenkungsart sind in der Lenkmutter und in der Lenkschraube Metallkugeln eingefügt, die sich in einer geschlossenen Laufbahn bewegen.
Aufgrund dieser rollenden Reibung wird eine bessere Leichtgängigkeit in der Lenkung erzielt.

reconditioning *n* → recapping *n*

recording speedometer → trip recorder

recovery vehicle (GB) → breakdown vehicle

recuperating chamber [suspension] (See Ill. 10 p. 144)

chambre f de récupération
Second cylindre dans un amortisseur bitube. Il entoure le cylindre de travail et permet au liquide hydraulique excédentaire de s'échapper par un clapet inférieur lorsque l'amortisseur est entièrement comprimé.

Vorratsraum m, Vorratsbehälter m
Zweiter Zylinder in einem Zweirohrstoßdämpfer, der den Arbeitszylinder umgibt und als Vorratsraum für das durch einen Bodenventil entweichende Stoßdämpferöl dient, wenn der Stoßdämpfer ganz zusammengedrückt wird.

red lead [materials]

minium m de plomb
Oxyde de plomb qui entre dans la préparation d'apprêts antirouille pour carrosseries.

Bleimennige n, rotes Bleioxid
Bleioxid, das in der Herstellung von Rostschutzgrundierung für Fahrzeugkarosserien verwendet wird.

reducing catalytic converter
→ reducing converter

reducing converter [emission control]
also: reducing catalytic converter

pot m catalytique de réduction
Pot catalyseur qui réduit principalement l'émission des oxydes d'azote (NOx).

Reduktionskatalysator m
Ein Katalysator, der vorwiegend den Ausstoß der Stickoxide (NOx) verringert.

reduction gearing [transmission]
also: speed reduction gear, speed reducer, step-down gearing

démultiplicateur m
Engrenage utilisé pour la réduction de vitesses de rotation.

Untersetzungsgetriebe n
Getriebe für die Herabsetzung von Drehzahlen.

reference diameter [mechanical engineering]

diamètre m primitif
Dans un engrenage le diamètre primitif est le produit du module et du nombre de dents.

Teilkreisdurchmesser m
Produkt aus Modul und Zähnezahl bei Zahnrädern.

reference notch → rotating timing mark

reference sensor [injection]

détecteur m de repère, capteur m de repère
Capteur inductif qui, dans un système Motronic, évalue la position du vilebrequin grâce à un repère de la couronne dentée du volant-moteur.

Bezugsmarkengeber m, Bezugsmarkensensor m
Induktiver Geber im Motronic-System, der die Kurbenwellenstellung über eine Bezugsmarke an der Schwungscheibenverzahnung ermittelt.

refinery gas [chemistry]

gaz m de raffinerie
Mélange composé principalement d'éthane, de méthane et d'hydrogène,

libéré lors des opérations de distillation, de craquage ou de reformage. Il est surtout utilisé comme gaz combustible.

Raffineriegas n
Gasgemisch meist aus Äthan, Methan und Wasserstoff, das bei der Destillation, beim Cracken oder Reformieren anfällt. Es wird überwiegend als Brenngas verwendet.

reflector [lights] (See Ill. 22 p. 262)

réflecteur m, parabole f, miroir m parabolique
Pièce de l'ensemble optique en métal brillant au foyer duquel se trouve la source lumineuse.

Reflektor m, Spiegelreflektor m, Scheinwerferspiegel m, (kurz:) Spiegel m, Parabolspiegel
Teil des Scheinwerfers aus hochglanzpoliertem Metall, in dessen Brennpunkt die Lichtquelle angeordnet ist.

reforming *n* [chemistry]

reformage m, reforming m, reforming m catalytique
Procédé permettant d'obtenir des essences à indice d'octane amélioré sous l'effet de la température et de la pression ainsi qu'à l'aide de catalyseurs.

Reformieren n, Reformingverfahren n
Verfahren zur Gewinnung von hochklopffesten Benzinen durch Druck und Wärme bzw. mit Hilfe von Katalysatoren.

refrigerant *n* [heating&ventilation]

fluide f réfrigérante, liquide m réfrigérant
Fluide spécial dans un système de climatisation.

Kühlflüssigkeit f, Kühlmittel n
Die spezielle Flüssigkeit in einer Klimaanlage.

refrigerant compressor [heating&ventilation]
also: refrigeration compressor

compresseur m frigorifique
Machine entraînée par le moteur d'un véhicule au moyen d'une courroie trapézoïdale et qui est au cœur d'une installation d'air conditionné ou d'une installation similaire équipant les fourgons frigorifiques. Son rôle est d'aspirer le fluide frigorigène (fréon) contenu dans un évaporateur et, en le comprimant, de le refouler vers un condenseur. Le compresseur est commandé par un embrayage électromagnétique.

Kältemittelverdichter m, Kälteverdichter m, Kältekompressor m
Vom Fahrzeugmotor über Keilriemen angetriebene Maschine in einer Klimaanlage bzw. in der Kühlanlage eines Kühlwagens. Ihre Aufgabe ist es, das gasförmige Kältemittel aus einem Verdampfer anzusaugen und dieses unter hohem Druck zum Verflüssiger zu verdrängen. Der Kälteverdichter wird über eine Magnetkupplung zu- und abgeschaltet.

refrigerated vehicle [vehicle]

fourgon m frigorifique
Fourgon à isolation thermique, revêtu d'une peinture spéciale et servant au transport de marchandises réfrigérées ou surgelées. En général il s'agit de denrées alimentaires périssables. Les basses températures sont obtenues au moyen d'une installation de production du froid ou par un agent réfrigérant (glace carbonique, gaz liquéfié, etc.).

Kühlfahrzeug n
Wärmeisolierter Lastkraftwagen mit Speziallackierung des Aufbaus zum Transport von Kühlgut (z.B. leicht verderbliche Lebensmittel). Die Kühlung des Laderaums erfolgt durch eine Kälteanlage oder durch Kühlmittel (Trockeneis, verflüssigtes Gas usw.).

refrigeration compressor → refrigerant compressor

regenerator [chemistry]

régénérateur m, chambre f de brûlage
Appareil pour la régénération du catalyseur usé, qui y est réchauffé (craquage catalytique).

Regenerator m
Apparat für die Regenerierung des verbrauchten Katalysators, der dort wieder aufgeheizt wird (katalytisches Cracken).

registration plate lamp (GB)
→ number plate light

regular *n* → regular grade

regular gasoline (US) → regular grade

regular grade [fuels]
also: regular gasoline (US), regular *n (for short)*, low-octane petrol (GB)

essence f ordinaire, essence f normale
L'essence ordinaire a un indice d'octane se situant entre 92 et 94. Sa teneur en aromates est moins élevée que celle du supercarburant.

Normalbenzin n
Normalbenzin hat eine Oktanzahl von 92 bis 94. Sein Anteil an Aromaten ist niedriger als beim Superbenzin.

relative dwell angle [ignition]

angle m dwell, rapport m en dwells
Pourcentage de l'angle de came calculé sur le cycle de came:
angle dwell = angle de came multiplié par nombre de cylindres, divisé par 3,6

relativer Schließwinkel, Schließwinkel m in Prozent
Auf den Gesamtwinkel bezogener Anteil des Schließwinkels, der in Prozent ausgedrückt wird.
Relativer Schließwinkel = Schließwinkel in Grad x Zylinderzahl, geteilt durch 3,6

relay *n* [electrical system]

relais m
Interrupteur à commande à distance dont les contacts peuvent enclencher et déclencher des courants forts destinés à alimenter des organes gros consommateurs d'électricité. Le relais se compose d'une bobine magnétique à noyau en fer doux ainsi que d'une palette servant à la fermeture ou à l'ouverture de contacts.

Relais n
Elektromagnetischer Fernschalter, mit dessen Kontakten stärkere Ströme zur Versorgung von Verbrauchern mit hoher Stromaufnahme ein- und ausgeschaltet werden. Das Relais besteht aus einem Weicheisenkern mit einer Magnetwicklung und aus einem Schaltananker mit versilbertem Kontakt und Gegenkontakt.

relay arm → idler arm

release bearing [clutch]
(See Ill. 11 p. 154)
also: clutch release bearing, clutch thrust bearing, thrust bearing, throwout bearing, withdrawal bearing (GB)

release fork

butée f d'embrayage, butée f de débrayage, roulement-butée m
Dans l'embrayage monodisque à sec, la fourchette de débrayage agit sur la butée qui, à son tour, attaque la bague de débrayage (contre-butée) ou le diaphragme selon le type d'embrayage. On distingue les butées à billes et les butées à bague graphite.

Ausrücklager n, Kupplungsausrücklager n, Ausrücker m, Kupplungsdrucklager n
In der Einscheibentrockenkupplung greift die Ausrückgabel an dem Ausrücklager an, das auf den Ausrückring bzw. auf die Tellerfeder einwirkt. Es gibt Kugeldrucklager und Graphitringausrücker (Schleifringausrücker).

release fork → clutch fork

release lever → clutch release lever

release lever plate [clutch]

bague f de débrayage, plateau m de poussée des doigts, contre-butée f
Rondelle maintenue par des ressorts sur les linguets d'un mécanisme d'embrayage. Lors du débrayage, elle subit la pression de la butée.

Ausrückring m, Auflagering m
Der Ausrückring wird mittels Federn auf den Ausrückhebeln des Kupplungsausrückmechanismus festgehalten. Beim Auskuppeln wird er vom Ausrücklager gedrückt.

release spring → clutch release spring

release yoke → clutch fork

relief piston [injection]

piston m de détente
Piston minuscule que recèle la soupape d'injection et qui a pour effet de provoquer une détente dans le circuit haute pression et, de ce fait, une fermeture rapide de l'injecteur.

Entlastungskölbchen n
Kölbchen im Druckventil einer Einspritzpumpe, das eine schnelle Druckentlastung im Druckrohr (Einspritzleitung) und damit eine schnelle Schließung der Einspritzdüse bewirkt.

relief valve → oil pressure relief valve

remote starter switch [electrical system]

contacteur m à distance
Contacteur à deux câbles permettant de lancer un moteur de l'extérieur d'un véhicule. L'un des câbles est branché sur le pôle positif de la batterie et l'autre sur la borne de commande du démarreur.

Fernstartschalter m
Schalter mit zwei Leitungen, der das Anlassen des Motors außerhalb des Fahrzeugs ermöglicht. Eine Leitung wird mit Batterie Plus (+) verbunden, die andere mit dem Steuerstromanschluß des Anlasserrelais (Klemme 50).

repair garage (US) → motorcar repair shop (GB)

repair pit → inspection pit

required voltage *(for ignition)* → firing voltage

Research method [fuels]
(*compare:* Motor method)

*méthode f Research,
(improprement:) méthode recherche*
Méthode pour déterminer l'indice d'octane des carburants.

Research-Methode f
Ein Verfahren zur Bestimmung der Oktanzahl von Kraftstoffen.

Research octane number
(abbr. **R.O.N.***)* [fuels] *(compare:* Motor octane number)

indice m d'octane méthode Research (abr. RON), indice m d'octane recherche
Indice d'octane calculé avec un moteurétalon CFR (CFR = Cooperative Fuel Research), qui tourne à 600 tr/min avec une avance à l'allumage constante (13°), la température de l'air aspiré étant de 52° C.

Research-Oktan-Zahl f (Abk. ROZ), Oktanzahl f nach der Researchmethode
Oktanzahl, die mit einem CFR-Prüfmotor ermittelt wird (CFR = Cooperative Fuel Research). Der Prüfmotor läuft mit 600 U/min und einem konstanten Zündzeitpunkt (13° KW vor OT), wobei die Ansauglufttemperatur 52° C beträgt (F-1-Methode).

reservoir port [brakes] (See Ill. 5 p. 70)

orifice m d'alimentation, orifice m de remplissage
Ouverture ménagée dans le maître-cylindre d'un frein hydraulique à travers laquelle le liquide de frein provenant du réservoir s'écoule dans l'espace compris entre la partie avant et arrière du piston.

Nachlaufbohrung f
Bohrung im Hauptzylinder einer hydraulischen Bremse, durch die der Raum zwischen vorderem und hinterem Kolbenteil mit Bremsflüssigkeit aus dem Ausgleichbehälter gefüllt wird.

residual gases [emission control]

gaz mpl brûlés résiduels, gaz mpl résiduels
Un certain volume de gaz brûlés qui n'est pas expulsé de la chambre de combustion lors du temps d'échappement.

Restgase npl
Der Anteil verbrannter Gase, der nach dem Auspufftakt noch im Brennraum vorhanden ist.

resonance damper [engine]
also: vibration damper

amortisseur m de vibrations
Volant de petite taille rapporté sur la poulie de vilebrequin dont il est séparé par une épaisseur de caoutchouc. Celle-ci amortit les vibrations torsionnelles intervenant dans chacun des cylindres.

Drehschwingungsdämpfer m, Schwingungsdämpfer m
Kleineres Schwungrad, das auf der Riemenscheibe der Kurbelwelle aufgesetzt ist. Das dazwischenliegende Gummi dämpft die in den Zylindern auftretenden Drehschwingungen.

restraint system [safety]

système m de retenue (des passagers)
Dispositif pour protéger les occupants d'une automobile en cas de choc, p.e. ceintures de sécurité et sacs gonflables.

Rückhaltevorrichtung f
Vorrichtung zum Schutz der Insassen eines Kraftfahrzeugs im Fall eines Aufpralls; dazu zählen vor allem Sicherheitsgurte und Airbags.

retarder → brake retarder

retractable axle → lifting axle

retractable rod aerial (GB) → retractable rod antenna (US)

retractable rod antenna (US) [radio]
also: retractable rod aerial (GB)

antenne f télescopique
Antenne dont les éléments s'emboîtent et se déboîtent et que l'on trouve en version escamotable ou latérale. L'antenne télescopique escamotable disparaît complètement dans la carrosserie et peut être verrouillée. L'antenne latérale se fixe en général sur un montant de glace et ses éléments peuvent s'emboîter jusqu'à la pièce de fixation.

Teleskopantenne f
Zusammenschiebbare und auseinanderziehbare Antenne, die als Versenk bzw. Anbauantenne anzutreffen ist. Die Versenk-Teleskopantenne läßt sich ganz in der Karosserie versenken und kann mit einem Schlüsselchen oder einem Springschloß abgesperrt werden. Anbauantennen dagegen werden vor allem an einem Fensterholm angebracht und lassen sich bis auf das kurze Anbaustück zusammenschieben.

retracting headlight [lights]

phare m escamotable
Phare invisible en cas de non-utilisation. Les phares escamotables sont à commande mécanique ou électrique.

versenkbarer Scheinwerfer, Klappscheinwerfer m,
(pl. auch:) Schlafaugen (colloq.)
Scheinwerfer, der bei Nichtbenutzung unsichtbar ist. Für den Betrieb werden Klappscheinwerfer mechanisch oder elektrisch betätigt.

retracting-type belt → inertia reel belt

retreading n → recapping n

return current → reverse current

return spring [mechanical engineering] (See Ill. 19 p. 240)
also: pull-off spring

ressort m de rappel
Organe élastique qui ramène à sa position de départ une pièce mise en mouvement.

Rückzugfeder f, Rückstellfeder f, Rückholfeder f
Elastisches Glied, das ein bewegliches Teil in seine Ausgangslage zurückbringt.

rev counter *(colloq.)* → revolution counter

reverse current [electrical system]
also: return current

courant m de retour, courant m de batterie
Lorsque la tension d'une dynamo devient inférieure à celle de la batterie, le courant de retour reflue de la batterie à la masse en passant par l'enroulement en fil gros du conjoncteur-disjoncteur et l'induit de la dynamo. Son action a pour effet de séparer les grains de contact et de couper le circuit de charge.

Rückstrom m
Sinkt die Spannung einer Gleichstromlichtmaschine unter die Batteriespannung, so fließt der Rückstrom von der Batterie aus über die Stromwicklung des Ladeschalters und den Anker der Lichtmaschine zur Masse. Dies hat die Öff-

nung des Kontaktpaares zur Folge, und der Ladestromkreis wird unterbrochen.

reverse current cutout → cutout relay

reverse-flow scavenging [engine]
also: reverse scavenging

balayage m à contre-courant
La méthode de balayage la plus utilisé d'un moteur à deux temps. Il existe deux formes: balayage à flux transversal et balayage à flux reversé.

Gegenstromspülung f
Das übliche Spülverfahren bei Zweitaktmotoren. Es wird unterteilt in Querstromspülung und Umkehrspülung.

reverse gear [transmission]

marche f arrière
Marche qui permet de faire des manœuvres de récul avec une automobile.

Rückwärtsgang m
Ein Getriebegang, der das Rückwärtsfahren des Fahrzeugs erlaubt.

reverse gear spindle → reverse idler gear shaft

reverse idler shaft → reverse idler gear shaft

reverse idler gear shaft [transmission]
(See Ill. 20 p. 248)
also: reverse idler shaft, reverse gear spindle

arbre m auxiliaire, axe m de marche arrière, arbre m de marche arrière, renvoi m de marche arrière
Arbre à pignon de la boîte de vitesses qui s'intercale entre l'arbre secondaire et le train fixe. Il sert à l'enclenchement de la marche arrière.

Rückwärtsgangzwischenwelle f, Rücklaufwelle f, Rücklaufachse f
Welle im Wechselgetriebe, die zwischen Hauptwelle und Vorgelegewelle angeordnet ist. Sie dient der Einschaltung des Rückwärtsganges.

reverse scavenging → reverse-flow scavenging

reversible ratchet → ratchet handle

reversing bleeper (GB), **reversing beeper** (GB) → backup alarm (US)

reversing lamp (GB) → reversing light

reversing light [lights]
(See Ill. 33 p. 513)
also: reversing lamp (GB), backup light (US)

feu m de recul, phare m de recul
Projecteur additionnel pour l'éclairage en marche arrière.

Rückfahrscheinwerfer m, Rückfahrleuchte f
Zusätzlicher Scheinwerfer für rückwärtige Beleuchtung.

reversing light → reversing light

rev meter *(colloq.)* → revolution counter

revolution counter [instruments]
also: rev counter *(colloq.)*, rev meter *(colloq.)*, tachometer

compte-tours m
Instrument permettant l'affichage du régime du moteur ou de la vitesse de rotation de toute autre pièce.

Drehzahlmesser m (Abk. DZM),

revolutions per minute

Umdrehungszähler m, Tourenzähler m (colloq.), Drehzähler m
Gerät zur Anzeige der Drehzahlen eines Motors oder weiterer drehender Teile.

revolutions per minute (*abbr.* **rpm**) [engine]

régime m (de rotation), tours par minute (abr. tr/mn), vitesse f de rotation en tours par minute
Nombre de rotations par minute d'un vilebrequin dans un moteur à explosion ou à combustion interne.

Drehzahl f, Umdrehungen fpl pro Minute (Abk. Upm)
Bei Verbrennungsmotoren Zahl der Umdrehungen der Kurbelwelle je Minute.

Rh = rhodium

rhodium (*abbr.* **Rh**) [emission control]

rhodium m (abr. Rh)
Métal précieux utilisé dans les convertisseurs catalytiques.

Rhodium n (Abk. Rh)
Ein Edelmetall, das bei katalytischen Konvertern als Katalysator verwendet wird.

ribbed radiator → fin-type radiator

rich mixture [fuel system]
(*opp.*: weak mixture)

mélange m riche
Un mélange carburé trop riche se manifeste par une fumée noire à l'échappement, par des dépôts noirâtres sur les bougies d'allumage ainsi que par un surconsommation d'essence. Un rapport de mélange essence-air de l'ordre de 1:13 révèle un gaz trop riche.

Contraire: mélange pauvre.

reiches Gemisch, kraftstoffreiches Gemisch
Schwarze Rauchschwaden aus dem Auspuff, verrußte Zündkerzen und übermäßiger Benzinverbrauch lassen auf ein reiches Kraftstoff-Luft-Gemisch schließen. Bei einem Mischungsverhältnis von 1:13 gilt das Kraftstoff-Luft-Gemisch als zu fett.
Gegenteil: armes Gemisch.

right-handed thread [mechanical engineering]

filet m à droite
Filet en hélice d'une vis se déroulant de bas en haut et de gauche à droite. En tournant dans le sens des aiguilles d'une montre, la vis s'enfonce dans l'écrou.

Rechtsgewinde n
Gewinde eines Bolzens, dessen Schraubenlinie von links unten nach rechts oben steigt. Beim Drehen im Uhrzeigersinn schraubt sich der Bolzen in die Mutter hinein.

rigid axle [vehicle construction]
also: beam axle

essieu m rigide, pont m rigide
Pièce transversale dont les extrémités passent par les moyeux des deux roues sur lesquelles elle prend appui.
Dans la construction de voitures automobiles, l'essieu rigide avant a été abandonné et remplacé par la suspension à roues indépendantes en raison de l'importance des masses non suspendues et des modifications que subissait le carrossage lors du débattement de la suspension d'une roue. Aussi l'essieu rigide ne se rencontre-t-il plus qu'en tant qu'essieu moteur arrière. En revanche, on le re-

trouve aussi bien comme essieu avant directeur que comme essieu moteur arrière dans les camions et les poids lourds. Le pont ou essieu arrière comprend le différentiel avec le renvoi d'angle réducteur de même que les arbres de roue. L'essieu rigide est simple dans son mode de construction et réalisable à relativement peu de frais. Grâce à lui la position des roues ne change pas, pas plus que le carrossage, la voie, le pinçage et la chasse lors du débattement simultané des deux roues. Seul le débattement de la suspension d'une roue modifiera le carrossage de la roue opposée. Toutefois l'essieu rigide représente un poids important et il est encombrant. De surcroît, si une des roues doit surmonter une inégalité de la chaussée, l'essieu rigide se mettra en biais. A noter également que l'adhérence au sol laisse à désirer. Dans nombre de cas, la suspension la plus économique de l'essieu rigide à la carrosserie sera assurée par des ressorts à lames disposés longitudinalement.

Starrachse f
Querträger, dessen Enden sich auf der Nabe beider Räder abstützen.
In der Automobilindustrie ist die Starrachse als Vorderachse durch die Einzelradaufhängung aufgrund der großen ungefederten Massen und der Sturzänderung beim Ein- und Ausfedern eines Rades zurückgedrängt worden und nur noch als Hinterachse anzutreffen. In den Lastwagen dagegen findet die Starrachse als Lenk- und Hinterachse Verwendung. Zur starren Hinterachse gehören das Winkel- und das Ausgleichsgetriebe sowie die Achs- oder Seitenwellen zum Antrieb der Hinterräder. Die Starrachse ist einfach in ihrem Aufbau und billig in der Herstellung. Die Radstellung bleibt unverändert. Beim Einfedern bleiben ebenfalls Radsturz, Spurweite, Vorspur und Nachlauf konstant. Lediglich beim Ein- und Ausfedern eines Rades ändert sich der Sturz des gegenüberliegenden Rades. Jedoch ist die Starrachse ziemlich schwer und nimmt viel Raum in Anspruch. Außerdem wird sie beim Überwinden einer einseitigen Bodenunebenheit schräg gestellt. Auf unebenem Boden ist der Fahrbahnkontakt schlechter. Meist erfolgt die Aufhängung der Starrachse am Fahrgestell mittels längsliegender Blattfedern.

rigid coupling [mechanical engineering]

accouplement m rigide
Accouplement ne pouvant compenser les défauts d'alignement des arbres, ni les variations de dimensions dues aux dilatations.

Starrkupplung f
Kupplung, die weder Wellenachsfehlern noch Maßänderungen infolge Ausdehnung folgen kann.

rim *n* [wheels]
also: wheel rim

jante f
Partie de la roue sur le pourtour de laquelle vient se placer le pneumatique. La jante comprend trois parties principales: La base, l'épaulement et le rebord.

Felge f
Teil des Rades, auf dessen Umfang der Gummireifen aufgenommen wird. Dazu gehören das Felgenbett, die Felgenschulter und das Felgenhorn.

rim base [wheels]

base f de la jante
Partie la plus basse de la jante.

Felgenbett n
Tiefste Stelle der Felge.

ring *n* → piston ring

ring gap → piston ring gap

ring gear → annulus *n*

ring groove → piston groove

ring sticking [engine]

gommage m des segments de piston
Défaut du piston imputable à un échauffement du culot pouvant aboutir à une carbonisation de l'huile moteur dans les rainures circulaires. Dès lors les segments sont collés dans leur gorge et la pression des gaz ne suffit plus pour les appliquer sur la paroi du cylindre. Ils perdent ainsi leur pouvoir d'étanchéité.

Kolbenringkleben n, Kolbenringstecken n
Kolbenschaden, bei dem die Kolbenringe infolge einer Überhitzung der Kolbenringzone in den Ringnuten haften bleiben, weil das Öl dort verkokt. Die Kolbenringe können durch den Gasdruck nicht mehr von den Ringnuten abgehoben und gegen die Zylinderwandung gedrückt werden. Sie dichten nicht mehr.

ring terminal [electrical system]
also: ring tongue

cosse f ronde, cosse f à œillet
Cosse annulaire amovible qui se fixe au moyen d'un écrou sur une borne filetée.

Ringzunge f
Ringförmiger Kabelschuh mit lösbarem Anschluß. Er wird mittels einer Mutter befestigt.

ring tongue → ring terminal

rivet *n* [mechanical engineering]

rivet m
Elément cylindrique non démontable en acier, cuivre ou aluminium pour l'assemblage de pièces minces (tôles). La tige se terminant par une tête de pose est introduite dans les trous percés dans les pièces à unir, puis la partie saillante est refoulée et martelée en forme de tête appelée fermante. Jusqu'à un diamètre de tige de 10 mm, la rivure se fait à froid. Pour les plus grands diamètres (10 à 30 mm), les rivets en acier sont d'abord portés au rouge (rivure à chaud).

Niet m oder n
Metallbolzen aus Stahl, Kupfer oder Aluminium zur festen mechanischen Verbindung zweier dünner Werkstücke (Bleche). Der mit einem sogenannten Setzkopf versehene Schaft wird durch die vorgebohrten Löcher der zu verbindenden Teile gesteckt und der überstehende Teil durch Schlageinwirkung zu einem zweiten Kopf (Schließkopf) angestaucht und plastisch geformt. Bei einem Schaftdurchmesser bis 10 mm erfolgt die Nietung im kalten Zustand (Kaltnietung). Stahlniete mit Schaftdurchmesser von 10 bis 30 mm werden vorerst auf Rotglut gebracht (Warmnietung).

roadability [vehicle]
also: road holding, road holding characteristics

tenue f de route
La tenue de route se définit par l'ensemble des facteurs qui déterminent le maintien de la trajectoire suivie par un véhicule roulant par rapport aux forces et aux couples auxquels il est soumis.

Straßenlage f, **Straßenhaltung** f
Summe aller Faktoren, die die Fahrtrichtungshaltung eines Kfz gegenüber den während der Fahrt auftretenden Kräften und Momenten bestimmen.

road adhesion [vehicle, safety]
also: road grip

adhérence f au sol
Qualité de roulement nécessaire entre le véhicule et la chaussée. Elle est le résultat du frottement entre le pneumatique et le revêtement du sol. La vitesse du véhicule, l'état de la route (verglas, neige, pluie, graviers) ainsi que la gomme et les sculptures du pneumatique peuvent modifier l'adhérence au sol.

Bodenhaftung f
Haftverbindung zwischen Fahrzeug und Boden, die durch Reibung zwischen Reifen und Fahrbahnoberfläche entsteht. Die Fahrtgeschwindigkeit, der Fahrbahnzustand (Glatteis, Schnee, Regen, Kies usw.) sowie die Profilgestaltung und die Gummimischung der Autoreifen können sich auf die Bodenhaftung auswirken.

road clearance → ground clearance

road grip → road adhesion

road holding → roadability

road holding characteristics → roadability

road octane number [fuels]

indice m d'octane route
Indice d'octane réellement atteint par un carburant en circulation routière.

Straßenoktanzahl f
Oktanzahl, die auf der Straße von einem Kraftstoff tatsächlich erreicht wird.

road tanker → tank truck (US)

road tractor [vehicle]
also: prime mover

tracteur-automobile m
Véhicule tracteur à deux ou trois essieux sur la partie arrière duquel est attelée une semi-remorque ou une remorque à deux roues (sans essieu avant).

Straßenzugmaschine f
Zwei- oder dreiachsige Straßenzugmaschine, auf deren hinterem Teil ein Anhänger ohne Vorderachse (Sattelauflieger, Sattelanhänger) aufgesattelt wird.

road train (US) → truck-tractor train

roadway [testing]

chaussée f
Partie d'une route aménagée pour la circulation des véhicules.

Fahrbahn f
Teil von Straßen und Straßenbrücken, der für den Fahrzeugverkehr bestimmt ist.

rocker → rocker arm

rocker arm [engine] (See Ill. 17 p. 202)
also: valve rocker arm, valve rocker, rocker

culbuteur m
Levier oscillant placé au-dessus des cylindres, servant à ouvrir et fermer les soupapes. Le point d'appui du culbuteur se trouve au centre du levier. Dans le basculeur ou doigt de poussée, le point d'appui est à l'extrémité du levier.

rocker box · 430

Kipphebel m, Ventilkipphebel m
Kipphebel, der über dem Zylinder angeordnet ist und zum Öffnen und Schließen der Ventile dient. Beim Kipphebel liegt der Drehpunkt in der Mitte, beim Schwinghebel dagegen am Hebelende.

rocker box → rocker cover

rocker clearance → valve clearance

rocker cover [engine]
(See Ill. 17 p. 202)
also: valve rocker cover, valve gear cover, camshaft cover, cylinder head cover, rocker box

cache-soupapes m, couvre-culasse m, cache-culbuteurs m
Couvercle généralement étanche à l'air vissé au-dessus de la rampe des culbuteurs.

Ventilkammerdeckel m, Kipphebelabdeckung f, Schwinghebelabdeckung f, Zylinderkopfdeckel f, Zylinderkopfhaube f
Meist luftdichter Deckel über dem Ventiltrieb.

rocker cover gasket [engine]

joint m de cache-soupapes, joint m de couvre-culasse
Joint épais en liège ou en caoutchouc, relativement peu serré et qui assure l'étanchéité du cache-soupapes sur la culasse.

Ventilkammerdeckeldichtung f, Zylinderkopfhaubendichtung f
Starke Dichtung aus Gummi oder aus Kork, die zwischen Zylinderkopf und Zylinderkopfhaube leicht zusammengepreßt wird.

rocker shaft [engine]
(See Ill. 17 p. 202)

axe m de culbuteur
Axe autour duquel pivote le culbuteur.

Kipphebelachse f
Achse, um die sich der Kipphebel dreht.

rod antenna (GB)→ wand antenna (US)

rod-operated clutch [clutch]

embrayage m à commande par tringles
Dans ce type d'embrayage, la force musculaire du conducteur agissant sur la pédale de débrayage est transmise à la butée par une tringlerie reliant la pédale à la fourchette de débrayage.

mechanische Kupplung mit Gestänge
Die Pedalkraft wird bei dieser Betätigung durch ein Gestänge zwischen Kupplungspedal und Ausrückgabel auf den Ausrücker übertragen.

roll *n* [vehicle]

roulis m
Mouvement oscillatoire d'un côté du véhicule à l'autre autour d'un axe longitudinal ayant pour origine le centre de gravité du véhicule, et ce sous l'influence d'efforts perturbateurs. Il est atténué par des barres anti-roulis assurant une liaison plus rigide entre les roues et la carrosserie.

Schlingern n, Wankschwingung f, Wanken n, Rollen n
Schlingerbewegung von einer Wagenseite zur anderen um eine Längsachse, die vom Schwerpunkt des Fahrzeugs ausgeht, und zwar unter dem Einfluß von Störkräften. Zur Verringerung der Wankschwingungen werden Stabilisatoren zwischen Rädern und Wagenaufbau eingebaut.

roller bearing [mechanical engineering]

roulement m à rouleaux
Roulement qui contient comme pièces de roulement des rouleaux cylindriques, coniques ou en forme de tonneau logés dans les chemins de roulement entre les deux bagues.

Rollenlager n
Wälzlager mit Zylinder-, Kegel- oder Tonnenrollen als Wälzkörper in den Führungsbahnen von Außen- und Innenring.

roller tappet [engine]

poussoir m à galet
Poussoir dont l'extrémité se termine par un galet sur lequel agit la came, ce qui permet de supprimer l'usure par frottement.

Rollenstößel m
Stößel, der mit einer Rolle endet, auf welche der Nocken einwirkt, wodurch der Verschleiß durch Reibung vermieden wird.

roller tester [testing]
also: dynamic brake analyzer, car brake tester

banc m d'essai de freinage à rouleaux
Le banc d'essai de freinage à rouleaux est le plus utilisé en atelier. Il comprend un châssis dans lequel sont montées à même le sol deux paires de rouleaux séparées, chaque paire étant entraînée par un moteur électrique d'une puissance approximative de 3 kW. Celui-ci tourne à une vitesse déterminée, qui sera maintenue constante lors de l'opération de freinage tout entière. Généralement la vitesse de contrôle est de 5 km/h pour les voitures de tourisme et de 2,5 km/h pour les camions. Les valeurs relevées sont retransmises des rouleaux à l'afficheur par voie mécanique, hydraulique, pneumatique ou électrique. Il existe également des bancs d'essai de freinage à microprocesseur avec imprimante.

Rollenbrems(en)prüfstand m, Rollenprüfstand m
Der Rollenprüfstand ist der im Werkstatteinsatz am meisten verwendete Bremsenprüfstand. Die Fahrzeugräder werden mit zwei getrennten Bremsrollenpaaren angetrieben, die in einem Profilrahmen ebenerdig eingebettet sind, wobei jedem Rollensatz ein Elektromotor mit einer Leistung von ca. 3 kW zugeordnet ist. Dieser läuft mit einer bestimmten Drehzahl, die auch während des ganzen Abbremsvorganges konstant gehalten wird. Bei Pkw beträgt die Prüfgeschwindigkeit ca. 5 km/h, bei Lkw 2,5 km/h. Die Übertragung der Meßwerte von den Prüfrollen zum Meßschrank kann mechanisch, hydraulisch, pneumatisch oder elektrisch erfolgen. Rollenprüfstände gibt es auch mit Mikroprozessor-Einheit und Druckerausgabe.

roller-type overrunning clutch
→ overrunning clutch

rolling *n* [wheels]

roulement m
Le mouvement tournant des roues d'un véhicule en marche. *Verbe:* rouler.

Rollen n
Die Bewegung der Räder eines Fahrzeugs während des Fahrens. *Verb:* rollen.

rolling *n* → roll *n*

rolling element bearing [mechanical engineering]

roulement m
Mécanisme servant à l'appui et au gui-

dage d'arbres en rotation qui, grâce à la friction roulante, est peu sujet aux pertes par friction. Généralement on entend par roulements les roulements à billes, à rouleaux, à galets et à aiguilles.

Wälzlager n
Lager zum Abstützen und zum Führen von rotierenden Wellen, das durch rollende Reibung wenig Reibungsverluste aufweist. Zu den Wälzlagern werden die Kugel-, Rollen- und Nadellager gerechnet.

rolling resistance [wheels]
also: frictional resistance to rolling motion

résistance f au roulement
La résistance au roulement d'une roue à pneumatique est, la charge qui pèse sur la roue mise à part, tributaire des dimensions de la roue, de la pression de gonflage du pneumatique, du type de pneumatique utilisé, des sculptures de la bande de roulement, de la vitesse du véhicule et enfin de la nature du sol.

Rollwiderstand m, Radwiderstand m
Der Rollwiderstand des luftbereiften Rades ist abgesehen von der Radbelastung abhängig von Reifengröße, Reifenfülldruck, Reifenkonstruktion, Profilierung, Fahrgeschwindigkeit und Fahrbahnbeschaffenheit.

rollover bar [safety]

arceau m de sécurité
Arceau en acier se trouvant au-dessus de la tête des passagers et faisant office de raidisseur de pavillon. Il offre une sécurité supplémentaire en cas de tonneaux.

Überrollbügel m, Umsturzbügel m
Über den Kopf der Wageninsassen verlaufender Stahlbügel zur Versteifung der Dachkonstruktion, der bei Überschlägen größeren Schutz bietet.

R.O.N. = Research octane number

roof aerial (GB) → roof antenna (US)

roof antenna (US) [radio]
also: roof aerial (GB), top antenna (US), overcar antenna (US), overcar aerial (GB)

antenne f de pavillon
Antenne de faible longueur fixée sur le pavillon d'un véhicule. Grâce à sa position bien dégagée, l'antenne de pavillon garantit une très bonne puissance de réception et elle est surtout utilisée en radiotéléphonie.

Dachantenne f
Kurzer Antennenstab auf dem Dach eines Fahrzeuges. Dachantennen garantieren aufgrund ihrer ungestörten Lage eine gute Empfangsleistung und werden vor allem für den Sprechfunkverkehr eingesetzt.

roof luggage carrier → roof luggage rack

roof luggage rack [equipment]
also: roof rack, roof luggage carrier

galerie f (de toit)
Entourage à éléments en tube d'acier profilé se fixant sur les gouttières d'une voiture pour permettre le transport de bagages. Les galeries sont réglables en largeur (de 105 à 133 cm environ) comme en hauteur et fréquemment protégées contre la corrosion par électrozingage, passivation et revêtement en matière plastique.

Dachgepäckträger m, Gepäckträger m
Rahmen aus Stahlprofil zur Befestigung an der festen Dachrinne eines Pkw. Dachgepäckträger sind höhenverstellbar und

für Dachspannweiten von ca. 105 bis 133 cm ausgelegt. Ausführungen mit Korrosionsschutz durch galvanische Verzinkung, Passivierung und Kunststoffbeschichtung.

roof panel [vehicle body]

pavillon m
Partie supérieure de la carrosserie d'une voiture qui constitue le toit de l'habitacle.

Dach n, Fahrzeugdach n
Der obere Teil der Karosserie eines Automobils, der den Fahrgastraum nach oben begrenzt.

roof rack → roof luggage rack

roof reinforcing crosspiece → roof stiffener

roof stiffener [vehicle body]
also: roof reinforcing crosspiece

raidisseur m de pavillon
Traverse fixée sur l'encadrement du pavillon.

Dachversteifung f
Traverse, die am Dachrahmen befestigt ist.

root circle [mechanical engineering]

cercle m des pieds
Cercle tracé sur la base de chacune des dents d'un engrenage.

Fußkreis m
In einem Zahnrad bildet der Fußkreis die Begrenzungslinie, die durch den Lückengrund geht.

Roots blower, Roots-type blower [engine]

compresseur m Roots, compresseur m à lobes
Compresseur à entraînement mécanique dans lequel deux rotors à palettes commandés par le moteur tournent en sens inverse. Son rendement varie avec la vitesse.

Roots-Gebläse n, Drehkolbengebläse n, Roots-Lader m
Lader mit mechanischem Antrieb, in dem zwei vom Motor angetriebene Läufer in entgegengesetzter Richtung rotieren. Seine Leistung ist drehzahlabhängig.

rotary engine → rotary piston engine

rotary flashing beacon → rotating identification lamp

rotary piston [engine]

piston m rotatif
Piston triangulaire utilisé dans les moteurs à piston rotatif (moteurs Wankel).

Drehkolben m, Kreiskolben m, Läufer m, Dreiecksläufer m
Dreieckiger Kolben eines Wankelmotors.

rotary piston engine [engine]
also: rotary engine, Wankel engine

moteur m (à piston) rotatif, moteur m Wankel
Moteur à combustion à quatre temps sans soupapes, dans lequel un piston présentant le contour d'un triangle équilatéral aux côtés arrondis tourne dans un carter créant trois volumes étanches périodiquement variables et appelés chambres de travail.

Rotationskolbenmotor m, Drehkolbenmotor m, Kreiskolbenmotor m, Wankelmotor m

rotary wire brush

Ventilloser Verbrennungsviertakt-Ottomotor mit Schlitzsteuerung, in dem ein Kolben mit der Form eines gleichseitigen Bogendreiecks sich in einem Gehäuse dreht, wobei drei periodisch kleiner und größer werdende, allseitig abgeschlossene Kammern (Arbeitsräume) entstehen.

rotary wire brush [tools]

brosse f métallique rotative, polybrosse f
Brosse circulaire ou en forme de coupelle, garnie de fils d'acier ou de nylon ondulés et rigides, qui s'adapte sur toutes les perceuses et servant principalement à éliminer la rouille.

rotierende Drahtbürste
Bürste in Hut- oder Scheibenform. Sie paßt in jede Bohrmaschine und wird hauptsächlich zum Entfernen von Rost verwendet.

rotating beacon → rotating identification lamp

rotating identification lamp [lights]
also: rotating beacon, rotary flashing beacon

gyrophare m
Projecteur tournant de signalisation fixé sur le pavillon d'un véhicule et équipé d'une ampoule d'une puissance maximale de 55 watts. Cette ampoule se trouve au foyer d'un réflecteur animé d'un mouvement de rotation par un moteur électrique. Elle émet ainsi un faisceau lumineux tournant traversant un globe teinté bleu ou orange.

Rundumscheinwerfer m, Rundumkennleuchte f
Optische Warnvorrichtung, die auf dem Fahrzeugdach montiert und mit einer Glühlampe bis maximal 55 Watt Leistungsaufnahme ausgerüstet ist. Die Lampe steht im Brennpunkt eines Reflektors, der von einem Elektromotor angetrieben wird. Der Reflektor dreht sich um die Glühlampe, so daß er ein umlaufendes Lichtbündel erzeugt, das durch eine blau- bzw. gelbgefärbte Glashaube abgestrahlt wird.

rotating shaft → shaft n

rotating timing mark [ignition]
also: engine timing mark, flywheel timing mark, flywheel marking, pulley timing mark, crankshaft pulley pointer, reference notch

repère m de réglage sur le volant,
repère m de réglage sur la poulie,
repère m de calage
Repère mobile du point d'allumage sur la poulie ou sur le volant d'un moteur qui, lors du calage de l'allumage par méthode dynamique, doit se trouver en regard du repère fixe du carter. Dans les moteurs diesel on trouve également sur le volant un repère pour le début d'injection.

Schwungradmarkierung f, Umlaufmarke f, Einstellmarke f, umlaufende Sichtmarke, Zündzeitpunktmarke f, Zündeinstellmarkierung f, Zündmarkierung f
Markierung des Zündzeitpunktes auf der Riemenscheibe oder Schwungscheibe, die bei der Zündzeitpunkteinstellung mit der Stroboskoplampe mit der Markierung am Motorgehäuse übereinstimmen soll. Bei Dieselmotoren findet man ebenfalls eine Schwungradmarkierung für den Förderbeginn.

rotational speed limiter [engine]
also: rpm limiter

limiteur m de régime
Dispositif logé dans la tête d'un rotor de distributeur et comprenant une masselotte ainsi qu'une lame de contact. En cas de surrégime, la masselotte est projetée sur la lame de contact, qui met la haute tension en court-circuit de manière à l'empêcher de parvenir aux bougies.

Drehzahlbegrenzer m
Vorrichtung im Kopf eines Verteilerläufers, die aus einem Fliehgewicht und einer Kontaktzunge besteht. Bei zu hohen Drehzahlen bewegt sich das Fliehgewicht gegen die Kontaktzunge, so daß die Zündspannung kurzgeschlossen wird und der Weg zu den Zündkerzen versperrt ist.

rotational speed sensor [electronics]
also: rpm sensor

capteur m de régime
Capteur inductif disposé face à la couronne du volant-moteur et grâce auquel l'appareil de commande électronique d'un système Motronic évalue le régime du moteur par comptage des dents.

Drehzahlgeber m, Drehzahlsensor m
Induktiver Geber an der Schwungscheibenverzahnung, über welchen das digitale Steuergerät der Motronic die Motordrehzahl durch die vorbeilaufenden Zähne ermittelt.

rotor [electrical system] (See Ill. 1 p. 31)

rotor m
Pièce rotative d'un générateur. Dans l'alternateur triphasé il s'agit fréquemment d'un inducteur à crabots (rotor à griffes, rotor à doigts) constitué d'un enroulement inducteur et de pièces polaires imbriquées.

Läufer m, Erregerläufer m
Umlaufender Teil eines Generators. Bei der Drehstrom-Lichtmaschine handelt es sich meist um einen Klauenpolläufer, bestehend aus einer Drahtwicklung und zwei ineinandergreifenden Polhälften.

rotor (US) → brake disc

rotor arm → distributor rotor

rotor-type pump [lubrication]
(See Ill. 29 p. 436)

pompe f à rotor excentré
Pompe à huile dans laquelle un rotor intérieur excentré tourne dans un rotor extérieur en rotation lui aussi. Le rotor extérieur compte un lobe de plus que le rotor intérieur en sorte que l'espace entre les lobes augmente et diminue successivement. Ainsi l'huile est aspirée et ensuite refoulée vers les pièces à lubrifier.

Rotorpumpe f, Sternkolbenpumpe f, Kapselpumpe f, Eatonpumpe f, Zahnringpumpe f
Ölpumpe, in der ein angetriebener Innenrotor und ein ihn umgebender Außenrotor sich drehen. Der Außenrotor hat einen Zahn mehr als der exzentrisch sitzende Innenrotor, so daß die Pumpenräume zwischen den Zähnen nacheinander größer und kleiner werden. Auf diese Weise wird das Öl angesaugt und weggedrückt.

rotor winding [electrical system]
(See Ill. 1 p. 31)

enroulement m de rotor, bobine f de rotor
Dans un alternateur triphasé, la bobine de rotor est fixée sur l'arbre du rotor. Elle reçoit le courant d'excitation par l'intermédiaire de deux balais qui sont appuyés par ressort sur les bagues collectrices.

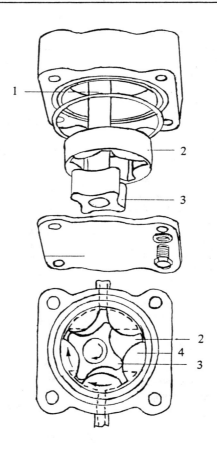

1 oil pump spindle
2 outer rotor
3 inner rotor
4 lube oil

Ill. 29: rotor-type pump

(rotor winding continued)
Rotorwicklung *f*
In einem Drehstromgenerator sitzt die Rotorwicklung (Erregerwicklung) auf der Läuferwelle. Sie erhält Strom über die Kohlebürsten, die durch Federn gegen die Schleifringe drücken.

round nose plier [tools]

pince f ronde
Pince servant à recourber du fil métallique ou des pièces de tôle.

Rundzange f
Zange zum Rundbiegen von Draht und Blech.

rpm = revolutions per minute

rpm limiter → rotational speed limiter

rpm sensor → rotational speed sensor

rubber compound [tires]

composition f de la gomme
Composition du caoutchouc d'un pneumatique, qui lui confère notamment ses caractéristiques (pneus d'hiver, pneus d'été). Les principaux composants de la gomme sont les élastomères, le noir de carbone, les matières de charge minérales et autres.

Gummimischung f, Reifenmischung f
Zusammensetzung des Reifengummis, die sich auf die Eigenschaften des Reifens auswirkt (Sommer- bzw. Wintereigenschaften). Die Hauptbestandteile der Reifenmischung sind Elastomere, Gasruß, mineralische Füllstoffe und weitere Hilfsstoffe.

rubber doughnut joint → doughnut joint

rubber gaiter → convoluted rubber gaiter

rubber grommet [mechanical engineering]
also: rubber sleeve, grommet *n*

passe-fil m
Bague ou manchon en caoutchouc sertis dans des orifices percés dans le métal et à travers lesquels passent des fils électriques.

Gummitülle f, Durchführungstülle f, Kabeltülle f, Drahtdurchführung f, Scheuerschutzring f
Ring oder Tülle aus Gummi zum Durchziehen von elektrischen Leitungen, die in Bohrungen eingezwängt werden.

rubber sealing ring → oil filter gasket

rubber sleeve → rubber grommet

rubber universal joint [transmission]
also: Hardy disc, fabric joint

flector m, articulation f à joint élastique, joint m élastique, joint m flector, joint m Hardy
Le flector est un assemblage de rondelles de toile caoutchoutée. Il est utilisé comme joint élastique de transmission de mouvement. Toutefois son débattement angulaire est plus faible que celui d'un joint de cardan.

Scheibengelenk n, Gewebescheibengelenk n, Hardyscheibe f, Gummikreuzgelenk n
Die Scheiben dieser Gelenkart bestehen aus gummiüberzogenen Gewebelagen. Hardyscheiben werden bei Gelenkwellen verwendet. Ihre Winkelbewegung ist jedoch kleiner als die der Kardangelenke.

rubber valve-stem oil seal → valve shaft seal

rubbing block [ignition]
also: cam follower, plastic heel, fibre heel

bossage m de linguet, toucheau m de linguet, touchot m de linguet, frotteur m, toucheau m isolant, talon m de linguet
Touchot en matière synthétique ou en fibre fixé au milieu du linguet d'un rupteur. A chaque rotation de l'arbre d'allumage, les bossages de la came de rupture viennent s'y frotter et écartent le marteau de l'enclume. Lorsqu'on place un nouveau jeu de vis platinées, ce touchot doit être très légèrement huilé afin de prévenir une usure prématurée.

Gleitstück n, Ablenkstück n, Schleifklotz m, Unterbrecherschleifklotz m
Gleitstück aus Kunststoff bzw. Kunstfasern am Unterbrecherhebel. Bei jeder Umdrehung der Verteilerwelle drücken die Höcker des Nockenstücks auf dieses Gleitstück und heben somit den Unterbrecherhammer vom Amboß ab. Beim Einbau neuer Unterbrecherkontakte muß dieses Ablenkstück einen Tropfen Öl erhalten, damit es gegen einen frühzeitigen Verschleiß geschützt wird.

rubbing strip [vehicle body]

bande f de protection
Bande de caoutchouc ou plastique sur la paroi latérale de la carrosserie, pour protéger les flancs de la voiture.

Scheuerleiste f
Schmaler Streifen aus Gummi oder Kunststoff entlang der Seitenteile der Karosserie zum Schutz gegen Beschädigungen bei leichten Kollisionen.

run bearing [mechanical engineering]

bielle f coulée, bielle f fondue
Une bielle coulée est principalement imputable à une défaillance du graissage. L'antifriction a fondu par échauffement et la panne se manifeste par des cognements caractéristiques et un bruit de ferraille lorsque le moteur est sollicité au-delà d'un certain régime.

ausgelaufenes Pleuellager
Ausgelaufene Pleuellager sind meist auf das Versagen der Schmierung zurückzuführen und machen sich durch Klopfen bzw. durch Klirren bei Überschreitung einer bestimmten Drehzahl bemerkbar.

run-in oil [lubricants]

huile f de rodage
Huile surtout utilisée dans les ponts à couple hypoïde qui sont particulièrement sensibles en période de rodage.

Einlauföl n
Spezialöl, das vor allem bei der Erstfüllung von Hypoidgetrieben verwendet wird, weil diese in der Einlaufzeit empfindlich sind.

runner [vehicle body]
also: seat runner

glissière f
Dispositif qui permet d'avancer et reculer les sièges (avant) dans une voiture.

Schiene f
Vorrichtung, die das Vor- und Zurückschieben der (vorderen) Sitze in einem Auto ermöglicht.

runner → turbine

run-on *n* [engine]
also: after-running *n*, dieseling *n*

auto-allumage m
Des phénomènes d'allumage qui persistent brèvement dans un moteur à allumage par étincelle bien que le moteur ait été coupé.

Nachlaufen n, Nachdieseln n, Nachzündung f
Zündvorgänge in einem Verbrennungsmotor, die auch bei abgeschaltetem Motor noch kurzfristig andauern.

runout *n* [mechanical engineering]

excentricité f
La propriété d'un arbre ou autre organe rotatif de ne pas tourner en manière parfaitement centrique. Cette imprécision est indésidérable dans la majorité des cas et doit être éliminée.

Unrundheit f, Exzentrizität f
Die Eigenschaft einer Welle oder eines anderes rotierenden Körpers, sich nicht vollkommen zentrisch zu drehen. Diese Ungenauigkeit ist in den meisten Fällen unerwünscht und muß beseitigt werden.

rust *n* [materials]

rouille f
Produit de corrosion d'apparence rougeâtre ou brunâtre, qui s'effrite facilement et principalement constitué d'hydroxyde ferrique. Il se forme sur les surfaces métalliques au contact de l'air humide ou sous l'action de substances chimiques agressives.

Rost m
Gelb- bis rotbraunes, poröses und leicht abbröckelndes Korrosionsprodukt aus Eisenoxid, das sich auf Stahl- und Eisenoberflächen vor allem durch Einwirkung von feuchter Luft, aber auch durch aggressive Chemikalien bildet.

rust converter [maintenance]
also: rust killer

convertisseur m de rouille
Produit contenant de l'acide phosphorique, des agents mouillants et autres additifs. Il a pour effet de transformer l'hydroxyde ferrique (rouille) en phosphate de fer.
On obtient toutefois de meilleurs résultats avec les stabilisateurs de rouille. Grâce à ces produits, on parvient à fixer la rouille à la faveur d'une réaction chimique, qui peut durer plusieurs mois et qui se déroule à l'abri d'une pellicule de matière plastique faisant office de bouche-pores.

Rostumwandler m
Schutzmittel, das Phosphorsäure, Netzmittel und weitere Zusätze enthält und die Umwandlung von Eisenoxid (Rost) in Eisenphosphat bewirkt. Es entsteht eine Phosphatschicht, deren Schutzwirkung jedoch umstritten ist.
Eine bessere Wirkung erzielen die Roststabilisatoren. Bei diesen Mitteln wird nämlich der Rost manchmal in monatelanger Reaktion unter einem porendicht abschließenden Kunststoffilm stabilisiert.

rust inhibitor [fuels&lubricants]

additif m anti-rouille
Substance ajoutée à lubrifiants et carburants pour réduire la formation de rouille.

Rostverhinderer m
Ein Additiv, das die Rostbildung verhindern oder erschweren soll.

rust killer → rust converter

rust prevention [maintenance]
also: rust protection

protection f contre la rouille
Protection de pièces ou parties métalliques contre l'oxydation:
1. Par lubrification, graissage ou application d'une pellicule qui s'élimine facilement.
2. Par application d'une couche de peinture imperméable telle que le minium de plomb.
3. Par enduction de produits à base de laque, de matières synthétiques, de bitume et de cire.
4. Par revêtement de métaux inoxydables soit en bain, soit par pistolage.
5. Par la passivation du métal au moyen d'un stabilisateur (convertisseur) de rouille. Les convertisseurs de rouille les plus efficaces sont élaborés à base d'acide tannique.
Il est bien entendu qu'avant l'application des couches protectrices, la surface du métal doit être préalablement traitée (nettoyage, dérouillage, décalaminage, dégraissage, décapage, sablage, etc.).

Rostschutz m
Schutz von Metallteilen gegen Oxidation.
1. Durch Einölen, Einfetten oder Überziehen mit einem leicht entfernbaren Film.
2. Durch Anstreichen mit feuchtigkeitsbeständiger Farbe (Bleimennige).
3. Durch Aufbringung von Lack-, Kunststoff-, Bitumen- und Wachsüberzügen.
4. Durch Überziehen mit nichtrostenden Metallen im Tauchbad oder durch Versprühen mit der Spritzpistole.
5. Durch die chemische Passivierung des Metalls mit Hilfe eines Rostumwandlers. Am besten bewährt haben sich die Rostumwandler auf Tanninsäurebasis.
Vor der Aufbringung der Schutzschichten muß die Metalloberfläche vorbehandelt werden (Reinigen, Entrosten, Entzundern, Entfetten, Beizen, Sandstrahlen usw.).

rust-preventive primer [vehicle body]

primaire m antirouille, apprêt m antirouille
Primaire contenant un convertisseur de rouille ainsi que des pigments. Une fois poncée, la couche de primaire antirouille peut recevoir directement la première couche de peinture.

Rostprimer m, Rostschutzgrundierung f
Grundanstrich, der rostumwandelnde Bestandteile sowie Grundierungspigmente enthält. Nach dem Glattschleifen der Rostprimerschicht kann der Lack ohne Zwischenschicht versprüht werden.

rust protection → rust prevention

S

SAE grade [lubricants] (*from:* Society of Automotive engineers, USA)
also: SAE viscosity, SAE oil rating

classification f SAE, numéro m SAE
Classification des huiles pour moteurs et boîtes de vitesses établie par la Society of Automotive Engineers. Les huiles sont classées selon leur viscosité en une catégorie ou "grade" affectée d'un numéro SAE. Les huiles pour moteurs s'échelonnent de SAE 10 à 50 et les huiles pour boîtes de vitesses de SAE 80 à 140.

SAE-Viskositätsklasse f, SAE-Klassenzahl f
Viskositätsabstufungen für Motor- und Getriebeöle, die von der Society of Automotive Engineers ausgearbeitet wurden. Die Ölsorten erhalten aufgrund ihrer Viskosität eine SAE-Klassen-Zahl. Motoröle staffeln sich zwischen SAE 10 und 50, Getriebeöle zwischen SAE 80 und 140.

SAE HP → SAE rating

SAE oil rating → SAE grade

SAE rating [engine]
also: SAE HP

puissance f selon SAE
Contrairement à la mesure de puissance en ch DIN, on fait abstraction, dans la mesure selon SAE, des dispositifs auxiliaires qui absorbent une partie de la puissance du moteur. Puisque la puissance absorbée par chacun des dispositifs auxiliaires est variable, il n'y a aucune formule de conversion de SAE-HP en ch DIN.

SAE-Leistungsmessung f, Leistungsmessung nach SAE, SAE-Leistung f
Im Gegensatz zur DIN-Leistungsmessung werden bei der SAE-Leistung die Hilfseinrichtungen, die einen Teil der Motorleistung aufnehmen, abgezogen. Nachdem der Leistungsbedarf für jedes Aggregat veränderlich ist, können SAE-HP nicht in DIN-PS umgerechnet werden. Die SAE-HP liegen meist 10—25% über den DIN-PS.

SAE viscosity → SAE grade

safety belt → seatbelt

safety cell [vehicle body]
also: safety passenger cell

habitacle m de sécurité
Habitacle agencé de telle sorte qu'il reste indéformable même en cas de collision violente.

Sicherheitsfahrgastzelle f, Sicherheitskabine f
Fahrgastzelle, die auch bei einem schweren Zusammenstoß ihre Form behält.

safety glass [safety]

verre m de sécurité
Appellation générale pour les verres à haute stabilité et des bonnes caractéristiques en cas de rupture. Ces verres sont

safety passenger cell

utilisés pour les vitres des automobiles.
Voir aussi: verre trempé, verre laminé.

***Sicherheitsglas** n*
Generelle Bezeichnung für Glas mit hoher Festigkeit und günstigen Eigenschaften bei Bruch, das in Automobilen für Fensterscheiben verwendet wird.
Siehe auch: Einscheibensicherheitglas, Verbundsicherheitsglas.

safety passenger cell → safety cell

safety steering column [safety]

colonne f de direction de sécurité
Une des diverses constructions de colonne de direction capable de protéger le conducteur en cas de choc frontal. La forme plus fréquente est la colonne télescopique à absorption d'énergie.

***Sicherheitslenksäule** f*
Eine Konstruktion der Lenksäule, die im Fall eines Frontalaufpralls den Fahrer schützen soll. Die häufigste Form ist die zusammenschiebbare Lenksäule; andere Formen sind die abknickende Lenksäule und die Lenksäule mit Pralltopf.

saloon *n* (GB) → saloon car (GB)

saloon car (GB) [vehicle]
also: saloon *n* (GB), sedan *n* (US)

berline f
La forme classique d'une voiture ayant un toit fixe et deux, quatre ou cinq portes. Elle peut transporter quatre à six passagers.

Limousine f
Die klassische Form eines geschlossenen Personenkraftwagens mit festem Dach, zwei, vier oder fünf Türen und Platz für vier bis sechs Personen.

sand-blasting machine [tools]

sableuse f
Machine servant à projeter, à l'air comprimé, un jet de grains de sable sur une surface dure pour la décaper ou la nettoyer.

***Sandstrahlgebläse** n*
Gebläse zum Aufschleudern von feinen Sandkörnern auf eine harte Werkstückoberfläche mittels Druckluft, um die Oberfläche zu beizen bzw. zu reinigen.

scale *n* [cooling system]
also: fur deposits

tartre m
Croûte tenace provenant des sels calcaires que contient l'eau du radiateur et qui freine la circulation du liquide ainsi que son refroidissement. Pour remédier à ce phénomène d'entartrage, on a recours à un détartrant, à une lessive de soude ou à de l'acide chlorhydrique dilué, après quoi le radiateur subira un rinçage complet à l'eau pure.

Kesselstein m
Belag aus Erdalkalisalzen, der bei wassergekühlten Motoren den Wasserumlauf hemmt und den Wärmeübergang beeinträchtigt. Zum Entfernen des Kesselsteins aus den Wasserrohren des Kühlers bedient man sich eines Kesselsteinlösemittels, einer Sodalösung oder verdünnter Salzsäure, wonach der Kühler mit reinem Wasser gründlich durchzuspülen ist.

scavenging *n* [engine]

balayage m
Expulsion des gaz d'échappement des cylindres d'un moteur à deux temps.

Spülen n
Das Ausschieben der Verbrennungsgase

aus den Zylindern eines Zweitaktmotors.

scavenging area [ignition]
(See Ill. 31 p. 474)
also: breathing space

chambre f de respiration
Espace creux ménagé entre la douille de la bougie d'allumage et le bec de l'isolant. Le degré thermique d'une bougie d'allumage se définit par l'ampleur de cet espace et du bec de l'isolant.

Atmungsraum m
Hohlraum zwischen Zündkerzengehäuse und Isolatorfuß. Der Wärmewert einer Zündkerze wird durch den Umfang dieses Hohlraums sowie des Isolatorfußes mitbestimmt.

scavenging period [engine]

période f de balayage
Dans les moteurs deux temps, les gaz frais repoussent les gaz brûlés devant eux pour occuper leur place dans le cylindre.

Spülperiode f
In den Zweitaktern werden beim Gaswechsel die verbrannten Gase vom Frischgas verdrängt.

scissor-jack → articulated jack

scooter → motor scooter

scraper ring → oil scraper ring, control ring

screen *n* (GB) → windshield (US)

screened distributor cap [ignition]

tête f d'allumeur avec couche métallique
Tête d'allumeur déparasitée au moyen d'une couche métallique qui s'oppose aux parasites provenant des étincelles de rupture engendrées par la rotation du doigt de liaison. La mise à la masse est assurée par le ressorts de fixation de l'allumeur.

metallbeschichtete Zündverteilerkappe
Die Metallbeschichtung einer Zündverteilerkappe dient als Entstörmittel gegen störende Abreißfunken, die durch den umlaufenden Verteilerfinger entstehen und deren Abstrahlung somit verhindert wird. Die Masseverbindung wird mit den Klemmfedern des Zündverteilers hergestellt.

screened ignition cable [ignition]
also: shielded ignition cable

câble m blindé de haute tension
Les câbles du faisceau haute tension sont blindés au moyen d'une tresse métallique. De ce fait la capacité du câble haute tension augmente considérablement, ce qui a pour effet d'accélérer l'usure des électrodes aux bougies d'allumage. Aussi, pour garantir une usure normale, les câbles blindés HT sont-ils fabriqués avec une résistance incorporée.

geschirmte Zündleitung
Zündkabel werden mit Metallgeflecht abgeschirmt. Damit erhöht sich die Kapazität des Zündkabels erheblich, die jedoch den Elektrodenabbrand an den Zündkerzen fördert. Deshalb werden geschirmte Zündkabel mit eingebautem Widerstand hergestellt, der einen normalen Elektrodenabbrand gewährleistet.

screening *n* → shielding

screen washer (GB) → windshield washer unit (US)

screen-wash fluid reservoir (GB) → windshield washer fluid reservoir (US)

screen wiper (GB) → windshield wiper (US)

screw and nut steering → worm and nut steering

screw lock [mechanical engineering]
also: screw locking device

frein m (d'ècrou), dispositif m de freinage (d'écrou)
Dispositif à sécurité relative agissant par friction ou à sécurité absolue qui empêche les vis et les boulons de se desserrer par suite de trépidations. Le frein s'enfile sur la tête de la vis ou sur l'écrou d'un boulon.

Schraubensicherung f
Kraftschlüssige oder formschlüssige Sicherungen sollen das Lockern von Schrauben durch Erschütterung verhindern. Einziehschrauben werden am Schraubenkopf, Durchsteckschrauben an der Mutter gesichert.

screw locking device → screw lock

screw pitch [mechanical engineering]
also: thread pitch

pas m de filetage, pas m de vis
Distance parcourue par une vis dans le sens axial lors d'un tour complet. Dans un filet à pas simple, le pas de vis équivaut à l'écart d'une spire à l'autre.

Gewindesteigung f, Steigung f (eines Gewindes), Ganghöhe f
Das Maß, um das sich eine Schraube in axialer Richtung bei einer Umdrehung verschiebt. Beim eingängigen Gewinde wird als Steigung der Abstand von Gang zu Gang gemessen.

screw-push starter [starter motor]
(See Ill. 30 p. 445)

also: solenoid-controlled starter motor, pre-engaged-drive starting motor

démarreur m à solénoïde, démarreur m à commande positive, démarreur m à pré-engagement, démarreur m à mise en position électromagnétique
Dans ce type de démarreur, il y a lors du démarrage attraction d'un noyau plongeur logé dans un solénoïde, ce qui a pour effet de faire basculer la fourchette du lanceur. Dès lors le pignon coulissant sur le filetage à pas rapide de l'arbre de l'induit s'avance tout d'abord en direction de la couronne de lancement. Lorsque le courant de démarrage circule, le pignon se visse dans la couronne jusqu'à une butée et lance le moteur. Il se dégagera alors au moyen d'un ressort de rappel pour revenir à sa position d'équilibre.

Schubschraubtriebanlasser m, Schubschraubtriebstarter m
Bei dieser Starterbauart wird der Anker des Einrück-Relais angezogen, der Einspurhebel um seine Achse geschwenkt und das Ritzel entlang der Ankerwelle auf einem Steilgewinde zunächst etwas vorgeschoben. Nach Einschaltung des Startstromes schraubt sich das Ritzel in die Schwungradverzahnung bis zu einem Anschlag, und der Motor wird angeworfen. Nach dem Anspringen des Motors wird das Ritzel mittels einer Rückzugsfeder in seine Ruhelage zurückgebracht.

screw thread → thread *n*

sealed beam headlamp [lights]

phare m sealed beam
Dans ce projecteur, l'ampoule, le miroir et le verre moulé sont scellés en sorte qu'un déréglage de l'ampoule soit exclu. En cas de défectuosité de l'ampoule, tout le système est à remplacer.

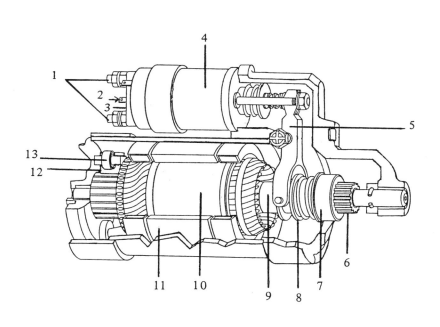

1 terminal
2 control lead
3 bridge contact
4 solenoid unit
5 engaging lever
6 drive pinion
7 overrunning clutch
8 meshing spring
9 starter shaft
10 armature
11 field winding
12 brush
13 brush spring

Ill. 30: screw-push starter, a starter

(sealed-beam headlamp continued)
Sealed-Beam-Scheinwerfer *m*
In diesem Scheinwerfer sind die Lampe, der Reflektor und die Streuscheibe in einer Baueinheit zusammengefaßt, so daß die Scheinwerfereinstellung unverändert bleibt. Ist die Lampe jedoch durchgebrannt, muß das ganze Bauelement ausgetauscht werden.

sealed cooling system [cooling system]
also: sealed system

circuit m semi-pressurisé, système m de refroidissement hermétique, système m de refroidissement scellé
Dans un circuit de refroidissement, le volume d'eau varie avec la température. C'est pour cette raison que, dans les circuits semi-pressurisés, on trouve une boîte de dégazage ou vase d'expansion relié au radiateur et rempli de liquide réfrigérant jusqu'à un tiers de sa contenance environ. Lorsqu'il y a échauffement, le trop-plein d'eau afflue vers la boîte de dégazage, tandis qu'en cas de refroidissement l'eau reflue vers le radiateur et le moteur.

versiegelter Kühlkreislauf, Überdruck-Kühlkreislauf m
In einem Kühlkreislauf ändert sich das Kühlwasservolumen aufgrund der Temperaturunterschiede. Aus diesem Grund ist der Kühler mit einem Ausgleichbehälter verbunden, so daß kein Wasser mehr in den Kühler nachgefüllt wird. Der Ausgleichbehälter ist etwa zu einem Drittel mit Kühlmittel gefüllt. Durch die Erwärmung fließt der Kühlwasserüberschuß in den Ausgleichbehälter und bei der Abkühlung strömt es zum Kühler bzw. zum Motor zurück.

sealed system → sealed cooling system

sealing compound [materials]

masse f de scellement
Matière utilisée dans les batteries au plomb et qui sert à l'étanchéité des éléments prévenant ainsi toute fuite d'électrolyte.

Verguβmasse f
Masse, die in Bleibatterien zum Abdichten der Zellen gegen Verlust von Füllsäure dient.

searchlight [lights]

projecteur m orientable
Projecteur fixé généralement sur le pare-brise et servant à éclairer des objets se trouvant en dehors de la chaussée.

Suchscheinwerfer m
Schwenkbarer Scheinwerfer, der meist an der Windschutzscheibe angebracht ist und zur Beleuchtung außerhalb der Fahrbahn liegender Objekte dient.

seat *n* [vehicle construction]

siège m
Les sièges aménagés dans l'habitacle d'un véhicule automobile sont réservés au conducteur (siège du conducteur) et aux autres occupants éventuels (siège du passager avant et sièges arrière/banquette arrière). Un profil anatomique bien étudié en fonction de tailles moyennes, un rembourrage pas trop moelleux et une ventilation suffisante du coussin sont les principaux critères de qualité imposés au siège d'une voiture.
Les sièges avant sont réglables en hauteur ainsi que dans les coulisses dans le sens de l'axe du véhicule, ce qui permet au siège de s'adapter à la taille du conducteur ou du passager avant. De même l'inclinaison du dossier est généralement réglable

elle aussi. Les appuis-tête quant à eux sont intégrés au dossier ou y sont fixés sur des glissières.

Sitz m, Wagensitz m
Die Sitze im Fahrzeuginnenraum dienen zur Aufnahme des Fahrers (Fahrersitz) und der weiteren Wageninsassen (Beifahrersitz und Fondsitze, Rücksitze). Eine anatomisch richtige Formgebung (bezogen auf durchschnittliche Körpermaße), keine zu weichen Sitzpolster sowie eine ausreichende Durchlüftung der Sitzfläche sind die Eigenschaften guter Wagensitze. Die vorderen Wagensitze sind in den Laufschienen in der Fahrzeuglängsrichtung verschiebbar und in der Höhe verstellbar, so daß eine individuelle Sitzeinstellung möglich ist. Ebenso ist bei den vorderen Sitzen die Schrägstellung der Rückenlehne im allgemeinen einstellbar. Die Kopfstützen sind entweder in die Rückenlehne integriert oder sie werden über Führungsschienen aufgenommen.

seatbelt [safety]
(*phrase:* to fasten the seatbelt)
also: safety belt, belt *(for short)*

ceinture f (de sécurité)
Système de retenue des occupants d'une automobile dans lequel le conducteur et les passagers attachent une ceinture ancrée à carrosserie. Il existe des systèmes divers, p.e. ceinture diagonale, ceinture à trois points d'ancrage.
Phrase: attacher la ceinture de sécurité

Sicherheitsgurt m, Gurt m
Ein Rückhaltesystem, bei dem die Insassen einen Gurt anlegen, der an der Karosserie verankert ist. Es gibt verschiedene Gurtsysteme, z.B. Diagonalgurt, Dreipunktgurt.
Wendung: den Sicherheitsgurt anlegen

seatbelt anchorage point [vehicle body]
also: anchorage point of seat belt

point m d'ancrage des ceintures de sécurité
Endroit de la carrosserie auquel est fixée une ceinture de sécurité généralement au moyen d'une vis.

Verankerungspunkt m für Sicherheitsgurte, Befestigungspunkt m für Sicherheitsgurte, Gurtbefestigungspunkt m
Stelle der Fahrzeugkarosserie, an der der Sicherheitsgurt durch Verschraubung verankert ist.

seatbelt tensioner [safety]

tendeur m de sangle
Dispositif qui produit automatiquement la tension nécessaire de la ceinture de sécurité au moment où elle est attachée.

Gurtstraffer m
Eine Vorrichtung, die den angelegten Sicherheitsgurt automatisch in seine optimale Spannung bringt.

seat of a valve → valve seat

seat runner → runner

secondary barrel [carburetor]

corps m secondaire
Second corps d'un carburateur à étages dont le venturi a une section parfois plus large que celle du corps primaire.

zweite Stufe
Zweiter Lufttrichter in einem Registervergaser mit zuweilen größerem Querschnitt als die erste Stufe.

secondary brake shoe (US) → trailing brake shoe

secondary circuit [electrical system, ignition] (See Ill. 3 p. 54, Ill. 6 p. 78, Ill. 7 p. 86)
also: high-tension ignition circuit, high-tension circuit

circuit m secondaire
Dans le circuit secondaire, le courant de haute tension induit dans l'enroulement secondaire de la bobine d'allumage passe par l'allumeur et s'achemine vers les électrodes des bougies d'allumage. C'est là qu'il jaillira sous forme d'étincelles avant son retour à la masse. Dans l'allumage conventionnel, les fils et connexions du circuit secondaire sont dès lors, dans l'ordre, les suivants:
Enroulement secondaire de la bobine
Câble HT bobine-distributeur
Douille centrale du chapeau de distributeur
Balai frotteur central
Rotor du distributeur
Plot périphérique du distributeur
Fil de bougie
Electrode centrale de la bougie
Electrode de masse de la bougie
Masse du véhicule par le moteur

Sekundärstromkreis m, Zündstromkreis m, Zündkreis m, Sekundärkreis m
Im Sekundärstromkreis fließt der in der Sekundärwicklung der Zündspule induzierte, hochgespannte Zündstrom über den Zündverteiler zu den Zündkerzen-Elektroden, wo er als Zündfunken überschlägt. Dort springt er an Masse über. In der herkömmlichen Zündanlage ergibt sich demnach nachstehende Reihenfolge der Anschlüsse bzw. Leitungen:
Sekundärwicklung der Zündspule
Hauptzündkabel (Zündkabel 4)
Mittelanschluß des Verteilers
Verteilerschleifkohle
Verteilerrotor
Verteilersegment Zündleitung
Mittelelektrode der Zündkerze
Masseelektrode der Zündkerze
Fahrzeugmasse über den Motor

secondary cup [brakes]

coupelle f secondaire, coupelle f de retenue
Joint en caoutchouc serti à l'arrière du piston du maître-cylindre et assurant l'étanchéité de celui-ci.

Sekundärmanschette f
Gummidichtung, die hinten auf dem Kolben im Hauptzylinder sitzt und diesen nach außen abdichtet.

secondary ignition display → secondary pattern

secondary pattern [electronics]
also: secondary ignition display, secondary waveform

oscillogramme m secondaire
Représentation de la courbe de tension secondaire en fonction du temps sur l'écran d'un oscilloscope de contrôle d'allumage.

Sekundäroszillogramm n, Sekundärbild n
Darstellung des zeitbezogenen Zündspannungsverlaufs auf der Sekundärseite auf dem Bildschirm eines Zündungsoszillografen.

secondary piston → rear piston

secondary shoe (US) → trailing brake shoe

secondary venturi [carburetor]

venturi m étagé

Diffuseur secondaire se trouvant au centre du diffuseur principal. Il sert à augmenter la vitesse de l'air aspiré dans le diffuseur pour donner un émulsionnage plus fin.

Nebenlufttrichter** m,* ***Vorzerstäuber *m*
Nebenlufttrichter mitten im Hauptlufttrichter bzw. im Bereich des Kraftstoffaustritts, durch den der Luftsog verstärkt und das Kraftstoff-Luft-Gemisch fein vernebelt wird.

secondary waveform → secondary pattern

secondary winding [electrical system, ignition] (See Ill. 23 p. 285)
also: high-voltage winding, high-tension winding

__enroulement__ m __secondaire, secondaire__ m
Enroulement en fil de cuivre isolé d'une bobine d'allumage dans lequel la haute tension prend naissance par le phénomène d'induction. Cette haute tension est acheminée vers l'allumeur par le câble central de haute tension.

__Sekundärwicklung__ f, __sekundäre Spule__
Wicklung einer Zündspule aus isoliertem Kupferdraht, in der eine hohe Spannung induziert wird. Sie ist über das Hochspannungskabel (Hauptzündkabel) mit dem Zündverteiler verbunden.

second gear [transmission] (See Ill. 20 p. 248)

__deuxième vitesse, deuxième rapport__
En seconde vitesse, le rapport de démultiplication de la pignonnerie peut être en moyenne de l'ordre de 2:1. Si l'on y ajoute un rapport final de 4:1 par exemple, on obtiendra pour la seconde vitesse une démultiplication totale de 8:1, huit tours de vilebrequin correspondant à un tour de roue motrice.

__zweiter Gang__
Beim zweiten Gang liegt das Untersetzungsverhältnis eines mittleren Pkw bei ca. 2:1. Rechnet man die Übersetzung des Achsantriebes hinzu, z.B. 4:1, so ergibt sich für den zweiten Gang ein Untersetzungsverhältnis von insgesamt 8:1, d.h. acht Kurbelwellenumdrehungen entsprechen einer Umdrehung des Antriebsrades.

second-motion shaft → countershaft

sedan *n* (US) → saloon car (GB)

sediment chamber [electrical system] (See Ill. 2 p. 50)
also: sediment space

__chambre__ f __de décantation, chambre__ f __de dépôt, chambre__ f __de sédimentation__
Partie inférieure du bac de batterie se situant sous les plaques et dans laquelle est recueilli le dépôt de boue de plomb provenant surtout des plaques positives par suite du travail chimique qu'elles accomplissent. Si les chambres de décantation sont pleines, cela signifie qu'il n'y a presque plus de matière active dans les plaques.

__Schlammraum__ m
Unterster Teil des Batteriegehäuses unterhalb der Elektroden, in dem abgesondertes Elektrodenmaterial (Bleischlamm), das vor allem aus den Plusplatten kommt, sich ansammelt. Ist der Schlammraum voll, so bedeutet es, daß die Batterieplatten nicht mehr viel aktive Masse enthalten.

sediment space → sediment chamber

seize *n* → seizure

seize *v* [engine] (of a piston; *noun:* seizure)

gripper v
D'un piston ou organe similaire: arrêter son mouvement à cause de frottement excessif de sa surface. Le résultat est le grippage du piston.

festgehen vi, fressen vi
Von einem Kolben oder ähnlichem Teil: wegen zu großer Reibung steckenbleiben und sich nicht mehr weiterbewegen. Das Resultat ist ein sogenannter Kolbenfresser.

seize-up *n* → seizure

seizure [mechanical engineering]
also: seize *n*, seize-up *n*

grippage m
Destruction de deux surfaces de glissement ou de friction qui se soudent l'une à l'autre par suite d'un graissage insuffisant ou d'une trop forte pression provoquant un échauffement excessif.

Festgehen n, Fressen n
Beschädigung zweier Gleit- bzw. Reibflächen, die infolge einer mangelhaften Schmierung oder einer übermäßigen Pressung durch Überhitzung sozusagen miteinander verschweißt werden.

selector fork (GB) → shift fork

selector lever (GB) → shift fork

selector lever position [transmission]

position f de levier sélecteur
Dans une boîte de vitesses automatique, une des positions du levier sélecteur:
P = Park (stationnement), R = Reverse (marche arrière), N = Neutral (point mort), D = Drive (marche normale), 1 = First (première vitesse), 2 = Second (deuxième vitesse).

Wählhebelstellung f
In einem automatischen Getriebe eine der folgenden Stellungen des Wählhebels:
P = Park (Parkposition), R = Reverse (Rückwärtsgang), N = Neutral (Leerlaufstellung), D = Drive (normale Fahrstellung), 1 = First (erster Gang), 2 = Second (zweiter Gang).

selector rod → shifter rod

self-adjusting brake [brakes]

frein m à rattrapage automatique de jeu
Frein à tambour équipé d'un dispositif qui permet de rattraper aux mâchoires le jeu résultant de l'usure des garnitures, ce rattrapage s'effectuant par degrés ou au fur et à mesure. Pareil dispositif n'existe pas dans le cas des freins à disque, qui sont tous à rattrapage automatique de jeu.

selbstnachstellende Bremse, selbstnachstellbare Bremse
Trommelbremse mit Spielausgleichvorrichtung, die bei fortschreitender Belagabnutzung für selbsttätige Nachstellung der Bremsbacken sorgt. Diese Nachstellung erfolgt stufenweise oder stufenlos. Eine derartige Vorrichtung entfällt bei Scheibenbremsen; denn diese stellen sich alle selbsttätig ein.

self-cleaning temperature [ignition]
also: burn-off temperature

température f d'autodécrassement
Température à laquelle une bougie d'allumage se débarrasse de dépôts charbonneux présents sur l'isolant par autodé-

crassement. Elle est de l'ordre de 500° C.

***Selbstreinigungstemperatur f,
Freibrenngrenze f***
Temperatur, bei der der Isolator einer Zündkerze sich vom ansetzenden Ölkohlebelag freibrennt. Diese Temperatur liegt bei ca. 500° C.

self-cutting screw → self-tapping screw

self-discharge *n* [electrical system]

auto-décharge f
Décharge d'une batterie inutilisée pendant un certain laps de temps. Elle peut s'accélérer lorsque les conditions de stockage sont défavorables (basse température).

Selbstentladung f
Entladung einer für längere Zeit abgestellten Batterie. Die Selbstentladung kann bei ungünstigen Temperaturverhältnissen beschleunigt werden.

self-grip wrench [tools]
also: universal vise grip plier (US), vise grip (US), Mole wrench

clé f à pince réglable, pince-étau m
Pince à mâchoires dentées et réglable par vis à l'ouverture désirée. Le déblocage se fait par une poignée de rappel.

Gripzange f
Zange mit gezähnten Backen, Einstellschraube und Schnellösehebel.

self-ignition [engine]
also: auto-ignition

auto-allumage m
Le phénomène qu'un moteur à étincelles continue à fonctionner quelques secondes même après coupure de l'allumage.

Nachzündung f, Selbstzündung f
Das Phänomen, wenn ein Ottomotor auch bei bereits abgeschalteter Zündung noch kurzzeitig weiterläuft.

self-ignition → spontaneous ignition

self-induction [electrical system]

auto-induction f, induction f propre
Induction dans un circuit électrique imputable aux variations du courant parcourant ce circuit.

Selbstinduktion f, Eigeninduktion f
Induktion in einem Stromkreis, die durch den sich ändernden elektrischen Strom in diesem Stromkreis erzeugt wird.

self-leveling suspension → automatic leveling system

self-lubricating bearing [mechanical engineering]
also: oilless bearing

palier m autolubrifiant, palier m autograisseur
Palier en matières frittées poreuses et imprégnées d'huile, assurant sa propre lubrification sans intervention de lubrifiant externe.

***selbstschmierendes Lager,
Selbstschmierlager n, Öllöslager n***
Lager aus porösen, ölgetränkten Sinterwerkstoffen, dem nur wenig oder gar kein Schmierstoff zugesetzt zu werden braucht.

self-tapping screw [mechanical engineering]
also: self-cutting screw

vis f à tôle
Vis qui creuse elle-même son filetage dans l'avant-trou percé dans une tôle.

Blechschraube *f*
Schraube, die sich in einem vorgebohrten Loch eines Bleches das Muttergewinde selbst schneidet.

semi-automatic transmission [transmission]
also: pre-selector gearbox

transmission f semi-automatique
Combinaison d'une boîte de transmission manuelle et d'un convertisseur hydraulique. A l'aide d'un embrayage à sec actionné automatiquement selon la position du levier des vitesses on obtient plus au moins une change automatique des vitesses.

halbautomatisches Getriebe, Halbautomatik f, Selektivautomatik f
Getriebe, bei dem einem manuellen Getriebe ein Strömungswandler vorgeschaltet ist. Mit Hilfe einer zwischengeschalteten Trockenkupplung, die automatisch in Abhängigkeit des Schalthebels betätigt wird, ist eine Art automatische Schaltung der Gänge möglich.

semiconductor ignition → electronic ignition (system)

semi-diesel engine [engine]

moteur m semi-diesel
Moteur ayant un taux de compression se situant entre 10 et 13 et dans lequel le combustible injecté s'enflamme au contact de la paroi non refroidie et chauffée de l'extérieur d'une chambre de combustion en forme de boule creuse.

Halbdieselmotor m
Motor mit einem Verdichtungsverhältnis zwischen 10 und 13, in dem sich der eingespritzte Kraftstoff an der Wandung eines ungekühlten, von außen beheizten Glühkopfes entzündet.

semi-floating axle [vehicle construction]
also: half-floating axle

essieu m demi-flottant, essieu m semi-flottant, essieu m semi-porteur, essieu m semi-floating, pont m semi-porteur
Dans ce montage du pont arrière, le demi-arbre tourne librement dans la trompette. Il est soutenu côté coquille et côté roue par des roulements à billes ou à rouleaux. Il travaille à la torsion et en même temps à la flexion du côté de la roue.

halbfliegende Achse, halbtragende Achse, Halbschwingachse f, Halbschwebeachse f, halbentlastete Achse
Bei dieser Hinterachsausführung dreht die Radwelle im Hinterachstrichter frei durch und wird an beiden Enden, d.h. am Rad und am Korb durch Kugel- oder Rollenlager abgestützt. Sie ist auf Verdrehung und in Radnähe auf Verbiegung beansprucht.

semi-trailer [vehicle]
also: two-wheel(ed) trailer

semi-remorque f, remorque f à deux roues
Remorque sans essieu avant pouvant s'atteler à un véhicule tracteur par une sellette. Après dételage, la partie avant de la semi-remorque repose sur des béquilles à roue escamotables.

Sattelanhänger m, Sattelauflieger m
Unselbständiges Fahrzeug ohne Vorderachse, das auf einen Sattelschlepper über einen Drehschemel aufgesattelt wird. Ist der Sattelanhänger nicht mit dem Sattelschlepper gekoppelt, ruht der vordere Teil auf Stützrädern, die nur für den Standbe-

trieb ausgefahren bzw. ausgeklappt werden.

semi-trailer prime mover → truck tractor

semi-trailer tractor → truck tractor

semi-trailer train → truck-tractor train

semi-trailer truck → truck tractor

semi-trailer unit → truck-tractor train

semi-trailing arm [suspension]

bras m incliné, bras m oblique
Levier triangulé dont l'axe de pivotement forme un angle avec l'axe du véhicule.

Schräglenker m, Diagonallenker m
Dreieckslenker, bei dem die Drehachse im Winkel zur Längsachse des Fahrzeugs steht.

sensor [electrical system]

capteur m
Organe qui convertit des grandeurs physiques (température, différences de pression ou de vitesse de rotation) en signaux électriques.

Sensor m, Meßfühler m, Meßwertgeber m, Meßgeber m
Elektrisches Bauteil, das physikalische Größen (Temperatur, Druck- bzw. Drehzahlunterschiede usw.) in elektrische Signale verwandelt.

sensor for brake lining wear indicator [brakes]

palpeur m de contrôle de l'usure des garnitures de frein
Palpeur qui sert à déterminer l'épaisseur de la garniture de frein. L'indication de l'usure s'effectue par un voyant lumineux au tableau de bord.

Fühler m für Bremsbelagverschleißanzeige
Fühler zur Ermittlung der Bremsbelagdicke. Die Warnung erfolgt über eine Kontrolleuchte in der Instrumententafel.

sensor plate → airflow sensor plate

separable connector → plug and socket

separator → separator plate

separator plate [electrical system]
(See Ill. 2 p. 50)
also: separator

séparateur m
Les séparateurs sont des feuilles en matière synthétique microporeuse disposées entre les plaques d'une batterie.

Separator m, Trennwand f, Scheider m
Separatoren sind Trennwände aus mikroporösem Kunststoff, die zwischen den einzelnen Platten einer Batterie angeordnet sind.

series connection [electrical system]

branchement m en série, montage m en série, couplage m en série
Branchement de plusieurs consommateurs de courant électrique disposés l'un derrière l'autre et reliés entre eux par leurs connexions. Le premier est relié par une connexion au pôle positif de la source de tension, le dernier au pôle négatif.

Reihenschaltung f, Serienschaltung f, Hintereinanderschaltung f
Schaltung, bei der die Stromverbraucher hintereinander mit ihren Anschlüssen

series-parallel relay 454

verbunden sind. Der erste Verbraucher liegt mit einem Anschluß am Pluspol, der letzte am Minuspol der Spannungsquelle.

series-parallel relay → battery change-over relay

series-parallel switch → battery change-over relay

serrated lock washer [mechanical engineering]

rondelle f plate à crans extérieurs, rondelle f éventail
Frein à sécurité relative agissant par friction et s'opposant au desserrage d'une vis par suite de trépidations.

Fächerscheibe f
Kraftschlüssige Schraubensicherung, die das Lockern einer Schraube durch Erschütterung verhindern soll.

service brake [brakes]

frein m de service
Système primaire de freinage d'un véhicule en marche. En règle générale, le frein de service est un frein à pédale muni d'assistance hydraulique.

Betriebsbremse f
Das primäre Bremssystem, mit dem ein fahrbereites Fahrzeug ausgestattet ist; in der Regel ist es eine (hydraulisch verstärkte) Fußbremse.

service pit → inspection pit

service station → gasoline service station (US)

servo-brake *n*, **servo-brakes** *pl* [brakes]
also: power brake, power-assisted braking

system, power-assisted brakes, brake servo unit

servofrein m, servofreins mpl, dispositif m d'assistance de freinage
Frein à dispositif servant à renforcer l'effort de freinage. Il peut être à commande hydraulique, pneumatique ou à dépression.

Servobremse f, Hilfskraftbremse f
Bremsanlage, bei der die Bremskraft hydraulisch, pneumatisch oder durch Unterdruck verstärkt wird.

servo-brake *n* [brakes]

servofrein m (mécanique)
Le servofrein mécanique est un frein à tambour dans lequel un des segments comprime l'autre contre le tambour.

Servobremse f, Vollbremse f
Eine Innenbackenbremse, bei der eine Bremsbacke die andere gegen die Trommel anpreßt.

servo-steering → power-assisted steering

SET = sulfate emission test

set *n* → steering axis inclination (US)

set of breaker points → contact set

set of screw taps [tools]
also: tap cutting bolt set

jeu m de tarauds
Jeu d'outils à tailler les filets intérieurs ou femelles et réalisé en acier à outils ou en acier à coupe rapide. On a fréquemment recours à des jeux de tarauds de deux, trois ou même plusieurs pièces (taraud ébaucheur ou de première passe, taraud inter-

médiaire ou de passe moyenne et taraud finisseur ou de passe finale).

Gewindebohrersatz *m*
Satz Gewindeschneidwerkzeuge für Innengewinde aus Werkzeugstahl oder Schnellarbeitsstahl. Sehr häufig verwendet man Gewindebohrersätze zu zwei, drei, mitunter auch mehr Stück (Vor-, Mittel- und Fertigschneider). Das Gewinde entsteht dementsprechend also in zwei, drei oder mehr Durchgängen.

setscrew [mechanical engineering]
(See Ill. 25 p. 352)

vis f de réglage
Vis servant à fixer la position de deux pièces l'une par rapport à l'autre.

Stellschraube *f*
Schraube zur Festlegung einer bestimmten Stellung zweier Teile gegeneinander.

seven-pin trailer-lighting socket
→ trailer lighting socket

SFC, sfc = specific fuel consumption

shackle (link) → spring shackle

shaft *n* [mechanical engineering]
also: rotating shaft

arbre m
Pièce cylindrique de mécanique tourillonnant dans des paliers et servant à la transmission de mouvements de rotation.

Welle *f*
Zylindrisches Maschinenelement, das in Lagern läuft und zur Übertragung von Drehbewegungen dient.

shaft tunnel → propeller shaft tunnel

sheathed-element glow plug [diesel engine]
also: pencil-type glow plug (US)

bougie f à crayon, bougie f de préchauffage monopolaire
Les bougies monopolaires du type à crayon sont des bougies à incandescence qui dans un moteur diesel sont montées en parallèle.

Glühstiftkerze *f*, *einpolige Stabglühkerze*
Glühstiftkerzen sind einpolige Stabglühkerzen, die in der Glühanlage eines Dieselmotors parallel zueinander geschaltet sind.

sherardizing *n* [materials]

shérardisation f
Procédé thermique de diffusion par lequel des pièces d'acier sont maintenues à des températures se situant entre 330 et 400° C au contact d'une fine poudre de zinc et de sable, ce qui permet la formation d'un revêtement protecteur.

Sherardisieren *n*
Glühen von Stahl in einem Gemisch von Zinkstaub und Sand bei Temperaturen zwischen 330 und 400° C zur Erzielung eines Schutzüberzuges.

shielded ignition cable → screened ignition cable

shielding [electrical system]
also: screening *n*

blindage m
Enveloppe métallique autour d'une source de perturbation.

Abschirmung *f*, ***Schirmung*** *f*
Metallhülle rund um eine Störquelle.

shift *v* [transmission]
(*phrases:* shift up, shift down)

> *changer les rapports, passer les vitesses*
> Choisir un rapport de vitesse afin de modifier la vitesse de l'arbre de sortie de la boîte.
> *Phrases:* monter les vitesses; descendre les vitesses, rétrograder
>
> *schalten v*
> Einen Gang einlegen oder wechseln zur Veränderung der Abtriebsdrehzahl des Wechselgetriebes.
> *Wendungen:* hinaufschalten, aufwärtsschalten; herunterschalten, abwärtsschalten

shifter rod [transmission]
(See Ill. 20 p. 248)
also: gear selector rod, gear selector bar, gearshift bar, selector rod, fork rod, sliding selector shaft

> *axe m des fourchettes, réglette f, axe m de sélection et passage*
> Dans les boîtes de vitesses, les réglettes sont des coulisseaux sur lesquels sont fixées les fourchettes de changement de vitesse. Elles possèdent des gorges qui permettent leur verrouillage par billes à ressort.
>
> *Schaltstange f, Schaltschiene f, Schaltlineal n*
> An den Schaltstangen sind die Schaltgabeln zum Gangwechsel befestigt. Sie sind mit Aussparungen versehen, die als Arretierung durch federbelastete Riegelkugeln dienen.

shift fork [transmission]
(See Ill. 20 p. 248)
also: gearshift fork, gear-shifting fork, gearshift rod, gear control fork, gear selector fork (GB), selector fork (GB), control fork, selector lever (GB)

> *fourchette f de baladeur, fourchette f de la boîte de vitesses, fourchette f de sélection*
> Les fourchettes de la boîte de vitesses sont commandées par le levier de sélection et agissent sur les manchons baladeurs qui, à leur tour, provoquent l'engrènement des pignons.
>
> *Schaltgabel f*
> Die Schaltgabeln werden vom Schalthebel betätigt und greifen an den Schiebemuffen an, welche die Zahnräder in Eingriff bringen.

shift lever → gearshift lever

shim *n* [mechanical engineering]
also: shim ring, spacer, spacer washer

> *rondelle f d'ajustage, rondelle f d'épaisseur*
> Rondelle d'une épaisseur bien déterminée servant à ajuster des pièces mécaniques ou à reprendre leur jeu dans le sens axial.
>
> *Beilagscheibe f, Distanzscheibe f, Paßscheibe f, Einstellscheibe f*
> Scheibe mit genau definierter Dicke, die zur präzisen Lagebestimmung bzw. zum Spielausgleich einzelner Maschinenteile in axialer Richtung dient.

shimmy *n* [wheels]
also: wheel shimmy

> *dandinement m, shimmy m (des roues), oscillations fpl*
> Tremblement ou flottement des roues et du train avant d'une voiture automobile en cas de suspension défectueuse ou de mauvais équilibrage des roues. Le shimmy n'apparaît que pour une valeur déter-

minée de la vitesse et est ressenti au volant même du véhicule.

***Flattern** n (**der Räder**), **Radflattern** n*
Wackeln bzw. Flattern der Vorderräder und der Vorderachse wegen defekter Radaufhängung oder bei Unwuchten. Das Flattern tritt bei bestimmten Fahrgeschwindigkeiten zum Vorschein und macht sich am Lenkrad bemerkbar.

shimmy *v* [wheels]

dandiner v
Des roues et du train avant d'une voiture: trembler ou flotter en cas de suspension défectueuse ou de mauvaise équilibrage des roues.

flattern v
Bei den Vorderrädern oder der Vorderachse eines Fahrzeugs: aufgrund defekter Radaufhängung oder bei schlecht ausgewuchteten Rädern eine Unstabilität in Form einer wackelnden Bewegung zeigen.

shim ring → shim *n*

shock *n* [suspension] *(esp. used in pl)*
→ damper *n*

shock absorber → damper *n*

shoe *n* → brake shoe

shoe-retracting spring → shoe return spring

shoe return spring [brakes]
(See Ill. 15 p. 181)
also: brake retracting spring, brake (shoe) return spring, brake shoe pull spring, shoe-retracting spring, brake release spring, brake check spring

ressort m de rappel des segments de frein
Lorsqu'on relâche la pédale de freins après l'avoir enfoncée, les segments du frein à tambour sont ramenés à leur position de départ par des ressorts de rappel.

Bremsbackenrückzugfeder f
Wird nach einem Bremsvorgang das Bremspedal entlastet, so werden bei der Trommelbremse die Backen durch Rückzugfedern in ihre Ausgangsstellung zurückgebracht.

shoe steady pin [brakes]
(See Ill. 15 p. 181)
also: brake anchor pin, brake shoe pin

goupille f de maintien latéral, axe m de fixation de segment
Goupillle maintenant la mâchoire d'un frein à tambour contre le flasque de frein.

Bremsbackenlagerbolzen m
Bolzen zum Festhalten der Bremsbacke einer Trommelbremse gegen die Bremsträgerplatte.

short circuit to chassis → short circuit to ground

short circuit to frame → short circuit to ground

short circuit to ground [electrical system]
also: ground short (US), ground contact (US), ground leakage (US), short circuit to frame, short circuit to chassis

court-circuit m à la masse
Court-circuit par contact avec la masse.

Masseschluß m
Kurzschluß durch Massekontakt.

short-distance interference suppression → intensified interference suppression

shorted-turn tester [instruments]
also: interturn-short-circuit tester

grognard m, grognaimant m
Appareil parfois équipé d'écouteurs et servant à déceler les courts-circuits entre spires dans le bobinage de l'induit d'un démarreur.

Windungsschlußprüfer m
Gerät mit Kopfhörern zur Feststellung von Windungsschlüssen in der Ankerwicklung eines Anlassers.

short-reach plug [ignition]

bougie f à culot court
Bougie d'allumage utilisée dans les culasses de faible épaisseur.

Kurzgewindekerze f
Zündkerze, die in dünnwandige Zylinderköpfe eingeschraubt wird.

short-stroke engine → oversquare engine

shoulder belt → shoulder-strap belt

shoulder harness [safety]
also: four-point seatbelt

ceinture f à quatre points d'ancrage
Ceinture de sécurité ancrée au véhicule sur quatre points et offrant ansi une sécurité plus élevée. Ces ceinture ressemblent à une paire de bretelles.

Vierpunktgurt m, Hosenträgergurt m (colloq.), Rucksackgurt m (colloq.)
Ein Sicherheitsgurt, der an vier Punkten am Fahrzeug verankert ist und damit gegenüber dem Dreipunktgurt erhöhte Sicherheit bietet.

shoulder strap belt [safety]
also: shoulder belt, diagonal seat belt, diagonal belt

ceinture f diagonale, baudrier m, sangle f diagonale
Ceinture de sécurité qui sangle en diagonale le haut du corps d'un occupant de voiture. Le baudrier et la ceinture abdominale constituent ensemble la ceinture trois points.

Schrägschultergurt m, Schultergurt m, Diagonalgurt m, Zweipunktgurt m
Sicherheitsgurt, der den Oberkörper eines Wageninsassen quer umspannt. Schrägschultergurt und Beckengurt ergeben zusammen den Dreipunktgurt.

SI = spark ignition

side beam headlamp [lights]

projecteur m de virage
Les projecteurs de virage sont des phares d'appoint à longue portée, disposés par deux et reliés mécaniquement ou électriquement à la direction du véhicule. Dans la négociation d'un virage, ils pivotent en suivant l'angle de braquage des roues avant et leur faisceau lumineux balayent parfaitement le contour de la courbe.

Kurvenscheinwerfer m
Paarweise angeordnete Zusatzscheinwerfer für Fernlicht, die elektrisch oder mechanisch mit der Lenkung des Fahrzeugs verbunden sind und mit dem Lenkeinschlag der Vorderräder mitgehen, so daß sie bei Kurvenfahrt der Krümmung entlang leuchten.

side cut [chemistry, fuels]
also: side stream

fraction f latérale, coupe f latérale
Produit intermédiaire soutiré latéralement de la colonne à plateaux lors de la distillation du pétrole. Les principales fractions soutirées sont de haut en bas l'essence lourde (naphta), le kérosène, le gas-oil léger et le gas-oil lourd.

Seitenstrom m, Seitenschnitt m
Flüssige Erdölfraktion, die seitlich aus dem Fraktionierturm bei der Erdöldestillation abgezogen wird. Darunter fallen von oben nach unten Schwerbenzin, Petroleum sowie leichtes und schweres Gasöl an.

side cutter → side-cutting pliers

side-cutting nippers *pl* → side-cutting pliers

side-cutting pliers *pl* [tools]
also: side cutter, side-cutting nippers *pl*, diagonal cutting plier, diagonal plier

pince f coupante de côté
Pince dont les branches sont généralement isolées et qui sert à couper les fils métalliques.

Seitenschneider m
Schneidzange meist mit PVC-ummanteltem Griff zum Schneiden von Stahldraht und einfachem Draht.

sided lorry (GB) → platform lorry (GB)

side-draft carburetor (US) → horizontal draft carburetor (US)

side electrode → ground electrode (US)

side-impact bar [safety]

renfort m anti-impact latéral
Élément de renforcement de la carrosserie qui garantit une protection additionnelle du conducteur et des passagers en cas de choc latéral.

Seitenaufprallschutz m
Ein Verstärkungselement der Karosserie, das bei einem seitlichen Aufprall zusätzlichen Schutz für Fahrer und Insassen bietet.

sidelamp (GB) → side-marker lamp (US)

sidelight → side-marker lamp (US)

side-marker lamp (US) [lights]
(See Ill. 22 p. 262)
also: sidelamp (GB), marker lamp, marking lamp, sidelight, parking light, parking lamp, standing lamp

lanterne f avant, feu m de position, veilleuse f
Lampes de faible puissance diffusant une lumière jaune ou blanche et branchées en parallèle avec lex feux rouges. Puissance 3 à 5 watts.

Begrenzungsleuchte f, Seitenmarkierungslicht n, Standlicht n
Lampen geringerer Leuchtkraft mit weißem oder gelbem Licht. Sie sind mit dem Rücklicht gekoppelt. Leistungsbedarf 3 bis 5 W.

side-member frame → longitudinal frame

side mirror (US) → outside mirror

side-rails frame → longitudinal frame

side runout [tires]
also: lateral runout, lateral out-of-true, axial runout

voile m latéral
Déformation axiale du pneu en dehors du

plan de la roue. La tolérance maximale est de 0,5 mm.

Seitenschlag m
Axiale Auslenkung des Reifens aus der Radebene. Die zulässige Abweichung darf höchstens 0,5 mm betragen.

side stream → side cut

side-valve engine (*abbr.* **sv engine**) [engine]
also: L-head engine

moteur m à soupapes latérales
Moteur équipé de soupapes disposées sur le côté des cylindres et d'un arbre à cames dans le carter.

seitengesteuerter Motor, sv-Motor m
Motor mit seitlich stehenden Ventilen und untenliegender Nockenwelle.

sidewall [tires] (See Ill. 32 p. 493)

flanc m, gomme f de flanc
La gomme de flanc protège la carcasse du pneu des intempéries et des déchirures accidentelles. Elle est fréquemment étoffée par des renforcements.

Reifenwand f, Seitengummi m
Die seitliche Reifenwand schützt den Reifenunterbau vor Beschädigungen. Sie ist meist mit Ringleisten verstärkt.

side wind
also: cross wind

vent m latéral
Force qui s'exerce sur le flanc de la carrosserie et qui se combine avec la force agissant sur l'avant du véhicule. Ces deux forces conjuguées s'appliquent à un centre de poussée ou métacentre, dont la position dépend de la forme de la carrosserie. Les véhicules équipés d'un moteur à l'arrière sont plus sensibles au vent latéral que les véhicules à groupe propulseur avant ou conventionnel.

Seitenwind m
Quer zur Fahrzeugachse einwirkende Luftkraft, die mit dem Fahrtwind in der Fahrbewegung ein Schräganblasen des Fahrzeugs verursacht. Beide Kräfte wirken im Windangriffspunkt, dessen Lage von der Karosserieform abhängig ist. Heckmotor-Kraftfahrzeuge sind seitenwindempfindlicher als Fronttriebler oder Kraftfahrzeuge mit konventionellem Antrieb.

SI engine → spark-ignition engine

silencer (GB) → exhaust silencer (GB)

silencer filter (GB) → air silencer (GB)

silicone grease [materials]

graisse f de silicones, graisse f au silicone
Additif hydrofuge parfois utilisé dans les produits d'entretien de carrosserie.

Silikonfett n
Wasserabstoßender Zusatz in Autopflegemitteln.

silicone resin [materials]

résine f de silicones
Résine utilisée notamment comme agent filmogène dans les peintures synthétiques.

Silikonharz n
Harz auf der Basis von Silikonen, das u.a. als Filmbildner in Kunstharzlacken Verwendung findet.

silicones *pl* [chemistry, materials]

silicones fpl
Famille de matières synthétiques à base de silicium et d'oxygène.

Silikone npl
Gruppe von Kunststoffen, die als Hauptbestandteile Silicium und Sauerstoff enthalten.

simplex brake [brakes]
(See Ill. 15 p. 181)
also: leading-and-trailing-shoe brake

frein m simplex, frein m à deux points fixes
Dans le frein simplex il n'y a qu'un seul cylindre récepteur affecté à chaque roue et qui comprime les deux segments contre le tambour lors du freinage.

Simplexbremse f
Bei der Simplex-Bremse ist jedem Rad nur ein Radbremszylinder zugeordnet, der beim Bremsen beide Bremsbacken gegen die Bremstrommel drückt.

single-acting shock absorber [suspension]

amortisseur m à simple effet
Amortisseur ne freinant que la détente des ressorts.

einfachwirkender Stoßdämpfer
Mit diesem Stoßdämpfer erfolgt die Dämpfwirkung nur beim Ausfedern.

single-acting wheel brake cylinder [brakes]
also: single-piston wheel cylinder

cylindre m de frein à simple effet
Cylindre de frein ne comportant qu'un seul piston.

einfachwirkender Rad(brems)zylinder, einseitig wirkender Rad(brems)zylinder
Radbremszylinder, in dem sich nur ein einziger Kolben befindet.

single-circuit braking system [brakes]

simple circuit de freinage, système m de freinage à un seul circuit
Système de freinage équipé d'un seul circuit. Aujourd'hui on utilise des systèmes à deux circuits qui offrent une sécurité élevée en cas de défaillance d'un circuit.

Einkreisbremsanlage f
Eine Bremsanlage, die nur einen einzigen Bremskreis besitzt. Heute abgelöst von Zweikreisbremsanlagen, die wesentlich mehr Sicherheit bei Ausfall eines Bremskreises bieten.

single-coil spring lock washer [mechanical engineering]

rondelle f Grower à becs plats
Frein à sécurité relative agissant par friction et s'opposant au desserrage d'une vis par suite de trépidations.

glatter Federring
Kraftschlüssige Schraubensicherung, die das Lockern einer Schraube durch Erschütterung verhindern soll.

single-disc clutch → single-plate clutch

single-disc dry clutch [clutch]
(See Ill. 11 p. 154)
also: single-plate dry clutch, single dry-plate friction clutch

embrayage m à disque unique, embrayage m monodisque à sec
Embrayage composé d'un disque mobile à garniture de composition amiantée, entraînant l'arbre primaire de la boîte de vitesses. Sous l'action des ressorts de l'embrayage, ce disque est pris en sand-

wich entre la glace du volant et le contre-plateau, comprimé plus ou moins fort et entraîné par frottement. Le disque étant lui-même solidaire en rotation de l'arbre de prise directe, il l'entraîne à son tour.

Einscheibentrockenkupplung f
Die Einscheibentrockenkupplung besteht aus einer mit abriebfesten Kupplungsbelägen versehenen Mitnehmerscheibe, die auf der Getriebeeingangswelle (Kupplungswelle) drehfest, jedoch längsverschiebbar angeordnet ist. Diese Mitnehmerscheibe wird durch Druckfedern mehr oder weniger stark zwischen Schwungscheibe und Druckscheibe gedrückt und durch Reibung mitgenommen. Die Kupplungswelle wird somit angetrieben.

single dry-plate friction clutch
→ single-disc dry clutch

single-grade oil [lubricants]

huile f monograde
Huile dont la viscosité ne couvre qu'un grade de la classification SAE.

Einbereichsöl n
Öl, das eine einzige Viskositätsklasse überdeckt.

single-hole nozzle [diesel engine]
also: one-hole nozzle

injecteur m à un trou
Injecteur à un seul trou que l'on rencontre dans les moteurs diesel.

Einlochdüse f
Düse mit einem einzigen Spritzloch, die bei Dieselmotoren anzutreffen ist.

single-line braking system → single-pipe air brake

single-pipe air brake [brakes]
also: single-line braking system

freins mpl à air comprimé à une seule conduite
Ce type de freins ne comporte qu'une seule conduite d'air reliant le véhicule tracteur à la remorque.

Einleitungsbremsanlage f
Die Einleitungsbremse hat nur eine Luftverbindung, die sogenannte Steuerleitung, zwischen Triebfahrzeug und Anhänger.

single-piston wheel cylinder → single-acting wheel brake cylinder

single-plate clutch [clutch] (*opp.:* multi-plate clutch)
also: single-disc clutch

embrayage m monodisque
Embrayage composé d'un seul disque mobile à garniture de composition amiantée. *Contraire:* embrayage multi-disque.

Einscheibenkupplung f
Eine mit einer einzigen Mitnehmerscheibe arbeitende Kupplung.
Gegenteil: Mehrscheibenkupplung.

single-plate dry clutch → single-disc dry clutch

single-pulse charging [electrical system, ignition]

charge f par impulsion unique
Technique de charge du condensateur par la génératrice dans l'allumage électrostatique. Elle permet une charge plus rapide du condensateur que la charge par impulsions multiples.

Einzelpulsaufladung f
Aufladetechnik des Speicherkondensa-

tors durch den Ladeteil in der Hochspannungs-Kondensatorzündung. Sie ermöglicht eine schnellere Aufladung des Kondensators als die Mehrimpulssteuerung.

single-tube shock absorber [suspension]

amortisseur m monotube
Amortisseur comportant une chambre de travail remplie d'huile et une autre chambre remplie de gaz.

Einrohrstoßdämpfer m, Einrohr-Gasdruckstoßdämpfer m, Gasdruckstoßdämpfer m
Stoßdämpfer mit einem ölgefüllten und einem gasgefüllten Arbeitsraum.

sintered material [materials]

matière f frittée
Poudre métallique ou matières céramiques comprimées et chauffées à une température se situant très près de leur point de fusion.

Sinterwerkstoff m
Metallpulver oder keramische Stoffe, die durch Erhitzen unter Druck zusammengebacken werden, bevor ihr Schmelzpunkt erreicht wird.

SIT = spontaneous ignition temperature

six-cylinder engine [engine]

moteur m à six cylindres
Moteur à cylindres en ligne ou en V dont les manetons sont calés à 120°. Dans la version en V, on trouve fréquemment deux bielles s'articulant sur un maneton commun. Les ordres d'allumage de cylindres les plus répandus sont 1-5-3-6-2-4 et 1-2-3-6-5-4 pour le moteur en ligne et 1-4-3-6-5-2 pour le moteur en V.

Sechszylindermotor m
V-Motor oder Reihenmotor mit einem Zündabstand von 120°. Beim V-Motor wirken vielfach zwei Pleuelstangen auf einen Kurbelzapfen. Meist ist die Zündfolge 1-5-3-6-2-4 oder 1-2-3-6-5-4 für den Reihenmotor und 1-4-3-6-5-2 für den V-Motor.

skid n → skidding n

skid-control system → ABS braking device

skidding n [wheels]
also: skid n

dérapage m
Une phase ou un véhicule perd son adhérence au sol et du coup sa stabilité sur la route.

Schleudern n
Eine Phase, in der ein Fahrzeug seine Bodenhaftung verliert und unkontrollierbar wird.

skid plate [vehicle]

sellette f
Sellette disposée à l'arrière d'un tracteur semi-porteur et sur laquelle s'articule la semi-remorque.

Drehschemel m
Sattelplatte auf dem hinteren Teil eines Sattelschleppers, auf der der Sattelanhänger drehbar gelagert ist.

skirt n *(of a piston)* → piston body

slave cylinder → wheel cylinder

slave piston [brakes]

piston m hydraulique
Petit piston logé dans le maître-cylindre

sleeve

d'un servo-frein à dépression. Lorsque la pédale est enfoncée, il subit le mouvement d'une tige de poussée et refoule le liquide de freins dans la canalisation hydraulique.

Hauptzylinderkolben m
Kolben im Hauptzylinder eines Saugluft-Bremskraftverstärkers. Er wird beim Betätigen des Bremspedals von einer Druckstange verschoben und baut dann den Flüssigkeitsdruck in der Bremsleitung auf.

sleeve (US) → cylinder liner (GB)

slide bearing → plain bearing

slide caliper [instruments]
also: sliding caliper, vernier caliper, sliding gage (US)

pied m à coulisse
Instrument de mesure de précision pour déterminer les longueurs et les diamètres, comportant deux becs droits, une règle graduée et un vernier. Graduation du vernier au 1/10, 1/20 ou 1/50 mm. La plupart des pieds à coulisse possèdent une tige de calibrage en profondeur.

Schieblehre f, Schublehre f, Noniusschieblehre f, Meßschieber m
Längenmeßinstrument mit zwei Meßschnäbeln, einem Strichmaßstab und einem Nonius. Ablesegenauigkeit 1/10, 1/20 oder 1/50 mm. Schieblehren sind vielfach zusätzlich mit einer Tiefmeßstange ausgerüstet (Universalschieblehren).

sliding-armature starter [starter motor]
also: axial-type starting motor

démarreur m à induit coulissant
Démarreur dont le fonctionnement s'effectue en deux phases. Tout d'abord l'induit s'avance longitudinalement jusqu'à ce que le pignon tournant lentement engrène la couronne de lancement en douceur. Au cours de la seconde phase qui se déclenche automatiquement dans le relais, l'enroulement principal est alimenté en tension et le moteur est dès lors lancé complètement. Ce type de démarreur équipe surtout les camions à moteur diesel.

Schubankeranlasser m, Schubankerstarter m
Anlasser mit zwei Schaltstufen. In der ersten Schaltstufe wird der Anker axial vorgeschoben, wobei das sich langsam drehende Ritzel weich in den Zahnkranz einspurt. Nach Einspuren des Ritzels wird automatisch durch die zweite Schaltstufe im Steuerrelais die Hauptwicklung eingeschaltet, und der Motor dreht durch. Den Schubankerstarter findet man hauptsächlich bei mittleren Lastkraftwagen-Dieselmotoren.

sliding caliper → slide caliper

sliding door [vehicle construction]

porte f coulissante
Porte coulissant sur roulements à billes ou à rouleaux et dont sont équipés certains fourgons intégrés. Elle permet d'éviter un encombrement trop important pouvant gêner la circulation lors d'un chargement ou d'un déchargement.

Schiebetür f
In Kugel- oder Rollenlagern geführte Tür, die vor allem bei Transportern anzutreffen ist, damit eine Verkehrsbehinderung beim Laden oder Entladen von Gütern vermieden wird.

sliding gage (US) → slide caliper

sliding gear drive → sliding gear transmission

sliding gear starter motor [starter motor]
also: co-axial starter

démarreur m à pignon coulissant
Dans ce type de démarreur, le pignon se déplaçant longitudinalement sur l'arbre engrène la couronne de lancement grâce à un levier à fourche qui agit alors sur un contact. On trouve ce démarreur dans les moteurs diesel de gabarits moyen et lourd.

Schubtriebanlasser m, Schubtriebstarter m
Bei dieser Bauart wird das auf der Ankerwelle verschieblich angeordnete Ritzel in die Schwungradverzahnung durch einen Gabelhebel geschoben, der nach erfolgtem Einspuren einen Schalter betätigt. Dieser Startertyp ist vor allem bei mittleren und größeren Dieselmotoren anzutreffen.

sliding gear transmission
[transmission]
also: sliding gear drive, sliding mesh gearbox (GB), sliding pinion gearbox (GB), straight-toothed gearbox (GB), crash gearbox (GB)

boîte f de vitesses à train baladeur, boîte f de vitesses à pignons droits
Boîte de vitesses anciennement utilisée, dans laquelle un pignon denté fixé à demeure sur l'arbre primaire, solidaire de l'embrayage, entraîne l'arbre intermédiaire. Lorsqu'on passe les vitesses, une fourchette commandée par le levier de changement de vitesse déplace un engrenage à denture droite sur l'arbre secondaire jusqu'à ce qu'il vienne en prise avec le pignon correspondant de l'arbre intermédiaire.

Schieberadgetriebe n, Zahnradwechselgetriebe n, Schubwechselgetriebe n
Veraltete Getriebeart, bei der ein Antriebszahnrad auf der mit der Kupplung verbundenen Antriebswelle sitzt. Es treibt die Vorgelegewelle an. Zur Änderung der Übersetzung wird durch eine Schaltgabel ein geradeverzahntes Schaltrad auf der Hauptwelle bewegt, bis es in das Gegenrad auf der vorgelegewelle eingreift.

sliding mesh gearbox (GB) → sliding gear transmission

sliding pinion gearbox (GB) → sliding gear transmission

sliding roof [accessories]

toit m ouvrant (coulissant)
Dispositif d'ouverture aménagé dans le pavillon d'un voiture automobile. Il s'agit fréquemment d'un toit ouvrant rigide en acier que l'on amène et que l'on bloque dans la position souhaitée au moyen d'une manette de fermeture.

Schiebedach n (Abk. SD)
Öffnungsvorrichtung im Dach eines Pkw. Meist handelt es sich um ein Stahlschiebedach, das sich nach dem Lösen eines Verschlußhebels in die gewünschte Stellung bringen läßt. Mit diesem Hebel wird dann das Schiebedach festgeklemmt.

sliding selector shaft → shifter rod

sliding selector shaft locking mechanism [transmission]

verrouillage m des réglettes, verrouillage m des axes de fourchette

sliding splined joint

Système de verrouillage par gorges et billes à ressort empêchant tout mouvement involontaire des réglettes et maintenant les pignons baladeurs dans la position assignée.

Schaltstangenarretierung f
Verriegelung der Schaltstangen durch Riegelkugeln, die in Aussparungen einrasten. Auf diese Weise werden die unbetätigten Schaltstangen gesperrt und die Schieberäder in ihrer Position festgehalten.

sliding splined joint → slip joint

sliding tee bar [mechanical engineering]
tige f d'entraînement
Tige servant à manœuvrer une clé à douille. Certaines de ces tiges sont à section étagée, ce qui leur permet de s'adapter à divers calibres de clé.

Drehstift m
Stift zum Antreiben eines Steckschlüssels. Es gibt Drehstifte mit abgesetztem Schaft, die in Steckschlüssel unterschiedlicher Größe passen.

sliding window [vehicle construction]
glace f coulissante
Glace de porte coulissant horizontalement vers l'avant et vers l'arrière à l'opposé d'une glace actionnée par manivelle.

Schiebefenster n
Fenster, das sich nur horizontal nach vorn und hinten verschieben läßt im Gegensatz zum Kurbelfenster.

slip *v* [clutch]

patiner v
La situation quand l'embrayage ne répond pas parfaitement aux commandes de la pédale.

rutschen v
Wenn eine Kupplung nicht mehr einwandfrei auf den Pedaldruck reagiert, sagt man, daß sie rutscht.

slip angle [tires]

angle m de dérive
Sous l'effet de forces latérales, intervient une déformation de l'aire de contact du pneu au sol, qui le contraint à suivre une trajectoire différente de celle de la roue, formant ainsi l'angle de dérive.

Schräglaufwinkel, Schwimmwinkel m
Durch einwirkende Seitenkräfte verformt sich die Kontaktfläche des Reifens auf der Fahrbahn. Der Reifen ändert seine Fahrtrichtung und bildet mit der Radebene einen Schräglaufwinkel.

slip gage (US) *or* **gauge** (GB) →
block gage (US)

slip joint [transmission]
also: sliding splined joint

joint m coulissant
Le joint coulissant d'un arbre de transmission est constitué de cannelures mâles et femelles permettant à deux bouts d'arbre de tourner ensemble et de glisser l'un sur l'autre. Ainsi parvient-on à compenser les variations de longueur de l'arbre de transmission longitudinal lorsque le pont arrière bascule légèrement.

Schiebestück n, Längenausgleich m,
Schiebegelenk n, Gleitgelenk n
Das Schiebestück einer Gelenkwelle besteht aus zwei Keilwellenenden, die ineinandergeschoben sind und miteinander rotieren. Es gleicht die Längenänderun-

gen der Gelenkwelle aus, die sich beim Schwenken der Hinterachsbrücke ergeben.

slip ring [electrical system]
(See Ill. 1 p. 31)

bague f d'inducteur, bague f collectrice
Dans un alternateur triphasé le courant d'excitation nécessaire (courant continu) est acheminé vers l'enroulement d'excitation par l'intermédiaire de deux bagues collectrices isolées de l'arbre du rotor.

Schleifring m
In einem Drehstromgenerator fließt der erforderliche Erregerstrom (Gleichstrom) über zwei von der Läuferwelle isolierte Schleifringe zu der Erregerwicklung.

slotted nut → castle nut

slotted piston (US) → split-skirt piston

slow-acting relay → time-lag relay

slow idling jet → idling jet

slow-release relay → time-lag relay

slow running → idle running

slow-running adjustment → idling adjustment

slow-running jet → idling jet

slow-running screw (GB) → throttle stop screw

slow speed → first gear

sludge → oil sludge

small end (of connecting rod) → connecting rod small end

small end bushing → piston pin bushing

smoke *n* → smoke emissions *pl*

smoke emissions *pl* [emission control]
also: smoke *n*

émissions fpl de fumée, fumées fpl
Des particules qui se dégagent d'une substance en combustion. Dans les automobiles, elles sont expulsées avec les gaz d'échappement.

Rauchausstoß m, Rauch m
Die bei einer Verbrennung entstehenden flüchtigen Partikeln, die bei Automobilen zusammen mit den Auspuffgasen ausgestoßen werden.

smoke opacimeter → opacimeter

snap connector [electrical system]
also: snap-on connector, snap-lock connector, blade-type connector, splice connector

cosse f à épissure, connecteur m de dérivation, cosse f de raccordement automatique, connecteur m instantané
Connecteur permettant de greffer un fil électrique sur un autre fil déjà câblé et utilisé surtout lors du montage de récepteurs supplémentaires. Les deux fils à réunir s'insèrent dans des logements prévus à cet effet et l'agrafage s'opère par écrasement à l'aide d'une pince, auquel cas une pointe de métal se trouvant à l'intérieur du connecteur écorche la gaine isolante des deux fils et établit ainsi un contact franc entre l'âme de ces derniers. Les connecteurs de dérivation ne conviennent toutefois pas pour les fils à gaine trop épaisse ni pour les câbles à grand débit de courant électrique.

snap-lock connector

Abzweigverbinder m, Abzweig-Leitungsverbinder m, Einschneidverbinder m, Schneidverbinder m
Verbinder, der zum Anzapfen einer elektrischen Leitung, vor allem beim nachträglichen Einbau von Zusatzgeräten verwendet wird. Die zwei zu verbindenden Kabel werden in die Aussparungen des Abzweigverbinders eingelegt, und zum Schließen wird der Arretierungslappen mit einer Zange aufgedrückt. Der Kontaktsteg im Verbinder schneidet die Kunststoffisolierung und stellt somit den Kontakt zwischen den bloßgelegten Leitungslitzen her. Einschneidverbinder sind für dickere Kunststoffisolierungen sowie für Kabel mit großer Stromstärke ungeeignet.

snap-lock connector → snap connector

snap-on connector → snap connector

sneak current → surface leakage current

snow chain [equipment]

chaîne f à neige, chaîne f anti-neige, chaîne f antidérapante
Chaînes à larges mailles en acier trempé dont sont chaussés les pneumatiques afin qu'ils aient une meilleure adhérence sur les routes enneigées. Les voitures équipées de pneus à chaînes ne peuvent dépasser la vitesse de 60 km/h.

Schneekette f, Gleitschutzkette f
Grobmaschige Kettennetze aus gehärtetem Stahl, die auf die Reifen montiert werden, um eine bessere Haftung der Räder auf verschneiten Straßen zu gewährleisten. Beim Fahren mit Schneeketten ist die Höchstgeschwindigkeit auf 60 km/h begrenzt.

socket [tools]

douille f démontable (pour clés) (abr. DD)
Douille pour le serrage et le desserrage d'écrous hexagonaux, percée d'un carré femelle et s'adaptant par exemple sur un clé dynamométrique ou un levier d'entraînement à cliquet. Il existe cinq calibres de carré femelle en 1/4'', 3/8'', 1/2'', 3/4'' et 1'' pour ces douilles convenant pour toutes les tailles courantes d'écrou.

Steckschlüsseleinsatz m, Nuß f
Einsatz für Sechskantmuttern mit Innenvierkant-Antrieb, passend z.B. für Drehmomentschlüssel oder Ratsche. Diese Einsätze gibt es in den Innenvierkant-Größen von 1/4'', 3/8'', 1/2'', 3/4'' und 1'' für alle gängigen Mutterngrößen.

socket outlet [electrical system]
also: plug receptacle, plug box, power point

prise f de courant, prise f femelle, fiche f femelle
Boîtier isolant en matière synthétique, comportant plusieurs bornes et qui est relié à la source de courant électrique.

Steckdose f
Isolierende Kunststoffdose mit Kontaktbuchsen, die mit der Stromquelle verbunden ist.

sodium-based grease [lubricants]

graisse f consistante au sodium
Lubrifiant pâteux, sensible à l'eau et utilisé surtout comme graisse pour roulements dans des plages de températures de l'ordre de -30° à +110° C.

Natronseifen-Schmierfett, Natronseifenfett, natronverseiftes Fett
Wasserempfindlicher, plastisch verform-

barer Schmierstoff, der als Wälzlagerfett (Heißlagerfett) verwendet wird. Er ist für Temperaturbereiche von - 30° bis + 110° C einsetzbar.

sodium-cooled valve [engine]

soupape f au sodium
Soupape d'échappement du moteur remplie de sodium pour produire un effet de refroidissement interne.

natriumgekühltes Ventil, natriumgefülltes Ventil, Ventil mit Natriumfüllung, Hohlventil n
Ein Auspuffventil im Motor, das zur Erzielung einer gewissen Kühlwirkung mit Natrium gefüllt ist.

soft rubber [materials]

caoutchouc m tendre, caoutchouc m mou
Caoutchouc dont la teneur en soufre peut atteindre 10%.

Weichgummi m
Gummi mit einem Schwefelgehalt bis 10%.

soft soldering [materials]

brasage m tendre
Assemblage de pièces métalliques au moyen d'un métal d'apport de brasage tendre à des températures inférieures à 450° C. Les métaux d'apport les plus usités sont les alliages de plomb et d'étain.

Weichlöten n
Löten von metallischen Werkstücken mit Weichlot (Schnellot, Weißlot, Zinnlot) bei Arbeitstemperaturen unterhalb 450° C. Die wichtigsten Weichlote sind Legierungen aus Blei und Zinn.

soldering *n* [materials]

brasage m, brasement m
Réalisation d'un assemblage de deux pièces métalliques de matière identique ou non par interposition d'un métal ou alliage d'apport fusible dont le point de fusion est inférieur à celui des pièces à joindre.

Löten n, Lötung f
Das Herstellen einer unlösbaren Verbindung zwischen zwei Werkstücken aus gleichem oder verschiedenem Metall mit Hilfe eines geschmolzenen Zusatzmetalls (Lot), dessen Schmelztemperatur unterhalb der der zu verbindenden Teile liegt.

soldering iron [tools]

fer m à souder
Outil à souder dont la panne est amenée à température par une spirale chauffante.

Lötkolben m
Elektrisches Gerät, dessen Kupferstab durch eine Heizspirale erwärmt wird.

solenoid *n* [electrical system]
also: electromagnet

électro-aimant m
Bobinage à l'intérieur duquel se trouve un noyau en fer doux. Lorsque l'enroulement de la bobine est parcouru par un courant électrique (excitation), le noyau produit un champ magnétique qui agit sur des corps métalliques.

Elektromagnet m
Gewickelte Spule, in die meist ein Weicheisenkern geschoben wird. Wenn ein elektrischer Strom durch die Spule fließt, wird der Kern magnetisiert und übt magnetische Kräfte auf Metallkörper aus.

solenoid *n* → solenoid unit

solenoid-controlled starter motor

solenoid-controlled starter motor
→ screw-push starter

solenoid cutoff valve → idle cutoff valve

solenoid-operated cold-start valve
→ start valve

solenoid-operated injection valve
→ solenoid-operated injector

solenoid-operated injector [injection]
(See Ill. 16 p. 196)
also: solenoid-operated injection valve

injecteur m à valve électro-magnétique
Injecteur d'un système d'injection électronique, qui reçoit le carburant aspiré par une pompe électrique à une pression de 2 kg/cm^2. Le moment et la durée d'ouverture des injecteurs à valve électro-magnétique sont déterminés par un calculateur électronique.

elektromagnetisches Einspritzventil, Elektroeinspritzventil n
Einspritzventil einer elektronisch gesteuerten Benzineinspritzanlage, dem Kraftstoff unter einem Druck von 2 bar über eine Elektroförderpumpe zugeführt wird. Öffnungszeitpunkt und Öffnungsdauer des Elektroeinspritzventils werden von einem elektronischen Steuergerät errechnet.

solenoid-operated valve → solenoid valve

solenoid switch → solenoid unit

solenoid unit [starter motor]
(See Ill. 30 p. 445)
also: solenoid switch, solenoid *n*

solénoïde m, contacteur m à solénoïde, relais m à solénoïde, contacteur m de démarreur
Interrupteur électro-magnétique qui s'intercale entre la batterie et le démarreur à pré-engagement. Au moment du démarrage, le fil de contact aboutissant à l'une de ses bornes envoie du courant dans les enroulements du solénoïde. Le champ magnétique, qui prend ainsi naissance, attire un noyau plongeur qui ferme un pont de contact, lequel livre passage au puissant courant de démarrage. Dès que la clé de contact est relâchée, le noyau plongeur est repoussé par un ressort et le pont de contact est à nouveau ouvert: le courant de démarrage ne passe plus.
A noter que le noyau plongeur fait également basculer le levier de commande positive, qui déplace ainsi le pignon de lancement vers la couronne dentée.

Magnetschalter m, Magnetanlaß-schalter m, elektromagnetischer Anlaßschalter, Einrückrelais n, Einrückmagnetschalter m
Elektromagnetischer Schalter zwischen Batterie und Schubschraubtriebanlasser. Beim Startvorgang erhalten die Magnetschalterwicklungen Strom über die Leitung vom Zündschloß zu Klemme 50 (Startersteuerung). Das sich hierbei aufbauende Magnetfeld zieht einen Anker an, der eine Kontaktbrücke schließt, worüber der Anlasserstrom fließt. Beim Loslassen des Zündschlüssels wird der Anker durch Federkraft weggedrückt. Die Kontaktbrücke öffnet und versperrt dem Anlasserstrom den Weg.
Der Anker des Magnetschalters wirkt ebenfalls auf den Einrückhebel, der das Starterritzel in den Zahnkranz verschiebt.

solenoid valve [electrical system]

also: solenoid-operated valve, electromagnetic valve, electrovalve

électrovanne f, électrovalve f
Vanne dont les mouvements sont commandés directement ou indirectement par un électroaimant et qui règle le débit d'un liquide ou d'un gaz.

Magnetventil n
Durch einen Elektromagneten unmittelbar oder mittelbar betätigtes Ventil zur Steuerung strömender Gase oder Flüssigkeiten.

Solex carburetor™ [carburetor]

carburateur m Solex
Carburateur à gicleur noyé équipé d'un ajutage d'automaticité à apport d'air progressif. A mesure que le régime augmente, le niveau de l'essence baisse dans le puits de garde et les orifices d'émulsionnage ménagés dans le tube d'émulsion se dégagent les uns après les autres.

Solex-Vergaser m
Vergaser mit überschwemmter Hauptdüse und Luftkorrekturdüse für die Ausgleichluft. Bei zunehmender Motordrehzahl sinkt der Kraftstoffspiegel im Mischrohrschacht, und die Bremsluftlöcher (Emulgierlöcher) im Mischrohr werden der Reihe nach frei.

solid injection [diesel engine]
also: airless injection

injection f directe, injection f mécanique, injection f sans air
Dans l'injection directe, le combustible est injecté à très grande pression (150 à 300 bars) à travers des injecteurs à trous dans la chambre de combustion. C'est la méthode classique dans les moteurs diesel.

luftlose Einspritzung, Strahleinspritzung f, Direkteinspritzung f
Bei der Direkteinspritzung wird der Kraftstoff unter sehr hohem Druck in den kleindimensionierten Verbrennungsraum durch Lochdüsen eingespritzt. Dies ist die herkömmliche Methode bei Dieselmotoren.

solid injection diesel engine
[diesel engine]
also: direct-injection diesel engine (*abbr.* DI engine), diesel engine with direct injection, open-chamber diesel engine

moteur m diesel à injection directe
Dans les versions diesel à injection directe, le combustible est injecté à très grande pression (150 à 300 bars) à travers des injecteurs à trous dans la chambre de combustion de petite dimension et qui peut être en partie constituée par un creux de forme sphérique ménagé dans la tête du piston (procédé M). Dans ce type de moteur, il ne faut pas de bougies de préchauffage.

Dieselmotor m mit Strahleinspritzung, Direkteinspritzmotor m, Direkteinspritzer m (colloq.)
Bei Direkteinspritzmotoren wird der Kraftstoff unter sehr hohem Druck in den kleindimensionierten Verbrennungsraum durch Lochdüsen eingespritzt. Der Verbrennungsraum liegt teilweise im kugelförmig ausgehöhlten Kolbenboden (M-Verfahren). Bei dieser Bauart werden Glühkerzen nicht gebraucht.

solid-skirt piston [engine]
(See Ill. 26 p. 378)
also: plain-skirt piston

piston m à jupe pleine
Piston dont la jupe n'est pas creusée de

solid-state ignition system

fentes et ne possède pas de plaquettes d'acier pour freiner la dilatation.

Vollschaftkolben, Glattschaftkolben m
Kolben, dessen Schaft keine Schlitze und keine Stahleinlagen besitzt.

solid-state ignition system → transistorized ignition system

solution level → acid level

soot *n* [emission control]

suie f
Particules solides noires déposées sur les parois d'un tube d'échappement par les fumées.

Ruß m
Schwarze Partikeln, die von den Auspuffgasen an den Wänden der Auspuffleitungen abgelagert werden.

spacer → shim *n*

spacer washer → shim *n*

spaghetti insulation → insulation tubing

spanner (GB) → wrench (US)

spare parts [maintenance]
also: spares *pl (colloq.)*

pièces f pl de rechange
Les pièces détachées nécessaires pour maintenir et réparer les automobiles. Elles sont produites en original par les fabricants des automobiles mêmes ou par des compagnies spécialisées.

Ersatzteile npl
Für die Instandsetzung und Wartung von Kraftfahrzeugen erforderliche Einzelteile, die entweder original vom Hersteller des Fahrzeugs stammen oder von spezialisierten Firmen nachgebaut werden.

spares *pl (colloq.)* → spare parts

spare wheel [wheels]

roue f de secours
Roue complète avec pneu gonflé, prête à l'usage, que le conducteur doit obligatoirement emporter. Elle se place habituellement dans la malle, et il faut éviter de la mettre au-dessus du moteur ou à proximité du pot d'échappement, car le caoutchouc du pneumatique peut à la longue quelque peu s'altérer sous l'effet d'une chaleur trop forte.

Reserverad n, Ersatzrad n
Mitgeführtes komplettes Rad mit aufgepumptem Reifen. Das Reserverad wird normalerweise im Kofferraum aufgehoben. Die Unterbringung im Motorraum oder in der Nähe des Auspufftopfes soll möglichst vermieden werden, weil der Reifengummi mit der Zeit unter der starken Hitze leidet.

spark advance → advance ignition

spark-advance curve → advance characteristic

spark discharge [ignition]

jaillissement m du train d'étincelles
Le jaillissement du train d'étincelles aux électrodes d'une bougie survient exactement au point d'allumage.

Funkenüberschlag m
Überspringen des Zündfunken an den Elektroden einer Zündkerze im Zündzeitpunkt.

spark duration [ignition]

durée f de l'étincelle
Temps de jaillissement du train d'étincelles entre les électrodes d'une bougie d'allumage. Il est de l'ordre de la milliseconde.

Funkendauer f
Dauer eines Zündfunkens zwischen den Elektroden einer Zündkerze. Sie schwankt um eine Millisekunde.

spark failure → misfiring *n*

spark gap → electrode gap

spark ignition *(abbr.* **SI)** [engine]

allumage m par étincelle
Système d'allumage qui utilise une étincelle électrique, produit p.e. par une bougie d'allumage, pour inflammer le mélange air/carburant dans les cylindres.

Funkenzündung f
Ein Zündsystem, bei dem das Kraftstoff-Luftgemisch in den Zylindern von einem elektrischen Funken, wie er z.B. von einer Zündkerze erzeugt wird, entzündet wird.

spark-ignition engine [engine]
also: SI engine

moteur m à étincelles, moteur m à allumage par bougie, moteur m à allumage commandée
Moteur à taux de compression assez faible et carburant à point de combustion élevé.

Motor mit Kerzenzündung, Fremdzündungsmotor m, Ottomotor m
Motor mit relativ niedrigem Verdichtungsverhältnis, in dem Kraftstoff mit hohem Selbstentzündungspunkt verbrannt wird.

spark-ignition engine *(with carburetor)* → carburetor engine

sparking coil → ignition coil

sparking plug (GB) → spark plug

spark line [ignition]

courbe f de tension de combustion
Courbe apparaissant dans un oscillogramme secondaire et dont la longueur indique la durée totale de l'étincelle d'allumage.

Brennspannungslinie f, Zündfunken-Brennspannungslinie f
Kurve im Sekundärbild eines Oszillogramms, deren Länge die Gesamtzeit des Zündfunkens darstellt.

spark plug [ignition] (See Ill. 3 p. 54, Ill. 31 p. 474)
also: sparking plug (GB), plug *n (for short)*

bougie f d'allumage, (en bref:) bougie f
Organe destiné à amener le courant à haute tension dans le cylindre du moteur et à enflammer par une étincelle électrique le mélange gazeux emprisonné dans la chambre de combustion. La bougie comporte un culot, une électrode centrale, un isolant en céramique et une électrode de masse.
L'étincelle jaillit en passant de l'électrode centrale à l'électrode de masse. L'isolant doit non seulement présenter une résistance électrique très élevée mais aussi une excellente résistance mécanique et chimique. Dans nombre de bougies d'allumage, l'électrode de masse vient se placer sous l'électrode centrale de façon à améliorer le décrassement de la bougie. On rencontre également des bougies d'allu-

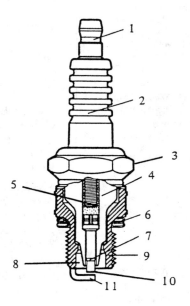

1 terminal nut
2 spark plug insulator
3 spark plug body
4 insulator nose
5 spark plug terminal pin
6 spark plug gasket
7 center electrode (US), centre electrode (GB)
8 scavenging area
9 spark plug thread
10 electrode gap
11 ground electrode (US), earth electrode (GB)

Ill. 31: spark plug

(spark plug continued)
mage à plusieurs électrodes de masse, comme c'est le cas par exemple pour certaines voitures de sport ou de compétition ou pour les moteurs deux temps. La forme et la position occupée par l'électrode de masse permettent à la bougie d'allumage de s'adapter aux conditions thermiques ambiantes. Les montages les plus courants sont la bougie à électrode latérale proéminente d'un très bon rendement au ralenti et dans les accélérations, la bougie à électrode frontale garantissant une longue durée de vie grâce à une faible usure ainsi que la bougie à électrode annulaire latérale présentant de très bonnes qualités de conductibilité thermique et utilisée dans les moteurs deux temps de motocyclettes.

Zündkerze f, (kurz:) **Kerze** *f*
Die Zündkerze bringt den Zündstrom in den Motorzylinder und entzündet das im Verbrennungsraum eingeschlossene Kraftstoff-Luft-Gemisch. Sie besteht hauptsächlich aus einem Gehäuse mit einer Mittelelektrode, einem keramischen Isolator und einer Masseelektrode.
Der Zündfunke springt zwischen Mittel- und Masseelektrode. Der Isolator soll nicht nur einen hohen elektrischen Widerstand aufweisen, sondern auch große mechanische Festigkeit und chemische Beständigkeit. Bei den meisten Kerzentypen liegt die Masseelektrode unter der Mittelelektrode, damit eine bessere Reinigungswirkung erzielt wird. Allerdings gibt es auch Zündkerzen mit mehreren Masseelektroden für ganz spezielle Fälle (Sport- und Rennwagen oder Zweitakter). Durch die Lage und die Formgebung der Masseelektrode kann die Zündkerze den Wärmeverhältnissen angepaßt werden. Die geläufigsten Kerzentypen sind diejenigen mit Seitenelektrode, die sich bei Leerlauf und Beschleunigung gut verhalten, mit Stirnelektrode, die eine hohe Lebensdauer durch wenig Elektrodenabbrand aufweisen und mit Ringseitenelektrode, die sich durch ihre gute Wärmeleitfähigkeit auszeichnen und bei Zweitaktmotorradmotoren eingesetzt werden.

spark plug with sealing cone
→ tapered seat plug

spark plug body [ignition]
(See Ill. 31 p. 474)
also: spark plug shell

culot m de bougie
Pièce support de la bougie dont la partie inférieure est filetée pour le vissage dans la culasse. La partie supérieure est usinée en six-pans pour serrage à la clé.

Zündkerzengehäuse n
Trageelement einer Zündkerze mit dem Gewinde unten zum Einschrauben in den Zylinderkopf und dem Sechskant oben zum Anziehen mit dem Kerzenschlüssel.

spark plug cap → spark plug connector

spark plug cleaner and tester
→ spark plug testing and cleaning unit

spark plug connector [ignition]
(See Ill. 18 p. 231)
also: spark plug cap, plug lead connector

embout m de fil de bougie, capuchon m de fil de bougie
Embout reliant un câble du faisceau haute tension à une bougie d'allumage.

Zündkerzenstecker m, Kerzenstecker m
Steckverbindung zwischen Hochspannungskabel und Zündkerze.

spark plug face

spark plug face [ignition]

aspect m de la base de la bougie
Aspect de la partie de la bougie exposée à la chambre de combustion au bout d'un certain kilométrage. Cet aspect indique si la gamme thermique est bien la bonne, si la bougie fonctionne parfaitement, si le carburateur est correctement réglé et si le moteur est en bon état.
La couleur café au lait de l'isolant avec l'aspect gris-blanc des électrodes révèle que tout est en ordre pour ce qui concerne la bougie elle-même, le graissage, l'état du moteur et le réglage du carburateur. La gamme thermique correspond.
Si l'isolant est noir ou poisseux, la gamme thermique est trop élevée, ou le mélange carburé est réglé trop riche ou bien encore il y a trop d'huile qui pénètre dans la chambre de combustion (usure des segments, des pistons ou des soupapes). Si en revanche l'isolant a un aspect blanc argenté avec surface perlée et que le corps de bougie soit bleuté et qu'il y ait un dépôt vitreux sur l'isolant et les électrodes, ou bien la gamme thermique est trop basse, ou bien le mélange carburé est trop pauvre.

Zündkerzengesicht n, Kerzengesicht n, Kerzenbild n
Aussehen des brennraumseitigen Teiles einer Zündkerze nach längerem Gebrauch. Das Zündkerzengesicht gibt Aufschluß darüber, ob der Wärmewert stimmt, ob die Kerze einwandfrei arbeitet, ob der Vergaser richtig eingestellt ist und ob der Motor in Ordnung ist. Ein hellbraun aussehender Isolierkörper mit grauweißen Elektroden besagt, daß die Zündkerze, die Schmierung, der Motor und die Vergasereinstellung in Ordnung sind. Der Wärmewert stimmt.
Ist der Isolierkörper schwarz oder ölig, so ist entweder der Wärmewert zu hoch, oder der Vergaser ist zu fett eingestellt, oder zuviel Öl gelangt in den Verbrennungsraum (undichte Ventile, verschlissene Kolben bzw. Kolbenringe).
Bei silbrigweißem Isolierkörper mit perliger Oberfläche, blau angelaufenem Kerzengehäuse und glasähnlichem Belag an Isolator und Elektroden ist entweder der Wärmewert zu niedrig oder der Vergaser zu mager eingestellt.

spark plug gap → electrode gap

spark plug gap gage (US) → spark plug gap tool

spark plug gap tool [tools]
also: spark plug gap gage (US), gapping tool

calibre m de bougies d'allumage
Calibre utilisé pour le contrôle et le réglage de l'écartement des électrodes de bougies d'allumage.

Zündkerzenlehre f, Zündkerzeneinstellvorrichtung f
Lehre zum Prüfen und zum Nachstellen des Elektrodenabstandes einer Zündkerze auf den vorgeschriebenen Wert.

spark plug gasket [mechanical engineering] (See Ill. 31 p. 474)
also: spark plug washer, outer gasket *(a compressible metal gasket on spark plugs)*

joint m de bougie, joint m extérieur captif
Joint assurant l'étanchéité du siège de la bougie. Il transmet également une partie de la chaleur de la bougie à la culasse.

Zündkerzendichtung f, unverlierbarer Dichtring, äußerer Dichtring (einer Zündkerze)

Dieser Ring dient der Abdichtung des Kerzensitzes und leitet die Kerzenwärme teilweise an den Zylinderkopf ab.

spark plug heat range → heat rating

spark plug hole [engine]

trou m de bougie
Trou fileté dans la culasse d'un moteur, dans lequel se visse la bougie d'allumage. Il est recommandé, avant de visser la bougie dans son orifice, de passer la mine d'un crayon sur son filetage ou d'enduire ce dernier de graphite, afin de prévenir un grippage de la bougie dans la culasse.

Zündkerzenloch n, Kerzenloch n, Kerzenbohrung f
Gewindeloch im Zylinderkopf, in welches die Zündkerze eingeschraubt wird. Es empfiehlt sich, das Kerzengewinde vor dem Einschrauben mit einem weichen Bleistift oder auch mit Graphitpuder zu bestreichen, um ein Festfressen des Kerzengewindes im Zylinderkopf zu verhüten.

spark plug HT cable → spark plug lead

spark plug insulator [ignition]
(See Ill. 31 p. 474)
also: ceramic insulator, insulator *(for short)*

isolant m de bougie d'allumage, isolant m
Partie de la bougie d'allumage réalisée en céramique spéciale (corindon de concrétion, sillimanite, pyranite) ou bien même en rondelles de mica comprimées, comme c'est le cas pour les bougies de voitures de compétition ou d'avions. La tête de l'isolant présente des barrières de fuite électriques, tandis que le pied est mince et plus ou moins pointu. Il est serti dans le culot de la bougie et c'est à l'intérieur de cet isolant qu'est scellée l'électrode centrale. L'isolant doit pour bien faire être très mauvais conducteur de courant et présenter une très forte résistance électrique afin de pouvoir protéger des conducteurs électriques de haute tension contre le jaillissement inopportun d'étincelles.
Il est soumis à de grandes variations de pression et, de ce fait, sa résistance mécanique sera très élevée. Les critères d'une bonne résistance à la chaleur et d'une conductibilité thermique suffisante sont également importants, car l'isolant ne peut être soumis à un échauffement excessif.
La conductibilité thermique ne peut toutefois pas être trop importante, sans quoi la bougie d'allumage risquerait de ne pouvoir atteindre sa température d'autodécrassement. Citons enfin la résistance chimique de l'isolant exposé aux attaques des gaz et autres résidus de combustion. La fabrication d'isolants en stéatite et en porcelaine est de plus en plus abandonnée par les grandes marques en faveur du corindon de concrétion qui a un meilleur pouvoir isolant et une résistance thermique plus élevée.
La conductibilité thermique de même que la forme du bec de l'isolant déterminent le degré thermique de la bougie d'allumage.

Zündkerzenisolator m, Kerzenisolator m, Isolator m, Isolierkörper m, Isolierstein m, Kerzenstein m
Teil der Zündkerze aus keramischer Masse (Sinterkorund, Sillimanit, Pyranit) oder gepreßten Glimmerscheiben (hauptsächlich bei Rennwagen oder Flugzeugen). Der Isolatorkopf ist mit Kriechstrombarrieren versehen, und der Isola-

spark plug lead

torfuß ist dünnwandig und mehr oder weniger spitz. Im Isolierkörper ist die Mittelelektrode verankert. Er ist im Kerzengehäuse eingebördelt.
Isoliersteine sollen den elektrischen Strom sehr schlecht leiten und eine hohe elektrische Durchschlagfestigkeit sowie Kriechstromfestigkeit aufweisen, um hochspannungsführende Leiter gegegen das Überspringen elektrischer Funken zu schützen. Sie sind ebenfalls hohen Druckschwankungen ausgesetzt und müssen deshalb auch eine genügend große mechanische Festigkeit haben. Damit sie im Betrieb nicht zu heiß werden, sind die Isoliersteine besonders wärmefest und ausreichend wärmeleitend. Bei einer zu stark bemessenen Wärmeableitung wird jedoch die Selbstreinigungstemperatur der Zündkerze nicht erreicht.
Die chemische Beständigkeit spielt auch eine Rolle, denn Isolatoren müssen gegen Verbrennungsgase bzw. Verbrennungsrückstände geschützt werden. Anstelle der früheren Porzellan- und Steatitisolatoren werden heute Isolierkörper mit größerem Isoliervermögen aus Sinterkorund hergestellt. Ihre Wärmeleitfähigkeit sowie die Form des Isolatorfußes bestimmen den Wärmewert einer Zündkerze.

spark plug lead [ignition]
(See Ill. 24 p. 288)
also: ignition cable, ignition lead, spark plug wire, plug lead, high-tension ignition cable, spark plug HT cable

câble m de bougie, fil m de bougie
Câble du faisceau haute tension reliant la bougie d'allumage à la tête du distributeur. Ce câble comporte une âme en cuivre ou en rayonne recouverte de graphite et enrobée d'un isolant très épais en matière plastique ou en caoutchouc.

Le fil de bougie à âme de rayonne graphitée est un câble déparasité, qui ne nécessite de ce fait aucun embout d'antiparasitage. Toutefois, à l'instar des anciens câbles à âme de graphite, il a tendance à s'allonger, voire à se briser lorsqu'on le retire avec force.

Zündkerzenkabel n, Zündkabel n, Kerzenkabel n, Zündleitung f
Hochspannungsleitung zwischen Zündkerze und Verteilerkappe. Sie besteht aus einer Kupferlitze oder einer graphierten Nylonseele mit einer dicken Gummi- oder Kunststoffisolierung.
Das Hochspannungskabel mit graphierter Nylonseele ist eine entstörte Zündleitung (Widerstands-Leitung), die wegen der Funkentstörung verwendet wird und keinen Entstörstecker braucht. Beim Abziehen der Leitungen kann sich jedoch die Nylonseele längen oder gar brechen, wie es bei den alten Ausführungen mit Graphitseele oft der Fall war.

spark plug seat [ignition]
(See Ill. 18 p. 231)

siège m de bougie
Portée de la bougie d'allumage qui repose sur la culasse par l'intermédiaire d'un joint.

Zündkerzensitz m, Kerzensitz m
Teil der Zündkerze, der über einen Dichtring auf dem Zylinderkopf aufsitzt.

spark plug shell → spark plug body

spark plug socket wrench (US) [tools]
also: plug wrench (US), spark plug spanner (GB), plug spanner (GB)

clé f à tube pour bougies

Clé à tube avec tige d'entraînement pour bougies d'allumage.

Zündkerzenschlüssel m, Kerzenschlüssel m
Steckschlüssel mit Drehstift für Zündkerzen.

spark plug spanner (GB) → spark plug socket wrench

spark plug suppressor [electrical system]

embout m de bougie d'antiparasitage
Embout d'antiparasitage droit ou coudé, destiné à la partie haute tension de l'allumage et qui contient une résistance d'amortissement d'environ 1—10 kΩ.

Zündkerzenentstörstecker m, Kerzenentstörstecker m
Entstörmittel in gerader oder abgewinkelter Ausführung für den Hochspannungsteil einer Zündanlage. Es enthält einen Dämpfungswiderstand von ca. 1—10 kΩ.

spark plug terminal pin [ignition] (See Ill. 31 p. 474)
also: ignition bolt

tige f centrale de bougie d'allumage, tige f de connexion
Tige se trouvant à l'intérieur de l'isolant de la bougie d'allumage et s'intercalant entre l'écrou de raccordement et l'électrode centrale.

Zündkerzenmittelbolzen m, Anschlußbolzen m, Mittelbolzen m, Mittelelektroden-Zuleitung f, Zündbolzen m
Bolzen im Isolierkörper einer Zündkerze zwischen Anschlußmutter und Mittelelektrode.

spark plug testing and cleaning unit [instruments]

also: spark plug cleaner and tester

appareil m de contrôle et de sablage de bougies d'allumage
Appareil de contrôle comportant une chambre de pression et dans lequel se vissent les bougies d'allumage à filetage courant (14, 18 et 10 mm) qui doivent être bien sèches et que l'on peut observer à travers un viseur. Au cours de l'essai d'une bougie, l'étincelle doit jaillir lorsqu'on atteint une valeur de pression déterminée en fonction de l'écartement des électrodes. Si la bougie est jugée bonne, elle sera sablée dans le compartiment de nettoyage en accomplissant un lent mouvement de rotation.

Zündkerzenprüf- und -reinigungsgerät n
Das Zündkerzenprüfgerät besteht aus einer Druckkammer, in die die Zündkerzen mit den üblichen Zündkerzengewinden (M 14 x 1,25, M 18 x 1,5, M 10 x 1) im trockenen Zustand eingeschraubt werden, so daß sie durch ein Schauglas einzeln beobachtet werden können. Bei der Prüfung muß ab einem bestimmten Druckwert der Funke an den Elektroden überschlagen, wobei der vorgeschriebene Elektrodenabstand beachtet wird. Ist die Zündkerze noch brauchbar, wird sie anschließend im Sandstrahl-Zündkerzenreinigungsgerät unter langsamem Drehen geblasen.

spark plug thread [mechanical engineering] (See Ill. 31 p. 474)

filetage m de bougie
Filetage servant à visser la bougie dans la culasse du moteur. Les filetages de bougie les plus courants sont:
18 mm filet de vis métrique, pas de 1,5
14 mm filet de vis métrique, pas de 1,25

spark plug washer

12 mm filet de vis métrique, pas de 1,25
10 mm filet de vis métrique, pas de 1,0
La longueur normale de filetage est de 1/2'' (12,7 mm) ou de 18 mm pour les culasses en aluminium, le diamètre le plus courant étant de 14 mm.

Zündkerzengewinde, Kerzengewinde n
Gewinde zum Einschrauben der Zündkerze in den Zylinderkopf des Motors. Die üblichen Zündkerzengewinde sind:
M 18 x 1,5
M 14 x 1,25
M 12 x 1,25
M 10 x 1,0
Die Gewindelänge beträgt normalerweise 1/2'' (12,7 mm) bzw. 18 mm bei Zylinderköpfen aus Aluminium und der Gewindedurchmesser 14 mm.

spark plug washer → spark plug gasket

spark plug wire → spark plug lead

spark plug wire set → ignition cable set

spark plug wrench with swivel end [tools]

clé f à bougie(s) articulée
Clé pour bougies M 14 dont la douille articulée permet d'avoir une meilleure prise sur les bougies difficiles d'accès.

Zündkerzenschlüssel m mit Kardangelenk, Kerzenschlüssel m mit Kardangelenk
Zündkerzenschlüssel für Kerzengewinde M 14, dessen Gelenk die Handhabung bei schwer zugänglichen Kerzen vereinfacht.

spark timing → ignition setting

spark welding → electric arc welding

speaker [radio]
also: radio speaker

haut-parleur m
Les autoradios de même que les lecteurs de cassettes en version stéréo nécessitent l'installation de deux haut-parleurs, l'un à droite, l'autre à gauche. En règle générale, ces haut-parleurs se placent sur la plage arrière ou derrière les garnitures de porte. Dans ce dernier cas, il y a lieu de protéger le haut-parleur contre les infiltrations d'eau.

Lautsprecher m
Autoradios und Cassetten-Abspielgeräte in Stereoausführung werden in Verbindung mit zwei Lautsprechern, der eine links, der andere rechts, eingebaut. Diese Lautsprecher werden entweder auf der Kofferraumabdeckung oder hinter der Türverkleidung befestigt. Der Einbau hinter der Türverkleidung erfordert jedoch besondere Schutzmaßnahmen gegen eindringendes Wasser.

special steel → high-quality steel

specific fuel consumption (*abbr.* **SFC, sfc**) [engine]

consommation f spécifique de carburant
Consommation de carburant évaluée sur banc d'essai et indiquant la quantité de carburant en grammes nécessaire pour développer une puissance d'un kW pendant une heure.

spezifischer Kraftstoffverbrauch
Auf dem Motorprüfstand ermittelter Kraftstoffverbrauch, wonach die Kraftstoffmenge in Gramm für eine Leistung von 1 kW während einer Stunde angegeben wird.

speedometer [instruments]

tachymètre m, indicateur m de vitesse, compteur m de vitesse
Les indicateurs de vitesse sont soit des tachymètres centrifuges à action mécanique, soit des génératrices tachymétriques électriques dont la rotation est commandée par la boîte de vitesses via un flexible de tachymètre. Ils indiquent en général une vitesse un peu plus élevée que la vitesse réelle du véhicule. Aujourd'hui il y a des versions numériques.

Geschwindigkeitsmesser m, Tachometer m
Kraftfahrzeug-Tachometer sind entweder als mechanisch arbeitende Fliehkrafttachometer oder als elektrische Generatoren gebaut und werden vom Wechselgetriebe über die Tachometerwelle in Drehung versetzt. Sie zeigen im allgemeinen eine höhere Geschwindigkeit an als der Wagen wirklich fährt. Heute gibt es auch digitale Ausführungen.

speed ratio → transmission ratio

speed reducer → reduction gearing

speed-reducing ratio → transmission reduction

speed reduction *(in transmission)* → transmission reduction

speed reduction gear → reduction gearing

speed sensor [electronics]

capteur m de vitesse
Elément d'un dispositif anti-patinage ABS. Les capteurs de vitesse mesurent la vitesse des roues sur un ou deux essieux et la vitesse de l'arbre d'entraînement. Ils sont reliés à un calculateur électronique.

Drehzahlfühler m
Bestandteil eines Antiblockiersystems. Der Drehzahlfühler, auch Sensor genannt, mißt die Raddrehzahl und die Drehzahl des Antriebskegelrades. Die jeweilige Drehzahl wird dem elektronischen Steuergerät gemeldet.

spelter galvanizing → hot-dip galvanizing

spherical combustion chamber [diesel engine]

chambre f de combustion sphérique
Chambre de combustion creusée au centre de la tête d'un piston dans les moteurs diesel conçus selon le procédé MAN. Dans ce type de moteur, le porte-injecteur est incliné par rapport à l'axe du cylindre. L'air pénètre en tourbillonnant énergiquement dans le cylindre à travers la volute d'admission. Un film mince de combustible se dépose alors sur la paroi brûlante de la sphère et se mélange intimement avec le tourbillon d'air très chaud. Dès lors la combustion s'effectue progressivement.

Kugelbrennraum m, sphärischer Brennraum
Kugelförmiger Hohlraum in der Mitte des Kolbenbodens bei Dieselmotoren mit dem M-Verfahren (Mittenkugel-Verfahren). Bei dieser Bauart steht der Düsenhalter schräg zur Zylinderachse. Die Luft strömt unter kräftiger Durchwirbelung in den Zylinder durch einen Dralleinlaßkanal, und ein Kraftstofffilm schlägt sich an der heißen Kugelwandung nieder, wo der ebenfalls heiße Luftwirbel sich mit ihm vermischt. Die Verbrennung erfolgt dann schichtweise.

spheroidal graphite cast iron
→ spheroidal iron

spheroidal iron [materials]
also: spheroidal graphite cast iron, spherulitic iron, ductile iron

fonte f à graphite sphéroïdal, fonte f sphéroïdale, fonte f ductile
Fonte dont le graphite se présente sous forme de sphérules.

Gußeisen n mit Kugelgraphit (auch: -grafit), Kugelgraphitguß m
Gußeisen, in dem der Graphit sich in Kugelform ausscheidet.

spherulitic iron → spheroidal iron

spider → differential pinion spider; cardan spider

spiked tire → studded tire

spikes *pl* [tires]

clous mpl, crampons mpl
Petits cylindres métalliques incorporés dans les pneus d'une automobile pour améliorer l'adhérence au sol et pour l'empêcher de glisser. En raison des dommages considérable qu'ils causent aux routes ils sont maintentant interdits dans beaucoup de pays.

Spikes mpl
Metallstifte, die zur Verbesserung der Fahreigenschaften bei Glatteis in die Lauffläche von Winterreifen eingelassen sind. Wegen der Fahrbahnschäden, die sie verursachen, sind sie in vielen Ländern nicht mehr im normalen Verkehr erlaubt.

spiral-ratchet screwdriver [tools]

tournevis m va-et-vient, tournevis m à pompe
Tournevis va-et-vient à rappel automatique, avec mouvement de rotation à droite ou à gauche. Son système d'encliquetage permet de le rendre fixe et de tourner dans les deux sens.

Drillschrauber m, Drillschraubendreher m
Drillschrauber mit automatischem Rücklauf für Rechts- und Linksgang. Er kann starr oder als Knarren-Schraubendreher verwendet werden.

spirit level [instruments]

niveau m à bulle
Instrument permettant d'évaluer de légers écarts de l'horizontalité ou de la verticalité d'un plan. Généralement on distingue les niveaux à bulle à proprement parler et les niveaux à cadre.

Richtwaage f, Wasserwaage f
Mit der Richtwaage können kleinere Abweichungen von der waagerechten oder senkrechten Lage gemessen werden. Im allgemeinen unterscheidet man Richtwaagen und Rahmenrichtwaagen.

splash lubrication [lubrication]
also: splash oiling

lubrification f par barbotage
Graissage par circulation au cours duquel les têtes de bielle munies de cuillers et les manetons plongent dans l'huile moteur lors de leur mouvement de rotation et la projettent dans le carter tout entier. Actuellement le graissage par barbotage ne s'applique plus qu'aux boîtes de vitesses principalement.

Tauchschmierung f
Umlaufschmierung, bei der die mit kleinen Schöpfern versehenen Pleuelfüße sowie die Kurbelzapfen infolge ihrer Dreh-

bewegung in das Motoröl eintauchen und dieses im Kurbelgehäuse herumschleudern. Zur Zeit gilt die Tauchschmierung nur noch hauptsächlich für Wechselgetriebe.

splash oiling → splash lubrication

splice connector → snap connector

splined input shaft → primary shaft

split braking system → double-circuit braking system

split-circuit system → double-circuit braking system

split hydraulic circuit → double-circuit braking system

split pin [mechanical engineering]
also: cotter pin

goupille f fendue
Cheville en fil métallique de section semi-circulaire. Elle est enfichée dans un orifice et sert à empêcher le déblocage de vis, d'écrous et d'axes.

Splint m
Zusammengebogener Stift aus Draht mit halbkreisförmigem Querschnitt. Der Splint wird durch eine Bohrung gesteckt und dient zur Sicherung von Schrauben, Muttern und Bolzen.

split pulley → adjustable pulley

split-skirt piston [engine]
also: slotted piston (US)

piston m à jupe fendue
Piston dont la jupe est fendue dans le sens de la hauteur et qui en s'échauffant se dilate avec une certaine élasticité sans serrer contre la paroi du cylindre.

Kolben m mit geschlitztem Schaft, Schlitzmantelkolben m
Kolben, der der Höhe nach aufgeschlitzt ist, so daß er bei Erwärmung mit einer gewissen Federung an der Zylinderwandung zum Anliegen kommt.

spoiler [accessories]

becquet m, spoiler m, déflecteur m (aérodynamique)
Lame déflectrice de la carrosserie. Les lames spoiler améliorent le coefficient de pénétration dans l'air. Elles diminuent les turbulences qui se créent sous le véhicule, permettant ainsi de réaliser une économie de carburant.

Spoiler m
Luftleitfläche der Karosserie zur Verbesserung des Cw-Werts. Die Spoiler vermindern die Durchwirbelung der Luft unter dem Fahrzeug und somit den Kraftstoffverbrauch.

sponge lead [electrical system]
also: spongy lead

plomb m spongieux, plomb m poreux
Plomb pur de couleur grise, présent sous forme spongieuse dans les plaques négatives chargées d'un accumulateur au plomb.

Bleischwamm m
Graufarbiges Blei in schwammiger Form, die als aktive Substanz in den geladenen Minusplatten einer Bleibatterie enthalten ist.

spongy lead → sponge lead

spontaneous ignition [fuels]
also: self-ignition

spontaneous ignition temperature

auto-allumage m
Propriété de s'allumer spontanément, comme par exemple du gasoil par la compression dans les cylindres.

Selbstentzündung f
Die Eigenschaft, sich selbst zu entzünden, wie das z.B. beim Dieselkraftstoff aufgrund der Kompression in den Zylindern der Fall ist.

spontaneous ignition temperature (*abbr.* **SIT**) [fuels]

point m d'auto-allumage (abr. PAA)
La température la plus basse à laquelle un combustible s'enflamme spontanément.

Selbstentzündungstemperatur f
Die Mindesttemperatur, bei der ein Kraftstoff ohne Zündeinwirkung selbständig entflammt.

spot welding [materials]

soudure f par points
Soudure électrique par résistance, où les éléments à assembler, en général des tôles minces, sont comprimés entre deux électrodes de faible section, par lesquelles le courant est acheminé. Dès lors la matière des éléments s'échauffe localement à un point tel que seul un assemblage ponctuel est réalisé.

Punktschweißung f
Elektrische Widerstandsschweißung, bei der stiftförmige Druckelektroden, über die der Strom zugeführt wird, die zu verschweißenden Werkstücke, meist dünne Bleche, zusammenpressen. Der Werkstoff wird örtlich so stark erwärmt, daß nur eine punktförmige Verbindung entsteht.

spray gun [equipment]
also: spraying pistol

pistolet m à peinture
Appareil électrique ou à air comprimé et à pression réglable, permattant l'application de peintures en couches finement réparties.

*Spritzpistole f, Lackierpistole f,
Spritzapparat m, Farbenzerstäuber m*
Druckluftbetriebenes bzw. elektrisches Gerät mit einstellbarem Druck, mit dem Lacke versprüht werden.

spray hole [injection] (See Ill. 25 p. 352)

trou m de l'injecteur, orifice m de sortie
Orifice d'un injecteur au travers duquel le combustible est pulvérisé lorsque l'aiguille se soulève de son siège.

Düsenöffnung f, Düsenmund m
Bohrung in einer Einspritzdüse. Beim Abheben der Düsennadel wird der Kraftstoff durch diese Öffnung abgespritzt.

spraying pistol → spray gun

spring contact plug → banana plug

spring eye [mechanical engineering]

œil m de ressort
Extrémité enroulée en forme de douille de la lame maîtresse d'un ressort à lames et servant à l'articulation du ressort sur le châssis. L'œil recèle une bague de caoutchouc lui assurant un fonctionnement silencieux.

Federauge n
Aufgerolltes Ende des Hauptblattes einer Blattfeder zur Anlenkung an den Fahrzeugaufbau. Im Federauge sitzt ein Gummilager, das für größere Laufruhe sorgt.

spring-loaded brush → brush *n*

spring-loaded flyweight → flyweight

spring shackle [mechanical engineering]
also: shackle (link), pivoted shackle

jumelle f de ressort
Articulation oscillante à l'extrémité d'un ressort de suspension à lames, qui compense l'allongement de ce ressort dans ses mouvements de flexion sous charge.

Federlasche f
Blattfedern können am Fahrzeugaufbau durch eine Federlasche angelenkt werden, die beim Durchfedern den erforderlichen Längenausgleich bewirkt.

spring steel [materials]

acier m à ressort
Acier particulièrement élastique et à charge de rupture très élevée, additionné de silicium, chrome, manganèse, molybdène et vanadium.

Federstahl m
Besonders elastischer und bruchfreier Stahl mit Beimischungen von Silizium, Chrom, Mangan, Molybdän und Vanadium.

sprung mass [vehicle]

masse f suspendue
La masse suspendue d'un véhicule est constituée par la caisse avec son chargement et dont le poids est transmis aux roues par l'intermédiaire des ressorts de suspension.

gefederte Masse
Die gefederten Massen eines Kfz stellt der Wagenkasten mit Beladung dar, dessen Last über die Federung auf die Räder verteilt wird.

square engine [engine]

moteur m carré
Moteur dont le diamètre d'alésage est égal au course du piston.

quadratischer Motor
Eine Motorbauweise, bei der Bohrung und Hub gleich sind.

stabilization stage [electronics]

étage m de stabilisation
Etage du bloc électronique d'un système d'allumage transistorisé sans rupteur servant à stabiliser au mieux la tension d'alimentation.

Stabilisierungsstufe f
Funktionsstufe im Schaltgerät einer kontaktlosen Transistorzündanlage für die Konstanthaltung der Versorgungsspannung.

stabilizer [suspension]
also: stabilizer bar, radius arm, radius rod, anti-roll bar (GB), sway bar (US), torque arm

barre f antiroulis, barre f antidévers, barre f stabilisatrice, stabilisateur m
Barre reliant les suspensions indépendantes des deux roues d'un même essieu. Elle contribue à stabiliser dans les virages le véhicule dont la carrosserie a tendance à se coucher.

Diagonalstrebe f, Querstrebe f, Stabilisator m
Stab, der zwei einzeln abgefederte Räder einer Achse verbindet. Er verbessert die Kurvenfestigkeit und verringert die Seitenneigung des Aufbaus.

stabilizer bar → stabilizer

stainless steel [materials]

acier m inoxydable
Acier spécial résistant aux agents de cor-

rosion. Il s'agit d'acier allié au chrome-nickel.

***nichtrostender Stahl, Nirosta*™**
Vorwiegend mit Chrom und Nickel legierter Sonderstahl, der besonders gegenüber chemisch angreifenden Substanzen beständig ist.

standing lamp
→ side-marker lamp (US)

star connection [electrical system]
also: Y-connection, wye connection

> *couplage m en étoile, montage m en étoile*
> Dans un alternateur triphasé, les trois enroulements du stator peuvent être disposés de telle sorte que l'une de leurs extrémités aboutisse au point neutre.
>
> ***Sternschaltung f, Y-Schaltung f, Drehstrom-Sternschaltung f***
> In einer Drehstromlichtmaschine können die drei Wicklungsstränge der Ständerwicklung mit ihrem einen Ende in einem Mittelpunkt untereinander verbunden sein.

star rating → octane number

starter [electrical system]
(See Ill. 30 p. 445)
also: starter motor, starter system, cranking motor, car starter

> *démarreur m*
> Moteur électrique auxiliaire à excitation série, alimenté par la batterie d'accumulateurs et servant à lancer un moteur à explosion. Sur l'arbre du démarreur est calé un petit pignon qui engrène avec une grande couronne dentée montée sur le volant du vilebrequin. Lorsque le moteur est lancé, le pignon se dégage. Puissance consommée: 0,8 à 3 kW pour les voitures de tourisme, 2,2 à 12 kW pour les camions et poids lourds.
>
> *Anlasser m, Starter m, Startermotor m, Anlaßmotor m*
> Gleichstrom-Reihenschlußmotor, der aus der Batterie gespeist wird und den Verbrennungsmotor in Gang setzt. Ein auf der Ankerwelle sitzendes kleines Ritzel spurt in einen großen Zahnkranz ein, der auf dem Schwungrad der Kurbelwelle angebracht ist. Springt der Motor an, wird das Ritzel zurückgeführt. Leistungsbedarf für Pkw 0,8 bis 3 kW und 2,2 bis 12 kW für Lkw.

starter caburetor [carburetor]

> *starter m*
> Petit carburateur auxiliaire qui, à l'aide d'un disque appelé glace de starter, débite une grande quantité de mélange riche au démarrage.
>
> *Anlaßvergaser m, Startvergaser m*
> Hilfsvergaser kleineren Ausmaßes, der mit Hilfe eines Starterdrehschiebers das Gemisch beim Starten überfettet.

starter-generator ignition unit →
combined lighting and starting generator

starter motor → starter

starter pinion → drive pinion

starter ring → starter ring gear

starter ring gear [starter motor]
(See Ill. 17 p. 202)
also: flywheel ring gear, starter ring

> *couronne f de démarreur, couronne f de lancement, couronne f dentée de*

démarrage, couronne f de volant-moteur
Couronne dentée solidaire du volant-moteur et engrenée par le pignon du démarreur.

Anlaßzahnkranz m, Anlaßverzahnung f, Starterzahnkranz m, Schwungradzahnkranz m, Zahnkranz der Schwungscheibe, Schwungscheibenverzahnung f
Zahnkranz auf dem Schwungrad, in welchen das Anlasserritzel einspurt.

starter shaft [starter motor]
(See Ill. 30 p. 445)

arbre m d'induit, arbre m de démarreur
Arbre de l'induit d'un démarreur sur lequel est calé le pignon de lancement.

Anlasserwelle f
Welle im Anlasseranker, auf der das Anlasserritzel sitzt.

starter system → starter

starter test bench [maintenance]

banc m de contrôle de démarreurs
Banc de contrôle sur lequel le démarreur est encastré de telle sorte que son pignon de lancement engrène une denture correspondante de couronne de lancement. Lors du freinage de la couronne, il est possible de procéder à la mesure de l'intensité du courant, de la tension et de la vitesse de rotation. Les principaux organes de ce banc de contrôle sont l'ampèremètre, le voltmètre, le compte-tours, le levier de frein et l'interrupteur.
Pour procéder à l'essai à vide, le démarreur est monté en série avec la batterie, le levier de frein étant enlevé. Après la mise en marche au moyen de l'interrupteur, la tension sera réglée sur le rhéostat. Dès lors l'ampèremètre doit afficher le courant prescrit, soit par exemple 6 V—50 A—3000 tr/min.
L'essai en charge en revanche ne constitue qu'un test de performance sans valeurs de référence.
Il est recommandé de procéder rapidement et dans l'ordre aux essais, sans quoi les valeurs pourraient être influencées par la décharge de la batterie et l'échauffement du démarreur. Il convient en outre de comparer les valeurs relevées avec celles fournies par le constructeur. Si ces dernières ne sont pas connues, on devra s'accommoder de valeurs empiriques.

Anlasserprüfstand, Starterprüfstand m
Prüfstand, in dem der Starter so aufgespannt wird, daß das Ritzel in die Verzahnung eines Schwungrades einspuren kann. Beim Abbremsen des Schwungrades können Strom, Spannung und Drehzahl des Anlassers gemessen werden. Zum Starterprüfstand gehören ein Amperemeter, ein Voltmeter, ein Drehzahlmesser, ein Bremsbetätigungshebel und ein Anlasserschalter.
Bei der Leerlaufprüfung wird der Starter bei abgenommenem Bremsbetätigungshebel mit der Batterie in Reihe geschaltet. Nach Betätigung des Anlasserschalters wird die Spannung mit dem Regelwiderstand eingestellt. Das Amperemeter zeigt dann die vorgeschriebene Leerlaufstromaufnahme an wie z.B. 6 V—50 A—3000 U/min.
Die Belastungsprüfung dagegen wird lediglich als Funktionsprüfung ohne Prüfwerte durchgeführt.
Es wird empfohlen, die Prüfungen in schneller Reihenfolge durchzuführen, sonst können sich nämlich die Meßwerte durch die Entladung der Batterie und die Erwärmung des Starters verändern. Die gemessenen Werte werden mit den Soll-

starting crank

werten des Herstellers verglichen. Sind diese nicht bekannt, so muß man sich mit Erfahrungswerten behelfen.

starting crank [tools]
also: hand crank

manivelle f de mise en marche
Manivelle qui entraîne l'extrémité du vilebrequin d'un moteur pour assurer la mise en marche en cas de défaillance du démarreur ou de la batterie.

Andrehkurbel f
Kurbel, die an das Kurbelwellenende des Motors angesetzt wird, um den Motor bei Ausfall des Anlassers oder der Batterie anspringen zu lassen.

starting current [electrical system]

courant m de démarrage, courant m de lancement de démarreur
Courant de forte intensité qui s'achemine directement de la batterie vers le démarreur par le câble de batterie dès que l'on actionne la clé de contact.

Anlaßstrom m
Starkstrom, der beim Anlaßvorgang durch Betätigung des Fahrtschalters unmittelbar von der Batterie zum Anlasser über das Batterie-Pluskabel freigegeben wird.

starting device jet [carburetor]

gicleur m de départ, gicleur m de starter
Gicleur noyé d'un dispositif de départ à froid dans un carburateur. Lorsque l'on tire à fond la tirette de starter, le gicleur de départ puise une quantité d'appoint de carburant dans la cuve. Cet appoint d'essence se mélange alors avec un peu d'air et il est aspiré dans la chambre de mélange à travers le disque de starter.

Starterdüse f
Überschwemmte Düse in der Kaltstartvorrichtung eines Vergasers. Beim Ziehen des Drahtzuges für die Kaltstartvorrichtung schöpft die Starterdüse Zusatz-Kraftstoff aus der Schwimmerkammer, der mit etwas Luft vermischt wird und in das Saugrohr durch den Starterdrehschieber gelangt.

starting from cold [engine]
also: cold start

démarrage m à froid
Tout démarrage à moteur froid, c.à.d. quand le moteur n'a pas encore atteint sa température normale. Se dit également d'un démarrage à temperatures externes très froides.

Kaltstart m
Jeder Start bei kaltem, d.h. noch nicht betriebswarmen, Motor. Im weiteren Sinn auch ein Start bei kalten Außentemperaturen.

starting gear → first gear

starting torque [engine]
also: cranking torque

couple m initial de démarrage, couple m de lancement, couple m de démarrage
Couple développé par le démarreur pour obtenir la mise en marche du moteur. Il est multiplié dans le rapport 1:15 environ au moyen d'un train d'engrenages.

Anfahrdrehmoment n, Anlaßdrehmoment n, Anlaßmoment n, Anwerfdrehmoment n, Losbrechmoment n, Durchdrehmoment n
Drehmoment, das vom Anlasser zum Durchdrehen des Motors erzeugt wird. Es wird im Verhältnis 1:15 durch das Anlassergetriebe multipliziert.

start-locking relay [electrical system]
relais m de blocage du démarreur
Relais destiné à bloquer le démarreur lorsque le moteur tourne encore.
Start-Sperr-Relais n
Relais, das ein Starten bei noch laufendem Motor verhindert.

Start-Pilot™ [equipment]
Start-Pilote™ m
Dispositif de vaporisation de carburant de démarrage en saison froide.
Start-Pilot™ m
Einrichtung zum Einsprühen von Anlaßkraftstoff bei strenger Kälte.

start valve [injection] (See Ill. 16 p. 196)
also: cold-start valve, solenoid-operated cold-start valve, cold-start injector
enrichisseur m pour départ à froid, injecteur m de départ à froid
Injecteur à commande électromagnétique pulvérisant un appoint de carburant dans le conduit d'admission lorsque le moteur est froid. Il est utilisé dans les systèmes d'injection électronique. Il est commandé par un thermo-contact temporisé ou non.
Startventil n, Kaltstartventil n, elektromagnetisches Startventil, Elektrostartventil n
Elektomagnetische Einspritzdüse, die bei elektronischen Benzineinspritzanlagen zusätzlichen Kraftstoff in vernebelter Form in das Saugrohr einspritzt. Es wird von einem Thermoschalter oder Thermozeitschalter gesteuert.

star wheel → differential pinion

state of charge [electrical system]
also: charge condition

état m de charge
L'état de charge d'une batterie au plomb montre dans quelle mesure cette batterie est chargée, et c'est la densité de l'électrolyte qui indique le niveau de cet état de charge. La densité s'exprime généralement en kg/l et plus rarement en degrés Baumé.
Ladezustand m
Der Ladezustand einer Bleibatterie zeigt an, in welchem Maße diese Batterie geladen ist, und hierüber gibt die Säuredichte Aufschluß. Die Säuredichte wird in kg/l, selten in Baumégraden ausgedrückt.

static balancing [wheels]
équilibrage m statique
On remédie au déséquilibre statique d'une roue par la mise en place d'un contrepoids au point opposé au balourd constaté.
statisches Auswuchten
Beim statischen Auswuchten wird die Unwucht eines Rads durch ein Gegengewicht ausgeglichen.

static ignition timing [ignition]
calage m de l'allumage par méthode statique
Réglage de l'allumage s'effectuant avec moteur à l'arrêt. Après avoir mis le contact, une lampe-témoin ou un voltmètre est branché en parallèle entre la borne d'entrée du courant primaire sur l'allumeur et la masse.
statische Zündeinstellung, Grundeinstellung f der Zündung
Einstellung des Zündzeitpunktes mit stehendem Motor, wobei eine Prüflampe oder ein Voltmeter bei eingeschalteter Zündung zwischen Klemme 1 der Zünd-

static unbalance

spule oder des Zündverteilers und Masse parallel geschaltet wird.

static unbalance [wheels]
also: static wheel unbalance

déséquilibre m statique (des roues)
Il y a deux types de déséquilibre: le déséquilibre statique et le déséquilibre dynamique. Une roue tournant librement sur un axe horizontal doit pouvoir s'immobiliser en n'importe quelle position. Si elle finit par osciller tel un pendule pour s'immobiliser ensuite toujours dans la même position, il y a déséquilibre statique, qui, en marche, fait bondir la roue dans le sens vertical. On remédiera à ce déséquilibre par la mise en place d'un contre-poids au point opposé au balourd constaté.
Par contre le déséquilibre dynamique provient d'une répartition inégale du poids des deux côtés du plan de rotation de la roue, ce qui provoque des vibrations. Dans ce cas un réglage sur une équilibreuse s'impose.

statische Unwucht
Es gibt zwei Arten Unwucht: die statische und die dynamische. Ein auf einer waagerechten Achse freilaufendes Rad muß in jeder Stellung stehenbleiben. Pendelt es sich langsam aus und bleibt dann immer an der gleichen Stelle stehen, so hat es eine statische Unwucht, die während der Fahrt zum Springen in die Höhe führt. Zum Ausgleich wird ein entsprechendes Gegengewicht gerade gegenüber der betreffenden Stelle angebracht.
Die dynamische Unwucht dagegen steht schräg zur Drehebene des Rades, die Gewichtsverteilung ist seitlich oben und unten irgendwie gestört und verursacht das Taumeln des Rades. In diesem Fall ist das Auswuchten auf einer Radauswuchtmaschine (Auswuchter) erforderlich.

static wheel unbalance → static unbalance

station car → station wagon (US)

station wagon (US) [vehicle]
also: estate car (GB), station car, ranch wagon (US), dual-purpose vehicle (GB)

break m, familiale f, limousine f commerciale
Limousine dont l'aménagement est prévu pour le transport de personnes et de marchandises. Elle possède trois ou cinq portes, dont un hayon, des sièges arrière rabattables ou amovibles ainsi qu'un plancher plat.

Kombinationskraftwagen m, Kombiwagen m, Kombi m (colloq.)
Limousine, die für die wahlweise oder gleichzeitige Beförderung von Personen und Gütern eingerichtet ist. Der Kombiwagen hat drei oder fünf Türen, davon eine Hecktür, umklappbare oder herausnehmbare Rücksitze und einen flachen Boden.

stator [electrical system]
(See Ill. 1 p. 31)

stator m
Partie fixe d'un moteur ou générateur électrique. Dans les alternateurs triphasés, elle comporte les conducteurs statoriques dans lesquels sont induites trois tensions alternatives sinusoïdales. Les enroulements peuvent être à couplage en triangle ou en étoile.

Stator m, Ständer m
Feststehender Teil eines Generators bzw. eines Elektromotors. Im Ständer eines Drehstromgenerators ist die dreiphasige Ständerwicklung (Drehstromwicklung) eingelassen, in denen drei Wechselspan-

nungen induziert werden. Die Wicklungen sind in Stern- oder in Dreieckschaltung miteinander verbunden.

stator [ignition]

déclencheur m fixe
Partie fixe d'un générateur d'impulsions à effet magnétique dans un allumage transistorisé.

Stator m
Feste Baueinheit des Induktionsgebers in einer Transistorzündanlage.

stator winding [electrical system]
(See Ill. 1 p. 31)

enroulement m statorique, enroulement m de stator, bobine f de stator
Enroulement de la partie fixe d'un moteur électrique ou d'un générateur. Le stator d'un alternateur triphasé comporte trois enroulements dans lesquels trois tensions sont induites par un champ magnétique alternatif. Ces trois bobines, indépendantes l'une de l'autre, sont décalées de 120° l'une par rapport à l'autre, en sorte qu'elles produisent un courant alternatif triphasé.

Ständerwicklung f, Statorwicklung f
Drahtwicklung des feststehenden Teils eines Elektromotors bzw. eines Generators. Die Statorwicklung eines Drehstrom-Generators besteht aus drei Wicklungssträngen, in den drei Wechselspannungen durch ein magnetisches Wechselfeld induziert werden. Diese drei voneinander unabhängigen Wicklungsstränge sind so angeordnet, daß die Phasen um 120° zueinander verschoben sind, so daß sie einen dreiphasigen Wechselstrom) liefern.

steel [materials]

acier m
Fer allié au carbone, qui se prête au façonnage à chaud, et dont la teneur en carbone se situe en dessous de 1,8%. La classification des aciers s'opère selon le mode de fabrication, la composition et la structure ainsi que les emplois ou la destination.

Stahl m
Eisen, das sich für Warmverformung eignet und dessen Kohlenstoffgehalt unter 1,8% liegt. Stahlsorten werden nach der Herstellungsart, nach der Zusammensetzung und dem Gefüge sowie nach dem Verwendungszweck eingeteilt.

steel backing plate → pad carrier

steel-belted radial tire (US) [tires]
also: steel-braced radial tire

pneu m radial à ceinture métallique
Pneumatique à carcasse radiale pourvu d'une ceinture comportant au moins deux nappes. Celles-ci sont constituées de fils d'acier qui peuvent être torsadés.

Stahlgürtelreifen m
Radialreifen mit einem zwei- oder mehrlagigen Gürtel aus sehr feinen Stahlfäden, die miteinander zu dünnen Stahlseilen verdrillt werden bzw. aus Stahlkord gebildet (Stahlkordreifen) sind.

steel-braced radial tire → steel-belted radial tire (US)

steel-studded tire → studded tire

steered wheel [steering]

roue f directrice
Roue qui, par son mouvement, permet au véhicule de suivre le trajet imposé par le conducteur.

steering

gelenktes Rad
Rad, dessen Bewegung sich auf die Fahrtrichtung einstellt.

steering *n* [steering] (See Ill. 32 p. 493)
also: steering system

direction f
La direction englobe tous les organes d'un véhicule concourant à modifier l'orientation de ce dernier et à garantir une parfaite tenue des roues dans la négociation de virages. Elle comprend un volant monté sur une colonne de direction agissant sur un mécanisme de direction ainsi que des barres de timonerie qui transmettent le mouvement du mécanisme aux pivots des roues avant. Les directions les plus courantes sont la direction à crémaillère, la direction à vis et secteur denté, la direction à vis et écrou, la direction à chemin de billes et la direction à doigt.

Lenkung f
Bei Fahrzeugen umfaßt die Lenkung alle Vorrichtungen, die die Änderung der Fahrtrichtung bewirken und das einwandfreie Abrollen der Räder in der Kurvenfahrt gewährleisten. Zur Lenkung gehören das Lenkrad, die Lenksäule, die auf das Lenkgetriebe einwirkt, und das Lenkgestänge, das die Drehbewegung vom Lenkgetriebe auf die Achsschenkelbolzen der Vorderräder überträgt. Die üblichen Lenkungsarten sind die Zahnstangenlenkung, die Schneckenlenkung, die Schraubenlenkung, die Kugelumlauflenkung und die Roßlenkung.

steering arm → steering lever

steering axis inclination (US) [steering] (See Ill. 36 p. 584)
also: kingpin inclination, kingpin angle, swivel pin inclination, steering knuckle inclination, set *n*

angle d'inclinaison de pivot, angle m de pivot, pivot m, inclinaison f du pivot (de fusée), inclinaison f latérale
L'axe du pivot de fusée est incliné de plus ou moins 5° par rapport au plan de la roue. Le carrossage et l'inclinaison de pivot vont de pair. C'est grâce à l'inclinaison des pivots de fusée que le point de contact de la roue avec le sol se rapproche du point de rencontre de l'axe de pivotement avec le sol également. Cette disposition a pour effet de réduire le déport au sol et d'alléger la direction.
De surcroît, c'est par l'inclinaison latérale que se manifestent des réactions qui ramènent les roues sur une trajectoire rectiligne au sortir d'un virage.
L'inclinaison des pivots de fusée n'est pas réglable.

Achsschenkelbolzenspreizung f, (kurz:) Spreizung f, Lenkzapfensturz m
Neigung des Achsschenkelbolzens bzw. der Lenkungsdrehachse um ca. 5° in bezug auf die Radebene. Radsturz und Spreizung sind aufeinander abgestimmt. Durch die Spreizung wird die Mittellinie der Reifenaufstandsfläche an den Schnittpunkt herangebracht, den die verlängerte Achszapfenmittellinie mit der Fahrbahn bildet. Diese Anordnung verkürzt den Lenkrollhalbmesser und erleichtert die Lenkung. Außerdem machen sich Rückstellkräfte bemerkbar, die die Räder nach einer Kurvenfahrt zum Geradeauslauf bringen wollen. Der Spreizwinkel kann nicht nachgestellt werden.

steering axle [steering]

essieu m directeur
Essieu aux extrémités duquel se trouvent les roues directrices.

Lenkachse f

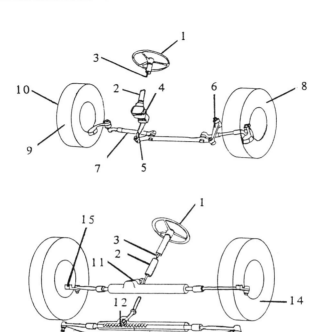

1 steering wheel
2 steering column
3 steering shaft
4 steering gear
5 drop arm (GB), Pitman arm (US)
6 idler arm
7 steering linkage
8 tire
9 tread
10 wheel
11 rack-and-pinion steering
12 rack pinion
13 tie bar (US), track rod (GB)
14 sidewall
15 steering lever

Ill. 32: steering

steering box

(steering axle continued)
Achse, an der die gelenkten Räder eines Fahrzeuges angebracht sind.

steering box → steering gear

steering column [steering]
(See Ill. 32 p. 493)
also: steering post

colonne f de direction
Organe de direction sur lequel est monté le volant et qui, aboutit au boîtier de direction.

Lenksäule f
Lenkungsteil, auf dem das Lenkrad drehbar sitzt. Die Lenksäule ist mit dem Lenkgetriebe verbunden.

steering column change → steering column gear change

steering column gear change [transmission]
also: steering column shift, steering column gearshift (US), column-mounted gearshift, steering column change, column shift, column change (GB)

changement m de vitesse au volant
Dans ce type de changement de vitesse, le levier sélectif est disposé sous le volant de direction et sur la colonne de direction, bien à portée de main du conducteur. La commande du levier de changement de vitesse est transmise à la boîte manuelle par l'intermédiaire d'une timonerie accomplissant un mouvement de va-et-vient et de rotation. Cette disposition a été toutefois largement abandonnée en raison de la commande trop compliquée de la timonerie.

Lenkradschaltung f
Bei der Lenkradschaltung ist der Gangschalthebel günstig unter dem Lenkrad an der Lenksäule angebracht. Die verschiedenen Gänge im Getriebe werden durch die Auf- und Abbewegung bzw. die Drehbewegung eines Gestänges eingelegt. Aufgrund der umständlichen Gestängesteuerung ist jedoch die Lenkradschaltung aufgegeben worden.

steering column gearshift (US)
→ steering column gear change

steering column jacket [steering]

tube m enjoliveur, tube m de direction, tube m de colonne de direction
Tube abritant la colonne de direction entre le volant et le mécanisme de direction.

Lenksäulenrohr n, Lenkrohr n, Lenkstützrohr n
Außenrohr, in dem die Lenkspindel zwischen Steuerrad und Lenkgetriebe untergebracht ist.

steering column lock [safety]
also: steering lock

verrouillage m de la direction, verrouillage m du volant
Dispositif pour protéger les voitures contre le vol. Le fonctionnement est simple: retirer la clef de contact et tourner le volant jusqu'à ce qu'il se bloque.

Lenkradschloß n
Eine Vorrichtung zum Diebstahlschutz eines Krafzfahrzeugs. Die Funktionsweise ist einfach: nach Abziehen des Zündschlüssels wird das Lenkrad gedreht, bis es in einer blockierten Stellung einrastet.

steering column mounted switch [electrical system]

commutateur m de colonne de direction, combinateur m de phares
Commutateur à deux positions (feux code-route) ou à plusieurs positions. Les codes, les feux de route, les indicateurs de direction, l'appel de phares, l'essuie-glace à une ou deux vitesses avec marche par intermittence peuvent être commandés par le commutateur de colonne de direction.

Lenkstockschalter m, Lenksäulenschalter m, Kombinationsschalter m
Schalter mit zwei oder mehreren Schaltstellungen (meist Abblend-/Fernlicht). Das Abblend- und Fernlicht, die Blinker, die Lichthupe, der Scheibenwischer mit einer oder zwei Geschwindigkeiten nebst Intervall können ebenfalls vom Lenkstockschalter aus geschaltet werden.

steering column shift → steering column gear change

steering control linkage → steering linkage

steering drop arm → drop arm (GB)

steering free travel [steering]
also: steering play

jeu m de direction
Angle décrit par le volant sans que les roues avant suivent le mouvement.

Totgang m, toter Gang, Lenkungsspiel n
Der Totgang ist der vom Steuerrad beschriebene Winkel, ohne das sich die Vorderräder mitdrehen.

steering gear [steering]
(See Ill. 32 p. 493)
also: steering housing, steering box, steering mechanism, steering unit

mécanisme m de direction
Le mécanisme de direction auquel aboutit l'arbre de direction transforme le mouvement de rotation du volant en mouvement de va-et-vient exécuté par la barre de connexion et la timonerie annexe. Le rapport de démultiplication du mouvement de rotation au niveau du mécanisme de direction varie de 10:1 à 20:1.

Lenkgetriebe n
Das mit der Lenkspindel verbundene Lenkgetriebe verwandelt die Drehbewegung des Lenkrades in die hin- und hergehende Bewegung der Spurstange und deren angeschlossener Teile. Das Untersetzungsverhältnis der Drehbewegung im Lenkgetriebe schwankt zwischen 10:1 und 20:1.

steering gear arm → drop arm (GB)

steering housing → steering gear

steering idler → idler arm

steering knuckle [steering]
also: steering stub, steering swivel, steering stub axle, stub axle, swivel axle

fusée f d'essieu
Pièce mobile d'un essieu permettant à la roue de pivoter. La fusée tourne elle-même autour d'un pivot de fusée et elle est, de ce fait, reliée à l'essieu. On trouve des fusées munies d'une chape et, dans ce cas, l'essieu se termine par une douille (essieu à chapes fermées) ou inversement des essieux se terminant par une chape, l'extrémité de la fusée ayant la forme d'une douille (essieu à chapes ouvertes).

Achsschenkel m
Schwenkbares Bauteil einer Achse, das die Schwenkbewegung des Rades ermög-

steering knuckle arm

licht. Der Achsschenkel schwenkt um einen Achsschenkelbolzen und ist über diesen mit der Vorderachse verbunden. Es gibt Achsschenkel mit einem Gabelgelenk, dann endet die Achse mit einer Buchse (Faustachse) oder umgekehrt ist eine Achsschenkelbuchse mit dem Gabelgelenk am Ende der Achse (Gabelachse) verbunden.

steering knuckle arm → steering lever

steering knuckle bush → kingpin bush(ing)

steering knuckle inclination → steering axis inclination (US)

steering knuckle pivot → kingpin

steering knuckle spindle → steering knuckle axle

steering knuckle axle [steering]
(See Ill. 13 p. 166, Ill. 35 p. 542)
also: swivel axle spindle, stub axle spindle, steering knuckle spindle

pivot m de fusée
Partie de la fusée sur laquelle s'articule la roue directrice au moyen de roulements.

Achszapfen m, Radzapfen m, Vorderachszapfen m
Teil des Achsschenkels, auf dem das gelenkte Rad mit Radlagern drehbar befestigt ist.

steering lever [steering]
(See Ill. 32 p. 493)
also: steering arm, steering knuckle arm, swivel axle arm

levier m de commande de roue, levier m d'attaque

Levier sur lequel agit la bielle de direction afin que la fusée puisse pivoter.

Lenkhebel m
Hebel, auf den die Lenkstange einwirkt, damit der Achsschenkel schwenken kann.

steering linkage [steering]
(See Ill. 32 p. 493)
also: steering control linkage

timonerie f de direction, tringlerie f de direction
Timonerie qui transmet le mouvement du mécanisme de direction aux pivots des roues avant. Elle comprend généralement la bielle pendante, la barre de direction, le levier de commande de fusée, les deux leviers et la barre d'accouplement.

Lenkgestänge n
Gestänge zur Übertragung der Drehbewegung vom Lenkgetriebe auf die Achsschenkelbolzen der Vorderräder. Dazu gehören der Lenkstockhebel, die Lenkstange, der Achsschenkelarm, die beiden Spurstangenhebel und die Spurstange selbst.

steering lock [steering]

braquage m (de la roue)
Par exemple une rotation de 10° du volant de direction correspondant à un braquage de roue de 1° donne un rapport de démultiplication de direction de 10:1.

Radeinschlag m, Lenkeinschlag m
Eine Drehung von 10° am Steuer z.B. entspricht einem Radeinschlag von 1° bei einem Lenkradübersetzungsverhältnis von 10:1.

steering lock → steering column lock

steering lock key → ignition key

steering lock with ignition/starter switch → combined ignition and steering lock

steering mechanism → steering gear

steering pin → kingpin

steering play → steering free travel

steering post → steering column

steering rack gaiter [steering]

protecteur m de crémaillère, soufflet m de direction
Manchon plissé en accordéon fermant les extrémités de la direction à crémaillère. Il la protège contre les pénétrations de poussière et d'eau et il empêche en même temps l'huile de s'échapper.

Faltenbalg m der Zahnstangenlenkung
Ziehharmonikaartige Dichtung, die den aus dem Lenkgehäuse austretenden Teil der Zahnstange sowie die Kugelgelenke vor Staub und Wasser schützt und den Schmiermittelaustritt verhindert.

steering ratio → steering reduction ratio

steering reduction ratio [steering]
also: steering ratio

rapport m de démultiplication de la direction, rapport m de direction
Rapport entre le mouvement de rotation du volant de direction et le braquage de la roue. Par exemple une rotation de 10° du volant de direction correspondant à un braquage de roue de 1° donne un rapport de démultiplication de direction de 10:1.

Lenkübersetzungsverhältnis n, Lenkübersetzung f
Verhältnis einer Lenkradumdrehung zum Radeinschlag. Eine Verdrehung von 10° am Steuer z.B. entspricht einem Radeinschlag von 1° bei einem Lenkradübersetzungsverhältnis von 10:1.

steering shaft [steering]
(See Ill. 32 p. 493)
also: steering wheel shaft, steering wheel spindle, steering spindle

arbre m de direction, arbre m du volant
Arbre qui transmet le mouvement de rotation du volant de direction au mécanisme de direction.

Lenkwelle f, Lenkspindel f
Welle, die die Drehbewegung des Lenkrades auf das Lenkgetriebe überträgt.

steering spindle → steering shaft

steering stub → steering knuckle

steering stub axle → steering knuckle

steering swivel → steering knuckle

steering swivel arm → track rod arm

steering swivel bush → kingpin bush

steering swivel pin (*or* **bolt**) → kingpin

steering system → steering *n*

steering tie rod (US) → tie bar (US)

steering track rod (GB) → tie bar (US)

steering unit → steering gear

steering wheel [steering] (See Ill. 32 p. 493) (*phrase:* to turn the wheel)

steering wheel shaft

volant m (de direction)
Organe de direction monté sur la colonne de direction et manipulé par le conducteur. Actuellement presque tous les volants de direction sont des volants absorbeurs d'énergie.
Phrase: tourner le volant

Lenkrad n, Steuer n, Steuerrad n, Volant m (lit. oder obs.)
Das vom Fahrer betätigte Lenkrad ist über die Lenkradnabe mit der Lenksäule drehbar verbunden. Heute werden fast ausschließlich Sicherheitslenkräder verwendet.
Wendung: das Lenkrad einschlagen

steering wheel shaft → steering shaft

steering wheel spindle → steering shaft

stellite [materials]

stellite f
Alliage dur dont la composition est approximativement la suivante: 40 à 55% de cobalt, 25% à 35% de chrome, 12 à 20% de tungstène, 15% de molybdène et parfois 4% de fer, de nickel et de titane. Cet alliage est quelquefois utilisé pour renforcer les soupapes ou les sièges de soupape d'un moteur à explosion.

Stellit n
Hartmetall für Ventile und Ventilsitze eines Verbrennungsmotors mit folgender durchschnittlicher Zusammensetzung: 40—55% Kobalt, 25—35% Chrom, 12—20% Wolfram, 15% Molybdän und eventuell bis zu 4% Eisen, Nickel und Titan.

step-down gearing → reduction gearing

stepped wheel brake cylinder [brakes]

cylindre m de roue étagé, cylindre m récepteur étagé
Cylindre de frein comportant deux pistons de diamètre différent et qui compense relativement l'effet produit par le segment primaire et le segment secondaire. En effet, le piston de grand diamètre exerce une pression plus forte et agit sur le segment secondaire.

Stufenrad(brems)zylinder m
Radbremszylinder, der mit zwei verschieden großen Kolben die Wirkung der auf- und ablaufenden Bremsbacken einigermaßen ausgleicht. Der Kolben mit dem größeren Durchmesser erzeugt eine stärkere Anpreßkraft und arbeitet auf die ablaufende Bremsbacke.

stethoscope [instruments]

stéthoscope m, autoscope m
Appareil destiné à déceler les bruits dans un moteur qui tourne.

Stethoskop n
Gerät zum Abhorchen des Motorlaufs.

stick shift → floor-type gear shift

stiff bolt adjuster [mechanical engineering]

vis f de réglage autobloquante
Vis sans contre-écrou telle qu'on en trouve pour le réglage des jeux aux soupapes.

selbstsichernde Einstellschraube
Einstellschraube ohne Gegenmutter, die z.B. bei der Ventilspieleinstellung Verwendung findet.

stoichiometric air/fuel ratio
→ mixture ratio

stop lamp → stop light

stop light [lights] (See Ill. 33 p. 513)
also: stop lamp, brake light, brake lamp

feu m de stop, feu m "stop", signal m de freinage
Les véhicules automobiles doivent obligatoirement être équipés de deux feux stop à lumière rouge ou orange et qui s'allument lorsqu'on agit sur les freins. Puissance par ampoule: 21 watts. Un 3ème feu de stop est souvent monté sur la lunette arrière.

Bremsleuchte f, Bremslicht n, Stopplicht n
Kraftfahrzeuge müssen vorschriftsmäßig mit zwei Bremsleuchten ausgerüstet sein, die bei Betätigung der Betriebsbremse mit rotem oder gelbem Licht aufleuchten. Leistungsbedarf je 21 W. Heute haben viele Pkws eine dritte Bremsleuchte, die in der Heckscheibe angebracht ist.

stop-light switch → brake light switch

stopper → polyester putty

stopping distance → braking distance

stop signal switch → brake light switch

storage battery [electrical system]
also: electric storage battery, accumulator (obs.), accu *(for short)*

accumulateur m
Appareil servant à emmagasiner l'énergie. Le courant continu qui alimente l'accumulateur est transformé en énergie chimique, laquelle est restituée sous forme de courant électrique selon les besoins.

Akkumulator m
Aggregat zur Energiespeicherung. Der zugeführte elektrische Gleichstrom wird in chemische Energie umgewandelt und diese je nach Bedarf in Form von elektrischer Energie wieder abgegeben.

storage battery → battery

storage shelf *(behind the rear seat)*
→ rear parcel shelf

straight-bladed screwdriver [tools]

tournevis m à lame plate, tournevis m plat
Tournevis utilisé pour têtes de vis fendues.

Schraubendreher m für Schlitzschrauben
Schraubendreher mit Flachklinge für geschlitzte Schraubenköpfe.

straight-through silencer [exhaust system]

silencieux m tubulaire
Silencieux traversé par un tube perforé rectiligne, entouré d'un isolant sonore tel que l'amiante, la laine de verre ou de basalte. Ce système permet à l'énergie acoustique de se transformer en chaleur par frottement sur l'isolant.

Absorptionsschalldämpfer m, Absorptionsdämpfer m
Schalldämpfer mit einer durchgehenden gelochten Rohrleitung, die mit einem porösen Schallschluckstoff aus Asbest, Glas-, Basalt- oder Metallwolle ummantelt ist. Die Schallenergie wird durch Reibung am schallschluckenden Stoff in Wärme verwandelt.

straight-toothed gearbox (GB)
→ sliding gear transmission

strangler → choke flap

strangler valve → choke flap

strap wrench [tools]

collier m à poignée
Outil spécialement utilisé pour desserrer les filtres à cartouche jetables.

Bandschlüssel m
Spezialwerkzeug zum Lösen von Ölfilterpatronen.

stratified charge [engine]

charge f stratifiée
La charge stratifiée introduite dans la chambre de combustion d'un moteur est constituée de plusieurs couches ou "strates" de mélange air-essence dont le dosage varie.

Schichtladung f, Ladungsschichtung f
Bei der Schichtladung werden im Brennraum eines Motors mehrere Schichten von Kraftstoff-Luft-Gemisch mit unterschiedlichen Mischungsverhältnissen erzeugt und verbrannt.

stratified-charge engine [engine]

moteur m à charge stratifiée
Moteur mis au point par le constructeur japonais Honda et utilisant deux sortes de mélange. Une soupape primaire laisse pénétrer un mélange riche dans une chambre primaire, où se trouve la bougie d'allumage, alors qu'un mélange plus pauvre s'engouffre dans la chambre de combustion principale. Lorsque l'étincelle jaillit, le mélange riche s'enflamme tout d'abord et la combustion gagne alors le mélange pauvre. Les moteurs Honda à charge stratifiée sont très sobres et leurs gaz d'échappement sont moins nocifs grâce à la réduction des teneurs en CO, HC et NOx.

Schichtlademotor m, Motor mit Ladungsschichtung
Von der Fa. Honda entwickelter Motor mit inhomogener Gemischzusammensetzung. Ein fettes Gemisch gelangt über ein Hilfseinlaßventil in eine Vorkammer, wo sich die Zündkerze befindet, und ein kraftstoffärmeres Gemisch über das Einlaßventil in den Hauptbrennraum. Beim Funkenüberschlag wird zuerst das fette Gemisch, dann das ärmere Gemisch entzündet. Die Verbrennung erfolgt schichtweise. Mit Schichtladungsmotoren wird der Kraftstoffverbrauch herabgesetzt. Auch werden die NOx-, Co- und HC-Werte im Abgas verringert.

stripper [tools]
also: wire stripper, wire stripper tool

pince f à dénuder
Pince spéciale servant à écorcher et à couper les fils électriques sous enveloppe isolante. La section du fil peut être réglée avec précision. Il existe aussi des pinces à dénuder à réglage automatique pour câbles ronds et plats de 0,2 à 6 mm^2, qui ne risquent pas d'entamer le brin.

Abisolierzange f
Spezialzange zum Abisolieren und Schneiden von schutzisolierten Kabeln. Die Drahtstärke ist genau einstellbar. Es gibt ebenfalls Automatik-Abisolierzangen für alle Rund- und Flachkabel von 0,2—6 mm^2. Durch die Selbsteinstellung ist eine Beschädigung der Kupferlitze ausgeschlossen.

stripper [chemistry, fuels]

stripper m
Colonne adjacente d'une tour de fractionnement dans laquelle les fractions légères et volatiles des coupes sont enlevées par injection de vapeur d'eau.

Stripper m, Abstreifkolonne f
Hilfskolonne eines Fraktionierturms, in der Flüssigkeitsgemische von leichtflüchtigen Bestandteilen durch Einblasen von Wasserdampf (Stripdampf) befreit werden.

stroboscopic timing [ignition]
also: dynamic timing

calage m de l'allumage par méthode dynamique
Réglage de l'allumage au moyen d'une lampe stroboscopique et avec moteur lancé.

dynamische Zündeinstellung
Einstellung des Zündzeitpunktes bei laufendem Motor mit Hilfe einer Stroboskoplampe.

stroboscopic timing light [electronics]
also: timing light, ignition timing light, timing strobe

lampe f stroboscopique, pistolet m stroboscopique, projecteur m stroboscopique, stroboscope m
Lampe utilisée pour régler le point d'allumage. Elle contient un tube électronique qui émet un éclair lumineux à chaque allumage de la bougie. Le moteur tournant au ralenti, on éclaire le repère mobile du volant-moteur ou de la poulie et l'index fixe du carter pour voir s'ils coïncident à chaque allumage. Les repères ne sont bien entendu pas identiques pour tous les moteurs. Parfois le point mort haut (avance 0°) est indiqué par un index fixe et la plage de réglage du point d'allumage par un secteur gradué. On trouve également deux repères sur le carter moteur, l'un pour le PMH ou avance 0° et le second pour le point d'allumage.
Si les repères ne s'alignent pas au cours du réglage, on débloque la vis de fixation du corps de distributeur et l'on fait légèrement pivoter ce dernier jusqu'à ce que le point d'allumage soit correct. Si, vu dans le sens de rotation du moteur, le repère mobile apparaît derrière l'index fixe, il y a retard à l'allumage. Si au contraire le repère mobile apparaît devant l'index fixe, il y a trop d'avance à l'allumage.

Stroboskop n, Stroboskop(blitz)lampe f, Zündlichtpistole f, Zündeinstellstroboskop n, Zündzeitpunkt-Einstellpistole f, Lichtblitzstroboskop n
Lampe zur Einstellung des Zündzeitpunkts. Sie enthält eine Elektronenröhre, die bei jeder Zündung der Kerze aufblitzt. Die bewegliche Markierung auf der Schwungscheibe oder Riemenscheibe und die Gegenmarkierung auf dem Gehäuse (Festmarke) werden bei leerlaufendem Motor angeblitzt und auf Übereinstimmung überprüft. Die Markierungen sind selbstverständlich nicht bei allen Motoren einheitlich. Zuweilen wird der obere Totpunkt durch eine Markierung angegeben und der Verstellbereich durch eine Gradteilung oder zwei Festmarken befinden sich auf dem Motorgehäuse, eine für den OT und die andere für den Zündzeitpunkt.
Fluchten die Schwungscheiben- und die Gehäusemarkierung nicht miteinander, so wird bei laufendem Motor die Sockelschraube des Verteilergehäuses gelockert und dieses verdreht, bis der Zündzeitpunkt wieder stimmt. Erscheint die Umlaufmarke in Drehrichtung des Motors gesehen hinter der Festmarke, liegt Spätzündung vor. Wenn im umgekehrten Fall die Umlaufmarke vor der Festmarke erscheint, liegt der Zündzeitpunkt zu früh.

stroke *n* [engine]
also: piston stroke

course f (de piston)
Dans les moteurs à deux ou quatre temps, il s'agit d'une phase de cycle correspondant à une course de piston entre les deux points morts.

Hub m, Kolbenhub m
In den Zweitaktern und Viertaktern entspricht der Takt einem Kolbenhub zwischen beiden Totpunkten.

stroke-bore ratio [engine]

rapport m course-alésage
Rapport course du piston/alésage du cylindre.

Hubverhältnis n, Hub-Bohrverhältnis n
Verhältnis des Kolbenhubs zum Durchmesser der Zylinderbohrung.

stroke travel [engine]

course f de piston
Dans les moteurs à deux ou quatre temps, il s'agit d'une phase de cycle correspondant à une course de piston entre les deux points morts.

Kolbenhub m
Bei Zweitakt- und Viertaktmotoren entspricht der Takt einem Kolbenhub zwischen beiden Totpunkten.

stroke volume → displacement

Stromberg carburetor™ [carburetor]

carburateur m Stromberg
Carburateur à dépression, également appelé à gicleur variable, équipé d'un diffuseur à section variable et ne possédant pas de circuit de ralenti tel qu'on en trouve dans les carburateurs de type courant. La section de passage du gicleur varie selon le mouvement d'une aiguille conique solidaire d'un piston. Le carburateur Stromberg peut être comparé au carburateur à boisseau équipant les motocyclettes.

Stromberg-Vergaser m
Gleichdruckvergaser mit veränderlichem Lufttrichterquerschnitt und ohne eigenes Leerlaufsystem wie die üblichen Bauarten. Er arbeitet nach dem Prinzip des konstanten Unterdrucks. Zur Dosierung der Durchflußmenge ändert sich der Düsenquerschnitt durch die Bewegung einer Düsennadel, die mit einem Kolben verbunden ist. Dieser Vergasertyp ähnelt dem Schiebervergaser für Krafträder.

stub axle → steering knuckle

stub axle spindle → steering knuckle axle

stud n [mechanical engineering]

goujon m
Tige métallique dont les extrémités sont filetées et servant à l'assemblage de pièces. L'une des extrémités sert à la fixation à demeure du goujon, alors que l'autre est prévue pour la fixation de pièces par écrous.

Stiftschraube f
Schraube mit Gewinde an beiden Enden. Das eine Ende dient zur Verankerung der Stiftschraube, das andere zur Befestigung von Verbindungsteilen mit Muttern.

studded tire [tires]
also: spiked tire, steel-studded tire

pneu m à clous, pneu m clouté, pneu m cloutable, pneu m à crampons
Pneu d'hiver dont la bande de roulement est hérissée de crampons qui dépassent la surface du sommet de 1 à 1,5 mm. Ces crampons s'enfoncent dans les couches de verglas et doublent de ce fait le pouvoir d'accrochage du pneu sur la chaussée.

Spikereifen m, Spikesreifen m, Nagelreifen m (Jargon)
M+S-Reifen, dessen Lauffläche mit Metallstiften versehen ist. Der Überstand beträgt 1—1,5 mm. Auf vereister Fahrbahn dringen die Spikes in die Eisschicht ein und erhöhen den Kraftschlußbeiwert des Reifens.

stud extractor [tools]

extracteur m de goujons, extracteur m de vis
Genre de taraud destiné à extirper des boulons ou goujons abimés ou cassés. Le boulon endommagé est préalablement percé bien au centre, après quoi l'extracteur de diamètre approprié est introduit dans l'avant-trou réalisé et vissé selon son pas inverse de celui du boulon.

Schraubenausdreher m
Art Gewindebohrer, der zum Ausdrehen von beschädigten Schrauben oder Stiften verwendet wird. Nach dem Vorbohren eines Grundloches wird der Schraubenausdreher eingeführt und entgegen der Gangrichtung der beschädigten Schraube eingeschraubt.

stud holes [tires]

alvéoles mpl de cramponnage
Alvéoles répartis sur toute la bande de roulement d'un pneu d'hiver et dans lesquels se fixent les clous ou crampons.

vorvulkanisierte Löcher
Löcher rund um die Lauffläche von Winterreifen zum Einsetzen von Spikes.

S.U. carburetor™ [carburetor]

carburateur m S.U.
Carburateur à pression constante et à section de diffuseur variable. Dans ce type de carburateur une aiguille conique mobile solidaire d'un piston à ressort plonge dans un gicleur. Suivant la position de l'aiguille, la section du gicleur varie afin de doser le débit de carburant.

SU-Vergaser m
Gleichdruckvergaser mit veränderlichem Lufttrichterquerschnitt, bei dem eine bewegliche, kegelige Düsennadel, die mit einem federbelastetem Kolben verbunden ist, in eine Nadeldüse eintaucht. Je nach der Stellung der Düsennadel verändert sich der Nadeldüsenquerschnitt zur Dosierung der Durchflußmenge.

subframe n [vehicle construction]
also: engine subframe, engine underframe, auxiliary frame

berceau-moteur m, faux-châssis m, sous-châssis m
Sur le faux-châssis sont montés la suspension, le moteur et la boîte de vitesses, l'ensemble étant boulonné sur la carrosserie.

Nebenrahmen m, Zwischenrahmen m, Hilfsrahmen m, Fahrschemel m, Teilrahmen m
Der Hilfsrahmen nimmt die Radaufhängung, den Motor und das Getriebe auf und ist selbst an der Karosserie befestigt.

suction carburetor [carburetor]
also: suction-feed carburetor

carburateur m à dépression, carburateur m à pression constante
Carburateur dans lequel la vitesse de l'air est maintenue constante par la section du diffuseur afin que la dépression agissant sur le gicleur d'essence demeure également constante.

Gleichdruckvergaser m

suction chamber

Vergasertyp, bei dem die Luftgeschwindigkeit durch den Lufttrichterquerschnitt konstant gehalten wird, damit der auf die Nadeldüse einwirkende Unterdruck ebenfalls konstant bleibt.

suction chamber [carburetor]

cloche f de carburateur
Partie supérieure d'un carburateur S.U. dans laquelle le piston solidaire de l'aiguille-pointeau est animé d'un mouvement tributaire de la dépression d'une part et de la pression atmosphérique d'autre part.

Vergaserglocke f
Oberteil eines SU-Vergasers, in dem der Kolben mit der Düsennadel sich zwischen Unterdruck und Atmosphärendruck bewegt.

suction-feed carburetor → suction carburetor

suction governor [diesel engine]
also: pneumatic governor

régulateur m à dépression, régulateur m pneumatique
Régulateur d'un moteur diesel couvrant toute la plage allant du régime de ralenti à la vitesse maximale. Il est pour l'essentiel constitué d'un ensemble venturi avec papillon de réglage et d'une chambre à diaphragme. Lorsque le moteur tourne, la dépression qui se manifeste dans l'ensemble venturi, sur lequel est fixé le filtre à air, se répercute dans la chambre à dépression par l'intermédiaire d'un tuyau de connexion. Les mouvements que subit la membrane sous l'effet d'un ressort de réglage sont dès lors retransmis à la tige de réglage (crémaillère).

Membranregler m, Unterdruckregler

m, pneumatischer Regler, pneumatischer Drehzahlregler
Regler eines Dieselmotors, der den ganzen Bereich von der Leerlaufdrehzahl bis zur Höchstdrehzahl überdeckt. Er besteht aus zwei Hauptteilen: dem Klappenstutzen mit der Regelklappe und dem Membranblock. Im Klappenstutzen, worauf der Luftfilter aufgesetzt ist, herrscht bei laufendem Motor Unterdruck, der über eine Unterdruckleitung in die Unterdruckkammer im Membranblock übertragen wird. Durch die Bewegungen der federbelasteten Membran nach links oder rechts verschiebt sich die regelnde Zahnstange.

suction manifold → inlet manifold

suction stroke [engine]
(See Ill. 18 p. 231)
also: intake stroke, inlet stroke, admission stroke, induction stroke, charging stroke, feed stroke

course f d'admission, course f d'aspiration, temps m d'admission
Premier temps du cycle à quatre temps (phase résistante) au cours duquel la soupape d'aspiration étant ouverte, le piston, qui crée un vide dans sa course descendante, aspire la veine gazeuse dans le cylindre. Ce faisant le vilebrequin (arbre moteur) accomplit une demi-rotation. Dans le moteur diesel, ce n'est que la quantité d'air nécessaire à la combustion qui est aspirée dans les cylindres.

Ansaugtakt m, Ansaughub m, Einlaßhub m, Einlaßtakt m
Erster Takt im Viertaktverfahren. Der sich abwärts bewegende Kolben saugt das Kraftstoff-Luftgemisch in den Zylinder bei geöffnetem Einlaßventil. Die Kurbelwelle dreht sich dabei um 180°. Beim

Dieselmotor wird lediglich die zur Verbrennung erforderliche Luftmenge in die Zylinder angesaugt.

suction valve [fuel system]
(See Ill. 19 p. 240)

clapet m d'aspiration
Clapet d'une pompe à essence. Lorsque, en phase d'aspiration, la membrane s'incurve vers le bas, le clapet s'ouvre et le carburant s'écoule dans la pompe.

Saugventil n, Einlaßventil n
Ventil in einer Kraftstoffpumpe. Wird beim Saughub die Membran nach unten gezogen, öffnet das Einlaßventil, und der Kraftstoff wird angesaugt.

sulfate emission test (*abbr.* **SET**)
[emission control]

cycle m SET
Cycle de conduite qui simule les émissions maximales de sulfates sur autoroute. *De l'anglais:* sulfate emission test.

SET-Zyklus m
Ein Fahrzyklus, bei dem die maximalen Sulfatwerte bei Autobahnverkehr simuliert werden. *Von engl.:* sulfate emission test.

sulfation (US) → sulphation

sulphation (GB) [electrical system]
also: sulfation (US)

sulfatation f
Apparition d'une couche de sulfate de plomb sur les plaques d'une batterie dont l'entretien a été négligé ou qui est restée longtemps sans servir. La résistance augmente et la capacité diminue. Si la sulfatation est très avancée, elle devient irréversible. Une batterie sulfatée se reconnaît à un dépôt gris-blanc présent sur les plaques. De surcroît, la batterie sulfatée s'échauffe outre mesure à la charge.

Sulfation f, Sulfatierung f
Bei unsachgemäßer Behandlung einer Bleibatterie bildet sich eine Bleisulfatschicht auf den Batterieplatten. Der Widerstand nimmt zu, und die Kapazität sinkt. Ist die Sulfatierung weit fortgeschritten, läßt sich diese Erscheinung nicht mehr zurückbilden. Sulfatierte Batterien erkennt man an dem grauweißen Niederschlag auf den Platten. Ferner erwärmt sich eine sulfatierte Batterie beim Laden übermäßig.

sump *n* → crankcase bottom half

sump drain plug → oil sump plug

sump filter → oil pump strainer

sun gear [transmission]
(See Ill. 27 p. 386)
also: sun wheel

pignon m central, planétaire m central, pignon m planétaire
Dans un train épicycloïdal, le pignon planétaire est solidaire en rotation d'un arbre et engrène avec plusieurs satellites qui sont souvent au nombre de trois.

Sonnenrad n
In einem Planetenradsatz sitzt ein Sonnenrad auf einer Welle fest, in welches mehrere — meist drei — Planetenräder kämmen.

sunk screw → countersunk screw

sun wheel → sun gear

super-balloon tire [tires]
also: cushion-type tire

supercharged engine

pneu m superballon
Pneu qui fit sont apparition à la fin des années quarante et qui, pour la première fois, était plus large que haut (coefficient d'aspect = 95).

Superballonreifen m
Autoreifen, der Ende der Vierziger Jahre entwickelt wurde und erstmals breiter als hoch war (Querschnittsverhältnis = 0,95).

supercharged engine [engine]

moteur m à suralimentation, moteur m suralimenté
Moteur à explosion dans lequel le mélange air-essence ou l'air seul est comprimé en tout ou en partie par un compresseur à suralimentation. On parvient à obtenir une augmentation de la puissance du moteur de l'ordre de 200%, une plus grande quantité de combustible étant brûlée.

Ladermotor m, Auflademotor m, Turbomotor m, Turbo m (colloq.)
Motor, in dem das Kraftstoff-Luft-Gemisch oder nur die Luft allein ganz oder zum Teil durch ein Aufladegebläse vorverdichtet wird. Durch die Verbrennung der somit erzeugten größeren Brennstoffmenge kann eine Leistungssteigerung des Motors von 200% erzielt werden.

supercharger [engine]

compresseur m à suralimentation
Dispositif destiné à comprimer le mélange air-carburant ou l'air seul. Le compresseur à suralimentation est entraîné par l'arbre moteur, par un moteur auxiliaire ou bien, dans le cas d'un compresseur centrifuge, par l'énergie que fournit le flux des gaz d'échappement.

Aufladegebläse m, Lader m
Einrichtung zur Vorverdichtung von Frischgas oder von Luft. Aufladegebläse werden mechanisch von der Motorwelle, durch einen Hilfsmotor oder als Kreiselgebläse durch die ausströmenden Abgase angetrieben.

supercharging *n* [engine]
(*verb:* supercharge)

suralimentation f
Compression de la masse d'air de combustion ou du mélange carburé en dehors des cylindres d'un moteur à explosion. *Verbe:* suralimenter.

Aufladung f
Vorverdichtung der Verbrennungsluft bzw. des Kraftstoff-Luft-Gemisches außerhalb der Arbeitszylinder eines Verbrennungsmotors. *Verb:* aufladen.

super-grade petrol (GB) → high-octane gasoline (US) or petrol (GB)

super-low-section tire (US) [tires]
also: over-wide tire

pneu m à taille ultra basse
Pneumatique dont le coefficient d'aspect est 50, ce qui signifie que sa hauteur équivaut à 50% de sa largeur.

Superniederquerschnittsreifen m
Reifen der 50er Serie, d.h. die Höhe des Reifens beträgt nur 50% der Breite.

supplementary heater [heating&ventilation]

chauffage m d'appoint, chauffage m additonnel
Chauffage utilisé en marche lorsque le chauffage du véhicule est encore insuffisant. Il peut fonctionner indépendamment du moteur en liaison avec le chauffage du

véhicule et sert au chauffage de l'habitacle ainsi qu'au désembuage des vitres.

Zusatzheizung f
Heizung, die im Fahrbetrieb eingeschaltet werden kann, wenn die fahrzeugeigene Heizung noch nicht genügend Wärme abgibt. Sie wird unabhängig vom Betrieb des Motors in Verbindung mit der Fahrzeugheizung betrieben und dient zum Beheizen des Fahrgastraumes und zum Entfrosten der Fahrzeugscheiben.

supply pump → fuel pump

suppression capacitor → interference-suppression condenser

suppression distributor rotor [electrical system]

rotor m déparasité
Doigt de distributeur abritant une résistance d'antiparasitage d'environ 5 kΩ.

Widerstands-Verteilerläufer m, entstörter Verteilerläufer
Verteilerläufer, der einen Entstörwiderstand von ca. 5 kΩ enthält.

suppression kit → interference-suppression kit

surface-gap spark plug [ignition]

bougie f d'allumage à étincelle glissante
Bougie d'allumage comportant un isolant s'intercalant entre l'électrode centrale et l'électrode de masse annulaire. De par cette disposition, les étincelles doivent glisser sur l'isolant en passant d'une électrode à l'autre.

Gleitfunkenzündkerze f, Zündkerze f mit Gleitfunkenstrecke

Zündkerze mit einem Isolator zwischen der Mittelelektrode und der ringförmigen Masseelektrode. Die elektrischen Zündfunken müssen somit über den Isolator hinweggleiten.

surface ignition [ignition]

allumage m par point chaud
Explosion prématurée du mélange air-essence avant que le piston n'atteigne le point mort haut et qui est imputable au contact du mélange avec des pièces surchauffées (soupape, bougie d'allumage).

Oberflächenzündung f
Selbstzündung des Kraftstoff-Luft-Gemisches, bevor der Kolben den oberen Totpunkt erreicht und die auf erhitzte Teile (Zündkerze, Ventil) zurückzuführen ist.

surface leakage current [electrical system]
also: leakage current, sneak current

courant m parasite, courant m de fuite, courant m vagabond
Courant électrique errant à la surface d'un isolant par suite d'une isolation insuffisante. C'est surtout dans les organes d'allumage devenus poreux ou crevassés que, l'humidité aidant, se forment des chemins de fuite livrant passage aux courants parasites qui sont à l'origine de courts-circuits à la masse.

Kriechstrom m
Störender Stromverlauf an der Oberfläche eines Isolierstoffs infolge mangelhafter Isolierung. In rissig oder porös gewordenen Teilen der Zündanlage können sich durch Schmutz und Feuchtigkeit Kriechfunkenstrecken bilden, über die die Zündspannung unerwünschterweise an Masse springt.

surfacer [materials]

mastic m (de carrossier)
Le mastic sert à combler les inégalités de surface afin que la peinture puisse être appliquée sur un fond lisse et exempt de pores.

Spachtel m, Spachtelmasse f, Spachtelkitt m, Lackspachtel m, Fleckspachtel m
Spachtelkitt dient zum gleichmäßigen Ausfüllen von Unebenheiten, um einen glatten, porenfreien Untergrund für das Lackieren zu erhalten.

suspension [vehicle construction]
also: suspension system

suspension f
Ensemble des organes concourant à assurer la sécurité de pilotage et à améliorer le confort des passagers, notamment en amortissant les chocs dus aux inégalités de la chaussée.

Aufhängung f, Federung f, Achsaufhängung f
Aufhängungselemente, die der Fahrsicherheit und dem Fahrkomfort dienen u.a. beim Überfahren von Fahrbahnunebenheiten.

suspension height-sensing valve → ground clearance compensator

suspension system → suspension

sv engine = side-valve engine

sway bar (US) → stabilizer

sweetening *n* [chemistry, fuels]

adoucissement m
Procédé de neutralisation par élimination ou transformation des composés sulfurés contenus dans les essences.
Le traitement consiste à se débarrasser des produits malodorants tels que les mercaptans et/ou à les transformer en disulfures sans odeur.
On a recours pour ce faire soit au lavage par plombite de soude (solution Doctor), soit à l'oxydation à l'hypochlorite de soude, soit à l'oxydation de l'air en présence de catalyseur (procédé Merox).

Süß-Verfahren n, Süßung f
Beseitigung oder Umwandlung der in Benzinen enthaltenen Schwefelverbindungen.
Bei der Behandlung werden die unangenehm riechenden Mercaptane entfernt oder in geruchlose Disulfide übergeführt. Dafür gibt es verschiedene Mittel, wie z.B. die Doctorlauge (Natriumplumbit/Schwefellösung), die Hypochloridlösung oder die Oxidation mit Luft in Gegenwart eines Katalysators (Merox-Verfahren).

swept volume → displacement

swing axle [suspension]

essieu m à roues indépendantes, essieu m à suspension indépendante des roues, essieu m brisé
Essieu brisé oscillant grâce auquel chacune des roues possède sa propre suspension.

Schwingachse f, Pendelachse f
Achse, an der jedes Rad für sich allein abgefedert wird.

swirl chamber [diesel engine]
also: turbulence chamber, turbulence space, turbulence combustion chamber, whirl chamber

chambre f de tourbillonnement, chambre f de turbulence
Antichambre de forme sphérique dans un moteur diesel.

Wirbelkammer f, Kolbenwirbelkammer f, Luftwirbelkammer f
Kugelige Vorkammer in einem Dieselmotor.

swirl chamber → air cell

swirl-chamber diesel engine [diesel engine]
also: diesel engine with turbulence chamber, turbulence chamber engine, whirlchamber diesel engine

moteur m diesel à chambre de turbulence
Moteur diesel dans lequel, lors de la compression, l'air est refoulé par le piston hors de la chambre principale de combustion pour déboucher, par un conduit tangent, dans la chambre de turbulence en subissant ainsi un mouvement tourbillonnaire. Le combustible injecté se mélange dès lors intimement avec ce tourbillon d'air brûlant et se consume en partie. La portion de combustible restante est acheminée en tourbillonnant dans la chambre principale où elle se consume avec le reste d'air.

Wirbelkammermotor m, Kolbenkammerwirbelmotor m, Dieselmotor m mit Luftwirbelkammer, Wirbelkammer-Dieselmotor m
Bei diesem Dieselmotor wird die Luft während der Verdichtung durch den Kolben aus dem Hauptbrennraum über einen tangential einmündenden Schußkanal in die Wirbelkammer gedrückt, wobei sie in eine kreisende Bewegung gerät. Der eingespritzte Kraftstoff mischt sich mit dem heißen Luftwirbel und verbrennt nur zum Teil. Der unverbrauchte Rest gelangt über den Verbindungskanal in den Hauptverbrennungsraum, wo er mit der restlichen Luft verbrannt wird.

swirl duct [diesel engine]
volute f d'admission
Tubulure d'admission en forme de spirale qui, dans les moteurs diesel à procédé M, confère à la colonne d'air un mouvement tourbillonnaire énergique lors de l'aspiration (effet H) et qui se maintient à la compression.

Drallkanal m, Dralleinlaßkanal m
Spiralförmige Ansaugleitung, die bei Dieselmotoren mit dem M-Verfahren eine kräftige Durchwirbelung der angesaugten Luftsäule bewirkt, die bis zur Verdichtung anhält.

switching relay → transfer contact

swivel axle → steering knuckle

swivel axle arm → steering lever

swivel axle spindle → steering knuckle axle

swivelling radius → offset radius

swivel pin → kingpin

swivel pin inclination → steering axis inclination (US)

symmetrical lower beam [lights]
feux mpl de code symétriques
Feux de croisement ayant la même portée lumineuse des deux côtés de la chaussée.

symmetrisches Abblendlicht
Abblendlicht für gleichmäßige Fahrbahnbeleuchtung.

synchrograph [instruments]

synchrographe m, distribuscope m
Banc d'essai pour allumeurs.

Synchrograph m
Prüfgerät für Zündverteiler.

synchromesh cone [transmission]

cône m de synchronisation
Pièce de l'embrayage à cônes qui réalise la synchronisation du manchon du baladeur avec le pignon de la vitesse correspondante.

Gleichlaufkonus m, Synchronkegel m, Reibkonus m
Teil der Konuskupplung, das den Gleichlauf zwischen dem Synchronkörper und dem entsprechenden Gangrad herstellt.

synchromesh gear box [transmission]
(See Ill. 20 p. 248)
also: synchromesh transmission, synchromesh gearing, synchronized countershaft transmission

boîte f de vitesses synchronisée
La boîte de vitesses synchronisée se distingue de la boîte de vitesses à plusieurs trains baladeurs par le fait que les engrenages et les pignons engrènent de façon permanente et que les rapports de démultiplication sont obtenus par le déplacement de manchons ou synchroniseurs.

Synchrongetriebe n, Gleichlaufgetriebe n
Das Synchrongetriebe unterscheidet sich vom Wechselgetriebe dadurch, daß alle Zahnradpaare dauernd im Eingriff sind. Die verschiedenen Übersetzungen werden durch Verschieben von Schaltmuffen erzielt.

synchromesh gearing → synchromesh gear box

synchromesh transmission → synchromesh gear box

synchronized countershaft transmission → synchromesh gear box

synchronizer sleeve [transmission]
also: synchronizing sliding sleeve, outer synchromesh sleeve, synchronizing slide collar

manchon m extérieur de synchroniseur
Dans la boîte de vitesses synchronisée, le manchon intérieur du baladeur est emmanché à cannelures sur l'arbre secondaire dont il est solidaire en rotation. Dès qu'il y a une synchronisation entre le manchon intérieur et le pignon monté fou sur l'arbre secondaire, le manchon extérieur s'engage dans le pignon.

Synchronschiebemuffe f, Schiebemuffe f, Synchronschiebehülse f, Klauenring m, Schaltmuffe f
Im Synchrongetriebe sitzt der Gleichlaufkörper (Synchronkörper) längsverschiebbar, jedoch drehfest auf der Hauptwelle. Sobald der Gleichlauf zwischen dem Gleichlaufkörper und dem sich lose drehenden Zahnrad auf der Hauptwelle hergestellt ist, wird die Schiebemuffe in das Zahnrad eingeschoben.

synchronizing assembly [transmission]
also: inner synchro hub

moyeu m de synchroniseur, manchon m intérieur de synchroniseur
Manchon coulissant dans les cannelures de l'arbre secondaire et réalisant un embrayage conique avec le pignon qu'il attaque en vue de la synchronisation des vitesses.

Synchronkörper m, Gleichlaufkörper m
Eine längsverschiebbare Muffe auf der

Hauptwelle, die durch Reibkonus mit dem nebenstehenden Zahnrad gekoppelt wird, um den Gleichlauf herzustellen.

synchronizing slide collar → synchronizer sleeve

synchronizing sliding sleeve
→ synchronizer sleeve

synchrotester [instruments]

synchrotester m
Appareil servant au calibrage de carburateurs multiples et double corps.

Synchrontester m
Gerät für die Synchronisation von Mehrvergaseranlagen.

synthetic lubricant [lubrication]

lubrifiant m synthétique
Un lubrifiant non composé d'huiles naturelles. Les lubrifiants synthétiques ont certaines caractéristiques qui sont supérieures à celles des huiles naturelles.

synthetischer Schmierstoff, Synthetikschmierstoff m
Ein Schmierstoff der nicht aus natürlichen Ölen besteht. Synthetische Schmierstoffe sind in manchen Eigenschaften den natürlichen Ölen überlegen.

synthetic resin enamel [materials]

laque f synthétique
Peinture très brillante qui a du corps et résiste très bien aux intempéries.

Kunstharzlack m
Hochglänzender und wetterbeständiger Lack mit guter Füllkraft.

synthetic resin glue [materials]
also: plastic adhesive

colle f à résine
Colle utilisée à chaud pour la fixation de garnitures sur les segments de frein.

Kunstharzkleber m, Kunstharzleim m
Warmkleber zur Befestigung von Bremsbelägen auf Bremsbacken.

syringe hydrometer → hydrometer

T

tab washer with long and short tab at right angles [mechanical engineering]

frein m d'équerre à ailerons
Frein à sécurité absolue comportant deux ailerons disposés à angle droit.

Sicherungsblech n mit zwei Lappen
Formschlüssige Sicherung mit zwei Lappen, die rechtwinklig zueinander stehen.

tab washer with long tab [mechanical engineering]

frein m droit à aileron
Frein à sécurité absolue s'opposant au desserrage d'une vis par suite de trépidations.

Sicherungsblech n mit Lappen
Formschlüssige Sicherung, die das Lok-

kern einer Schraube durch Erschütterung verhindern soll.

tach-dwell meter → dwell-angle tester

tachograph → trip recorder

tachometer → revolution counter

tail lamp → rear light

tail lamp assembly [lights]
(See Ill. 33 p. 513)
also: rear lamp cluster, combined rear lamp unit

bloc m optique arrière
Les indicateurs de direction, les feux stop et de position de même que les feux de recul sont fréquemment regroupés dans un ensemble appelé bloc optique arrière.

Heckleuchteneinheit f, Heckleuchtenkombination f
Blink-, Stop-, Stand- und Rückfahrlicht werden des öfteren in einer Heckleuchteneinheit zusammengefaßt (Mehrkammerbeleuchtung).

tail light → rear light

tail pipe [exhaust system]

tuyau m final (d'échappement)
Le dernier élément de la tuyauterie d'échappement, le tube qui expulse les gaz d'échappement dans l'atmosphère.

Auspuffendrohr n, Endrohr n
Das letzte Rohrstück einer Auspuffleitung, hinter dem letzten Schalldämpfer.

talc [materials]

talc m
Agent antifriction utilisé entre des pièces en caoutchouc comme par exemple entre la chambre à air et le pneumatique.

Talcum n
Gleitmittel zur Verminderung der Reibung zwischen Gummiteilen, z.B. zwischen Reifen und Schlauch.

tamper-proof carburetor (US) *or* **carburettor** (GB) [emission control]
also: emission control carburetor

carburateur m anti-pollution, carburateur m à ralenti inderéglable, carburateur m dépollué, carburateur m inviolable, carburateur m infraudable
Carburateur dont les vis de richesse et de réglage de l'entre bâillement du papillon des gaz sont réglées en usine par suite des dispositions légales relatives à la teneur en CO des gaz d'échappement. Les deux vis sont scellées au moyen d'un capuchon d'inviolabilité que l'on ne peut ôter sans le casser.

Abgasvergaser m
Vergaser, bei dem die Leerlaufgemisch-Einstellschraube und die Drosselklappenanschlagschraube bereits werkseitig eingestellt und fixiert werden, damit die gesetzlichen Bestimmungen über den CO-Anteil im Abgas über eine lange Laufzeit innerhalb der Toleranz eingehalten werden. Die beiden Schrauben werden mittels Kunststoffkappen versiegelt.

tandem axle [vehicle construction]

pont m tandem
Lorsque un poids lourds ou son remorque a deux essieux adjacents, ces deux essieux sont appellés pont tandem.

Tandemachse f, Doppelachse f
Wenn ein Lastkraftwagen oder dessen Anhänger zwei hintereinanderliegende

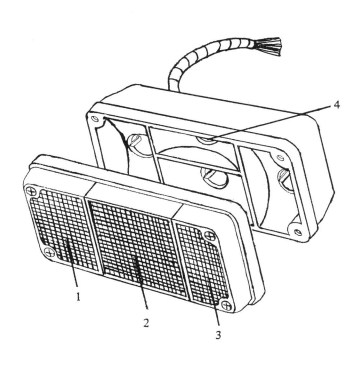

1 direction indicator
2 stop light
3 reversing light
4 rear light

Ill. 33: tail lamp assembly

tandem master cylinder

(tandem axle continued)
Radachsen hat, spricht man von einer Tandemachse.

tandem master cylinder [brakes]

maître-cylindre m tandem
Une construction de cylindre de frein qui héberge les deux maître-cylindres des deux circuits de freinage indépendants dans la même boîte.

Tandemhauptzylinder m
Eine Bauweise, bei der zwei Hauptbremszylinder für zwei unabhängige Bremskreise in demselben Gehäuse untergebracht sind.

tank → fuel tank, gas tank

tank cap → filler cap

tank car → tank truck (US)

tanker → tank truck (US)

tank truck (US) [vehicle]
also: motor tank truck, tank car, road tanker, tanker

camion-citerne m, citerne f
Camion spécialement conçu pour le transport de liquides en vrac.

Tankwagen m
Lastkraftwagen für die Beförderung von flüssigen Stoffen.

tap cutting bolt set → set of screw taps

tapered needle [carburetor]
also: metering needle, jet needle

aiguille-pointeau f, aiguille f de dosage, aiguille f conique
Aiguille plongeant dans le gicleur d'un carburateur à diffuseur variable.

Düsennadel f
Kegelige Dosiernadel in einem Vergaser mit veränderlichem Lufttrichterquerschnitt.

tapered piston [suspension]

piston m conique
Dans la suspension hydrolastique, un piston conique solidaire de la suspension de la roue s'appuie sur un diaphragme élastique en caoutchouc. Lorsque la roue surmonte une inégalité du sol, le piston se déplace vers le haut, ce qui a pour effet de refouler le liquide hydraulique se trouvant dans la canalisation reliant les deux éléments hydrolastiques.

konischer Kolben
Bei der Hydrolasticfederung stützt sich ein mit der Radaufhängung gekoppelter, konischer Kolben auf einer elastischen Gummimembran ab. Beim Überfahren einer Bodenunebenheit bewegt sich der Kolben aufwärts, wodurch das Hydrauliköl in die Verbindungsleitung verdrängt wird.

tapered seat plug [ignition]
also: spark plug with sealing cone

bougie f d'allumage à épaulement conique
Bougie d'allumage qui se visse sans joint d'étanchéité, en sorte que la chaleur qui s'y accumule puisse être évacuée plus facilement vers la culasse.

Zündkerze f mit konischem Sitz, Kegelsitzkerze f
Zündkerze, die ohne Dichtring eingeschraubt ist, so daß die Wärme besser an den Zylinderkopf abgeleitet wird.

taper roller bearing [mechanical engineering]

roulement m à rouleaux coniques
Roulement à rouleaux dont les pièces de roulement sont coniques.

Kegelrollenlager n, Radial-Kegelrollenlager n
Rollenlager mit kegelförmigen Rollenkörpern.

tappet → valve tappet

tappet clearance → valve clearance

tap wrench [tools]

tourne-à-gauche m
Outil dans lequel s'encastre le taraud.

Windeisen n
Werkzeug zum Spannen von Gewindebohrern.

TC = twin camshaft

TC = twin carburetor

TCI = transistorized coil ignition

T.D.C. = top dead center

TDR = total driving resistance

TEL = tetraethyl lead

telescopic damper → telescopic shock absorber

telescopic jack [tools]

cric m télescopique latéral
Cric fonctionnant par l'action d'une vis et dont le bras s'engage dans un support prévu spécialement sous la coque à l'avant ou à l'arrière du véhicule.

Teleskopwagenheber m
Wagenheber mit Schraubenspindel, der seitlich an der betreffenden Wagenheberaufnahme vorn oder hinten angesetzt wird.

telescopic shock absorber [suspension]
also: telescopic damper

amortisseur m télescopique, amortisseur m hydraulique télescopique, amortisseur m à deux tubes
Dans l'amortisseur à deux tubes, on rencontre un piston à tige qui monte et descend dans un cylindre de travail et qui refoule l'huile à travers une soupape de fond dans un tube plus large entourant le cylindre et faisant office de réservoir d'huile (chambre de récupération).

Teleskopstoßdämpfer m, Zweirohrstoßdämpfer m
Beim Zweirohrstoßdämpfer bewegt sich ein Arbeitskolben mit Kolbenstange in einem Arbeitszylinder auf und ab und drückt das Hydrauliköl durch ein Bodenventil in ein zweites, größeres Rohr, das den Zylinder umgibt und als Vorratsbehälter für das Öl dient.

temperature gauge → temperature sensor

temperature-sensitive spring
→ bimetal strip

temperature sensor [cooling system]
also: temperature gauge

sonde f de température, jauge f de température
La plupart des sondes de température auxquelles on a recours en construction automobile sont des thermistances. On en

temperature switch

trouve dans le bloc-cylindres des moteurs refroidis par air et dans le circuit de refroidissement des moteurs refroidis par eau.

Temperaturfühler m
Als Temperaturfühler werden im Kfz-Bereich überwiegend NTC-Widerstände, sogenannte Heißleiter, eingesetzt. Temperaturfühler befinden sich im Motorblock luftgekühlter bzw. im Kühlmittelkreislauf wassergekühlter Motoren zum Messen der Temperatur.

temperature switch [cooling system]

thermo-rupteur m
Interrupteur dont les contacts s'ouvrent et se ferment selon la température.

Thermoschalter m, Temperaturwächter m
Schalter, dessen Kontakte sich je nach der Temperatur öffnen und schließen.

tempering steel [materials]

acier m pour trempe et revenu
Les aciers de traitement thermique sont des aciers de construction qui se prêtent à la trempe et au revenu et dont la ductilité ainsi que la résistance à la traction se trouvent renforcées à la suite de ce traitement.

Vergütungsstahl m
Vergütungsstähle sind Baustähle, die sich zum Härten mit nachfolgendem Anlassen eignen, wonach deren Zähigkeit und Zugfestigkeit beträchtlich erhöht werden.

tensile test [mechanical engineering]

essai m de traction
L'essai de traction consiste à soumettre une éprouvette à un effort de traction jusqu'à la rupture.

Zugversuch m
Beim Zugversuch wird ein Probestab auf Zug bis zum Bruch beansprucht.

terminal n [electrical system]
(See Ill. 2 p. 50, Ill. 30 p. 445)
also: terminal post

pôle m
Chacune des extrémités d'une source de courant ou d'un récepteur électrique utilisée pour les connexions au circuit.

Pol m, Endpol m
Anschlußklemme einer Stromquelle bzw. eines Stromverbrauchers für die Verbindung mit dem Netz.

terminal nut [ignition]
(See Ill. 31 p. 474)

écrou m de raccordement
Ecrou vissé sur la borne de connexion d'une bougie d'allumage et qui sert à la fixation du câble haute tension.

Anschlußmutter f
Mutter auf dem Anschlußbolzen einer Zündkerze, die zur Befestigung des Hochspannungskabels dient.

terminal post → terminal

test lamp [maintenance]
also: test light

lampe-témoin f
Ampoule d'environ 5 watts branchée sur un fil électrique. Elle permet notamment de déceler la présence d'un courant ou d'une tension sur un circuit ou aux bornes d'un récepteur.

Prüflampe f
Glühlampe von ca. 5 Watt mit Kabel. Mit der Prüflampe wird u.a. das Vorhandensein von Strom bzw. Spannung in einem

Stromkreis oder an einem Verbraucher geprüft.

test light → test lamp

test nozzle holder [maintenance]
also: calibrating nozzle-holder assembly

porte-injecteur m étalon, injecteur m étalon, pressiomètre m
L'injecteur étalon est destiné à régler la pression de tarage sans qu'il soit pour autant nécessaire de déposer l'injecteur en cause. Il s'intercale en série entre la tuyauterie haute pression et le porte-injecteur à contrôler. La pression de tarage se règle sur une bague tournante à graduations.

Prüfdüsenhalter m
Der Prüfdüsenhalter dient zum Nachstellen des Einspritzdruckes ohne Ausbau der Einspritzdüse. Er wird in Reihe zwischen der Druckleitung und dem zu prüfenden Düsenhalter geschaltet. Der erforderliche Druck wird an einem Skalenring eingestellt.

test socket → diagnostic connector

tetraethyl lead (*abbr.* **TEL**) [fuels]

tétraéthyle m de plomb, plomb m tétraéthyle (abr. TEL)
Produit antidétonant de l'essence; un additif pour obtenir un indice d'octane plus élevé.

Bleitetraethyl n, Tetraethylblei n (Abk. TEL)
Antiklopfmittel im Benzin; ein Additiv zur Erzielung eines höheren Oktanindexes.

tetramethyl lead (*abbr.* **TML**) [fuels]

tétraméthyle m de plomb (abr. TEM)
Produit antidétonant de l'essence.

Bleitetramethyl n (Abk. TML)
Antiklopfmittel im Benzin.

thermal exhaust manifold reactor [emission control]

réacteur m thermique
Le réacteur thermique remplace le collecteur d'échappement et se fixe sur la culasse. Il est porté par les gaz d'échappement qui le traversent à une température avoisinant les 1000° C. Ainsi s'opère la combustion du monoxyde de carbone et des hydrocarbures avec le reste d'oxygène non brûlé, tous contenus dans les gaz.

Abgasreaktor m, Thermoreaktor m, Nachverbrenner m
Der Thermoreaktor wird anstelle des Auspuffkrümmers an den Zylinderkopf angeflanscht. Durch die durchströmenden Abgase wird er auf ca. 1000° C aufgeheizt, wobei die CO- und HC-Abgasanteile mit dem unverbrannten Restsauerstoff verbrennen.

thermal time switch → thermo-time switch

thermal timing switch → thermo-time switch

thermal value → heat rating

thermal voltmeter [instruments]

voltmètre m thermique
Voltmètre dont le fonctionnement repose sur le dégagement de chaleur d'un fil dilatable traversé par le courant électrique. Il est entre autres utilisé pour le contrôle de charge des alternateurs.

Hitzdrahtvoltmeter n

thermoplast

Spannungsmeßgerät, dessen Funktionsweise von der Erhitzung eines stromdurchflossenen, dehnbaren Drahtes (Längenänderung) abhängig ist. Es wird unter anderem bei der Ladekontrolle von Lichtmaschinen verwendet.

thermoplast → thermoplastic

thermoplastic [materials]
also: thermoplast

matière f thermoplastique, thermoplastique m
Matière synthétique ramollissant par chauffage et utilisée notamment comme agent filmogène dans les peintures synthétiques.

Thermoplast m
Kunststoff, der durch Erwärmung plastisch verformbar ist und der u.a. als Filmbildner in Kunstharzlacken Verwendung findet.

thermostat [cooling system] (See Ill. 17 p. 202, Ill. 28 p. 406)

thermostat m, régulateur m de température d'eau, vanne f thermostatique
Dispositif régulateur logé dans la durit reliant la culasse au réservoir supérieur du radiateur. Il veille à ce que le moteur atteigne rapidement sa température de marche et la conserve lorsqu'il tourne. Quand le moteur est froid, la soupape du thermostat est fermée en sorte que l'eau ne puisse passer du bloc-cylindres au radiateur. La soupape ne s'ouvrira que lorsque le moteur aura atteint sa température de marche en permettant ainsi à l'eau de refluer vers le radiateur où elle se refroidira.

Thermostat m, Kühlwasserthermostat,

Kühlwassertemperaturregler m, Kühlmittelregler m, Temperaturregler m
Temperaturregler, der im Kühlwasserrohr zwischen Kühleroberkasten und Zylinderkopf untergebracht ist. Er sorgt dafür, daß das Kühlwasser schnell seine Betriebstemperatur erreicht und während des Betriebs beibehält. Bei kaltem Motor ist das Ventil im Thermostat geschlossen, so daß dem Wasser der Weg vom Zylinderblock zum Kühler versperrt ist. Erst nach Erreichen der Betriebstemperatur öffnet das Ventil und gibt den Durchfluß zum Kühler frei.

thermosyphon cooling system
→ natural circulation water cooling

thermosyphon water cooling
→ natural circulation water cooling

thermo-time switch [injection]
(See Ill. 16 p. 196)
also: thermal timing switch, thermal time switch

thermo-contact m temporisé
Contact temporisé qui s'enclenche selon la température à laquelle il est soumis. Dans l'injection d'essence à commande électronique, l'injecteur de départ à froid fonctionne d'après les informations qu'il reçoit d'un thermo-contact temporisé.

Thermozeitschalter m
Schalter mit temperatur- und zeitabhängiger Schaltung. Bei der elektronischen Benzineinspritzung wird das Elektrostartventil aufgrund der vom Thermozeitschalter vermittelten Angaben gesteuert.

thickness of lining [brakes]
also: pad thickness

épaisseur f de garniture

Dans les voitures automobiles, les garnitures de frein qui n'ont plus qu'une épaisseur de 2mm doivent être remplacées. La limite d'usure pour les camions et poids lourds se situe à environ 3 à 4 mm (frein à tambour).

Belagdicke f, Belagstärke f
Bei Pkw sind die Bremsbeläge mit einer Restdicke von ca. 2 mm zu erneuern, für Lkw bei ca. 3 bis 4 mm (Trommelbremse).

thin-bodied oil → low-viscosity oil

thinner *n* [materials]

diluant m
Essence ou autre hydrocarbure utilisé dans les peintures pour en fixer la consistance.

Verdünnungsmittel n
Benzin oder andere Kohlenwasserstoffe werden in Lacken zur Einstellung der Konsistenz als Verdünnungsmittel verwendet.

third gear [transmission]
(See Ill. 20 p. 248)
also: third speed

troisième vitesse, troisième rapport
En troisième vitesse, le rapport de démultiplication de la pignonnerie peut être en moyenne de l'ordre de 1,4:1. Si l'on y ajoute un rapport final de 4:1 par exemple, on obtiendra pour la troisième vitesse une démultiplication totale de 5,6:1, 5,6 tours de vilebrequin correspondant à 1 tour de roue motrice.

dritter Gang
Beim dritten Gang liegt das Untersetzungsverhältnis eines mittleren Pkw bei ca. 1,4:1. Rechnet man die Übersetzung des Achsantriebes hinzu, z.B. 4:1, so ergibt sich für den dritten Gang ein Untersetzungsverhältnis von insgesamt 5,6:1, d.h. 5,6 Kurbelwellenumdrehungen entsprechen einer Umdrehung des Antriebsrades.

third motion shaft [transmission]
(See Ill. 20 p. 248)
also: mainshaft, gearbox main shaft (GB), gearbox output shaft (GB), output shaft, gearbox tailshaft (GB)

arbre m de sortie, arbre m principal
Arbre de sortie de la boîte de vitesses transmettant le mouvement de rotation à l'arbre de transmission.

Hauptwelle f, Abtriebswelle f, Getriebehauptwelle f
Abtriebswelle des Getriebes, die die Drehbewegung auf die Gelenkwelle überträgt.

third speed → third gear

thread *n* [mechanical engineering]
also: screw thread

filet m (de vis)
Rainure hélicoïdale creusée le long d'un corps cylindrique par le déplacement d'un profil géométrique (triangle, carré, rectangle, trapèze).

Gewinde n, Schraubengewinde n
Eine eingeschnittene Nut, die durch schraubenförmige Bewegung einer geometrischen Figur (Dreieck, Quadrat, Rechteck, Trapez) entlang einer zylindrischen Fläche entsteht.

thread angle [mechanical engineering]

angle m de flanc, angle m des flancs
Angle formé par les flancs du profil de filet.

thread gage

Flankenwinkel m
Jener Winkel, den die Flanken des Gewindeprofils miteinander bilden.

thread gage (US) *or* **gauge** (GB) [instruments]

calibre m de filetage
Instrument de mesure destiné à vérifier les filetages.

Gewindelehre f
Meßzeug zum Prüfen der Maßhaltigkeit von Schraubengewinden.

thread lead angle [mechanical engineering]
also: helix angle

angle m de pas, angle m d'inclinaison de filet
Angle sous lequel progresse l'hélice d'un filet.

Steigungswinkel m
Winkel, unter dem die Schraubenlinie eines Gewindes ansteigt.

thread pitch → screw pitch

three-cylinder engine [engine]

moteur m à trois cylindres
Moteur à deux ou à quatre temps dont les manetons sont décalés de 120°.

Dreizylindermotor m
Zweitakt- oder Viertaktmotor mit um 120° gegeneinander versetzten Kurbelzapfen.

three-phase alternating-current generator → three-phase alternator

three-phase alternator [electrical system] (See Ill. 1 p. 31)
also: three-phase alternating-current generator, AC generator

générateur m de courant triphasé, alternateur m (triphasé)
Alternateur produisant du courant triphasé redressé par un jeu de diodes au silicium.

Drehstromgenerator m, Drehstromlichtmaschine f, kollektorlose Lichtmaschine
Lichtmaschine, die dreiphasigen Wechselstrom abgibt. Dieser wird mit Hilfe von Siliziumdioden gleichgerichtet.

three-phase bridge circuit [electrical system]

montage m en pont triphasé
Disposition de six diodes de puissance dans un alternateur triphasé, dont un groupe de trois se situe du côté positif et l'autre groupe du côté négatif. Les trois diodes positives livrent passage aux demi-ondes positives prenant naissance lors des trois phases et qui se dirigent ainsi vers la batterie, alors que les diodes négatives ne laissent passer que les demi-ondes de même signe qu'elles.

Drehstrom-Brückenschaltung f
Anordnung von sechs Leistungsdioden in einem Drehstromgenerator, bei der jeweils drei an der Plusseite bzw. an der Minusseite liegen. Die in den drei Phasen erzeugten positiven Halbwellen wandern über die Plusdioden zur Batterie, die negativen Halbwellen über die Minusdioden.

three-point mounting
→ three-point suspension

three-point seatbelt [safety]

ceinture f de sécurité à trois points,

ceinture f trois points, ceinture f combinée (diagonale et ventrale)
Ceinture de sécurité à trois points de fixation.

Dreipunkt-Sicherheitsgurt *m*, **Dreipunktgurt** *m*
Sicherheitsgurt mit drei Verankerungspunkten.

three-point suspension [engine]
also: three-point mounting

suspension f à trois points, montage m à trois points
Suspension du moteur en trois points par silentblocs.

Dreipunktaufhängung *f*, **Dreipunktlagerung** *f*
Abfederung des Motors an drei Stellen durch Gummipuffer.

three-port two-stroke engine [engine]

moteur m deux temps à trois lumières
Dans ce type de moteur deux temps, trois conduits débouchent dans le cylindre: le conduit d'aspiration, le conduit d'échappement et le canal de transfert.

Dreikanal-Zweitaktmotor *m*, **Motor** *m* **mit Querstromspülung**
Bei diesem Zweitaktmotor münden drei Kanäle in den Zylinder: der Einlaßkanal, der Auslaßkanal und der Überströmkanal.

three-quarter(s) floating axle [vehicle construction]

essieu m trois quarts flottant
Dans ce montage du pont arrière, la roue tractrice est clavetée sur l'extrémité du demi-arbre et l'extrémité de la trompette pénètre dans le moyeu où elle est soutenue directement par un roulement.

Dreiviertelachse f
Bei dieser Hinterachsausführung ist das Antriebsrad mit dem Radwellenende fest verbunden. Das Ende des Hinterachstrichters wird durch die Radnabe geführt und dort durch ein Lager abgestützt.

three-way catalytic converter, three-way cat *(colloq.)* → three-way converter

three-way converter *(abbr.* **TWC**) [emission control]
also: three-way catalytic converter, three-way cat *(colloq.)*

pot m catalytique à trois voies (ou 3 voies), pot m catalytique tri-fonctionnel, épurateur m catalytique trois voies, catalyseur m à trois voies
Pot catalytique qui agit sur les trois polluants: monoxide de carbone, hydrocarbures imbrûlées et oxydes d'azote.

Dreiweg(e)katalysator *m*, **Dreiweg(e)-Kat** *m (colloq.)*
Ein Katalysator, der die drei Hauptschadstoffe Kohlenmonoxid, unverbrannte Kohlenwasserstoffe sowie die Stickoxide reduziert.

throttle *n* [carburetor]

papillon m (de gaz)
Une valve située dans le carburateur pour régler le flux de carburant.

Drosselklappe *f*, **Drossel** *f*
Ein im Vergaser befindliches Ventil, das den Zufluß von Kraftstoff regelt.

throttle control lever [carburetor]

levier m de commande de papillon(s)
Levier qui commande l'ouverture du papillon ou des papillons des gaz et qui est relié à la pédale des gaz.

throttle flap switch 522

Betätigungshebel m der Drosselklappe, Drosselklappenhebel m
Hebel zur Steuerung der Drosselklappenöffnung vom Gaspedal aus.

throttle flap switch → throttle-valve switch

throttle pedal control linkage → carburetor linkage

throttle plate [carburetor]
also: butterfly

papillon m anti-retour, papillon m de réglage
Papillon pivotant sur un axe et monté dans l'ensemble venturi d'un régulateur à dépression (moteur diesel). Il est relié à la pédale d'accélérateur par un système de tringlerie.

Regelklappe f
Drehbare Regelklappe im Venturirohr eines Unterdruckreglers bei Dieselmotoren. Sie ist über Gestänge mit dem Fahrpedal verbunden.

throttle stop → throttle stop screw

throttle stop screw [carburetor]
(See Ill. 8 p. 90)
also: throttle valve stop screw, throttle stop, slow-running screw (GB)

vis f de butée du papillon des gaz, vis f de nombre de tours
Vis servant à régler l'ouverture du papillon des gaz dans un carburateur. Grâce à cette vis, il est possible de modifier légèrement le régime du moteur lors du réglage du ralenti.

Drosselklappenanschlagschraube m, Leerlaufanschlagschraube m, Begren-zungsschraube f für Drosselklappenspaltmaß
Schraube zur Einstellung des Drosselklappenspaltes. Beim Einregulieren des Leerlaufs wird mit Hilfe dieser Schraube die Motordrehzahl geringfügig geändert.

throttle valve [carburetor]
(See Ill. 8 p. 90)

papillon m des gaz, clapet m de carburateur, accélérateur m, volet m de marche
Dispositif de réglage du mélange d'air et de carburant aspiré par le moteur. Le papillon des gaz est commandé par la pédale d'accélérateur et il pivote sur un axe à la sortie de la chambre de mélange du carburateur.

Drosselklappe f
Klappe des Vergasers, die am Ausgang der Mischkammer auf einer Welle drehbar angeordnet ist und der Regelung des vom Motor angesaugten Kraftstoff-Luft-Gemisches dient. Sie wird vom Gaspedal gesteuert.

throttle valve stop screw → throttle stop screw

throttle valve switch [injection]
(See Ill. 16 p. 196)
also: throttle flap switch

contacteur m de papillon d'air
Contacteur que l'on rencontre dans les systèmes d'injection électronique ou les allumages transistorisés et sur lequel agit le papillon commandant l'arrivée d'air.

Drosselklappenschalter m
Schalter, der bei der elektronischen Benzineinspritzanlage bzw. Transistorzündung von der Drosselklappe, die die Luftzufuhr steuert, betätigt wird.

throttling pintle nozzle [injection]

injecteur m à étranglement
Injecteur dont le téton permet d'obtenir une pré-injection lorsque l'aiguille commence à se soulever de son siège. Vers la fin de la course de l'aiguille, la section de passage s'élargit et le débit de combustible injecté atteint sa valeur maximale.

Drosselzapfendüse f, Drosseldüse f
Einspritzdüse, deren Zapfen so ausgebildet ist, daß eine Voreinspritzung durch einen Ringspalt beim Anheben der Nadel erfolgt. Gegen Ende des Nadelhubs wird die Durchflußöffnung größer, so daß der Kraftstoff voll eingespritzt wird.

throwout bearing → release bearing

throwout fork → clutch fork

throwout lever → clutch release lever

thrust ball bearing [clutch]

butée f à billes
Pièce de l'embrayage monodisque. Au débrayage la butée à billes est actionnée par la fourchette et agit sur la bague de débrayage ou le diaphragme. Dans la plupart des voitures les butées à billes sont graissées une fois pour toutes chez le fabricant, alors que dans les camions elles doivent être regraissées à intervalles réguliers.

Kugeldrucklager n, Kugelausrücklager
Teil der Einscheibenkupplung. Beim Auskuppeln wird das Kugeldrucklager von der Ausrückgabel gegen den Ausrückring bzw. die Tellerfeder gedrückt. Bei den Pkw werden die Kugeldrucklager meist im Herstellwerk ein für allemal geschmiert, während sie bei den Lkw regelmäßig nachgeschmiert werden.

thrust bearing → release bearing

thrust fork → clutch fork

thrust plate → pressure plate

thrust spring → clutch spring

thumb nut → wing nut

thumb screw → knurled-head screw

tickler → needle valve tickler

tickover *n* (GB) → idle running

tie bar (US) [steering]
(See Ill. 32 p. 493)
also: tie rod (US), track rod (GB), steering tie rod (US), steering track rod (GB), ball-jointed track rod

barre f de connexion, barre d'accouplement, barre f d'assemblage, bielle f de connexion
Pièce de la timonerie de direction reliant les leviers de fusée. Dans les essieux rigides elle est d'un seul tenant. Dans les essieux brisés, elle se divise en deux ou trois éléments s'articulant sur des rotules.

Spurstange f, Lenkspurstange f, Lenkverbindungsstange f
Teil des Lenkgestänges zur Verbindung der Spurstangenhebel (bei Starrachsen ungeteilt). Bei Pendelachsen sind die Spurstangen zwei- oder dreigeteilt und mit Kugelgelenken miteinander verbunden.

tie rod (US) → tie bar (US)

tilting sunroof [accessories]

toit m ouvrant (entrebâillant)

time-delay relay

Toit ouvrant d'une voiture qui ne s'ouvre pas en coulissant mais qui peut être projeté vers le haut au moyen d'une poignée.

Hubdach n (Abk. HD)
Ein Pkw-Dach, das sich nicht schiebend öffnen läßt (→ Schiebedach), sondern das mittels eines Griffs ein Stück nach oben ausgestellt werden kann.

time-delay relay → time-lag relay

time-lag relay [electrical system]
also: time-delay relay, timing relay, slow-acting relay, slow-release relay, delayed relay

relais m temporisé, relais m à retardement
Relais dans lequel les contacts du circuit de puissance ne sont actionnés que quelques secondes après le passage du courant ou la coupure de celui-ci dans l'enroulement d'excitation de la bobine. On trouve des relais temporisés dans les lave-glace automatiques, les commutateurs à minuterie et les boîtes clignotantes.

Verzögerungsrelais n, Zeitrelais n
Relais, bei dem die Kontakte im Arbeitskreis erst einige Sekunden nach dem Ein- oder Ausschalten des Steuerstromes in der Erregerwicklung betätigt werden. Verzögerungsrelais finden bei der Scheibenwaschautomatik als Wischwaschgeber, bei Intervallschaltern und bei Blinkanlagen Verwendung.

timer → contact breaker

timer core → trigger wheel

timing adjustment [engine]

calage m de la distribution
Réglage des moments d'ouverture et de fermeture des soupapes d'admission et d'échappement par rapport à la position angulaire du vilebrequin.

Steuerungseinstellung f
Einstellung der Öffnungs- und Schließzeiten der Einlaß- und Auslaßventile mit Bezug auf die Winkellage der Kurbelwelle.

timing advance device → injection timing mechanism

timing belt → toothed belt

timing case → timing gear case

timing chain [engine] (See Ill. 17 p. 202)
also: valve operating chain

chaîne f de distribution
C'est par l'intermédiaire de la chaîne de distribution que le pignon de distribution est entraîné par le pignon d'attaque du vilebrequin.

Steuerkette f
Das Nockenwellenrad wird über die Steuerkette vom Kurbelwellenrad angetrieben.

timing contacts → trigger contacts

timing device *(for injection)* → injection timing mechanism

timing gear [engine]
also: control gear

pignon m de distribution
C'est par l'intermédiaire de la chaîne de distribution que le pignon de distribution est entraîné par le pignon d'attaque du vilebrequin.

Nockenwellenrad n

Das Nockenwellenrad wird über die Steuerkette vom Kurbelwellenrad angetrieben.

timing gear case [engine]
(See Ill. 17 p. 202)
also: timing case

carter m de distribution
Carter vissé sur le bloc-moteur et abritant le pignon de distribution monté sur l'arbre à cames.

Steuergehäuse n
Gehäuse, das auf dem Motorblock aufgeschraubt ist. Hinter dem Steuergehäuse befindet sich das auf der Nockenwelle aufgesteckte Nockenwellenrad.

timing light → stroboscopic timing light

timing mark [ignition]

repère m de calage
Repère figurant sur le carter-moteur et qui, lors du calage de l'allumage, doit coïncider avec le repère du volant-moteur ou de la poulie.

Zündeinstellmarke f, Markierung f für die Zündeinstellung
Markierung auf Motorgehäuse, die bei der Zündzeitpunkteinstellung mit einer Markierung auf der Schwungscheibe bzw. auf der Riemenscheibe fluchten soll.

timing relay → time-lag relay

timing shaft (US) → distributor shaft (GB)

timing strobe → stroboscopic timing light

tin [materials]

étain m

Métal d'un blanc d'argent brillant, malléable et ductile, un peu plus dur que le plomb. L'étain résiste à l'action de l'air et de l'eau. Grâce à l'étamage, un couche d'étain est déposée sur la surface de pièces métalliques pour les préserver de l'oxydation.

Zinn m
Silberweiß glänzendes, weiches und dehnbares Metall, das etwas härter als Blei ist. Zinn ist gegen Wasser und Luft beständig. Durch Eintauchen in geschmolzenes Zinn (Verzinnung) werden Metallteile mit einer Schutzschicht gegen Korrosion überzogen.

tip circle [mechanical engineering]

cercle m de tête
Dans un engrenage le cercle de tête relie les sommets de toutes les dents.

Kopfkreis m
Bei Zahnrädern bildet der Kopfkreis die Begrenzungslinie aller Zahnköpfe.

tipper (GB) → dump truck

tipper (GB) → dumper

tipping lorry (GB) → dump truck

tire *n* [tires] (See Ill. 32 p. 493)
also: pneumatic tire, tyre *n* (GB *oldfashioned*)

pneu m, pneumatique m, enveloppe f
Partie de la roue du véhicule enveloppant la jante. On distingue les pneus à chambre à air et les pneus sans chambre dits "tubeless". Le pneumatique est généralement désigné par deux chiffres. Le premier (E) indique la largeur de l'enveloppe et le second (J) le diamètre de la jante au siège du pneumatique. Ensuite s'ajoutent des

symboles reconnus sur le plan international:
S (speed) = vitesse max. admise 150, 160 ou 175 km/h suivant le diamètre de jante.
H (high speed) = vitesse max. admise 200 km/h.
SR (pneu à carcasse radiale) = vitesse max. admise 180 km/h.
HR (pneu à carcasse radiale) = vitesse de 180 à 210 km/h.
VR (pneu à carcasse radiale) = vitesse au-delà de 210 km/h.
Les principales composantes du pneumatique sont la carcasse, les nappes de sommet, la bande de roulement, le flanc et le talon avec tringle. Le pneu à carcasse diagonale, dont les nappes de fils superposées se croisent en diagonale, a été remplacé par le pneu à carcasse radiale, dans lequel les plis sont disposés dans le sens radial d'un talon à l'autre. Dans cette dernière version, quoique la gomme de flanc plus souple ait tendance à la déformation, — ce qui donne l'impression d'une pression de gonflage insuffisante — le contact de la bande de roulement sur la chaussée assure une meilleure adhérence qu'avec le pneu à carcasse diagonale. De même le pneu radial présente une meilleure motricité, une meilleure tenue au freinage, une plus grande stabilité dans les virages et sa résistance au roulement est faible.
Les pneus à carcasse radiale sont équipés, entre autres, d'une ceinture textile ou d'une ceinture métallique. Les modèles à ceinture textile sont, il est vrai, plus confortables, mais leur longévité est moindre que celle des pneus à ceinture métallique, dont le coût est plus élevé.
Depuis de nombreuses années, le pneu taille basse ou pneu large s'implante de plus en plus sur le marché. La tendance est en effet à la fabrication de pneus dont le coefficient d'aspect (rapport entre largeur et hauteur), qui normalement se situe à 80, descend jusqu'à 60 ou 50. Grâce à l'élargissement de la bande de roulement, ils ont une meilleure tenue de route, mais ils sont grands consommateurs de puissance, ce qui équivaut à augmenter la consommation de carburant.

*Reifen m, Autoreifen m, Luftreifen m (pl. auch: **Luftbereifung**), Decke f (nur fachspr.); (pl. auch:) **Bereifung** f*
Teil eines Rades rund um die Felge. Es gibt Reifen mit Gummischlauch sowie schlauchlose Reifen. Im allgemeinen werden die Reifen durch zwei Zahlen gekennzeichnet, die auf Reifenbreite und Felgendurchmesser hinweisen. Hinzu kommen international anerkannte Kennzeichen:
S (speed) = zul. Höchstgeschwindigkeit 150, 160 oder 175 km/h je nach dem Felgendurchmesser.
H (high speed) = zul. Höchstgeschwindigkeit 200 km/h.
SR (Radialreifen) = zul. Höchstgeschwindigkeit 180 km/h.
HR (Radialreifen) = Geschwindigkeit von 180—210 km/h.
VR (Radialreifen) = Geschwindigkeit über 210 km/h.
Die wesentlichen Teile eines Reifens sind der Gewebeunterbau (Reifenunterbau, Karkasse), der Zwischenbau, der Laufstreifen (Lauffläche, Protektor), der Seitengummi und der Wulst mit Drahtkern. Die früher verwendeten Diagonalreifen mit Kordfäden, die sich diagonal zur Reifenachse übereinander kreuzen, sind gänzlich durch die Radialreifen (Gürtelreifen) zurückgedrängt worden, bei deren Karkasse die Fäden der Kordgewebelagen radial von einem Wulst zum andern verlaufen. Obwohl die Flanken beim Radialreifen zur Verformung neigen, so daß

der Eindruck entsteht, es mangele an Luftdruck, ist der Fahrbahnkontakt besser als beim Diagonalreifen, ebenso der Lauf, das Bremsverhalten und die Kurvenfestigkeit. Auch ist der Rollwiderstand geringer.
Radialreifen werden u.a. mit Textil- und Stahlgürtel gebaut. Textilgürtelreifen bieten zwar einen größeren Fahrkomfort als die Stahlgürtelreifen, haben dagegen eine kürzere Lebensdauer. Seit vielen Jahren gewinnt der Niederquerschnitts-Reifen immer mehr an Bedeutung. Die Entwicklung geht nämlich dahin, Reifen mit niedrigerem Querschnittsverhältnis (Verhältnis der Querschnittshöhe zur Reifenbreite) herzustellen. Bisher lag das Verhältnis bei 0,80, jedoch werden Querschnittsverhältnisse von 0,60 und sogar 0,50 angestrebt. Bei gleicher Höhe besitzt der Niederquerschnittsreifen einen breiteren Laufstreifen. Er verformt sich kaum bei Kurvenfahrt, wodurch die Straßenlage verbessert wird. Allerdings ist sein Leistungsbedarf größer, was sich negativ im Kraftstoffverbrauch auswirkt.

tire cap → tread *n*

tire carcass → carcass

tire contact patch → contact patch

tire footprint → contact patch

tire gage (US) *or* **gauge** (GB) [instruments]
also: inflation pressure gage (US) *or* gauge (GB)

contrôleur m de pression des pneus
Manomètre pouvant se présenter sous forme de crayon ou de montre avec une échelle graduée de 0 à 3 ou 10 bars.

Reifendruckprüfer m, Luftdruckprüfer
Manometer in Stab- oder Uhrform mit einem Skalenbereich bis zu 3 oder 10 bar.

tire inflating pressure [tires]
also: tire pressure, inflation pressure

pression f de gonflage des pneumatiques
Pression de gonflage prescrite par le fabricant. Elle figure souvent sur un autocollant placé sur le tableau de bord ou sur la portière côté conducteur. Elle n'est valable que pour les pneus à froid. On se gardera de soutirer de l'air des pneus dont la pression a augmenté par suite d'échauffement. En cas de pression trop élevée, une usure précoce peut se manifester au centre du pneumatique. Si, au contraire, la pression est trop basse, l'usure interviendra des deux côtés de la bande de roulement.

Reifenfülldruck m, Reifendruck m, Reifenluftdruck m, Luftdruck m (in einem Reifen)
Vom Hersteller vorgeschriebener Druck zum Aufpumpen der Fahrzeugreifen. Die Fülldruckwerte sind meist auf einem Aufkleber an der Armaturentafel bzw. an der Vordertür links angegeben. Sie gelten nur für kalte Reifen. Der durch die Erwärmung des Reifens angestiegene Druck soll nicht durch Abzapfen herabgesetzt werden. Bei zu hohem Reifenfülldruck machen sich Verschleißspuren in der Reifenmitte bemerkbar. Ist der Fülldruck zu niedrig, tritt der Verschleiß beiderseits der Lauffläche auf.

tire inflation tank [equipment]

bouteille f d'air pour gonflage des pneumatiques
Bouteille qui, dans une installation de

tire inflator

freins à air comprimé, se trouve directement derrière le compresseur et sert non seulement au gonflage des pneumatiques mais aussi au filtrage de l'huile et des vapeurs d'eau que contient l'air comprimé.

Reifenfüllflasche f
Flasche hinter dem Kompressor einer Druckluftbremsanlage, die nicht nur zum Aufpumpen der Reifen, sondern auch zur Filterung von Öl und Wasserdampf aus der Druckluft dient.

tire inflator [maintenance]

gonfleur m de pneus
Appareil se présentant le plus souvent en version portable avec manomètre et réservoir d'air incorporé. Généralement il possède une touche positive et une touche négative respectivement pour l'entrée et la sortie d'air.

Reifenfüll- und Prüfgerät n
Meist tragbares Gerät mit Manometer und eingebautem Luftbehälter sowie Plus- und Minustaste für Luftzufuhr bzw. Luftablassen.

tire iron → tire mounting lever

tire mounting lever [tools]
also: tire iron, hooked tire lever (US)

démonte-pneu m
Levier à extrémité légèrement recourbée et bords arrondis permettant de retirer un pneu de voiture de sa jante.

Reifenmontierhebel m, Montiereisen n
Flacher Hebel mit gebogener Spitze und abgerundeten Kanten, mit dem der Autoreifen von der Felge abgenommen wird.

tire pressure → tire inflating pressure

tire pressure chart [maintenance]

tableau m de pression de gonflage
1. Tableau qui s'applique essentiellement aux poids lourds. Il indique la pression de gonflage en bars = kgf/cm^2 pour divers types de pneu selon les charges sur essieu (en kg).
2. Tableau à l'usage des stations-service, dans lequel figure la pression de gonflage pour les pneus de la plupart des modèles de voiture.

Reifendrucktabelle f
1. Tabelle, die vor allem für Lkw und Lastzüge Anwendung findet. Sie gibt Aufschluß über den Reifenüberdruck in bar = kp/cm^2 für die verschiedenen Reifenarten je nach der Achslast (kg).
2. Tabelle für Reparaturwerkstatt und Reifendienst, in der die Reifenfülldrücke für die meisten Autofabrikate aufgeführt sind.

tire pressure warning lamp → puncture indicator

tire recapping → recapping n

tire rotation [maintenance]

permutation f des roues, croisement m des roues
Quelques constructeurs automobiles recommandent de permuter les roues au terme d'un certain kilométrage, afin d'obtenir une meilleure répartition de l'usure des pneumatiques. La permutation s'effectue de chaque côté ou en diagonale. Toutefois ce procédé a ses détracteurs. En effet, des défauts affectant la direction, les amortisseurs ou des articulations peuvent passer inaperçus, car, en cas de permutation des roues, ces défauts n'ont pas le temps de laisser leur empreinte sur le relief du pneumatique.

Radtausch m
Automobilhersteller empfehlen, die Räder nach gewisser Laufzeit untereinander auszutauschen, um einen gleichmäßigen Reifenverschleiß zu erwirken. Die Räder einer Seite werden miteinander ausgetauscht oder der Radtausch erfolgt kreuzweise. Über die Wirksamkeit des Radtausches sind jedoch die Meinungen geteilt. Fehler der Lenkung, der Stoßdämpfer sowie der Gelenke können nämlich durch das Austauschen der Räder verschleiert werden, weil bestimmte Fehlerquellen dann nicht genügend Zeit haben, ihre Kennmarken auf dem Reifenprofil zu hinterlassen.

tire tread → tread *n*

tire valve → valve

tire wear [tires]
also: tread wear

usure f des pneu(matique)s
Usure normale ou accélérée des pneumatiques dont l'état des sculptures peut être révélateur. Une pression de gonflage insuffisante peut occasionner l'usure des sculptures latérales et parfois même la destruction de la carcasse. En revanche, une pression de gonflage excessive se traduira par une usure anormale des sculptures centrales. Si le carrossage est mal réglé, l'usure sera irrégulière et la bande de roulement s'élimera d'un seul côté. Enfin des gommages dans les sculptures peuvent être imputables à des amortisseurs ou des roulements défectueux, à un balourd ou à une direction déficiente.

Reifenabnutzung f, Reifenverschleiß m
Normale oder vorzeitige Abnutzung der Reifen, die am Reifenprofil festgestellt werden kann. Ein zu geringer Luftdruck kann zur Abnutzung der Profilränder und im Extremfall zur Zerstörung der Karkasse führen. Ein zu hoher Luftdruck dagegen macht sich durch eine erhöhte Abnutzung der Profilmitte bemerkbar. Bei einem falsch eingestellten Radsturz ist der Verschleiß ungleichmäßig, das Reifenprofil wird einseitig abgefahren. Schließlich können Auswaschungen im Profil auf Unwucht, defekte Stoßdämpfer, Lager oder Lenkungsteile zurückzuführen sein.

TML = tetramethyl lead

t.o.c. = twin overhead camshaft

toe *n* [wheels] (See Ill. 36 p. 584)

parallélisme m, pincement m
Inclinaison de plan de la roue par rapport au sens de la marche.

Spur f
Schrägstellung der Radebene zur Fahrtrichtung.

toe-in *n* [wheels] (See Ill. 36 p. 584)

fermeture f, parallélisme m positif, pincement m
Légère convergence dans le sens de la marche des roues avant non motrices se trouvant au repos. Il s'agit en fait de la différence relevée entre les deux roues d'un essieu, la mesure étant prise à mi-hauteur de ces dernières, sur le rebord de jante à l'avant et à l'arrière. En raison des réactions du sol sur les roues avant, celles-ci tendent en effet à s'ouvrir si elles sont poussées par le châssis (traction arrière). Etant donné que les jantes se voilent légèrement à l'usage, il faut veiller que la mesure de l'écartement se fasse exactement au même endroit du rebord de la

jante à l'avant et à l'arrière de la roue, c'est-à-dire que celle-ci devra accomplir une demi-rotation entre les deux prises de mesure. Il convient également que les roues prennent une position de marche normale en ligne droite (point médian du boîtier de direction). Le cas échéant, le parallélisme sera corrigé sur la longueur de la barre de connexion. Chaque fabricant fournit des indications sur l'état de charge du véhicule dont le parallélisme est à vérifier. Toutefois les conditions d'un résultat optimum sont une direction et des amortisseurs en bon état et une pression réglementaire de gonflage des pneus.
Des traces d'usure ondulées ou en dents de scie sur le bord de la bande de roulement d'un pneu sont l'indice d'un parallélisme mal réglé.

Vorspur f, positive Spur
Geringe Schrägstellung der nicht angetriebenen Vorderräder im Stand, die vorn etwas näher zusammenstehen als hinten. Die Vorspur ist der Unterschiedsbetrag zwischen dem vorderen und hinteren Felgenkantenabstand der beiden Räder einer Achse auf halber Höhe. Durch die Fahrwiderstände zwischen Rad und Fahrbahn werden nämlich die Vorderräder während der Fahrt vorne auseinandergedrückt, wenn sie vom Fahrgestell geschoben sind (Hinterradantrieb). Weil die Felgen immer auf die Dauer etwas Schlag bekommen, muß das Nachmessen am Rad vorn und hinten genau an derselben Stelle erfolgen, d.h. das Rad soll zwischen beiden Meßvorgängen eine halbe Umdrehung vollführen. Ebenso ist darauf zu achten, daß die Räder im Fahrzustand gerade stehen. Gegebenenfalls wird die Vorspur an der Spurstangenlänge nachgestellt. Schließlich gibt der Automobilhersteller

Auskunft darüber, ob die Messung im belasteten oder unbelasteten Zustand des Wagens vorgenommen wird. Grundvoraussetzung für optimale Meßergebnisse ist jedoch der einwandfreie Zustand der Lenkung und der Stoßdämpfer sowie der vorschriftsmäßige Reifendruck.
Zähnezahn- bzw. wellenförmige Verschleißspuren auf der Lauffläche eines Reifens sind Anzeichen einer falsch eingestellten Vorspur.

toe-out *n* [wheels] (See Ill. 36 p. 584)

ouverture f, parallélisme m négatif
Dans les véhicules à traction avant, les roues avant s'écartent légèrement dans le sens de la marche à l'état de repos.

Nachspur f, negative Spur
Bei Fahrzeugen mit Frontantrieb stehen die Vorderräder in Ruhestellung vorn etwas auseinander.

toothed belt [engine]
also: drive belt, timing belt

courroie f de distribution
Dispositif, normalement sous forme d'une courroie crantée, pour entraîner l'arbre à cames d'un moteur à arbres à cames en tête.

Zahnriemen m
Ein Riemen mit zahnartigen Ausformungen, der z.B. bei einem OHC-Motor die Nockenwelle antreibt.

toothed belt [mechanical engineering]
also: cogged belt

courroie f crantée
Courroie, dentelée sur sa face interne, et qui permet la transmission de forces sans glissement.

Zahnriemen m
Riemen mit Zähnen an der Innenseite zur schlupffreien Übertragung von Drehmomenten.

toothed quadrant → gear segment

tooth flank [mechanical engineering]

flanc m de dent
Partie du profil d'une dent d'engrenage comprise entre le cercle primitif et le fond de la dent.

Zahnflanke f
Die zwischen Teilkreis und Lückengrund liegende Seitenfläche eines Zahnes.

tooth lock washer [mechanical engineering]

rondelle f plate à crans
Frein à sécurité relative agissant par friction et s'opposant au desserrage d'une vis par suite de trépidations.

federnde Zahnscheibe
Kraftschlüssige Schraubensicherung, die das Lockern einer Schraube durch Erschütterung verhindern soll.

tooth pitch [mechanical engineering]

pas m de dents, pas m d'engrenage
Distance sur un cercle primitif entre les plans médians de deux dents consécutives d'un pignon ou d'une roue dentée.

Zahnteilung f, Teilung f
Auf dem Teilkreis gemessener Abstand zweier aufeinanderfolgender Zähne von Mitte zu Mitte.

tooth thickness [mechanical engineering]

épaisseur f de dent
L'épaisseur de la dent d'une roue dentée est relevée sur le cercle primitif de cette roue.

Zahndicke f
Auf dem Teilkreis gemessene Dicke eines Zahnrads.

top antenna (US) → roof antenna (US)

top dead center (US) *or* **centre** (GB) *(abbr.* **T.D.C.**) [engine]
also: outer dead center (US) *or* centre (GB)

point m mort haut (abr. P.M.H.)
Fin de la course ascendante du piston dans la partie supérieure du cylindre. Dès lors le piston se trouve au point mort haut, lorsqu'il est au point le plus éloigné du vilebrequin et en même temps le plus proche de la culasse. Au point mort haut comme au point mort bas, la vitesse du piston est égale à zéro.

oberer Totpunkt (Abk. OT), äußerer Totpunkt, deckelseitiger Totpunkt, obere Totlage
Endlage des Kolbenhubs im oberen Zylinderteil. Der Kolben ist am oberen Totpunkt angelangt, wenn er von der Kurbelwelle am weitesten entfernt und dem Zylinderkopf am nächsten ist. Im oberen wie im unteren Totpunkt gilt die Kolbengeschwindigkeit als gleich Null.

top gasoline [chemistry, fuels]

essence f directe
Produit de la distillation fractionnée continue du pétrole. Il est surtout composé d'alcanes et de cycloalcanes.

Straightrun-Benzin n (Abk. SR-Benzin), Topbenzin n
Produkt aus der fraktionierten Destilla-

tion von Rohöl. Es besteht hauptsächlich aus Alkanen und Cycloalkanen.

top gear [transmission]
also: highest gear

> *vitesse f supérieure (quatrième ou cinquième rapport)*
> Dans la boîte manuelle à quatre vitesses, le rapport d'engrenages est de 1:1 pour la quatrième vitesse, la vitesse d'entrée équivalant à la vitesse de sortie (prise directe). Si on y ajoute un rapport final de 4:1 par exemple, on obtient pour cette même quatrième vitesse une démultiplication totale de 4:1, quatre tours de vilebrequin correspondant à un tour de roue motrice.

> *höchster Gang (vierter oder fünfter Gang)*
> Beim Vierganggetriebe liegt die Übersetzung des vierten Ganges meist bei 1:1 (direkter Gang). In dem Falle ist die Getriebeeingangsdrehzahl gleich der Getriebeausgangsdrehzahl. Rechnet man die Übersetzung des Achsantriebs hinzu, z.B. 4:1, so ergibt sich für den vierten Gang ein Untersetzungsverhältnis von insgesamt 4:1, d.h. vier Kurbelwellenumdrehungen entsprechen einer Umdrehung des Antriebsrades.Heute sind Fünfganggetriebe üblich.

top gear → direct drive

top hose stub→ radiator inlet connection

top piston ring [engine]
(See Ill. 26 p. 378)

> *segment m de feu, segment m "coup de feu"*
> Premier segment du piston. Il est en règle générale chromé sur toute sa périphérie, car il est particulièrement exposé à l'action corrosive des gaz brûlés et, de surcroît, il est le moins lubrifié. Le chromage assure également une plus longue durée de service.

> *Feuerring m, Topring m, Obenring m*
> Oberster Kolbenring, der auf dem ganzen Umfang verchromt ist, weil er am wenigsten geschmiert wird und der korrodierenden Wirkung der verbrannten Gase ausgesetzt ist. Durch Verchromen wird die Lebensdauer der Feuerringe erheblich erhöht.

tops *pl* [chemistry, fuels]

> *fractions fpl de tête*
> Gaz (méthane, éthane, propane et butane) obtenus en tête de tour lors de la distillation atmosphérique du pétrole brut.

> *Kopfprodukte npl, Topgase npl*
> Gase (Methan, Ethan, Propan und Butan), die bei der Topdestillation des Erdöls an der Spitze der Destillationskolonne anfallen.

top tank → radiator top tank

top-up plug → oil level plug

top-up water → distilled water

top wishbone [suspension]
(See Ill. 35 p. 542)
also: upper whishbone

> *bras m triangulaire supérieur, levier m triangulé supérieur*
> Elément supérieur de la suspension par quadrilatères. Il s'articule au moyen d'une rotule sur le porte-fusée et pivote sur la coque.

> *oberer Dreieckslenker*

Oberer Teil der Doppel-Querlenker-Radaufhängung. Er ist einerseits mit der Karosserie oder dem Fahrgestell drehbar verbunden und andererseits am Achsschenkelträger über ein Kugelgelenk angeschlossen.

torque *n* [mechanical engineering]
(*see also:* engine torque)

couple m
Le produit de force x bras de levier d'une mouvement tournante, p.e. au serrage d'une vis.

Drehmoment n
Das Produkt aus Kraft und Hebelarm bei einer drehenden Bewegung, zum Beispiel beim Anziehen von Schrauben.

torque arm → stabilizer

torque converter [transmission]
(See Ill. 34 p. 534)
also: hydraulic torque converter, hydrodynamic torque converter, converter *(for short)*

convertisseur m hydraulique de couple, convertisseur m hydrocinétique
Le convertisseur hydraulique est dérivé du coupleur hydraulique. Il se compose essentiellement d'une pompe ou impulseur, d'une turbine réceptrice et d'un stator ou réacteur se trouvant tous trois dans un carter hermétique rempli d'huile. La pompe est entraînée de manière permanente par l'arbre moteur. En raison de la force centrifuge à laquelle l'huile est soumise, celle-ci est projetée de l'aubage de la pompe, elle pénètre dans la turbine réceptrice et reflue vers l'aubage de la pompe après avoir traversé le stator. Contrairement au coupleur hydraulique, le convertisseur de couple permet une augmentation continue du couple moteur pouvant atteindre le quadruple de sa valeur selon le rapport vitesse de turbine/vitesse de pompe.

Drehmomentwandler m, hydrodynamischer Drehmomentwandler, Strömungswandler m, Föttinger-Wandler m, hydrodynamisches Getriebe
Der Drehmomentwandler ist aus der Strömungskupplung hervorgegangen und setzt sich normalerweise aus einem Pumpenrad, einem Turbinenrad und einem Leitrad (Stator) zusammen, die in einem abgeschlossenen, ölgefüllten Gehäuse untergebracht sind. Die Pumpe wird dauernd von der Motorwelle angetrieben. Durch die Fliehkraft wird das Öl aus den Pumpenschaufeln in das Turbinenrad hineingeschleudert und strömt über das Leitrad zum Pumpenrad zurück. Im Gegensatz zur hydraulischen Kupplung ist beim Strömungswandler eine stufenlose Drehmomentsteigerung bis auf das vierfache je nach dem Drehzahlverhältnis zwischen Pumpe und Turbine möglich.

torque stabilizer [suspension]

barre f stabilisatrice, barre f de stabilisation
Barre de torsion en forme d'U écrasé disposée perpendiculairement au sens de la marche du véhicule et solidaire de ce dernier par l'intermédiaire de deux silentblocs. Les extrémités de la barre de torsion sont reliées à l'essieu.

Drehstabstabilisator m
Quer zur Fahrtrichtung angeordneter, U-förmiger Torsionsfederstab, dessen Schenkel mit der Achse verbunden sind. Er ist über zwei Gummilager am Fahrzeug befestigt.

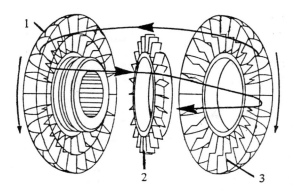

1 turbine
2 reactor
3 impeller

Ill. 34: torque converter

torque tube [vehicle construction]

tube m central, tube m de réaction
Tube prolongeant le boîtier du différentiel dans le sens de la marche du véhicule, enveloppant l'arbre de transmission longitudinal et s'articulant à la boîte de vitesses.

Reaktionsrohr n
Rohr, welches das Differentialgehäuse in Fahrtrichtung verlängert, die Gelenkwelle umschließt und mit dem Getriebe gelenkig verbunden ist.

torque wrench [tools]

clé f dynamométrique, clé f à indicateur de couple, bras m dynamométrique
Clé de serrage indiquant sur un vernier la valeur du couple appliqué au serrage ou au desserrage.

Drehmomentschlüssel m, Drehmometer n
Schraubenschlüssel, der beim Anziehen bzw. Lösen die Größe des aufgebrachten Drehmomentes auf einer Skala anzeigt.

torsion bar [suspension]

barre f de torsion
Barre de section ronde en acier spécial. L'une de ses extrémités est fixée sur le châssis et l'autre sur un levier articulé à la roue. Lorsque celle-ci surmonte un obstacle, la barre se tord d'elle-même. Les barres de torsion ne pouvant en aucune façon travailler à la flexion, elles sont pour la plupart logées dans un tube.

Drehstab m, Torsionsstab m, Torsionsfederstab m, Drehstabfeder f, Drillstab m
Runder Stab aus hochwertigem Sonderstahl. Das eine Ende wird am Rahmen und das andere an einem Hebel des zu federnden Rades eingespannt. Bei der Radbewegung auf Bodenunebenheiten verdreht sich der Stab um seine Längsachse. Drehstäbe dürfen nicht auf Biegung beansprucht werden und werden deshalb häufig in einem Rohr geführt.

total contact area → contact patch

total driving resistance (*abbr.* **TDR**)
→ traction resistance

touch spark → break spark

touch-spark ignition → make-and-break ignition

touch-up lacquer [maintenance]
also: brush-on touch-up paint

peinture f pour retouches
Peinture pour éraflures et égratignures qui ne mettent pas le métal à nu.

Tupflack m
Lack für kleine Kratzer, die nicht bis auf das blanke Metall gehen.

touch-up paint spray → paint spray can

toughened (safety) glass [safety]

verre m trempé
Le verre trempé est obtenu par refroidissement brusque du verre porté à une température de 600° C voisine de la température de ramollissement au moyen de jets d'air comprimé ou de brouillard. Ainsi prennent naissance des contraintes superficielles, qui améliorent sensiblement la résistance du verre à la rupture ainsi que son élasticité. Lorsqu'il subit un choc violent, le verre trempé s'émiette au lieu de voler en éclats dangereux.

tow bar

Einschichten-Sicherheitsglas n, Einscheibensicherheitsglas n (Abk. ESG)
Einscheiben-Sicherheitsglas wird durch schroffes Abschrecken einer auf 600° C erhitzten Scheibe mit einem kalten Luftstrom erzeugt, wobei Druckspannungen in seiner Oberfläche entstehen. Diese Behandlung verbessert die Bruchfestigkeit sowie die Elastizität des Glases erheblich, so daß es bei starkem Stoß in kleine Körner zerfällt und nicht in gefährliche Splitter.

tow bar [equipment]
also: drag bar, towing rod

barre f de remorquage
Barre composée de plusieurs éléments et se terminant par un crochet à chaque extrémité pour fixation dans les œillets de remorquage.

Abschleppstange f
Mehrteilige bzw. zerlegbare Stange mit Abschlepphaken zum Einhängen in die gesetzlich vorgeschriebenen Abschleppösen.

towing eye [equipment]
also: towing lug

œillet m de remorquage
Œillet prévu à l'avant et à l'arrière de certains véhicules permettant le remorquage par câble.

Abschleppöse f
Vorn und hinten am Fahrzeug angebrachte Öse, die die Befestigung eines Abschleppseils gestattet.

towing hook [equipment]

crochet m de remorquage
Crochet fixé au châssis ou à un autre élément stabile qui permet le remorquage des autres voitures en panne.

Abschlepphaken m
Ein am Fahrzeugrahmen oder an einem anderen stabilen Element angebrachter Haken, der das Abschleppen anderer Fahrzeuge ermöglicht.

towing lug → towing eye

towing rod → tow bar

towing rope [equipment]

corde f de remorquage, élingue f de remorquage, câble m de remorquage
Œillet prévu à l'avant et à l'arrière de certains véhicules permettant le remorquage par câble.

Abschleppseil n
Vorn und hinten am Fahrzeug angebrachte Öse, die die Befestigung eines Abschleppseils gestattet.

tow truck (US) → breakdown vehicle

track *n* → track width

track arm → track rod arm

tracking *n* [vehicle construction]

alignement m des essieux
Position de l'essieu avant par rapport à l'essieu arrière.

Achsparallelität f
Stellung der Vorderachse zur Hinterachse.

tracking *n* [electrical system]

formation f de lignes de fuite
Formation de lignes parasites par l'humidité ou l'encrassement à la surface d'un isolant, favorisant le passage de courants de fuite.

Kriechwegbildung f
Unerwünschte Bildung von Kriechstromwegen durch Verschmutzung oder Feuchtigkeit an der Oberfläche eines Isolators (z.B. Zündkerze).

tracking circle diameter → turning lock

trackless trolley (US) [vehicle]
also: trolleybus (GB)

trolleybus m
Véhicule électrique roulant sur pneumatiques et affecté aux transports urbains. Il est alimenté par deux perches avec organe mobile de contact frottant sur une ligne aérienne bifilaire.

Oberleitungsomnibus m (Abk. O-Bus, Obus), Fahrleitungsomnibus m, Trolleybus m
Elektrisch angetriebenes Nahverkehrsmittel mit Lufttreifen, das seinen Fahrstrom einer zweipoligen Fahrleitung (Oberleitung) mit zwei Stromabnehmern entnimmt.

track-measuring instrument → alignment unit

track rod (GB) → tie bar (US)

track rod arm (GB) [steering]
also: track arm, steering swivel arm

levier m d'accouplement, levier m de fusée, bras m de direction
Dans l'épure de Jeantaud, les deux leviers de fusée sont reliés entre eux par la barre d'accouplement. Ils agissent sur les fusées et modifient de ce fait l'orientation des roues directrices.

Spurstangenhebel m, Lenkarm m
Im Lenktrapez sind die beiden Spurstangenhebel durch die Spurstange miteinander verbunden. Sie wirken auf die gelenkten Räder über die Achsschenkel.

track width [vehicle]
also: wheel track, track *n*, tread *n* (US)

voie f
Intervalle séparant les roues d'un même essieu et qui se mesure entre les plans moyens des roues à leur intersection avec le sol. Dans le cas de bandages jumelés, l'écartement est mesuré à partir d'un point central se situant entre les doubles pneus. La voie peut être différente à l'avant et à l'arrière du véhicule.

Spurweite f
Abstand der Reifenmitten einer Achse auf der Standebene. Bei doppelter Bereifung gilt der Abstand der Mitten der Zwillingsreifen. Die Spurweite kann an Vorder- und Hinterrädern unterschiedlich sein.

traction resistance [physics]
also: tractive resistance, total driving resistance (*abbr.* TDR)

résistance f à l'avancement
Somme de toutes les forces qui contrarient le déplacement d'un véhicule roulant. Ses diverses composantes sont la résistance au roulement, la résistance de l'air ou résistance aérodynamique, la résistance en côte et la résistance à l'accélération.

Fahrwiderstand m, Stirnwiderstand m
Summe aller die Bewegung eines Fahrzeugs hemmenden Gegenkräfte. Sie setzt sich aus Roll-, Luft-, Steigungs- und Beschleunigungswiderstand zusammen.

tractive resistance → traction resistance

tractive unit → truck-tractor train

tractor-trailer unit → truck-tractor train

trailer [vehicle construction]

remorque f
Véhicule à un essieu ou à plus d'essieux, sans moteur propre, destinée à être traînée par une autre.

Anhänger m
Ein- oder mehrachsiges Fahrzeug ohne eigenen Antrieb, das mit einem ziehenden Fahrzeug verbunden ist.

trailer brake valve [brakes]

valve f relais d'urgence
La valve relais d'urgence transmet aux cylindres de roues la pression de freinage qui lui vient du réservoir auxiliaire. En cas de rupture d'attelage elle assure le freinage automatique et immédiat de la remorque.

Anhängerbremsventil n
Das Anhängerbremsventil läßt die Druckluft aus dem Anhänger-Vorratsbehälter auf die Bremszylinder zuströmen. Bei Abreißen des Anhängers sorgt es dafür, daß der Anhänger sofort selbsttätig bremst.

trailer cable plug [electrical system]

fiche f de prise de remorque
Fiche normalisée à 13 broches.

Anhängerstecker m
Genormter dreizehnpoliger Stecker.

trailer coach → caravan

trailer control valve [brakes]

valve f de commande de la remorque
Dans un dispositif de freinage à air comprimé, on trouve à l'arrière du véhicule tracteur une valve qui commande le circuit de freinage de la remorque.

Anhängersteuerventil n
Bei der Druckluftbremsanlage befindet sich ein Anhängersteuerventil ganz hinten im Zugwagen zur Steuerung der Anhängerbremsanlage.

trailer lighting socket [electrical system]
also: seven-pin trailer-lighting socket, 12N socket, trailer receptacle

prise f de remorque
Prise de courant standardisée à 13 broches (anciennement 7)
L (fil jaune) = clignotant gauche
R (fil vert) = clignotant droit
58 L (fil noir) = feu AR gauche
58 R (fil brun) = feu AR droit
54 (fil rouge) = feux stop gauche et droit
54 G (fil bleu) = feu de brouillard de remorque
31 (fil blanc) = masse

Anhängersteckdose f
Steckdose mit dreizehn genormten Anschlüssen (früher 7).
L (Leitung gelb) = Blinkleuchte links
R (grün) = Blinkleuchte rechts
58 L (schwarz) = Schlußleuchte links
58 R (braun) = Schlußleuchte rechts
54 (rot) = beide Bremsleuchten
54 G (blau) = Nebelschlußleuchte des Anhängers
31 (weiß) = Masse

trailer receptacle → trailer lighting socket

trailing arm [suspension]
also: trailing link

bras m oscillant longitudinal, barre f longitudinale

Elément de la suspension à roues indépendantes d'une automobile.

Längslenker m
Ein Radaufhängungselement bei einem System mit einzeln aufgehängten Rädern.

trailing brake shoe [brakes]
(*opp.:* leading brake shoe)
also: trailing shoe, secondary brake shoe (US), secondary shoe (US)

mâchoire f secondaire, segment m secondaire, segment m tendu, secteur m tendu
Segment de frein s'appliquant sur le tambour dans le sens inverse de la marche du véhicule.

ablaufende Backe, Sekundärbacke f
Die gegen die Fahrtrichtung an die Trommel gepreßte Bremsbacke.

trailing link → trailing arm

trailing shoe → trailing brake shoe

transfer contact [electrical system]
also: change-over contact break-before-make, change-over relay, switching relay, two-way break-before-make contact

inverseur m
Combinaison d'un contact de travail et d'un contact de repos. Lorsque le courant de commande circule dans l'enroulement d'excitation, le contact de travail se ferme. S'il y a absence de courant de commande dans la bobine, le contact de repos est fermé.

Umschaltekontakt m, Umschaltrelais n, Umschaltglied n, Wechsler m
Kombiniertes Arbeits- und Ruhestromrelais. Bei stromdurchflossener Magnetspule wird der Arbeitskontakt geschaltet.

Ist dagegen die Magnetspule stromlos, bleibt der Ruhekontakt geschlossen.

transfer port [engine]

lumière f de transfert
Dans le moteur deux temps, le mélange pré-comprimé dans le carter étanche débouche dans le cylindre par un canal de transfert lors de la course descendante du piston.

Überströmschlitz m
In einem Zweitaktmotor strömt bei Abwärtsgang des Kolbens das im Kurbelgehäuse vorverdichtete Zweitaktgemisch durch den Überströmschlitz in den Zylinder.

transistor control unit → trigger box

transistor ignition system → transistorized ignition system

transistor ignition unit → trigger box

transistorized coil ignition (*abbr.* **TCI**) → transistorized ignition system

transistorized ignition coil [ignition]

bobine f d'allumage à transistor
La bobine électronique avec bloc électronique est d'un rendement bien supérieur à celui de la bobine d'allumage de type classique. Elle permet en effet d'obtenir un démarrage à froid immédiat même lorsque la batterie à accumulateurs est insuffisamment chargée et d'améliorer les performances de l'allumage au niveau des bougies. Au moment où le moteur est lancé par le démarreur, on n'enregistre plus de chute de tension du courant primaire ni de sous-voltage du courant secondaire haute tension. De surcroît, lors-

que le moteur tourne à très haut régime, il ne se produit plus de phénomène de chute de tension dans le circuit secondaire.

Transistorzündspule f, Hochleistungszündspule f
Die Transistorzündspule ist der Zündspule üblicher Bauart sehr überlegen. Sie bietet eine größere Kaltstartsicherheit auch bei ungenügend geladener Batterie und eine höhere Zündleistung an den Zündkerzen. Beim Anwerfen des Motors durch den Anlasser gibt es keinen Spannungsabfall mehr im Primärstromkreis und auch keine Unterspannung im Sekundärstromkreis. Außerdem wird bei hohen Drehzahlen kein Absinken der Zündspannung mehr beobachtet.

transistorized ignition system [electronics]
also: transistor ignition system, transistorized coil ignition (*abbr.* TCI), inductive semiconductor ignition, solid-state ignition system

allumage m transistorisé, allumage m inductif
Dans l'allumage transistorisé sans rupteur, un impulseur magnétique commande un transistor, tandis que dans la version avec rupteur mécanique, un faible courant d'enclenchement travers les grains de contact du rupteur.

Transistorzündanlage f, Transistor-Spulen-Zündanlage f (Abk. TSZ), transistorisierte Spulenzündanlage
Bei der kontaktlosen Transistorzündanlage wird der Transistor durch einen Zündimpulsgeber gesteuert. Bei der kontaktgesteuerten TSZ dagegen durchfließt der schwache Steuerstrom die Unterbrecherkontakte.

transistorized regulator [electronics]
régulateur m électronique, régulateur m transistorisé
Régulateur comportant des transistors qui remplacent les paires de contact que l'on rencontre dans le régulateur électromécanique. Il est le plus souvent intégré à l'alternateur, cette solution permettant de simplifier le câblage et d'exclure ainsi une source de panne (alternateur à REI).

elektronischer Regler, Transistorregler m
Regler, der mit Transistoren anstelle von Regelkontaktpaaren bestückt ist. Er ist meist in die Lichtmaschine eingebaut, was die Leitungsverbindung überflüssig macht und damit eine Störungsquelle ausschließt.

transistor unit → trigger box

transmission (US) → gearbox (GB)

transmission ratio [mechanical engineering]
also: speed ratio, gear ratio

rapport m de transmission
Rapport entre la vitesse de rotation d'entrée et la vitesse de rotation de sortie d'un couple de roues dentées.

Übersetzungsverhältnis n
Verhältnis der Eingangsdrehzahl zur Ausgangsdrehzahl eines Zahnradpaares.

transmission reduction [transmission]
also: gear reduction, speed-reducing ratio, speed reduction (*in transmission*)

démultiplication f, réduction f
Rapport dans lequel la vitesse est réduite dans la transmission d'un mouvement d'un arbre à un autre.

Getriebeuntersetzung f, Übersetzung f ins Langsame
Übersetzung der Drehzahlen zweier Wellen ins Langsame.

transmission shaft (US) → propeller shaft (GB)

transmission tunnel (US) → propeller shaft tunnel

transverse engine [engine]

moteur m transversal
Moteur disposé transversalement au sens de la marche du véhicule.

querstehender Motor, Quermotor m
Quer zur Fahrtrichtung liegender Motor.

trapezoidal belt → V-belt

trapezoid-arm type suspension [suspension] (See Ill. 35 p. 542)
also: wishbone-type independent front suspension, wishbone suspension, double wishbone suspension, unequal wishbone type suspension

suspension f par quadrilatères, suspension f à deux parallélogrammes déformables, suspension f à bras transversaux inégaux
Type de suspension avant le plus rencontré dans les voitures de tourisme. Deux leviers triangulés s'articulent par la base à la coque et par le sommet au porte-fusée par l'intermédiaire de rotules de direction. Un ressort et un amortisseur viennent prendre appui entre le bras triangulé inférieur et la caisse. Les deux leviers sont de longueur inégale, le bras supérieur étant sensiblement plus court que le bras inférieur et non parallèle à ce dernier. De par cette disposition la voie et le carrossage demeurent constants. En outre, grâce au carrossage négatif, la roue reste presque perpendiculaire au sol dans le négociation de virages.

Trapezquerlenker-Radaufhängung f
Meist angewandte Querlenkerbauart in der Radaufhängung von Personenkraftwagen. Sie besteht aus jeweils zwei übereinanderliegenden Dreieckslenkern, die mit der Karosserie drehbar und mit dem Achsschenkel über Kugelgelenke dreh- und schwenkbar verbunden sind. Der Stoßdämpfer mit der Schraubenfeder ringsum stützt sich einerseits auf dem unteren Dreieckslenker, andererseits auf dem Wagenaufbau ab. Beide Dreieckslenker sind unterschiedlich lang. Der obere ist wesentlich kürzer und nicht parallel zum anderen angeordnet, so daß die Spurweiten- und Sturzänderung des Rades beim Einfedern unwesentlich ist. Außerdem steht bei Kurvenfahrt das Rad senkrecht zur Fahrbahn durch den negativen Radsturz.

tread *n* [tires] (See Ill. 32 p. 493)
also: tire tread, tire cap

bande f de roulement, bande f d'usure, sommet m, chape f
La bande de roulement est la partie du pneumatique garnie de sculptures et qui est en contact avec le sol.

Lauffläche f, Reifenlauffläche f, Laufstreifen m, Protektor m
Die Lauffläche mit dem Reifenprofil ist diejenige Reifenpartie, die mit der Fahrbahn in Berührung kommt.

tread *n* (US) → track width

treadle brake valve [brakes]
also: pedal-type brake valve

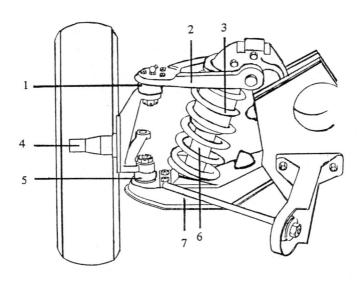

1 upper ball joint
2 top wishbone
3 helical spring
4 steering knuckle axle
5 lower ball joint
6 damper
7 lower wishbone

Ill. 35: trapezoid-arm type suspension

(treadle brake valve continued)
robinet** m **de commande à pédale
Robinet de commande d'un circuit de freinage à air comprimé et qui, en cas de freinage à fond, ne requiert qu'un effort moindre de la part du conducteur.

***Trittplattenbremsventil** n*
Ventil einer Druckluftbremsanlage, das bei Vollbremsung eine geringere Pedalkraft erfordert.

tread pattern [tires]

sculptures** fpl **de la bande de roulement**, **reliefs** mpl **de la bande de roulement
Ensemble des saillies et des creux moulés à la périphérie d'un pneumatique et constituant la bande de roulement.

***Reifenprofil** n*
Kombination von Rippen, Rillen, Stollen, Klötzen usw., welche die Lauffläche eines Reifens bildet.

tread wear → tire wear

tread wear indicator [tires]

indicateur** m **d'usure**, **témoin** m **de contrôle d'usure des pneus
Indicateur noyé dans la bande de roulement d'un pneumatique et qui apparaît lorsque les sculptures n'ont plus qu'une épaisseur de 1,6 mm.

***Abriebindikator** m, **Verschleißindikator** m, **Abfahrgrenzenindikator** m, **Profilabnutzungsanzeiger** m*
Quersteg in der Lauffläche eines Reifens, der bei einem Restprofil von 1,6 mm sichtbar wird.

triangle connection → delta connection

trigger box [electronics]
also: transistor unit, transistor control unit, transistor ignition unit, control box

module** m **électronique**, **boîtier** m **électronique**, **bloc** m **électronique
Dans uns système d'allumage électronique, tous les composants électroniques sont regroupés en circuit imprimé dans un bloc électronique s'intercalant entre la batterie et la bobine d'allumage.

***Schaltgerät** n, **Steuergerät** n, **Transistorteil** n, **Transistorschaltgerät** n*
In einem elektronischen Zündsystem sind alle elektronischen Bauteile auf einer Leiterplatte bzw. in einem Schaltgerät zwischen Batterie und Zündspule angeordnet.

trigger contacts [injection]
also: timing contacts

contacts** mpl **de déclenchement
Contacts commandés par une came se trouvant sur l'arbre d'un allumeur-déclencheur (injection d'essence par dosage électronique) et servant à déterminer le moment d'ouverture des injecteurs.

***Auslösekontakte** mpl*
Nockenbetätigte Kontakte an einem Zündverteiler mit Einspritzauslöser zur Bestimmung des Einspritzzeitpunktes.

trigger wheel [ignition]
also: timer core

noyau** m **synchroniseur**, **impulseur** m **magnétique en croix**, **impulseur** m **magnétique à étoile**, **rélucteur** m **mobile
Rotor d'un générateur d'impulsions dans un système d'allumage transistorisé sans rupteur. Il est monté sur l'arbre d'allumage et entraîné au départ de l'arbre à cames.

trigger wheel

Impulsgeberrad n, Zackenrad n, Induktionsgeberrad n, Rotor m
Rotor eines Induktionsgebers in einer kontaktlosen Transistorzündanlage. Das Impulsgeberrad sitzt auf der Verteilerwelle und wird von der Nockenwelle aus angetrieben.

trigger wheel [ignition]

tambour m à écrans
Dans l'allumage transistorisé avec déclencheur à effet Hall: un tambour qui comporte autant d'écrans que le moteur à de cylindres.

Blendenrotor m
Bei der Transistorzündanlage mit Hallgeber: ein Rotor, der so viele Blenden hat wie der Motor Zylinder.

trigger wheel vane [electronics]

écran m
Sur le tambour d'un système d'allumage transistorisé sans rupteur avec déclencheur à effet Hall se trouvent disposés des écrans qui, lors de la rotation du tambour, traversent l'entrefer d'une barrière magnétique. La largeur de chaque écran détermine l'angle de came qui ne doit de ce fait pas être réglé.

Blende f
Auf dem Rotor einer kontaktlosen Transistorzündanlage mit Hallgeber sind Blenden angeordnet, die bei der Drehung des Rotors den Luftspalt einer Magnetschranke durchlaufen. Die Blendenbreite bestimmt den Schließwinkel, der somit keiner Einstellung bedarf

trilex wheel [wheels]

roue f trilex
Roue de poids lourd divisée en trois parties inégales. Lorsqu'il faut changer de roue, le croisillon demeure sur le moyeu, seuls le pneumatique et la jante sont démontés.

Trilex-Rad n
In drei ungleiche Segmente geteiltes Rad für Schwerfahrzeuge. Beim Radwechsel verbleibt der Radstern auf der Radnabe, d.h. nur der Reifen nebst Felge wird gewechselt.

triphase current [electrical system]

courant m triphasé
Courant alternatif composé de trois courants monophasés décalés d'un tiers de période l'un par rapport à l'autre.

Drehstrom m, Dreiphasen(wechsel)-strom m
Wechselstrom, der durch Verkettung dreier um 120° phasenverschobener Einphasenströme entsteht.

trip mileage indicator [instruments]
also: trip odometer

totalisateur m partiel, compteur m journalier
Compteur figurant dans le tachymètre et pouvant être remis à zéro à l'aide d'un bouton.

Kurzstreckenzähler m, Tageskilometerzähler m
Zähler im Tachometer, der mit Hilfe eines Rückstellknopfes auf Null zurückgestellt werden kann.

trip odometer → trip mileage indicator

trip recorder [instruments]
also: tachograph, recording speedometer

tachygraphe m

Appareil qui enregistre sur un disque la vitesse en fonction du temps.

Tachograph m, Fahrtschreiber m
Schreibendes Tachometer, das die gefahrenen Geschwindigkeiten zeitabhängig auf einer Diagrammscheibe aufzeichnet.

trochoidal rotor [engine]

rotor m trochoïdal, rotor m épitrochoïdal
Piston d'un moteur Wankel qui a la forme d'une courbe trochoïdale.

Trochoide f, Epitrochoide f
Der Arbeitskolben eines Wankelmotors, der die Form einer Trochoide hat.

trolley [electrical system]

trolley m
Dispositif composé d'une perche flexible fixée sur le toit d'un véhicule électrique et d'un organe mobile de contact (roulette) servant à transmettre le courant d'une ligne aérienne.

Stromabnehmer m
Gefederte Stange mit Schleifstück auf dem Dach eines elektrisch betriebenen Fahrzeugs zur Stromentnahme aus der Fahrleitung.

trolleybus (GB)→ trackless trolley (US)

trolley jack → hydraulic trolley jack

trolley line → overhead line

truck (US) [vehicle]
also: lorry (GB), automotive truck (US), motor truck (US)

camion m
Véhicule automobile destiné au transport de charges et de marchandises.

Lastkraftwagen m, Lkw m
Kraftwagen, der zur Beförderung von Lasten und Gütern eingerichtet ist.

truck tractor [vehicle]
also: semi-trailer truck, semi-trailer tractor, fifth-wheel tractor, semi-trailer prime mover

tracteur m semi-porteur, tracteur m articulé, tracteur-automobile m
Véhicule tracteur à deux ou trois essieux sur la partie arrière duquel est attelée la semi-remorque ou remorque à deux roues (sans essieu avant).

Sattelschlepper m, Sattelschlepperzugmaschine f, Sattelzugmaschine f, Aufsattler m
Zwei- oder dreiachsige Straßenzugmaschine, auf deren hinterem Teil der Anhänger ohne Vorderachse (Sattelauflieger, Sattelanhänger) aufgesattelt wird.

truck-tractor train [vehicle]
also: tractor-trailer unit, semi-trailer unit, semi-trailer train, tractive unit, road train (US)

train m routier double, train m routier articulé
Ensemble constitué d'un véhicule tracteur et d'une remorque à deux roues.

Sattelzug m, Sattelschleppzug m, Sattelkraftfahrzeug n
Zusammenstellung eines Sattelschleppers mit einem Sattelauflieger.

trumpet horn [electrical system]
also: multi-tone horn, fanfare horn

avertisseur m électropneumatique
Avertisseur dans lequel une membrane soumise à l'action d'un électro-aimant est animée d'un mouvement vibratoire qui se

trunk

répercute sur la colonne d'air d'un pavillon.

***Fanfarenhorn** n,* ***Elektrofanfare** f*
Akustische Warnanlage, in der eine Membrane durch einen Elektromagneten in rhythmische Schwingungen versetzt wird. Diese Schwingungen werden dann auf die Luftsäule eines Trichters übertragen.

trunk *n* (US) → luggage compartment

tube [tires]

***chambre** f à air*
Tube de gomme à l'intérieur d'un pneu qui est gonflé d'air. Aujourd'hui on utilise en règle générale des pneus tubeless, c'est-à-dire sans chambre d'air.

***Schlauch** m,* ***Reifenschlauch** m*
Ein Gummischlauch im Inneren eines Reifens, der mit Luft aufgepumpt wird. Heutzutage werden jedoch zumeist schlauchlose Reifen verwendet.

tubed tire [tires]

***pneu** m à chambre d'air,* ***pneu** m avec chambre*
Pneumatique renfermant un tube de caoutchouc circulaire à l'opposé du pneumatique dit sans chambre ou tubeless.

Schlauchreifen** m,* ***Reifen** mit **Schlauch
Reifen mit einem inneren endlosen Schlauch aus Gummi im Gegensatz zum schlauchlosen Reifen.

tubeless tire [tires]

***pneu** m sans chambre,* ***pneu** m tubeless,* ***pneu** m à chambre incorporée (ou intégrée),* ***pneu** m increvable*
Pneumatique dont la chambre à air est remplacée par une couche de gomme molle. La pression de gonflage s'y maintient très longtemps et le pneu s'échauffe très peu.

***schlauchloser Reifen**,* ***Tubeless-Reifen** m*
Bei diesem Reifentyp ist der Schlauch durch eine weiche Gummischicht (Innenseele) ersetzt. Der Reifenfülldruck bleibt lange erhalten, und die Erwärmung ist gering.

tube-type radiator → tubular radiator

tubular radiator [cooling system]
(*opp.*: fin-type radiator)
also: tube-type radiator, gilled-tube radiator, flanged-tube radiator

radiateur** m **tubulaire**,* ***radiateur** m **en tubes à ailettes
Radiateur dont le faisceau est constitué de tubes longs et minces à section circulaire, ovale ou rectangulaire et à travers lesquels l'eau s'écoule. Ces tubes sont reliés entre eux par des ailettes en tôle de cuivre qui augmentent ainsi la surface de refroidissement par air.

***Wasserröhrenkühler** m,* ***Röhrenkühler** m,* ***Rippenrohrkühler** m*
Bei Wasserröhrenkühlern besteht der Kühlerkern aus langen, dünnwandigen Röhrchen mit rundem, ovalem oder rechteckigem Querschnitt, durch die das Wasser strömt. Zur Vergrößerung der Kühlfläche sind die Röhrchen durch Rippen aus Kupferblech miteinander verbunden, die von Luft umspült werden.

tungsten wire [materials]

fil** m **de tungstène
Fil utilisé pour la confection de filaments en raison du point de fusion très élevé du tungstène.

Wolframdraht m
Draht, der aufgrund des hohen Schmelzpunktes von Wolfram für die Herstellung von Glühwendeln (Wolframwendeln) verwendet wird.

tuning *n* [maintenance]
also: engine tuning, engine tune-up

réglage m du moteur, réglage-moteur m, mise au point du moteur
Le réglage du jeu aux soupapes (réglage des culbuteurs), le calage de l'allumage et le réglage du carburateur sont les trois principales operations du réglage-moteur.

Einstellung f des Motors, Motoreinstellung f
Zur Einstellung des Motors gehören die Ventilspieleinstellung, die Zündzeitpunkteinstellung und die Vergasereinstellung.

turbine [transmission] (See Ill. 34 p. 534)
also: driven torus, driven member, runner

turbine f réceptrice
Rotor à aubes qui, dans un coupleur hydraulique, fait face à un autre rotor appelé pompe. Il est solidaire de l'arbre récepteur de la boîte de vitesses.

Turbinenrad n, Läufersekundärschale f
Schaufelrad (Abtrieb), das in einer Strömungskupplung mit einem Pumpenrad (Antrieb) gekoppelt ist. Es ist mit der Getriebeeingangswelle verbunden.

turbocharger [engine]
also: turbo-supercharger

turbocompresseur m, turbo m
Dans le turbocompresseur à gaz d'échappement, l'énergie que fournit le flux des gaz d'échappement est récupérée pour entraîner une turbine (roue turbine, roue chaude) et un compresseur centrifuge (roue compresseur, roue froide) disposés sur un même arbre. Le compresseur centrifuge aspire l'air comburant et refoule le mélange gazeux ou l'air vers les cylindres sous une pression accrue. Il contribue ainsi à l'amélioration du rendement volumétrique.

Turbokompressor m, Turbolader m
Bei der Abgasturboaufladung wird die in den ausströmenden Abgasen enthaltene Energie ausgenutzt, um eine Abgasturbine (Turbinenrad) und einen Turbokompressor (Laderrad, Verdichterrad) anzutreiben, die auf einer gemeinsamen Welle sitzen. Der Turbokompressor saugt die Verbrennungsluft an und fördert das Frischgas oder die Luft mit Überdruck zu den Zylindern. Er verbessert somit den Zylinderfüllungsgrad.

turbo-supercharger → turbocharger

turbulence chamber → swirl chamber

turbulence chamber engine → swirl-chamber diesel engine

turbulence combustion chamber → swirl chamber

turbulence space → swirl chamber

turning circle [steering]
also: turning clearance circle, outside diameter of minimum turning circle

diamètre m de braquage entre murs, diamètre m minimal extérieur de braquage
Diamètre exprimé en mètres du plus petit cercle décrit par les parties saillantes et extérieures au virage d'un véhicule lors du braquage maximum.

turning circle kerb to kerb

***Wendekreisdurchmesser** m (kleinster),
Wendekreis m (colloq.)*
Durchmesser des kleinsten Kreises, angegeben in Metern, der durch die kurvenäußeren, vorstehenden Fahrzeugteile beim größten Lenkeinschlag beschrieben wird.

turning circle kerb to kerb → turning lock

turning clearance circle → turning circle

turning lock [steering]
also: turning circle kerb to kerb, minimum turning cycle diameter, tracking circle diameter

diamètre m minimal de braquage entre trottoirs
Diamètre exprimé en mètres du plus petit cercle décrit par la centre du pneumatique de la roue avant extérieure au virage d'un véhicule lors du braquage à fond.

kleinster Spurkreisdurchmesser
Durchmesser des kleinsten Kreises, angegeben in m, den die Reifenmitte des kurvenäußeren Vorderrads beim größten Lenkeinschlag auf der Standebene beschreibt.

turning radius [steering]

angle m de braquage des roues intérieure et extérieure, divergence f en virage
Angle résultant de la différence de l'angle de braquage de la roue intérieure et de celui de la roue extérieure.

Spurdifferenzwinkel m
Differenzwinkel zwischen Einschlagwinkel des kurveninneren Rades und Einschlagwinkel des kurvenäußeren Rades.

turn signal (light) (US) → direction indicator

turns ratio [electrical system]
also: ratio of the windings

rapport m de transformation
Quotient du nombre de spires de l'enroulement secondaire par le nombre de spires de l'enroulement primaire d'une bobine d'allumage. En règle générale, il se situe entre 1:60 et 1:150.
Dans les allumages transistorisés, on peut arriver à un rapport de transformation de l'ordre de 1:400.

Windungszahlverhältnis n, Wicklungsverhältnis n, Windungszahlenübersetzung f, Übersetzungsverhältnis n (der Windungen)
Verhältnis der Windungszahlen von Sekundär- und Primärspule einer Zündspule. Normalerweise liegt es zwischen 1:60 bis 1:150.
Bei Transistorzündanlagen kann ein Windungszahlverhältnis von 1:400 erreicht werden.

TWC = three-way converter

12N socket → trailer lighting socket

twin camshaft (*abbr.* **TC**) [engine]
also: dual camshaft

double arbre à cames, deux arbres à cames
Construction avec deux arbre à cames par rangée de cylindres, l'une pour les soupapes d'admission, l'autre pour les soupapes d'échappement.

doppelte Nockenwelle
Eine Anordnung, bei dem für jede Zylinderreihe zwei Nockenwellen vorgesehen

sind, eine für die Einlaßventile, die andere für die Auslaßventile.

twin carburetor (*abbr.* **TC**) → dual carburetor (US)

twin-choke carburetor → dual carburetor (US)

twin-filament bulb → bilux bulb

twin-line brake [brakes]

frein m à deux conduites
Le frein à deux conduites possède deux canalisations de liaison entre le véhicule tracteur et la remorque, à savoir une canalisation d'alimentation et une canalisation de commande.

Zweileitungsbremse f
Die Zweileitungsbremse hat zwei Verbindungsleitungen zwischen Triebfahrzeug und Anhänger, nämlich eine Vorratsleitung und eine Bremsleitung.

twin overhead camshaft (*abbr.* **t.o.c.**) → dual overhead camshaft

twin-piston engine [engine]

moteur m à double piston
Moteur deux temps dont les pistons se déplacent dans des cylindres séparés avec chambre de combustion commune.

Doppelkolbenmotor m
Zweitaktmotor, dessen Kolben sich in getrennten Zylindern mit gemeinsamem Verbrennungsraum bewegen.

twin pressure gage (US) *or* **gauge** (GB) → dual air pressure gage (US)

twin wheel [wheels]

roue f jumelée

Les roues jumelées sont des roues chaussées chacune d'un pneumatique individuel et qui sont montées par paire des deux côtés de l'essieu du train arrière de certains poids lourds.
En cas d'usure légèrement inégale, ce sera le pneumatique le plus usé qui qui sera monté côté extérieur.

Zwillingsrad n
Zwillingsräder sind Räder mit einzelner Reifenbestückung, die paarweise beiderseits der Hinterachse von schweren Lkw montiert werden.
Bei geringfügig ungleichmäßigem Reifenverschleiß muß der Reifen mit der größeren Abnutzung außen montiert werden.

two-circuit brake system → double-circuit braking system

two-circuit ignition system [ignition]

allumage m à double circuit
Allumage comportant deux rupteurs et deux bobines, conçu pour moteurs à huit ou à douze cylindres, chacun des deux circuits étant affecté à la moitié du nombre total de cylindres.

Zweikreiszündanlage f
Zündanlage mit zwei Zündunterbrechern und zwei Zündspulen für Acht- und Zwölfzylindermotoren, bei der jeder Kreis der Hälfte der Zylinderzahl zugeordnet ist.

two-contact regulator [electrical system]
also: double-contact regulator

régulateur m à deux étages
Régulateur comportant deux paires de contact pouvant occuper trois positions.

two-cycle engine

Zweikontaktregler m
Regler mit zwei Regelkontaktpaaren, die drei Stellungen einnehmen können.

two-cycle engine → two-stroke engine

two-door sedan (US) *or* **saloon** (GB) [vehicle]

coach m
Conduite intérieure à deux portes et à quatre places.

zweitürige Limousine
Zweitüriger, allseitig geschlossener Pkw mit vier Sitzplätzen.

two-leading-shoe brake → duplex brake

two-part plastic body filler [materials]

enduit m à deux composants
Résine polyester que l'on mélange avec un durcisseur pour effectuer de petites réparations sur la carrosserie.

Zweikomponentenspachtelmasse f
Polyesterharz, das mit einem Härter angerührt wird und zur Bearbeitung kleiner Schadenstellen an Holz und Metall dient.

two-phase carburetor (US) *or* **carburettor** (GB) [carburetor]
also: compound twin-choke carburetor, two-stage carburetor (US) *or* carburettor (GB)

carburateur m à étages, carburateur m à registres, carburateur m avec papillons de gaz à ouvertures décalées, carburateur m à ouverture différentielle, carburateur m compound
Les carburateurs à étages ont une cuve à niveau constant commune et deux chambres de mélange dont les corps ont souvent un diamètre différent. A bas régime, lorsque le débit d'air est faible, seul fonctionne le corps primaire possédant le plus petit diamètre et dont le papillon est commandé par la pédale des gaz. A partir d'un certain régime, lorsque le débit d'air est plus fort, le corps secondaire, dont le papillon s'ouvre automatiquement ou mécaniquement, entre à son tour en action. A noter que le corps primaire fonctionne avec le dispositif de mise en marche à froid, le circuit de ralenti et la pompe de reprise.

Registervergaser m, Stufenvergaser m, Fallstromstufenvergaser m
Registervergaser haben eine gemeinsame Schwimmerkammer und zwei Mischkammern mit meist ungleich breiten Lufttrichtern. Bei geringem Luftdurchsatz ist lediglich die Mischkammer mit dem kleinen Lufttrichter (erste Stufe) in Betrieb, deren Drosselklappe durch das Gaspedal betätigt wird. Ab einer bestimmten Drehzahl bzw. bei stärkerem Luftdurchsatz wird die zweite Stufe mechanisch oder automatisch zugeschaltet. Die erste Stufe arbeitet mit der Kaltstarteinrichtung, dem Leerlaufsystem und der Beschleunigungspumpe.

two-speed final drive [transmission]

couple m à deux rapports
Couple final avec engrenage planétaire monté dans la grande couronne.

Zweigangachse f
Achse, bei der ein Planetenradsatz in das Tellerrad eingebaut ist.

two-stage carburetor (US) *or* **carburettor** (GB) → two-phase carburetor (US) *or* carburettor (GB)

two-stage fuel filter [fuel system]

filtre m à combustible double
Dans le circuit d'alimentation en combustible d'un moteur diesel on trouve parfois un filtre double à combustible réunissant le filtre-nourrice et l'avant-filtre disposés côte à côte.

Kraftstoffdoppelfilter n
In der Kraftstoffanlage eines Dieselmotors können Vorreiniger und Hauptfilter zu einer Baueinheit zusammengefaßt werden.

two-stroke cycle [engine]

cycle m à deux temps
Dans les moteurs à deux cycles les phases de travail consistent de deux temps seulement (temps de compression et temps de combustion), contrairement au cycle à quatre temps (aspiration, compression, combustion, expulsion).

Zweitaktverfahren n
Bei Verbrennungsmotoren ein Arbeitsverfahren, dessen Phasen nur aus Verdichtungstakt und Arbeitstakt bestehen, im Gegensatz zum Viertaktverfahren, bei dem vier Phasen (Ansaugen, Verdichten, Arbeiten und Ausschieben) vorliegen.

two-stroke engine [engine]
also: two-cycle engine

moteur m à deux temps, moteur m deux temps
Type de moteur accomplissant un cycle complet pour un tour de vilebrequin ou deux courses de piston, alors que le moteur à quatre temps n'a qu'une course motrice pour deux tours de vilebrequin ou quatre courses de piston. Ainsi les quatre opérations d'admission, de compression, d'explosion-détente et d'échappement sont réunies en deux temps.
1er temps: Le piston se déplace du point mort bas vers le point mort haut. Au-dessus du piston le mélange air-essence est comprimé. Dans sa course ascendante, le piston crée cependant une dépression d'environ 0,3 bar dans le carter et, dès que la base du piston démasque le conduit d'aspiration, les gaz frais pour le cycle suivant s'engouffrent dans le carter.
2ème temps: La deuxième phase débute par la combustion peu avant le PMH. La pression des gaz brûlés repousse le piston vers le bas. Le conduit d'aspiration est alors obturé, ce qui a pour effet d'emprisonner les gaz frais dans le carter et de les comprimer légèrement. En fin de course, le piston découvre la lumière d'échappement et, immédiatement après, le canal de transfert. Les gaz brûlés s'échappent dans l'atmosphère et le reste est repoussé par les gaz frais qui pénètrent dans la chambre de combustion par le canal de transfert (période de balayage).
Les moteurs deux temps ne sont donc pas équipés de soupapes d'admission et d'échappement ni d'arbres à cames comme les moteurs à quatre temps. Théoriquement, à cylindrée égale, le moteur deux temps devrait développer une puissance double de celle d'un moteur à quatre temps. En pratique cependant le remplissage des cylindres se fait dans des conditions moins favorables. Une partie des gaz frais, qui se mélange avec les gaz brûlés, est expulsée avec ces derniers et, inversement, des gaz brûlés non évacués peuvent se mélanger avec la nouvelle charge, ce qui peut provoquer des ratés.
Le moteur deux temps est d'une construction plus simple que le moteur à quatre temps et sa marche est plus régulière. Il possède moins de pièces mobiles que le moteur à quatre temps et son entretien est

two-stroke fuel

simple et ne requiert pas de réglage. Toutefois sa consommation en carburant et en huile est relativement élevée. On le rencontre surtout dans les motocyclettes et rarement dans les automobiles.

Zweitaktmotor m, Zweitakter m (colloq.)
Motorenart, bei der ein Arbeitsspiel in zwei Takten, d.h. während einer einzigen Kurbelwellenumdrehung bzw. zweier Kolbenhübe abläuft im Gegensatz zum Viertaktmotor, bei dem ein Arbeitsspiel zwei Kurbelwellenumdrehungen oder vier Kolbenhüben entspricht. Die vier Arbeitsvorgänge Ansaugen, Verdichten, Arbeiten und Ausstoßen werden also auf zwei Takte beschränkt.
1. Takt: Der Kolben bewegt sich von unten nach oben. Über ihm wird das Kraftstoff-Luft-Gemisch verdichtet. Beim Aufwärtsgang des Kolbens entsteht jedoch im Kurbelgehäuse ein Unterdruck von ca. 0,3 bar. Gibt dann die untere Kolbenkante den Ansaugkanal frei, beginnt das Ansaugen in die Kurbelkammer für das nächste Arbeitsspiel.
2. Takt: Der zweite Takt fängt mit der Zündung kurz vor dem oberen Totpunkt an. Durch den Verbrennungsdruck wird der Kolben nach unten gedrückt, wobei der Ansaugkanal geschlossen und das in der Kurbelkammer eingeschlossene Frischgas leicht verdichtet wird. Der Kolben gibt dann den Auslaßschlitz und gleich darauf den Überströmkanal frei. Die verbrannten Gase puffen aus. Der Rest wird durch das einströmende Frischgas ausgestoßen (Spülvorgang).
Zweitaktmotoren haben also keine Einlaß- und Auslaßventile und auch keine Nockenwellen wie die Viertakter. Theoretisch müßte der Zweitaktmotor aufgrund der doppelten Zahl von Arbeitstakten zweimal mehr leisten als ein Viertaktmotor mit gleichem Hubraum. Dies ist jedoch nicht der Fall, weil die Zylinderfüllung zu wünschen übrig läßt. Beim Auspuffen vermischen sich Frischgase und Altgase, und ein Teil des Frischgases geht dadurch verloren. Umgekehrt wird ein Teil der Abgase nicht ausgestoßen, was unter Umständen zu Aussetzern führen kann.
Der Zweitaktmotor ist einfach in seiner Bauart. Er hat weniger bewegliche Teile als der Viertaktmotor und eine größere Laufruhe. Seine Wartungskosten sind gering, denn er bedarf keiner Einstellung. Allerdings ist der Öl- und Kraftstoffverbrauch bei Zweitaktmotoren relativ hoch. Sie werden vor allem bei Krafträdern, selten bei Pkw eingesetzt.

two-stroke fuel → two-stroke mixture

two-stroke mixture [fuels]
also: two-stroke fuel

mélange m pour moteurs deux temps, mélange m deux temps
Mélange de carburant et lubrifiant pour moteurs deux temps.

Zweitaktmischung f, Zweitaktgemisch n, (kurz:) Gemisch n
Eine Kraftstoffmischung für Zweitaktmotoren, bei der dem Benzin eine geringe Menge Schmieröl beigemischt ist.

two-stroke oil [lubricants]

huile f pour moteurs deux temps
Huile fluide (SAE 20) destinée à être mélangée avec l'essence dans laquelle elle se dissout facilement. Elle ne forme que des résidus sans dureté.

Zweitaktöl n, Öl für Zweitaktmotoren
Dünnflüssiges Motoröl (SAE 20), das

sich für Gemischschmierung eignet und sich in Benzin gut lösen läßt. Es bildet nur weiche Rückstände.

two-system contact breaker [ignition]
also: double-lever contact breaker

rupteur m double, double linguet
Il s'agit soit de deux rupteurs indépendants rattachés chacun à une bobine séparée, soit de deux rupteurs montés en parallèle et s'ouvrant simultanément ou alternativement.

Zweifachzündunterbrecher m, Doppelhebelunterbrecher m
Es handelt sich entweder um zwei unabhängige Zündunterbrecher, die je mit einer getrennten Zündspule verbunden sind, oder um zwei Zündunterbrecher in Parallelschaltung, die sich zusammen oder abwechselnd öffnen (Zweikreiszündanlage).

two-way break-before-make contact
→ transfer contact

two-way catalytic converter, two-way cat *(colloq.)* → oxidizing converter

two-way damper valve [suspension]

soupape f d'amortissement à deux voies
Soupape f disposée sur la cloche de séparation d'un élément hydrolastique et à travers laquelle le liquide hydraulique est refoulé de la chambre inférieure dans la chambre supérieure de l'élément sous l'effet d'un piston, lorsque la roue surmonte un obstacle.

Zweiwegdämpfungsventil n
Dämpfungsventil auf der Blechglocke eines Federaggregats bei der hydrolastischen Radaufhängung, durch welches das Hydrauliköl mit Hilfe eines Kolbens aus der unteren Kammer in die obere Kammer des Federelements beim Durchfahren einer Bodenunebenheit verdrängt wird.

two-wheel(ed) trailer → semi-trailer

tyre *n* (GB, *oldfashioned spelling*)
→ tire *n*

U

U.C.V. = upper calorific value

UJ = universal joint

U joint → cardan joint

ultrasonic alarm [safety]
also: ultrasonic anti-theft device

alarme f à ultra-sons, anti-effraction f à ultra-sons
Appareil qui grâce à un ou plusieurs senseurs assure la protection volumétrique de l'habitacle d'une voiture par l'émission d'un champ d'ultra-sons. Toute perturbation de ce champ déclenche l'avertisseur sonore et l'allumage automatique des

phares. De plus il est possible de raccorder l'alarme à des contacteurs pour protéger le capot ou le coffre.

Diebstahlalarmanlage f mit Ultraschallsystem, Ultraschall-Diebstahlalarm m
Vorrichtung, die mit Hilfe von einem oder mehreren Sensoren den Fahrgastraum mit einem Ultraschallfeld überwacht. Wird dieses Feld gestört, erfolgt die Alarmauslösung, und die Scheinwerfer werden automatisch eingeschaltet. Motorraum- und Kofferraumhaube können über Kontaktschalter mit einbezogen werden.

ultrasonic anti-theft device → ultrasonic alarm

ULW = unladen weight

unbalance *n* [wheels]
also: wheel imbalance

balourd m, déséquilibre m
Déséquilibre (statique ou dynamique) dans une pièce tournante telle qu'une roue ou un arbre à cardan, lorsque le centre de gravité n'est plus sur l'axe de rotation.

Unwucht f
Ungleiche Massenverteilung bei Drehkörpern wie Rädern, Gelenkwellen usw. Bei drehenden Maschinenteilen liegt Unwucht vor, wenn der Schwerpunkt nicht mehr auf der Drehachse liegt.
Es gibt statische und dynamische Unwucht.

unburned hydrocarbons *pl* [emission control]

hydrocarbures mpl imbrûlés (abr. HCi)
Produits d'une combustion incomplète dans un moteur qui sont expulsés dans l'atmosphère avec les gaz d'échappement.

unverbrannte Kohlenwasserstoffe pl
Produkte einer unvollständigen Verbrennung im Motor, die mit den Abgasen aus dem Auspuff in die Atmosphäre entweichen und sie verschmutzen.

unclutch *v* → declutch *v*

uncouple *v* [mechanical engineering]
also: unhitch *v*

désaccoupler v
Séparer la connexion entre véhicule traînée et véhicule traînant.

abkuppeln, loskuppeln, entkuppeln v
Die Verbindung zwischen Anhänger und Zugfahrzeug lösen.

underbody protection [maintenance]
also: underbody sealant, underseal *n*, undersealing *n*, underfloor protection, undercoating *n*

protection f du châssis, revêtement m protecteur, couche f anti-corrosion
Matière à base de bitume, de caoutchouc, de PVC-bitume, de bitume-caoutchouc avec addition d'oxyde d'aluminium et de zinc, de cire, bitume et de PVC ou de caoutchouc-PVC.
Elle est destinée à protéger le dessous de la coque contre les pierrailles, le sel d'épandage et l'humidité. Le revêtement protecteur doit être surveillé et retouché si nécessaire.

Unterbodenschutz m
Material auf Basis von Bitumen, Kautschuk, Kunststoff-Bitumen, Bitumen-Kautschuk mit Aluminium- und Zinkoxidbeimischung, Wachs-Bitumen-Kunststoff oder Kautschuk-Kunststoff.

Es schützt die Fahrzeugunterseite gegen die Einwirkung von Steinschlag, Streusalz und Nässe und muß regelmäßig überprüft und nachgearbeitet werden.

underbody sealant → underbody protection

undercoating n → underbody protection

undercutting saw [tools]

scie f d'entre-lames
Scie à denture fine pour creuser les isolants en mica s'intercalant entre les lames d'un collecteur, après rectification au tour.

Kommutatorsäge f, Kollektorsäge f
Feinsäge zum Aussägen der Glimmerisolation zwischen den Kommutatorlamellen nach dem Überdrehen auf der Drehmaschine.

underfloor engine [engine]

moteur m horizontal, moteur m à plat
Moteur qui, dans les camions et les cars, est disposé entre les essieux sous le châssis du véhicule.

Unterflurmotor m
Motor, der vor allem bei Lkw und Bussen im Fahrgestell zentral bzw. unter dem Aufbau verankert ist.

underfloor protection → underbody protection

under-inflation n [tires]

sous-gonflage m, dégonflement m
Manque de pression d'air dans les pneumatiques, qui s'aplatissent et s'usent prématurément sur les bords. Le sous-gonflage accroît la résistance au roulement et influe négativement sur la tenue de route dans les virages.

Reifenunterdruck m, Unterdruck m (im Reifen), zu geringer Druck
Bei zu niedrigem Luftdruck ist der Reifen flachgedrückt, und die Außenkanten werden abgefahren (Schulterverschleiß). Der Rollwiderstand nimmt zu, die Kurvenfestigkeit wird geringer.

underrun protector [safety]

barre f anti-encastrement
Dispositif spécial sur la partie bas des grands camions qui, en cas d'une collision arrière, empêche une voiture plus petite d'être poussée sous le camion.

Unterfahrschutz m
Eine Konstruktion am Heck großer Lkws, die dafür sorgt, daß bei einem Aufprall eines Pkws von hinten keine Möglichkeit besteht, daß der Pkw unter die überhängenden hinteren Aufbauten des Lkw geschoben wird.

underseal n → underbody protection

undersealing n → underbody protection

understeer v [steering]

sous-virer v
Le véhicule tend à décrire dans un virage un cercle plus grand que celui correspondant au braquage des roues. Il renâcle à négocier le virage et tend à suivre une trajectoire rectiligne. Les tractions avant sont particulièrement sensibles à ce phénomène.

untersteuern v
Das Fahrzeug fährt in einer Kurve einen größeren Kreis, als es dem Lenkeinschlag der Vorderräder entspricht. Es ist kur-

unequal wishbone type suspension 556

venunwillig und neigt zur Geradeausfahrt. Dies ist besonders bei Fronttriebsätzen der Fall.

unequal wishbone type suspension
→ trapezoid-arm type suspension

unfilled charged battery → drycharged battery

unhitch *v* → uncouple *v*

unidirectional-breakdown diode
→ Zener diode

unifining *n* [chemistry, fuels]

unifining m
Raffinage de produits pétroliers légers à l'hydrogène en présence de catalyseurs à teneurs en cobalt et molybdène.

Unifining n
Raffination von leichen Erdöldestillaten mit Wasserstoff in Gegenwart von kobalt- und molybdänhaltigen Katalysatoren.

uniflow scavenging [engine]

balayage m en équicourant
Mode de balayage dans les moteurs deux temps. Les gaz frais s'engouffrent dans le cylindre à travers des lumières démasquées par le piston de telle sorte que le cylindre soit balayé par le flux dans le sens de l'axe. Les gaz brûlés sont quant à eux évacués par une ou plusieurs soupapes d'échappement se trouvant dans la culasse et commandées par un arbre à cames.

Gleichstromspülung f
Spülverfahren bei Zweitaktmotoren. Das Frischgas wird durch vom Kolben gesteuerte Schlitze so eingeführt, daß der Zylinder in Achsrichtung durchströmt wird. Die Altgase entspannen sich in den Auspuff über ein oder mehrere Auslaßventile im Zylinderkopf, die von einer Nockenwelle betätigt werden.

unitary construction → integral (body) construction

united injector [injection]

injecteur-pompe m, pompe-injecteur f
Elément constitué d'une pompe d'injection et d'un injecteur.

Pumpendüse f
Einspritzpumpe und Einspritzdüse sind bei der Pumpendüse zu einem Bauteil zusammengefaßt.

unitized construction (US) → integral (body) construction

universal coupling → cardan joint

universal joint (*abbr.* **UJ**) → cardan joint

universal joint spider → cardan spider

universal vise grip plier (US) → self-grip wrench

unladen weight (GB) (*abbr.* **ULW**) → empty weight, unloaded weight

unleaded *n* → unleaded gasoline (US), unleaded petrol (GB)

unleaded gasoline (US) [fuels]
also: unleaded petrol (GB), unleaded *n* (*for short*)

essence f sans plomb, essence f non plombée
Lorsque un carburant ne contient pas plus

de 13 mg plomb par litre, il peut être appelé "sans plomb".

bleifreies Benzin, unverbleites Benzin
Wenn ein Kraftstoff nicht mehr als 13 mg Blei pro Liter enthält, darf er als bleifrei bezeichnet werden.

unleaded petrol (GB) → unleaded gasoline (US)

unloaded weight [vehicle]
also: unladen weight (GB)

poids m à vide (abr. P.V.)
Poids d'une remorque sans chargement.

Leergewicht n
Das Gewicht eines Anhängers in unbeladenem Zustand.

unsprung mass [vehicle construction]

masse f non suspendue
Les roues, les freins de même que certaines parties de la suspension des roues constituent la masse non suspendue d'un véhicule.

ungefederte Masse
Die Fahrzeugräder mit den Bremsen sowie einige Teile der Radaufhängung gehören zu den ungefederten Massen eines Kraftfahrzeuges.

unsupercharged engine [engine]
also: naturally-aspirated engine, normally-aspirated engine, induction engine

moteur m à aspiration, moteur m atmosphérique
Moteur à explosion dans lequel le mélange gazeux est naturellement aspiré par opposition au moteur suralimenté.

Saugmotor m
Motor, in dem das Frischgas im Gegensatz zum aufgeladenen Motor normalerweise angesaugt wird.

updraft carburetor (US) *or*
carburettor (GB) [carburetor]

carburateur m vertical
Carburateur dans lequel le mélange explosif est aspiré de bas en haut.

Steigstromvergaser m, Aufstromvergaser m
Vergaser, bei welchem das Kraftstoff-Luft-Gemisch von unten nach oben angesaugt wird.

upper ball joint [suspension]
(See Ill. 35 p. 542)

rotule f de direction supérieure
Rotule grâce à laquelle le bras triangulé supérieur d'une suspension avant s'articule au porte-fusée.

oberes Kugelgelenk
Kugelgelenk, mit dem der obere Dreieckslenker einer Vorderachsaufhängung mit dem Achsschenkel dreh- und schwenkbar verbunden ist.

upper beam → main beam

upper calorific value (*abbr.* **U.C.V.**)
[units, fuels]

pouvoir m calorifique supérieur (abr. PCs)
Quantité totale de chaleur dégagée par un gaz ou un combustible liquide lors de la combustion.

Brennwert m, oberer Heizwert (Abk. H_o), Verbrennungswärme f
Wärmemenge, die bei der vollständigen Verbrennung eines Gases oder eines flüssigen Brennstoffes freigesetzt wird.

upper tank → radiator top tank

upper whishbone → top wishbone

upright radiator [cooling system]

radiateur m à débit vertical
Radiateur de type classique à faisceau de tubes verticaux.

Fallstromkühler m
Übliche Kühlerbauart mit Kühlwasserströmung von oben nach unten.

upstroke [engine] (See Ill. 18 p. 231)
also: upward stroke

course f ascendante
Mouvement d'un piston du point mort bas jusqu'au point mort haut.

Aufwärtshub m, Aufwärtsgang m, Aufwärtsbewegung f
Kolbenbewegung vom unteren zum oberen Totpunkt.

upward stroke → upstroke

urban cycle → city cycle

used oil [lubricants]
also: waste oil, drained oil

huile f de vidange, huile f usagée
Huile moteur récupérée lors de vidanges périodiques et rendue provisoirement inutilisable par suite d'infiltration d'eau, sous l'effet de l'air et des hautes températures et en raison des résidus solides qu'elle contient. Toutefois les huiles usagées peuvent être recyclées par filtrage, distillation et raffinage. On en obtient alors des huiles de base, des huiles anticorrosives ou de simples huiles lubrifiantes.
Dans nombre de pays, la législation sur la protection de l'environnement réglemente la manière de se débarrasser des huiles de vidange.

Altöl n
Beim Ölwechsel abgelassenes Motorenöl, das durch Wasser, Rückstände, Luft- und Temperatureinwirkung unbrauchbar geworden ist. Es kann jedoch in einem Recycling-Prozeß durch Filtration, Destillation und Raffination aufgearbeitet werden. Das Endprodukt dient als Basisöl, Korrosionsschutzöl oder einfaches Schmieröl.
In vielen Ländern gibt es Umweltschutzgesetze, wonach Altöl nicht beliebig aufbewahrt oder weggeschüttet werden darf.

US Federal Test [emission control]
also: FTP 75 test cycle

Federal Test des Etats Unis
Une analyse des gaz d'échappement qui prescrit les valeurs maximales suivantes: CO = 3,4 g/mille, HCi = 0,25 g/mille, NOx = 0,4 g/mille.

US-Federal-Test m
Ein Abgastest, bei dem folgende Grenzwerte vorgegeben sind: CO = 3,4 g/Meile, HCi = 0,25 g/Meile, NOx = 0,4 g/Meile.

U-type engine [engine]

moteur m à cylindres parallèles, moteur m en deux lignes
Moteur à explosion constitué de deux moteurs en ligne et de deux vilebrequins. Il est disposé de telle sorte que les deux rangées de cylindres forment un U.

U-Motor m
Verbrennungsmotor bestehend aus zwei Reihenmotoren mit zwei Kurbelwellen. Die beiden Zylinderreihen bilden ein U.

V

vacuum *n* [physics]
also: pressure below atmosphere, depression

dépression f
Pression dont la valeur est inférieure à la pression atmosphérique.

Unterdruck *m*
Druck, dessen Wert unter dem Atmosphärendruck liegt.

vacuum advance [ignition]
(See Ill. 24 p. 288)
also: vacuum advance control, vacuum timing control, vacuum control, vacuum spark advance (mechanism), vacuum advance-retard mechanism, vacuum capsule

avance f à dépression, commande f d'avance à dépression, correcteur m d'avance à dépression, régulateur m à dépression, capsule f manométrique
La commande d'avance à dépression est fixée sur l'allumeur. Elle comporte une membrane commandée par ressort et qui est reliée au carburateur par une conduite. La dépression régnant dans la tubulure d'admission agit sur la membrane en faisant varier la tension du ressort. La membrane agit à son tour sur le plateau du rupteur en le faisant tourner dans le sens inverse de la rotation de la came provoquant ainsi l'avance à l'allumage. Le correcteur d'avance à dépression est dès lors tributaire de la charge à l'opposé de l'avance centrifuge qui elle dépend du régime-moteur.

Unterdruckzündverstellung f, Unterdruck(zünd)versteller m, Unterdruckdose f, Membrandose f
Der Unterdruckversteller befindet sich am Zündverteiler. Er enthält eine federbelastete Membran, die am Vergaser über eine Schlauchverbindung angeschlossen ist. Der im Ansaugrohr des Motors herrschende Unterdruck wirkt durch Federdruck auf die Membran, die ihrerseits durch Verdrehung der Unterbrecherplatte gegen die Drehrichtung des Nockens eine zusätzliche Frühzündung bewirkt. Die Unterdruckzündverstellung ist also lastabhängig im Gegensatz zum drehzahlabhängigen Fliehkraftversteller.

vacuum advance control → vacuum advance

vacuum advance-retard mechanism → vacuum advance

vacuum advance unit [ignition]

capsule f avance, capsule f à dépression
Capsule manométrique pour le réglage à charge partielle dans le sens de l'avance.

Frühdose f
Membrandose (Unterdruckdose) zur Teillastverstellung in Richtung früh.

vacuum-assisted brake → air-assisted brake

vacuum capsule → vacuum advance

vacuum control → vacuum advance

vacuum cylinder [brakes]

cylindre m à dépression
Cylindre de l'assistance de freinage à dépression divisé en deux chambres par le piston.

Unterdruckzylinder m, (selten:)
Vakuumzylinder m
Zylinder in einem Unterdruckbremskraftverstärker, der durch den Vakuumkolben in zwei Räume geteilt ist.

vacuum distillation [chemistry, fuels]

distillation f sous vide
Distillation sous vide du résidu atmosphérique de pétrole distillé sous pression normale et qui fournit notamment du gas-oil, des huiles lubrifiantes et un résidu court (bitume, asphalte ou brai).

Vakuumdestillation f
Destillation im Vakuum des Rückstandes aus der Normaldruck-Destillation von Erdöl, wobei man schweres Dieselöl, Schmieröle und einen weiteren Rückstand (Bitumen, Asphalt) erhält.

vacuum door locking [safety]

condamnation f à dépression
Système de condamnation de toutes les portes d'un véhicule commandé par la dépression régnant dans la pipe d'aspiration du moteur (*cfr.* verrouillage central des portes).

unterdruckgesteuerte Zentralverriegelung
Verriegelungsanlage zum Verschließen aller Wagentüren, die durch den Unterdruck im Saugrohr des Motors gesteuert wird (*s. unter* Zentralverriegelung).

vacuum feed device [fuel system]

exhausteur m, élévateur m d'essence
Dans certains anciens modèles d'automobile, appareil à dépression qui puise l'essence dans le réservoir principal et l'élève dans un petit réservoir supplémentaire appelé nourrice, se trouvant en charge sur le carburateur.

Unterdruckförderer m
Unterdruckgesteuerte Vorrichtung, die bei alten Automodellen den Kraftstoff aus dem Benzintank in einen Fallbehälter über dem Vergaser ansaugt.

vacuum gage (US) *or* **gauge** (GB) [instruments]

dépressiomètre m
Manomètre qui se branche généralement sur le collecteur d'admission entre le carburateur et le moteur.
Tout moteur à explosion fonctionnant tel un compresseur, qui aspire et comprime un mélange gazeux, une fuite se traduirait par une chute de rendement. C'est grâce au dépressiomètre que cette chute peut être évaluée avec précision. De surcroît, il est possible de localiser exactement la fuite ou le défaut du moteur, lorsqu'on observe attentivement les déviations de l'aiguille de l'instrument. A noter que le dépressiomètre sert aussi à vérifier la pompe à essence.

Unterdruckprüfer m, Unterdruckmesser m, Unterdrucktester m
Manometer, das sich am Einlaßkrümmer zwischen Vergaser und Motor anschließen läßt.
Nachdem der Verbrennungsmotor ähnlich einem Kompressor arbeitet, der ein Gasgemisch ansaugt und verdichtet, führt jede Undichtheit zu einem Leistungsabfall. Eine solche Undichtheit wird mit

dem Unterdruckprüfer gemessen. Außerdem gestattet der Zeigerausschlag die Undichtheit bzw. die Fehlerquelle zu lokalisieren. Mit dem Unterdruckprüfer wird ebenfalls die Funktionsfähigkeit der Kraftstoffpumpe untersucht.

vacuum hose [ignition]
(See Ill. 24 p. 288)

flexible m à dépression
Conduit flexible reliant le carburateur au correcteur d'avance à dépression. C'est par ce flexible que la dépression créée dans la cheminée du carburateur se transmet à la membrane du correcteur d'avance.

Unterdruckleitung f
Leitung, die den Vergaser mit dem Unterdruckversteller verbindet. Über diese Leitung wirkt der im Vergaserdurchlaß erzeugte Unterdruck auf die Membran des Unterdruckverstellers ein.

vacuum hose [brakes]

flexible m à dépression
Tuyau reliant la prise de dépression d'un servofrein à la pipe d'admission du moteur.

Unterdruckschlauch m, Unterdruckleitung f, (selten:) Vakuumleitung f
Verbindungsschlauch zwischen Bremskraftverstärker und Motorsaugrohr.

vacuum hose connecting seat [brakes]

prise f de dépression, raccord m de conduite de dépression
Ouverture sur la face avant du servofrein à dépression qui relie ce dernier avec la pipe d'aspiration du moteur par l'intermédiaire d'un flexible à dépression.

Unterdruckanschluß m, (selten:) Vakuumanschluß m
Öffnung im Verstärkergehäuse, die den Bremskraftverstärker über eine druckfeste Unterdruckleitung mit dem Motoransaugkrümmer verbindet.

vacuum pump [engine]

pompe f à vide
Pompe qui dans les moteurs diesel et les moteurs deux temps fournit la dépression nécessaire au servofrein.

Unterdruckpumpe f, (selten:) Vakuumpumpe f
Pumpe, die bei Diesel- und Zweitaktmotoren den Unterdruck für den Bremskraftverstärker erzeugt.

vacuum retard unit [ignition]

capsule f retard
Dans un correcteur d'avance à dépression, la capsule retard vient s'ajouter à la capsule avance et, en dépression, elle agit sur la position angulaire du plateau du rupteur en direction du retard, c'est-à-dire dans le sens de rotation de l'arbre d'allumage. Cette capsule retard est branchée sur la tubulure d'admission du moteur par une seconde conduite à dépression à un endroit situé exactement derrière le papillon des gaz.

Spätdose f
In einem Unterdruckversteller ist der Frühdose eine Spätdose nachgeschaltet, die bei Unterdruck die Unterbrecherplatte in Richtung spät, d.h. in der Drehrichtung der Verteilerwelle verstellt. Diese Spätdose ist über eine zweite Vakuumleitung separat an das Saugrohr des Motors angeschlossen, gerade hinter der Drosselklappe.

vacuum servo brake [brakes]
also: booster brake, brake booster (US)

servofrein m à dépression
Dispositifs de freinage qui s'intercalent dans les canalisations entre le maître-cylindre et les cylindres récepteurs d'un circuit de freinage hydraulique et qui peuvent amplifier l'effort musculaire que le conducteur exerce sur la pédale. Dans le moteur à essence à quatre temps, le servofrein utilise la dépression engendrée dans la pipe d'admission du moteur à laquelle s'oppose la pression atmosphérique extérieure. Dans les moteurs diesel tout comme dans les moteurs à deux temps, la dépression est créée par une pompe à vide. Ces dispositifs sont soit à commande hydraulique, soit à commande mécanique directe par la pédale de frein. S'il n'y a pas de dépression dans la tubulure d'admission, le dispositif de freinage fonctionne comme un circuit de freinage hydraulique normal.

Unterdruckbremskraftverstärker m, Unterdruck-Servobremse f, Saugluft-Bremskraftverstärker m, Saugluft-verstärker m, (selten:) Vakuum-Servobremse f
Bremsgeräte, die bei hydraulischen Bremsanlagen in die Druckleitung zwischen Hauptzylinder und Radzylindern montiert werden. Sie können die Pedalkraft des Fahrers verdoppeln bis vervierfachen.
Zur Verstärkung der aufgebrachten Muskelkraft des Fahrers nutzen sie die Druckdifferenz zwischen dem im Ansaugkrümmer herrschenden Unterdruck und dem atmosphärischen Außendruck beim Viertakt-Ottomotor. Bei Zweitaktern oder Dieselmotoren wird der Unterdruck durch eine Vakuumpumpe erzeugt. Diese Bremsgeräte werden entweder hydraulisch oder mechanisch, d.h. unmittelbar vom Bremspedal gesteuert. Fällt der Unterdruck aus, funktioniert die Anlage wie eine normale Flüssigkeitsbremse weiter.

vacuum spark advance (mechanism)
→ vacuum advance

vacuum timing control → vacuum advance

valve [engine] (See Ill. 17 p. 202)
also: engine valve

soupape f
Organe régulateur et obturateur reliant l'intérieur du cylindre avec le carburateur ou avec l'air libre. Il se compose d'un clapet (champignon, tulipe) à portée tronconique et d'une tige (queue). Les soupapes sont réalisées en acier au chrome, au nickel, au silicium ou au molybdène.

Ventil n
Steuerbares Absperrorgan, das den Zylinderraum mit dem Vergaser bzw. der Außenluft verbindet. Es besteht aus dem Ventilteller mit kegeligem Sitz und dem Ventilschaft. Ventile sind aus legiertem Stahl (Chrom, Nickel, Silizium, Molybdän) hergestellt. Eine charakteristische Form ist das Pilz- oder Tellerventil.

valve [tires]
also: tire valve

valve f
Petite soupape à clapet servant au gonflage des pneumatiques. Dans les pneus à chambre, la valve est moulée avec la chambre à air; dans les pneus sans chambre, elle est collée sur la jante étanche à l'air. Elle est soit en caoutchouc, soit en acier.

Reifenventil n, Ventil n, Luftventil n

Kleineres Ventil zum Aufpumpen von Autoreifen. Beim Schlauchreifen sitzt das Ventil auf dem Schlauch und beim schlauchlosen Reifen auf der luftdichten Felge. Es gibt Gummiventile und Metallventile.

valve adjustment → valve setting

valve clearance [engine]
also: valve play, tappet clearance, rocker clearance, camshaft clearance

jeu m de(s) soupape(s), jeu m aux soupapes, jeu m de réglage des culbuteurs, jeu m de réglage des basculeurs
Jeu entre l'extrémité de la tige de soupape et la commande d'ouverture, la soupape étant fermée. Ce jeu est nécessaire, car la tête de soupape doit toujours avoir une assise étanche parfaite sur son siège malgré les imprécisions du montage et la dilatation thermique auxquelles la tige est soumise.
Selon les instructions du fabricant, le jeu est réglé soit avec moteur chaud, soit avec moteur froid. Si le jeu est insuffisant, les soupapes ne sont plus étanches, ce qui occasionne des pertes de compression et diminue la puissance du moteur. De surcroît le manque d'étanchéité de la soupape d'admission peut provoquer des retours de flamme au carburateur par la pipe d'admission. Enfin les têtes et les sièges se détériorent par manque de dissipation thermique. En cas de jeu excessif, le remplissage du cylindre laisse à désirer, car l'ouverture de la soupape d'admission se fait en retard et sa fermeture en avance, ce qui aboutit à une perte de puissance.

Ventilspiel n
Spiel zwischen Ventilschaftende und Ventilantrieb bei geschlossenem Ventil. Das Ventilspiel ist notwendig, weil der Ventilteller trotz Montageungenauigkeiten und Wärmeausdehnung des Ventilschaftes auf dem Ventilsitz gasdicht aufliegen muß.
Nach Anweisung des Herstellwerkes wird das Ventilspiel bei kaltem oder warmem Motor eingestellt. Ist das Ventilspiel zu klein, schließen die Ventile nicht mehr dicht und aus mangelhafter Verdichtung ergeben sich Leistungsverluste. Ferner schlagen die Flammen durch das undicht gewordene Einlaßventil in die Saugleitung und können dadurch einen Vergaserbrand auslösen. Schließlich werden Ventilteller und Ventilsitz durch ungenügende Wärmeabfuhr rasch zerstört. Bei zu großem Spiel ergibt sich eine schlechte Zylinderfüllung, weil die Ventile zu spät öffnen und zu früh schließen, was zu einem Leistungsabfall führt.

valve clearance adjustment → valve setting

valve control [engine]

commande f à soupapes
Type de commande d'un moteur à explosion grâce auquel l'ouverture et la fermeture des conduits d'admission et d'échappement s'opèrent par des soupapes champignons.

Ventilsteuerung f, Motorsteuerung f, (kurz:) Steuerung f
Steuerungsart in einem Verbrennungsmotor, wobei das Öffnen und Schließen der Gaskanäle durch Pilz- oder Tellerventile erfolgen.

valve core [tires]

obus m de valve
Clapet d'obturation de la valve d'un pneumatique. L'obus conventionnel est à res-

valve crown

sort; l'obus plus court, de fabrication française, en est dépourvu. Il s'enfonce sous l'action de l'aiguille de la valve (tige de valve).

Ventileinsatz m, Reifenventileinsatz m, Luftventileinsatz m
Verschlußstück im Reifenventil. Die konventionelle Ausführung hat eine Feder, der kleinere Einsatz französischer Bauart hat keine. Der Ventileinsatz wird mit Hilfe einer Ventilnadel eingedrückt.

valve crown → valve head

valve disc → valve head

valve extractor → valve spring lifter

valve face [engine]
also: valve mating surface

portée f de soupape
Portée de la tête de la soupape reposant sur le siège de soupape ménagé dans la culasse.

Ventilsitzfläche f, Ventildichtfläche f, Ventilauflagefläche f
Ringförmiger Teil des Ventiltellers, der auf dem Ventilsitz des Zylinderkopfs ruht.

valve gear cover → rocker cover

valve gear mechanism [engine]

mécanisme m de distribution
Organes de commande d'ouverture et de fermeture des soupapes depuis l'arbre à cames jusqu'aux culbuteurs ou basculeurs.

Ventiltrieb m
Steuerungsteile zum Öffnen und Schließen der Ventile von der Nockenwelle bis hin zu den Kipp- bzw. Schwinghebeln.

valve grinder [tools]
also: double-ended valve grinder

ventouse f
Outil spécial utilisé pour le rodage des soupapes avec de la pâte à roder.

Ventileinschleifer m
Sonderwerkzeug zum Einschleifen der Ventile mit Schleifpaste.

valve guide [engine]

guide m de soupape
Cylindre dans lequel coulisse la queue de la soupape et généralement emmanché à force dans un alésage du bloc-moteur. Les guides usés ne garantissent plus une assise concentrique de la soupape sur son siège et sont à l'origine d'une surconsommation d'huile, car l'huile moteur pénètre le long des guides usés dans les collecteurs d'aspiration et d'échappement ainsi que dans la chambre de combustion. Lorsqu'une soupape doit être remplacée, le remplacement du guide de soupape s'impose de même.

Ventilführung f
Zylinder, in dem sich der Ventilschaft bewegt. Er ist in einer Bohrung des Zylinderblocks eingepreßt. Verschlissene Ventilführungen gewährleisten keinen konzentrischen Ventilsitz und führen zu hohem Ölverbrauch, weil das Schmieröl über die ausgeschlagenen Ventilführungen in den Ansaug- und Auspuffkrümmer sowie in den Verbrennungsraum gelangen. Wird das Ventil ausgetauscht, so muß die Ventilführung ebenfalls ausgewechselt werden.

valve head [engine] (See Ill. 18 p. 231)
also: valve disc, valve crown

tête f de soupape, clapet m, champignon m, tulipe f
Partie supérieure de la soupape de forme tronconique. Son angle d'appui est en général de 45°, rarement de 30°.

Ventilteller m
Kegelförmiger Oberteil des Ventils. Meist hat der Kegel einen Winkel von 45°, seltener 30°.

valve holder [tools]

appareil m de retenue de soupape
Outil spécial servant à maintenir une soupape fermée afin qu'elle ne tombe pas dans le cylindre lors du remplacement du ressort.

Ventilhalter m
Sonderwerkzeug zum Halten des geschlossenen Ventils, damit es beim Ausbau der Ventilfeder nicht in den Zylinder fällt.

valve-in-head → drop valve

valve-in-head engine → overhead-valve engine

valve lift [engine]

levée f des soupapes
La distance maximale accomplie par une soupape qui se lève de son siège pendant ses mouvements de travail.

Ventilhub m, Hub m (eines Ventils)
Die maximale Höhe, bis zu der sich ein Ventil während des Betriebs von seinem Sitz abhebt.

valve lifter (US) → valve tappet

valve mating surface → valve face

valve needle → float needle

valve opening pressure → nozzle opening pressure

valve operating chain → timing chain

valve overlap [engine]

croisement m des soupapes, chevauchement m des soupapes, croisement m des temps d'ouverture, ouverture f simultanée (des soupapes)
La soupape d'admission commence à s'ouvrir alors que le soupape d'échappement n'est pas entièrement refermée. Le temps durant lequel les deux soupapes sont ouvertes est si court qu'un retour au carburateur des gaz d'échappement est exclu. On obtient de cette manière une meilleure cylindrée particulièrement en régime élevé.

Ventilüberschneidung f, Ventilüberdeckung f
Das Einlaßventil öffnet, während das Auslaßventil noch nicht ganz geschlossen ist. Die Zeitspanne, in der beide Ventile geöffnet sind, ist so kurz bemessen, daß ein Rückschlagen der Abgase in den Vergaser ausgeschlossen ist. Auf diese Weise wird eine bessere Füllung der Zylinder mit Frischgas bei hoher Drehzahl erzielt.

valve play → valve clearance

valve push rod [engine]
(See Ill. 17 p. 202)
also: pushrod

tige f de commande des culbuteurs, tige f de poussoir
La tige de poussoir transmet au culbuteur le mouvement alternatif que lui imprime la came de commande.

valve refacer

Stoßstange f
Die Stoßstange überträgt die Drehbewegung der Nocken auf den Ventilkipphebel.

valve refacer [tools]

rectifieuse f de soupapes
Rectifieuse avec laquelle on refait la portée d'une soupape en observant un angle de 44° au lieu de 45° afin d'obtenir une assise étanche plus rapide de la soupape sur son siège.

Ventilschleifmaschine f
Schleifmaschine zur Instandsetzung von Ventilen. Der Ventilteller wird normalerweise unter einem Winkel von 44° statt 45° nachgearbeitet, damit ein rascheres Dichtschlagen in den Ventilsitz erreicht wird.

valve remover → valve spring lifter

valve reseating [maintenance]

rectification f de siège de soupape, rectification f des sièges
La rectification du siège de soupape s'effectue sous un angle donné (46° ou 31°) par enlèvement de matière réduit au minimum. Le siège rectifié est alors enduit d'une pâte spéciale permettant de contrôler la portée de la soupape.

Ventilsitzfräsen n
Fräsvorgang am Ventilsitz in einem bestimmten Winkel (46° oder 31°) bzw. unter sparsamster Materialabnahme. Anschließend wird der Ventilsitz mit Tuschierpaste bestrichen und das Tragbild des wieder eingeführten Ventils geprüft.

valve rocker → rocker arm

valve rocker arm → rocker arm

valve rocker cover → rocker cover

valve rod → valve shaft

valve rotator [engine]

rotocap m
Dispositif conçu pour faire tourner la soupape à chaque ouverture en sorte que, celle-ci modifiant sans cesse sa position sur le siège, les résidus de combustion ne s'incrustent pas au même endroit.

Ventildrehvorrichtung f
Vorrichtung, die bei jeder Öffnung des Ventils dieses um seine Achse weiterdreht, damit die Verbrennungsrückstände nicht immer an derselben Stelle einschlagen.

valve seat [engine]
also: seat of a valve

siège m de soupape
Surface de contact de la soupape sur le cylindre. Un portage impeccable de la soupape sur son siège garantit une étanchéité parfaite et de bonnes conditions de dissipation thermique. Les sièges sont fraisés à 45°, rarement à 30°. De surcroît les deux bords présentent un chanfrein de 15° et 75°. La largeur du siège est généralement de 1,25 à 1,50 mm pour la soupape d'admission et de 1,60 à 2,50 mm pour la soupape d'échappement. Habituellement le siège de la soupape d'échappement est plus large que celui de la soupape d'admission afin de permettre une meilleure dissipation thermique à la soupape d'échappement plus chaude.

Ventilsitz m
Berührungsfläche des Ventils mit dem Zylinder. Ein einwandfreier Ventilsitz gewährleistet das vollkommene Abdichten des Ventils sowie eine gute Wärmeab-

führung. Die üblichen Winkel am Ventilsitz betragen 45° oder seltener 30°. Außerdem sind beide Ventilsitzkanten mit 15° bzw. 75° abgeschrägt. Die Ventilsitzbreite stellt sich auf 1,25 bis 1,50 beim Einlaßventil und auf 1,60 bis 2,50 mm beim Auslaßventil. Im allgemeinen ist der Sitz des Auslaßventils breiter als derjenige des Einlaßventils, um bei den heißeren Auslaßventilen eine bessere Wärmeabfuhr zu gewährleisten.

valve seat angle [engine]
also: angle of valve seat

angle m de chanfrein
L'angle de chanfrein d'une soupape est en général de 45°, rarement de 30°.

Ventilsitzwinkel m
Der Ventilsitzwinkel beträgt meistens 45°, seltener 30°.

valve seat grinding set [tools]

jeu m de fraises pour sièges de soupape
Jeu de fraises pour le fraisage et la rectification de sièges de soupape.

Ventilsitzfräsersatz m
Fräsersatz zum Fräsen und Korrigieren von Ventilsitzen.

valve seat grinding tool [tools]

dispositif m de tournage pour sièges de soupape
Dispositif qui se boulonne sur une culasse et qui, équipé d'un outil de tournage, permet de refaire un siège de soupape endommagé.

Ventilsitzdrehwerkzeug n, Ventilsitzdrehvorrichtung f
Vorrichtung, die auf dem Zylinderkopf verschraubt wird und das Nacharbeiten von ausgeschlagenen bzw. verbrannten Ventilsitzen mit einem Drehmeißel vollführt.

valve seat insert [engine]

sièges m de soupape rapporté
Les sièges rapportés sont réalisés en acier au chrome-nickel, au chrome-manganèse, en alliages cuivre-étain, en fonte centrifugée ou en métal dur et sont en général emmanchés à force et sertis.

Ventilsitzring m
Ventilsitzringe sind aus Chrom-Nickel-Stahl, Chrom-Mangan-Stahl, Kupfer-Zinn-Legierungen, Schleuderguß oder Hartmetall hergestellt und werden in den Zylinderkopf eingepreßt.

valve setting [engine]
also: valve timing, valve adjustment, valve clearance adjustment

réglage m des jeux aux soupapes, réglage m des soupapes, réglage m des culbuteurs
Réglage du jeu entre la tige de soupape et la pièce de commande du mouvement de la soupape (culbuteur, doigt de poussée, came), la soupape étant fermée. A cet effet on se sert d'un jeu de cales d'épaisseurs et le réglage s'effectue fréquemment par vis et contre-écrous ou par vis autobloquantes. Dans les moteurs ACT à poussoirs, on règle les jeux aux soupapes en ajoutant ou en retirant des rondelles ou pastilles calibrées. Parfois il suffit de régler simplement une vis à six pans creux montée transversalement dans le poussoir. Dans certains cas le démontage de l'arbre à cames s'impose.

Ventileinstellung f, Ventilspieleinstellung f
Spieleinstellung bei geschlossenem Ventil zwischen Ventilschaftende und Betä-

valve shaft

tigungselement (Kipphebel, Schwinghebel, Nocken) mittels einer Spaltlehre häufig durch Verdrehen einer Stellschraube mit Gegenmutter oder durch selbstsichernde Einstellmutter. Bei obenliegender Nockenwelle mit Tassenstößeln erfolgt die Ventilspieleinstellung durch Wegnehmen oder Hinzufügen von kalibrierten Beilagescheiben oder mittels einer im Stößel querliegenden Innensechskantschraube. Bei einigen Motorausführungen muß die Nockenwelle abmontiert werden.

valve shaft [engine] (See Ill. 18 p. 231)
also: valve stem, valve rod, valve spindle

tige f de soupape, queue f de soupape
Partie de la soupape reliée à la tête par un congé à grand rayon.

Ventilschaft m, Ventilspindel f
Der Ventilschaft ist mit dem Ventilteller durch eine Abrundung (Kehlung) verbunden.

valve shaft seal [engine]
also: rubber valve-stem oil seal

bague f de rejet d'huile, joint m d'étanchéité de soupape, bague f de retenue d'huile
Joint souple devant s'opposer à un passage d'huile excessif par le guide de la soupape.

Ventilschaftabdichtung f, Ventilabdichtring m
Abdichtung, die einen übermäßigen Öleintritt über die Ventilführung verhüten soll.

valve spindle → valve shaft

valve spring [engine] (See Ill. 17 p. 202, Ill. 18 p. 231)

ressort m de soupape
Ressort hélicoïdal fermant et maintenant la soupape sur son siège. Il s'appuie sur le guide d'un côté et sur la coupelle de l'autre. Si le ressort de soupape est avachi ou cassé, l'étanchéité de la soupape n'est plus assurée.

Ventilfeder f
Schraubendruckfeder, die das Ventil schließt und auf seinem Sitz festhält. Sie stützt sich auf die Ventilführung und Ventilfederplatte ab. Ist die Ventilfeder lahm oder gebrochen, schließt das Ventil nicht mehr richtig.

valve spring compressor → valve spring lifter

valve spring cup → valve spring retainer

valve spring lifter [tools]
also: valve remover, valve extractor, valve spring compressor

lève-soupape(s) m, démonte-soupape(s) m, presse f à ressorts de soupape
Outil spécial servant à comprimer le ressort des soupapes au démontage et au montage.

Ventilfederheber m
Sonderwerkzeug zum Spannen der Ventilfeder beim Aus- und Einbau.

valve spring retainer [engine]
also: valve spring cup

cuvette f, coupelle f
Pièce se trouvant à l'extrémité de la tige de soupape et sur laquelle le ressort prend appui.

Ventilfederplatte f, Ventilfederteller m
Die Ventilfederplatte sitzt am Ventil-

schaftende und dient der Abstützung der Ventilfeder.

valve stem → valve shaft

valve tappet [engine] (See Ill. 17 p. 202)
also: tappet, valve lifter (US), lifter (US), camshaft tappet

poussoir m
Les poussoirs s'intercalent avec leur tige et le culbuteur entre les cames de l'arbre de distribution et les soupapes.

Ventilstößel m, (kurz:) Stößel m, Nockenstößel m
Ventilstößel bzw. Nockenstößel verbinden die Nockenwelle mit den Ventilen über eine Stoßstange und einen Kipphebel.

valve timing [engine]

temps m d'ouverture et de fermeture
Les temps où les soupapes d'un moteur s'ouvrent et se ferment au cours de leur cycle de travail.

Steuerzeiten fpl
Die Öffnungs- und Schließzeiten der Ventile eines Motors.

valve timing → valve setting

valve-timing diagram [engine]

diagramme m de distribution, épure f de distribution
Diagramme dans lequel figurent les temps d'ouverture et de fermeture des soupapes par rapport à la circonférence décrite par le vilebrequin.

Steuerdiagramm n, Steuerzeitendiagramm n
Das Steuerdiagramm gibt Aufschluß über die Öffnungs- und Schließzeiten (Steuer-zeiten) der Ventile, bezogen auf die Winkellage der Kurbelwelle.

vanity mirror → make-up mirror

vaporizing chamber → mixing chamber

vapor lock (US) [fuel system]
also: vapour lock (GB)

tampon m de vapeur, bouchon m de vapeur, poche f de vapeur, vapour-lock m, bulles fpl de vapeur (dans les conduits d'alimentation)
Panne d'alimentation en carburant due à l'échauffement du carburateur ou de la pompe à essence. De même les gouttelettes d'eau que recèle le liquide de freinage peuvent très bien former une poche de vapeur dans la canalisation hydraulique par suite de l'échauffement résultant d'un freinage trop long et trop sec. Cette poche de vapeur se laisse facilement comprimer en sorte que l'effet de freinage à la pédale perd de son efficacité.

Dampfblasenbildung f
Unterbrechung der Benzinzufuhr durch Dampfblasenbildung, die auf eine Überhitzung des Vergasers oder der Benzinpumpe zurückzuführen ist. Auch die in der Bremsflüssigkeit enthaltenen Wassertröpfchen können durch Überhitzung bzw. langes und scharfes Bremsen zu einer Dampfblasenbildung in der Bremsleitung führen. Diese Dampfblasen lassen sich zusammendrücken, und die Bremswirkung läßt nach.

vapour lock (GB) → vapor lock (US)

variable-choke carburetor (US) *or* **carburettor** (GB)
also: → variable-venturi carburetor (US) *or* carburettor (GB)

variable interval intermittent wipe
→ intermittent wiping

variable-venturi carburetor (US) *or*
carburettor (GB) [carburetor]
also: variable-choke carburetor (US) *or* carburettor (GB)

carburateur m à diffuseur variable
Carburateur inversé à pression constante et à diffuseur de section variable. Dans ce type de carburateur, une aiguille de dosage conique, commandée par une soupape, plonge dans le gicleur principal dont elle modifie la section de passage selon la charge et le régime du moteur.

variabler Venturi-Vergaser (Abk. VV-Vergaser)
Fallstrom-Gleichdruckvergaser mit veränderlichem Lufttrichterquerschnitt. Bei dieser Ausführung ragt eine kegelige, von einem Venturiventil gesteuerte Düsennadel in die Hauptdüse. Der Ringspalt zwischen Düsennadel und Hauptdüse ändert sich je nach Belastung und Drehzahl des Motors.

Variomatic™ (transmission)
also: constantly variable transmission

transmission f Variomatic (système DAF)
Transmission automatique dans laquelle le couple moteur est transmis par deux courroies trapézoïdales chaussant chacune une poulie conique motrice et une poulie conique réceptrice. Les poulies coniques sont constituées d'un flasque mobile et d'un flasque fixe. Grâce à cette organisation, le rapport des diamètres peut varier par le déplacement axial des flasques mobiles. Les poulies motrices sont commandées par la dépression régnant dans la pipe d'admission via des maselottes centrifuges et des cylindres à dépression. Ford (Fiesta CTX) et Fiat (Uno Selecta) ont adopté ce système en remplaçant les courroies trapézoïdales par des courroies métalliques à maillons.

Variomatic-Getriebe n (ursprünglich von DAF), Keilriemenautomatik f, stufenloses Getriebe
Automatisches Getriebe, bei dem die Kraftübertragung durch zwei Keilriemen erfolgt, die je auf einer Antriebs- und Abtriebsscheibe laufen. Die Keilriemenscheiben (Konusscheiben, Kegelscheiben) besitzen je eine feststehende und eine bewegliche Scheibenhälfte. Aufgrund dieser Anordnung kann der wirksame Scheibendurchmesser durch axiales Verstellen der beweglichen Scheibenhälften verändert werden. Die Antriebsscheiben werden durch den Unterdruck im Ansaugrohr über Fliehgewichte und Vakuumzylinder gesteuert. Ford (Fiesta CTX) und Fiat (Uno Selecta) haben das System übernommen und ersetzten die DAF-Keilriemen durch haltbare Metallgliederbänder.

varnish *n* [materials]

vernis m incolore
Revêtement incolore de peinture métallisée par application en deux couches. Il a pour but d'enrober les paillettes d'aluminium saillantes et de donner un fini brillant.

Klarlack m
Lacküberzug bei der Metalleffektlackierung. Er soll die herausragenden Aluminium-Teilchen versiegeln und den Decklack auf Hochglanz bringen.

V-belt [cooling system]
(See Ill. 28 p. 406)

also: Vee belt, trapezoidal belt, belt *(for short)*

courroie f trapézoïdale
Courroie sans fin de section trapézoïdale enroulée sur deux poulies à gorges. Elle entraîne entre autres l'alternateur, le ventilateur ainsi que la pompe à eau. La courroie trapézoïdale est correctement tendue quand elle se laisse fléchir de 10 à 15 mm.

Keilriemen m
Endloser Riemen mit trapezförmigem Querschnitt, der auf zwei Riemenscheiben mit Eindrehungen läuft. Er wird zum Antrieb der Lichtmaschine, des Ventilators und der Wasserpumpe benutzt. Er gilt als richtig gespannt, wenn er sich 10 bis 15 mm durchdrücken läßt.

V-cylinder engine → V-engine

VE = volumetric efficiency

Vee belt → V-belt

Vee engine, Vee-cylinder engine
→ V-engine

vehicle body → bodyshell

vehicle equipped with a catalytic converter [emission control]
also: cat vehicle *(colloq.)*

véhicule m catalysé
Véhicule équipée d'un pot catalytique.

Katalysatorfahrzeug n,
Kat-Auto n (colloq.)
Ein mit einer Vorrichtung zur katalytischen Abgasreinigung ausgestattetes Automobil.

vehicle height [vehicle]

hauteur f de véhicule
Hauteur du véhicule non chargé, y compris capote, galerie porte-bagages, etc.

Fahrzeughöhe f, Höhe (unbelastet)
Höhe des Fahrzeuges im unbelasteten Zustand einschließlich Verdeck, Gepäckgitter usw.

vehicle length [vehicle]

longueur f hors tout
La longueur hors tout d'un véhicule s'entend y compris les pare-chocs. Pour les remorques, les dimensions sont indiquées "avec flèche de remorque" et sans "flèche de remorque", cette dernière mention figurant entre parenthèses.

Fahrzeuglänge f, Länge über alles
Die Fahrzeuglänge wird einschließlich der Stoßfänger gemessen. Bei Anhängern werden die Masse "mit Zuggabel" und "ohne Zuggabel" angegeben, wobei das Maß "ohne Zuggabel" eingeklammert ist.

vehicle width [vehicle]

largeur f hors tout
Largeur du véhicule calculée hors tout, c'est-à-dire y compris les moyeux, les ailes, les poignées, etc.

Fahrzeugbreite f, Breite über alles
Breite des Fahrzeugs über alles, einschließlich Radnaben, Kotflügel, Türgriffen usw.

V-eight engine [engine]

moteur m V 8
Moteur à explosion avec deux rangées de quatre cylindres disposées en V.

Achtzylinder-V-Motor m
Verbrennungsmotor mit zwei Reihen von je vier Zylindern in V-Anordnung.

V-engine

V-engine (*or* **V engine**) [engine]
also: Vee engine, V-cylinder engine, Vee-cylinder engine

moteur m à cylindres (disposés) en V, moteur m en V
Moteur à explosion comportant deux rangées de cylindres disposées en V. Il peut s'agir d'une version à quatre, six ou huit cylindres.

V-Motor m
Verbrennungsmotor mit zwei Zylinderreihen, die ein V bilden. Es kann ein Vier-, Sechs- oder Achtzylindermotor sein.

vent hole [fuel system]
also: petrol tank breather (GB), breather *n*

orifice m de ventilation, trou m de ventilation
Orifice ménagé dans le bouchon du réservoir de carburant ou dans le réservoir lui-même et qui maintient le carburant à la pression atmosphérique. Sans cet orifice, une depression se créerait lors du pompage du carburant dont l'écoulement serait dès lors freiné.

Entlüftungsloch n, Belüftungsloch n
Öffnung am Tankdeckel bzw. am Kraftstoffbehälter, die den Kraftstoff unter Atmosphärendruck hält. Beim Abpumpen des Kraftstoffes aus dem Behälter entstünde sonst Unterdruck, der die Kraftstoffzufuhr hemmen würde.

ventilated brake disc [brakes]
also: ventilated disc

disque m de freinage ventilé, disque m ventilé
Lorsque les freins sont soumis à de fortes sollicitations thermiques, on utilise souvent des disques ventilés, p.e. disques forés.

belüftete Bremsscheibe, innengekühlte Bremsscheibe
Für thermisch besonders hoch beanspruchte Bremsen werden häufig innengekühlte, z.B. gelochte, Bremsscheiben verwendet.

ventilated disc → ventilated brake disc

ventilation [heating&ventilation]

aération f, ventilation f
Distribution d'air frais dans une voiture, normalement obtenu par un système de buses collectant l'air à l'extérieur et un ventilateur qui le distribue.

Belüftung f, (genauer:) Be- und Entlüftung f
In der Regel durch ein elektrisches Gebläse unterstütztes System für den Luftaustausch im Inneren des Fahrgastraums.

ventilator → fan *n*

vent screw → bleeder screw

venturi [carburetor] (See Ill. 8 p. 90)
also: choke tube, carburetor venturi, carburetor throat, diffuser

venturi m, diffuseur m
Partie de la chambre de mélange du carburateur dont la section rétrécie a pour but de ne laisser qu'une faible ouverture au passage de l'air et de provoquer de ce fait son accélération. En général on trouve deux chiffres gravés sur le diffuseur qui sont une référence au diamètre extérieur et au diamètre intérieur à l'endroit le plus étroit.

Lufttrichter m, Mischkanal m
Teil der Mischkammer im Vergaser, der aufgrund seines eingeengten Querschnitts den Luftstrom durch eine schmale

Öffnung fließen läßt und ihn somit beschleunigt. Auf dem Lufttrichter sind zwei Zahlen eingraviert, die auf den Außen- bzw. Innendurchmesser an der schmalsten Stelle hinweisen.

venturi [diesel engine]

ensemble m venturi, porte-clapet m
Pièce constitutive d'un régulateur pneumatique de moteur diesel.

Klappenstutzen m
Hauptbestandteil eines Unterdruckreglers bei Dieselmotoren.

venturi progression hole → bypass bore

vernier caliper → slide caliper

vertical bevel drive [engine]
also: vertical shaft

arbre m vertical de commande d'arbre à cames
Arbre à pignons coniques de plus en plus rarement utilisé pour la commande de l'arbre à cames.

Königswelle f, Zwischenwelle f
Welle mit Kegelrädern zum Antreiben der Nockenwelle (eine veraltete Antriebsart).

vertical shaft → vertical bevel drive

V-four engine [engine]

moteur m V 4
Moteur à explosion avec deux rangées de deux cylindres disposées en V.

Vierzylinder-V-Motor m
Verbrennungsmotor mit zwei Reihen von je zwei Zylindern in V-Anordnung.

VI = viscosity index

vibration damper → resonance damper

vice (GB) → vise (US)

VI improver → viscosity improver

viscose radiator fan [cooling system]
also: viscous fan

ventilateur m à viscocoupleur, ventilateur m à accouplement viscostatique, ventilateur m à coupleur visco- thermostatique
Ventilateur à accouplement hydraulique partiellement rempli d'une huile spéciale à base de silicone.

Lüfter m mit Viscokupplung, Viscolüfter m
Lüfter mit hydraulischer Kupplung, die zum Teil mit silikonhaltigem Spezialöl (Viscoflüssigkeit) gefüllt ist.

viscosity [lubricants]

viscosité f
Résistance d'un liquide à l'écoulement due au frottement intérieur. La viscosité d'une huile moteur diminue à mesure que sa température augmente et elle varie selon sa catégorie ou "grade".

Viskosität f
Zähigkeit eines flüssigen Stoffes infolge innerer Reibung. Die Viskosität eines Schmieröls sinkt mit zunehmender Temperatur und ist je nach Viskositätsklasse verschieden groß.

viscosity class [lubricants]
also: viscosity grade

catégorie f de viscosité
La viscosité d'une huile moteur (sa résistance à l'écoulement due au frottement

viscosity grade

intérieur) diminue à mesure que sa température augmente et varie selon sa catégorie.

Viskositätsklasse f
Die Viskosität eines Schmieröls (d.h. seine Zähigkeit infolge innerer Reibung) sinkt mit zunehmender Temperatur und ist je nach Viskositätsklasse verschieden groß.

viscosity grade → viscosity class

viscosity improver [lubricants]
also: viscosity index improver, VI improver

additif m pour améliorer l'indice de viscosité, additif m qui augmente l'indice de viscosité, additif m de viscosité
Additif qui améliore l'indice de viscosité d'une huile lubrifiante en la rendant plus insensible aux variations de température (polyméthacrylate, polyisobutylène).

Viskositätsindexverbesserer m,
Viskositäts-Temperatur-Verbesserer m,
VI-Verbesserer m
Wirkstoff, der das Viskositäts-Temperatur-Verhalten des Schmieröls verbessert, d.h. das Schmieröl temperaturunempfindlicher macht (Polymethacrylat, Polyisobutylen).

viscosity index (*abbr.* **VI**) [lubricants]

indice m de viscosité
Nombre qui caractérise la sensibilité d'un lubrifiant à la température, pour ce qui concerne la modification de sa viscosité.

Viskositätsindex m (Abk. VI)
Maß für die Temperaturempfindlichkeit eines Schmiermittels in bezug auf die Änderung seiner Viskosität.

viscosity index improver → viscosity improver

viscous fan → viscose radiator fan

vise (US) [tools]
also: vice (GB)

étau m
Outil à deux mâchoires coulissant sur vis et permettant de saisir fermement des pièces que l'on désire travailler à la main ou à la machine.

Schraubstock m
Werkzeug mit zwei auf Spindel geführten Backen zum Festhalten von Werkstücken für die Bearbeitung von Hand oder Maschine.

vise grip (US) → self-grip wrench

voice synthesizer [electronics]

synthétiseur m de parole
Dispositif permettant la reproduction électro-acoustique de la voix humaine par la synthèse de vibrations électriques qui, par l'intermédiaire d'un haut-parleur, sont converties en vibrations mécaniques.

Sprachsynthesizer m
Einrichtung für die elektro-akustische Nachbildung der Menschenstimme durch Zusammensetzung elektrischer Schwingungen, die mit einem Lautsprecher in mechanische Schwingungen umgewandelt werden.

voltage dip → voltage drop

voltage drop [electrical system]
also: potential drop, voltage dip

chute f de tension
Différence de potentiel relevée entre deux

points d'un conducteur ou appareil électrique parcouru par un courant.

Spannungsabfall** m*, ***Spannungsverlust** m*, ***Potentialabfall *m*
Spannungsunterschied zwischen zwei Punkten eines stromdurchflossenen elektrischen Leiters oder Geräts.

voltage indicator [electrical system]
also: volt-tester probe, electrical circuit tester, circuit tester

contrôleur m de tension, détecteur m de tension
Lampe-témoin combinée avec un petit tournevis qui permet de détecter une tension sur un fil électrique.

Spannungsprüfer** m*, ***Stromprüfer *m*
Mit einem kleinen Schraubenzieher kombinierte Glühlampe, die anzeigt, ob eine elektrische Leitung unter Strom steht.

voltage regulator → generator regulator

voltaic cell → galvanic cell

volt-ampere tester [instruments]

volt-ampère-tester m
Appareil de contrôle comportant un voltmètre et un ampèremètre et qui, combiné avec une résistance en charge, sert à tester les alternateurs.

Volt-Ampere-Tester m
Ein Gerät mit Amperemeter und Voltmeter, das in Verbindung mit einem Belastungswiderstand zum Testen von Drehstromgeneratoren verwendet wird.

voltmeter [instruments]

voltmètre m
Appareil de mesure de tensions continues et alternatives qui se branche en parallèle sur le circuit. Il peut mesurer des tensions élevées par montage de résistances.

Voltmeter n
Meßgerät zur Ermittlung von elektrischen Gleich- und Wechselspannungen. Voltmeter werden im Stromkreis parallel geschaltet. Höhere Spannungen werden durch Dazwischenschalten eines Widerstandes gemessen.

volt-tester probe → voltage indicator

volume screw → idle mixture control screw

volumetric efficiency (*abbr.* **VE**) [engine]

rendement m volumétrique, coefficient m de remplissage (des cylindres), taux m de remplissage des cylindres
Rapport entre le volume de mélange effectivement aspiré à l'admission et le volume théorique qu'il pourrait atteindre lorsque le piston est au point mort bas. A très haut régime, les cylindres ne "respirent" plus aussi facilement et ils ont du mal à aspirer le flux gazeux. De ce fait, le rendement volumétrique peut chuter considérablement à 50% par exemple. Cela signifie qu'ils ne sont plus qu'à moitié pleins. On peut améliorer le rendement volumétrique en élargissant la lumière ou le collecteur d'admission de même qu'en recourant à des carburateurs à deux ou plusieurs corps.

volumetrischer Wirkungsgrad, Füllungsgrad m, Zylinderfüllungsgrad m, Liefergrad m
Verhältnis des tatsächlichen Luft-Kraftstoffvolumens im Zylinder beim Einlaßhub zum idealen Volumen, wenn der Kolben beim unteren Totpunkt steht. Bei

volute casing

ganz hohen Drehzahlen kann der Motor sozusagen in Atemnot geraten, d.h. er kann das Gemisch nicht mehr richtig ansaugen. Der volumetrische Wirkungsgrad sinkt dann erheblich z.B. auf 50%, und die Zylinder sind in dem Falle nur noch halb voll. Breitere Einlaßöffnungen oder breitere Einlaßkrümmer sowie der Einbau von Doppel- oder Mehrfachvergasern erhöhen den volumetrischen Wirkungsgrad.

volute casing [engine]

carter m en spirale
Carter d'un turbocompresseur à gaz d'échappement par lequel le mélange airessence ou l'air s'achemine en surpression vers les cylindres.

Spiralgehäuse n
Wendelförmiges Gehäuse in einem Abgasturbolader, wodurch das Frischgas oder die Luft bei erhöhtem Druck zu den Zylindern strömt.

V-six engine [engine]

moteur m V 6
Moteur à explosion avec deux rangées de trois cylindres disposées en V.

Sechszylinder-V-Motor m
Verbrennungsmotor mit zwei Reihen von je drei Zylindern in V-Anordnung.

V-toothed gear → herringbone gear

vulcanite → ebonite

vulcanization [tires] (*verb:* vulcanize)

vulcanisation f (*verbe:* vulcaniser)
Opération de fabrication du caoutchouc par addition de soufre, afin qu'il obtienne une consistance suffisante.

Vulkanisation f (*Verb:* vulkanisieren)
Verfahren zur Herstellung von Gummi aus Kautschuk durch Zugabe von Schwefel, damit er die erforderliche Konsistenz erhält.

vulcanized fiber [materials]

fibre f vulcanisée
Matière plastique très résistante aux contraintes mécaniques et qui est obtenue par le traitement de la cellulose dans une solution de chlorure de zinc.

Vulkanfiber f
Strapazierfähiger Kunststoff, der durch Behandlung von Zellstoffbahnen mit Chlorzinklösung hergestellt wird.

W

waistline [vehicle body]
also: belt line

ligne f de ceinture
Ligne horizontale passant légèrement audessous de la surface du capot et de la ligne basse des vitres pour se terminer au niveau du feu arrière.

Gürtellinie f
Eine horizontale Linie, die etwa in der Mitte der Seitenflanke eines Automobils

vom vorderen Kotflügel bis zu den Rücklichtern verläuft.

wand antenna (US) [radio]
also: rod antenna (GB)

antenne f fouet
Antenne flexible d'une seule pièce en acier ou en fibre de verre avec âme en fil métallique.

Rutenantenne f
Einteilige, biegsame Antenne aus Stahl oder Fiberglas. Bei den Fiberglasausführungen besteht die Seele aus einer Antennenlitze.

Wankel engine → rotary piston engine

warming up *n* [engine]
also: warm-up *n*

période f de chauffe
Temps nécessaire pour un moteur d'atteindre sa température normale de fonctionnement.

Warmlaufperiode f
Der Zeitraum, bis ein Motor nach dem Starten seine normale Betriebstemperatur erreicht hat.

warm-running compensator [ignition]
also: warm-up regulator

correcteur m de réchauffage, régulateur m de pression de commande
Régulateur de pression relié au doseur-distributeur de carburant d'un système d'injection continue d'essence K-Jetronic. Son but est de régler la pression de commande agissant sur le piston de commande. Lorsque le moteur est chaud, il maintient la pression de commande à un niveau constant, mais cette pression baisse lorsque le moteur est froid, ce qui a pour effet d'enrichir le mélange.

Warmlaufregler, Steuerdruckregler m
Druckregler, der über eine Verbindungsleitung mit dem Kraftstoffmengenteiler einer kontinuierlichen Benzineinspritzanlage K-Jetronic verbunden ist. Seine Aufgabe ist es, den Steuerdruck zu regeln, der auf den Steuerkolben wirkt. Bei warmem Motor hält er den Steuerdruck konstant, jedoch wird er bei kalter Maschine herabgesetzt, so daß ein fetteres Gemisch erzeugt wird.

warm-up *n* → warming up *n*

warm-up enrichment [carburetor]

enrichissement m du mélange après démarrage à froid
Enrichissement du mélange pendant la phase de chauffe d'un moteur.

Warmlaufanreicherung f
Die Erzeugung eines fetteren Gemisches während der Warmlaufphase eines Motors.

warm-up regulator → warm-running compensator

warning buzzer [instruments]

vibreur m, ronfleur m
Petit appareil avertisseur fonctionnant selon le principe de la sonnette électrique. Il rappelle par exemple au conducteur qu'il a omis d'éteindre ses projecteurs lors de l'ouverture de sa portière.

Warnsummer m
Kleines Signalgerät, das nach dem Prinzip der elektrischen Klingel arbeitet. Ein Warnsummer erinnert z.B. den Autofahrer an die noch brennenden Scheinwerfer beim Öffnen der Wagentür.

warning triangle [safety]
also: hazard warning triangle

triangle m de (pré)signalisation
Appareil repliable qui doit se placer à une distance déterminée d'un véhicule en panne. Dans la plupart des pays, le triangle de présignalisation fait partie de l'équipement de bord obligatoire.

Warndreieck, Pannenwarndreieck n
Aufstellbares Warngerät zur Absicherung von Pannenfahrzeugen. In vielen Ländern ist das Mitführen eines Warndreiecks obligatorisch.

washer bottle (GB) → windshield washer fluid reservoir (US)

washer fluid reservoir → windshield washer fluid reservoir (US)

washer jet → windshield washer jet (US)

waste oil → used oil

water-cooled engine [cooling system]

moteur m refroidi par eau, moteur m à refroidissement par eau
Au sens stricte du terme, un moteur dont le réfrigérant est constitué par de l'eau. Aujourd'hui l'eau est substituée par un liquide spécial offrant de meilleurs caractéristiques générales.

wassergekühlter Motor, Motor m mit Wasserkühlung
Ein Motor, bei dem im strengen Sinn das Kühlmittel aus Wasser besteht. Heute wird anstatt Wasser in der Regel eine Kühlflüssigkeit verwendet, die für diesen Zweck bessere Eigenschaften als Wasser aufweist.

water cooling [cooling system]
(See Ill. 28 p. 406)
also: water cooling system (*see also:* liquid cooling)

refroidissement m par eau
Refroidissement par circulation d'eau. On distingue la circulation par thermosiphon provoquée par la différence de densité entre l'eau chaude et l'eau froide et la circulation par pompe, auquel cas l'eau est pompée dans le bloc-moteur et reflue dans le radiateur.
Le refroidissement est plus sûr et plus homogène à toutes les allures dans un moteur refroidi par eau que dans un moteur refroidi par air. De même le niveau sonore est bien meilleur grâce à la présence de chemises d'eau. Toutefois le moteur refroidi par eau n'atteint que très lentement sa température de fonctionnement, ce qui augmente sa consommation en carburant, mais une fois à l'arrêt il la conserve plus longuement. Il est aussi sujet à toute une série de pannes telles que les dégâts dus au gel, l'entartrage, la surchauffe du moteur par suite de manque d'eau, la corrosion et surtout les fuites.

Wasserkühlung f
Umlaufkühlung, bei der das Wasser in einem Kreislauf zirkuliert. Der Umlauf erfolgt entweder aufgrund des Temperaturunterschiedes zwischen kaltem und warmem Wasser (Thermosiphonkühlung) oder durch Zwangsumlaufkühlung, wobei das Wasser durch eine Wasserpumpe in den Zylinderblock gefördert wird und in den Kühler zurückläuft.
Bei wassergekühlten Motoren ist die Kühlwirkung sicherer und gleichmäßiger bei allen Drehzahlen als bei luftgekühlten Motoren. Auch ist die Geräuschdämpfung und die Laufruhe des wassergekühlten Motors besser. Dieser erreicht jedoch seine Betriebstemperatur nur sehr langsam, und dies macht sich im Kraftstoff-

verbrauch bemerkbar. Dafür bleibt er im Stillstand längere Zeit warm. Einige Störungen wie Frostschäden, Kesselsteinansatz, Überhitzung des Motors durch Wassermangel, Korrosion und Undichtheiten können mit der Zeit zum Vorschein treten.

water cooling system → water cooling

water galleries [engine]
(See Ill. 28 p. 406)
also: engine water jacket, water jacket, cylinder jacket, cooling water passages

chemise f d'eau
Cavité ménagée autour des cylindres et de leur culasse, dans laquelle circule l'eau de refroidissement d'un moteur refroidi par eau.

Zylinderwassermantel m, Kühlwassermantel m, Wassermantel m
Bei wassergekühlten Motoren sind Zylinderblock und Zylinderkopf doppelwandig gebaut, so daß der Hohlraum mit Kühlwasser gefüllt ist.

water jacket → water galleries

waterproof glass paper → wet-and-dry paper

water pump [cooling system]
(See Ill. 17 p. 2022, Ill. 28 p. 406)

pompe f à eau
La pompe à eau est en règle générale commandée par le moteur à l'aide d'une courroie et elle sert à faire circuler le liquide de refroidissement dans toutes les parties du moteur. Dans le circuit de refroidissement, elle se situe entre la tubulure de sortie d'eau et les chemises d'eau du bloc-cylindres.

Wasserpumpe f, Kühlwasserpumpe f, Kühlmittelpumpe f
Die Wasserpumpe wird generell über Riementrieb durch den Motor betätigt. Der Wasserumlauf erfolgt zwangsläufig in allen Motorteilen. Die Wasserpumpe sitzt zwischen dem Kühlerauslaufstutzen und dem Zylinderwassermantel.

water pump grease [lubricants]

graisse f pour pompe à eau
Graisse spéciale qui a la propriété de ne pas se dissoudre dans l'eau.

Wasserpumpenfett n
Spezialfett für Wasserpumpen, das in Wasser nicht lösbar ist.

water pump plier [tools]

pince f multiprise, pince f polygrip, pince f bicroc
Pince à mâchoires dentées et articulation coulissante.

Wasserpumpenzange f
Greifzange mit Gleitgelenk.

water temperature gage (US) *or* **gauge** (GB) [instruments]

indicateur m de température d'eau
Appareil fixé sur le tableau de bord et indiquant la température de l'eau de refroidissement. Il peut s'agir d'un appareil électrique ou simplement d'un manomètre à tuyau élastique relié à une sonde de température immergée. A mesure que la température de l'eau augmente, l'aiguille se met à bouger sous l'effet de la dilatation d'alcool dénaturé présent dans le circuit.

Kühlwasserfernthermometer n, Kühlflüssigkeitsthermometer n
Temperaturmesser am Armaturenbrett,

water tube

der die Kühlwassertemperatur anzeigt. Bei der einen Art handelt es sich um einen Rohrfederdruckmesser, der mit einem im Kühlwasser eingetauchten Temperaturfühler verbunden ist. Mit zunehmender Kühlwassertemperatur rührt sich der Zeiger des Druckmessers durch die Ausdehnung von vergälltem Alkohol im geschlossenen System. Bei der anderen Bauart erfolgt die Anzeige auf elektrischem Wege.

water tube [cooling system]
(See Ill. 28 p. 406)

tube m à eau
Dans un radiateur, les boîtes à eau supérieure et inférieure sont reliées entre elles par un faisceau de tubes qui, dans la plupart des cas, sont réunis par des ailettes de refroidissement et à travers lesquels l'eau de refroidissement circule.

Wasserrohr n
In einem Kühler sind der obere und der untere Wasserkasten durch Wasserröhrchen verbunden, durch die das Kühlwasser strömt. Diese meist mit Kühlblechen versehenen Wasserröhrchen bilden den Kühlerkern.

watt [units, electrical system]

watt m
Unité de puissance électrique.
1 watt = 1 volt x 1 ampère.

Watt n
Einheit der elektrischen Leistung.
1 Watt = 1 Volt x 1 Ampere.

wax element thermostat [cooling system]
also: wax-type thermostat

thermostat m à cire, thermostat m à papillon
Dans le thermostat à cire, on trouve un piston garni de caoutchouc au centre d'un cylindre en laiton parfaitement étanche et rempli d'une matière dilatable semblable à la cire. Lorsque l'eau se met à chauffer, la matière fond, se dilate et agit sur le piston, qui à son tour ouvre la soupape. Lorsque la température de l'eau baissera, le piston sera repoussé par un ressort de rappel.

Dehnstoffthermostat m, Wachsthermostat m
Beim Wachs-Thermostat steht ein in Gummi bedetteter Arbeitskolben mitten in einem druckfesten Messingzylinder, der mit einem wachsartigen Dehnstoff gefüllt ist. Beim Erwärmen schmilzt der Dehnstoff und dehnt sich aus, so daß der Kolben verschoben wird und das Kühlwasserventil öffnet. Sinkt die Wassertemperatur, so drückt eine Rückholfeder den Kolben zurück.

wax-type thermostat → wax element thermostat

weak mixture → lean mixture

web *n* → crankweb

weber [units, physics] (*symbol:* Wb)

weber m
Unité de mesure du flux magnétique (symbole Wb).

Weber n
Einheit des magnetischen Flusses (Kurzzeichen Wb).

wedge-type combustion chamber [engine]

chambre f de combustion en coin
Chambre de combustion de forme com-

pacte, dans laquelle la soupape d'admission et la soupape d'échappement sont disposées en biais et parallèlement l'une à l'autre. Cette forme en coin favorise l'effet d'écrasement de la veine gazeuse entre le piston et la culasse.

keilförmiger Brennraum
Kompakter Brennraum, in dem Einlaß- und Auslaßventil schräg und zugleich parallel zueinander angeordnet sind. Diese keilförmige Bauweise begünstigt die Durchwirbelung des brennfähigen Gemisches zwischen Kolben und Zylinderkopf.

wedge-type piston ring [engine]

segment m de piston à section en trapèze rectangle
Segment compresseur à section en forme de coin et résistant aux très fortes sollicitations thermiques.

einseitiger Trapezring
Verdichtungsring mit einseitig keilförmigem Querschnitt, der für hohe thermische Beanspruchung eingesetzt wird.

welding *n* [materials]

soudure f, soudage m
Réalisation d'un assemblage de pièces (métaux de même composition, matières synthétiques) sous pression, par voie thermique ou grâce à la conjugaison de ces deux procédés.

Schweißen n, Schweißung n
Herstellung einer unlösbaren Verbindung von Werkstoffen (gleichartigen Metallen, Kunststoffen) durch Druck, Wärmezufuhr oder beides zusammen.

welding transformer [electrical system]

transformateur m de soudage
Appareil qui transforme le courant alternatif de secteur en un courant alternatif à basse tension, car la soudure électrique requiert de fortes intensités de courant à basse tension.

Schweißtransformator m
Apparat, der die Wechselspannung des Ortsnetzes in einen Wechselstrom niedriger Spannung verwandelt; denn das Elektroschweißen erfordert eine hohe Stromstärke bei niedriger Spannung.

wet air cleaner → wet-type air cleaner

wet-and-dry paper [maintenance]
also: waterproof glass paper

papier m abrasif à l'eau
Papier enduit d'une poudre de verre ou de corindon pour travaux de ponçage et de polissage. La grosseur du grain est indiquée en chiffres sur le papier. Plus le chiffre est élevé, plus le grain est fin. Le gros grain a une capacité de ponçage assez forte, mais il donne une surface rugueuse, tandis que le grain fin lisse mieux la surface au prix d'un plus faible pouvoir abrasif. A présent une nouvelle norme internationale fixe un code de granulation précédé de la lettre "P". Ce nouveau code s'étend jusqu'à la granulation P 1200 correspondant au grain 600 précédemment utilisé.

Universalschleifpapier n
Papier mit aufgeleimten Glaspulver oder Korundbestreuung zum Schleifen und Glätten. Die Körnung des Schleifpulvers wird in Zahlen auf dem Schleifpapier angegeben, je größer die Zahl, desto feiner das Korn und damit auch das Schleifpapier. Grobe Körnung bedeutet große Schleifleistung und rauhe Oberfläche,

wet clutch

feine Körnung dagegen kleine Schleifleistung, jedoch glattes Schleifbild. Neuerdings hat man eine internationale Norm eingeführt, bei der der Körnungszahl der Buchstabe "P" vorangesetzt wird. Diese P-Reihe reicht bis P 1200 (entspricht 600 bei der alten Körnungskennzeichnung).

wet clutch [clutch] (*opp.*: dry clutch)

embrayage m humide
Embrayage è friction fonctionnant en un bain d'huile. *Contraire:* embrayage à sec.

Naßkupplung f
Eine Kupplung, die in einem Ölbad läuft. *Gegenteil:* Trockenkupplung.

wet cylinder liner (GB) [engine]
(*opp.*: dry cylinder liner)
also: wet cylinder sleeve (US), wet liner (GB), wet sleeve (US)

chemise f humide
La chemise humide est un cylindre amovible directement en contact avec l'eau de refroidissement, ce qui permet d'obtenir une très bonne dissipation de chaleur. En revanche, si la chemise humide n'est pas parfaitement étanche, l'eau risque de s'infiltrer dans la chambre de combustion ou dans le carter du vilebrequin, où elle se mélangera à l'huile-moteur.

nasse Zylinderlaufbuchse, nasse Laufbuchse
Nasse Zylinderlaufbuchsen sind auswechselbare Hohlzylinder. Sie werden direkt vom Kühlwasser umspült und gewährleisten eine gute Kühlung des Motors. Werden sie nicht einwandfrei abgedichtet, so kann das Kühlwasser in den Verbrennungsraum oder in das Schmieröl im Kurbelgehäuse gelangen.

wet cylinder sleeve (US) → wet cylinder liner (GB)

wet liner (GB) → wet cylinder liner (GB)

wet sleeve (US) → wet cylinder liner (GB)

wet-type air filter → wet-type air cleaner

wet-type air cleaner [engine]
also: wet air cleaner, wet-type air filter

filtre m à air humide
Type de filtre possédant une cartouche filtrante en toile métallique ou en laine d'acier imbibée d'huile et retenant la poussière au passage.

Naßluftfilter m, Naßfilter m
Der Naßluftfilter hat einen Filtereinsatz aus Metallgewebe oder aus Stahlwolle, der mit Öl benetzt ist.

wheel [wheels] (See Ill. 32 p. 493)

roue f
La roue d'un véhicule automobile se compose essentiellement d'un moyeu, d'un voile et d'une jante. Les principaux types de roue sont les modèles à voile plein, à rayons en fil d'acier et en acier moulé. Dans la roue à voile plein, la jante et le voile sont en tôle emboutie, les deux pièces étant réunies par rivets ou plus souvent par soudage. La roue à rayons en fil d'acier se distingue par sa légèreté. Dans cette version la jante et le moyeu sont réunis par des rais croisés en fil d'acier. Quant aux roues en acier moulé, elles sont d'une seule pièce et les modèles en alliage d'aluminium sont particulièrement légers, élégants, tout en conservant une bonne rigidité. Les roues de voiture

sont normalisées, leurs caractéristiques étant, dans l'ordre, les suivantes:
Pour la jante: largeur en pouces, profil du rebord et diamètre en pouces.
Pour le voile: nombre de trous de fixation, déport en mm et profil du dispositif de sécurité pour les pneus tubeless.

Rad n
Das Rad eines Kraftfahrzeuges setzt sich hauptsächlich aus der Nabe, dem Radkörper und der Felge zusammen. Die gebräuchlichsten Räderarten sind die Scheibenräder, die Drahtspeichenräder und die Gußräder.
Beim Scheibenrad sind Felge und Radkörper aus Stahlblech gepreßt. Beide Teile sind miteinander vernietet oder eher verschweißt. Beim Drahtspeichenrad, das sich durch seine leichte Bauweise auszeichnet, ist die Felge mit gekreuzten Stahlspeichen gegen die Radnabe verspannt.
Gußräder werden in einem Stück gegossen. Die Ausführungen aus Leichtmetall sind besonders leicht, elegant und weisen eine ausreichende Steifigkeit auf. Fahrzeugräder sind nach folgendem Grundschema genormt, das die wichtigsten Abmessungen enthält:
Felgenmaulweite in Zoll — Hornausführung (Kennbuchstabe) — Felgendurchmesser in Zoll — Anzahl der Befestigungslöcher — Einpreßtiefe der Radschlüssel in mm — Felgenprofil mit Humpschulter für schlauchlose Reifen (Kennbuchstaben).

wheel alignment [wheels]
(See Ill. 36 p. 584)

angles mpl caractéristiques des roues
Les angles caractéristiques des roues sont généralement donnés par le pincement aux jantes, le carrossage et le contre-carrossage ainsi que par la chasse.

Radlauf m, Radstellung f, Radeinstellung f
Der Radlauf ergibt sich aus der Einstellung der Vorspur, des Radsturzes und des Nachlaufs.

wheel alignment analyzer → alignment unit

wheel arch → wheel housing

wheel balancer [wheels]
also: wheel balancing machine, balancing machine, balancer

équilibreuse f, dispositif m d'équilibrage des roues
Dispositif pour l'élimination des balourds d'une roue. Les équilibreuses électroniques permettent cette opération sans qu'il soit besoin de démonter la roue.

Radauswuchtmaschine f, Auswuchtmaschine f, Wuchtmaschine f (colloq.), Auswuchter m (colloq.)
Gerät zur Beseitung einer Unwucht bei einem Rad. Bei elektronischen Auswuchtmaschinen braucht das Rad nicht abgenommen zu werden.

wheel balancing → balancing *n*

wheel balancing machine → wheel balancer

wheel base [vehicle construction]
also: axle base

empattement m
Distance séparant les axes des essieux avant et arrière. Dans les véhicules à plusieurs essieux, les empattements s'additionnent de l'avant vers l'arrière.

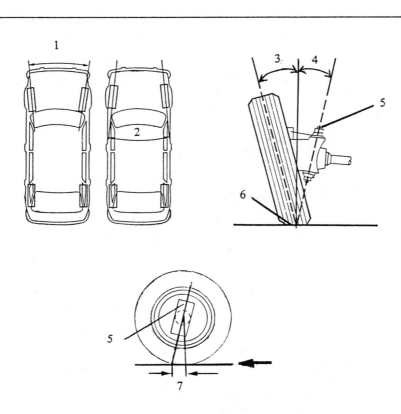

1 toe-out
2 toe-in
1, 2 toe
3 camber
3 positive camber
4 kingpin inclination, steering axis inclination (US)
5 kingpin
6 contact patch
7 caster

Ill. 36: wheel alignment

(wheel base continued)
***Achsabstand** m*, ***Radstand** m*, ***Achsstand** m*
Abstand der Nabenmitten von Vorder- und Hinterrädern. Bei mehrachsigen Fahrzeugen werden einzelne Radstände von vorn nach hinten addiert.

wheel bearing clearance [wheels]

jeu m latéral des roulements de roues avant
Jeu de 0,01 à 0,1 mm prévu aux roulements à rouleaux enfilés sur la fusée.

***Radlagerspiel** n*
Axialspiel von 0,01 bis 0,1 mm an den Schrägrollenlagern, die auf dem Achszapfen sitzen.

wheel blocking → wheel lock-up

wheel bolt → wheel fixing bolt

wheelbrace *n* [tools]
also: wheel nut spanner

vilebrequin m démonte-roues
Outil servant au serrage et au desserrage des écrous et boulons de fixation de roue

***Radmutterschlüssel** f*, ***Radschlüssel** m*
Werkzeug zum Lösen bzw. Anziehen von Radmuttern und Radbolzen.

wheel brace [tools]

clé f en croix
Une clé avec des ouvertures hexagonales de largeur différente à ses extrémités. Ces clés sont utilisées surtout pour la montage/démontage de roues.

***Kreuzschlüssel** m*
Ein kreuzförmiger Schraubenschlüssel mit Sechskantöffnungen unterschiedlicher Größe an seinen Enden. Er dient vorwiegend für die Radmontage.

wheel camber → camber

wheel cap → axle cap

wheel castor → caster *n*

wheel chock → chock *n*

wheel cover → axle cap

wheel cylinder [brakes] (See Ill. 5 p. 70, Ill. 15 p. 181)
also: brake cylinder, brake wheel cylinder, slave cylinder

cylindre m récepteur, cylindre m de roue
Cylindre relié au maître-cylindre du circuit de freinage par des canalisations rigides et souples et sur lequel se répercute la pression exercée sur le liquide de freins lors du freinage.

***Radbremszylinder** m*, ***Bremszylinder** m*, ***Radzylinder** m*, ***Hydraulik-Radzylinder** m*
Der Radzylinder ist über Bremsrohre und Bremsschläuche mit dem Hauptzylinder der Bremsanlage verbunden. Beim Bremsvorgang steht er unter dem vom Hauptzylinder weitergeleiteten Druck.

wheel disc [wheels]

disque m de roue, voile m de roue, corps m de roue
Pièce en tôle d'acier emboutie généralement soudée ou rivetée sur la jante et reliant cette dernière au moyeu à l'aide de boulons.

***Radkörper** m*, ***Radschüssel** f*
Scheibe aus gepreßtem Stahlblech, die mit der Felge verschweißt oder vernietet

wheel embellisher → axle cap

ist und diese mit der Radnabe durch Bolzen verbindet.

wheel embellisher → axle cap

wheel fixing bolt [wheels]
(See Ill. 13 p. 166)
also: wheel bolt

boulon m de moyeu
Boulon de fixation de la jante sur le moyeu de la roue.

Radbolzen m, Radbefestigungsbolzen m
Bolzen zur Befestigung der Felge auf der Radnabe.

wheel fixing nut [wheels]
also: wheel nut, lug nut

écrou m de roue
Elément de fixation de la jante sur le moyeu de roue. Il se visse sur un toc. Il convient de serrer les écrous de roue à la clé dynamométrique, sans quoi on risque de voiler le disque de frein.

Radmutter f, Radbefestigungsmutter f
Verbindungselement zwischen Radnabe und Felge. Radmuttern sollen nur mit dem Drehmomentschlüssel angezogen werden, sonst verziehen die Bremsscheiben.

wheel house → wheel housing

wheel housing [vehicle body]
also: wheel arch, wheel well, wheel house, wheel valance

passage m de roue
Evidement pratiqué dans la carrosserie d'une automobile et qui permet le débattement de la suspension de chaque roue.

Radkasten m, Räderkasten m, Radschacht m
Eine Aussparung in der Karosserie, die Schwingungen der Radaufhängung beim Ein- und Ausfedern gestattet.

wheel hub → hub

wheel hub cap → axle cap

wheel imbalance → unbalance *n*

wheel lift → lift *n*

wheel lock-up [brakes]
also: wheel blocking

blocage m des roues
Interruption brusque du mouvement de rotation des roues au freinage, alors que le véhicule poursuit sa course. Le blocage des roues intervient en effet lorsque l'effort de freinage l'emporte sur l'adhérence des roues sur le sol.

Blockieren n der Räder
Plötzliches Sperren der Drehbewegung der Räder beim Bremsvorgang, wobei das Fahrzeug sich weiter fortbewegt. Blockieren tritt nämlich ein, wenn die Bremskraft das Moment der Haftreibungskraft zwischen Rad und Fahrbahn übersteigt.

wheel mirror [instruments]

miroir m de roue
Miroir réglable à une ou à trois faces, fixé sur la jante d'une roue lors du contrôle des trains par projection lumineuse.

Radspiegel m
An einer Radfelge verstellbar befestigter Spiegel für die optische Achsvermessung. Er kann ein- oder dreiteilig sein.

wheel nut → wheel fixing nut

wheel nut spanner → wheelbrace *n*

wheel offset → dishing *n*

wheel rake → camber

wheel rim → rim *n*

wheel shaft → axle shaft

wheel shimmy → shimmy *n*

wheel slip [wheels]

patinage m (des roues)
Le patinage de la roue provient d'une différence entre la vitesse de rotation de l'arbre de roue et celle qui résulte de la vitesse du véhicule. Il se manifeste entre le pneumatique et la chaussée et s'exprime en pour cent.

Schlupf m (der Räder), Radschlupf m
Unterschied zwischen der Drehschnelle der Antriebswelle und der Drehschnelle, die sich aus der Fahrgeschwindigkeit ergibt. Der Radschlupf entsteht also zwischen Reifen und Fahrbahn und wird in Prozent ausgedrückt.

wheel-slip brake control system
→ ABS braking device (or system)

wheel speed sensor [brakes]

capteur m de vitesse de roue
Un capteur comuniquant la vitesse courant d'une roue aux système antiblocage ABR.

Radgeschwindigkeitssensor m
Ein Sensor, der die aktuelle Radgeschwindigkeit an das ABS-System meldet.

wheel suspension [suspension]

suspension f des roues
Les organes d'une automobile qui connectent les roues avec la carrosserie.

Radaufhängung f
Diejenigen Bauteile eines Kraftfahrzeugs, die die Räder mit der Karosserie verbinden.

wheel suspension lever [suspension]

bras m de suspension, bras m portefusée
Dans la suspension hydropneumatique, chaque roue indépendante est reliée au châssis par un bras de suspension au centre duquel s'articule un piston coulissant dans un cylindre selon les déplacements verticaux de la roue.

Schwingarm m
Federungsteil der hydropneumatischen Federung, das das einzeln aufgehängte Rad mit dem Fahrgestell verbindet. Der Schwingarm ist in seiner Mitte mit einem Kolben gekoppelt, der sich je nach den senkrechten Bewegungen des Rades in einem Zylinder aufwärts und abwärts bewegt.

wheel suspension travel → lift *n*

wheel track → track width

wheel unbalance [wheels]

déséquilibre m des roues
On parle de déséquilibre des roues d'une véhicule lorsque le centre de gravité n'est plus sur l'axe de rotation.

Radunwucht f, Unwucht f der Räder
Bei den Rädern eines Fahrzeugs liegt eine Unwucht vor, wenn der Schwerpunkt nicht mehr auf der Drehachse liegt.

wheel valance → wheel housing

wheel well → wheel housing

whirl chamber → swirl chamber

whirl-chamber diesel engine → swirl-chamber diesel engine

whiteheart malleable cast iron [materials]

fonte f malléable à cœur blanc, fonte f malléable Réaumur, fonte f malléable européenne
Fonte malléable obtenue par traitement thermique de pièces coulées en fonte blanche et où la décarburation joue un rôle essentiel.

weißer Temperguß
Guß, der aus weißem Gußeisen durch Tempern unter Kohlenstoffentzug (Entkohlung) gewonnen wird.

wide-base tire (US) → low-section tire

wide-beam headlight [lights]
also: broad-beam headlight

projecteur m de virage et de brouillard
Phare dont le verre a été moulé de telle sorte qu'il diffuse un faisceau lumineux large et plat éclairant les bas-côtés de la chaussée dans les virages.

Breitstrahlscheinwerfer m, Breitstrahler m
Scheinwerfer mit Streuscheibe, deren Oberflächenprofil einen breiten und flachen Lichtstrahl zur Ausleuchtung der Fahrbahnränder bei Kurvenfahrt bildet.

wind channel → wind tunnel

window crank [mechanical engineering]
also: window winder, window lifter

manivelle f de lève-glace
Mécanisme se trouvant à l'intérieur du panneau de garnissage de porte et servant à l'ouverture ainsi qu'à la fermeture des glaces de porte à l'aide d'une manivelle de lève-glace, auquel cas la vitre se déplace dans des coulisses. Le lève-glace manuel à câble est essentiellement constitué de galets chaussés par un câble. Il existe également d'autres systèmes manuels tels que le lève-glace à secteur et le lève-glace à crémaillère.

Fensterkurbel f
Mechanismus in der Seitenverkleidung der Wagentür zum Öffnen und Schließen der Seitenfenster mit Hilfe einer Fensterkurbel, wobei die Scheibe auf jeder Seite sich in Fensterführungsschienen bewegt. Beim Seilzug-Fensterheber läuft ein Drahtseil über Rollen. Es gibt aber auch andere handbetätigte Systeme wie der Zahnstangen- und der Zahnsegment-Fensterheber.

window crank mechanism [mechanical engineering]
also: window lifter, window lift mechanism

lève-glace m
Mécanisme se trouvant à l'intérieur du panneau de garnissage de porte et servant à l'ouverture ainsi qu'à la fermeture des glaces de porte à l'aide d'une manivelle de lève-glace, auquel cas la vitre se déplace dans des coulisses. Le lève-glace manuel à câble est essentiellement constitué de galets chaussés par un câble. Il existe également d'autres systèmes manuels tels que le lève-glace à secteur et le lève-glace à crémaillère. Aujourd'hui les lève-glace sont souvent du type électrique.

*Fensterheber m, Fensterkurbel-
mechanismus m*
Mechanismus in der Seitenverkleidung der Wagentür zum Öffnen und Schließen der Seitenfenster mit Hilfe einer Fensterkurbel, wobei die Scheibe auf jeder Seite sich in Fensterführungsschienen bewegt. Beim Seilzug-Fensterheber läuft ein Drahtseil über Rollen. Es gibt aber auch andere handbetätigte Systeme wie der Zahnstangen- und der Zahnsegment-Fensterheber. Heute sind die Fensterheber häufig elektrisch betätigt.

window lift mechanism → window crank mechanism

window lifter → window crank

window winder → window crank

windscreen (GB) → windshield (US)

windscreen aerial (GB) → windshield antenna (US)

windscreen washer (GB) → windshield washer unit (US)

windscreen washer bottle (GB) → windshield washer fluid reservoir (US)

windscreen washer jet (GB) → windshield washer jet (US)

windscreen wiper (GB) → windshield wiper (US)

windscreen wiper arm (GB) → wiper arm

windscreen wiper blade (GB) → wiper blade

windscreen wiper motor (GB) → wiper motor

windshield (US) [vehicle construction]
also: windscreen (GB), screen *n* (GB)

pare-brise m
Plaque en verre spécial ou en matière transparente sertie ou collée dans une baie à l'avant du véhicule. Elle permet au conducteur d'avoir une bonne visibilité à l'avant, tout en le protégeant du vent et des intempéries surtout aux grandes vitesses. C'est sur l'extérieur de cette plaque que reposent le ou les essuie-glace.

Windschutzscheibe f, Frontscheibe f
Scheibe aus Sicherheitsglas bzw. aus durchsichtigem Material, die vorn in einem Gummirahmen gelagert oder durch Einkleben in der Karosserie befestigt ist. Sie gewährt dem Fahrer die Sicht nach vorn und bietet ihm Schutz vor Wind und Wetter, besonders bei hohen Geschwindigkeiten. Auf der Windschutzscheibe ruhen außen ein oder zwei Scheibenwischer.

windshield antenna (US) [radio]
also: windscreen aerial (GB)

antenne f de pare-brise
Antenne collée sur le pare-brise d'une voiture automobile tout comme la résistance chauffante d'une lunette arrière. Certaines de ces antennes se placent sur le pourtour du pare-brise, en sorte qu'elles n'affectent en rien la visibilité du conducteur, d'autres modèles se fixent seulement sur le bord supérieur.

Windschutzscheibenantenne f, Scheibenantenne f, Fensterantenne f
Antenne, die auf die Windschutzscheibe aufgedruckt wird sowie die dünnen Heizleiter einer heizbaren Heckscheibe. Meist laufen die Leiter rund um die ganze Windschutzscheibe und fallen so nicht auf. Bei einigen Ausführungen werden die Anten-

windshield washer fluid reservoir

nenleiter nur auf die Oberkante der Windschutzscheibe aufgerieben.

windshield washer fluid reservoir
(US) [equipment]
also: washer fluid reservoir, screen-wash fluid reservoir (GB), container for screen washing liquid (GB), windscreen washer bottle (GB), washer bottle (GB)

réservoir m de liquide pour lave-glace, bocal m de lave-glace
Réservoir faisant partie l'équipement d'un lave-glace de pare-brise.

Vorratsbehälter m für Scheibenwaschanlage, Behälter m für Scheibenwaschflüssigkeit
Flüssigkeitsbehälter einer Scheibenwaschanlage.

windshield washer jet (US) [equipment]
also: windscreen washer jet (GB), washer jet

gicleur m de lave-glace
Gicleur qui, dans un système de lave-glace à commande électrique ou pneumatique, est orienté vers le pare-brise pour pouvoir l'asperger.

Spritzdüse f
Der Windschutzscheibe zugewandte Düse, die in einer elektrisch oder pneumatisch betriebenen Scheibenwaschanlage das Scheibenwaschmittel auf die Scheibe spritzt.

windshield washer unit (US) [equipment]
also: windscreen washer (GB), screen washer (GB)

lave-glace m
Dispositif permettant de projeter de l'eau pompée par jets à travers des gicleurs sur la plus grande surface du pare-brise, où elle se répandra en nappe grâce aux essuie-glace.
Dans les lave-glace électriques, on trouve une pompe qui puise de l'eau dans un réservoir et qui la projette sur le pare-brise par des gicleurs.
Dans les systèmes pneumatiques, le conducteur doit agir par pression du pied ou de la main (soufflet en caoutchouc, bouton-poussoir).
Avant l'hiver, il est conseillé de prévoir un antigel pour le réservoir.

Scheibenwaschanlage f
Vorrichtung zum Spritzen von Waschwasser mittels Düsen auf die Windschutzscheibe, wo es durch die Scheibenwischer verteilt wird. Kernstück der elektrischen Scheibenwaschanlage ist eine Wasserpumpe, die das Waschwasser aus einem Vorratsbehälter schöpft und über Düsen einen Wasserstrahl auf die Windschutzscheibe pumpt.
Bei der pneumatischen Ausführung wird die Anlage mit Gummibalg oder Pumpenknopf in Gang gesetzt.
Im Winter sollte dem Waschwasser ein Enteisungsmittel beigegeben werden.

windshield wiper (US) [equipment]
also: windscreen wiper (GB), screen wiper (GB), wiper *(for short)*

essuie-glace m
Dispositif à commande électrique ou pneumatique assurant la netteté du champ visuel par temps de pluie ou de neige. Puissance consommée 15 à 25 watts.

Scheibenwischer m, (kurz:) Wischer m
Elektrisch oder pneumatisch angetriebene Vorrichtung zur Erhaltung eines klaren Blickfelds bei Regenwetter oder Schnee-

treiben. Leistungsbedarf 15 bis 25 Watt.

windshield wiper arm (US) → wiper arm

windshield wiper blade (US) → wiper blade

windshield wiper delay switch (US) → intermittent wiper control switch

windshield wiper motor (US) → wiper motor

wind tunnel [testing]
also: wind channel

soufflerie f (aérodynamique), tunnel m aérodynamique
Dispositif expérimental en forme de tunnel, dans lequel une maquette de voiture est soumise à l'action d'une veine fluide produite par un ventilateur, afin que l'on puisse étudier son comportement à l'écoulement.

Windkanal m, Windtunnel m
Tunnelartige Versuchseinrichtung, in der u.a. ein Kraftwagenmodell dem von einem Gebläse erzeugten Luftstrom ausgesetzt ist, damit sein aerodynamisches Verhalten erforscht werden kann.

wing (GB) → fender (US)

winged nut → wing nut

wing extension [accessories]

élargisseur m d'aile
Rebord en saillie d'une aile de voiture devant obligatoirement être fixée sur la carrosserie lors du montage de pneus extra-larges.

Kotflügelverbreiterung f
Überstehende Kotflügelkante, die z.B. bei Verwendung von Breitreifen nachträglich angeschraubt werden muß.

wing mirror (GB) → outside mirror

wing nut [mechanical engineering]
also: winged nut, butterfly nut, fly nut, thumb nut, finger nut

écrou m à oreilles plates, papillon m
Ecrou muni de deux ailettes.

Flügelmutter f
Schraubenmutter mit zwei flachen Ansätzen.

winter diesel fuel [fuels]

gasoil m d'hiver, gasoil m grand froid
Pendant la période d'hiver, on peut s'approvisionner en combustible diesel à bas point de figeage, car par suite de très basses températures extérieures la fluidité du gasoil risque de devenir insuffisante du fait de la formation de microcristaux de paraffine. Généralement le gasoil d'hiver est utilisé sans inconvénient jusqu'à des températures extérieures d'environ -20°.

Winterdieselkraftstoff m, Winterdiesel n (colloq.)
Nachdem das Fließvermögen des Dieselkraftstoffs infolge Paraffin-Ausscheidung bei anhaltendem Frost ungenügend werden kann, werden in den Wintermonaten Dieselkraftstoffe mit tieferem BPA-Punkt (Trübungspunkt) getankt, um Betriebsstörungen zu vermeiden. In den meisten Fällen kann Winter-Dieselkraftstoff bis ca. -20°C Außentemperatur störungsfrei verwendet werden.

winter oil [lubricants]

huile f d'hiver
L'huile d'hiver est repérée par la lettre W. Il s'agit d'une huile fluide de grade SAE 5 W à SAE 20 W.

Winteröl n
Winteröl wird mit dem Zusatz W gekennzeichnet. Es ist ein dünnflüssiges Öl, das die Viskositätsklassen SAE 5 bis SAE 20 W überdeckt.

winter tire [tires] (*compare:* mud and snow tire)

pneu m d'hiver, pneu m hiver, pneu-neige m
Pneumatique à nervures en relief devant être gonflé avec une légère surpression. Il perd de son efficacité lorsque ses sculptures n'ont plus qu'une épaisseur de 4 mm. La gomme d'un pneu d'hiver a la particularité de devenir d'autant plus souple que la température est basse.

Winterreifen m (Abk. WR)
Grobstolliger Reifen, der mit höherem Fülldruck aufgepumpt wird. Er ist winteruntauglich, wenn das Profil der Lauffläche bereits auf 4 mm abgefahren ist. Die thermoelastische Haftmischung eines Winterreifens wird bei sinkender Außentemperatur geschmeidiger.

wiper → windshield wiper (US)

wiper arm [equipment]
also: windshield wiper arm (US), windscreen wiper arm (GB)

bras m de monture d'essuie-glace
Partie mobile d'une monture d'essuie-glace animée d'un mouvement de va-et-vient par un moteur électrique via une tringlerie intermédiaire.

Scheibenwischerarm m, Wischarm m, Wischerarm m
Bewegliches Teil einer Wischeranlage, das von einem Elektromotor über ein Übertragungsgestänge in eine Hin- und Herbewegung versetzt wird.

wiper blade [equipment]
also: windshield wiper blade (US), windscreen wiper blade (GB)

raclette f d'essuie-glace
Lame de caoutchouc d'un bras de monture d'essuie-glace qui est appliquée sur le pare-brise.

Scheibenwisch(er)blatt n, Wisch(er)blatt n, Wisch(er)gummi m
Gummiblatt am Wischerarm, das auf der Windschutzscheibe aufliegt.

wiper-delay mechanism → intermittent wiper control switch

wiper delay switch → intermittent wiper control switch

wiper motor [electrical system]
also: windshield wiper motor (US), windscreen wiper motor (GB)

moteur m d'essuie-glace
Moteur électrique dont l'arbre convertit le mouvement rotatif en mouvement pendulaire par un système de tringlerie.

Scheibenwischermotor m, Wischermotor m
Rotationsmotor, dessen Abtriebswelle die Drehbewegung über Gestänge in Hin- und Herdrehung umwandelt.

wire *v* [electrical system]

câbler v
Réunir par un fil de connexion.

verdrahten v, verkabeln v
Mit einer Stromleitung verbinden.

wire *n* [electrical system]
also: lead *n*, cable *n*

câble m, fil m
Les générateurs et les consommateurs de courant électrique sont réunis entre eux par des câbles. Ceux-ci possèdent une âme en cuivre protégée par une gaine en matière plastique à l'épreuve des huiles, des carburants et des températures élevées. Les fils de faible section étant mis à part, l'âme du câble est constituée de plusieurs brins torsadés, qui lui confèrent sa souplesse et sa résistance.
Dans le circuit secondaire de l'allumage, dans lequel on enregistre des pointes de haute tension de 25.000 volts, la gaine isolante du câble est bien entendu renforcée.

Leitung f
Stromerzeuger und Stromverbraucher werden durch Leitungen miteinander verbunden. Diese haben eine Kupferseele, die von einer öl-, benzin- und wärmefesten Kunststoffisolierung umhüllt ist. Abgesehen von sehr kleinen Querschnitten ist die Kupferseele aus biegsamen und reißfesten Einzeldrähten gezwirnt.
Im Sekundärstromkreis der Zündanlage, in dem Hochspannungsspitzen von 25.000 V geläufig sind, ist die Kunststoffisolierung selbstverständlich verstärkt.

wire cross section → wire section

wire-mesh strainer → oil pump strainer

wire retaining ring [mechanical engineering]

jonc m d'arrêt
Anneau fendu en fil d'acier dont les deux extrémités sont recourbées vers l'intérieur afin qu'on puisse les joindre à l'aide d'une pince.

Drahtsprengring m
Offener Drahtring, dessen Enden nach innen gebogen sind, damit sie mit einer Zange zusammengedrückt werden können.

wire section [electrical system]
also: wire cross section

section f de câble, section f de fil
Pour les divers conducteurs du câblage électrique d'un véhicule automobile des sections normalisées (sections nominales) sont imposées afin d'éviter une chute de tension trop importante ou un échauffement excessif de ces conducteurs.
Les sections prescrites des câbles et fils sont les suivantes:
0,5 mm^2: Pour les conducteurs de courant de faible intensité, par exemple pour les témoins lumineux, l'éclairage du tableau de bord, la montre de bord, l'indicateur du niveau d'essence, etc. (intensité en service continu: environ 0,5 A).
0,75 mm^2: Par exemple pour les feux de position, les feux arrière, le circuit d'allumage, etc. (intensité en service continu: environ 6 A).
1 mm^2: Par exemple pour l'indicateur de direction et les stops (intensité en service continu: environ 3 A).
1,5 mm^2: Par exemple pour les câbles isolés de phares, l'avertisseur sonore et le moteur d'essuie-glace (intensité en service continu: environ 10 A).
2,5 mm^2: Par exemple pour le câblage groupé des phares (intensité en service continu: environ 20 A).

wire stripper

4—10 mm²: Pour le câble de charge de l'alternateur.
16—120 mm²: Pour le câble du démarreur.

Leitungsquerschnitt m, Kabelquerschnitt m, Leiterquerschnitt m
Für die verschiedenen Leitungslitzen des Bordnetzes sind Normquerschnitte (Nennquerschnitte) vorgesehen, um einen allzu großen Spannungsverlust und eine gefährliche Erwärmung der betreffenden Leitung zu verhüten.
Folgende Leiterquerschnitte sind für Kraftfahrzeugleitungen vorgeschrieben:
0,5 mm²: Für schwach belastete Leitungen, z.B. von Kontroll-Leuchten, Instrumentenleuchten, Zeituhr, Benzinuhr usw. (Dauerstrom ca. 0,5 A).
0,75 mm²: z.B. für Begrenzungsleuchte, Schlußlicht, Zündanlage usw. (Dauerstrom ca. 6 A).
1 mm²: z.B. für Fahrtrichtungsanzeiger, Bremsleuchte usw. (Dauerstrom ca. 3 A).
1,5 mm²: z.B. für Scheinwerfereinzelleitungen, Signalhorn und Wischermotor (Dauerstrom ca. 10 A).
2,5 mm²: z.B. für Scheinwerfer-Sammelleitungen (Dauerstrom ca. 20 A).
4—10 mm²: Für Ladeleitungen (Lichtmaschine).
16—120 mm²: Für Anlasserkabel.

wire stripper (tool) → stripper

wiring diagram [electrical system]
also: diagram of the electrical system

schéma m électrique
Représentation schématique des circuits électriques avec la position approximative des divers éléments reliés à la source de courant électrique. Il est fréquent que les éléments constitutifs du schéma soient repérés par des chiffres ou des lettres, dont la signification est donnée dans un tableau séparé.

Schaltplan m, Schaltbild n
Schematische Darstellung, in der die Schaltung der elektrischen Anlage sowie die ungefähre Lage der einzelnen elektrischen Einrichtungen und deren Verbindung mit der Stromquelle festgelegt ist. Oft sind die einzelnen Teile mit Nummern oder Kennbuchstaben bezeichnet, die in einer nebenstehenden Tabelle erklärt werden.

wishbones *pl* [suspension]

triangles mpl
L'élément le plus fréquemment utilisé pour la suspension indépendante des roues d'une automobile.

Dreieckslenker m
Die am meisten übliche Konstruktionsform von Querlenkern.

wishbone suspension → trapezoid-arm type suspension

wishbone-type independent front suspension → trapezoid-arm type suspension

withdrawal bearing (GB)
→ release bearing

withdrawal fork → clutch fork

wood alcohol → methanol

working cycle [engine]

cycle m de fonctionnement
Cycle de toutes les phases successives se déroulant dans le cylindre d'un moteur à explosion.
Dans un moteur à quatre temps, le cycle

de fonctionnement se répète après deux tours de vilebrequin.

Arbeitsspiel n
Periodisch wiederkehrender Ablauf aller Vorgänge (Takte) im Zylinder eines Verbrennungsmotors.
Beim Viertaktmotor läuft ein Arbeitsspiel in zwei Kurbelwellenumdrehungen ab.

working cylinder [suspension]
(See Ill. 10 p. 144)

cylindre m de travail
Espace rempli de liquide hydraulique dans lequel se meut le piston à tige d'un amortisseur télescopique

Arbeitszylinder m
Mit Spezial-Stoßdämpferöl gefüllter Raum in einem Teleskopstoßdämpfer, in dem sich ein Kolben mit Kolbenstange auf- und abbewegt.

working pit → inspection pit

working stroke → ignition stroke

worm [mechanical engineering]

vis f sans fin
Vis dont les filets sont taillés sur une tige cylindrique et qui transmet son mouvement de rotation à une roue dentée tangente. L'axe de la vis sans fin et l'arbre de la roue tangente sont perpendiculaires l'un par rapport à l'autre.

Schnecke f
Eine auf einem zylindrischen Schaft eingeschnittene, endlose Schraube, die ihre Drehbewegung auf ein mit ihr kämmendes Schneckenrad überträgt. Die Wellen von Schnecke und Schneckenrad stehen rechtwinklig zueinander.

worm [steering]

vis f de direction
Partie d'une boîtier de direction dans lequel un doigt s'engage dans le filet hélicoïdal de la vis et met ainsi en mouvement la bielle pendante.

Lenkschnecke f
Teil einer Lenkungsbauweise, bei der ein Finger in das Gewinde der Lenkschnecke eingreift und so den Lenkstockhebel bewegt.

worm and lever steering → cam-and-peg steering

worm and nut steering [steering]
also: nut and lever steering, screw and nut steering

direction f à vis et écrou
Un écrou animé d'un mouvement ascendant et descendant est commandé par une vis sans fin. Le levier de direction est alors actionné à son tour par un levier à fourche solidaire de l'écrou.

Spindellenkung f, Schraubenlenkung f, Schraubenlenkgetriebe n
Eine Lenkmutter wird auf einer Lenkschraube nach oben und nach unten verschoben, wobei der Lenkstockhebel über einen Gabelhebel betätigt wird, der mit der Lenkmutter verbunden ist.

worm and sector steering [steering]

direction f à secteur, direction f à vis sans fin
La colonne de direction se termine par une vis sans fin en prise avec un secteur denté qui fait tourner la bielle pendante, laquelle entraîne à son tour la bielle de direction.

Schneckenlenkung f, Schneckensegmentlenkung f

worm gear

Die Lenksäule endet mit einem Schnekkengewinde, das in ein Schneckenradsegment eingreift. Dieses verdreht den Lenkstockhebel, der die mit ihm verbundene Lenkstange in Bewegung setzt.

worm gear [mechanical engineering]

engrenage m à vis sans fin
Une roue dentée qui subit son mouvement de rotation par une vis sans fin dont les filets sont taillées sur une tige cylindrique. L'axe de la vis sans fin et l'arbre de la roue tangente sont perpendiculaires.

Schneckenrad n
Ein Zahnrad, das mit einer auf einem zylindrischen Schaft eingeschnittenen endlosen Schraube (Schnecke) kämmt und seine Drehbewegung von ihm übertragen bekommt. Die Wellen von Schnekke und Schneckenrad stehen rechtwinklig zueinander.

worm gear final drive [transmission]

couple m à vis sans fin
Couple final constitué d'une vis sans fin engrenant une roue hélicoïdale. Il se distingue par sa marche silencieuse et son grand rapport de transmission. Il est toutefois rarement utilisé en construction automobile.

Schneckenradantrieb m
Achsantrieb bestehend aus Schnecke und Schneckenrad. Schneckenradantriebe haben eine große Laufruhe und ein hohes Übesetzungsverhältnis. Sie werden jedoch selten in Kraftfahrzeuge eingebaut.

wrecker (US) → breakdown vehicle

wrench (US) [tools]
also: spanner (GB)

clé f à vis, clé f à écrou, clé f de serrage, clé f
Outil servant à serrer ou à desserrer des écrous ou des vis.

Schraubenschlüssel m, (kurz:) Schlüssel m
Werkzeug zum Anziehen oder Lösen von Schrauben bzw. Muttern.

wrist pin (US) → piston pin

wye connection → star connection

X, Y

X-frame [vehicle construction]
also: cruciform frame

cadre m en X
Cadre à longerons en X et traverses profilées.

X-Rahmen m
Rahmen aus X-förmigen Längsträgern und Quertraversen.

xylidine [chemistry, fuels]

xylidine f
Arylamine dérivé des xylènes, utilisée

notamment comme produit antidétonant de l'essence.

Xylidin n
Von Xylolen abgeleitete primäre Amine, die als Antiklopfmittel im Benzin Verwendung findet.

Y-connection → star connection

Z

zamak [materials]

Zamak m
Alliage à base de zinc auquel s'ajoutent de l'aluminium, du cuivre et du magnésium. Il est notamment utilisé dans la construction de carburateurs.

Zamak n
Zinklegierung mit Beimischungen von Aluminium, Kupfer und Magnesium. Zamak wird u.a. als Vergaserwerkstoff verwendet.

Zener diode [electronics]
also: avalanche diode, unidirectional-breakdown diode

diode f Zener
Diode à semi-conducteur servant de transmetteur de valeur de consigne pour les régulateurs de tension des alternateurs. Elle laisse passer le courant dans le sens de non-conduction à une tension déterminée.

Zenerdiode f (Abk. Z-Diode), Lawinendiode f
Halbleiterdiode, die als Sollwertgeber für die Spannungsregler von Generatoren dient. Sie wird in Sperrichtung bei einer bestimmten Spannung leitend.

Zenith™ carburetor (US) *or* **carburettor** (GB) [carburetor]

carburateur m Zenith, carburateur m compensé
Carburateur comportant un gicleur principal, le jet, et un gicleur supplémentaire dit compensateur alimenté par un puits de compensation et qui, en ralenti accéléré, fournit un appoint de carburant. Au terme de l'accélération, le puits se vide et le carburant est à nouveau débité par le gicleur principal.

Zenith-Vergaser m
Vergaser mit einer Hauptdüse und einer Zusatzdüse, die mit einer Vorratskammer verbunden ist und bei Beschleunigung zusätzlichen Kraftstoff abgibt. Nach dem Gasgeben wird die Vorratskammer leer, und der Kraftstoff fließt erneut aus der Hauptdüse.

zeolites *pl* [chemistry, fuels]

zéolites f pl
Groupe d'aluminosilicates. Les zéolites sont utilisées notamment comme catalyseurs lors du craquage catalytique.

Zeolithe mpl, Siedesteine mpl
Gruppe von Silikatmineralen. Zeolithe werden u.a. als Katalysatoren beim katalytischen Cracken eingesetzt.

zero delivery → no delivery

zinc [materials]

zinc m
Métal blanc-bleuâtre qui se dinstingue par son pouvoir de dilatation thermique. A l'air humide, le zinc se recouvre d'une couche protectrice d'hydrocarbonate. Il est appliqué notamment comme produit antirouille sous forme de revêtement très mince recouvrant des pièces métalliques.

Zink n
Bläulichweißes Metall mit großer Wärmeausdehnung. An feuchter Luft überzieht es sich mit einer Schicht von basischem Carbonat, die das Metall vor weiterem Angriff schützt. Es wird u.a. in dünnen Überzügen auf Metallgegenständen als Rostschutz verwendet.

Index section

AA = avance à l'allumage
abaisseur *m* **de point de congélation** pour point depressor
ABR = système d'antiblocage (des roues)
accélérateur *m* gas pedal (US), accelerator
~ throttle valve [carburetor]
accélération *f* acceleration
~ **de compensation** flexible coupling
~ **d'Oldham** Oldham coupling
~ **permanent** coupling *n*
~ **rigide** rigid coupling
accouplement *m* **à roue libre** freewheel clutch
~ **de ventilateur** fan clutch
accumulateur *m* accumulator [brakes]
~ storage battery [electrical system]
~ **alcalin** alkaline (storage) battery
~ **de pression de carburant** fuel accumulator
acétylène *m* acetylene
acide *m* **d'accumulateur** battery acid
acidimètre *m* hydrometer
acier *m* steel
~ **de cémentation** case-hardened steel
~ **au chrome** chromium steel
~ **de décolletage** free-cutting steel
~ **inoxydable** stainless steel
~ **Invar** Invar steel
~ **moulé** cast steel
~ **de nitruration** nitride steel
~ **à ressort** spring steel
~ **spécial** high-quality steel
~ **pour trempe et revenu** tempering steel
A.C.T. = arbre à cames en tête
ADC = antidémarrage codé
additif *m* additive *n*
~ **améliorant la fluidité** fluidity improver
~ **pour améliorer l'indice de viscosité** viscosity improver
~ **anticorrosif** corrosion inhibitor
~ **antidétonant** anti-knock additive
~ **anti-émulsion** foaming inhibitor
~ **antifigeant** fluidity improver, flow improver additive [fuels&lubricants]
~ **antigel** antifreeze additive
~ **antigélifiant** flow improver additive
~ **anti-gélifiant** fluidity improver
~ **anti-mousse** foaming inhibitor
~ **antioxydant** oxidation inhibitor
~ **anti-rouille** rust inhibitor, corrosion inhibitor
~ **dégivreur** de-icer
~ **détergent** detergent additive
~ **extrême pression** EP additive
~ **protégeant contre le vieillissement** anti-ageing additive
~ **(qui augmente l'indice) de viscosité** viscosity improver
adhérence *f* **au sol** road adhesion
admission *f* intake
adoucissement *m* sweetening *n*
AEI = allumage électronique intégral
aération *f* ventilation
~ **du carter** crankcase ventilation (system)
aérodynamique *f*, **aérodynamisme** *m* aerodynamics *pl*
affichage *m* **multifonction** multifunction display
aide *f* **à la conduite** driver assistance
aides *fpl* **à la navigation** navigation aids
aiguille *f* **conique** tapered needle
~ **de dosage** tapered needle
~-**filtre** edge-type filter
~ **d'injecteur** nozzle needle
~-**pointeau** tapered needle
aile *f* fender (US), mudguard (GB)
ailette *f* **radiante** radiating fin
~ **de refroidissement** radiating fin
ailettes *fpl* fins *pl*
~ **de refroidissement** cooling fins *pl*
airbag *m* air bag
aire *f* **du contact** contact patch
ajutage *m* jet *n*
~ **d'automaticité** air correction jet
alarme *f* **de récul** backup alarm (US), reversing bleeper (GB)
~ **à ultra-sons** ultrasonic alarm
alcanes *mpl* alkanes *pl*
alcool *m* **isopropylique** isopropanol
~ **méthylique** methanol
alcoylation *f* alkylation
alerte *f* **vocale** alarm message
alésage *m* *(des cylindres)* bore *n*
alignement *m* **des essieux** tracking *n*
alimentation *f* **après contact** ignition-controlled feed
~ **par injection** fuel injection
alkyd *m* alkyd resin
alkylation *f* alkylation
alliage *m* alloy *n*
~ **aluminium-silicium** aluminum-silicon alloy
~ **léger** light metal alloy
allumage *m* ignition, ignition system
~ **par batterie** battery ignition
~ **par bobine** coil ignition (system)
~ **capacitif** capacitor-discharge ignition system
~ **classique** battery ignition
~ **à condensateur** capacitor ignition (system)
~ **par condensateur à haute tension** capacitor-discharge ignition system
~ **conventionnel** *(par batterie)* battery ignition

French-English index

allumage à décharge par condensateur capacitor-discharge ignition system
~ **à double circuit** two-circuit ignition system
~ **électronique** electronic ignition (system)
~ **électronique** electronic spark timing [electronics]
~ **électronique intégral** distributorless semiconductor ignition
~ **(électronique) sans rupteur** breakerless ignition
~ **électrostatique** capacitor-discharge ignition system
~ **par étincelle** spark ignition
~ **à impulsion** contactless transistorized ignition
~ **inductif** transistorized ignition system
~ **par magnéto** magneto ignition
~ **par point chaud** surface ignition
~ **prématuré** premature ignition
~ **par rupteur** make-and-break ignition
~ **sans point de rupteur** breakerless inductive semiconductor ignition
~ **spontané** premature ignition
~ **par thyristor** capacitor-discharge ignition system
~ **transistorisé** transistorized ignition system
~ **transistorisé avec contacts** breaker-triggered induction semiconductor ignition
~ **transistorisé par bobine à déclenchement par rupteur** breaker-triggered induction semiconductor ignition
~ **transistorisé par bobine à déclenchement sans rupteur** breakerless inductive semiconductor ignition
~ **transistorisé par bobine avec déclencheur à effet Hall** inductive semiconductor ignition with Hall generator
~ **transistorisé par bobine avec générateur d'impulsions à induction** inductive semiconductor ignition with induction-type pulse generator
~ **transistorisé sans rupteur** contactless transistorized ignition
allume-cigares m, ~-**cigarettes** m cigar lighter
allumeur m ignition distributor
alternateur m alternator
~ **(triphasé)** three-phase alternator
~ **à inducteur à crabots** claw-pole generator
~ **à rotor a griffes** claw-pole generator
aluminium m aluminum (US), aluminium (GB)
alvéoles mpl **de cramponnage** stud holes
amiante f asbestos
amortisseur m damper n
~ **à bras** lever damper
~ **à deux tubes** telescopic shock absorber
~ **à double effet** double-acting shock absorber
~ **hydraulique** hydraulic shock absorber [suspension]
~ **hydraulique** piston damper [carburetor]
~ **hydraulique télescopique** telescopic shock absorber
~ **à levier** lever damper
~ **monotube** single-tube shock absorber
~ **à simple effet** single-acting shock absorber
~ **téléscopique** telescopic shock absorber
~ **téléscopique hydraulique** hydraulic telescopic shock absorber
~ **de vibrations** resonance damper
ampère-heure m ampere-hour
ampèremètre m ammeter
ampères-tours pl ampere-turns pl
ampoule f **à deux filaments** bilux bulb
~ **de phare** headlamp bulb
analyse f **des gaz d'échappement** exhaust test
analyseur m **de gaz CO-HC** CO/HC analyzer
~ **de gaz d'échappement** exhaust gas analyzer
~ **de gaz d'échappement à rayons infrarouges** infra-red exhaust gas analyzer
angle m angle n
~ **d'approche** front overhang angle
~ **de braquage** angle of lock
~ **de braquage des roues intérieure et extérieure** turning radius
~ **de came** dwell angle
~ **de carrossage** camber angle
~ **de chanfrein** valve seat angle
~ **de chasse** caster angle
~ **de dégagement** rear overhang angle
~ **de dérive** slip angle
~ **dwell** relative dwell angle
~ **de fermeture** dwell angle
~ **de flanc**, ~ **des flancs** thread angle
~ **d'inclinaison de filet** thread lead angle
~ **d'inclinaison de pivot** steering axis inclination (US), kingpin inclination
~ **d'ouverture** cylinder bank angling
~ **de pas** thread lead angle
~ **de pivot** steering axis inclination (US), kingpin inclination
angles mpl **caractéristiques des roues** wheel alignment
aniline f aniline
anneau m **pare-fluide** oil thrower
anodisation f anodic oxidation
antenne f **à commande électrique** power-operated car aerial
~ **électronique** electronic antenna (US) or aerial (GB)
~ **fouet** wand antenna (US), rod antenna (GB)

~ de pare-brise windshield antenna (US), windscreen aerial (GB)
~ de pavillon roof antenna (US) or aerial (GB)
~ télescopique retractable rod antenna (US), retractable rod aerial (GB)
antiblocage m **et antipatinage des roues** ABS braking device (or system)
antichambre f prechamber
antidémarrage m **codé** coded engine immobilizer
antidétonant m anti-knock additive
anti-effraction f **à ultra-sons** ultrasonic alarm
antigel m antifreeze n
~ diesel flow improver additive
antigivre m antifreeze n
antiparasitage m interference suppression
antipollution f emission control
antivol m anti-theft device
~ coupe-contact anti-theft ignition lock
appareil m **de commande électronique** digital control box
~ de contrôle et de sablage de bougies d'allumage spark plug testing and cleaning unit
~ de controle d'injecteurs injection jet test stand
~ à projection lumineuse pour le contrôle des trains avant et arrière optical wheel-alignment analyzer
~ de purge sous pression brake bleeder unit
~ de retenue de soupape valve holder
~ de vérification du parallélisme alignment unit
appauvrissement m **(du mélange)** leaned mixture
appel m **optique** headlight flasher
~ de phares headlight flasher
apprêt m primer
~ antirouille rust-preventive primer
appuie-tête m head restraint
aptitude f **à l'inflammation** ignitability
aquaplanage m, **aquaplaning** m aquaplaning n
arbre m shaft n
~ d'allumage distributor shaft (GB), timing shaft (US)
~ auxiliaire reverse idler gear shaft
~ à cames camshaft
~ à cames d'admission inlet camshaft
~ à cames en tête overhead camshaft
~ à cames en tête à attaque directe direct-acting overhead camshaft
~ à cames en tête à attaque indirecte indirect overhead camshaft
~ à cardan longitudinal propeller shaft (GB), transmission shaft (US)

~ de commande axle shaft
~ de commande de la pompe à huile oil pump spindle
~ de couche propeller shaft (GB), transmission shaft (US)
~ du delco distributor shaft (GB), timing shaft (US)
~ de démarreur starter shaft
~ de différentiel rear axle shaft
~ de direction steering shaft
~ de distribution distributor shaft (GB), timing shaft (US) [ignition]
~ de distribution camshaft [engine]
~ d'embrayage clutch shaft
~ d'entrée primary shaft
~ d'essieu axle shaft
~ d'induit starter shaft
~ intermédiaire countershaft
~-manivelle m crankshaft
~ de marche arrière reverse idler gear shaft
~ moteur crankshaft
~ de moteur à excentrique central power-output shaft
~ primaire primary shaft
~ principal third motion shaft
~ de roue motrice axle shaft
~ secondaire countershaft
~ de sortie third motion shaft
~ de transmission longitudinal propeller shaft (GB), transmission shaft (US)
~ vertical de commande d'arbre à cames vertical bevel drive
~ du volant steering shaft
arceau m **de sécurité** rollover bar
aréomètre m calibrated float
arrivée f **de l'essence** fuel inlet pipe
articulation f **à la Cardan** cardan joint
~ à joint élastique rubber universal joint
aspect m **de la base de la bougie** spark plug face
aspiration f intake
assistance f **de direction** power-assisted steering
attelage m coupling n
auto f passenger car
auto-allumage m self-ignition [engine]
~ spontaneous ignition [fuels]
~ premature ignition [ignition]
~ run-on n [engine]
autobus m **urbain** city bus
auto-décharge f self-discharge n
auto-induction f self-induction
automobile f automobile, passenger car
~ électrique electric vehicle

French-English index

autonomie *f* range
autopompe *f* fire brigade truck (US), fire-fighting vehicle
auto-purgeur *m* brake bleeder unit
autoradio *m* car radio
autoscope *m* stethoscope
auto-starter *m* automatic choke
avance *f* **à l'allumage** advance ignition
~ **à l'allumage électronique** electronic advance unit
~ **centrifuge** centrifugal advance mechanism
~ **centrifuge d'allumage** centrifugal ignition advance
~ **à dépression** vacuum advance
~ **variable automatique** centrifugal advance mechanism
avant-filtre *m* pre-filter *n*
avertisseur *m* **(sonore)** horn *n*
~ **de crevaison** puncture indicator
~ **électropneumatique** trumpet horn
~ **de marche arrière** backup alarm (US), reversing bleeper (GB)
axe *m* **d'appui du flotteur** float pivot pin
~ **de culbuteur** rocker shaft
~ **de distributeur** distributor shaft (GB), timing shaft (US)
~ **de fixation de segment** shoe steady pin
~ **des fourchettes** shifter rod
~ **de fusée** kingpin
~ **de marche arrière** reverse idler gear shaft
~ **de pied de bielle** piston pin
~ **de piston** piston pin
~ **de piston flottant** floating piston pin
~**pivot** *m* **de la fusée d'essieu avant** kingpin
~ **porte-satellites** differential pinion spider
~ **de roue** rear axle shaft
~ **de sélection et passage** shifter rod

bac *m* **de batterie** battery box
~ **à carburant comprimé** fuel accumulator
bague *f* **collectrice** slip ring
~ **de débrayage** release lever plate
~ **d'inducteur** slip ring
~ **de pied de bielle** piston pin bushing
~ **de rejet d'huile** valve shaft seal
~ **de retenue d'huile** valve shaft seal
balai *m* brush *n*
~ **frotteur central** central carbon brush
balayage *m* scavenging *n*
~ **en boucle** loop scavenging
~ **à contre-courant** reverse-flow scavenging
~ **en équicourant** uniflow scavenging
~ **des gaz brûlés** exhaust *n*
~ **intermittent** intermittent wiping

~ **transversal** cross-flow scavenging
balourd *m* unbalance *n*
banc *m* **de contrôle de démarreurs** starter test bench
~ **d'essai pour allumeurs** distributor test bench
~ **d'essai de freinage à rouleaux** roller tester
~ **d'essai d'injecteurs** injection jet test stand
~ **d'essai de pompes d'injection** fuel pump test bench
bande *f* **bimétallique** bimetal strip
~ **de frein** brake band
~ **de protection** rubbing strip
~ **de roulement** tread *n*
~ **d'usure** tread *n*
barre *f* **d'accouplement** tie bar (US), track rod (GB)
~ **anti-encastrement** underrun protector
~ **antidévers** stabilizer
~ **antiroulis** stabilizer
~ **d'assemblage** tie bar (US), track rod (GB)
~ **de connexion** tie bar (US), track rod (GB)
~ **longitudinale** trailing arm
~ **Panhard** Panhard rod
~ **de remorquage** tow bar
~ **de stabilisation, ~ stabilisatrice** torque stabilizer, stabilizer
~ **de torsion** torsion bar
~ **tranversale** control arm
barrière *f* **magnétique** ignition vane switch
basculeur *m* finger lever [engine]
~ **flip-flop** *n* [electronics]
base *f* **de la jante** rim base
battement *m* **de piston** piston slap
batterie *f* **à accumulateurs** battery
~ **chargée à sec** dry-charged battery
~ **de démarrage** battery
~ **pour le départ à froid** cold-start battery
~ **à entretien limité, ~ à entretien réduit** low-maintenance battery
~ **au plomb** lead storage battery
~ **sans entretien** maintenance-free battery
baudrier *m* shoulder strap belt
bec *m* **d'isolant** insulator nose
becquet *m* spoiler
benne *f* **basculante** dump truck, dumper
benzol *m* benzol
béquille *f* **MacPherson** MacPherson strut
berceau-moteur *m* subframe *n*
berline *f* saloon car (GB), sedan (US)
~ **à quatre portes** four-door sedan (US) *or* saloon (GB)
bielle *f* connecting rod
~ **de connexion** tie bar (US), track rod (GB)

~ **coulée** run bearing
~ **fondue** run bearing
~ **pendante** drop arm (GB), Pitman arm (US)
~ **de poussée du pont arrière** rear axle radius rod
bilame *f* bimetal strip
bioxyde *m* **de plomb** lead dioxide
bisulfure *m* **de molybdène** molybdenum disulfide (US) *or* disulphide (GB)
blindage *m* shielding
bloc-cylindres *m* cylinder block
bloc *m* **électronique** electronic control unit [electronics]
~ **électronique** trigger box [ignition]
~ **hydraulique** hydraulic unit
~ **en nid d'abeilles** honeycomb
~ **oléopneumatique** hydropneumatic unit
~ **optique** headlamp unit
~ **optique arrière** tail lamp assembly
blocage *m* **de différentiel** limited-slip differential
~ **des roues** wheel lock-up
bobinages *mpl* **de champ** field winding
bobine *f* **d'allumage** ignition coil
~ **d'allumage à transistor** transistorized ignition coil
~ **antiparasite,** ~ **antiparasitée** interference-suppression choke
~ **d'induction** ignition coil
~ **de rotor** rotor winding
~ **de stator** stator winding
bocal *m* **de freins** brake-fluid reservoir
~ **de lave-glace** windshield washer fluid reservoir (US), screen-wash fluid reservoir (GB)
boîte *f* gearbox (GB), gearcase (US)
~ **automatique (de vitesses)** automatic transmission (system)
~ **de changement de vitesses** gearbox (GB), gearcase (US)
~ **à cinq vitesses** five-speed gearbox
~ **clignotante** flasher unit
~ **de dégazage** expansion tank
~ **à eau** radiator tank
~ **à fusibles** fuse box
~ **manuelle** manual transmission (US), manual gearbox (GB)
~ **à quatre vitesses** four-speed gearbox
~ **de vitesses** gearbox (GB), gearcase (US)
~ **de vitesses automatique** automatic transmission (system)
~ **de vitesses avec vitesse surmultipliée** overdrive *n*
~ **de vitesses manuelle** manual transmission (US), manual gearbox (GB)

~ **de vitesses à pignons droits** sliding gear transmission
~ **de vitesses synchronisée** synchromesh gear box
~ **de vitesses à train baladeur** sliding gear transmission
boîtier *m* **de différentiel** differential case
~ **de diodes** diode housing
~ **électronique** electronic control unit [electronics]
~ **électronique** trigger box [ignition]
~ **d'embrayage** clutch cover
~ **à fusibles** fuse box
bombe *f* **aérosol de peinture** paint spray can
borne *f* **basse tension de l'allumeur** distributor side terminal
~ **de courant primaire de l'allumeur** distributor side terminal
bossage *m* hump *n*
~ **de linguet** rubbing block
~ **(du palier d'axe) de piston** piston boss
bouchon *m* **du carter inférieur** oil sump plug
~ **magnétique** magnet filter
~ **de pressurisation** pressure cap
~ **de remplissage** filler cap
~ **de remplissage et niveau du carter de la boîte de vitesses** oil level plug
~ **de vapeur** vapor lock (US), vapour lock (GB)
~ **de vidange du carter** oil sump plug
bougie *f* *(d'allumage)* spark plug
~ **d'allumage à épaulement conique** tapered seat plug
~ **d'allumage à étincelle glissante** surface-gap spark plug
~ **d'allumage au mica** mica spark plug
~ **chaude** hot plug
~ **à crayon** sheathed-element glow plug
~ **à culot court** short-reach plug
~ **à culot long** long-reach plug
~ **froide** cold plug
~ **à incandescence** glow plug
~ **de préchauffage** glow plug
~ **de préchauffage bipolaire** double-pole glow plug
~ **de préchauffage monopolaire** sheathed-element glow plug
~ **de préchauffage rapide** rapid-glow plug
~ **de réchauffage** glow plug
boule *f* **chaude** hot bulb
boulon *m* bolt *n*
~ **ajusté** body-fit bolt
~ **de culasse** cylinder head bolt
~ **moleté** knurled-head screw
~ **de moyeu** wheel fixing bolt

French-English index

bourrage *m* **de vilebrequin** crankshaft oil seal
bout-à-bout *m* butt connector
bouteille *f* **d'air pour gonflage des pneumatiques** tire inflation tank
bouton *m* **d'avertisseur sonore** horn button
branchement *m* **en parallèle** parallel connection
~ **en série** series connection
braquage *m* **(de la roue)** steering lock
bras *m* **de direction** track rod arm (GB), track arm
~ **dynamométrique** torque wrench
~ **incliné** semi-trailing arm
~ **de manivelle** crankweb
~ **mobile de distributeur** distributor rotor
~ **de monture d'essuie-glace** wiper arm
~ **oblique** semi-trailing arm
~ **oscillant longitudinal** trailing arm
~ **oscillant transversal** control arm
~ **porte-fusée** wheel suspension lever
~ **de suspension** wheel suspension lever
~ **triangulaire inférieur** lower wishbone
~ **triangulaire supérieur** top wishbone
brasage *m* soldering *n*
~ **tendre** soft soldering
brasement *m* soldering *n*
break *m* station wagon (US), estate car (GB)
brosse *f* **métallique rotative** rotary wire brush
broutement *m* **de l'embrayage** grabbing of clutch
brut *m* petroleum
bulles *fpl* **de vapeur** vapor lock (US), vapour lock (GB)
buna *m* buna
buse *f* nozzle body
buselure *f* **d'axe de piston** piston pin bushing
butée *f* axial bearing
~ **à bague graphitée** graphite release bearing
~ **à billes** thrust ball bearing
~ **de débrayage** release bearing
~ **d'embrayage** release bearing
~ **de tige de crémaillère** control-rod stop
by-pass *m* bypass bore

c.a. = courant alternatif
câble *m* wire *n*
~ **d'accélérateur** carburetor control cable
~ **d'allumage antiparasité** interference-suppression ignition cable
~ **de batterie** battery cable
~ **blindé de haute tension** screened ignition cable
~ **de bougie** spark plug lead
~ **Bowden** bowden cable

~ **de commande d'embrayage** clutch cable
~ **de démarrage** battery booster cable
~ **haute tension de la bobine** king lead
~ **de remorquage** towing rope
~ **secondaire** king lead
~ **sous gaine** bowden cable
câbler *v* wire *v*
cabriolet *m* convertible *n*
cache-culbuteurs *m* rocker cover
cache-poussière *m* condensate shield [electrical system]
~ dust seal [brakes]
cache-soupapes *m* rocker cover
cadre *m* **à longerons** longitudinal frame
~ **à poutre centrale** central tube frame
~ **en X** X-frame
cage *f* **de différentiel** differential case
caisse *f* bodyshell
~ **intégrale** integral body
~ **monocoque** integral body
calage *m* **de l'allumage** ignition setting
~ **de l'allumage par méthode dynamique** stroboscopic timing
~ **de l'allumage par méthode statique** static ignition timing
~ **de l'allumeur** ignition setting
~ **de l'avance (à l'allumage)** ignition setting
~ **du distributeur** ignition setting
~ **de la distribution** timing adjustment
calamine *f* oil-carbon deposit
cale *f* **de bois** chock *n*
~**-étalon** *f* block gage (US) *or* gauge (GB)
calibre *m* **de bougies d'allumage** spark plug gap tool
~ **de filetage** thread gage (US) *or* gauge (GB)
~ **à limites** limit gage (US) *or* gauge (GB)
~ **à limites à mâchoires** limit snap gage (US) *or* gauge (GB)
~**-mâchoire** *m* limit snap gage (US) *or* gauge (GB)
~ **micrométrique** micrometer screw
~ **de profondeur** depth gage (US) *or* gauge (GB)
calibres *mpl* **d'épaisseur** feeler gages (US) *or* gauges (GB) *pl*
calibreur *m* **d'air** air correction jet
calotte *f* **de distributeur** distributor cap
~ **de piston** piston top
cambouis *m* oil sludge
came *f* cam
~ **d'admission** inlet cam
~ **d'allumage** contact breaker cam
~ **d'aspiration** inlet cam
~ **de distributeur** contact breaker cam

came d'échappement exhaust cam
~ de frein brake cam
~ de rupture, ~ de rupteur contact breaker cam
camion m truck (US), lorry (GB)
~-citerne m tank truck (US), motor tank truck
~-grue m de dépannage motor crane
~ de livraison delivery van
~ plate-forme platform lorry (GB), flatbed truck (US)
~-plateau m à ridelles platform lorry (GB), flatbed truck (US)
camionnette f de livraison delivery van
canal m de drainage drainage channel
~ d'arrivée de carburant fuel line
~ de frein brake line
canalisation f d'huile principale main oil supply line
~ hydraulique (des freins) brake line
~ de retour fuel return pipe
cannelure f piston groove
caoutchouc m butyle butyl rubber
~ mou soft rubber
~ nitrile nitrile rubber
~ tendre soft rubber
capacité f capacity well
~ de batterie battery capacity
~ nominale indiquée sur une batterie battery capacity
capot m (de moteur) hood (US), bonnet (GB)
capsule f avance vacuum advance unit
~ à dépression vacuum advance unit
~ manométrique pressure-sensitive capsule [carburetor]
~ manométrique vacuum advance [ignition]
~ retard vacuum retard unit
capteur m sensor
~ altimétrique altitude sensor
~ de cliquetis knock sensor
~ à effet Hall Hall generator
~ de la pression absolue dans le collecteur (d'aspiration) manifold absolute pressure sensor
~ de régime rotational speed sensor
~ de repère reference sensor
~ de température d'air air temperature sensor
~ de la température du liquide de refroidissement coolant temperature sensor
~ de vitesse speed sensor
~ de vitesse de roue wheel speed sensor
capuchon m de fil de bougie spark plug connector
~ à graisse grease nipple
caravane f caravan
carburant m fuel n

~ alternatif alternative fuel
~ diesel diesel fuel
~ de référence octane reference fuel
~ de substitution alternative fuel
carburateur m carburetor (US), carburettor (GB)
~ anti-pollution tamper-proof carburetor (US) or carburettor (GB)
~ avec papillons de gaz à ouvertures décalées two-phase carburetor (US) or carburettor (GB)
~ compensé Zenith carburetor (US) or carburettor (GB)
~ compound two-phase carburetor (US) or carburettor (GB)
~ dépollué tamper-proof carburetor (US) or carburettor (GB)
~ à dépression suction carburetor
~ à diffuseur variable variable-venturi carburetor (US) or carburettor (GB)
~ double corps dual carburetor (US) or carburettor (GB)
~ double corps à ouverture simultanée dual-throat downdraft carburetor
~ à étages two-phase carburetor (US) or carburettor (GB)
~ à gicleur fixe fixed-jet carburetor
~ horizontal horizontal draft carburetor (US), horizontal draught carburettor (GB)
~ infraudable tamper-proof carburetor (US) or carburettor (GB)
~ inversé down-draft carburetor (US), down-draught carburettor (GB)
~ inviolable tamper-proof carburetor (US) or carburettor (GB)
~ à ouverture différentielle two-phase carburetor (US) or carburettor (GB)
~ à pression constante suction carburetor
~ à quatre corps, ~ à quatre fûts four-barrel carburetor (US) or carburettor (GB)
~ à ralenti inréglable tamper-proof carburetor (US) or carburettor (GB)
~ à registres two-phase carburetor (US) or carburettor (GB)
~ à régulation électronique electronically-controlled carburetor (US) or carburettor (GB)
~ Solex Solex carburetor
~ Stromberg Stromberg carburetor
~ S.U. S.U. carburetor
~ à tirage par en bas down-draft carburetor (US), down-draught carburettor (GB)
~ tous terrains cross-country carburetor (US) or carburettor (GB)
~ vertical updraft carburetor (US) or carburet-

French-English index

tor (GB)
~ **Zenith** Zenith carburetor (US) *or* carburettor (GB)
carburation *f* carburetion (US), carburation (GB)
carbure *m* **d'hydrogène** hydrocarbon
carburéacteur *m* kerosene
carcasse *f* carcass
carrossage *m* camber
~ **négatif** negative camber
~ **positif** positive camber
carrosserie *f* bodyshell
~ **autoportante** integral (body) construction
~ **autoporteuse** integral body
~ **monocoque** integral body
carte *f* **grise** automobile registration
carter *m* crankcase
~ **de l'arbre de transmission** propeller shaft housing
~ **de différentiel** differential case (or casing)
~ **de distribution** timing gear case
~ **d'embrayage** clutch housing, bell housing
~ **de l'essieu** axle housing (US), axle casing (GB)
~ **moteur** crankcase
~ **en spirale** volute casing
~ **de vilebrequin** crankcase
cartouche *f* **filtrante** filter cartridge
catadioptre *m* bull's eye
catalyseur *m* catalyst *n* [emission control]
~ catalytic converter [emission control]
~ **à trois voies** three-way converter
cataphote *m* bull's eye
catégorie *f* **de viscosité** viscosity class
c.c. = courant continu
ceinture *f* belt
~ **(de sécurité)** seatbelt
~ **automatique** inertia reel belt
~ **combinée (diagonale et ventrale)** three-point seatbelt
~ **diagonale** shoulder strap belt
~ **à prétenseur** inertia reel belt
~ **à quatre points d'ancrage** shoulder harness
~ **de sécurité à enrouleur** inertia reel belt
~ **de sécurité à trois points** three-point seatbelt
~ **trois points** three-point seatbelt, lap and diagonal belt
~ **ventrale** lap belt
centrale *f* **de clignotants pour signal de détresse** emergency flasher system
~ **de commande électronique** electronic control unit
~ **de diagnostic** diagnostic system
centre *f* **instantané de rotation** instantaneous center of rotation
centreur *m* **d'embrayage** clutch centering pin (US) *or* centring pin (GB)
cercle *m* **d'appui** fulcrum ring
~ **des pieds** root circle
~ **de tête** tip circle
cétane *m* cetane
ch = cheval-vapeur
chaîne *f* **anti-neige** snow chain
~ **antidérapante** snow chain
~ **de distribution** timing chain
~ **duplex** double roller chain
~ **à neige** snow chain
chambre *f* **à air** tube, inner tube
~ **de brûlage** regenerator
~ **de carburation** mixing chamber
~ **de combustion** combustion chamber
~ **de combustion en coin** wedge-type combustion chamber
~ **de combustion hémisphérique** hemispherical combustion chamber
~ **de combustion sphérique** spherical combustion chamber
~ **de compression** compression chamber
~ **de décantation** sediment chamber
~ **de dépôt** sediment chamber
~ **à diaphragme** diaphragm unit
~ **à eau** radiator tank
~ **à eau supérieure** radiator top tank
~ **d'explosion** combustion chamber
~ **de mélange** mixing chamber
~ **à niveau constant** float chamber
~ **de précombustion** prechamber
~ **de réaction** reactor
~ **de récupération** recuperating chamber
~ **de réserve d'air** air cell
~ **de respiration** scavenging area
~ **de sédimentation** sediment chamber
~ **sous pression atmosphérique** atmospheric chamber
~ **de tourbillonnement** swirl chamber
~ **de turbulence** swirl chamber
champ *m* **magnétique** magnetic field
champignon *m* valve head
chandelle *f* axle stand
changement *m* **de vitesse au volant** steering column gear change
~ **de vitesses au plancher** floor-type gear shift
changer les rapports shift *v*
chape *f* fork joint [vehicle construction]
~ tread *n* [tires]
chapeau *m* **de bielle** connecting rod cap
~ **de distributeur** distributor cap
~ **de moyeu** axle cap

chapeau de roue axle cap
chapelle *f* **d'admission** intake passage, inlet passage
~ **d'échappement** exhaust passage
charbon *m* **de contact** brush *n*
charge *f* **par impulsion unique** single-pulse charging
~ **par impulsions multiples** multi-pulse charging
~ **partielle** part load
~ **rapide** boost charge
~ **stratifiée** stratified charge
~ **utile** payload
chargeur *m* **(de batterie)** battery charger
~ **rapide** fast charger
chasse *f* caster
~ **négative** negative caster
chasse-goupilles *m* pin punch
chasse-pointe(s) drift punch
châssis *m* frame *n*
chatterton *m* insulating tape
chauffage *m* heating *n*
~ **additonnel** supplementary heater
~ **de l'air d'admission** heated air intake system
~ **à air extérieur** fresh-air heating system
~ **d'appoint** supplementary heater
~ **à recirculation d'air** circulating air heating
chaussée *f* roadway
chemin *m* **de fuite** leakage path
chemise *f* cylinder liner (GB) *or* sleeve (US)
~ **d'eau** water galleries
~ **humide** wet cylinder liner (GB) *or* sleeve (US)
~ **sèche** dry cylinder liner (GB) *or* sleeve (US)
cheval-vapeur *m* horsepower
chevauchement *m* **des soupapes** valve overlap
choke *m* **automatique** automatic choke
chromage *m* chromium plating
chute *f* **de tension** voltage drop
circlip *m* circlip
circuit *m* **d'alimentation** fuel system
~ **basse tension** primary circuit
~ **bistable** flip-flop *n*
~ **électrique** electric circuit
~ **de freinage** brake circuit
~ **de freinage en double L** L-split system
~ **intégré Hall** Hall IC
~ **primaire** primary circuit
~ **principal du carburateur** main discharge nozzle assembly
~ **de ralenti** idle fuel system
~ **secondaire** secondary circuit
~ **semi-pressurisé** sealed cooling system
cisaille *f* **à tôle** plate shears
citerne *f* tank truck (US), motor tank truck

clapet *m* valve head
~ **anti-retour** non-return valve
~ **d'aspiration** suction valve
~ **by-pass, ~ bipasse** bypass valve
~ **de carburateur** throttle valve
~ **de décharge** bypass valve
~ **de dérivation** bypass valve
~ **double** check valve
~ **de pression résiduelle** check valve
~ **de refoulement** pressure valve
~ **de retenue** check valve [mechanical engineering]
~ **de retenue** non-return valve [brakes]
~ **de sûreté** oil pressure relief valve
classification *f* **SAE** SAE grade
clavette *f* pad retaining pin
clé *f* wrench (US), spanner (GB)
~ **Allen** hexagon-socket-screw key
~ **à bougie(s) articulée** spark plug wrench with swivel end
~ **de contact** ignition key
~ **à crémaillère** crescent wrench
~ **en croix** wheel brace
~ **à double fourche** open-end double-head wrench
~ **dynamométrique** torque wrench
~ **à écrou** wrench (US), spanner (GB)
~ **à fourche à frapper** open-end slugging wrench
~ **à indicateur de couple** torque wrench
~ **mâle coudée à six pans** hexagon-socket-screw key
~ **mixte (à mâchoire et douze pans)** combination wrench
~ **à molette** adjustable wrench (US), adjustable spanner (GB)
~ **à pince réglable** self-grip wrench
~ **polygonale têtes à douze pans** double-head box wrench
~ **de serrage** wrench (US), spanner (GB)
~ **à tube pour bougies** spark plug socket wrench (US), spark plug spanner (GB)
~ **en tube droite à six pans** double-end socket tee wrench
~ **à vis** wrench (US), spanner (GB)
clef *f* **de contact** ignition key
clignotant *m* direction indicator
clignotants *mpl* **direction/détresse** emergency flasher system
clignoteur *m* direction indicator
climatisation *f* **automobile** air conditioning
climatiseur *m* air conditioning
clip *m* **pour languette** blade receptacle
cliquetage *m* **du moteur** pinking *n*

French-English index

cliqueter v knock v
cliquetis m **du moteur** pinking n
cloche f **de carburateur** suction chamber
~ **d'embrayage** bell housing
~ **de séparation** fluid separating bell
cloison m cell divider
clous mpl spikes pl
CO = oxyde de carbone
coach m two-door sedan (US) or saloon (GB)
code, se mettre en ~ dim v [lights]
code m **de la route** highway code
coefficient m **d'adhérence** adhesion coefficient
~ **d'air lambda** air ratio
~ **d'aspect** aspect ratio
~ **de pénétration dans l'air** drag coefficient
~ **de remplissage (des cylindres)** volumetric efficiency
~ **de résistance longitudinale** drag coefficient
~ **thermique** heat rating
~ **de traînée** (aérodynamique) drag coefficient
coffre m **(à bagages)** luggage compartment
cognement m diesel knock
cogner v knock v
cokage m coking n
colle f **à résine** synthetic resin glue
collecteur m manifold n
~ **d'admission** inlet manifold
~ **d'échappement** exhaust manifold
collier m **à poignée** strap wrench
~ **à segments** piston ring compressor
colonne f **de direction** steering column
~ **de direction à absorption d'énergie** energy-absorbing steering column
~ **de direction cédant sous l'impact** collapsible steering column
~ **de direction rétractable** collapsible steering column
~ **de direction de sécurité** safety steering column
~ **de direction télescopique** collapsible steering column
~ **à distiller** fractionating column
~ **de fractionnement à plateaux** fractionating column
combinateur m **de phares** steering column mounted switch
combiné m column stalk
~ **antivol-contact-démarreur** combined ignition and steering lock
combustion-détente ignition stroke [diesel]
CO-mètre m CO/HC analyzer
commande f **de l'angle de fermeture** dwell-angle control
~ **à l'arrière** rear axle drive

~ **d'avance à dépression** vacuum advance
~ **d'avance à l'injection** injection timing mechanism
~ **desmodromique (des soupapes)** desmodromic valve control
~ **(de la direction) par crémaillère** rack-and-pinion steering
~ **de la distribution** camshaft drive
~ **électronique de l'angle de came** dwell-angle control
~ **électronique de vitesse de croisière** cruise control
~ **à soupapes** valve control
commodo m column stalk
commutateur m **à action fugitive** momentary switch
~ **de colonne de direction** steering column mounted switch
~ **à minuterie pour essuie-glace** intermittent wiper control switch
~ **de préchauffage** heater plug starting switch
comparateur m **à cadran** dial gage (US) or gauge (GB)
compartiment m **avant** engine compartment
~ **marchandises** loading space
~ **du moteur, ~ moteur** engine compartment
~ **passagers** passenger compartment
compensateur m **de suspension** Hydrolastic unit
composé m **antidétonant** anti-knock additive
composés mpl **aliphatiques** aliphatic compounds
~ **aromatiques** aromatic compounds
composition f **de la gomme** rubber compound
compresseur m **centrifuge** centrifugal turbocharger
~ **à flux** centrifugal turbocharger
~ **de frein** air compressor
~ **frigorifique** refrigerant compressor
~ **à lobes** Roots blower, Roots-type blower
~ **à piston** piston displacement compressor
~ **Roots** Roots blower, Roots-type blower
~ **à suralimentation** supercharger
compressiomètre m compression tester
~ **enregistreur** compression tracer
compte-tours m revolution counter
~ **électronique** electronic tachometer
~ **photo-électrique** photoelectric tachometer
compteur m **journalier** trip mileage indicator
~ **kilométrique** mileometer (GB), odometer (US)
~ **de vitesse** speedometer
condamnation f **centrale** (ou **centralisée**) centralized door locking

~ **à dépression** vacuum door locking
condensateur *m* ignition capacitor
~ **d'allumage** ignition capacitor
~ **d'antiparasitage** interference-suppression condenser
~ **en dérivation** parallel capacitor
~ **en parallèle** parallel capacitor
~ **de passage** free-through capacitor
~ **de traversée** free-through capacitor
condensation *f* condensation
condenseur *m* condenser
conditionneur *m* **d'air** air conditioning
conduite *f* **de décharge** overflow pipe [diesel engine]
~ **de décharge** overflow pipe [cooling system]
~ **de frein** brake line
cône *m* **de synchronisation** synchromesh cone
conformateur *m* **d'impulsions** pulse-shaping circuit
conjoncteur-disjoncteur *m* cutout relay
connecteur *m* **de dérivation** snap connector
~ **instantané** snap connector
~ **rapide** plug and socket
consommation *f* **d'huile** oil consumption
~ **spécifique de carburant** specific fuel consumption
constantan *m* constantan
constituant *m* **nocif** pollutant *n*
construction *f* **à chassis autoporteuse** integral (body) construction
contact *m* **central** central carbon brush
~-**démarreur-antivol** *m* combined ignition and steering lock
~ **de feuillure** door light switch
~ **fixe de rupteur** breaker fixed contact
~ **intermittent** loose contact
~ **mobile** breaker lever [ignition]
~ **mobile** contact bridge [electrical system]
~ **normalement fermé** break contact
~ **à pont** bridge contact
~ **de repos** break contact
~ **de rupteur** contact breaker point
~ **au sol** contact patch
contacteur *m* **de démarreur** solenoid unit
~ **à distance** remote starter switch
~ **de papillon d'air** throttle valve switch
~ **à solénoïde** solenoid unit
~ **de stop** brake light switch
contacts *mpl* **de déclenchement** trigger contacts
contre-butée *f* release lever plate
contre-plateau *m* pressure plate
contrepoids *m* balance weight
contre-pression *f* **dans l'échappement** exhaust back pressure
contrôle *m* **automatique du niveau de liquide de frein** brake-fluid level gauge
~ **électronique du cliquetis** electronic spark control
~ **des émissions (d'échappement)** exhaust emission control
contrôleur *m* **d'angle de came** dwell-angle tester
~ **de batterie** battery tester
~ **de bobines d'allumage** ignition coil tester
~ **de CO_2** CO_2 indicator
~ **de gaz d'échappement** exhaust gas analyzer
~ **de perte de pression** pressure loss tester
~ **de pression des pneus** tire gage (US) *or* gauge (GB)
~ **pour le réglage des phares** beamsetter
~ **de tension** voltage indicator
convertisseur *m* **catalytique** catalytic converter
~ **catalytique contrôlé** computer-controlled catalytic converter
~ **(catalytique) à oxydation** oxidizing converter
~ **à deux voies** oxidizing converter
~ **hydraulique de couple** torque converter
~ **hydrocinétique** torque converter
~ **de rouille** rust converter
coque *f* bodyshell; integral body
coquille *f* **de différentiel** differential case
corde *f* **de remorquage** towing rope
cordon *m* piston land
corps *m* **de bielle** connecting rod shank
~ **de chauffe** heating flange
~ **d'injecteur** nozzle body
~ **de pont arrière** rear axle assembly
~ **primaire** primary barrel
~ **de projecteur** headlight housing
~ **de roue** wheel disc
~ **secondaire** secondary barrel
correcteur *m* **altimétrique** altitude correction device
~ **d'angle de site** headlamp leveler
~ **d'assiette de projecteurs** headlamp leveler
~ **d'avance à dépression** vacuum advance
~ **électronique d'assiette** automatic leveling system
~ **de freinage** brake pressure control valve, pressure-reducing valve
~ **de hauteur** ground clearance compensator
~ **de réchauffage** warm-running compensator
~-**réducteur** *m* pressure-reducing valve
corrosion *f* corrosion
~ **fissurante** intercrystalline corrosion

French-English index

corrosion intercristalline, ~ intergranulaire intercrystalline corrosion
cosse *f* **de batterie** battery cable terminal
~ **à épissure** snap connector
~ **à oeillet** ring terminal
~ **de raccordement automatique** snap connector
~ **ronde** ring terminal
couche *f* **anti-corrosion** underbody protection
coude *m* **d'échappement** exhaust manifold
couloir *m* **lambda** lambda window
coup *m* **d'accélérateur** kick-down *n*
coupé *m* coupé
coupe *f* **latérale** side cut
~ **de segment** piston ring gap
coupelle *f* valve spring retainer
~ **de filament de code** low beam filament shield
~ **primaire** primary cup
~ **de retenue** secondary cup
~ **secondaire** secondary cup
couplage *m* **en étoile** star connection
~ **en parallèle** parallel connection
~ **en série** series connection
~ **en triangle** delta connection
couple *m* torque *n*
~ **conique à engrenages hypoïdes** hypoid-gear pair
~ **de démarrage** starting torque
~ **à deux rapports** two-speed final drive
~ **final** final drive
~ **hypoïde** hypoid-gear pair
~ **initial de démarrage** starting torque
~ **de lancement** starting torque
~ **moteur** engine torque
~ **à vis sans fin** worm gear final drive
~ **voltaïque** galvanic cell
coupleur *m* **de batteries** battery change-over relay
~ **hydraulique** fluid clutch
courant *m* **alternatif** alternating current
~ **basse tension** primary current
~ **de batterie** reverse current
~ **de charge** charge current
~ **de commande** control current
~ **continu** direct current
~ **de démarrage** starting current
~ **d'enclenchement** control current
~ **d'excitation** exciting current
~ **de fuite** surface leakage current
~ **de lancement de démarreur** starting current
~ **parasite** surface leakage current
~ **pilote** control current
~ **primaire** primary current
~ **de retour** reverse current

~ **triphasé** triphase current
~ **vagabond** surface leakage current
courbe *f* **d'avance centrifuge** advance characteristic
~ **de tension de combustion** spark line
couronne *f* **de démarreur** starter ring gear
~ **dentée de démarrage** starter ring gear
~ **à denture intérieure** annulus *n*
~ **de différentiel** crown wheel
~ **de lancement** starter ring gear
~ **planétaire** annulus *n*
~ **de volant-moteur** starter ring gear
courroie *f* **de commande** drive belt
~ **crantée** toothed belt
~ **de distribution** toothed belt
~ **d'entraînement** drive belt
~ **trapézoïdale** V-belt
~ **du ventilateur** fan belt
course *f* *(de piston)* stroke *n*
~ **d'admission** suction stroke
~ **ascendante** upstroke
~ **d'aspiration** suction stroke
~ **de compression** compression stroke
~ **descendante** downstroke
~ **d'explosion et de détente** ignition stroke
~ **d'expulsion** exhaust stroke
~ **de piston** stroke travel
court-circuit *m* **à la masse** short circuit to ground
coussin *m* **d'air** air bag
~ **gonflable** air bag
coussinet *m* **(de bielle)** connecting rod bearing
couvercle *m* **de carter de pont arrière** rear axle cover
couvre-culasse *m* rocker cover
cracking *m* **(catalytique)** cracking *n*
~ **hydrogénant** hydro-cracking *n*
crampons *mpl* spikes *pl*
craquage *m* cracking *n*
~ **à lit mobile** fluid bed cracking
craqueur *m* cracking plant
crash-test *m* crash test
cratère *m* crater
crépine *f* **d'aspiration** oil pump strainer
~ **de filtrage** oil pump strainer
~ **d'huile** oil pump strainer
cric *m* *(d'automobile)* jack *n*
~ **bouteille** bottle jack
~ **hydraulique** bottle jack
~ **à parallélogramme** articulated jack
~ **rouleur hydraulique** hydraulic trolley jack
~ **télescopique latéral** telescopic jack
crochet *m* **de remorquage** towing hook
croisement *m* **des roues** tire rotation

croisement des soupapes valve overlap
~ des temps d'ouverture valve overlap
croisillon *m* **de différentiel** differential pinion spider
~ de joint à cardan cardan spider
cuivre *m* copper
~ électrolytique electrolytic copper
~ jaune brass
culasse *f* cylinder head
culbuteur *m* rocker arm
culot *m* **de bougie** spark plug body
~ de piston piston ring zone
cuve *f* **(à niveau constant)** float chamber
cuvelage *m* **(du projecteur)** headlight housing
cuvette *f* valve spring retainer
CV = cheval-vapeur
Cx = coefficient de pénétration dans l'air
cycle *m* **de Beau de Rochas** four-stroke process
~ de came angular ignition spacing
~ à deux temps two-stroke cycle
~ extra-urbain highway cycle
~ de fonctionnement working cycle
~ Otto four-stroke process
~ à quatre temps four-stroke process
~ SET sulfate emission test
~ urbain city cycle
cylindre *m* cylinder
~ combiné de frein combined brake cylinder
~ de commande brake master cylinder
~ à dépression vacuum cylinder
~ de frein brake cylinder
~ de frein à double effet double-piston wheel brake cylinder
~ de frein à simple effet single-acting wheel brake cylinder
~ de pompe pump cylinder
~ récepteur clutch output cylinder [clutch]
~ récepteur wheel cylinder [brakes]
~ récepteur étagé stepped wheel brake cylinder
~ de roue wheel cylinder
~ de roue étagé stepped wheel brake cylinder
~ de travail working cylinder
cylindrée *f* capacity, displacement [engine]
~ totale engine displacement
~ unitaire displacement
Cz = portance

DA = délai d'allumage
dandinement *m* shimmy *n*
dandiner *v* shimmy *v*
dashpot *m* dashpot
dB = décibel
DD = **douille démontable** *(pour clés)*
débit *m* delivery

~ nul no delivery
débitmètre *m* airflow meter
~ d'air airflow sensor
débrayage *m* clutch throwout
~ à galet overrunning clutch
débrayer *v* declutch *v*
décalaminage *m* **de l'échappement** exhaust decarbonisation
décanteur *m* pre-filter *n*
décapotable *f* convertible *n*
décélération *f* braking deceleration
décharge *f* **disruptive** disruptive discharge
décibel *m* decibel
déclenchement *m* **par rupteur** breaker triggering
~ sans rupteur breakerless triggering
déclencheur *m* **à effet Hall** Hall generator
~ fixe stator
~ inductif pulse generator
~ magnétique pulse generator
décoloration *f* **sur terre adsorbante** clay treatment
défaut *m* **d'allumage** misfiring *n*
déflecteur *m* deflector [engine]
~ reactor [transmission]
~ (aérodynamique) spoiler
dégivreur *m* defroster (US), demister (GB)
~ de lunette (arrière), ~ arrière rear window heater
dégonflement *m* under-inflation *n*
dégraissage *f* degreasing *n*
degré *m* **API** API grade
~ Engler degree Engler
~ thermique heat rating
délai *m* **d'allumage** ignition delay
~ d'inflammation ignition delay
delco *m* ignition distributor
démarrage *m* **à froid** starting from cold
démarreur *m* starter
~ Bendix Bendix(-type) starter
~ à commande positive screw-push starter
~ à engagement par inertie Bendix(-type) starter
~ à induit coulissant sliding-armature starter
~ à lanceur à inertie Bendix(-type) starter
~ à mise en position électromagnétique screw-push starter
~ à pignon coulissant sliding gear starter motor
~ à pré-engagement screw-push starter
~ à solénoïde screw-push starter
demi-arbre *m* **(de roue)** half-shaft *n*
demi-carter *m* **inférieur** crankcase bottom half

French-English index

demi-carter supérieur crankcase top half
démonte-pneu *m* tire mounting lever
démonte-soupape(s) *m* valve spring lifter
démultiplicateur *m* reduction gearing
démultiplication *f* transmission reduction
~ **de pont arrière** rear axle ratio
densité *f* **de l'acide** acid density
dent *f* **de loup de mise en marche** cranking jaw
denture *f* **hélicoïdale à taille Gleason** Gleason-type gear teeth
~ **spirale** palloid tooth system
dépanneuse *f* breakdown vehicle
déparaffinage *m* dewaxing *n*
déparasitage *m* **rapproché** intensified interference suppression
dépollution *f* emission control
~ **des gaz d'échappement** exhaust pollution reduction
déport *m* **de roue** dishing *n*
~ **au sol** offset radius
~ **au sol négatif** negative offset
~ **au sol positif** positive offset
~ **de boue de plomb** lead sludge
dépôt *m* **de carbone, ~ charbonneux** oil-carbon deposit
dépressiomètre *m* vacuum gage (US) *or* gauge (GB)
dépression *f* vacuum *n*
dérapage *m* skidding *n*
~ **contrôlé** four-wheel drift
dérive *f* drift *n*
désaccoupler *v* uncouple *v*
désasphaltage *m* de-asphalting *n*
désembueur *m* **(des vitres latérales)** defroster (US), demister (GB)
déséquilibre *m* unbalance *n*
~ **dynamique (des roues)** dynamic unbalance
~ **des roues** wheel unbalance
~ **statique (des roues)** static unbalance
déshuileur *m* oil trap
dessus *m* **de piston** piston top
désulfuration *f* desulphuration
détecteur *m* **de cliquetis** knock sensor
~ **par ionisation de flamme** flame ionization detector
~ **de repère** reference sensor
~ **de tension** voltage indicator
détendeur *m* expansion valve
détente *f* ignition stroke
détergent *m* detergent additive
deux arbres à cames twin camshaft
deux arbres à cames en tête dual overhead camshaft
deuxième rapport second gear

deuxième vitesse second gear
développante *f* involute *n*
diagnostic *m* diagnose *n*
diagramme *m* **de distribution** valve-timing diagram
diamètre *m* **de braquage entre murs** turning circle
~ **à fond de filet** core diameter
~ **minimal de braquage entre trottoirs** turning lock
~ **minimal extérieur de braquage** turning circle
~ **de noyau** core diameter
~ **de piston** piston diameter
~ **primitif** reference diameter
~ **primitif moyen** pitch diameter
différentiel *m* differential *n*
~ **crabotable** limited-slip differential
~ **à glissement limité** limited-slip differential
~ **à verrouillage** limited-slip differential
diffuseur *m* venturi
diluant *m* thinner *n*
dilution *f* **de l'huile** oil dilution
diode *f* **de contrôle** control diode
~ **d'excitation** control diode
~ **négative** negative diode
~ **positive** positive diode
~ **de régulation** control diode
~ **Zener** Zener diode
direction *f* steering *n*
~ **assistée** power-assisted steering, integral power steering gear
~ **à chemin de billes** recirculating ball steering
~ **à circuit de billes, ~ à circulation de billes** recirculating ball steering
~ **à crémaillère** rack-and-pinion steering
~ **à doigt** cam and peg steering
~ **à doigt et rouleau** Gemmer steering
~ **Gemmer** Gemmer steering
~ **Jeantaud** Ackermann steering
~ **manuelle** manual steering
~ **mécanique** manual steering
~ **Ross** cam and peg steering
~ **à secteur** worm and sector steering
~ **à vis et doigt** cam and peg steering
~ **à vis et écrou** worm and nut steering
~ **à vis sans fin** worm and sector steering
~ **à vis sans fin et galet** Gemmer steering
dispositif *m* **ABR** ABS braking device
~ **à absorption d'énergie** energy absorber
~ **antiblocage ABS** ABS braking device
~ **anticabreur** antidive *n*
~ **antidérapant** ABS braking device
~ **anti-galop** antidive *n*

dispositif antipollution emission control device
~ **antivol** anti-theft device
~ **d'assistance de freinage** servo-brake(s)
~ **de blocage du différentiel** limited-slip differential
~ **de dégivrage/désembuage de la vitre arriére** rear window heater
~ **de départ a froid** cold start(ing) device or cold starter device
~ **de désembuage/dégivrage** defroster (US), demister (GB)
~ **d'enrichissement** enrichment device
~ **d'équilibrage des roues** wheel balancer
~ **de freinage (d'écrou)** screw lock
~ **de tournage pour sièges de soupape** valve seat grinding tool
dispositifs *mpl* **électroniques de diagnostic** diagnostic equipment
disque *m* **de dosage** airflow sensor plate
~ **de freinage** brake disc
~ **de freinage ventilé** ventilated brake disc
~ **garni** driven plate assembly
~ **mobile** driven plate assembly
~ **de roue** wheel disc
~ **de rupteur** breaker disc
~ **ventilé** ventilated brake disc
disrupteur *m* distributor rotor
distance *m* **d'arrêt** braking distance
~ **explosive** electrode gap
~ **focale** focal distance
~ **de freinage** braking distance
distillation *f* **fractionnée** fractional distillation
~ **sous vide** vacuum distillation
distribuscope *m* synchrograph
distributeur *m* *(d'allumage)* ignition distributor
~ **d'étincelles** distributor rotor
~ **mécanique de haute tension** mechanical high-tension distributor
divergence *f* **en virage** turning radius
D-Jetronic D-Jetronic
doigt *m* **de commande de piston** plunger flange
~ **de distribution** distributor rotor
~ **d'embrayage** clutch release lever
~ **de liaison** distributor rotor
~ **de poussée** finger lever
~ **rotatif** distributor rotor
domino *m* insulating screw joint
données *fpl* **du moteur** engine characteristics
doseur *m* **de carburant** fuel distributor
~**distributeur** *m* **de carburant** fuel distributor
double arbre à cames twin camshaft
~ **arbre à cames en tête** dual overhead camshaft
~ **circuit de freinage** double-circuit braking system
~ **circuit de freinage en diagonale** diagonal twin circuit braking system
~ **circuit** *m* **de freinage en triangle** L-split system
~ **linguet** two-system contact breaker
douille *f* **démontable (pour clés)** socket
~ **isolante** insulating bushing
~ **de pied de bielle** piston pin bushing
~ **de pivot de fusée** kingpin bush(ing)
~ **de réglage** adjusting sleeve
Duralumin *m* duralumin
durée *f* **de l'étincelle** spark duration
dureté *f* **Brinell** Brinell hardness
durit *f* **de radiateur** radiator hose
dwellmètre *m* dwell-angle tester
dynamo-démarreur combined lighting and starting generator
dynamoteur *m* combined lighting and starting generator
dynastart *m* combined lighting and starting generator

eau *f* **déminéralisée** distilled water
~ **distillée** distilled water
~ **de refroidissement** cooling water
éblouissement *m* dazzle *n*
ébonite *f* ebonite
écart *m* **de pointes** electrode gap
écartement *m* **des électrodes** electrode gap
~ **des garnitures** brake clearance
~ **des vis platinées** contact gap
échappement *m* *(des gaz brûlés)* exhaust *n*
éclairage *m* lighting system
~ **code** low beam
~ **de croisement** low beam
~ **intérieur** interior lighting
~ **de la plaque** number plate light
~ **de route** main beam
éclairement *m* illumination
éclaireur *m* **de plaque AR** number plate light
économètre *m* econometer
éconostat *m* econostat
écran *m* trigger wheel vane
~ **de calandre** radiator hood (US), radiator bonnet (GB)
~ **de filament de code** low beam filament shield
écrou *m* nut
~ **borgne** cap nut
~ **à créneaux,** ~ **crénelé** castle nut
~**filière** *f* die nut
~ **de fusée** hub-securing nut

French-English index

écrou de moyeu hub-securing nut
~ à oreilles plates wing nut
~ de raccordement terminal nut
~ de réglage adjusting nut
~ de réglage du gicleur jet adjusting nut
~ de roue wheel fixing nut
~ de sûreté lock nut
écuanteur *m* dishing *n*
élargisseur *m* d'aile wing extension
électricité *f* automobile automotive electrics
électro-aimant *m* solenoid *n*
électrode *f* centrale center electrode (US), centre electrode (GB)
~ en bout overhead earth electrode
~ frontale overhead earth electrode
~ de masse ground electrode (US), earth electrode (GB)
~ périphérique ground electrode (US), earth electrode (GB)
~ en platine platinum electrode
électrolyse *f* electrolysis
électrolyte *m* electrolyte
électrophorèse *f* electrocoating *n*
électrovalve *f* solenoid valve
électrovanne *f* solenoid valve
électrozingage *m* electrogalvanizing *n*
élément *m* de batterie battery cell
~ filtrant filter cartridge
~ hydrolastique Hydrolastic unit
élévateur *m* d'essence vacuum feed device
élingue *f* de remorquage towing rope
embout *m* de bougie d'antiparasitage spark plug suppressor
~ de bougie d'antiparasitage partiellement blindé partially-screened spark-plug connector
~ de fil de bougie spark plug connector
embrayage *m* clutch *n*
~ bidisque (à sec) double-plate (dry) clutch
~ centrifuge centrifugal clutch
~ à commande par câble cable-operated clutch
~ à commande hydraulique hydraulically-operated clutch
~ à commande par tringles rod-operated clutch
~ à cônes cone clutch
~ à crabots dog clutch
~ à diaphragme diaphragm clutch
~ à disque unique single-disc dry clutch
~ à friction friction clutch
~ à griffes dog clutch
~ humide wet clutch
~ hydraulique fluid clutch
~ hydrodynamique fluid clutch
~ monodisque single-plate clutch
~ monodisque à sec single-disc dry clutch
~ multidisque multi-plate clutch
~ à poudre magnétique magnetic powder clutch
~ à ressort-diaphragme diaphragm clutch
~ à ressort unique coil spring clutch
~ à sec dry clutch
émission *f* emission
émissions *fpl* d'échappement des automobiles automotive exhaust emissions *pl*
~ de fumée smoke emissions *pl*
~ des gaz d'échappement exhaust emissions *pl*
~ d'hydrocarbures (imbrûlées), ~ d'HCi hydrocarbon emissions *pl*
empattement *m* wheel base
enduit *m* à deux composants two-part plastic body filler
~ polyester polyester putty
engrenage *m* à chaîne chain and sprocket drive
~ à chevrons herringbone gear(ing)
~ cylindrique cylindrical gear pair
~ à denture hélicoïdale décalée hypoid-gear pair
~ en développante involute gearing
~ différentiel differential *n*
~ hypoïde hypoid-gear pair
~ planétaire planetary transmission
~ à vis sans fin worm gear
enjoliveur *m* (de roue) axle cap
enrichissement *m* enrichment
~ à charge partielle, ~ aux charges partielles part load enrichment
~ du mélange après démarrage à froid warm-up enrichment
~ à pleine charge full-load enrichment
enrichisseur *m* pour départ à froid start valve
~ de pointe econostat
enroulement *m* d'attraction pull winding
~ d'excitation excitation winding
~ de maintien hold-in coil
~ primaire primary winding
~ de rotor rotor winding
~ secondaire secondary winding
~ de stator, ~ statorique stator winding
ensemble *m* venturi venturi
entraxe *m* center distance (US), centre distance (GB)
entre-grains *m* contact gap
enveloppe *f* tire *n*
épaisseur *f* de dent tooth thickness
~ de garniture thickness of lining
~ minimale de la bande de roulement minimum tread thickness

épitrochoïde *f* epitrochoid *n*
épurateur *m* oil filter
~ d'air air filter
~ catalytique trois voies three-way converter
épuration *f* des gaz d'échappement exhaust emission control, exhaust pollution reduction
épure *f* de distribution valve-timing diagram
~ de Jeantaud Ackermann steering
équilibrage *m* balancing *n*
~ dynamique dynamic balancing
~ statique static balancing
~ wheel balancer
équilibreuse *f* électronique electronic balancing machine
équipage *m* mobile crankshaft drive
équipement *m* d'antiparasitage interference-suppression kit
ergonomie *f* ergonomics *pl*
essai *m* de choc crash test
~ de dureté Brinell Brinell hardness test
~ de traction tensile test
essence *f* gasoline (US), petrol (GB)
~ avec plomb leaded gasoline (US), leaded petrol (GB)
~ directe top gasoline
~ légère light gasoline
~ non plombée unleaded gasoline (US), unleaded petrol (GB)
~ normale regular grade
~ ordinaire regular grade
~ plombée leaded gasoline (US), leaded petrol (GB)
~ sans plomb unleaded gasoline (US), unleaded petrol (GB)
~ super high-octane gasoline (US) *or* petrol (GB)
essencerie *f [Afrique du Nord]* gasoline service station (US), petrol station (GB)
essieu *m* axle
~ avant front axle
~ brisé swing axle
~ à chapes ouvertes fork axle
~ de Dion De Dion axle
~ demi-flottant semi-floating axle
~ directeur steering axle
~ entièrement flottant fully floating axle
~ full floating fully floating axle
~ moteur driving axle
~ relevable lifting axle
~ rigide rigid axle
~ à roues indépendantes swing axle
~ semi-flottant, ~semi-floating semi-floating axle
~ semi-porteur semi-floating axle

~ à suspension indépendante des roues swing axle
~ trois quarts flottant three-quarter(s) floating axle
essuie-glace *m* windshield wiper (US), windscreen wiper (GB)
essuie-glace arrière rear wiper
essuie-glace/lave-glace électronique electronic wiper-washer assembly
essuie-phare *m* headlamp wash/wipe
essuie-vitre/lave-vitre électronique electronic wiper-washer assembly
estampage *m* drop forging
étage *m* excitateur driver stage
~ inverseur inverting stage
~ de stabilisation stabilization stage
étain *m* tin
état *m* de charge state of charge
étau *m* vise (US), vice (GB)
éthanediol *m* ethylene glycol
éthylèneglycol *m* ethylene glycol
éthyne *m* acetylene
étincelle *f* de rupture break spark
étouffoir *m* de ralenti idle cutoff valve
étrangleur *m* choke flap
étrier *m* (de frein) brake caliper
eurosuper *m* four-star petrol 95 (GB), premium unleaded 95 (US)
évacuation *f* des gaz brûlés exhaust *n*
évanouissement *m* des freins brake fading
évaporateur *m* evaporator
évaporation *f* des gaz par le carter blow-by gases
excentricité *f* runout *n*
exhausteur *m* vacuum feed device
expandeur *m* piston ring pliers
explosion *f* au carburateur blowback *n*
~--détente ignition stroke
~ prématurée premature ignition
extincteur *m* fire extinguisher
extracteur *m* de goujons stud extractor
~ de vis stud extractor

face *f* d'appui du disque sur le volant-moteur flywheel face
~ de friction du volant-moteur flywheel face
fading *m (des freins)* brake fading
faisceau *m* de câbles haute tension ignition cable set
~ croisement low beam
~ européen unifié asymmetric low beam
~ route main beam
~ tubulaire radiator core
familiale *f* station wagon (US), estate car (GB)

French-English index

faux-châssis *m* subframe *n*
faux-essieu *m* dead beam axle
faux-rond *m* radial runout
Federal Test des Etats Unis US Federal Test
fente *f* de segment piston ring gap
fer *m* à souder soldering iron
fermeture *f* toe-in *n*
~ à baïonnette bayonet fixing
feu *m* arrière de brouillard, ~ arrière anti-brouillard, ~ AR brouillard fog tail lamp
~ (avant) de brouillard fog light
~ clignotant direction indicator
~ de croisement low beam
~ d'éclairage de la plaque d'immatriculation (arrière) number plate light
~ indicateur de changement de direction direction indicator
~ à longue portée long-distance beam
~ de position side-marker lamp (US), sidelamp (GB)
~ de recul reversing light
~ de route main beam
~ de route complémentaire (longue portée) long-distance beam
~ de stop, ~ stop stop light
feutre *m* de graissage lubricating felt
feux *mpl* lighting system
~ de code asymétriques asymmetric low beam
~ de code symétriques symmetrical lower beam
~ de détresse clignotants emergency flasher system
~ rouges rear light
fibre *f* vulcanisée vulcanized fiber
fiche *f* plug *n*
~ banane banana plug
~ femelle socket outlet
~ de prise de remorque trailer cable plug
fil *m* wire *n*
~ basse tension low-voltage cable
~ de bougie spark plug lead
~ calibré plastigage *n*
~ de charge charging cable
~ de contact control lead
~ HT bobine king lead
~ plastigage plastigage *n*
~ de tungstène tungsten wire
filament *m* filament
~ code dip filament
~ de croisement dip filament
~ principal main beam filament
~ de route main beam filament
filet *m (de vis)* thread *n*
~ à droite right-handed thread
~ à gauche left-handed thread

filetage *m* de bougie spark plug thread
filtre *m* à air, ~ d'air air filter
~ à air à bain d'huile oil-bath (air) cleaner
~ à air à force centrifuge centrifugal filter
~ à air humide wet-type air cleaner
~ à air sec dry-type air cleaner
~ d'antiparasitage interference-suppression filter
~ auxiliaire pre-filter *n*
~ de carburant fuel filter
~ à combustible fuel filter
~ à combustible double two-stage fuel filter
~ à essence gasoline filter (US), petrol filter (GB)
~ à essence en ligne line-fitting fuel filter
~ de gasoil, ~ à gazole diesel filter
~ à huile oil filter
~ à huile centrifuge centrifugal oil filter
~ à huile de courant principal full-flow oil filter
~ à huile en dérivation bypass oil cleaner
~ à huile à passage total full-flow oil filter
~ à huile en série full-flow oil filter
~ nourrice fuel filter
~ de particules particulate trap
~ à peigne disc filter
~ de plomb lead filter
~ de porteinjecteur edge-type filter
~ de suie diesel particulate filter
~ tige *m*, ~ à tige cannelée edge-type filter
flambage *m* buckling *n*
flanc *m* sidewall
~ de dent tooth flank
flasque *m* brake anchor plate
flector *m* rubber universal joint
flexible *m* à dépression vacuum hose
~ de frein brake hose
flotteur *m* float *n*
fluide *f* réfrigérante refrigerant *n*
fonctionnement *m* à pleine charge full load
fond *m* de piston piston top
fonte *f* ductile spheroidal iron
~ à graphite sphéroïdal spheroidal iron
~ grise gray cast iron (US), grey cast iron (GB)
~ malléable malleable iron
~ malléable à cœur blanc, ~ malléable européenne whiteheart malleable cast iron
~ malléable à cœur noir, ~ malléable américaine blackheart malleable cast iron
~ malléable Réaumur whiteheart malleable cast iron
~ sphéroïdale spheroidal iron
formation *f* de lignes de fuite tracking *n*
formène *m* methane

fosse *f* **(d'inspection)** inspection pit
four *m* **tubulaire** pipe still
fourchette *f* **de baladeur** shift fork
~ **de la boîte de vitesses** shift fork
~ **de commande** engaging lever
~ **d'embrayage** clutch fork
~ **de lanceur** engaging lever
~ **de sélection** shift fork
fourgon *m* **en caisson** box-van truck (US)
~ **frigorifique** refrigerated vehicle
fraction *f* **latérale** side cut
~ **pétrolière** crude oil fraction
fractions *fpl* **de tête** tops *pl*
fractionnateur *m* fractionating column
frein *m* brake *n*
~ **(d'ècrou)** screw lock
~ **auxiliaire** auxiliary brake
~ **d'axe** circlip
~ **d'axe de piston** piston pin retainer
~ **à dépression** air-assisted brake
~ **à deux conduites** twin-line brake
~ **à deux cylindres de roue** duplex brake
~ **à deux mâchoires comprimées** duplex brake
~ **à deux points fixes** simplex brake
~ **à disque** disc brake
~ **à disque à étrier fixe** fixed-caliper disc brake
~ **à disque à étrier flottant,** ~ **à disque à étrier mobile** floating-caliper disc brake
~ **à disques enfermés** internal expanding clutch-type disc brake
~ **droit à aileron** tab washer with long tab
~ **duplex** duplex brake
~ **dynamométrique d'absorption** dynamometer brake
~ **d'équerre à ailerons** tab washer with long and short tab at right angles
~ **d'essais** dynamometer brake
~ **à frottement** Prony brake
~ **de Froude** Froude brake
~ **hydraulique** hydraulic brake [brakes]
~ **hydraulique** Froude brake [instruments]
~ **d'induit** armature brake
~ **à inertie** overrun brake
~ **magnétique** electrical dynamometer
~ **à main** hand brake
~ **-moteur** *m* engine brake
~ **ralentisseur** engine brake
~ **de parking** parking brake, hand brake
~ **de parking** parking lock [transmission]
~ **à pied** foot brake
~ **de Prony** Prony brake
~ **de ralenti** dashpot
~ **à rattrapage automatique de jeu** self-adjusting brake

~ **de secours** auxiliary brake
~ **de secours et d'immobilisation** parking brake, hand brake
~ **à segments** drum brake
~ **de service** service brake
~ **simplex** simplex brake
~ **de stationnement** parking brake, hand brake
~ **à tambour** *(et segments intérieurs)* drum brake
~ **Telma™** eddy-current brake
~ **à tenon extérieur** external-tab washer
~ **à tenon intérieur** internal-tab washer
freinage *m* braking *n*
~ **direct** direct braking
~ **indirect** indirect braking
freiner *v* brake *v*
freins *mpl* **à air comprimé** air pressure brake
~ **à air comprimé à une seule conduite** single-pipe air brake
~ **assistés** power brakes *pl*
fréquence *f* **de rotation** engine speed
friction *f* driven plate assembly
frottement *m* **mixte** mixed friction
~ **onctueux** mixed friction
frotteur *m* brake lining [brakes]
~ rubbing block [ignition]
~ **central** central carbon brush
fumées *fpl* smoke emissions *pl*
~ **d'échappement** exhaust gas
fusée *f* **d'essieu** steering knuckle
fusible *m* fuse *n*
~ **à fiches** plug-in fuse
~ **indépendant** line fuse
~ **volant** line fuse

galerie *f* **(de toit)** roof luggage rack
~ **d'huile** main oil supply line
gallon *m* gallon
galvanisation *f* **à chaud au trempé** hot-dip galvanizing
~ **électrolytique** electrogalvanizing *n*
gamme *f* **thermique** heat rating
garage *m* garage
~ motorcar repair shop (GB), automobile repair (US)
garantie *f* **d'embrayage** clutch pedal clearance
garde *f* **d'embrayage** clutch pedal clearance
~ **à la pédale d'embrayage** clutch pedal clearance
~ **à la pédale de frein** brake pedal free travel
~ **au sol** ground clearance
garniture *f* lining *n*
~ **d'embrayage** clutch lining
~ **de frein** brake lining

French-English index

garniture de friction clutch lining
gasoil *m*, **gas-oil** diesel fuel
~ **grand froid** winter diesel fuel
~ **d'hiver** winter diesel fuel
gasoil-moteur *m* diesel fuel
gaz *m* **des marais** methane
~ **naturel** natural gas
~ **de pétrole liquéfié** liquefied petroleum gas
~ **de raffinerie** refinery gas
gaz *mpl* **brûlés** exhaust gas
~ **brûlés résiduels** residual gases
~ **de carter** blow-by gases
~ **d'échappement** exhaust gas
~ **de fuite** blow-by gases
~ **résiduels** residual gases
gazole *m* diesel fuel
générateur *m* **de courant continu** dc generator
~ **de courant triphasé** three-phase alternator
~ **d'impulsions** pulse generator
génératrice *f* charging stage
génie *m* **automobile** automotive engineering
géométrie *f* **de la chambre de combustion** combustion chamber geometry
gicleur *m* jet *n*
~ **d'alimentation** main jet
~ **de départ** starting device jet
~ **d'enrichisseur** power jet
~ **de lave-glace** windshield washer jet (US), windscreen washer jet (GB)
~ **de marche** main jet
~ **de pompe** acceleration jet
~ **principal** main jet
~ **de ralenti**, ~ **au ralenti** idling jet
~ **de starter** starting device jet
givrage *m* **du carburateur** carburetor icing
glace *f* headlight lens
~ **coulissante** sliding window
~ **diffusante** headlight lens
~ **de volant-moteur** flywheel face
glissière *f* runner
glycérine *f*, **glycérol** *m* glycerol
glycol *m* ethylene glycol
gommage *m* **des segments de piston** ring sticking
gomme *f* **de flanc** sidewall
gonfleur *m* **de pneus** tire inflator
gorge *f* **(porte-segments)** piston groove
goudron *m* **de houille** coal tar
goujon *m* stud *n*
goulotte *f* **inférieure** radiator outlet connection
~ **supérieure** radiator inlet connection
goupille *f* **fendue** split pin
~ **de maintien latéral** shoe steady pin
GPL = gaz de pétrole liquéfié

gradation *f* **thermique** heat rating
grain *m* **de contact** contact breaker point
graissage *m* (*voir aussi:* lubrification) lubrication
~ **centralisé** centralized lubrication
~ **forcé** forced-feed lubrication
~ **sous pression** forced-feed lubrication
graisse *f* grease *n*
~ **pour bornes de batterie** battery terminal grease
~ **compound** cup grease
~ **consistante** cup grease
~ **consistante au calcium** lime stone base grease
~ **consistante au sodium** sodium-based grease
~ **au lithium** lithium-based grease
~ **pour pompe à eau** water pump grease
~ **au silicone**, ~ **de silicones** silicone grease
~ **pour tous usages** multi-purpose grease
graisseur *m* grease nipple
~ **sphérique** ball-type lubricating nipple
grand planétaire *m* annulus *n*
grande couronne *f* crown wheel
griffe *f* **de la manivelle de lancement** cranking jaw
grille *f* **de guidage** gear-shifting gate
grippage *m* seizure
~ **de piston** piston freezing
gripper *v* seize *v*
grognaimant *m* shorted-turn tester
grognard *m* shorted-turn tester
groupe-cylindres *m* cylinder block
groupe *m* **motopropulseur** power unit
~ **propulseur arrière** rear axle drive
~ **propulseur avant** front wheel drive
guide *m* **de soupape** valve guide
gyrophare *m* rotating identification lamp

habitacle *m* passenger compartment
~ **de sécurité** safety cell
halogène *m* halogen
hard top *m* hard top
hauteur *f* **de caisse** ground clearance
~ **de châssis** height of chassis above ground
~ **de coque** ground clearance
~ **de filet** depth of thread
~ **libre sous la voiture** ground clearance
~ **de véhicule** vehicle height
haut-parleur *m* speaker
HB = dureté Brinell
HCi = hydrocarbures imbrûlés
heptane *m* **normal** normal heptane
honing *m* honing *n*
Hotchkiss drive Hotchkiss drive

huile *f* de la boîte de vitesses, ~ pour boîtes de vitesses, ~ de boîte gear oil
~ dégrippante penetrating oil
~ dopée doped oil
~ pour engrenages hypoïdes hypoid oil
~ EP EP lubricant
~ extrême pression EP lubricant
~ fluide low-viscosity oil
~ de freins brake fluid
~ de graissage lube oil
~ HD HD engine oil
~ d'hiver winter oil
~ minérale mineral oil
~ monograde single-grade oil
~ moteur engine oil
~ pour moteurs deux temps two-stroke oil
~ multigrade multigrade oil
~ pénétrante penetrating oil
~ polyvalente multigrade oil
~ de rodage run-in oil
~ toutes saisons multigrade oil
~ de transmission gear oil
~ usagée used oil
~ de vidange used oil
hump *m* hump *n*
hydrocarbure *m* hydrocarbon
hydrocarbures *mpl* imbrûlés unburned hydrocarbons *pl*
hydrocraquage *m*, hydrocracking *m* hydrocracking *n*
hydroforming *m* hydroforming *n*
hydrogénation *f* hydrogenation
~ catalytique du carbone coal hydrogenation
hydroplanage *m* aquaplaning *n*

iC = indice de cétane
impulseur *m* impeller
~ magnétique en croix, ~ magnétique à étoile trigger wheel
inclinaison *f* latérale steering axis inclination (US), kingpin inclination
~ du pivot (de fusée) steering axis inclination (US), kingpin inclination
indicateur *m* de (changement de) direction direction indicator
~ de charge charging control lamp
~ de consommation (de carburant) consumption indicator
~ à diodes électroluminescentes LED indicator
~ de température d'eau water temperature gage (US) *or* gauge (GB)
~ d'usure tread wear indicator
~ de vitesse speedometer
indice *m* de cétane cetane rating

~ d'octane octane number
~ d'octane méthode Moteur Motor octane number
~ d'octane méthode Research Research octane number
~ d'octane route road octane number
~ thermique heat rating
~ de viscosité viscosity index
induction *f* induction
~ propre self-induction
induit *m* armature
ingénierie *f* de l'automobile automotive engineering
inhibiteur *m* antidétonant anti-knock additive
~ de corrosion corrosion inhibitor
~ d'oxydation oxidation inhibitor
injecteur *m* fuel injector [injection]
~ injection nozzle [fuel system]
~ de départ à froid start valve
~ étalon test nozzle holder
~ à étranglement throttling pintle nozzle
~ à plusieurs trous multi-hole nozzle
~-pompe *m* united injector
~ à téton pintle nozzle
~ à trou(s) orifice nozzle
~ à un trou single-hole nozzle
~ à valve électro-magnétique solenoid-operated injector
injection *f* injection
~ de carburant fuel injection, gasoline injection (US), petrol injection (GB)
~ de combustible fuel injection
~ dans le canal d'admission indirect injection
~ directe direct injection [injection]
~ directe solid injection [diesel engine]
~ électronique du carburant electronic fuel injection
~ électronique d'essence electronically-controlled fuel injection
~ d'essence fuel injection, gasoline injection (US), petrol injection (GB)
~ d'essence (à commande) électronique electronically-controlled fuel injection
~ indirecte indirect injection
~ mécanique solid injection
~ sans air solid injection
installation *f* d'air conditionné air conditioning
~ électrique electrical equipment
instant *m* d'allumage ignition point
insufflation *f* d'air (secondaire) air injection
interrupteur *m* d'allumage ignition switch
~ de feux de croisement dimmer switch (US), dip switch (GB)

French-English index 622

invar *m* Invar steel
inverseur *m* transfer contact
~ **code-route** dimmer relay
isolant *m* *(de bougie d'allumage)* spark plug insulator
~ **en porcelaine** porcelain insulator
isolement *m* **de la tige de connexion** pin insulation
isomérisation *f* isomerization
isooctane *m* iso-octane

jaillissement *m* **du train d'étincelles** spark discharge
jambe *f* **de suspension MacPherson** MacPherson strut
jante *f* rim *n*
jauge *f* **de carburant** fuel gage (US) *or* gauge (GB)
~ **(du niveau) d'huile** crankcase oil dipstick
~ **plastique** plastigage *n*
~ **de profondeur** depth gage (US) *or* gauge (GB)
~ **de température** temperature sensor
jauges *fpl* **d'épaisseur** feeler gages (US) *or* gauges (GB) *pl*
jet *m* **en nappe conique** jet cone
jeu *m* **de cales (d'épaisseur)** feeler gages (US) *or* gauges (GB) *pl*
~ **de contacts** contact set
~ **de direction** steering free travel
~ **de fraises pour sièges de soupape** valve seat grinding set
~ **des freins** brake slack
~ **des garnitures** brake clearance
~ **de jauges** feeler gages (US) *or* gauges (GB) *pl*
~ **latéral des roulements de roues avant** wheel bearing clearance
~ **de linguets** contact set
~ **de piston** piston play
~ **de réglage des basculeurs,** ~ **de réglage des culbuteurs** valve clearance
~ **de(s) soupape(s),** ~ **aux soupapes** valve clearance
~ **de tarauds** set of screw taps
joint *m* *(d'étanchéité)* gasket
~ **à bloc de caoutchouc** doughnut joint
~ **de bougie** spark plug gasket
~ **brisé** cardan joint or Cardan joint
~ **de cache-soupapes** rocker cover gasket
~ **de Cardan** cardan joint or Cardan joint
~ **coulissant** slip joint
~ **de couvre-culasse** rocker cover gasket
~ **de culasse** cylinder head gasket
~ **à double cardan** double cardan (universal) joint

~ **élastique** rubber universal joint
~ **d'étanchéité de piston** disc brake piston seal
~ **d'étanchéité de soupape** valve shaft seal
~ **extérieur captif** spark plug gasket
~ **de filtre à huile** oil filter gasket
~ **flector** rubber universal joint
~ **Hardy** rubber universal joint
~ **hollandais** cardan joint or Cardan joint
~ **homocinétique** constant-velocity (universal) joint
~ **de Hooke** cardan joint or Cardan joint
~ **métal-amiante** metal-asbestos gasket
~ **métalloplastique** copper-asbestos gasket
~ **d'Oldham** Oldham coupling
~ **torique** O-ring
~ **de transmission Birfield** Birfield constant-velocity joint
~ **universel** cardan joint or Cardan joint
jonc *m* **d'arrêt** wire retaining ring
jumelle *f* **de ressort** spring shackle
jupe *f* **de piston** piston body

kérosène *m*, **kerosine** *m* kerosene
kickdown *m* kick-down *n*
kilowatt *m* kilowatt
kit *m* **d'antiparasitage** interference-suppression kit
klaxon *m* horn *n*
kW = kilowatt

laiton *m* brass
lambda *m* air ratio
lames *fpl* blades *pl*
lampe *f* **bifil** bilux bulb
~ **bilux** bilux bulb
~ **à halogène,** ~ **halogène** halogen lamp
~ **à iode** iodine lamp
~ **de phare** headlamp bulb
~ **stroboscopique** stroboscopic timing light
~ **-témoin** *f* indicator lamp, test lamp
languette *f* blade terminal
lanterne *f* **avant** side-marker lamp (US), sidelamp (GB)
lanternes *fpl* **arrière** rear light
laquage *m* **par électrophorèse** electrocoating
laque *f* **cellulosique** nitrocellulose lacquer
~ **métallisée** metallic finish
~ **synthétique** synthetic resin enamel
largeur *f* **hors tout** vehicle width
lave-essuie-phare *m* headlamp wash/wipe
lave-glace *m* windshield washer unit (US), windscreen washer (GB)
lave-phare *m* headlamp wash/wipe
lentille *f* **frontale** headlight lens

leveé *f* **de roue** lift *n*
~ **des soupapes** valve lift
lève-glace *m* window crank mechanism
lève-soupape(s) *m* valve spring lifter
levier *m* **d'accouplement** track rod arm (GB), track arm
~ **d'attaque** steering lever
~ **de changement de vitesse** gearshift lever
~ **de commande de direction** drop arm (GB), Pitman arm (US)
~ **de commande de papillon(s)** throttle control lever
~ **de commande de roue** steering lever
~ **de commande positive** engaging lever
~ **de débrayage** clutch release lever
~ **de départ à froid** cold-start lever [carburetor]
~ **de départ à froid** jet lever [carburetor]
~ **de direction** drop arm (GB), Pitman arm (US)
~ **d'engagement** engaging lever
~ **d'entraînement à cliquet** *(pour douilles démontables)* ratchet handle
~ **de fusée** track rod arm (GB), track arm
~ **d'interruption** breaker lever
~ **de pompe** pump lever
~ **-relais** *m* idler arm
~ **de renvoi** idler arm
~ **sélectif** gearshift lever
~ **triangulé inférieur** lower wishbone
~ **triangulé supérieur** top wishbone
~ **de vitesses** gearshift lever
~ **de vitesses au plancher** floor-type gear shift
liant *m* binder
ligne *f* **aérienne** overhead line
~ **de ceinture** waistline
~ **d'échappement** exhaust system
lignes *fpl* **de force** lines of force
limiteur *m* **asservi à la charge** load-sensing valve
~ **de freinage** pressure-limiting valve
~ **non asservi** pressure-limiting valve
~ **de pression** pressure-limiting valve
~ **de régime** rotational speed limiter
~ **de régime électronique** electronic rotational-speed limiter
limousine *f* limousine
~ **commerciale** station wagon (US), estate car (GB)
linguet *m* clutch release lever [clutch]
~ finger lever [engine]
~ **de rupteur** breaker lever
liquide *m* **de frein,** ~ **des freins** brake fluid
~ **hydraulique** hydraulic fluid
~ **incongelable** antifreeze *n*
~ **réfrigérant** refrigerant *n*

~ **de refroidissement** coolant *n*
~ **du système de freinage** brake fluid
~ **du système de refroidissement** coolant *n*
lit *m* bed
L-Jetronic L-Jetronic
logement *m* **pour cric** jacking point
longueur *f* **d'arrêt** braking distance
~ **hors tout** vehicle length
lorgnette *f* **acidimétrique** battery acid tester
lubrifiant *m* lubricant *n*
~ **extrême pression,** ~ **EP** EP lubricant
~ **synthétique** synthetic lubricant
lubrification *f* lubrication
~ **par barbotage** splash lubrication
~ **à carter sec** dry sump lubrication
~ **centralisée** centralized lubrication
~ **hydrodynamique** hydrodynamic lubrication
~ **par mélange essence-huile** mixture method lubrication
lumen *m* lumen
lumière *f* **d'admission** inlet port
~ **d'aspiration** inlet port
~ **d'échappement** exhaust port, outlet port
~ **de graissage** oil drilling
~ **de transfert** transfer port
lunette *f* **arrière chauffante,** ~ **arrière dégivrante** heated rear window
lux *m* lux

machine *f* **thermique** heat engine
mâchoire *f* **(de frein)** brake shoe
~ **comprimée** leading brake shoe
~ **primaire** leading brake shoe
~ **secondaire** trailing brake shoe
magnéto *f* magneto
maître-cylindre *m* **(de frein)** brake master cylinder
~ **d'embrayage** clutch master cylinder
~ **tandem** tandem master cylinder, dual master cylinder
malle *f* luggage compartment
manche *f* **à cliquet deux sens** ratchet handle
manchon *m* **d'accouplement de variateur à commande manuelle** injection timing sleeve
~ **extérieur de synchroniseur** synchronizer sleeve
~ **intérieur de synchroniseur** synchronizing assembly
~ **de raccordement isolé** pin terminal
~ **de réchauffage** heating flange
mandrin *m* **de centrage** clutch centering pin (US) *or* centring pin (GB)
maneton *m* crankpin
manette *f* **de débit d'air** air volume lever

French-English index

manifold *m* manifold *n*
manivelle *f* **de lève-glace** window crank
~ **de mise en marche** starting crank
manocontact *m* **d'huile** oil pressure switch
manomètre *m* pressure gage (US) *or* gauge (GB)
~ **double** dual air pressure gage (US) *or* gauge (GB)
~ **d'huile** oil pressure gage (US) *or* gauge (GB)
marche *f* **arrière** reverse gear
marteau *m* **de carrossier** ball-pein hammer
~ **à panne sphérique** ball-pein hammer
~ **à planer** ball-pein hammer
masse *f* **d'équilibrage** balance weight
~ **d'équilibre du vilebrequin** crankshaft counterbalance
~ **non suspendue** unsprung mass
~ **de scellement** sealing compound
~ **suspendue** sprung mass
masselotte *f* **(d'avance centrifuge)** flyweight
mastic *m* **(de carrossier)** surfacer
matériau *m* **antifriction** brake lining
~ **de piston** piston material
matière *f* **active** active materials
~ **de charge** filler
~ **frittée** sintered material
~ **plastique armée aux fibres de verre** glass-(fibre-)reinforced plastic
~ **thermoplastique** thermoplastic
matriçage *m* drop forging
mauvais contact loose contact
mécanisme *m* **d'avance centrifuge** centrifugal advance mechanism
~ **de direction** steering gear
~ **de distribution** valve gear mechanism
~ **d'embrayage** clutch pressure plate mechanism
mèche *f* **de graissage** lubricating felt
mélange *m* **air/carburant**, ~ **air/essence** explosive mixture
~ **détonant** explosive mixture
~ **deux temps** two-stroke mixture
~ **explosif**, ~ **explosible** explosive mixture
~ **pour moteurs deux temps** two-stroke mixture
~ **pauvre** lean mixture
~ **riche** rich mixture
membrane *f* **de la pompe d'alimentation** fuel pump diaphragm
~ **de servo** power diaphragm
méplat *m* **de piston** plunger flange
message *m* **d'alerte** alarm message
mesure *f* **de puissance selon CUNA** CUNA rating
~ **de puissance selon DIN** DIN rating

~ **de puissance selon ISO** ISO rating
métal *m* **anti-friction** bearing metal
~ **léger** light metal alloy
méthane *m* methane
méthanol *m* methanol
méthode *f* **Motor**, ~ **moteur** Motor method
~ **Research**, ~ **recherche** Research method
micromètre *m* micrometer screw
~ **à cadran** dial gage (US) *or* gauge (GB)
micro-ordinateur *m* **embarqué** onboard computer
mini-ordinateur *m* **de bord** econometer
minitester *m* minitester
minium *m* **de plomb** red lead
minivan *m* minivan
miroir *m* **de courtoisie** make-up mirror
~ **parabolique** reflector
~ **de roue** wheel mirror
mise *f* **au point de l'allumage** ignition setting
~ **au point du moteur** tuning *n*
~ **en recirculation des gaz d'échappement** exhaust gas recirculation
mixtion *f* **du carburant à l'air** carburetion (US), carburation (GB)
module *m* module *n*
~ **électronique** electronic control unit [electronics]
~ **électronique** trigger box [ignition]
~ **graphique d'information** graphic information module
MON = indice d'octane méthode Moteur
monospace *m* minivan
monoxyde *m* **de carbone** carbon monoxide
montage *m* **de Darlington** Darlington amplifier
~ **en étoile** star connection
~ **en parallèle** parallel connection
~ **en pont triphasé** three-phase bridge circuit
~ **en série** series connection
~ **en triangle** delta connection
~ **à trois points** three-point suspension
moteur *m* engine
~ **(électrique)** motor *n*
~ **A.C.T.** overhead camshaft engine
~ **à allumage par bougie** spark-ignition engine
~ **à allumage commandée** spark-ignition engine
~ **à allumage par compression** diesel engine
~ **à arbre à cames en tête** overhead camshaft engine
~ **à l'arrière** rear engine
~ **à aspiration** unsupercharged engine
~ **atmosphérique** unsupercharged engine
~ **à auto-allumage** compression-ignition engine

~ à l'avant front engine
~ à boule chaude hot bulb engine
~ à carburants multiples multi-fuel engine
~ à carburateur carburetor engine
~ à carburation externe carburetor engine
~ à carburation interne fuel injection engine
~ carré square engine
~ CFR CFR engine
~ à charge stratifiée stratified-charge engine
~ à cinq cylindres five-cylinder engine
~ à combustion (interne) internal combustion engine
~ à combustion interne diesel engine
~ à courant continu direct-current motor
~ à cylindres en ligne in-line engine
~ à cylindres (disposés) en V V-engine
~ à cylindres opposés flat engine
~ à cylindres parallèles U-type engine
~ à deux arbres à cames en tête DOHC engine
~ en deux lignes U-type engine
~ (à) deux temps two-stroke engine
~ deux temps à trois lumières three-port two-stroke engine
~ diesel diesel engine
~ diesel à antichambre precombustion engine
~ diesel à chambre d'accumulation air-cell diesel engine
~ diesel à chambre d'air air-cell diesel engine
~ diesel à chambre de précombustion precombustion engine
~ diesel à chambre de réserve d'air air-cell diesel engine
~ diesel à chambre de turbulence swirl-chamber diesel engine
~ diesel à injection directe solid injection diesel engine
~ diesel à préchambre de combustion precombustion engine
~ à double piston twin-piston engine
~ en ligne in-line engine
~ à essence gasoline engine (US), petrol engine (GB)
~ d'essuie-glace wiper motor
~ à étincelles spark-ignition engine
~ à explosion internal combustion engine
~ à gasoil diesel engine
~ à gaz de gazogène gas engine
~ horizontal underfloor engine
~ à huile lourde diesel engine
~ multicylindre(s) multicylinder engine
~ multisoupape(s) multivalve engine
~ à piston(s) piston engine
~ à piston rotatif rotary piston engine
~ à plat underfloor engine

~ à plusieurs cylindres multicylinder engine
~ à plusieurs soupapes multivalve engine
~ polycarburants multi-fuel engine
~ à quatre temps four-cycle engine
~ à refroidissement par air, ~ refroidi par air air-cooled engine
~ à refroidissement par eau, ~ refroidi par eau water-cooled engine
~ rotatif rotary piston engine
~ semi-diesel semi-diesel engine
~ à six cylindres six-cylinder engine
~ à soupapes symétriques DOHC engine
~ à soupapes en tête overhead-valve engine
~ à soupapes latérales side-valve engine
~ super-carré oversquare engine
~ à suralimentation, ~ suralimenté supercharged engine
~ transversal transverse engine
~ à trois cylindres three-cylinder engine
~ en V V-engine
~ V 4 V-four engine
~ V 6 V-six engine
~ V 8 V-eight engine
~ Wankel rotary piston engine
motocyclette *f* motorcycle
moto-ventilateur *m* electric fan, electromagnetically-coupled fan
moussage *m* foaming *n*
moyeu *m* hub
~ de synchroniseur synchronizing assembly
multivibrateur *m* à transistors flip-flop *n*

nappe *f* de ceinture breaker ply
nez *m* d'injecteur nozzle body
~ de vilebrequin crankshaft front end
nitruration *f* nitriding *n*
niveau *m* à bulle spirit level
~ de l'électrolyte acid level
noir *m* de carbone gas black
~ de fumée gas black
noix *f* de cardan cardan spider
nombre *m* de cétane cetane rating
~ de nappes ply rating
~ de plis ply rating
normes *fpl* antipollution anti-pollution laws
nourrice *f* de secours jerry-can
noyau *m* synchroniseur trigger wheel
noyer *v (le moteur)* flood *vt*
numéro *m* SAE SAE grade

obturateur *m* d'air choke flap
obus *m* de valve valve core
œil *m* de ressort spring eye
œillet *m* de remorquage towing eye

French-English index

ohm *m* ohm
ohmmètre *m* ohmmeter
olive *f* brake cam
onctuosité *f* oiliness
opacimètre *m* opacimeter
ordinateur *m* **de bord** onboard computer
ordre *m* **d'allumage** *(des cylindres)* ignition order
orifice *m* **d'admission** fuel inlet pipe
~ **d'alimentation** reservoir port
~ **d'arrivée** intake port
~ **calibré** jet *n*
~ **de compensation** expansion port
~ **de dilatation** expansion port
~ **d'évacuation** degassing opening
~ **de progression** bypass bore
~ **de remplissage** cell filler hole [electrical system]
~ **de remplissage** reservoir port [brakes]
~ **de sortie** fuel outlet pipe [fuel system]
~ **de sortie** spray hole [injection]
~ **de transition** bypass bore
~ **de ventilation** vent hole
oscillation *f* **de galop** pitching (motion)
oscillations *fpl* shimmy *n*
oscillogramme *m* **normal** normal pattern
~ **primaire** primary pattern
~ **secondaire** secondary pattern
oscilloscope *m* **cathodique** oscilloscope
outil *m* **à repousser les pistons** piston retracting tool
ouverture *f* toe-out *n* [wheels]
~ **du papillon (de gaz)** opening of the throttle
~ **simultanée (des soupapes)** valve overlap
~ **totale du papillon** *(du carburateur)* full throttle
overdrive *m* overdrive *n*
oxycoupage *m* flame cutting
oxyde *m* **de carbone** carbon monoxide
oxydes *mpl* **d'azote** nitrous oxides *pl*

PAA = point d'auto-allumage
palier *m* bearing *n*
~ **autograisseur, ~ autolubrifiant** self-lubricating bearing
~ **central de vilebrequin** crankshaft central bearing
~ **lisse** plain bearing
~ **de vilebrequin** crankshaft bearing
paliers *mpl* **principaux** main bearings *pl*
palladium *m* palladium
palmer *m* micrometer screw
palpeur *m* **de contrôle de l'usure des garnitures de frein** sensor for brake lining wear indicator
papier *m* **abrasif à l'eau** wet-and-dry paper
~ **filtre** filter paper
papillon *m* wing nut
~ **(de gaz)** throttle *n*, throttle valve
~ **anti-retour** throttle plate
~ **d'étranglement primaire** choke flap
~ **de réglage** throttle plate
parabole *f* reflector
parallélisme *m* toe *n*
~ **négatif** toe-out *n*
~ **positif** toe-in *n*
parcours *m* **routier** highway cycle
~ **urbain** city cycle
pare-brise *m* windshield (US), windscreen (GB)
~ **de secours** emergency plastic windshield
pare-chocs *m* bumper *n*
paroi *f* **de cellule** cell divider
~ **d'élément** cell divider
particules *fpl* particulates *pl*
~ **par million** parts per million
pas *m* **de dents** tooth pitch
~ **diamétral** module *n*
~ **d'engrenage** tooth pitch
~ **de filetage** screw pitch
~ **de vis** screw pitch
passage *m* **de roue** wheel housing
~ **sur terre décolorante** clay treatment
passe-fil *m* rubber grommet
passer en code dim *v*
~ **les vitesses** shift *v*
pastille *f* **de contact** contact breaker point
pâte *f* **abrasive** grinding paste
~ **pour cylindres de frein** brake cylinder paste
~ **à polir** polishing paste
~ **à roder** lapping compound [materials]
~ **à roder** grinding paste [materials]
patinage *m* clutch slip
~ **(des roues)** wheel slip
patiner *v* slip *v*
pavillon *m* roof panel
~ **d'embrayage** bell housing
PC = pouvoir calorifique
PCi = pouvoir calorifique inférieur
PCo = point de combustion
PCs = pouvoir calorifique supérieur
Pd = palladium
PEb = point d'ébullition
PEc = point d'éclair
pédale *f* pedal *n*
~ **d'accélérateur** gas pedal (US), accelerator
~ **d'embrayage** clutch pedal
~ **de frein, ~ de freinage** brake pedal

~ **des gaz** gas pedal (US), accelerator
peinture *f* **acrylique** acrylic enamel
~ **métallisée** metallic finish
~ **pour retouches** touch-up lacquer
pente *f* **maxi** gradeability
perce-brouillard *m* fog light
période *f* **d'allumage** angular ignition spacing
~ **de balayage** scavenging period
~ **de chauffe** warming up *n*
perlage *m* pip *n*
~ piling *n*
permutation *f* **des roues** tire rotation
peroxyde *m* **de plomb** lead peroxide
persienne *f* **de radiateur** radiator shutter
pèse-acide *m* hydrometer
pétrole *m* **brut** petroleum
phare *m* headlamp
~ **anti-brouillard** fog light
~ **escamotable** retracting headlight
~ **halogène** halogen headlight
~ **de recul** reversing light
~ **sealed beam** sealed beam headlamp
phase *f* **de fermeture** dwell section
~ **de frein moteur** overrun *n*
~ **oscillatoire amortie** decay process
~ **de pré-ignition** ignition delay
phénomène *m* **de surchauffe** overheating *n*
phosphatation *f* phosphatizing *n*
PIB = polyisobutylène
pièces *fpl* **de rechange** spare parts
pied *m* **de bielle** connecting rod small end
~ **à coulisse** slide caliper
~ **d'isolant** insulator nose
piège *m* **de HCi** hydrocarbon trap
~ **à particules** particulate trap
pierrage *m* honing *n*
pigment *m* pigment
pignon *m* pinion
~ **d'attaque du démarreur** drive pinion [electrical system]
~ **d'attaque du différentiel** drive pinion [transmission]
~ **central** sun gear
~ **de commande** drive pinion
~ **de démarreur** drive pinion
~ **de direction** rack pinion
~ **de distribution** timing gear
~ **de lancement,** ~ **de lanceur** drive pinion
~ **menant** driving gear
~ **planétaire** planet wheel [transmission]
~ **planétaire** sun gear [transmission]
~ **planétaire** differential side gear [transmission]
~ **à queue** clutch gear
~ **de renvoi de l'arbre primaire** clutch gear

~ **satellite** planet wheel [transmission]
~ **satellite** differential pinion [transmission]
pignons *mpl* **fixes** pinion wheels *pl*
pile *f* **à combustible** fuel cell
pilote *m* **automatique** cruise control
pince *f* plier *n*
~ **bicroc** water pump plier
~ **coupante de côté** side-cutting pliers *pl*
~ **à dénuder** stripper
~ **à encoches** crimping tool
~**étau** *m* self-grip wrench
~ **multiprise** water pump plier
~ **polygrip** water pump plier
~ **à ressort de frein** brake spring pliers
~ **ronde** round nose plier
~ **à segments** piston ring pliers
~ **à sertir** crimping tool
~ **universelle** combination plier
pincement *m* toe *n*, toe-in *n*
pipe *f* **d'admission** inlet manifold
~ **d'échappement** exhaust manifold
pipette *f* calibrated float
piqûre *f* **de rouille** pitting *n*
pistolet *m* **à peinture** spray gun
~ **stroboscopique** stroboscopic timing light
piston *m* piston [engine]
~ piston [brakes]
~ piston [carburetor]
~ **en alliage léger** light metal piston
~ **autothermique** autothermic piston
~ **bimétal** bimetal piston
~ **conique** tapered piston
~ **à déflecteur** deflector piston
~ **de détente** relief piston
~ **hydraulique** slave piston
~ **à jupe fendue** split-skirt piston
~ **à jupe pleine** solid-skirt piston
~ **moteur** power diaphragm
~ **de pompe** pump plunger
~ **primaire** front piston
~ **rotatif** rotary piston
~ **secondaire** rear piston
pivot *m* steering axis inclination (US), kingpin inclination
~ **d'articulation de fusée** kingpin
~ **de direction** kingpin
~ **de fusée** steering knuckle axle [steering]
~ **de fusée** kingpin [steering]
plafonnier *m* courtesy lamp
plage *f* **arrière** rear parcel shelf
planche *f* **de bord** dashboard
plancher *m* floor panel
planétaire *m* differential side gear
~ **central** sun gear

French-English index

plaque *f* **du constructeur** identification plate
~ **négative** negative plate
~ **de plomb** lead plate
~ **positive** positive plate
plaquette *f* **détecteur de Hall** Hall layer
~ **de frein à disque** disc brake pad
~ **de refroidissement** diode housing
plastifiant *m* plasticizer
plateau *m* **d'attente** flywheel flange
~ **d'embrayage** pressure plate
~ **de fermeture d'embrayage** clutch cover
~ **de frein** brake anchor plate
~ **de friction** driven plate assembly
~ **de piston** piston top
~ **porte-diodes** diode housing
~ **de poussée des doigts** release lever plate
~ **de pression** pressure plate
~ **sonde** airflow sensor plate
~ **support de segments** brake anchor plate
~ **de volant** flywheel flange
plate-forme *f* platform
platforming *m* platforming *n*
platine *m* platinum
pleine charge full load
pleins gaz *mpl* full throttle
plomb *m* lead *n*
~ **poreux** sponge lead
~ **spongieux** sponge lead
~ **tétraéthyle** tetraethyl lead
plot *m* **de contact** contact breaker point
~ **de distributeur** distributor cap segment
~ **périphérique** distributor cap segment
ply-rating *m* ply rating
P.M. = point mort
P.M.B. = point mort bas
P.M.H. = point mort haut
PMMA = polyméthacrylate
pneu *m* tire *n*
~ **avec chambre** tubed tire
~ **ballon** balloon tire
~ **à basse section** low-section tire
~ **à carcasse diagonale** cross-ply tire
~ **à carcasse diagonale ceinturée** bias-ply tire
~ **à carcasse radiale** radial tire
~ **à chambre d'air** tubed tire
~ **à chambre incorporée** (*ou* **intégrée**) tubeless tire
~ **classique** cross-ply tire
~ **à clous,** ~ **clouté,** ~ **cloutable** studded tire
~ **à crampons** studded tire
~ **d'hiver** winter tire
~ **increvable** tubeless tire
~ **large** low-section tire
~ **M+S** mud and snow tire
~ **neige** *m* winter tire
~ **neige (et boue)** mud and snow tire
~ **à profil surbaissé** low-section tire
~ **radial** radial tire
~ **radial à ceinture métallique** steel-belted radial tire (US), steel-braced radial tire
~ **rechapé** recapped tire
~ **sans chambre** tubeless tire
~ **à structure diagonale** cross-ply tire
~ **superballon** super-balloon tire
~ **à taille basse** low-section tire
~ **à taille ultra basse** super-low-section tire (US), over-wide tire
~ **traditionnel** cross-ply tire
~ **tubeless** tubeless tire
pneumatique *m* (*voir aussi:* pneu) tire *n*
poche *f* **de vapeur** vapor lock (US), vapour lock (GB)
poids *m* **à vide** unloaded weight
~ **à vide (en ordre de marche)** empty weight
~ **en ordre de marche** curb weight (US), kerb weight (GB)
~ **remorquable** authorized towed weight
poids lourd *m* heavy goods vehicle
point *m* **d'allumage** ignition point
~ **d'ancrage des ceintures de sécurité** seat-belt anchorage point
~ **d'auto-allumage** spontaneous ignition temperature
~ **d'avance** ignition point
~ **de combustion** burning point
~ **de congélation** pour point [lubricants]
~ **de congélation** cloud point [fuels]
~ **d'ébullition** boiling point
~ **d'éclair** flashpoint
~ **d'écoulement** cloud point
~ **d'inflammabilité** flashpoint
~ **d'inflammation** burning point
~ **de levage** jacking point
~ **mort** neutral position [transmission]
~ **mort bas** bottom dead center (US) *or* centre (GB)
~ **mort haut** top dead center (US) *or* centre (GB)
~ **renforcé de levage** jacking point
~ **de solidificatin** pour point
~ **de trouble** cloud point
pointeau *m* float needle
~ **(fin)** center punch (US), centre punch (GB)
~ **de marquage** center punch (US), centre punch (GB)
pôle *m* terminal *n*
polluant *m* pollutant *n*
pollution *f* pollution

polybrosse *f* rotary wire brush
polyisobutylène *m* polyisobutylene
polymérisation *f* polymerization
polyméthacrylate *m* polymethylacrylate
polystyrène *m* polystyrene
polystyrolène *m* polystyrene
pompe *f* impeller
~ **d'alimentation** fuel pump
~ **d'amorçage** hand primer
~ **antigel** antifreeze pump
~ **de carburant, ~ à carburant** fuel pump
~ **de circulation du liquide de refroidissement** cooling pump
~ **à eau** water pump
~ **électrique de carburant** electric fuel pump
~ **électrique de lave-glace** electric screen washer pump
~ **à engrenages** gear pump
~ **à essence électrique** electric fuel pump
~ **de graissage, ~ à graisse** grease gun
~ **haute pression** oil pressure pump
~ **à haute pression** injection pump
~ **à huile** oil pump
~ **à huile à haute pression** high-pressure oil pump
~-**injecteur** *f* united injector
~ **d'injection** injection pump
~ **d'injection distributrice** distributor injection pump
~ **(d'injection à éléments) en ligne** multi-cylinder injection pump
~ **à membrane** diaphragm pump
~ **à pied** foot pump
~ **à piston** piston pump
~ **primaire** primary pump
~ **de reprise** accelerator pump
~ **de reprise à membrane** diaphragm accelerator pump
~ **de reprise à piston** piston accelerator pump
~ **rotative** distributor injection pump
~ **à rotor excentré** rotor-type pump
~ **de tarage** injection jet test stand
~ **à vide** vacuum pump
pont arrière *m* rear axle assembly
~-**arrière à double démultiplication** double-reduction (rear) axle
~ **banjo** banjo axle
~ **de contact** contact bridge
~ **porteur** fully floating axle
~ **poutre** banjo axle
~ **rigide** rigid axle
~ **semi-porteur** semi-floating axle
~ **tandem** tandem axle
pontet *m* **de connexion** cell bridge

portance *f* lift *n*
porte-à-faux *m* **arrière** rear overhang
~ **avant** front overhang
porte *f* **coulissante** sliding door
porte-balai *m* brush holder
porte-clapet *m* venturi
portée *f* **de soupape** valve face
porte-enclume *m* breaker fixed contact
porte-filière *m* die holder
porte-injecteur *m* nozzle holder
~ **étalon** test nozzle holder
porte-satellites *m* planet carrier
porte-segments *m* piston ring zone
position *f* **de levier sélecteur** selector lever position
post-combustion *f* afterburning *n*
~ **par insufflation d'air** air injection system
poste *m* **de voiture** car radio
post-injection *f* **d'air** air injection
pot *m* **catalytique** catalytic converter
~ **catalytique 2 voies** oxidizing converter
~ **catalytique à double lit** dual-bed catalytic converter
~ **catalytique d'oxydation** oxidizing converter
~ **catalytique à pellets** pellet-type catalytic converter
~ **catalytique à précatalyseur** primary converter
~ **catalytique de réduction** reducing converter
~ **catalytique tri-fonctionnel** three-way converter
~ **catalytique à trois voies (ou 3 voies)** three-way converter
~ **de détente** exhaust silencer (GB), exhaust muffler (US)
~ **de détente** pre-muffler
~ **d'échappement** exhaust silencer (GB), exhaust muffler (US)
~ **primaire** pre-muffler
potée *f* **d'émeri** grinding paste
poulie *f* pulley
~ **à diamètre variable** adjustable pulley
~ **réglable** adjustable pulley
~ **tendeuse, ~ de tension** jockey pulley
~ **de vilebrequin** crankshaft pulley
poussoir *m* valve tappet
~ **à galet** roller tappet
~ **hydraulique** hydraulic valve tappet
~ **à plateau** flat-bottom tappet
~ **de la pompe d'alimentation** fuel pump tappet
~ **à sabot** mushroom tappet
pouvoir *m* **calorifique** calorific value
~ **calorifique inférieur** lower calorific value
~ **calorifique supérieur** upper calorific value

French-English index

pouvoir calorifique utile lower calorific value
p.p.m. = particules par million
préallumage *m* premature ignition
préchambre *f* prechamber
préchauffage *m* preheating *n*
précompression *f* precompression
précontrainte *f* prestressing force
préfiltre *m* pre-filter *n*
premier rapport first gear
~ **tube de la tuyauterie d'échappement** downpipe
première vitesse first gear
préparation *f* **du mélange air/carburant** carburetion (US), carburation (GB)
presse *f* **à ressorts de soupape** valve spring lifter
pressiomètre *m* test nozzle holder
pression *f* pressure
~ **atmosphérique** atmospheric pressure
~ **de freinage** brake pressure
~ **de gonflage des pneumatiques** tire inflating pressure
~ **aux grains** contact pressure
~ **de l'huile** oil pressure
~ **d'huile moteur** engine oil pressure
~ **d'injection** nozzle opening pressure
~ **d'ouverture de l'injecteur** nozzle opening pressure
~ **de tarage des injecteurs** nozzle opening pressure
primaire *m* primer [materials]
~ primary winding [ignition]
~ **antirouille** rust-preventive primer
prise *f* **d'air** air leak
~ **de contact électronique** diagnostic connector
~ **de courant** socket outlet
~ **de dépression** vacuum hose connecting seat
~ **diagnostic** diagnostic connector
~ **directe** direct drive
~ **à douilles multiples** diagnostic connector
~ **femelle** socket outlet
~ **mâle** plug *n*
~ **de remorque** trailer lighting socket
produit *m* **d'entretien pour carrosserie** lacquer preservative
~ **nocif** pollutant *n*
profondeur *f* **minimum des rainures** minimum tread thickness
programmtester *m* program tester
projecteur *m* headlamp
~ **additionnel** auxiliary lamp
~ **antibrouillard** fog light
~ **d'appoint** auxiliary lamp
~ **de brouillard** fog light

~ **de complément** auxiliary lamp
~ **de contrôle** measuring projector
~ **halogène** halogen headlight
~ **orientable** searchlight
~ **stroboscopique** stroboscopic timing light
~ **de virage** side beam headlamp
~ **de virage et de brouillard** wide-beam headlight
~ **de vitesse et de grande portée** long-distance beam
prolongateur *m* butt connector
proportion *f* **d'air et d'essence** mixture ratio
~ **du mélange** mixture ratio
propulsion *f* propulsion
~ **arrière** rear-wheel drive, rear axle drive
protecteur *m* **en caoutchouc** convoluted rubber gaiter
~ **de crémaillère** steering rack gaiter
~ **du châssis** underbody protection
protection *f* **contre le vol** anti-theft device
~ **contre la rouille** rust prevention
~ **des cavités** hollow cavity insulation
Pt = platine
puissance *f* power *n*
~ **CUNA** CUNA rating
~ **DIN** DIN rating
~ **effective** power output
~ **au frein** instantaneous braking power
~ **ISO** ISO rating
~ **par litre (de cylindrée)** liter output
~ **réelle** power output
~ **selon SAE** SAE rating
~ **spécifique** liter output
~ **par unité de cylindrée** liter output
~ **volumétrique** liter output
puits *m* **du carburateur** float chamber
~ **de compensation** capacity well
pulvérisateur *m* injection nozzle
purge *f* **(du circuit) des freins**, ~ **du système de freinage** brake (system) bleeding
purger *v* bleed *v*
purgeur *m* bleed valve [cooling system]
~ bleeder screw [brakes]
P.V. = poids à vide
pyranite *m* Pyranit

quadrilatère *f* **de Jeantaud** Ackermann steering
quatre roues directrices four-wheel steering
quatre roues motrices (sur quatre) four-wheel drive
4x4 = quatre roues motrices (sur quatre)
quatre temps *m* four-cycle engine
queue *f* **de soupape** valve shaft

raccord *m* **de conduite de dépression** vacuum hose connecting seat
~ de retour overflow oil line connection
raclette *f* **d'essuie-glace** wiper blade
radar *m* **anticollision** anti-collision radar
radiateur *m* radiator
~ à ailettes fin-type radiator
~ de chauffage heat exchanger
~ à débit horizontal cross-flow radiator
~ à débit vertical upright radiator
~ à eau radiator
~ à nid d'abeilles honeycomb radiator
~ en tubes à ailettes tubular radiator
~ tubulaire tubular radiator
raffinage *m* **de produits pétroliers** oil refining
raffinat *m* raffinate
raidisseur *m* **de pavillon** roof stiffener
rainure *f* **circulaire** piston groove
ralenti *m* idle running
~ accéléré fast idle
ralentisseur *m* brake retarder, continuous service brake
~ électromagnétique eddy-current brake
rampe *f* access ramp
~ hélicoïdale helical groove
rapport *m* **d'air** air ratio
~ air/carburant mixture ratio
~ course-alésage stroke-bore ratio
~ de démultiplication de la direction steering reduction ratio
~ de direction steering reduction ratio
~ en dwells relative dwell angle
~ lambda air ratio
~ de pont arrière rear axle ratio
~ stœchiométrique mixture ratio
~ de transformation turns ratio
~ de transmission transmission ratio
~ volumétrique compression ratio
rapporteur *m* **d'angles** protractor
raté *m* misfiring *n*
réacteur *m* reactor [emission control]
~ reactor [transmission]
~ thermique thermal exhaust manifold reactor
réaléser *v* (*substantif*: réalésage) rebore *v*
rebondissement *m* **des contacts** contact chatter
rebouilleur *m* reboiler
recaoutchoutage *m* recapping *n*
rechapage *m* recapping *n*
recirculation *f* **des gaz d'échappement, ~ des gaz brûlés** exhaust gas recirculation
rectification *f* **de siège de soupape, ~ des sièges** valve reseating
rectifieuse *f* **de garnitures** brake lining grinder
~ de soupapes valve refacer

recyclage *m* **partiel des gaz d'échappement** exhaust gas recirculation
réduction *f* transmission reduction
~ de la pollution emission control
réflecteur *m* reflector
reformage *m*, **reforming** *m* (**catalytique**) reforming *n*
réfrigérateur *m* oil cooler
refroidissement *m* **par air** air cooling
~ par circulation par pompe pump-circulated cooling
~ par eau water cooling
~ par évaporation ebullient cooling
~ liquide liquid cooling
~ par thermosiphon natural circulation water cooling
regard *m* **d'embrayage** clutch inspection hole
régénérateur *m* regenerator
régime *m* (**de rotation**) revolutions per minute
~ minimum au ralenti minimum idle
~ du moteur engine speed
~ de ralenti, ~ au ralenti idling speed
réglage *m* **de l'avance à l'allumage** ignition setting
~ du carrossage camber setting
~ des culbuteurs valve setting
~ des freins brake adjustment
~ de la garde d'embrayage clutch adjustment
~ des jeux aux soupapes valve setting
~ du moteur tuning *n*
~ des phares headlamp adjustment
~ des projecteurs headlamp adjustment
~ du ralenti idling adjustment
~ des soupapes valve setting
réglementation *f* **antipollution, règlements** *mpl* **antipollution** anti-pollution laws
règle-projecteurs beamsetter
réglette *f* shifter rod
régulateur *m* governor
~ d'aspiration pressure governor
~ centrifuge centrifugal governor [diesel engine]
~ centrifuge centrifugal advance mechanism [ignition]
~ à dépression suction governor [diesel engine]
~ à dépression vacuum advance [ignition]
~ à deux étages two-contact regulator
~ électronique transistorized regulator
~ de hauteur ground clearance compensator
~ mécanique centrifugal governor
~ de mélange mixture control unit
~ pneumatique suction governor
~ de pompe d'injection injection pump governor

French-English index

régulateur de pression de carburant fuel pressure regulator
~ de pression de commande warm-running compensator
~ de température d'eau thermostat
~ de tension generator regulator
~ transistorisé transistorized regulator
~ de vitesse cruise control
régulation *f* **automatique de l'assiette** automatic leveling system
~ (automatique) de richesse du mélange air/carburant mixture control
~ lambda-sonde à oxygène A/F control
relais *m* relay *n*
~ de blocage du démarreur start-locking relay
~ à contact de travail make contact *n*
~ de couplage des démarreurs double-starting relay
~ de coupure de batterie battery cutoff relay
~ de direction idler arm
~ à retardement time-lag relay
~ à solénoïde solenoid unit
~ temporisé time-lag relay
reliefs *mpl* **de la bande de roulement** tread pattern
réulecteur *m* **mobile** trigger wheel
remorque *f* trailer
~ à deux roues semi-trailer
~ surbaissée low-bed trailer
rendement *m* **volumétrique** volumetric efficiency
renfort *m* **anti-impact latéral** side-impact bar
reniflard *m* **de carter** breather (pipe)
renvoi *m* **d'angle réducteur** angle drive
~ de marche arrière reverse idler gear shaft
répartiteur *m* **de freinage** brake power distributor
~ de pression sensible à la charge load-sensing valve
~ de ventilation-chauffage-aération air distribution switch
repère *m* **de calage** timing mark
~ de calage (sur le volant) rotating timing mark
~ (fixe) de calage fixed timing mark
~ de réglage sur le volant, ~ de réglage sur la poulie rotating timing mark
~ statique fixed timing mark
réservoir *m* **d'air** air reservoir [brakes]
~ d'air air cell [diesel engine]
~ de carburant fuel tank
~ en charge gravity gasoline tank (US), gravity petrol tank (GB) [fuel system]
~ en charge brake-fluid reservoir [brakes]
~ compensateur brake-fluid reservoir

~ déshydrateur receiver-drier
~ d'eau radiator tank
~ d'essence gas tank (US), petrol tank (GB)
~ hydraulique oil reservoir
~ de liquide de freins brake-fluid reservoir
~ de liquide de freins et/ou d'embrayage fluid reservoir
~ de liquide hydraulique clutch hydraulic fluid reservoir
~ de liquide pour lave-glace windshield washer fluid reservoir (US), screen-wash fluid reservoir (GB)
~ principal main tank
~ supérieur radiator top tank
résidu *m* **charbonneux** oil-carbon deposit
~ de première distillation long residue
résine *f* **époxide, ~ époxy** epoxy resin
~ de mélamine melamine resin
~ moulée casting resin
~ phénolique phenolic resin
~ de silicones silicone resin
~ thermodurcissable duroplastic
résistance *f* **additionnelle** ballast resistor
~ aérodynamique air resistance
~ à l'air, ~ de l'air air resistance
~ à l'avancement traction resistance
~ ballast ballast resistor
~ de bougie de préchauffage heater plug resistor
~ chauffante heating resistor
~ aux courants de fuite leakage resistance
~ CTN *(coefficient de température négatif)* NTC resistor
~ de départ ballast resistor
~ à la détonation anti-knock quality
~ au roulement rolling resistance
~ témoin pour bougie de préchauffage heater plug control
ressort *m* **annulaire en caoutchouc** annular rubber ring
~ de balai brush spring
~ à boudin helical spring
~connexion breaker spring
~ de débrayage clutch release spring
~ d'embrayage clutch spring
~ d'engrènement meshing spring
~ à gaz gas spring
~ hélicoïdal helical spring
~ d'injecteur nozzle spring
~ à lames leaf spring
~ de levier de rupteur breaker spring
~ pneumatique air spring
~ de pression nozzle spring
~ de rappel return spring

~ **de rappel des segments de frein** shoe return spring
~ **de rupteur** breaker spring
~ **de soupape** valve spring
~ **de tarage** nozzle spring
retard m **d'allumage** ignition delay
retour m **à la masse** ground return (US), earth return (GB)
rétro m rear-view mirror
rétrogradation f **forcée** kick-down n
rétroviseur m **(intérieur ou extérieur)** rear-view mirror
~ **(extérieur)** outside mirror
~ **(intérieur)** driving mirror
revêtement m **protecteur** underbody protection
Rh = rhodium
rhodium m rhodium
rivet m rivet n
robinet m **de batterie** battery master switch
~ **de commande** driver's brake valve
~ **de commande à pédale** treadle brake valve
~ **de frein** brake valve
~ **de vidange** drain tap, purge cock (US), drain plug (GB)
RON = indice d'octane méthode Research
rondelle f **d'ajustage** shim n
~ **bombée** curved spring washer
~ **d'épaisseur** shim n
~ **éventail** serrated lock washer
~ **Grower à becs plats** single-coil spring lock washer
~ **Grower normale** helical spring lock washer
~ **ondulée** crinkled spring washer
~ **plate à crans** tooth lock washer
~ **plate à crans extérieurs** serrated lock washer
ronfleur m warning buzzer
rotocap m valve rotator
rotor m rotor
~ **déparasité** suppression distributor rotor
~ **de distributeur** distributor rotor
~ **épitrochoïdal** trochoidal rotor
~ **extérieur** outer rotor
~ **intérieur** inner rotor
~ **trochoïdal** trochoidal rotor
rotule f **de direction inférieure** lower ball joint
~ **de direction supérieure** upper ball joint
roue f wheel
~ **de commande** drive wheel
~ **couplée** drive wheel
~ **directrice** steered wheel
~ **à disque** disc wheel
~ **extérieure** outer wheel
~ **intérieure** inner wheel
~ **jumelée** twin wheel

~ **libre** overrunning clutch
~ **motrice** drive wheel
~ **planétaire** differential side gear
~ **de secours** spare wheel
~ **tractrice** drive wheel
~ **trilex** trilex wheel
~ **à voile plein** disc wheel
rouille f rust n
roulement m rolling n [wheels]
~ rolling element bearing [mechanical engineering]
~ **à aiguilles** needle bearing
~ **à billes** ball bearing
~ **à billes avec gorge** grooved ball bearing
~ **butée** m release bearing
~ **à rouleaux** roller bearing
~ **à rouleaux coniques** taper roller bearing
roulis m roll n
ruban m **de frein** brake band
~ **isolant** insulating tape
~ **à masquer** masking tape
rupteur m contact breaker
~ **double** two-system contact breaker
~ **mécanique** contact breaker

sableuse f sand-blasting machine
sabot m brake shoe
sac m **gonflable** air bag
sangle f **diagonale** shoulder strap belt
satellite m differential pinion
SCAP = supercarburant classique avec plomb
schéma m **électrique** wiring diagram
~ **de graissage** lubrication chart
scie f **d'entre-lames** undercutting saw
scooter m motor scooter
SCP = supercarburant classique plombé
sculptures fpl **de la bande de roulement** tread pattern
secondaire m secondary winding
secteur m brake shoe
~ **comprimé** leading brake shoe
~ **denté** gear segment
~ **tendu** trailing brake shoe
section f **de câble** wire section
~ **de fil** wire section
sécurité f **contre les voleurs** anti-theft device
~ **enfants** childproof lock
~ **passive** passive security
segment m *(de piston)* piston ring
~ **de compression** compression ring
~ **comprimé** leading brake shoe
~ **coup de feu** top piston ring
~ **d'étanchéité** compression ring
~ **de feu** top piston ring

French-English index

segment de frein brake shoe
~ **frotteur** brake shoe
~ **de piston à coupe oblique** diagonal joint piston ring
~ **de piston à section en trapèze rectangle** wedge-type piston ring
~ **de piston à section à recouvrement** lap-ended piston ring
~ **de piston à section rectangulaire** plain compression ring
~ **primaire** leading brake shoe
~ **racleur** oil scraper ring, control ring
~ **secondaire** trailing brake shoe
~ **tendu** trailing brake shoe
sellette f skid plate
semi-remorque m semi-trailer
séparateur m separator plate
~ **d'essence** gasoline separator (US), petrol separator (GB)
~ **d'huile** oil trap
seringue f oil suction gun
serre-fils m **à vis** insulating screw joint
sertissage m crimping n
servo-direction f power-assisted steering, integral power steering gear
servofrein m servo-brake n, servo-brakes pl
~ **(mécanique)** servo-brake n
~ **à dépression** vacuum servo brake
~ **hydraulique** hydraulic brake servo
servofreins mpl servo-brake n, servo-brakes pl
shérardisation f sherardizing n
shimmy m *(des roues)* shimmy n
siège m seat n
~ **de bougie** spark plug seat
~ **enfant** child (safety) seat
~ **passager** passenger seat
~ **de soupape** valve seat
~ **de soupape rapporté** valve seat insert
signal m **de freinage** stop light
signaux mpl **de détresse** emergency flasher system
silencieux m exhaust silencer (GB), exhaust muffler (US)
~ **d'admission, ~ d'aspiration** air silencer (GB), intake muffler (US)
~ **à chicanes** baffle silencer
~ **principal d'échappement** main muffler
~ **tubulaire** straight-through silencer
silicones fpl silicones pl
simple circuit de freinage single-circuit braking system
soie f **avant de vilebrequin** crankshaft front end
solénoïde m solenoid unit
sommet m tread n

~ **de piston** piston top
sonde f probe n
~ **de debit d'air** airflow sensor
~ **lambda** lambda probe
~ **d'oxygène** lambda probe
~ **de pression** pressure sensor
~ **de température** temperature sensor
sortie f **d'essence** fuel outlet pipe
soudage m welding n
~ **par fusion** fusion welding
~ **par pression** pressure welding
soudo-brasage m brazing n
soudure f welding n
~ **autogène** autogenous welding
~ **au chalumeau** autogenous welding
~ **électrique à l'arc** electric arc welding
~ **oxyacétylénique** autogenous welding
~ **par points** spot welding
soufflante f blower [cooling system]
~ fan wheel [cooling system]
soufflerie f **(aérodynamique)** wind tunnel
soufflet m **de direction** steering rack gaiter
~ **de protection (en caoutchouc)** convoluted rubber gaiter
soupape f valve
~ **d'admission** inlet valve
~ **d'amortissement à deux voies** two-way damper valve
~ **d'arrêt de ralenti** idle cutoff valve
~ **blindée** hard-faced valve
~ **en champignon** mushroom valve
~ **de décharge** overflow valve [fuel system]
~ **de décharge** delivery valve [injection]
~ **de dépression** pressure relief valve
~ **double effet** check valve
~ **d'échappement** exhaust valve
~ **de fond** check valve
~ **à pointeau** float needle valve
~ **de pression** pressure relief valve
~ **de puissance** power valve
~ **de refoulement** delivery valve
~ **de retenue** check valve
~ **au sodium** sodium-cooled valve
~ **stellitée** hard-faced valve
~ **en tête** drop valve
souplisseau m insulation tubing
sous-châssis m subframe n
sous-gonflage m under-inflation n
sous-virer v understeer v
sphère f **de suspension hydropneumatique** hydropneumatic unit
spoiler m spoiler
stabilisateur m stabilizer
stabilité f **directionnelle** directional stability

~ **latérale** lateral stability
~ **au roulis** lateral stability
~ **transversale** lateral stability
starter *m* starter caburetor
~ **automatique** automatic choke
Start-Pilote *m* Start-Pilot
station *f* **d'essence** gasoline service station (US), petrol station (GB)
~ **de lavage** car washing installation
~-**service** *f* gasoline service station (US), petrol station (GB)
stator *m* stator [electrical system]
~ reactor [transmission]
stellite *f* stellite
stéthoscope *m* stethoscope
stripper *m* stripper
stroboscope *m* stroboscopic timing light
suie *f* soot *n*
sulfatation *f* sulphation (GB), sulfation (US)
supercarburant *m*, **super** *m* high-octane gasoline (US) *or* petrol (GB)
~ **classique avec plomb** *ou* **plombé** leaded premium (US), leaded 4-star petrol (GB)
~ **sans plomb SP 95** four-star petrol 95 (GB), premium unleaded 95 (US)
support *m* bed
~ **en acier** pad carrier
suralimentation *f* supercharging *n*
surchauffe *f* overheating *n*
surgonflage *m* over-inflation
surmultiplicateur *m* overdrive *n*
surpresseur *m* blow pump
surpression *f* excess pressure
survirer *v* oversteer *v*
suspension *f* suspension
~ **arrière "tout par les ressorts"** Hotchkiss drive
~ **à bras transversaux inégaux** trapezoid-arm type suspension
~ **à correction d'assiette** automatic leveling system
~ **à deux bras transversaux parallèles** parallel-arm type suspension
~ **à deux parallélogrammes déformables** trapezoid-arm type suspension
~ **Hydragas** Hydragas suspension
~ **hydrolastique** Hydrolastic suspension
~ **hydropneumatique** hydropneumatic suspension
~ **oléo-pneumatique** hydropneumatic suspension
~ **par quadrilatères** trapezoid-arm type suspension
~ **des roues** wheel suspension

~ **à roues indépendantes** independent wheel suspension
~ **à roues indépendantes arrière** independent rear suspension
~ **à roues indépendantes avant** independent front suspension
~ **à trains de roues conjugués** linked suspension system
~ **à trois points** three-point suspension
symbole *m* **graphique** graphic symbol
synchrographe *m* synchrograph
synchrotester *m* synchrotester
synthétiseur *m* **de parole** voice synthesizer
système *m* **ABS** ABS braking device
~ **AEI** distributorless semiconductor ignition
~ **d'allumage** ignition system
~ **d'allumage par batterie** battery ignition
~ **d'allumage par bobine** coil ignition
~ **d'allumage à condensateur** capacitor ignition (system)
~ **d'antiblocage (des roues)**, ~ **anti-dérapage** ABS braking device
~ **automatique de départ au froid** cold start(ing) device or cold starter device
~ **CCS** controlled combustion system
~ **centralisé de fermeture des portes** centralized door locking
~ **à combustion contrôlée** controlled combustion system
~ **de commande digitale de moteur** digital engine control
~ **de contrôle des émissions de vapeurs de carburant** evaporative emissions control system
~ **d'échappement** exhaust system
~ **d'éclairage** lighting system
~ **de freinage à deux circuits** double-circuit braking system
~ **de freinage à un seul circuit** single-circuit braking system
~ **à injection, ~ d'injection de carburant** injection system
~ **d'injection K-Jetronic** K-Jetronic fuel injection
~ **MAO** manifold air oxydation
~ **Motronic** Motronic system
~ **de post-combustion** afterburner
~ **à quatre phares** dual-headlamp system
~ **de ralenti** idling system
~ **RDS** radio data system
~ **de rechauffage de l'air admis** heated air intake system
~ **de refroidissement** cooling system
~ **de refroidissement hermétique,**

French-English index

système de refroidissement scellé sealed cooling system
~ **de régulation lambda** A/F control
~ **de retenue** *(des passagers)* restraint system
~ **de retenue actif** active restraint system
~ **de retenue passif** passive restraint system
~ **de traction par l'arrière** rear axle drive
~ **de transmission** drive line
~ **de transmission hydraulique** hydraulic transmission (system)
~ **de transmission entièrement automatique** fully automatic transmission
~ **de ventilation du carter** crankcase ventilation (system)

tableau *m* **de bord** dashboard
~ **de pression de gonflage** tire pressure chart
tablette *f* **arrière** rear parcel shelf
tablier *m* **avant** front wall
tachygraphe *m* trip recorder
tachymètre *m* speedometer
talc *m* talc
talon *m* **de linguet** rubbing block
tambour *m* **à écrans** trigger wheel
~ **d'embrayage** clutch cage
~ **de frein** brake drum
tamis *m* **métallique** oil pump strainer
tampon-limite *m* cylindrical limit gage (US), internal limit gauge
tampon *m* **lisse de tolérances** cylindrical limit gage (US), internal limit gauge
~ **de vapeur** vapor lock (US), vapour lock (GB)
tangage *m* pitch *n*
tartre *m* scale *n*
taux *m* **de compression** compression ratio
~ **maximal de CO** CO content
~ **de remplissage des cylindres** volumetric efficiency
techniques *fpl* **antipollution des automobiles** exhaust emission control
TEL = plomb tétraéthyle
TEM = tétraméthyle de plomb
témoin *m* **d'allumage** charging control lamp
~ **de contrôle** indicator lamp
~ **de contrôle d'usure des pneus** tread wear indicator
~ **indicateur de charge** charging control lamp
~ **de pression d'huile** oil pressure indicator lamp
~ **de température d'eau** cooling water control light
~ **d'usure d'embrayage** clutch monitor lamp
~ **d'usure de plaquettes de frein** brake lining wear indicator

température *f* **d'autodécrassement** self-cleaning temperature
~ **des gaz à la compression** compression temperature
~ **des gaz d'échappement** exhaust gas temperature
temps *m* **d'admission** suction stroke
~ **de compression** compression stroke
~ **d'échappement** exhaust stroke
~ **énergétique** ignition stroke
~ **de fermeture** dwell period
~ **moteur** ignition stroke
~ **d'ouverture et de fermeture** valve timing
~ **de réflexe** reaction time
tendeur *m* belt-adjustment link
~ **de sangle** seatbelt tensioner
teneur *f* **en CO** CO content
tension *f* **d'allumage** firing voltage
~ **de batterie** battery voltage
~ **de début de dégagement gazeux** gasing voltage
~ **finale** cutoff voltage
~ **nominale** rated voltage
tenue *f* **de route** roadability
test *m* **CEE** ECE test
tête *f* **d'allumeur** distributor cap
~ **d'allumeur avec couche métallique** screened distributor cap
~ **de bielle** connecting rod big end
~ **de delco** distributor cap
~ **de soupape** valve head
tétraéthyle *m* **de plomb** tetraethyl lead
tétraméthyle *m* **de plomb** tetramethyl lead
thermistance *f* **CTN** NTC resistor
thermo-contact *m* **temporisé** thermo-time switch
thermomètre *m* **d'huile** oil thermometer
thermoplastique *m* thermoplastic
thermo-rupteur *m* temperature switch
thermostat *m* thermostat
~ **d'ambiance** ambient thermo-switch
~ **à cire** wax element thermostat
~ **à papillon** wax element thermostat
~ **à soufflet** bellows-type thermostat
tige *f* **centrale de bougie d'allumage** spark plug terminal pin
~ **de commande des culbuteurs** valve push rod
~ **de connexion** spark plug terminal pin
~ **de crémaillère** control rod
~ **d'entraînement** sliding tee bar
~~**poussoir** nozzle holder spindle
~ **de poussoir** valve push rod
~ **de soupape** valve shaft

timonerie *f* **de direction** steering linkage
tiroir *m* **d'air additionnel** auxiliary-air device
titillateur *m* needle valve tickler
titre *m* **de propriété d'un véhicule** automobile registration
toit *m* **ouvrant (coulissant)** sliding roof
~ **ouvrant (entrebâillant)** tilting sunroof
tôle *f* **de carrosserie** automobile body sheet
topping *m* fractional distillation
totalisateur *m* **(kilométrique)** mileometer (GB), odometer (US)
~ **partiel** trip mileage indicator
toucheau *m* **isolant** rubbing block
~ **de linguet** rubbing block
touchot *m* **de linguet** rubbing block
tourillon *m* crankshaft journal
~ **de pied de bielle** piston pin
tourne-à-gauche *m* tap wrench
tournevis *m* **à choc** hand impact screwdriver
~ **coudé** double offset screwdriver
~ **cruciforme** Phillips screwdriver
~ **d'électricien** electricians' screwdriver
~ **de frein** brake cam
~ **à impact** hand impact screwdriver
~ **à lame cruciforme** Phillips screwdriver
~ **à lame plate** straight-bladed screwdriver
~ **à lames interchangeables** multiblade screwdriver
~ **plat** straight-bladed screwdriver
~ **à pompe** spiral-ratchet screwdriver
~ **va-et-vient** spiral-ratchet screwdriver
tours *pl* **par minute** revolutions per minute
tout terrain *m* off-road vehicle
tracteur *m* **articulé** truck tractor
~**-automobile** *m* truck tractor
~**-automobile** *m* road tractor
~ **semi-porteur** truck tractor
traction *f* **arrière** rear axle drive
~ **avant** front wheel drive
~ **intégrale** all-wheel drive [transmission]
~ **intégrale (avant et arrière)** four-wheel drive [transmission]
train *m* **d'engrenages épicycloïdaux** planetary transmission
~ **épicycloïdal** planetary transmission
~ **fixe** countershaft
~ **de prise constante** constant-mesh gears
~ **routier articulé,** ~ **routier double** truck-tractor train
transfert *m* **de métal** contact pitting
transformateur *m* **d'allumage** ignition transformer
~ **de soudage** welding transformer
transmission *f* drive line

~ **automatique** automatic transmission (system)
~ **hydraulique** hydraulic transmission (system)
~ **semi-automatique** semi-automatic transmission
~ **Variomatic** *(système DAF)* Variomatic (transmission)
trapèze *m* **de direction** Ackermann steering
~ **de Jeantaud** Ackermann steering
travail *m* ignition stroke
~ **de freinage** braking work
trempe *f* **directe** carburization quenching
tresse *f* **de masse** ground strap (US), earth strap (GB)
triangle *m* **de (pré)signalisation** warning triangle
triangles *mpl* wishbones *pl*
tringle *m* **de talon** bead core
tringlerie *f* **de commande d'embrayage** clutch operating linkage
~ **de direction** steering linkage
~ **des gaz** carburetor linkage
tr/mn = tours par minute
troisième rapport third gear
troisième vitesse third gear
trolley *m* trolley
trolleybus *m* trackless trolley (US), trolleybus (GB)
trompe *f* horn *n*
trompette *f* **de pont arrière** rear axle flared tube
trou *m* **de bougie** spark plug hole
~ **de l'injecteur** spray hole
~ **de ventilation** degassing opening [electrical system]
~ **de ventilation** vent hole [fuel system]
tube *m* **de l'arbre de transmission** propeller shaft housing
~ **central** torque tube
~ **de colonne de direction** steering column jacket
~ **de direction** steering column jacket
~ **à eau** water tube
~ **d'émulsion** emulsion tube
~ **enjoliveur** steering column jacket
~ **de gicleur** fuel jet bush
~ **intermédiaire** intermediate pipe
~ **de réaction** torque tube
tubulure *f* **d'admission** inlet manifold
~ **d'entrée** inlet manifold
~ **d'entrée d'eau** radiator inlet connection
~ **raccord de refoulement** pressure pipe tube
~ **de sortie d'eau** radiator outlet connection
tulipe *f* valve head

French-English index

tunnel *m* **aérodynamique** wind tunnel
~ **de l'arbre de transmission** propeller shaft tunnel
turbine *f* **à gaz d'échappement** exhaust gas turbine
~ **réceptrice** turbine
turbo *m* turbocharger
turbocompresseur *m* turbocharger
~ **à gaz d'échappement** exhaust turbocharger
turbocompression *f* **à gaz d'échappement** exhaust turbocharging
tuyau *m* **final** *(d'échappement)* tail pipe
~ **de frein** brake hose
~ **d'injection** delivery pipe
tuyauterie *f* **d'alimentation (de carburant)** fuel line
~ **haute pression** delivery pipe
~ **de trop-plein** overflow pipe

unifining *m* unifining *n*
unité *f* **de commande électronique** electronic control unit
usure *f* **des cylindres** cylinder wear
~ **des électrodes** electrode burning
~ **des garnitures** lining wear
~ **des garnitures des freins** brake lining wear
~ **des pneu(matique)s** tire wear
utilitaire *m* commercial vehicle

valeur *f* **thermique** heat rating
valeurs *fpl* **limites de pollution** exhaust emission standards
valve *f* valve
~ **de commande de la remorque** trailer control valve
~ **de contrôle** control valve assembly
~ **de frein** brake valve
~ **de protection de double circuit** double-circuit protection valve
~ **de purge** bleed valve
~ **relais d'urgence** trailer brake valve
vanne *f* **thermostatique** thermostat
vapour-lock *m* vapor lock (US), vapour lock (GB)
variateur *m* **d'avance** injection timing mechanism
~ **d'avance automatique** automatic injection timer
~ **continu** continuously variable transmission
vase *m* **d'expansion** expansion tank
véhicule *m* **amphibie** amphibious vehicle
~ **automobile** automobile, passenger car
~ **catalysé** vehicle equipped with a catalytic converter

~ **de dépannage** breakdown vehicle
~ **diesel** diesel vehicle
~ **de secours** breakdown vehicle
~ **de sécurité expérimental** experimental safety vehicle
~ **tout terrain** off-road vehicle
veilleuse *f* side-marker lamp (US), sidelamp (GB)
vent *m* **latéral** side wind
ventilateur *m* fan *n*
~ **à accouplement viscostatique** viscose radiator fan
~ **à coupleur viscothermostatique** viscose radiator fan
~ **électrique** electric fan
~ **à embrayage électromagnétique** electromagnetically-coupled fan
~ **à viscocoupleur** viscose radiator fan
ventilation *f* ventilation
~ **positive du carter** crankcase ventilation (system)
ventouse *f* valve grinder
venturi *m* venturi
~ **étagé** secondary venturi
vérin *m* **hydraulique** hydraulic lifter
vernis *m* **incolore** varnish *n*
~ **isolant** damp-proofing sealant
verre *m* **feuilleté** laminated (safety) glass
~ **moulé** headlight lens
~ **de sécurité** safety glass
~ **de sécurité feuilleté** laminated (safety) glass
~ **trempé** toughened (safety) glass
verrouillage *m* **des axes de fourchette** sliding selector shaft locking mechanism
~ **central (*ou* centralisé) des portes** centralized door locking
~ **centralisé avec télécommande à infrarouge** infrared remote locking
~ **de la direction** steering column lock
~ **des réglettes** sliding selector shaft locking mechanism
~ **du volant** steering column lock
vibration *f* **des segments de piston** piston ring flutter
vibreur *m* warning buzzer
vidange *f* **d'huile** oil change
vilebrequin *m* crankshaft
~ **démonte-roues** wheelbrace *n*
vis *f* **d'air** *(pour régler le ralenti)* idle air adjusting screw
~ **de butée du papillon des gaz** throttle stop screw
~ **de calibrage** body-fit bolt
~ **de coulasse** cylinder head bolt

~ **cruciforme** recessed-head screw
~ **de direction** worm
~ **de dosage du mélange au ralenti** idle mixture control screw
~ **et écrou,** ~ + **écrou** bolt *n*
~ **de fixation du corps du distributeur** distributor clamp bolt
~ **de fixation de la culasse** cylinder head bolt
~ **de fixation de l'oreille de l'alternateur** adjusting-bracket bolt
~ **globique** enveloping worm
~ **de nombre de tours** throttle stop screw
~ **noyée** countersunk screw
~ **platinée** contact breaker point
~ **pointeau** headless setscrew
~ **de purge** bleeder screw
~ **de qualité** idle mixture control screw
~ **de réglage** setscrew
~ **de réglage d'air** idle air adjusting screw
~ **de réglage autobloquante** stiff bolt adjuster
~ **de richesse (du ralenti)** idle mixture control screw
~ **sans fin** worm
~ **sans tête à tige lisse** headless screw
~ **à tête cruciforme** recessed-head screw
~ **à tête moletée** knurled-head screw
~ **à tige allégée** anti-fatigue bolt
~ **à tôle** self-tapping screw
viscosité *f* viscosity
visiomètre *m* beamsetter
vitesse *f* **angulaire** angular velocity
~ **circonférentielle** circumferential speed
~ **de combustion** rate of combustion
~ **de démarrage** cranking speed
~ **de rotation en tours par minute** revolutions per minute
~ **supérieure** *(quatrième ou cinquième rapport)* top gear
voie *f* track width
voile *m* **latéral** side runout

~ **de roue** wheel disc
voiture *f* passenger car
~ **de course** racing car
~ **électrique** electric car
~ **de livraison** delivery van
~ **particulière** passenger car
volant *m* *(de direction)* steering wheel
volant-moteur *m* flywheel
volet *m* **d'air** choke flap
~ **automatique** automatic choke
~ **de départ** choke flap
~ **de marche** throttle valve
~ **de radiateur** radiator shutter
volt-ampère-tester *m* volt-ampere tester
voltmètre *m* voltmeter
~ **thermique** thermal voltmeter
volute *f* **d'admission** swirl duct
voyant *m* **de charge** charging control lamp
~ **de controle** indicator lamp
~ **de pression d'huile** oil pressure indicator lamp
VSF = verre de sécurité feuilleté
vulcanisation *f* vulcanization
~ **à chaud** hot vulcanizing
~ **à froid** cold vulcanization

watt *m* watt
weber *m* weber

xylidine *f* xylidine

Zamak *m* zamak
zéolites *fpl* zeolites *pl*
zinc *m* zinc
zingage *m* **électrolytique** electrogalvanizing *n*
zone *f* **d'absorption de l'énergie de choc,** ~ **à absorption d'énergie** crush zone
~ **déformable** crush zone
~ **de segmentation** piston ring zone

German-English index

abblenden *v* dim *v*
Abblend|faden *m* dip filament
~**kappe** *f* low beam filament shield
~**kipprelais** *n* dimmer relay
~**leuchtkörper** *m* dip filament
~**licht** *n* low beam
~**licht, asymmetrisches** asymmetric low beam
~**licht, symmetrisches** symmetrical lower beam
~**relais** *n* dimmer relay
~**schalter** *m* dimmer switch (US), dip switch (GB)
Abdeck|band *n* masking tape
~**kappe** *f*, ~**schirm** *m* low beam filament shield
Abdichtscheibe *f* condensate shield [electrical system]
Abdrift *f* drift *n*
Abfahr|grenze *f* minimum tread thickness
~**grenzenindikator** *m* tread wear indicator
Abgas *n* exhaust gas
~**analysator** *m* exhaust gas analyzer
~**anlage** *f* exhaust system
~**emissionen** *fpl* exhaust emissions *pl*
~**entgiftung** *f* exhaust emission control, exhaust pollution reduction
~**entgiftungsanlage** *f* emission control device
~**gesetze** *npl* anti-pollution laws
~**grenzwerte** *mpl* exhaust emission standards
~**katalysator** *m* catalytic converter
~**prüfung** *f* exhaust test
~**reaktor** *m* thermal exhaust manifold reactor
~**reinigung** *f* exhaust emission control, exhaust pollution reduction
~**rohrkrümmer** *m* exhaust manifold
~**rückführung** *f* exhaust gas recirculation
~**schalldämpfer** *m* exhaust silencer (GB), exhaust muffler (US)
~**sensor** *m* lambda probe
~**temperatur** *f* exhaust gas temperature
~**test** *m* exhaust test
~**tester** *m* exhaust gas analyzer
~**turbine** *f* exhaust gas turbine
~**turboaufladung** *f* exhaust turbocharging
~**turbolader** *m* exhaust turbocharger
~**untersuchung** *f* exhaust test
~**vergaser** *m* tamper-proof carburetor (US) *or* carburettor (GB)
abgegebene Leistung power output
Abisolierzange *f* stripper
abkuppeln *v* uncouple *v*
Ablaßhahn *m* drain tap
ablaßschraube, Öl~ oil sump plug
ablaufende Backe trailing brake shoe
Ablenkstück *n* rubbing block
Abmagerung *f (des Gemisches)* leaned mixture

Abreißfunke *m* break spark
Abreißzündung *f* make-and-break ignition
Abriebindikator *m* tread wear indicator
ABS *n* ABS braking device (*or* system)
absaufen lassen flood *vt* [engine]
Abschaltventil, elektromagnetisches ~ idle cutoff valve
Abschirmung *f* shielding
Abschlepp|fahrzeug *n* breakdown vehicle
~**haken** *m* towing hook
~**kran** *m* motor crane
~**öse** *f* towing eye
~**seil** *n* towing rope
~**stange** *f* tow bar
~**wagen** *m* breakdown vehicle
~**wagen mit Kran** motor crane
Absorptions(schall)dämpfer *m* straight-through silencer
Abspritzdruck *m* der Einspritzdüsen nozzle opening pressure
Abstreifkolonne *f* stripper
Abstreifring *m* control ring
Abstützbock *m* axle stand
Abtrennung, destillative ~ fractional distillation
Abtriebswelle *f* third motion shaft
Abtrift *f* drift *n*
ABV = automatischer Blockierverhinderer
Abwärts|bewegung *f*, ~**gang** *m* downstroke
~**hub** *m* downstroke
Abzugshebel *m* clutch release lever
Abzweig(-Leitungs)verbinder *m* snap connector
Acetylen *n* acetylene
Achs|abstand *m* center distance (US), centre distance (GB) [mechanical engineering]
~**abstand** *m* wheel base [vehicle construction]
~**antrieb** *m* final drive
~**antrieb, versetzter** hypoid-gear pair
~**aufhängung** *f* suspension
Achse *f* axle
   halbfliegende ~, **halbtragende** ~ semi-floating axle
   vollfliegende ~ fully floating axle
Achs|gehäuse *n* axle housing (US), axle casing (GB)
~**kappe** *f* axle cap
~**meßgerät** *n* alignment unit
~**meßgerät, optisches** optical wheel-alignment analyzer
~**parallelität** *f* tracking *n*
~**schenkel** *m* steering knuckle
~**schenkelbolzen** *m* kingpin
~**schenkelbolzenspreizung** *f* steering axis in-

clination (US), kingpin inclination
~**schenkelbuchse** f kingpin bush(ing)
~**schenkelfederbein** n MacPherson strut
~**stand** m wheel base
~**untersetzung** f rear axle ratio
~**vermessungsgerät, optisches** optical wheel-alignment analyzer
~**welle** f axle shaft
~**wellen(kegel)rad** n differential side gear
~**zapfen** m steering knuckle axle
Achtzylinder-V-Motor m V-eight engine
Acryl-Lack m acrylic enamel
Additiv n additive n
~**öl** n doped oil
Aerodynamik f aerodynamics pl
AGR = Abgasrückführung
AHK = Anhängerkupplung
Airbag m air bag
Akkuladegerät n battery charger
Akkumulator m storage battery
Akkumulatoren|fett n battery terminal grease
~**säure** f battery acid
Akkusäureprüfer m hydrometer
Aktionsradius m range
aktiv|e Masse active materials
~**e Substanz** active materials
~**es Rückhaltesystem** active restraint system
Aliphate pl, **aliphatische Verbindungen** aliphatic compounds
Alkalibatterie f, **alkalische Batterie** alkaline (storage) battery
Alkane fpl alkanes pl
Alkydharz n alkyd resin
Alkylation f, **Alkylierung** f alkylation
Allradantrieb m all-wheel drive
Alternativkraftstoff m, **alternativer Kraftstoff** alternative fuel
Alternator m alternator
Alterungs|hemmstoff m anti-ageing additive
~**schutzstoff** m oxidation inhibitor
Altöl n used oil
Aluminium n aluminum (US), aluminium (GB)
~-**Silizium-Legierung** f aluminum-silicon alloy
Amboß m **(feststehender)** breaker fixed contact
amerikanischer Schlosserhammer ball-pein hammer
Ampere|meter n ammeter
~**stunde** f ampere-hour
~**windungen** fpl, ~**windungszahl** f ampere-turns pl
Amphibienfahrzeug n amphibious vehicle
Andreh|klaue f cranking jaw
~**kurbel** f starting crank
~**kurbelklaue** f cranking jaw

Andruckfeder f clutch spring
Anfahrdrehmoment n starting torque
Anhänger m trailer
~**bremsventil** n trailer brake valve
~**kupplung** coupling n
~**last, zulässige** authorized towed weight
~**steckdose** f trailer lighting socket
~**stecker** m trailer cable plug
~**steuerventil** n trailer control valve
Anilin n aniline
Anker m armature
~**bremse** f armature brake
Anlaßdrehmoment n starting torque
Anlaßdrehzahl f cranking speed
Anlasser m starter
~**prüfstand** m starter test bench
~**ritzel** n drive pinion
~**welle** f starter shaft
Anlaß|lichtmaschine f combined lighting and starting generator
~**moment** n starting torque
~**motor** m starter
~**schalter, elektromagnetischer** solenoid unit
~**strom** starting current
~**vergaser** m starter caburetor
~**verzahnung** f, ~**zahnkranz** m starter ring gear
anodische Oxidation anodic oxidation
Anodisieren n anodic oxidation
Anpreß|feder f clutch spring
~**platte** f pressure plate
~**zange** f crimping tool
Anreicherung f enrichment
Anreicherungs|düse f power jet
~**einrichtung** f enrichment device
~**kraftstoffdüse** f power jet
~**system** n **mit Anreicherungsrohr** econostat
~**ventil** n power valve
Ansaug|(geräusch)dämpfer m air silencer (GB), intake muffler (US)
~**hub** m suction stroke
~**kanal** m intake passage
~**krümmer** m inlet manifold
~**leitung** f inlet manifold
~**luftvorwärmung** f heated air intake system
~**rohr** n inlet manifold
~**schlitz** m inlet port
~**takt** m suction stroke
Ansaugung f intake
Ansaugunterdrucksensor m manifold absolute pressure sensor
Anschluß|bolzen m spark plug terminal pin
~**mutter** f terminal nut
Antenne, elektronische ~ electronic antenna (US), electronic aerial (GB)

German-English index

Antiblockieranlage *f*, **Antiblockiersystem** *n* ABS braking device (*or* system)
Anti-Dive *n*, **~-Vorrichtung** *f* antidive *n*
Antiklopfmittel *n* anti-knock additive
Antikollisionsradar *n* anti-collision radar
Antioxidant *n* oxidation inhibitor
Antischäummittel *n* foaming inhibitor
Antriebs|achse *f* driving axle
~halbwelle *f* half-shaft *n*
~hebel *m* pump lever
~kegelrad *n* drive pinion
~rad *n* drive wheel
~riemen *m* drive belt
~ritzel *n* drive pinion, driving gear
~welle *f* primary shaft
~zahnrad *n* **der Antriebswelle** clutch gear
Anwerfdrehmoment *n* starting torque
Anzeige *f* **in Form einer Wagensilhouette** graphic information module
Anzeigeleuchte *f* indicator lamp
Anzünder, elektrischer ~ cigar lighter
API-Grad *n* API grade
Aquaplaning *n* aquaplaning *n*
Aräometer *n* calibrated float
Arbeits|grube *f* inspection pit
~hub *m* ignition stroke
~kolben *m* power diaphragm
~kontakt *m* make contact *n*
~membran *f* power diaphragm
~spiel *n* working cycle
~stromrelais *n* make contact *n*
~takt *m* ignition stroke
~zylinder *m* working cylinder
Arene *pl* aromatic compounds [chemistry]
Armaturenbrett *n* dashboard
armes Gemisch lean mixture
Aromate *npl*, **aromatische Verbindungen** aromatic compounds
Asbest *n* asbestos
asymmetrisches Abblendlicht asymmetric low beam
Äthin *n* acetylene
Äthylenglykol *n* ethylene glycol
Atmosphären|druck *m* atmospheric pressure
~druckkammer *f* atmospheric chamber
atmosphärisch|er Druck atmospheric pressure
~er Rückstand long residue
Atmungsraum *m* scavenging area
AU = Abgasuntersuchung
Aufbau *m* bodyshell
selbsttragender ~ integral body
Auffahrbühne *f*, **~rampe** *f* access ramp
aufgebogener Federring helical spring lock washer

Aufgleiten *n* aquaplaning *n*
Aufhängung *f* suspension
hydropneumatische ~ hydropneumatic suspension
Aufladegebläse *m* supercharger
Auflademotor *m* supercharged engine
Aufladung *f* supercharging *n*
Auflagering *m* release lever plate
Auflaufbacke *f* leading brake shoe
Auflaufbremse *f* overrun brake
auflaufende Backe leading brake shoe
Aufsattler *m* truck tractor
Aufschlaghorn *n* horn *n*
Aufschwimmen *n* aquaplaning *n*
Aufstandsfläche *f* contact patch
Aufsticken *n* nitriding *n*
Aufstromvergaser *m* updraft carburetor (US) *or* carburettor (GB)
Auftrieb *m* lift *n*
Aufwärts|bewegung *f*, **~gang** *m* upstroke
~hub *m* upstroke
ausgelaufenes Pleuellager run bearing
Ausgleich|behälter *m* expansion tank [cooling system]
~behälter *m* fluid reservoir [brakes, transmission]
~behälter *m* brake-fluid reservoir [brakes]
~bohrung *f* expansion port
~düse *f* air correction jet
~gehäuse *n* differential case (*or* casing)
~getriebe *n* differential *n*
~kegelrad *n* differential pinion
~korb *m* differential case (*or* casing)
~kreuz *n* differential pinion spider
~kupplung *f* flexible coupling
~loch *n* expansion port
~luftdüse *f* air correction jet
~masse *f* balance weight
~rad *n* differential pinion
~sperre *f* limited-slip differential
~zwischenrad *n* differential pinion
auskuppeln *v* declutch *v*
Auskuppeln *n* clutch throwout
Auskupplungsgabel *f* clutch fork
Auslaß *m* exhaust *n*
~hub *m* exhaust stroke
~kanal *m* exhaust passage
~nocken *m* exhaust cam
~schlitz *m* outlet port
~ventil *n* pressure valve [fuel system]
~ventil *n* exhaust valve [engine]
Auslösekontakte *mpl* trigger contacts
Auspuff *m* exhaust *n*
~anlage *f* exhaust system

~bremse *f* engine brake
~endrohr *n* tail pipe
~gas *n* exhaust gas
~gegendruck *m* exhaust back pressure
~hauptschalldämpfer *m* main muffler
~hub *m* exhaust stroke
~krümmer *m* exhaust manifold
~reinigung *f* exhaust decarbonisation
~sammler *m* exhaust manifold
~schlitz *m* exhaust port
~takt *m* exhaust stroke
~topf *m* exhaust silencer (GB) *or* muffler (US)
~vorschalldämpfer *m* pre-muffler
Ausrücker *m* release bearing
Ausrück|feder *f* clutch release spring
~gabel *f* clutch fork
~hebel *m* clutch release lever
~lager *n* release bearing
~pumpe *f* clutch master cylinder
~ring *m* release lever plate
~zylinder *m* clutch output cylinder
Ausschaltglied *n* break contact
Ausschiebetakt *m* exhaust stroke
Ausschwing(ungs)vorgang *m* decay process
außenliegendes Rad *(bei Kurvenfahrt)* outer wheel
Außenrad *n (äußeres Hohlrad)* annulus *n*
Außenrotor *m* outer rotor
Außen(rück)spiegel *m* outside mirror
Außenzahnradpumpe *f* gear pump
äußerer Dichtring *(einer Zündkerze)* spark plug gasket
äußerer Totpunkt top dead center (US) *or* centre (GB)
Aussetzer *m* misfiring *n*
Ausstoß *m* exhaust *n*
Ausstoßtakt *m* exhaust stroke
Austritt *m* des Kraftstoffs fuel outlet pipe
Auswuchten *n* balancing *n*
  dynamisches ~ dynamic balancing
  statisches ~ static balancing
Auswuchter *m* wheel balancer
Auswuchtmaschine *f* wheel balancer
  elektronische ~ electronic balancing machine
Auswuchtung *f* balancing *n*
Auto *n* automobile
Auto|abgas *n* exhaust gas
~abgase *npl* automotive exhaust emissions *pl*
~elektrik *f* automotive electrics
~gas *n* liquefied petroleum gas
Autogenschweißen *n* autogenous welding
Automatenstahl *m* free-cutting steel
Automatikgurt *m* inertia reel belt
automatisch|e Kontrolle des Flüssigkeitsstandes brake-fluid level gauge
~er Blockierverhinderer ABS braking device
~er Spritzversteller automatic injection timer
~es Getriebe automatic transmission (system)
Automobil *n* automobile
~abgase *npl* automotive exhaust emissions *pl*
~technik *f* automotive engineering
Autoradio *n* car radio
Autoreifen *m* tire *n*
Autoreparaturwerkstatt *f* motorcar repair shop (GB), automobile repair (US)
Autothermik-Kolben *m* autothermic piston
Autowerkstatt *f* motorcar repair shop (GB), automobile repair (US)
AV = Auslaßventil
Axial|bremse *f* disc brake
~lager *n* axial bearing

Backe *f* brake shoe
  ablaufende ~ trailing brake shoe
  auflaufende ~ leading brake shoe
Bajonettverschluß *m* bayonet fixing
Balgthermostat *m* bellows-type thermostat
Ballonreifen *m* balloon tire
Bananenstecker *m* banana plug
Bandschlüssel *m* strap wrench
Banjoachse *f* banjo axle
barometrischer Luftdruck atmospheric pressure
Batterie *f* battery
  alkalische ~ alkaline (storage) battery
  trocken vorgeladene ~ dry-charged battery
  wartungsarme ~ low-maintenance battery
  wartungsfreie ~ maintenance-free battery
  ~ mit Kaltstartsicherheit cold-start battery
Batterie|anschlußklemme *f* battery cable terminal
~gehäuse *n* battery box
~hauptkabel *n* battery cable
~hauptschalter *m* battery master switch
~-Hochspannungs-Kondensatorzündung *f* capacitor-discharge ignition system
~kabel *n* battery cable
~kapazität *f* battery capacity
~kasten *m* battery box
~klemme *f* battery cable terminal
~ladegerät *n* battery charger
~polfett *n* battery terminal grease
~prüfer *m* battery tester
~säure *f* battery acid
~säuredichte *f* acid density
~säurestand *m* acid level
~säuretester *m* battery acid tester
~schalter *m* battery master switch

German-English index

Batterie|spannung *f* battery voltage
~trennrelais *n* battery cutoff relay
~umschalter *m*, **~umschaltrelais** *n* battery change-over relay
~zelle *f* battery cell
~zündanlage *f* battery ignition
~zündung *f* battery ignition
~zündung, vollelektronische distributorless semiconductor ignition
~zündunterbrecher *m* contact breaker
Beckengurt *m* lap belt
Befestigungspunkt *m* für Sicherheitsgurte seatbelt anchorage point
Begrenzungsleuchte *f* side-marker lamp (US), sidelamp (GB)
Begrenzungsschraube *f* für Drosselklappenspaltmaß throttle stop screw
Behälter *m* für Scheibenwaschflüssigkeit windshield washer fluid reservoir (US), screen-wash fluid reservoir (GB)
beidseitig wirkender Rad(brems)zylinder double-piston wheel brake cylinder
Beifahrersitz *m* passenger seat
Beilagscheibe *f* shim *n*
Belag *m* lining *n*
~ **(für Scheibenbremsen)** disc brake pad
~dicke *f* thickness of lining
~scheibe *f* driven plate assembly
~stärke *f* thickness of lining
~träger *m* pad carrier
~verschleiß *m* lining wear
Beleuchtung *f* lighting system
Beleuchtungs|anlage *f* lighting system
~stärke *f* illumination
belüftete Bremsscheibe ventilated brake disc
Belüftung *f* ventilation
Belüftungsloch *n* vent hole
Bendix-Anlasser *m* Bendix(-type) starter
Benzin *n* gasoline (US), petrol (GB)
~abscheider *m* gasoline separator (US), petrol separator (GB)
~einspritzung *f* fuel injection, gasoline injection (US), petrol injection (GB)
~einspritzung, elektronisch gesteuerte electronically-controlled fuel injection
~fangvorrichtung *f* gasoline separator (US), petrol separator (GB)
~filter *m* gasoline filter (US), petrol filter (GB)
~kanister *m* jerry-can
~leitung *f* fuel line
~motor *m* gasoline engine (US), petrol engine (GB)
~-Saugrohreinspritzung *f* indirect injection
~tank *m* gas tank (US), petrol tank (GB)

~traps *fpl* gasoline separator (US), petrol separator (GB)
~uhr *f* fuel gage (US) *or* gauge (GB)
Bereifung *f* tires *pl*
berührungslose Zündelektronik contactless transistorized ignition
Beschleuniger|fußhebel *m*, **~pedal** *n* gas pedal (US), accelerator
Beschleunigung *f* acceleration
Beschleunigungs|düse *f* acceleration jet
~pumpe *f* accelerator pump
Betätigungshebel *m* der Drosselklappe throttle control lever
Betriebsbremse *f* service brake
Bett *n* bed
Be- und Entlüftung *f* ventilation
beweglicher Unterbrecherhebel breaker lever
Bezugs|kraftstoff *m* octane reference fuel
~markengeber *m*, **~markensensor** *m* reference sensor
Bienenkorbkühler *m* honeycomb radiator
Biluxlampe *f* bilux bulb
Bimetall|kolben *m* bimetal piston
~streifen *m* bimetal strip
Bindemittel *n* binder
bistabile Kippschaltung, bistabiler Multivibrator flip-flop *n*
Blackheartguß *m* blackheart malleable cast iron
Blattfeder *f* leaf spring
~starrachse *f* Hotchkiss drive
Blech|glocke *f* fluid separating bell
~schere *f* plate shears
~schraube *f* self-tapping screw
~teller *m* fluid separating bell
Blei *n* lead *n*
~abscheider *m* lead filter
~batterie *f* lead storage battery
Bleicherde|behandlung *f*, **~filterung** *f* clay treatment
Bleidioxid *n* lead dioxide
Bleifilter *n* lead filter
bleifreies Benzin unleaded gasoline (US), unleaded petrol (GB)
Blei|mennige *n* red lead
~oxid, rotes red lead
~oxidplatte *f* positive plate
~peroxid *n* lead peroxide
~platte *f* lead plate
~schlamm *m* lead sludge
~schwamm *m* sponge lead
~tetraethyl *n* tetraethyl lead
~tetramethyl *n* tetramethyl lead
Blende *f* trigger wheel vane

Blendenrotor *m* trigger wheel
Blendlöffel *m* low beam filament shield
Blendung *f* dazzle *n*
Blinker *m* direction indicator
Blink|geber *m* flasher unit
~**leuchte** *f* direction indicator
~**relais** *n* flasher unit
Blockieren *n* **der Räder** wheel lock-up
Blockierschutz(anlage) ABS braking device
Blockkasten *m* battery box
Blockservolenkung *f* integral power steering gear
Boden *m* floor panel
~**abstand** *m* ground clearance
~**berührfläche** *f* contact patch
~**freiheit** *f* ground clearance
~**gruppe** *f* floor panel
~**haftung** *f* road adhesion
~**ventil** *n* check valve
Bohrung *f* bore *n*
Bolzenauge *n*, **Bolzennabe** *f* piston boss
Bordcomputer *m* onboard computer
Bordnetzspannung *f* battery voltage
Bougierohr *n* insulation tubing
Bowdenzug *m* bowden cable
Boxer(reihen)motor *m* flat engine
BPA-Punkt *m* cloud point
Breite *f* **über alles** vehicle width
Breitreifen *m* low-section tire
Breitstrahler *m*, **Breitstrahlscheinwerfer** *m* wide-beam headlight
Bremsankerplatte *f* brake anchor plate
Bremsarbeit *f* braking work
Bremsbacke *f* brake shoe
Bremsbacken|lagerbolzen *m* shoe steady pin
~**nachstellung, manuelle** brake adjustment
~**rückzugfeder** *f* shoe return spring
Bremsband *n* brake band
Bremsbelag *m* brake lining
~**schleifmaschine** *f* brake lining grinder
~**verschleiß** *m* brake lining wear
~**verschleißanzeige** *f* brake lining wear indicator
Bremsdaumen *m* brake cam
Bremsdruck *m* brake pressure
~**regler** *m* pressure governor
Bremsdynamometer *n* dynamometer brake
Bremse *f* brake *n*
 dritte ~ continuous service brake
 hydraulische ~ hydraulic brake
 selbstnachstellende ~ self-adjusting brake
bremsen *v* brake *v*
Bremsen *n* braking *n*
Bremseneinstellung *f* brake adjustment
Brems|fading *n* brake fading

~**federzange** *f* brake spring pliers
~**flüssigkeit** *f* brake fluid
~**flüssigkeitsbehälter** *m* brake-fluid reservoir
~**fußhebel** *m* brake pedal
~**hauptzylinder** *m* brake master cylinder
~**joch** *n* brake caliper
~**klötzchen** *n* disc brake pad
Bremskraft|begrenzer *m* pressure-limiting valve
~**minderer** *m* pressure-reducing valve
~**regler** *m* brake pressure control valve
~**regler, lastabhängiger** load-sensing valve
~**regler mit Umschaltdruck** pressure-reducing valve
~**schwund** *m* brake fading
~**verstärker, hydraulischer** hydraulic brake servo
~**verteiler** *m* brake power distributor
Bremskreis *m* brake circuit
~**aufteilung, Diagonal-** diagonal twin circuit braking system
~**aufteilung LL** L-split system
Brems|leistung *f* instantaneous braking power
~**leitung** *f* brake line
~**leuchte** *f*, ~**licht** *n* stop light
~**lichtschalter** *m* brake light switch
~**lüften** *n* brake bleeding
~**lüftspiel** *n* brake clearance
~**nocken** *m* brake cam
~**öl** *n* brake fluid
~**pedal** *n* brake pedal
~**pedalleerweg** *m* brake pedal free travel
~**retarder** *m* brake retarder
~**sattel** *m* brake caliper
~**scheibe** *f* brake disc
~**scheibe, belüftete** ventilated brake disc
~**schild** *n* brake anchor plate
~**schlauch** *m* brake hose
~**schwund** *m* brake fading
~**segment** *n* pad carrier
~**spiel** *n* brake slack
~**strecke** *f* braking distance
~**system, hydraulisches** hydraulic brake
~**träger** *m*, ~**trägerplatte** *f* brake anchor plate
~**trommel** *f* brake drum
Bremsung, indirekte ~ indirect braking
Brems|ventil *n* brake valve
~**verzögerung** *f* braking deceleration
~**vorgang** *m* braking *n*
~**weg** *m* braking distance
~**wirkungsverlust** *m* brake fading
~**zylinder** *m* brake cylinder, wheel cylinder
~**zylinderpaste** *f* brake cylinder paste
brennfähiges Gemisch explosive mixture

German-English index

Brenn|gemisch *n* explosive mixture
~geschwindigkeit *f* rate of combustion
~punkt *m* burning point
Brennraum *m* combustion chamber
   halbkugelförmiger ~ hemispherical combustion chamber
   keilförmiger ~ wedge-type combustion chamber
   minimaler ~ compression chamber
   sphärischer ~ spherical combustion chamber
~form *f* combustion chamber geometry
Brenn|schneiden *n* flame cutting
~spannungslinie *f* spark line
~stoffzelle *f* fuel cell
~weite *f* focal distance
~wert *m* upper calorific value
Brinell-Härte *f* Brinell hardness
Brückenkontakt *m* bridge contact
Büchse, verdrehbare ~ adjusting sleeve
Bügelmeßschraube *f* micrometer screw
Buna *n* buna
Bürste *f* brush *n*
Bürsten|feder *f* brush spring
~halter *m* brush holder
Butylkautschuk *m* butyl rubber
Bypass|bohrung *f* bypass bore
~ventil *n* bypass valve

Cabriolet *n* convertible *n*
Caravan *m* caravan
CCS-System *n* controlled combustion system
Cetan *n* cetane
Cetanzahl *f* cetane rating
CFR-Motor *m* CFR engine
Chromstahl *m* chromium steel
Cloudpoint *m* cloud point
CO-Gehalt *m* CO content
CO-HC-Meßgerät *n* CO/HC analyzer
Computerzündung *f* distributorless semiconductor ignition
Coupé *n* coupé
CO_2-Leck-Tester *m*, **CO_2-Prüfgerät** *n* CO_2 indicator
Crackanlage *f* cracking plant
Cracken *n (katalytisches)*, **Cracking** *n* cracking *n*
Crash-Test *m* crash test
Crimpen *n*, **Crimpung** *f* crimping *n*
Crimpzange *f* crimping tool
Cruise Control *f* cruise control
CUNA-Leistung *f* CUNA rating
Cw-Wert *m* drag coefficient
CZ = Cetanzahl

Dach *n* roof panel
~antenne *f* roof antenna (US), roof aerial (GB)
~gepäckträger *m* roof luggage rack
~versteifung *f* roof stiffener
Dampfblasenbildung *f* vapor lock (US), vapour lock (GB)
Dämpfer *m* exhaust silencer (GB) *or* muffler (US)
~ damper *n* [suspension]
Darlington-Schaltung *f* Darlington amplifier
Dauer|bremse *f* continuous service brake
~eingriffsräder *npl* constant-mesh gears
~leistung, nutzbare power output
Daumenlenkung *f* cam and peg steering
dB = Dezibel
Decke *f* tire *n*
deckelseitiger Totpunkt top dead center (US) *or* centre (GB)
Deckenleuchte *f* courtesy lamp
De-Dion-Achse *f* De Dion axle
Defoamant *n* foaming inhibitor
Defroster *m* defroster (US), demister (GB)
Dehn|schraube *f*, **~schaftschraube** *f* anti-fatigue bolt
~stoffthermostat *m* wax element thermostat
desmodromische Steuerung desmodromic valve control
Destillation, fraktionierte ~ fractional distillation
Destillations|kolonne *f*, **~turm** *m* fractionating column
destillative Abtrennung fractional distillation
destilliertes Wasser distilled water
Detergentzusatz *m* detergent additive
Dezibel *n* decibel
Diagnose *f* diagnose *n*
~anschluß *m* diagnostic connector
~geräte *npl* diagnostic equipment
~system *n* diagnostic system
Diagonal|-Bremskreisaufteilung *f* diagonal twin circuit braking system
~gurt *m* shoulder strap belt
~gürtelreifen *m* bias-ply tire
~lenker *m* semi-trailing arm
~reifen *m* cross-ply tire
~strebe *f* stabilizer
~-Zweikreisbremsanlage *f* diagonal twin circuit braking system
Dichtring, äußerer ~ *(einer Zündkerze)* spark plug gasket
Dichtung *f* gasket
Diebstahlalarmanlage *f* **mit Ultraschallsystem** ultrasonic alarm
Diebstahlsicherung *f* anti-theft device

~ mit Trickschaltung anti-theft ignition lock
Diesel *n* diesel fuel
~fahrzeug *n* diesel vehicle
~filter *m* diesel filter
~klopfen *n* diesel knock
~kraftstoff *m* diesel fuel
Dieselmotor *m* diesel engine
~ mit Luftspeicherkammer air-cell diesel engine
~ mit Luftwirbelkammer swirl-chamber diesel engine
~ mit Strahleinspritzung solid injection diesel engine
~ mit Vorkammer precombustion engine
Diesel|öl *n* diesel fuel
~schlag *m* diesel knock
~treibstoff *m* diesel fuel
Differential *n* differential *n*
~getriebe *n* differential *n*
~käfig *m*, **~korb** *m* differential case *or* casing
~kreuz *n* differential pinion spider
~sperre *f (schaltbare Ausgleichsperre)* limited-slip differential
~zwischenrad *n* differential pinion
digital|es Motorsteuerungssystem digital engine control
~es Steuergerät digital control box
DIN-Leistung(smessung) *f* DIN rating
Dioden|gehäuse *n*, **~träger** *m* diode housing
direkt|e Einspritzung direct injection
~er Gang direct drive
~ wirkende obenliegende Nockenwelle direct-acting overhead camshaft
Direkt|bremsung *f* direct braking
~einspritzmotor *m*, **~einspritzer** *m* solid injection diesel engine
~einspritzung *f* solid injection
~härten *n* carburization quenching
Distanzscheibe *f* shim *n*
D-Jetronic D-Jetronic
Dohc-Motor *m* DOHC engine
Doppel|achse *f* tandem axle
~druckmesser *m* dual air pressure gage (US) *or* gauge (GB)
~fallstromvergaser *m* dual-throat downdraft carburetor
~gabelschlüssel *m* open-end double-head wrench
~gelenk *n* double cardan (universal) joint
~hebelunterbrecher *m* two-system contact breaker
~kolbenmotor *m* twin-piston engine
~körpervergaser *m* dual carburetor (US) *or* carburettor (GB)

~kreuzgelenk *n* double cardan (universal) joint
~maulschlüssel *m* open-end double-head wrench
~registervergaser *m* four-barrel carburetor (US) *or* carburettor (GB)
~ringschlüssel *m* double-head box wrench
~startrelais *n* double-starting relay
~steckschlüsssel *m* double-end socket tee wrench
doppelt untersetzte (Hinter-)Achse double-reduction (rear) axle
doppelt|e Nockenwelle twin camshaft
~e obenliegende Nockenwelle dual overhead camshaft
~e Schrägverzahnung herringbone gear(ing)
doppeltwirkend|er Rad(brems)zylinder double-piston wheel brake cylinder
~er Stoßdämpfer double-acting shock absorber
Doppelvergaser *m* dual carburetor (US) *or* carburettor (GB)
Draht|bürste, rotierende rotary wire brush
~durchführung *f* rubber grommet
~glühkerze, zweipolige double-pole glow plug
~sprengring *m* wire retaining ring
Drallkanal *m*, **Dralleinlaßkanal** *m* swirl duct
Drehkolben *m* rotary piston
~gebläse *n* Roots(-type) blower
~motor *m* rotary piston engine
Drehmoment *n* torque *n*
~schlüssel *m* torque wrench
~wandler *m* **(hydrodynamischer)** torque converter
Drehmometer *n* torque wrench
Drehschemel *m* skid plate
Drehschwingungsdämpfer *m* resonance damper
Drehstab *m*, **Drehstabfeder** *f* torsion bar
Drehstabstabilisator *m* torque stabilizer
Drehstift *m* sliding tee bar
Drehstrom *m* triphase current
~-Brückenschaltung *f* three-phase bridge circuit
~-Dreieckschaltung *f* delta connection
~generator *m*, **~lichtmaschine** *f* three-phase alternator
~-Sternschaltung *f* star connection
Drehzahl *f* engine speed, revolutions per minute
Drehzahlbegrenzer *m* rotational speed limiter
elektronischer ~ electronic rotational-speed limiter
Drehzähler *m* revolution counter
Drehzahlfühler *m* speed sensor

German-English index

Drehzahlgeber *m* rotational speed sensor
drehzahlgeschaltete Kupplung centrifugal clutch
Drehzahlmesser *m* revolution counter
  elektronischer ~ electronic tachometer
  photoelektrischer ~ photoelectric tachometer
Drehzahlregler, fliehkraftgesteuerter ~ centrifugal governor
  mechanischer ~ centrifugal governor
  pneumatischer ~ suction governor
Drehzahl-Schließwinkelmeßgerät *n* dwell-angle tester
Drehzahlsensor *m* rotational speed sensor
Dreieckschaltung *f* delta connection
Dreiecksläufer *m* rotary piston
Dreieckslenker *m* wishbones *pl*
  oberer ~ top wishbone
  unterer ~ lower wishbone
Dreikanal-Zweitaktmotor *m* three-port two-stroke engine
Dreiphasen(wechsel)strom *m* triphase current
Dreipunkt|aufhängung *f* three-point suspension
~lagerung *f* three-point suspension
~Sicherheitsgurt *m*, **Dreipunktgurt** *m* three-point seatbelt, lap and diagonal belt
Dreirad-Zweikreisbremsanlage *f* L-split system
Dreiviertelachse *f* three-quarter(s) floating axle
Dreiweg(e)katalysator *m* three-way converter
Dreizylindermotor *m* three-cylinder engine
Drift *f* drift *n*
Driften *n* four-wheel drift
Drillschraubendreher *m*, **Drillschrauber** *m* spiral-ratchet screwdriver
Drillstab *m* torsion bar
dritte Bremse continuous service brake
dritter Gang third gear
Drossel *f* throttle *n*
Drossel|düse *f* throttling pintle nozzle
~klappe *f* throttle *n*, throttle valve
Drosselklappen|anschlagschraube *m* throttle stop screw
~hebel *m* throttle control lever
~öffnung *f* opening of the throttle
~schalter *m* throttle valve switch
~schließdämpfer *m* dashpot
Drosselzapfendüse *f* throttling pintle nozzle
Druck *m* pressure
  atmosphärischer ~ atmospheric pressure
~begrenzer *m*, **~begrenzungsventil** *n* pressure-limiting valve
~behälter *m* accumulator
~bolzen *m* nozzle holder spindle

~dose *f* pressure-sensitive capsule
~Einfüllverschluß *m* pressure cap
~entlüfter *m* brake bleeder unit
~feder *f* nozzle spring
~fühler *m* pressure sensor
~leitung *f* delivery pipe
~luftbehälter *m* air reservoir
~luftbremse *f*, **~luftbremsanlage** *f* air pressure brake
~minderer *m* **mit Umschaltpunkt** pressure-reducing valve
~ölpumpe *f* oil pressure pump
~platte *f* pressure plate
~regelventil *n* oil pressure relief valve
~regler *m* pressure governor
~rohr *n* delivery pipe
~rohrstutzen *m* pressure pipe tube
~scheibe *f* pressure plate
~schmierkopf *m* grease nipple
~schmierpistole *f* grease gun
~schmierung *f*, **~umlaufschmierung** *f* forced-feed lubrication
~ventil *n* pressure valve [fuel system]
~ventil *n* delivery valve [injection]
~verlusttester *m* pressure loss tester
dünnflüssiges Öl low-viscosity oil
Duplex|bremse *f* duplex brake
~kette *f* double roller chain
Duralumin *n* duralumin
Durchdrehmoment *n* starting torque
Durchflutung *f* ampere-turns *pl*
Durchführungs|kondensator *m* free-through capacitor
~tülle *f* rubber grommet
Durchrutschen *n* clutch slip
Durchschlag *m* drift punch [tools]
~ **(elektrischer)** disruptive discharge [electrical system]
Durchsteckschraube *f* bolt *n*
Duroplast *n* duroplastic
Düse *f* jet *n*
Düsen|einstelldruck *m* nozzle opening pressure
~einstellmutter *f* jet adjusting nut
~feder *f* nozzle spring
~halter *m* nozzle holder
~hebel *m* jet lever
~körper *m* nozzle body
~mund *m* spray hole
~nadel *f* tapered needle [carburetor]
~nadel *f* nozzle needle [injection]
~öffnung *f* spray hole
~öffnungsdruck *f* nozzle opening pressure
~prüfgerät *n*, **~prüfvorrichtung** *f* injection

648

jet test stand
dynamisch|es Auswuchten dynamic balancing
~e Unwucht dynamic unbalance
~e Zündeinstellung stroboscopic timing
DZM = Drehzahlmesser

Eatonpumpe *f* rotor-type pump
Ebonit *n* ebonite
ECE-Test *m* ECE test
Edelstahl *m* high-quality steel
Edison-Batterie *f* alkaline (storage) battery
Eigeninduktion *f* self-induction
Einbereichsöl *n* single-grade oil
Einfach-Unterbrecher *m* contact breaker
einfachwirkend|er Rad(brems)zylinder single-acting wheel brake cylinder
~er Stoßdämpfer single-acting shock absorber
Einfüllschraube *f* **des Getriebes** oil level plug
Einfüllverschluß *m* filler cap
Einkreisbremsanlage *f* single-circuit braking system
Einlaß *m* intake
~hub *m* suction stroke
~kanal *m* inlet passage, intake passage
~krümmer *m* inlet manifold
~nocken *m* inlet cam
~nockenwelle *f* inlet camshaft
~schlitz *m* inlet port
~takt *m* suction stroke
~ventil *n* suction valve [fuel system]
~ventil *n* inlet valve [engine]
Einlauföl *n* run-in oil
Einleitungsbremsanlage *f* single-pipe air brake
Einlochdüse *f* single-hole nozzle
einpolige Stabglühkerze sheathed-element glow plug
Einpreßtiefe *f* dishing *n*
Einreihenmotor *m* in-line engine
Einrohr(-Gasdruck)stoßdämpfer *m* single-tube shock absorber
Einrück|hebel *m* engaging lever
~magnetschalter *m*, **~relais** *n* solenoid unit
Einsatzstahl *m* case-hardened steel
Einschaltglied *n* make contact *n*
Einscheiben|kupplung *f* single-plate clutch
~sicherheitsglas *n* toughened (safety) glass
~trockenkupplung *f* single-disc dry clutch
~trockenkupplung mit Ausrückscheibenfeder diaphragm clutch
Einschichten-Sicherheitsglas *n* toughened (safety) glass
Einschlagwinkel *m* **der Vorderräder** angle of lock
Einschneidverbinder *m* snap connector

einseitig wirkender Rad(brems)zylinder single-acting wheel brake cylinder
~er Trapezring wedge-type piston ring
Einspritz|anlage *f* injection system
~druck *m* nozzle opening pressure
~düse *f* injection nozzle
~düsennadel *f* nozzle needle
~düsenprüfgerät *n* injection jet test stand
Einspritzen-Selbstzünden-Arbeiten ignition stroke [diesel engine]
Einspritz|leitung *f* delivery pipe
~motor *m* fuel injection engine
~pumpe *f* injection pump
~pumpenprüfgerät *n*, **~prüfstand** *m* fuel pump test bench
~pumpenregler *m* injection pump governor
~system *n* injection system
Einspritz- und Zündungsrechner digital control box
Einspritzung *f* fuel injection, injection, injection system
   direkte ~ direct injection
   indirekte ~ indirect injection
   luftlose ~ solid injection
Einspritzventil *n* fuel injector
   elektromagnetisches ~ solenoid-operated injector
Einspritzzapfendüse *f* pintle nozzle
Einspurfeder *f* meshing spring
Einspurhebel *m* engaging lever
Einstellen *n* **des Kupplungsspiels** clutch adjustment
Einstell|marke *f* rotating timing mark
~mutter *f* adjusting nut
~reihenfolge *f* ignition order
~scheibe *f* shim *n*
~schraube, selbstsichernde stiff bolt adjuster
Einstellung *f* **des Motors** tuning *n*
Eintritt *m* **des Kraftstoffs** fuel inlet pipe
Einwegkupplung *f* freewheel clutch
Einzelpulsaufladung *f* single-pulse charging
Einzelradaufhängung *f* independent wheel suspension
~ hinten independent rear suspension
~ vorne independent front suspension
Einzugswicklung *f* pull winding
Elektrik *f* electrical equipment
Elektriker-Schraubendreher *m* electricians' screwdriver
elektrisch angetriebenes Fahrzeug electric vehicle
elektrische Anlage electrical equipment
~e Kraftstoffpumpe electric fuel pump
~e Leistungsbremse electrical dynamometer

German-English index

elektrische Scheibenwascherpumpe, ~ Wascherpumpe electric screen washer pump
elektrisch|er Anzünder cigar lighter
~er Durchschlag disruptive discharge
elektrisches Gebläse electric fan
Elektroauto n electric car
Elektroden|abbrand m electrode burning
~abstand m electrode gap
Elektro|einspritzventil n solenoid-operated injector
~fahrzeug n electric vehicle
~fanfare f trumpet horn
~Induktion f induction
~Kraftstoffpumpe f electric fuel pump
~lichtbogenschweißung f electric arc welding
~lüfter m electric fan
Elektrolyse f electrolysis
Elektrolyt m electrolyte
elektrolytisches Verzinken electrogalvaniz-ing n
Elektrolyt|kupfer n electrolytic copper
~stand m acid level
Elektromagnet m solenoid n
elektromagnetisch|er Anlaßschalter solenoid unit
~es Abschaltventil idle cutoff valve
~es Einspritzventil solenoid-operated injector
~es Leerlaufventil idle cutoff valve
~es Startventil start valve
Elektromagnetlüfter m electromagnetically-coupled fan
Elektromobil n electric vehicle
Elektromotor m motor n
elektronisch geregelter Vergaser electronically-controlled carburetor (US) or carburettor (GB)
elektronisch gesteuerte Benzineinspritzung electronically-controlled fuel injection
elektronisch|e Antenne electronic antenna (US), electronic aerial (GB)
~e Auswuchtmaschine electronic balancing machine
~er Drehzahlbegrenzer electronic rotational-speed limiter
~er Drehzahlmesser electronic tachometer
~e Fahrgeschwindigkeitsregelung cruise control
~e Klopfregelung electronic spark control
~e Kraftstoffeinspritzung electronic fuel injection
~er Regler transistorized regulator
~e Steuereinheit electronic control unit
~es Steuergerät electronic control unit
~e Wisch-Wasch-Anlage electronic wiper-washer assembly
~e Zündung, ~e Zündanlage electronic ignition (system) [ignition]
~e Zündung electronic spark timing [electronics]
~e Zündverstellung electronic advance unit
Elektrophorese|-Grundierung f, ~-Lackierung f electrocoating n
Elektro|startventil n start valve
~tauchlackierung f electrocoating n
Element, galvanisches ~ galvanic cell
Eloxieren n anodic oxidation
Emission f emission
Emissionsbegrenzung f emission control
Endpol m terminal n
Endrohr n tail pipe
Energieabsorber m energy absorber
energieabsorbierend|e Lenksäule energy-absorbing steering column
~e Vorrichtung energy absorber
Energieverzehrer m energy absorber
Engländer m crescent wrench
Englergrad n degree Engler
Entasphaltierung f de-asphalting n
Enteisungsmittel n de-icer
Entfettung f degreasing n
Entfroster m defroster (US), demister (GB)
entkuppeln v uncouple v
Entladeschlußspannung f cutoff voltage
Entlastungskölbchen n relief piston
Entlastungsventil n delivery valve
Entlüfter m breather (pipe)
Entlüftergerät n brake bleeder unit
Entlüftung f der Bremsanlage brake system bleeding
~ des Kurbelgehäuses crankcase ventilation (system)
Entlüftungs|bohrung f degassing opening
~loch n vent hole
~rohr n breather (pipe)
~schraube f bleeder screw
~ventil n bleed valve
Entöler m oil trap
Entparaffinierung f dewaxing n
Entschäumer m foaming inhibitor
Entschwefelung f desulphuration
Entstör|drossel f interference-suppression choke
~filter n, Entstörer m interference-suppression filter
~kondensator m interference-suppression condenser
~satz m interference-suppression kit
entstörter Verteilerläufer suppression dis-

tributor rotor
Entstörung *f* interference suppression
Entzündung *f (eines Gemisches etc.)* ignition *n*
EP-Additiv *n* EP additive
Epitrochoide *f* epitrochoid *n*, trochoidal rotor
Epoxidharz *n* epoxy resin
EP-Schmieröl *n* EP lubricant
Erdgas *n* natural gas
Erdöl *n* petroleum
~**fraktion** *f* crude oil fraction
~**raffination** *f* oil refining
Ergonomie *f* ergonomics *pl*
erhöhte Leerlaufdrehzahl fast idle
Erreger|diode *f* control diode
~**läufer** *m* rotor
~**strom** *m* exciting current
~**wicklung** *f* excitation winding
Ersatzrad *n* spare wheel
Ersatzteile *npl* spare parts
Ersatzwindschutzscheibe *f (aus Kunststoff)* emergency plastic windshield
Ersaufen, zum ~ bringen flood *vt* [engine]
erste Stufe primary barrel
erster Gang first gear
ESG = Einscheibensicherheitsglas
Europa|-Fahrtest *m*, ~**test** *m* ECE test
Euro-Sicherung *f* plug-in fuse
Eurosuper *n* four-star petrol 95 (GB), premium unleaded 95 (US)
EV = Einlaßventil
Evolvente *f* involute *n*
Evolventenverzahnung *f* involute gearing
Expansionstakt *m* ignition stroke
Expansionsventil *n* expansion valve
experimentelles Sicherheitsfahrzeug experimental safety vehicle
explosives Gemisch, Explosionsgemisch *n* explosive mixture
Extreme-Pressure-Zusatz *m* EP additive
Exzenterwelle *f* central power-output shaft
Exzentrizität *f* runout *n*

Fabrikschild *n* identification plate
Fächerscheibe *f* serrated lock washer
Fading *n* brake fading
Fahrbahn *f* roadway
Fahrerassistenz *f* driver assistance
Fahrerbremsventil *n* driver's brake valve
Fahrfußhebel *m* gas pedal (US), accelerator
Fahrgast|raum *m*, ~**zelle** *f* passenger compartment
Fahrgestell *n* frame *n*
Fahrleitung *f* overhead line
Fahrleitungsomnibus *m* trackless trolley (US),

trolleybus (GB)
Fahr|licht *n* low beam
~**pedal** *n* gas pedal (US), accelerator
~**schemel** *m* subframe *n*
Fahrtrichtungsanzeiger *m* direction indicator
Fahrt|schalter *m* ignition switch
~**schreiber** *m* trip recorder
Fahrwiderstand *m* traction resistance
Fahrzeug|breite *f* vehicle width
~**brief** *m* automobile registration
~**dach** *n* roof panel
~**heizung** *f* heating *n*, heating system
~**höhe** *f* vehicle height
~**länge** *f* vehicle length
~**rettungskran** *m* motor crane
Fall(benzin)tank *m* gravity gasoline tank (US), gravity petrol tank (GB)
Fallstrom|kühler *m* upright radiator
~**stufenvergaser** *m* two-phase carburetor (US) *or* carburettor (GB)
~**vergaser** *m* down-draft carburetor (US), down-draught carburettor (GB)
Falschluft *f* air leak
Faltenbalg *m* convoluted rubber gaiter
~ der Zahnstangenlenkung steering rack gaiter
Faltenbalgthermostat *m* bellows-type thermostat
Fanfarenhorn *n* trumpet horn
Farbenzerstäuber *m* spray gun
Feder|aggregat *n* Hydrolastic unit
~**auge** *n* spring eye
~**blätter** *npl* blades *pl*
~**element** *n* hydropneumatic unit
~**kugel** *f* hydropneumatic unit
~**lasche** *f* spring shackle
federnd|e Kontaktkohle central carbon brush
~**e Zahnscheibe** tooth lock washer
Federung, aufgebogener ~ helical spring lock washer
   glatter ~ single-coil spring lock washer
Federscheibe, gewellte ~ crinkled spring washer
   gewölbte ~ curved spring washer
Federstahl *m* spring steel
Federung *f* suspension
Fehlzündung *f* misfiring *n*
Feld, magnetisches ~ magnetic field
Feldwicklung *f* field winding
Felge *f* rim *n*
Felgenbett *n* rim base
Fenster|antenne *f* windshield antenna (US), windscreen aerial (GB)
~**heber** *m* window crank mechanism

German-English index

Fenster|kurbel *f* window crank
~kurbelmechanismus *m* window crank mechanism
Fern|gang *m* overdrive *n*
~leuchtkörper *m* main beam filament
~licht *n* main beam
~licht-Glühfaden *m* main beam filament
~startschalter *m* remote starter switch
fest|e Zündeinstellmarke fixed timing mark
~er Kontaktträger breaker fixed contact
festgehen *vi* seize *v*
Festgehen *n* seizure
Festmarke *f* fixed timing mark
Festsattelscheibenbremse *f* fixed-caliper disc brake
feststehend|er Amboß breaker fixed contact
~er Kontaktwinkel breaker fixed contact
Feststellbremse *f* parking brake
 handbetätigte ~ hand brake
Fett *n* grease *n*
 kalkverseiftes ~ lime stone base grease
 lithiumverseiftes ~ lithium-based grease
 natronverseiftes ~ sodium-based grease
Fettpresse *f* grease gun
Feuer|löscher *m* fire extinguisher
~löschfahrzeug *n* fire brigade truck (US), fire-fighting vehicle
~ring *m* top piston ring
~verzinken *n* hot-dip galvanizing
Filter *m oder n* air filter [engine]
~ oil filter [lubrication]
~einsatz *m* filter cartridge
~papier *n* filter paper
~patrone *f* filter cartridge
Fixdüsenvergaser *m* fixed-jet carburetor
Flach|stecker *m* blade terminal
~steckhülse *f* blade receptacle
~steck-Sicherung *f* plug-in fuse
~stromvergaser *m* horizontal draft carburetor (US), horizontal draught carburettor (GB)
Flammenionisationsdetektor *m* flame ionization detector
Flammpunkt *m* flashpoint
Flammrohr *n* downpipe
Flankendurchmesser *m* pitch diameter
Flankenwinkel *m* thread angle
Flaschengas *n* liquefied petroleum gas
flattern *v* shimmy *v*
Flattern *n (der Räder)* shimmy *n*
Fleckspachtel *m* surfacer
fliegende Sicherung line fuse
Fliehgewicht *n* flyweight
fliehkraftgesteuerter Drehzahlregler centrifugal governor

Fliehkraft|kupplung *f* centrifugal clutch
~regler *m* centrifugal governor
~reiniger *m* centrifugal oil filter
~versteller *m*, **~-Zündversteller** *m* centrifugal advance mechanism
~zündverstellung *f* centrifugal ignition advance
Fließbettverfahren *n* fluid bed cracking
Fließverbesserer *m* flow improver additive [fuels]
~ fluidity improver [fuels&lubricants]
Flügelmutter *f* wing nut
Fluiditätsverbesserer *m* fluidity improver
Flüssiggas *n* liquefied petroleum gas
Flüssigkeits|behälter *m* clutch hydraulic fluid reservoir
~kühlung *f* liquid cooling
~kupplung *f* fluid clutch
~stoßdämpfer *m* hydraulic shock absorber
Fördermenge *f* delivery
Förderstrom *m* delivery
Föttinger-Kupplung *f* fluid clutch
Föttinger-Wandler *m* torque converter
fraktionierte Destillation fractional distillation
Fraktionierturm *m* fractionating column
Franzose *m* crescent wrench
Freibrenngrenze *f* self-cleaning temperature
Freilaufkupplung *f* freewheel clutch
Fremdzündungsmotor *m* spark-ignition engine
fressen *vi* seize *v*
Fressen *n* seizure
Friktionskupplung *f* friction clutch
Frisch|luftheizung *f* fresh-air heating system
~ölschmierung *f* mixture method lubrication
Front|antrieb *m* front wheel drive
~motor *m* front engine
~scheibe *f* windshield (US), windscreen (GB)
~scheinwerfer *m* headlamp
Frostschutz|additiv *n* antifreeze additive
~mittel *n* antifreeze *n*
~pumpe *f* antifreeze pump
Froudesche Bremse, Froudescher Zaum Froude brake
Frühdose *f* vacuum advance unit
Frühzündkurve *f* advance characteristic
Frühzündung *f* premature ignition [ignition]
~ advance ignition [ignition]
Fühler *m* **für Bremsbelagverschleißanzeige** sensor for brake lining wear indicator
Fühlerlehrensatz *m* feeler gages (US) *or* gauges (GB) *pl*
Führerbremsventil *n* driver's brake valve

Index Deutsch-Englisch

Füller *m* filler
Füllsäure *f* battery acid
Füllstoff *m* filler
Füll- und Entlüftungsgerät brake bleeder unit
Füllungsgrad *m* volumetric efficiency
Fünfganggetriebe *n* five-speed gearbox
Fünfzylindermotor *m* five-cylinder engine
Funken|dauer *f* spark duration
~**löschkondensator** *m* ignition capacitor
~**strecke** *f* electrode gap
Funkentstörkondensator *m* interference-suppression condenser
Funken|überschlag *m* spark discharge
~**zündung** *f* spark ignition
Fuß|bremse *f* foot brake
~**bremshebel** *m* brake pedal
~**hebel** *m* pedal *n*
~**kreis** *m* root circle
~**luftpumpe** *f* foot pump
~**pedal** *n* pedal *n*

Gabel|achse *f* fork axle
~**gelenk** *n* fork joint
~**-Ringschlüssel** *m* combination wrench
Gallone *f* gallon
galvanisch|es Element galvanic cell
~**es Verzinken** electrogalvanizing *n*
Gang, direkter ~ direct drive
 dritter ~ third gear
 erster ~ first gear
 großer ~ direct drive
 höchster ~ top gear
 toter ~ steering free travel
 zweiter ~ second gear
Gang|höhe *f* screw pitch
~**schalthebel** *m* gearshift lever
~**tiefe** *f* depth of thread
~**wähler** *m* gearshift lever
Ganzjahresöl *n* multigrade oil
Garage *f* garage
Garagenheber *m* hydraulic trolley jack
gasarmes Gemisch lean mixture
Gas|druckstoßdämpfer *m* single-tube shock absorber
~**feder** *f* gas spring
~**fußhebel** *m* gas pedal (US), accelerator
~**gestänge** *n* carburetor linkage
~**hebel** *m* gas pedal (US), accelerator
~**/Luftgemisch** *n* explosive mixture
~**motor** *m* gas engine
~**pedal** *n* gas pedal (US), accelerator
~**ruß** *m* gas black
~**schmelzschweißen** *n*, ~**schweißverfahren** *n* autogenous welding

Gasungs|bohrung *f* degassing opening
~**spannung** *f* gasing voltage
Gaszug *m* carburetor control cable
Geber, magnetischer ~ pulse generator
Geberzylinder *m* clutch master cylinder
Gebläse *n* blower
 elektrisches ~ electric fan
Gebläse(luft)kühlung *f* air cooling
gefederte Masse sprung mass
Gefrierschutzmittel *n* antifreeze *n*
Gegenklopfmittel *n*, **Gegenklopfstoff** *m* anti-knock additive
Gegenstromspülung *f* reverse-flow scavenging
Gehäusemarkierung *f* fixed timing mark
geladene Batterie charged battery
Gelände|fahrzeug *n* off-road vehicle
~**vergaser** *m* cross-country carburetor (US) *or* carburettor (GB)
~**wagen** *m* off-road vehicle
Gelbkupfer *n* brass
Gelenk, homokinetisches ~ constant-velocity (universal) joint
Gelenk|kreuz *n* cardan spider
~**schutzhülle** *f* convoluted rubber gaiter
gelenktes Rad steered wheel
Gelenk|welle *f* propeller shaft (GB), transmission shaft (US)
~**wellenrohr** *n* propeller shaft housing
Gemisch *n* two-stroke mixture
 armes ~ lean mixture
 brennfähiges ~ explosive mixture
 explosives ~ explosive mixture
 gasarmes ~ lean mixture
 kraftstoffreiches ~ rich mixture
 mageres ~ lean mixture
 reiches ~ rich mixture
 zündfähiges ~ explosive mixture
Gemisch|anreicherung *f* enrichment
~**aufbereitung** *f*, ~**bildung** *f* carburetion (US), carburation (GB)
~**einstellschraube** *f* idle mixture control screw
~**regelung** *f* mixture control
~**regler** *m* mixture control unit
~**regulierschraube** *f* idle mixture control screw
~**schmierung** *f* mixture method lubrication
Gemmerlenkung *f* Gemmer steering
Generator *m* alternator
~**kontrollampe** *f* charging control lamp
~**regler(schalter)** *m* generator regulator
geometrisches Verdichtungsverhältnis compression ratio
Gepäck|raum *m* luggage compartment
~**träger** *m* roof luggage rack

German-English index

geregelter Katalysator computer-controlled catalytic converter
Gesamt|hubraum *m* engine displacement
~winkel *m* angular ignition spacing
geschirmte Zündleitung screened ignition cable
Geschwindigkeitsmesser *m* speedometer
Gesenkschmieden *n* drop forging
geteilte Riemenscheibe adjustable pulley
Getriebe *n* gearbox (GB), gearcase (US)
  halbautomatisches ~ semi-automatic transmission
  hydraulisches ~ hydraulic transmission (system)
  hydrodynamisches ~ torque converter
  stufenloses ~ Variomatic (transmission)
  vollautomatisches ~ fully automatic transmission
Getriebe|antriebswelle *f* primary shaft
~automat *m* automatic transmission (system)
~eingangswelle *f* primary shaft
~hauptwelle *f* third motion shaft
~öl *n* gear oil
~schalthebel *m* gearshift lever
~untersetzung *f* transmission reduction
Gewebe|scheibengelenk *n* rubber universal joint
~unterbau *m* carcass
gewellte Federscheibe crinkled spring washer
Gewinde *n* thread *n*
~bohrersatz *m* set of screw taps
~lehre *f* thread gage (US) *or* gauge (GB)
~steigung *f* screw pitch
~tiefe *f* depth of thread
gewölbte Federscheibe curved spring washer
GFK glass-(fibre-)reinforced plastic
Gießharz *n*, **Gießharzmasse** *f* casting resin
Gitterplatte, negative ~ negative plate
  positive ~ positive plate
G-KAT = geregelter Katalysator
glasfaserverstärkter Kunststoff glass-(fibre-)reinforced plastic
glatter Federring single-coil spring lock washer
Glattschaftkolben *m* solid-skirt piston
Gleason(-Kreisbogen)verzahnung *f* Gleason-type gear teeth
Gleichdruckvergaser *m* suction carburetor
Gleichlauf|gelenk *n*, **Gleichganggelenk** *n* constant-velocity (universal) joint
~getriebe *n* synchromesh gear box
~konus *m* synchromesh cone
~körper *m* synchronizing assembly
Gleichstrom *m* direct current

~generator *m*, **~lichtmaschine** *f* dc generator
~strommotor *m* direct-current motor
~spülung *f* uniflow scavenging
Gleit|funkenzündkerze *f* surface-gap spark plug
~gelenk *n* slip joint
~hebel *m* breaker lever
~lager *m* plain bearing
~schutzkette *f* snow chain
~stück *n* rubbing block
Glimmer(zünd)kerze *f* mica spark plug
Globoidschnecke *f* enveloping worm
Glühanlaßschalter *m* heater plug starting switch
Glühdraht *m* filament
Glühfaden *m* filament
~ für Abblendlicht dip filament
~ für Fernlicht main beam filament
Glühkerze *f* glow plug
Glühkerzen|schalter *m* heater plug starting switch
~widerstand *m* heater plug resistor
Glühkopf *m* hot bulb
~motor *m* hot bulb engine
Glüh|startschalter *m* heater plug starting switch
~stiftkerze *f* sheathed-element glow plug
~überwacher *m* heater plug control
~wendel *f* filament
~wert *m* heat rating
~zündung *f* premature ignition
Glykol *n* ethylene glycol
Glyzerin *n* glycerol
Graphitringausrücker *m* graphite release bearing
Grauguß *m* gray cast iron (US), grey cast iron (GB)
Grenz|lehrdorn *m* cylindrical limit gage (US), internal limit gauge
~lehre *f* limit gage (US) *or* gauge (GB)
~rachenlehre *f* limit snap gage (US) *or* gauge (GB)
~schmierung *f* mixed friction
Gripzange *f* self-grip wrench
großer Gang direct drive
Grube *f* inspection pit
Grundanstrich *m* primer
Grundeinstellung *f* **der Zündung** static ignition timing
Grundierung *f* primer
Gummi|dichtring *m* *(einer Scheibenbremse)* disc brake piston seal
~federkissen *n* annular rubber ring
~hohlfeder *f* annular rubber ring

~kreuzgelenk *n* rubber universal joint
~mischung *f* rubber compound
~schubfeder *f* annular rubber ring
~tülle *f* rubber grommet
Gurt *m* seatbelt
~befestigungspunkt *m* seatbelt anchorage point
Gürtel *m* belt
~lage *f* breaker ply
~linie *f* waistline
~reifen *m* radial tire
Gurtstraffer *m* seatbelt tensioner
Gußeisen *n* **mit Kugelgraphit** spheroidal iron

Haftgrund *m* primer
Haftwert *m* adhesion coefficient
halbautomatisches Getriebe, Halbautomatik *f* semi-automatic transmission
Halbdieselmotor *m* semi-diesel engine
halbfliegende Achse semi-floating axle
halbflüssige Reibung mixed friction
halbkugelförmiger Brennraum hemispherical combustion chamber
Halbleiter|zündsystem *n* electronic ignition (system)
~zündung *f* electronic ignition (system)
Halbschwebeachse *f*, **Halbschwingachse** *f* semi-floating axle
halbtragende Achse semi-floating axle
Halbwelle *f* half-shaft *n*
Hall-Geber *m*, ~-**Generator** *m* Hall generator
Hall-IC *m* Hall IC
Hall-Schicht *f* Hall layer
Halogen *n* halogen
~lampe *f* halogen lamp
~scheinwerfer *m* halogen headlight
Haltestift *m* pad retaining pin
Haltewicklung *f* hold-in coil
Hammer *m* breaker lever [ignition]
Hand|bremse *f* hand brake
~förderpumpe *f* hand primer
~presse *f* grease gun
~pumpe *f* hand primer
~schaltgetriebe *n* manual transmission (US), manual gearbox (GB)
~schalthebel *m*, ~schaltung *f* gearshift lever
~schlagschrauber *m* hand impact screwdriver
~schmierpresse *f* grease gun
hängendes Ventil drop valve
Hardtop *n* hard top
Hardyscheibe *f* rubber universal joint
Härten *n* **aus dem Einsatz** carburization quenching
Härteprüfung *f* **nach Brinell** Brinell hardness test
Hartgummi *m* ebonite
Hartlöten *n* brazing *n*
Haube *f* hood (US), bonnet (GB)
Haupt|behälter *m* main tank
~bremszylinder *m* brake master cylinder
~düse *f* main jet
~düsensystem *n* main discharge nozzle assembly
~lager *n* crankshaft bearing
~lager *npl* main bearings *pl*
~luftbehälter *m* main tank
~ölleitung *f* main oil supply line
~schalldämpfer *m* main muffler
~strom(öl)filter *n* full-flow oil filter
~vergasersystem *n* main discharge nozzle assembly
~welle *f* third motion shaft
~zündkabel *n* king lead
~zylinder *f* **für Kupplungsbetätigung** clutch master cylinder
~zylinderkolben *m* slave piston
HB = Brinell-Härte
H:B-Verhältnis *n* aspect ratio
HD = Hubdach
HD-Öl *n* HD engine oil
Hebel *f* **für Luftmenge** air volume lever
~feder *f* breaker spring
~lagerbuchse *f* insulating bushing
~stoßdämpfer *m* lever damper
Hebersäuremesser *m* hydrometer
Heck|antrieb *m* rear axle drive
~leuchtenkombination *f*, ~leuchteneinheit *f* tail lamp assembly
~motor *m* rear engine
~scheibe, heizbare heated rear window
~scheibenbeheizung *f* rear window heater
~scheibenwischer *m* rear wiper
Heißleiter *m* NTC resistor
Heißvulkanisation *f* hot vulcanizing
heizbare Heckscheibe heated rear window
Heiz|flansch *m* heating flange
~leiter *m* heating resistor
~scheibe *f* heated rear window
Heizung *f* heating *n*, heating system
Heizwert *m* calorific value
oberer ~ upper calorific value
unterer ~ lower calorific value
Heizwiderstand *m* heating resistor
Hilfs|bremse *f*, ~bremsanlage *f* auxiliary brake
~kraftbremse *f* servo-brake *n*, servo-brakes *pl*
~kraftlenkung *f* power-assisted steering
~rahmen *m* subframe *n*

German-English index

hinter|er Kolben rear piston
~e Überhanglänge rear overhang
~er Überhangwinkel rear overhang angle
Hinterachs|antrieb *m* rear axle drive
~brücke *f* rear axle assembly
~brückendeckel *m* rear axle cover
Hinterachse *f* mit doppelter Untersetzung double-reduction (rear) axle
~ mit Längsblattfedern Hotchkiss drive
Hinterachs|gehäusedeckel *m* rear axle cover
~körper *m* rear axle assembly
~schubstange *f* rear axle radius rod
~trichter *m* rear axle flared tube
~übersetzung *f* rear axle ratio
~welle *f* rear axle shaft
~wellenrad *n* differential side gear
Hintereinanderschaltung *f* series connection
Hinterradantrieb *m* rear-wheel drive, rear-axle drive
Hitzdrahtvoltmeter *n* thermal voltmeter
HKZ = Hochspannungskondensatorzündung
H$_o$ = oberer Heizwert
Hochdruck|ölpumpe *f* high-pressure oil pump
~schmiermittel *n* EP lubricant
~zusatz *m* EP additive
Hochleistungszündspule *f* transistorized ignition coil
Hochspannungs|kondensatorzündung *f* capacitor-discharge ignition system
~verteiler *m* mechanical high-tension distributor
höchster Gang top gear
Höcker *m* pip *n*
~bildung *f* piling *n*
Höhe *f* (unbelastet) vehicle height
Höhen|korrektor *m* altitude correction device [carburetor]
~korrektor *m*, ~korrekturventil *n* ground clearance compensator [suspension]
~schlag *m* radial runout
~sensor *m* altitude sensor
Hohlrad *n* annulus *n*
Hohlraum|konservierung *f*, ~versiegelung *f* hollow cavity insulation
Hohlventil *n* sodium-cooled valve
homokinetisches Gelenk constant-velocity (universal) joint
Honen *n* honing *n*
Horn *n* horn *n*
~druckknopf *m* horn button
Hosenträgergurt *m* shoulder harness
H$_u$ = unterer Heizwert
Hub *m* stroke *n* [engine]
~ (*eines Ventils*) valve lift

~Bohrverhältnis *n* stroke-bore ratio
~dach *n* tilting sunroof
~kolbenmotor *m* piston engine
~raum *m* capacity, displacement
~raumleistung *f* liter output
~verhältnis *n* stroke-bore ratio
~zapfen *m* crankpin
Hüftgurt *m* lap belt
Hump *m* hump *n*
Hupe *f* horn *n* [safety]
~ horn button [electrical system]
Hutablage *f* rear parcel shelf
Hutmutter *f* cap nut
Hydragasfederung *f* Hydragas suspension
Hydraulik|einheit *f* hydraulic unit
~flüssigkeit *f* hydraulic fluid
~getriebe *n* hydraulic transmission (system)
~hauptzylinder *m* brake master cylinder
~öl *n* brake fluid
~Radzylinder *m* wheel cylinder
~Rangierwagenheber *m* hydraulic trolley jack
~wagenheber *m* bottle jack
~zylinder *m* hydraulic lifter
hydraulisch betätigte Kupplung hydraulically-operated clutch
~e Bremse hydraulic brake
~e Kupplung fluid clutch
~e Leistungsbremse Froude brake
~er Bremskraftverstärker hydraulic brake servo
~er Stoßdämpfer hydraulic shock absorber
~er Stößel hydraulic valve tappet
~er Teleskopstoßdämpfer hydraulic telescopic shock absorber
~es Bremssystem hydraulic brake
~es Getriebe hydraulic transmission (system)
Hydrierung *f* hydrogenation
Hydrocracken *n* hydro-cracking *n*
hydrodynamisch|e Kupplung fluid clutch
~e Schmierung hydrodynamic lubrication
~er Drehmomentwandler torque converter
~es Getriebe torque converter
hydroelastische Radaufhängung Hydrolastic suspension
Hydroforming *n* hydroforming *n*
Hydrolastic-Federelement *n* Hydrolastic unit
Hydrolasticfederung *f*, Hydrolastic-Verbundfederung *f* Hydrolastic suspension
hydropneumatische Aufhängung hydropneumatic suspension
Hydrostößel *m* hydraulic valve tappet
Hyperforming *n* hydroforming *n*
Hypoid|getriebe *n* hypoid-gear pair

~**getriebeöl** *n* hypoid oil
~**Kegelräder-Antrieb** *m* hypoid-gear pair
~**öl** *n* hypoid oil
hypoidverzahnter Kegelradantrieb hypoid-gear pair

Impuls|former *m* pulse-shaping circuit
~**geberrad** *n* trigger wheel
Inbusschlüssel *m* hexagon-socket-screw key
indirekt wirkende obenliegende Nockenwelle indirect overhead camshaft
~**e Bremsung** indirect braking
~**e Einspritzung** indirect injection
Induktion *f* induction
Induktions|geber *m* pulse generator
~**geberrad** *n* trigger wheel
induktiv gesteuerte Transistorzündung inductive semiconductor ignition with induction-type pulse generator
Infrarot|-Abgasanalysator *m* infra-red exhaust gas analyzer
~**-Türschließanlage** *f* infrared remote locking
Ingenieurhammer *m* ball-pein hammer
Innen|backen(trommel)bremse *f* drum brake
~**beleuchtung** *f* interior lighting
innengekühlte Bremsscheibe ventilated brake disc
Innen|leuchten *fpl* interior lighting
~**rad** *n* (*Rad mit Innenverzahnung*) annulus *n*
~**raumbeleuchtung** *f* interior lighting
~**rotor** *m* inner rotor
~**rückspiegel** *m* driving mirror
~**sechskantschlüssel** *m* hexagon-socket-screw key
~**spiegel** *m* driving mirror
Instrumenten|brett *n*, ~**tafel** *f* dashboard
interkristalline Korrosion intercrystalline corrosion
Intervallschalter *m* (**für Scheibenwischer**) intermittent wiper control switch
Intervallwischen *n* intermittent wiping
Invar-Stahl *m* Invar steel
Iodlampe *f* iodine lamp
Isolator *m* spark plug insulator
~**fuß** *m* insulator nose
ISO-Leistungsmessung *f* ISO rating
Isolier|band *m* insulating tape
~**buchse** *f* insulating bushing
~**körper** *m* spark plug insulator
~**schlauch** *m* insulation tubing
~**spray** *n* damp-proofing sealant
~**stein** *m* spark plug insulator
~**stoffbuchse** *f* insulating bushing
Isomerisierung *f* isomerization

ISO-Messung *f* ISO rating
Iso-Oktan *n* iso-octane
Isopropanol *n* isopropanol
Isopropylalkohol *m* isopropanol

Kabel|klemmzange *f* crimping tool
~**querschnitt** *m* wire section
~**schuhklemmzange** *f* crimping tool
~**tülle** *f* rubber grommet
Kabriolett *n*, **Kabrio** *n* convertible *n*
Kalkseifenfett *n*, **kalkverseiftes Fett** lime stone base grease
kalte Zündkerze cold plug
Kälte|kompressor *m*, ~(**mittel**)**verdichter** *m* refrigerant compressor
Kaltstart *m* starting from cold
~**batterie** *f* cold-start battery
~**einrichtung** *f* cold start(ing) device *or* cold starter device
~**hebel** *m* cold-start lever
~**ventil** *n* start valve
Kaltvulkanisation *f* cold vulcanization
Kapazität *f* **in Ah** battery capacity
Kapselpumpe *f* rotor-type pump
Kardan|gelenk *n* cardan joint *or* Cardan joint
~**kreuz** *n*, ~**gelenkkreuz** *n* cardan spider
~**rohr** *n*, ~**stützrohr** *n* propeller shaft housing
~**tunnel** *m* propeller shaft tunnel
~**welle** *f* propeller shaft (GB), transmission shaft (US)
Karkasse *f* carcass
Karosserie *f* bodyshell
selbsttragende ~ integral (body) construction, integral body
Karosserieblech *n* automobile body sheet
Kastenwagen *m* box-van truck (US)
Kat *m* catalytic converter
Katalysator *m* catalyst *n*
~ catalytic converter
geregelter ~ computer-controlled catalytic converter
Katalysatoreinsatz *m* catalyst *n*
Katalysatorfahrzeug *n* vehicle equipped with a catalytic converter
katalytisches Cracken cracking *n*
Kat-Auto *n* vehicle equipped with a catalytic converter
Katodenstrahloszillograf *m* oscilloscope
Katzenauge *n* bull's eye
Kegel|kupplung *f* cone clutch
~**rad** *n* drive pinion
~**radantrieb, hypoidverzahnter** hypoid-gear pair
~**rollenlager** *n* taper roller bearing

German-English index

Kegel|schraubgetriebe *n* hypoid-gear pair
~sitzkerze *f* tapered seat plug
keilförmiger Brennraum wedge-type combustion chamber
Keilriemen *m* V-belt
~automatik *f* Variomatic (transmission)
~scheibenrad *n* crankshaft pulley
Kennzeichenleuchte *f* number plate light
Kerndurchmesser *m* core diameter
Kerosin *n* kerosene
Kerze *f* (*siehe auch:* Zündkerze) spark plug
Kerzen|bild *n* spark plug face
~bohrung *f* spark plug hole
~entstörstecker *m* spark plug suppressor
~gesicht *n* spark plug face
~gewinde *n* spark plug thread
~isolator *m* spark plug insulator
~kabel *n* spark plug lead
~loch *n* spark plug hole
~schlüssel *m* spark plug socket wrench (US), spark plug spanner (GB)
~schlüssel mit Kardangelenk spark plug wrench with swivel end
~sitz *m* spark plug seat
~stecker *m* spark plug connector
~stein *m* spark plug insulator
Kesselstein *m* scale *n*
Kettengetriebe *n*, **Kettentrieb** *m* chain and sprocket drive
Kfz-Elektrik *f* automotive electrics
Kfz-Technik *f* automotive engineering
Kick-down *m* kick-down *n*
Kilometerzähler *m* mileometer (GB), odometer (US)
Kilowatt *n* kilowatt
Kindersicherung *f* childproof lock
Kindersitz *m* child (safety) seat
kippbare Ladepritsche dumper
Kipper *m* dump truck
Kippgenerator *m* flip-flop *n* [electronics]
Kipphebel *m* rocker arm
~abdeckung *f* rocker cover
~achse *f* rocker shaft
Kippring *m* fulcrum ring
Kippschaltung, bistabile ~ flip-flop *n*
Kippstufe *f* flip-flop *n* [electronics]
K-Jetronic-Einspritzanlage *f* K-Jetronic fuel injection
Klappenstutzen *m* venturi
Klappscheinwerfer *m* retracting headlight
Klarlack *m* varnish *n*
Klauenkupplung *f* dog clutch
Klauenpolmaschine *f* claw-pole generator
Klauenring *m* synchronizer sleeve

kleinst|e Leerlaufdrehzahl minimum idle
~er Spurkreisdurchmesser turning lock
Klemmrollenfreilauf *m* overrunning clutch
Klimaanlage *f* air conditioning
Klingeln *n* pinking *n*
Klingelnbergverzahnung *f* palloid tooth system
Klopfbremse *f* anti-knock additive
klopfen *vi* knock *v* [engine]
Klopfen *n* pinking *n* [engine]
Klopfen *n* diesel knock [diesel engine]
Klopffestigkeit *f* anti-knock quality
Klopfregelung, elektronische ~ electronic spark control
Klopfsensor *m* knock sensor
Knarre *f*, **Knarrenschlüssel** *m* ratchet handle
Knautschzone *f* crush zone
Knicken *n*, **Knickung** *f* buckling *n*
Knüppelschaltung *f* floor-type gear shift
Kochpunkt *m* boiling point
Kofferraum *m* luggage compartment
Kohle|bürste *f* brush *n*
~bürstenfeder *f* brush spring
~hydrierung *f* coal hydrogenation
Kohlenmonoxid *n* carbon monoxide
Kohlenwasserstoff *m* hydrocarbon
  unverbrannte ~e unburned hydrocarbons *pl*
~emissionen *fpl* hydrocarbon emissions *pl*
~filter *m* hydrocarbon trap
Kolben *m* piston
  hinterer ~ rear piston
  konischer ~ tapered piston
  schwimmender ~ rear piston
  vorderer ~ front piston
  ~ mit geschlitztem Schaft split-skirt piston
Kolben|auge *n* piston boss
~beschleunigungspumpe, mechanisch betätigte piston accelerator pump
~boden *m* piston top
Kolbenbolzen *m* piston pin
  schwimmend gelagerter ~ floating piston pin
~auge *n*, **~lager** *n*, **~nabe** *f* piston boss
~bolzensicherung *f* piston pin retainer
Kolben|dämpfer *m* piston damper
~durchmesser *m* piston diameter
~fahne *f* plunger flange
~fresser *m* piston freezing
~hemd *n* piston body
~hub *m* stroke *n*, stroke travel
~kammerwirbelmotor *m* swirl-chamber diesel engine
~kippen *n* piston slap
~kraftmaschine *f* piston engine

658

~lenkarm *m* plunger flange
~luft *f* piston play
~mantel *m* piston body
~nase *f* deflector
~pumpe *f* piston pump
Kolbenring *m* piston ring
~ mit schräger Stoßfuge diagonal joint piston ring
~ mit überlapptem Stoß lap-ended piston ring
~flattern *n* piston ring flutter
~kleben *n* ring sticking
~ringnut *f* piston groove
~spannband *n*, ~spanner *m* piston ring compressor
~stecken *n* ring sticking
~steg *m* piston land
~stoß *m* piston ring gap
~tragkörper *m* piston ring zone
~zange *f* piston ring pliers
~zone *f* piston ring zone
Kolben|rücksetzzange *f* piston retracting tool
~schaft *m* piston body
kolbenseitiger Pleuelstangenkopf connecting rod small end
Kolben|spiel *n* piston play
~verdichter *m* piston displacement compressor
~werkstoff *m* piston material
~wirbelkammer *f* swirl chamber
kollektorlose Lichtmaschine three-phase alternator
Kollektorsäge *f* undercutting saw
Kombi *m* station wagon (US), estate car (GB)
Kombibremszylinder *m* combined brake cylinder
Kombinations|kraftwagen *m* station wagon (US), estate car (GB)
~schalter *m* steering column mounted switch
~zange *f* combination plier
kombiniertes Lenk- und Zündschloß combined ignition and steering lock
Kombi|schalter *m* column stalk
~wagen *m* station wagon (US), estate car (GB)
~zange *f* combination plier
Kommutatorsäge *f* undercutting saw
Kompressions|druckprüfer *m*, ~druckschreiber *m* compression tester
~druckverlusttester *m* pressure loss tester
~hub *m* compression stroke
~raum *m* compression chamber
~ring *m* compression ring
~takt *m* compression stroke
~verhältnis *n* compression ratio
Kompressor *m* air compressor
Kondensation *f* condensation

Kondensator *m* ignition capacitor [ignition]
~ condenser [heating&ventilation]
~zündung *f*, ~zündanlage *f* capacitor ignition (system)
Kondensatsperre *f* condensate shield
Kondenswasserschutz *m* condensate shield
Königswelle *f* vertical bevel drive
konischer Kolben tapered piston
Konstantan *n* constantan
Kontakt|abstand *m* contact gap
~brücke *f* contact bridge
~druck *m* contact pressure
kontaktgesteuerte Transistor-Spulenzündung breaker-triggered induction semiconductor ignition
Kontakt|kohle, federnde ~ central carbon brush
~kohlestift, mittlerer central carbon brush
kontaktlos gesteuerte Transistor-Spulenzündung breakerless inductive semiconductor ignition
~e Steuerung breakerless triggering
~e Transistorzündung contactless transistorized ignition
Kontakt|prellung *f* contact chatter
~satz *m* contact set
~scheibe *f* contact bridge
~steuerung *f* breaker triggering
~stift *m* contact breaker point
~träger, fester breaker fixed contact
~unterbrecher *m* contact breaker
~wanderung *f* contact pitting
~winkel, feststehender breaker fixed contact
kontinuierliche Kraftstoffeinspritzung K-Jetronic fuel injection
Kontrollampe *f*, **Kontrolleuchte** *f* indicator lamp
kontrolliertes Schleudern four-wheel drift
Konuskupplung *f* cone clutch
konventioneller Reifen cross-ply tire
Kopf|dichtung *f* cylinder head gasket
~kreis *m* tip circle
~produkte *npl* tops *pl*
~stütze *f* head restraint
Koppellenkerachse *f* dead beam axle
Körner *m* center punch (US), centre punch (GB)
Korngrenzenkorrosion *f* intercrystalline corrosion
Korrosion *f* corrosion
Korrosions|hemmer *m*, ~inhibitor *m*, ~schutzstoff *m* corrosion inhibitor
Kotflügel *m* fender (US), mudguard (GB)
~verbreiterung *f* wing extension

German-English index

Kracken *n* cracking *n*
Krad = Kraftrad
Kraftfahrspritze *f* fire brigade truck (US), fire-fighting vehicle
Kraftfahrzeug|getriebe *n* gearbox (GB), gear-case (US)
~**motor** *m* engine
~**reparaturwerkstatt** *f* motorcar repair shop (GB), automobile repair (US)
~**scheinwerfer** *m* headlamp
~**technik** *f* automotive engineering
~**zündspule** *f* ignition coil
Kraft|linien *fpl* lines of force
~**rad** *n* motorcycle
~**schlußbeiwert** *m* adhesion coefficient
Kraftstoff *m* fuel *n*
~**anlage** *f* fuel system
~**anzeiger** *m* fuel gage (US) *or* gauge (GB)
~**behälter** *m* fuel tank
~**doppelfilter** *n* two-stage fuel filter
~**-Druckleitung** *f* delivery pipe
~**druckregler** *m* fuel pressure regulator
Kraftstoffeinspritzung *f* fuel injection, gasoline injection (US), petrol injection (GB)
elektronische ~ electronic fuel injection
kontinuierliche ~ K-Jetronic fuel injection
Kraftstoff|(haupt)filter *n* fuel filter
~**leitung** *f* fuel line
~**leitungsfilter** *n* line-fitting fuel filter
~**-Luft-Verhältnis** *n* mixture ratio
~**mengenteiler** *m* fuel distributor
~**messer** *m* fuel gage (US) *or* gauge (GB)
~**nadelventil** *n* float needle valve
~**förderpumpe** *f* fuel pump
Kraftstoffpumpe *f* fuel pump
elektrische ~ electric fuel pump
Kraftstoffpumpen|membran *f* fuel pump diaphragm
~**stößel** *m* fuel pump tappet
kraftstoffreiches Gemisch rich mixture
Kraftstoff|speicher *m* fuel accumulator
~**system** *n* fuel system
~**tank** *m* fuel tank
~**verbrauch, spezifischer** specific fuel consumption
~**verdunstungsanlage** *f* evaporative emissions control system
~**vorratsanzeiger** *m* fuel gage (US) *or* gauge (GB)
Kraftübertragung *f* drive line
Kraftwagen *m* automobile
Kranwagen *m* motor crane
Krater *m* crater [electrical system]
Kreiselgebläse *n*, ~**lader** *m*, ~**verdichter** *m* centrifugal turbocharger
Kreiskolben *m* rotary piston
~**motor** *m* rotary piston engine
Kreuzscheibenkupplung *f* Oldham coupling
Kreuzschlitz|schraube *f* recessed-head screw
~**schraubendreher** *m* Phillips screwdriver
Kreuzschlüssel *m* wheel brace
Kriechfunkenstrecke *f* leakage path
Kriechöl *n* penetrating oil
Kriechstrom *m* surface leakage current
~**festigkeit** *f* leakage resistance
Kriechwegbildung *f* tracking *n*
Kronenmutter *f* castle nut
Krümmer *m* manifold *n*
Kugel|ausrücklager *n* thrust ball bearing
~**brennraum** *m* spherical combustion chamber
~**drucklager** *n* thrust ball bearing
Kugelgelenk *n* Birfield constant-velocity joint
oberes ~ upper ball joint
unteres ~ lower ball joint
Kugel|graphitguß *m* spheroidal iron
~**lager** *n* ball bearing
~**mutter-Lenkgetriebe** *n* recirculating ball steering
~**schaltung** *f* floor-type gear shift
~**schmiernippel** *m* ball-type lubricating nipple
~**umlauflenkung** *f*, ~**umlauflenkgetriebe** *n* recirculating ball steering
Kühler *m* radiator
~**auslaufstutzen** *m* radiator outlet connection
~**block** *m* radiator core
~**einlaufstutzen** *m* radiator inlet connection
~**haube** *f* radiator hood (US), radiator bonnet (GB) [cooling system]
~**haube** *f* hood (US), bonnet (GB) [vehicle body]
~**alousie** *f* radiator shutter
~**kern** *m* radiator core
~**oberkasten** *m* radiator top tank
~**schlauch** *m* radiator hose
~**schutzhaube** *f* radiator hood (US), radiator bonnet (GB)
Kühlfahrzeug *n* refrigerated vehicle
Kühlflüssigkeit *f* coolant *n* [engine]
~ refrigerant *n* [heating & ventilation]
Kühlflüssigkeitsthermometer *n* water temperature gage (US) *or* gauge (GB)
Kühlkörper *m* diode housing
Kühlkreislauf, versiegelter ~ sealed cooling system
Kühlmittel *n* coolant *n* [engine]
~ refrigerant *n* [heating & ventilation]
~**pumpe** *f* cooling pump, water pump

Index Deutsch-Englisch

~regler *m* thermostat
~temperatursensor *m* coolant temperature sensor
Kühlnetz *n* radiator core
Kühlrippe *f* radiating fin
Kühlrippen *fpl* cooling fins *pl*
Kühlsystem *n* cooling system
Kühlung *f* cooling system
Kühlwasser *n* cooling water
~ausfluß *m* radiator outlet connection
~einlauf *m* radiator inlet connection
~fernthermometer *n* water temperature gage (US) *or* gauge (GB)
~mantel *m* water galleries
~pumpe *f* water pump
~schlauch *m* radiator hose
~temperaturfühler *m* coolant temperature sensor
~temperaturregler thermostat
~temperaturwarnleuchte *f* cooling water control light
~thermostat thermostat
Kunstharz|kleber *m*, ~leim *m* synthetic resin glue
~lack *m* synthetic resin enamel
Kunststoff, glasfaserverstärkter ~ glass-(fibre) reinforced plastic
Kupfer *n* copper
~asbestdichtung *f* copper-asbestos gasket
Kupplung *f* clutch *n*
   drehzahlgeschaltete ~ centrifugal clutch
   hdraulisch betätigte ~ hydraulically-operated clutch
   hydraulische ~ fluid clutch
   hydrodynamische ~ fluid clutch
   mechanische ~ mit Gestänge rod-operated clutch
   mechanische ~ mit Seilzug cable-operated clutch
Kupplungs|ausrückfeder *f* clutch release spring
~ausrückgabel *f* clutch fork
~ausrücklager *n* release bearing
~ausrückmechanismus *f* clutch pressure plate mechanism
~belag *m* clutch lining
~deckel *m* clutch cover
~druckfeder *f* clutch spring
~drucklager *n* release bearing
~druckplatte *f* pressure plate
~einstellung *f* clutch adjustment
~führungsdorn *m* clutch centering pin (US) *or* centring pin (GB)
~fußhebel *m* clutch pedal

~gabel *f* clutch fork
~gehäuse *n* clutch housing, bell housing
~gestänge *n* clutch operating linkage
~glocke *f* bell housing
~hauptzylinder *m* clutch master cylinder
~kontrolleuchte *f* clutch monitor lamp
~kontrolloch *n* clutch inspection hole
~korb *m* clutch cage
~nehmerzylinder *m* clutch output cylinder
~pedal *n* clutch pedal
~pedalspiel *n* clutch pedal clearance
~reibbelag *m* clutch lining
~rupfen *n* grabbing of clutch
~scheibe *f* driven plate assembly
~scheibe, treibende pressure plate
~seilzug *m* clutch cable
~spiel *n* clutch pedal clearance
~welle *f* clutch shaft
Kurbelgehäuse *n* crankcase
~abgase *npl* blow-by gases
~oberteil *n* crankcase top half
~unterteil *n* crankcase bottom half
~(zwangs)entlüftung *f* crankcase ventilation (system)
Kurbel|kammer *f* crankcase
~kasten *m* crankcase
~trieb *m* crankshaft drive
~wange *f* crankweb
~wannensumpf *m* crankcase bottom half
~welle *f* crankshaft
Kurbelwellen|abdichtung *f* crankshaft oil seal
~ausgleichgewicht *n* crankshaft counterbalance
~dichtung *f* crankshaft oil seal
~drehzahl *f* engine speed
~lager *n* crankshaft bearing
~paßlager *n* crankshaft central bearing
~zapfen *m* crankshaft journal
Kurbelzapfen *m* crankpin
kurvenäußeres Rad outer wheel
kurveninneres Rad inner wheel
Kurvenscheinwerfer *m* side beam headlamp
Kurzgewindekerze *f* short-reach plug
Kurzhubmotor *m*, kurzhubiger Motor oversquare engine
Kurzschlußventil *n* bypass valve
Kurzstreckenzähler *m* trip mileage indicator
kW = Kilowatt

Lackierpistole *f* spray gun
Lack|pflegemittel *n* lacquer preservative
~spachtel *m* surfacer
~sprühdose *f* paint spray can

German-English index

Lade|aggregat *n* battery charger
~anzeigelampe *f*, **~anzeigeleuchte** *f* charging control lamp
~gerät *n* battery charger
~kapazität *f* battery capacity
~kontrolleuchte *f*, **Ladekontrolle** *f* charging control lamp
~leitung *f* charging cable
~pritsche *f*, **kippbare** dumper
~pumpe *f* blow pump
Lader *m* supercharger
Laderaum *m* loading space
Ladermotor *m* supercharged engine
Ladeschalter *m* cutout relay
Ladestrom *m* charge current
~kontrolleuchte *f* charging control lamp
Ladeteil *m* charging stage
Ladezustand *m* state of charge
Ladungsschichtung *f* stratified charge
Lager *n* bearing *n*
  selbstschmierendes ~ self-lubricating bearing
Lagermetall *n* bearing metal
Lambda *n* air ratio
~fenster *n* lambda window
~regelung *f* A/F control
~sonde *f* lambda probe
Lamellen|kühler *m* fin-type radiator
~kupplung *f* multi-plate clutch
Landstraßenzyklus *m* highway cycle
Länge über alles vehicle length
Längenausgleich *m* slip joint
Langgewindekerze *f* long-reach plug
Längs|lager *n* axial bearing
~lenker *m* trailing arm
~neigung *f* pitch *n*
Läppmasse *f*, **~mittel** *n* lapping compound
lastabhängiger Bremskraftregler load-sensing valve
Lastkraftwagen *m* truck (US), lorry (GB)
Lastwagen *m* **mit Pritschenaufbau** platform lorry (GB), flatbed truck (US)
Latsch *m* contact patch
Laufbuchse *f (eines Zylinders)* cylinder liner (GB), cylinder sleeve (US)
  nasse ~ wet cylinder liner (GB), wet cylinder sleeve (US)
  trockene ~ dry cylinder liner (GB), dry cylinder sleeve (US)
Läufer *m* rotor [electrical system]
  ~ rotary piston [engine]
Läufersekundärschale *f* turbine
Lauffläche *f*, **~streifen** *m* tread *n* [tires]
Lautsprecher *m* speaker
Lawinendiode *f* Zener diode

Lecköl anschluß *m* overflow oil line connection
LED-Anzeige *f* LED indicator
Leergewicht *n* empty weight, unloaded weight, curb weight (US), kerb weight (GB)
Leerlauf *m* idle running [engine]
  ~ neutral position [transmission]
    schneller ~ fast idle
  ~abschaltventil *n* idle cutoff valve
  ~anschlagschraube *m* throttle stop screw
Leerlaufdrehzahl *f* idling speed
  erhöhte ~ fast idle
  kleinste ~ minimum idle
Leerlauf|düse *f* idling jet
~einstellung *f* idling adjustment
~gemisch-Regulierschraube *f* idle mixture control screw
~luftschraube *f* idle air adjusting screw
~stellung *f* neutral position
~system *n* idling system, idle fuel system
~ventil, elektromagnetisches idle cutoff valve
Leerweg *m* **des Bremspedals** brake pedal free travel
Legierung *f* alloy *n*
Leichtbenzin *n* light gasoline
Leichtmetall *n*, **~legierung** *f* light metal alloy
~kolben *m* light metal piston
Leichtöl *n* benzol
Leistung *f* power *n*
  abgegebene ~ power output
  spezifische ~ liter output
Leistung nach DIN DIN rating
Leistungsbremse *f* dynamometer brake
  elektrische ~ electrical dynamometer
  hydraulische ~ Froude brake
Leistungsmessung *f* **nach SAE** SAE rating
Leiterquerschnitt *m* wire section
Leiterrahmen *m* longitudinal frame
Leitrad *n* reactor
Leitung *f* wire *n*
Leitungs|prüfer *m* ohmmeter
~querschnitt *m* wire section
Lenk|achse *f* steering axle
~anlaßschloß *n* combined ignition and steering lock
~arm *m* track rod arm (GB), track arm
~einschlag *m* steering lock
~fingergetriebe *n* cam and peg steering
~gestänge *n* steering linkage
~getriebe *n* steering gear
~hebel *m* steering lever
~helfpumpe *f* high-pressure oil pump
~hilfe *f* power-assisted steering
~rad *n* steering wheel

~radschaltung *f* steering column gear change
~radschloß *n* steering column lock
~ritzel *n* rack pinion
~rohr *n* steering column jacket
Lenkrollhalbmesser *m* offset radius
  negativer ~ negative offset
  positiver ~ positive offset
Lenksäule *f* steering column
  energieabsorbierende ~ energy-absorbing steering column
  zusammenschiebbare ~ collapsible steering column
Lenksäulen|rohr *n* steering column jacket
~schalter *m* steering column mounted switch
Lenkschloß *n* mit Zündanlaßschalter combined ignition and steering lock
Lenkschloßschlüssel *m* ignition key
Lenk|schnecke *f* worm
~spindel *f* steering shaft
~spurstange *f* tie bar (US), track rod (GB)
~stockhebel *m* drop arm (GB), Pitman arm (US)
~stockschalter *m* steering column mounted switch
~stützrohr *n* steering column jacket
~trapez *n* Ackermann steering
~übersetzung *f*, ~übersetzungsverhältnis *n* steering reduction ratio
Lenkung *f* steering *n*
  manuelle ~ manual steering
Lenkungsölpumpe *f* high-pressure oil pump
Lenkungsspiel *n*? steering free travel
Lenk|verbindungsstange *f* tie bar (US), track rod (GB)
~welle *f* steering shaft
~zapfen *m* kingpin
~zapfensturz *m* steering axis inclination (US), kingpin inclination
~zwischenhebel *m* idler arm
Leuchtweiten|einstellung *f*, ~regler *m*, ~versteller *m* headlamp leveler
Licht|anlaßzünder *m* combined lighting and starting generator
~blitzstroboskop *n* stroboscopic timing light
~bogenschweißung *f* electric arc welding
~hupe *f* headlight flasher
Lichtmaschine *f* alternator
  kollektorlose ~ three-phase alternator
Lichtmaschinen|befestigungsschraube *f* adjusting-bracket bolt
~kontrolleuchte *f* charging control lamp
Liefer|fahrzeug *n* delivery van
~grad *m* volumetric efficiency
~wagen *m* delivery van
Liftachse *f* lifting axle

LiMa = Lichtmaschine
Limousine *f* saloon car (GB), sedan *n* (US)
  viertürige ~ four-door sedan (US) *or* saloon (GB)
Linksgewinde *n* left-handed thread
Literleistung *f* liter output
Lithiumseifen(schmier)fett *n*, lithiumverseiftes Fett lithium-based grease
L-Jetronic L-Jetronic
Lkw *m* truck (US), lorry (GB)
LM = Leichtmetall
Lochdüse *f* orifice nozzle
Löcher, vorvulkanisierte ~ stud holes
Loch|fraß *m*, ~korrosion *f* pitting *n*
Losbrechmoment *n* starting torque
Löschfahrzeug, motorisiertes ~ fire brigade truck (US), fire-fighting vehicle
loskuppeln *v* uncouple *v*
Löten *n* soldering *n*
Lötkolben *m* soldering iron
Lötung *f* soldering *n*
Lubrizität *n* oiliness
Luft|ansaugkanal *m* mixing chamber
~behälter *m* air reservoir
Luftdruck *m* tire inflating pressure [tires]
  barometrischer ~ atmospheric pressure
~prüfer *m* tire gage (US) *or* gauge (GB)
Luft|einblasesystem *n* air injection system
~einblasung *f* air injection
lüften *vt* bleed *v* [brakes]
Lüften *n* der Bremsen brake bleeding
Lüfter *m* fan *n*
~ mit Viscokupplung viscose radiator fan
~kupplung *f* fan clutch
~rad *n* fan wheel
~riemen *m* fan belt
Luftfeder *f* air spring
Luftfilter *m* air filter
luftgekühlter Motor air-cooled engine
Luft|kissen *n* air bag
~klappe *f* choke flap
~korrekturdüse *f* air correction jet
Luftkühlung *f* air cooling
  Motor mit ~ air-cooled engine
luftlose Einspritzung solid injection
Luft|mengenmesser *m* airflow meter [emission control], airflow sensor [injection]
~presser *m* air compressor
~reifen *m* tire *n*
~röhrenkühler *m* honeycomb radiator
~sack *m* air bag
~schlauch *m* inner tube
~spalt *m* electrode gap
~speicher *m* air cell

German-English index

Luftspeicher(-Diesel)motor *m* air-cell diesel engine
Lüftspiel *n (der Bremsen)* brake clearance
Luft|trichter *m* venturi
~**ventil** *n* valve
~**ventileinsatz** *m* valve core
~**verhältnis** *n* air ratio
~**verschmutzung** *f* pollution
~**verteilschalter** *m* air distribution switch
~**widerstand** *f* air resistance
~**widerstandsbeiwert** *m*, ~**widerstandszahl** *f* drag coefficient
~**wirbelkammer** *f* swirl chamber
~**zahl** *f* air ratio
Lumen *n* lumen
Lüsterklemme *f* insulating screw joint
Lux *n* lux

MacPherson-Federbein *n* MacPherson strut
Madenschraube *f* headless setscrew
mageres Gemisch lean mixture
Magnet|abscheider *m* magnet filter
~**anlaßschalter** *m* solenoid unit
~**feld** *n* magnetic field
~**filter** *n* magnet filter
magnetisch|er Geber pulse generator
~**es Feld** magnetic field
Magnet|pulverkupplung *f* magnetic powder clutch
~**schalter** *m* solenoid unit
~**schranke** *f* ignition vane switch
~**ventil** *n* solenoid valve
~**zündanlage** *f* magneto ignition
~**zünder** *m* magneto
~**zündung** *f* magneto ignition
Make-up-Spiegel *m* make-up mirror
Manometer *n* pressure gage (US) *or* gauge (GB)
manuell|e Bremsbackennachstellung brake adjustment
~**e Lenkung** manual steering
MAO-Lufteinblasesystem *n* manifold air oxydation
Markierung *f* **für die Zündeinstellung** timing mark
Masse, aktive ~ active materials
  gefederte ~ sprung mass
  ungefederte ~ unsprung mass
  wirksame ~ active materials
~**band** *n* ground strap (US), earth strap (GB)
~**elektrode** *f* ground electrode (US), earth electrode (GB)
~**rückleitung** *f* ground return (US), earth return (GB)
~**schluß** *m* short circuit to ground

~**verbindung** *f* ground strap (US), earth strap (GB)
Matsch- und Schneereifen *m* mud and snow tire
mechanisch betätigte Kolbenbeschleunigungspumpe piston accelerator pump
~**e Kupplung mit Gestänge** rod-operated clutch
~**e Kupplung mit Seilzug** cable-operated clutch
~**er Drehzahlregler** centrifugal governor
~**er Regler** centrifugal governor
Mehr|bereichsöl *n* multigrade oil
~**funktionsanzeige** *f* multifunction display
~**impulsaufladung** *f* multi-pulse charging
~**loch(einspritz)düse** *f* multi-hole nozzle
~**scheibenkupplung** *f* multi-plate clutch
~**schichtenglas** *n* laminated (safety) glass
~**stoff(-Diesel)motor** *m* multi-fuel engine
~**ventilmotor** *m* multivalve engine
~**zweckfett** *n* multi-purpose grease
~**zylindermotor** *m* multicylinder engine
Melaminharz *n* melamine resin
Membran|beschleunigungspumpe *f* diaphragm accelerator pump
~**block** *m* diaphragm unit
~**dose** *f* vacuum advance
~**federkupplung** *f* diaphragm clutch
~**pumpe** *f* diaphragm pump
~**regler** *m* suction governor
Mengenteiler *m* fuel distributor
Meßfühler *m* sensor
Meßgeber *m* sensor
Messing *n* brass
Meß|projektor *m* measuring projector
~**schieber** *m* slide caliper
~**schraube** *f* micrometer screw
~**spindel** *f* hydrometer
~**uhr** *f* dial gage (US) *or* gauge (GB)
~**wertgeber** *m* sensor
~**zeiger** *m* dial gage (US) *or* gauge (GB)
Metall-Asbest-Dichtung *f* metal-asbestos gasket
metallbeschichtete Zündverteilerkappe screened distributor cap
Metallic-Lack *n*, **Metalleffektlack** *m* metallic finish
Methan *n* methane
Methanol *n*, **Methylalkohol** *m* methanol
Microcomputer *m (des Einspritzsystems)* digital control box [electronics]
Mindest|drehzahl *f* minimum idle
~**profiltiefe** *f* minimum tread thickness
Mineralöl *n* mineral oil

minimaler Brennraum compression chamber
Minitester *m* minitester
Minivan *m* minivan
Minus|diode *f* negative diode
~**platte** *f* negative plate
Misch|kammer *f* mixing chamber
~**kanal** *m* venturi
~**reibung** *f* mixed friction
~**rohr** *n* emulsion tube
Mischungs|schmierung *f* mixture method lubrication
~**verhältnis** *n* mixture ratio
Mitnehmerscheibe *f* driven plate assembly
Mittel|bolzen *m* spark plug terminal pin
~**elektrode** *f* center electrode (US), centre electrode (GB)
~**elektroden-Zuleitung** *f* spark plug terminal pin
~**rohrrahmen** *m* central tube frame
~**schaltung** *f* floor-type gear shift
mittlerer Kontaktkohlestift central carbon brush
Modul *m* (**eines Zahnrads**) module *n*
Molybdändisulfid *n* molybdenum disulfide (US) *or* disulphide (GB)
Momentanpol *m*, **Momentanzentrum** *n* instantaneous center of rotation
Montiereisen *n* tire mounting lever
Motor *m* engine
~ motor *n* [electrical system]
  luftgekühlter ~ air-cooled engine
  obengesteuerter ~ overhead-valve engine
  obengesteuerter ~ **mit obenliegender Nockenwelle** overhead camshaft engine
  querstehender ~ transverse engine
  seitengesteuerter ~ side-valve engine
  wassergekühlter ~ water-cooled engine
~ **mit Eigenzündung** compression-ignition engine
~ **mit Kerzenzündung** spark-ignition engine
~ **mit Kompressionszündung** compression-ignition engine
~ **mit Ladungsschichtung** stratified-charge engine
~ **mit Luftkühlung** air-cooled engine
~ **mit obenliegender Nockenwelle** overhead camshaft engine
~ **mit Querstromspülung** three-port two-stroke engine
~ **mit Selbstzündung** compression-ignition engine
~ **mit Wasserkühlung** water-cooled engine
Motor|antenne *f* power-operated car aerial
~**auspuffgas** *n* exhaust gas
~**belüftungsschlauch** *m* breather (pipe)

~**bremse** *f* engine brake
~**deckel** *m* hood (US), bonnet (GB)
~**drehmoment** *n* engine torque
~**drehzahl** *f* engine speed
~**einstellung** *f* tuning *n*
Motorenkraftstoff *m* fuel *n*
Motoren(schmier)öl *n* engine oil
Motorhaube *f* hood (US), bonnet (GB)
motorisiertes Löschfahrzeug fire brigade truck (US), fire-fighting vehicle
Motor|kennlinien *fpl* engine characteristics
~**leerlauf** *m* idle running
~-**Methode** *f* Motor method
~-**Oktanzahl** Motor octane number
~**öl** *n* engine oil
~**öldruck** *m* engine oil pressure
~**rad** *n* motorcycle
~**raum** *m* engine compartment
~**raumhaube** *f* hood (US), bonnet (GB)
~**roller** *m* motor scooter
~**saugrohr** *n* inlet manifold
~**schmieröl** *n* engine oil
~-**Staudruckbremse** *f* engine brake
~**steuerung** *f* valve control
~**steuerungssystem, digitales** digital engine control
Motorwelle *f* central power-output shaft
Motronic-System *n* Motronic system
MOZ = Motor-Oktanzahl
Multivibrator, bistabiler ~ flip-flop *n*
M+S-Reifen *m* mud and snow tire
Muskelkraftlenkung *f* manual steering
Mutter *f* nut

Nabe *f* hub
Naben|deckel *f*, ~**kappe** *f* axle cap
~**mutter** *f* hub-securing nut
nachbohren *v* rebore *v*
Nachbrenner *m* afterburner
Nachdieseln *n* run-on *n*
Nachfüll|behälter *m* brake-fluid reservoir
~**wasser** *n* distilled water
Nachlauf *m* caster
Nachlaufbohrung *f* reservoir port
Nachlaufen *n* run-on *n*
Nachlaufwinkel *m* caster angle
Nachspur *f* toe-out *n*
Nachstellen *n* **des Kupplungsspiels** clutch adjustment
Nachstellung *f* **der Bremsen** brake adjustment
Nachverbrenner *m* thermal exhaust manifold reactor
Nachverbrennung *f* afterburning *n*
Nachverbrennungsanlage *m* afterburner

German-English index

Nachzündung f self-ignition, run-on n
Nackenstütze f head restraint
Nadel|düse f fuel jet bush
~lager n needle bearing
~ventil n float needle valve
Nageln n diesel knock
Nagelreifen m studded tire
Nahentstörung f intensified interference suppression
Nase f deflector
Nasen|kolben m deflector piston
~ring m control ring
nasse (Zylinder-)Laufbuchse wet cylinder liner (GB), wet cylinder sleeve (US)
Naß|filter m, **~luftfilter** m wet-type air cleaner
~kupplung f wet clutch
natriumgekühltes Ventil sodium-cooled valve
Natronseifenfett, natronverseiftes Fett sodium-based grease
Naturgas n natural gas
Navigationshilfe f navigation aids
Nebel|rückleuchte f fog tail lamp
~scheinwerfer m fog light
~schlußleuchte f fog tail lamp
Neben|einanderschaltung f parallel connection
~luft f air leak
~lufttrichter m secondary venturi
~rahmen m subframe n
~stromfilter n bypass oil cleaner
negativ|e Platte negative plate
~e Spur toe-out n
~er Lenkrollhalbmesser negative offset
~er Sturz, ~er Radsturz negative camber
Nehmerzylinder m clutch output cylinder
Nennspannung f rated voltage
Neugummierung f recapping n
n-Heptan n normal heptane
nichtrostender Stahl stainless steel
nichtschaltbare Kupplung coupling n
Nickbewegung f pitching (motion)
Nicken n pitch n
Nickschwingung f pitching (motion)
Nieder|gang m downstroke
~querschnittreifen m low-section tire
~spannungsleitung f low-voltage cable
Niet m oder n rivet n
Nirosta™ stainless steel
Nitrieren n, **Nitrierhärtung** f nitriding n
Nitrierstahl m nitride steel
Nitrilkautschuk m nitrile rubber
Nitro(zellulose)lack m nitrocellulose lacquer
Niveau|ausgleich m automatic leveling system
~kontrolle f **der Bremsflüssigkeit** brake-fluid level gauge

~regelung f automatic leveling system
~regler m ground clearance compensator
~regulierung f automatic leveling system
Nocken m cam
Nockenstößel m valve tappet
Nockenwelle f camshaft
   direkt wirkende obenliegende ~ direct-acting overhead camshaft
   doppelte ~ twin camshaft
   doppelte obenliegende ~ dual overhead camshaft
   indirekt wirkende obenliegende ~ indirect overhead camshaft
Nockenwellen|antrieb m camshaft drive
~rad n timing gear
Noniusschieblehre f slide caliper
Normal|benzin n regular grade
~heptan n normal heptane
~oszillogramm n normal pattern
NO$_x$ = Stickoxide
NTC-Widerstand NTC resistor
Nullförderung f no delivery
Nummernschildleuchte f number plate light
Nuß f socket
nutzbare Dauerleistung power output
Nutz|fahrzeug n commercial vehicle
~last f payload
~leistung f power output
~raum m loading space

obengesteuert|er Motor overhead-valve engine
~er Motor mit obenliegender Nockenwelle overhead camshaft engine
~es Ventil drop valve
obenliegende Nockenwelle overhead camshaft
Obenring m top piston ring
ober|e Totlage top dead center (US) or centre (GB)
~er Dreieckslenker top wishbone
~er Heizwert upper calorific value
~er Totpunkt top dead center (US) or centre (GB)
~er Wasserkasten radiator top tank
~es Kugelgelenk upper ball joint
~es Pleuelauge connecting rod small end
Oberflächenzündung f surface ignition
Oberleitung f overhead line
Oberleitungsomnibus m trackless trolley (US), trolleybus (GB)
O-Bus, Obus = Oberleitungsomnibus
Öffner m break contact
Öffnungs|druck m nozzle opening pressure
~funke m break spark
~kontakt m break contact

ohc-Motor, OHC-Motor *m* overhead camshaft engine
Ohm *n* ohm
Ohmmeter *n* ohmmeter
ohv-Motor, OHV-Motor *m* overhead-valve engine
Oktanzahl *f* octane number
~ **nach der Researchmethode** Research octane number
~ **nach der Motor-Methode** Motor octane number
Öl *n* oil
   dünnflüssiges ~ low-viscosity oil
   ~ **für Zweitaktmotoren** two-stroke oil
Öl|ablaßschraube *f*, ~**ablaßstopfen** *m* oil sump plug
~**abstreifring** *m*, ~**abstreifer** *m* oil scraper ring
~**badluftfilter** *n* oil-bath (air) cleaner
~**behälter** *m* oil reservoir [suspension]
~**behälter** *m* oil reservoir [lubrication]
~**bohrung** *f* oil drilling
Oldham-Kupplung *f* Oldham coupling
Öldruck *m* oil pressure, engine oil pressure
~**bremse** *f* hydraulic brake
~**kontrolleuchte** *f*, ~**kontrollicht** *n* oil pressure indicator lamp
~**schalter** *m* oil pressure switch
Öl|einfüllpistole *f* oil suction gun
~**filter** *n* oil filter
~**filterdichtungsring** *m* oil filter gasket
~**grobfilter** *n* oil pump strainer
~**kohle** *f*, **Ölkohlebelag** *m* oil-carbon deposit
~**kühler** *m* oil cooler
~**loslager** *n* self-lubricating bearing
~**manometer** *n* oil pressure gage (US) *or* gauge (GB)
~**meßstab** *m*, ~**peilstab** *m* crankcase oil dipstick
~**pumpe** *f* oil pump
~**pumpensieb** *n* oil pump strainer
~**pumpenwelle** *f* oil pump spindle
~**ruß** *m* oil-carbon deposit
~**schäumen** *n* foaming *n*
~**schlamm** *m* oil sludge
~**spritzpistole** *f* oil suction gun
~**spritzring** *m* oil thrower
~**stab** *m* crankcase oil dipstick
~**standskontrollschraube** *f* **des Getriebes** oil level plug
~**thermometer** *n* oil thermometer
~**überdruckventil** *n* oil pressure relief valve
~**verbrauch** *m* oil consumption
~**verdünnung** *f* oil dilution
~**wechsel** *m* oil change
Opazimeter *n* opacimeter

optisches Achsvermessungsgerät optical wheel-alignment analyzer
O-Ring *m* O-ring
Oszilloskop *n* oscilloscope
OT = oberer Totpunkt
Otto|kraftstoff *m* gasoline (US), petrol (GB)
~**motor** *m* internal combustion engine, spark-ignition engine
~**verfahren** *n* four-stroke process
Overdrivegetriebe *n* overdrive *n*
Oxidation, anodische ~ anodic oxidation
Oxidations|inhibitor *m* oxidation inhibitor
~**katalysator** *m* oxidizing converter
~**verzögerer** *m* oxidation inhibitor
OZ = Oktanzahl
OZ-Verbesserer *m* anti-knock additive

Palladium *n* palladium
Palloid-Verzahnung *f* palloid tooth system
Panhardstab *m* Panhard rod
Pannenwarndreieck *n* warning triangle
Panzerventil *n* hard-faced valve
Parabolspiegel *m* reflector
Paraffin-Stockpunkt *m* cloud point
Parallel|endmaß *n* block gage (US) *or* gauge (GB)
~**kondensator** *m* parallel capacitor
~~**Querlenkerradaufhängung** *f* parallel-arm type suspension
~**schaltung** *f* parallel connection
Parksperre *f* parking lock
Partikelfilter *n* particulate trap
Partikeln *npl* particulates *pl*
passiv|e Rückhalteeinrichtung passive restraint system
~**e Sicherheit** passive security
~**es Rückhaltesystem** passive restraint system
Paß|lager *n* crankshaft central bearing
~**scheibe** *f* shim *n*
~**schraube** *f* body-fit bolt
Pd = Palladium
Pendelachse *f* swing axle
Personenkraftwagen *m* passenger car
Petroleum *n* petroleum
Pfeilverzahnung *f* herringbone gear(ing)
Pferdestärke *f* horsepower
Phenolharz *n*, **Phenoplast** *n* phenolic resin
Phosphatierung *f* phosphatizing *n*
photoelektrischer Drehzahlmesser photo-electric tachometer
PIB = Polyisobutylen
Pigment *n* pigment
Pilzstößel *m* mushroom tappet
Pilzventil *n* mushroom valve

German-English index

Pkw *m* passenger car
Planeten|getriebe *n* planetary transmission
~kreuz *n* differential pinion spider
~rad *n* planet wheel
~radsatz *m* planetary transmission
~radträger *m* planet carrier
Plastifikator *m* plasticizer
Plastigage-Kunststoffaden *m* plastigage *n*
Platformieren *n*, **Platforming-Verfahren** *n* platforming *n*
Platin *n* platinum
~elektrode *f* platinum electrode
Platte, negative ~ negative plate
positive ~ positive plate
Plattenspaltfilter *n* disc filter
Plattform *f* platform
Pleuel *m* connecting rod
~auge, oberes connecting rod small end
~auge, unteres connecting rod big end
~buchse *f* piston pin bushing
~deckel *m* connecting rod cap
~fuß *m* connecting rod big end
~kopf *m* connecting rod small end
~lager *n* connecting rod bearing
~lager, ausgelaufenes run bearing
~lagerzapfen *m* crankpin
~schaft *m* connecting rod shank
~stange *f* connecting rod
~stangenkopf, kolbenseitiger connecting rod small end
Plus|diode *f* positive diode
~platte *f* positive plate
~zuführung *f* **hinter dem Zündschloß** ignition-controlled feed
Ply-Rating *n* ply rating
PMMA = Polymethacrylat
pneumatischer (Drehzahl-)Regler suction governor
Pol *m* terminal *n*
Polierpaste *f* polishing paste
Polyesterspachtelmasse *f* polyester putty
Polyisobutylen *n* polyisobutylene
Polymerisation *f* polymerization
Polymethacrylat *n* polymethylacrylate
Polystyrol *n* polystyrene
Porzellanisolator *m* porcelain insulator
positiv|e Platte, ~e Gitterplatte positive plate
~e Spur toe-in *n*
~er Auftrieb lift *n*
~er Lenkrollhalbmesser positive offset
~er Sturz, ~er Radsturz positive camber
Potentialabfall *m* voltage drop
ppm *(parts per million)* parts per million
Prellen *n* **der Kontakte** contact chatter

Preß|schmierung *f* forced-feed lubrication
~schweißung *f* pressure welding
primäre Spule primary winding
Primär|backe *f* leading brake shoe
~bild *n* primary pattern
~kondensator *m* ignition capacitor
~kreis *m* primary circuit
~manschette *f* primary cup
~oszillogramm *n* primary pattern
~pumpe *f* primary pump
~strom *m* primary current
~stromkreis *m* primary circuit
~stromunterbrecher *m* contact breaker
~wicklung *f* primary winding
Pritsche *f* platform
Pritschenwagen *m* platform lorry (GB), flat-bed truck (US)
Profil|abnutzungsanzeiger *m* tread wear indicator
~rinne *f* drainage channel
Programmtester *m* program tester
Pronyscher Zaum Prony brake
Protektor *m* tread *n*
Prüf|düsenhalter *m* test nozzle holder
~lampe *f* test lamp
~steckdose *f* diagnostic connector
PR-Zahl *f* ply rating
PS = Pferdestärke
Pt = Platin
Pullmanlimousine *f* limousine
Pulverlöscher *m* fire extinguisher
Pumpen|düse *f* united injector [injection]
~düse *f* acceleration jet [carburetor]
~hebel *m* pump lever
~kolben *m* pump plunger
~rad *n* impeller
~umlaufkühlung *f* pump-circulated cooling
~zylinder *m* pump cylinder
Punktschweißung *f* spot welding
Pyranit *n* Pyranit

quadratischer Motor square engine
Quer|lenker *m* control arm
~motor *m* transverse engine
~schnittsverhältnis *n* aspect ratio
~spülung *f* cross-flow scavenging
~stabilität *f* lateral stability
querstehender Motor transverse engine
Quer|strebe *f* stabilizer
~stromkopfmotor *m* DOHC engine
~stromkühler *m* cross-flow radiator
~stromspülung *f* cross-flow scavenging
Quetsch(verbinder)zange *f* crimping tool

Rad *n* wheel
  außenliegendes ~ *(bei Kurvenfahrt)* outer wheel
  gelenktes ~ steered wheel
  kurvenäußeres ~ outer wheel
  kurveninneres ~ inner wheel
Rad|achse *f* axle
~aufhängung *f* wheel suspension
~aufhängung, hydroelastische Hydrolastic suspension
~auswuchtmaschine *f* wheel balancer
~auswuchtung *f* balancing *n*
~befestigungsbolzen *m* wheel fixing bolt
~befestigungsmutter *f* wheel fixing nut
~blende *f* axle cap
~bolzen *m* wheel fixing bolt
~(brems)zylinder *m* wheel cylinder
~bremszylinder, doppeltwirkender double-piston wheel brake cylinder
~bremszylinder, einfachwirkender single-acting wheel brake cylinder
~einschlag *m* steering lock
~einstellung *f* wheel alignment
Räderkasten *m* wheel housing
Rad|flattern *n* shimmy *n*
~geschwindigkeitssensor *m* wheel speed sensor
Radial|-Kegelrollenlager *n* taper roller bearing
~-Nadellager *n* needle bearing
~reifen *m* radial tire
~-Rillenkugellager *n* grooved ball bearing
Rad|kasten *m* wheel housing
~körper *m* wheel disc
~lagerspiel *n* wheel bearing clearance
~lauf *m* wheel alignment
~mutter *f* wheel fixing nut
~mutterschlüssel *f* wheelbrace *n*
~nabe *f* hub
~nabenkappe *f* axle cap
~nachlauf *m* caster
~schacht *m* wheel housing
~schlupf *m* wheel slip
~schlüssel *m* wheelbrace *n*
~schüssel *f* wheel disc
~spiegel *m* wheel mirror
~stand *m* wheel base
~stellung *f* wheel alignment
~sturz *m* camber
~sturz, negativer negative camber
~sturz, positiver positive camber
~sturzeinstellung *f* camber setting
~sturzwinkel *m* camber angle
~tausch *m* tire rotation
~unwucht *f* wheel unbalance
~widerstand *m* rolling resistance

~zapfen *m* steering knuckle axle
~zierkappe *f* axle cap
~zylinder *m* *(siehe auch:* Radbremszylinder) wheel cylinder
Raffinat *n* raffinate
Raffineriegas *n* refinery gas
Rahmenhöhe *f* height of chassis above ground
rahmenlose Bauweise integral (body) construction
Rändelschraube *f* knurled-head screw
Rangierheber *m* hydraulic trolley jack
Ratsche *f* ratchet handle
Rauch *m*, **Rauchausstoß** *m* smoke emissions *pl*
RDS-System *n* radio data system
Reaktions|rohr *n* torque tube
~zeit *f* reaction time
Reaktor *m* reactor
Reboiler *m* reboiler
Rechteckring *m* plain compression ring
Rechtsgewinde *n* right-handed thread
Reduktionskatalysator *m* reducing converter
Reflektor *m* reflector
Reflexions(schall)dämpfer *m* baffle silencer
Reformieren *n*, **Reformingverfahren** *n* reforming *n*
Regel|hülse *f* adjusting sleeve
~klappe *f* throttle plate
~stange *f* control rod
~stangenanschlag *m* control-rod stop
Regenerator *m* regenerator
Registervergaser *m* two-phase carburetor (US) *or* carburettor (GB)
Regler *m* governor
  elektronischer ~ transistorized regulator
  mechanischer ~ centrifugal governor
  pneumatischer ~ suction governor
~schalter *m* generator regulator
~stange *f* control rod
Reib|belag *m* brake lining
~fläche *f* **der Schwungscheibe** flywheel face
~konus *m* synchromesh cone
~kupplung *f* friction clutch
Reibung, halbflüssige ~ mixed friction
Reibungskupplung *f* friction clutch
reiches Gemisch rich mixture
Reifen *m* tire *n*
  konventioneller ~ cross-ply tire
  schlauchloser ~ tubeless tire
  ~ mit Schlauch tubed tire
Reifen|abnutzung *f* tire wear
~aufstandsfläche *f* contact patch
~druck *m* tire inflating pressure
~druckprüfer *m* tire gage (US) *or* gauge (GB)

German-English index

Reifen|drucktabelle *f* tire pressure chart
~fülldruck *m* tire inflating pressure
~füllflasche *f* tire inflation tank
~füll- und Prüfgerät *n* tire inflator
~lauffläche *f* tread *n*
~luftdruck *m* tire inflating pressure
~mischung *f* rubber compound
~montierhebel *m* tire mounting lever
~profil *n* tread pattern
~schlauch *m* tube
~überdruck *m* over-inflation
~unterbau *m* carcass
~unterdruck *m* under-inflation *n*
~ventil *n* valve
~ventileinsatz *m* valve core
~verschleiß *m* tire wear
~wächter *m* puncture indicator
~wand *f* sidewall
Reihen|einspritzpumpe *f* multi-cylinder injection pump
~motor *m* in-line engine
~pumpe *f* multi-cylinder injection pump
~schaltung *f* series connection
~standmotor *m* in-line engine
Reinigungszusatz *m* detergent additive
Relais *n* relay *n*
relativer Schließwinkel relative dwell angle
Renkverschluß *m* bayonet fixing
Rennwagen *m* racing car
Reparatur|grube *f* inspection pit
~werkstatt *f* motorcar repair shop (GB), automobile repair (US)
Research-Methode *f* Research method
Research-Oktan-Zahl *f* Research octane number
Reserverad *n* spare wheel
Restgase *npl* residual gases
Retarder *m* brake retarder, continuous service brake
R-Glühkerze *f* rapid-glow plug
Rh = Rhodium
Rhodium *n* rhodium
Richtgesperre *n* freewheel clutch
Richtungsstabilität *f* directional stability
Richtwaage *f* spirit level
Riemenscheibe *f* pulley
   geteilte ~ adjustable pulley
~ der Kurbelwelle crankshaft pulley
Rillenkugellager *n* grooved ball bearing
Ring|flattern *n* piston ring flutter
~-Maulschlüssel *m* combination wrench
~nut *f* piston groove
~-Rillenlager *n* grooved ball bearing
~stoß *m* piston ring gap

~zone *f* piston ring zone
~zunge *f* ring terminal
Rippen *fpl* fins *pl*
~rohrkühler *m* tubular radiator
Ritzel *n* pinion
Rohbenzol *n* benzol
Rohöl *n* petroleum
Röhren|kühler *m* tubular radiator
~ofen *m* pipe still
Rollen *n* rolling *n* [wheels]
~ roll *n* [vehicle]
~brems(en)prüfstand *m* roller tester
~freilauf *m* overrunning clutch
~lager *n* roller bearing
~prüfstand *m* roller tester
~stößel *m* roller tappet
~zahnlenkung *f* Gemmer steering
Roll|gabelschlüssel *m* adjustable wrench (US), adjustable spanner (GB)
~radius *m* offset radius
~widerstand *m* rolling resistance
Roots-Gebläse *n*, **Roots-Lader** *m* Roots blower
Roßlenkung *f* cam and peg steering
Rost *m* rust *n*
~primer *m* rust-preventive primer
~schutz *m* rust prevention
~schutzgrundierung *f* rust-preventive primer
~umwandler *m* rust converter
~verhinderer *m* rust inhibitor
Rotationskolbenmotor *m* rotary piston engine
rotes Bleioxid red lead
rotierende Drahtbürste rotary wire brush
Rotor *m* trigger wheel
~pumpe *f* rotor-type pump
~wicklung *f* rotor winding
ROZ = Research-Oktan-Zahl
Rückfahr|leuchte *f*, **~scheinwerfer** *m* reversing light
Rückhalte|system, aktives active restraint system
~system, passives passive restraint system
~vorrichtung *f* restraint system
Rückholfeder *f* return spring
Rücklauf|achse *f* reverse idler gear shaft
~leitung *f* fuel return pipe
~welle *f* reverse idler gear shaft
Rückleuchte *f*, **Rücklicht** *n* rear light
Rucksackgurt *m* shoulder harness
Rückschlagventil *n* check valve [mechanical engineering]
~ non-return valve [brakes]
Rückspiegel *m* rear-view mirror
Rückstand, atmosphärischer ~ long residue

Rückstellfeder *f* return spring
Rückstrahler *m* bull's eye
Rückstrom *m* reverse current
~**schalter** *m* cutout relay
Rückwärtsgang *m* reverse gear
~**zwischenwelle** *f* reverse idler gear shaft
Rückzugfeder *f* return spring
Ruhekontakt *m*, **Ruhestromrelais** *n* break contact
Runddichtung *f*, **Runddichtring** *m* O-ring
runderneuerter Reifen recapped tire
Rund|erneuerung *f* recapping *n*
~**schnurring** *m* O-ring
~**stecker** *m* pin terminal
Rundum|kennleuchte *f* rotating identification lamp
~**licht** *n* emergency flasher system
~**scheinwerfer** *m* rotating identification lamp
Rundzange *f* round nose plier
Rupfen *n (einer Kupplung)* grabbing of clutch
Ruß *m* soot *n*
Rußfilter *m* diesel particulate filter
Rutenantenne *f* wand antenna (US), rod antenna (GB)
Rutschen *n (der Kupplung)* clutch slip
rutschen *v* slip *v*

SAE|-Klassenzahl *f* SAE grade
~**-Leistung(smessung)** *f* SAE rating
~**-Viskositätsklasse** *f* SAE grade
Sammelsaugrohr *n* inlet manifold
Sammler *m* battery
Sandstrahlgebläse *n* sand-blasting machine
Sattel|anhänger *m*, ~**auflieger** *m* semi-trailer
~**kraftfahrzeug** *n* truck-tractor train
~**schlepper** *m*, ~**schlepperzugmaschine** *f* truck tractor
~**zug** *m*, ~**schleppzug** *m* truck-tractor train
~**zugmaschine** *f* truck tractor
Saug|kanal *m* mixing chamber [carburetor]
~**kanal** *m* intake passage [engine]
~**luft(-Bremskraft)verstärker** *m* vacuum servo brake
~**motor** *m* unsupercharged engine
~**rohr** *n* inlet manifold
~**rohreinspritzung** *f* indirect injection
~**ventil** *n* suction valve
Säure|dichte *f* acid density
~**(dichte)messer** *m*, ~**heber** *m* hydrometer
~**konzentration** *f* acid density
~**prüfer** *m* hydrometer
~**schutzfett** *n* battery terminal grease
~**spiegel** *m*, ~**stand** *m* acid level
Schadstoff *m* pollutant *n*

~**begrenzung** *f* emission control
~**begrenzungssystem** *n* emission control device
Schadstoffe *mpl* **im Abgas** exhaust emissions
Schadstoffminderung *f* emission control
Schaftschraube *f* headless screw
Schalldämpfer *m* exhaust silencer (GB), exhaust muffler (US)
Schaltbild *n* wiring diagram
Schaltbrett *n* dashboard
schalten *v* shift *v*
Schalt|gabel *f* shift fork
~**gerät** *n* trigger box
~**getriebe** *n* manual transmission (US), manual gearbox (GB)
~**hebel** *m*, ~**knüppel** *m* gearshift lever
~**kulisse** *f* gear-shifting gate
~**lineal** *n* shifter rod
~**muffe** *f* synchronizer sleeve
~**plan** *m* wiring diagram
~**schiene** *f*, ~**stange** *f* shifter rod
~**stangenarretierung** *f* sliding selector shaft locking mechanism
~**zeichen** *n* graphic symbol
Schaum|bildung *f* foaming *n*
~**dämpfungsmittel** *n*, ~**dämpfungszusatz** *m* foaming inhibitor
Schäumen *n (des Öls)* foaming *n*
Schaumhemmungsmittel *n* foaming inhibitor
Scheiben|antenne *f* windshield antenna (US), windscreen aerial (GB)
~**bremsbelag** *m* disc brake pad
~**bremse** *f* disc brake
~**entfroster** *m* defroster (US), demister (GB)
~**federkupplung** *f* diaphragm clutch
~**gelenk** *n* rubber universal joint
~**rad** *n* disc wheel
~**waschanlage** *f* windshield washer unit (US), windscreen washer (GB)
~**wascherpumpe, elektrische** electric screen washer pump
Scheibenwischer *m* windshield wiper (US), windscreen wiper (GB)
~**arm** *m* wiper arm
~**blatt** *n* wiper blade
~**motor** *m* wiper motor
Scheider *m* separator plate
Scheinwerfer *m* headlamp
versenkbarer ~ retracting headlight
~**birne** *f* headlamp bulb
~**einsatz** *m* headlamp unit
~**einstellgerät** *n* beamsetter
~**einstellung** *f* headlamp adjustment
~**gehäuse** *n* headlight housing

German-English index

Scheinwerfer|glas *n* headlight lens
~(glüh)lampe *f* headlamp bulb
~spiegel *m* reflector
~Wisch-/Waschanlage *f* headlamp wash/wipe
Scheren(wagen)heber *m* articulated jack
Scheuer|leiste *f* rubbing strip
~schutzring *f* rubber grommet
Schicht|lademotor *m* stratified-charge engine
~ladung *f* stratified charge
Schiebe|betrieb *m* overrun *n*
~dach *n* sliding roof
~fenster *n* sliding window
~gelenk *n* slip joint
~leerlauf *m* overrun *n*
~muffe *f* synchronizer sleeve
~radgetriebe *n* sliding gear transmission
~stück *n* slip joint
~tür *f* sliding door
Schieblehre *f* slide caliper
Schiene *f* runner
Schirmung *f* shielding
Schlafaugen *pl* retracting headlight
Schlag|-Gabelschlüssel *m*, **~-Maulschlüssel** *m* open-end slugging wrench
~schrauber *m*, **~schraubendreher** *m* hand impact screwdriver
Schlammraum *m* sediment chamber
Schlauch *m* tube, inner tube
schlauchloser Reifen tubeless tire
Schlauchreifen *m* tubed tire
Schleif|klotz *m* rubbing block
~kohle *f* brush *n*
~paste *f* grinding paste
~ring *m* slip ring
~ringausrücker *m* graphite release bearing
Schlepphebel *m* finger lever
Schleuder|filter *n* centrifugal oil filter
~luftfilter *m* centrifugal filter
Schleudern *n* skidding *n*
   kontrolliertes ~ four-wheel drift
Schließ|abschnitt *m* dwell section
~kontakt *m*, **Schließer** *m* make contact *n*
Schließwinkel *m* dwell angle
   relativer ~ relative dwell angle
   ~ in Prozent relative dwell angle
~meßgerät *n* dwell-angle tester
~steuerung *f* dwell-angle control
Schließzeit *f* dwell period
Schlingern *n* roll *n*
Schlitzmantelkolben *m* split-skirt piston
Schlosserhammer, amerikanischer ~ ball-pein hammer
Schloßzentralverriegelung *f* centralized door locking

Schlupf *m* *(der Räder)* wheel slip
Schlüssel *m* wrench (US), spanner (GB)
Schluß|leuchte *f* rear light
~licht *n* rear light
Schmelz|einsatz *m* fuse *n*
~schweißung *f* fusion welding
~sicherung *f* fuse *n*
~tauchverzinkung *f* hot-dip galvanizing
Schmier|fähigkeit *f* oiliness
~fett *n* grease *n*
~filz *m* lubricating felt
~mittel *n* lubricant *n*
~nippel *m* grease nipple
~öl *n* lube oil
~ölfilter *n* oil filter
~plan *m* lubrication chart
~presse *f* grease gun
Schmierstoff *m* lubricant *n*
   synthetischer ~ synthetic lubricant
Schmierung *f* lubrication
   hydrodynamische ~ hydrodynamic lubrication
Schnecke *f* worm
Schneckenlenkung *f* worm and sector steering
~ mit Lenkfinger cam and peg steering
~ mit Lenkrolle Gemmer steering
Schneckenrad *n* worm gear
~antrieb *m* worm gear final drive
Schnecken|-Rollen-Lenkgetriebe *n* Gemmer steering
~segmentlenkung *f* worm and sector steering
Schneekette *f* snow chain
Schneid|eisen *n* die nut
~eisenhalter *m* die holder
~mutter *f* die nut
~verbinder *m* snap connector
schneller Leerlauf fast idle
Schnelladegerät *n*, **Schnellader** *m* fast charger
Schnelladung *f* boost charge
Schnellgang *m* overdrive *n*
Schongang *m* overdrive *n*
Schräg|laufwinkel *m* slip angle
~lenker *m* semi-trailing arm
~schultergurt *m* shoulder strap belt
Schrägverzahnung, doppelte ~ herringbone gear(ing)
Schraube, versenkte ~ countersunk screw
Schrauben|ausdreher *m* stud extractor
~dreher *m* **für Kreuzschlitzschrauben** Phillips screwdriver
~dreher für Schlitzschrauben straight-bladed screwdriver
~feder *f* helical spring
~federkupplung *f* coil spring clutch

~gewinde *n* thread *n*
~lenkung *f*, ~lenkgetriebe *n* worm and nut steering
~mutter *f* nut
~schlüssel *m* wrench (US), spanner (GB)
~schlüssel, verstellbarer crescent wrench
~sicherung *f* screw lock
Schraub|kegelgetriebe *n* hypoid-gear pair
~stock *m* vise (US), vice (GB)
~triebanlasser *m* Bendix(-type) starter
Schub|ankeranlasser *m*, ~ankerstarter *m* sliding-armature starter
~lehre *f* slide caliper
~schraubtriebanlasser *m*, ~schraubtriebstarter *m* screw-push starter
~triebanlasser *m*, ~triebstarter *m* sliding gear starter motor
~wechselgetriebe *n* sliding gear transmission
Schultergurt *m* shoulder strap belt
Schüttgutkatalysator *m* pellet-type catalytic converter
schwarzer Temperguß blackheart malleable cast iron
Schwarzkernguß *m* blackheart malleable cast iron
Schweißen *n* welding *n*
Schweißtransformator *m* welding transformer
Schweißung *n* welding *n*
Schwerlastfahrzeug *n* heavy goods vehicle
schwimmend gelagerter Kolbenbolzen floating piston pin
schwimmender Kolben rear piston
Schwimmer *m* float *n*
~achse *f* float pivot pin
~gehäuse *n* float chamber
~gelenkachse *f* float pivot pin
~hebelwelle *f* float pivot pin
~kammer *f* float chamber
~nadel *f* float needle
~nadelventil *n* float needle valve
Schwimmsattelscheibenbremse *f* floating-caliper disc brake
~winkel *m* slip angle
Schwing|achse *f* swing axle
~arm *m* wheel suspension lever
~hebel *m* finger lever
~hebelabdeckung *f* rocker cover
Schwingungsdämpfer *m* resonance damper [engine]
~ damper *n* [suspension]
Schwungrad *n* flywheel
~flansch *m* flywheel flange
~markierung *f* rotating timing mark
~zahnkranz *m* starter ring gear

Schwungscheibe *f* flywheel
Schwungscheibenverzahnung *f* starter ring gear
SD = Schiebedach
Sealed-Beam-Scheinwerfer *m* sealed beam headlamp
Sechskantstiftschlüssel *m* hexagon-socket-screw key
Sechszylinder|motor *m* six-cylinder engine
~-V-Motor *m* V-six engine
Seiten|aufprallschutz *m* side-impact bar
~elektrode *f* ground electrode (US), earth electrode (GB)
~führung *f* lateral stability
seitengesteuerter Motor side-valve engine
Seiten|gummi *m* sidewall [tires]
~markierungslicht *n* side-marker lamp (US), sidelamp (GB)
~schlag *m* side runout
~schneider *m* side-cutting pliers *pl*
~schnitt *m* side cut [chemistry, fuels]
~stabilität *f* lateral stability
~strom *m* side cut [chemistry, fuels]
~welle *f* axle shaft
~wind *m* side wind
sekundäre Spule secondary winding
Sekundär|backe *f* trailing brake shoe
~bild *n* secondary pattern
~kreis *m* secondary circuit
~manschette *f* secondary cup
~oszillogramm *n* secondary pattern
~spannung *f* firing voltage
~stromkreis *m* secondary circuit
~wicklung *f* secondary winding
Selbst|entladung *f* self-discharge *n*
~entzündung *f* spontaneous ignition
~entzündungstemperatur *f* spontaneous ignition temperature
~induktion *f* self-induction
selbstnachstellende Bremse self-adjusting brake
Selbst|reinigungstemperatur *f* self-cleaning temperature
~schalter *m* cutout relay
~schmierlager *n*, selbstschmierendes Lager self-lubricating bearing
selbstsichernde Einstellschraube stiff bolt adjuster
selbsttragend|e Karosserie integral (body) construction, integral body
~er Aufbau integral body
Selbst|umlaufkühlung *f* natural circulation water cooling
Selbstzündung *f* self-ignition [ingine]

German-English index

Selbstzündung f premature ignition [ignition]
Selektivautomatik f semi-automatic transmission
Semigürtelreifen m bias-ply tire
Senk|schraube f countersunk screw
~spindel f calibrated float [instruments]
~spindel f, **~waage** f hydrometer [instruments]
Sensor m sensor
Separator m separator plate
Serienschaltung f series connection
Servobremse f servo-brake(s), power brakes pl
Servolenkung f power-assisted steering
~ **in Blockbauweise** integral power steering gear
SET-Zyklus m sulfate emission test
Sherardisieren n sherardizing n
Sicherheits|fahrgastzelle f safety cell
~fahrzeug, experimentelles experimental safety vehicle
~glas n safety glass
~gurt m seatbelt
~kabine f safety cell
~lenksäule f safety steering column
~ventil n pressure relief valve
Sicherung f fuse n
  fliegende ~ line fuse
Sicherungsblech n **mit Außennase** external-tab washer
~ **mit Innennase** internal-tab washer
~ **mit Lappen** tab washer with long tab
~ **mit zwei Lappen** tab washer with long and short tab at right angles
Sicherungs|halter, fliegender line fuse
~kasten m fuse box
~mutter f lock nut
~ring m circlip
Sichtmarke, umlaufende ~ rotating timing mark
Sieb n oil pump strainer
Siebglied n interference-suppression filter
Siede|punkt m boiling point
~steine mpl zeolites pl
Silhouettenanzeige f graphic information module
Silikone npl silicones pl
Silikon|fett n silicone grease
~harz n silicone resin
Simplexbremse f simplex brake
Sinterwerkstoff m sintered material
Sitz m seat n
Solex-Vergaser m Solex carburetor
Sonde f probe n
Sonnenrad n sun gear
Spachtel m, **~kitt** m, **~masse** f surfacer

Spalten n cracking n
Spaltfilter, stabförmiges ~ edge-type filter
Spann|lasche f belt-adjustment link
~rolle f, **~scheibe** f jockey pulley
Spannungs|abfall m voltage drop
~prüfer m voltage indicator
~verlust m voltage drop
Spargang m overdrive n
Spätdose f vacuum retard unit
Sperr|differential n, **~ausgleichgetriebe** n limited-slip differential
spezifisch|e Leistung liter output
~er Kraftstoffverbrauch specific fuel consumption
sphärischer Brennraum spherical combustion chamber
Spiegel m rear-view mirror [safety]
~ outside mirror [equipment]
~ reflector [lights]
Spiegelreflektor m reflector
Spikes mpl spikes pl
Spike(s)reifen m studded tire
Spindellenkung f worm and nut steering
Spiralgehäuse n volute casing
Splint m split pin
Splintentreiber m pin punch
Spoiler m spoiler
Sprachsynthesizer m voice synthesizer
Spreizung f steering axis inclination (US), kingpin inclination
Spreizzange f piston ring pliers
Sprit m gasoline (US), petrol (GB)
Spritz|apparat m spray gun
~düse f windshield washer jet (US), windscreen washer jet (GB)
~düse f injection nozzle
~pistole f spray gun
Spritzversteller m injection timing mechanism
automatischer ~ automatic injection timer
~muffe f injection timing sleeve
Spule, primäre ~ primary winding
sekundäre ~ secondary winding
Spülen n scavenging n
Spulen|zündung f, **~zündanlage** f coil ignition (system)
Spülperiode f scavenging period
Spur f toe n [wheels]
negative ~ toe-out n
positive ~ toe-in n
~differenzwinkel m turning radius
~kreisdurchmesser, kleinster turning lock
~lager n axial bearing
~meßgerät n alignment unit
~stange f tie bar (US), track rod (GB)

~stangenhebel *m* track rod arm (GB), track arm
~weite *f* track width
SR-Benzin = Straightrun-Benzin
Stabfilter *n*, stabförmiges Spaltfilter edge-type filter
Stabglühkerze, einpolige ~ sheathed-element glow plug
Stabilisator *m* stabilizer
Stabilisierungsstufe *f* stabilization stage
Stadt|autobus *m*, ~bus *m* city bus
~zyklus *m* city cycle
Stahl *m* steel
　nichtrostender ~ stainless steel
　~gürtelreifen *m* steel-belted radial tire (US), steel-braced radial tire
　~guß *m* cast steel
Stampfen *n* pitch *n*
Ständer *m* stator
　~wicklung *f* stator winding
Standlicht *n* side-marker lamp (US), sidelamp (GB)
Starr|achse *f* rigid axle
　~fett *n* cup grease
　~kupplung *f* rigid coupling
Start|automatik *f* automatic choke
　~doppelrelais *n* double-starting relay
Starter *m* starter
　~batterie *f* battery
　~drehzahl *f* cranking speed
　~düse *f* starting device jet
　~klappe *f* choke flap
　~motor *m* starter
　~prüfstand *m* starter test bench
　~ritzel *n* drive pinion
　~zahnkranz *m* starter ring gear
Start|hilfekabel *n* battery booster cable
　~-Pilot *m* Start-Pilot
　~-Sperr-Relais *n* start-locking relay
　~ventil *n* (elektromagnetisches) start valve
　~vergaser *m* starter caburetor
　~-Zünd-Generator *m* combined lighting and starting generator
statisch|e Unwucht static unbalance
　~e Zündeinstellung static ignition timing
　~es Auswuchten static balancing
Stator *m* stator [ignition]
　~ stator [electrical system]
　~ reactor [transmission]
　~wicklung *f* stator winding
Staub|kappe *f* dust seal
　~schutzdeckel *m* condensate shield
Staufferfett *n* cup grease
Stauscheibe *f* airflow sensor plate
Steckachse *f* fully floating axle

Steckdose *f* socket outlet
Stecker *m* plug *n*
Steckschlüsseleinsatz *m* socket
Steckverbinder *m*, Steckverbindung *f* plug and socket
Steg *m* planet carrier
Steigfähigkeit *f* gradeability
Steigstromvergaser *m* updraft carburetor (US) *or* carburettor (GB)
Steigung *f (eines Gewindes)* screw pitch
Steigungswinkel *m* thread lead angle
Steigvermögen *f* gradeability
Steinfuß *m* insulator nose
Steinkohlenteer *m* coal tar
Stellit *n* stellite
Stellschraube *f* setscrew
Stern|kolbenpumpe *f* rotor-type pump
　~schaltung *f* star connection
Stethoskop *n* stethoscope
Steuer *n* steering wheel
　~diagramm *n* valve-timing diagram
　~druckregler *m* warm-running compensator
　~einheit, elektronische electronic control unit
　~gehäuse *n* timing gear case
　~generator *m* pulse generator
　~gerät *n* trigger box
　~gerät, digitales digital control box
　~gerät, elektronisches electronic control unit
　~kante *f* helical groove
　~kette *f* timing chain
　~leitung *f* control lead
　~rad *n* steering wheel
　~strom *m* control current
　~stromverstärker *m* driver stage
Steuerung *f* valve control
　desmodromische ~ desmodromic valve control
　kontaktlose ~ breakerless triggering
　zwangsläufige ~ desmodromic valve control
Steuerungseinstellung *f* timing adjustment
Steuer|ventil *n* control valve assembly
　~welle *f* camshaft
　~zeiten *fpl* valve timing
　~zeitendiagramm *n* valve-timing diagram
Stickoxide *npl* nitrous oxides *pl*
Stickstoffhärtung *f* nitriding *n*
Stiftschraube *f* stud *n*
Stirn|elektrode *f* overhead earth electrode
　~rädergetriebe *n*, ~radtrieb *m* cylindrical gear pair
　~wand *f* front wall
　~widerstand *m* traction resistance
Stockpunkt *m* pour point
　~erniedriger *m* pour point depressor

German-English index

Stockschaltung *f* floor-type gear shift
Stoffwanderung *f* contact pitting
Stopplicht *n* stop light
Stoßdämpfer *m* damper *n*
  doppeltwirkender ~ double-acting shock absorber
  einfachwirkender ~ single-acting shock absorber
  hydraulischer ~ hydraulic shock absorber
Stößel *m* valve tappet
  hydraulischer ~ hydraulic valve tappet
Stoß|fänger *m*, **~fängerstange** *f* bumper *n*
~fuge *f* piston ring gap
~stange *f* valve push rod [engine]
~stange *f* bumper *n* [vehicle body]
~verbinder *m* butt connector
Strahl|einspritzung *f* solid injection
~kegel *m* jet cone
Straightrun-Benzin *n* top gasoline
Straßen|haltung *f* roadability
~lage *f* roadability
~oktanzahl *f* road octane number
~verkehrsordnung *f* highway code
~zugmaschine *f* road tractor
Streuscheibe *f* headlight lens
Stripper *m* stripper
Stroboskop *n*, **~(blitz)lampe** *f* stroboscopic timing light
Stromabnehmer *m* trolley
Stromberg-Vergaser *m* Stromberg carburetor
Strom|kreis *m* electric circuit
~messer *m* ammeter
~prüfer *m* voltage indicator
Strömungs|kupplung *f* fluid clutch
~wandler *m* torque converter
Stufe, erste ~ primary barrel [carburetor]
  zweite ~ secondary barrel [carburetor]
stufenlos|es Getriebe Variomatic (transmission)
~es Keilriemengetriebe continuously variable transmission
Stufen|rad(brems)zylinder *m* stepped wheel brake cylinder
~vergaser *m* two-phase carburetor (US) *or* carburettor (GB)
Sturz *m* *(der Räder)* camber
  negativer ~ negative camber
  positiver ~ positive camber
~ der Radschüssel dishing *n*
~einstellung *f* camber setting
~winkel *m* camber angle
StVO = Straßenverkehrsordnung
Substanz, aktive ~ active materials
Suchscheinwerfer *m* searchlight

Sulfatierung *f*, **Sulfation** *f* sulphation (GB), sulfation (US)
Sumpfprodukt *n* long residue
Super *n* high-octane gasoline (US) *or* petrol (GB)
~ballonreifen *m* super-balloon tire
~benzin *n*, **~kraftstoff** *m* high-octane gasoline (US) *or* petrol (GB)
~niederquerschnittsreifen *m* super-low-section tire (US), over-wide tire
~Ottokraftstoff *m* high-octane gasoline (US) *or* petrol (GB)
Süß-Verfahren *n*, **Süßung** *f* sweetening *n*
SU-Vergaser *m* S.U. carburetor
sv-Motor *m* side-valve engine
symmetrisches Abblendlicht symmetrical lower beam
Synchrograph *m* synchrograph
Synchron|getriebe *n* synchromesh gear box
~kegel *m* synchromesh cone
~körper *m* synchronizing assembly
~schiebehülse *f*, **~muffe** *f* synchronizer sleeve
Synchrontester *m* synchrotester
synthetischer Schmierstoff, Synthetikschmierstoff *m* synthetic lubricant
System zur Schadstoffminderung in Abgasen emission control device

Tachograph *m* trip recorder
Tachometer *m* speedometer
Tageskilometerzähler *m* trip mileage indicator
Talcum *n* talc
Talfahrtbremse *f* engine brake
Tandem|achse *f* tandem axle
~haupt(brems)zylinder *m* dual master cylinder, tandem master cylinder
Tank *m* fuel tank, gas tank (US), petrol tank (GB)
~deckel *m* filler cap
~stelle *f* gasoline service station (US), petrol station (GB)
~wagen *m* tank truck (US), motor tank truck
Tastschalter *m* momentary switch
Tauchschmierung *f* splash lubrication
teilgeschirmter Zündkerzenentstörstecker partially-screened spark-plug connector
Teilkreisdurchmesser *m* reference diameter
Teillast *f* part load
~anreicherung *f* part load enrichment
Teilrahmen *m* subframe *n*
Teilung *f* tooth pitch
Teilverbrennungsraum *m* prechamber
TEL = Tetraethylblei

Teleskop|antenne *f* retractable rod antenna (US), retractable rod aerial (GB)
~stoßdämpfer *m* telescopic shock absorber
~stoßdämpfer, hydraulischer hydraulic telescopic shock absorber
~wagenheber *m* telescopic jack
Teller|federkupplung *f* diaphragm clutch
~rad *n* crown wheel
~stößel *m* flat-bottom tappet
~ventil *n* mushroom valve
Telmabremse™ *f* eddy-current brake
Temperatur|fühler *m* air temperature sensor [injection]
~fühler *m* temperature sensor [cooling system]
~regler *m* thermostat
~schalter *m* ambient thermo-switch
~wächter *m* temperature switch
Temperguß *m* malleable iron
   schwarzer ~ blackheart malleable cast iron
   weißer ~ whiteheart malleable cast iron
Tetraethylblei *n* tetraethyl lead
Thermistor *m* NTC resistor
Thermo|plast *m* thermoplastic
~reaktor *m* thermal exhaust manifold reactor
~schalter *m* temperature switch
~siphonkühlung *f* natural circulation water cooling
~stat *m* thermostat
~umlaufkühlung *f* natural circulation water cooling
~zeitschalter *m* thermo-time switch
Thyristorzündung *f* capacitor-discharge ignition system
Tiefen|lehre *f*, ~maß *n* depth gage (US) or gauge (GB)
Tiefladeanhänger *m* low-bed trailer
TML = Bleitetramethyl
Top|benzin *n* top gasoline
~-Destillation *f* fractional distillation
~gase *npl* tops *pl*
~ring *m* top piston ring
~rückstand *m* long residue
Torsions(feder)stab *m* torsion bar
toter Gang, Totgang *m* steering free travel
Totpunkt, oberer ~ top dead center (US) or centre (GB)
   unterer ~ bottom dead center (US) or centre (GB)
Tourenzähler *m* revolution counter
Trabant *m* differential pinion
Tragachse *f* axle
Tragfähigkeitskennzahl *f* ply rating
transistorisierte Spulenzündanlage transistorized ignition system

Transistor|kippstufe *m* flip-flop *n*
~regler *m* transistorized regulator
~schaltgerät *n* trigger box
~-Spulen-Zündanlage *f* transistorized ignition system
~-Spulenzündung, kontaktgesteuerte breaker-triggered induction semiconductor ignition
~-Spulenzündung, kontaktlos gesteuerte breakerless inductive semiconductor ignition
~spulenzündung *f* mit Hallgeber inductive semiconductor ignition with Hall generator
~spulenzündung mit Induktionsgeber inductive semiconductor ignition with induction-type pulse generator
~teil *n* trigger box
~zündanlage *f* transistorized ignition system
~zündspule *f* transistorized ignition coil
~zündung, induktiv gesteuerte inductive semiconductor ignition with induction-type pulse generator
~zündung, kontaktlose od. unterbrecherlose contactless transistorized ignition
Transporter *m* commercial vehicle
Trapez|querlenker-Radaufhängung *f* trapezoid-arm type suspension
~ring, einseitiger wedge-type piston ring
treibende Kupplungsscheibe pressure plate
Treiberstufe *f*, Treiber *m* driver stage
Treibstoff *m* fuel *n*
Trennwand *f* separator plate [electrical system]
~ cell divider [electrical system]
Trickschaltung *f* anti-theft ignition lock
Triebling *m* drive pinion
Triebwerk *n* power unit
Trilex-Rad *n* trilex wheel
Trittplattenbremsventil *n* treadle brake valve
Trochoide *f* trochoidal rotor
trocken vorgeladene Batterie dry-charged battery
trockene (Zylinder-)Laufbuchse dry cylinder liner (GB), dry cylinder sleeve (US)
Trocken|gelenk *n* doughnut joint
~kupplung *f* dry clutch
~luftfilter *m* dry-type air cleaner
~sumpfschmierung *f* dry sump lubrication
Trockner *m* receiver-drier
Trolleybus *m* trackless trolley (US), trolleybus (GB)
Trommelbremse *f* drum brake
Trübungs|messer *m* opacimeter
~punkt *m* cloud point
TSZ = Transistor-Spulen-Zündanlage

German-English index 678

TSZ-h = Transistorspulenzündung mit Hallgeber
TSZ-i = induktiv gesteuerte Transistorzündung
TSZ-k = kontaktgesteuerte Transistor-Spulenzündung
Tubeless-Reifen *m* tubeless tire
Tupfer *m* needle valve tickler
Tupflack *m* touch-up lacquer
Turbinenrad *n* turbine
Turbo *m* supercharged engine
~**kompressor** *m* (centrifugal) turbocharger
~**kupplung** *f* fluid clutch
~**lader** *m* turbocharger
~**motor** *m* supercharged engine
~**verdichter** *m* centrifugal turbocharger
Tür|kontaktschalter *m*, ~**lichtschalter** *m* door light switch
~**(schloß)zentralverriegelung** *f* centralized door locking
Typschild *n* identification plate

Überdruck *m* excess pressure
~**Kühlkreislauf** *m* sealed cooling system
~**ventil** *n* oil pressure relief valve [lubrication]
~**ventil** *n* pressure relief valve [cooling system]
Übergangsbohrung *f* bypass bore
Überhang|länge, hintere rear overhang
~**länge, vordere** front overhang
~**winkel, hinterer** rear overhang angle
Überhitzung *f* overheating *n*
Überrollbügel *m* rollover bar
Überschlag|spannung *f* firing voltage
~**verteiler** *m* ignition distributor
Übersetzung *f* **ins Langsame** transmission reduction
Übersetzungsverhältnis *n* transmission ratio
~ **(der Windungen)** turns ratio [electrical system]
übersteuern *v* oversteer *v*
Überström|leitung *f* overflow pipe
~**schlitz** *m* transfer port
~**ventil** *n* overflow valve [fuel system]
~**ventil** *n* bypass valve [lubrication]
Ultraschall-Diebstahlalarm *m* ultrasonic alarm
Umdrehungen *fpl* **pro Minute** revolutions per minute
Umdrehungszähler *m* revolution counter
Umfangsgeschwindigkeit *f* circumferential speed
Umgehungsventil *n* bypass valve
Umkehr|spülung *f* loop scavenging
~**stufe** *f* inverting stage
umlaufende Sichtmarke rotating timing mark
Umlauf|getriebe *n* planetary transmission

~**marke** *f* rotating timing mark
Umlenk|getriebe *n* angle drive
~**hebel** *m* idler arm
Umluftheizung *f* circulating air heating
U-Motor *m* U-type engine
Umschaltekontakt *m* transfer contact
Umschalt|glied *n* transfer contact
~**knarre** *f* ratchet handle
~**relais** *n* transfer contact
Umsteckschraubendreher *m* multiblade screwdriver
Umsturzbügel *m* rollover bar
ungefederte Masse unsprung mass
ungefüllte geladene Batterie dry-charged battery
Unifining *n* unifining *n*
Universalschleifpapier *n* wet-and-dry paper
Unrundheit *f* runout *n*
unter|er Dreieckslenker lower wishbone
~**er Heizwert** lower calorific value
~**es Kugelgelenk** lower ball joint
~**es Pleuelauge** connecting rod big end
~**er Totpunkt, ~e Totlage** bottom dead center (US) *or* centre (GB)
Unterbodenschutz *m* underbody protection
Unterbrecher *m* contact breaker
~**feder** *f* breaker spring
~**hammer** *m* breaker lever
~**hebel** *m* **(beweglicher)** breaker lever
~**kontakt** *m* contact breaker point
~**kontaktabstand** *m* contact gap
~**kontaktsatz** *m* contact set
unterbrecherlos|e Transistorzündung contactless transistorized ignition
~**e Zündung** breakerless ignition
Unterbrecher|nocken *m* contact breaker cam
~**scheibe** *f* breaker disc
~**schleifklotz** *m* rubbing block
~**schließwinkel** *m* dwell angle
~**winkel** *m* breaker fixed contact
Unterbrechungsabstand *m* angular ignition spacing
Unterdruck *m* vacuum *n* [physics]
~ under-inflation *n* [tires]
~**anschluß** *m* vacuum hose connecting seat
~**bremse** *f* air-assisted brake
~**bremskraftverstärker** *m* vacuum servo brake
~**dose** *f* vacuum advance
~**förderer** *m* vacuum feed device
unterdruckgesteuerte Zentralverriegelung vacuum door locking
Unterdruck|leitung *f* vacuum hose
~**messer** *m*, ~**prüfer** *m* vacuum gage (US) *or* gauge (GB)

Index Deutsch-Englisch

~pumpe *f* vacuum pump
~regler *m* suction governor
~schlauch *m* vacuum hose
~-Servobremse *f* vacuum servo brake
~tester *m* vacuum gage (US) *or* gauge (GB)
~ventil *n* pressure relief valve
~(zünd)versteller *m* vacuum advance
~zündverstellung *f* vacuum advance
~zylinder *m* vacuum cylinder
Unterfahrschutz *m* underrun protector
Unterflurmotor *m* underfloor engine
Unterlegkeil *m* chock *n*
Untersetzungsgetriebe *n* reduction gearing
Unterstellbock *m* axle stand
untersteuern *v* understeer *v*
unverbleites Benzin unleaded gasoline (US), unleaded petrol (GB)
unverbrannte Kohlenwasserstoffe *pl* unburned hydrocarbons *pl*
unverlierbarer Dichtring spark plug gasket
Unwucht *f* unbalance *n*
  dynamische ~ dynamic unbalance
  statische ~ static unbalance
  ~ **der Räder** wheel unbalance
Upm = Umdrehungen pro Minute
US-Federal-Test *m* US Federal Test
UT = unterer Totpunkt

Vakuum *n* (*siehe auch:* Unterdruck)
~anschluß *m* vacuum hose connecting seat
~destillation *f* vacuum distillation
~leitung *f* vacuum hose
~pumpe *f* vacuum pump
~-Servobremse *f* vacuum servo brake
~zylinder *m* vacuum cylinder
variabler Venturi-Vergaser variable-venturi carburetor (US) *or* carburettor (GB)
Variomatic™-Getriebe *n* continuously variable transmission
  ~ (*ursprünglich von DAF*) Variomatic (transmission)
Ventil *n* valve [engine, tires]
  hängendes ~ drop valve
  natriumgekühltes ~ sodium-cooled valve
  obengesteuertes ~ drop valve
  ~ **mit Natriumfüllung** sodium-cooled valve
Ventilabdichtring *m* valve shaft seal
Ventilator *m* fan *n*
Ventil|auflagefläche *f*, ~**dichtfläche** *f* valve face
~drehvorrichtung *f* valve rotator
~einsatz *m* valve core
~einschleifer *m* valve grinder
~einstellung *f* valve setting
~feder *f* valve spring
~federheber *m* valve spring lifter
~federplatte *f*, ~federteller *m* valve spring retainer
~führung *f* valve guide
~halter *m* valve holder
~hub *m* valve lift
~kammerdeckel *m* rocker cover
~kammerdeckeldichtung *f* rocker cover gasket
~kipphebel *m* rocker arm
~schaft *m* valve shaft
~schaftabdichtung *f* valve shaft seal
~schleifmaschine *f* valve refacer
Ventilsitz *m* valve seat
~drehvorrichtung *f*, ~drehwerkzeug *n* valve seat grinding tool
~fläche *f* valve face
~fräsen *n* valve reseating
~fräsersatz *m* valve seat grinding set
~ring *m* valve seat insert
~winkel *m* valve seat angle
Ventil|spiel *n* valve clearance
~spieleinstellung *f* valve setting
~spindel *f* valve shaft
~steuerung *f* valve control
~stößel *m* valve tappet
~teller *m* valve head
~trieb *m* valve gear mechanism
~überdeckung *f*, ~überschneidung *f* valve overlap
Venturi-Vergaser, variabler ~ variable-venturi carburetor (US) *or* carburettor (GB)
VE-Pumpe = Verteilereinspritzpumpe
Verankerungspunkt *m* für Sicherheitsgurte seatbelt anchorage point
verbleit|es Benzin leaded gasoline (US), leaded petrol (GB)
~es **Superbenzin** leaded premium (US), leaded 4-star petrol (GB)
Verbrauchsanzeige *f* consumption indicator
Verbrennungs|geschwindigkeit *f* rate of combustion
~hub *m* ignition stroke
~motor *m* internal combustion engine
~raum *m* combustion chamber
~raum, minimaler compression chamber
~wärme *f* upper calorific value
Verbund|federung *f* linked suspension system
~glas *n* laminated (safety) glass
~lenkerachse *f* dead beam axle
~sicherheitsglas *n* laminated (safety) glass
Verchromen *n* chromium plating
Verdampfer *m* evaporator

German-English index

Verdampfungskühlung *f* ebullient cooling
Verdichtungs|hub *m* compression stroke
~raum *m* compression chamber
~ring *m* compression ring
~takt *m* compression stroke
~temperatur *f* compression temperature
~verhältnis *n* compression ratio
verdrahten *v* wire *v*
verdrehbare Büchse adjusting sleeve
Verdünnungsmittel *n* thinner *n*
Verflüssiger *m* condenser
Vergaser *m* carburetor (US), carburettor (GB)
~durchlaß *m* mixing chamber
~glocke *f* suction chamber
~knallen *n*, **~knaller** *m* blowback *n*
~motor *m*, **~-Ottomotor** *m* carburetor engine
~patschen *n* blowback *n*
~seilzug *m* carburetor control cable
~vereisung *f* carburetor icing
~zug *m* carburetor control cable
Vergasung *f* carburetion (US), carburation (GB)
Verguß|harz *n* casting resin
~masse *f* sealing compound
Vergütungsstahl *m* tempering steel
verkabeln *v* wire *v*
Verkoken *n* coking *n*
Verlangsamer *m* continuous service brake
Verschleißindikator *m* tread wear indicator
Verschmutzung *f* pollution
Verschränkungsfähigkeit *f* lift *n*
versenkbarer Scheinwerfer retracting headlight
versenkte Schraube countersunk screw
versetzter Achsantrieb hypoid-gear pair
versiegelter Kühlkreislauf sealed cooling system
verstellbarer Schraubenschlüssel crescent wrench
Verstellinie *f* advance characteristic
Verstellkurve *f* **des Zündverteilers** advance characteristic
Verteiler *m* ignition distributor
~anschluß *m* **für Kabel 1** distributor side terminal
~deckel *m* distributor cap
~einspritzpumpe *f* distributor injection pump
~finger *m* distributor rotor
~kappe *f* distributor cap
~klemmschraube *f* distributor clamp bolt
~läufer *m* distributor rotor
~läufer, entstörter suppression distributor rotor
~laufstück *n* distributor rotor
~nocken *m* contact breaker cam
~prüfgerät *n* distributor test bench

~pumpe *f* distributor injection pump
~scheibe *f* distributor cap
~schleifkohle *f* central carbon brush
~segment *n* distributor cap segment
~welle *f* distributor shaft (GB), timing shaft (US)
Verzinken, elektrolytisches *oder* **galvanisches ~** electrogalvanizing *n*
Verzögerungsrelais *n* time-lag relay
VI = Viskositätsindex
Vielstoffmotor *m* multi-fuel engine
Vierfachvergaser *m* four-barrel carburetor (US) *or* carburettor (GB)
Vier|ganggetriebe *n* four-speed gearbox
~punktgurt *m* shoulder harness
~radantrieb *m* four-wheel drive
~radlenkung *f* four-wheel steering
~scheinwerfersystem *n* dual-headlamp system
~takt-Arbeitsverfahren *n* four-stroke process
~taktmotor *m*, **Viertakter** *m* four-cycle engine
~taktverfahren *n* four-stroke process
viertürige Limousine four-door sedan (US) *or* saloon (GB)
Vierzylinder-V-Motor *m* V-four engine
Viscolüfter *m* viscose radiator fan
Viskosität *f* viscosity
Viskositäts|index *m* viscosity index
~indexverbesserer *m* viscosity improver
~klasse *f* viscosity class
VI-Verbesserer *m* viscosity improver
V-Motor *m* V-engine (*or* V engine)
Volant *m* steering wheel
Vollast *f* full load
Vollastanreicherung *f* full-load enrichment
vollautomatisches Getriebe fully automatic transmission
Vollbremse *f* servo-brake *n*
vollelektronische Batteriezündung distributorless semiconductor ignition
vollfliegende Achse fully floating axle
Vollgas *n* full throttle
Voll|schaftkolben *m* solid-skirt piston
~scheibenbremse *f* internal expanding clutch-type disc brake
~schmierung *f* hydrodynamic lubrication
Volt-Ampere-Tester *m* volt-ampere tester
Voltmeter *n* voltmeter
volumetrischer Wirkungsgrad volumetric efficiency
vorder|er Kolben front piston
~e Überhanglänge front overhang
~er Überhangwinkel front overhang angle
Vorder|achsantrieb *m* front wheel drive
~achse *f* front axle

~achszapfen *m* steering knuckle axle
~antrieb *m* front wheel drive
~radantrieb *m* front wheel drive
~zapfen *m* der Kurbelwelle crankshaft front end
Vorfilter *m* pre-filter *n*
vorformierte Batterie dry-charged battery
Vorgelege|räder *npl* pinion wheels *pl*
~welle *f* countershaft
Vorglühen *n* preheating *n*
Vorkammer *f* prechamber
~motor *m*, ~-Dieselmotor *m* precombustion engine
Vorkatalysator *m* primary converter
Vorlauf *m* negative caster
Vorratsbehälter *m* oil reservoir [suspension]
~ oil reservoir [lubrication]
~ recuperating chamber
~ für Scheibenwaschanlage windshield washer fluid reservoir (US), screen-wash fluid reservoir (GB)
Vorratskammer *f* capacity well
Vorratsraum *m* recuperating chamber
Vorreiniger *m* pre-filter *n*
Vorschalldämpfer *m* pre-muffler
Vorspannkraft *f*, **Vorspannung** *f* prestressing force
Vorspur *f* toe-in *n*
Vorverdichtung *f* precompression
vorvulkanisierte Löcher stud holes
Vorwiderstand *m* ballast resistor
Vorzerstäuber *m* secondary venturi
Vorzündung *f* advance ignition
VSG = Verbundsicherheitsglas
Vulkanfiber *f* vulcanized fiber
Vulkanisation *f* (*Verb:* vulkanisieren) vulcanization (*verb:* vulcanize)
VV-Vergaser = variabler Venturi-Vergaser
V-Winkel *m* cylinder bank angling

Wabenkörper *m* honeycomb
Wachsthermostat *m* wax element thermostat
Wackelkontakt *m* loose contact
Wagen|heber *m* jack *n*
~heberaufnahme *f* jacking point
~heizung *f* heating *n*, heating system
~sitz *m* seat *n*
~waschanlage *f* car washing installation
Wählhebelstellung *f* selector lever position
Wälzlager *n* rolling element bearing
Wankelmotor *m* rotary piston engine
Wanken *n* roll *n*
Wankschwingung *f* roll *n*
warme Zündkerze hot plug

Wärme|kraftmaschine *f* heat engine
~tauscher *m* heat exchanger
~umlaufkühlung *f* natural circulation water cooling
~wert *m* heat rating
Warmlauf|anreicherung *f* warm-up enrichment
~periode *f* warming up *n*
~regler *m* warm-running compensator
Warn|blinkanlage *f* emergency flasher system
~dreieck warning triangle
~meldung *f* alarm message
~summer *m* warning buzzer
~ton *m* beim Rückwärtsfahren backup alarm (US), reversing bleeper (GB)
wartungsarme Batterie low-maintenance battery
wartungsfreie Batterie maintenance-free battery
Wascherpumpe, elektrische ~ electric screen washer pump
Waschstraße *f* car washing installation
Wasser, destilliertes ~ distilled water
Wasserablaßhahn *m* purge cock (US), drain plug (GB)
wassergekühlter Motor water-cooled engine
Wasserglätte *f* aquaplaning *n*
Wasserkasten *m* radiator tank
 oberer ~ radiator top tank
Wasserkühler *m* radiator
Wasserkühlung *f* water cooling
 Motor mit ~ water-cooled engine
Wasser|mantel *m* water galleries
~pumpe *f* water pump
~pumpenfett *n* water pump grease
~pumpenzange *f* water pump plier
~rohr *n* water tube
~röhrenkühler *m* tubular radiator
~sammelkasten *m* radiator tank
~waage *f* spirit level
~wirbelbremse *f* Froude brake
Watt *n* watt
Weber *n* weber
Wechselgetriebe *n* gearbox (GB), gearcase (US)
Wechselstrom *m* alternating current
~generator *m*, ~lichtmaschine *f* alternator
Wechsler *m* transfer contact
Wegfahrsperre *f* coded engine immobilizer
Weich|gummi *m* soft rubber
~guß *m* malleable iron
~löten *n* soft soldering
~macher *m* plasticizer
weißer Temperguß whiteheart malleable cast iron

German-English index

Weitstrahler *m*, **Weitstrahlscheinwerfer** *m* long-distance beam
Welle *f* shaft *n*
Wendekreis *m* turning circle
~durchmesser *m* **(kleinster)** turning circle
Werkstattwagenheber *m* hydraulic trolley jack
Wicklungsverhältnis *n* turns ratio
Widerstands|messer *m* ohmmeter
~Verteilerläufer *m* suppression distributor rotor
~zündkabel *n*, **~zündleitung** *f* interference-suppression ignition cable
Windeisen *n* tap wrench
Windkanal *m* wind tunnel
Windschutzscheibe *f* windshield (US), windscreen (GB)
Windschutzscheibenantenne *f* windshield antenna (US), windscreen aerial (GB)
Windtunnel *m* wind tunnel
Windungs|schlußprüfer *m* shorted-turn tester
~zahlverhältnis *n* turns ratio
Winkel *m* angle *n*
~geschwindigkeit *f* angular velocity
~getriebe *n* angle drive
~messer *m* protractor
~schraubendreher *m*, **~schraubenzieher** *m* double offset screwdriver
Winter|dieselkraftstoff *m*, **~diesel** *n* winter diesel fuel
~öl *n* winter oil
~reifen *m* winter tire
Wirbel|kammer *f* swirl chamber
~kammer(-Diesel)motor *m* swirl-chamber diesel engine
~luftfilter *m* centrifugal filter
~schichtverfahren *n* fluid bed cracking
~strombremse *f* eddy-current brake
wirksame Masse active materials
Wirkungsgrad, volumetrischer ~ volumetric efficiency
Wischarm *m* wiper arm
Wischer *m* windshield wiper (US), windscreen wiper (GB)
~arm *m* wiper arm
~blatt *n*, **~gummi** *m* wiper blade
~Intervallschalter *m* intermittent wiper control switch
~motor *m* wiper motor
Wisch-Wasch-Elektronik *f* electronic wiper-washer assembly
Wohn(wagen)anhänger *m*, **Wohnwagen** *m* caravan
Wolframdraht *m* tungsten wire
WR = Winterreifen
Wuchten *n* balancing *n*

Wuchtmaschine *f* wheel balancer
Wulstkern *m* bead core

X-Rahmen *m* X-frame
Xylidin *n* xylidine

Y-Schaltung *f* star connection

Zackenrad *n* trigger wheel
Zahn|dicke *f* tooth thickness
~flanke *f* tooth flank
~kranz *m* **der Schwungscheibe** starter ring gear
~radmodul *m* module *n*
~radpumpe *f* gear pump
~radwechselgetriebe *n* sliding gear transmission
~riemen *m* toothed belt
~ringpumpe *f* rotor-type pump
~scheibe, federnde tooth lock washer
~segment *n* gear segment
~stange *f* control rod
~stangenlenkung *f*, **~stangenlenkgetriebe** *n* rack-and-pinion steering
~teilung *f* tooth pitch
Zamak *n* zamak
Zange *f* plier *n*
Zapfen|düse *f* pintle nozzle
~kreuz *n* cardan spider
Z-Diode = Zenerdiode
Zeitrelais *n* time-lag relay
Zelle *f* battery cell
Zellen|öffnung *f* cell filler hole
~trennwand *f* cell divider
~verbinder *m* cell bridge
Zenerdiode *f* Zener diode
Zenith-Vergaser *m* Zenith carburetor (US) *or* carburettor (GB)
Zentral|rohrrahmen *m* central tube frame
~schmierung *f* centralized lubrication
~verriegelung *f* centralized door locking
~verriegelung, unterdruckgesteuerte vacuum door locking
Zentrierdorn *m* clutch centering pin (US) *or* centring pin (GB)
Zentrifugalregler *m* centrifugal governor
Zeolithe *mpl* zeolites *pl*
Zerstäuberdüse *f* main jet
Ziehschleifen *n* honing *n*
Zierkappe *f* axle cap
Zigarettenanzünder *m*, **Zigarrenanzünder** *m* cigar lighter
Zink *n* zinc
Zinn *m* tin

Zugversuch *m* tensile test
zulässige Anhängerlast authorized towed weight
Zulaufbohrung *f* intake port
Zünd|abstand *m* angular ignition spacing
~**anlage** *f* ignition system
~**anlage, elektronische** electronic ignition (system)
~**anlaßschalter** *m* ignition switch
~**bolzen** *m* spark plug terminal pin
~**bolzenisolierung** *f* pin insulation
~**computer** *m* digital control box
~**darlington** *m* Darlington amplifier
~**einstellmarke** *f* timing mark
~**einstellmarke, feste** fixed timing mark
~**einstell|markierung** *f* rotating timing mark
~**einstellstroboskop** *n* stroboscopic timing light
Zündeinstellung *f* ignition setting
    dynamische ~ stroboscopic timing
    statische ~ static ignition timing
Zündelektronik, berührungslose ~ contactless transistorized ignition
zündfähiges Gemisch explosive mixture
Zünd|folge *f* ignition order
~**funken-Brennspannungslinie** *f* spark line
~**hub** *m* ignition stroke
~**impulsgeber** *m* pulse generator
~**kabel** *n* spark plug lead
~**kabelsatz** *m* ignition cable set
Zündkerze *f* spark plug
    kalte ~ cold plug
    warme ~ hot plug
    ~ **mit Gleitfunkenstrecke** surface-gap spark plug
    ~ **mit konischem Sitz** tapered seat plug
Zündkerzen|dichtung *f* spark plug gasket
~**einstellvorrichtung** *f* spark plug gap tool
~**entstörstecker** *m* spark plug suppressor
~**entstörstecker, teilgeschirmter** partially-screened spark-plug connector
~**gehäuse** *n* spark plug body
~**gesicht** *n* spark plug face
~**gewinde** *n* spark plug thread
~**isolator** *m* spark plug insulator
~**kabel** *n* spark plug lead
~**lehre** *f* spark plug gap tool
~**loch** *n* spark plug hole
~**mittelbolzen** *m* spark plug terminal pin
~**mittelelektrode** *f* center electrode (US), centre electrode (GB)
~**prüf- und -reinigungsgerät** *n* spark plug testing and cleaning unit
~**schlüssel** *m* spark plug socket wrench (US), spark plug spanner (GB)

~**schlüssel mit Kardangelenk** spark plug wrench with swivel end
~**sitz** *m* spark plug seat
~**stecker** *m* spark plug connector
Zünd|kondensator *m* ignition capacitor
~**kontakt** *m* contact breaker point
~**kreis** *m* secondary circuit
~**leitung** *f* spark plug lead
~**leitung, geschirmte** screened ignition cable
~**lichtpistole** *f* stroboscopic timing light
~**markierung** *f* rotating timing mark
~**punkt** *m* ignition point
~**punkteinstellung** *f* ignition setting
~**schalter** *m* ignition switch
~**schloß** *m* ignition switch
~**schlüssel** *m* ignition key
~**spannung** *f* firing voltage
~**spray** *n* damp-proofing sealant
~**spule** *f* ignition coil
~**spulen|primärwicklung** *f* primary winding
~**spulenprüfgerät** *n* ignition coil tester
~**startschalter** *m* ignition switch
~**stromkreis** *m* secondary circuit
~**system** *n* ignition system
~**transformator** *m*, ~**trafo** *m* ignition transformer
Zündung *f* ignition, ignition system
    elektronische ~ electronic spark timing
    unterbrecherlose ~ breakerless ignition
Zündungs|aussetzer *m* misfiring *n*
~**oszillograf** *m* oscilloscope
Zünd|unterbrecher *m* contact breaker
~**unterbrecherkontakt** *m* contact breaker point
~**verstellinie** *f* advance characteristic
~**verstellung, elektronische** electronic advance unit
Zündverteiler *m* ignition distributor
~**kappe, metallbeschichtete** screened distributor cap
~**prüfstand** *m* distributor test bench
~**rotor** *m* distributor rotor
~**welle** *f* distributor shaft (GB), timing shaft (US)
Zünd|verzug *m* ignition delay
~**willigkeit** *f* ignitability
~**winkel** *m* angular ignition spacing
~**zeitfolge** *f* ignition order
Zündzeitpunkt *m* ignition point
~**-Einstellpistole** *f* stroboscopic timing light
~**einstellung** *f* ignition setting
~**marke** *f* rotating timing mark
zusammenschiebbare Lenksäule collapsible steering column

Zusatz|fernscheinwerfer *m* long-distance beam
~heizung *f* supplementary heater
~luftschieber *m* auxiliary-air device
~scheinwerfer *m* auxiliary lamp
~stoff *m* additive *n*
ZV = Zentralverriegelung
Zwangs|steuerung *f* (der Ventile), zwangsläufige Steuerung desmodromic valve control
~umlaufkühlung *f* pump-circulated cooling
~ventilssteuerung *f* desmodromic valve control
Zwei|bettkatalysator *m* dual-bed catalytic converter
~drahtlampe *f* bilux bulb
Zweifach|rollenkette *f* double roller chain
~zündunterbrecher *m* two-system contact breaker
Zwei|fadenlampe *f* bilux bulb
~gangachse *f* two-speed final drive
~komponentenspachtelmasse *f* two-part plastic body filler
~kontaktregler *m* two-contact regulator
~kreisbremsanlage *f*, ~kreisbremse *f* double-circuit braking system
~kreisschutzventil *n* double-circuit protection valve
~kreiszündanlage *f* two-circuit ignition system
~leitungsbremse *f* twin-line brake
~metallkolben *m* bimetal piston
zweipolige Drahtglühkerze double-pole glow plug
Zwei|punktgurt *m* shoulder strap belt
~rohrstoßdämpfer *m* telescopic shock absorber
~scheiben(trocken)kupplung *f* double-plate (dry) clutch
zweiter Gang second gear
zweite Stufe secondary barrel

Zweitakter *m* two-stroke engine
Zweitakt|gemisch *n*, ~mischung *f* two-stroke mixture
~motor *m* two-stroke engine
~öl *n* two-stroke oil
~verfahren *n* two-stroke cycle
zweitürige Limousine two-door sedan (US) *or* saloon (GB)
Zweiweg|(e)-Kat *m* oxidizing converter
~dämpfungsventil *n* two-way damper valve
~katalysator *m* oxidizing converter
Zwillingsrad *n* twin wheel
Zwischen|hebel *m* idler arm
~rahmen *m* subframe *n*
~rohr *n* intermediate pipe
~welle *f* vertical bevel drive
Zyklonfilter *m* centrifugal filter
Zylinder *m* cylinder
~block *m* cylinder block
~bohrung *f* bore *n*
~deckel *m* *(bei stehenden Ventilen)* cylinder head
~füllungsgrad *m* volumetric efficiency
Zylinderkopf *m* cylinder head
~deckel *f* rocker cover
~dichtung *f* cylinder head gasket
~haube *f* rocker cover
~haubendichtung *f* rocker cover gasket
~kopfschraube *f* cylinder head bolt
Zylinderkurbelgehäuse *n* cylinder block
Zylinderlaufbuchse *f* cylinder liner (GB), cylinder sleeve (US)
  nasse ~ wet cylinder liner *or* sleeve
  trockene ~ dry cylinder liner *or* sleeve
Zylinder|verschleiß *m* cylinder wear
~wassermantel *m* water galleries

Index to Illustrations

(bold-faced terms are titles of illustrations, the others are items shown in the illustrations)

accelerator pedal Ill. 16 p. 180
accelerator pump Ill. 8 p. 84
air correction jet Ill. 8 p. 84
air filter Ill. 16 p. 180
air temperature sensor Ill. 16 p. 180
alternator Ill. 1 p. 26
ampère-hour Ill. 2 p. 44
annulus Ill. 27 p. 347
armature Ill. 30 p. 398
auxiliary-air device Ill. 16 p. 180
axle shaft Ill. 12 p. 144

battery Ill. 2 p. 44, Ill. 3 p. 50, Ill. 6 p. 71, Ill. 7 p. 80
battery box Ill. 2 p. 44
battery ignition Ill. 3 p. 50
battery voltage Ill. 2 p. 44
bell housing Ill. 14 p. 162
bilux bulb Ill. 4 p. 54
bleeder screw Ill. 13 p. 150, Ill. 15 p. 164
brake adjustment Ill. 15 p. 164
brake anchor plate Ill. 15 p. 164
brake caliper Ill. 13 p. 150
brake disc Ill. 13 p. 150
brake drum Ill. 15 p. 164
brake fluid Ill. 15 p. 164
brake hose Ill. 15 p. 164
brake line Ill. 15 p. 164
brake lining Ill. 15 p. 164
brake master cylinder Ill. 5 p. 65
brake pedal Ill. 5 p. 65
brake shoe Ill. 15 p. 164
breaker fixed contact Ill. 24 p. 260
breaker lever Ill. 24 p. 260
breaker-triggered induction semiconductor ignition Ill. 6 p. 71
bridge contact Ill. 30 p. 398
brush Ill. 1 p. 26, Ill. 30 p. 398
brush spring Ill. 1 p. 26, Ill. 30 p. 398

bypass bore Ill. 8 p. 84

cam Ill. 24 p. 260
camber Ill. 36 p. 528
camshaft Ill. 17 p. 182, Ill. 19 p. 216, Ill. 24 p. 260
capacitor-discharge ignition system Ill. 7 p. 80
carburetor (US), **carburettor** (GB) Ill. 8 p. 84
cardan joint Ill. 12 p. 144, Ill. 14 p. 162
caster Ill. 36 p. 528
cell bridge Ill. 2 p. 44
cell divider Ill. 2 p. 44
cell filler hole Ill. 2 p. 44
center electrode (US), centre electrode (GB) Ill. 32 p. 425
central carbon brush Ill. 24 p. 260
charging stage Ill. 7 p. 80
check valve Ill. 5 p. 65
choke flap Ill. 8 p. 84
claw-pole generator Ill. 1 p. 26
clutch Ill. 11 p. 140
clutch cover Ill. 11 p. 140
clutch fork Ill. 11 p. 140
clutch gear Ill. 21 p. 224
clutch lining Ill. 11 p. 140
clutch pressure plate mechanism Ill. 11 p. 140
combustion chamber Ill. 18 p. 206
compression chamber Ill. 18 p. 206
compression ring Ill. 26 p. 339
compression stroke Ill. 18 p. 206
connecting rod Ill. 17 p. 182, Ill. 26 p. 339
connecting rod bearing Ill. 26 p. 339
connecting rod big end Ill. 26 p. 339
connecting rod cap Ill. 26 p. 339
connecting rod shank Ill. 26 p. 339
constant-mesh gears Ill. 21 p. 224

Index to illustrations

contact breaker Ill. 3 p. 50, Ill. 6 p. 71, Ill. 24 p. 260
contact breaker point Ill. 24 p. 260
contact gap Ill. 24 p. 260
contact patch Ill. 36 p. 528
control lead Ill. 30 p. 398
countershaft Ill. 21 p. 224
crankcase bottom half Ill. 17 p. 182
crankpin Ill. 9 p. 122
crankshaft Ill. 9 p. 122, Ill. 17 p. 182
crankshaft bearing Ill. 17 p. 182
crankshaft central bearing Ill. 17 p. 182
crankshaft drive Ill. 17 p. 182
crankshaft front end Ill. 9 p. 122
crankshaft journal Ill. 9 p. 122
crankshaft oil seal Ill. 17 p. 182
crankshaft pulley Ill. 17 p. 182
crankweb Ill. 9 p. 122
crown wheel Ill. 12 p. 144
cylinder Ill. 28 p. 362
cylinder block Ill. 28 p. 362
cylinder head Ill. 17 p. 182
cylinder head gasket Ill. 17 p. 182
cylindrical gear-pair Ill. 21 p. 224

damper Ill. 10 p. 132, Ill. 35 p. 489
degassing opening Ill. 2 p. 44
delivery pipe Ill. 25 p. 315
diaphragm clutch Ill. 11 p. 140
differential Ill. 12 p. 144
differential pinion Ill. 12 p. 144
differential side gear Ill. 12 p. 144
dip filament Ill. 4 p. 54
direction indicator Ill. 31 p. 414
disc brake Ill. 13 p. 150
disc brake pad Ill. 13 p. 150
distributor cap Ill. 24 p. 260
distributor cap segment Ill. 3 p. 50
distributor rotor Ill. 24 p. 260
distributor shaft (GB) Ill. 24 p. 260
distributor side terminal Ill. 23 p. 256
downstroke Ill. 18 p. 206
drain tap Ill. 28 p. 362
drive line Ill. 14 p. 162
driven plate assembly Ill. 11 p. 140

drive pinion Ill. 12 p. 144, Ill. 30 p. 398
drop arm (GB) Ill. 33 p. 440
drop valve Ill. 28 p. 362
drum brake Ill. 15 p. 164
dust seal Ill. 5 p. 65, Ill. 15 p. 164

earth electrode (GB) Ill. 32 p. 425
earth return (GB) Ill. 3 p. 50, Ill. 16 p. 180
edge-type filter Ill. 25 p. 315
electric fuel pump Ill. 16 p. 180
electrode gap Ill. 32 p. 425
electronically-controlled fuel injection Ill. 16 p. 180
electronic control unit Ill. 16 p. 180
engaging lever Ill. 30 p. 398
engine Ill. 17 p. 182
exhaust gas Ill. 18 p. 206
exhaust passage Ill. 18 p. 206
exhaust stroke Ill. 18 p. 206
exhaust valve Ill. 18 p. 206
expansion port Ill. 5 p. 65
explosive mixture Ill. 18 p. 206

fan Ill. 17 p. 182
fan wheel Ill. 1 p. 26
field winding Ill. 30 p. 398
first gear Ill. 21 p. 224
fixed-jet carburetor Ill. 8 p. 84
float Ill. 8 p. 84
float chamber Ill. 8 p. 84
float needle valve Ill. 8 p. 84
float pivot pin Ill. 8 p. 84
flywheel Ill. 11 p. 140, Ill. 17 p. 182
flywheel face Ill. 17 p. 182
flywheel flange Ill. 9 p. 122
four-stroke process Ill. 18 p. 206
fresh-air heating system Ill. 28 p. 362
friction clutch Ill. 11 p. 140
fuel inlet pipe Ill. 8 p. 84, Ill. 19 p. 216
fuel line Ill. 16 p. 180
fuel outlet pipe Ill. 19 p. 216
fuel pressure regulator Ill. 16 p. 180
fuel pump Ill. 19 p. 216
fuel pump diaphragm Ill. 19 p. 216

fuel tank Ill. 16 p. 180
fulcrum ring Ill. 11 p. 140

gas pedal (US) Ill. 16 p. 180
gearbox (GB) Ill. 14 p. 162, Ill. 21 p. 224
gear pump Ill. 20 p. 223
gearshift lever Ill. 21 p. 224
ground electrode (US) Ill. 32 p. 425
ground return (US) Ill. 3 p. 50, Ill. 16 p. 180

halogen lamp   Ill. 4 p. 59
headlamp bulb Ill. 22 p. 236
headlamp unit Ill. 22 p. 236
headlight lens Ill. 22 p. 236
helical spring Ill. 35 p. 489
hub Ill. 13 p. 150
hub-securing nut Ill. 13 p. 150
hydraulic shock absorber Ill. 10 p. 132

idler arm Ill. 33 p. 440
idling jet Ill. 8 p. 84
ignition capacitor Ill. 3 p. 50, Ill. 24 p. 260
ignition coil Ill. 3 p. 50, Ill. 6 p. 71, Ill. 23 p. 256
ignition distributor Ill. 3 p. 50, Ill. 6 p. 71, Ill. 7 p. 80, Ill. 16 p. 180, Ill. 24 p. 260
ignition stroke Ill. 18 p. 206
ignition switch Ill. 3 p. 50, Ill. 6 p. 71, Ill. 23 p. 256
ignition transformer Ill. 7 p. 80
impeller Ill. 34 p. 481
injection nozzle Ill. 25 p. 315
inlet passage Ill. 18 p. 206
inlet valve Ill. 16 p. 180, Ill. 18 p. 206
inner rotor Ill. 29 p. 391
insulator nose Ill. 32 p. 425

king lead Ill. 23 p. 256, Ill. 24 p. 260
kingpin Ill. 36 p. 528
kingpin inclination (US) Ill. 36 p. 528
lock nut Ill. 25 p. 315
low beam filament shield Ill. 4 p. 54
lower ball joint Ill. 35 p. 489

lower wishbone Ill. 35 p. 489
lube oil Ill. 20 p. 223, Ill. 29 p. 391

main beam filament Ill. 4 p. 54
main jet Ill. 8 p. 84
manual transmission (US) Ill. 14 p. 162
meshing spring Ill. 30 p. 398
mixing chamber Ill. 8 p. 84
multi-hole nozzle Ill. 25 p. 315

negative diode Ill. 1 p. 26
negative plate Ill. 2 p. 44
nozzle body Ill. 25 p. 315
nozzle holder Ill. 25 p. 315
nozzle holder spindle Ill. 25 p. 315
nozzle needle Ill. 25 p. 315
nozzle spring Ill. 25 p. 315
nut Ill. 25 p. 315

oil drilling Ill. 9 p. 122
oil pump spindle Ill. 20 p. 223, Ill. 29 p. 391
oil pump strainer Ill. 17 p. 182
oil scraper ring Ill. 26 p. 339
oil sump plug Ill. 17 p. 182
outer rotor Ill. 29 p. 391
overflow oil line connection Ill. 25 p. 315
overrunning clutch Ill. 30 p. 398

pad carrier Ill. 13 p. 150
pad retaining pin Ill. 13 p. 150
parallel connection Ill. 3 p. 50
pedal Ill. 16 p. 180, Ill. 5 p. 65
piston Ill. 26 p. 339, Ill. 17 p. 182
piston (of brake cylinder) Ill. 5 p. 65
piston body Ill. 26 p. 339
piston land Ill. 26 p. 339
piston pin Ill. 26 p. 339
piston ring Ill. 26 p. 339
piston ring zone Ill. 26 p. 339
piston top Ill. 26 p. 339
Pitman arm (US) Ill. 33 p. 440
planetary transmission Ill. 27 p. 347
planet carrier Ill. 27 p. 347
planet wheel Ill. 27 p. 347

Index to illustrations

positive camber Ill. 36 p. 528
positive diode Ill. 1 p. 26
positive plate Ill. 2 p. 44
pressure pipe tube Ill. 25 p. 315
pressure plate Ill. 11 p. 140
pressure valve Ill. 19 p. 216
primary circuit Ill. 3 p. 50, Ill. 6 p. 71, Ill. 7 p. 80
primary shaft Ill. 21 p. 224
primary winding Ill. 23 p. 256
propeller shaft (GB) Ill. 14 p. 162
pulley Ill. 1 p. 26
pump-circulated cooling Ill. 28 p. 362
pump lever Ill. 19 p. 216

rack-and-pinion steering Ill. 33 p. 440
rack pinion Ill. 33 p. 440
radiator Ill. 28 p. 362
radiator core Ill. 28 p. 362
radiator hose Ill. 28 p. 362
radiator inlet connection Ill. 28 p. 362
radiator outlet connection Ill. 28 p. 362
radiator tank Ill. 28 p. 362
radiator top tank Ill. 28 p. 362
reactor Ill. 34 p. 481
rear axle cover Ill. 14 p. 162
rear axle drive Ill. 14 p. 162
rear axle shaft Ill. 14 p. 162
rear light Ill. 31 p. 414
recuperating chamber Ill. 10 p. 132
reflector Ill. 22 p. 236
release bearing Ill. 11 p. 140
reservoir port Ill. 5 p. 65
return spring Ill. 19 p. 216
reverse idler gear shaft Ill. 21 p. 224
reversing light Ill. 31 p. 414
rocker arm Ill. 17 p. 182
rocker cover Ill. 17 p. 182
rocker shaft Ill. 17 p. 182
rotor Ill. 1 p. 26
rotor-type pump Ill. 29 p. 391
rotor winding Ill. 1 p. 26

scavenging area Ill. 32 p. 425
screw-push starter Ill. 30 p. 398

secondary circuit Ill. 3 p. 50, Ill. 6 p. 71, Ill. 7 p. 80
secondary winding Ill. 23 p. 256
second gear Ill. 21 p. 224
sediment chamber Ill. 2 p. 44
separator plate Ill. 2 p. 44
setscrew Ill. 25 p. 315
shifter rod Ill. 21 p. 224
shift fork Ill. 21 p. 224
shoe-return spring Ill. 15 p. 164
shoe steady pin Ill. 15 p. 164
side-marker lamp (US), sidelamp (GB) Ill. 22 p. 236
sidewall Ill. 33 p. 440
simplex brake Ill. 15 p. 164
single-disc dry clutch Ill. 11 p. 140
slip ring Ill. 1 p. 26
solenoid-operated injector Ill. 16 p. 180
solenoid unit Ill. 30 p. 398
solid-skirt piston Ill. 26 p. 339
spark plug Ill. 3 p. 50, Ill. 32 p. 425
spark plug body Ill. 32 p. 425
spark plug connector Ill. 18 p. 206
spark plug gasket Ill. 32 p. 425
spark plug insulator Ill. 32 p. 425
spark plug lead Ill. 24 p. 260
spark plug seat Ill. 18 p. 206
spark plug terminal pin Ill. 32 p. 425
spark plug thread Ill. 32 p. 425
spray hole Ill. 25 p. 315
starter Ill. 30 p. 398
starter ring gear Ill. 17 p. 182
starter shaft Ill. 30 p. 398
start valve Ill. 16 p. 180
stator Ill. 1 p. 26
stator winding Ill. 1 p. 26
steering Ill. 33 p. 440
steering axis inclination (US) Ill. 36 p. 528
steering column Ill. 33 p. 440
steering gear Ill. 33 p. 440
steering knuckle axle Ill. 13 p. 150, Ill. 35 p. 489
steering lever Ill. 33 p. 440
steering linkage Ill. 33 p. 440
steering shaft Ill. 33 p. 440

steering wheel Ill. 33 p. 440
stop light Ill. 31 p. 414
suction stroke Ill. 18 p. 206
suction valve Ill. 19 p. 216
sun gear Ill. 27 p. 347
synchromesh gear box Ill. 21 p. 224

tail lamp assembly Ill. 31 p. 414
terminal Ill. 2 p. 44, Ill. 30 p. 398
terminal nut Ill. 32 p. 425
thermostat Ill. 17 p. 182, Ill. 28 p. 362
thermo-time switch Ill. 16 p. 180
third gear Ill. 21 p. 224
third motion shaft Ill. 21 p. 224
three-phase alternator Ill. 1 p. 26
throttle stop screw Ill. 8 p. 84
throttle valve Ill. 8 p. 84
throttle-valve switch Ill. 16 p. 180
tie bar (US) Ill. 33 p. 440
timing chain Ill. 17 p. 182
timing gear case Ill. 17 p. 182
timing shaft (US) Ill. 24 p. 260
tire Ill. 33 p. 440
toe Ill. 36 p. 528
toe-in Ill. 36 p. 528
toe-out Ill. 36 p. 528
top piston ring Ill. 26 p. 339
top wishbone Ill. 35 p. 489
torque converter Ill. 34 p. 481
track rod (GB) Ill. 33 p. 440

transmission (US) Ill. 21 p. 224
transmission shaft (US) Ill. 14 p. 162
trapezoid-arm type suspension Ill. 35 p. 489
tread Ill. 33 p. 440
turbine Ill. 34 p. 481

upper ball joint Ill. 35 p. 489
upstroke Ill. 18 p. 206

vacuum advance Ill. 24 p. 260
vacuum hose Ill. 24 p. 260
valve Ill. 17 p. 182
valve head Ill. 18 p. 206
valve push rod Ill. 17 p. 182
valve shaft Ill. 18 p. 206
valve spring Ill. 17 p. 182, Ill. 18 p. 206
valve tappet Ill. 17 p. 182
V-belt Ill. 28 p. 362
venturi Ill. 8 p. 84

water cooling Ill. 28 p. 362
water galleries Ill. 28 p. 362
water pump Ill. 17 p. 182, Ill. 28 p. 362
water tube Ill. 28 p. 362
wheel Ill. 33 p. 440
wheel alignment Ill. 36 p. 528
wheel cylinder Ill. 5 p. 65, Ill. 15 p. 164
wheel fixing bolt Ill. 13 p. 150
working cylinder Ill. 10 p. 132

Bibliography

The following sources were used for the fourth revised and enlarged edition:

AA Book of the Car. Basingstoke, 1976.

Automobile. Carrosserie. Technologie générale et maintenance. Paris, 1994.

Delanette: Les techniques antipollution. Paris, 1997.

Dictionnaire des termes officiels. Paris, 1991.

Europa-Lehrmittel: Fachkunde Kraftfahrzeugtechnik. Haan-Gruiten, 1994.

Goodsell: Dictionary of Automotive Engineering. Oxford, 1995.

Hervieu/Torri: Automobile. Carrosserie. Technologie générale et maintenance. Paris, 1994

Hillier/Pittuck: Fundamentals of Motor Vehicle Technology. London, 1966.

Lexique de l'automobile et de la route. Paris, 1994.

Mèmeteau: Maintenance automobile. Paris, 1994.

Michelin: Code de la route 1997. Paris, 1997.

Motor Services Automotive Encyclopedia. South Holland, Ill., 1970.

Pessey: Automobile: Entretien. Paris, 1991.

Petruzella: Automotive electronic fundamentals. New York, 1994.

Sauvy: L'automobile. Paris, 1996.

Schlag nach für Autofahrer. Mannheim, 1974.

Schmitt: Lexikon der Katalysatortechnik. Wiesbaden, 1986.

The Encyclopedia of the Motorcar. London, 1979.

Vollnhals: Wörterbuch des Kraftfahrzeugwesens. Essen, 1975.

List of Illustrations

Illustrations corresponding to the originals by kind permission of the following publishers:

„Know about your car", The Automobile Association, Basingstoke, England
   Ill.: 8, 11, 13, 14, 22, 24, 27, 32, 33, 34, 36
„Entretenez votre voiture sans problème", Ed. Gründ, Paris
   Ill.: 1, 2, 4, 5, 9, 10, 12, 15, 16, 17, 18, 19, 20, 21, 23, 26, 28, 29, 30, 32, 35
Auto und Elektrizität, ADAC Verlag München
   Ill.: 31
Schlag nach! für Autofahrer, Bibliographisches Institut Mannheim
   Ill.: 3, 6, 7, 25

Wörterbücher im K.G. Saur Verlag

Otto Vollnhals
■ **Multilingual Dictionary of Electronic Publishing**
English - German - French - Spanish - Italian
1996. 384 Seiten. Gebunden
DM 248,–/öS 1.810,–/sFr 221,–
ISBN 3-598-11295-5

■ **Internationale Enzyklopädie der Abkürzungen und Akronyme in Wissenschaft und Technik**
International Encyclopedia of Abbreviations and Acronyms in Science and Technology
Bearbeitet von Michael Peschke
1995-1999. 17 Bände
Zus. DM 4.760,–/
öS 34.748,–/sFr 4.236,–
ISBN 3-598-22970-4

Elmar Waibl, Philip Herdina
■ **Wörterbuch philosophischer Fachbegriffe**
Dictionary of Philosophical Terms
1997. 2 Bände
XLVII, 885 Seiten. Gebunden.
DM 396,–/öS 2.891,–/sFr 352,–
ISBN 3-598-11329-3

■ **Enzyklopädisches Wörter-buch der Elektrotechnik, Elektronik und Informationsverarbeitung**
Encyclopedic Dictionary of Electronics, Electrical Engineering and Information Processing
Bearbeitet von Michael Peschke
Englisch-Deutsch/Deutsch-Englisch
1990-1997. 8 Bände.
Zus. CXXI, 3.148 Seiten
Zus. DM 1.920,–/öS 14.016,–/
sFr 1.709,–
ISBN 3-598-10680-7

■ **Enzyklopädisches Wörterbuch Kartographie in 25 Sprachen**
Definitionen in Deutsch, Englisch, Französisch, Spanisch, Russisch - mit Äquivalenten in Arabisch-Algerisch und -Marrokanisch, Bulgarisch, Dänisch, Chinesisch, Finnisch, Hindi, Italienisch, Japanisch-traditionell und transliteriert, Kroatisch, Niederländisch, Norwegisch, Polnisch, Portugiesisch, Schwedisch, Slowakisch, Thailändisch, Tschechisch und Ungarisch
Hrsg. J. Neumann
2. Auflage 1997. 586 Seiten
Gebunden. DM 480,–/
öS 3.504,–/sFr 427,–
ISBN 3-598-10764-1

K · G · Saur Verlag
Postfach 70 16 20 · D-81316 München · Tel. (089) 7 69 02-232
Fax (089) 7 69 02-150/250 · e-mail: 100730.1341@compuserve.com, oder:
CustomerService_Saur@csi.com · http://www.saur.de

Subject

en	fr	de
accessories	accessoires	Zubehör
brakes	freins, système de freinage	Bremsen, Bremsanlage
carburetor	carburateur	Vergaser
chemical term	terme chimique	chemischer Terminus
clutch	embrayage	Kupplung
cooling system	système de refroidissement	Kühlsystem
diesel engine	moteur Diesel	Dieselmotor
electrical system	système électrique	Kfz-Elektrik
electronics	électronique	Elektronik
emission control	techniques antipollution	Abgaskontrolle
engine	moteur	Motor
equipment	équipement	Ausrüstung
exhaust system	système d'échappement	Auspuffsystem
fuel system	système d'alimentation	Kraftstoffzufuhr
fuels	carburants	Kraftstoffe
fuels & lubricants	carburants et lubrifiants	Kraft- u. Schmierstoffe
gas station	station d'essence	Tankstelle
heating & ventilation	chauffage et ventilation	Heizung und Belüftung
ignition	système d'allumage	Zündanlage
injection	injection	Einspritzung
instruments	instruments	Instrumente
interior	intérieur	Innenausstattung